中国科学技术经典文库

工程控制论(上册)

(第三版)

钱学森　宋　健　著

科学出版社
北　京

内 容 简 介

本书系钱学森英文原著《Engineering Cybernetics》(工程控制论)一书的第三版。原书曾荣获中国科学院1956年度一等科学奖金。本版对第二版中的文字、符号等错误进行了补正。第三版分上、下两册共二十一章。上册十二章,下册九章。

本书保留了原书的基本内容。在叙述方法上,也保持和发扬了原书的特点,由浅入深,既重视物理概念,又注意理论上的严谨性,把一般性概括性的理论和实际工程经验很好地结合起来。在讨论系统分析和设计问题时,传递函数和状态空间的描述方法并重,互相补充。

本书对从事自动化、无线电电子学、航天技术及系统工程等专业的理论工作者和工程设计人员是一本有重要参考价值的著作,同时也可作为高等院校相关专业的教学参考书。

图书在版编目(CIP)数据

工程控制论. 上册/钱学森,宋健著. —3版. —北京:科学出版社,2011
(中国科学技术经典文库)
ISBN 978-7-03-030094-2

Ⅰ. ①工… Ⅱ. ①钱…②宋… Ⅲ. ①工程控制论 Ⅳ. ①TB114.2

中国版本图书馆CIP数据核字(2011)第012810号

责任编辑:魏英杰 王志欣 李淑兰 / 责任校对:赵桂芬
责任印制:霍 兵/ 封面设计:王 浩

科学出版社 出版
北京东黄城根北街16号
邮政编码:100717
http://www.sciencep.com
北京中科印刷有限公司印刷
科学出版社发行 各地新华书店经销

1958年8月第一版
1980年10月第二版
2011年2月第 三 版 开本:720×1000 1/16
2024年12月第十四次印刷 印张:34
字数:656 000

定价:188.00 元

(如有印装质量问题,我社负责调换)

序

现代化、技术革命与控制论

第一版《工程控制论》原是用英文写的，出版于一九五四年[1]，俄文版是一九五六年[2]，德文版是一九五七年[3]，中文版是一九五八年[4]。现在回顾这个时代，恍同隔世！在这二十多年中，我们的国家和整个世界都经历了天地翻覆的变化。我国人民经受了这一伟大时代的革命锻炼，正走上新的长征，为实现四个现代化而奋斗。《工程控制论》这一新版的作者们，正是在这一时期锻炼成长起来的中国青年控制理论科学家们。他们，尤其是宋健同志，带头组织并亲自写作定稿，完成了工作量的绝大部分，是新版的创造者。有他们这一代人，使我更感到实现四个现代化有了保障。对这一新版，我是没有做什么工作的，但为了表达对他们的敬意，同时也算是对我国二十多年来伟大变革的纪念，纪念我们这一段共同的经历，我要为宋健等同志创造的新版写一篇序。

序的总题目，就是如何加速实现党中央号召，全国人民所向往的农业、工业、国防和科学技术现代化。实现四个现代化就必须发展生产力；而发展生产力的一个重要方面就是推进技术革命。所以，我就从技术革命讲起，最后说到本书的题目：控制论。

（一）

讲技术革命，首先要提一下其他几个有关的词汇。

二十世纪现代科学技术的伟大成就，正在对生产以及整个社会产生着巨大的冲击。有人常常用“新的工业革命”、“第二次工业革命”、“第三次工业革命”、“科学技术革命”等等词句来表达现代科学技术伟大成就的社会意义。但是，我们在使用这些词句时，不应忽视这些词汇的背景。

这就有必要回溯到二十世纪四十年代末，对这些提法的来历作一番考察。

控制论的奠基人 N. 维纳在一九四七年十月这样说过：“如果我说，第一次工业革命是革‘阴暗的魔鬼的磨房’的命，是人手由于和机器竞争而贬值；……；那么现在的工业革命便在于人脑的贬值，至少人脑所起的较简单的较具有常规性质的判断作用将要贬值”[5]。因此，维纳是第一个把控制论引起的自动化同“第二次工业革命”联系起来的人。此后，J. D. 贝尔纳在一九五四年也提出自动化是一次“新的工业革命”,他说:“我们有理由提到一次新的工业革命,因为我们引用了电子装置所能提供的控制因素、判断因素和精密因素,还有进行工业操作的速度大大增加了。巨型的自动化生产线,甚至完全自动化的工厂都有了……”[6]。贝尔纳同时提出了“科学技术革命”这个名词,他说:“二十世纪新的革命性特征不可能局限于科学,它甚至于更寄托在下列事实,就是只有在今天科学才做到控制工业和农业。这场革命或许可以更公允地叫做第一次科学-技术革命”[7]。在维纳和贝尔纳之后,资本主义国家的学者日渐增多地采用这两个词,而尤以“第二次工业革命”这个词更为流行。

苏联学术界在一九五五年以前的一段时间内,曾经把“第二次工业革命”和“科学技术革命”作为美化资本主义的概念而加以拒绝;六十年代初,态度发生转变,开始接受这两个概念;到了七十年代,“科学技术革命”已经成为今天苏联学术界普遍接受的概念了[8];虽然对“第二次工业革命”这个概念还有争论,但把它作为一个新概念接受下来也已成为事实。

当然,概念上的紊乱也是存在的:诸如一面讲“自动化是新的工业革命”、“计算机在工业上的应用正在引起第二次工业革命”、“第二次工业革命在二十世纪早期始于美国,它指在例行的重复性的工作中,用自动控制和逻辑装置代替人的智力和神经系统”,然后又说什么“空间时代是工业革命的第三阶段。”一面讲“现代只有在苏联才发生新的工业革命”,另外又讲“不论在社会主义国家还是在发达的资本主义国家都正在发生新的工业革命即第二次工业革命”等等。在“科学技术革命”问题上的说法也很类似,诸如一方面讲“新的工业革命即科学技术革命”、又讲“科学技术革命作为一个过程,按其内容和本质是不同于工业革命的”,还说“科学技术革命是第二次工业革命的先驱”、“科学技术革命即管理工艺过程的革命”、“科学技术革命是由于科学起着优先作用而实现的现代社会生产力的根本变革”等等。其实科学技术革命这个词就容易和概念上完全不同的科学革命混淆,科学革命是指人类认识客观世界的重大飞跃,在自然科学领域里的科学革命已经由库恩[9]作了详细的阐述。所以科学革命只是认识客观世界,还不是改造客观世界,它们有联系、但又是不相同的。

苏联学术界对待“第二次工业革命”和“科学技术革命”这两个概念的态度,为什么有一个曲折的过程?这也是一个值得思考的问题。一九七二年,苏联《哲学问题》杂志在第十二期的社论中宣称,“科学技术革命”使“生产的相互关系”,“社会的状态”和“社会的结构”等等“发生了根本的变化”,“现代世界发生的深刻变化”迫使人们对马列主义基本原理做“这样或那样的修正”[10]。从这个观点,人们不难看出,这些人提出科学技术革命的目的是要修正马克思主义基本原理。

科学的社会科学,应该把它所有的概念同马克思主义的基础协调起来,并且实现精确化。对“第二次工业革命”、“科学技术革命”这些流行概念给予必要推敲和订正,这不仅是科学的社会科学工作者的任务,而且也是自然科学技术工作者的任务。为此就有必要回到“产业革命”或所谓“第一次工业革命”这个问题上来。

（二）

最先提出“产业革命”概念的是恩格斯。继恩格斯之后，有法国人著作中的“产业革命”概念，也有英国资产阶级经济历史学家托因比的“产业革命”概念[11]。必须说，只有马克思主义的“产业革命”概念才是真正科学的概念。恩格斯在一八四五年出版的《英国工人阶级状况》一书中，关于“产业革命”的论述，是科学的社会科学对“产业革命”概念的最早论述。恩格斯说：“英国工人阶级的历史是从十八世纪后半期，从蒸汽机和棉花加工机的发明开始的。大家知道，这些发明推动了产业革命，产业革命同时又引起了市民社会中的全面变革，而它的世界历史意义只是在现在才开始被认识清楚。”“产业革命对英国的意义，就像政治革命对于法国，哲学革命对于德国一样。……但这个产业革命的最重要的产物是英国无产阶级”[12]。

什么是“技术革命”呢？首先给予“技术革命”概念以精确化定义的是毛主席。毛主席在五十年代就使用过技术革命这个词，它往往是和技术革新并列的。但毛主席没有停留在这样一般的认识上，后来他进一步发展和总结了历史上生产力发展的规律，阐明了技术革命这一概念，指出：“对每一具体技术改革说来，称为技术革新就可以了，不必再说技术革命。技术革命指历史上重大技术改革，例如用蒸汽机代替手工，后来又发明电力，现在又发明原子能之类。”毛主席举出了三个技术革命的例子，其中两个是历史上的，一个是现代的。把它们作为技术革命的典型加以研究，会给我们什么启发？毛主席这段话的历史意义和现实意义是什么呢？

蒸汽机技术革命同十八世纪工业革命既有联系，又有区别。在工场手工业时期，一六八八年英国人托马斯·萨弗里发明了利用蒸汽冷凝产生的真空和蒸汽压力工作的抽水用蒸汽泵；两年之后法国人巴本证实了德国人莱伯尼兹提出的蒸汽可在汽缸中推动活塞的原理；一七一二年英国人托马斯·纽柯门做成用蒸汽和空气压力工作的一种蒸汽泵，用于矿井抽水。但是，这些蒸汽机并没有引起工业革命，相反地，正是由于创造了工具机，才使蒸汽机的革命成为必要[13]。一七六四年出现珍妮纺纱机，一七六七年出现水力纺纱机，一七八五年出现骡机，这一系列工具机的发明促使瓦特实现了蒸汽机的革命。一七六四年他在格拉斯哥大学修理纽柯门机器的模型时产生了他的伟大发明，一七六九年他获得第一种蒸汽机专利，一七八四年获得第二种蒸汽机专利，一七八五年蒸汽机开始用来发动纺纱机，一七八六年建成博尔顿·瓦特蒸汽机工厂。

瓦特的蒸汽机是大工业普遍应用的第一个动力机，它取代了在生产过程中作为动力提供者的人。一台蒸汽机推动许多台工具机，形成有组织的机器体系，这就是工厂制度的诞生。从一七八六年到一八〇〇年，瓦特的工厂共生产了五百多台蒸汽机，大大加速了工业革命的步伐，“工场手工业时代的迟缓的发展进程变成了生产中的真正狂飙时期”[14]，蒸汽机成为大工业迅速发展的推动力，“推动力一旦产生，它就扩展到工业活动的一切部门里去，……当工业中机械能的巨大意义在实践上得到证明以后，人们便用一切办法来全面地利用这种能量”[15]。所以是蒸汽机技术革命导致了工业革命或产业革命。

我们再看毛主席举的技术革命的第二个例子：电力的发明和应用。一八三一年法拉第对电磁定律的发现，为电力的发明奠定了基础。一八七八年，爱迪生发明能在商业上普遍应用的双极发电机，并提出由一个公共供电系统向用户供电的计划；次年，爱迪生制成白炽灯；再下一年，爱迪生的电灯首先展示在“哥伦比亚”号轮船上。适应社会对这种前所未有的干净、明亮的照明工具的需要，很快出现了一个完全新型的工业——电力工业。一八八二年爱迪生的发电厂和供电系统在纽约运转；同一年在慕尼黑电气展览会上，法国物理学家马赛尔·德普勒展出了他在米斯巴赫至慕尼黑之间架设的第一条实验性输电线路，从此开始了交流电远距离传输技术的大发展。电力的发明从照明开始，但由于它解决了动力的分配、传输和转换问题，所以很快在大工业中得到普遍应用。马克思在他逝世前夕，曾以极为喜悦的心情密切注视着电力的发明。在一八八三年，恩格斯针对电力的发明说：“这实际上是一次巨大的革命。蒸汽机教我们把热变成机械运动，而电的利用将为我们开辟一条道路，使一切形式的能——热、机械运动、电、磁、光——互相转化，并在工业上加以利用。循环完成了。德普勒的最新发现，在于能够把高压电流在能量损失较小的情况下通过普通电线输送到迄今连想也不敢想的远距离，并在那一端加以利用——这件事还只是处于萌芽状态——，这一发现使工业几乎彻底摆脱地方条件所规定的一切界限，并且使极遥远的水力的利用成为可能，如果在最初它只是对城市有利，那么到最后它终将成为消除城乡对立的最强有力的杠杆。但是非常明显的是，生产力将因此得到极大的发展，以至于资产阶级对生产力的管理愈来愈不能胜任”[16]。实践证实了恩格斯的科学预见，“电力工业是最能代表最新的技术成就和十九世纪末、二十世纪初的资本主义的一个工业部门”[17]，而且直到今天也仍然是如此。是电力技术革命推进了资本主义转入垄断阶段，出现了资本帝国主义，即帝国主义。

蒸汽机和电力这两个历史上的技术革命例子，使我们把科学技术的发展作为一种社会过程、社会现象来研究，从它的发展规律，能够找到一条线索：生产力的发展史是以技术革命划分阶段的。这是毛主席关于技术革命的重要论述对我们的启示。

（三）

生产力始终处在发展过程中，而这种发展过程又首先是从生产技术的改革开始的。生产力的发展水平取决于生产技术的高低。生产力的发展同一切事物一样，总是采取两种状态，即相对稳定的发展状态和飞跃变动的发展状态，换句话说，即生产力的发展呈现一种阶段性。“由粗笨的石器过渡到弓箭，与此相联系，从狩猎生活过渡到驯养动物和原始畜牧；由石器过渡到金属工具（铁斧、铁铧犁等等），与此相适应，过渡到种植植物和耕作业；加工材料的金属工具进一步改良，过渡到冶铁风箱，过渡到陶器生产，与此相适应，手工业得到发展，手工业脱离农业，独立手工业生产以及后来的工场手工业生产得到发展；从手工业生产工具过渡到机器，手工业-工场手工业生产转变为机器工业；进而过渡到机器制，出现现代大机器工业，——这就是人类史上社会生产力发展的一个大致的、远不完备的情景”[18]。这是对生产力发展阶段性的最形象描述。在这一幅生产力发展的大致情景中，每当生产力出现一次飞跃变动，就意味着某一技术革命被引进到了社会生产之中。革命就是量变到质变的飞跃，每一技术革命的本身就是经过一个时期实践经验的累积，有时还要经历很长的孕育时期，然后才显示出来。它一出现又立即影响了整个社会生产，引起生产力的飞跃发展。人类社会生产力和整个社会的发展就是这样波浪式地前进。技术革命是那些引起生产力飞跃发展的技术变革，不是生产力持续发展的一般技术改革或技术革新。

技术、技术革命属于劳动过程或生产过程[19]，“生产过程可能扩大的比例不是任意规定的，而是技术上规定的”[20]。技术革命乃是生产力发生飞跃变化的技术根源，而生产力的飞跃发展又必然推动社会历史的阶段性变化。是蒸汽机技术革命带来了产业革命这一生产力的飞跃变化，推进了自由资本主义的兴起；而电力技术革命却加速了资本主义的历史进程，促使它进入垄断资本主义。这就是毛主席提出技术革命这一科学概念的伟大而深远的涵义。同时，我们也看到，“技术革命”一词比前几节中介绍的其他几个词汇更精确，更有利于讨论研究问题。

为了极大地提高我国社会生产力，我们应该深入研究当前出现的几项技术革命的涵义，探索正在酝酿、即将出现的技术革命，能动地推进技术革命，加速我国四个现代化的建设。

（四）

我们先讨论核能技术革命。

核能技术是二十世纪初物理科学的伟大产物。一九〇九年，爱因斯坦发现了质能等效性原理，预示了原子核反应所释放的能量比化学反应释放的能量大几百万倍的可能性。此后，科学家为敲开核能宝库的大门进行了不懈的努力。一九三二年恰德威克发现中子，找到了分裂原子核的钥匙；一九三八年末，哈恩和斯特拉斯曼用中子轰击铀，发现了铀原子核的可裂变性；次年一月二十七日，在美国华盛顿举行的物理学家会议上，波尔和费米介绍了上述发现的重大意义，费米首先提出了链式反应的理论；一九四二年十二月二日，费米在芝加哥大学建成第一个原子反应堆，首次用实验证明：在可裂变的铀核中能够产生自维持的链式反应，从而迎来了核能技术的黎明。

核能是一种十分集中的新能源。一公斤铀所含的裂变能量约相当于两千吨煤。全世界有丰富的铀储量，在煤、石油、天然气日益枯竭的情况下，原子核的裂变能是一个有广阔前途的新能源；一座一百万千瓦的核电站正常运行一年，节省的矿物燃料相当于一百四十五万吨石油或二百三十六万吨煤或十六点五亿立方米天然气；据一九七六年国外统计资料，核电站的每千瓦小时电总平均费用已低于烧煤和石油的火力发电。正如蒸汽机出现时的情形一样，当核能的巨大意义在实践中得到证明之后，人们就会全力以赴把这种现代生产力发展的巨大推动力扩展开来。自一九五九年出现第一座商用核电站以来，新兴的核能电力工业正在迅速发展，截至一九七八年六月卅日止，全世界已建成运行的电功率在三万千瓦以上的核电站已达二百零七座，总电功率约达一亿零八百万千瓦；全世界正在建设的核电站有二百一十九座，总电功率达一亿九千六百万千瓦；正在计划建设的核电站有一百二十三座，总电功率达一亿二千四百万千瓦。预计到公元两千年，全世界核电站的装机容量将达十三至十六亿千瓦，届时将占全世界总发电量的百分之四十五。

早在发现核裂变前，科学家就了解到，包括太阳在内的恒星其持续发射的巨大能量来自轻元素的核聚变。但这种核聚变反应是在一个极高的温度和压力环境中维持的，人工创造这样一个环境现在还做不到。比较容易一点的是氘的聚变，而地球海洋里就有极大量的氘；一升海水中就可以提取约 33 毫克的氘，这一点氘的聚变能量就等于三百升的汽油！但就是氘聚变也不是轻而易举的，在一九四五年六月十五日首次裂变原子弹爆炸实现后，到一九五二年才实现了第一次聚变“氢弹”爆炸。现在人们正向可控制聚变反应——建设聚变反应核电站的目标前进，有可能在二十世纪末实现。这样仅海水中的氘所含的能量就够人类用了。

（五）

对现代生产产生深远影响的第二项技术革命是电子数字计算机。

蒸汽机和电力实现了生产过程的机械化，而监督与调整生产过程的工作仍需人工来完成。工人要不断照料机器的动作，用眼、耳和神经系统来直接获取生产过程的信息，然后由大脑对这些信息进行处理，作出要不要改变机器运行状况的决定，并通过手对机器的直接调整来执行这一决定。二十世纪初以来，产生了能对各种物理量进行精确测量的感受器件，也产生了各种执行机构。获取机器生产状况的信息的工作，就由感受器件取代了人的器官；控制决定的执行，由执行机构取代了手对机器的直接调整。但是，控制决定还得由人直接作出，整个生产过程还需人的直接参与。这样一种状况影响着生产率进一步发展。对一些日益精密化、快速化的现代工业过程（如化学工程过程），人工控制已完全不能胜任，因为在这种情况下人的思维在速度、可靠性和耐力方面都显得不够。五十年代出现了模拟式自动控制设备，在一些不太复杂的生产过程中实现了自动控制。但是，这种设备一般不能用于复杂的现代化工业过程,不能进行数据处理,也不能用于整个工厂或车间的全盘自动化。电子计算机的出现并应用于工业生产,才使自动控制技术产生了革命。第一、电子数字计算机具有计算精确的特点,和数字化感受器件、数字化执行机构结合,能够实现工业生产过程的精密控制;第二,电子数字计算机具有很大的计算能力,可以根据生产过程运行状况的改变而自动改变调节参数;可以计算出生产过程的发展趋势,以便决定应当预先调整那些操作条件。所以计算机能够对复杂的工业生产过程实现自动控制;第三,计算机不仅能对生产过程进行最优控制,而且能对包括感受器件、执行机构和计算机本身在内的全部生产设备进行监督控制。所以计算机能够实现整个企业和企业体系生产过程的全盘自动化。

关于过程的信息,是调节与控制这个过程的手段。人和人需要交换信息,人和机器也需要交换信息,任何社会实践过程都需要处理信息。人处理信息的能力,直接影响着他调节与控制事物的能力。电子计算机作为最具普遍意义的信息自动化处理设备,除了用于生产过程的数字自动化控制外,还广泛用于军事技术、科学研究、天气预报、交通运输、组织管理、信息管理、财政贸易和日常生活等领域,并成为现代化社会一种最富有代表性的装备。据一九七六年年底的统计数字,每百万就业人口(不包括农业)所拥有的通用电子数字计算机,美国是一千八百余台,日本、联邦德国是八百余台。这个数字还在迅速增长中。

(六)

对现代生产和现代科学技术的面貌产生深远影响的第三项技术革命是航天技术。航天技术,是把航天应用于生产、科学技术和军事的一大类新技术的总称,是二十世纪五十年代诞生的重大技术成就。航天技术短短二十余年的发展历史,不仅表现出在军事上的重要性,而且显示出了它在社会生产和科学技术范围内的巨大应用潜力。

航天技术首先把作为社会生产过程一般条件的通信手段提高到了一个全新的发展水平,实现了一种理想的天上中继站——通信卫星。利用卫星通信,不需要敷设电缆或微波接力站,极少受大气干扰,作用范围广,可靠性高,而且通信容量大。一颗通信卫星的通信能力与一百条越洋海底电缆相当。利用卫星通信,实现了电视对广大用户的直接广播;利用卫星通信,可以把大范围内的信息处理设备沟通形成信息网络。

航天技术实现了气象观测方式的革命。气象卫星能够在全球范围内对海洋、大陆和大气层进行观测;能够昼夜提供全球性的云图照片;能够对关键性的气象参数的垂直剖面图进行精确探测;能够连续监视大片地区的天气现象,并对研究台风一类灾害性天气现象有很大的作用。航天技术还能用于监视地壳的活动现象,并对地震和火山活动的预报作出贡献。

“运输业是一个物质生产的领域”，海运、空运的导航技术与社会生产的发展紧密相关。航天技术提供了一种理想的天上无线电导航台——导航卫星，从天上直接给飞机、船舶、潜艇传送导航信号，大大提高了导航系统的经济性、可靠性和精确性。卫星导航技术的最新发展，将可以提供全球性的、连续性的、高精度的导航业务，定位误差不超过十米，测速精度为每秒 3 厘米，比地面无线电导航提高近一百倍！。

航天技术提供了一种经济、有效的自然资源大面积普查手段。地球资源卫星可以用于土壤资源的调查、规划和开发，农作物长势和病害预报，矿物资源普查，水文勘测，林业、牧业资源管理，海洋资源调查，等等。

航天技术还开辟了“天上生产”的远景。例如，在赤道同步卫星轨道上，太阳产生的能量密度率约为每分钟每平方厘米二卡，而且不受地球昼夜和天气变化的影响，我们可以设想在未来利用这种环境在天上建设大型太阳能电站持续发电，然后通过大功率微波器件转换成微波能量，定向发射回地面接收站，再转换成工业和民用所需的电力。

由于航天技术的最新发展，在二十世纪八十年代将出现一种先进的可往返使用的航天运载工具——航天飞机。航天飞机将取代先前一次使用的卫星运载火箭；将能够对在轨道上运行的通信卫星、导航卫星、地球资源卫星、气象卫星和科学卫星进行维修服务；将能把已在轨道上完成了任务的有效载荷取回地面，以便修复使用或供改进技术用；将能为航天技术提供经济的“天上实验室”；将能使利用天上无重力环境进行“天上生产”成为现实。航天飞机的发展将把航天技术革命进一步推向深入。

航天技术对生产和科学技术的发展将继续产生深远的影响。从根本上说，这是由于航天具有极其深刻的认识论意义。任何知识的来源，在于人的肉体感官对客观外界的感觉。因此，任何技术的发展都与人类眼界扩大的程度相关。航天技术提供了一个极其优越的位置，从天上来发展我们对地球、大气层和整个自然界的认识，使人的眼界有一个飞跃的扩大。在航天技术出现之前，人局限在地球上，眼界很小，对范围极其辽阔的陆地、海洋、大气层进行一番系统的考察，所需要的时间是十分长的；对范围很大的区域性、洲际性甚至全球性的自然现象，根本无法直接观察；对环境条件恶劣地区的自然现象，难以深入考察；对一些迅速变化的自然现象，人也缺乏连续观察的能力。航天技术从根本上改变了这种状况。应用目前已经成熟的技术，从数百公里高的卫星轨道上对地球拍照，一张用于地质普查的卫星照片可以覆盖地面三万四千平方公里，为普通航空观测照片的三百四十倍！应用离地面三万五千多公里的赤道同步卫星，可以连续“俯视”大约半个地球表面。航天技术给我们提供了多种多样的天上观察站，以发展我们对自然界的认识：利用极地轨道卫星，可以在十多天内普查全球一次；利用赤道同步轨道卫星，可以连续不断监视地面自然现象；利用太阳同步轨道卫星，可以在太阳光照基本一致的条件下对自然特征进行对比研究。航天遥感技术还扩展了人对地表、洋面和大气层辐射的电磁波谱的识别范围；使一些表现在可见光区域以外的自然现象成为可以观察的。航天技术极大地延伸了人的眼力。以天文观察为例，最近发现的发射 X-光和 γ 射线的星源和与其相关的一系列所谓高能天文学现象，没有天文卫星这个工具是不可设想的。又如从地球用光学望远镜观察火星表面只能辨认出尺度大于三百公里的特征；而飞往火星的航天探测器，能在几千公里的近距离拍摄火星照片并传回地球，使分辨能力一下提高了一百倍！环绕火星的航天探测器进一步把这一能力提高到一千倍以上；而在火星表面软着陆的航天探测器则能对其表面进行直接探测，并将结果传回地球。各种各样的行星探测器使人的眼力一下子延伸了数千万甚至成亿公里！

以前我们是局限于地球表面来搞科学实验的，但就在这样的条件下，我们创造了如此丰富的科学技术，如此丰富的知识宝库。今后我们可以跳出地球表面，进入太阳系的空间，我们对宇宙的认识必然会有一个飞跃！

（七）

除了以上所说的三项当代技术革命，核能技术革命、电子计算机技术革命和航天技术革命之外，我们还看到现代科学技术的重大突破正酝酿着另外几项技术革命。例如，激光技术的发展将会导致新的技术革命，开创光子学、光子技术和光子工业[21]。又如，遗传工程的发展也将会导致新的技术革命，开创按人的计划，创造新的生物种属，而不光是靠老天爷培育生物种属。还可能有其他技术革命。五、六项技术革命同时并进，百花齐放，万紫千红，是人类历史上从未有过的局面！

但所有这些科学技术的发展，所有这些技术革命都直接与控制论联在一起。控制论的发生可以追溯到电力驱动技术，即电力技术革命；而控制论的成长则同当代几项技术革命分不开的。可以预言，控制论的进一步发展也必将同我们以上论述的技术革命的进一步发展紧密配合。让我们看一看几十年来的历史。

一九四四年那一台名叫 MARK-1 的大型继电器式计算机，一九四五年宾夕法尼亚大学那台采用电子管代替继电器的 ENIAC 电子计算机，都出现在控制论完全形成之前。但是，用替续的开关装置和用二进制作为电子计算机设计的最合适基础，完全是受惠于从一九四二年前后开始的控制论思想的发展：人的神经系统在做计算工作时，作为计算元件的神经元或神经细胞，实质上可以看作只具有两种动作状态的替续器。工程控制论出现以后，已日益深刻地被应用于指导电子计算机的设计。例如，能够记住主题并把以后接受的信息同这个主题联系起来的智能终端，能够识别语言波形、完全按照声音来操作的计算机，能够直接把图像转变为数字信息存储、处理的计算机，以及具有一定自学习、自组织功能的以电子计算机为心脏的机器智能等等，都是按照控制论原理来革新电子计算机体系结构的一些新发展。工程控制论正在推动电子计算机技术革命的深入。这样一个现实已经来到了人类的面前:由电子计算机和机器智能装备起来的人,已经成为更有作为,更高超的人!

工程控制论在其成形的时候,就把设计稳定与制导系统这类工程实践作为主要研究对象。虽然,作为现代火箭技术和航天技术萌芽的 V-2 火箭在控制论诞生之前好几年就出现了,但是,同应用工程控制论所实现的高精度、高可靠性的制导技术比较起来,V-2 的机电式制导系统实在是太原始了。法西斯德国向伦敦发射了二千枚这种射程三百公里的火箭,只有一千二百三十枚落入市区,这其中又仅只有半数落在距目标中心十三公里的范围之内。而现代制导技术可以达到这样的成就:射程一万公里的洲际导弹弹头落点圆公算偏差在三十米以内;"海盗号"航天飞行器在远距地球七千万公里之遥的火星实现了准确的软着陆。各种人造地球卫星、行星探测器、运载火箭以及航天飞机,都是高度自动化机器。航天遥测、航天遥控、航天遥感,还有航天测控信息的远距离传递,都是工程控制论在航天技术革命发展过程中建立的里程碑。

高精度、高可靠性自动调节、自动控制和自动监测系统,对核能技术的发展极具重要性。在核电站发展的早期,一般采用常规的机电自动控制技术和仪表。一九六三年,在核电站调节、控制与监测工作中首次引用了电子计算机控制,并获得了很大成功;到六十年代末期,电子计算机控制已在核电站上广泛应用。全面采用电子计算机监视和控制,是当前核电站技术发展的显著特征。现代电力网建设,要求核电站在运行过程中能随电网负荷的变动而自动调整功率输出,只有应用多变量最优控制以及能预测控制变量的前馈控制等现代控制理论,才能实现这个目标。

控制论的对象是系统。所谓系统,是由相互制约的各个部分组织成的具有一定功能的整体。一个蒸汽机自动调节器是一个系统,一部自动机器是一个系统,一个生物体是一个系统,一条生产线是个系统,一个企业是个系统,一个企业体系是个系统,一项科学技术工程是个系统,一个电力调节网是个系统,一个铁路调度网是个系统;还有,一个经济协作区是个系统,一个社会组织也是一个系统。有小系统,有大系统,也有把一个国家作为对象的巨系统;有工程的系统,有生物体的系统,也有既非工程的,也非生物的系统。为了实现系统自身的稳定和功能,系统需要取得、使用、保持和传递能量、材料和信息,也需要对系统的各个构成部分进行组织。生物系统的组织是一种自组织,能够根据环境的某些变化来重新组织自己的运动的工程系统是自动控制系统。

在工程系统的实践经验基础上,二十世纪六十年代兴起一类新的工程技术,即系统工程[22],系统工程已从工程的系统推广应用到了非工程的系统,从工程系统工程发展到了经济系统工程和社会系统工程(简称社会工程)[23]。系统工程是各类系统的组织和管理技术。各类系统工程的共同理论基础是运筹学。但控制论研究系统各个构成部分如何进行组织,以便实现系统的稳定和有目的的行动,所以系统工程又与控制论有关。这就扩大了控制论概念的影响。

另一方面也还有这样的情况：由于机械自动调节与控制技术的发展，二十世纪四十年代末正式形成了控制论科学。控制论原理已成功地应用于工程系统、生物系统和高级神经系统，五十年代诞生了工程控制论和生物控制论。六十年代，现代控制论发展形成的大系统理论，已把控制论的方法推广到了既非工程又非生物的系统——经济系统，从而正在出现一个新的控制论分支——经济控制论。面临这样一种发展形势，人们自然要问，控制论方法能否对比大系统更大的巨系统即社会系统发挥效用？

维纳在一九四八年曾经说过，那种认为控制论的新思想会发生某种社会效用的想法是“虚伪的希望”，“把自然科学中的方法推广到人类学、社会学、经济学方面去，希望能在社会领域里取得同样程度的胜利”，这是一种“过分的乐观”[24]。控制论的现代发展证明维纳一九四八年的观点是过于保守的。把一些工程技术方法推广应用到社会领域也不是“过分的乐观”，而是现实。运筹学已用于经济科学，并将应用于更大的社会领域。

恩格斯曾经预言，在社会主义条件下，“社会生产内部的无政府状态将为有计划的自觉的组织所代替”[25]。充分利用社会主义经济规律的调节作用，能够组织自觉运转的经济系统，这样的系统实质上也是一种自动系统；充分利用社会主义建设的客观法则和统计规律的调节作用，如恩格斯所预言，可以实现社会生产的“有计划的自觉的组织”，实质上这就是一种巨型的系统，所以，控制论所研究的系统的运动形式，在高级形态的系统——社会系统中，也是存在的。因此，没有理由认为控制论的社会应用是一种“虚伪的希望”。这是一种已经看得见曙光的真实的希望。在社会主义条件下，一门新的科学终将诞生，这就是社会控制论。这样一门科学不会在资本主义制度下出现，因为“资产阶级社会的症结正是在于，对生产自始就不存在有意识的社会调节”[26]。

（八）

作为技术科学的控制论，对工程技术、生物和生命现象的研究和经济科学，以及对社会研究都有深刻的意义，比起相对论和量子论对社会的作用有过之无不及。我们可以毫不含糊地说从科学理论的角度来看，二十世纪上半叶的三大伟绩是相对论、量子论和控制论[27]，也许可以称它们为三项科学革命，是人类认识客观世界的三大飞跃。但我们比较这三大理论，也看到它们，特别是前两者与后者的区别。相对论是处理宏观物质运动的基础理论，量子力学是处理微观物质运动的基础理论。它们有一个共同点，都是研究物质运动的；还有一个共同点，都是基础理论，即人们实践的基本总结，物质运动不管什么形式，都是以此为依据的。控制论则不然，它的研究对象似乎不是物质运动，而且好像也还没有深入到可以称为基础理论。这就发人深省了。相对论和量子力学的典型可以引导我们设想控制论的进一步发展的方向。

为什么说控制论似乎还不够深入呢？从控制论上述的形成和发展来看，它是原始于技术的，即从解决生产实践问题开始的。工程控制论首先建立，是控制工程系统的技术的总结，即从工程技术提炼到工程技术的理论，即技术科学。有了这样一门技术科学——工程控制论，就如前面讲到的，我们又发现生物生命现象中的一些问题也可以用同样的观点来考察，从而建立了生物控制论。再进而发展到经济控制论以及社会控制论。现在我们如果把这四门技术科学加在一起称为控制论，这样形成的所谓控制论还是一个混合物，没有脱离其本来技术科学的面目；特性的内容多些，普遍存在的共性内容不够突出。能不能更集中研究“控制”的共性问题，从而把控制论提高到真正的一门基础科学呢？能不能把工程控制论、生物控制论、经济控制论、社会控制论等等作为是由这门基础科学理论控制论派生出来的技术科学呢？

理论控制论的对象是不是物质的运动？因为世界是由运动着的物质构成的，控制论的对象自然还是客观世界，所以控制论的研究对象最终还得联系到物质，只不过不是物质运动本身而是代表物质运动的事物因素之间的关系。有些关系是直接的；有些关系不直接，要通过信息通道，表现为信息。此外，为了控制，即使受控对象按我们的预定要求行事，我们还加入若干控制量和控制量与事物因素以及信息之间的关系。事物因素、信息和控制量形成一个相互关联体系，表现为可以用数学表达的一系列关系。我们要注意关联必须以数学形式定下来，也就是要定量，不然就没有控制论。理论控制论的任务就是根据这些定量的关系预见整个系统的行为。有些问题在控制论中是有决定性意义的：如系统的能控性问题和能观测性问题的普遍理论。

如果这就是我们要建立的基础科学理论控制论，那我们可以从这一新版《工程控制论》看到，我们达到的离我们的目标还有一定距离，深度还很差。要真正建立这门基础科学，还有待于今后控制论专业工作者们的努力。为了实现我国的社会主义现代化，为了促进当前的和即将到来的各项技术革命，我认为这一努力是很有意义的。

在写这篇序的过程中，王寿云同志帮助我检阅并整理了很多资料，付出了辛勤的劳动，我在此对他表示感谢。

钱学森

写于一九七八年十二月二十四日

修改于一九七九年十一月二十九日

参考文献

[1] Tsien, H. S. , Engineering Cybernetics, MeGraw-Hill Book Company, 1954.

[2] Дянь-Сюэ-Сэнь, Техническая Кибернетика, деревод с ангииского М. З. Литвина-Седого, подредакидией А. А. Фелдбаума, Из. Иностранной Литературы, 1956.

[3] Tsien, H. S. , Technische Kybernetik, übersetzt von Dr. H. Kaltenecker. Berliner Union. 1957.

[4] 钱学森,《工程控制论》,戴汝为等译自英文版,科学出版社,1958.

[5] N. 维纳,《控制论》,科学出版社,27,1962.

[6] J. D. 贝尔纳,《历史上的科学》,471,科学出版社.

[7] J. D. 贝尔纳,《历史上的科学》,752,科学出版社.

[8] 费多谢耶夫,"科学技术革命的社会意义",苏联《哲学问题》杂志,第 7 期,1974.

[9] T. S. 库恩,《科学革命的结构》,上海科学技术出版社.

[10] 苏联《哲学问题》杂志,"今日之历史唯物主义:问题与任务",1972 年第 10 期社论.

[11] A. Toynbee, Lectures on The Industrial Revolution in England. London, 1884.

[12] 恩格斯,《马克思恩格斯全集》第二卷,281,296. 人民出版社出版,1957.

[13] 马克思,《马克思恩格斯全集》,第二十三卷,412,人民出版社,1972.

[14] 恩格斯,《反杜林论》,258,人民出版社,1970.

[15] 恩格斯,《马克思恩格斯全集》,第二卷,291,人民出版社,1957.

[16] 恩格斯,《马克思恩格斯选集》,第四卷,436,人民出版社,1972.

[17] 列宁,《列宁选集》,第二卷,788,人民出版社,1972.

[18] 斯大林,"辩证唯物主义和历史唯物主义",《斯大林文选,1934—1952》,上册,199,人民出版社,1962.

[19] 马克思,《马克思恩格斯全集》,第二十四卷,44,123,人民出版社,1972.

[20] 马克思,《马克思恩格斯全集》,第二十四卷,91,人民出版社,1972.

[21] 钱学森,"光子学、光子技术、光子工业"《激光》杂志,1979,第一期.

[22] 钱学森、许国志、王寿云,"组织管理的技术——系统工程",《文汇报》,1978,9,27.

[23] 钱学森、乌家培"组织管理社会主义建设的技术——社会工程",《经济管理》,1979,第 1 期.

[24] N. 维纳,《控制论》,科学出版社,162,163.

[25] 恩格斯,《反杜林论》,279,人民出版社,1970.

[26] 恩格斯,《马克思恩格斯选集》第四卷,369,人民出版社,1972.

[27] 童天湘,"控制论的发展和应用",《哲学研究》,1979 年,第 2 期.

前　言

早在一九六三年，为了适应我国科学技术发展的需要，应广大读者的要求，钱学森同志委托我们对《工程控制论》作补充修订。在他的直接指导下，我们用了两年多的时间对原书进行了修订，以求反映原书英文版出版以后十年中这门技术科学的主要进展。一九六六年春，初稿完成后不久就看到，当时要出版它是完全不可能的。以后那几年情况更复杂，几经周折之后，几乎全部插图和部分原稿都丢掉了。在这里，应该衷心感谢王寿云同志，他竟能把未丢尽的原稿妥善保存了十多年，使我们有可能在粉碎“四人帮”之后，重新整理书稿，并在较短的时间内完成了这一工作。

从《工程控制论》的初版到现在已过了二十五年。在这二十五年中，工程控制论这门技术科学在研究的范围和深度方面都有了巨大的发展。但是，原书中所阐明的基本理论和观点至今仍然是这门学科的理论基础，这就是为什么原书的中、英、德、俄等各种文版至今还不断为世界各国科学技术工作者所引证和参考的原因。因此，在修订过程中，我们保留了原书的几乎全部内容和章节，在这个基础上，按照原著的宗旨，选择新的材料加以补充。显然，从浩瀚的文献中和二十五年卓有成效的工程实际中抽取新的带有共性的理论，在今天来说是一件非常困难的事。还由于我们本身水平和条件的限制，增补内容的选择不能不带有片面性。这是首先应该申明的。

与原书比较，完全新增加的有五章(第八、十二、十七、二十和二十一章)。此外，原书各章节中都增加了新的内容，有的则大部分是新写的。对某些章节的次序还作了相应的调整。例如在第二章中增加了状态空间的表示理论，它不仅对系统的精细研究提供了新的工具，还为从常微分方程到偏微分方程的过渡提供了桥梁，因此状态空间的理论近十年来已广泛被采用。在本版中增加的新章有最优控制理论(第八章和第九章大部分)，它是近二十年来有重大发展的部分之一。这种理论的抽象和所得到的新的结果已在工程实践的广泛应用中被证明是成功的。各种类型的最优化设计问题都以这种理论的抽象作为基础；在这两章中我们着重介绍非古典最优控制问题，在和古典变分法的对照之下可以看到，无论是命题和讨论问题的方法都大大地前进了，更接近于解决实际问题中的主要矛盾。可以说，这是近二十年来工程控制论这门学科中进展最大的理论之一。新增加的第十二章，是关于分布参数系统的理论。这些理论主要是六十年代以后发展起来的。在自然界和社会现象的各种过程中，有相当大的部分是由偏微分方程描述的。二十年前，初期的工程控制论对偏微分方程描述的过程几乎尚未触及。现在，情况已有了很大的变化，处理这类问题的理论基础已经建立起来了，虽然完善的程度还远远不够，特别是能直接为工程计算所应用的结果还不多。由于分布参数系统本身的状态空间是无穷维的，在这里使用泛函分析中的观点和方法，可以建立简单清晰的概念，能使相当复杂的问题豁然开朗。

第十七章中扼要介绍了与计算机技术有关的几个问题。计算机的广泛应用对控制论的发展具有划时代的意义，然而作为普遍的理论目前仍处于探索阶段，我们只能限于介绍这方面的基础理论和几个典型问题，并将这些内容都归纳在"逻辑控制和有限自动机"这个标题之下。这样做有时是勉强的，如人工智能简直应该是一门新的学科，遗憾的是一种统一的理论模型还没有形成。第二十章是信息论，它或许不宜直接列入工程控制论的范畴，但是近年来信息处理和过程控制已密切到难解难分的程度，以至于有融合的趋势。因此，遵照钱学森同志的提议，增加了这一章。最后一章是大系统，这也是工程控制论这个学科中最新的一章。它的出现标志着工程控制论已从研究局部的过程过渡到研究大范围内的带有全局性的问题，例如对社会经济发展、交通运输、企业经营以至于人口发展等过程进行定量描述和控制。大系统的出现为各类系统工程提供了新的观点和方法。由于大系统的理论远不够成熟，目前我们只能满足于阐明它的基本特点，应用范围和介绍有代表性的几种理论模型，作为对大系统研究的一个导言。

除了这些新增加的章节外，对原书的某些名词和名称还作了修改，以适应十多年来逐步形成了的用语习惯。如原书第十八章"误差的控制"改为"冗余技术和容错系统"(现为第十九章)；原第十七章改为"自镇定和自适应系统"等等。同样，这些章的内容也略有增加。

经过这样一番增订，书的内容似已超出一般工程体系的范围了。这也是控制论近年来发展的趋势：发端于工程体系，继而用于生物现象，后又用于经济的发展过程，现在更进而用于社会运动过程。将来再来增订这本书恐怕不行了，要么写通论的控制论，要么写专论的工程控制论、生物控制论或经济控制论以及社会控制论。这是工程控制论这门学科目前的发展趋势。这也符合一切事物都有一个发生、成长和衰亡的辩证过程这样一个客观规律。

在本书第一版的序言中，原书作者曾指出，工程控制论是一门技术科学，不是工程技术。它的目的是综合自动控制方面的技术成果，提炼出一般性的理论，并指出进一步发展的方向，从而对自动控制技术的发展起指导作用。原序中的这一段话明确地指出了理论来自实践，反过来又会指导实践这一客观规律，说明理论和实践是密切联系着的，但又是有区别的；懂得理论的并不一定会实践，有实践经验的并不一定知道理论。在修订版出版时，我们觉得还应该补充两点。第一，工程控制论毕竟是一般性的理论，如果没有工程技术的实际知识和实践经验，就缺少完全理解和彻底掌握工程控制论的基础,因而就不能应用一般的理论去具体解决工程技术中的实际问题。无论学习工程控制论的读者或者是研究工作者,都至少应该熟习一个具体领域中的工程实际问题,这样才能对这一学科中的基本命题、方法和结论有深刻的理解,第二,一种理论是否正确,是否有生命力,是否值得深刻地去研究它,不仅要看它的推理是否正确,或者说从形式逻辑上看它是否成立,更重要的是看它的前提是否正确,命题本身是否反映了工程实践中的客观需要,是否抓住了主要矛盾。近二十多年来,在工程控制论的发展过程中,有不少理论或方法被实践所淘汰;另一些则被工程实践证明是正确的,有用的,从而得到了更广泛的应用和理论上的进一步提高。工程实践是检验任何技术科学理论的最后标准。所以,我们在学习和研究工程控制论时,首先要注意的是某一理论的前提,命题的客观含义和所得到的结论对工程实践的意义。从这个意义上讲,工程控制论包含的内容必将随工程技术的发展而发展。本书修订版所增添的新内容也毫无例外地将受到客观实践的检验、修改和发展。

这本书的修订工作实际上是由一个集体完成的。协助修订和编写个别章节的有于景元同志(第十二章),林金、郭孝宽同志(第十三章)和唐志强同志(第十四、十五章)。早期协助整理材料的有王玲娟、刘德风、徐信华和靳元甲等同志。全书手稿的整理校对这一繁杂的任务是由于景元和唐志强同志完成的。

中国科学院戴汝为、涂序彦、韩京清、毕大川和福州大学项国波等同志都为本书提供了宝贵材料,有些是他们本人的研究成果。北京大学黄琳同志阅读过有关章节并提出过宝贵意见。所有这些对丰富本书内容,提高修订工作质量都大有裨益。

王毓兰同志在整理插图和各章参考文献的同时还编写了一个与本书内容有关的部分中文文献目录,附在本书的最后。以期引起读者注意研究我国控制论科学工作者们的著作和贡献。由于条件所限,这个目录一定是不完全的,仅对应收而未被收入的文献作者致歉。

在整个修订工作过程中,我们得到了柴志、蔡金涛、何午山等领导同志的热情支持,这种支持一直在鼓励着我们,也是我们能够完成这一工作的必要条件。

我们谨向上述所有同志致以衷心的感谢。

对修订工作中的缺点和错误,欢迎读者批评指正。

宋　健

写于一九七八年十一月廿二日

修改于一九七九年十二月十七日

目　　录

第一章　引　　论

工程控制论这门学科中的主要理论和其他任何学科一样，产生于生产实践和科学试验。几千年来，我国人民在自动控制技术方面有过卓越的贡献。早在两千年前，我国就发明了开环自动调节系统——指南车[1,2]，北宋哲宗元祐初年（公元1086—1089年）我国又发明了闭环自动调节系统——水运仪象台。大约经过七百年以后，在英国和俄国等资本主义国家内，开始将自动控制技术应用到近代工业中去。此后随着近代工业技术的发展，自动控制技术也获得了突飞猛进的发展。所有这些就是工程控制论产生的客观基础。

但是，仅仅有了生产实践，而没有把实践中具有共性的东西抽象出来，理论还不能形成。要把自动控制技术中的普遍规律抽象出来，只有在其他学科，如数学、力学、物理学等发展起来以后才有可能。因此，控制理论的形成，只是近几十年的事。控制理论一旦形成以后，反转过来又对自动化技术产生了巨大影响，并且也同时在生产实践和科学实验中经受了考验。毛主席说过"许多自然科学理论之所以被称为真理，不但在于自然科学家们创立这些学说的时候，而且在于为尔后的科学实践所证实的时候"。工程控制论正是经历了实践—理论—实践的过程，并且仍然在这个过程中不断地向前发展。

本书将大体遵循上述次序去叙述控制理论的各个主要组成部分。对于那些早已为大家熟悉了的从实践到理论的过程，略而不述是为了节省篇幅。书内也有部分理论问题虽然是从实际问题中抽象出来的，却没有经过或没有充分地经过再实践的考验。把它介绍出来是为了促进技术实践并继续发展这些理论。在第一章里我们简单地介绍一下如何把一些实际技术中带有共性的东西抽象为理论问题，以及为此所需要的一些概念、命题和方法。

为了设计一个优良的控制系统，必须充分地了解受控对象、执行机构及系统内一切元件的运动规律。所谓运动规律是指它们在一定的内外条件下所必然产生的相应运动。在内外条件与运动之间存在着固定的因果关系，这种关系大部分可以用数学形式表示出来，这就是控制系统运动规律的数学描述。在控制系统中我们经常碰到和需要处理的物理现象不外乎电、磁、光、热的传导及刚体、弹性体、流体的运动等。这些物理量的运动规律早已由电磁学、光学、热力学和力学内的基本定律所确定，如电磁学中的克希荷夫定律（Kirchhoff），麦克斯韦（Maxwell）方程，热力学中的傅里叶（Fourier）定律，热力学第二定律，光学中的费尔马（Fermat）原理，力学中的牛顿（Newton）诸定律及其各种变形等。这些物理规律大部分都可以用微分方程、积分方程和代数方程描述出来。本书研究的控制系统的运动，绝大部分都是由微分方程、积分方程或差分方程所描述的。下面我们从常微分方程所描述的系统开始。

如果我们所考虑的系统的自由度是一，即只用一个变数 y 就可以描述这个系统的物理状态。那么把变数 y 取作时间 t 的函数，就可以描写这个系统在时间过程中的运动状态。根据上面所述，我们求出 $y(t)$ 满足的方程，假定它是一个常微分方程，时间 t 是唯一的自变数。如果微分方程的每一项中最多只含有因变数 y 或者 y 的各阶时间导数的一次方幂，不包含 y 或者它的各阶时间导数的高次方幂，也不包含这些函数的乘积，我们就说这个方程是线性的，同时，也就把这个方程所描述的系统称为线性系统。反之，我们就说，这个方程是非线性的，同时，把它所描述的系统称为非线性系统。更进一步，还可以把所有线性系统分为常系数线性系统和变系数线性系统两类。如果描述系统状态的线性微分方程的每一项的系数都是常数，我们就把这个系统称为“常系数线性系统”。如果这些系数不全是常数而是时间 t 的函数，我们就把这个系统称为“变系数线性系统”。

从各类微分方程的解的特性来看，以上的分类方法是有道理的。因为，每个系统的运动状态的特性与描述这个系统的微分方程的类型是有密切关系的。不但如此，微分方程的类型还确定了解决系统的工程问题的正确作法。现在我们就举例来看一看各种情况。

1.1 常系数线性系统

让我们来讨论一个最简单的系统——一阶系统。也就是说，微分方程是一个一阶的常系数线性方程。假定系统本身的特性不受到外界的影响，并且不受到驱动函数（也就是外力）的作用，那么，微分方程就可以写作下列形式

$$\frac{dy}{dt} + ky = 0 \tag{1.1-1}$$

其中 k 是一个实常数，可以叫做弹簧常数。当 y 不随时间变化时，dy/dt 等于零。根据方程(1.1-1)必定要有 $y=0$。因此，系统的平稳状态，或者平衡状态，就相当于 $y=0$ 的状态。

方程(1.1-1)的解是

$$y = y_0 e^{-kt} \tag{1.1-2}$$

这里，y_0 是 y 的初始值，或者说

$$y(0) = y_0 \tag{1.1-3}$$

这样，y_0 也就是系统的离开平衡状态的初始扰动。对于正的 k 值和负的 k 值，在图 1.1-1 里画出了系统在 $t>0$ 时的运动状态。我们看到，在 $k>0$ 的情况下，y 随

着时间的增加而逐渐减小。当时间无限增大时，$y \to 0$。因此，对于 $k>0$ 的情形，系统的扰动就会最后消失掉。于是我们就可以说，系统是稳定的。在 $k<0$ 的情况下，系统的运动随着时间的增加而不断地增大，而且不论初始的扰动位移多么微小，系统的扰动都会逐渐增长到非常大的数值，这也就是说，一旦受到扰动，系统就永远不能再回到平衡状态上去了。这样的系统就是不稳定的。

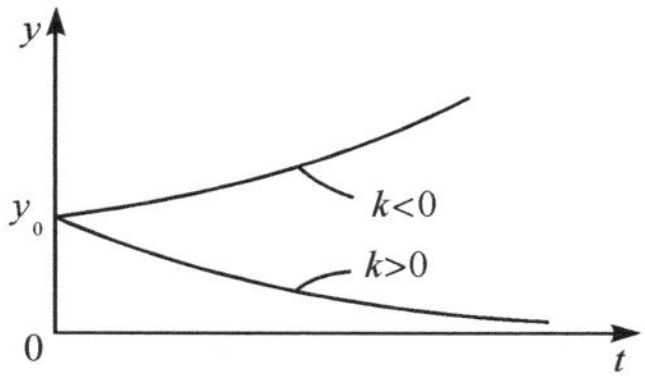

图 1.1-1

对于阶数更高的系统来说，微分方程里含有更高阶的导数。n 阶系统的微分方程就是

$$\frac{d^n y}{dt^n} + a_{n-1}\frac{d^{n-1} y}{dt^{n-1}} + \cdots + a_0 y = 0 \tag{1.1-4}$$

对于实际的物理系统而言，各个系数 $a_{n-1}, \cdots, a_0$ 都是实数。在这种情况下，方程(1.1-4)的解一般可以写成

$$y = \sum_{i=1}^{n} y_0^{(i)} e^{\alpha_i t} \sin(\beta_i t + \varphi_i) \tag{1.1-5}$$

其中 α_i, β_i 都是实数并且和系数 $a_{n-1}, \cdots, a_0$ 有关。φ_i 是相角，而且也和系数 $a_{n-1}, \cdots, a_0$ 有关。这样一来就可以看出：当所有的 α_i 都是负数的时候系统的运动是稳定的。如果某一个 α_i 是正数，扰动就会越来越大，因而系统也就是不稳定的。

从以上的这个例子可以看到：关于常系数线性系统的运动状态，我们可以提出一个严格的问题——系统的稳定性的问题。在一个工程设计中，通常首先要求的就是稳定性。只要确定了微分方程的系数，我们就可以答复系统是否稳定的问题。在由方程(1.1-1)所描述的简单的一阶系统的情况中，k 的符号是唯一的有决定性意义的参数。

但是，这并不是说对任何一个控制系统只要求它具有稳定性就够了。一般来讲，一个系统仅仅稳定还是十分不够的，根据它所担负的任务不同，对它还会提出其他的质量要求。例如航天飞行器往往要求控制系统耗能少，随动系统要求跟踪速度快，对工业生产中的控制系统要求均方误差小等。和稳定性一起，这些都称之为控制系统的质量指标。因此，当分析了一个控制系统的稳定性后，还要对其他的质量指标进行分析和试验。经过全面试验分析后，才能对所设计的系统提出鉴定性意见。在设计工作中也必须同时采取措施，满足稳定性以外的其他指标要求。

1.2 变系数线性系统

如果在所研究的系统中有一个可变化的参数，变动这个参数就可以使系统的平稳状态或平衡状态相应地改变。很自然地就可以想到：描述系统运动状态的微分方程的系数也是这个参数的函数。例如，作用在飞机上的空气动力就是飞机速度的函数，如果飞机的速度由于加速度或减速度而发生改变的话，那么，即使飞机本身的惯性性质保持不变，作用在飞机上的空气动力也还是要改变的。由于这个缘故，如果我们想计算飞机的离开水平飞行路线的扰动运动的话，基本的微分方程就会是一个变系数的方程。

让我们再回到方程(1.1-1)所描述的一阶系统的简单的例子上去。如果弹簧系数 k 是飞机的速度的函数，而且假定飞机有一个不变的加速度 a，那么，k 就是速度 $u=at$ 的函数。因此，微分方程就可以写成以下的形式

$$\frac{dy}{dt}+k(at)y=0 \tag{1.2-1}$$

这个方程的解就是

$$\log\frac{y}{y_0}=-\frac{1}{a}\int_0^{at}k(\xi)d\xi \tag{1.2-2}$$

其中 y_0 是初始扰动。如果 k 总是正数，那么，$\log(y/y_0)$就总是负数。而且当时间增大的时候，$\log(y/y_0)$这个负数的绝对值也就会越来越大。因此，y 就永远小于 y_0。而且最后趋于消失。所以系统是稳定的。如果 k 总是负数，$\log(y/y_0)$就是一个随着时间增大的正数。即使初始扰动 y_0 非常微小，y 的数值最后也会变得很大，所以系统就是不稳定的。这样一些系数不改变符号的变系数系统的特性和常系数系统的特性是非常相近的。

然而，有趣味的是 k 既有正值也有负值的情形。我们假定 $k(at)$先取正值，然后取负值，最后又再取正值。如果以 $u_1=at_1$ 表示 k 的第一个零点，以 $u_2=at_2$ 表示第二个零点，那么，按照我们以前的观念来判断其稳定性的问题就变为不可能了。因为在 u_1 到 u_2 的范围内系统似乎是“不稳定”的。但是，因为稳定性的概念本身通常是当 $t\to\infty$时系统的渐近性能，而不是某一瞬间的情况所能够完全确定的。因此，对变系数系统的稳定性的分析需要建立另外一些方法。这些方法将在第四章内介绍。

尽管如此，系统式(1.2-2)在这一“危险区间”内的性能对实际工程问题还是有意义的。

设 $y_{\min}$是 y 的极小值，$y_{\max}$是 y 的极大值。根据方程(1.2-2)就有

$$\log\frac{y_{\min}}{y_0}=-\frac{1}{a}\int_0^{u_1}k(\xi)d\xi \tag{1.2-3}$$

和

$$\log\frac{y_{\max}}{y_0}=-\frac{1}{a}\int_0^{u_2}k(\xi)d\xi \tag{1.2-4}$$

从工程的观点来看，有兴趣的问题常常是：y_{max}多么大？是不是它已经大到使系统不能正常运转的程度？我们注意到这样一个事实：为了回答以上的问题，除了 k 和 u 的函数关系之外，我们还需要知道两件事。这两件事就是：加速度 a 多么大？初始扰动 y_0 的大小是多少？因为对于固定的 a 值来说，y_{max} 和 y_0 成比例。但是更重要的情况是：对于固定的初始扰动来说，我们可以用增大加速度 a 的办法使偏差的极大值 y_{max} 大大地减小。这个事实可以从方程(1.2-4)看出来。这个事实的实际意义就是：如果尽可能迅速地通过"危险区域"，就可以使不利的效果减少到最低的程度。以上讨论提示我们，对变系数系统应该注意研究控制系统在有限区间内的性能。例如用有限区间的稳定性的概念去代替对时间趋于无穷大时系统渐近性能的研究。有限时间内系统性能的分析方法也将在以后做一些介绍。另一方面，从工程实际中的物理概念出发，对于一般的变系数线性系统来说，简单地提出这些系统是否稳定的问题往往是没有明确的意义的。更有意义的问题的提法是：在给定的扰动和给定的外界条件之下，对于一个确定的准则(判断标准)来说，这个系统的运行状态是否使人满意？在我们的简单的一阶系统的例子里，正常运行的确定的判断准则就是 y_{max}；给定的扰动就是 y_0；给定的外界条件就是加速度 a。因此，由于从常系数系统进展到变系数系统，问题的特点就已经大大地改变了。

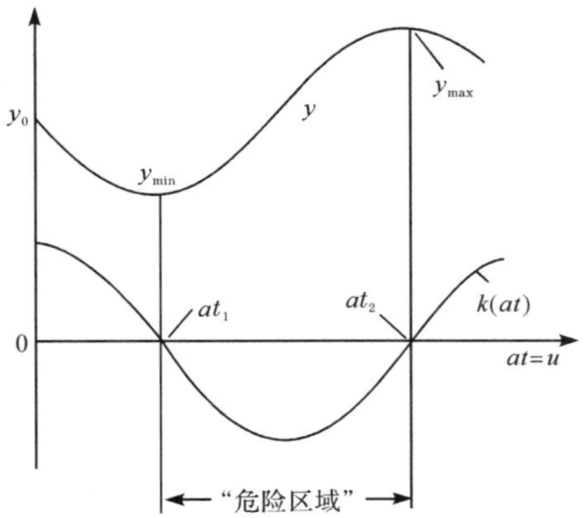

图 1.2-1

为了避免发生误解起见，必须指出：以上的讨论只是为了说明常系数线性系统和变系数线性系统在基本的数学性质上的区别而已，并不是说，在实际的工程问题中对于常系数线性系统只要求它们稳定就够了，如前所述，对于这些系统的其他方面的性能(例如，过渡过程中的状态、可能发生的最大偏差 y_{max}等)也还是要加以考虑的。同样的，在实际的工程问题里对变系数线性系统提出的问题也可以是多方面的。

1.3　非线性系统

如果在方程(1.1-1)所描述的简单的一阶系统里，弹簧系数 k 是扰动量 y 本身的函数，那么微分方程就成为

$$\frac{dy}{dt}+f(y)=0 \tag{1.3-1}$$

其中令 $f(y)=k(y)y$。我们看到这个方程是非线性的。方程(1.3-1)所描述的系统也就是非线性系统的最简单的例子。把方程(1.3-1)积分，就可以用下列的关系式求出方程的解 $y(t)$

$$t=-\int_{y_0}^{y}\frac{d\eta}{f(\eta)} \tag{1.3-2}$$

这里的 y_0 仍然是初始扰动。

另外一方面，把方程(1.3-1)逐次地求导数就得出

$$\begin{aligned}&\frac{d^2y}{dt^2}+\frac{df}{dy}\frac{dy}{dt}=0\\&\frac{d^3y}{dt^3}+\frac{d^2f}{dy^2}\left(\frac{dy}{dt}\right)^2+\frac{df}{dy}\frac{d^2y}{dt^2}=0\\&\cdots\end{aligned} \tag{1.3-3}$$

因此，如果 y_1 是函数 $f(y)$ 的零点，并且 $f(y)$ 在 y_1 点是正则的，即 $f(y)$ 对于 y 的所有阶的导数在 y_1 点都是有限值。我们还可以假定 $f(y)$ 在 y_1 点附近可以写成

$$f(y)=(y-y_1)^m[c_m+c_{m+1}(y-y_1)+\cdots]$$

的形式，其中 $m\geqslant 1$，而且 $c_m\neq 0$。因此，根据方程(1.3-1)和(1.3-3)就得出：

在 $y=y_1$ 处

$$\frac{dy}{dt}=\frac{d^2y}{dt^2}=\frac{d^3y}{dt^3}=\cdots=0 \tag{1.3-4}$$

如果初始扰动 y_0 与 $f(y)$ 的某一个零点相重合的话，那么，以后 y 就保持着这个数值，并不随时间变化。因此，$f(y)$ 的各个零点都是平衡位置。如果在某一个零点上 $df/dy>0$，就像 y_1 点的情形，离开这个平衡位置的微小偏离必定会逐渐消失，因而系统最后还会回到初始状态上去(图 1.3-1)。这样，我们就可以说，对于微小扰动而言，在 y_1 点系统是稳定的。可是，如果在某一个零点上 $df/dy<0$，就像 y_2 点的那种情形，离开这个平衡点的任何一个微小扰动都会使得系统变动到相邻的平衡位置 y_1 或 y_3 上去。因此，y_2 是一个不稳定的平衡状态。

我们已经看到，甚至像方程(1.3-1)所描述的这样一个非常简单的系统，它的运动状态就已经是很复杂的了。在线性系统中如果某一个运动是稳定的，则可断言系统是稳定的，即系统的每一个运动对任何初始扰动都是稳定的。与线性系统

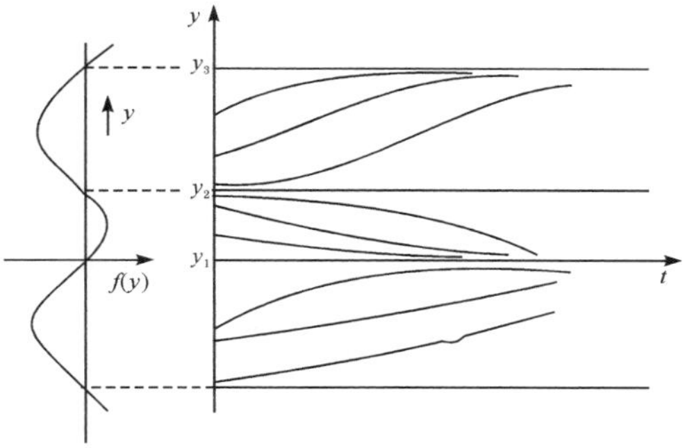

图 1.3-1

相反，非线性系统由于可以同时存在稳定的和不稳定的运动，因此，对非线性系统只能对某一个或某一类具体运动的稳定性进行研究，一般地提出系统是否稳定往往是没有意义的。

像前述弹簧系数的非线性特征一样，控制系统的非线性主要是由受控对象、执行机构、各种放大器和敏感元件的非线性特征造成的。例如放大器的饱和特性（图 1.3-2a），放大器的磁滞曲线（图 1.3-2b）及其他继电器特性（图 1.3-2c，d），机械传动空回特性等都是一些最常见的典型非线性因素。研究包括这类非线性特征的控制系统的运动稳定性问题已不能归结于对线性方程式的研究，而必须谨慎细心地去分析和研究非线性方程式所描绘的某些我们感兴趣的运动。

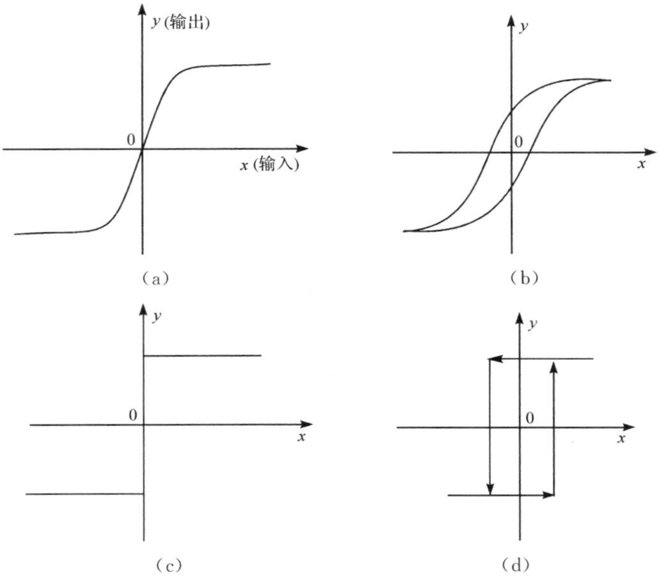

图 1.3-2

1.4　工程近似问题

几乎可以肯定地说：只要加以足够精密的分析，任何一个物理系统都是非线性的。我们说某一个实际的物理系统是线性系统，其意思只是说它的某些主要性能可以充分精确地用一个线性系统加以近似地代表而已。并且，所谓“充分精确”的意思就是说：实际系统与理想化了的线性系统的差别，对于具体研究的问题来说已经小到无关紧要的程度。只有当具体的条件和具体的要求明确地给定以后，我们才能把一个实际的系统看作线性系统或是非线性系统。在这个问题上并不存在一般所谓的绝对的判断准则。举例来说，如果我们只想研究一个非线性系统在它的某一个稳定平衡点附近的微小扰动运动的最后状态的话，那么，根据李雅普诺夫(Ляпунов)的关于运动稳定性的第一近似的定理，在一定的条件下，原来的系统就可以用一个线性系统很好地近似；但是，如果我们的问题是想研究系统的自激振荡的话，那么，就不能把系统的非线性的性质忽略掉，因为那样一来就会把产生自激振荡的物理根源(和数学根源)丢掉了。

以上所说的处理分类问题的原则，对于把线性系统分为常系数系统和变系数系统两类的情形也是适用的。以方程(1.1-1)和(1.2-1)所描述的两个简单的系统为例：如果加速度 α 非常小，也就是说飞行的速度几乎不变，由方程(1.2-3)就可以看出来 $y_{\min}$ 比初始扰动 y_0 小得多，而且这样的 $y_{\min}$ 发生在 t 的数值很大的一个时刻。在一个有限的时间间隔之内，系统式(1.2-1)的运动状态和 k 是正值的系统式(1.1-1)的运动状态是十分相近的。因此，在一定的场合之下，也可以用常系数系统很准确地近似一个变系数系统。

很明显，常系数系统是最容易研究的。很幸运的是：为数很多的工程系统经过工程近似的手续之后，都可以看作常系数系统。这也就是为什么在控制理论中，关于常系数线性系统这一部分理论特别发达的缘故。

1.5　几 个 定 义

控制理论主要研究系统状态的运动规律和改变这种运动规律的方法和可能性。前者统称为分析问题，后者则为综合(设计)问题。如果说分析是为了认识系统的运动规律，那么综合的目的便是改造这种运动，使之满足我们的需要。这样，对于控制论来说，分析是基础，综合是目的，而后者又是前者的发展结果，是前者的更高阶段。

如果一组变量 $x_1, x_2, \cdots, x_n$ 能完全代表某一控制系统的状态，而且它们的变化规律 $x_1(t), x_2(t), \cdots, x_n(t)$ 能够单一地确定系统的运动规律，我们将说$(x_1, \cdots,$

x_n)是系统的状态,其中每一个分量 x_i 将称之为系统的坐标。例如质点的运动方程式

$$m\frac{d^2x}{dt^2}=f \tag{1.5-1}$$

中的位移变量 x 不能完全代表质点的状态,它和质点的速度一起才能完全表示质点的状态。若写 $x=x_1$,$\frac{dx}{dt}=x_2$,则式(1.5-1)变为

$$\begin{aligned}\frac{dx_1}{dt}&=x_2\\ \frac{dx_2}{dt}&=\frac{1}{m}f\end{aligned} \tag{1.5-2}$$

这样,x_1 和 x_2 是质点 M 的两个坐标,它们二者在一起才构成质点的状态。如果某一系统的运动可用下列方程组来描述

$$\begin{aligned}\frac{dx_1}{dt}&=f_1(x_1,x_2,\cdots,x_n,t)\\ \frac{dx_2}{dt}&=f_2(x_1,x_2,\cdots,x_n,t)\\ &\cdots\\ \frac{dx_n}{dt}&=f_n(x_1,x_2,\cdots,x_n,t)\end{aligned} \tag{1.5-3}$$

则(x_1,x_2,…,x_n)完全代表了系统的状态,系统有 n 个坐标。凡是可以由有限个坐标完全描绘其状态的系统,我们将称之为有穷维系统,或称之为集中参数系统。

并不是所有的受控系统均可以用有限个坐标去完全描述出它的状态。例如胡琴上的弦的运动是可以控制的,控制的方法不同,便可以奏出各种优美动听的曲调。弦的运动方程式是

$$\frac{\partial^2 y}{\partial t^2}=a^2\frac{\partial^2 y}{\partial x^2}+f(x,t) \tag{1.5-4}$$

其中 a 为常数,y 为弦对平衡位置的横向偏移,$f(x,t)$为外界控制力。

它的运动是由一个二元(双变量)函数 $y(x,t)$ 描述的。如果对每一个固定点 $x=x_i$ 将函数 y 看成为一个单变量 t 的函数 $y(x_i,t)=y_{x_i}(t)$,那么这样的函数有无穷多个。因此,我们说系统式(1.5-4)是无穷维的。在工程上,根据明显的物理特点,称此类系统为分布参数系统。

从控制的观点来看,系统中的诸量又可分为两类:受控量和控制量。控制的目的是向对人们有利的方向改变系统的运动规律,因此,系统的诸状态坐标都是受控量。用以去改变运动规律的诸量,如式(1.5-1)和(1.5-2)中的 f,式(1.5-4)中的 $f(x,t)$,均称为控制量。在一般 n 维系统中控制量常有多个,用 u_1,u_2,…,u_r 表示。此时方程组(1.5-3)可改写为

$$\frac{dx_1}{dt} = f_1(t, x_1, x_2, \cdots, x_n; u_1, u_2, \cdots, u_r)$$

$$\frac{dx_2}{dt} = f_2(t, x_1, x_2, \cdots, x_n; u_1, u_2, \cdots, u_r)$$

$$\cdots$$

$$\frac{dx_n}{dt} = f_n(t, x_1, x_2, \cdots, x_n; u_1, u_2, \cdots, u_r) \tag{1.5-5}$$

式内诸坐标 $x_1, x_2, \cdots, x_n$ 为受控量，$u_1, \cdots, u_r$ 为控制量。我们要注意到，这种分类是很重要的。因为只有对控制量我们才有一定的自由去改变它，例如用改变供油阀门的位置去改变发动机的推力，用改变舵的偏角去改变作用于飞行器上的气动力和力矩，用改变电枢电压去改变电机的转动力矩等。而受控量的变化只能通过控制量的作用按其本来的规律（微分方程式所确定的规律）进行。

像在数学物理方程中所看到的那样，有些具有分布参数的受控运动可用佛雷德荷姆(Fredhoim)积分方程来描述。如方程式

$$y(x) = \int_a^b K(x, s) g(y(s), u(s)) ds \tag{1.5-6}$$

其中 $y(x)$ 为受控量（函数），$K(x, s)$ 为已知二元函数（积分方程的核函数），$g(y, u)$ 为已知二元函数，而 $u(s)$ 为控制量（函数）。系统的（无穷维）坐标的变化规律只能通过控制函数 $u(s)$ 去改变。

如果注意线性自动调节理论中的研究方法，我们可以觉察到，那里无论是系统的坐标或控制量均被默默地认为不受任何限制，即任一变量的取值范围预先不加任何约束，其大小完全由线性方程式本身的特性和初始条件所确定。虽然线性调节理论的丰硕成果对自动控制技术起了并且现在依然起着重要作用，但受控量和控制量不受限制的假定是与实际技术装置的工作情况有一定距离的，这不能不认为是线性理论的重要缺陷。在实际技术问题中，一切受控量和控制量都受到客观条件的某些约束而不能超出一定的范围。对于控制量来说这一事实有着更深刻的意义。例如，作用于飞行器上的力，总有一定的限度，物体的速度和加速度受到机械结构强度和其他条件的限制，控制电压受到电源功率和绝缘强度的限制等。这些客观限制因素有时对控制系统的性能具有决定性的影响，如果在设计系统时不加考虑，计算工作就往往不能反映受控对象的主要特征，或者使定量计算的准确程度受到严重影响。例如，线性调节理论中不考虑限制条件而得到的"过渡过程的时间与阶跃输入作用的大小无关"的结论，在实际上是不完全正确的。

人们很早就发现，若考虑系统的受控量和控制量的限制条件，在控制系统的设计工作中线性理论的分析方法已经不完全适用或根本不能使用，那里应用的广泛和富有成效的许多代数方法在这里均局部或全部丧失了其优越性。这里必须采用其他的研究方法。这些方法将在本书以后的有关章节中详细介绍。

对控制量和受控量的限制条件,在设计工作中有很大不同的意义,前者是首先必须考虑的因素。对控制量的约束条件大致上可做下列分类。设 $u_1,\cdots,u_r$ 为受控系统的 r 个控制量。首先,在控制过程中最常见的是每一个分量的取值范围受到限制,如

$$|u_i| \leqslant M_i, \quad i=1,2,\cdots,r \tag{1.5-7}$$

M_i 为不同的(或相同的)正常数。或者,更为广泛一些,限制条件可以写为

$$g_i(u_1,u_2,\cdots,u_r) \leqslant M_i, \quad i=1,2,\cdots,l \tag{1.5-8}$$

此处 g_i 为已知的连续函数。

有时在某些系统中,重要的不是控制量的每一瞬时值,而是对控制量的函数形式有特殊的要求。例如,在控制过程中诸控制分量应满足不等式

$$\int_{t_0}^{t_1} \varphi_i(u_1(\tau),u_2(\tau),\cdots,u_r(\tau))d\tau \leqslant M_i, \quad i=1,2,\cdots,m \tag{1.5-9}$$

式中 φ_i 为一组特定的连续函数,t_1-t_0 为某一控制过程所费的时间。在各种不同的技术问题中可能有各种不同的限制形式,这里不一一叙述。上述三种限制形式是有代表意义的。限制形式式(1.5-9)的物理意义可能是在整个控制时间内的能量损耗或其他经济损耗等。在本书的有关章节内我们将主要研究上述几类限制条件对控制系统的影响。

1.6　系统运动模型的辨识

显然,控制系统的理论分析和预先设计,要求我们对受控对象的运动规律有足够的了解,也即是说,要以一定的准确度写出受控对象的运动方程式即运动模型。在数学分析中我们总是假定一个微分方程式的形式为已知,然后去研究它的解的性质和求解办法,似乎方程式本身是早已知道了的东西。其实,在实际问题中完全不是这样。实际工作表明,无论用分析方法或用试验方法去寻找描述受控对象运动规律的方程式都往往是一件不容易的事。它不仅是一个工程实际问题,而且还是一个值得认真研究的理论问题。这就是常被称为模型辨识和参数估值的问题。

当受控对象比较简单而近似于古典数学模型时,如受力的质点或刚体,结构简单的弹性体,理想气体或液体等的运动均可用常微分方程或偏微分方程去描述。当受控对象不能归结于这些简单的数学模型,而这又是常见的情形时,问题要复杂得多。近代复杂受控对象常由各种物理性能完全不同的部分组合而成,其中包含电磁元件,光电器件,以液体或气体为工作体的发动机或传动机构,有时还包括一些逻辑部件等。这样,受控对象的运动就不能再用简单的古典方程式描绘出来。

几乎所有实际设计工作的开始，总是面临着求出受控对象的数学模型的任务。对于复杂的受控过程，如工厂的生产过程，大范围内的交通运输过程等，辨识和建立模型常常是一件相当困难的事。现在常用的方法大致有下列三种：解析法，实验测试法和统计试验法。

所谓解析法是将一个复杂的受控系统按其结构分解为若干独立的单元或组合，每一单元或组合又分为元件或环节。根据每一环节的物理或过程特点，用分析方法写出其数学模型——运动方程式。最后将这些方程式按系统的结构原理和相互作用的关系联立起来，便得到一个方程组。这个方法的优点是无须使用实验设备，每个方程式都对应一个具体的环节，因而易于用实验办法检验其准确度。但是，这种分析方法只适用于确实易于分解为独立部分的受控对象。并不是一切受控对象都能做如此分解，因为有时分解后的环节与在系统中的该环节有质的差别。当分解成为不可能时，就不得不借助于其他方法。

应用最广泛和结果最为可靠的是实验测试法。一般受控对象的输出量(坐标)与输入量(控制量)之间有一一对应的关系。为了求出受控对象的运动方程式，在输入端加入控制量 $u(t)$，同时记录输出量的变化规律 $x(t)$。根据这些试验数据，求出一个等效的数学模型。若经过初步分析，系统的输出和输入接近线性关系，则可用线性逼近方法，即用一个线性模型去逼近实际系统。设受控对象为线性系统，它的初始条件为零，那么必存在一个函数 $K(t,\tau)$，使控制量 $u(t)$ 和受控量 $x(t)$ 满足下列伏尔得拉(Volterra)积分方程

$$x(t) = \int_0^t K(t,\tau)u(\tau)d\tau, \quad t \geqslant 0 \tag{1.6-1}$$

上式中二元函数 $K(t,\tau)$ 为待求函数并常称之为受控系统的脉冲响应函数，而 $u(t)$，$x(t)$ 均为已知函数。欲求解上述积分方程中的核函数，可以令控制量 $u(t)$ 为某些特殊形式的函数，例如当 $u(t)=1, 0 \leqslant t < \infty$ 时，式(1.6-1)变为

$$x(t) = \int_0^t K(t,t_1)dt_1$$

或者，设 $u(t)$ 为下列“脉冲函数”

$$u(t) = \begin{cases} \dfrac{1}{k}, & t_1 \leqslant t \leqslant t_1 + k \\ 0, & t < t_1, t > t_1 + k, k \to 0 \end{cases}$$

当 $k \to 0$ 时显然有

$$x(t) \cong K(t,t_1) \tag{1.6-2}$$

式中 t_1 为脉冲瞬间。当然，积分方程(1.6-1)也可用其他办法求解。以后我们将可以看到，当函数 $K(t,\tau)$ 求出后，系统的数学模型就可以建立起来。

另一个实验方法是基于常系数线性系统的一个特性：若在输入端加一个正弦形式的驱动作用，经过一段时间后，输出坐标将为具有同样频率的正弦函数，不同

的只是幅度和相位。令 $u(t)=\sin\omega t$，输出为

$$x(t)=A(\omega)\sin(\omega t+\varphi(\omega)) \tag{1.6-3}$$

式中 $A(\omega)$ 与 $\varphi(\omega)$ 之值随输入作用的频率不同而不同，称为幅频与相频特性。利用这两个函数构成另一个复值函数

$$W(i\omega)=A(\omega)e^{i\varphi(\omega)} \tag{1.6-4}$$

再用有理分式逼近它

$$W(i\omega)\backsim\frac{b_0(i\omega)^m+b_1(i\omega)^{m-1}\cdots+b_m}{a_0(i\omega)^n+a_1(i\omega)^{n-1}+\cdots+a_n} \tag{1.6-5}$$

从常微分方程理论中我们知道，根据式(1.6-5)就可以建立一个受控对象的数学模型。从上式看，为了求出受控对象的线性逼近方程式似乎必须测出 $A(\omega)$ 和 $\varphi(\omega)$ 两个函数。实际上，在一定条件下只测出其中的一个就够了。当复值函数 $W(i\omega)$ 在复数 ω 的下半平面及实轴上没有零点和极点时，幅频特性 $A(\omega)$ 和相频特性 $\varphi(\omega)$ 按下列关系相互单值对应

$$\ln A(\omega)=-\frac{1}{\pi}\int_{-\infty}^{+\infty}\frac{\varphi(u)}{u-\omega}du \tag{1.6-6}$$

和

$$\varphi(\omega)=\frac{1}{\pi}\int_{-\infty}^{\infty}\frac{\ln A(u)}{u-\omega}du \tag{1.6-7}$$

由此可知，在通常的情况下，只需测出两个函数中的一个就够了，另一个可按上列公式之一用分析方法求出。

在很多工程技术问题中，受控对象的输入端的控制量不是确定性的，而是一个已知其统计特性的随机过程。这时，根据平稳过程的统计特性通过受控对象后所发生的变化可以求出受控对象的近似运动方程式。甚至在输入量可以任意变化时也可以采用这种试验方法。

设待求运动方程式的受控对象的输入端加进高斯(Gauss)平稳随机过程的一个现实 $u(t)=\xi(t)$，其自相关函数为 $R_{\xi\xi}(\tau)$，而对任意 t 数学期望 $\overline{\xi(t)}=0$。当该现实通过受控对象后，其输出 $x(t)$ 对于常系数线性模型也是一个平稳过程的现实，它的某些统计特性可以用实验方法求出。例如用相关仪可以求出输入的自相关函数 $R_{\xi\xi}(\tau)$ 和输入输出的互相关函数 $R_{\xi x}(\tau)$。这种相关仪的作用原理是以各态历经定理为依据完成下列运算

$$R_{xx}(\tau)\cong\frac{1}{2T}\int_{-T}^{T}x(t)x(t-\tau)dt \tag{1.6-8}$$

和

$$R_{\xi x}(\tau)\cong\frac{1}{2T}\int_{-T}^{T}\xi(t)x(t-\tau)dt \tag{1.6-9}$$

当 τ 值固定而积分限 T 足够大时，上式右端(随机量!)均方收敛于非随机量 $R(\tau)$。

如果上述各相关函数均已测出，那么便可以用最佳逼近的方法求出一个线性数学模型，使之尽可能地与试验结果相吻合。用 $K_0(t)$表示待求线性受控对象的脉冲响应函数，并要求它满足下列条件

$$S = \overline{\left[x(t) - \int_0^\infty K_0(t)\xi(t-\tau)d\tau\right]^2} = \min \qquad (1.6\text{-}10)$$

上式内文字上的横道表示对随机变量求数学期望。从第十五章可以看到 $K_0(t)$应满足下列佛雷德荷姆积分方程

$$R_{\xi x}(\tau) = \int_0^\infty R_{\xi\xi}(\tau-\lambda)K_0(\lambda)d\lambda \qquad (1.6\text{-}11)$$

这个积分方程中的待求函数 $K_0(t)$可以用解析方法或用数值计算方法解出，然后再用拉氏变换和有理分式逼近求出线性模型的方程式。或者按照第十四章、第十五章中所讲的其他方法求出线性模型的方程式。

上面所介绍的只是求线性模型的几种方法，还有非线性模型、分布参数模型等。所谓系统辨识和参数估计就是研究这个问题的[9]。在这里做一简短的介绍是为了提醒大家注意这个常常不被人们重视，但却有重要实际和理论意义的问题。

1.7　控制系统的质量指标

评价一个控制系统的好坏，其指标是多种多样的。有经济指标，动态指标，稳态指标，强度指标和抗干扰能力等。每一个具体系统有它自己的主要指标，如不能得到满足，则系统不能良好地工作。并不是每一个指标都能用解析方法去获得答案。例如经济指标与原料来源，工艺水平，外协件的成本等有关，而且随着工业的不断发展，这些指标也将不断变化。评价某一系统的经济性如何是要靠统计来解决的，而与系统的运动规律往往无十分直接的联系。本书内将要研究的质量指标主要是与控制系统运动规律直接有关的那一部分，即由系统的稳态和动态性能所决定的那些质量指标。概略地说，我们将要研究的有下列几点：

（1）系统的稳定性：包括系统在 $t\to\infty$时的渐近性能和有限时间内的稳定性问题。稳定性之重要是大家所熟知的。一个系统如果不稳定，它的行为便不受约束，受控量将忽左忽右摇摆不定，或者使运动发散，不能保持原定的工作状态不变。这种系统是不能完成控制任务的。

（2）系统的稳态精度：对很多高精度控制系统，如火箭控制系统，各种随动系统，工业生产中的仿型和数控机床等均要求有高的稳态精度。这种稳态精度部分地取决于测量元件（敏感元件）本身的测量精度，又取决于控制系统的某些动态参数，即运动方程式内所包括的参数值的大小和控制规律的选择。

(3) 过渡过程的时间:这是一个典型的动态性能质量指标,在既定的工作条件下它完全取决于设计艺术,即取决于如何正确地选择控制规律,也即控制量 $u_i(t)$,$i=1,2,\cdots,r$ 的变化规律。

(4) 过渡过程的超调量:这也是完全取决于系统动态性能的指标之一。设主受控量 $x(t)$ 的最终平衡状态为 x_1,$x_1>0$,由初始条件和控制规律所决定的坐标 x 的运动规律为 $x(t)$,$x(t_1)=x_1$,$0<t_1<\infty$,则超调量 σ 可定义为

$$\sigma=\frac{\max\limits_{t>t_0}|x(t)|-x_1}{x_1}\% \tag{1.7-1}$$

式中 t_0 可根据具体问题的需要去选择。

(5) 一般积分泛函指标:更为一般的动态质量指标可用某一积分泛函表示。设受控对象的坐标为 $x_1,x_2,\cdots,x_n$;控制量为 $u_1,u_2,\cdots,u_r$。一般性的质量指标可定义为

$$J=\int_{t_0}^{t_1}f_0(x_1,x_2,\cdots,x_n;u_1,u_2,\cdots,u_r;t)dt \tag{1.7-2}$$

式中 t_0 为系统的初始运动时刻,t_1 为受控量达到某一最终状态的时刻,t_1-t_0 为过渡时间,函数 f_0 为某一给定的 $n+r+1$ 元函数,它的具体形式由工程实际问题的要求来确定。例如 f_0 可能是一个正定二次型

$$J=\int_{t_0}^{t_1}\Big(\sum_{i,j}^{n}a_{ij}x_ix_j+\sum_{\alpha,\beta}^{r}b_{\alpha\beta}u_\alpha u_\beta\Big)dt \tag{1.7-3}$$

其中 a_{ij} 和 $b_{\alpha\beta}$ 可能是已知的时间 t 的函数,也可能为常数。当 $f_0\equiv1$ 时,由式(1.7-2)我们便得到第(3)条的过渡过程时间指标。事实上

$$J=\int_{t_0}^{t_1}1dt=t_1-t_0 \tag{1.7-4}$$

应该指出,第(1)条的稳定性指标也可常化成式(1.7-2)的形式。而第(4)条指标则不可能化为这一积分泛函形式。

常遇到的还有一种形式

$$J=\int_{t_0}^{t_1}\Big|\sum_{i=1}^{n}a_ix_i\Big|dt \tag{1.7-5}$$

也属于式(1.7-2)的范围。

(6) 抗扰性指标:控制系统在工作过程中受外界干扰作用是普遍存在着的现象。如飞行器受风或其他原因的气流影响,火箭制导系统受内外无线电噪声的扰动等。一个良好的控制系统对外界干扰应该具有足够的抵抗能力,而对有用的信号则迅速而准确地动作。抗干扰性能好坏是评价控制系统动态和静态品质的一个重要方面。在设计系统时必须对此采取措施。如何设计一个具有良好抗干扰性能的系统也是我们此书讨论的内容之一。

上述各种质量指标我们都将在此书内做详细程度不同的研究。我们将可以

看到，它们有时是相互矛盾的。设计一个系统满足全部上述指标几乎是不可能的。以后我们将采取分别研究，个别评价的办法去讨论。至于如何对这些指标抓住重点而综合平衡，那就完全依赖于能否深入到实际中去认真做调查研究，抓住主要矛盾和矛盾的主要方面，从实际情况出发，作出判断，其他是没有出路的，也不可能存在什么统一的放之四海而皆准的处理办法。

这就是我们以后将讨论的问题的一个大致轮廓。当然，还有一些另外类型的问题，虽然在第一章内没有提到，由于它们的重要性，我们以后也将做不同程度的介绍和讨论。

参考文献

[1] 刘仙洲，中国机械工程发明史，第一编，科学出版社，1962.

[2] 万百五，我国古代自动装置的原理分析及其成就探讨，自动化学报，1962.2.

[3] 刘豹，自动调节理论基础，上海科学技术出版社，1963.

[4] 华罗庚，高等数学引论，科学出版社，1963.

[5] 吴新谋，偏微分方程讲义，科学出版社，1959.

[6] 关肇直，高等数学教程，高等教育出版社，1959.

[7] 谷超豪等，数学物理方程，上海科学技术出版社，1961.

[8] 金福临等，常微分方程，上海科学技术出版社，1962.

[9] Eykhoff, P., System Identification, Wiley, 1974.

[10] Faurre, P. & Depeyrot, M., Elements of System Theory, North-Holland, 1977.

[11] Greensite, A. L., Elements of Modern Control Theory. I. II., New York, 1970.

[12] Hsu, J. C. & Mayer, A. V., Modern Control Principle and Application, McGraw-Hill, New York, 1968.

[13] Newton, G. C. & Gould. L. A., Kaiser, J. F., Analytical Design of Linear Feedback Control, Wiley & Sons, 1957.

[14] Truxal, J. G., Automatic Feedback Control System Synthesis, McGraw-Hill, New York, 1955.

[15] Wiener, N., Cybernetics or Control and Communication in the Animal and the Machine, New York, 1949. [控制论(或关于在动物和机器中控制和通信的科学)，郝季仁译，科学出版社，1961.]

[16] Солодовников, В. В. и Другие, Основы Автоматического регулирования, Машгиз, Москва, 1954.(自动调整原理，王众托译，水利电力出版社，1958.)

[17] Фельдбаум, А. А., Электрические системы автоматического регулирования, Оборонгиз, 1959.(电的自动调节系统，章燕申、金兰译，国防工业出版社，1958.)

第二章　系统分析的基本方法

随着自动控制理论和实践的发展，研究方法和使用的工具都在不断地改进和增加。如果说在二十世纪四十年代控制理论的研究和实际设计工作中的主要方法是多项式代数和拉氏变换为基础的传递函数方法，那么现在已远远超出了这个范围。当然，对于那些以时间 t 为自变数的常系数微分方程来说，拉普拉斯变换方法仍是十分有用的。因为这个方法能够把所有的线性常系数系统问题归结到一个一致的代数基础上去。这样一来，求解的手续就被简化了。但是，随着研究工作的深入，人们逐渐发现这类简单的代数方法也有它的弱点，简化与深化常有相互矛盾的一面。为了对控制过程了解得更深刻，在现代控制理论中，使用和建立了新的工具以及新的概念，这些工具主要是多维空间(欧氏空间和希尔伯特空间)中的运算和算子理论。引入控制系统状态向量空间(相空间)后，控制过程的几何特性将十分清晰。近些年来在控制理论研究工作中，得到的一些新成就大部分是与相空间的概念分不开的。为了系统地介绍这些进展，我们在以后将既保留线性理论的主要方法，同时也要介绍新的概念。这一章的目的是为以后各章的讨论做必要的准备，有关这些内容的更详细的叙述和证明，读者可以在相应的专门文献中找到。

2.1　拉氏变换和反转公式

如果 $y(t)$ 是一个时间变数 t 的函数，它的定义域是 $t>0$，那么 $y(t)$ 的拉普拉斯(Laplace)变换 $Y(s)$ 的定义就是

$$Y(s)=\int_0^{\infty}e^{-st}y(t)dt \tag{2.1-1}$$

这里的 s 是一个具有正实数部分的复变数，$\mathrm{Re}\ s>0$($\mathrm{Re}\ s$ 表示 s 的实数部分)。对于其他的 s 值，我们用解析开拓的方法来定义函数 $Y(s)$。$Y(s)$ 的量纲是 y 的量纲和时间的量纲的乘积。s 的量纲是时间量纲的负一次方幂。$y(t)$ 称为原函数，$Y(s)$ 称为象函数。

如果 $Y(s)$ 是已知的，那么，拉氏变换 $Y(s)$ 的原函数(也就是原来的函数)$y(t)$ 总是可以由下面的反转公式计算出来

$$y(t)=\frac{1}{2\pi i}\int_{r-i\infty}^{r+i\infty}e^{st}Y(s)ds \tag{2.1-2}$$

其中 r 是任意的一个实数，只要它比所有的 $Y(s)$ 的奇点的实数部分都大就可以

了。在实际计算 $y(t)$时，我们可以按照 $Y(s)$的特点适当地变化积分的路线。从 $Y(s)$求 $y(t)$的步骤称为拉氏反变换。

根据定义(2.1-1)和(2.1-2)不难推出拉氏变换的几个基本特性：

(1) 拉氏变换是线性变换：两个函数 $y_1(t)$及 $y_2(t)$之和的变换等于二者单独变换后之和

$$\int_0^{\infty} e^{-st}[ay_1(t)+by_2(t)]dt = aY_1(s)+bY_2(s)$$

$$ay_1(t)+by_2(t) = \frac{1}{2\pi i}\int_{r-i\infty}^{r+i\infty} e^{st}[aY_1(s)+bY_2(s)]ds$$

其中 a,b 是任意的常数。

(2) 推移公式：对原函数 $y(t)$的自变数推移时间 τ，则对应的象函数乘以 $e^{-s\tau}$。因为

$$\int_0^{\infty} e^{-st}y(t-\tau)dt = \int_0^{\infty} e^{-s(\lambda+\tau)}y(\lambda)d\lambda = e^{-s\tau}Y(s)$$

式中 $\tau \geqslant 0, \lambda = t-\tau$；当 $t<0$ 时令 $y(t)=0$。

(3) 若 $y(0)=0$，则$\dfrac{dy}{dt}$的象函数为 $sY(s)$。

(4) 函数 $\psi(t)=\int_0^t y(\tau)d\tau$ 的象函数为 $Y(s)/s$。

(5) 两个函数卷积的象函数对应两个象函数的积

$$\int_0^{\infty}\left[\int_0^t k(t-\tau)y(\tau)d\tau\right]e^{-st}dt = K(s)Y(s)$$

这一点是容易检验的。

(6) 两个原函数乘积的象函数等于两个象函数的卷积。

令 $y(t)=y_1(t)y_2(t)$，则

$$Y(s) = \int_0^{\infty} e^{-st}y_1(t)y_2(t)dt = \frac{1}{2\pi i}\int_{r-i\infty}^{r+i\infty} Y_1(s_1)Y_2(s-s_1)ds_1$$

这说明拉氏变换对乘法没有分配律，初学者往往容易弄错。其证明我们留给读者。

(7) 如果 $y(t)$在 $t\to 0$ 时趋于某一极限，则有$\lim\limits_{t\to 0}y(t)=\lim\limits_{s\to\infty}sY(s)$。

(8) 终值公式：$\lim\limits_{t\to\infty}y(t)=\lim\limits_{s\to 0}sY(s)$。

当我们用拉氏变换法处理问题时，常常需要根据已知的拉氏变换函数 $Y(s)$求出原函数 $y(t)$。我们当然可以利用反转公式进行这项工作，可是反转公式(2.1-2)中的积分运算常常是很烦琐的，而且很花费时间。因此，对于那些常用和典型的 $y(t)$和 $Y(s)$，人们已经编制了一些字典式的表格[29]。利用这种变换表我们就可以根据已知的 $Y(s)$查出相应的 $y(t)$，也可以从已知的 $y(t)$查出相应的 $Y(s)$，这样就大大地减轻了计算手续。下面我们也给出一个最简略的拉氏变换的

“字典”——一个很小的拉氏变换表：

表 2.1-1　拉氏变换的小“字典”

$Y(s)$	$y(t)$
$\frac{1}{s}$	1
$\frac{1}{s^n}$	$\frac{t^{n-1}}{\Gamma(n)}$
$\frac{1}{(s-a)}$	e^{at}
$\frac{a}{(s^2+a^2)}$	$\sin at$
$\frac{s}{(s^2+a^2)}$	$\cos at$
$\frac{a}{(s^2-a^2)}$	$\sinh at$
$\frac{s}{(s^2-a^2)}$	$\cosh at$
$\frac{s}{(s^2+a^2)^2}$	$\frac{t}{2a}\sin at$
$\frac{1}{(s^2+a^2)^2}$	$\frac{1}{2a^3}(\sin at-at\cos at)$
$\frac{1}{(s+a)^2}$	te^{-at}
$\frac{s}{(s+a)^2}$	$(1-at)e^{-at}$
$\frac{(s-a)^2}{s(s+a)^2}$	$1-4ate^{-at}$
$\frac{1}{(s+a)(s+b)}$	$\frac{(e^{-bt}-e^{-at})}{(a-b)}$
$\frac{(s+a)}{s(s+b)(s+c)}$	$\frac{a}{bc}+\left[\frac{(a-b)}{a(b-c)}\right]e^{-bt}+\left[\frac{(a-c)}{c(c-b)}\right]e^{-ct}$
$\frac{s}{[(s+a)^2+b^2]}$	$(\cos bt-\frac{a}{b}\sin bt)e^{-at}$
$\frac{(s+a)}{[(s+a)^2+b^2]}$	$e^{-at}\cos bt$
$\frac{(s+a)}{[(s+a)^2-b^2]}$	$e^{-at}\mathrm{ch}\, bt$
$\frac{1}{(s+a)^3}$	$\frac{t^2e^{-at}}{2}$
$\frac{s}{(s+a)^3}$	$t\left(1-\frac{1}{2}at\right)e^{-at}$
$\frac{(s+\alpha)}{s^2(s+a)(s+b)}$	$\frac{\alpha-a}{a^2(b-a)}e^{-at}+\frac{\alpha-b}{b^2(a-b)}e^{-bt}+\frac{\alpha}{ab}t+\frac{ab-\alpha(a+b)}{a^2b^2}$

续表

$Y(s)$	$y(t)$
$\dfrac{s^2+\alpha s+\beta}{s^2(s+a)(s+b)}$	$\dfrac{a^2-\alpha a+\beta}{a^2(b-a)}e^{-at}+\dfrac{b^2-\alpha b+\beta}{b^2(a-b)}e^{-bt}+\dfrac{\beta t}{ab}+\dfrac{\alpha ab-\beta(a+b)}{a^2b^2}$
$\dfrac{s+\alpha}{(s+a)(s+b)^2}$	$\dfrac{\alpha-a}{(b-a)^2}e^{-at}+\left[\dfrac{\alpha-b}{a-b}t+\dfrac{a-\alpha}{(a-b)^2}\right]e^{-bt}$
$\dfrac{1}{(s+a)(s+b)(s+c)}$	$\dfrac{(c-b)e^{-at}+(a-c)e^{-bt}+(b-a)e^{-ct}}{(a-b)(b-c)(c-a)}$
$\dfrac{1}{s^2(s^2+a^2)}$	$\dfrac{t}{a^2}-\dfrac{\sin at}{a^3}$
$\dfrac{1}{s^2(s^2-a^2)}$	$\dfrac{\operatorname{sh} at}{a^3}-\dfrac{t}{a^2}$
$\dfrac{s}{s^4+a^4}$	$\dfrac{1}{a^2}\operatorname{sh}\dfrac{at}{\sqrt{2}}\cdot\sin\dfrac{at}{\sqrt{2}}$
$\dfrac{s^2-2a^2}{s^4+4a^4}$	$\dfrac{1}{a}\operatorname{sh} at\cdot\cos at$
$\dfrac{s^2-a^2}{(s^2+a^2)^2}$	$t\cos at$
$\dfrac{1}{\sqrt{s}}$	$\dfrac{1}{\sqrt{\pi t}}$
$\dfrac{1}{s\sqrt{s}}$	$2\sqrt{\dfrac{t}{\pi}}$
$\dfrac{1}{\sqrt{s^2+as+b}}$	$e^{-a/2t}J_0\left(\sqrt{b-\dfrac{a^2}{4}}\,t\right)$（$J_0$——零阶贝塞尔函数）
$\dfrac{1}{s+\sqrt{s^2+a^2}}$	$\dfrac{1}{at}J_1(at)$（J_1——一阶贝塞尔函数）

2.2　用拉氏变换法解常系数线性微分方程

既然拉氏变换是对一个函数作的积分运算来定义的，而这个函数又是只在$t>0$的时间内定义的，所以拉氏变换法对于初值问题特别适用。所谓“初值问题”就是这样一个问题：如果系统的初始状态（也就是$t=0$时的状态）和$t>0$时的驱动函数都是给定的，求在$t>0$的时间间隔内系统的运动情况。我们来考虑一个n阶的系统，假定$a_n,a_{n-1},\cdots,a_0$是各阶导数的系数，而且对于这个系统有一个非齐次项所表示的驱动函数$x(t)$。于是，系统的微分方程就是

$$a_n\frac{d^ny}{dt^n}+a_{n-1}\frac{d^{n-1}y}{dt^{n-1}}+\cdots+a_0y=x(t)\tag{2.2-1}$$

各个初始条件通常写作

$$\left(\frac{d^{n-1}y}{dt^{n-1}}\right)_{t=0}=y_0^{(n-1)}$$

$$\cdots$$

$$(y)_{t=0} = y_0 \tag{2.2-2}$$

在式(2.2-2)的条件下，微分方程(2.2-1)就能够把系统在 $t \geqslant 0$ 时的运动状态唯一地确定下来。

为了用拉氏变换法解这个问题，我们把方程(2.2-1)的两端，同时乘以 e^{-st}，然后再从 $t=0$ 到 $t=\infty$ 积分。既然规定

$$\int_0^\infty e^{-st} y(t) dt = Y(s)$$

我们就可以用分部积分的方法求出 $y(t)$ 的各阶导数的拉氏变换

$$\int_0^\infty e^{-st} \frac{dy}{dt} dt = -y_0 + s\int_0^\infty e^{-st} y(t) dt = -y_0 + sY(s)$$

$$\int_0^\infty e^{-st} \frac{d^2 y}{dt^2} dt = -y_0^{(1)} - sy_0 + s^2 Y(s)$$

$$\cdots$$

$$\int_0^\infty e^{-st} \frac{d^n y}{dt^n} dt = -y_0^{(n-1)} - sy_0^{(n-2)} - \cdots - s^{n-1} y_0 + s^n Y(s) \tag{2.2-3}$$

根据这些结果，如果再把驱动函数 $x(t)$ 的拉氏变换写成 $X(s)$，也就是说

$$X(s) = \int_0^\infty e^{-st} x(t) dt \tag{2.2-4}$$

那么，考虑到初始条件式(2.2 -2)，方程(2.2-1)就可以写成

$$\begin{aligned}
&(a_n s^n + a_{n-1} s^{n-1} + \cdots + a_1 s + a_0) Y(s) \\
&= a_n y_0 s^{n-1} + (a_n y_0^{(1)} + a_{n-1} y_0) s^{n-2} + (a_n y_0^{(2)} + a_{n-1} y_0^{(1)} \\
&\quad + a_{n-2} y_0) s^{n-3} + \cdots + (a_n y_0^{(n-1)} + a_{n-1} y_0^{(n-2)} \\
&\quad + \cdots + a_1 y_0) + X(s)
\end{aligned} \tag{2.2-5}$$

如果我们再规定 $D(s)$ 和 $N_0(s)$ 分别是下列的两个多项式

$$D(s) = a_n s^n + a_{n-1} s^{n-1} + \cdots + a_1 s + a_0 \tag{2.2-6}$$

和

$$\begin{aligned}
N_0(s) = {} & a_n y_0 s^{n-1} + (a_n y_0^{(1)} + a_{n-1} y_0) s^{n-2} + \cdots \\
& + (a_n y_0^{(n-1)} + a_{n-1} y_0^{(n-2)} + \cdots + a_1 y_0)
\end{aligned} \tag{2.2-7}$$

于是方程(2.2-5)又可以写作

$$Y(s) = \frac{N_0(s)}{D(s)} + \frac{X(s)}{D(s)} \tag{2.2-8}$$

根据方程(2.2-7)，我们看到式(2.2-8)的第一项 $N_0(s)/D(s)$ 是与初始条件有关的。我们把这一项写作 $Y_c(s) = N_0(s)/D(s)$。多项式 $N_0(s)$ 的次数最多也不会超过 $n-1$ 次，因而它的次数总比 $D(s)$ 的次数低。如果方程(2.2-2)所表示的初始条件全都等于零，$N_0(s)$ 也就随之等于零了。在这种情形下，$Y(s)$ 就只由第二项

$x(s)/D(s)$确定。第二项是与驱动函数有关的。我们把这一项写作 $Y_i(s)=X(s)/D(s)$。第一项 $N_0(s)/D(s)$称为补充函数,第二项 $X(s)/D(s)$称为特解。应用反转公式(2.1-2),就可以由方程(2.2-8)所表示的 $Y(s)=Y_c(s)+Y_i(s)$得出真正的解 $y(t)$。

从以上的讨论,我们可以看出,拉氏变换本身只是一个“翻译”的手续,它把一个用时间变数 t 所描述的物理过程翻译成用变数 s 所描述的过程,这样的手续并不影响物理过程本身的性质,只不过是把这个过程的描述从“t 的语言”翻译成“s 的语言”而已。在 t 的语言里用分析运算(微分和积分)所描述的过程,用 s 的语言来叙述就只要用简单的代数运算(乘或除)就可以了;t 的语言中的微分方程,用 s 的语言来表示就简化为代数方程,从而也就可以简化计算的手续和表达的方式。

从数学观点来看,拉氏变换是一个线性算子,它定出两族函数(原函数和象函数)之间的对应关系。这是对普通函数概念的一种推广。因为“函数”只不过是二族数之间的对应规律罢了。关于算子的概念我们下面还要详细介绍。在这里可能提出一个有意思的问题:是否一切以时间作为自变量的函数 $y(t)$都能找到自己的象函数?是否所有的复变函数 $Y(s)$都是某一个 $y(t)$的象函数?对这一问题的答复是否定的。具体地说,如果不要求包括一切所谓“冲量函数”即狄拉克(Dirac)函数(参看下节)的话,这一条线可以这样划:一切增长速度不大于 e^{Nt}(N 为任意有限正实数)的函数 $y(t)$均有自己的象函数。而函数 $y(t)=e^{t^t}$ 就没有象函数,因为此时积分(2.1-1)不收敛,故拉氏变换没有意义。反之,并不是一切复变函数都能按式(2.1-2)找到自己的原函数。如果想包括“冲量函数”在内时,则有如下事实:设复变函数 $X(s)$在 $\mathrm{Re}\, s>\sigma$ 的半平面内是解析函数,那么,它为象函数的充要条件是在这一半平面内$|X(s)|\leqslant|P_n(s)|$,这里的 $P_n(s)$为 s 的 n 阶多项式[29]。

有人将拉氏变换方法推广到变系数线性系统。特别是近几年来,由于对变系数系统的研究变得十分迫切,已有很多人从事这方面的研究。但是这些方法目前还比较复杂,而且大部分结果的可用范围尚有待于扩大,需做大量工作后,才有可能将这些方法加工到工程上可以简便应用的地步。

2.3　关于正弦式驱动函数的讨论

多项式的比值 $N_0(s)/D(s)$可以分解成部分分式。如果多项式 $D(s)$的 n 个根 $s_1,s_2,\cdots,s_n$ 都是互不相等的,换句话说,$D(s)$没有重根,那么这个部分分式就是

$$\frac{N_0(s)}{D(s)}=\sum_{r=1}^{n}\frac{N_0(s_r)}{\dot{D}(s_r)}\frac{1}{(s-s_r)} \tag{2.3-1}$$

其中的 $\dot{D}(s)$表示 $D(s)$对于 s 的导数。根据上一节里的“字典”,把这个和数逐项

地“翻译”出来，就得到 $y(t)$ 解中由于初始条件而产生的 $y_c(t)$ 部分（这一部分称为“补充函数”，它也就是方程(2.2-1)在 $x(t)=0$ 而初始条件仍然是式(2.2-2)的解）

$$y_c(t) = \sum_{r=1}^{n} \frac{N_0(s_r)}{\dot{D}(s_r)} e^{s_r t} \tag{2.3-2}$$

一般说来，$D(s)$的根 s_r 是复数。对于实际的物理系统来说，微分方程(2.2-1)的系数 $a_0, a_1, a_2, \cdots, a_n$ 都是实数。根据方程(2.2-6)，$D(s)$的各个复数根 s_r 必然是成复共轭对出现的。这也就是说，如果 $D(s)$有一个复数根是 $\alpha+i\beta(\beta\neq0)$的话；那么 $\alpha-i\beta$ 也必然是 $D(s)$的根。如果所有的根 s_r 的实数部分都是负数，那么 $y_c(t)$ 就会随着时间的增加按照指数律减小，最后 $y_c(t)\to0$。因此，系统就是稳定的。

如果表示外力的驱动函数 $x(t)$ 是正弦式的，为了计算的方便，我们就把它写成下列的复数形式（真正的外力只是这个表示式的实数部分或者虚数部分）

$$x(t) = x_m e^{i\omega t} \tag{2.3-3}$$

其中的 x_m 是振幅，ω 是频率（角频率）。根据拉氏变换的“字典”，就有

$$X(s) = x_m \frac{1}{s-i\omega}$$

因此，方程(2.2-8)的第二项在现在的情形下就是

$$Y_i(s) = \frac{x_m}{(s-i\omega)D(s)}$$

在这里，我们可以把得到的结果推广到更一般的情形中去。如果所考虑的系统不是只由一个微分方程所描述（像以前讨论过的那样），而是用一个微分方程组所描述的。举例来说，描述系统状态的是这样一个方程组

$$a_{12}\frac{d^2y}{dt^2} + a_{11}\frac{dy}{dt} + a_{10}y + b_{12}\frac{d^2z}{dt^2} + b_{11}\frac{dz}{dt} + b_{10}z = x(t)$$

$$a_{22}\frac{d^2y}{dt^2} + a_{21}\frac{dy}{dt} + a_{20}y + b_{22}\frac{d^2z}{dt^2} + b_{21}\frac{dz}{dt} + b_{20}z = 0$$

其中的系数 a_{ij}, b_{ij} 都是常数。

让 y 的初始条件全都等于零（这样做的意义就是把 y 用 y_i 来代替），对系统的微分方程组进行拉氏变换，就得到一个代数方程组，然后再用代数方法把除 $Y_i(s)$ 以外的其余未知函数（例如，上面例子里的 $Z(s)$）消去，最后特解 $Y_i(s)$的拉氏变换就可以表示为下列的形状

$$Y_i(s) = F(s)X(s) = \frac{N(s)}{D(s)}X(s) = \frac{x_m N(s)}{(s-i\omega)D(s)} \tag{2.3-4}$$

其中 $N(s)$的次数小于 $D(s)$的次数。当 $N(s)=1$ 时，问题就简化为式(2.2-8)所表示的比较简单的情形。在推广了的情况下，部分分式的法则式(2.3-1)仍旧是适用的。但是，现在的分母多项式是$(s-i\omega)D(s)$，这个多项式的根是 $s_1, s_2, \cdots, s_n$ 和 $i\omega$。因而就有

$$Y_i(s) = x_m\left[\frac{N(i\omega)}{D(i\omega)}\frac{1}{s-i\omega} + \sum_{r=1}^{n}\frac{N(s_r)}{(s_r - i\omega)\dot{D}(s_r)}\frac{1}{s-s_r}\right] \tag{2.3-5}$$

所以由于正弦式的驱动函数式(2.3-3)所产生的特解就是

$$y_i(t) = x_m\left[\frac{N(i\omega)}{D(i\omega)}e^{i\omega t} + \sum_{r=1}^{n}\frac{N(s_r)}{(s_r - i\omega)\dot{D}(s_r)}e^{s_r t}\right] \tag{2.3-6}$$

对于稳定的系统来说①，所有的 s_r 的实数部分都是负数，所以当 $t\to\infty$ 的时候，$y_i(t)$的第二部分就等于零。这时的系统状态称为稳态。剩下的第一部分就是系统的稳态解$[y_i(t)]_{\text{st}}$

$$[y_i(t)]_{\text{st}} = x_m\frac{N(i\omega)}{D(i\omega)}e^{i\omega t}$$

稳态解与驱动函数的比值也就可以用下列简单的关系式表示出来

$$\frac{[y_i(t)]_{\text{st}}}{x(t)} = \frac{N(i\omega)}{D(i\omega)} = F(i\omega) \tag{2.3-7}$$

这个公式使我们能够十分简捷地计算出正弦驱动函数所产生的稳态解。ω 的函数 $F(i\omega)$称为系统的频率特性。

如果把函数 $F(i\omega)$写成

$$F(i\omega) = K(\omega)e^{i\varphi(\omega)} \tag{2.3-7′}$$

则 $K(\omega)$称为系统的幅频特性，而 $\varphi(\omega)$则称之为系统的相频特性。此时

$$[y_i(t)]_{\text{st}} = x_m K(\omega)e^{i(\omega t+\varphi(\omega))}$$

若驱动函数是 $x_m e^{i\omega t}$ 的实部 $x_m\cos\omega t$，则系统稳态解便是

$$[y_i(t)]_{\text{st}} = x_m K(\omega)\cos(\omega t + \varphi(\omega))$$

式中 $K(\omega)$表示在频率 ω 上系统对驱动函数的放大系数，而 $\varphi(\omega)$表示在该频率上的相移。

当驱动函数的角频率 ω 趋近于零的时候，驱动函数就趋近于一个不随时间改变的常数 x_m。方程(2.3-7)表明：$F(0)$就是当 x 是常数的情况下 y 的稳态值与 x 的比值。这就是 $F(s)$在 $s=0$ 的值的物理意义。在以后的讨论中，我们还要经常地用到这个物理解释。我们把 $F(0)$的绝对值 $K=|F(0)|$称为系统的放大系数或增益。

驱动函数 $x(t)$可以是不连续函数。现在我们假定驱动函数 $x(t)$是作用在 $t=0$ 这一瞬间的一个单位冲量②，也就是

如果 $t\neq 0, x(t)=0$

如果 $t=0, x(t)\to\infty$

---

① 关于稳定性的严格定义将在第四章讨论。

② 严格地讲，冲量函数是一种广义函数，严格定义参看第十二章，这里简化了的讨论并不会引起误解。

而且

$$\int_{-\infty}^{\infty} x(t)dt = 1$$

这样规定的 t 的函数称为狄拉克冲量函数，通常用 $\delta(t)$表示。不难证明，这样一个单位冲量驱动函数的拉氏变换 $X(s)$就等于 1。如果把单位冲量驱动函数作用到一般的系统上去，那么，由于这个冲量而引起的系统的反应，按照方程(2.3-4)就是

$$Y_i(s) = \frac{N(s)}{D(s)} \cdot 1 = F(s) \tag{2.3-8}$$

由这个冲量产生的解通常用 $h(t)$来表示。根据反转公式(2.1-2)有

$$h(t) = \frac{1}{2\pi i}\int_{r-i\infty}^{r+i\infty} e^{st}F(s)ds \tag{2.3-9}$$

如果系统是稳定的，则所有的根 s_r 的实数部分就都是负的，这也就是说，在复数平面上 $F(s)$的所有的奇点都位于虚轴的左边。因此，在表示 $h(t)$的积分式(2.3-9)里，我们可以用虚轴作为积分的路线，也就是说，方程(2.3-9)里的 r 可以取作零：$r=0$。函数 $h(t)$常称为系统的脉冲响应函数。

2.4　相空间内的几何概念

设某一受控系统，自由度是 n，即用 n 个变量 $x_1, x_2, \cdots, x_n$ 能完全单一地表示出它的状态，其中每个分量称之为系统的坐标。现在我们模仿三维空间内的情况，把这一组量看成是一个向量的 n 个分量，并用粗体字母表示

$$\boldsymbol{x}=(x_1, x_2, \cdots, x_n)①$$

同在三维空间一样，对这类向量也可以进行代数运算。设 λ 为常实数，则

$$\lambda\boldsymbol{x} = (\lambda x_1, \lambda x_2, \cdots, \lambda x_n) \tag{2.4-1}$$

二个向量相加按下列规则进行

$$\boldsymbol{x} + \boldsymbol{y} = (x_1 + y_1, x_2 + y_2, \cdots, x_n + y_n) \tag{2.4-2}$$

于是，所有这类向量的全体构成一个 n 维线性空间。我们不妨把这些向量的分量看成是直角坐标系内的坐标。这个具有直角坐标系的空间我们记为 R_n，其中每一个出自原点的向量均代表系统的一种工作状态。不难想象，每一个向量也可以看做是一个点。所以，在没有特别说明时，向量和点我们将认为是同义语。这个空间 R_n 将称之为系统的相空间(状态空间)。描述系统状态的向量(点)$\boldsymbol{x}$ 我们称之

---

① 本书内我们将使用粗体字母表示向量，常体字 x_i 表示向量 $\boldsymbol{x}$ 的第 i 个分量。若需注明向量的序数，则在粗体字旁注序号如 $\boldsymbol{x}_1, \boldsymbol{x}_2$ 等。此时用 $\boldsymbol{x}_{ij}$ 表示第 j 个向量的第 i 个分量，即第一个注角依然表示分量序号，第二个注角表示向量序号。

为受控系统的状态。

在相空间内同样可以引进向量的数量积、长度、角度等几何概念。两个实向量的数量积(内积)我们定义为(用圆括弧和逗点表示)①

$$(\boldsymbol{x},\boldsymbol{y})=\sum_{i=1}^{n}x_iy_i \tag{2.4-3}$$

这里和下面都假定坐标是实数。向量 $\boldsymbol{x}$ 的长度则为

$$\|\boldsymbol{x}\|=\sqrt{(\boldsymbol{x},\boldsymbol{x})}=\sqrt{\sum_{i=1}^{n}x_i^2} \tag{2.4-4}$$

两个向量 $\boldsymbol{x}$ 和 $\boldsymbol{y}$ 的夹角 φ 由公式

$$\cos\varphi=\frac{(\boldsymbol{x},\boldsymbol{y})}{\|\boldsymbol{x}\|\cdot\|\boldsymbol{y}\|}=\frac{\sum_{i=1}^{n}x_iy_i}{\sqrt{\sum_{i=1}^{n}x_i^2}\cdot\sqrt{\sum_{i=1}^{n}y_i^2}} \tag{2.4-5}$$

确定。两个点(向量)$\boldsymbol{x},\boldsymbol{y}$ 之连线线段由下式表出

$$\overline{\boldsymbol{x},\boldsymbol{y}}=\lambda\boldsymbol{x}+(1-\lambda)\boldsymbol{y},\quad 0\leqslant\lambda\leqslant 1 \tag{2.4-6}$$

而通过此二点所作的直线 L 的方程式为

$$L=\lambda(\boldsymbol{x}-\boldsymbol{y})+\boldsymbol{y},\quad -\infty<\lambda<\infty \tag{2.4-7}$$

相空间内以 $\boldsymbol{x}_0$ 为心,以 r 为半径的球面为一切满足下列等式的点 $\boldsymbol{x}$ 的集合

$$\|\boldsymbol{x}-\boldsymbol{x}_0\|^2=(\boldsymbol{x}-\boldsymbol{x}_0,\boldsymbol{x}-\boldsymbol{x}_0)=r^2 \tag{2.4-8}$$

通过点 $\boldsymbol{x}_0$ 并垂直于已知向量 $\boldsymbol{y}_0$ 的平面($n-1$ 维)由等式

$$(\boldsymbol{x}-\boldsymbol{x}_0,\boldsymbol{y}_0)=0 \tag{2.4-9}$$

或

$$\sum_{i=1}^{n}(x_i-x_{i0})y_{i0}=0 \tag{2.4-9$'$}$$

所单一确定。

在相空间内还可以引进更为复杂的几何概念。例如,某些点的集合(区域)Ω 我们称之为凸面体,若其内的任何两点 $\boldsymbol{x},\boldsymbol{y}\in\Omega$② 的连线式(2.4-6)也全部属于 Ω。过凸面体的任一边界点 $\boldsymbol{x}_0$ 可以作一个承托支面 P,后者的外法向量记为 $\boldsymbol{n}_p$,使对凸面体内的任意点 $\boldsymbol{x}$ 均满足不等式

---

① 这里假定 $\boldsymbol{x}$ 的每一坐标 x_i 都是实数。如果允许坐标是复数,内积的定义要改成$(\boldsymbol{x},\boldsymbol{y})=\sum_{i=1}^{n}x_i\overline{y}_i$,$\overline{y}_i$ 是 y_i 的共轭复数。这样的空间称为酉空间。

② 符号 $\in$ 读作属于,$\overline{\in}$ 读作不属于。

$$(\boldsymbol{x}-\boldsymbol{x}_0,\boldsymbol{n}_p)\leqslant 0 \tag{2.4-10}$$

或

$$\sum_{i=1}^{n}(x_i-x_{i0})n_{ip}\leqslant 0 \tag{2.4-10$'$}$$

我们看到，相空间 R_n 与一般三维空间相比较，除维数外，如果不考虑向量积，其他毫无差异。以后我们将利用这些几何概念去研究控制系统的运动规律。

以后还将用到关于线性算子的概念。设向量 $\boldsymbol{x}$ 属于 n 维实空间 R_n，向量 $\boldsymbol{u}$ 属于另外一个 m 维空间 R_m。如果有一个函数规律 A，使 R_n 内的每一个向量都对应于 R_m 内的某一个向量，并记为

$$\boldsymbol{u}=A\boldsymbol{x} \tag{2.4-11}$$

而且

$$A(a\boldsymbol{x}+b\boldsymbol{y})=aA\boldsymbol{x}+bA\boldsymbol{y} \tag{2.4-12}$$

式中 a,b 为常数，$\boldsymbol{x},\boldsymbol{y}\in R_n$。这种对应规律称为线性算子。若 R_n 和 R_m 为同一空间，则线性算子也称为线性变换。不难证明，有限维空间内的一切线性算子与一切矩阵之间有一一对应的关系。一切线性变换均对应一个唯一的方阵。反之，每一个方阵对应一个线性变换。设 $\boldsymbol{x},\boldsymbol{y}\in R_n$，则将 $\boldsymbol{x}$ 变为 $\boldsymbol{y}$ 的线性变换可写成

$$\boldsymbol{y}=A\boldsymbol{x}$$

向量 $\boldsymbol{y}$ 的每一个坐标按下列规律算出

$$y_i=\sum_{j=1}^{n}a_{ij}x_j,\quad i=1,2,\cdots,n \tag{2.4-13}$$

式中 $A=(a_{ij})$ 为 $n\times n$ 阶方阵。这里和以后我们将认为在 R_n 中线性算子与矩阵等价。若方阵的行列式不为零，则称为可逆的，此时有

$$\boldsymbol{x}=A^{-1}\boldsymbol{y}$$

式中

$$A^{-1}=\left(\frac{A_{ij}}{|A|}\right)^{\tau} \tag{2.4-14}$$

这里 $|A|$ 为方阵 A 对应的行列式之值，A_{ij} 表示方阵 A 的第 i 行第 j 列元素的代数余子式，符号“τ”表示矩阵转置。

两个算子的和对应于两个矩阵的和

$$A\boldsymbol{x}+B\boldsymbol{x}=(A+B)\boldsymbol{x}=C\boldsymbol{x}$$

$$C=(a_{ij}+b_{ij}),\quad B=(b_{ij}) \tag{2.4-15}$$

两个算子的连续作用对应两个矩阵的积

$$A(B\boldsymbol{x})=(AB)\boldsymbol{x}=D\boldsymbol{x}$$

D 的元素由下式确定

$$d_{ij}=\sum_{\alpha=1}^{n}a_{i\alpha}b_{\alpha j} \tag{2.4-16}$$

应该注意的是两个矩阵的乘积次序一般是不可交换的。

数量积

$$(\boldsymbol{x}, A\boldsymbol{x}) = \sum_{\alpha,\beta}^{n} a_{\alpha\beta} x_{\alpha} x_{\beta} \tag{2.4-17}$$

称为向量 $\boldsymbol{x}$ 的二次型(二次齐式)。若方阵 B 对任何 $\boldsymbol{x}, \boldsymbol{y} \in R_n$ 满足等式

$$(\boldsymbol{y}, A\boldsymbol{x}) = (B\boldsymbol{y}, \boldsymbol{x})$$

则称 B 为 A 的伴随矩阵。容易检查,$B = A^{\tau}$。当 $A = A^{\tau}$ 时称为对称变换(或对称矩阵),此时有$(\boldsymbol{y}, A\boldsymbol{x}) = (A\boldsymbol{y}, \boldsymbol{x})$,对于向量 $\boldsymbol{x}$ 的二次型由于 $x_{\alpha}x_{\beta} = x_{\beta}x_{\alpha}$,在式(2.4-17)内 A 可代之以 $C = \frac{1}{2}(A + A^{\tau})$。对任何向量 $\boldsymbol{x}$ 均有

$$(\boldsymbol{x}, A\boldsymbol{x}) = (\boldsymbol{x}, C\boldsymbol{x}), \quad c_{ij} = \frac{1}{2}(a_{ij} + a_{ji}) \tag{2.4-18}$$

若对任何非零向量 $\boldsymbol{x}$,二次型式(2.4-18)总大于或等于零,A 或 C 叫做非负变换,若总大于零则称为正定变换。此外,C 是对称矩阵。对称矩阵为正定的充要条件是一切主子行列式都是正数

$$c_{11} > 0, \quad \begin{vmatrix} c_{11} & c_{12} \\ c_{21} & c_{22} \end{vmatrix} > 0, \cdots, \quad \begin{vmatrix} c_{11} & c_{12} & \cdots & c_{1n} \\ c_{21} & c_{22} & \cdots & c_{2n} \\ \vdots & \vdots & & \vdots \\ c_{n1} & c_{n2} & \cdots & c_{nn} \end{vmatrix} > 0 \tag{2.4-19}$$

若对任何非零 $\boldsymbol{x}$ 数量积式(2.4-18)均为负值,则称变换 A 或 C 为负定。C 为负定的充要条件是

$$c_{11} < 0, \quad \begin{vmatrix} c_{11} & c_{12} \\ c_{21} & c_{22} \end{vmatrix} > 0, \cdots, \quad (-1)^n \begin{vmatrix} c_{11} & c_{12} & \cdots & c_{1n} \\ c_{21} & c_{22} & \cdots & c_{2n} \\ \vdots & \vdots & & \vdots \\ c_{n1} & c_{n2} & \cdots & c_{nn} \end{vmatrix} > 0 \tag{2.4-20}$$

变换为正定或负定有着明显的几何意义。任一个线性变换均可以分解为二次顺序变换,即绕空间某一个轴的旋转和向量长度的改变。如果二种作用的结果使 $\boldsymbol{x}$ 和 $A\boldsymbol{x}$ 之间的夹角小于 90°,那么 A 就是正定变换。例如,一切正常旋转变换,当转角小于 90°时便为正定,反之,当转角大于 90°时便为负定。

此外,以后还要用到本征值和本征向量的概念。满足下列等式的常数 λ 和非零向量 $\boldsymbol{x}$

$$A\boldsymbol{x} = \lambda\boldsymbol{x} \tag{2.4-21}$$

分别称为矩阵 A 的本征值和本征向量。从上式和线性代数方程式的特性可以看出,本征值 λ 必为矩阵 A 的特征方程的根

$$|A - \lambda E| = 0 \tag{2.4-22}$$

此处 E 是单位矩阵。代数方程(2.4-22)的次数为 n，故本征值不多于 n 个。

方阵 $A-\lambda E$ 称为方阵 A 的特征矩阵。对任何常量方阵 A 必存在可逆方阵 Q，使 $Q^{-1}AQ$ 变为约当(Jordan)标准型

$$Q^{-1}AQ=\begin{bmatrix} J_1 & & & \\ & J_2 & & \\ & & \ddots & \\ & & & J_l \end{bmatrix} \tag{2.4-23}$$

J_i 之形状为

$$J_i=\begin{bmatrix} \lambda_i & 1 & 0 & 0 & \cdots & 0 \\ 0 & \lambda_i & 1 & 0 & \cdots & 0 \\ 0 & 0 & \lambda_i & 1 & \cdots & 0 \\ \vdots & \vdots & \vdots & \vdots & & \vdots \\ 0 & 0 & 0 & 0 & \cdots & 1 \\ 0 & 0 & 0 & 0 & \cdots & \lambda_i \end{bmatrix} \tag{2.4-24}$$

此外其他元素均为零。J_i 称为约当块。

设 $h(\lambda)$ 为一个多项式

$$h(\lambda)=a_0\lambda^m+a_1\lambda^{m-1}+\cdots+a_m$$

将某一方阵 A 代入后便得到一个矩阵函数

$$h(A)=a_0A^m+a_1A^{m-1}+\cdots+a_mE \tag{2.4-25}$$

由于 A^m 和矩阵加法均有定义，故 $h(A)$ 仍为一同阶方阵。对方阵 A 同样可构成矩阵级数

$$b_0E+b_1A+b_2A^2+\cdots+b_nA^n+\cdots \tag{2.4-26}$$

对于方阵的无穷级数，和数列级数一样，上述和式并不是任何时候都有意义，只有在级数收敛时才能说它的和是什么。为了判别级数式(2.4-26)是否收敛，引进量

$$|A|=\max_{1\leqslant i,j\leqslant n}|a_{ij}|$$

称为矩阵 A 的范数。不难证明，级数式(2.4-26)收敛的充要条件是级数

$$b_0+b_1\|A\|+b_2\|A\|^2+\cdots+b_n\|A\|^n+\cdots$$

收敛。仿照高等数学中关于指数函数和三角函数的意义，我们可以记

$$e^A=E+A+\frac{1}{2!}A^2+\frac{1}{3!}A^3+\cdots$$

$$\cos A=E-\frac{1}{2!}A^2+\frac{1}{4!}A^4-\cdots$$

$$\sin A=A-\frac{1}{3!}A^3+\frac{1}{5!}A^5-\cdots \tag{2.4-27}$$

由此不难推得

$$e^{iA} = \cos A + i\sin A$$

$$\cos A = \frac{1}{2}(e^{iA} + e^{-iA})$$

$$\sin A = \frac{1}{2i}(e^{iA} - e^{-iA})$$

级数式(2.4-27)对任何方阵 A 都是收敛的。值得注意的是,与一般指数函数不同,e^{A+B}和 $e^A \cdot e^B$ 并不一定相等,只有当 $AB=BA$ 时才有 $e^{A+B}=e^A e^B=e^B e^A$。

如果矩阵 $A(t)=(a_{ij}(t))$的每一个元素对 t 是可微分的,就称矩阵 $A(t)$可微,它的导数定义为

$$\frac{dA(t)}{dt} = \left(\frac{da_{ij}(t)}{dt}\right) \tag{2.4-28}$$

同样,对矩阵 $A(t)$的积分定义为

$$\int_{t_0}^{t_1} A(t)dt = \left(\int_{t_0}^{t_1} a_{ij}(t)dt\right) \tag{2.4-29}$$

容易检查

$$\frac{dA(t)B(t)}{dt} = \frac{dA(t)}{dt} \cdot B(t) + A(t) \cdot \frac{dB(t)}{dt}$$

对指数函数的微分有公式

$$\frac{de^{At}}{dt} = Ae^{At} = e^{At}A \tag{2.4-30}$$

另外,下列关系式也极为有用

$$e^{At}\Big|_{t=0} = E, \quad \frac{de^{At}}{dt}\Big|_{t=0} = A$$

$$(e^{At})^{\tau} = e^{A^{\tau}t}, \quad (e^{At})^{-1} = e^{-At}$$

设矩阵 H 为斜对称的,即 $H^{\tau}=-H$,那么矩阵 e^H 所对应的变换称之为等距变换,因为对任何向量 $\boldsymbol{x}$ 和 $\boldsymbol{y}$ 总有

$$(e^H\boldsymbol{x}, e^H\boldsymbol{y}) = (\boldsymbol{x}, e^{H^{\tau}}e^H\boldsymbol{y}) = (\boldsymbol{x}, e^{(-H+H)}\boldsymbol{y}) = (\boldsymbol{x}, \boldsymbol{y})$$

当 $\boldsymbol{x}=\boldsymbol{y}$ 时

$$\| e^H\boldsymbol{x} \|^2 = (e^H\boldsymbol{x}, e^H\boldsymbol{x}) = (\boldsymbol{x}, \boldsymbol{x}) = \| \boldsymbol{x} \|^2 \tag{2.4-31}$$

所谓等距变换的名称即由此来。更进一步,可以证明,在实空间内,任何等距变换 U 都有一个斜对称矩阵 H 相对应,即

$$U = e^H$$

本节所列举诸事实的详细证明,读者可参阅本章参考文献[22,28]。

2.5 控制系统运动规律的向量表示

本节内将以后用到的一些基本向量公式作一简单讨论。设 $\boldsymbol{x}=(x_1, x_2, \cdots,$

x_n)为受控系统的状态向量。诸控制量 $u_1,u_2,\cdots,u_r$ 也可以看成是一个 r 维向量 $\boldsymbol{u}=(u_1,u_2,\cdots,u_r)$,设它的值取于 r 维空间的某一区域 U。倘若对 u_i 每一瞬间的取值无限制,则控制向量 $\boldsymbol{u}$ 的取值范围将为整个 r 维空间。在这些假定的条件下运动方程式(1.5-5)即可写成更为简单的形式

$$\frac{d\boldsymbol{x}}{dt}=\boldsymbol{f}(t,\boldsymbol{x},\boldsymbol{u}) \tag{2.5-1}$$

式中 $\boldsymbol{f}=(f_1,f_2,\cdots,f_n)$为一向量函数。此时,受控系统的每一个运动 $\boldsymbol{x}(t)$是向量方程式(2.5-1)的一个解,它在状态空间内是一条连续曲线,称之为系统的运动轨迹。在运动轨迹上的每一点,可由式(2.5-1)单值地决定一个运动速度向量

$$\frac{d\boldsymbol{x}}{dt}=\left(\frac{dx_1}{dt},\frac{dx_2}{dt},\cdots,\frac{dx_n}{dt}\right)=(f_1,f_2,\cdots,f_n)$$

它的大小和方向是可以控制的。改变系统在状态空间内的运动方向和运动速度,就能改变受控系统的状态,这就是控制过程的几何意义。

对于线性方程组用向量方法表示则尤为方便。设受控对象由下列方程组描述

$$\begin{aligned}
&\frac{dx_1}{dt}=a_{11}(t)x_1+a_{12}(t)x_2+\cdots+a_{1n}(t)x_n+b_{11}(t)\,u_1+\cdots+b_{1r}(t)u_r\\
&\cdots\\
&\frac{dx_n}{dt}=a_{n1}(t)x_1+a_{n2}(t)x_2+\cdots+a_{nn}(t)x_n+b_{n1}(t)\,x_1+\cdots+b_{nr}(t)u_r
\end{aligned} \tag{2.5-2}$$

此方程组用向量表示后可记为

$$\frac{d\boldsymbol{x}}{dt}=A(t)\boldsymbol{x}+B(t)\boldsymbol{u} \tag{2.5-2$'$}$$

式中 $\boldsymbol{x}=(x_1,x_2,\cdots,x_n)$和 $\boldsymbol{u}=(u_1,u_2,\cdots,u_r)$均可视为向量,$A(t)=(a_{ij}(t))$,$B(t)=(b_{\alpha\beta}(t))$,后者为 $n\times r$ 阶长方阵,它可以看成是一个算子,将 R_r 空间内的向量转换至 R_n 空间,或者说它的“自变量”是 $\boldsymbol{u}\in R_r$ 取值于状态空间 R_n。

方程式

$$\frac{d\boldsymbol{y}}{dt}=A(t)\boldsymbol{y} \tag{2.5-3}$$

称为式(2.5-2′)的齐次方程式。如果 A 为常量矩阵,即 a_{ij} 均为常数,则其解可以用矩阵函数简单地写出。令

$$\frac{d\boldsymbol{y}}{dt}=A\boldsymbol{y},\quad \boldsymbol{y}(0)=\boldsymbol{c}=(c_1,c_2,\cdots,c_n) \tag{2.5-4}$$

则此齐次方程式满足给定初始条件的解为

$$\boldsymbol{y}(t)=e^{At}\boldsymbol{c}$$

因为将右端代入式(2.5-4)后可得恒等式。显然，$\boldsymbol{y}(0)=E\boldsymbol{c}=\boldsymbol{c}$。矩阵函数 e^{At} 常称为齐次方程式(2.5-4)的基本解矩阵。

当式(2.5-2′)中 A 为常量矩阵($B(t)$则不必如此)，则式(2.5-2′)的通解可写为

$$\boldsymbol{x}(t)=e^{At}\boldsymbol{x}_0+\int_0^t e^{A(t-\tau)}B(\tau)\boldsymbol{u}(\tau)d\tau \tag{2.5-5}$$

其中 $\boldsymbol{x}_0=\boldsymbol{x}(0)$为系统的初始条件。上式可用下列方法得到。设式(2.5-2′)的解可以写成 $\boldsymbol{x}(t)=e^{At}\boldsymbol{c}(t)$，代入式(2.5-2′)并简化后得

$$\frac{d\boldsymbol{c}(t)}{dt}=e^{-At}B(t)\boldsymbol{u}(t)$$

积分后有

$$\boldsymbol{c}(t)=\int_0^t e^{-A\tau}B(\tau)\boldsymbol{u}(\tau)d\tau+\boldsymbol{c}_0$$

$\boldsymbol{c}_0$ 为积分常数。代入后有

$$\boldsymbol{x}(t)=e^{At}\left(\int_0^t e^{-A\tau}B(\tau)\boldsymbol{u}(\tau)d\tau+\boldsymbol{c}_0\right)$$

当 $t=0$ 时 $\boldsymbol{x}(0)=\boldsymbol{x}_0=\boldsymbol{c}_0$，于是得到了(2.5-5)式。

在常微分方程理论中对变系数系统式(2.5-3)和(2.5-2′)有类似的结果。齐次方程(2.5-3)也存在基本解矩阵，只是写不成式(2.5-5)的简单形式罢了。若后者用 $\Phi(t,t_0)$表示，则

$$\boldsymbol{y}(t)=\Phi(t,t_0)\boldsymbol{c},\quad \Phi(t_0,t_0)=E \tag{2.5-6}$$

通解式(2.5-5)将变为

$$\boldsymbol{x}(t)=\Phi(t,t_0)\boldsymbol{x}_0+\int_{t_0}^t \Phi(t,t_0)\Phi^{-1}(\tau,t_0)B(\tau)\boldsymbol{u}(\tau)d\tau \tag{2.5-7}$$

上式内 t_0 为系统运动的初始时刻。和常系数情况类似，对任何 t 矩阵 $\Phi(t,t_0)$均为可逆，因为无论 t 为何值它的行列式总不为零，$|\Phi(t,t_0)|\neq 0$。不过，这里要想求出矩阵 $\Phi(t,t_0)$就不那么简单了，而只能用数字计算机求数值解，在少数简单的情况下才可能找到解析解。

由上述可见，对于线性系统来说，它的通解总可以用向量方法迅速写出，这对详尽研究线性受控系统是极为有益的。

在第 2.2 节我们用拉氏变换的办法研究过 n 阶系统式(2.2-1)。那里考虑了初始条件和驱动函数的作用，指出了求解的方法。不难看出，用本节内的向量求解方法同样可以得到完整的结果。至于在何时采用何种方法须按研究目的和方便程度去选择。现在来看看如何把一个高阶方程式变为一个一阶微分方程组去研究。引进下列新的符号

$$y=y_1,\quad \frac{dy}{dt}=\frac{dy_1}{dt}=y_2,\quad \frac{d^2y}{dt^2}=\frac{dy_2}{dt}=y_3,\cdots,\quad \frac{d^{n-1}y}{dt^{n-1}}=\frac{dy_{n-1}}{dt}=y_n$$

与式(2.2-1)联立后有下列方程组

$$\frac{dy_1}{dt}=y_2$$

$$\frac{dy_2}{dt}=y_3$$

$$\cdots$$

$$\frac{dy_n}{dt}=-\frac{a_0}{a_n}y_1-\frac{a_1}{a_n}y_2-\frac{a_2}{a_n}y_3-\cdots-\frac{a_{n-1}}{a_n}y_n+\frac{1}{a_n}x(t)$$

初始条件是 $y_{10}=y_0,\cdots,y_{n0}=y_0^{(n-1)}=\left(\frac{d^{n-1}y}{dt^{n-1}}\right)_{t=0}$。与标准方程组(2.5-2′)比较后可以看出

$$A=\begin{bmatrix}0 & 1 & 0 & \cdots & 0\\ 0 & 0 & 1 & \cdots & 0\\ \vdots & \vdots & \vdots & \vdots & \vdots\\ -\frac{a_0}{a_n} & -\frac{a_1}{a_n} & \cdots & & -\frac{a_{n-1}}{a_n}\end{bmatrix},\quad B=\begin{bmatrix}0\\ 0\\ \vdots\\ \frac{1}{a_n}\end{bmatrix}$$

$$\boldsymbol{y}(0)=\boldsymbol{y}_0=(y_{10},y_{20},\cdots,y_{n0})\tag{2.5-8}$$

这样就把式(2.2-1)变为一个一阶微分方程组了。用同样的方法可以把任何一个高阶线性方程式化为一阶方程组。但是,反过来却不能断言每一个方程组均能化为高阶方程式。这是因为要想将式(2.5-2)化为式(2.2-1)型必须对驱动作用(控制量)求导数,而这往往是不可以的,一般讲来,$u_i(t)$可能是不光滑的函数,因而不可微分。从这个意义来看方程组要比一个高阶方程式更为广泛一些。如果控制规律是线性的,即 $\boldsymbol{u}(t)=(\boldsymbol{c},\boldsymbol{x}(t))=\sum_{\alpha=1}^{n}c_\alpha x_\alpha(t)$,那么 $\boldsymbol{u}(t)$ 总是可微的,这时方程组和高阶方程式等价。

在微分方程理论中还有一个有用的概念是伴随方程组或共轭方程组,以后我们将用到它。与方程(2.5-4)一起研究方程式

$$\frac{d\boldsymbol{\psi}}{dt}=-A^\tau\boldsymbol{\psi}\tag{2.5-9}$$

其中$\boldsymbol{\psi}=(\psi_1,\psi_2,\cdots,\psi_n)$为一 n 维向量函数,A^τ 为矩阵 A 的转置矩阵。如果式(2.5-9)是一个常系数线性方程组,则它的通解为

$$\boldsymbol{\psi}(t)=e^{-A^\tau t}\boldsymbol{\psi}_0\tag{2.5-10}$$

其中$\Psi(t)=e^{-A^\tau t}$是式(2.5-9)的基本解矩阵,它与式(2.5-4)的基本解矩阵 $\Phi(t)$ 有明显的关系式

$$(\Phi^{-1}(t))^\tau=\Psi(t)$$

两个方程式(2.5-4)和(2.5-9)的解之间有着十分有趣的联系:二者之任意解之内

积永远为常量而与时间无关。事实上，设$\boldsymbol{\psi}(t)$和$\boldsymbol{y}(t)$分别为两个方程式的某个非零解，对其数量积微分后有

$$\begin{aligned}\frac{d}{dt}(\boldsymbol{y}(t),\boldsymbol{\psi}(t)) &= \left(\frac{d\boldsymbol{y}(t)}{dt},\boldsymbol{\psi}(t)\right)+\left(\boldsymbol{y}(t),\frac{d\boldsymbol{\psi}(t)}{dt}\right)\\ &=(Ae^{At}\boldsymbol{y}_0,e^{-A^{\tau}t}\boldsymbol{\psi}_0)+(e^{At}\boldsymbol{y}_0,-A^{\tau}e^{-A^{\tau}t}\boldsymbol{\psi}_0)\\ &=(e^{At}\boldsymbol{y}_0,A^{\tau}e^{-A^{\tau}t}\boldsymbol{\psi}_0)-(e^{At}\boldsymbol{y}_0,A^{\tau}e^{-A^{\tau}t}\boldsymbol{\psi}_0)=0\end{aligned}$$

故

$$(\boldsymbol{y}(t),\boldsymbol{\psi}(t))=\text{const} \tag{2.5-11}$$

正是由于二者之间的这种关系，所以式(2.5-9)称为式(2.5-4)的伴随方程组或共轭方程组。不难证明，若矩阵A的各元素不都是常量，式(2.5-3)也有其相应的共轭方程式使式(2.5-11)成立，不过此时对二者的初始时间需要进行协调。

对式(2.5-11)的几何意义可做如下解释。设$\boldsymbol{y}(t)$是一条运动轨迹，$\boldsymbol{\psi}(t)$是以$\boldsymbol{y}(t)$点为始点的一个向量，它随$\boldsymbol{y}(t)$一同在状态空间内运动。过$\boldsymbol{y}(t)$点作一个垂直于$\boldsymbol{\psi}(t)$的平面P，它的方程式是

$$(\boldsymbol{x}(t)-\boldsymbol{y}(t),\boldsymbol{\psi}(t))=\sum_{\alpha=1}^{n}(x_\alpha(t)-y_\alpha(t))\psi_\alpha(t)=a$$

等式(2.5-11)表示，在整个运动过程中向量$\boldsymbol{y}(t)$与平面P的法向量$\boldsymbol{\psi}(t)$之夹角不变，即若起始时是锐角(钝角)，则在以后的运动中永远保持锐角(钝角)。若起始时$\boldsymbol{\psi}_0$与$\boldsymbol{y}_0$正交，则以后永远保持正交。

我们继续讨论常系数方程组的通解式(2.5-7)。设基本解矩阵已经求出并写成

$$\Phi(t)=e^{At}=(\varphi_{ij}(t))$$

将式(2.5-7)展开后有

$$x_i(t)=\sum_{\alpha=1}^{n}\varphi_{i\alpha}x_{\alpha0}+\int_0^t\sum_{\alpha}^{n}\sum_{\beta}^{r}\varphi_{i\alpha}(t-\tau)b_{\alpha\beta}(\tau)u_\beta(\tau)d\tau$$
$$i=1,2,\cdots,n \tag{2.5-12}$$

在这个等式内，我们可以看出，系统第i个坐标x_i的运动分为两部分，第一部分是由初始条件决定的，如前所述称为补充运动或自由运动，第二部分是由驱动作用引起的特解可称为受控运动。若$x_{\alpha0}=0,\alpha=1,2,\cdots,n$，则式(2.5-12)可写为

$$x_i(t)=\int_0^t\sum_{\beta=1}^{r}k_{i\beta}(t-\tau)u_\beta(\tau)d\tau \tag{2.5-13}$$

式中

$$k_{i\beta}(t-\tau)=\sum_{\alpha=1}^{n}\varphi_{i\alpha}(t-\tau)b_{\alpha\beta}(\tau)$$

称为驱动量u_β对第i个坐标的脉冲响应函数。这种函数共有$n\times r$个。若只研究

第一个坐标 $x_1(t)$的运动规律，驱动量只有一个，则系统的脉冲响应函数为 $k(t)$，此时式(2.5-13)变为

$$x_1(t)=\int_0^t k_{11}(t-\tau)u_1(\tau)d\tau$$

这就得到了著名的丢阿麦(Duhamel)积分，而 $k_{11}(t)$就是在第 2.3 节内讨论过的脉冲响应函数 $h(t)$。

在本节的最后，我们试对常系数方程组或向量方程式做拉氏变换，将第 2.1—2.3 节中讨论过的方法加以推广。设方程式的向量表示为

$$\frac{d\boldsymbol{x}}{dt}=A\boldsymbol{x}+B\boldsymbol{u} \tag{2.5-14}$$

A 和 B 为常量矩阵。对等式两边做拉氏变换后有①

$$s\boldsymbol{X}(s)-\boldsymbol{x}(0)=A\boldsymbol{X}(s)+B\boldsymbol{U}(s)$$

解出 $\boldsymbol{X}(s)$：

$$\begin{aligned}\boldsymbol{X}(s)&=(sE-A)^{-1}(\boldsymbol{x}(0)+B\boldsymbol{U}(s))\\&=(sE-A)^{-1}\boldsymbol{x}(0)+(sE-A)^{-1}B\boldsymbol{U}(s)\end{aligned} \tag{2.5-15}$$

再利用拉氏反变换公式即可求出系统的补充运动和受控运动

$$\boldsymbol{x}(t)=\frac{1}{2\pi i}\int_{r-i\infty}^{r+i\infty}(sE-A)^{-1}\boldsymbol{x}(0)e^{st}ds+\frac{1}{2\pi i}\int_{r-i\infty}^{r+i\infty}(sE-A)^{-1}B\boldsymbol{U}(s)e^{st}ds \tag{2.5-16}$$

由此可以看到，拉氏变换无论对于一个高阶方程式或是对一个一阶方程组(向量方程式)完全具有同等效力，它的一切优点对两种情况都是一致的。在必要时候对每一种情况均可使用它。

2.6　函数空间(希尔伯特空间)

前面我们采用有穷维空间中的向量代数去讨论常微分方程的求解方法。有穷维(n 维)空间与我们熟悉的三维空间有极其相似的几何性质。但是，在有些问题中，还要用到无穷维空间，例如分布参数系统就是这样。为了使问题具有明显的几何直观意义，必须把有穷维空间中的一些运算方法推广到无穷维空间中去，使得我们可以清晰简便地提出和解决控制理论中的一些问题。本节和下一节中，我们将力求通俗地讨论无穷维空间的构造和特点以及在其中的线性运算等。我们将看到，有穷维空间中的事实，加以必要的补充定义后，大部分可推广到无穷维空间(函数空间)中去。

讨论函数空间遇到的第一个概念是线性空间。一组运算对象$\{x_\alpha\}$构成一个

① 这里用大写的 $\boldsymbol{X}(s)$表示向量函数 $\boldsymbol{x}(t)$的象函数。

复(实)线性空间 L 是指:(1)如果 x 属于 L(记为 $x\in L$),则 $\alpha x\in L$,α 为任意复数(实数);(2)如果 $x_1,x_2,\cdots,x_n$ 都是 L 中的元素,那么任何有穷个元素的线性组合 $y=\sum_{i=1}^{n}\alpha_i x_i$ 也属于 L,α_i 为任意 n 个复数(实数)。这就是说 L 对乘常数和有穷个元的线性组合是封闭的。线性空间是一个很广泛的概念。例如,L 可以是一切复数的全体,或者是一切 m 维向量的全体,一切 $n\times n$ 阶方阵的全体,一切定义于同一区间上的连续函数的全体,一切定义于三维空间中同一区域上的平方可积的函数的全体,一切定义于同一概率空间上的方差有限的随机量的全体,甚至可以是定义于某一函数空间中的算子的全体等。线性空间的具体内容可能是千差万别的,它的元素将统称为元。根据线性空间的具体运算对象的特点,这些元也常称为"函数","向量","点"等。

第二步是对线性空间 L 中的元素赋以"向量长度"的概念,通常称为范数,用以计算两个点(向量)之间的距离,两个向量之间的相对方向及计算向量的大小等。这种"尺度"的引入可以根据所研究问题的性质和目的而任意选择,但不应与我们习惯了的三维欧氏空间中的"长度"的基本特点相矛盾。设 x 是线性空间 L 中的元,引入一种长度计算方法,记为 $\|x\|$:首先,它必须是实数;第二当 $x\neq 0$ 时 $\|x\|>0$,当且仅当 $x=0$ 时,$\|x\|$ 才等于 0;第三,$\|\alpha x\|=|\alpha|\,\|x\|$,$\alpha$ 为任意复数;第四,向量加法应满足三角形不等式:两个向量的和的长度应不大于它们长度的和,即 $\|x+y\|\leqslant\|x\|+\|y\|$。在 L 中引入满足这四条要求的范数后,L 就变为赋范线性空间。

最后,为了能在赋范线性空间中进行各种运算,如数值计算、微分、积分等,还必须使其完备化。设对 L 中的一个元素序列 $\{x_n\}$,存在一个元 $x\in L$ 使 $\lim\limits_{n\to\infty}\|x_n-x\|=0$,就说 x 是序列 $\{x_n\}$ 的极限点。如果 L 含有一切可能的序列的极限点,L 就叫做完备的线性赋范空间,否则它就是不完备的。在泛函分析中证明,任何一个线性赋范空间都可以用补齐极限点的办法使它成为完备的赋范线性空间。因为数值计算、级数求和、微分、积分等运算都以极限为基础。如果空间不完备,则所有这些运算都可能无法进行,因为可能不存在极限点。当然,这种补充对具体问题要作具体分析,才能知道这些极限点是些什么。

下面我们举两个例子来说明建立一个完备空间所要做的事。上面讲过,引入范数的方法是很多的。我们讨论控制系统的时候,最常用的方法是通过"内积"引入范数,这就是通常的三维欧氏空间中用向量的数量积来计算向量长度和相互夹角的办法。这种空间称为内积空间。按照习惯,完备的内积空间称为希尔伯特(Hilbert)空间。当然,它也是赋范线性空间。在控制理论中最常用的是希尔伯特空间,所以下面主要介绍这种空间。

(1) 用 $C[a,b]$ 表示一切定义在闭区间 $[a,b]$ 上并取值于复数平面的连续函数的全体，它显然是一个线性空间。其中平方可积的那部分函数的全体记为 $C_2[a,b]$。这意味着，一切满足下列条件的函数 $x(t)$

$$\int_a^b |x(t)|^2 dt < \infty, \quad x \in C[a,b] \tag{2.6-1}$$

都属于 $C_2[a,b]$。容易证明 $C_2[a,b]$ 也构成一个线性空间：对任意复数 α,β，如果 $x(t)$ 和 $y(t)$ 是平方可积的，则 $\alpha x(t)+\beta y(t)$ 也一定是平方可积的。因为

$$|\alpha x(t)+\beta y(t)| \leqslant |\alpha||x(t)|+|\beta||y(t)|$$

所以

$$|\alpha x(t)+\beta y(t)|^2 \leqslant |\alpha|^2|x(t)|^2+2|\alpha||\beta||x(t)||y(t)|+|\beta|^2|y(t)|^2$$

利用柯西(Cauchy)不等式

$$\int_a^b |x(t)||y(t)|dt \leqslant \sqrt{\int_a^b |x(t)|^2 dt \int_a^b |y(t)|^2 dt} \tag{2.6-2}$$

可推知 $\alpha x(t)+\beta y(t)$ 是平方可积的。所以，$C_2[a,b]$ 是一个线性空间。下一步是在 $C_2[a,b]$ 中引进内积，通过内积又可定义一种尺度来确定两个向量（函数）之间的距离、夹角等几何关系。对任意 $x(t),y(t)\in C_2[a,b]$ 定义内积（类似 R_n 中两个向量的数量积）

$$\langle x(t),y(t)\rangle = \int_a^b x(t)\overline{y(t)}dt \tag{2.6-3}$$

式中 $\overline{y(t)}$ 表示 $y(t)$ 的共轭复数，$\langle\cdot,\cdot\rangle$ 表示无穷维空间的内积符号。根据不等式(2.6-2)可知上式右端积分是有意义的。和 R_n 空间一样，函数 $x(t)$ 作为线性空间中的一个“向量”具有“长度”（以后称范数）

$$\|x(t)\| = \langle x(t),x(t)\rangle^{\frac{1}{2}} = \left(\int_a^b |x(t)|^2 dt\right)^{\frac{1}{2}} \tag{2.6-4}$$

两个函数（空间 $C_2[a,b]$ 中的两个点）之间的距离是

$$\|x(t)-y(t)\| = \langle x(t)-y(t),x(t)-y(t)\rangle^{\frac{1}{2}} = \left(\int_a^b |x(t)-y(t)|^2 dt\right)^{\frac{1}{2}} \tag{2.6-5}$$

两个函数（如果看成空间的向量）之间的夹角 α 的余弦可定义为

$$\cos\alpha = \frac{\langle x(t),y(t)\rangle}{\|x(t)\|\cdot\|y(t)\|} \tag{2.6-6}$$

不等式(2.6-2)保证上式右端的绝对值永远不会大于 1。

这样定义的空间 $C_2[a,b]$ 虽然有几何的直观性，却有一个很大的缺点——不完备性。这个缺点给分析计算带来很大的不方便。在式(2.6-4)中，因为 $x(t)$ 是连续函数，我们可以用黎曼积分来计算函数的范数. 假定有一列连续函数 $\{x_n(t)\}$，它们按式(2.6-4)定义的范数趋于零，即

$$\lim_{n\to\infty}\|x_n(t)\| = 0$$

此时可能发生很不协调的现象：当 $n\to\infty$ 时 $x_n(t)$ 根本不趋近于零函数，更有甚者，它可能根本不趋于任何连续函数。例如，在区间$[-1,+1]$上定义的函数 $x_n(t)=\frac{1}{nt^2+1}$是一个很好的连续函数，而且 $\|x_n(t)\|=\sqrt{\int_{-1}^{+1}\left(\frac{1}{1+nx^2}\right)^2dx}=\frac{1}{\sqrt{n+1}}$。显然，当 $n\to\infty$时，$\|x_n(t)\|\to 0$，但 $x_n(t)$却不趋近于任何连续函数。因此我们说 $C_2[a,b]$是不完备的。为了克服 $C_2[a,b]$的这一缺点，必须采取两个措施。第一，式(2.6-3)和式(2.6-4)的积分改成勒贝格(Lebesgue)积分[2]；第二，按照范数式(2.6-4)的定义把 $C_2[a,b]$补齐，即把所有极限函数补进去。这样，按勒贝格积分定义的范数补齐后的函数空间称为希尔伯特空间并记为 $L_2(a,b)$。因此可以说，一切平方可积(勒贝格可积)的函数全体构成 $L_2(a,b)$空间，它是完备的，即包含一切可能的极限元(函数)。

在希尔伯特空间中，下列不等式和等式很有用处：

$$\|x(t)+y(t)\|\leqslant\|x(t)\|+\|y(t)\|\text{(三角形不等式)}\tag{2.6-7}$$

$$\|x(t)-y(t)\|\leqslant\|x(t)-z(t)\|+\|z(t)-y(t)\|\text{(三角形不等式)}\tag{2.6-7$'$}$$

$$|\langle x(t),y(t)\rangle|\leqslant\|x(t)\|\cdot\|y(t)\|\text{(柯西不等式)}\tag{2.6-8}$$

$$\|x(t)\times y(t)\|^2+\|x(t)-y(t)\|^2=2\|x(t)\|^2+2\|y(t)\|^2\text{(平行四边形等式)}\tag{2.6-9}$$

$$\langle x(t),y(t)\rangle=\frac{1}{4}\{\|x(t)+y(t)\|^2-\|x(t)-y(t)\|^2+i\|x(t)+iy(t)\|^2 -i\|x(t)-iy(t)\|^2\}\text{(极化恒等式)}\tag{2.6-10}$$

两个函数 $x(t)$和 $y(t)$相互直交，是指$\langle x(t),y(t)\rangle=0$。此时有

$$\|x(t)+y(t)\|^2=\|x(t)\|^2+\|y(t)\|^2\text{(勾股弦定理)}\tag{2.6-11}$$

一组 n 个两两相互直交的函数$\{x_i(t)\}_1^n$ 可以看成是 $L_2(a,b)$中的一个 n 维子空间 R_n 的直角坐标轴。有时也说 R_n 是由$\{x_i(t)\}_1^n$ 张成的子空间，而$\{x_i\}_1^n$ 叫做 R_n 的直交基。如果$\|x_i(t)\|=1,i=1,2,\cdots,n$，则称为规范直交基。规范直交基常用$\{e_i(t)\}_1^n$ 表示。在 $L_2(a,b)$中存在可数多个规范直交基$\{e_i\}_1^\infty$，任何一个函数 $f(t)\in L_2(a,b)$，均可按这个基展成傅里叶级数

$$f(t)=\sum_{i=1}^{\infty}\langle f(t),e_i(t)\rangle e_i(t)\tag{2.6-12}$$

而且

$$\|f(t)\|^2=\sum_{i=1}^{\infty}|\langle f(t),e_i(t)\rangle|^2\tag{2.6-13}$$

上式中复数$\langle f(t),e_i(t)\rangle$称为 $f(t)$在 $e_i(t)$上的投影。

对实值函数构成的 $L_2(0,1)$空间，下列函数列是它的规范直交基

$$1,\sqrt{2}\sin 2\pi t,\sqrt{2}\cos 2\pi t,\cdots,\sqrt{2}\sin 2n\pi t,\sqrt{2}\cos 2n\pi t,\cdots$$

因为直交基由无穷多个(可数多个)函数组成,所以 $L_2(a,b)$叫做无穷维空间,也称为可分的希氏空间。

设 R_n 是由 n 个规范直交基$\{e_i\}_1^n$ 张成的 n 维子空间,而 $x(t)\overline{\in} R_n$。那么 $x(t)$ 可唯一分解为 $x(t)=y(t)+z(t)$,$y(t)\in R_n$,$z(t)\perp R_n$。显然,$z(t)=x(t)-y(t)$,而 $y(t)=\sum_1^n a_i e_i(t)$,a_i 由下列代数方程式一意确定

$$a_i = \langle x(t), e_i(t)\rangle,\quad i = 1,2,\cdots,n \tag{2.6-14}$$

$y(t)$“平行于”R_n,$z(t)$则垂直于 R_n,称为从 $x(t)$到 R_n 的垂线,它是从 $x(t)$到 R_n 的最短距离。

上述 $L_2(a,b)$的构造可以推广到向量值函数 $\boldsymbol{x}(t)=\{x_1(t),x_2(t),\cdots,x_n(t)\}$。设所有的 $x_i(t)$都是定义在共同区间(a,b)上的复值函数,而且都是平方可积的,则$\{\boldsymbol{x}\}$构成一个线性空间 $L_2(a,b)$。引进内积

$$\langle \boldsymbol{x}(t), \boldsymbol{y}(t)\rangle = \sum_{i=1}^n \langle x_i(t), y_i(t)\rangle \tag{2.6-15}$$

和范数

$$\| \boldsymbol{x}(t) \|^2 = \langle \boldsymbol{x}(t), \boldsymbol{x}(t)\rangle = \sum_{i=1}^n \langle x_i(t), x_i(t)\rangle = \sum_{i=1}^n \| x_i(t) \|^2$$

$L_2(a,b)$就变成为一个新的希尔伯特空间。它也是可分的。按照新的内积和范数的定义,所有上述关系式(2.6-7)—(2.6-14)都成立。

(2) 函数空间的概念在概率论中也得到了有效的应用。从概率论中我们知道,每一个实随机变量 ξ 对应一个概率分布函数 $F(x)=p(\xi<x)$,它表示随机变量 ξ 取值小于 x 的概率。显然,每一个概率分布函数定义一个随机变量。一个多元概率分布函数

$$F(x_1,x_2,\cdots,x_n) = p(\xi_1 < x_1, \xi_2 < x_2, \cdots, \xi_n < x_n)$$

定义一个多元实随机变量$(\xi_1,\xi_2,\cdots,\xi_n)$。我们知道,两个随机变量的线性组合和它们的积也仍然是随机变量,这些新的随机变量的概率分布函数是由原给定的随机变量的分布函数唯一确定的。两个实的随机变量 ξ 和 η 能够构成一个复值随机变量 $\xi+i\eta$,而 $\xi-i\eta$ 是它的共轭随机变量,因此,一个随机变量也可以是复值的。

设$\{\xi_i\}$是给定的有穷个或无穷个实值或复值随机变量所构成的集合,任意有穷个随机变量的和也是随机变量。由有穷线性组合 $\sum_{i=1}^n a_i\xi_i$(a_i 是实数或复数)的全体所构成的集合是线性空间 L。不失一般性,可以假定所有$\{\xi_i\}$中的元素的数学期望和方差满足下列条件

$$M(\xi_i) = \int_{-\infty}^{\infty} x dF_i(x) = 0$$

$$M(\xi_i^2) = \int_{-\infty}^{+\infty} x^2 dF_i(x) < \infty, \quad i = 1,2,\cdots$$

式中 $F_i(x)$是 ξ_i 的概率分布函数。

在线性空间 L 中引进内积,设 $\xi=\xi_1+i\xi_2$,$\eta=\eta_1+i\eta_2$是两个复值随机变量,定义

$$\langle \xi,\eta\rangle = M(\xi\overline{\eta}) = M((\xi_1 + i\xi_2)(\eta_1 - i\eta_2)) \tag{2.6-16}$$

为两随机量之间的内积。由此产生的 ξ 的范数是

$$\begin{aligned}\|\xi\|^2 &= M(\xi\xi) = M((\xi_1 + i\xi_2)\cdot(\xi_1 - i\xi_2)) = M(\xi_1^2 + \xi_2^2)\\ &= M(\xi_1^2) + M(\xi_2^2) = D(\xi_1) + D(\xi_2)\end{aligned} \tag{2.6-17}$$

这就是说,一个复随机量 ξ 的范数是它的方差的平方根。这样定义的范数(方差)满足式(2.6-7)—(2.6-10)的所有关系式。

设 $\xi_1,\xi_2,\cdots$是一个随机量序列。若存在一个随机量 ξ,使 $\lim\limits_{n\to\infty}\|\xi_n-\xi\|=0$,则说序列均方收敛于 ξ,记为 $\mathrm{l.i.m.}\,\xi_n=\xi$。不难证明,若 $\mathrm{l.i.m.}\,\xi_n=\xi$,$\mathrm{l.i.m.}\,\eta_n=\eta$,则有

$$\mathrm{l.i.m.}\,M(\xi_n) = M(\xi),\ \mathrm{l.i.m.}\,M(\eta_n) = M(\eta)$$
$$\mathrm{l.i.m.}\,\|\xi_n\| = \|\xi\|,\ \mathrm{l.i.m.}\,\|\eta_n\| = \|\eta\|$$
$$\mathrm{l.i.m.}\,\langle\xi_n,\eta_n\rangle = \langle\xi,\eta\rangle$$

容易检验,一切方差有限的随机变量,按上边定义的范数构成一个完备的希尔伯特空间 H。在这个空间中有下列特点

$$M(a\xi\eta) = aM(\xi\eta),\ M((\xi_1+\xi_2)\eta) = M(\xi_1\eta) + M(\xi_2\eta)$$
$$M(\xi\eta) = M(\eta\cdot\xi),\ M(\xi^2) > 0 \text{ 只要 } \xi \neq 0$$

其中 a 为任意常数。两个随机量之间的距离是 $\|\xi-\eta\|$,若 $\|\xi-\eta\|=0$,则必有$\xi=\eta$。

随机量 ξ 和 η 的内积如果等于零,则说它们相互直交。换言之,它们是不相关的,即相关系数为零。H 中的任一随机量 ξ 可以按规范直交基展开成傅里叶级数

$$\xi = \sum_{i=1}^{\infty}\langle\xi,e_i\rangle e_i$$

而且

$$D(\xi) = \|\xi\|^2 = \sum_{i=1}^{\infty}|\langle\xi,e_i\rangle|^2$$

式中$\{e_i\}$是 H 中的规范直交基,它们都是相互直交的(不相关的)随机量。

设在 H 中有 n 个随机量$\{\xi_i\}_1^n$,它们是线性不相关的。那么它们可以张成一个 n 维子空间,仍记为 R_n。如果随机量 $\eta\overline{\in}R_n$,则 η 必可一意分解为

$$\eta = \xi + \zeta,\ \xi \in R_n,\ \zeta \perp R_n$$

其中 ζ 是从点 ξ 到 R_n 的垂线(最短距离)。如果企图用$\{\xi_i\}_1^n$ 来逼近 η,那么可能达

到的最小误差就是这个垂线 ζ 的长度(范数)。这个几何概念可以推广到对随机过程的滤波和外推问题。所谓最优滤波器的最小方差正是这个垂线的长度(范数)(关于这一点第十四、十五章还要详细介绍。)

函数空间的几何学是一个很有用的概念,它能把一个很复杂的问题用空间的几何概念加以简单明了地说明,并能找到很简便的处理方法。这就要求熟习多维空间中的基本概念和方法,这是研究近代控制理论的重要工具之一。

2.7　泛函和算子

在高等数学中,函数关系有两类:数值函数和向量值函数,而自变量则可以是某一特定空间的点。第一章中曾列举过控制系统质量指标的各种表示形式,那里的自变量往往是系统运动的整个过程,例如

$$J = \int_0^{t_1} f(x_1(t), x_2(t), \cdots, x_n(t); t) dt$$

是以 R_n 空间的曲线(轨迹)为自变量的数值函数。从前节讨论的函数空间的概念看上式,也可以认为 J 是定义于某一函数空间点上的数值函数。因此,如果把“轨迹”看成是 $L_2(0,t_1)$中的元,则 J 是定义于希尔伯特空间上的数值函数。这类函数关系统称为泛函。

在各种类型的泛函中,研究得比较透彻和用途较广的是线性泛函,即它是空间诸元素的线性函数。设 x,y 是希尔伯特空间 H 中的任意元素,$f(x)$是线性泛函,即 $f(\alpha x+\beta y)=\alpha f(x)+\beta f(y)$,$\alpha,\beta$ 是任意复数或实数。如果在单位球上 $\| x \| \leqslant 1$,

$$\max_{\| x \| \leqslant 1} | f(x) | = M < \infty, \quad x \in H \tag{2.7-1}$$

此时 f 称为有界线性泛函,而 M 称为 f 的范数并记为 $\| f \|$。定义于希氏空间 H 上的一切有界线性泛函的全体显然构成线性空间。不仅如此,一切有界线性泛函的全体,按照式(2.7-1)定义的范数还可构成一个赋范线性空间,常记为 H^*,称它为 H 的对偶空间或共轭空间。在泛函分析中证明,H^* 是一个完备的内积空间[22]。更确切地说,定义于 H 上的任一有界线性泛函 f 均可用 H 中的内积表示:

$$f(x) = \langle f, x \rangle, \quad f \in H, \quad x \in H \tag{2.7-2}$$

换言之,定义于 H 上的任一有界线性泛函 f 均对应一个元 $f \in H$,并且能够用式(2.7-2)表示出来。从这个意义上讲,H^* 中的一切元可以用 H 中的元表示,因而可以认为 $H=H^*$。这个特点叫做自反性,一切希尔伯特空间,即完备的内积空间,是自反的,它的对偶空间可以认为就是它自己。当然,如果泛函是非线性的,则没有这种简单的表示方法。

定义于 H 上的另一类函数是向量值函数，

$$y = f(x), \quad x \in H, \quad y \in H_1$$

式中 y 是另一空间(希尔伯特空间)H_1 的元。函数 $f(\cdot)$把 H 中的元 x 变换为另一希氏空间 H_1 中的元。如果这个函数是线性的,则常写成

$$y = Ax, \quad x \in H, \quad y \in H_1 \tag{2.7-3}$$

A 称为线性算子,它把 H 中的元映到 H_1 中去。

如果

$$\sup_{\|x\|\leqslant 1} \|Ax\|_1 = M < \infty \tag{2.7-4}$$

则称 A 为有界线性算子,M 称为 A 的范数,常记为 $|A|_1$,如果 $H=H_1$,则记为 $|A|$。设 $H=H_1$,A,B 都是有界算子。由等式 $(A+B)x=Ax+Bx$ 所确定的算子 $(A+B)$称为有界算子 A 和 B 的和。设 λ 为任一复数,由 $(\lambda A)x=\lambda Ax$ 确定的算子(λA)称为有界算子 A 和数 λ 的积。这样,一切有界线性算子的全体构成一个线性空间,当按式(2.7-4)引进范数后,就变为赋范线性空间。容易验证 $|A+B|\leqslant|A|+|B|$,$|\lambda A|\leqslant|\lambda||A|$。

对所有的 $x\in H$,由等式 $(AB)x=A(Bx)$ 定义的算子 (AB) 称为有界算子 A 和 B 的积。容易检查乘法对加法有分配律:$A(B+C)=AB+AC$,而且 $|AB|\leqslant|A||B|$。应注意,一般说来 $AB\neq BA$。如果 $AB=BA$ 则 A 和 B 叫做可交换的。

由等式 $Ix=x$ 所确定的算子 I 叫做单位算子或恒等算子。

对任何有界线性算子 A,存在一个线性算子 A^*,使 $\forall$ ①$x,y\in H$ 有 $\langle Ax,y\rangle=\langle x,A^*y\rangle$成立。算子 A^* 称为 A 的伴随算子或共轭算子,也有人叫 A^* 为 A 的对偶算子。如果 $A^*=A$,A 叫做自伴的。显然,一般讲有 $A^{**}=A$,$(\lambda A)^*=\bar{\lambda}A^*$,$(A+B)^*=A^*+B^*$,$(AB)^*=B^*A^*$,$|A^*|=|A|$。容易证明 A^*A 和 AA^* 永远是自伴的。这里设 A 是定义于全空间上的有界算子。

如果 $\forall x\in H$,$\langle Ax,x\rangle\geqslant 0$,则 A 叫做非负的,此时记作 $A\geqslant 0$。不难看出,$A^*A\geqslant 0$,$AA^*\geqslant 0$。

满足条件 $|P|\leqslant 1$,$P^2=P$ 和 $P^*=P$ 的线性算子 P 叫做直交投影算子。P 的值域 $R(P)$是 H 的一个闭的子空间。如果 $R(P)$是有穷维的,则 P 叫做有穷维投影算子,反之,它是无穷维的。两个投影算子 P,Q 叫做相互直交的,是指 $PQ=0$(零算子)。

设 A 是有界线性算子,如果存在一个线性算子 B,使 $AB=BA=I$,则称 B 为 A 的逆算子,常记为 A^{-1}。如果 A^{-1}也是有界的,则称 A 有有界逆或为可逆算子。设 λ 是某一复数,$(A-\lambda I)^{-1}$存在且有界,记

① 符号 $\forall$ 读作"凡是",$\forall x\in H$ 意思是"对一切属于 H 的元素 x"。

$$R(\lambda, A) = (A - \lambda I)^{-1} \tag{2.7-5}$$

称为算子 A 的预解式。如果 $\lambda = \lambda_0$ 时 $R(\lambda_0, A)$ 是定义于全空间 H 上的有界算子，则 λ_0 称为 A 的正则点。复平面上除正则点以外的一切点都是 A 的谱点。当方程式 $Ax = \lambda x$ 有非零解时，$A - \lambda I$ 当然不会有逆，因而此时 λ 是 A 的谱点。λ 和 x 分别叫做 A 的本征值和本征元。A 的谱点并不一定都是本征值，这一点下面还要讲到。

为了讨论一种经常遇到的算子，还需要引用关于集合的几个概念。设 S 是希尔伯特空间 H 中的一组元素组成的集合，如果其中每一个元素的范数都是有界的，S 叫做有界集。用 S 中的元素按某一规则排成一个序列 $x_1, x_2, x_3, \cdots, x_n, \cdots$，简记为 $\{x_n\}$，如果

$$\lim_{\substack{n \to \infty \\ m \to \infty}} \| x_n - x_m \| = 0$$

序列 $\{x_n\}$ 叫做强收敛的。如果存在一个元 $x \in H$，使对任意 $y \in H$ 都有 $\lim\limits_{n \to \infty} \langle x_n, y \rangle = \langle x, y \rangle$ 成立，则说序列 $\{x_n\}$ 弱收敛于 x。

如果 S 中的任何序列 $\{x_n\}$ 都含有一个强收敛的子列 $\{x_{n_i}\}$，则 S 叫做紧集。如果 S 中的任何一个序列都含有一个弱收敛子列，则 S 叫做弱紧集。可以证明，在希尔伯特空间中，任一有界集合都是弱紧的，但不一定是紧集。在有穷维空间中任一有界集都是紧集，在无穷维空间中这个事实不成立。将任意有界集合 S 映成（变换成）紧集的线性算子称为紧算子或全连续算子。紧算子一定是有界算子，并且有界算子和紧算子的积也是紧算子。如果 A 是紧算子，则 A^* 也一定是紧算子。有穷个紧算子的线性组合也是紧算子。

在无穷维空间中的紧算子有许多特点，主要的有下列几点：

(1) 紧算子没有有界逆。

(2) 紧算子 A 的本征值最多为可数多个，零点是它唯一可能的聚点。换言之，在复平面上以原点为中心以 $r > 0$ 为半径的圆外只能有有穷多个 A 的本征值，无论 r 为如何小的正数。

(3) 任何一个本征值对应的不同的本征元只能是有限个。

(4) 如果 λ 是 A 的本征值，那么 $\bar{\lambda}$ 亦然；而且 λ 和 $\bar{\lambda}$ 也是 A^* 的本征值。

(5) 紧自伴算子 A 至少有一个非零本征值。它的所有本征元的全体成为 H 的直交基。如果每一个本征元都规范化，则 A 的一切本征元的全体构成 H 的规范直交基。H 中的任何元 x 都可按 A 的本征元展开成傅里叶级数

$$x = \sum_{i=1}^{\infty} \langle x, e_i \rangle e_i, \quad Ae_i = \lambda_i e_i$$

(6) 非自伴的紧算子 A 可能没有一个非零本征值。但是 A^*A 和 AA^* 都是自伴的紧算子。设 $\{\varphi_i\}_1^{\infty}$ 和 $\{\psi_i\}_1^{\infty}$ 分别是 A^*A 和 AA^* 的本征元构成的规范直交

基。可以证明，它们的本征值是相同的，记为$\{\lambda_i^2\}$。那么，任何紧算子 A 可以展成级数

$$Ax = \sum_{i=1}^{\infty}\lambda_i\langle x,\psi_i\rangle\varphi_i \tag{2.7-6}$$

换言之，任一紧算子都可以表示成一维算子的和。

下面再讨论无界算子。上面考虑的都是有界算子。但在控制理论中所遇到的受控对象往往是由常微分方程或偏微分方程描述的。例如两端固定的弦的振动控制是由下列偏微分方程决定的

$$\frac{\partial^2 u}{\partial t^2} = a^2\frac{\partial^2 u}{\partial x^2} + f(x,t),x \in (0,l)$$

$$u(0,t) = u(l,t) = 0$$

式中 $u(x,t)$是弦上坐标为 x 的点在 t 时刻的横向位移，l 是弦长，$a=\sqrt{\dfrac{T_0}{\rho}}$，$T_0$ 是弦的初始张力，ρ 是单位长度上的质量密度，$f(x,t)$是外加分布控制力。

再例如周边固定的弹性膜的振动方程是

$$\frac{\partial^2 u}{\partial t^2} = a^2\left(\frac{\partial^2 u}{\partial x^2} + \frac{\partial^2 u}{\partial y^2}\right) + f(x,y,t),(x,y) \in \Omega$$

$$u(x,y,t)\Big|_{\partial\Omega} = 0$$

上式中 $u(x,y,t)$是弹性膜坐标为 x,y 的点在 t 时刻的位移，Ω 是它在平衡状态时所占据的平面区域，$\partial\Omega$ 表示 Ω 的边界，其他符号意义与弦的参数相同。

这两个例中，我们都遇到对函数的微分运算，因而有必要单独研究微分算子。微分算子的特点是，它的定义域不是整个函数空间，而是定义于空间的一个子集上。例如在 $L_2(a,b)$中的微分算子 $T=\dfrac{d}{dx}$只能定义在一切一次可微分的那些函数上，记为 $D(T)$。容易看出，它是无界算子。例如取 $f_n=\sin n\pi x,n=1,2,\cdots$，它们都是 $L_2(-1,+1)$中的可微函数且属于 $D(T)$，而 $\|f_n(x)\| = \sqrt{\int_{-1}^{+1}(\sin n\pi x)^2 dx} = 1$。但 $Tf_n = n\pi\cos n\pi x$，$\|Tf_n\| = \sqrt{n\pi}$，当 $n\to\infty$时 Tf_n 的范数也趋于无穷大。所以说微分算子 $T=\dfrac{d}{dx}$是无界的。二维、三维的情况也是一样。

设在希尔伯特空间 H 中的某一子集 $D(T)$上定义了一个无界算子 T，显然 $D(T)$是一个线性空间，即 $D(T)$中的任何有穷个元的线性组合仍然属于 $D(T)$。设 T,S 是两个定义于同一空间 H 中的无界算子，$D(T)$和 $D(S)$分别是它们的定义域。由等式

$$(S+T)f = Sf + Tf, \quad f \in D(S) \cap D(T)$$

定义的算子$(S+T)$叫做S和T的和,其中符号$D(S)\cap D(T)$表示两个集合的交,它由$D(S)$和$D(T)$的共同部分组成。定义复数α和T的乘积为

$$(\alpha T)f = \alpha(Tf), \quad f \in D(T)$$

又可定义两个算子的积为

$$(ST)f = S(Tf), \quad f \in D(ST) = \{f \in D(T), Tf \in D(S)\}$$

如果H中不存在非零元与$D(T)$中的所有元直交,则说$D(T)$在H中稠密,或说$D(T)$在H中稠,此时T叫做稠定的。如果$D(S)$包含$D(T)$的一切元,并且还含有不属于$D(T)$的一些元,则说$D(S)$大于$D(T)$,记为$D(S)\supset D(T)$或$D(T)\subset D(S)$。如果此时在$D(T)$上$Tf=Sf, f\in D(T)$,则说S广于T或者说S是T的扩张,记为$S\supset T$或$T\subset S$。

设T是定义于H中并取值于H中的稠定无界算子,对任何$f\in D(T)$和$g\in H$内积(Tf,g)当然都有意义。对稠定的无界算子有一个重要特点,即在H中存在一部分元$\{g\}$,内积(Tf,g)能用另一个元g^*简单地表示出来,即$(Tf,g)=(f,g^*)$,而且g^*是由T和g唯一确定的。对这一部分$\{g\}$可定义T的伴随算子T^*:$(Tf,g)=(f,g^*)=(f,T^*g)$,即$g^*=T^*g$。这种对应关系也是唯一确定的。能够有这种表达方式的g的全体构成一个线性空间,叫做T^*的定义域,记为$D(T^*)$。应该注意到,并不是对H中的任意元均有上述简单表达式,所以对无界算子T,$D(T^*)$不能与全空间H重合。T^*也常叫做T的伴随算子或对偶算子。

伴随算子有下列特性:

(1) 如果$D(T)$在H中稠,那么$D(T^*)$也稠。

(2) $(S+T)^*\supset S^*+T^*$。

(3) $(\alpha T)^*=\bar{\alpha}T^*$。

(4) 若$T\subset S$,则$S^*\subset T^*$。

(5) $(ST)^*\supset T^*S^*$。

(6) $(T+\lambda I)^*=T^*+\bar{\lambda}I$。

(7) 如果稠定算子T有逆T^{-1},而且T^{-1}也是稠定的,则$(A^{-1})^*=(A^*)^{-1}$。

如果$T\subset T^*$,就称T为对称算子。若$T=T^*$则T叫做自伴的(自共轭的)。

设M是希尔伯特空间H中的一个子集,如果M中含有它自己一切可能的极限点就称为闭集。

设H_1和H_2是两个不相同的(或相同的)希尔伯特空间。用$\mathfrak{H}$表示所有$\boldsymbol{x}=\{x_1,x_2\}$,$x_1\in H_1$,$x_2\in H_2$的全体。为了$\mathfrak{H}$是线性空间,只要定义加法和乘常数的规则:$\alpha\boldsymbol{x}=\alpha\{x_1,x_2\}=\{\alpha x_1,\alpha x_2\}$;$\boldsymbol{x}+\boldsymbol{y}=\{x_1,x_2\}+\{y_1,y_2\}=\{x_1+y_1,x_2+y_2\}$。在$\mathfrak{H}$中再定义内积

$$\langle \boldsymbol{x},\boldsymbol{y}\rangle_{\mathfrak{H}} = \langle\{x_1,x_2\},\{y_1,y_2\}\rangle_{\mathfrak{H}} = \langle x_1,y_1\rangle_{H_1} + \langle x_2,y_2\rangle_{H_2}$$

容易证明,此时 $\mathfrak{H}$ 就成为一个新的希尔伯特空间,叫做 H_1 和 H_2 的积空间,记为 $H_1 \times H_2$。

设 T 是定义于 H 中的线性算子。在 $\mathfrak{H}=H\times H$ 中一切元偶 $\{x,Tx\}$,$x\in D(T)$ 的全体称为算子 T 的图像。这是一般函数 $y=f(x)$ 的图形的自然推广。如果 T 的图像 $\mathscr{T}=\{x,Tx\}$ 在 $\mathfrak{H}$ 中按内积产生的范数

$$\|\mathscr{T}\|_{\mathfrak{H}} = \sqrt{\langle x,x\rangle_H + \langle Tx,Tx\rangle_H} = \sqrt{\|x\|_H^2 + \|Tx\|_H^2}$$

是闭集,则称 T 为闭算子。换言之,T 的闭性表示:由条件 $x_n\in D(T)$,$x_n\to x$,$Tx_n\to y$ 可以推知 $x\in D(T)$,且 $y=Tx$。

闭算子是无界线性算子中比较接近有界算子的一类,研究的比较透彻,而且常见的受控对象的运动方程式中的微分算子都是闭的。所以闭算子的一些特性是很有用的。下面列举它的一些主要特点。

(1) 定义于全空间 H 上的任何有界线性算子都是闭的。

(2) 如果 T 是闭的,A 是定义于全 H 上的有界算子,则 $T+A$ 也是闭的,αT 也是闭的。

(3) 如果 T 是闭的,且 T 有逆 T^{-1},则 T^{-1} 也是闭的。

(4) T 的豫解式 $R(\lambda,T)=(T-\lambda I)^{-1}$ 只要对一个 λ 是有界算子,则 T 和 $T-\lambda I$ 都是闭算子。

(5) 设 S,T 都是闭算子,T^{-1} 有界,且 TS 有意义,则它也是闭算子。

(6) 任意稠定算子 T 的伴随算子 T^* 是闭的。则自伴算子也是闭算子。

设有一多项式 $f(\lambda)=a_0+a_1\lambda+\cdots+a_n\lambda^n$,$A$ 是定义于希尔伯特空间 H 上的有界算子。把 A 代入多项式中得到一个有界算子,记作 $f(A)$

$$f(A) = a_0 I + a_1 A + \cdots + a_n A^n$$

由于 A 是有界的,n 是有穷数,故 $f(A)$ 是定义在全空间上的有界算子。显然 $f(A)$ 的范数满足不等式

$$|f(A)| \leqslant |a_0| + |a_1||A| + \cdots + |a_n||A|^n$$

如果 $f(\lambda)$ 是无穷级数 $f(\lambda)=\sum_{n=1}^{\infty} a_n\lambda^n$,且 A 的范数 $|A|$ 小于级数的收敛半径,则 $f(A)=\sum_{n=1}^{\infty} a_nA^n$ 仍然有意义,因为 $|f(A)|\leqslant \sum_{n=1}^{\infty} a_n|A|^n<\infty$,故 $f(A)$ 是有界算子。指数函数 $e^{\lambda t}$ 和三角函数 $\sin\lambda t$,$\cos\lambda t$ 等,当 t 固定时均可展成 λ 的绝对收敛的级数

$$e^{\lambda t} = \sum_{n=0}^{\infty} \frac{(\lambda t)^n}{n!}$$

$$\sin\lambda t = \sum_{n=0}^{\infty} (-1)^n \frac{(\lambda t)^{2n+1}}{(2n+1)!}$$

$$\cos\lambda t = \sum_{n=0}^{\infty}(-1)^n \frac{(\lambda t)^n}{(2n)!}$$

任意有界算子 A 都可代入到上述一类级数中去而得到新的算子

$$e^{At} = \sum_{n=0}^{\infty}\frac{(At)^n}{n!}, \sin At = \sum_{n=0}^{\infty}(-1)^n \frac{(At)^{2n+1}}{(2n+1)!}$$

$$\cos At = \sum_{n=0}^{\infty}(-1)^n \frac{(At)^{2n}}{(2n)!}$$

这些算子都是有界的，只要$-\infty<t<+\infty$，它们的算子范数都不会超过 $e^{|A|t}$。这和第 2.4 节内所讨论过的矩阵算子的情况完全类似。但是，这里我们一开始就假定 A 是定义于希尔伯特空间 H 上的，后者可能是无穷维的。

对于无界算子，例如微分算子，有时也可定义算子函数。因为无界算子不能定义在全空间 H 上，而且没有有穷的范数，所以上述那种无穷级数是没有意义的。

对 $f(\lambda)=\sum_{n=0}^{N}a_n\lambda^n$，如果定义

$$f(T) = \sum_{n=0}^{N}a_n T^n, \quad D(f(T)) = D(T^N)$$

则 $f(T)$的定义域随着 N 的增大不断缩小，当 $N\to\infty$时，按代入级数的办法得到的 $f(T)$的定义域将很难确定。为了定义无界算子的指数函数，必须采取别的方法。

设 T 是稠定的闭算子，而且对一切正实数 λ，$(T+\lambda)^{-1}$ 是有界算子，并有 $|(T+\lambda)^{-1}|\leqslant\frac{1}{\lambda}$，$\lambda>0$。对满足这个条件的 T 可以用下述办法定义指数函数。

令

$$V_n(t) = \left(1+\frac{t}{n}T\right)^{-n}, \quad t\geqslant 0, \quad n=1,2,\cdots \tag{2.7-7}$$

由上述条件可知$|V_n(t)|\leqslant 1$，故 $V_n(t)$按范数是一致有界的线性算子。易证明，当 t 自右趋于 0 时，$V_n(t)\to V_n(0)=I$。我们注意到，由式(2.7-7)定义的 $V_n(t)$是定义在全空间上的有界算子，因为$\left(1+\frac{t}{n}T\right)^{-1}$是有界的，且$\left|\left(1+\frac{t}{n}T\right)^{-1}\right|\leqslant 1$，故 $\left|\left(1+\frac{t}{n}T\right)^{-n}\right|\leqslant\left|\left(1+\frac{t}{n}T\right)^{-1}\right|^n\leqslant 1$。这说明当 n 增大时 $V_n(t)$的定义域并不缩小。

按普通的微分方法可以定义对自变量 t 的微分

$$\frac{d}{dt}(V_n(t)) = \lim_{\Delta t\downarrow 0}\frac{V_n(t+\Delta t)-V_n(t)}{\Delta t} = -T\left(1+\frac{t}{n}T\right)^{-n-1} \tag{2.7-8}$$

当 $n\to\infty$时式(2.7-7)右端有极限存在，记为

$$U(t) = e^{-Tt} = \lim_{n\to\infty}V_n(t) = \lim_{n\to\infty}\left(1+\frac{t}{n}T\right)^{-n} \tag{2.7-9}$$

e^{-Tt}就称为无界算子 T 的指数函数。与矩阵算子的指数函数类似，对 $t\geqslant 0$，$U(t)$构成半群：

$$U(t)U(s)=U(t+s),\quad t\geqslant 0,\quad s\geqslant 0$$

指数函数 $U(t)=e^{-Tt}$有下列特征：

(1) $|U(t)|\leqslant 1, U(0)=I, t\geqslant 0$。

(2) $TU(t)\supset U(t)T$。

(3) $\frac{d}{dt}U(t)f=-U(t)Tf=-TU(t)f, \forall f\in D(T), t\geqslant 0$。

(4) $f(t)=U(t-s)f(s)=U(t)f(0), t\geqslant s\geqslant 0$。　　(2.7-10)

T 叫做半群 $U(t)$的生成算子。

利用这些性质，常系数线性常微分方程组和偏微分方程组都可以用算子函数的指数形式表达出来。例如，扩散方程（热传导等）

$$\frac{\partial u}{\partial t}=\Delta u=\frac{\partial^2 u}{\partial x^2}+\frac{\partial^2 u}{\partial y^2}+\frac{\partial^2 u}{\partial z^2}, t\geqslant 0, u(0)=u_0(x,y,z)\in D(\Delta)\tag{2.7-11}$$

的通解可表示成

$$u(t)=U(t)u_0=e^{t\Delta}u_0\tag{2.7-12}$$

在波动方程（弹性膜的振动）中

$$\frac{\partial^2 u}{\partial t^2}=\Delta u=\frac{\partial^2 u}{\partial x^2}+\frac{\partial^2 u}{\partial y^2}+\frac{\partial^2 u}{\partial z^2},\quad -\infty<t<+\infty$$

$$u(0)=u_0(x,y,z)\in D(\Delta),\quad \left.\frac{\partial u}{\partial t}\right|_{t=0}(0)=v_0(x,y,z)\in L_2\tag{2.7-13}$$

令$\frac{\partial u}{\partial t}=v, \frac{\partial v}{\partial t}=\Delta u$，则式(2.7-13)可写成方程组

$$\frac{\partial u}{\partial t}=v$$

$$\frac{\partial v}{\partial t}=\Delta u\tag{2.7-13$'$}$$

或写成矩阵形式

$$\frac{d}{dt}\begin{pmatrix}u\\v\end{pmatrix}=\begin{pmatrix}0&I\\\Delta&0\end{pmatrix}\begin{pmatrix}u\\v\end{pmatrix}$$

它的通解是

$$\begin{pmatrix}u(t)\\v(t)\end{pmatrix}=e^{t\left(\begin{smallmatrix}0&I\\\Delta&0\end{smallmatrix}\right)}\begin{pmatrix}u_0\\v_0\end{pmatrix}\tag{2.7-14}$$

这两个例中，只要赋予拉普拉斯算子 Δ 以必要的边界条件，那么式(2.7-12)和式(2.7-13)右端的指数函数就都有严格的意义，并且确实满足各自的原微分方程式和初始条件。

如果式(2.7-12)和式(2.7-13)的右端还带有控制作用 $f(x,y,z,t)$，并且假定

f 对 t 是连续可微函数，那么这些方程式可以看成是定义于希氏空间中的常微分方程而写成

$$\frac{du}{dt} = Tu + f(t), \quad u(0) \in D(T) \subset H \tag{2.7-15}$$

它的通解可用下式表达出来

$$u(t) = e^{tT}\left[u(0) + \int_0^t e^{-\tau T} f(\tau) d\tau\right] \tag{2.7-16}$$

上式与常系数常微分方程的情况类似，但实际上这是定义在希氏空间中的微分方程，T 是能够生成半群的无界算子（微分算子）。前面两个例子都属于这种情况。

2.8　数值计算和微分方程的数值解

比较复杂的控制系统的运动，用解析方法求解常常是不可能的，只能用计算机进行计算。另一方面，由于半导体技术的飞速发展，出现了大面积集成电路，数字计算机越来越小型化，成本不断降低，体积越来越小，可靠性越来越高，各类控制系统已开始采用小型数字计算机或微型计算机作为控制器，计算机逐渐成为控制系统的主要组成部分。但是有一类非常复杂的控制系统还得采用大型高速计算机作为控制系统的中心设备，使整个系统走向数字化。既然计算机是控制系统分析和设计中必不可少的手段和组成部分，因此数值计算就显得特别重要。

五十年代以前曾普遍认为用数值计算的方法去处理工程问题是一种近似方法。但是从今天看来大容量、高速度的计算机实际上可以以任何精度实时地、精确地计算出各种十分复杂的受控运动过程，甚至实时地选择最好的控制方案。事实证明，数值计算方法在现代计算技术的基础上已不再是近似方法，而是精确的方法。

各种类型的高级计算机语言的出现大大方便了对计算机的使用。十年前使用计算机的人必须有深刻的专业知识，为熟悉程序设计需要花费很多时间。现在，有了各种计算机语言，计算机的使用已逐步普及化，数值计算方法的重要性就更为明显了。

模拟计算机曾经为控制系统的设计提供了一个有力的工具。它的功能和精度的不足限制了它的使用范围。现在出现了数字-模拟混合型计算机，兼有数字机和模拟机的优点，更适合于控制系统的特点。使用这类计算机既要熟悉模拟技术，更要熟悉数字机的软件，计算机语言和计算方法。

在数字机上作四则运算是比较普通的，只要求有模拟-数字转换设备，使受控系统的数据能够实时地进入计算机内进行处理。作较为复杂的运算，解决稍为复杂的问题，还要用到微分、积分、解代数方程或函数方程、解常微分方程和偏微分

方程、逻辑运算等。下面我们只讨论插值、微分、积分和解微分方程的常用的计算方法的基本思想。

设 $f(x)$ 是定义于实轴的区间 $[a,b]$ 上的足够光滑的实值函数。将区间 $[a,b]$ 等距分割为 N 段，每一段长度为 $\frac{b-a}{N}=h$，h 称为步长。设已知 $f(x)$ 在 $N+1$ 个节点上的值 $f(a+nh)$，$n=0,1,\cdots,N$。因为函数进入数字机只能以数列的形式出现，所以无论 N 怎么大，或者说无论步长怎样小，一个函数总是由有穷个节点上的值定义的。

在这类函数上定义右移算子 U

$$Uf(a+nh)=f(a+(n+1)h),\quad n=0,1,2,\cdots,N-1 \tag{2.8-1}$$

再记 I 为恒等算子。由下式定义的算子 Δ

$$\Delta f(a+nh)=f(a+(n+1)h)-f(a+nh),\quad n=0,1,\cdots,N-1 \tag{2.8-2}$$

叫做一阶右向差分，记为 $\Delta=U-I$。由下式又可定义二阶右向差分 Δ^2

$$\begin{aligned}\Delta^2 f(a+nh)&=\Delta f(a+(n+1)h)-\Delta f(a+nh)\\&=f(a+(n+2)h)-2f(a+(n+1)h)+f(a+nh),\\&\quad n=0,1,\cdots,N-2\end{aligned} \tag{2.8-3}$$

以此类推可以定义 m 阶差分 Δ^m，不难看出

$$\Delta^m f(a+nh)=(U-I)^m f(a+nh) \tag{2.8-4}$$

即 $\Delta^m=(U-I)^m$，可以按二项式公式展开

$$\Delta^m=(U-I)^m=\sum_{i=0}^{m}(-1)^i\binom{m}{i}U^{(m-i)} \tag{2.8-5}$$

这种差分是自左向右进行的。还有一种自右向左的差分。先定义左移算子 U^{-1}，再定义左向差分 ∇

$$\begin{aligned}U^{-1}f(a+nh)&=f(a+(n-1)h),\quad n=1,2,\cdots,N\\\nabla f(a+nh)&=(I-U^{-1})f(a+nh)\\&=f(a+nh)-f(a+(n-1)h),\quad n=1,2,\cdots,N\end{aligned} \tag{2.8-6}$$

同理可推知 m 阶左向差分 ∇^m 的表达式为

$$\nabla^m=(I-U^{-1})^m=\sum_{i=0}^{m}(-1)^i\binom{m}{i}U^{-i} \tag{2.8-7}$$

有时还需要一种中心差分，它是通过半移位算子 $U^{\pm\frac{1}{2}}$ 定义的

$$\begin{aligned}\delta f(a+nh)&=(U^{\frac{1}{2}}-U^{-\frac{1}{2}})f(a+nh)\\&=f\left(a+\left(n+\frac{1}{2}\right)h\right)-f\left(a+\left(n-\frac{1}{2}\right)h\right)\end{aligned}$$

注意到 $f\left(a+\left(n\pm\frac{1}{2}\right)h\right)$ 不是给定的数据，然而

$$\delta^2 f(a+nh)=(U^{\frac{1}{2}}-U^{-\frac{1}{2}})^2 f(a+nh)=(U-2I+U^{-1})f(a+nh)$$

却是给定的函数值。一般讲来 $\delta^{2m}f(a+nh)$ 都是有意义的。

由此可以看到，不仅右移位算子 U 的整数次幂有意义，而且它的分数幂也可以赋予意义。用极限过渡的方法可以定义 U 的任何实数次幂。例如，由式(2.8-2)知 $U=I+\Delta$。对 U 的分数次幂 U^α 按二项式展开可以得到一种形式上的级数表达式——牛顿插值公式

$$U^\alpha=I+\alpha\Delta+\frac{\alpha(\alpha-1)}{2!}\Delta^2+\frac{\alpha(\alpha-1)(\alpha-2)}{3!}\Delta^3+\cdots,\quad 0\leqslant\alpha\leqslant 1 \tag{2.8-8}$$

$$U^\alpha f(a+nh)=f(a+(n+\alpha)h)$$

这样，级数式(2.8-8)给我们一个插值公式，因为右端都是 Δ 的整数幂，因而通过 $(N+1)$ 个给定的 $f(x)$ 的值可推算出没有给出的中间值。当然，当 $N\to\infty$ 时，级数式(2.8-8)是否收敛是很成问题的。对有穷的 N 和函数值波动不大的情况，这个级数能够给出插值的较好结果。完全类似地可以得到用左向差分算子 ∇ 表示的牛顿插值公式

$$U^\alpha=(I-\nabla)^{-\alpha}=I+\alpha\nabla+\frac{\alpha(\alpha+1)}{2!}\nabla^2+\cdots,\quad 0\leqslant\alpha\leqslant 1 \tag{2.8-9}$$

当需要应用数字机求微分方程的解时，有时要求根据给定的 $N+1$ 个函数 $f(x)$ 的值求 $f(x)$ 的微商。一般来讲，微分运算比较困难，不易得到很好的结果，尤其是对不十分光滑的函数更是如此。为了提高微分运算的精度，曾提出过很多种比较好的计算方法，如各类数据平滑的处理等。这里我们只指出，以不同的近似程度，可以用差分的方法去实现微分。最简单的办法是用一阶差分来近似求微分。用 D 表示微分，对光滑的缓变函数可定义

$$Df(a+nh)=\frac{f(a+(n+1)h)-f(a+nh)}{h}=\frac{1}{h}\Delta f(a+nh),\quad D=\frac{\Delta}{h} \tag{2.8-10}$$

这个粗略的计算对线性函数是精确的。对别的函数就会有较大的误差。因而，这种粗略的方法通常是不用的。

略好一些的是算子展开法。设 $f(x)$ 在 a 点附近是很光滑的函数，例如有 $N+1$ 阶连续微商。那么 $f(x)$ 在 a 点附近可按泰勒级数展开

$$f(x)=f(a)+f'(a)(x-a)+\frac{f''(a)}{2!}(x-a)^2+\cdots+\frac{f^{(N)}(a)}{N!}(x-a)^N$$
$$+\frac{f^{(N+1)}(\xi)}{(N+1)!}(x-a)^{N+1},\quad a\leqslant\xi\leqslant x$$

如果 $f(x)$ 是解析函数，上式可形式上地写成

$$f(x)=e^{(x-a)D}f(a)$$

令 $x=a+\alpha$，$0\leqslant\alpha\leqslant h$，则有 $f(a+\alpha)=e^{\alpha D}f(a)$，或者写成

$$U^\alpha=e^{\alpha D},\quad 0\leqslant\alpha\leqslant h$$

再次指出，这个等式只有对解析函数才有严格的意义。“解出”D 后，可得到级数

$$D = \ln U = \ln(I + \Delta) = \left(\Delta - \frac{1}{2}\Delta^2 + \frac{\Delta^3}{3} - \cdots\right)$$

$$Df(a + nh) = \Delta f(a + nh) - \frac{1}{2}\Delta^2 f(a + nh) + \cdots \qquad (2.8\text{-}11)$$

这个微分公式比(2.8-10)好些，对比较光滑的函数可取两项或三项去计算节点的函数微商。尽管这种微分公式对任意函数并不严格，但在多数的情况下能够得到粗略的估算。

为了改进数字微分运算的精度，广泛采用了多项式逼近的方法，例如用二次多项式逐段逼近给定的函数值列。设在 $N+1$ 个等分节点上的函数值是 $y_i = f(a+ih)$，$i=0,1,\cdots,N$。对每三个相邻的节点$\{y_{i-1}, y_i, y_{i+1}\}$，选择 a_i, b_i, c_i 三个系数，使二项式

$$y_i(x) = a_i x^2 + b_i x + c_i \qquad (2.8\text{-}12)$$

通过三个相邻点。只要三个函数值都不相等，由方程组

$$\begin{aligned} y_{i-1} &= a_i(a + (i-1)h)^2 + b_i(a + (i-1)h) + c_i \\ y_i &= a_i(a + ih)^2 + b_i(a + ih) + c_i \\ y_{i+1} &= a_i(a + (i+1)h)^2 + b_i(a + (i+1)h) + c_i \end{aligned}$$

可唯一确定 $a_i\, b_i$ 和 c_i。于是在 $x=a+ih$ 附近，例如在区间$\left[a+\left(i-\frac{1}{2}\right)h, a+\left(i+\frac{1}{2}\right)h\right]$中 $y(x)$的微商可按下式计算

$$\dot{y}(x) = \frac{dy(x)}{dx} = 2a_i x + b_i, x \in \left[a + \left(i - \frac{1}{2}\right)h, a + \left(i + \frac{1}{2}\right)h\right]$$

在某些实际问题中，不仅要求得到一次微商还要求算出二次或三次以上的微商，并且要求第一和第二次微商是连续的，那就要考虑更高次的多项式逼近。这种情况用样条函数[11]的方法，能够得到更好的结果。

数值积分的方法也很多，精度比微分运算要高得多。比较简单的是用黎曼(Riemann)积分的定义

$$\int_a^b f(x)dx = \sum_{i=1}^{N} y_i h \qquad (2.8\text{-}13)$$

如果 $f(x)$变化较慢又比较光滑，当步长 h 足够小时这种计算可以保证足够的精度。否则要用更精密的办法。

比式(2.8-13)略好的是梯形法。在 $x=(a+ih)$和$(a+(i+1)h)$之间的积分面积可用上下两底边为 y_i 和 y_{i+1}，高度为 h 的梯形面积代替，$S_i = \frac{1}{2}(y_i + y_{i+1})h$。这样

$$\int_a^b f(x)dx = \sum_{i=0}^{N-1} S_i = \sum_{i=0}^{N-1} \frac{1}{2}(y_i + y_{i+1})h$$

$$=\frac{b-a}{N}\left(\frac{1}{2}y_0+y_1+\cdots+y_{N-1}+\frac{1}{2}y_N\right)$$

当函数在相邻节点上的值变化较大时，梯形法仍嫌粗糙。如果用二次曲线来代替梯形法中的直线作 $f(x)$ 在该区间中的逼近，精度又会比式(2.8-14)高些。

用式(2.8-12)计算面积的结果是

$$\begin{aligned}\int_{a+(i-1)h}^{a+(i+1)h}f(x)dx&=\int_{a+(i-1)h}^{a+(i+1)h}(a_ix^2+b_ix+c_i)dx\\&=\left[\frac{a_i}{3}x^3+\frac{b_i}{2}x^2+c_ix\right]\Bigg|_{a+(i-1)h}^{a+(i+1)h}\\&=\frac{h}{3}(y_{i-1}+4y_i+y_{i+1})\end{aligned}$$

于是，当 N 为偶数时

$$\begin{aligned}\int_a^b f(x)dx&=\frac{h}{3}[(y_0+4y_1+y_2)+(y_2+4y_3+y_4)+\cdots+(y_{N-2}+4y_{N-1}+y_N)]\\&=\frac{b-a}{6N}[y_0+4(y_1+y_3+y_5+\cdots+y_{N-1})\\&\quad+2(y_2+y_4+\cdots+y_{N-2})+y_N]\end{aligned}\tag{2.8-14}$$

这就是常称的辛甫生(Simpson)求积公式。它在数字计算中有广泛的应用。

下面讨论常微分方程组的求解。如果系统是线性常系数的，求解初值问题可以转化为本征值问题。首先讨论方程组(2.5-4)。它的基本解矩阵是 $e^{At}=(\varphi_{ij}(t))$。现在的问题是当 A 为已知时如何求出矩阵诸元 $\varphi_{ij}(t)$。通常先将矩阵 A 化为约当标准型。对任意 A 总存在一个可逆矩阵 Q 使[28]

$$Q^{-1}AQ=J=(J_i)\tag{2.8-15}$$

式中 J_i 为约当块，它具有式(2.4-24)的形式。若将 e^{At} 展为级数后不难看出

$$Q^{-1}e^{At}Q=e^{Q^{-1}AQt}=e^{Jt}$$

因为 $Q^{-1}A^mQ=Q^{-1}AQQ^{-1}A\cdots AQ=(Q^{-1}AQ)^m$。其次，由于 J 内的子矩阵均位于主对角线上，而其他一切元素均为零，故

$$J^2=\begin{bmatrix}J_1^2&&&\\&J_2^2&&\\&&\ddots&\\&&&J_l^2\end{bmatrix}$$

因此，矩阵

$$e^{Jt}=\begin{bmatrix}e^{J_1t}&&&\\&e^{J_2t}&&\\&&\ddots&\\&&&e^{J_lt}\end{bmatrix}\tag{2.8-16}$$

仍然由 l 个子方阵构成，其他元素均为零。现只需讨论其中一个子方阵即够了，我们现试图将 $e^{J_i t}$ 展开，直接将此矩阵函数按指数函数的幂级数展开，则

$$e^{J_i t}=\begin{bmatrix} e^{\lambda_i t} & ie^{\lambda_i t} & \dfrac{t^2}{2!}e^{\lambda_i t} & \cdots & \dfrac{t^{l_i-1}}{(l_i-1)!}e^{\lambda_i t} \\ 0 & e^{\lambda_i t} & te^{\lambda_i t} & \cdots & \dfrac{t^{l_i-2}}{(l_i-2)!}e^{\lambda_i t} \\ \vdots & \vdots & \vdots & & \vdots \\ 0 & 0 & 0 & \cdots & e^{\lambda_i t} \end{bmatrix} \tag{2.8-17}$$

式中 l_i 为约当块 J_i 的阶数，λ_i 是 A 的第 i 个本征值。这样，矩阵 e^{Jt} 的展式即可由式(2.8-16)和式(2.8-17)所确定。而

$$e^{At}=Qe^{Jt}Q^{-1} \tag{2.8-18}$$

由此可知，e^{At} 内的任一元素 $\varphi_{ij}(t)$ 均为下列形式的函数

$$\varphi_{ij}=\sum_{i=1}^{l_i}\sum_{\alpha=0}^{l_i-1}c_{i\alpha}\frac{t^\alpha}{\alpha!}e^{\lambda_i t},\quad \varphi_{ij}(0)=\begin{cases}0,\text{若 } i\neq j\\ 1,\text{若 } i=j\end{cases}$$

式中常系数 $c_{i\alpha}$ 由矩阵 Q 按式(2.8-18)单一确定。至于如何将给定的矩阵 A 求出变换矩阵 Q 是个纯粹代数问题，求解 Q 的程序在有关矩阵理论的书中都能找到[28]。

求基本解矩阵的另一方法是直接求解方程式(2.5-4)。设某一特解具有形式 $\boldsymbol{y}(t)=\boldsymbol{y}_0 e^{\lambda t}$，代入式(2.5-4)后并约去不为零的因子 $e^{\lambda t}$，便得到方程式

$$\lambda\boldsymbol{y}_0=A\boldsymbol{y}_0 \tag{2.8-19}$$

这正是矩阵 A 的本征值和本征向量问题。将式(2.8-19)写成齐次方程式

$$(A-\lambda E)\boldsymbol{y}_0=0$$

从代数学中我们知道，欲使上式有非零解必须系数行列式为零

$$|A-\lambda E|=0$$

这是一个 n 阶特征方程。如果它的 n 个根 $\lambda_1,\lambda_2,\cdots,\lambda_n$ 都不相同，则式(2.8-19)必有 n 个特征向量 $\boldsymbol{y}_1,\boldsymbol{y}_2,\cdots,\boldsymbol{y}_n$，它们是线性不相关的。于是式(2.5-4)的基本解矩阵 $\Phi(t)$ 便可写成

$$\Phi(t)=C\begin{bmatrix} y_{11}e^{\lambda_1 t} & \cdots & y_{1n}e^{\lambda_n t} \\ y_{21}e^{\lambda_1 t} & \cdots & y_{2n}e^{\lambda_n t} \\ \vdots & & \vdots \\ y_{n1}e^{\lambda_1 t} & \cdots & y_{nn}e^{\lambda_n t} \end{bmatrix} \tag{2.8-20}$$

此处方阵

$$C=\begin{bmatrix} y_{11} & \cdots & y_{1n} \\ y_{21} & \cdots & y_{2n} \\ \vdots & & \vdots \\ y_{n1} & \cdots & y_{nn} \end{bmatrix}^{-1}$$

而 $y_{1i},y_{2i},\cdots,y_{ni}$ 为第 i 个特征向量的 n 个坐标。若特征方程中的根内有 l 次重根者，且从式(2.8-19)又求不出两个特征向量时，此重根 λ 所对应的 l 个特解应由下列公式确定

$$\boldsymbol{y}_1(t)=\boldsymbol{y}_1e^{\lambda t}$$
$$\boldsymbol{y}_2(t)=\boldsymbol{y}_1te^{\lambda t}+\boldsymbol{y}_2e^{\lambda t}$$
$$\cdots$$
$$\boldsymbol{y}_l(t)=\boldsymbol{y}_1\frac{t^{l-1}}{(l-1)!}e^{\lambda t}+\boldsymbol{y}_2\frac{t^{l-2}}{(l-2)!}e^{\lambda t}+\cdots+\boldsymbol{y}_{l-1}te^{\lambda t}+\boldsymbol{y}_1e^{\lambda t}$$

$\boldsymbol{y}_1,\boldsymbol{y}_2,\cdots,\boldsymbol{y}_l$ 均为某些特定常向量。将这些特解(共 n 个)代入式(2.8-20)后，即得到基本解矩阵 $\Phi(t)$。

如果方程式的系数是 t 的函数，欲求基本解矩阵就无规可循了。不过可以肯定它一定存在。当然，对于个别特殊问题 $\Phi(t,t_0)$ 还是可能找到的。但是，一般地讲，它不能通过初等函数表示出来。例如，对于这样一个简单的方程组

$$\frac{dy_1}{dt}=y_2$$
$$\frac{dy_2}{dt}=\left(1-\frac{n^2}{t^2}\right)y_1+\frac{1}{t}y_2$$

为了求解就必须建立一个新的函数，即贝塞尔函数。总之，求解变系数线性系统的有效方法是数字计算或模拟计算。当用计算方法求出基本解矩阵以后，第 2.5 节内叙述过的方法依然有效。

对于非线性方程式或方程组，一般讲，没有普遍的解析求解方法。但是，对于某些特殊情况，有一些近似方法可用。首先介绍一种接近线性系统的非线性系统，或称拟线性系统。设有一系统的运动方程式具有下列形式

$$\frac{d\boldsymbol{x}}{dt}=A\boldsymbol{x}+\mu\boldsymbol{f}(\boldsymbol{x}) \tag{2.8-21}$$

式中 A 为 $n\times n$ 方阵，μ 为一小参数，$\boldsymbol{f}(\boldsymbol{x})$ 为一非线性向量解析函数。如果 μ 足够小，且上述方程式的解接近线性部分。

$$\frac{d\boldsymbol{x}_0}{dt}=A\boldsymbol{x}_0$$

的解，那么前述非线性方程的解可以按 μ 展成幂级数

$$\boldsymbol{x}(t)=\boldsymbol{x}_0(t)+\mu\boldsymbol{x}_1(t)+\mu^2\boldsymbol{x}_2(t)+\cdots \tag{2.8-22}$$

$\boldsymbol{x}_0(t)$ 称为系统的基本解。函数 $\boldsymbol{f}(\boldsymbol{x})$ 可按小参数 μ 展成幂级数

$$\boldsymbol{f}(\boldsymbol{x})=\boldsymbol{f}(\boldsymbol{x}_0)+\mu\boldsymbol{f}_1(\boldsymbol{x}_0,\boldsymbol{x}_1)+\mu^2\boldsymbol{f}_2(\boldsymbol{x}_0,\boldsymbol{x}_1,\boldsymbol{x}_2)+\cdots$$

这里 $\boldsymbol{f}_1,\boldsymbol{f}_2,\cdots$ 均可以具体算出。将 $\boldsymbol{f}(\boldsymbol{x})$ 的展式代入式(2.8-21)后，用比较系数法，可以得出求解 $\boldsymbol{x}_1(t),\cdots,\boldsymbol{x}_n(t),\cdots$ 等的线性方程式

$$\frac{d\boldsymbol{x}_0}{dt} = A\boldsymbol{x}_0$$

$$\frac{d\boldsymbol{x}_1}{dt} = A\boldsymbol{x}_1 + \boldsymbol{f}(\boldsymbol{x}_0)$$

$$\frac{d\boldsymbol{x}_2}{dt} = A\boldsymbol{x}_2 + \boldsymbol{f}_1(\boldsymbol{x}_0, \boldsymbol{x}_1)$$

$$\cdots \tag{2.8-23}$$

从上式中可以看出，如果 $\boldsymbol{x}_0(t)$ 为已知，则依次可以求出 $\boldsymbol{x}_1(t)$，$\boldsymbol{x}_2(t)$ 等。可以证明，级数式(2.8-22)是一致收敛的。按实际需要的精度，可取前面的有限项作为近似解。这种方法，最早由潘卡来(Poincarè)提出，故也称为潘卡来方法。应该指出，这种方法的实际应用范围只限于那些特性与主线性部分的特性类似的系统。如果由于非线性项的出现，使系统的运动特性远离线性系统而去，那么要取很多项才能逼近系统的运动，此时，这种方法实际上不可能使用。另外，当式(2.8-21)的主要部分是非线性系统时，小参数法依然可以应用. 把这个方法进一步推广到结构更复杂的问题见参考文献[6]。

上面讲过，即便是线性系统，如果系数是 t 的函数，能够用解析方法求解的也不多，更不用说非线性系统了。在实际问题中，主要的办法是用数字机求解，在数据是采样给出时更是如此。下面我们简要地讨论几种常用的常微分方程求解的数值方法。

设常微分方程组，用向量表示法写成

$$\frac{d\boldsymbol{x}}{dt} = \boldsymbol{f}(t, \boldsymbol{x}), \boldsymbol{x}(0) = \boldsymbol{x}_0 \tag{2.8-24}$$

要求求出满足初始值的解。通常的办法是把此方程式化为差分方程式——递推方程式求数值解。最简单的方法是欧拉(Euler)折线法：

$$\boldsymbol{x}((n+1)h) = \boldsymbol{x}(nh) + h\boldsymbol{f}(nh, \boldsymbol{x}(nh)), n = 0, 1, \cdots, \boldsymbol{x}(0) = \boldsymbol{x}_0 \tag{2.8-25}$$

由 $t=0$ 时刻的 $\boldsymbol{x}$ 值立即可推知 $\boldsymbol{x}(h)$。依此类推，在指定的时间间隔内的一系列点上

$$t = 0, t_1 = h, t_2 = 2h, \cdots, t_n = nh, \cdots$$

求出对应的未知解 $\boldsymbol{x}(t)$ 的近似值

$$\boldsymbol{x}_0, \boldsymbol{x}_1, \cdots, \boldsymbol{x}_n, \cdots$$

这里 h 叫做步长，通常取为常数，需要时也可以改变它的大小。选择步长的方法是先用 h 作步长算出 $\boldsymbol{x}^{(h)}$，再用 $\frac{h}{2}$ 作步长重算一遍，算出 $\boldsymbol{x}^{\left(\frac{h}{2}\right)}$，如果满足 $\|\boldsymbol{x}^{(h)} - \boldsymbol{x}^{\left(\frac{h}{2}\right)}\| < \varepsilon$（$\varepsilon$ 为允许误差范围），就认为 $\boldsymbol{x}^{(h)}$ 是所要求精度内的解。在求解的时间区间不太长，精度要求不太高时，这是一个简便的方法。

提高近似解的精度，除了缩小步长 h 以外，还可用更精确的方法。亚当姆斯

(Adams)方法也是一种比较简单而实用的差分方法,精度比欧拉折线法高。我们知道初值问题(2.8-24)与积分方程

$$\boldsymbol{x}((n+1)h)=\boldsymbol{x}(nh)+\int_{t_n}^{t_{n+1}}\boldsymbol{f}(t,\boldsymbol{x}(t))dt,\quad n=0,1,\cdots \tag{2.8-26}$$

等价。选取 $t_n, t_{n-1}, \cdots, t_{n-j}$ 作为插值节点,在式(2.8-26)中用牛顿左向差分的牛顿插值公式逼近被积函数 $\boldsymbol{f}(t,\boldsymbol{x}(t))$,就得到亚当姆斯积分公式。通常采用四阶亚当姆斯外插积分公式

$$\begin{aligned}\boldsymbol{x}((n+1)h)=&\boldsymbol{x}(nh)+\frac{h}{24}[55\boldsymbol{f}(nh,\boldsymbol{x}(nh))-59\boldsymbol{f}((n-1)h,\boldsymbol{x}((n-1)h))\\&+37\boldsymbol{f}((n-2)h,\boldsymbol{x}((n-2)h))-9\boldsymbol{f}((n-3)h,\boldsymbol{x}((n-3)h))]\end{aligned} \tag{2.8-27}$$

而亚当姆斯内插积分公式

$$\begin{aligned}\boldsymbol{x}((n+1)h)=&\boldsymbol{x}(nh)+\frac{h}{24}[9\boldsymbol{f}((n+1)h,\boldsymbol{x}((n+1)h))+19\boldsymbol{f}(nh,\boldsymbol{x}(nh))\\&-5\boldsymbol{f}((n-1)h,\boldsymbol{x}((n-1)h))+\boldsymbol{f}((n-2)h,\boldsymbol{x}((n-2)h))]\end{aligned} \tag{2.8-28}$$

比外插公式(2.8-27)精度要高,可是不能单独使用。为了提高精度,可以用式(2.8-27)计算出 $\boldsymbol{x}(t_{n+1})$ 的近似值 $\boldsymbol{x}^{(0)}((n+1)h)$,再用式(2.8-28)进行迭代修正,即

$$\begin{aligned}\boldsymbol{x}^{(0)}((n+1)h)=&\boldsymbol{x}(nh)+\frac{h}{24}[55\boldsymbol{f}(nh,\boldsymbol{x}(nh))-59\boldsymbol{f}((n-1)h),\boldsymbol{x}((n-1)h))\\&+37\boldsymbol{f}((n-2)h,\boldsymbol{x}((n-2)h))-9\boldsymbol{f}((n-3)h,\boldsymbol{x}((n-3)h))]\end{aligned}$$

$$\begin{aligned}\boldsymbol{x}^{(k+1)}((n+1)h)=&\boldsymbol{x}(nh)+\frac{h}{24}[9\boldsymbol{f}((n+1)h,\boldsymbol{x}^{(k)}((n+1)h))\\&+19\boldsymbol{f}(nh,\boldsymbol{x}(nh))-5\boldsymbol{f}((n-1)h,\boldsymbol{x}((n-1)h))\\&+\boldsymbol{f}((n-2)h,\boldsymbol{x}((n-2)h))]\end{aligned}$$

用式(2.8-28)反复改进近似值,直到 $\|\boldsymbol{x}^{(k+1)}((n+1)h)-\boldsymbol{x}^{(k)}((n+1)h)\|<\varepsilon$($\varepsilon$ 为允许误差)为止,把 $\boldsymbol{x}^{(k)}((n+1)h)$ 作为 $\boldsymbol{x}(t_{n+1})$ 的近似值。得到 $\boldsymbol{x}((n+1)h)$ 之后,又可以按这个方法求 $\boldsymbol{x}((n+2)h)$,等。缩小步长可使迭代过程迅速收敛。

现在广泛采用的精度较高,计算程序较简单的一种方法叫龙格-库塔(Runge-Kutta)方法。它的主要思想是将方程(2.8-24)中的解 $\boldsymbol{x}(t)$ 展成泰勒级数取其有限项,例如取前五项(略去同阶无穷小量 $0(h^5)$)

$$\boldsymbol{x}((n+1)h)\cong\boldsymbol{x}(nh)+h\frac{d\boldsymbol{x}}{dt}\bigg|_{t=nh}+\cdots+h^4\frac{d^4\boldsymbol{x}}{dt^4}\bigg|_{t=nh} \tag{2.8-29}$$

在式(2.8-29)中计算导数往往很困难,应用也不方便。为此,考虑 $\boldsymbol{f}(t,\boldsymbol{x})$ 在某些点上的线性组合

$$\boldsymbol{x}((n+1)h)=\boldsymbol{x}(nh)+\sum_{i=0}^{3}\alpha_i\boldsymbol{k}_i \tag{2.8-30}$$

其中 $\boldsymbol{k}_0=h\boldsymbol{f}(nh,\boldsymbol{x}(nh))$,$\boldsymbol{k}_1=h\boldsymbol{f}((n+\beta_1)h,\boldsymbol{x}(nh)+\gamma_1\boldsymbol{k}_0)$,$\boldsymbol{k}_2=h\boldsymbol{f}((n+\beta_2)h,\boldsymbol{x}(nh)+\gamma_2\boldsymbol{k}_2)$,$\boldsymbol{k}_3=h\boldsymbol{f}((n+\beta_3)h,\boldsymbol{x}(nh)+\gamma_3\boldsymbol{k}_3)$。在 $t=nh$ 处将(2.8-30)式右端

展成泰勒级数以后再与(2.8-29)式比较 h 的同次幂的系数，定出常数 $\alpha_0, \alpha_1, \alpha_2, \alpha_3, \beta_1, \beta_2, \beta_3, \gamma_1, \gamma_2, \gamma_3$，便得到龙格-库塔积分公式

$$\boldsymbol{x}((n+1)h) = \boldsymbol{x}(nh) + \frac{1}{6}(\boldsymbol{k}_0 + 2(\boldsymbol{k}_1 + \boldsymbol{k}_2) + \boldsymbol{k}_3) \tag{2.8-31}$$

式中 $\boldsymbol{k}_0 = h\boldsymbol{f}(nh, \boldsymbol{x}(nh))$，$\boldsymbol{k}_1 = h\boldsymbol{f}\left(\left(n+\frac{1}{2}\right)h, \boldsymbol{x}(nh)+\frac{1}{2}\boldsymbol{k}_0\right)$，$\boldsymbol{k}_2 = h\boldsymbol{f}\left(\left(n+\frac{1}{2}\right)h, \boldsymbol{x}(nh)+\frac{1}{2}\boldsymbol{k}_1\right)$，$\boldsymbol{k}_3 = h\boldsymbol{f}((n+1)h, \boldsymbol{x}(nh)+\boldsymbol{k}_2)$

对简单的情况

$$\dot{y}(x) = f(x,y), \quad y(a) = y_0$$

龙格-库塔法的计算程序式(2.8-31)可改写为

$$y(a+(n+1)h) = y(a+nh) + \frac{1}{6}(k_1 + 2(k_2+k_3) + k_4) \tag{2.8-31$'$}$$

其中 $k_1 = hf(a+(nh), y(a+nh))$，$k_2 = hf\left(a+\left(n+\frac{1}{2}\right)h, y(a+nh)+\frac{1}{2}k_1\right)$，$k_3 = hf\left(a+\left(n+\frac{1}{2}\right)h, y(a+nh)+\frac{1}{2}k_2\right)$，$k_4 = hf(a+(n+1)h, y(a+nh)+k_3)$。这里可以看出该方法的几何意义：先求出 $y(x)$ 在 $(a+nh)$ 点上的斜率 k_1/h，向前走一步；再以这样走半步后的斜率 k_2/h 向前走一步；再以新的斜率 k_3/h 又从 $\{a+nh, y(n+nh)\}$ 向前走一步；最后再以 k_4/h 的斜率向前走一步。这样用四种不同的斜率向前走的距离用权系数 $\frac{1}{6}, \frac{2}{6}, \frac{2}{6}, \frac{1}{6}$ 相加平均，就得到一次完整的单位步长积分。如果 f 中不含 y，则(2.8-31′)就与辛甫生积分公式重合。

用公式(2.8-31)可以逐步求出方程式(2.8-24)满足某一初始条件 $\boldsymbol{x}_0$ 的比较精确的特解。这个方法的特点是当知道 $\boldsymbol{x}(t_0)=\boldsymbol{x}_0$ 以后就可以求出 $\boldsymbol{x}(t_0+nh)$ 的任何值。步长 h 的选择依实际问题要求的精度决定。步子越小，精度越高，但计算量就越大。实际经验证明，这个方法的精度较高。它的缺点是计算工作量较大。

龙格-库塔方法对解变系数线性方程组尤为方便。此时为了求它的基本解矩阵，需要算出 n 条轨迹，它们的初始条件 $\boldsymbol{x}(t_0)=\boldsymbol{x}_0$ 应分别取(1,0,0,…,0)，(0,1,0,…,0)，…，(0,0,0,…,0,1)，再将这些特解按式(2.8-20)排成方阵即可。

在参考文献[7]中介绍并证明了有时比龙格-库塔法更有效的解常微分方程组的方法。设待求解的常微分方程的初值问题是式(2.8-24)

$$\frac{d\boldsymbol{x}}{dt} = \boldsymbol{f}(t,\boldsymbol{x}), \quad \boldsymbol{x}(0) = \boldsymbol{x}_0$$

计算程序是

$$\boldsymbol{P}_{n+2} = -4\boldsymbol{x}_{n+1} + 5\boldsymbol{x}_n + 2h(2\boldsymbol{f}_{n+1} + \boldsymbol{f}_n)$$

$$\boldsymbol{Q}_{n+2} = 4\boldsymbol{x}_{n+1} - 3\boldsymbol{x}_n + \frac{2}{3}h(\boldsymbol{f}_{n+2}^{*} - 2\boldsymbol{f}_{n+1} - 2\boldsymbol{f}_n)$$

$$\boldsymbol{x}_{n+2} = \frac{1}{2}(\boldsymbol{P}_{n+2} + \boldsymbol{Q}_{n+2}) \tag{2.8-32}$$

其中 $\boldsymbol{f}_n=\boldsymbol{f}(t_n,\boldsymbol{x}_n)$，$\boldsymbol{f}_{n+2}^{*}=\boldsymbol{f}(t_{n+2},\boldsymbol{P}_{n+2})$，$\boldsymbol{x}_n=\boldsymbol{x}(t_n)$，$h$ 是积分步长。

这个计算程序与龙格-库塔程序比较，在同样精度下，计算工作量（指计算右端函数 $\boldsymbol{f}(t,\boldsymbol{x})$ 的次数）比龙格-库塔法要少些。上述后两种方法均有通用语言编写的标准子程序，应用时很方便。

最后讨论一下偏微分方程数值求解方法的基本思想。设方程式内含有两个自变量 x,y，待求函数 $u(x,y)$ 满足拉普拉斯方程

$$\Delta u = \frac{\partial^2 u}{\partial x^2} + \frac{\partial^2 u}{\partial y^2} = 0,\quad x,y \in \Omega \tag{2.8-33}$$

式中 Ω 是平面上的一个有限区域，$\partial\Omega$ 是 Ω 的边界。为用数字机求解，首先要把偏微商换成差分。因为当步长很小时，可以近似地取

$$\frac{\partial u}{\partial x} = \frac{u(x+h,y)-u(x,y)}{h}$$

$$\begin{aligned}\frac{\partial^2 u}{\partial x^2} &= \frac{\partial}{\partial x}\left(\frac{\partial u}{\partial x}\right) = \frac{\partial}{\partial x}\left[\frac{u(x+h,y)-u(x,y)}{h}\right]\\ &= \frac{1}{h}\left[\frac{u(x+h,y)-u(x,y)}{h} - \frac{u(x,y)-u(x-h,y)}{h}\right]\\ &= \frac{1}{h^2}[u(x+h,y)-2u(x,y)+u(x-h,y)]\end{aligned}$$

类似有

$$\frac{\partial^2 u}{\partial y^2} = \frac{1}{h^2}[u(x,y+h)-2u(x,y)+u(x,y-h)]$$

代入式(2.8-33)后得到差分方程式。如果将 Ω 按自变量 x 和 y 分别以步长 h 分割为 N_1 和 N_2 个小间隔，那么在 x 的第 i 步上和 y 的第 k 步上差分方程有下列表示式

$$u_{i+1,k} + u_{i-1,k} + u_{i,k+1} + u_{i,k-1} - 4u_{ik} = 0 \tag{2.8-34}$$

同样，非齐次方程式

$$\Delta u = \frac{\partial^2 u}{\partial x^2} + \frac{\partial^2 u}{\partial y^2} = f(x,y),\quad u\Big|_{\partial\Omega} = a \tag{2.8-35}$$

可表示成

$$u_{i+1,k} + u_{i-1,k} + u_{i,k+1} + u_{i,k-1} - 4u_{i,k} = h^2 f_{i,k} \tag{2.8-36}$$

将上式改写成

$$u_{i,k} = \frac{1}{4}(u_{i+1,k} + u_{i-1,k} + u_{i,k+1} + u_{i,k-1}) - \frac{h_2}{4}f_{ik}$$

$$u_{i,k}\Big|_{\partial\Omega} = a \tag{2.8-37}$$

可看出 u 在(i,k)点上的值等于相邻四个点上的平均值加上非齐次项在(i,k)点的值。

如果 Ω 是方形(图 2.8-1),差分方程(2.8-37)实际上是含有$(N_1-1)(N_2-1)$个未知数的非齐次线性代数方程组。考虑到 $u(x,y)$在边界 $\partial\Omega$ 上的值是已知的,就可以在数字机上求代数方程的解。这样就把求解偏微分方程转变为求代数方程的解。这种方法通常称为网格法。

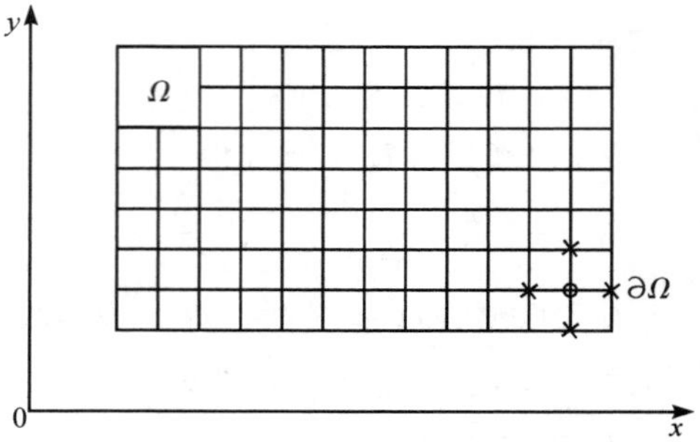

图 2.8-1

另一个例是周边固定的弹性薄板的变形计算。设板在 x,y 平面上占据的区域是 Ω,边界是 $\partial\Omega$,$f(x,y)$是均匀分布的外载荷。板的变形方程式可写为

$$\Delta^2 u = \frac{\partial^4 u}{\partial x^4} + 2\frac{\partial^4 u}{\partial x^2 \partial y^2} + \frac{\partial^4 u}{\partial y^4} = f(x,y), \quad x,y \in \Omega$$

$$u\Big|_{\partial\Omega} = 0 \tag{2.8-38}$$

把它化为差分方程式后有

$$\begin{aligned} h^4 \Delta^2 u\Big|_{i,k} &= 20u_{ik} + (u_{i+2,k} + u_{i,k+2} + u_{i-2,k} + u_{i,k-2}) + 2(u_{i+1,k+1} + u_{i-1,k+1} \\ &\quad + u_{i-1,k-1} + u_{i+1,k-1}) - 8(u_{i+1,k} + u_{i,k+1} + u_{i-1,k} + u_{i,k-1}) \\ &= h^4 f_{ik}, \quad u_{i,k}\Big|_{\partial\Omega} = 0 \end{aligned} \tag{2.8-39}$$

这又是一个代数方程组。式内各组值的分布见图 2.8-2(a)。

为了计算 u_{ik} 的值需要用到 12 个点上的平均值。这里出现的困难是对边界附近的点要用到边界 $\partial\Omega$ 以外的值,而后者是边界条件没有给出的。但是为了用网格法求数值解,边界外的点上的值可以用外插的办法近似确定。例如,为了外插边界外 C 点的值(图 2.8-2b),可把 $u(x,y)$在 B 点展开

$$u_C = u_B - h\frac{\partial u}{\partial y}\Big|_B + \frac{h^2}{2!}\frac{\partial^2 u}{\partial y^2}\Big|_B + \cdots$$

$$u_A = u_B + h\frac{\partial u}{\partial y}\Big|_B + \frac{h^2}{2!}\frac{\partial^2 u}{\partial y^2}\Big|_B + \cdots$$

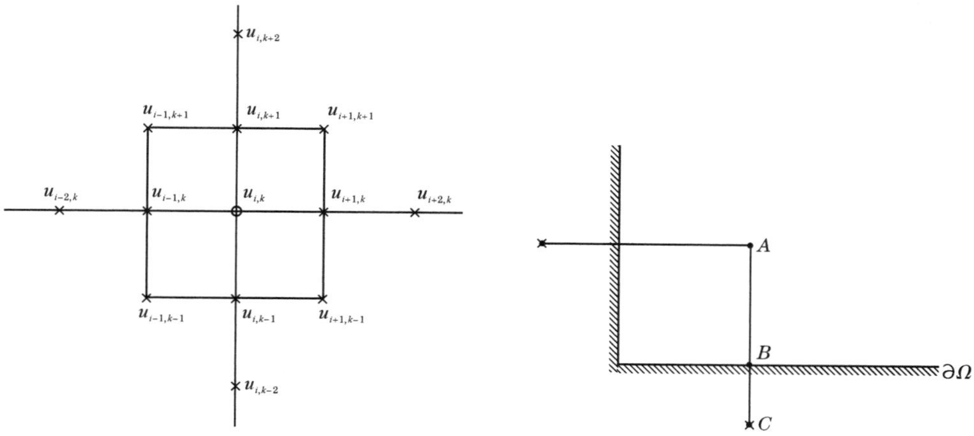

(a)　　　　(b)

图 2.8-2

两式相减后得 $u_C - u_A = -2h \left.\frac{\partial u}{\partial y}\right|_B + \cdots$。如果仅保留二次以下的项，则有

$$u_C = u_A - 2h \left.\frac{\partial u}{\partial y}\right|_B = u_A - 2(u_A - u_B) = 2u_B - u_A$$

当然，如果 $\left.\frac{\partial u}{\partial y}\right|_B$ 在边界上已给定，则可直接取 $u_C = u_A - 2h \left.\frac{\partial u}{\partial y}\right|_B$。这样把边界外的点补齐后，就可以用迭代法求解代数方程组(2.8-39)。

当解算发展方程时，可将网格法和常微分方程积分方法结合起来。例如，用数字机求受控热传导问题的混合解

$$\begin{aligned}
&\frac{\partial u}{\partial t} - \frac{\partial^2 u}{\partial x^2} = f(x,t), \quad 0 \leqslant x \leqslant l, \quad 0 \leqslant t < \infty \\
&u(x,t)\Big|_{t=0} = \varphi(x), \quad u(0,t) = \psi_1(t) \\
&u(l,t) = \psi_2(t)
\end{aligned} \tag{2.8-40}$$

把 l 分割成 N 段，步长为 h，$Nh=l$。记 $u_k(t)=u(kh,t)$，$k=0,1,2,\cdots,N$。应用近似公式

$$\left.\frac{\partial^2 u}{\partial x^2}\right|_{x=kh} = \frac{u_{k+1}(t) - 2u_k(t) + u_{k-1}(t)}{h^2}, \quad \left.\frac{\partial u}{\partial t}\right|_{x=kh} = \dot{u}_k$$

代入式(2.8-40)后，得一常微分方程组

$$\begin{aligned}
&\dot{u}_k = \frac{1}{h_2}(u_{k+1}(t) - 2u_k(t) + u_{k-1}(t)) + f_k(t), \quad k = 1,2,3,\cdots,N-1 \\
&u_0(t) = \psi_1(t), \quad u_N(t) = \psi_2(t) \\
&u_k(0) = \varphi_k
\end{aligned} \tag{2.8-41}$$

记 $\boldsymbol{u}(t)=\{u_1(t),u_2(t),\cdots,u_{N-1}(t)\}$，$\boldsymbol{f}=\left\{\frac{1}{h^2}\psi_1(t)+f_1(t),f_2(t),\cdots,\frac{1}{h_2}\psi_2(t)+f_{N-1}(t)\right\}$，它们都是 $N-1$ 维向量，方程组(2.8-41)可写成向量形式

$$\frac{d\boldsymbol{u}}{dt}=A\boldsymbol{u}+\boldsymbol{f}(t),\boldsymbol{u}(0)=\boldsymbol{\varphi}=\{\varphi_1,\varphi_2,\cdots,\varphi_{N-1}\}$$

$$A=\frac{1}{h}\begin{bmatrix}-2 & 1 & 0 & 0 & 0 & 0 & \cdots & 0\\ 1 & -2 & 1 & 0 & 0 & 0 & \cdots & 0\\ 0 & 1 & -2 & 1 & 0 & 0 & \cdots & 0\\ \vdots & \vdots & \vdots & \vdots & \vdots & \vdots & & \vdots\\ 0 & 0 & 0 & 0 & 0 & 0 & \cdots 1 & -2\end{bmatrix} \tag{2.8-41'}$$

于是

$$\boldsymbol{u}(t)=e^{At}\boldsymbol{\varphi}+\int_0^t e^{A(t-\tau)}\boldsymbol{f}(\tau)d\tau \tag{2.8-42}$$

原方程式(2.8-40)的解就以$\{u(h,t),u(2h,t),\cdots,u((N-1)h,t)\}$的形式求得。

上面讲的是求解偏微分方程的基本思想。在应用时还可采用一些巧妙办法缩小计算工作量。尽管这样，解多个自变量的偏微分方程需用的存储容量仍很大，运算量也很大。近年来专为解偏微分方程边值问题发展了一种新的方法，称为有限元法。它的基本思想是利用具体问题中自然边界条件和函数及其微商的连续性，把基本区域 Ω 划分为较大的单元，然后在相邻单元边界上选定节点，确定函数在节点上应满足的条件，最后得到一个未知数大为减少了的代数方程组。这种方法克服了网格差分法计算量太大的缺点，使节点布局合理。不受复杂的区域，不规则的边界条件所限制，又能保持物理问题的力学和其他特点，并且能提高精度、改善收敛性。关于有限元法已有专著，读者可参阅本章后面所列的参考文献。

2.9 模拟技术

数字计算机的迅速发展和广泛采用，看来并不能完全代替模拟技术在控制系统设计和分析过程中的重要作用。在精度要求不甚高的情况下，模拟计算机或模拟装置能够很容易地复现系统的运动过程，效果逼真，使用简单，成本也低些。在相同的元件数量情况下，模拟机的计算容量和运算速度都大得多。线性集成电路的出现给模拟技术的发展以新的有力的推动。在这个基础上，模拟计算装置正在向小型化方向发展。数字-模拟混合计算机的出现又使模拟机的优点和数字机的优点结合起来，模拟技术又获得了新的发展。

在模拟计算机上可以实现加法、减法、乘法、除法等算术运算，又能极简单地

作微分,积分运算;可灵活地编排微分、积分网络,高速度地解常微分方程和简单的偏微分方程。与数字逻辑电路相结合又可以解一些技术设计中的参数寻优或最优控制问题。模拟计算机中最基本的器件是运算放大器,它把输入信号放大到 K 倍,K 是放大器增益。现在,一个或几个放大器全部线路可以在约 $2\times 2\text{mm}^2$ 的硅片上成为一个线性集成电路,它的尺寸在封装后也只有 $10\times 10\times 6\text{mm}^3$ 那样大。图 2.9-1 是我国已大量生产的集成运算放大器 BG305 的原理图和符号。它的全部电路都印制在一个单硅片上,开路增益大于 10^4。用它可简易地实现各种运算。

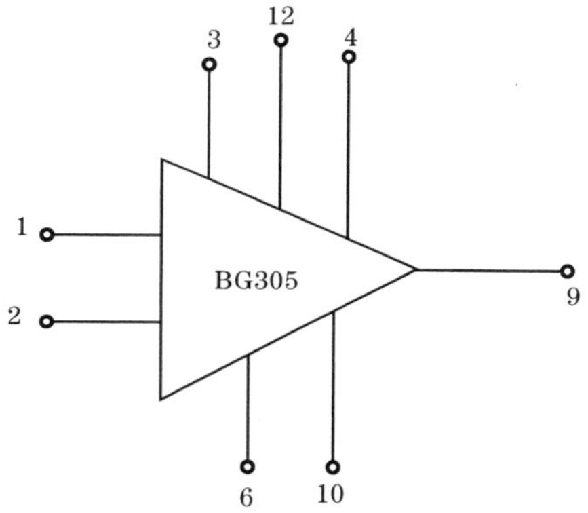

(a)

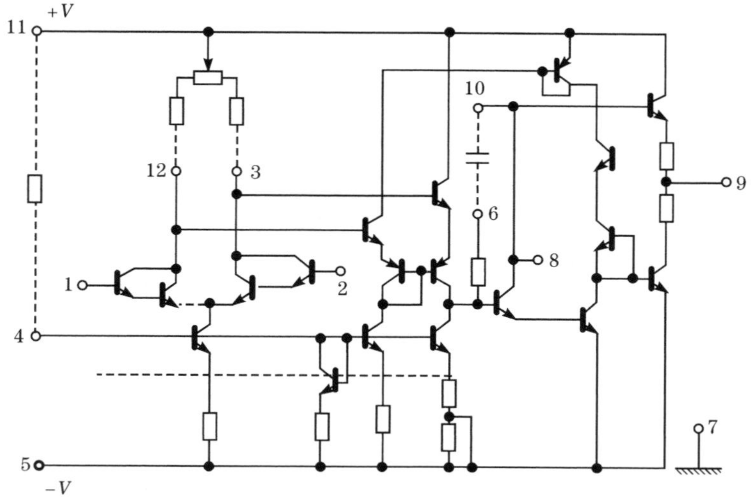

(b)

图 2.9-1

现把一个增益为 K 的放大器用电阻、电容元件接成图 2.9-2 所示的电路。图中 $x_1,\cdots,x_n$ 和 y 分别是以电压表示的输入和输出，Z_i 和 Z_0 分别是某些阻抗。设放大器输入点上的电压为 ε，由于放大器的增益是负的，故有下列电压和电流平衡关系

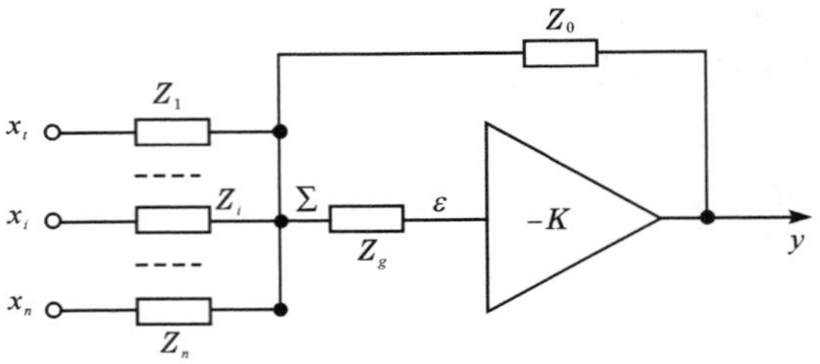

图 2.9-2

$$y = -K\varepsilon$$

$$\sum_{i=1}^{n} \frac{x_i}{Z_i} + \frac{y}{Z_0} = \frac{\varepsilon}{Z_g}$$

消掉 ε 后得

$$y = \frac{-\sum_{i=1}^{n}(x_i/Z_i)}{\frac{1}{KZ_g} + \frac{1}{Z_0}}$$

由于 K 足够大，上式可化简为

$$y = -\sum_{i=1}^{n} \frac{Z_0}{Z_i} x_i \tag{2.9-1}$$

由上式可以看出，当 $Z_0 = Z_i = R$ 时，上式是 n 个输入量的代数和。

如果 $Z_i = R$ 是纯电阻，而 Z_0 是纯电容 C，则式(2.9-1)变为

$$y = -\sum_{i=1}^{n} \frac{1}{RCs} x_i$$

式中 s 是复变量。当 y 的初值为零时，有

$$y(t) = -\frac{1}{RC}\int_0^t \sum_{i=1}^{n} x_i(\tau)d\tau \tag{2.9-2}$$

这就实现了对输入量的积分运算。

再设 $n=1$，$Z_1=C$，$Z_0=R$，容易看出，式(2.9-1)完成微分运算 $y(t) = -\frac{C}{R}\frac{dx(t)}{dt}$。

当 Z_0 和 Z_1 为复杂的网络时，图 2.9-2 所示的放大器可实现更复杂的运算。对只有一个输入函数 x_1 时，用不同的 Z_1 和 Z_0 得到的输出 $y(t)$ 的象函数列于表 2.9-1 中。

表 2.9-1

$Z_0(s)$	$Z_1(s)$	$Y(s)$
$\frac{1}{Cs}$	R	$-\frac{1}{RCs}X_1(s)$
R	$\frac{1}{Cs}$	$-RCsX_1(s)$
$\frac{\frac{R_0}{Cs}}{R_0+\frac{1}{Cs}}$	R_1	$-\frac{R_0X_1(s)}{R_1(R_0Cs+1)}$
R_0	$\frac{\frac{R_1}{Cs}}{\frac{1}{Cs}+R_1}$	$-\frac{R_0}{R_1}(R_1Cs+1)X_1(s)$
R_0	$R_1+\frac{1}{Cs}$	$-\frac{R_0Cs}{R_1Cs+1}X_1(s)$
$\frac{\frac{R_0}{C_0s}}{R_0+\frac{1}{C_0s}}$	$R_1+\frac{1}{C_1s}$	$-\frac{R_0C_1s}{(R_0C_0s+1)(R_1C_1s+1)}X_1(s)$
$R_0+\frac{1}{C_0s}$	$\frac{\frac{R_1}{C_1s}}{R_1+\frac{1}{C_1s}}$	$-\frac{(R_0C_0s+1)(R_1C_1s+1)}{R_1C_0s}X_1(s)$
$R_0+\frac{1}{C_0s}$	$R_1+\frac{1}{C_1s}$	$-\frac{(R_0C_0s+1)C_1}{(R_1C_1s+1)C_0}X_1(s)$

将这种带有不同的 Z_i 和 Z_0 的放大器按一定的规则编排起来，就能实现线性微分方程组和代数方程组的模拟模型。赋予各放大器以初始电压以后，又能求解常系数线性微分方程的初值问题。当需要模拟变系数线性系统时，只需用可变的(按给定的规律随时间变化)阻抗 $Z_i(t)$，$Z_0(t)$代替固定的 Z_i 和 Z_0 即可。为实现简便，通常将可变阻值的电位计置于 Z_i 中，然后给它以预定的变化程序。

乘法运算可以用两个非线性函数变换器来实现。例如：

$$y = x_1 \cdot x_2 = \frac{1}{4}[(x_1 + x_2)^2 - (x_1 - x_2)^2]$$

可以用平方函数产生器实现乘法，原理图见图 2.9-3。

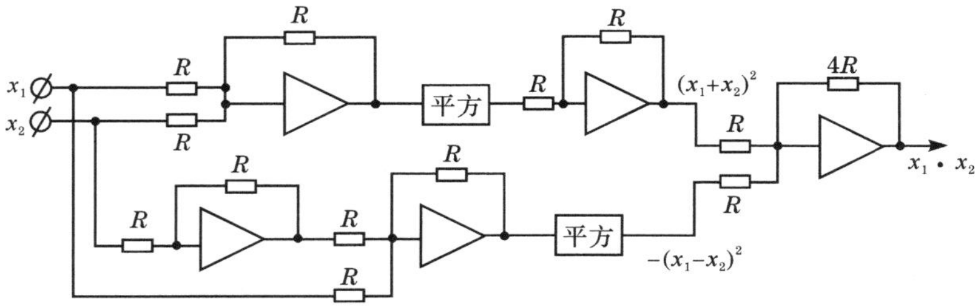

图 2.9-3

另一种应用较广的乘法器是用开关电路实现的，图 2.9-4 是它的示意图。一

个输入量 x_1 送至脉冲频率调制器，后者的输出是频率 f 随 x_1 线性变化的脉冲列，每一个脉冲的高度和宽度是固定的。用这个脉冲列去控制开关，只有当脉冲到达时开关才打开第二个变量 x_2 的通路。脉冲过后通路即断开。这样，由电压

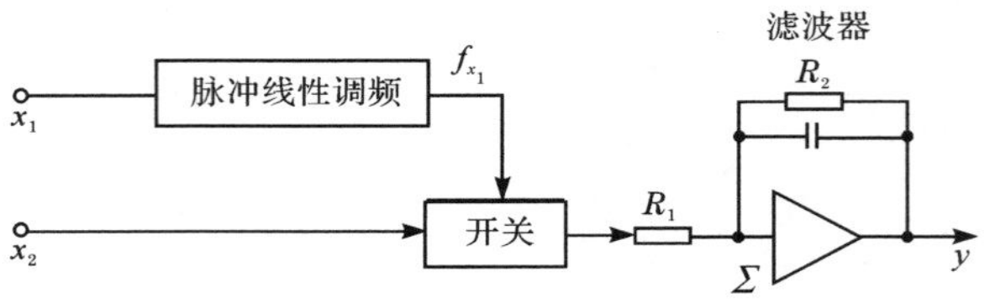

图 2.9-4

x_2 送至 Σ 点的电流正比例于 $K_2 f_{x_1} x_2$，而 f_{x_1} 又正比例于 x_1，$f_{x_1}=K_1x_1$，于是有

$$y = K_1K_2x_1x_2$$

运算放大器反馈回路上用阻容元件构成的滤波器，使输出信号的交流部分得以滤除。因此，适当地选择 R_1，R_2，C 就可以实现 x_1 和 x_2 的乘法运算。这类乘法装置的精度约为 1%左右。

用乘法器和运算放大器配合又可以做除法运算，图 2.9-5 是一种可能的方案。从图中可知，乘法器后面是积分器，只有 $x_1y=x_2$ 时，y 才能保持平衡。故平衡时有 $x_1y-x_2=0$，即 $y=\dfrac{x_2}{x_1}$。这就实现了除法运算。

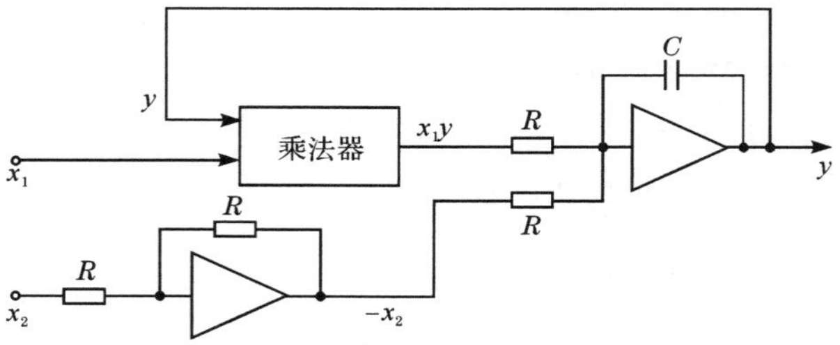

图 2.9-5

单变量的非线性函数可以用二极管和运算放大器来实现。例如第一章内图 1.3-2中所列各种典型非线性函数都可以用这种办法在模拟机中实现[5]。至于多变量非线性函数可以用单变量非线性函数去逼近，以后我们还要讨论。

2.10　函数方程的数值解与极值问题

控制系统的设计或计算机作实时控制运算时常需要求解函数方程式，而方程式的求解又常能转化成求某一泛函的极值(极大或极小)问题。对稍为复杂一点

的系统，用解析方法求解几乎是不可能的。实践证明，用计算机求极值比较好的方法之一是最速下降法。由于它原理简单，计算程序不复杂，收效快，所以得到了相当广泛的应用。本节内我们来讨论这个方法的基本思想和应用举例。

设 $g(x_1,x_2,\cdots,x_n)$ 是一个依赖于 n 个自变量的实值函数。已知它在某一区域中有一个(唯一的)极小值。设 g 对每一个自变量有连续一阶偏微商。定义梯度向量(n 维)

$$\nabla g = \mathrm{grad}g(\boldsymbol{x}) = \left\{\frac{\partial g}{\partial x_1},\frac{\partial g}{\partial x_2},\cdots,\frac{\partial g}{\partial x_n}\right\},\quad \boldsymbol{x}=\{x_1,x_2,\cdots,x_n\}$$

它的几何意义是：在 $\boldsymbol{x}$ 点附近函数 $g(\boldsymbol{x})$ 增长最快的方向是向量 ∇g 所指示的方向。相反 $-\nabla g$ 是下降最快的方向。换言之，$\nabla g(\boldsymbol{x})$ 的方向与 $g(\boldsymbol{x})$ 过 $\boldsymbol{x}$ 点的等高线(等值线)的外法向量的方向重合，而 $-\nabla g(\boldsymbol{x})$ 则与内法向量方向重合(图2.10-1)。用最速下降法求极值的步骤如下。在极值附近任取一初始点 $\boldsymbol{x}_0$，算出此点上的梯度向量 $\nabla g(\boldsymbol{x}_0)$，按它的负方向前进一步得 $\boldsymbol{x}_1=\boldsymbol{x}_0-\varepsilon_0\nabla g(\boldsymbol{x}_0)$，适当选择系数步长 ε_0，使 $g(\boldsymbol{x}_0)-g(\boldsymbol{x}_1)=\max\limits_{\varepsilon}[g(\boldsymbol{x}_0)-g(\boldsymbol{x}_0-\varepsilon\nabla g(\boldsymbol{x}_0))]$，这样一步一步走下去，就会到达极值点 $\boldsymbol{x}^*$，$g(\boldsymbol{x}^*)=\min\limits_{\boldsymbol{x}}g(\boldsymbol{x})$。于是，最速下降法可归纳为下列程序：

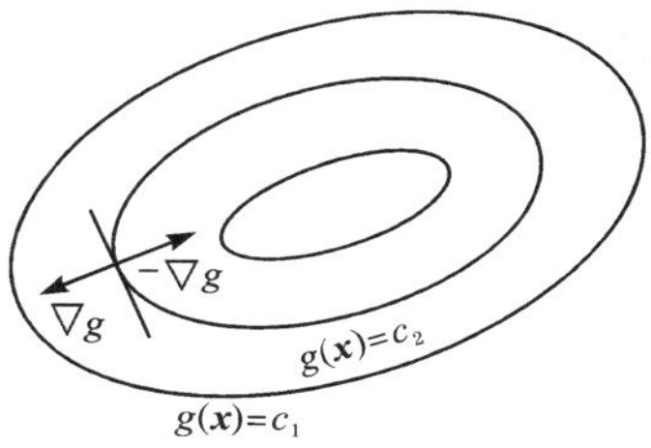

图 2.10-1

(1) 任选起始点 $\boldsymbol{x}_0=\{x_{10},x_{20},\cdots,x_{n0}\}$。

(2) 求 $\nabla g(\boldsymbol{x}_0)$。

(3) 求步长 ε_0，使 $g(\boldsymbol{x}_0)-g(\boldsymbol{x}_1)=\max\limits_{\varepsilon}[g(\boldsymbol{x}_0)-g(\boldsymbol{x}_0-\varepsilon\nabla g(\boldsymbol{x}_0))]$。

(4) 令 $\boldsymbol{x}_1=\boldsymbol{x}_0-\varepsilon_0\nabla g(\boldsymbol{x}_0)$，再返回(2)，重复上述程序。

于是有

$$\boldsymbol{x}_{n+1} = \boldsymbol{x}_n - \varepsilon_n\nabla g(\boldsymbol{x}_n) \tag{2.10-1}$$

式中 ε_n 由下列条件决定

$$g(\boldsymbol{x}_n) - g(\boldsymbol{x}_{n-1}) = \max_{\varepsilon}[g(\boldsymbol{x}_n) - g(\boldsymbol{x}_n - \varepsilon\nabla g(\boldsymbol{x}_n))]$$

这样求出的 ε_n 叫做最佳步长，它能够保证最快的收敛速度。

如果 $g(\boldsymbol{x})$ 是正定二次型，B 是 $n\times n$ 阶正定矩阵

$$g(\boldsymbol{x}) = (B\boldsymbol{x},\boldsymbol{x}) = \sum_{i,j=1}^{n} b_{ij}x_ix_j$$

则最佳步长可以求出。容易算出

$$\nabla g(\boldsymbol{x}_n) = \left\{2\sum_{j=1}^{n}b_{1j}x_j,2\sum_{j=1}^{n}b_{2j}x_j,\cdots,2\sum_{j=1}^{n}b_{nj}x_j\right\}$$

$$g(\boldsymbol{x}_n) - g(\boldsymbol{x}_n - \varepsilon\nabla g(\boldsymbol{x}_n)) = (B\boldsymbol{x}_n,\boldsymbol{x}_n) - (B(\boldsymbol{x}_n - \varepsilon\nabla g(\boldsymbol{x}_n)),(\boldsymbol{x}_n - \varepsilon\nabla g(\boldsymbol{x}_n)))$$

$$= 2\varepsilon(B\nabla g(\boldsymbol{x}_n),\boldsymbol{x}_n) - \varepsilon^2(B\nabla g(\boldsymbol{x}_n),\nabla g(\boldsymbol{x}_n))$$

显然，为使左端获得极大值，必须令

$$\varepsilon_n = \frac{(B\nabla g(\boldsymbol{x}_n),\boldsymbol{x}_n)}{(B\nabla g(\boldsymbol{x}_n),\nabla g(\boldsymbol{x}_n))} \tag{2.10-2}$$

上式利用了正定矩阵的对称性$(B\boldsymbol{x},\boldsymbol{y})=(\boldsymbol{x},B\boldsymbol{y})$。

上面的程序可以推广到函数空间中去。设$g(x)$，$x\in H$，是定义于某一希尔伯特空间H上的实值泛函。如果极限

$$\dot{g}_h(x) = \lim_{\lambda\to 0}\frac{g(x+\lambda h)-g(x)}{\lambda}$$

存在，则$\dot{g}_h(x)$称为泛函$g(x)$沿h方向的微商，其中h为H中任一个固定的元。如果$\dot{g}_h(x)$是h的线性泛函(线性函数)，则必存在一个$\varphi\in H$，使$\dot{g}_h(x)=\langle\varphi,h\rangle$，$\varphi$称为泛函$g(x)$的梯度向量，并记为

$$\nabla g(x) = \varphi, \dot{g}_h(x) = \langle\varphi,h\rangle = \langle\nabla g(x),h\rangle \tag{2.10-3}$$

为了用最速下降法求泛函$g(x)$在希尔伯特空间(例如函数空间)中的极值，可将式(2.10-3)定义的梯度向量代入程序式(2.10-1)中作递推运算。如果$g(x)$是定义于H上的二次型，则式(2.10-1)中的第二式可由式(2.10-2)代替，其中内积$(\cdot,\cdot)$应理解为希尔伯特空间的内积。

下面举两个例，说明如何用最速下降法解代数方程组和积分方程。

例1.求代数方程组的解

$$\begin{aligned}
a_{11}x_1 + a_{12}x_2 + \cdots + a_{1n}x_n &= b_1\\
a_{21}x_1 + a_{22}x_2 + \cdots + a_{2n}x_n &= b_2\\
\cdots\\
a_{n1}x_1 + a_{n2}x_2 + \cdots + a_{nn}x_n &= b_n
\end{aligned} \tag{2.10-4}$$

引进符号$\boldsymbol{x}=\{x_1,x_2,\cdots,x_n\}$，$\boldsymbol{b}=\{b_1,b_2,\cdots,b_n\}$，$A=(a_{ij})$为$n\times$阶方阵，上式可写成

$$A\boldsymbol{x} = \boldsymbol{b}$$

如果A的行列式不为零则有唯一解。否则，或者它是矛盾方程组，没有任何解，或者有许多解。我们定义：能够使向量$(A\boldsymbol{x}-\boldsymbol{b})$的长度最小的$\boldsymbol{x}^*$叫做式(2.10-4)的最优解。因而，求解代数方程组就化为求$\boldsymbol{x}^*$使

$$g(\boldsymbol{x}) = (A\boldsymbol{x}-\boldsymbol{b},A\boldsymbol{x}-\boldsymbol{b}) = \|A\boldsymbol{x}-\boldsymbol{b}\|^2$$

达至极小值。根据前面的讨论，用最速下降法求$\boldsymbol{x}^*$的递推程序是

$$\boldsymbol{x}_{n+1} = \boldsymbol{x}_n - \varepsilon_n\nabla_g(\boldsymbol{x}_n)$$

$$\varepsilon_n = \frac{(\nabla g(\boldsymbol{x}_n),\nabla g(\boldsymbol{x}_n))}{(A\nabla g(\boldsymbol{x}_n),A\nabla g(\boldsymbol{x}_n))}$$

$$\nabla g(\boldsymbol{x}) = \left\{\sum_{j=1}^{n}[(\beta_{j1}+\beta_{1j})x_j - 2a_{j1}b_j],\cdots,\sum_{j=1}^{n}[(\beta_{jn}+\beta_{nj})x_j - 2a_{jn}b_j]\right\}$$

$$\beta_{lm} = \sum_{i}^{n} a_{il} a_{im} \tag{2.10-5}$$

用这个程序去求代数方程组的解，从任何 $\boldsymbol{x}_0$ 出发都能迅速收敛于解 $\boldsymbol{x}^*$ 。

例 2. 再讨论如何用这个程序去解积分方程式。设 $K(s,t)$ 是定义于区域 $\Omega=\{a\leqslant s,t\leqslant b\}$ 上的连续对称的实值函数。用 H 表示由一切定义于 (a,b) 上的平方可积实值函数的全体构成的希尔伯特函数空间。在 H 上定义线性算子 K

$$y(t) = \int_a^b K(t,s)x(s)ds, \quad x(t) \in H$$

按柯西不等式，有

$$\begin{aligned} |y(t)| &= \left|\int_a^b K(t,s)x(s)ds\right| \leqslant \int_a^b |K(t,s)|\cdot|x(s)|ds \\ &\leqslant \sqrt{\int_a^b |K(t,s)|^2 ds}\sqrt{\int_a^b |x(t)|^2 dt} \\ &\leqslant M_1 \|x\| \end{aligned}$$

上式中，$K(t,s)$ 是连续函数，所以 $\int_a^b |K(t,s)|^2 ds$ 是 t 的连续函数，因而在 $[a,b]$ 上是有界的。记 $\max\limits_t \int_a^b |K(t,s)|^2 ds = M_1$，便得到上述估计式。于是 $\|y\| \leqslant (b-a)M_1\|x\| = M\|x\|$，$\forall x(t) \in H$ 成立。这就是说上面定义的算子 K 是有界的。

设 $h(t)\in H$ 为某一固定的函数，λ 为某一个固定的实常数，要求算出下列积分方程的解 $x^*(t)$

$$x(t) - \lambda\int_a^b K(t,s)x(s)ds = h(t) \tag{2.10-6}$$

如果 λ 不是 K 的特征值，即 $\lambda Kx=x$ 只有平凡解 $x=0$，则存在唯一的函数 $x^*(t)\neq 0$，满足式(2.10-6)。

现在用最速下降法求式(2.10-6)的解。构造二次泛函

$$\begin{aligned} g(x) &= \int_a^b x^2(s)ds - \lambda\int_a^b\int_a^b K(t,s)x(t)x(s)dtds - 2\int_a^b x(s)h(s)ds \\ &= \langle x,x\rangle - \lambda\langle Kx,x\rangle - 2\langle x,h\rangle \end{aligned} \tag{2.10-7}$$

可以证明，式(2.10-7)存在唯一解 $x^*(t)$ 使 $g(x)$ 达到极小值，并且

$$\min_x g(x) = -\langle x^*,h\rangle = -\int_a^b x^*(s)h(s)ds$$

首先，任取一函数 $x_0(t)$ 当做“初值”然后寻求参数 ε（步长）和函数（方向）$z(t)$，用 $x_1(t)=x_0(t)-\varepsilon z(t)$ 使 $g(x_0)-g(x_1)$ 达极大值（下降最大）。容易算出

$$g(x_0) - g(x_1) = 2\varepsilon\langle x_0 - \lambda Kx_0 - h, z\rangle - \varepsilon^2\langle z, z-\lambda Kz\rangle$$

显然，为使 $g(x_0)-g(x_1)$ 获极大值必须取

$$z = x_0 - \lambda K x_0 - h$$

$$\varepsilon = \frac{\langle z, z \rangle}{\langle z, z - \lambda K z \rangle}$$

于是,解上述积分方程的最速下降法的计算程序就是

$$x_{n+1}(t) = x_n(t) - \varepsilon_n z_n(t)$$
$$z_n(t) = x_n(t) - \lambda K x_n(t) - h(t)$$
$$\varepsilon_n = \frac{\langle z_n, z_n \rangle}{\langle z_n, z_n - \lambda K z_n \rangle} \tag{2.10-8}$$

实际计算表明这个程序收敛很快。

对于求二次泛函 $g(\boldsymbol{x})$的极小值,共轭梯度法更为有效。

设

$$g(\boldsymbol{x}) = \frac{1}{2}(\boldsymbol{x}, A\boldsymbol{x}) + (\boldsymbol{a}, \boldsymbol{x}) + c \tag{2.10-9}$$

其中 $\boldsymbol{x}=(x_1, x_2, \cdots, x_n) \in R_n$, $\boldsymbol{a}=(a_1, a_2, \cdots, a_n) \in R_n$, c 为常数,A 是 n 阶正定方阵。应用共轭梯度法去求极值计算程序简单,容易实现,计算可靠性也好。下面介绍这个方法的几何意义和计算程序。

设两个非零向量 $\boldsymbol{x}, \boldsymbol{y} \in R_n$,如果

$$(\boldsymbol{x}, A\boldsymbol{y}) = 0 \tag{2.10-10}$$

称向量 $\boldsymbol{x}, \boldsymbol{y}$ 关于矩阵 A 正交。

已知函数 $g(\boldsymbol{x})$在某一区域中有一个(唯一)极小值点 $\boldsymbol{x}^*$。设已得到第 n 次近似值 $\boldsymbol{x}_n$,计算梯度向量 $\nabla g(\boldsymbol{x})$,取寻找方向

$$\boldsymbol{P}_n = -\nabla g(\boldsymbol{x}_n) + \beta_n \boldsymbol{P}_{n-1}, \quad \boldsymbol{P} = -\nabla g(\boldsymbol{x}_0) \tag{2.10-11}$$

满足条件

$$(\boldsymbol{P}_n, A\boldsymbol{P}_{n-1}) = 0 \tag{2.10-12}$$

其中 β_n 为某一待定常数。把式(2.10-11)代入式(2.10-12)可得

$$\beta_n = \frac{(\nabla g(\boldsymbol{x}_n), A\boldsymbol{P}_{n-1})}{(\boldsymbol{P}_{n-1}, A\boldsymbol{P}_{n-1})} \tag{2.10-13}$$

从 $\boldsymbol{x}_n$ 出发,按下式计算第 $n+1$ 次的近似值

$$\boldsymbol{x}_{n+1} = \boldsymbol{x}_n + \varepsilon_n \boldsymbol{P}_n \tag{2.10-14}$$

选择步长 ε_n,使 $g(\boldsymbol{x}_n) - g(\boldsymbol{x}_{n+1}) = \max\limits_{\varepsilon}[g(\boldsymbol{x}_n) - g(\boldsymbol{x}_n + \varepsilon \boldsymbol{P}_n)]$。这样一步一步计算下去。这种方法就是共轭梯度法。它有下列的性质:

(1) n 个寻找方向向量 $\boldsymbol{P}_0, \boldsymbol{P}_1, \cdots, \boldsymbol{P}_{n-1}$是线性不相关的。因为若有 $\sum\limits_{i=0}^{n-1} c_i \boldsymbol{P}_i = 0$,就有 $\sum\limits_{i=0}^{n-1} c_i (\boldsymbol{P}_i, A\boldsymbol{P}_j) = c_j (\boldsymbol{P}_j, A\boldsymbol{P}_j) = 0$,所以 $c_j = 0$。因此 $\boldsymbol{P}_0, \boldsymbol{P}_1, \cdots, \boldsymbol{P}_{n-1}$ 是线性不相关的 。

(2) 若$\nabla g(\boldsymbol{x}_k)\neq 0$,则

$$(\boldsymbol{P}_k,\nabla g(\boldsymbol{x}_{k+1}))=0 \tag{2.10-15}$$

事实上,若$(\boldsymbol{P}_k,\nabla g(\boldsymbol{x}_{k+1}))\neq 0$,不失一般性,设$(\boldsymbol{P}_k,\nabla g(\boldsymbol{x}_{k+1}))>0$,在$\varepsilon_k$附近一定可以找到一个充分接近于$\varepsilon_k$的实数$\hat{\varepsilon}_k<\varepsilon_k$,并使得$g(\boldsymbol{x}_k+\hat{\varepsilon}_k\boldsymbol{P}_k)-g(\boldsymbol{x}_k+\varepsilon_k\boldsymbol{P}_k)\cong(\nabla g(\boldsymbol{x}_{k+1}),(\hat{\varepsilon}_k-\varepsilon_k)\boldsymbol{P}_k)=(\hat{\varepsilon}_k-\varepsilon_k)(\nabla g(\boldsymbol{x}_k),\boldsymbol{P}_k)<0$,这与$\varepsilon_k$是最佳值相矛盾,因此式(2.10-15)成立。

(3) $(\nabla g(\boldsymbol{x}_k),\boldsymbol{P}_{j-1})=0,1\leqslant j\leqslant k$,重复利用$\boldsymbol{x}_k=\boldsymbol{x}_{k-1}+\varepsilon_{k-1}\boldsymbol{P}_{k-1}$,得到

(2.10-16)

$$\boldsymbol{x}_k=\boldsymbol{x}_j+\sum_{i=j}^{k-1}\varepsilon_i\boldsymbol{P}_i,\quad 0\leqslant j\leqslant k-1 \tag{2.10-17}$$

而

$$\nabla g(\boldsymbol{x}^*)=A\boldsymbol{x}^*+a=0 \tag{2.10-18}$$

$$\nabla g(\boldsymbol{x}_k)=A\boldsymbol{x}_k+a \tag{2.10-19}$$

由式(2.10-19)减去式(2.10-18)得

$$\nabla g(\boldsymbol{x}_k)=A(\boldsymbol{x}_k-\boldsymbol{x}^*) \tag{2.10-20}$$

再将式(2.10-17)代入式(2.10-20)得

$$\begin{aligned}\nabla g(\boldsymbol{x}_k)&=A\boldsymbol{x}_j+\sum_{i=j}^{k-1}A\varepsilon_i\boldsymbol{P}_i-A\boldsymbol{x}^*\\&=\nabla g(\boldsymbol{x}_j)+\sum_{i=j}^{k-1}A\varepsilon_i\boldsymbol{P}_i,\quad 0\leqslant j\leqslant k-1\end{aligned} \tag{2.10-21}$$

对(2.10-21)式两边和$\boldsymbol{P}_{j-1}$取内积,$(\nabla g(\boldsymbol{x}_k),\boldsymbol{P}_{j-1})=(\nabla g(\boldsymbol{x}_j),\boldsymbol{P}_{j-1})+\sum_{i=j}^{k-1}\varepsilon_i(A\boldsymbol{P}_i,\boldsymbol{P}_{j-1})$,$0\leqslant j\leqslant k-1$,由性质(2)有$(\nabla g(\boldsymbol{x}_j),\boldsymbol{P}_{j-1})=0$,由向量关于$A$直交的定义,上式第二项为零,因此式(2.10-16)成立。

(4) $(\nabla g(\boldsymbol{x}_k),\nabla g(\boldsymbol{x}_{k-1}))=0$。因为

$$\begin{aligned}&(\nabla g(\boldsymbol{x}_k),\nabla g(\boldsymbol{x}_{k-1}))\\&=(\nabla g(\boldsymbol{x}_k),-\nabla g(\boldsymbol{x}_{k-1})+\beta_{k-1}\boldsymbol{P}_{k-2})\\&=-(\nabla g(\boldsymbol{x}_k),\nabla g(\boldsymbol{x}_{k-1}))+\beta_{k-1}(\nabla g(\boldsymbol{x}_k),\boldsymbol{P}_{k-2})\end{aligned}$$

由性质(2),(3)立即得$(\nabla g(\boldsymbol{x}_k),\nabla g(\boldsymbol{x}_{k-1}))=0$。

根据上述性质(3),令$k=n$可推出$\nabla g(\boldsymbol{x}_n)=0$,即$\boldsymbol{x}_n$是二次泛函$g(\boldsymbol{x})$的极小值点。这说明对于二次泛函应用共轭梯度法至多迭代n步即可得到极小值点。

计算下列内积,同时注意式(2.10-21),有

$$\begin{aligned}(\boldsymbol{P}_n,\nabla g(\boldsymbol{x}_n))&=(\boldsymbol{P}_n,\nabla g(\boldsymbol{x}_{n-1})+\varepsilon_{n-1}A\boldsymbol{P}_{n-1})\\&=(\boldsymbol{P}_n,\nabla g(\boldsymbol{x}_{n-1}))\end{aligned}$$

$$=(-\nabla g(\boldsymbol{x}_n)+\beta_n\boldsymbol{P}_{n-1},\nabla g(\boldsymbol{x}_{n-1}))$$
$$=-(\nabla g(\boldsymbol{x}_n),\nabla g(\boldsymbol{x}_{n-1}))+\beta_n(\boldsymbol{P}_{n-1},\nabla g(\boldsymbol{x}_{n-1}))$$

从而

$$\beta_n=\frac{(\boldsymbol{P}_n,\nabla g(\boldsymbol{x}_n))}{(\boldsymbol{P}_{n-1},\nabla g(\boldsymbol{x}_{n-1}))}=\frac{(-\nabla g(\boldsymbol{x}_n)+\beta_n\boldsymbol{P}_{n-1},\nabla g(\boldsymbol{x}_n))}{(-\nabla g(\boldsymbol{x}_{n-1})+\beta_{n-1}\boldsymbol{P}_{n-2},\nabla g(\boldsymbol{x}_{n-1}))}$$
$$=\frac{(\nabla g(\boldsymbol{x}_n),\nabla g(\boldsymbol{x}_n))}{(\nabla g(\boldsymbol{x}_{n-1}),\nabla g(\boldsymbol{x}_{n-1}))} \tag{2.10-22}$$

这就得到了一个完整的迭代程序，由公式(2.10-22)确定的程序比式(2.10-13)简便，它只用到函数 $g(\boldsymbol{x})$的梯度，但对于非二次函数，式(2.10-22)是近似公式。

上面讨论了两个常用的方法，这两个方法计算程序简单，容易实现，且计算可靠性好。

参考文献

[1] 王柔怀，伍卓群，常微分方程讲义，人民教育出版社，1963.

[2] 夏道行、吴卓人、严绍宗，实变函数论与泛函分析概要，上海科学技术出版社，1963.

[3] 张远达、熊全淹，线性代数，人民教育出版社，1962.

[4] 复旦大学数学系，计算方法，上海科学技术出版社，1960.

[5] 朱培基，电子模拟计算装置及其应用，科学出版社，1964.

[6] 钱学森(Tsien H. S.). The Poincaré-Lighthill-Kuo Method. Advance in Applied Mechanics, Academic Press, 1955. 281—349. Van Dyke, M., Perturbation Methods in Fluid Mechanics, The Parapolic Press, 1975.

[7] 宫锡芳，常微分方程的一个积分方法，应用数学与计算数学，2(1965)，3.

[8] 冯康，基于变分原理的差分格式，应用数学与计算数学，3(1966)，1.

[9] 关肇直，解非线性函数方程的最速下降法，数学学报，6(1956)，638—650.

[10] 林群，牛顿方法及最速下降法的简化，数学进展，3(1957)，2.

[11] Ahlberg, J. H., Nilson E. N. & Walsh J. I., The Theory of Spline and Their Applications. Academic Press, New York. 1967.

[12] Balakrishnan, A. V., Introduction to Optimization Theory in a Hilbert Space, Springer-Verlag, 1971.

[13] Booth, A. D., Numerical Methods. London, 1957.

[14] Carslaw, H. S., Jaeger J. C., Operational Methods in Applied Mathematics, Oxford University Press, New York, 1941.

[15] Churchill. R. V., Modern Operational Methods in Engineering, McGraw-Hill Book Co., New York, 1944.

[16] Doetch, G., Theorie und Anweudung der Laplace-Transformation, Verlag Julius Springer. 1937.

[17] Dunford N., Schwartz, J. T., Linear Operators, part Ⅰ, Ⅱ, Ⅲ, 1958, 1963, 1972.

[18] Gardner, M. F. , Bernes. J. L. , Transients in Linear Systems, Studied by Laplace Transformation. J. Wiley & Sons. Inc. , 1942.

[19] Grenander, U. & Rosenblatt, M. , Statistical Analysis of Stationary Time series. J. Wiley & Sons Ine. , 1956.(平稳时间序列的统计分析，陶宗英等译，上海科学技术出版社，1957.)

[20] Kamke, E. , Differentialgleichungen Lösungsmethoden und hösungen. Leipzig. 1959.(常微分方程手册，张鸿林译，科学出版社，1977.)

[21] Kato. T. , Perturbation Theory for Linear Operators, Springer-Verlag New York Inc. , 1976.

[22] Riesz, F. & Nagy S. Z. , Functional Analysis, Frederick Ungar Publishing Co. 1955.

[23] Stone, M. H. , Linear Transformations in Hilbert Space and Their Applications to Analysis, Am. Math. Soc. 15, 1932.

[24] Temam, R. , Numerical Analysis. North-Holland. 1973.

[25] Widder, D. V. , The Laplace Transform, Princeton University Press, Princeton, 1946.

[26] Zadeh, L. A. , Frequency analysis of variable networks. *Proceeding IRE*, 138. 291—299.

[27] Zienkiewicz, O. C. , Finite Element Method in Engineering Science, McGraw-Hill, 1971.

[28] Гантмахер, ф. Р. , Теория, Матриц, ГИТТЛ, 1953.(矩阵论，上、下卷，柯召译，高等教育出版社，1955.)

[29] Диткин, В. А. , Кузнецов П. И. , Справочник по Операционному Исчислению, Москва, 1951.

[30] Конторович, Л. В. , Об Одмом Эффективном Методе Решения Экстремальных задач для квадратичных функционалов, ДАН СССР, 48, (1945), 7.

[31] Солодов, А. В. , Линейные Системы Автоматнческого Управления с Переменными Параметрами, физматгиз, 1962.

第三章 输入、输出和传递函数

在前一章里我们已经看到，在用拉氏变换法处理问题的时候，常系数线性系统(2.2-1)的运动状态和多项式 $D(s)$有着本质的关联。$D(s)$是由方程(2.2-6)规定的，而且它的系数也就是微分方程的系数。不仅如此，就是在一般的情形里，如果 $y(t)$的初始值和各个初始导数值都等于零，那么，系统的运动状态也是由两个多项式的比值 $N(s)/D(s)$所完全确定的。我们是用 $F(s)$表示这个比值的。如果驱动函数的拉氏变换是 $X(s)$而特解的拉氏变换是 $Y_i(s)$的话，方程(2.3-4)就给出

$$Y_i(s) = F(s)X(s) \tag{3.0-1}$$

可以把这个方程看作是一个算子方程：$X(s)$受到算子 $F(s)$的作用之后就变成 $Y_i(s)$，或者说，$F(s)$把 $X(s)$转变为 $Y_i(s)$。因此我们就把函数 $F(s)$称为系统的传递函数。$x(t)$和它的拉氏变换 $X(s)$都称为系统的输入，$y_i(t)$和它的拉氏变换 $Y_i(s)$都称为系统的输出。为了特别表明 $y_i(t)$只是系统的特解而不是由于初始条件而产生的补充函数，我们把 $y_i(t)$称为由于输入而产生的输出，把 $y_c(t)$称为由于初始条件而产生的输出。

拉氏变换的优点就在于把解微分方程的问题简化为代数的运算。从 $Y(s)$变回 $y(t)$的这个步骤实际上是很少需要的。理由是这样的：既然系统的运动状态 $y(t)$可以由 $Y(s)$完全确定，那么，也就可能把对 $y(t)$所提出的技术要求“翻译”成对 $Y(s)$所提出的某些要求，或者说，如果已经给定了输入的特性，那么，对 $y(t)$所提出的要求，也就可以变为对传递函数 $F(s)$所提出的某些要求。例如：如果要求系统式(2.2-1)是稳定系统的话，我们并不需要先把式(2.2-8)中的 $N_0(s)/D(s)=Y_c(s)$变回方程(2.3-2)，然后再要求 $y_c(t)$随着时间的增大而趋于消失，实际上，我们只要要求传递函数 $1/D(s)$的极点都位于 s 平面的左半部也就足够了。这种做法显然可以减少许多计算手续。

根据传递函数来研究或者设计一个线性系统是伺服系统工程中的最简单的基本方法。在这一章里，我们将要用一系列的实例来说明这个方法。

3.1 一阶系统

作为第一个例子，我们来研究一个悬臂弹簧(图 3.1-1)。弹簧的一个端点连接在一个阻尼器上，另外一端点可以在一根直杆上作滑动运动。阻尼器上的那一个端点的位置用 $y(t)$来表示，滑动端点的位置用 $x(t)$来表示。由于有阻尼器的缘

故，$y(t)$就不会和 $x(t)$相等，$y(t)$的运动落后于 $x(t)$。如果我们让滑动端点按照规定好了的规律 $x(t)$运动，这里的问题就是要研究 $y(t)$的情况。$x(t)$就是系统的输入（控制量），$y(t)$是系统的输出（受控量）。

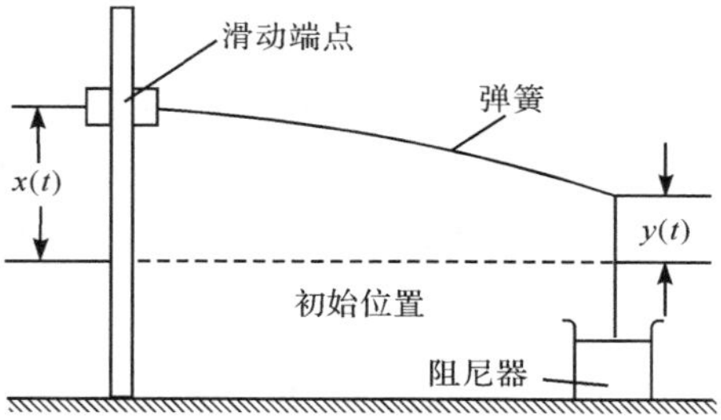

图 3.1-1

设系统的弹簧常数是 k，阻尼器的阻尼系数（也就是阻力与速度的比值）是 c。如果再假定运动的加速度相当小，以至于惯性力可以忽略掉[10]。由力的平衡条件就可以得到系统的运动方程

$$c\frac{dy}{dt}+k(y-x)=0$$

c 与 k 的比值 c/k 的量纲是时间。这个数量是系统的一个特性时间（或特征时间），我们把这个比值

$$\tau_1=\frac{c}{k} \tag{3.1-1}$$

称为系统的时间常数。

运动方程可以改写为

$$\tau_1\frac{dy}{dt}+y=x \tag{3.1-2}$$

初始条件是

$$y(0)=y_0 \tag{3.1-3}$$

用 e^{-st} 乘方程(3.1-2)的两端，然后再从 $t=0$ 到 $t=\infty$积分。我们就得到作过拉氏变换的方程

$$(\tau_1 s+1)Y(s)=X(s)+\tau_1 y_0$$

于是

$$Y(s)=\frac{X(s)}{\tau_1 s+1}+\frac{\tau_1 y_0}{\tau_1 s+1} \tag{3.1-4}$$

因此，由于输入而产生的输出就是

$$Y_i(s)=\frac{1}{\tau_1 s+1}X(s) \tag{3.1-5}$$

而由于初始条件产生的输出就是

$$Y_c(s) = \frac{\tau_1 y_0}{\tau_1 s + 1} \tag{3.1-6}$$

系统的传递函数 $F(s)$就是

$$F(s)=\frac{1}{\tau_1 s+1} \tag{3.1-7}$$

方程(3.1-5)可以用图形表示出来,就像图 3.1-2 所画的那样。这样一个简单的形象化的表示法很能帮助我们想象或分析系统的情况。通常把这样的表示法称为方块图。

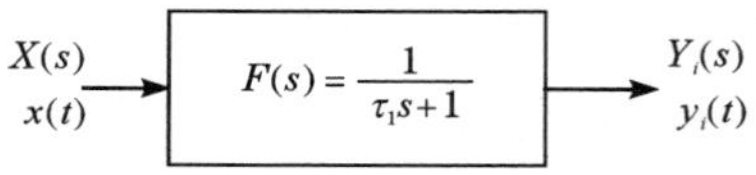

图 3.1-2

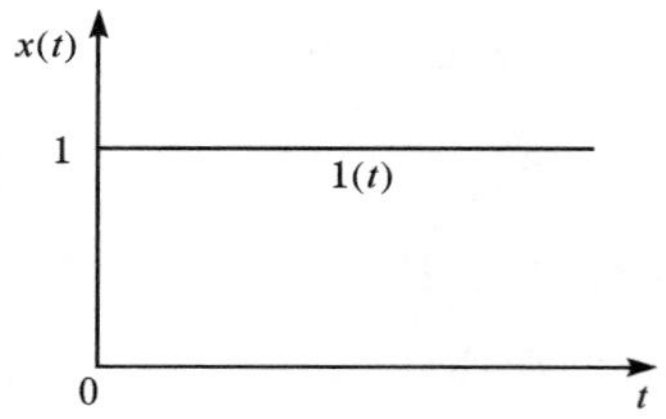

图 3.1-3

下面我们研究几种特殊输入情况下的输出 $y(t)$。

首先,考虑输入 $x(t)$是单位阶跃函数 $1(t)$的情形(图 3.1-3)

$$x(t) = 1(t) = \begin{cases} 0, & t < 0 \\ 1, & t \geqslant 0 \end{cases}$$

这时

$$X(s) = \int_0^{\infty} 1(t) e^{-st} dt = \int_0^{\infty} e^{-st} dt = \frac{1}{s}$$

而且

$$Y_i(s) = \frac{1}{s(\tau_1 s + 1)} = \frac{1}{s} - \frac{1}{s + (1/\tau_1)}$$

因此,根据我们的“字典”(表 2.1-1),由于输入而产生的输出就是

$$y_i(t) = 1 - e^{-t/\tau_1} \tag{3.1-8}$$

根据方程(3.1-6)由于初始条件而产生的输出就是

$$y_c(t) = y_0 e^{-t/\tau_1} \tag{3.1-9}$$

图 3.1-4 表示了输出的特征。由初始条件产生的输出 $y_c(t)$是一个单纯的衰减函数,这个衰减函数的时间常数就是 τ_1(图 3.1-4b)。由输入产生的输出 $y_i(t)$按照指数律趋近于水平渐近线,时间常数也是 τ_1。事实上,当 $t=\tau_1$ 的时候,输出 $y_i(t)$的数值就达到了最后渐近值的 63%。

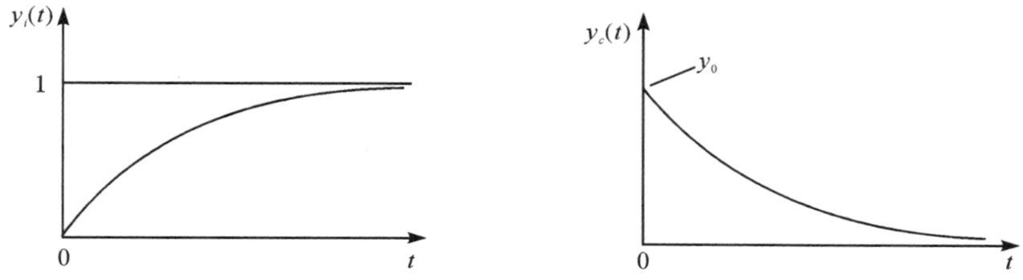

(a)　　(b)

图 3.1-4

我们把输入 $x(t)$与输出 $y_i(t)$的差数 $e(t)=x(t)-y_i(t)$称为偏差信号，在现在所考虑的情形里

$$e(t) = x(t) - y_i(t) = e^{-t/\tau_1} \tag{3.1-10}$$

所以，当 $t\rightarrow\infty$时，偏差信号趋于零。

现在，考虑另外一种输入的情形。假定输入是正弦式的，或者，更具体为

$$x(t) = x_m e^{i\omega t}$$

式中 x_m 是振幅，ω 是频率。这时

$$X(s) = \frac{x_m}{s - i\omega} \tag{3.1-11}$$

由于初始条件而产生的输出 $Y_c(s)$和前一种情形一样，也是方程(3.1-6)或方程(3.1-9)。由于输入而产生的输出就是

$$Y_i(s) = x_m \frac{1}{(s-i\omega)(\tau_1 s+1)} = \frac{x_m}{1+i\omega\tau_1}\left(-\frac{1}{s+(1/\tau_1)}+\frac{1}{s-i\omega}\right)$$

因此，根据我们的“字典”(表 2.1-1)，输出 $y_i(t)$就是

$$y_i(t) = -\frac{x_m}{1+i\omega\tau_1}e^{-t/\tau_1} + \frac{x_m}{1+i\omega\tau_1}e^{i\omega t}$$

这个表示式中的第一项是一个单纯的衰减函数。第二项表示稳态输出$[y(t)]_{st}$。因而就有

$$\frac{[y(t)]_{st}}{x(t)} = \frac{1}{1+i\omega\tau_1} = F(i\omega)$$

这个关系和我们在方程(2.3-7)中所表达的普遍结果是完全一致的。由于

$$\frac{1}{1+i\omega\tau_1} = \frac{1}{\sqrt{1+\omega^2\tau_1^2}}e^{-i\tan^{-1}\omega\tau_1} \tag{3.1-12}$$

稳态输出就可以表示为

$$[y(t)]_{st} = \frac{x_m}{\sqrt{1+\omega^2\tau_1^2}}e^{i(\omega t-\tan^{-1}\omega\tau_1)}$$

因此，稳态输出的振幅就被减少到输入的振幅的 $1/\sqrt{1+\omega^2\tau_1^2}$倍，而且输出的相角

比输入的相角落后的数量是 $\tan^{-1}\omega\tau_1$。如果输入的频率 ω 相当低,$\omega\tau_1 \ll 1$,因而 $\tan^{-1}\omega\tau_1 \cong \omega\tau_1$,这时

$$[y(t)]_{st} \cong x_m e^{i\omega(t-\tau_1)}, \quad \tau_1\omega \ll 1 \tag{3.1-13}$$

这也就是说:振幅没有改变,但是有一个时滞(时间上的落后),这个时滞也就等于传递函数的时间常数 τ_1。如果输入的频率 ω 相当高,$\tau_1\omega \gg 1$,因而 $\tan^{-1}\omega\tau_1 \cong \frac{\pi}{2}$,$\frac{1}{\sqrt{1+\omega^2\tau_1^2}} \cong \frac{1}{\omega\tau_1}$,这时就有

$$[y(t)]_{st} \cong \frac{x_m}{\omega\tau_1} e^{i[\omega t-(\pi/2)]}, \quad \tau_1\omega \gg 1 \tag{3.1-14}$$

在这种情形中,振幅被减少到 $1/\omega\tau_1$ 倍,而相角落后的数量是 $\pi/2$。我们把以上所讨论的两种极端的输出情形表示在图 3.1-5 中。

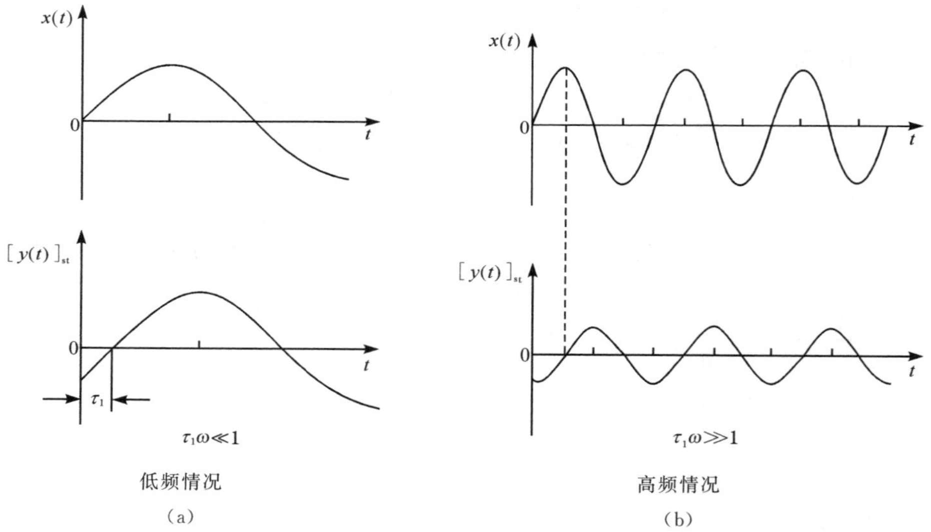

图 3.1-5

3.2 传递函数的表示法

传递函数 $F(s)$ 是复变数 s 的函数。因为在普通的情形下,它是两个 s 的多项式的比值,所以函数 $F(s)$ 除了一个常数因数之外可以由它的零点和极点所确定。如果对于某一个特别的 s 值 $F(s)$ 的值是已知的话,也就可以把常数因数确定下来,这时函数 $F(s)$ 就完全确定了。这里,最方便的就是考虑 s 在原点的值 $s=0$,因为 $F(0)$ 有具体的物理意义

$$|F(0)| = K \tag{3.2-1}$$

是系统的放大系数，也就是系统在常数输入的情况下输出的稳态值与输入的比值。又因为对于大多数的实际情形，$F(0)$常常是正数，因而$F(0)=K$。所以，传递函数$F(s)$就可以由零点、极点和放大系数唯一地确定。这也就是传递函数的一种可能的表示方法。举例来说，我们可以这样来表示方程(3.1-7)所给的传递函数：它的放大系数是1；在$-1/\tau_1$有一个单极点；没有零点。

根据复变数函数论的结果，如果在s平面的虚轴上，$F(s)$的实数部分和虚数部分都已经完全给定的话，那么，用解析开拓的方法[4]就可以把s平面上其他部分的$F(s)$值也确定下来。因此，我们也可以用复函数$F(i\omega)$(ω是实数，$-\infty<\omega<+\infty$)来代表函数$F(s)$。这就是传递函数的另外一种表示方法。对于实际的物理系统来说，$F(s)=N(s)/D(s)$的分子多项式$N(s)$和分母多项式$D(s)$的系数都是实数，所以，如果我们用$\overline{F}$表示F的复共轭数的话，就有

$$F(-i\omega)=\overline{F(i\omega)} \tag{3.2-2}$$

因此，对于实际的物理系统，只要知道$\omega\geqslant 0$的$F(i\omega)$值，就可以知道$\omega\leqslant 0$的$F(i\omega)$值，从而也就可以定出对于任意s的$F(s)$的值。从方程(2.3-7)我们已经知道函数$F(i\omega)$是频率ω的稳态输出与正弦输入之比，$F(i\omega)$($-\infty<\omega<+\infty$)就是系统的频率特性。例如，方程(3.1-12)就是简单的一阶系统(3.1-2)的频率特性。

伯德(Bode)创造了一种表示频率特性的方法，这种方法就称为伯德图。假定复数$F(i\omega)$的绝对值是M，相角是θ(M和θ当然都是ω的函数)，也就是说

$$F(i\omega)=Me^{i\theta} \tag{3.2-3}$$

把$\log\omega$取作自变数，然后再把因变数$\log M$和θ对$\log\omega$的函数关系画在两张图上，这样得出的图就是伯德图($\log M$对$\log\omega$的函数关系通常称为系统的对数幅频特性。而θ对$\log\omega$的函数关系称为系统的对数相频特性)。至于为什么在这里M取了对数尺度而θ并不取对数尺度，这个道理可以在以后的讨论中看出来。以方程(3.1-12)所表示的简单系统为例

$$M=\frac{1}{\sqrt{1+\omega^2\tau_1^2}}=\frac{1}{\sqrt{1+u^2}}$$
$$\theta=-\tan^{-1}\omega\tau_1=-\tan^{-1}u \tag{3.2-4}$$

其中$u=\omega\tau_1$是无量纲频率[2,10]。这个系统的伯德图就是图3.2-1，频率特性在低频率和高频率时的情况已经用方程(3.1-13)和(3.1-14)表示出来了。当$u\to\infty$时，$\log M$对$\log u$的图线的斜率是-1，对于很小的u值来说，斜率差不多是0。因此，一个一阶系统的M-u图可以用两条直线来近似地代替。这两条直线就是图3.2-1中的虚折线。这条虚折线称为渐近对数幅频特性或者梯形对数幅频特性[2,12]。

在声学和电学的文献里，为了把振幅的度量单位化为分贝(decibel，简写为db)，常常改用$20\log M$作为M-u图中的因变数。频率增加一倍就称为一个倍频

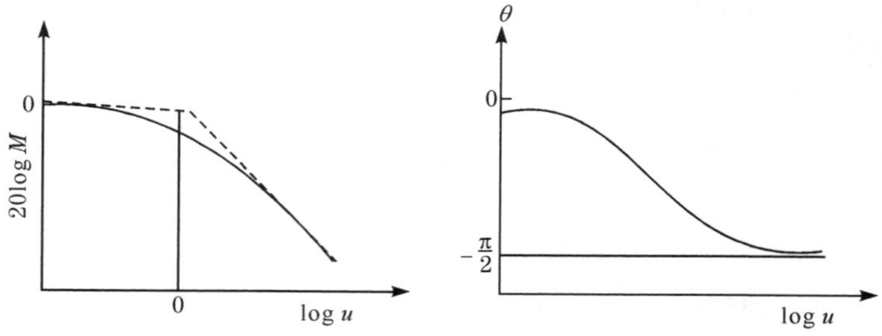

$$Me^{i\theta}=\frac{1}{1+i\omega\tau_1}$$

图 3.2-1

程(octavc,简写为 oct)。因此,图 3.2-1 中的斜率用分贝和倍频程作单位,就是 $-20\log2=-6.02$ 分贝/倍频程(db/oct)。或者用旬频程表示,就是 $20\log10=20$ 分贝/旬频程。在实际计算工作中,用后面这一单位做斜率比较方便。在图 3.2-1中我们还看到这样一个事实:近似于 $20\log M$ 的虚线在 $u=1$ 点,也就是 $\omega=1/\tau$ 处通过 0 值。因此,我们就可以用实验方法测量一个一阶系统的频率特性,把测量的结果按照上述的方式画成伯德图。只要记下伯德图上 $20\log M$ 的近似直线穿过横轴时的角频率 ω_c 就可以简单地估计出系统的时间常数,$\tau_1\approx1/\omega_c$。

另外一个表示频率特性的方法是乃奎斯特(Nyquist)所创始的,称为乃氏图。这种方法是把复数 $F(i\omega)$或 $1/F(i\omega)$直接画到 F 平面或 $1/F$ 平面上去,曲线的参数就是角频率 ω。函数 $1/F$ 有时候称为反幅相特性。F 平面上的图线 $F(i\omega)$就称为幅相特性。对于一个简单的一阶系统来说,$F(i\omega)=1/(1+i\omega\tau_1)$的图线是一个半圆,在 $\omega=0$ 时,图线从 1 点出发;在 $\omega\tau_1=u=1$ 时,图线通过 $1/(1+i)=(1/2)(1-i)$点;当 $\omega\to\infty$时,图线趋向于原点,并且以原点为终点。在这种情形里,$1/F$ 图线比 F 图线还要简单得多:$1/F=1+i\omega\tau_1$。所以,在 $1/F$ 平面上,这条图线就是从 1 点出发的一条与虚轴平行的直线。图 3.2-2 就是一阶系统的两种乃氏图。

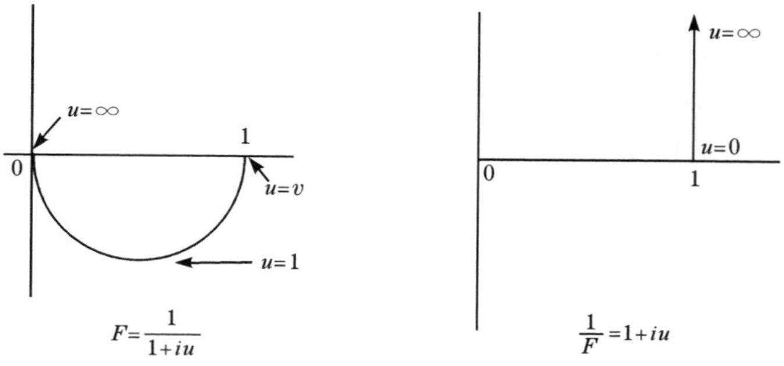

图 3.2-2

3.3 一阶系统的一些例子

在一个复合系统里，常常有很多元件可以用一阶的传递函数来近似地表示。在这一节里，我们将要简略地讨论这类元件的几个例子。并且把它们特有的频率特性用伯德图或乃氏图表示出来。

(1) 积分元件：一个电动机的转速 $d\phi/dt$ 与输入电压 v 成比例，如果不考虑过渡过程，用微分方程来表示就是

$$\frac{d\phi}{dt}=Kv \tag{3.3-1}$$

其中 K 是与所采用的度量单位有关的常数。电动机的转子的角位置 ϕ 与下列积分成比例

$$\int_0^t v dt$$

这个关系可以用方块图 3.3-1 表示出来，假设 $V(s)$ 和 $\Phi(s)$ 分别是 v 和 ϕ 的拉氏变换。这个系统的传递函数 $F(s)=K/s$ 是函数 $1/(\tau_1 s+1)$ 当 $\tau_1\to\infty$ 时的极限情形，它在原点 $s=0$ 有一个极点。为了把这里的 K 还看作系统的放大系数，我们就必须把以前规定的放大系数的定义修改一下，以前的那一个定义适用于原点不是传递函数的零点或极点的情形。对于一个积分系统，即对传递函数 $F(s)$ 在原点 $s=0$ 有一个单极点的系统来说，放大系数 K 就应该定义为

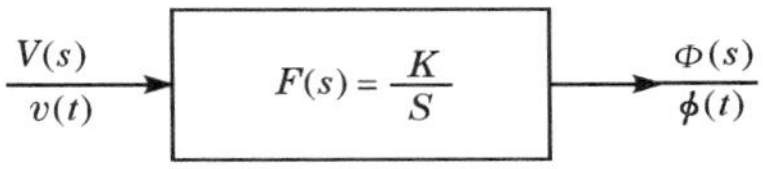

图 3.3-1

$$K=\lim_{s\to 0}|sF(s)| \tag{3.3-2}$$

系统式(3.3-1)的频率特性是

$$F(i\omega)=\frac{K}{i\omega}=\left(\frac{K}{\omega}\right)e^{-i(\pi/2)}$$

因此，按照方程(3.2-3)

$$M=\frac{K}{\omega},\theta=-\frac{\pi}{2} \tag{3.3-3}$$

图 3.3-2 就是伯氏图，这里斜率仍然是−20 分贝/旬频程。图 3.3-3 是乃氏图。

(2) 微分元件：一个回转测速计(测速陀螺)的输出电压 v 和进动轴的角速度 $d\phi/dt$ 成比例，即

$$v=K\frac{d\phi}{dt}$$

式中 K 是比例常数。这个情形和前面讨论的电动机的情形恰好相反。传递函数 $F(s)=Ks$ 在原点有一个零点。因此，对于一个微分系统，即对传递函数$F(s)$在原

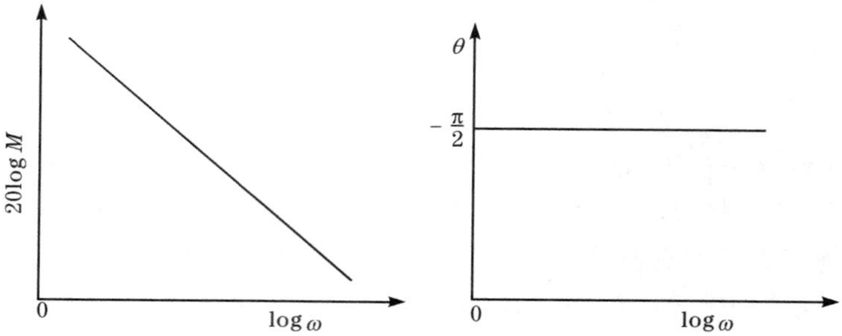

$F(i\omega)=\frac{K}{i\omega}=Me^{i\theta}$

图 3.3-2

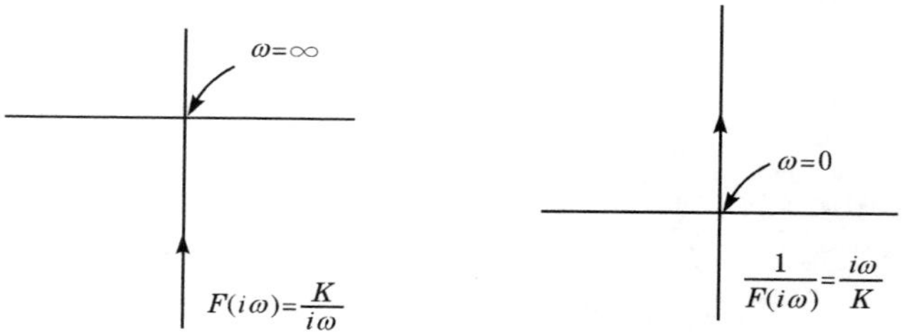

图 3.3-3

点 $s=0$ 有一个单零点的系统来说，放大系数 K 的定义应该改为

$$K=\lim_{s\to 0}\left|\frac{F(s)}{s}\right| \tag{3.3-4}$$

图 3.3-4 是这个系统的方块图，图 3.3-5 是伯德图（图中设 $K=1$），图 3.3-6 是乃氏图。极易检验，伯德图内斜线的斜率是 20 分贝/旬频程。

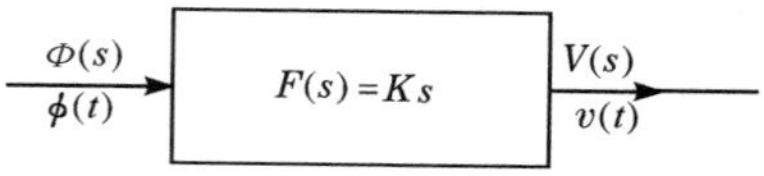

图 3.3-4

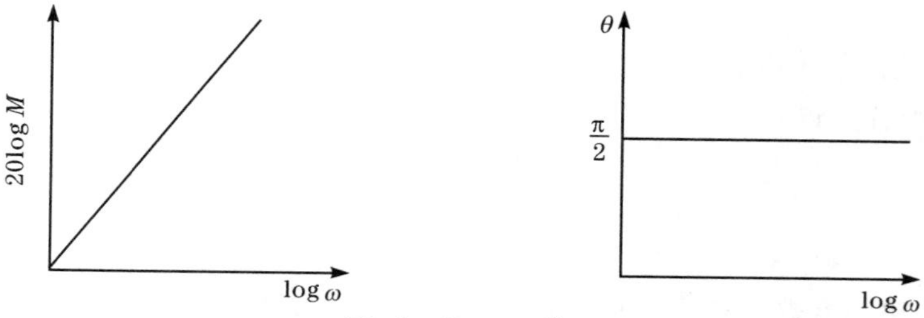

$F(i\omega)=Ki\omega=Me^{i\theta}$

图 3.3-5

(3) 简单的相角落后电路:考虑图 3.3-7 的包含电阻 R 和电容 C 的电路,v_1 和 v_2 分别是输入电压和输出电压。假设 $j=j(t)$ 是流入电阻 R 和电容 C 的电流,如果在 $t=0$ 的时候,电容 C 上没有电荷。那么

$$jR + \frac{1}{C}\int_0^t j(t)dt = v_1$$

$$\frac{1}{C}\int_0^t j(t)dt = v_2$$

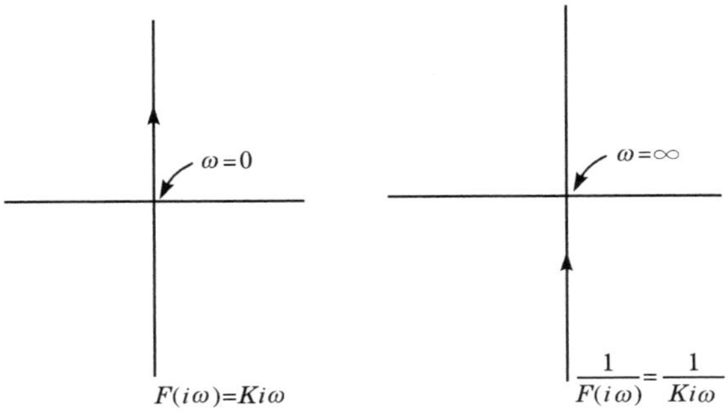

图 3.3-6

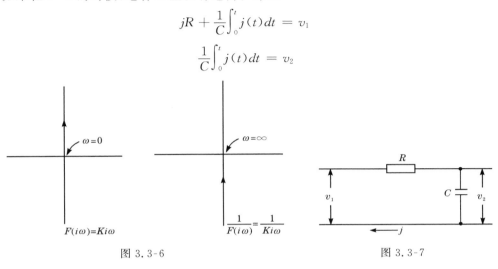

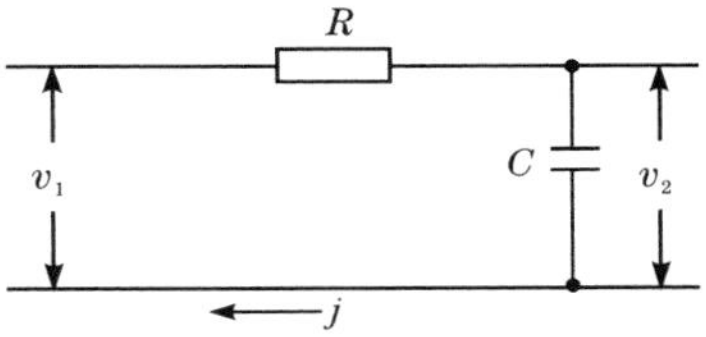

图 3.3-7

先用 e^{-st} 乘这两个方程,然后再从 $t=0$ 到 $t=\infty$ 积分,就得到这两个方程的拉氏变换

$$\left(R + \frac{1}{Cs}\right)J(s) = V_1(s)$$

$$\frac{1}{Cs}J(s) = V_2(s)$$

因此

$$\frac{V_2(s)}{V_1(s)} = F(s) = \frac{1}{1+RCs} \tag{3.3-5}$$

从方程(3.3-5)可以看出,这个电阻电容电路的传递函数和有阻尼器的悬臂弹簧的传递函数式(3.1-7)是相同的,这个电路系统的时间常数就是 $\tau_1 = RC$。这个系统的伯德图和乃氏图就是图 3.2-1 和图 3.2-2。这个电路常常用来产生系统的相角落后。

可以在这里附带提一下:虽然上述的悬臂弹簧系统和这一个电路系统的动态特性是相同的,但是我们知道:在实际工程中改变和调整那个系统的参数 c 和 k 往往是比较困难的,而且 c 和 k 的可能的变动范围也很有限,可是在这个电路里改变和调整 R 和 C 的数值就比较容易。而且 R 和 C 的变动范围也可以很大。从这个具体例子就可以看出用电的方法进行调节或控制常常比用机械方法方便得多。

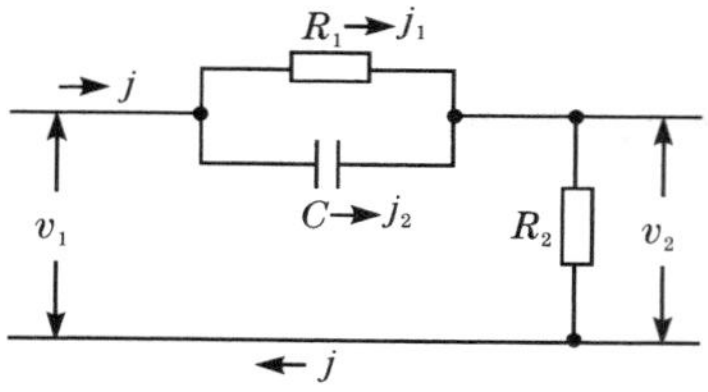

图 3.3-8

(4) 相角超前电路:图 3.3-8 表示一个较复杂的电路。这个电路的方程是

$$j = j_1 + j_2$$

$$R_1 j_1 = \frac{1}{C}\int_0^t j_2(t)dt$$

以及

$$v_1 = R_1 j_1 + R_2 j$$

$$v_2 = R_2 j$$

相应的拉氏变换后的方程就是

$$J = J_1 + J_2$$

$$R_1 J_1 = \frac{1}{Cs} J_2$$

以及

$$V_1 = R_1 J_1 + R_2 J$$

$$V_2 = R_2 J$$

因此

$$\frac{V_2(s)}{V_1(s)} = F(s) = \frac{R_2 + R_1 R_2 Cs}{(R_1 + R_2) + R_1 R_2 Cs}$$

放大系数就是

$$K = \frac{R_2}{R_1 + R_2} = r \tag{3.3-6}$$

K 当然小于 1。如果我们引进符号 ω_1

$$\omega_1 = \frac{R_1 + R_2}{R_1 R_2 C} \tag{3.3-7}$$

那么,传递函数就可以改写成

$$F(s) = r\frac{1 + (s/r\omega_1)}{1 + (s/\omega_1)} \tag{3.3-8}$$

因此,传递函数在 $-r\omega_1$ 有一个零点,在 $-\omega_1$ 有一个极点。

频率特性就是

$$F(i\omega) = \frac{r\omega_1 + i\omega}{\omega_1 + i\omega} \tag{3.3-9}$$

如果我们引进无量纲频率

$$u = \frac{1}{\sqrt{r}}\frac{\omega}{\omega_1} \tag{3.3-10}$$

那么

$$M = \sqrt{r}\sqrt{\frac{1 + (u^2/r)}{(1/r) + u^2}}, \quad \theta = \tan^{-1}\frac{u}{\sqrt{r}} - \tan^{-1}(\sqrt{r}u) \tag{3.3-11}$$

于是有

$$\log M(u) = \log\sqrt{r} + \log\sqrt{\frac{1+(u^2/r)}{(1/r)+u^2}}$$

$$= \log\sqrt{r} - \log\sqrt{\frac{1+(1/ru^2)}{(1/r)+(1/u^2)}}$$

$$\theta(u) = \theta\left(\frac{1}{u}\right)$$

因此,就像图 3.3-9 所表示的那样,伯德图的图线对于 $u=1$(也就是 $\log u=0$)有着对称性。θ 的极大值 $\theta_{\max}$ 是在 $u=1$ 点,并且等于

$$\theta_{\max} = \tan^{-1}\frac{1}{\sqrt{r}} - \tan^{-1}\sqrt{r} = \frac{\pi}{2} - 2\tan^{-1}\sqrt{r} \tag{3.3-12}$$

因此,这个电路在一个频带(频率范围)上给出相当大的相角超前。对于非常大的 ω 值,$M=1$;对于非常小的 ω 值,$M=r$。在零点附近曲线的斜率接近 20 分贝/旬频程,而在 u 很小和很大时斜率为零。

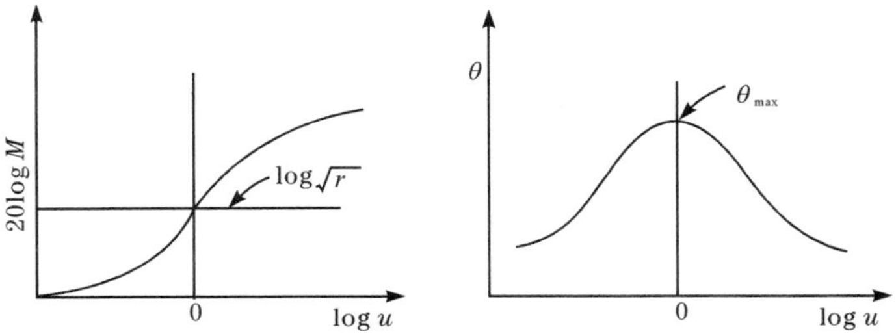

$F(i\omega)=\dfrac{r\omega_1+i\omega}{\omega_1+i\omega}$, $\quad u=\dfrac{1}{\sqrt{r}}\dfrac{\omega}{\omega_1}$

图 3.3-9

(5) 频带的相角迟后电路:图 3.3-10 所表示的电阻电容电路的传递函数是

$$\frac{V_2(s)}{V_1(s)} = F(s) = \frac{1+R_1Cs}{1+(R_1+R)Cs}$$

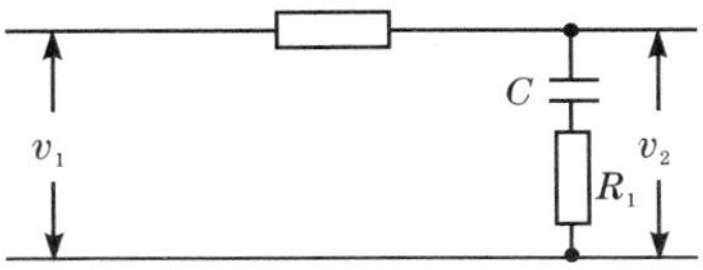

图 3.3-10

所以,这个系统的放大系数是 1。如果我们引进这样定义的两个参数 ω_1 和 r

$$\omega_1 = \frac{1}{R_1 C}, \quad r = \frac{R_1}{R + R_1} \tag{3.3-13}$$

那么,传递函数就可以改写成

$$F(s) = \frac{1 + (s/\omega_1)}{1 + (s/r\omega_1)} \tag{3.3-14}$$

把这个方程和相角超前电路的方程(3.3-8)加以比较,我们就可以看到这两个电路的传递函数(除了一个常数的因数之外)是互为倒数的。其实,目前这个电路的频率特性也可以写成

$$F(i\omega) = \frac{1 + i(\omega/\omega_1)}{1 + i(\omega/r\omega_1)} = \frac{1 + i\sqrt{r}u}{1 + i(1/\sqrt{r})u}$$

其中 u 是无量纲频率

$$u = \frac{1}{\sqrt{r}} \frac{\omega}{\omega_1} \tag{3.3-15}$$

因此

$$M = \sqrt{r}\sqrt{\frac{(1/r) + u^2}{1 + (u^2/r)}}, \quad \theta = \tan^{-1}(\sqrt{r}u) - \tan^{-1}\frac{u}{\sqrt{r}} \tag{3.3-16}$$

图 3.3-11 就是这个系统的伯德图。从图中我们可以看出,在 $u=1$ 附近的一个频率上有着显著的相角落后。极大的相角落后发生在 $u=1$ 点,也就是频率 $\omega=\sqrt{r}\omega_1$ 的时候,它的大小也还是方程(3.3-12)所给的 θ_{max}。曲线在零点附近斜率为 -20 分贝/旬频程,在 u 很大或很小时斜率为零。

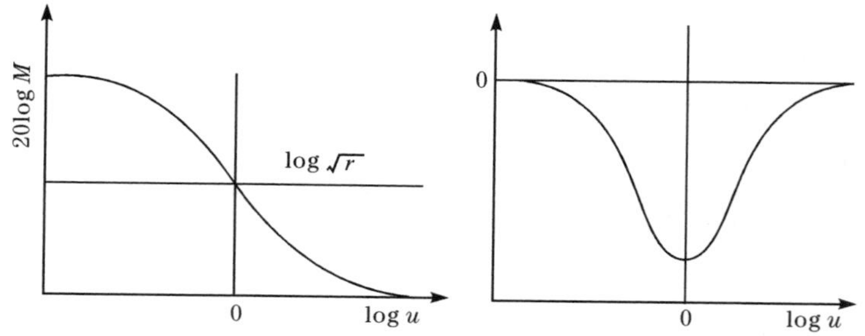

$$F(i\omega) = \frac{1 + i\frac{\omega}{\omega_1}}{1 + i\frac{\omega}{r\omega_1}}, \quad u = \frac{1}{\sqrt{r}}\frac{\omega}{\omega_1}$$

图 3.3-11

(6) 简化的飞机的横滚运动:假设飞机对于纵轴的转动惯量是 I,ϕ 是滚动角,L_p 是关于滚动的空气动力阻尼系数,δ 是副翼的倾斜度,$k\delta$ 是由于副翼偏转而引起的力偶矩。滚动角 ϕ 的微分方程就是

$$I\frac{d^2\phi}{dt^2}+L_p\frac{d\phi}{dt}=k\delta$$

设 $p=d\phi/dt$ 是滚动速度;以上的微分方程就变成

$$I\frac{dp}{dt}+L_pp=k\delta$$

如果 $t=0$ 时的滚动速度是 0,那么,拉氏变换后的方程就是

$$(Is+L_p)P(s)=k\Delta(s)$$

因此,传递函数 $F(s)$就是

$$\frac{P(s)}{\Delta(s)}=F(s)=\frac{k}{Is+L_p}=\frac{k}{L_p}\frac{1}{1+(I/L_p)s} \tag{3.3-17}$$

正如方程(3.3-17)所示,这个系统的运动状态和具有阻尼器的悬臂弹簧以及简单的相角落后电路的运动状态是相似的。在这里,时间常数 τ_1 是 I/L_p,如果阻尼系数 L_p 非常小,时间常数 τ_1 就接近于∞,系统的运动状态就和简单的积分元件的情况一样了。

3.4 二阶系统

我们再回到具有阻尼器的悬臂弹簧的情形(图 3.1-1)。不过,现在我们在阻尼器这一端加上一个质量 m。这个质量引起一个惯性力 md^2y/dt^2。因而运动方程就变为

$$m\frac{d^2y}{dt^2}+c\frac{dy}{dt}+ky=kx$$

假定初始条件是

$$y(0)=y_0$$

$$\left(\frac{dy}{dt}\right)_{t=0}=y_0^{(1)} \tag{3.4-1}$$

引进下列两个参数以后,就可以把微分方程改写为更方便的形式

$$\omega_0^2=\frac{k}{m}$$

$$\zeta=\frac{c/m}{2\omega_0} \tag{3.4-2}$$

ω_0 就是当阻尼器不存在时的质量弹簧系统的自然频率。ζ 就是实际的阻尼和临界阻尼的比值。这一无量纲的参数的物理意义在以下的讨论中可以说明得更加清楚。这样一来,运动方程就变成

$$\frac{d^2y}{dt^2}+2\zeta\omega_0\frac{dy}{dt}+\omega_0^2y=\omega_0^2x \tag{3.4-3}$$

方程(3.4-3)连同它的初始条件(3.4-1)用拉氏变换的方式就可以表示为下列的

方程

$$(s^2+2\zeta\omega_0 s+\omega_0^2)Y(s)=\omega_0^2 X(s)+y_0^{(1)}+(s+2\zeta\omega_0)y_0$$

由于初始条件而产生的输出就是

$$Y_c(s)=\frac{y_0 s+(y_0^{(1)}+2\zeta\omega_0 y_0)}{s^2+2\zeta\omega_0 s+\omega_0^2} \tag{3.4-4}$$

而传递函数就是

$$F(s)=\frac{Y_i(s)}{X(s)}=\frac{1}{(s/\omega_0)^2+2\zeta(s/\omega_0)+1} \tag{3.4-5}$$

因此,系统的放大系数 $K=1$,而且传递函数没有零点。但是它有两个单极点 s_1 和 s_2。在 $\zeta^2>1$ 时,s_1 和 s_2 就是

$$\left.\begin{aligned}\frac{s_1}{\omega_0}&=-\zeta+\sqrt{\zeta^2-1},\\ \frac{s_2}{\omega_0}&=-\zeta-\sqrt{\zeta^2-1},\end{aligned}\right\}\quad \zeta^2>1 \tag{3.4-6}$$

当阻尼器的阻尼系数 c 比临界阻尼 $2\sqrt{mk}$ 小的时候,ζ 的数值就会比 1 小。在那种情况下,极点 s_1 与 s_2 是复共轭的,它们的实数部分和虚数部分分别是 λ 和 v

$$\left.\begin{aligned}s_1/\omega_0&=-\zeta+i\sqrt{1-\zeta^2}=(\lambda+iv)/\omega_0=e^{i\varphi_1},\\ s_2/\omega_0&=-\zeta-i\sqrt{1-\zeta^2}=(\lambda-iv)/\omega_0=e^{-i\varphi_1},\end{aligned}\right\}\quad \zeta^2<1 \tag{3.4-7}$$

因为 s_1/ω_0 和 s_2/ω_0 的绝对值都是 1,所以可以写成 $e^{\pm i\varphi_1}$ 的形式。如果阻尼系数 c 是正的,λ 就是一个负数。

由方程(3.4-4)很容易就可以确定由于初始条件而产生的输出 $y_c(t)$。对于 $\zeta^2<1$ 的情形,传递函数的极点是由方程(3.4-7)所确定的,我们就有

$$y_c(t)=\frac{y_0^{(1)}}{v}e^{\lambda t}\sin vt+y_0 e^{\lambda t}\cos vt+\frac{-\lambda}{v}y_0 e^{\lambda t}\sin vt \tag{3.4-8}$$

既然 λ 是一个负数,输出 $y_c(t)$ 就是衰减的,不过它是一个衰减的正弦式的函数,也就是说它是一个衰减的振荡。但是,对于 $\zeta^2>1$ 的情形来说,输出 $y_c(t)$ 就是一个单纯的衰减,因此,如果阻尼系数 c 大于临界阻尼 $2\sqrt{mk}$ 的话,输出 $y_c(t)$ 就没有振荡,这就是临界阻尼的物理意义。

现在,我们假定输入 $x(t)$ 是图 3.1-3 所表示的单位阶跃函数 $1(t)$。这时 $X(s)=1/s$,对于 $\zeta^2<1$ 的情形

$$Y_i(s)=\frac{\omega_0^2}{s[(s-\lambda)^2+v^2]}$$

因此,由于输入而产生的输出 $y_i(t)$ 就是

$$y_i(t)=1-\left[\cos vt+\left(\frac{-\lambda}{v}\right)\sin vt\right]e^{\lambda t} \tag{3.4-9}$$

对于 $\zeta^2>1$ 的情形，输出 $y_i(t)$ 就不是振荡的，并且由下式表示

$$y_i(t)=1-\frac{1}{2\sqrt{\zeta^2-1}}\left[\frac{e^{s_1 t}}{\zeta-\sqrt{\zeta^2-1}}-\frac{e^{s_2 t}}{\zeta+\sqrt{\zeta^2-1}}\right] \tag{3.4-10}$$

其中的 s_1 和 s_2 是由方程(3.4-6)所给定的。在图 3.4-1 中，对于若干不同的阻尼比值 ζ，画出了输出 $y_i(t)$ 的运动状态。可以看出来，如果希望输出 $y_i(t)$ 最快地接近于稳态值，ζ 的值就不应该太大。可是，从另外一方面来说，如果 ζ 太小，就会发生持续较久的振荡，而且超过稳态值的超调量也会变得相当大。因此，在实际工程问题中就要有一个折中的办法，在普通的工程实践里，总是把 ζ 的值取在 0.4 和 1 之间。

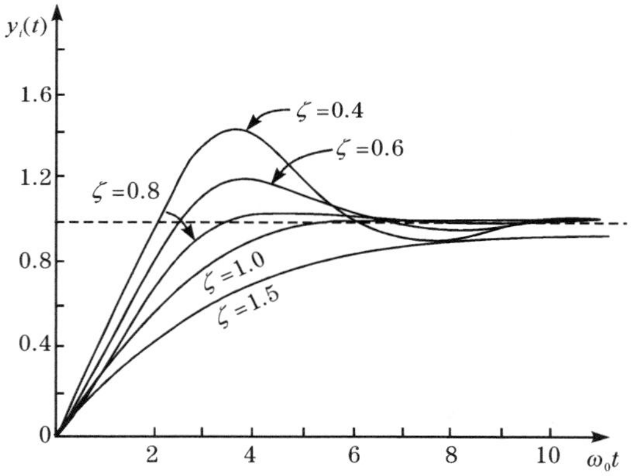

图 3.4-1

如果输入是一个正弦式的振荡，和方程(3.1-11)所表示的一样，振幅是 x_m，角频率是 ω，那么

$$Y_i(s)=\frac{x_m}{s-i\omega}F(s)=\frac{x_m}{s-i\omega}\frac{\omega_0^2}{s^2+2\zeta\omega_0 s+\omega_0^2}$$

因此，在 $\zeta^2<1$ 的情形里，输出 $y_i(t)$ 就是

$$y_i(t)=x_mF(i\omega)e^{i\omega t}+\frac{x_m}{2iv}\frac{\omega_0^2}{\lambda+i(v-\omega)}e^{(\lambda+iv)t}-\frac{x_m}{2iv}\frac{\omega_0^2}{\lambda-i(v-\omega)}e^{(\lambda-iv)t} \tag{3.4-11}$$

这里的 λ 和 v 是由方程(3.4-7)所给定的。既然对于正的阻尼，λ 是负数，所以，稳态的输出也还是方程(3.4-11)的第一项。这个事实和我们的普遍性的结果——方程(2.3-7)是相符合的。

根据方程(3.4-5)，这个二阶系统的频率特性就是

$$F(i\omega)=Me^{i\theta}=\frac{1}{[1-(\omega/\omega_0)^2]+2i\zeta(\omega/\omega_0)}$$

因此[4,12]

$$M = \frac{1}{[1-(\omega/\omega_0)^2]^2 + [2\zeta(\omega/\omega_0)]^2}, \quad \tan\theta = -\frac{2\zeta(\omega/\omega_0)}{1-(\omega/\omega_0)^2} \qquad (3.4\text{-}12)$$

这个系统的伯德图就是图 3.4-2。M 的极大值发生在 $\omega/\omega_0=1$ 附近，这时 $M \cong \frac{1}{2\zeta}$，而 $\theta \cong -\pi/2$。当 $\omega/\omega_0 \to \infty$ 时，$\theta \to -\pi$，而 $M \cong 1/(\omega/\omega_0)^2$，也可以说 $\log M \cong -2\log(\omega/\omega_0)$。用声学工程师的术语来说也就是：对于高频率，斜率为 -40db/十倍频程。

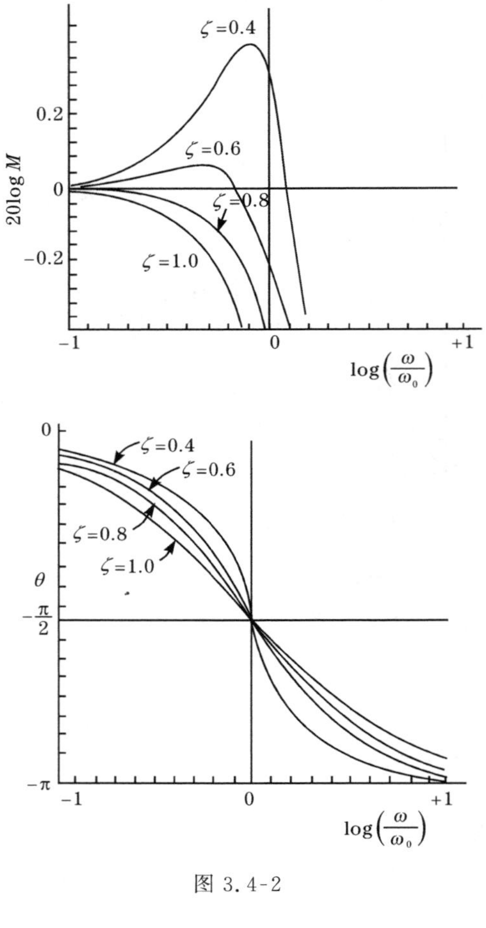

图 3.4-2

图 3.4-3 就是这个二阶系统的乃氏图。

其他的物理系统往往也可以近似地看做是二阶系统。液压伺服马达就是一个例子。第 3.3 节里讨论过的回转测速计的更近似于实际运动状态的传递函数就是

$$F(s) = \frac{Ks}{(s/\omega_0)^2 + 2\zeta(s/\omega_0) + 1}$$

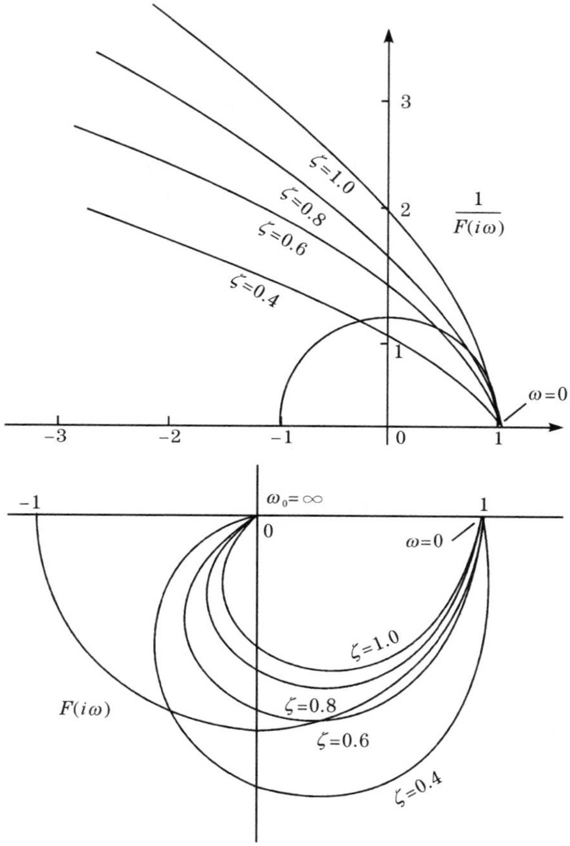

图 3.4-3

应该把这个更精确的传递函数和那个在图 3.3-4 中所表示的传递函数比较一下。加速度计的传递函数就是

$$F(s)=\frac{Ks^2}{(s/\omega_0)^2+2\zeta(s/\omega_0)+1}$$

如果把一个电动机当做一个积分元件看待的话(这也就是说,把电压 v 看作输入,把电动机转子的转角 ϕ 看作输出量,而不是把转子的速度 $d\phi/dt$ 看作输出),更精确的传递函数就是

$$F(s)=\frac{K}{s(\tau_1 s+1)}$$

也应该把这个传递函数和以前在图 3.3-1 中所表示的那个粗略的近似的传递函数比较一下。以上这些传递函数的分母都是一个二次多项式。这个多项式的各个常数系数的意义和前面讨论过的例子里的系数的意义是类似的。

3.5　确定频率特性的方法

在以前各节的讨论里，我们所考虑的问题的性质都是这样的：假定已经知道一个系统的详细的构造，根据这些知识和基本的物理定律算出系统的传递函数 $F(s)$ 和频率特性 $F(i\omega)$。不难看出，这种确定频率特性的方法是一种理论的方法，它的结果的精确度完全依赖于我们对于系统的了解的精确程度。可是，在工程实践中，我们往往对于系统的详细构造知道得很不充分；也有时候，虽然对系统的详细构造知道得很清楚，但是系统过于复杂，以至于使频率特性的理论计算作起来也过分繁重。在这样一些情况中，我们常常用实验方法来确定系统的频率特性。我们最容易想到的方法就是利用方程(2.3-7)所表示的这样一个事实：在频率是 ω 的正弦式的输入下，稳态输出和输入的比值就是频率特性 $F(i\omega)$。输出的振幅和输入的振幅的比值就是 M。输出和输入的相角差就是 θ。因此，如果用实验方法来确定频率特性就必须在所需用的频率范围之内，对于若干特殊的频率值 ω 测量振幅比值和相角差。事实上，确实也曾经把这个方法用到某些系统上去过，例如，比较简单的油泵系统[8]和相当复杂的整个飞机的纵向运动的系统[6]。这个方法的缺点是：对于一个比较宽的频率范围就常常需要对很多不同的频率 ω 的值做很多的测量。并且有时候也很难测量输出和输入的相角差。

另外一个更有效的方法就是：同时激发起所有的频率，而不是对各个频率进行个别的激发。为了达到这个目的，最好的办法就是用一个单位冲量作输入，这时，根据方程(2.3-9)，对于稳定系统来说

$$h(t)=\frac{1}{2\pi}\int_{-\infty}^{+\infty}F(i\omega)e^{i\omega t}d\omega=\frac{1}{\pi}\int_{0}^{\infty}[\mathrm{Re}F(i\omega)\cos\omega t-\mathrm{Im}F(i\omega)\sin\omega t]d\omega \tag{3.5-1}$$

其中 Re 和 Im 分别表示实数部分和虚数部分的符号。这个方程的第二个等式之能成立是由于有关系式(3.2-2)的缘故。方程(3.5-1)表明，输入的单位冲量均等地激起了所有的频率（这也就是说，各个频率的振幅都是同一数量级的）。当系统对单位冲量的反应 $h(t)$ 已经知道的时候（我们只要作一次实验就可以测出 $h(t)$），我们就可以用下列公式计算频率特性

$$F(i\omega)=\int_{0}^{\infty}h(t)e^{-i\omega t}dt \tag{3.5-2}$$

对于任何一个固定的 ω 值，我们都可以用数值积分的方法算出这个积分。

然而，实际上，一个理想的冲量是很难真正作出来的。比较实际可行的输入是矩形的脉冲和三角形的脉冲，就像图 3.5-1 所表示的那样．这样一些脉冲当然不能均等地激起所有的频率。但是，如果我们把脉冲的长度 τ 取得相当小的话，也就可以认为，已经相当理想地达到了均匀地激起所有频率的目的。西门斯（Seamans)和他的同事们就曾经用这种冲量激发的方法去确定一架飞机的频率特性[7]。他们还提出一种根据测量到的输出 $y(t)$ 计算 $F(i\omega)$ 的近似方法。克尔夫曼(Curfman)和格第内尔(Gardiner)[3]把这种处理实验数据的方法又推广到输入是任意形式的情形中去。

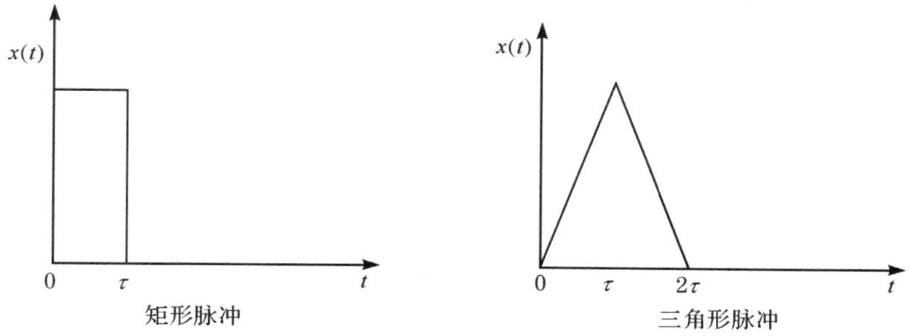

图 3.5-1

3.6 由多个环节组成的系统

在第 3.1 节、3.3 节和 3.4 节所讨论过的那些系统实际上只不过是某些更复杂的系统的个别环节而已。实际工程中,稳定装置和控制装置所需要的却常常是这种复杂的系统。以飞机的横滚运动为例。通常是用电流作控制副翼转动的信号。这个电流信号就是一个包含放大器和计算装置的输入,在这个组合里当然会包含有某种电路,也还可能包含一些晶体管。这个由放大器和计算装置所组成的组合的运动状态是由它的传递函数 $F_1(s)$所确定的。再把这个组合的输出取作转动副翼的液压伺服马达的输入。液压伺服马达的运动状态是由传递函数 $F_2(s)$所描述的。最后,把伺服马达的输出,也就是副翼的转动,取作那个代表飞机的横滚动力特性的系统的输入;假设飞机的动力特性用传递函数 $F_3(s)$来表示;那么,横滚动力特性系统的输出就是飞机的横滚运动了。这里,从滚动的控制信号到滚动运动,在系统的各个组合之间有着一系列的联系。如果用 $x(t)$表示控制滚动的信号,用 $\phi(t)$表示飞机的横滚角的话,那么,相当的拉氏变换的关系就是

$$\Phi_i(s) = F_3(s)F_2(s)F_1(s)X(s)$$

因此,整个的横滚控制系统的传递函数就是乘积 $F_3(s)F_2(s)F_1(s)$。从这个例子也还能很清楚地看到这样一个事实:一般说来,传递函数是有量纲的,因为它是两个不同量纲的物理量的比值。在现在的这个例子里,作为输入的滚动信号是一个电流,可是作为输出的横滚角却是一个角度,电流的量纲和角度的量纲当然是不同的。

一般说来,如果一个系统是由 n 个个别的组合串联组成的(图 3.6-1),并且假

设这些组合的传递函数分别是 $F_1(s), F_2(s), \cdots, F_r(s), \cdots, F_n(s)$，而放大系数分别是 $K_1, K_2, \cdots, K_r, \cdots, K_n$，那么，整个系统的传递函数 $F(s)$ 就是

$$F(s) = F_1(s)F_2(s)\cdots F_r(s)\cdots F_n(s) \tag{3.6-1}$$

整个系统的放大系数 K 就是

$$K = K_1 K_2 \cdots K_r \cdots K_n \tag{3.6-2}$$

从方程(3.6-1)很明显地看出，在一个系统里传递函数 $F(s)$ 的零点和极点也就是各个个别部件的零点和极点的全体(当然也可能有某一个组合的零点和另外一个组合的极点互相抵消的情形)。因此，如果再用方程(3.6-2)算出整个系统的放大系数 K，传递函数 $F(s)$ 就完全被确定了。

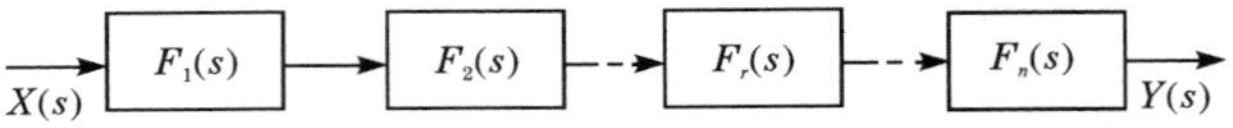

图 3.6-1

系统的频率特性是 $F(i\omega)=Me^{i\theta}$。如果第 r 个部件的频率特性是 $M_r e^{i\theta_r}$ 的话，那么，根据方程(3.6-1)就有

$$\begin{aligned} Me^{i\theta} &= (M_1 e^{i\theta_1})(M_2 e^{i\theta_2})\cdots(M_r e^{i\theta_r})\cdots(M_n e^{i\theta_n}) \\ &= (M_1 M_2 \cdots M_r \cdots M_n)e^{i(\theta_1+\theta_2+\cdots+\theta_r+\cdots+\theta_n)} \end{aligned}$$

所以

$$\begin{aligned} \log M &= \log M_1 + \log M_2 + \cdots + \log M_r + \cdots + \log M_n \\ \theta &= \theta_1 + \theta_2 + \cdots + \theta_r + \cdots + \theta_n \end{aligned} \tag{3.6-3}$$

由方程(3.6-3)就可以理解在伯德图中为什么要采用对数尺度的理由。采用了对数尺度以后，就可以使寻求系统特性的工作大大地简化，因为只要把各个组成部件的伯德图线的坐标简单地叠加起来就行了。

3.7 反馈控制系统的概念及其传递函数

在这一节里，我们要介绍控制技术中的一个重要概念：反馈的概念。我们将要借助于最简单的系统——常系数线性系统的讨论来引进这个概念。同时，我们还要说明，为什么采用反馈方法就能够使系统大大地增加控制的准确度，并且显著地提高对于控制信号的反应速度。

让我们以控制涡轮发电机的转速问题为例来说明这一概念的重要性。在这里，最重要的要求就是使转速非常接近于额定的固定数值，而不要发生较大的偏差。对于这个问题来说，最初等的处理方式就是所谓开路控制的方法，采用这种控制方法的时候，我们就必须随时设法使汽涡轮机所产生的转矩、发电机本身所

需要的转矩和负载转矩处于平衡状态，具体地说，我们可以这样做：随时用仪表测量负载的数值，并且随时根据测量的结果调节汽涡轮机的阀门。但是，可以想象到，这种平衡的方法不可能是完全精确的，总会存在一个偏差转矩 $x(t)$。这个偏差转矩的存在就要使发电机的转动产生加速度。如果我们用 $y(t)$ 表示实际转速和额定转速之间的偏差，用 I 表示发电机的转动部分的转动惯量，用 c 表示摩擦损失的阻尼系数。那么，微分方程就是

$$I\frac{dy}{dt}+cy=x(t) \tag{3.7-1}$$

图 3.7-1 就是这个开路控制系统的方块图。我们看到，这个系统与本章研究过的一阶系统是相似的。这个系统的时间常数是 I/c，偏差转速的稳态值和偏差转矩的比值是 $1/c$。因为涡轮发电机的转子的重量很大，所以 I 是一个很大的数值；但是，因为摩擦损失相当小，所以 c 也就是一个很小的数值；由此可见，时间常数 I/c 就是一个非常大的数值，这也就意味着，任意一个转速的偏差都要保持很久的时间，而且很难使它迅速地消失掉。不仅如此，由于系统的放大系数 $1/c$ 很大，所以，如果希望偏差转速相当小，就必须要求偏差转矩极端地微小。不言而喻，这样一个目的在于维持发电机转速不变的开路控制系统，在实际工程中是十分无用的。

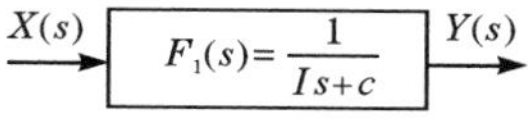

图 3.7-1

现在，我们再来看一看，把开路系统改为具有反馈作用的所谓闭路控制系统以后，系统的运转性能发生怎样的变化。进行闭路控制的时候，我们使对系统起控制作用的力矩与被控制的变数发生关系。这也就是说，蒸汽阀门的调节不仅要依据负载的情况，而且也还要和偏差速度 y 有关系。假定控制转矩的第二个组成部分与 y 成比例，比例常数是 $-k(k>0)$。当转速过高，也就是 $y>0$ 的时候，就把阀门关闭起来，同时，使发电机加速的转矩减少 ky。如果转速过低，也就是 $y<0$ 的时候，使发电机加速的力矩就会增加 ky。因此，现在 y 的微分方程就变为

$$I\frac{dy}{dt}+cy=x-ky$$

也就是

$$I\frac{dy}{dt}+(c+k)y=x(t) \tag{3.7-2}$$

方程(3.7-2)与(3.7-1)唯一的不同之点就是把 c 换成了和数 $c+k$。现在，时间常数就变为 $I/(c+k)$，而偏差转速的稳态值与不变的偏差转矩的比值就变成 $1/(c+k)$。因此，与开路控制系统相比较，只要我们使 k 比 c 大得很多的话，就可以使时间常数和偏差转速大大地减小。因为 c 很小，所以，实际上使 $k\gg c$ 也是很容易的。从这个例子可以看到，其余的条件都不必加以改变，只要把开路控制系统加上一个反馈线路使它变为闭路控制系统的话，系统的反应速度和控制的精确度就可以

提高很多，因而也就可以大大地改进控制系统的性能。

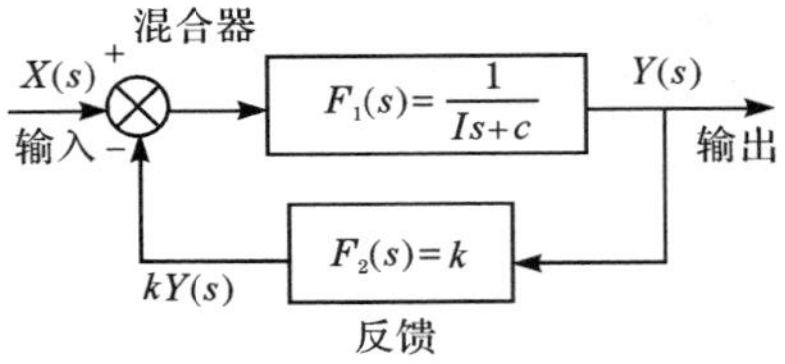

图 3.7-2

图 3.7-2 就是上述闭路控制系统的方块图。图中代表汽轮发电机的原有的传递函数 $F_1(s)$ 和图 3.7-1 里的 $F_1(s)$还是相同的。在图 3.7-2 里，我们还引进了控制工程中的一个规定：在表示混合器（也有时称为比较元件）的符号"⊗"旁边必须用加号或者减号注明混合器对于相当的输入信号的作用。例如图 3.7-2 中的混合器的输入信号是 $X(s)$和 $kY(s)$，根据图上标明的作用符号，混合器的输出信号就是$X(s)-kY(s)$。如果在两条线路的接合点上只画了一个圆点，就表示对那里的信号只有"测量"作用，并没有相加或相减的作用（在这一点上表示控制系统的构造的方块图和普通的电路图是不相同的），因此，图 3.7-2 表示偏差转速 y 在系统的输出部分上被测量了，而且用测量的结果产生出控制转矩 ky。从图 3.7-2 可以看出，闭路控制系统中包含了一个反馈线路[$F_2(s)$所在的线路]。因此，把整个控制系统称为反馈控制系统是很恰当的。

虽然在上面所分析的这个简单的例子里，我们是用把方程(3.7-1)和(3.7-2)加以比较的方法来说明反馈控制系统的优点，可是，对于更复杂的系统，只用到传递函数的概念的分析方法也是很方便的，在下面，我们就来说明这种分析方法。

我们来考虑一个一般的反馈控制系统，这个系统的构造和图 3.7-2 所表示的系统相同，但是 $F_1(s)$和 $F_2(s)$这两个传递函数是任意的。$F_1(s)$称为前向线路的传递函数，$F_2(s)$称为反馈线路的传递函数。在一般的情况下，输出 $Y(s)$与输入 $X(s)$之间的关系

$$Y(s)=F_1(s)[X(s)-F_2(s)Y(s)]$$

如果我们把 $Y(s)$从这个方程解出来，就得

$$\frac{Y(s)}{X(s)}=\frac{F_1(s)}{1+F_1(s)F_2(s)}=F_s(s) \tag{3.7-3}$$

这里，$F_s(s)$就是系统的传递函数，也就是整个系统的输出与输入的比值。

为了以后讨论的方便，把 $F_1(s)$和 $F_2(s)$的放大系数 K_1 和 K_2 也明显地表示出来，我们把 $F_1(s)$和 $F_2(s)$写成

$$F_1(s)=K_1G_1(s)$$
$$F_2(s)=K_2G_2(s) \tag{3.7-4}$$

因为放大系数 K 的量纲和传递函数 $F(s)$的量纲相同，所以，这里的 $G(s)$显然是无量纲的函数。因为 $G(s)$的零点和极点也就是 $F(s)$的零点和极点，所以，所有关于 $F(s)$的"构造"的知识都包含在 $G(s)$里面了。由于这样的做法，在以后的讨论中我们常常把传递函数对系统所起的作用看做是两个分别的作用的结果：一个是放大

系数 K 的大小所起的作用,另外一个是零点和极点的位置所起的作用,也就是 $G(s)$ 所起的作用。把作用进行这种划分的理由,还因为有以下的事实:如果在一个系统 $F(s)$ 中包含有由放大器和计算器组成的计算部件,那么,$G(s)$ 只与计算器有关,而与放大器无关;系统的放大系数可认为只决定于放大器。此外,在系统的设计里,这两种不同的控制作用常常是互不相关的。因此,$G(s)$ 和 K 可以分别地加以改变,同时也可以给以分别的考虑。

利用方程(3.7-4),(3.7-3)就可以写成

$$\frac{Y(s)}{X(s)}=F_s(s)=\frac{K_1G_1(s)}{1+K_1G_1(s)K_2G_2(s)}=\frac{1}{[1/K_1G_1(s)]+K_2G_2(s)} \quad (3.7\text{-}5)$$

假定由方程(3.1-10)所定义的偏差信号 $e(t)$ 的拉氏变换是 $E(s)$,则

$$\frac{E(s)}{Y(s)}=\frac{X(s)-Y(s)}{Y(s)}=\frac{1}{F_s(s)}-1=\frac{1}{K_1G_1(s)}-[1-K_2G_2(s)] \quad (3.7\text{-}6)$$

对于图 3.7-3 所表示的那种简单的反馈控制系统来说,反馈线路的传递函数 $F_2(s)$ 就是 1,这也就是说,在进行反馈控制作用的时候,仅仅对输出作了测量,并且直接把测量的结果用作反馈信号,并没有把测量结果加以任何的改变。在这种简单的情况下,方程(3.7-5)和(3.7-6)就简化为

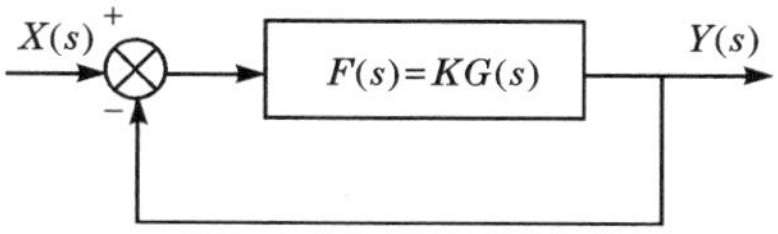

图 3.7-3

$$\frac{Y(s)}{X(s)}=F_s(s)=\frac{KG(s)}{1+KG(s)}=\frac{1}{[1/KG(s)]+1} \quad (3.7\text{-}7)$$

和

$$\frac{E(s)}{Y(s)}=\frac{1}{KG(s)} \quad (3.7\text{-}8)$$

在较为复杂的系统中,反馈线路常常不是一个,而有很多个,如图 3.7-4 所示。这里共有三个反馈线路 $F_4(s)$,$F_5(s)$ 和 $F_6(s)$。因为 $Y(s)$ 是主受控量,所以 $Y(s)$ 的反馈线路 $F_6(s)$ 常称之为主反馈,而 $F_4(s)$ 和 $F_5(s)$ 线路则常称为局部反馈或内反馈。至于 $F_2(s)$,因为它位于前向线路内,因此它不是反馈线路。

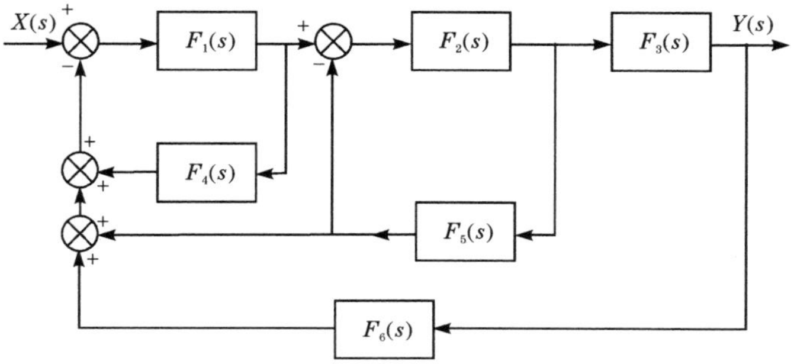

图 3.7-4

应用上述基本公式，可以简捷地写出这个系统的传递函数。先从最后一部分 $F_2(s)$ 和 $F_5(s)$ 着手。由于 $F_5(s)$ 是 $F_2(s)$ 的反馈，故根据(3.7-3)式它们的等价传递函数是

$$H_2(s)=\frac{F_2(s)}{1+F_2(s)F_5(s)} \tag{3.7-9}$$

用 $H_2(s)$ 代替 $F_2(s)$ 和 $F_5(s)$ 后，显然，图 3.7-4 可变换成图 3.7-5。此时 $F_1(s)$ 和 $F_4(s)$ 的等价传递函数是

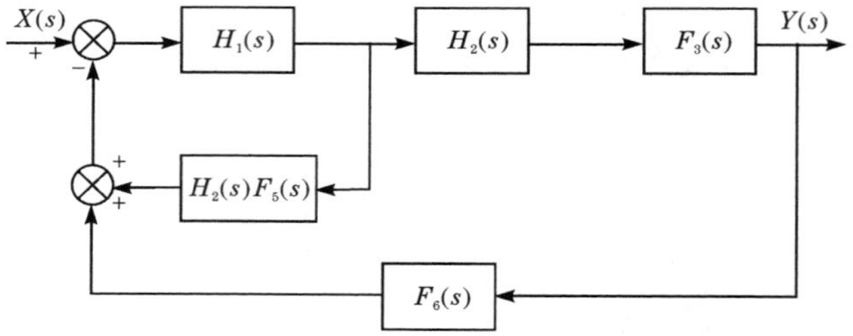

图 3.7-5

$$H_1(s)=\frac{F_1(s)}{1+F_4(s)F_1(s)} \tag{3.7-10}$$

按并联线路相加，串联线路相乘的原理，图 3.7-5 又可变换为图 3.7-6。于是，图 3.7-4 的系统传递函数就可写成

$$F(s)=\frac{H_1(s)H_2(s)F_3(s)}{1+H_1(s)H_2(s)F_5(s)+H_1(s)H_2(s)F_3(s)F_6(s)} \tag{3.7-11}$$

将式(3.7-9)和(3.7-10)代入式(3.7-11)并化简后，得到系统传递函数的最后形式

$$F(s)=\frac{F_1(s)F_2(s)F_3(s)}{\begin{array}{l}1+F_1(s)F_4(s)+F_2(s)F_5(s)+F_1(s)F_2(s)F_5(s)\\ \quad +F_1(s)F_2(s)F_3(s)F_6(s)+F_1(s)F_2(s)F_4(s)F_5(s)\end{array}} \tag{3.7-11$'$}$$

这个传递函数是比较复杂的，但由反馈变换规律得之并不难。

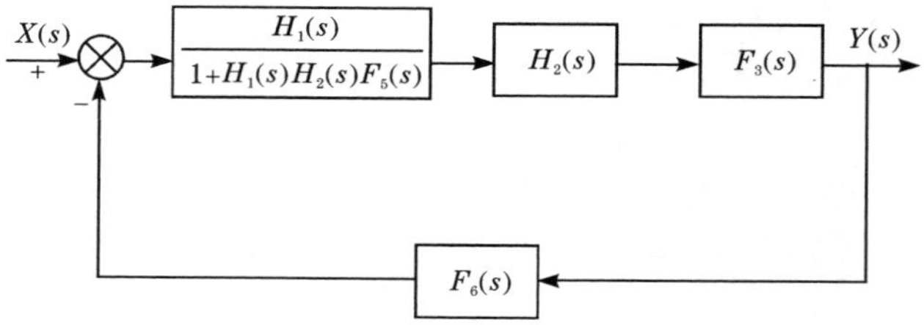

图 3.7-6

3.8　交流系统

以前各节的讨论中假定输入和输出量都是真实地代表所研究诸量的物理实质，它们作为信息互相传递的时候未加以任何变换，而以其自然的时间函数形式去相互作用。但在实际问题中，常将输入量或输出量转变为其他形式的信号以利于信息传输或技术上的实现。最常见的信号变换方式是所谓载波调制，即将真实缓变信号 $x(t)$ 变为高频正弦波信号的包络线，随高频信号的传递，真实信号 $x(t)$ 也就随之被送走。这种方法广泛用在无线电遥控或遥测系统中。载波调制的办法很多，可以是调频，调相等，上面所指的仅为其中的一种，即幅度调制。

在工业中，也有一些控制系统采用了交流信号的传输方法，而且有的执行机构能够直接使用这些被调制了的高频信号，而无需预先将高频信号内所包含的原来信号检出（反调制）。例如交流电机（二相伺服马达）就是这类执行机构的一种。下面我们将以交流系统为例来讨论载波信号作为输入和输出的系统的处理方法[5]。

现在我们来考虑图 3.8-1 所画的伺服系统。这个系统的设计目的就是要求电动机的转角 ϕ 随着输入信号变化。系统的输出角度 ϕ 是用一个电位计来测量的。电位计上的电压就是反馈信号。在这个系统内的电动机，放大器以及电位计上的电流和电压都是已调幅的正弦波，也就是说，它们都是频率不变而振幅随时间变化的正弦函数。假定他们的频率是 ω_0。基本的交流电流由振荡器供给。这就是交流伺服系统的一个例子。在一定的条件下（下面我们就要讨论到这些条件），以前的理论中有很大一部分也可以应用到这种系统上来。

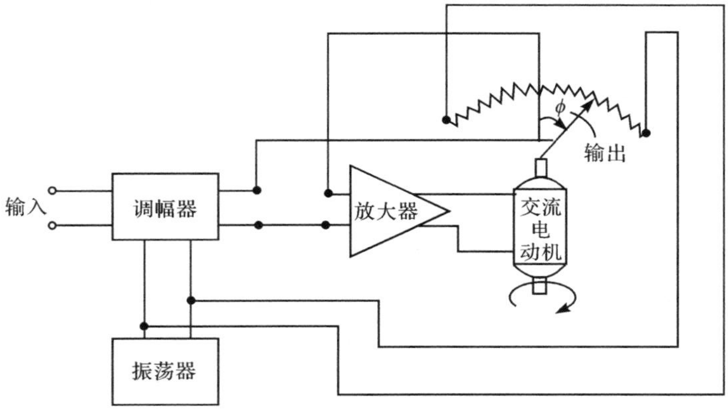

图 3.8-1

我们先来考虑常系数线性系统在已调幅的正弦式的输入信号作用下的一般的稳态理论。这里所说的“稳态”是对于调幅信号是单纯的正弦式时间函数的情况而言的。假设未调幅的载波是 $\cos\omega_0 t$。在这里我们虽然把载波的相角取作零，但是并不影响讨论的普遍性。既然已经把载波写成实数形式，为了方便起见显然应该把调幅信号写成复数形式 $e^{i\omega t}$。这时已调幅的载波就是

$$x(t) = e^{i\omega t}\cos\omega_0 t = \frac{1}{2}[e^{i(\omega+\omega_0)t} + e^{i(\omega-\omega_0)t}] \tag{3.8-1}$$

如果系统的传递函数是 $F(s)$，按照方程(2.3-7)系统的稳态输出$[y(t)]_{st}$就应该是

$$[y(t)]_{st} = \frac{1}{2}[F(i\omega + i\omega_0)e^{i\omega_0 t} + F(i\omega - i\omega_0)e^{-i\omega_0 t}]e^{i\omega t} \tag{3.8-2}$$

对于实际的系统，函数 $F(s)$通常是 s 的两个实系数多项式的比值。所以，正如方程(3.2-2)所表示的那样

$$F(-i\omega) = \overline{F(i\omega)} \tag{3.8-3}$$

这里，用符号上面的横线表示复共轭值。因此，方程(3.8-2)的右端就可以写成

$$\frac{1}{2}[F^*(i\omega)e^{i\omega_0 t} + \overline{F^*(-i\omega)}e^{-i\omega_0 t}]e^{i\omega t} \tag{3.8-4}$$

其中

$$F^*(i\omega) = F(i\omega + i\omega_0) \tag{3.8-5}$$

现在我们假设系统具有以下的性质

$$F(i\omega_0 + i\omega) = \overline{F(i\omega_0 - i\omega)} \tag{3.8-6}$$

这时，表示式(3.8-4)就可以写成下列形状

$$F^*(i\omega)e^{i\omega t}\cos\omega_0 t$$

这个结果表明：如果另外有一个对于频率是 ω 的输入，频率特性是 $F^*(i\omega)$的系统，当条件式(3.8-6)被满足时，原来系统对于已调幅的载波式(3.8-1)的振幅的频率特性 $F^*(i\omega)$与那个系统的频率特性是完全相同的。利用线性系统的可叠加性，可以把以上的讨论结果推广到更一般的输入函数上去，因为很多种输入函数都可以用傅里叶级数或傅里叶积分表示出来，如果在输入调幅信号 $x(t)$的傅里叶谱的最重要的部分上，方程(3.8-6)至少都能近似地成立，那么，已调幅的输出信号的振幅对于输入信号而言的频率特性差不多就是 $F^*(i\omega)$。反馈系统的性能可以完全由频率特性所决定，既然现在频率特性的近似值是 $F^*(i\omega)$，所以，利用频率特性研究系统性能的方法完全可以应用到交流系统上来，唯一的区别只是在进行分析时把 $F(i\omega)$用 $F^*(i\omega)=F(i\omega+i\omega_0)$来代替。

如果我们不考虑某些过于简单的情形(例如，单纯的电阻)，那么，根据方程(3.8-3)就有

$$F(i\omega + i\omega_0) = \overline{F(-i\omega - i\omega_0)}$$

这个关系和条件式(3.8-6)是不同的，所以，不可能对于所有的实 ω 值都能精确地

满足条件式(3.8-6),或者稍微改变一下我们的看法,可以这样说,如果两个物理系统的频率特性分别是 $F^*(i\omega)$ 和 $F(i\omega)$,那么,关系式(3.8-5)不可能对于所有实 ω 值都严格地被满足。但是,对于特定的输入信号而言,在它的傅里叶谱的主要部分上,完全可能有,而确实也往往有一个足够大的 ω 的范围,在这个范围之内,条件式(3.8-5)可以近似地被满足。在以下的讨论中我们就会看到这种情况。

我们考虑一个频率是 ω' 时由电感 L 与电容 C 串联起来的阻抗 Z

$$Z = iL\omega' + \frac{1}{Ci\omega'} = iL\omega'\left(1 - \frac{1}{LC\omega'^2}\right)$$

如果我们使 L 和 C 的大小满足下列条件

$$\omega_0^2 = \frac{1}{LC} \tag{3.8-7}$$

那么

$$Z = iL\omega'\left(1 - \frac{\omega_0^2}{\omega'^2}\right) = iL(\omega' - \omega_0)\left(1 + \frac{\omega_0}{\omega'}\right)$$

如果 $\omega' - \omega_0 = \omega$ 相当小,或者说 $\omega + \omega_0$ 与 ω_0 相当接近,则

$$Z \cong i2L(\omega' - \omega_0) = i2L\omega$$

这个关系表明:当频率是 $\omega' = \omega_0 + \omega$ 时,满足方程(3.8-7)的电感 L 与电容 C 的串联组合的阻抗差不多就等于电感 $2L$ 在频率是 ω 时的阻抗。

类似地,如果满足条件式(3.8-7),电感 L 与电容 C 的并联组合的阻抗 Z 也就满足下列关系

$$\frac{1}{Z} = \frac{1}{iL\omega'} + iC\omega' \cong i2C(\omega' - \omega_0) = i2C\omega$$

因此,在频率是 $\omega' = \omega + \omega_0$ 时,L 与 C 的并联组合的阻抗差不多就等于电容 $2C$ 在频率是 ω 时的阻抗。

一个单纯电阻的阻抗当然是与频率没有关系的,所以它在频率是 $\omega + \omega_0$ 时的阻抗和它在频率是 ω 时的阻抗是相等的。因此,如果已经有了一个由电感,电容和电阻组成的物理系统,这个系统的传递函数是 $F^*(s)$。我们把这个系统里的每一个电感 L 都用电感 $L_1 = \frac{1}{2}L$ 与电容 $C_1 = 2/L\omega_0^2$ 的串联组合来代替;把系统中的每一个电容 C 都用电容 $C_2 = \frac{1}{2}C$ 和电感 $L_2 = 2/C\omega_0^2$ 的并联组合来代替;所有电阻都不予变动;这样一来,我们就得到一个新的系统,这个系统的传递函数就是 $F(s)$,只要 ω 值足够小,方程(3.8-6)的关系就可以近似地满足。以上所讲的由 $F^*(s)$ 变到 $F(s)$ 的做法就称为把传递函数提高一个频率 ω_0。

如果 ω_0 是振荡器所供给的电流的频率,很显然,系统中各个电流和各个电压都是载波 $\cos\omega_0 t$ 的已调幅波。因此,根据以上的结果立刻就得出下列的方法:如

果我们想为一个交流系统设计一个放大器,我们只要先为一个直流系统设计一个合适的放大器,然后再按照上述的方法把系统提高一个频率 ω_0 就可以了。

正如我们所提到的那样,以上的讨论中用到不少各种各样的近似方法,所以得到的结果也不是绝对精确的。如果想对交流伺服系统作一个详尽严密的讨论,就必须把这些近似方法所引起的误差加以分析,然后根据实际问题所要求的精度,确定这些方法的可用程度。

参考文献

[1] 赵民义,复变函数论,高等教育出版社,1960.

[2] 刘豹,自动调节理论基础,上海科学技术出版社,1963.

[3] Cufman,H. J. ,Gardiner,R. A. ,NACA TR 984,1950.

[4] James,H. M. ,Nichols. N. B,Phillips,R. S. ,& others,Theory of Servomechanisms,Massachusetts Institute of Technology Radiation Laboratory Series,25,New York,1947.

[5] MacColl,L. A. ,Fundamental Theory of Servomechanisms,D. van Nostrand Company,Inc. ,New York,1945.

[6] Milliken,W. F. ,J. Aeronaut. Sci. ,14(1947),493.

[7] Seamans,R. C. ,Blasingame,B. P. ,Clementson,G. C. ,J. Aeronaut. Sci. ,17(1950),22.

[8] Shames,H. ,Himmel,S. C. ,Blivas,D. ,Frequency response of positive-displacement variable-stroke fuel pump,NACA TN 2109. 1950.

[9] Smith,O. J. M. ,Feedback Control Systems,McGraw-Hill,New York,1958.

[10] Gardner,M. F. & Barnes,J. L. ,Transients in Linear Systems,McGraw-Hill,1947.

[11] Лаврентьев,М. А. ,Шабат,Б. В. ,Методы теории функдий комплексного переменного. М. Л. ,1958,(复变函数论方法,施祥林、夏定中译,人民教育出版社,1956.)

[12] Айзерман, М. А. , Введение в динамику автом атического регулирования двигателей, Машгиз,1950.

[13] Воронов,А. А. ,Элементы теории автоматического регулирования,1950.

[14] Андронов,А. А. ,Витт А. А. ,Хайкин С. Э,Теория колебаний,М. -Л. ,1959.

[15] Солодовников,В. В. ,Основы автоматического регулирования теории,Машгиз,1954.(自动调整原理,王众托译,水利电力出版社,1957.)

[16] Остославский,И. В. ,Калагев,Г. С. Продальная устойчивость и уравляемость самолета, Москва,1951.

[17] Солодовников, В. В. , Топчеев, Ю. М. , Крутикова, Г. В. , Частотные методы построения переходных продессов,М. -Л. ,1955.

[18] фельдбаум,А. А. Электрические системы автоматического регулирования,Оборонгиз,1957.(电的自动调节系统,章燕申、金兰译,国防工业出版社,1958.)

第四章　控制系统分析

假定一个控制系统的结构为已知,求出系统的运动方程之后,对这个系统的动态性能进行研究并给出评价,这就是分析问题。至于如何设计这个系统,使它具有指定的性能,满足某些特定的要求,这就属于综合问题的范畴了。研究控制理论的最终目的是学会设计系统。但是,分析是综合的基础。对于一个系统的运动规律,只有了解了它的特性之后,才有可能进而改造它,使它满足我们的需要。通过对大量系统的分析,我们又可以总结出一些典型性的共同规律,后者又指导我们如何去设计具体系统。总之,我们要从分析理论开始。

对控制系统的第一个要求是稳定性。从物理意义上说,就是要求控制系统能稳妥地保持预定的工作状态,在各种不利因素的影响下不至于摇摆不定,不听指挥,分析系统的稳定性是一个老问题。早在十九世纪末期,在力学中就广泛研究了运动的稳定性问题,研究过这一问题的有法国数学家潘卡来和俄国数学家李雅普诺夫。他们所提出的理论和方法直到今天仍不失其意义而为大家所广泛使用[1,37]。在自动控制理论中也沿用了他们的理论,但在计算方法上有所发展。本章内我们首先介绍稳定性的古典定义和几种系统稳定性的判据准则。然后再研究其他几种动态性能。

4.1　稳定性定义及李雅普诺夫直接方法

现代力学和控制理论中,至今沿用李雅普诺夫早在 1892 年提出的稳定性定义[37]。下面我们可看到,这个定义的优点是它反映了客观存在着的大量实际问题的特点,并且把一个定性问题转变为一个定量分析问题去研究。

设受控对象的运动方程组是

$$
\begin{aligned}
&\frac{dx_1}{dt} = f_1(x_2, x_2, x_3, \cdots, x_n, t) \\
&\frac{dx_2}{dt} = f_2(x_1, x_2, x_3, \cdots, x_n, t) \\
&\cdots \\
&\frac{dx_n}{dt} = f_n(x_1, x_2, \cdots, x_n, t)
\end{aligned}
\tag{4.1-1}
$$

而 $\boldsymbol{x}(t) = (x_1(t), x_2(t), \cdots, x_n(t))$ 是它的某一特定的运动,即后者是方程组

(4.1-1)的特解,初始条件是 $\boldsymbol{x}(t_0)=\boldsymbol{x}_0$。方程组右端的诸函数 f_i 是有界,连续可微和各自变量的单值函数。对一个特定运动的稳定性定义可叙述如下:若给定一个任意正数 $\varepsilon>0$,总存在一个大于零的数 δ,当初始条件 $\boldsymbol{x}_0$ 在 $t=t_0$ 时刻的变化 $\delta\boldsymbol{x}_0$ 之长度 $\|\delta\boldsymbol{x}_0\|$ 小于 δ 时,方程组(4.1-1)的相应的解的变化在 $t\geqslant t_0$ 的任何时刻 $\|\delta\boldsymbol{x}(t)\|$ 总小于 ε,则称方程组(4.1-1)的这一特定运动是稳定的。现用图 4.1-1来说明这一定义。设系统的初始状态为 $\boldsymbol{x}_0$,那么式(4.1-1)有唯一解 $\boldsymbol{x}(x)$,图中粗线表示这个特定的运动:现将运动的初始条件 $\boldsymbol{x}_0$ 加以改变,其变化为 $\delta\boldsymbol{x}_0$,即新的初始条件为 $\boldsymbol{x}_0+\delta\boldsymbol{x}_0$。这一新的初始条件对应一个新的运动 $\boldsymbol{z}(t)$,$\boldsymbol{z}(t_0)=\boldsymbol{x}_0+\delta\boldsymbol{x}_0$。如果对任意给定半径为 ε 的"球体",在任何时刻 t 以 $\boldsymbol{x}(t)$ 为球心,沿此特定运动迁移,可以在 $\boldsymbol{x}_0$ 附近指出一个以 δ 为半径的球,在 t_0 时刻自球内的任何点出发的运动轨线,以后对任何时刻 $t\geqslant t_0$,总走不出 ε 球的范围,此时称运动 $\boldsymbol{x}(t)$ 为稳定。反之,则称此运动 $\boldsymbol{x}(t)$ 为不稳定。其次,若存在一个 δ 球,$\delta>0$,以其内任意点为出发点的运动均随时间的增大而无限趋于 $\boldsymbol{x}(t)$,这时称 $\boldsymbol{x}(t)$ 为渐近稳定。对这一定义,我们应注意下面几点:首先,这一定义包括了 $t>t_0$ 的一切时刻的系统的行为,$t\to\infty$ 也包括在内;其次,定义中只谈特定运动的稳定性,而不提系统的稳定性,这是因为一般系统中常可能同时存在两类运动,一类是稳定的,另一类却是不稳定的。这时所谓系统的稳定性即没有意义了。只有线性系统是例外,在这里各种不同的运动具有共性,要么全体稳定,要么全体不稳定。所以,只有对线性系统可以一般地提系统是否稳定。这一点对于初学者十分重要,要避免混淆。当然,也有一类特殊的非线性系统,它的一切运动都稳定,称为系统全局稳定或绝对稳定。

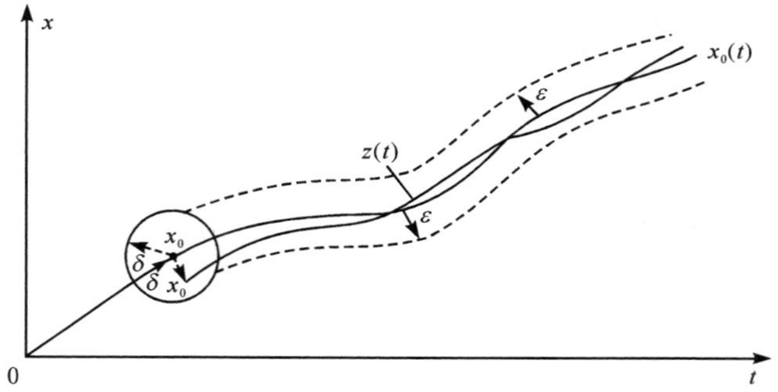

图 4.1-1

当已知系统的运动方程式后,如何用分析方法去判断某一运动的稳定性呢?李雅普诺夫稳定性理论对这一问题提出了两个判定原则:一次近似判据方法和直接方法。为了介绍这两个方法,须对原方程组做一些变换。

令 $\boldsymbol{x}(t)$ 是对应于初始条件 $\boldsymbol{x}_0$ 的运动,而 $\boldsymbol{z}(t)$ 是对应于初始条件 $\boldsymbol{x}_0+\delta\boldsymbol{x}_0$ 的运

动。现取 $\delta\boldsymbol{x}(t)=\boldsymbol{z}(t)-\boldsymbol{x}(t)$，它应该满足下列向量方程式

$$\begin{aligned}\frac{d\delta\boldsymbol{x}(t)}{dt}&=\boldsymbol{f}(\boldsymbol{z}(t),t)-\boldsymbol{f}(\boldsymbol{x}(t),t)\\&=\boldsymbol{f}(\boldsymbol{x}(t)+\delta\boldsymbol{x}(t),t)-\boldsymbol{f}(\boldsymbol{x}(t),t)\\&=\boldsymbol{g}(\delta\boldsymbol{x}(t),t),\delta\boldsymbol{x}(t_0)\\&=\delta\boldsymbol{x}_0\end{aligned}\tag{4.1-2}$$

当 $\delta\boldsymbol{x}_0=\boldsymbol{0}$ 时，显然 $\delta\boldsymbol{x}(t)\equiv\boldsymbol{0}$。因此，常称 $\boldsymbol{x}(t)$ 或 $\delta\boldsymbol{x}(t)\equiv\boldsymbol{0}$ 的运动为未受扰运动，而 $\boldsymbol{z}(t)$ 或 $\delta\boldsymbol{x}(t)\neq 0$ 的运动称为受扰运动。由此可知，研究方程组(4.1-1)中 $\boldsymbol{x}(t)$ 的运动的稳定性与研究方程式(4.1-2)的解 $\delta\boldsymbol{x}(t)\equiv 0$ 的稳定性等价。所以，通常以研究式(4.1-2)的零解稳定性代替前者。

由于假定 $f_i(x_1,\cdots,x_n,t)$ 是连续可微函数，所以当 $\delta\boldsymbol{x}(t)$ 的各个分量为足够小时，式(4.1-2)右端可以展成

$$\frac{d\delta\boldsymbol{x}}{dt}=A(t)\delta\boldsymbol{x}+\boldsymbol{r}(\delta\boldsymbol{x},t)\tag{4.1-3}$$

其中 $A(t)=(a_{ij}(t))$ 为 $n\times n$ 阶方阵，向量 $\boldsymbol{r}(t)$ 包括二次和一切大于二次的项的总和，方程式

$$\frac{d\boldsymbol{y}}{dt}=A(t)\boldsymbol{y}\tag{4.1-4}$$

称为对方程式(4.1-2)和(4.1-3)的一次近似。李雅普诺夫第一近似方法是首先研究线性方程(4.1-4)的稳定性，然后再根据式(4.1-4)的稳定性推知式(4.1-2)的零解稳定性。关于这一问题我们将在下节内详细讨论。

为了了解李雅普诺夫直接方法，先引进几个概念。

在零点附近连续可微的 n 元函数 $V(y_1,\cdots,y_n)$ 称为正定函数，是指存在一个以原点为中心的 h 球 $\|\boldsymbol{y}\|\leqslant h$，使在球内

$$V(\boldsymbol{y})\begin{cases}>0, & \boldsymbol{y}\neq\boldsymbol{0}\\=0, & \boldsymbol{y}=\boldsymbol{0}\end{cases}$$

若在此球内当 $\boldsymbol{y}\neq 0$ 时 $V\geqslant 0$，则称 $V(\boldsymbol{y})$ 为非负。若前式内之符号“大于”改为“小于”则称 $V(\boldsymbol{y})$ 为负定。当在球内 $V\leqslant 0$ 时称它为非正。

现在我们研究自治系统

$$\frac{d\boldsymbol{y}}{dt}=\boldsymbol{f}(\boldsymbol{y}),\quad \boldsymbol{f}(\boldsymbol{0})=\boldsymbol{0}\tag{4.1-5}$$

的零解稳定性。直接方法的判别准则是：

(1) 若对方程式(4.1-5)，能找到一个正定连续可微函数 $V(\boldsymbol{y})$，使得方程式(4.1-5)所决定的 V 的全导数

$$\frac{dV}{dt}=\sum_{i=1}^{n}\frac{\partial V}{\partial y_i}\frac{dy_i}{dt}=\sum_{i=1}^{n}\frac{\partial V}{\partial y_i}f_i(\boldsymbol{y})=(\mathrm{grad}V,\boldsymbol{f}(\boldsymbol{y}))$$

是非正，则方程(4.1-5)的零解稳定。

(2) 若上面找出的正定函数 V 的全导数为负定，则方程(4.1-5)的零解渐近稳定。

(3) 如果对方程式(4.1-5)能找到一个函数 $V(\boldsymbol{y})$，其相应的全导数为正定，而在以原点为中心的任意小球内函数 V 总能取到正值，则方程式的零解是不稳定的。

上面三条准则的证明方法类似，这里只对第一个判别准则做一几何说明(图4.1-2)。

设 $V(\boldsymbol{y})$ 在 h 球内($\|\boldsymbol{y}\|\leqslant h$)为正定，而$\dfrac{dV}{dt}$非正。此时对任意小的 $\varepsilon>0$，令

$$m=\min_{\varepsilon\leqslant\|\boldsymbol{y}\|\leqslant h}V(\boldsymbol{y})$$

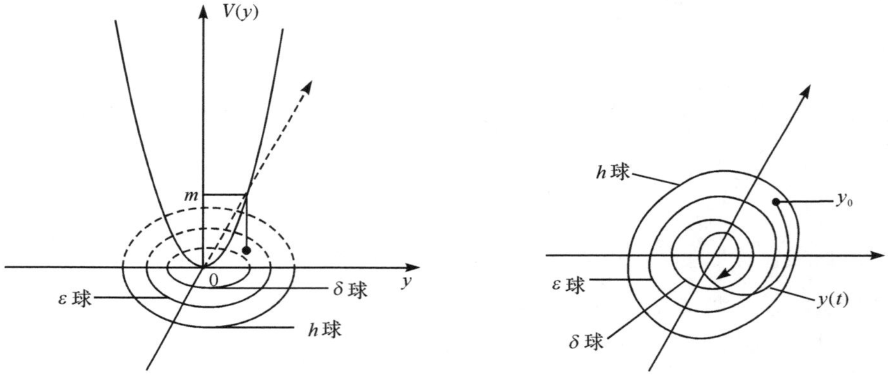

图 4.1-2

因为 $V(\boldsymbol{y})$ 在原点为零，所以在以 ε 为半径的球内必定能找到一个 δ 小球，(即 $\varepsilon>\delta$)，在这个 δ 小球内 $0\leqslant V(\boldsymbol{y})<m$。若 $\boldsymbol{y}(t)$ 的初始条件 $\boldsymbol{y}_0$ 位于 δ 球内，则有 $V(\boldsymbol{y}_0)<m$，亦即 $\|\boldsymbol{y}_0\|<\varepsilon$。按定义，在 h 球内$\dfrac{dV}{dt}\leqslant 0$，以任何位于 h 球内的点为初始条件时 $V(\boldsymbol{y}(t))$之值不随时间增大而增大。故 $V(\boldsymbol{y}(t))$永远小于 m，也就是说$\boldsymbol{y}(t)$对任何 t 总位于 ε 球内。后者正是李雅普诺夫稳定性定义所要求的条件。

上面讨论了自治系统的稳定性判据。对非自治系统，即方程式右端含变数 t 的系统，上述法则仍可适用。但是对非自治系统，欲求到这样不含 t 的 V 函数一般是比较困难的，而必须将 V 函数的选取范围放宽。为此，对函数 V 的定义作某些补充。

$n+1$ 元单值连续可微函数 $V(t;\boldsymbol{x})$，定义于 $t\geqslant t_0$，和 $\|\boldsymbol{x}\|\leqslant h$ 的球内，并设对任何 $t\geqslant t_0$，$V(t;\boldsymbol{0})\equiv 0$。如有 $h>0$ 和 t_0 存在，并有不依赖 t 的正定函数 $W(\boldsymbol{x})$存在，使在 h 球内函数 V-W($-V$-W)为正定(负定)，则称 $V(t;\boldsymbol{x})$为正定函数(负定函

数）。

其次，设 V 为有界函数，对任何一个 $\varepsilon>0$ 有数 $\delta>0$ 存在，使对任何 $t\geqslant t_0$，在 δ 球内总有不等式 $|V(t;\boldsymbol{x})|<\varepsilon$，则称 $V(t;\boldsymbol{x})$ 为有无限小上界。一切不含 t 之正定函数均有无限小上界。

对非自治系统有下列关于稳定性的判据准则。

（4）如果对于方程组

$$\frac{d\boldsymbol{y}}{dt}=\boldsymbol{g}(t,\boldsymbol{y}),\quad \boldsymbol{g}(t,\boldsymbol{0})\equiv\boldsymbol{0} \tag{4.1-6}$$

有一正定函数 $V(t,\boldsymbol{y})$ 存在，后者具有无限小上界，且其由式（4.1-6）所确定的全导数

$$\frac{dV}{dt}=\sum_{i=1}^{n}\frac{\partial V}{\partial y_i}g_i(t,\boldsymbol{y})+\frac{\partial V}{dt} \tag{4.1-7}$$

为负定，则式（4.1-6）的未受扰运动 $\boldsymbol{y}(t)\equiv\boldsymbol{0}$ 为渐近稳定。

（5）如果对于式（4.1-6）有这样的函数 $V(t;\boldsymbol{y})$ 存在，它有无限小上界，$\frac{dV}{dt}$ 为正定；而对一切 $t\geqslant t_0$，$V(t;\boldsymbol{y})$ 在任意小的 δ 球内取正值。此时式（4.1-6）的未受扰运动不稳定。

这两个判据准则的几何意义与前述判据（1）—（3）相似。它们的严格证明可参看文献[2]。

值得注意的是，上列五种稳定和不稳定判据只需根据运动方程式右端的函数形式和函数 V 的性质，而无需求出方程式的全解。这特别对一些不可能用分析方法求出解的非线性方程或线性变系数方程有重要意义。但是，由于上列各条是充分条件，为了判别稳定性必须寻找出一个具有相应特性的函数 V。遗憾的是，普遍可用的构造 V 函数的方法却不存在，对一些较为复杂的非线性系统，要求出 V 函数是一件十分困难的任务。只有对某些线性系统和简单的非线性系统才有较为通用的方法可循。为了说明李雅普诺夫直接方法的有效性，下面举两个例子。

首先研究单摆的平衡位置的稳定性。从力学中我们知道，它的准确的运动方程式是

$$\frac{d^2\varphi}{dt^2}=-\frac{g}{l}\sin\varphi \tag{4.1-8}$$

命 $\varphi=x$，$\frac{d\varphi}{dt}=y$，上式可改写为方程组

$$\frac{dx}{dt}=y$$

$$\frac{dy}{dt}=-\frac{g}{l}\sin x$$

取 $V(x,y)=\frac{1}{2}y^2+\frac{g}{l}(1-\cos x)$。显然，它在 $0\leqslant x<\pi$ 范围内为正定函数，对 t 的全导数

$$\frac{dV}{dt}=y\left(-\frac{g}{l}\sin x\right)+y\frac{g}{l}\sin x\equiv 0$$

故为非正。由准则(1)可知，单摆的平衡位置是稳定的，而不是渐近稳定。

再研究变系数系统

$$\frac{d^2x}{dt^2}+2\frac{dx}{dt}+(1-\cos t)x=0 \tag{4.1-9}$$

的零解的稳定性。命 $\frac{dx}{dt}=y$，上式可写为方程组

$$\frac{dx}{dt}=y$$

$$\frac{dy}{dt}=(\cos t-1)x-2y$$

设 $V(x,y)=\frac{1}{2}(x^2+(x+y)^2)$。显然，$V$ 为正定函数，而

$$\begin{aligned}\frac{dV}{dt}&=xy+(x+y)(y+(\cos t-1)x-2y)\\&=-(y^2+(1-\cos t)xy+(1-\cos t)x^2)\\&\leqslant 0\end{aligned}$$

故 $\frac{dV}{dt}$ 是非正函数。故系统式(4.1-9)的 $x\equiv 0$ 的解是稳定的。

最后，再讨论一个不稳定运动的例子。设某一受扰运动的方程式为

$$\begin{aligned}\frac{dx}{dt}&=\frac{2+t}{(1+t)^2}x+\frac{1}{(1+t)^2}y\\\frac{dy}{dt}&=-\frac{1}{(1+t)^2}x+\frac{t}{(1+t)^2}y\end{aligned} \tag{4.1-10}$$

取函数 $V(x,y,t)=\frac{1}{2}(x^2+y^2)e^{-\frac{2}{1+t}}$

显然有

$$\frac{dV}{dt}=\left(\frac{t+2}{t+1}x-ty+dxy^2\right)x+y(tx+e^ty+ax^2y)$$

$$\frac{dV}{dt}=\frac{2}{1+t}V+\frac{2t^2}{(1+t)^2}e^{-\frac{2}{1+t}}$$

由于 V 是正定函数，有无穷小上界，而 $\frac{dV}{dt}$ 也是正定的。由准则(5)可知，系统式(4.1-10)的未受扰运动 $x\equiv 0,y\equiv 0$ 为不稳定。

4.2　常系数线性系统的稳定性及第一近似方法

我们在本节内将详细讨论线性常系数系统的稳定性。研究方程式

$$a_n \frac{d^n y}{dt^n} + a_{n-1} \frac{d^{n-1} y}{dt^{n-1}} + \cdots + a_1 \frac{dy}{dt} + a_0 y = 0, \quad a_n \neq 0 \tag{4.2-1}$$

如在第二章内所指出的，它可以化为一个方程组

$$\frac{d\boldsymbol{y}}{dt} = A\boldsymbol{y} \tag{4.2-1'}$$

方阵 A 的元素由式(4.2-1)的系数排列组成：

$$A = \begin{pmatrix} 0 & 1 & 0 & \cdots & 0 \\ 0 & 0 & 1 & \cdots & 0 \\ \vdots & \vdots & \vdots & & \vdots \\ 0 & 0 & 0 & \cdots & 1 \\ -\frac{a_0}{a_n} & -\frac{a_1}{a_n} & -\frac{a_2}{a_n} & \cdots & -\frac{a_{n-1}}{a_n} \end{pmatrix}$$

而向量 $\boldsymbol{y}$ 的分量为 $y_1 = y, y_2 = \frac{dy}{dt}$ 等。读者容易检查，下列三个特征方程式完全等价：

(1) 第二章传递函数式(2.2-8)的分母 $D(s)=0$。

(2) 由式(4.2-1)得到的方程

$$a_n\lambda^n + a_{n-1}\lambda^{n-1} + \cdots + a_1\lambda + a_n = 0$$

(3) 由式(4.2-1)之矩阵构成的行列式

$$|A - \lambda E| = 0$$

首先指出线性系统的一个重要特性，任一线性系统，若其零点是稳定的，则它的任何一个未受扰运动都是稳定的。反之亦真，若其零点不稳定，则任何一个未受扰运动都是不稳定的。这是因为对任何特定的运动，其受扰运动的方程式与原方程式无异。因此，我们可以讲系统的稳定性。

根据第二章对常系数方程式的讨论可知：

(1) 如果特征方程的根都有负实部，或者说传递函数的极点均在左半平面，则系统是渐近稳定的。

(2) 如果特征方程哪怕有一个特征根的实部为正；则系统不稳定。

(3) 如果特征方程的所有根的实部不大于零，而等于零的特征根所对应的约当块为一阶的，(或实部等于零的特征根是一重的)则系统是稳定的。反之，系统是不稳定的。

对于常系数线性系统的稳定性研究，应用李雅普诺夫直接方法颇为方便。此

时李雅普诺夫函数 $V(\boldsymbol{y})$ 总可以是正定的二次型。对常系数系统有下列事实：如果特征方程的根都有负的实部，那么必存在一个正定二次型

$$V(\boldsymbol{y}) = (H\boldsymbol{y},\boldsymbol{y}) = \sum_{i,j=1}^{n} h_{ij} y_i y_j$$

使它对 t 的全导数等于

$$\frac{dV}{dt} = -(\boldsymbol{y},\boldsymbol{y}) = -\sum_{i=1}^{n} y_i^2 \tag{4.2-2}$$

反之，若方程式(4.2-1)存在一个正定二次型，使式(4.2-2)成立，那么特征方程的所有根均有负实部。

令

$$V(\boldsymbol{y}) = \int_0^\infty (e^{At}\boldsymbol{y}, e^{At}\boldsymbol{y})dt = \int_0^\infty (e^{(A+A^\tau)t}\boldsymbol{y},\boldsymbol{y})dt$$

$$= \sum_{\alpha,\beta=1}^{n}\int_0^\infty \eta_{\alpha\beta}(t) y_\alpha y_\beta dt = \sum_{\alpha,\beta=1}^{n} h_{\alpha\beta} y_\alpha y_\beta \tag{4.2-3}$$

式中 $\boldsymbol{y}$ 为相空间内任意固定的点，$\eta_{\alpha\beta}(t)$ 是矩阵 $e^{(A+A^\tau)t}$ 的元的函数。因为所有的 A 的特征根均有负实部①，故积分 $\int_0^\infty \eta_{\alpha\beta}(t)dt$ 收敛。现令式(4.2-3)之向量 $\boldsymbol{y}$ 按方程式(4.2-1′)之解移动，于是

$$V(e^{At}\boldsymbol{y}) = \int_0^\infty (e^{(A+A^\tau)(t+t')}\boldsymbol{y},\boldsymbol{y})dt = \int_t^\infty (e^{(A+A^\tau)t'}\boldsymbol{y},\boldsymbol{y})dt'$$

$$\frac{dV}{dt} = \left.\frac{dV(e^{At}\boldsymbol{y})}{dt}\right|_{t=0} = -(\boldsymbol{y},\boldsymbol{y}) = -\|\boldsymbol{y}\|^2$$

这就证明了上述断言的第一部分。

再设这样的二次型已找到，它是 $V(\boldsymbol{y})=(H\boldsymbol{y},\boldsymbol{y})$。因为 H 是对称正定矩阵，故其所有特征根均为正实数。令 M,m 分别为最大和最小的特征根。从代数学中我们知道有不等式。

$$M\|\boldsymbol{y}\|^2 \geqslant (H\boldsymbol{y},\boldsymbol{y}) \geqslant m\|\boldsymbol{y}\|^2$$

而

$$\frac{dV}{dt} = -(\boldsymbol{y},\boldsymbol{y}) \leqslant -\frac{1}{M}V(\boldsymbol{y})$$

解上述不等式有

$$e^{\frac{t}{M}}V(e^{At}\boldsymbol{y}) \leqslant V(\boldsymbol{y})$$

或者

$$V(e^{At}\boldsymbol{y}) \leqslant e^{-\frac{t}{M}}V(\boldsymbol{y}) \leqslant M_e^{-\frac{t}{M}}\|\boldsymbol{y}\|^2$$

---

① 若 λ 是 A 的特征根，则它也是 A^τ 的特征根，于是 2λ 是 $A+A^\tau$ 的特征根，证明留给读者。

此外由

$$(\boldsymbol{y},\boldsymbol{y}) \leqslant \frac{1}{m}(H\boldsymbol{y},\boldsymbol{y})$$

可得

$$\| e^{At}\boldsymbol{y} \|^2 \leqslant \frac{1}{m}V(e^{At}\boldsymbol{y}) \leqslant \frac{M}{m}e^{-\frac{t}{M}} \| \boldsymbol{y} \|^2$$

或者

$$\| e^{At}\boldsymbol{y} \| \leqslant \sqrt{\frac{M}{m}} \| \boldsymbol{y} \| e^{-\frac{t}{2M}}$$

因此,所有系统的解,都以指数速度向零衰减,这就证明了系统的一切特征根均有负实部。

由上面的讨论可知,用二次型作为李雅普诺夫函数去判据线性常系数的稳定性是有足够根据的。问题是如何求出矩阵 H,亦即如何求出函数 V。为此,再来研究式(4.2-2)。显然,

$$\frac{dV}{dt} = (HA\boldsymbol{y},\boldsymbol{y}) + (H\boldsymbol{y},A\boldsymbol{y}) = -(\boldsymbol{y},\boldsymbol{y})$$

合项后有矩阵等式

$$HA + A^{\tau}H = -E$$

从这个矩阵方程中解出 h_{ij} 后,函数 $V(\boldsymbol{y})$随即求出。

利用这些结果可以讨论非线性系统的稳定性。这就是李雅普诺夫第一近似方法,这个方法得到了广泛的应用。设控制系统的运动为下列非线性方程组所描绘

$$\frac{d\boldsymbol{x}}{dt} = \boldsymbol{f}(\boldsymbol{x}), \quad \boldsymbol{f}(\boldsymbol{0}) = \boldsymbol{0} \tag{4.2-4}$$

设向量函数 $\boldsymbol{f}(\boldsymbol{x})$的每个分量为二次可微。从高等数学中可知,上式右端可展为

$$\frac{d\boldsymbol{x}}{dt} = A\boldsymbol{x} + \boldsymbol{g}(\boldsymbol{0},\boldsymbol{x}) \tag{4.2-5}$$

其中

$$A = \left(\frac{\partial f_i}{\partial x_j}\right), \quad g_i = (B_i\boldsymbol{x},\boldsymbol{x})$$

而

$$B_i = \left(\frac{1}{2}\,\frac{\partial^2 f_i(\theta_i\boldsymbol{x})}{\partial x_\alpha \partial x_\beta}\right), \quad 0 < \theta_i < 1$$

方程(4.2-5)的线性部分

$$\frac{d\boldsymbol{y}}{dt} = A\boldsymbol{y} \tag{4.2-6}$$

称为一次近似方程,或称为线性化方程。现在可以根据式(4.2-6)的稳定性判断

非线性系统式(4.2-4)的零点稳定性。

如果系统式(4.2-6)是渐近稳定的，则式(4.2-4)的零解也是渐近稳定的。反之，若式(4.2-6)的特征根中哪怕有一个根有正实部，则式(4.2-4)的零解是不稳定的。

这个断语的第一部分的证明很简单，设系统式(4.2-6)渐近稳定，则必有一个正定二次型 V，使

$$V(\boldsymbol{y}) = (H\boldsymbol{y},\boldsymbol{y}), \quad \frac{dV}{dt} = -(\boldsymbol{y},\boldsymbol{y})$$

现用此二次型作为式(4.2-5)的李雅普诺夫函数，对它求全导数后有

$$\frac{dV(\boldsymbol{x})}{dt} = -(\boldsymbol{x},\boldsymbol{x}) + \sum_{\alpha,\beta=1}^{n}\left(\sum_{k=1}^{n}\frac{1}{2}\frac{\partial^2 f_k(\theta_k\boldsymbol{x})}{\partial x_\alpha \partial x_\beta}\frac{\partial V}{\partial x_k}\right)x_\alpha x_\beta$$

右端第二项所含的每一被加量起码是关于 x_α，$\alpha=1,2,\cdots,n$ 的三次项，每项系数都是有界的，故在零点的足够小的附近有不等式

$$\frac{dV}{dt} \leqslant -\|\boldsymbol{x}\|^2 + \frac{1}{2}\|\boldsymbol{x}\|^2 = -\frac{1}{2}\|\boldsymbol{x}\|^2$$

成立。因此函数$\frac{dV}{dt}$是负定的。根据前节的判据法则(1)可知，系统式(4.2-4)的零解是渐近稳定的。对前述断语的第二部分的证明方法与第一部分类似。

这个一次近似方法给工程中常用的线性化方法提供了理论基础，因此其应用十分广泛。在以后讨论非线性系统时，我们还将使用这个方法。现举例说明此方法的有效性。

设有一系统，由一线性部分 $F(s)=\frac{1}{D(s)}$和一非线性部分 $u=f(\varepsilon)$组成。现试用一次近似法分析系统的稳定性。显然，系统的运动方程式为(图 4.2-1)

$$\begin{aligned} X(s) &= F(s)U(s) \\ u &= f(\varepsilon) \\ \varepsilon &= g - x \end{aligned} \tag{4.2-7}$$

式中 X,U 分别为变量 x,u 的象函数。现研究系统的零点稳定性，故设 $g\equiv 0$。将 u 和 x 自方程式内消掉后，有方程式

$$a_n\frac{d^n\varepsilon}{dt^n} + a_{n-1}\frac{d^{n-1}\varepsilon}{dt^{n-1}} + \cdots + a_0\varepsilon = -f(\varepsilon) \tag{4.2-8}$$

设函数 $f(\varepsilon)$在零点附近足够光滑，使其可展为 $f(\varepsilon)=K_1\varepsilon+K_2\varepsilon^2+\cdots$，代入式(4.2-8)后有

$$a_n\frac{d^n\varepsilon}{dt^n} + \cdots + a_0\varepsilon = -(K_1\varepsilon + K_2\varepsilon^2 + \cdots)$$

或者

$$a_n \frac{d^n \varepsilon}{dt^n} + \cdots + (a_0 + K_1)\varepsilon = -K_2 \varepsilon^2 + \cdots \tag{4.2-9}$$

利用一次近似法,若方程式

$$a_n \frac{d^n \varepsilon}{dt^n} + \cdots + (a_0 + K_1)\varepsilon = 0$$

的特征根全为负实部,则图 4.2-1 所示之系统的零点渐近稳定。反之,若有一个根的实部为正,则其零点为不稳定。于是,对研究零点稳定性问题,图 4.2-1 所示之系统与图 4.2-2 所示之系统等价。

值得注意的是,当线性化方程的特征根除一部分有负实部外,尚有一个或数个根的实部为零时,一次近似方法的判别准则就不能解决稳定性问题了。这时称

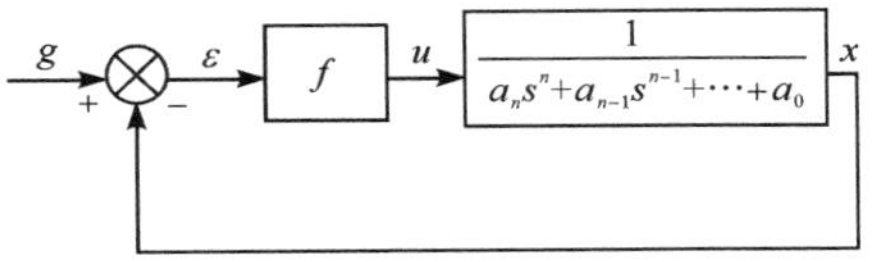

图 4.2-1

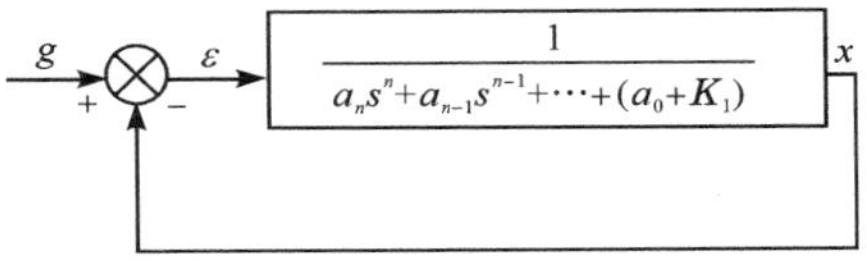

图 4.2-2

为临界情况,例如,试研究系统

$$\frac{dx}{dt} = -y + ax^3, \quad \frac{dy}{dt} = x + ay^3 \tag{4.2-10}$$

的零解稳定性。此方程式的线性部分的特征方程及其根为

$$D(\lambda) = \begin{vmatrix} -\lambda & -1 \\ 1 & -\lambda \end{vmatrix} = \lambda^2 + 1 = 0, \quad \lambda = \pm i$$

这是临界情况,此时一次近似方法不能应用。为了解决稳定性问题,取李雅普诺夫函数 $V = \frac{1}{2}(x^2 + y^2)$。根据式(4.2-10)$V$ 的全导数为

$$\frac{dV}{dt} = x(-y + ax^3) + y(x + ay^3) = a(x^4 + y^4)$$

显然,V 为正定。当 $a>0$ 时,$\frac{dV}{dt}$ 也为正定,故系统的零解不稳定;当 $a=0$ 时,$\frac{dV}{dt}=0$,故系统的零解稳定,但不是渐近稳定;当 $a<0$ 时,$\frac{dV}{dt}<0$ 为负定,故零解渐近稳定。由此可知,在临界情况下,为了判别某一运动的稳定性必须考虑高次项的作用。

既然对线性系统的分析很重要,在下面几节内我们将介绍几种常用的线性系统稳定性的判别方法。

4.3 乃氏方法

由于传递函数的概念在工程实践中应用极广，故我们将介绍几种以传递函数为依据的稳定性判别准则。正如前面曾提到过的那样，普通的传递函数都常是两个 s 的多项式的分式，所以，判别一个这样的系统的稳定性也就是要求判别一个分母多项式的零点是否均位于左半复平面内，这是一个古典问题。路斯(Routh)利用所谓"路斯不等式"①解决了这个问题。路斯不等式所包括的只是被考虑的多项式的系数[1—4]。但是，这个方法除对极为简单的系统外往往应用起来不太方便，所以需要努力寻找更直观的方法。

由于传递函数是比较原始比较直接的资料，而且它也能被工程师所"物理地"了解，所以工程师们宁愿采用一种直接从系统的传递函数下手的分析方法，而不愿意把传递函数再加以变化。

乃奎斯特发明了一个这样的方法[17]。我们把这个方法称为乃氏法。乃氏法的数学基础是一个关于解析函数 $f(s)$ 的定理，这里的 s 是一个复变数。这个定理是柯西发现的。

如果 $f(s)$ 在一条闭路线 C 的内部有 n 个单零点和 m 个单极点(每一个 k 重零点或 k 重极点就分别算作 k 个单零点或 k 个单极点)的话，那么，当 s 以顺时针方向沿着 C 转动一圈的时候，向量 $f(s)$ 也就以顺时针方向围绕原点转动 $n-m$ 圈。

为了把这个很强有力的定理应用到我们的问题上去，我们所选取的路线 C 就包含了整个的右半平面。因为实数部分是正数的零点只能在这一个区域里。图 4.3-1 所表示的就是这样一条路线，这条路线包括了虚轴和一个在虚轴右边的半径是 $R\to\infty$ 的半圆。首先，我们来研究比较简单的情形，也就是简单的反馈系统的情形。它的传递函数为

$$\frac{1}{F_s(s)}=\frac{1}{KG(s)}+1 \tag{4.3-1}$$

由方程(4.3-1)我们可以看到，$1/F_s(s)$ 的极点就是 $G(s)$ 的零点。如果 $G(s)$ 在 s 平面的右半部的零点的个数是 m，那么，$1/F_s(s)$ 在 C 的内部就有 m 个极点。因此，如果希望 $1/F_s(s)$ 在 s 平面的右半部没有零点，那么，当 s 沿着图 4.3-1 里的 $C(R\to\infty)$ 走一圈的时候，就必须要求 $1/F_s(s)$ 围绕原点以反时针方向转 m 圈。但是，根据方程(4.3-1)很容易看出来，这也就相当于要求 $1/KG(s)$ 以反时针方向围绕 -1 点转 m 圈。然而，又因为 K 是一个常数，所以上面这个判据也相当于要求

① 路斯不等式常常被称为路斯-胡尔维茨(Hurwitz)不等式。这个稳定性的判定方法的详细情况在关于运动稳定性的教科书以及一般的调节理论教科书中都可以找到。

$1/G(s)$以反时针方向围绕$-K$点绕m圈。不言而喻，当$G(s)$在s平面右半部没有零点，或者$m=0$，那么，乃氏稳定准则要求向量$1/G(s)$不围绕$-K$点转动。

现在，让我们用下列的简单的传递函数来说明这个方法的应用

$$G(s)=\frac{1}{s(1+\tau_1 s)(1+\tau_2 s)}$$

$$1/G(s)=s(1+\tau_1 s)(1+\tau_2 s) \tag{4.3-2}$$

首先来考虑图 4.3-1 的路线C的沿虚轴的部分，在这一部分上

$$\frac{1}{G(s)}=\frac{1}{G(i\omega)}=i\omega(1+i\tau_1\omega)(1+i\tau_2\omega)$$

在$\omega=0$点，$1/G(i\omega)=i0$。当$\omega\to+\infty$，$1/G(i\omega)\to-i\infty$。因此，在ω从 0 增加到$+\infty$的过程中，向量$1/G(i\omega)$的大小也随之增加，并且相角从$\pi/2$增加到$3\pi/2$。根据方程(3.2-2)相当于负ω值$(-\infty<\omega<0)$的$1/G(i\omega)$的端点所描画出的曲线也就是相当于正ω值的$1/G(i\omega)$曲线对于实轴所作的“反射”。所以，当s在虚轴上从$-i\infty$走到$+i\infty$的时候，$1/G(i\omega)$在图 4.3-2 上就描画出曲线$ab0c$。

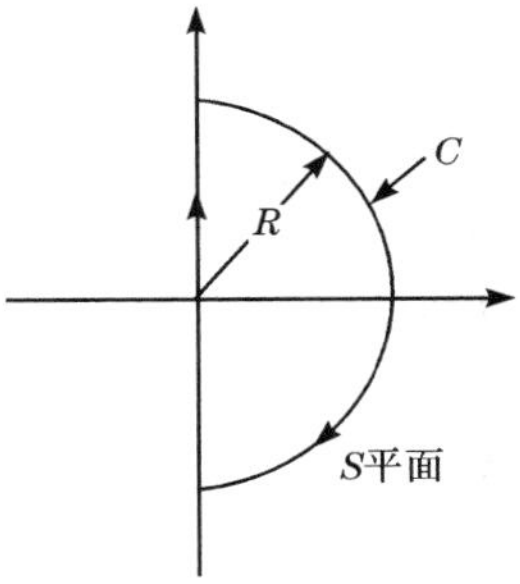

图 4.3-1

当s走过图 4.3-1 上所表示的半圆的时候，$1/G(s)\cong s^3$。所以，当s从$+i\infty$沿着半圆以顺时针方向转到$-i\infty$时，$1/G(s)$也是顺时针转动的，不过$1/G(s)$所转过的角度 3 倍于s所转过的角度。在图 4.3-2 里，这一部分曲线是以从c到a的那一部分所表示的。根据这个图形来看，如果$K=K_1$像图形所画出的那样，那么，向量$1/G(s)$围绕$-K_1$点转动的总圈数等于零(因为顺时针方向旋转的一圈半ca和反时针方向旋转的一圈半$ab0c$恰恰互相抵消了)。既然方程(4.3-2)所给的这个函数$G(s)$根本没有零点，而$1/G(s)$对$-K_1$的转动圈数也是 0。所以反馈系统是稳定的。如果，像图 4.3-2 所表示的那样，$K=K_{\text{Ⅱ}}$，那么，向量$1/G(s)$围绕$-K_{\text{Ⅱ}}$点就转动了两圈(曲线的$ab0c$部分对$-K_{\text{Ⅱ}}$点在顺时针方向转了半圈，ca部分以顺时针方向转了一圈半)，由于转动圈数 2 不等于$G(s)$在右半平面的零点个数 0，所以，$F_s(s)$在右半平面有两个极点，因而反馈系统是不稳定的。从以上的讨论可以看出，如果放大系数K的值相当大就会使这个系统不稳定。系统的稳定放大系数值与不稳定放大系数值的分界点是b。使系统稳定的放大系数

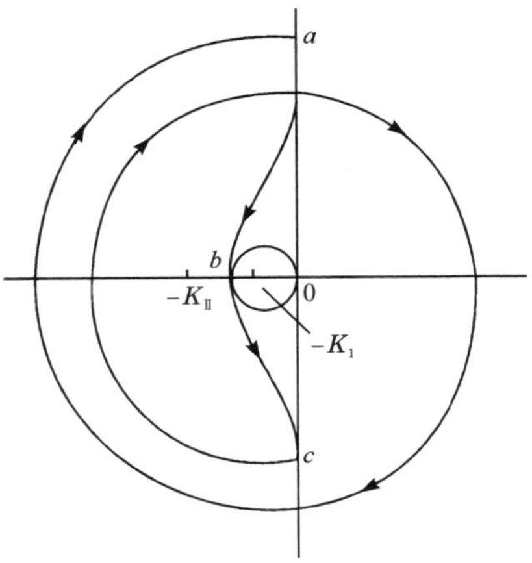

图 4.3-2

值 K 必须在原点和这个点之间：$b<-K<0$。

对于一般的反馈系统，根据传递函数的一般表达式(3.7-5)可写成

$$\frac{1}{F_s(s)}=\frac{1}{K_1G_1(s)}+K_2G_2(s) \tag{4.3-3}$$

关于稳定性的问题也就是方程(4.3-3)所表示的函数 $1/F_s(s)$ 在 S 平面的右半部有没有零点的问题。对这个函数直接应用柯西定理是很不方便的，因为如果这样做的话，我们就必须把向量 $1/K_1G_1(s)$ 和向量 $K_2G_2(s)$ 相加起来才行。现在，我们假设 $G_1(s)$ 和 $G_2(s)$ 在右半平面的零点的个数分别是 m_1 和 m_2，$G_1(s)$ 和 $G_2(s)$ 在右半平面的极点的个数分别是 n_1 和 n_2。并且假定所有这些零点和极点都互不相等，那么，$1/F_s(s)$ 在右半平面的极点的个数显然就是 m_1+n_2。现在，我们把 $1/F_s(s)$ 用 $K_2G_2(s)$ 除一下。这个演算就使表示式 $1/F_s(s)$ 增加了 m_2 个极点和 n_2 个零点，但是，还有这样一种可能性：在作除法的时候，因为有些 $1/F_s(s)$ 的极点或零点和 $G_2(s)$ 的一些极点或零点是相同的，所以这些零点和极点就互相抵消掉了。假设这样抵消掉的零点或极点的个数是 α，那么 $1/F_s(s)K_2G_2(s)$ 在右半平面的极点的个数就是 $m_1+n_2+m_2-\alpha$。现在就有

$$\frac{1}{F_s(s)K_2G_2(s)}=\frac{1}{K_1K_2G_1(s)G_2(s)}+1 \tag{4.3-4}$$

根据方程(4.3-4)，$1/F_s(s)K_2G_2(s)$ 在右半平面的极点的个数和 $1/K_1K_2G_1(s)G_2(s)$ 在右半平面的极点的个数是相等的，所以也就等于 m_1+m_2。既然 $m_1+n_2+m_2-\alpha=m_1+m_2$，所以 $n_2-\alpha=0$。我们假设反馈系统是稳定的，因此，$1/F_s(s)$ 在右半平面没有零点，因而 $1/F_s(s)K_2G_2(s)$ 在右半平面的零点的个数就是 $n_2-\alpha$，也就是0。所以 $1/F_s(s)K_2G_2(s)$ 在右半平面也没有零点。为了清楚起见，我们把各个函数在右半平面的零点和极点的个数列在下列的表 4.3-1 中。因此，当 s 走过图 4.3-1所表示的那条曲线 C 的时候，向量 $1/F_s(s)K_2G_2(s)$ 就应该围绕原点以顺时针方向转动 $-(m_1+m_2)$ 圈。根据方程(4.3-4)，这个稳定条件也就相当于要求向量 $1/K_1K_2G_1(s)G_2(s)$ 围绕 -1 点以反时针方向转动 m_1+m_2 圈，或者要求向量 $1/G_1(s)G_2(s)$ 围绕 $(-K_1K_2)$ 点以反时针方向转动 m_1+m_2 圈。这就是一般的反馈系统的稳定性的乃氏判别法。

表 4.3-1

函数	在右半平面的零点个数	在右半平面的极点个数
$G_1(s)$	m_1	n_1
$G_2(s)$	m_2	n_2
$1/F_s(s)$	0	m_1+n_2
$1/F_s(s)K_2G_2(s)$	$n_2-\alpha$	$m_1+n_2+m_2-\alpha=m_1+m_2$

正如图 4.3-2 所表示的那个例子一样，乃氏法中所用的曲线的最重要的一部分就是相当于 $s=i\omega$ 的那一部分。因此，我们可以用前向线路和反馈线路的频率特性来直接解决系统的稳定性的问题。既然，系统的各组件的频率特性的数据常常可以用实验方法确定，所以这种可以直接利用实验资料的方法是很有利的。这是乃氏法的优点。乃氏法的缺点在于它不能够确定稳定的程度，也就是说它不能回答这样一个问题：如果系统是稳定的，那么，它的阻尼到底有多么大呢？为了解答这个问题，我们可以把已有的准则改变成这样：要求 $1/F_s(s)$ 在一条位于左半平面而平行于虚轴的直线的右方没有零点。这条直线和虚轴的距离 $-\lambda$ 就表示最低限度的阻尼。所以只要把路线 C 适当地改换一下（沿着路线的 s 以及 C 内所包含的零点个数当然也随之改变了）乃氏准则仍然是可用的，但是这样做的时候，我们必须知道的是传递函数在直线 $s=-\lambda+i\omega$ 上的值，而不是在 $s=i\omega$ 上的值了。所以，关于频率特性的资料就不再能直接应用了，这样一来，乃氏法就失去了它的主要优点。但是，对于这个问题，艾文思(Evans)[11]发明了一个不同的处理方法，这个方法比乃氏法有其独特之处。在下一节里，我们就来讨论这个方法。

4.4　艾文思方法

我们先来考虑简单的反馈系统的情形。这时，基本的问题就是求出下列方程的根：

$$0=\frac{1}{F_s(s)}=1+\frac{1}{KG(s)} \tag{4.4-1}$$

其中的 $G(s)$ 是已知的函数。艾文思法的基本做法就是把这些根确定为放大系数 K 的函数，所以这个方法也称为根轨迹法。如果我们用艾文思法处理问题，那么，相应于对根所提出的任何要求，我们都可以找到合乎要求的放大系数 K 的数值。因此，用这个方法所能做到的事情比前节中所述准则要多得多，并且对于反馈系统的其他设计准则来说，也可以用艾文思法把设计问题加以解决。

必须假设 $G(s)$ 是由它的零点 $p_1,p_2,\cdots,p_m$ 和它的极点 $q_1,q_2,\cdots,q_n$ 所给定的。根据由方程(3.2-1)，(3.3-2)，(3.3-4)所给的放大系数的定义，

$$G(s)=A\frac{(s-p_1)(s-p_2)\cdots(s-p_m)}{(s-q_1)(s-q_2)\cdots(s-q_n)} \tag{4.4-2}$$

其中

$$A=\frac{(-q_1)(-q_2)\cdots(-q_n)}{(-p_1)(-p_2)\cdots(-p_m)}$$

对于实际的物理系统来说，$G(s)$ 的分子多项式和分母多项式的系数都是实数。所以，这些 $\boldsymbol{p}$ 或者是实数或者是成对出现的共轭复数，类似的，这些 q 或者是实数或者是成对出现的共轭复数。因此，A 必然是实数。不但如此，在安排普通的工程

系统的时候，我们还经常使 A 是一个正数。因此，在以下的讨论里，我们就把 A 看作是一个正实数。在普通情况下 $G(s)$ 的分母多项式的次数总是大于或者等于分子多项式的次数，也就是 $n \geqslant m$。现在，我们把方程(4.4-2)里的每一个因子都写成向量形式

$$\begin{aligned} s - p_1 &= P_1 e^{i\varphi_1} \\ s - p_2 &= P_2 e^{i\varphi_2} \\ &\cdots \\ s - p_m &= P_m e^{i\varphi_m} \end{aligned} \tag{4.4-3}$$

$$\begin{aligned} s - q_1 &= Q_1 e^{i\theta_1} \\ s - q_2 &= Q_2 e^{i\theta_2} \\ &\cdots \\ s - q_n &= Q_n e^{i\theta_n} \end{aligned} \tag{4.4-4}$$

$P_r e^{i\varphi_r}$ 就是从 p_r 点到 s 点的向量。$Q_r e^{i\theta_r}$ 就是从 q_r 点到 s 点的向量。s 是复 S 平面上的代表变数的点。利用方程(4.4-3)和(4.4-4)，$G(s)$就可以写成

$$G(s) = A\,\frac{(P_1 e^{i\varphi_1})(P_2 e^{i\varphi_2})\cdots(P_m e^{i\varphi_m})}{(Q_1 e^{i\theta_1})(Q_2 e^{i\theta_2})\cdots(Q_n e^{i\theta_n})} \tag{4.4-5}$$

既然 A 是正实数，我们又可以把方程(4.4-5)写成

$$G(s) = Re^{i\theta} \tag{4.4-6}$$

在这个表示式里

$$R = A\,\frac{(P_1 P_2 \cdots P_m)}{(Q_1 Q_2 \cdots Q_n)} \tag{4.4-7}$$

而

$$\theta = (\varphi_1 + \varphi_2 + \cdots + \varphi_m) - (\theta_1 + \theta_2 + \cdots + \theta_n) \tag{4.4-8}$$

因为这些 P 和 Q 都是方程(4.4-3)和(4.4-4)所规定的向量的长度，所以，它们都是正数。因此，R 是正数。这样一来，求传递函数的倒数的根的基本方程(4.4-1)就变为

$$\frac{e^{-i\theta}}{KR} = -1$$

不难看出，如果希望满足这个方程，就必须有

$$KR = 1 \tag{4.4-9}$$

和

$$\theta = \pm\,\pi \tag{4.4-10}$$

艾文思法包含两个步骤：首先，要找出所有满足适当的角度条件式(4.4-10)的 s 来，这样我们就得出所谓根轨迹的曲线。然后，对于根轨迹上的每一点我们都可以算出相当的 R 值，再用方程(4.4-9)我们就得出相当的 K 值。关于描绘根轨迹

的方法，艾文思提出了一些有用的法则。现在我们把这些法则说明一下：

法则 1. 如果 $K=0$，根据方程(4.4-1)必然有 $G(s)\to\infty$。所以，在 $K=0$ 时 $1/F_s(s)$ 的根都是 $G(s)$ 的极点，或者说，根轨迹都是从 $G(s)$ 的极点开始的。在 s 平面上用小圆点表示 $G(s)$ 的极点。

法则 2. 如果 $K\to\infty$，就必然有 $G(s)\to 0$。所以，根轨迹上相当于 $K\to\infty$ 的点，可能是 $G(s)$ 的零点。在 s 平面上我们用小圆圈表示 $G(s)$ 的零点。如果 $n>m$，则 $G(s)$ 的零点的个数比 $1/F_s(s)$ 的零点的个数少。但是，在这种情形中，当 $s\to\infty$ 时，$G(s)\to 0$，所以，$s=\infty$ 就补充了那些缺少的根。此外，对于非常大的 s

$$G(s)\cong\frac{A}{s^{n-m}}$$

因此，方程(4.4-1)可以近似地表示为

$$s^{n-m}\cong -KA$$

所以，根轨迹的渐近线的相角就是

$$\frac{\pi}{n-m}+\frac{2k\pi}{n-m},\quad k=1,2,3,\cdots \tag{4.4-11}$$

法则 3. 在实轴上的根轨迹是实轴上的一些交替的线段，这些线段的端点都是 $G(s)$ 的实零点或 $G(s)$ 的实极点，而且这些交替的线段从所有这些零点与极点中最右边的那一个点(可能是零点，也可能是极点)开始。

这个法则是很容易验证的。我们在实轴上随便取一个点 s。从一对复共轭的零点到这个点的向量的角度就是 $+\varphi$ 与 $-\varphi$，从一对复共轭极点到这个点的向量的角度就是 $+\theta$ 与 $-\theta$(因为复共轭点对于实轴是对称的)。所以，相当于复共轭零点或复共轭极点的角度的总和等于零。如果实轴上的一个极点或是一个零点在 s 点的左面，那么，从这个极点或零点到 s 点的向量的角度就是 0，如果这个点在 s 点的右面，那么，从这个点到 s 点的向量的角度就是 π。因此，如果在 s 右面的零点与极点的总数是一个奇数，那么，角度的总和就是 π(因为 2π 的整倍数对问题毫无影响)。

法则 4. 如果发生根轨迹从实轴上离开的情况，我们可以用这样一个条件来估计根轨迹在实轴上的离开点的位置：如果根轨迹上的一点离开实轴的距离是一个非常小的数 $\Delta\omega$，那么，由于在右面的 $G(s)$ 的零点与极点所引起的角度增加一定恰好被在左面的零点与极点所引起的角度减少所抵消。

例 1. 考虑下列的传递函数

$$G(s)=\frac{(0.001)(2)(6)}{(s+0.001)(s+2)(s+6)} \tag{4.4-12}$$

当 $K=0$ 时，根轨迹从实轴上的 -0.001，-2 和 -6 出发。在实轴上的根轨迹就是 -0.001 与 -2 之间的线段以及 -6 与 $-\infty$ 之间的线段。在这个情形里，$m=0$，$n=3$。所以，按照方程(4.4-11)渐近线的相角就是 $+\pi/3$，$-\pi/3$，π。假设根轨迹

在实轴上的 λ_1 点(λ_1 点当然要在 -0.001 与 -2 之间)处离开实轴。应用法则 4 就有

$$\frac{\Delta\omega}{\lambda_1+0.001}+\frac{\Delta\omega}{\lambda_1+2}+\frac{\Delta\omega}{\lambda_1+6}=0$$

或者

$$(\lambda_1+2)(\lambda_1+6)+(\lambda_1+0.001)(\lambda_1+6)+(\lambda_1+0.001)(\lambda_1+2)=0$$

因而
$$3\lambda_1^2+16.002\lambda_1+12.008=0$$

$$\lambda_1=-\frac{16.002}{6}-\sqrt{\left(\frac{16.002}{6}\right)^2-\frac{12.008}{3}}=-0.904$$

法则 5. 常常可以利用直角的某些性质来估计根轨迹从左半平面过渡到右半平面时与虚轴的交点。

例 2. 让我们还是来考虑由方程(4.4-12)所表示的传递函数。除了原点 $s=0$ 之外,这个传递函数可以非常近似地用下列关系式表示

$$G(s)\cong\frac{(0.001)(2)(6)}{s(s+2)(s+6)}$$

正如图 4.4-1 所表示的那样,$\theta_1\cong\pi/2$,因此,方程(4.4-10)就给出

$$\theta=-\pi\cong-\theta_2-\theta_3-\frac{\pi}{2}$$

或者

$$\theta_2+\theta_3\cong\frac{\pi}{2}$$

但是,从图上可以看到有下列关系

$$\frac{\pi}{4}=\theta_3+\beta,\frac{\pi}{4}+\alpha=\theta_2$$

因此

$$\alpha\cong\beta$$

这就是确定过渡点 U 的几何条件。

法则 6. 根轨迹离开一个极点(或趋近于一个零点)时的方向也可以计算出来,只要把平面上所有的零点与极点到这个被考虑的极点(或零点)的角度加以计算就可以了。

例 3. 图 4.4-2 所表示的是相应于某一个传递函数 $G(s)$ 的根轨迹,$G(s)$ 在实轴上有两个极点和两个零点,同时,还有一对复共轭的极点。在根轨迹上取与极点 q_4 非常接近的一点 s。q_4 到 s 的向量的相角 θ_4 就是根轨迹离开 q_4 时的方向。从各个极点和各个零点到 s 点的向量的角度仍然可以看做是 $\varphi_1,\varphi_2,\theta_1,\theta_2$ 和 θ_3。所以,根据方程(4.4-10),θ_4 就由下列方程所确定

$$(\varphi_1+\varphi_2)-[(\theta_1+\theta_2+\theta_3)+\theta_4]=\pi$$

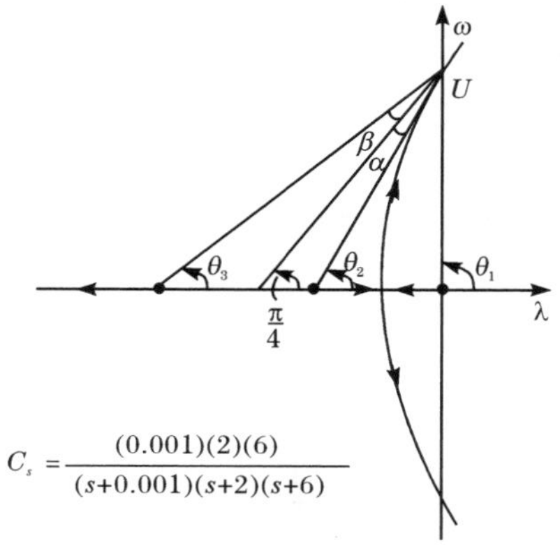

图 4.4-1

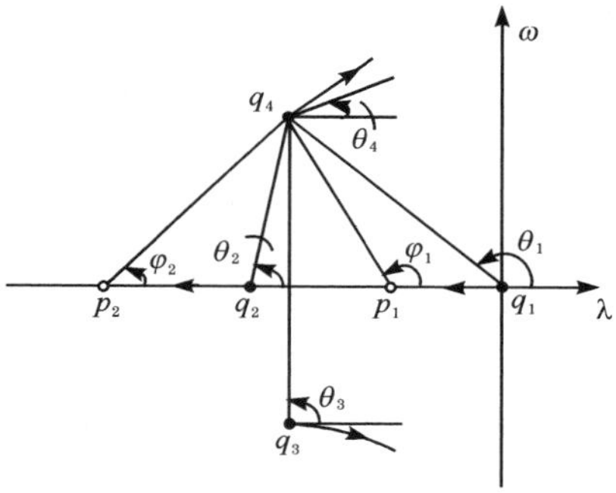

图 4.4-2

根据以上所讲的六条法则就能得出根轨迹的主要的特性。对于中间的情形(K 既不等于零,也不趋近于∞的情形),我们可以先在平面上适当地选取一些点,然后用试算的方法对这些点加以检验,根据检查的结果把属于根轨迹的点保留下来。这样就可以逐步地把根轨迹完全描绘出来。沿着根轨迹曲线,我们可以算出相应于每一点的放大系数 K 的值。如果已经把符合设计要求的 $1/F_s(s)$的零点位置选择好了,那么相当的 K 值也就可以完全确定,这样一来,反馈系统的设计问题就得到了解决。当然,一般说来,实际的设计过程当然要比所讲的要复杂一些。

我们可以把根轨迹与流体力学中的某些现象相比拟。

将方程(4.4-1)和(4.4-2)合并起来,就得出

$$\frac{(s-q_1)(s-q_2)\cdots(s-q_n)}{(s-p_1)(s-p_2)\cdots(s-p_m)}=-KA$$

如果,先取这个方程的对数,然后再用 2π 除一下,我们就有

$$W(s)=\frac{1}{2\pi}\sum_{i=1}^{n}\log(s-q_i)-\frac{1}{2\pi}\sum_{j=1}^{m}\log(s-p_j)=\frac{1}{2\pi}\log KA+i\left(\frac{1}{2}\right)\quad(4.4\text{-}13)$$

方程(4.4-13)这样一个数学表示式可以有很多种不同的物理解释。一个很明显的物理解释就是把 $W(s)$看做是完全不可压缩的流体的一个二维无旋运动的复势函数[22]。如果 $\phi(\lambda,\omega)$是势函数,$\psi(\lambda,\omega)$是流函数,那么就有

$$W(s)=\phi(\lambda,\omega)+i\psi(\lambda,\omega)\quad(4.4\text{-}14)$$

其中 $s=\lambda+i\omega$。因此,表示 $1/F_s(s)$的根轨迹的方程(4.4-13)可以这样解释:根轨迹就是流函数取常数值 1/2 的那些曲线;所以,用流体力学的术语来说,根轨迹就是由 1/2 流线的各个分枝所组成的。沿着这条流线势函数的值是逐点改变的,它等于

$$\frac{1}{2\pi}\log KA$$

方程(4.4-13)还表示这样一个事实:这个流动是由 n 个单位强度的源点 q_1, q_2,…,q_n 和 m 个单位强度的汇点 p_1,p_2,…,p_m 所构成的。在我们的图形表示法里是用小圆点表示源点,用小圆圈表示汇点。有了这样一个解释,我们就可以“理解”图 4.4-1 和图 4.4-2 中根轨迹的图形。

流体力学比拟还有另外一个很大的用处:它能够提示我们怎样把系统加以改变,使系统具有更好的性能。举例来说,假设有一个系统是由下列传递函数所代表的,

$$G(s) = \frac{q_1 q_2}{s(s-q_1)(s-q_2)}, \quad |q_1| < |q_2|$$

那么,即使放大系数 K 的值较小,在闭路控制的情形下,这个系统仍然可能是不稳定的,其根轨迹的形状和图 4.4-1 中的根轨迹相像。这时,流体力学比拟立刻就提示我们这样做:只要在 q_1 附近增加一个汇点 p_c,并且在 q_2 附近增加一个源点 q_c,就可以把 U 点附近的流线向左方推过一些距离,因而也就把过渡点 U 的位置加高一些,使临界稳定时的 K 值较大。因此,修改后的传递函数就是

$$G(s) = \frac{q_c}{p_c}\frac{(s-p_c)}{(s-q_c)}\frac{q_1 q_2}{s(s-q_1)(s-q_2)}$$

图 4.4-3 所表示的就是相应的根轨迹。因为 $|p_c| < |q_c|$,所以与原来的传递函数串联的附加传递函数 $\frac{q_c}{p_c}\frac{(s-p_c)}{(s-q_c)}$ 一定是相角超前的,这个函数与第 3.3 节中方程(3.3-8)所表示的相角超前电路的传递函数是同一类型的。

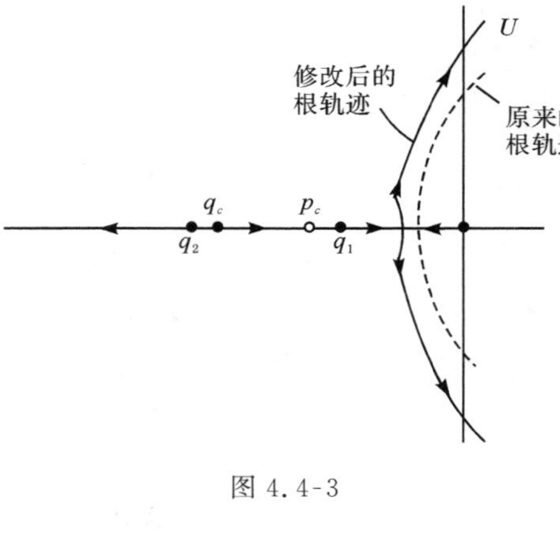

图 4.4-3

流体力学比拟还可以使我们了解用反馈线路使一个反应缓慢的机构增大反应速度的可能性。因为如果希望反应迅速就必须要求根的数值比较大。现在,为了简单起见,假定我们有一个一阶的线性机械系统,这个系统的特性是用负实轴上的一个数值很小的 q_1 点来表示的。如果我们把这个系统与一个相当大的负实

数 q_2 表示的反应很快的电路串接起来,这个系统的反应速度并不能够改进,因为,我们仍然还有一个数值很小的根 q_1。但是,如果我们把反馈线路连接起来,从流线的形状,或者说是根轨迹,可以看出,当放大系数 K 的值从 $K=0$ 开始增加时,根也就从 q_1 点开始向左方移动。因此,对于一个适当地选取的放大系数 K 的值,我们就可以使得根的数值比 q_1 大一些,因而也就可以使系统的反应速度更加快一些。

以上讲过的一些描绘根轨迹的办法,对于一般的反馈系统也还可以应用。这时的问题就是要描画方程(4.3-3)所给的 $1/F_s(s)$ 的根轨迹,所以,表示根轨迹的条件就是

$$\frac{1}{K_1G_1(s)}=-K_2G_2(s)$$

因为 $1/F_s(s)$ 的根和 $G_2(s)$ 的零点不会相同,所以我们可以用 $G_2(s)/K_1$ 把上面的方程除一下,因此就有

$$\frac{1}{G_1(s)G_2(s)}=-K_1K_2 \tag{4.4-15}$$

如果我们设

$$G(s)=G_1(s)G_2(s)$$
$$K=K_1K_2 \tag{4.4-16}$$

然后,再把方程(4.4-15)和(4.4-1)比较一下,就可以看到,求一般的反馈系统的根轨迹的问题就化为前面讨论过的求简单的反馈系统的根轨迹的问题了。在第4.3节里我们曾经比较谨慎地分析了把乃氏法应用到一般的反馈系统上去的问题,事实上,对于那个问题也可以用现在的由方程(4.4-16)所表示的简化方法进行分析。因此,如果只就稳定性来考虑系统的定性的运转性能的话,简单的反馈系统和一般的反馈系统并没有什么区别,只不过不要忘记式(4.4-16)这一个关系就是了。只有在需要对系统的运转性能进行定量的研究时,我们才必须对方程(3.7-3)和方程(3.7-7)所表示的这两个系统传递函数的区别给予应有的注意。

4.5 伯德方法[10]

根轨迹在 U 点从左半 s 平面过渡到右半 s 平面,既然 U 点在虚轴上,所以它当然就代表一个纯虚数根 $i\omega^*$。换句话说,方程(4.4-1)被 $s=i\omega^*$ 所满足,也就是

$$KG(i\omega^*)=F(i\omega^*)=-1=1\cdot e^{-i\pi}$$

因此,当频率特性 $F(i\omega)$ 的振幅 M 等于 1,同时相角 θ 等于 $-\pi$ 时,就发生了从稳定过渡到不稳定的临界情况。这个临界条件也可以由乃氏稳定准则推导出来,因为在 $1/F(i\omega)$ 图上的 -1 点就是临界点。其实,只要研究一个典型的例子(例如图

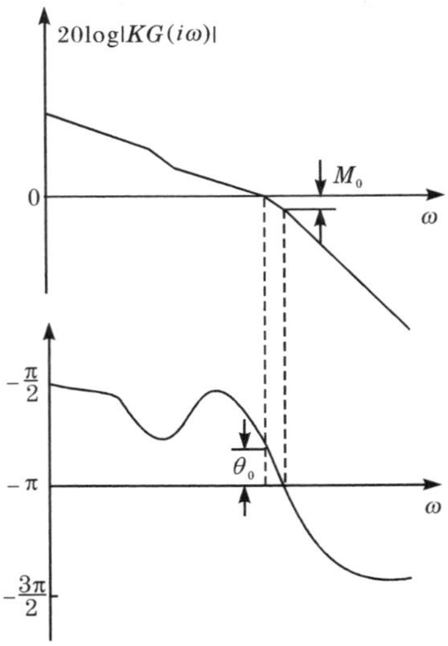

图 4.5-1

4.3-2)就可以看出来,在稳定的情形里,$1/F(i\omega)$曲线总是把-1点包围在内的。因为,在一般情况下$1/F(\omega)$的振幅总是随着ω的增加而增加的,所以如果希望$1/F(i\omega)$曲线把-1点包围在内,只要要求当$1/F(i\omega)$的相角θ等于$-\pi$的时候,$1/F(\omega)$的振幅比1大就可以了,或者也可以这样说:当θ等于$-\pi$时,M必须小于1;或者,当$M=1$的时候,θ应该比$-\pi$还要大。这个稳定条件就是伯德法的根据。我们把频率特性的振幅等于1时的频率称为放大系数临界点。从乃氏曲线可以推知,如果系统的开路频率特性所决定的相位方程

$$\arg KG(i\omega)=-\pi$$

的解只有唯一个根的话,利用伯德图去判定稳定性的规则可叙述如下:反馈系统稳定的充要条件是当$20\log|KG(i\omega)|\geqslant 0$时相位角$\theta=\arg KG(i\omega)>-\pi$。例如,图 4.5-1 所示的开路系统用$-1$反馈后是稳定的。

我们知道,稳定性本身是一个定性的概念。在实际工作中,定性的分析往往不能满足工程上的要求。因为当有人说“某一系统是稳定的”,我们只知道,当$t\to\infty$时,这一系统的输出不会发散,但不知道衰减时间如何。为了赋予稳定性以定量的意义,在伯德图内引进稳定裕度量。图 4.5-1 内之θ_0称为相稳定裕度,M_0称为幅稳定裕度。经验告诉我们,良好的线性系统,一般θ_0大于$10°$,M_0大于20分贝。

还有一种情况,就是虽然开路系统是不稳定的,例如$KG(s)$在右半平面内有极点,但加上简单的-1反馈后系统却是稳定的。采用乃氏图推理的办法可以求出对开路不稳定的反馈系统稳定性的判据准则:设$KG(s)$在右半平面内有m个极点,此时用-1反馈后系统稳定的充要条件是在$20\log|KG|\geqslant 0$的一切地方相频特性$\theta(\omega)$从下往上穿越和$\theta=-\pi$的交点比从上往下穿越和$\theta=-\pi$的交点多$\frac{m}{2}$个。此时相稳定裕度和幅稳定裕度分别为$\arg KG(i\omega)=0$时的$20\log|KG(i\omega)|$的最大值和$20\log|KG(i\omega)|=0$处$\theta(\omega)$的最小值。

采用伯德法的时候,可以直接利用关于频率特性的资料,在这一点上伯德法与乃氏法是相似的。伯德法的优点是简单易行,但是它与艾文思的根轨迹法比较起来也还有一个很大的缺点,因为根据伯德法是不能知道稳定的程度的。为了补救这个缺点,奥斯本(Osborn)[18]给了一个半经验的公式,利用这个公式就可以计算相当于最危险的根(也就是离虚轴最近的根)的阻尼系数ζ。他的公式是

$$\zeta\cong\frac{1}{3}\frac{\alpha}{m}$$

其中 α 是在放大系数临界点处的相补角的数值，度量单位是“度”(“°”)，m 是在放大系数临界点处 $20\log M$ 曲线对于 ω 而言的斜率。量度 ζ 时所用的时间单位和量度 ω 时所用的时间单位是相同的。譬如说，如果 $\alpha=30°$ 而 $m=34$，那么 $\zeta \cong 1/3.4=0.3$。

4.6　多回路系统

到目前为止，我们所讨论过的系统都是单回路。也就是说，控制系统的方块图里只有一个闭合的路线。但是，在实际的工程问题中往往需要更复杂的系统；例如，图 4.6-1 所表示的方块图就是一个典型的控制系统，这个系统是用来控制飞机对于一个轴的转动的[8]。图中的内回路(也就是 β 所在的回路)称为控制面位置的反馈(所谓“控制面”就是飞机表面的起控制作用的可动部分，例如舵，副翼等部分)，或者称为硬式反馈。如果没有把内回路闭合起来，我们就得到普通的反馈控制系统，而且

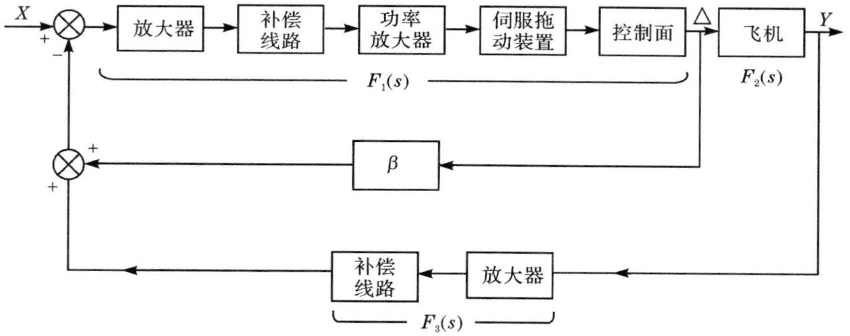

图 4.6-1

$$\frac{Y(s)}{X(s)}=\frac{F_1(s)F_2(s)}{1+F_1(s)F_2(s)F_3(s)} \tag{4.6-1}$$

如果把内回路和外回路($F_3(s)$所在的回路)都闭合起来，就有

$$\Delta(s)=F_1(s)[X(s)-\beta\Delta(s)-F_3(s)Y(s)]$$

(这里的 $\Delta(s)$表示控制面的运动)，以及

$$Y(s)=F_2(s)\Delta(s)$$

因此，就得到

$$\frac{\Delta(s)}{X(s)}=\frac{F_1(s)}{1+\beta F_1(s)+F_1(s)F_2(s)F_3(s)} \tag{4.6-2}$$

和

$$\frac{Y(s)}{X(s)}=\frac{F_1(s)F_2(s)}{1+\beta F_1(s)+F_1(s)F_2(s)F_3(s)} \tag{4.6-3}$$

这个控制系统的稳定性与反应速度是由函数 $1+\beta F_1(s)+F_1(s)F_2(s)F_3(s)$ 所决定的。因为在这个系统中，补偿线路，放大器以及内回路的放大系数 β 都是很容易改变的，所以我们也就不难设计出一个特性相当理想的传递函数来，而且并不需要改变飞机的结构设计以及它的机械装置。

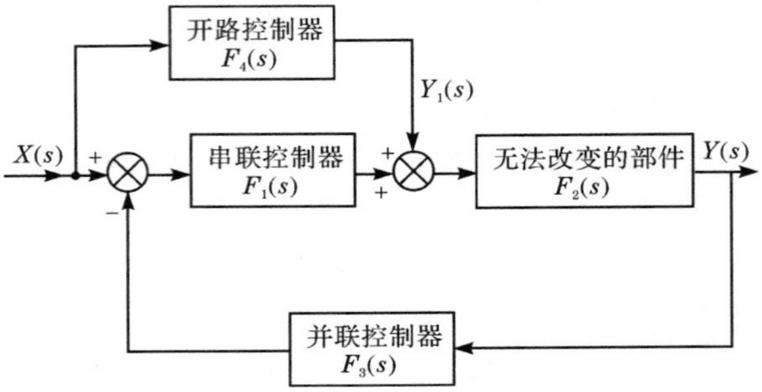

图 4.6-2

在设计一个良好的控制系统时，常常遇到这样一个困难：如何使系统不但能进行很准确的控制(也就是要求放大系数 K 的值相当大)，而且还有相当快的反应速度和合适的阻尼性质。这个问题就使人们产生了把开路控制方法与闭路控制方法结合起来的想法。这种系统很早就在实际工程中得到了应用[16]。我们来考虑图 4.6-2 所表示的系统，在这个系统中开路控制部分和闭路控制部分是平行安排的。因此，有

$$F_4(s)X(s) = Y_1(s)$$

和

$$Y(s) = F_2(s)\{Y_1(s) + F_1(s)[X(s) - F_3(s)Y(s)]\} \tag{4.6-4}$$

把输出 $Y(s)$ 解出来，就得

$$\frac{Y(s)}{X(s)} = \frac{F_2(s)F_4(s) + F_1(s)F_2(s)}{1 + F_1(s)F_2(s)F_3(s)} \tag{4.6-5}$$

因此，系统的稳定性和反应速度的特性决定于 $1+F_1(s)F_2(s)F_3(s)$ 的零点，而与 $F_4(s)$ 无关。既然 $F_2(s)$ 是不能改变的，所以关于稳定性的设计问题就是要寻求适当的传递函数 $F_1(s)$ 和 $F_3(s)$。闭路系统的放大系数 $K=\left|\dfrac{F_2(0)F_4(0)+F_1(0)F_2(0)}{1+F_1(0)F_2(0)F_3(0)}\right|$，实际的反应速度以及稳态误差不但与 $F_1(s)$，$F_2(s)$，$F_3(s)$ 有关，而且还与开路控制部分的传递函数 $F_4(s)$ 有关。因此，反馈回路的设计可以完全决定系统的稳定性和反应的动力特性；至于系统的稳定状态或是"同步运转"的情况就与系统的开路控制部分有很密切的关系了。所以，只要适当地设计 $F_1(s)$，$F_2(s)$ 和 $F_4(s)$ 就可以使系统不但稳定而且还具有相当好的控制性能。

如果系统中有许多需要同时加以控制的变数，而且这些变数之间也有关联的

话(例如火力发电站的情形)。那么,系统的方块图也就是多回路的,而且其中的反馈关系也比较复杂。这种复杂系统的一个例子是飞机的自动控制系统和导航系统[20]。对于这样一个系统的分析工作,虽然也还是根据这一章对于简单的反馈系统所提出的同样的一些原则进行的,但是由于系统过分复杂,如果不依靠计算机,这种分析工作简直是无法进行的。

4.7 关于变系数线性系统的稳定性

工程问题中变系数系统常常遇到,如飞机,火箭等作为受控对象在整个飞行过程中其参数不断变化,有时这种变化十分剧烈。为了确定这种系统的性能,首先要判断其稳定性。遗憾的是,变系数系统的稳定判据至今没有一个既严格而又使用简便的准则。固然,用李雅普诺夫直接办法和其他近似方法(例如特征数方法),一般说来,理论上可以解决稳定性问题,但在实际工作中这些方法均嫌过于复杂。这是因为它们都依赖于系统系数及其基本解的一些深刻的分析特征,后者却又常常得之不易。因此它们没有在实际工作中得到广泛应用。另一方面在工程实践中,对变系数系统的分析又是回避不了的现实问题,人们不得不求助于一些较为粗略的估计,虽然后者理论上不够严密,但在实用中却行之有效。本节的目的是对现有的某些方法作一些讨论,指出其优缺点使读者在使用这些方法时有所依据,而同时又保持警惕,在工作中审慎行事,不至于由于方法本身的缺陷造成技术上的恶果。

对于一类结构简单的系统,有时可以找到较为严整的处理办法。在近代计算技术条件下,可以较为简单的获得系统稳定性的判据。下面首先推荐这样一个方法。设有系统

$$a_n(t)\frac{d^n x}{dt^n}+a_{n-1}(t)\frac{d^{n-1}x}{dt^{n-1}}+\cdots+a_0(t)x=0 \qquad (4.7\text{-}1)$$

其中 $a_i(t)$是连续有界变系数。如第二章所指出的那样,式(4.7-1)可以写成一阶向量方程式

$$\frac{d\boldsymbol{x}}{dt}=A(t)\boldsymbol{x},\quad 0\leqslant t<\infty \qquad (4.7\text{-}2)$$

这是一个线性系统,所以只要它的零解稳定,那么它的一切运动都是稳定的。因此,我们可以研究这个系统的稳定性。显然,式(4.7-2)的解可以写成

$$\boldsymbol{x}(t)=\boldsymbol{x}_0+\int_{t_0}^{t}A(\tau)\boldsymbol{x}(\tau)d\tau \qquad (4.7\text{-}3)$$

对系统式(4.7-2)我们有下列稳定性判据准则:

(1) 若式(4.7-2)的基本解有界则系统稳定。反之,若系统稳定,则其基本解必有界。

设 $\Phi(t,t_0)$ 是式(4.7-2)的基本解矩阵，且 $\Phi(t_0,t_0)=E$ 为单位矩阵。因此有

$$\boldsymbol{x}(t)=\Phi(t,t_0)\boldsymbol{x}_0,\quad \boldsymbol{x}(t_0)=\boldsymbol{x}_0$$

对它显然有不等式

$$|x_i(t)|\leqslant\sum_{\alpha=1}^{n}|\varphi_{i\alpha}\|x_{\alpha0}|,\quad i=1,2,\cdots,n$$

由于 $\varphi_{i\alpha}(t)$ 有界，故 $|\varphi_{i\alpha}(t)|<M_{i\alpha}$，$t_0\leqslant t<\infty$。令 M 为所有 $M_{i\alpha}$ 中的最大者，于是上式可改写为

$$|x_i(t)|\leqslant M\sum_{\alpha=1}^{n}|x_{\alpha0}|\leqslant M_1\|\boldsymbol{x}_0\|,\quad i=1,2,\cdots,n$$

将上式平方相加并开方后有

$$\|\boldsymbol{x}(t)\|\leqslant M_1\sqrt{n}\|\boldsymbol{x}_0\|$$

按李雅普诺夫关于稳定性的定义，若给定 $\varepsilon>0$，则可以选 $\delta=\dfrac{\varepsilon}{M_1\sqrt{n}}$，此时，当 $\|\boldsymbol{x}_0\|\leqslant\delta=\dfrac{\varepsilon}{M_1\sqrt{n}}$ 时恒有 $\|\boldsymbol{x}(t)\|\leqslant\varepsilon$。因此 $\boldsymbol{x}(t)\equiv\boldsymbol{0}$ 的解是稳定的。

对系统

$$\frac{d\boldsymbol{x}}{dt}=(A+B(t))\boldsymbol{x}\tag{4.7-4}$$

有判别准则。

(2) 若方程式

$$\frac{d\boldsymbol{y}}{dt}=A\boldsymbol{y}\tag{4.7-5}$$

稳定，而

$$\int_0^{\infty}\sum_{\alpha,\beta=1}^{n}|b_{\alpha\beta}(t)|dt<\infty\tag{4.7-6}$$

则系统式(4.7-4)稳定。

根据判据法则(1)可知，这里只需检查式(4.7-4)的解为有界就够了。因为

$$\boldsymbol{x}(t)=\boldsymbol{x}_0+\int_{t_0}^{t}(A+B(\tau))\boldsymbol{x}(\tau)d\tau$$

或者

$$\boldsymbol{x}(t)=e^{At}\boldsymbol{x}_0+\int_{t_0}^{t}e^{A(t-\tau)}B(\tau)\boldsymbol{x}(\tau)d\tau$$

故

$$\|\boldsymbol{x}(t)\|\leqslant\|e^{At}\boldsymbol{x}_0\|+\int_{t_0}^{t}\left(\sum_{\alpha,\beta=1}^{n}|\varphi_{\alpha\beta}(t-\tau)|\right)\left(\sum_{\alpha,\beta=1}^{n}|b_{\alpha,\beta}(\tau)|\right)\|\boldsymbol{x}(\tau)\|d\tau$$

因为式(4.7-5)稳定，故 $\|e^{At}\boldsymbol{x}_0\|$ 有界，小于某一常数 C_1，而 $\sum\limits_{\alpha,\beta=1}^{n}|\varphi_{\alpha\beta}(t-\tau)|$ 也有

界,设也小于 C_1。于是

$$\| \boldsymbol{x}(t) \| \leqslant C_1 + C_1\int_{t_0}^{t} \sum_{\alpha,\beta=1}^{n} | b_{\alpha\beta}(\tau) | \| \boldsymbol{x}(\tau) \| d\tau$$

显然,若令 $v(t)=\sum\limits_{\alpha,\beta=1}^{n}|b_{\alpha\beta}(t)|$,有

$$\frac{\| \boldsymbol{x}(t) \| v(t)}{C_1 + C_1\int_{t_0}^{t} v(\tau) \| \boldsymbol{x}(\tau) \| d\tau} \leqslant v(t)$$

对不等式两边积分后有

$$\ln\left(1+\int_{t_0}^{t} v(\tau) \| \boldsymbol{x}(\tau) \| d\tau\right) \leqslant C_1\int_{t_0}^{t} v(\tau)d\tau$$

而

$$\| \boldsymbol{x}(t) \| \leqslant C_1\left(1+\int_{t_0}^{t} v(\tau) \| \boldsymbol{x}(\tau) \| d\tau\right) \leqslant C_1 e^{C_1\int_{t_0}^{t} v(\tau)d\tau}$$

由于有式(4.7-6)的限制条件,故知 $\| \boldsymbol{x}(t) \|$ 是有界的。按判别准则(1)知,此系统式(4.7-4)稳定。

用类似方法可以证明:

(3) 如果系统式(4.7-2)稳定,且

$$\int_{t_0}^{\infty} \sum_{\alpha,\beta=1}^{n} | b_{\alpha\beta}(\tau) | d\tau < \infty, \quad \int_{t_0}^{\infty} \sum_{i=1}^{n} a_{ii}(\tau)d\tau > -\infty$$

则系统

$$\frac{d\boldsymbol{x}}{dt} = (A(t) + B(t))\boldsymbol{x} \tag{4.7-7}$$

稳定。

这一组判别准则之所以值得推荐,是因为它只需判别系统的基本解是否有界就够了。为此只需给出 $\boldsymbol{n}$ 种不同的初始条件,即 $\boldsymbol{x}_1=(1,0,\cdots,0)$。$\boldsymbol{x}_2=(0,1,\cdots,0,\cdots$,$\boldsymbol{x}_n=(0,0,\cdots,0,1)$,求出相应的解。如果这些解都不发散,系统必然稳定。这里并不需要对系统做任何繁杂的分析。这一工作在数字机或模拟机的帮助下是极易实现的。

在变系数系统的设计工作中,沿用最广的是所谓冻结系数法。这一方法的实质是在系统整个工作时间[0,T]内,取一些代表性的时刻,例如,$0\leqslant t_1<t_2<\cdots<t_n\leqslant T$,在每一时刻,用 $A(t_i)$ 代入式(4.7-2),然后当做常系数方程式去研究。若对每一个 t_i。下列方程式所描绘的系统

$$\frac{d\boldsymbol{z}}{dt} = A(t_i)\boldsymbol{z}, \quad i = 1,2,\cdots,n$$

都稳定,则“认为”系统(4.7-2)稳定。也就是说,若矩阵 $A(t)$ 对每一固定的 $t=t_i$,特征方程式

$$|A(t_i)-\lambda E|=0 \tag{4.7-8}$$

的根都有负实部，则认为系统(4.7-2)稳定。应该指出，这个方法在实际问题中常常是有效的，很少出现结果矛盾的不愉快现象。

虽然如此，这一方法的应用范围不是没有限制的。容易举反例证明，有的线性变系数系统如果用冻结系数法去研究，对每一时刻特征方程式的根均具有负实部，而系统的零解却不稳定。研究系统

$$at^2\frac{d^2x}{dt^2}+bt\frac{dx}{dt}+x=0,\quad t\geqslant t_0>0 \tag{4.7-9}$$

设 $t=e^{\tau}$，代入上式后有

$$a\frac{d^2x}{d\tau^2}+(b-a)\frac{dx}{d\tau}+x=0 \tag{4.7-10}$$

它的特征方程

$$a\lambda^2+(b-a)\lambda+1=0$$

的根是

$$\lambda_{1,2}=\frac{a-b\pm\sqrt{(b-a)^2-4a}}{2a}$$

设

$$a-b>0,(b-a)^2-4a<0,\quad \frac{a-b}{2a}=\rho>0,\quad \frac{\sqrt{4a-(b-a)^2}}{2a}=\omega>0$$

于是有 $\lambda_{1,2}=\rho\pm i\omega$。方程式(4.7-10)的解是

$$x(\tau)=C_1e^{\lambda_1\tau}+C_2e^{\lambda_2\tau}$$

或者

$$x(t)=t^{\rho}(C_1\cos\omega\ln t+C_1 i\sin\omega\ln t+C_2\cos\omega\ln t-C_2 i\sin\omega\ln t) \tag{4.7-11}$$

当 t 为固定值时，方程式(4.7-9)的一切特征根都具有负实部，因为当 $t>0$ 时式(4.7-9)的系数都大于零。而它的零解是不稳定的，按式(4.7-11)，对任何非零的初始微小扰动，系统的运动 $x(t)$ 都是发散的。由此得到结论，冻结系数法对方程式(4.7-9)是不适用的。

从另一方面来看，由此例也得不出完全否定冻结系数法的结论。冻结系数法对很多变系数系统是有效的。为了说明这一点，我们继续研究方程式(4.7-2)[2]

$$\frac{d\boldsymbol{x}}{dt}=A(t)\boldsymbol{x}$$

假定矩阵 $A(t)$ 的每一个元素 $a_{ij}(t)$ 均为时间的连续函数，并且对任何时间 $t_1\geqslant0$，$t_2\geqslant0$，总有一个常数 c，使

$$\sum_{i,j=1}^{n}|a_{ij}(t_1)-a_{ij}(t_2)|\leqslant c \tag{4.7-12}$$

同时对任何 $t=t_i$，特征方程的根总有

$$\mathrm{Re}\lambda_K(t_i) < -r \tag{4.7-13}$$

其中 r 为某一正常数。设在初时刻 $t=t_0$ 时，冻结系数后的方程式(4.7-2)的基本解矩阵

$$\Phi_{t_0}(t) = e^{A(t_0)(t-t_0)} = (\varphi_{ij}(t-t_0)), \quad t \geqslant t_0$$

满足条件

$$\sum_{i,j=1}^{n} |\varphi_{ij}(t-t_0)| \leqslant be^{-\frac{r}{2}(t-t_0)} \tag{4.7-14}$$

式中 b 显然与常数 r 有关。

在上述假定条件下，若 r,c 和 b 满足关系式

$$bc < \frac{r}{4} \tag{4.7-15}$$

则冻结系数法有效。换言之，若式(4.7-15)满足，则当式(4.7-13)成立时，变系数系统式(4.7-2)是稳定的。

事实上，将式(4.7-2)改写为

$$\frac{d\boldsymbol{x}}{dt} = A(t_0)\boldsymbol{x} + (A(t) - A(t_0))\boldsymbol{x}$$

它的解可写成

$$\boldsymbol{x}(t) = e^{A(t_0)(t-t_0)}\boldsymbol{x}_0 + \int_{t_0}^{t} e^{A(t_0)(t-\tau)}(A(\tau) - A(t_0))\boldsymbol{x}(\tau)d\tau$$

根据式(4.7-12)和(4.7-14)有

$$\| \boldsymbol{x}(t) \| \leqslant be^{-\frac{r}{2}(t-t_0)} \| \boldsymbol{x}_0 \| + \int_{t_0}^{t} cbe^{\frac{r}{2}\tau} \| \boldsymbol{x}(\tau) \| d\tau$$

解此不等式，有

$$\| \boldsymbol{x}(t) \| \leqslant b \| \boldsymbol{x}_0 \| e^{-\frac{r}{2}(t-t_0)+bc(t-t_0)}$$

再利用不等式(4.7-15)，上式可写为

$$\| \boldsymbol{x}(t) \| \leqslant b \| \boldsymbol{x}_0 \| e^{-\frac{r}{4}(t-t_0)}$$

由此可知，此时系统的任何初始扰动都随时间的增大而衰减为零，因而系统是稳定的。

因为条件式(4.7-15)很苛刻，而且检查某一实际系统是否满足该条件又很困难，所以上述事实的应用价值不大。但是，它却说明，确实有一类变系数系统，冻结系数法对它们是严格正确且行之有效。上述两个例子告诉我们，必定存在一个分界线，使变系数线性系统分为两类，对于其中的一类，冻结系数法是严格而正确的，对另一类则完全不能应用。这一分界线在何处？如何去简捷地判别对某些具体系统应用冻结系数法的可靠性和正确性？对这些问题，现在还没有看到答案。对这个问题的答复是一个迫切的任务，我们寄予期望。彼时，怀疑将完全消失。

前面我们一直讨论按李雅普诺夫定义的系统稳定性，即研究当 $t\to\infty$ 时系统

的渐近性能。对实际工作有些经验的人会发觉,李雅普诺夫的定义并不是对一切控制系统都适合。例如对火箭控制系统这个定义就不尽适宜。因为有些火箭的飞行时间有限,这时 t 趋于无穷大的定义是不完全符合实际情况的。为了适应这类控制系统的需要,有人提出新的稳定性定义[5,36,40]。这里介绍一下这个新定义的几何意义。

设系统的运动方程式依然是式(4.7-2),而 δ,ε 和 T 是三个给定的常数,其中 T 是控制系统工作的时间间隔。若系统的初始扰动满足限制条件

$$\| \boldsymbol{x}_0 \| \leqslant \delta \tag{4.7-16}$$

且对时间区间$[t_0, t_0+T]$内的任何 t 都有

$$\| \boldsymbol{x}(t) \| \leqslant \varepsilon, \quad t_0 \leqslant t \leqslant t_0 + T \tag{4.7-17}$$

则说系统式(4.7-2)对给定的一对数 δ 和 ε 在 T 时间内稳定。

按新定义去判别系统式(4.7-2)的稳定性,有以下几个主要结果[29]。

式(4.7-2)中矩阵 $A=(a_{ik})$,$i,k=1,2,\cdots,n$,假定 $a_{ik}(t)$是 t 的有界连续实值函数,并可表示为

$$a_{ik}(t) = a_{ik}(0) + \Delta a_{ik}(t), \quad i,k = 1,2,\cdots,n$$

其中 $a_{ik}(0)$表示 $a_{ik}(t)$在 $t=t_0$ 时的值。现考虑特征方程式

$$D(s) = | a_{ik}(0) - s\delta_{ik} | = 0, \quad i,k = 1,2,\cdots,n \tag{4.7-18}$$

其中 $\delta_{ik}=1$,当 $i=k$;$\delta_{ik}=0$,当 $i\neq k$。

如果特征方程(4.7-18)所有的根,均有负实部且没有重根,那么系统(4.7-2)在有限时间$[t_0, t_0+T]$内是稳定的。

如果特征方程(4.7-18)的根中,即使仅有一个有正实部的根,那么系统式(4.7-2)是不稳定的。

如果式(4.7-18)没有正实根或实部为正的复根,仅有重负实根 $s_i(i=1,2,\cdots,m)$和实部为负的重复根 $\lambda_i(i=1,2,\cdots,l)$,而且行列式

$$D(s_i) = \begin{vmatrix} -s_i & -\dfrac{1}{2} & 0 & \cdots & 0 \\ -\dfrac{1}{2} & -s_i & -\dfrac{1}{2} & \cdots & -\dfrac{1}{2} \\ 0 & -\dfrac{1}{2} & -s_i & \cdots & -s_i \\ \vdots & \vdots & \vdots & & -\dfrac{1}{2} \\ 0 & 0 & 0 & \cdots & -s_i \end{vmatrix}, \quad i = 1,2,\cdots,m$$

$$D(\lambda_i)=\begin{vmatrix} -\lambda_i & -\frac{1}{2} & \cdots & 0 \\ -\frac{1}{2} & -\lambda_i & \cdots & -\frac{1}{2} \\ \vdots & \vdots & & \vdots \\ 0 & \cdots & -\frac{1}{2} & -\lambda_i \end{vmatrix},\quad i=1,2,\cdots,l$$

的所有主子式皆大于零，则系统在有限时间内是稳定的。如果即使有一个主子式是负的，那么系统在有限时间内是不稳定的。

4.8　系统的静态精度分析

静态精度是控制系统的重要指标之一。对调节系统的主要要求之一是将受控量(被调量)准确地保持在给定值附近，例如伺服系统在过渡过程结束以后应该准确地跟踪输入量而变化。所谓系统的静态精度就是当时间足够大时对输入量的跟踪精度。继续研究线性受控系统

$$\frac{d\boldsymbol{x}}{dt}=A(t)\boldsymbol{x}+B(t)\boldsymbol{u} \tag{4.8-1}$$

式中，$\boldsymbol{x}=(x_1,x_2,\cdots,x_n)$为受控量，$\boldsymbol{u}=(u_1,u_2,\cdots,u_r)$为控制量，$A(t)$和$B(t)$分别为$n\times n$和$n\times r$阶矩阵，其元素均可能为变参数。

设$\boldsymbol{g}(t)=(g_1(t),g_2(t),\cdots,g_n(t))$为系统的输入作用。对控制系统的要求是$x_i(t)$应准确地跟踪$g_i(t)$。向量函数

$$\boldsymbol{\varepsilon}(t)=\boldsymbol{g}(t)-\boldsymbol{x}(t) \tag{4.8-2}$$

称为受控系统的误差向量(图 4.8-1)。将式(4.8-1)和(4.8-2)中的$\boldsymbol{x}(t)$消去后有

$$\frac{d\boldsymbol{\varepsilon}}{dt}=A(t)\boldsymbol{\varepsilon}-B(t)\boldsymbol{u}+\left(\frac{d\boldsymbol{g}}{dt}-A(t)\boldsymbol{g}\right) \tag{4.8-3}$$

在线性系统内控制量$\boldsymbol{u}(t)$常可取为误差的线性函数，即

$$\boldsymbol{u}(t)=-C(t)\boldsymbol{\varepsilon}(t) \tag{4.8-4}$$

式中$C(t)$为$r\times n$阶矩阵，其元素可能为时间的连续函数。利用这里引进的定义，式(4.8-3)可以改写为

$$\frac{d\boldsymbol{\varepsilon}}{dt}=D(t)\boldsymbol{\varepsilon}+\left(\frac{d\boldsymbol{g}}{dt}-A(t)\boldsymbol{g}\right) \tag{4.8-5}$$

其中

$$D(t)=A(t)+B(t)C(t)$$

这样受控系统式(4.8-1)就变成一个自动控制系统了，而式(4.8-4)就称之为控制规律(图 4.8-1)。如何去确定控制规律式(4.8-4)，这是一个控制装置的设计

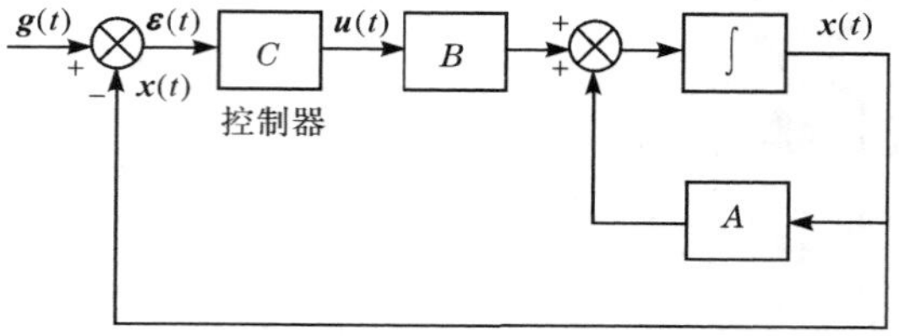

图 4.8-1

问题，本节我们先不研究它。这里只假定，按某一原则控制规律已经选定，我们的任务是去分析系统式(4.8-5)能否保证受控量 $\boldsymbol{x}$ 准确地跟踪输入量 $\boldsymbol{g}(t)$。根据前节所述，对控制系统的第一个要求是稳定，对线性系统只要求零点稳定就够了。因此可以设想，在设计控制装置式(4.8-4)时，已经保证了式(4.8-5)的(零解)稳定性。

设在某一初始时刻 t_0 时 $\boldsymbol{\varepsilon}(t_0)$ 不为零向量，而当时间足够大时，受控量 $\boldsymbol{x}(t)$ 与 $\boldsymbol{g}(t)$ 重合，此时 $\boldsymbol{\varepsilon}(t)$ 将恒为零，其导数也恒为零。由此可知，系统式(4.8-1)在 t 足够大时能精确跟踪输入作用 $\boldsymbol{g}(t)$ 的充分条件是输入作用 $\boldsymbol{g}(t)$ 满足方程式

$$\frac{d\boldsymbol{g}(t)}{dt} = A(t)\boldsymbol{g}(t) \tag{4.8-6}$$

换言之，以方程式(4.8-6)的任一特解作为系统式(4.8-1)的输入，系统的静态误差均为零。我们称此类输入作用为受控系统的固有输入作用类。值得指出的是，系统的静态误差与控制规律式(4.8-4)完全无关，后者只要保证系统稳定就够了。可见，系统的静态精度主要地决定于受控对象的特性，而一般地不决定于控制装置的具体形式。

同理可推知线性高阶方程式所描述的受控系统

$$a_n(t)\frac{d^n x}{dt^n} + a_{n-1}(t)\frac{d^{n-1}x}{dt^{n-1}} + \cdots + a_0(t)x = u(t) \tag{4.8-7}$$

的固有输入作用类函数为下列方程式的一切特解

$$a_n(t)\frac{d^n g}{dt^n} + a_{n-1}(t)\frac{d^{n-1}g}{dt^{n-1}} + \cdots + a_0 g = 0 \tag{4.8-8}$$

现举例说明如何求出某一系统的固有输入作用类函数。设受控系统为常系数线性系统，它的运动方程式为

$$T\frac{d^3 x}{dt^3} + \frac{d^2 x}{dt^2} = u \tag{4.8-9}$$

它的固有输入作用类用方程式

$$T\frac{d^3 g}{dt^3} + \frac{d^2 g}{dt^2} = 0 \tag{4.8-10}$$

确定。后者的解为

$$g(t) = g_0 + g_1 t + g_2 e^{-t/T} \tag{4.8-11}$$

其中 g_0, g_1, g_2 为任意常数。

对于系统式(4.8-9)来说，一切式(4.8-11)的输入作用均不引起静态误差。

对常系数线性系统，一般的可以认为固有输入作用类函数具有下列形式：

$$g(t) = g_0 + g_1 t + \cdots + g_k t^k + g_{k+1} e^{\lambda_1 t} + \cdots + g_n e^{\lambda_{n-k} t} \tag{4.8-12}$$

上式内时间 t 的多项式内最高次幂常称为系统的无静差次数。例如当 $k=0$ 时称零阶无静差，此时系统对一切常值输入无静差，$k=1$ 时称系统为一次无静差，此时对直线变化之输入作用无静差，以此类推。如果式(4.8-12)内 $g_0 = g_1 = \cdots = g_k = 0$，则系统为有静差系统，后者对任何不趋于零的输入作用，误差不趋于零。

利用传递函数的形式，容易辨别系统的无静差次数。若将受控对象的传递函数写成

$$W(s) = \frac{X(s)}{U(s)} = \frac{KN(s)}{s^{k+1} G(s)} \tag{4.8-13}$$

式中 $G(s)$ 为 s 的 n 阶多项式，而且 $s=0$ 不是它的根。$N(s)$ 为 s 的 m 次多项式，$m \leqslant n+k$，$s=0$ 也不是它的根。当 $G(s)$ 无重根时，受控系统式(4.8-13)的固有输入作用类具有式(4.8-12)的形式。因此，开路传递函数中极点 $s=0$ 的次数减 1 就是受控系统的无静差次数。若 $k=-1$，系统有静差。

如果 $g(t)$ 不属于固有输入作用类，那么当 $t \to \infty$ 时系统必有静态误差存在。现在我们估算一下静差的值。设自动控制系统式(4.8-5)之 D 和 A 为常量矩阵。下面我们只研究常系数情况。一般的来讲，当 $\boldsymbol{g}(t)$ 为任意向量函数时，相应的 $\boldsymbol{\varepsilon}(t)$ 也是与 $\boldsymbol{g}(t)$ 有关的时间函数，当 t 趋于无穷大时，它不趋于常向量，系统的这种误差称为稳态误差。

设 $\boldsymbol{g}(t)$ 不属于固有作用类，而满足条件

$$\frac{d\boldsymbol{g}(t)}{dt} - A\boldsymbol{g}(t) = \boldsymbol{g}_0$$

此处 $\boldsymbol{g}_0$ 为常向量。再设当 $t \to \infty$ 时，$\frac{d\boldsymbol{\varepsilon}}{dt} = \boldsymbol{0}$。此时误差方程式(4.8-5)之右端变为

$$D\boldsymbol{\varepsilon} + \boldsymbol{g}_0 = \boldsymbol{0} \tag{4.8-14}$$

上式有解的充分条件是行列式 $|D| \neq 0$，此时系统的静差可直接解出：

$$\boldsymbol{\varepsilon} = -D^{-1}\boldsymbol{g}_0 \tag{4.8-14$'$}$$

或者，将上式展开

$$\varepsilon_i = -\sum_{j=1}^{n} h_{ij} g_{j0}, \quad i = 1, 2, \cdots, n$$

式中 h_{ij} 是逆矩阵 D^{-1} 的元素，称为静差系数。矩阵 D 按关系式 $D = A + BC$ 与控制规律

$$\boldsymbol{u} = -C\boldsymbol{\varepsilon}$$

有关，即与控制装置有关。因此，正确地选择控制规律可以减小系统对非固有输入类作用的静态误差。

现以三阶系统(4.8-9)为例分析静差与控制规律的关系。令 $g(t)=b_0+b_1t+\frac{1}{2}b_2t^2$，其中 b_0,b_1,b_2 均为常值，令 $\varepsilon_1=g(t)-x(t)$，$\varepsilon_2=\frac{dg}{dt}-\frac{dx}{dt}$，$\varepsilon_3=\frac{d^2g}{dt^2}-\frac{d^2x}{dt^2}$；$u=C_1\varepsilon_1+C_2\varepsilon_2+C_3\varepsilon_3$。系统式(4.8-9)的误差方程组是

$$\frac{d\varepsilon_1}{dt}=\varepsilon_2$$

$$\frac{d\varepsilon_2}{dt}=\varepsilon_3$$

$$\frac{d\varepsilon_3}{dt}=-\frac{C_1}{T}\varepsilon_1-\frac{C_2}{T}\varepsilon_2-\frac{1+C_3}{T}\varepsilon_3+\frac{1}{T}b_2$$

显然，若系统渐近稳定，当 $t\to\infty$ 时，$\varepsilon_2=\varepsilon_3=0$，而 $\varepsilon_1=\frac{b_2}{C_1}$，此处 $\frac{1}{C}$ 称为误差 ε_1 的静差系数。

最后，我们再看一个普遍情况，令

$$\frac{d\boldsymbol{g}(t)}{dt}-A\boldsymbol{g}(t)=\boldsymbol{h}(t)\neq\boldsymbol{0}$$

此时，$\boldsymbol{\varepsilon}(t)$ 的通解为

$$\boldsymbol{\varepsilon}(t)=e^{Dt}\boldsymbol{\varepsilon}_0+\int_0^t e^{D(t-\tau)}\boldsymbol{h}(\tau)d\tau \tag{4.8-15}$$

因为系统稳定，当 t 足够大时，右端之第一项趋于零，所以我们只研究第二项，用分部积分公式可知，若 $\boldsymbol{h}(t)$ 的每一个分量为足够光滑时有

$$\int_0^t e^{-D\tau}\boldsymbol{h}(\tau)d\tau=\left(\int_0^t e^{-D\tau}d\tau\right)\boldsymbol{h}(t)-\left(\int_0^t\int_0^\tau e^{-D\lambda}d\lambda d\tau\right)\dot{\boldsymbol{h}}(t)$$
$$+\left(\int_0^t\int_0^\tau\int_0^\lambda e^{-D\mu}d\mu d\lambda d\tau\right)\ddot{\boldsymbol{h}}(t)\cdots$$

代入前式后有

$$\boldsymbol{\varepsilon}(t)=C_0(t)\boldsymbol{h}(t)+C_1(t)\dot{\boldsymbol{h}}(t)+C_2(t)\ddot{\boldsymbol{h}}(t)+\cdots \tag{4.8-16}$$

式中 $\dot{\boldsymbol{h}}=\frac{d\boldsymbol{h}}{dt}$，等；而 C_i 为 $n\times n$ 阶矩阵。

$$C_0(t)=e^{Dt}\int_0^t e^{-D\tau}d\tau=-D^{-1}(E-e^{Dt})$$

$$-C_1(t)=\left(e^{Dt}\int_0^t\int_0^\tau e^{-D\lambda}d\lambda d\tau\right)=D^{-2}-D^{-2}e^{Dt}+D^{-1}te^{Dt}$$

$$\cdots$$

由上式决定的矩阵 $C_i(t)$ 称为系统的稳态误差系数矩阵。当系统参数给定后，这些矩阵的元素极易求出。根据这些元素的值即可估算系统跟踪任何信号的稳态

误差,而不需要解出系统的具体运动形式。当 $\dot{\boldsymbol{h}}(t)\equiv\mathbf{0}$ 时,$\boldsymbol{h}(t)$ 为常向量,此时 $C_0(\infty)$ 为常量矩阵,其元素与前面所定义的静差系数一致。因此,静差系数是稳态误差系数的一种特殊情形。

通过对系统(4.8-9)的分析我们得到一个启示:静差反比例于系统的放大系数。当放大系数趋于无穷大时,系统的静差将趋于零。但是,粗略地分析即可看出:此时系统的稳定性将变坏,这个矛盾告诉我们,在设计系统时,片面的追求某一个高指标会使其他的性能受到影响。

4.9　短程火箭的运动

前面我们曾经指出,在有些实际问题中,李雅普诺夫稳定性的定义并不完全适用。为了研究这类问题,必须从实际问题出发,建立新的分析方法,从本节中我们可以看到,对研究短程火箭的运动李雅普诺夫稳定性的定义应改为有限时间的稳定性更切合实际些。

下面研究一个火箭弹在火箭推力起作用的过程中的运动状态,假定这个火箭是依靠尾翼来稳定的。我们特别来考虑火箭轴线与投射角之间的偏差角,这个偏差角是由于发射过程中的扰动以及飞行过程中尾翼所受到的阻力作用和火箭所受到的重力作用所引起的。关于火箭弹的动力学的一般问题,曾经在第二次世界大战时期内被不同国家的许多学者仔细地研究过。罗色尔(Rosser),牛顿(R. Newton)和格罗司(Gross)曾经把美国学者的工作加以总结[21]. 兰金(Rankin)曾经报告了英国方面的工作[19],卡里埃尔(Carrière)的论文代表了法国学者对于这个问题的研究工作。而甘特马赫(Гантмахер)和列文(Левин)则在文献[28]中总结了苏联在这方面的研究情况。本节内我们不打算详细地讨论如何计算短程火箭的弹道及姿态运动的细微变化规律,只希望用一个被简化了的模型,指出在变系数线性系统的研究中的几个有重要意义的特点,并指出为什么李雅普诺夫稳定性的概念和定义对这个具体问题是不适用的。

对于一个用尾翼稳定的火箭弹来说,铅直面内的运动与水平面内的运动之间的相互影响可以忽略掉,也就是说,在铅直面内由于水平面内的运动而产生的空气动力是可以忽略的。所以,我们只考虑和研究铅直面内的运动情况,也就能够知道火箭弹的特性了。因为这是短射程的火箭弹,所以,我们把地面看成是一个平面。设 v 是火箭弹的速度的绝对值,θ 是速度向量的倾角,ϑ 是火箭弹的轴线的倾角(图 4.9-1)。于是,火箭弹的冲角就是

$$\alpha=\vartheta-\theta \tag{4.9-1}$$

设 m 是火箭弹的质量,g 是重力加速度。所以作用在火箭弹上的重力就是铅直向下的力 mg。空气动力是升力 L,阻力 D 和转矩 M。L 和 D 分别垂直于和平行于

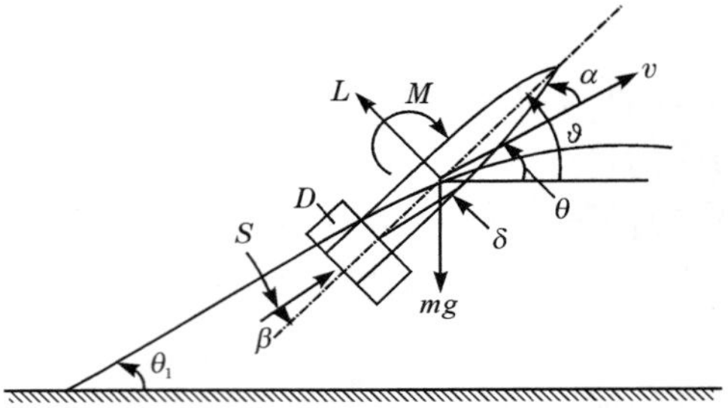

图 4.9-1

运动的方向。这些力都是作用在火箭的重心上的。火箭的推力 S 是常数,就像图 4.9-1 所画的那样,S 与轴线之间有一个偏差角度 β,对于重心来说,S 的力矩臂是 δ。所以,沿弹道方向的加速度的方程就是

$$m\frac{dv}{dt}=S\cos(\alpha-\beta)-mg\sin\theta-D \tag{4.9-2}$$

垂直于弹道方向的加速度的方程就是

$$mv\frac{d\theta}{dt}=S\sin(\alpha-\beta)-mg\cos\theta+L \tag{4.9-3}$$

最后,如果火箭对于通过重心的横轴的回转半径是 k,那么,角加速度就是

$$mk^2\frac{d^2\vartheta}{dt^2}=S\delta-M \tag{4.9-4}$$

在方程(4.9-4)中,我们已经把所谓的喷射阻尼转矩忽略掉了,因为它比尾翼的恢复转矩小。

空气动力和空气动力转矩都与冲角 α 有关。但是,如果火箭的尾翼安装得不正,即使 $\alpha=0$,也还会有升力和转矩。所谓安装得不正,也就是说尾翼的安装引起了一个角度误差 r,以至于 L 和 M 在 $\alpha=r$ 时消失,而不在 $\alpha=0$ 时消失。如果 ρ 是空气的密度,d 是火箭弹弹身的直径,我们就可以用下列公式引进升力系数 K_L,阻力系数 K_D 和转矩系数 K_M:

$$L=K_L\rho v^2d^2\sin(\alpha-\gamma) \tag{4.9-5}$$

$$D=K_D\rho v^2d^2 \tag{4.9-6}$$

$$M=K_{M\rho}\rho v^2d^3\sin(\alpha-\gamma) \tag{4.9-7}$$

对于短射程火箭弹来说,弹道的顶点并不高,所以,我们可以把密度 ρ 看做是常数。此外,最大的速度值也不是很大,以至于系数 K_L,K_D 和 K_M 都还可以看做是与飞行的马赫(Mach)数(火箭弹的速度与音速的比值)无关的常数。再者,对于短射程火箭来说,燃料的质量只占火箭弹的总质量很小的一部分,所以,把火箭弹的质量看作是一个常数也不会引起严重的误差。在方程组(4.9-1)—(4.9-7)内,v,θ 和 α 代表火箭弹的运动状态,K_L,K_M,K_D,ρ,d,m,k 等是与环境条件和火箭弹的几何

形状有关的某些特定常数；β, γ, δ 和重力加速度 g 可看作为决定作用于火箭弹上的外力的因素。显然，方程组(4.9-1)—(4.9-7)是非线性的，它们和初始条件一起唯一地确定火箭弹的弹道。

这种类型的火箭弹的燃烧时间都是很短的(譬如说，只有 0.2—0.5 秒)，所以就必须使加速度 S/m 很大才行。事实上，推力 S 是相当大的，和它比起来，重力、阻力和升力都小到可以忽略的程度。而且，推力方向与飞行方向之间的偏差角度 $\alpha-\beta$ 总是很小的，冲角 α 的值也总是很小的。因此，如果诸量 γ, β, δ 和 g 为零时，火箭弹的理想弹道就是一条初始倾角为 θ_1 的直线(图 4.9-1)。沿着这条直线的运动是一个等加速度 S/m 的运动

$$\frac{dv}{dt}=S/m \tag{4.9-8}$$

如果 z 是沿着这条直线量度的距离，那么，这个运动也可以用下列方程表示

$$v^2=\frac{2S}{m}z=\left(\frac{S}{m}\right)^2 t^2 \tag{4.9-9}$$

如果发射火箭弹的初始速度是零，z 就是到发射点的确实距离；如果有一个初始速度，z 就是到发射点前面的某一点的距离，而不是到发射点的距离。从方程(4.9-9)我们得到

$$\frac{d}{dt}=\frac{dz}{dt}\frac{d}{dz}=v\frac{d}{dz}=\sqrt{\frac{2S}{m}z}\,\frac{d}{dz} \tag{4.9-10}$$

因为在燃烧过程中总是有外力作用的，因此真正的弹道与无外力作用时的典型弹道是有差别的。假设它们之间的偏差比较小，我们可以在理想弹道附近将运动方程线性化。我们认为真正弹道的速度特性和理想弹道的速度特性一样，因此用方程(4.9-9)来代替方程(4.9-2)，并且把方程(4.9-3)和(4.9-4)中的速度 v 和时间导数用方程(4.9-9)和(4.9-10)来代替。此外，因为 $\alpha-\beta$ 很小，$\sin(\alpha-\beta)$ 也就可以用 $\alpha-\beta$ 来代替。$\cos\theta$ 可以用 $\cos\theta_1$ 来代替。我们把升力 L 也忽略掉，因为它比推力的横向分量以及火箭的重量都小得多。采用这些简化的假设后，方程(4.9-3)和(4.9-4)就成为

$$2z\frac{d\theta}{dz}=(\alpha-\beta)-\frac{mg}{S}\cos\theta_1 \tag{4.9-11}$$

和

$$2z\frac{d^2\vartheta}{dz^2}+\frac{d\vartheta}{dz}=\frac{\delta}{k^2}-\frac{8\pi^2}{\sigma^2}z(\alpha-\gamma) \tag{4.9-12}$$

这里的 σ 的定义是

$$\sigma^2=4\pi^2\frac{k^2 m}{K_{M\rho}d^3} \tag{4.9-13}$$

很明显，σ 的量纲是长度。我们可以把 σ 取作火箭的扰动运动(对于典型弹道)的

特征长度，并且也可以看做是扰动的弹道的“波长”。方程(4.9-1)，(4.9-11)和(4.9-13)就是三个未知函数 α，θ 和 ϑ 的线性化的方程。方程的线性化是在这样一个假设之下作的：对于一个理想的倾角 θ_1 来说，弹道与直线之间的差别很小。

我们可以把 θ 和 ϑ 消去而得出 α 的单独一个方程。做法是这样的：先用 $2\sqrt{z}$ 除方程(4.9-11)，再把结果对 z 微分。这样就得到

$$\sqrt{z}\frac{d^2\theta}{dz^2}+\frac{1}{2\sqrt{z}}\frac{d\theta}{dz}=\frac{1}{2\sqrt{z}}\frac{d\alpha}{dz}-\frac{1}{4z\sqrt{z}}\left(\alpha-\beta-\frac{gm}{S}\cos\theta_1\right)$$

现在，我们再用 $2\sqrt{z}$ 除方程(4.9-12)，然后，从结果中减去上面的方程，最后，再利用方程(4.9-1)的关系。就得出

$$\sqrt{z}\frac{d^2\alpha}{dz^2}+\frac{1}{\sqrt{z}}\frac{d\alpha}{dz}+\left(\frac{4\pi^2\sqrt{z}}{\sigma^2}-\frac{1}{4z\sqrt{z}}\right)\alpha=\frac{\delta}{2k^2\sqrt{z}}+\frac{4\pi^2\sqrt{z}}{\sigma^2}r-\frac{1}{4z\sqrt{z}}\left(\beta+\frac{gm}{S}\cos\theta_1\right)$$

这个方程明白地表示出下列事实：用来研究火箭弹的微分方程不是常系数方程。其实，只要按照下列公式引进一个无量纲距离 ξ

$$\xi=\frac{2\pi z}{\sigma}\tag{4.9-14}$$

[σ 就是方程(4.9-13)所规定的“波长”]，我们就可以把 α 的方程化为贝塞尔方程的标准形状，也就是

$$\begin{aligned}&\frac{d^2\alpha}{d\xi^2}+\frac{1}{\xi}\frac{d\alpha}{d\xi}+\left[1-\frac{(1/2)^2}{\xi^2}\right]\alpha\\&=\gamma+\left(\frac{\delta\sigma}{4\pi k^2}\right)\frac{1}{\xi}-\frac{1}{4}\left(\beta+\frac{gm}{S}\cos\theta_1\right)\frac{1}{\xi^2}\end{aligned}\tag{4.9-15}$$

把 α 确定出以后，再积分下列方程也就可以把 θ 计算出来

$$\frac{d\theta}{d\xi}=\frac{1}{2\xi}\left[\alpha-\beta-\frac{mg}{S}\cos\theta_1\right]\tag{4.9-16}$$

这个方程是由方程(4.9-11)变化出来的。

这些微分方程中的自变数 z 或 ξ 并不是时间变数而是距离变数。但是，正如方程(4.9-9)所表示的那样，z 是时间 t 的单调增函数，ξ 当然也就是 t 的增函数。因此，有希望认为把自变数从 t 改为 ξ 并不会改变系统方程的性质。我们再仔细地研究一下方程式(4.9-15)的结构。这是对冲角 α 的一个线性非齐次方程式，其右端的三项均为对弹体的干扰作用。式(4.9-15)与(4.9-16)联合起来，构成一个联立方程组，它们决定火箭在发动机工作时间内的纵向运动。火箭的飞行状态是弹道倾角 θ 和冲角 α。如果三个外干扰均等于零，那么齐次方程式

$$\frac{d^2\alpha}{dt^2}+\frac{1}{\xi}\frac{d\alpha}{dt}+\left(1-\frac{\left(\frac{1}{2}\right)^2}{\xi^2}\right)\alpha=0$$

$$\frac{d\theta}{d\xi} = \frac{1}{2\xi}\alpha \tag{4.9-17}$$

的解，$\alpha(\xi) = J_{\frac{1}{2}}(\xi)$，按$\frac{1}{2}$阶贝塞尔函数的规律

$$\alpha_1(\xi) = J_{\frac{1}{2}}(\xi) = \sqrt{\frac{2}{\pi\xi}}\sin\xi, \quad \alpha_2(\xi) = J_{-\frac{1}{2}}(\xi) = \sqrt{\frac{2}{\pi\xi}}\cos\xi$$

随 ξ 的增大而逐渐减小。而 $\theta(\xi)$ 则将随 ξ 的增大而趋于某稳态值 θ_∞。

利用上述事实，又可对非齐次方程式(4.9-15)做一变换。事实上方程式(4.9-15)可以改写为

$$\frac{d^2\zeta}{d\xi^2} + \zeta = Q(\xi) \tag{4.9-18}$$

其中

$$\zeta = \sqrt{\xi}\alpha \tag{4.9-19}$$

而

$$Q(\xi) = r\sqrt{\xi} + \left(\frac{\delta\sigma}{4\pi k^2}\right)\frac{1}{\sqrt{\xi}} - \frac{1}{4}\left(\beta + \frac{gm}{S}\cos\theta_1\right)\frac{1}{\xi^{3/2}} \tag{4.9-20}$$

因此，对于新未知函数 ζ 来说，补充函数就是 $\sin\xi$ 和 $\cos\xi$。

火箭弹离开发射点时的条件，或者初始条件记为

$$\begin{aligned} v &= v_0 \\ \theta &= \theta_0 \\ \alpha &= \alpha_0 \\ d\vartheta/dt &= (d\vartheta/dt)_0 \end{aligned} \tag{4.9-21}$$

这里的下标“0”表示 $t=0$ 时刻的值。ξ 和 ζ 的初始值当然就是

$$\xi_0 = \frac{2\pi}{\sigma}\frac{m}{2S}v_0^2 = \frac{\pi m v_0^2}{\sigma S} \tag{4.9-22}$$

和

$$\zeta_0 = \sqrt{\xi_0}\alpha_0 \tag{4.9-23}$$

根据方程(4.9-16)，$t=0$ 时就有

$$\sqrt{\xi_0}\left(\frac{d\theta}{d\xi}\right)_0 = \frac{\alpha_0 - \beta - (mg/S)\cos\theta_1}{2\sqrt{\xi_0}}$$

但是 $\theta = \vartheta - \alpha$，所以

$$\left(\frac{d\zeta}{d\xi}\right)_0 = \sqrt{\xi_0}\left(\frac{d\alpha}{d\xi}\right)_0 + \frac{1}{2\sqrt{\xi_0}}\alpha_0 = \sqrt{\xi_0}\left(\frac{d\vartheta}{d\xi}\right)_0 + \frac{\beta + (gm/S)\cos\theta_1}{2\sqrt{\xi_0}}$$

或更明显地，

$$\left(\frac{d\zeta}{d\xi}\right)_0 = \sqrt{\xi_0}\frac{\sigma(d\vartheta/dt)_0}{2\pi v_0} + \frac{\beta + (gm/S)\cos\theta_1}{2\sqrt{\xi_0}} \tag{4.9-24}$$

把初始条件这样变化以后，我们就可以把方程(4.9-18)的解 ζ 或 α 直接写出来：

$$\alpha(\xi,\xi_0)=\frac{1}{\sqrt{\xi}}\cos(\xi-\xi_0)\left[\zeta_0-\int_{\xi_0}^{\xi}\sin(\eta-\xi_0)Q(\eta)d\eta\right]$$
$$+\frac{1}{\sqrt{\xi}}\sin(\xi-\xi_0)\left[\left(\frac{d\zeta}{d\xi}\right)_0+\int_{\xi_0}^{\xi}\cos(\eta-\xi_0)Q(\eta)d\eta\right] \quad (4.9\text{-}25)$$

这里的 Q 就是方程(4.9-20)所表示的驱动函数。因为 $Q(\eta)$ 中包含有 η 的半次方幂，所以方程(4.9-25)中的积分确实都是福来内尔(Fresnel)积分。把方程(4.9-20)和初始条件式(4.9-23)，(4.9-24)代入方程(4.9-15)后，再进行计算就可以得出冲角 $\alpha(\xi,\xi_0)$ 的表示式：

$$\alpha(\xi,\xi_0)=\gamma+\left(\beta+\frac{mg}{S}\cos\theta_1\right)F_1(\xi,\xi_0)+\frac{\delta\sigma}{2\pi k^2}F_2(\xi,\xi_0)-\gamma[F_1(\xi,\xi_0)$$
$$+F_3(\xi,\xi_0)]+\alpha_0F_3(\xi,\xi_0)+\frac{\sigma}{2\pi v_0}\left(\frac{d\vartheta}{dt}\right)_0F_4(\xi,\xi_0) \quad (4.9\text{-}26)$$

其中 $F_i(\xi,\xi_0)$，$i=1,2,3,4$ 都可表示为火箭函数的组合。

$$F_1(\xi,\xi_0)=\frac{1}{2\sqrt{\xi}}[rr(\xi_0)\sin(\xi-\xi_0)+rj(\xi_0)\cos(\xi-\xi_0)-rj(\xi)]$$

$$F_2(\xi,\xi_0)=\frac{1}{2\sqrt{\xi}}[rr(\xi)-rr(\xi_0)\cos(\xi-\xi_0)+rj(\xi_0)\sin(\xi-\xi_0)]$$

$$F_3(\xi,\xi_0)=\sqrt{\xi_0}\cos(\xi-\xi_0)/\sqrt{\xi}$$

$$F_4(\xi,\xi_0)=\sqrt{\xi_0}\sin(\xi-\xi_0)/\sqrt{\xi} \quad (4.9\text{-}27)$$

罗色尔等[21]把一些常用的福来内尔积分定义为火箭函数：

$$rr(\omega)=\cos\omega\int_{\omega}^{\infty}\frac{\sin x}{\sqrt{x}}dx-\sin\omega\int_{\omega}^{\infty}\frac{\cos x}{\sqrt{x}}dx \quad (4.9\text{-}28)$$

$$rj(\omega)=\cos\omega\int_{\omega}^{\infty}\frac{\cos x}{\sqrt{x}}dx+\sin\omega\int_{\omega}^{\infty}\frac{\sin x}{\sqrt{x}}dx \quad (4.9\text{-}29)$$

$$ra^2(\omega)=rr^2(\omega)+rj^2(\omega) \quad (4.9\text{-}30)$$

$$ir(\omega)=\int_0^{\omega}\frac{rr(x)}{\sqrt{x}}dx \quad (4.9\text{-}31)$$

$$ij(\omega)=\int_0^{\omega}\frac{rj(x)}{\sqrt{x}}dx \quad (4.9\text{-}32)$$

$$rt(\omega)=t_{a\lambda}^{-1}\frac{rj(\omega)}{rr(\omega)} \quad (4.9\text{-}33)$$

并且在他们的书里[21]还把这些函数作成函数表，$rr(\omega)$ 和 $rj(\omega)$，$ra(\omega)$ 都是 ω 的单调递降函数，$jr(\omega)$ 是 ω 的单调递升函数。因此根据式(4.9-27)可以看出，对于很大的 $\xi F_i(\xi,\xi_0)$，$i=1,2,3,4$ 都趋于零，这样 $\alpha(\xi,\xi_0)$ 就趋于 γ。把 α 计算出来以后，

用积分方法就可以由方程(4.9-16)求出 θ 来：

$$\theta-\theta_1=(\theta_0-\theta_1)-\frac{1}{2}\left(\beta+\frac{mg}{S}\cos\theta_1\right)\ln\frac{\xi}{\xi_0}+\frac{1}{2}\int_{\xi_0}^{\xi}\frac{\alpha(\eta,\xi_0)}{\eta}d\eta \quad (4.9\text{-}34)$$

把方程(4.9-26)代入式(4.9-34)后，再把方程(4.9-34)写成若干项，每一项都代表一种类型的扰动。这样，

$$\theta-\theta_1=(\theta_0-\theta_1)+\left(\beta+\frac{mg}{S}\cos\theta_1\right)G_1(\xi,\xi_0)+\frac{\delta\sigma}{2\pi k^2}G_2(\xi,\xi_0)-\gamma[G_1(\xi,\xi_0)+G_3(\xi,\xi_0)]+\alpha_0G_3(\xi,\xi_0)+\frac{1}{2}\frac{\sigma}{\pi v_0}\left(\frac{d\vartheta}{dt}\right)_0G_4(\xi,\xi_0) \quad (4.9\text{-}35)$$

其中

$$G_1(\xi,\xi_0)=\frac{1}{2}\int_{\xi_0}^{\xi}\frac{F_1(\eta,\xi_0)}{\eta}d\eta-\frac{1}{2}\ln\frac{\xi}{\xi_0}$$

$$G_2(\xi,\xi_0)=\frac{1}{2}\int_{\xi_0}^{\xi}\frac{F_2(\eta,\xi_0)}{\eta}d\eta$$

$$G_3(\xi,\xi_0)=\frac{1}{2}\int_{\xi_0}^{\xi}\frac{F_3(\eta,\xi_0)}{\eta}d\eta$$

$$G_4(\xi,\xi_0)=\frac{1}{2}\int_{\xi_0}^{\xi}\frac{F_4(\eta,\xi_0)}{\eta}d\eta \quad (4.9\text{-}36)$$

方程(4.9-35)右边第一项表示弹道初始倾角偏差的影响。第二项表示推力不正和重力的影响。第三项表示推力的转矩的影响。第四项表示尾翼的安装不正所引起的影响。第五项表示初始冲角的影响。最末一项表示火箭弹的初始角速度的影响。每一个 G 都是 ξ 和 ξ_0 这两个变数的函数，并且也是由一些福来内尔积分组成的。用图线表示这些函数的几个图(图 4.9-2—4.9-5)也是引自文献[21]。

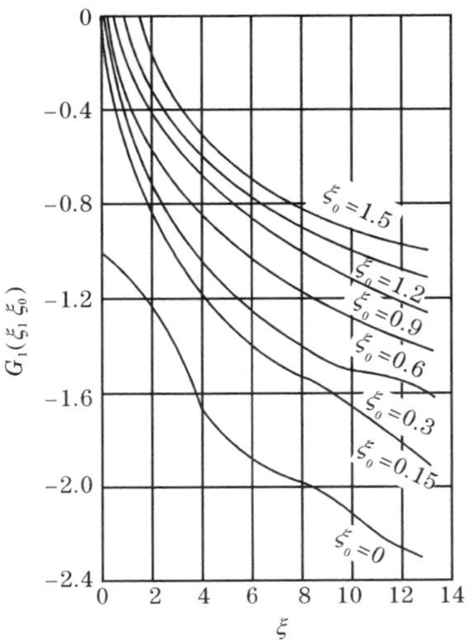

图 4.9-2

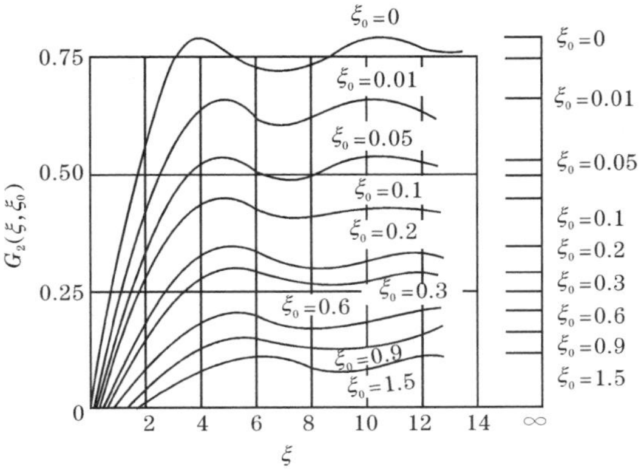

图 4.9-3

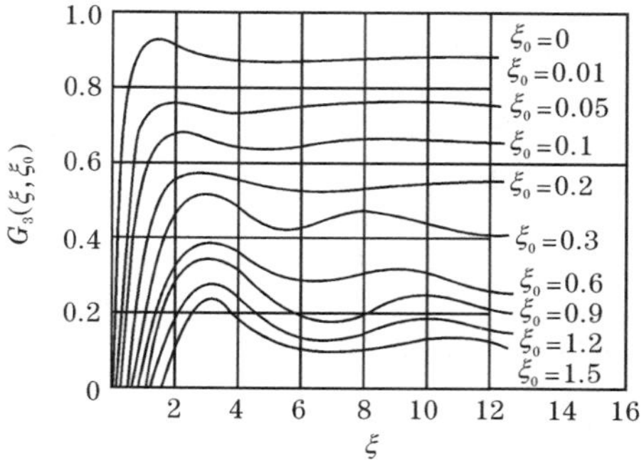

图 4.9-4

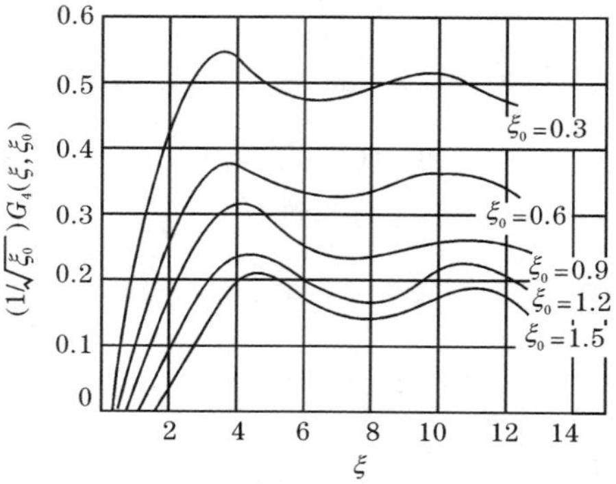

图 4.9-5

把图 4.9-2 到图 4.9-5 这几个图观察一下，就可以看出这样一个事实：对于很大的 ξ 值来说，所有这些火箭函数 G 几乎都是常数。所以，各种扰动都不能阻尼掉。方程(4.9-35)的第一项和最后两项表示在发射点所受的初始扰动的影响，然而，当 ξ 很大时，它们还保持不等于零的有限值。方程(4.9-35)的其余三项都是由于“输入”(或者说驱动函数)而产生的“输出”。对于很大的 ξ 值来说，它们的值也不是零。G_1 函数的性质尤其恶劣：当 ξ 很大的时候，它差不多等于 $\ln\xi$，所以也就要无限地增大。

我们试用李雅普诺夫稳定性的判据准则来对此具体问题作一分析。火箭纵向飞行状态 α 对初始状态扰动 α_0，$\left(\dfrac{d\vartheta}{dt}\right)_0$ 和 θ_0 都是稳定的，因为这些干扰引起的 α 变化都随 ξ 的增大而趋于零。但是有了外扰作用后 $\alpha(\xi)$ 并不趋于零。其次，当有外扰情况下 θ 将无限增大。根据齐次方程式(4.9-17)可知，当一切外扰为零时，由于初始条件式(4.9-21)不为零，θ 也不会趋于零。由此只能得出结论：火箭弹按稳定性的定义是不稳定的。

但是，这个结论并不能使设计师们感到震惊。因为，第一，李雅普诺夫的定义是 $\xi\to\infty$ 时系统坐标的变化情况，而这里的短程火箭的推力作用时间却很短。“ξ 趋于无穷大”这一条件在此完全无意义；第二，即便在有限时间内 $\theta(t)$ 和 $\alpha(t)$ 将在干扰作用下随射程距离的增大而增大，或保持不为零的常量，这也无妨于火箭能够较准确地命中目标。这样一来，李雅普诺夫稳定性的定义必须加以修改。这里宜于采用的是有限时间内的稳定性的概念。按第 4.7 节叙述的定义，这里稳定性的概念可以这样提：设给定火箭飞行时间 T，在 $t=T$ 时飞行状态偏差 θ 和 α 应满足条件

$$|\theta|<\theta_c,\quad |\alpha|<\alpha_c \tag{4.9-37}$$

其中 θ_c，α_c 均为预先给定的常数。如果对任意给定的这一组正数：T，θ_c，α_c，均能找

出一组不为零的正数 $\gamma,\delta,\beta,\theta_0,\alpha_0,\left(\frac{d\vartheta}{dt}\right)_0$，使在 $0\leqslant t\leqslant T$ 间隔内，或在 $t=T$ 时刻满足条件式(4.9-37)，那么此火箭的运动是稳定的。

这样一种提法是有重要实际意义的。如果上述条件不满足，就无法使火箭飞行达到要求的精度式(4.9-37)。反之，如果火箭运动按上述定义是稳定的，那么根据给定的 T,θ_c,α_c 就可能定出可允许的干扰 γ,δ,β 及初始条件误差 θ_0,α_0 和 $\left(\frac{d\vartheta}{dt}\right)_0$ 的公差范围，而这对设计师来说是具有重要意义的。

4.10　线性系统的能观测性

在任何闭路系统中，为了形成反馈信号必须不断地测量系统的状态。在实际问题中常出现这样的情况，预先给定的测量方法不能提供足够的信息去确定系统的状态，这时就要改变测量方案。所以事先应该检查给定的测量方法能否满足要求。1960 年卡尔曼(Kalman)首先从理论上提出了这一问题，并引进了关于能观测性的概念[15]。事实证明，这是一个重要的概念。下面以雷达测量为例对这个概念加以说明。

由于受观测工具和测量手段的限制，受控对象的状态变化 $\boldsymbol{x}(t)=\{x_1(t),x_2(t),\cdots,x_n(t)\}$ 常不可能逐个地全部实时地测量出来。为了估计各个状态变量的瞬时值，必须通过能够直接测量到的数据换算出来。典型的例子是飞行器的雷达测量。设 M 为要观测的目标，在平面坐标系中作为一个质点的运动有四个独立的状态分量：$x(t),y(t)$ 和 $\dot{x}(t)=V_x(t),\dot{y}(t)=V_y(t)$(图 4.10-1)。置于 0 点的雷达能够观测到的是另外的四个量：斜距 r，仰角 ε 和它们的变化率 $\dot{r},\dot{\varepsilon}$。$M$ 的状态和观测量之间的关系是

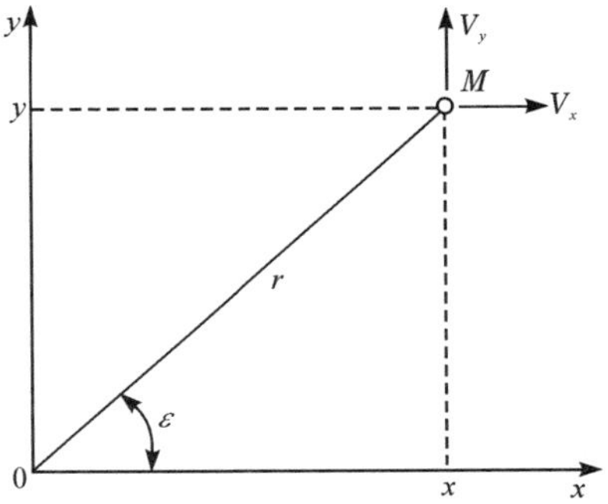

图 4.10-1

$$r=\sqrt{x^2+y^2}$$

$$\varepsilon=\tan^{-1}\frac{y}{x}$$

$$\dot{r}=\frac{1}{\sqrt{x^2+y^2}}(xV_x+yV_y)$$

$$\dot{\varepsilon}=\frac{x}{x^2+y^2}V_y-\frac{y}{x^2+y^2}V_x$$

如果观测工具是光学仪器，则它不能精确测量出 $\dot{r}$ 和 $\dot{\varepsilon}$，只能给出 r 和 ε 的精确值，那就只能得到前面两个关系式，这时就不能用 x 和 y 的瞬时值求出另两个状态变量 V_x 和 V_y。但是，由于 $x=r\cos\varepsilon, y=r\sin\varepsilon$，如果测得 r 和 ε 在 t 时刻以前的数据，V_x 和 V_y 仍然可以通过微分运算求出来。如果测量工具只能测得一个量 r，情况就完全不同了，仅用一个 $r(t)$ 的哪怕是在 $[0,t]$ 时间内的全部数据也不可能得到任何状态坐标的正确估算。于是，对受控对象的状态能不能测量，取决于受控对象本身的特点和测量方程二者之间的相互关系。

下面我们只讨论线性系统的能观测性问题（对非线性系统这个问题也是存在的）。考查变系数线性系统

$$\frac{d\boldsymbol{x}(t)}{dt} = A(t)\boldsymbol{x}(t) + B(t)\boldsymbol{u}(t) \tag{4.10-1}$$

式中 $\boldsymbol{x}(t)=\{x_1(t),x_2(t),\cdots,x_n(t)\}$ 是状态向量，$\boldsymbol{u}(t)=\{u_1(t),\cdots,u_r(t)\}$ 是控制向量，$A(t)=(a_{ij}(t))$ 和 $B(t)=(b_{ij}(t))$ 分别是 $n\times n$ 和 $n\times r$ 矩阵，其中 $a_{ij}(t)$ 和 $b_{ij}(t)$ 都是 t 的连续函数。假定被观测的量 $\boldsymbol{y}$ 与状态 $\boldsymbol{x}$ 之间是线性关系

$$\boldsymbol{y}(t) = H(t)\boldsymbol{x}(t) \tag{4.10-2}$$

$H(t)=(h_{ij}(t))$ 是 $l\times n$ 阶矩阵，$l\leqslant n$，$h_{ij}(t)$ 也是 t 的连续函数。

一个有益的概念是系统的能观测性。如果对任一时刻 $t>t_0$ 系统的状态 $\boldsymbol{x}(t)$ 可以根据观测到的 $\boldsymbol{y}(t)$ 在 $[t_0,t]$ 时间内的数据和已知的 $\boldsymbol{u}(t)$ 在同一时间内的数据唯一地确定出来，则说系统式(4.10-1)和(4.10-2)在 t 时刻是完全可观测的。

注意到式(4.10-1)可能是一个闭路系统，即若 $\boldsymbol{u}(t)=C(t)\boldsymbol{x}(t)$，则式(4.10-1)变为

$$\frac{d\boldsymbol{x}}{dt} = (A(t)+B(t)C(t))\boldsymbol{x} = A_1(t)\boldsymbol{x} \tag{4.10-1'}$$

此时 $\boldsymbol{u}(t)$ 的数据对系统的可观测性不起作用，而矩阵 $A_1(t)$ 的具体形式将和 $H(t)$ 共同决定系统的可观测性。

第二章中我们曾讨论过，式(4.10-1)的解是

$$\boldsymbol{x}(t) = \Phi(t,t_0)\boldsymbol{x}_0 + \Phi(t,t_0)\int_{t_0}^{t}\Phi^{-1}(\tau,t_0)B(\tau)\boldsymbol{u}(\tau)d\tau$$

式中 $\boldsymbol{x}_0$ 是状态的初值，$\Phi(t,t_0)$ 是齐次方程($\boldsymbol{u}=\boldsymbol{0}$)的基本解矩阵。代入式(4.10-2)，有

$$\begin{aligned}\boldsymbol{y}(t) &= H(t)\Phi(t,t_0)\boldsymbol{x}_0 + H(t)\Phi(t,t_0)\int_{t_0}^{t}\Phi^{-1}(\tau,t_0)B(\tau)\boldsymbol{u}(\tau)d\tau \\ &= H(t)\Phi(t,t_0)\left[\boldsymbol{x}_0 + \int_{t_0}^{t}\Phi^{-1}(\tau,t_0)B(\tau)\boldsymbol{u}(\tau)d\tau\right]\end{aligned} \tag{4.10-2'}$$

显然，如果 $H(t)$ 对任何 t 都是 $n\times n$ 可逆矩阵，系统当然是完全可观测的，因为 $\boldsymbol{x}(t)=H^{-1}(t)\boldsymbol{y}(t)$ 对任何 t 成立。实际上，$H(t)$ 通常不一定是正方阵，即 $\boldsymbol{y}(t)$ 的

维数通常小于 n，所以 $H(t)$ 不可能有逆。

由于 $\Phi(t,t_0)$ 是 $n\times n$ 阶方阵，$\boldsymbol{x}(t)$ 和 $\boldsymbol{x}_0$ 之间有一对一的对应关系，即每一个 $\boldsymbol{x}_0$ 对应一个唯一的 $\boldsymbol{x}(t)$，不同的 $\boldsymbol{x}_0$ 对应不同的 $\boldsymbol{x}(t)$。因此，为了根据 $\boldsymbol{y}(t)$ 在 $[t_0,t]$ 上的数据能够唯一地确定 $\boldsymbol{x}(t)$，只须能求出 $\boldsymbol{x}_0$ 就够了。系统可观测性条件可改述为：如果能根据 $\boldsymbol{y}(t)$ 在 $[t_0,t]$ 上的数据唯一确定 $\boldsymbol{x}(t_0)=\boldsymbol{x}_0$，系统在 t 时刻是可观测的；如果对一切 t 都可观测，系统叫完全可观测的。用 $H^\tau(t)$ 和 $\Phi^\tau(t,t_0)$ 分别表示 $H(t)$ 和 $\Phi(t)$ 的转置矩阵。对(4.10-2′)两端作用 $\Phi^\tau(t,t_0)H^\tau(t)$，并在时间间隔 $[t_0,t_1]$ 上积分后有

$$
\begin{aligned}
&\int_{t_0}^{t_1}\Phi^\tau(t,t_0)H^\tau(t)H(t)\Phi(t,t_0)\boldsymbol{x}_0dt\\
&=\int_{t_0}^{t_1}\Phi^\tau(t,t_0)H^\tau(t)\left[\boldsymbol{y}-H(t)\Phi(t,t_0)\int_{t_0}^{t}\Phi^{-1}(\tau,\tau_0)B(\tau)\boldsymbol{u}(\tau)d\tau\right]dt\\
&=z(t)
\end{aligned}
$$

根据假定上式右端是已知的，记为 $\boldsymbol{z}(t_1)$。如果 $n\times n$ 方阵 $M_0(t_1,t_0)$

$$
M_0(t_1,t_0)=\int_{t_0}^{t_1}\Phi^\tau(t,t_0)H^\tau(t)H(t)\Phi(t,t_0)dt \tag{4.10-3}
$$

是可逆的，就有 $\boldsymbol{x}_0=M_0^{-1}(t_1,t_0)\boldsymbol{z}(t_1)$。这意味着，如果 $M_0(t_1,t_0)$ 对任何 t_1 是可逆矩阵，则系统必是完全可观测的，此时

$$
\begin{aligned}
\boldsymbol{x}_0&=M_0^{-1}(t_1,t_0)\boldsymbol{z}(t_1)\\
&=M_0^{-1}(t_1,t_0)\left\{\int_{t_0}^{t_1}\Phi^\tau(t,t_0)H^\tau(t)\right.\\
&\quad\left.\times\left[\boldsymbol{y}(t)-H(t)\Phi(t,t_0)\int_{t_0}^{t}\Phi^{-1}(\tau,\tau_0)B(\tau)\boldsymbol{u}(\tau)d\tau\right]dt\right\}
\end{aligned}
$$

即 $\boldsymbol{y}(t)$ 和 $\boldsymbol{u}(t)$ 在 $[t_0,t_1]$ 上的数据完全确定 $\boldsymbol{x}_0$，因而完全确定 $\boldsymbol{x}(t)$，反之，可以断言，为了使系统是完全可观测的，必需 $M_0(t,t_0)$ 对任何 $t>t_0$ 是可逆矩阵。显然，如果 $M_0(t_1,t_0)$ 是不可逆的，则同一个 $\boldsymbol{z}(t_1)$ 将有两个以上的 $\boldsymbol{x}_0$ 按下列代数方程相对应：

$$
M_0(t_1,t_0)\boldsymbol{x}_0=\boldsymbol{z}(t_1)
$$

即上式有两个以上的独立解。这就是说，根据 $\boldsymbol{z}(t_1)$ 不能单一地确定 $\boldsymbol{x}_0$，系统在 $t=t_1$ 时是不可观测的，因而不是完全可观测的。

总结上述，由运动方程(4.10-1)和测量方程(4.10-2)构成的系统为完全可观测的充要条件是由式(4.10-3)定义的 $n\times n$ 阶方阵对任何 $t_1>t_0$ 是可逆的。注意到 $\Phi^\tau H^\tau H\Phi$ 是非负对称矩阵，而对称矩阵的和也是对称矩阵，故 $M_0(t_1,t_0)$ 是对称的非负方阵。只有 M 是正定时才可能有逆。因而 $M_0(t_1,t_0)$ 是可逆的等价于它的正定性。

对常系数线性系统，能观测性的充分必要条件还可以更具体化一些。设式

(4.10-1)和(4.10-2)中的矩阵 A,B 和 H 都是常量矩阵,这时整个系统为

$$\frac{d\boldsymbol{x}}{dt} = A\boldsymbol{x} + B\boldsymbol{u}$$

$$\boldsymbol{y} = H\boldsymbol{x} \tag{4.10-4}$$

可以证明,系统式(4.10-4)完全能观测的必要充分条件是矩阵

$$\Omega_0 = \begin{pmatrix} H \\ HA \\ HA^2 \\ \vdots \\ HA^{n-1} \end{pmatrix} \tag{4.10-5}$$

的秩为 n。这个条件使我们可以直接去检查常系数系统的完全能观测性。关于这一结论的详细证明,可看文献[7,14,15]。

4.11　线性系统的能控性

某种特定的系统结构能不能保证系统的所有状态坐标都受到控制作用的制约,在一个复杂的系统中这并不是显而易见的特征。在多维系统中常有一部分坐标是不能控制的:还有一部分只能通过别的坐标间接地受到控制。弄清给定系统的能控性不仅具有实际意义,在理论分析中它尤其是一个重要概念。本节内我们将介绍能控性的意义,以及能控性与能观测性之间的关系。

仍然讨论由式(4.10-1)描述的受控系统。当控制作用 $\boldsymbol{u}(t)$ 选定后,系统的状态变化将由式(4.10-3)单值确定。如果对初值 $\boldsymbol{x}_0$,存在 $t_1>t_0$,使它在 t_1-t_0 的时间内归零,即 $\boldsymbol{x}(t_1)=\boldsymbol{0}$,系统叫做对 $\boldsymbol{x}_0$ 能控。如果对任何 $\boldsymbol{x}_0$ 都能控,系统叫做完全能控的。由式(4.10-3)知,为了使

$$\boldsymbol{x}(t_1) = \Phi(t_1,t_0)\left[\boldsymbol{x}_0 + \int_{t_0}^{t_1} \Phi^{-1}(t,t_0)B(t)\boldsymbol{u}(t)dt\right] = \boldsymbol{0}$$

必须有

$$\boldsymbol{x}_0 = -\int_{t_0}^{t_1} \Phi^{-1}(t,t_0)B(t)\boldsymbol{u}(t)dt \tag{4.11-1}$$

因为 $\Phi(t_1,t)$ 永远是可逆的,只有作用到 $\boldsymbol{0}$ 向量上才能有 $\boldsymbol{x}(t_1)=\boldsymbol{0}$。

为了对任何 $\boldsymbol{x}_0 \in R_n$ 都能选出 t_1 和 $\boldsymbol{u}(t)$ 使式(4.11-1)成立,显然由

$$K\boldsymbol{u}(t) = \int_{t_0}^{t_1} \Phi^{-1}(t,t_0)B(t)\boldsymbol{u}(t)dt \tag{4.11-2}$$

定义的算子 K 的值域应该充满整个空间 R_n。如果 $\boldsymbol{z}$ 为任一 n 维常向量,取 $\boldsymbol{u}(t)=B^{\tau}(t)\Phi^{-1\tau}(t,t_0)\boldsymbol{z}=B^{\tau}(t)\Phi^{\tau}(t_0,t)\boldsymbol{z}$ 代入式(4.11-2)后有

$$K\boldsymbol{u}(t) = \int_{t_0}^{t_1} \Phi^{-1}(t,t_0)B(t)B^{\tau}(t)\Phi^{\tau}(t_0,t)\boldsymbol{z}dt$$

$$=\int_{t_0}^{t_1}\Phi(t_0,t)B(t)B^{\tau}(t)\Phi^{\tau}(t_0,t)\boldsymbol{z}dt$$

式中利用了关系式 $\Phi^{-1}(t,t_0)=\Phi(t_0,t)$。那么，为了使 K 的值域充满整个 n 维空间 R_n，和前节的讨论类似，方阵

$$M_c(t_1,t_0)=\int_{t_0}^{t_1}\Phi(t_0,t)B(t)B^{\tau}(t)\Phi^{\tau}(t_0,t)dt \tag{4.11-3}$$

必须是可逆的，此时 $\boldsymbol{z}=M_c^{-1}(t_1,t_0)K\boldsymbol{u}(t)$，$\boldsymbol{z}$ 和 $\boldsymbol{u}(t)$一一对应。只要选 n 个线性不相关的 $\boldsymbol{z}_1,\boldsymbol{z}_2,\cdots,\boldsymbol{z}_n$，就能得到 n 个线性不相关的$\{K\boldsymbol{u}_i(t)\}_1^n$，即它们的线性组合充满整个空间。这就是说，$M_c(t_1,t_0)$为可逆矩阵(正定矩阵)是系统能控性的充分条件。而 $M(t_1,t_0)$对任何 $t_1>t_0$ 都是可逆的(正定的)，这是系统完全能控性的充分条件。

实际上 M_c 的正定性也是系统能控性的必要条件。设对每一个初始状态 $\boldsymbol{x}_0\neq\boldsymbol{0}$，存在至少一个 $\boldsymbol{u}(t)$，$t\in[t_0,t_1]$，使 $\boldsymbol{x}_0=-\int_{t_0}^{t_1}\Phi(t_0,t)B(t)\boldsymbol{u}(t)dt$。那么内积

$$-\left(\boldsymbol{x}_0,\int_{t_0}^{t_1}\Phi(t_0,t)B(t)\boldsymbol{u}(t)dt\right)_{R_n}=(\boldsymbol{x}_0,\boldsymbol{x}_0)_{R_n}=\|\boldsymbol{x}_0\|^2>0$$

展开左端内积，记 $\Phi(t_0,t)=(\varphi_{\alpha\beta}(t_0,t))$，$B(t)=(b_{\beta\gamma}(t))$，$\boldsymbol{x}_0=\{x_1,\cdots,x_n\}$，有

$$-\int_{t_0}^{t_1}\sum_{\substack{\alpha=1\\\beta=1}}^{n}x_\alpha\varphi_{\alpha\beta}(t)\sum_{\gamma=1}^{n}b_{\beta\gamma}(t)u_\gamma(t)dt$$

$$=-\int_{t_0}^{t_1}\Big(\sum_{\gamma=1}^{r}u_\gamma(t)\sum_{\substack{\alpha=1\\\beta=1}}^{n}\varphi_{\alpha\beta}(t_0,t)b_{\beta\gamma}x_\alpha\Big)dt$$

$$=-(\boldsymbol{u}(t),B^{\tau}\Phi^{\tau}(t_0,t)\boldsymbol{x}_0)_{L^2_{R_r}(t_0,t_1)}>0$$

上式下标 $L^2_{R_r}(t_0,t_1)$表示两个取值于 r 维空间 R_r 的 t 的函数的内积，$B^{\tau}(t)$和 $\Phi^{\tau}(t_0,t)$分别是 $B(t)$和 $\Phi(t_0,t)$的转置矩阵。由上式知 $B^{\tau}(t)\Phi^{\tau}(t_0,t)\boldsymbol{x}_0\neq\boldsymbol{0}$，因而

$$(B^{\tau}(t)\Phi^{\tau}(t_0,t)\boldsymbol{x}_0,B^{\tau}(t)\Phi^{\tau}(t_0,t)\boldsymbol{x}_0)_{L^2_{R_r}(t_0,t_1)}$$

$$=\left(\boldsymbol{x}_0,\int_{t_0}^{t_1}\Phi(t_0,t)B(t)B^{\tau}(t)\Phi^{\tau}(t_0,t)dt\boldsymbol{x}_0\right)_{R_n}$$

$$=(\boldsymbol{x}_0,M_c(t_1,t_0)\boldsymbol{x}_0)_{R_n}>0 \tag{4.11-4}$$

对任意非零向量 $\boldsymbol{x}_0$ 成立，即 $M_c(t_1,t_0)$是正定的，因而是可逆的。所以，$M_c(t_1,t_0)$为正定(可逆)是系统有能控性的必要条件。

对常系数方程

$$\frac{d\boldsymbol{x}}{dt}=A\boldsymbol{x}+B\boldsymbol{u} \tag{4.11-5}$$

能控性的标志比较容易检查。令 $t_0=0$，由第二章知，此时 $\Phi(t_0,t)=e^{-At}$，所以

$$M_c(t_1,0)=M_c(t_1)=\int_0^{t_1}e^{-At}BB^{\tau}e^{-A^{\tau}t}dt \tag{4.11-6}$$

$M^{\tau}(t_1)$的正定性或可逆性，依式(4.11-4)，等价于 $\boldsymbol{v}(t)=B^{\tau}e^{-A^{\tau}t}\boldsymbol{x}_0\not\equiv\boldsymbol{0}, t\in[0,t_1]$，对任何非零 $\boldsymbol{x}_0$ 均成立，$\boldsymbol{v}(t)$是 r 维向量 $\boldsymbol{v}(t)=\{v_1(t),v_2(t),\cdots,v_r(t)\}$。设 $\boldsymbol{h}$ 是 R_r 中的某一非零向量，那么$(\boldsymbol{h},B^{\tau}e^{-A^{\tau}t}\boldsymbol{x}_0)_{R_r}=(e^{-At}B\boldsymbol{h},\boldsymbol{x}_0)_{R_n}$ 不可能对所有 $\boldsymbol{x}_0$ 都为 $\boldsymbol{0}$，因而有下列两个不等式成立

$$e^{-At}B\boldsymbol{h}\not\equiv\boldsymbol{0}\quad\forall\,\boldsymbol{h}\neq\boldsymbol{0},\boldsymbol{h}\in R_r$$

$$B^{\tau}e^{-A^{\tau}t}\boldsymbol{x}_0\not\equiv\boldsymbol{0}\quad\forall\,\boldsymbol{x}_0\in R_n,\boldsymbol{x}_0\neq\boldsymbol{0}\tag{4.11-7}$$

今证明，常系数线性系统式(4.11-5)完全能控的充要条件是 $n\times nr$ 阶长方阵 Ω 或 $nr\times n$ 阶长方阵 Ω^{τ} 的秩为 n：

$$\Omega=(B,AB,\cdots,A^{n-1}B)$$

$$\Omega^{\tau}=\begin{pmatrix}B^{\tau}\\B^{\tau}A^{\tau}\\B^{\tau}(A^{\tau})^2\\\vdots\\B^{\tau}(A^{\tau})^{n-1}\end{pmatrix}\tag{4.11-8}$$

设 Ω^{τ} 的秩为 n，但系统不完全能控，那么必有一个 $\boldsymbol{x}_0\neq\boldsymbol{0}$ 使 $B^{\tau}e^{-A^{\tau}t}\boldsymbol{x}_0\equiv\boldsymbol{0}$。对 t 微分 $n-1$ 次并令 $t=0$，得

$$B^{\tau}\boldsymbol{x}_0=\boldsymbol{0},B^{\tau}A^{\tau}\boldsymbol{x}_0=\boldsymbol{0},\cdots,B^{\tau}(A^{\tau})^{n-1}\boldsymbol{x}_0=\boldsymbol{0}\tag{4.11-9}$$

这和 Ω^{τ} 的秩为 n 相矛盾。所以 Ω^{τ} 的秩为 n(同理 Ω 的秩为 n)是完全能控的充分条件。

再设系统为完全能控，但 Ω^{τ} 的秩小于 n。那么必存在一个 $\boldsymbol{x}_0\neq\boldsymbol{0}$ 使式(4.11-9)成立。由矩阵函数理论知 $e^{-A^{\tau}t}$可以表示成

$$e^{-At}=\sum_{\alpha=0}^{n-1}f_{\alpha}(t)A^{\alpha}$$

于是

$$B^{\tau}e^{-A^{\tau}t}\boldsymbol{x}_0=\sum_{\alpha=0}^{n-1}f_{\alpha}(t)B^{\tau}(A^{\tau})^{\alpha}\boldsymbol{x}_0\equiv\boldsymbol{0}$$

这又与完全能控性的特征式(4.11-7)矛盾。所以 Ω 或 Ω^{τ} 的秩为 n 又是完全能控性的必要条件。

如果 $\boldsymbol{u}$ 是一维的，则 B 是列向量，记为 $\boldsymbol{b}$，因此上述完全能控的充要条件是下列 n 个向量线性无关

$$\Omega=\{\boldsymbol{b},A\boldsymbol{b},A^2\boldsymbol{b},\cdots,A^{n-1}\boldsymbol{b}\}\tag{4.11-10}$$

此时完全能控性是很容易检查的。

最后，对方程组(4.10-1)—(4.10-2)构造对偶方程式

$$\frac{d\boldsymbol{z}}{dt}=-A^{\tau}(t)\boldsymbol{z}(t)+H^{\tau}(t)\boldsymbol{v}(t)\tag{4.11-11}$$

可以证明，为了使系统式(4.10-1)—(4.10-2)是完全能观测的，必须它的对偶方程(4.11-11)是完全能控的。对常系数系统这一事实可由上述能控性和第4.10节中讨论过的能观测性条件相比较而确信。对变系数系统也只要重复对方阵$M(t_1,t_0)$和$M^\tau(t_1,t_0)$的计算就可得到证明。详细的论述可参看文献[7,14]。

线性系统能控性和能观测性问题，与系统的稳定性、最优控制以及最优滤波等问题都有密切关系[7,14,12,41]。例如，一个完全能控的常系数线性系统，通过状态反馈可以任意配置极点(见第5.5节)。因此，只要系统完全能控总可以通过状态反馈使系统渐近稳定，而且具有任意指定的衰减速度。

从能控性和能观测性观点来看，一个线性系统总可以分解成四个部分，即能控、能观测部分，能控、不能观测部分，能观测、不能控部分，不能控、不能观测部分。在这四部分中，传递函数只能反映完全能控、完全能观测部分。因此，对一般线性系统，传递函数方法不是一种完全地描述。

参考文献

[1] 秦元勋，运动稳定性的一般问题讲义，科学出版社，1958.

[2] 许淞庆，常微分方程稳定性理论，上海科学技术出版社，1963.

[3] 胡金昌，关于稳定性行列式判别法的某些问题，中山大学学报，1960，3.

[4] 金福临，李训经等，常微分方程，上海科学技术出版社，1962.

[5] 张永曙等，关于有限时间运动稳定性，数学学报，11(1961)，2.

[6] 张远达，熊全淹，线性代数，人民教育出版社，1962.

[7] 数学所控制理论室编，线性控制系统的能控性和能观测性，科学出版社，1975.

[8] Becker, L., Aeronaut. Eng. Rev., September, 1951.

[9] Bellman, R., Stability Theory of Differential Equations, London, 1953.(微分方程解的稳定性理论，张燮译，科学出版社，1957.)

[10] Bode, H. W., Network Analysis and Feedback amplifier design, D. Van Nostrand, New York, 1945.

[11] Evans, W. R., Trans. AIEE, 67(1948). 547—551.

[12] Gilbert, E. G., Controllability and Observability in multivariable control systems, J. Control, Series, A, SIAM, 1963.

[13] Kamke, E., Differentialgleichungen. Lösungsmethoden und Lösungen. § 22.3. Leipzig. 1959.

[14] Kalman, R. E., On the General Theory of Control System, Proc. of the First Congress of IFAC, Moscow. 1960.

[15] Kalman. R. E., Falb. P. L., Arbib. M. A., Topics in Mathematical System Theory. McGraw-Hill. 1969.

[16] Moore, J. R., Proc. IRE, 39(1951). 1421－1432.

[17] Nyquist, H., Bell System Techn. Journ., 11, January. 1932. 126－147.

[18] Osborn, R. M., Proc. of IRE Conference, San Francisco, August. 1949.

[19] Rankin, R. A., Trans. Roy. Soci., London(A)241(1949). 457－585.
[20] Rea. J. B., Aeronaut. Eng. Rev., November, 1951, 39.
[21] Rosser, J. B., Newton P. R., Gross. G. L., Mathematical. Theory of Rocket Flight. McGraw-Hill, Comp., Inc., New York. 1947.（火箭飞行的数学原理，康振黄译，科学出版社，1959.）
[22] Streeter. V. L., Fluid Dynamics, McGraw-Hill Comp. Inc., New York, 1948.
[23] Zadeh, L. A., On Stability of Linear varying-parameter systems, J. Appl. Phys. 22, April. 1951, 402－405.
[24] Вулгаков, Б. В., О накоплении возмущений в линейных колебательных системах с постоянными параметрами, Дохлаэы АН СССР, 51(1946), 5.
[25] Барбашин, Е. А., Об оценке максимума отклонения от заданной траекторий, Автомамика u Телемеханика, 21(1960), 10.
[26] Булгаков, Б. В., Кузовков, Н. Т., О накоплении возмущений в линейиых системах с переменными параметрами, ДММ, 14(1950), 1.
[27] Гантмахер, Ф. Р., Теория Матрид, Москва, 1954.（矩阵论，上、下卷，柯召译，高等教育出版社，1955.）
[28] Гантмахер, Ф. Р., Левин, Л. М., Теория полета неуправляемых ракег, Физматгиз, Москва, 1959.
[29] Горбатенко, С. А., Макашов, Э. М., Лалушкин, Ю. Ф., Шефтель, Л, В., Механика Лолёта——Расчёт и Анализ Движения Летатальных Аппаратов, Машиностроение, Москва, 1969.
[30] Зубов, В. И., Методы А. М., Ляпунова и их применение, ЛГУ, 1957.
[31] Красовский, Н. Н., Некоторые задачи теории устойчивости движения, Москва, 1959.
[32] Крылов, А. Н., Сочинение, 5, АН СССР.
[33] Кузовков, Н. Т., Теория автоматического регулирования, Основанная Частотных Методах, Оборонгиз, 1960.
[34] Кочин, Н. Е., Розе, Н. В., Теоретическая Гидромеханика, М.-Л, 1938.
[35] Корректирующие депи в автоматике, Сб. статей, Москва, 1954.
[36] Лебедев, А. А., К задаче об устойчивости движения на конечном интервале времени, ПММ, 8(1954), 2.
[37] Ляпунов, А. М., Общая задача об устойчивости движения, Гостехиздат, 1950.
[38] Малкин, Н. Г., Теория устойчивости движения, Гостехиздат, 1952.（运动稳定性理论，解伯民等译，科学出版社，1958.）
[39] Четаев, Н. Г., Устойчивость движения, М.-Л., 1955.
[40] Чжан Сы-ин（张嗣瀛），Об устойчивости движения на конечном интервале времени, ПММ, 23(1959), 2.
[41] 吉田勝久，線形システム制御理論，昭晃堂，1973.

第五章　线性控制系统参数设计

上一章的主要内容是分析问题,即给定了系统的运动方程式后,用解析方法去评价它的各种动态和稳态性能,那里基本上没有涉及系统的设计方法。设计问题(或称之为综合问题)的含义是当受控对象的运动方程给定时,按预定的动态或其他品质指标要求,求出控制装置的运算形式或控制规律。这一章内我们将自简至繁地介绍线性系统的设计方法。这里将主要研究线性常系数微分方程式所描述的受控系统的设计。并且假定控制规律也是线性的。设运动方程式为

$$a_n \frac{d^n x}{dt^n} + a_{n-1} \frac{d^{n-1} x}{dt^{n-1}} + \cdots + a_1 \frac{dx}{dt} + a_0 x = bu \tag{5.0-1}$$

式中 x 为受控量,u 为对象的控制量。在必要时,我们也将式(5.0-1)写成一阶向量方程式

$$\frac{d\boldsymbol{x}}{dt} = A\boldsymbol{x} + B\boldsymbol{u} \tag{5.0-2}$$

向量 $\boldsymbol{x}=(x_1,\cdots x_n)$;$x_i=\dfrac{d^{i-1}x}{dt^{i-1}}$;矩阵 A 的元素与式(5.0-1)诸系数的关系前章内已讨论过。式(5.0-2)的控制向量 $\boldsymbol{u}$ 可能只含一个分量,如式(5.0-1)那样,此时矩阵 B 只含一列元素,因此可看成是一个常向量。当给定输入作用 $\boldsymbol{g}(t)$ 后,式(5.0-2)可写成对误差 $\boldsymbol{\varepsilon}(t)$ 的微分方程式

$$\frac{d\boldsymbol{\varepsilon}}{dt} = A\boldsymbol{\varepsilon} - B\boldsymbol{u} + \left(\frac{d\boldsymbol{g}}{dt} - A\boldsymbol{g}\right) \tag{5.0-3}$$

控制系统的设计任务是找出控制规律

$$\boldsymbol{u}(\boldsymbol{\varepsilon}) = C\boldsymbol{\varepsilon}$$

或者

$$u_i(\varepsilon_1,\cdots,\varepsilon_n) = \sum_{\alpha=1}^{n} c_{i\alpha}\varepsilon_\alpha, \quad i = 1,2,\cdots,r \tag{5.0-4}$$

使方程式(5.0-3)自任何初始条件开始运动均能使误差 $\boldsymbol{\varepsilon}(t)$ 趋于零。方程式(5.0-1)的待求控制规律的形式是

$$u(\varepsilon_1,\cdots,\varepsilon_n) = \sum_{\alpha=1}^{n} c_\alpha \varepsilon_\alpha$$

c_α 称为反馈系数,其中某些系数可能为零,而 $\varepsilon_\alpha=\dfrac{d^{\alpha-1}\varepsilon}{dt^{\alpha-1}}$。当输入作用属于固有类时(见前章),式(5.0-3)与(5.0-2)重合。如果系统的任务是稳定零解,则上面各

式内的误差 ε_i 均将换为系统的坐标 x_i。

具有式(5.0-4)形式控制规律的控制系统我们称之为线性反馈控制系统，因为控制量是误差的线性函数。下面我们将介绍几种设计控制装置的方法，即根据各种不同的要求确定线性控制规律中的诸系数 c_i。

应该指出，线性控制规律并不是对一切品质指标都能成为最好的形式，对特定的某些品质指标这种规律确实很不错，正确选择系数，能使系统达到最理想的程度。但是，一般讲来，最好的控制装置并不是线性的。关于非线性控制装置的设计我们将在以后详细讨论。由于线性系统设计容易，装置简单，设备不复杂，所以目前采用的很多，在这里详细介绍几种设计方法是有现实意义的。

5.1 稳定区域

在线性控制系统的设计中，首先关心的是如何保证系统的稳定性，即学会正确选择控制规律式(5.0-4)中的反馈系数以保证系统稳定。因为常系数系统的运动稳定性与输入作用无关，故只研究式(5.0-3)$\boldsymbol{g}(t)\equiv\mathbf{0}$ 的情况就够了。

现在研究系统式(5.0-1)。设控制装置的运算规律是

$$bu = -b(h_1x_1 + \cdots + h_nx_n) = -c_1x_1 - \cdots - c_nx_n \tag{5.1-1}$$

代入式(5.0-1)后有

$$a_n\frac{d^nx}{dt^n} + (a_{n-1}+c_n)\frac{d^{n-1}x}{dt^{n-1}} + (a_{n-2}+c_{n-1})\frac{d^{n-2}x}{dt^{n-2}} + \cdots + (a_0+c_1)x = 0 \tag{5.1-2}$$

显然，欲使式(5.1-2)稳定，必须正确地确定诸反馈系数 c_i，使特征方程

$$a_ns^n + (a_{n-1}+c_n)s^{n-1} + \cdots + (a_0+c_1) = 0 \tag{5.1-3}$$

的一切根均有负实部。

当一组 c_i 已给定后，方程式(5.1-3)的根也唯一地被确定，若令 c_i 连续变化，则这些根也随之连续变化，因为代数方程式的根是其系数的连续函数。现将 $(c_1,c_2,\cdots,c_n)$ 看成是 n 维空间 R_n 中的点，于是 R_n 中每一个点 $\boldsymbol{c}$ 对应一组根。在 R_n 内的一切使式(5.1-3)的所有 n 个根均有负实部的点的集合记为 $D(n)$，在很多情况下后者构成一个区域，称之为线性系统的稳定区域。如果能用简便的办法找出这个区域 $D(n)$，那么线性系统的设计便得到初步解决。继之，可以设想，R_n 内共有 $n+1$ 个不同类型的区域 $D(0),D(1),\cdots,D(n)$，在 $D(m)$ 中的所有点 $\boldsymbol{c}$ 使式(5.1-3)有 m 个具有负实部的根，在 $D(0)$ 内的点使一切根均有正实部，如此等等。如何找到 $D(n)$ 就是我们的任务。

上一章介绍过的艾文思方法解决了这个问题的一部分，即当可变的参数只有一个(系统的放大系数)时，用它可以求出足以保证系统稳定的放大系数的变化

范围。但是，当可变参数大于一个时，艾文思方法就难以使用了。本节所介绍的稳定区域的方法首先在文献[24]内曾详细的阐述过。

我们先从一维参数空间开始讨论。假定式(5.1-3)内除一个参数以外，例如$c_i=c$，其他都为零。这时式(5.1-3)可改写成

$$P(s)+cQ(s)=0 \tag{5.1-4}$$

或者

$$c=-\frac{P(s)}{Q(s)}$$

将$s=i\omega$代入上式后，再将等式右端分成实部和虚部

$$c=U(\omega)+iV(\omega) \tag{5.1-5}$$

为了讨论方便，我们暂且令参数c可取复值，即它可取值于一个复平面内(图5.1-1)。不难看出，如果多项式$Q(s)$在S平面之虚轴上及其附近没有零点，那么式(5.1-5)是将S平面内之虚轴保角映射至c平面。当s沿虚轴历遍$(-i\infty, i\infty)$时，在c平面上出现一条连续曲线$c(i\omega)$。由于$U(\omega)$是自变量的偶函数，$V(\omega)$是奇函数，故曲线$c(i\omega)$对实轴对称，故只需画出ω自0至$+\infty$的一半就够了，另外一半可用镜面反射的方法画出(图5.1-1)。显然，当参数c取值于这条曲线上任何点时，特征方程式(5.1-4)至少有一对纯虚根。例如曲线$c(i\omega)$上的点η满足方程式

$$P(i\omega_0)+\eta Q(i\omega_0)=0$$

如果式(5.1-4)是第一类保角变换(即保持曲线走向的保角变换)，那么S平面上虚轴附近之左半平面将变至c平面上之曲线$c(i\omega)$之左旁，图5.1-1内有斜线标出之部分便是。顺便提一句，变换式(5.1-4)是否是第一类，在作图时立刻可以觉察出来。

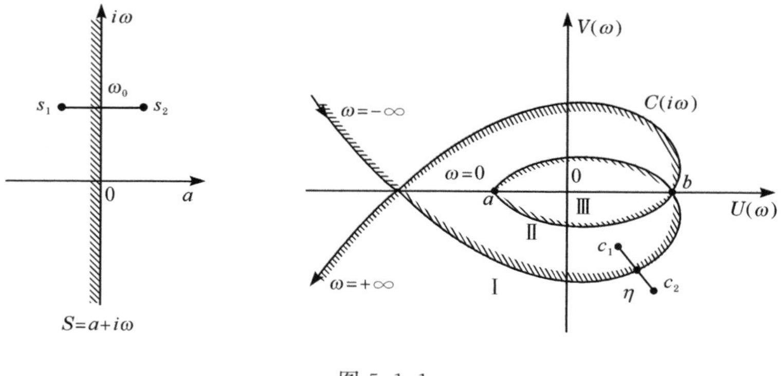

图5.1-1

相应地选择式(5.1-4)内之c值，可以使S平面上的任何点，例如s_1点，成为特征方程式的根。要使图5.1-1内之s_1点成为特征方程式的根，只需令

$$c=-\frac{P(s_1)}{Q(s_1)}$$

即可。设在 S 平面内有一通过 $i\omega_0$ 点的曲线段 s_1s_2，它的对应的影像在 C 平面上是 c_1c_2，后者通过 η 点。由于保角变换的特性，若 s_2 位于虚轴之右边，与其相应的点 c_2 必也位于曲线 $C(i\omega)$ 的右边。由此可以断言，在图 5.1-1 中的 C 平面上，区域Ⅱ内之任何 c 值确定的具有负实部根的个数比区域Ⅰ多一个。同理，区域Ⅲ内的点所确定的负实部根的个数又比区域Ⅱ多一个。这样，如果区域Ⅰ属于 $D(m)$，那么Ⅱ区属于 $D(m+1)$，Ⅲ区则属于 $D(m+2)$。在绝大多数情况下，根据特征方程式的阶数，曲线 $C(i\omega)$ 一旦画出，马上可以判定各个 $D(m)$ 的位置。例如，设方程式(5.1-4)为三阶代数方程，图 5.1-1 内之曲线是相应的虚轴变换的象。从图中马上可以看出区域Ⅲ属于 $D(3)$，区域Ⅱ属于 $D(2)$，区域Ⅰ则属于 $D(1)$。因此，区域Ⅲ是系统对参数 c 的稳定区域，这里任何点 c 所确定的特征方程的一切根均具有负实部。在讨论中曾经假定 c 可以取复值，实际上它只能取实数值。于是，参数 c 只能取值于Ⅲ区内之实轴线段 ab 上，端点 a 和 b 不包括在内，因为当 $c=a$ 或 $c=b$ 时特征方程有一对纯虚根，系统位于稳定的边缘。

这种用区域划分的方法去确定保证系统稳定的参数取值范围，对选定系统放大系数或其他关键参数是很方便的，因为能求出该参数可能取值的全体。如果某参数已经选定，这种方法也提供一种检验系统稳定性的手段。例如，可以求出已确定的该参数值离临界值差多远，从而判断系统稳定性对参数变化的敏感程度等。这种方法还可以推广到多参数稳定域选择问题。但是如果待选定的参数超过两个，这种方法实际上便很难应用，对两个参数的情况，用作图法仍然能得到较好的效果。对这种情况的稳定域划分可参看本章所列参考文献[24]。

5.2 对数频率法

在前章内我们曾详细讨论了利用对数频率法(伯德法)去分析系统稳定性的原理。在分析理论的基础上，对数频率法也可以用以设计(综合)线性控制系统。设受控对象的频率特性是

$$W(i\omega)=\frac{X(i\omega)}{U(i\omega)}=K\,\frac{(P_1e^{i\varphi_1})(P_2e^{i\varphi_2})\cdots(P_me^{i\varphi_m})}{(Q_1e^{i\theta_1})(Q_2e^{i\theta_2})\cdots(Q_ne^{i\theta_n})}\tag{5.2-1}$$

式中 P_i，Q_j 均为实变数 ω 的函数。上式取对数为

$$20\log W(i\omega)=20\log|W(i\omega)|+i(20\log e)\Big(\sum_{j=1}^{m}\varphi_j-\sum_{j=1}^{n}\theta_j\Big)$$

上式右端之第一项是对数幅频特性，第二项是对数相频特性，将它们分别画于图 5.2-1 中。相频特性将直接画出 $\theta=\sum_{j=1}^{m}\varphi_j(\omega)-\sum_{j=1}^{n}\theta_j(\omega)$。如果对数频率特性满

足伯德稳定条件，即相稳定裕度 θ_0 和幅稳定裕度 M_0 为足够大时，那么可直接采用控制规律 $u=-x$，即用简单的反馈（这种反馈常称为“硬反馈”）得到的控制系统一定是稳定的。但是，一般讲来，这种简单的反馈并不能保证反馈系统稳定和具有良好的动态性能。设受控对象的对数频率特性如图 5.2-1 所示，对于这个受控对象利用简单的反馈是行不通的，因为当 $20\log|W|=0$ 时相角小于 $-\pi$，为了使控制系统能正常工作，必须借助于更复杂的控制规律。

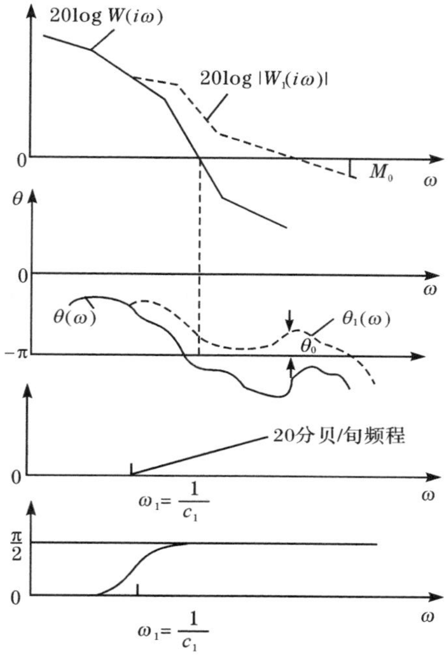

图 5.2-1

设采用控制规律

$$u=-(c_1s+1)x \tag{5.2-2}$$

令 $u_1=-x$，有 $u=(c_1s+1)u_1$。于是，新的传递函数是

$$W_1(i\omega)=\frac{X(i\omega)}{U_1(i\omega)}=(c_1i\omega+1)W(i\omega) \tag{5.2-3}$$

我们知道，环节 $(ic_1\omega+1)$ 的对数幅频特性是

$$20\log\sqrt{c_1^2\omega^2+1}=10\log(c_1^2\omega^2+1)$$

它在 $\omega_1=\dfrac{1}{c_1}$ 点以前以零分贝为渐近线，在 $\omega_1=\dfrac{1}{c_1}$ 以后则以 20 分贝/旬频程的斜率上升。它的相特性是在 $\omega\ll\omega_1$ 时以 0 为其渐近线，当 $\omega=\omega_1$ 时 $\theta=\dfrac{\pi}{4}$，而 $\omega\to\infty$ 时，

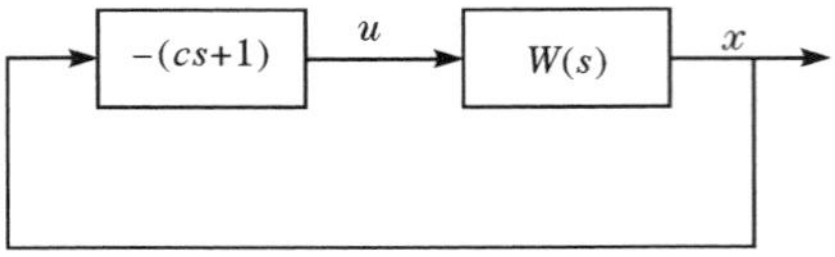

图 5.2-2

$\theta \to \frac{\pi}{2}$。将$(ic_1\omega+1)$的对数幅频特性与 $20\log|W(i\omega)|$相加，再将前者和后者的相频特性 θ 相加，便得到新的对数频率特性，如图 5.2-1 虚线所示之 $20\log|W_1|$和 $\theta_1(\omega)$。采用了控制规律式(5.2-2)后，可以看到，利用 $u_1=-x$ 的简单反馈(即 $u=-(c_1s+1)x$)，反馈控制系统已获得足够的相稳定裕度 θ_0 和幅稳定裕度 M_0。用这种方法设计出的控制系统的结构如图 5.2-2 所示。

当采用控制规律式(5.2-2)控制系统依然不能获得良好的稳定性能时，可采用更为复杂的规律，例如

$$u=-(c_1s^2+c_2s+1)x \tag{5.2-4}$$

或者

$$u=-(c_1s^3+c_2s^2+c_3s+1)x \tag{5.2-5}$$

等。如果式(5.2-4)或(5.2-5)之右端可分解为一次单因子之乘积，每一个因子又具有式(5.2-2)的形式，那么对这类控制系统的作图方法与前述无异。只需在 $20\log|W|$的对数幅频特性和相频特性上加上诸单因子的对数幅频特性和相频特性后，算出相稳定裕度和幅稳定裕度即可。

如果对控制系统的动态特性要求已经给定，例如对过渡过程的时间和过渡过程的超调量已经提出要求，也可以根据经验公式和近似计算方法做出需要的开路系统的理想对数频率特性图，然后再取理想频率特性和受控对象频率特性的差作为控制装置的频率特性，以此选择式(5.2-4)或(5.2-5)内的系数 c_i，使其尽量接近需要的形式。至于如何估计对数频率特性与反馈系统动态性能之间的关系，什么样的对数频率特性才是理想的，这些问题至今没有确切的答案。在文献[27]中曾做了近似估计，并提出了一些经验性的计算方法，感兴趣的读者可以参阅。

5.3　复合控制系统与稳态补偿

至今我们研究过的各类系统都是按误差进行控制的系统，也就是说，控制量仅仅是系统误差坐标的线性函数，而与输入作用 $g(t)$无关。这样做的根据是系统的稳定性与输入作用无关，而仅与系统的坐标反馈方式有关，而且当输入作用属于固有类时(参看第四章，第 4.8 节)，系统对输入作用 $g(t)$的跟踪精度也与控制装置无关。但是，当输入作用不属于固有类时，系统必然不能准确地跟踪输入作用。误差 $\varepsilon(t)$将与输入 $g(t)$有关，其关系式是式(4.8-14)。除输入作用外，在受控对象上还可能有外扰作用 $f(t)$[4]，后者的作用点常与输入作用 $g(t)$的作用点不

同。现写出图 5.3-1 所示系统的运动方程式：

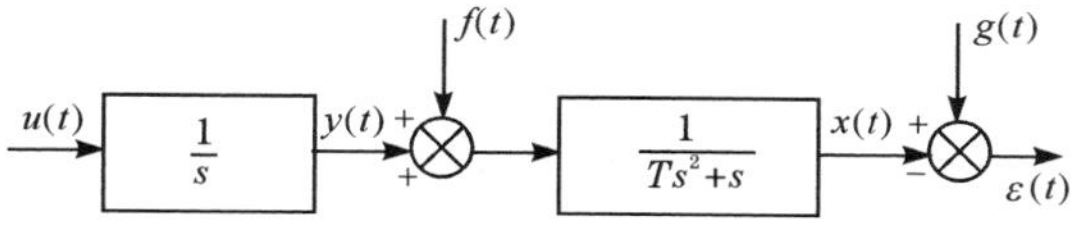

图 5.3-1

$$
\begin{aligned}
T\frac{d^2x}{dt^2}+\frac{dx}{dt}&=y+f(t)\\
\frac{dy}{dt}&=u\\
\varepsilon&=g(t)-x(t)
\end{aligned}
\tag{5.3-1}
$$

令 $x=x_1\ \frac{dx}{dt}=x_2,y=x_3$，代入上式后得到一个一阶方程组：

$$
\begin{aligned}
\frac{dx_1}{dt}&=x_2\\
\frac{dx_2}{dt}&=-\frac{1}{T}x_2+\frac{1}{T}x_3+\frac{1}{T}f(t)\\
\frac{dx_3}{dt}&=u\\
\varepsilon&=g(t)-x_1
\end{aligned}
$$

再令 $\varepsilon_1=g(t)-x_1(t),\varepsilon_2=\frac{dg}{dt}-\frac{dx_1}{dt},\varepsilon_3=x_3$，代入上式，有

$$
\begin{aligned}
\frac{d\varepsilon_1}{dt}&=\varepsilon_2\\
\frac{d\varepsilon_2}{dt}&=-\frac{1}{T}\varepsilon_2-\frac{1}{T}\varepsilon_3+h(t)-\frac{1}{T}f(t)\\
\frac{d\varepsilon_3}{dt}&=u
\end{aligned}
\tag{5.3-2}
$$

式中 $h(t)=\frac{d^2g}{dt^2}+\frac{1}{T}\frac{dg}{dt}$。从上列方程式的形式看，如果控制规律 u 只是误差 ε_1，ε_2，ε_3 的线性组合，那么，一般讲来，$\varepsilon(t)$ 将是 $\left(h(t)-\frac{1}{T}f(t)\right)$ 的函数。当 $h-\frac{1}{T}f$ 为常数且系统在 t 趋于很大时，ε_1，ε_2，ε_3 也趋于某一稳态误差。

这种由外部作用引起的误差能否消除呢？答复是明显的，当外扰和输入作用可以测量时，一般讲可以用外扰补偿方法去消除动态和稳态误差，即在控制装置中引入外扰的相应坐标，使控制规律含有 $g(t)$ 和 $f(t)$ 及其导数，使 $h(t)$ 和 $f(t)$ 对系统的误差不发生影响[21,22]。现在就来研究在外扰可以完全测量时如何设计控制装置，使前者得到补偿。

设系统只有一个控制量 u。对于误差坐标的运动方程式设为

$$\frac{d\boldsymbol{\varepsilon}}{dt} = A\boldsymbol{\varepsilon} + \boldsymbol{b}u + \boldsymbol{f}(t) \tag{5.3-3}$$

式中 $\boldsymbol{\varepsilon}=(\varepsilon_1,\varepsilon_2,\cdots,\varepsilon_n)$，$\boldsymbol{b}=(b_1,b_2,\cdots,b_n)$，$\boldsymbol{f}(t)=(f_1(t),\cdots,f_n(t))$。向量 $\boldsymbol{b}$ 的各分量均为常数，其中一部分可以为零，向量 $\boldsymbol{f}(t)$ 的某些分量也可能为零。

用外扰补偿的第一个方法是将 u 分为两部分 $u=u_1+u_2$，令

$$u_1 = \sum_{\alpha=1}^{n} c_\alpha \varepsilon_\alpha \tag{5.3-4}$$

使方程式

$$\frac{d\boldsymbol{\varepsilon}}{dt} = A\boldsymbol{\varepsilon} + \boldsymbol{b}\left(\sum_{\alpha=1}^{n} c_\alpha \varepsilon_\alpha\right) = (A+B)\boldsymbol{\varepsilon} \tag{5.3-5}$$

式中

$$B = \begin{pmatrix} b_1c_1 & b_1c_2 & \cdots & b_1c_n \\ b_2c_1 & b_2c_2 & \cdots & b_2c_n \\ \vdots & \vdots & & \vdots \\ b_nc_1 & b_nc_2 & \cdots & b_nc_n \end{pmatrix}$$

稳定并具有良好的过渡过程。而控制量的第二部分满足恒等式(如果这是可能的话)

$$\boldsymbol{b}u_2 + \boldsymbol{f}(t) \equiv \boldsymbol{0} \tag{5.3-6}$$

即

$$u_2 = -\frac{1}{b_i} f_i(t), \quad i = 1,2,\cdots,n$$

但是，一般说来，式(5.3-6)是不可能成立的。不难看出，欲使式(5.3-6)有解，必须要求

$$\frac{f_1(t)}{b_1} = \frac{f_2(t)}{b_2} = \cdots = \frac{f_n(t)}{b_n}$$

而当 $b_i=0$ 时 $f_i(t)$必须恒为零。这种情况只有在外扰的作用点与控制量的作用点相同时才可能有解。如果 $g(t)$属于固有作用类，而 $f(t)$与 u 作用在同一个点上，这时自然有完全补偿公式 $u_2=-f(t)$。

当 $f(t)$的作用点与控制量的作用点不同时，式(5.3-6)不可能有解。例如前面讨论过的系统式(5.3-2)和(5.3-6)要求 $h(t)-f(t)=0$ 和 $u_2=0$。当前者不为零时，式(5.3-6)无解。

设 x 为受控对象的主要受控量，$f(t)$的作用点可以是任意的，$g(t)$为任意足够光滑的函数。这类系统的运动方程总可化成式(5.3-3)的形式。当对误差的控制规律式(5.3-4)已经选定时，方程式(5.3-3)的解可写成

$$\boldsymbol{\varepsilon}(t) = e^{Dt}\boldsymbol{\varepsilon}_0 + \int_0^t e^{D(t-\tau)}(\boldsymbol{b}u_2 + \boldsymbol{f}(\tau))d\tau \qquad (5.3\text{-}7)$$

上式内方阵 $D=A+B$。把向量等式内的第一个坐标 $\varepsilon_1(t)$分出

$$\varepsilon_1(t) = \sum_{\alpha=1}^{n}\varphi_{1\alpha}(t)\varepsilon_{0\alpha} + \int_0^t \sum_{\alpha=1}^{n}\varphi_{1\alpha}(t-\tau)(b_\alpha u_2 + f_\alpha(\tau))d\tau \qquad (5.3\text{-}8)$$

上式右端第一项为系统的自由运动，因为 $\varphi_{1\alpha}(t)$为矩阵函数 $e^{Dt}=(\varphi_{\alpha\beta}(t))$的第一行元素，若系统式(5.3-5)稳定，则 $\lim\limits_{\tau\to\infty}\varphi_{\alpha\beta}(t)=0$。为了完全补偿外扰作用 $f_\alpha(t)$，必须对任何 t 使下列等式成立

$$\int_0^t\Big(\sum_{\alpha=1}^{n}\varphi_{1\alpha}(t-\tau)b_\alpha\Big)u_2(\tau)d\tau \equiv -\int_0^t\sum_{\alpha=1}^{n}\varphi_{1\alpha}(t-\tau)f_\alpha(\tau)d\tau \qquad (5.3\text{-}9)$$

等式之右端为已知函数，故上式为一积分方程

$$\int_0^t K(t-\tau)u_2(\tau)d\tau = v(t) \qquad (5.3\text{-}10)$$

式中

$$K(t-\tau) = \sum_{\alpha=1}^{n}\varphi_{1\alpha}(t-\tau)b_\alpha,\quad v(t) = -\int_0^t\sum_{\alpha=1}^{n}\varphi_{1\alpha}(t-\tau)f_\alpha(\tau)d\tau$$

可以用任何一种方法解积分方程式(5.3-10)，例如逐步逼近法等。这样即可求出补偿函数 $u_2(t)=I(f_1(t),\cdots,f_n(t))$，后者将完全补偿掉外扰和输入函数的作用，而使系统的稳态误差为零。

如果用拉氏变换方法解积分方程(5.3-9)，利用卷积公式可直接找出 $u_2(t)$与 $f_\alpha(t)$，$\alpha=1,2,\cdots,n$，的关系式。对式(5.3-9)两端作拉氏变换后有

$$-\Phi_u(s)U_2(s) = \sum_{\alpha=1}^{n}\Phi_{f\alpha}(s)F_\alpha(s) \qquad (5.3\text{-}11)$$

或者

$$U_2(s) = \frac{-\sum\limits_{\alpha=1}^{n}\Phi_{f\alpha}(s)F_\alpha(s)}{\Phi_u(s)} = -\sum_{\alpha=1}^{n}\frac{\Phi_{f\alpha}(s)}{\Phi_u(s)}F_\alpha(s) \qquad (5.3\text{-}11')$$

不难看出，上式内 $\Phi_u(s)$正是受控对象对误差 ε 的传递函数，$\Phi_{f\alpha}(s)$是自加入外扰点至误差 ε 点的传递函数。根据式(5.3-11′)可以确定对外扰和输入作用的补偿规律。假定设计好的系统为图 5.3-2 所示。由输入 $g(t)$所引起的动态误差是

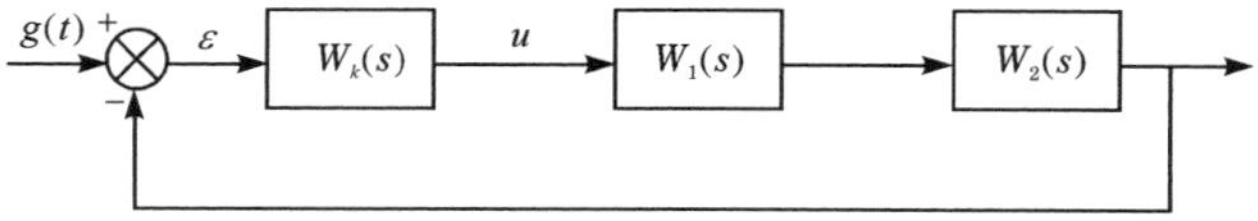

图 5.3-2

$$E_g(s)=\frac{1}{1+W_k(s)W_1(s)W_2(s)}G(s) \tag{5.3-12}$$

由 u_2 作用引起的误差为

$$E_{u_2}(s) = \frac{-W_1(s)W_2(s)}{1+W_1(s)W_2(s)W_k(s)}U_2(s)$$

按式(5.3-11)有补偿公式

$$U_2(s) = \frac{1}{W_1(s)W_2(s)}G(s) \tag{5.3-13}$$

外扰作用 $f(t)$引起的误差是

$$E_f(s) =-\frac{W_2(s)}{1+W_k(s)W_1(s)W_2(s)}F(s) \tag{5.3-14}$$

根据式(5.3-11′)有完全补偿公式

$$U_2(s) =-\frac{1}{W_1(s)}F(s) \tag{5.3-15}$$

这样,我们便得到对输入作用 $g(t)$和对外扰作用 $f(t)$的全补偿公式(5.3-13)和(5.3-15)。加上补偿装置后,控制系统的方块图将如图 5.3-3 所示。在这种控制系统内控制量 u 不仅是误差的函数,也是输入作用和外扰作用的函数。这种系统常称为复合控制系统。

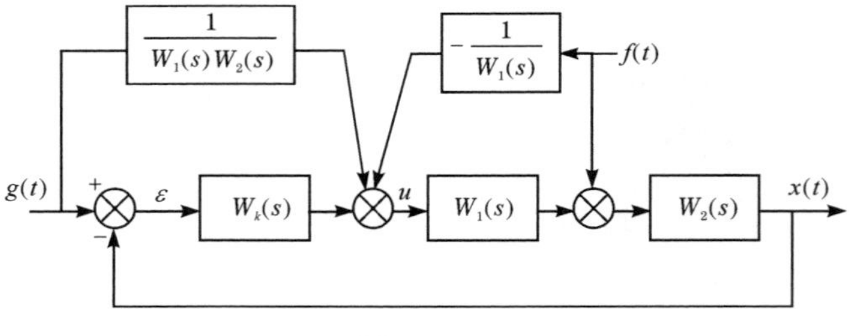

图 5.3-3

从理论上看,动态补偿问题已完全由式(5.3-9)或(5.3-11′)所解决。但是,应该指出,要想得到这种全补偿系统在实际工作中是有困难的。这种困难主要来自两个方面:其一是测量困难,并不是所有的外扰都能准确地瞬时测量出来。例如飞行器上所受的阵风干扰,在实际上就几乎不可能直接测量出来。当然,这时补偿公式(5.3-11)就不能应用了。第二个困难是补偿装置的实现方法,因为式(5.3-13)和式(5.3-15)都要求实现较为复杂的控制规律。其中包括对外扰作用和输入作用的高阶导数,而后者是不易得到的。因为即便外扰和输入作用的瞬时值可以测出,由于实际量中总含有噪声,欲得到它们的高阶导数是异常困难的。尽管如此,复合系统的应用还是十分广泛。当完全补偿不可能做到时,常不得不满足于部分的或局部的补偿。究竟补偿精度能做到何种程度,由实际工程问题中上述两种困难的克服程度而定，也与输入作用 $g(t)$ 和外扰作用 $f(t)$ 的变化规律有关。例如当 $f(t)$ 为常量或为缓变函数时，补偿通常比较简单。关于各种补偿方法的研究，还可参考文献[16,21,22,25,26]。

5.4　控制装置参数选择

前面几节内讨论过的线性系统设计方法的出发点是保证系统的稳定性，使动态误差与稳态误差完全消除或者减小到一定程度。但是，有时对控制系统的品质要求不限于此，还可能有其他类型的指标。例如，在控制系统中的能量消耗，温度控制中的温差等都常作为对控制系统的指标要求。对于伺服系统的过渡过程也有时要求均方误差小，例如图 5.4-1 内所示的过渡过程，如果要求 $\varepsilon(t)$ 迅速趋于零，那么在 t_1 足够大时，指标

$$J = \int_0^{t_1} \varepsilon^2(t)dt \tag{5.4-1}$$

在一定程度上体现了过渡过程的快速性和平滑性。本节内我们将研究具有式(5.4-1)型质量指标的线性系统设计方法。

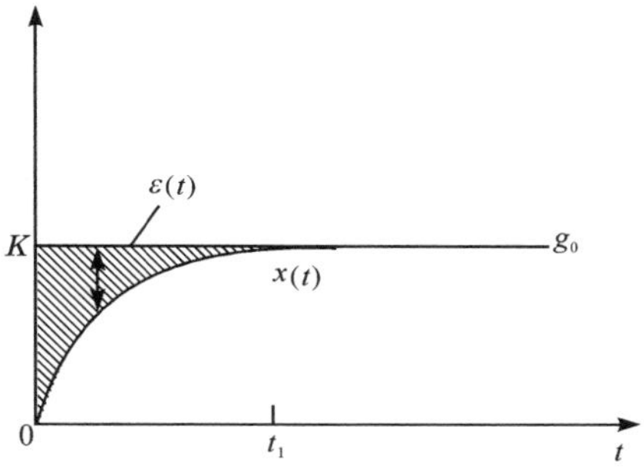

图 5.4-1

因为在本章内所讨论的对象只限于线性控制系统，所以这里只研究线性控制规律的选择方法。事前做下列互相并不独立的假定：设输入作用 $g(t)$ 属于系统的固有作用类，因此系统无静差；其次设系统渐近稳定，即任何初始误差 ε_0 都将随时间的增大而趋于零，而衰减速度为指数规律。设用 x 表示系统的误差，系统的运动方程式为

$$a_n \frac{d^n x}{dt^n} + a_{n-1} \frac{d^{n-1} x}{dt^{n-1}} + \cdots + a_0 x = 0 \tag{5.4-2}$$

或者写成一般的形式

$$\frac{d\boldsymbol{x}}{dt} = D\boldsymbol{x}, \quad D = A + BC \tag{5.4-3}$$

式中 A，B 分别为受控对象方程

$$\frac{d\boldsymbol{x}}{dt} = A\boldsymbol{x} + B\boldsymbol{u}$$

的 $n\times n$ 和 $n\times m$ 阶矩阵，C 为待求矩阵，它决定控制装置中的控制规律。

因为系统式(5.4-3)或(5.4-2)为稳定，所以矩阵 D 的一切特征根有负实部。严格说来线性系统的一切过渡过程只有 $t\to\infty$ 时才会完全结束，因为函数 $e^{-\alpha t}$，$\alpha>$

0,只有在 $t\to\infty$时才为零。由于这两个原因,式(5.4-1)内之积分上限可换为无穷大,此时积分依然收敛,为了作更一般的讨论,我们设积分指标为对一非负二次型的积分

$$J=\int_0^\infty \sum_{\alpha,\beta=1}^{n} g_{\alpha\beta}x_\alpha x_\beta dt=\int_0^\infty (\boldsymbol{x},G\boldsymbol{x})dt \tag{5.4-4}$$

式中 x_α 为向量 $\boldsymbol{x}$ 的分量,G 为非负方阵,其元素为 g_{ij},而且 $g_{ij}=g_{ji}$,即 G 为对称矩阵。

由于式(5.4-3)是一个线性齐次方程组,当系统的初始误差 $\boldsymbol{x}_0$ 给定时,系统的运动规律 $\boldsymbol{x}(t)$就已完全被确定,因此,实际上积分指标式(5.4-4)是初始条件 $\boldsymbol{x}_0$ 的连续函数。让我们首先求出这个函数关系[9]。令 F 为某一正定对称矩阵,用它构成二次型

$$h(t)=(\boldsymbol{x}(t),F\boldsymbol{x}(t))$$

对 $h(t)$微分后有

$$\begin{aligned}\frac{dh(t)}{dt}&=(D\boldsymbol{x}(t),F\boldsymbol{x}(t))+(\boldsymbol{x}(t),FD\boldsymbol{x}(t))\\&=(\boldsymbol{x}(t),(D^\tau F+FD)\boldsymbol{x}(t))\end{aligned}$$

式内 D^τ 为 D 的转置矩阵。令

$$D^\tau F+FD=G \tag{5.4-5}$$

那么有

$$\int_0^\infty \frac{dh(t)}{dt}dt=(\boldsymbol{x}(t),F\boldsymbol{x}(t))\Big|_0^\infty=\int_0^\infty(\boldsymbol{x},G\boldsymbol{x})dt$$

于是

$$-(\boldsymbol{x}_0,F\boldsymbol{x}_0)=\int_0^\infty(\boldsymbol{x},G\boldsymbol{x})dt \tag{5.4-6}$$

由此可知,若矩阵 F 求出后,系统质量指标式(5.4-4),就可直接写为初始误差 $\boldsymbol{x}_0$ 的函数

$$J=-(\boldsymbol{x}_0,F\boldsymbol{x}_0)=-\sum_{\alpha,\beta=1}^{n} f_{\alpha\beta}x_{\alpha0}x_{\beta0} \tag{5.4-7}$$

求矩阵 F 有两种方法,第一种方法是直接求解矩阵方程(5.4-5),此时得到 n^2 个线性代数方程式构成的方程组。可以证明,这个方程组必然有唯一解。这个方法虽然可用,但终嫌过烦。第二个求解方法是利用矩阵函数的特性。将式(5.4-5)之两端左右分别乘以矩阵函数 $e^{D^\tau t}$ 和 e^{Dt} 得

$$e^{D^\tau t}Ge^{Dt}=e^{D^\tau t}D^\tau Fe^{Dt}+e^{D^\tau t}FDe^{Dt}$$

显然此等式之右端是 $e^{D^\tau t}Fe^{Dt}$ 对 t 的导数,因为 $e^{Dt}D=De^{Dt}$。再对前式积分

$$\int_0^\infty \frac{d}{dt}(e^{D^\tau t}Fe^{Dt})dt=\int_0^\infty e^{D^\tau t}Ge^{Dt}dt$$

左端取积分后有

$$\int_0^\infty \frac{d}{dt}(e^{D^\tau t}Fe^{Dt})dt = e^{D^\tau t}Fe^{Dt}\Big|_0^\infty = -F$$

因此,可求出

$$F = -\int_0^\infty e^{D^\tau t}Ge^{Dt}dt \tag{5.4-8}$$

上式之所以成立是由于

$$\lim_{t\to\infty} e^{Dt} = \lim_{t\to\infty} e^{D^\tau t} = 0$$

右端 0 为零矩阵。

现举单摆振动阻尼问题为例来说明矩阵 F 的求解方法。设控制系统的误差运动方程为

$$\frac{d^2x}{dt^2} + x = u \tag{5.4-9}$$

设控制规律为 $u=-c\dfrac{dx}{dt}$,则反馈系统方程式为

$$\frac{d^2x}{dt^2} + c\frac{dx}{dt} + x = 0 \tag{5.4-10}$$

令 $x=x_1,\dfrac{dx}{dt}=x_2$,上式可改写成方程组

$$\frac{dx_1}{dt} = x_2$$

$$\frac{dx_2}{dt} = -x_1 - cx_2 \tag{5.4-11}$$

我们知道,当 $c>0$ 时系统式(5.4-10)总为渐近稳定。设过渡过程质量指标为

$$J = \int_0^\infty (x_1^2 + x_2^2)dt = \int_0^\infty (\boldsymbol{x}, G\boldsymbol{x})dt \tag{5.4-12}$$

式中

$$G = \begin{pmatrix} 1 & 0 \\ 0 & 1 \end{pmatrix}$$

因为

$$D = \begin{pmatrix} 0 & 1 \\ -1 & -c \end{pmatrix}, e^{Dt} = \begin{pmatrix} \dfrac{-\lambda_2}{\lambda_1-\lambda_2}e^{\lambda_1 t} + \dfrac{\lambda_1}{\lambda_1-\lambda_2}e^{\lambda_2 t} & \dfrac{1}{\lambda_1-\lambda_2}e^{\lambda_1 t} - \dfrac{1}{\lambda_1-\lambda_2}e^{\lambda_2 t} \\ \dfrac{-1}{\lambda_1-\lambda_2}e^{\lambda_1 t} + \dfrac{1}{\lambda_1-\lambda_2}e^{\lambda_2 t} & \dfrac{\lambda_1}{\lambda_1-\lambda_2}e^{\lambda_1 t} - \dfrac{\lambda_2}{\lambda_1-\lambda_2}e^{\lambda_2 t} \end{pmatrix} \tag{5.4-13}$$

式中 λ_1,λ_2 是代数方程式

$$\lambda^2 + c\lambda + 1 = 0$$

的两个根。容易计算

$$e^{D^{\tau}t}Ge^{Dt}=\beta^2\begin{pmatrix}(1+\lambda_2^2)e^{2\lambda_1 t}-4e^{(\lambda_1+\lambda_2)t} & -(\lambda_1+\lambda_2)e^{2\lambda_1 t}-(\lambda_1+\lambda_2)e^{2\lambda_2 t}\\ +(1+\lambda_1^2)e^{2\lambda_2 t} & +2(\lambda_1+\lambda_2)e^{(\lambda_1+\lambda_2)t}\\ -(\lambda_1+\lambda_2)e^{2\lambda_1 t}-(\lambda_1+\lambda_2)e^{2\lambda_2 t} & (1+\lambda_1^2)e^{2\lambda_1 t}+(1+\lambda_2^2)e^{2\lambda_2 t}\\ +2(\lambda_1+\lambda_2)e^{(\lambda_1+\lambda_2)t} & -4e^{(\lambda_1+\lambda_2)t}\end{pmatrix}$$

(5.4-14)

式中 $\beta=\dfrac{1}{\lambda_1-\lambda_2}$。

注意到，只要 $c>0$，公式(5.4-8)右端积分总是收敛的，故我们可以对式(5.4-14)作下列积分运算

$$\int_0^{\infty}e^{D^{\tau}t}Ge^{Dt}dt=\beta^2\begin{pmatrix}\dfrac{c^4-2c^2-8}{2c} & \dfrac{c^2-4}{2}\\ \dfrac{c^2-4}{2} & \dfrac{c^2-4}{c}\end{pmatrix} \tag{5.4-15}$$

因为 λ_1 和 λ_2 是方程式 $\lambda^2+c\lambda+1=0$ 的两个根，容易算出上式右端矩阵四个元素的值为

$$-F=\int_0^{\infty}e^{D^{\tau}t}Ge^{Dt}dt=\begin{pmatrix}\dfrac{c^2+2}{2c} & \dfrac{1}{2}\\ \dfrac{1}{2} & \dfrac{1}{c}\end{pmatrix} \tag{5.4-16}$$

设式(5.4-10)表示的单摆运动的初始条件是任意的：$x_1(0)=x_{10}$，$x_2(0)=x_{20}$，则全部过渡过程的积分质量指标式(5.4-12)可直接求出。依式(5.4-7)有

$$J=-(\boldsymbol{x}_0,F\boldsymbol{x}_0)=\frac{c^2+2}{2c}x_{10}^2+x_{10}x_{20}+\frac{1}{c}x_{20}^2 \tag{5.4-17}$$

今假定单摆的初始速度为0，即 $x_{20}=0$，而初始振幅 x_{10} 异于0。由式(5.4-17)可知，此时二次积分指标的值为

$$J=\frac{c^2+2}{2c}x_{10}^2 \tag{5.4-18}$$

容易检查，函数 $\dfrac{c^2+2}{2c}$ 当 $c=\sqrt{2}$ 时有极小值。所以，对一切初始速度为0的运动，欲使 J 达极小值的最优阻尼是取 $c=\sqrt{2}$。

前面我们用矩阵函数的方法求出了均方误差的表达式。实际上表达式(5.4-7)也可以用拉氏变换的方法求出，即直接从工程上常用的传递函数的表达式求出函数 $J(\boldsymbol{x}_0)$，有时这种方法可能更方便些。为此只要找出矩阵 F 与传递函数的关系就够了。下面我们试建立这种新的关系式[11]。首先对受控对象的误差方程式

$$\frac{d\boldsymbol{x}}{dt} = A\boldsymbol{x} + B\boldsymbol{u} \tag{5.4-19}$$

进行拉氏变换

$$s\boldsymbol{X}(s) - \boldsymbol{x}_0 = A\boldsymbol{X}(s) + B\boldsymbol{U}(s)$$

式中 $\boldsymbol{X}(s)$表示向量 $\boldsymbol{x}(t)$的拉氏变换,$\boldsymbol{U}(s)$为控制向量 $\boldsymbol{u}(t)$的象函数,二者依然是向量函数,解上述方程后

$$\boldsymbol{X}(s) = (sE - A)^{-1}B\boldsymbol{U}(s) + (sE - A)^{-1}\boldsymbol{x}_0 \tag{5.4-20}$$

式中 E 为单位矩阵,而矩阵$(sE-A)^{-1}$称为受控系统的传递函数。现令控制规律为 $\boldsymbol{u}(t)=C\boldsymbol{x}(t)$,或 $\boldsymbol{U}(s)=C\boldsymbol{X}(s)$。代入式(5.4-20)并化简后得到 $\boldsymbol{x}(t)$的象函数

$$\boldsymbol{X}(s) = (sE - (A + BC))^{-1}\boldsymbol{x}_0 \tag{5.4-21}$$

现在可以直接解算式(5.4-4)了。引入矩阵记号

$$K(s) = (sE - (A + BC))^{-1} \tag{5.4-22}$$

可以证明式(5.4-7)的正定矩阵 F 可由下式求出

$$F = -\frac{1}{2\pi i}\int_{-i\infty}^{i\infty} K^{\tau}(s)GK(-s)ds \tag{5.4-23}$$

式中 $K^{\tau}(s)$为 $K(s)$的转置矩阵。将 $\boldsymbol{x}(t)=\frac{1}{2\pi i}\int_{-i\infty}^{+i\infty}\boldsymbol{X}(s)e^{st}ds$ 代入式(5.4-4)之右端后再作下列变换得

$$\begin{aligned} J &= \int_0^{\infty}\left(\frac{1}{2\pi i}\int_{-i\infty}^{+i\infty}\boldsymbol{X}(s)e^{st}ds, G\boldsymbol{x}(t)\right)dt \\ &= \frac{1}{2\pi i}\int_{-i\infty}^{i\infty}\left(\boldsymbol{X}(s), G\int_0^{\infty}\boldsymbol{x}(t)e^{st}dt\right)ds \\ &= \frac{1}{2\pi i}\int_{-i\infty}^{+i\infty}(\boldsymbol{X}(s), G\boldsymbol{X}(-s))ds \end{aligned} \tag{5.4-24}$$

对 $\boldsymbol{x}(t)$的拉氏反变换之积分线路可以取虚轴$(-i\infty,+i\infty)$,这是因为 $\boldsymbol{x}(t)$渐近趋于零,$\boldsymbol{X}(s)$的一切奇点均位于左半平面。而式(5.4-24)内之积分号可以互换是由于两个积分都绝对收敛。将式(5.4-21)代入式(5.4-24)得

$$\begin{aligned} J &= \frac{1}{2\pi i}\int_{-i\infty}^{+i\infty}(K(s)\boldsymbol{x}_0, GK(-s)\boldsymbol{x}_0)ds \\ &= \frac{1}{2\pi i}\int_{-i\infty}^{+i\infty}(\boldsymbol{x}_0, K^{\tau}(s)GK(-s)\boldsymbol{x}_0)ds \\ &= \left(\boldsymbol{x}_0, \frac{1}{2\pi i}\int_{-i\infty}^{i\infty}K^{\tau}(s)GK(-s)ds\boldsymbol{x}_0\right) \end{aligned}$$

将上式与式(5.4-6)比较即得到式(5.4-23)。当 G 为单位矩阵时

$$J = \int_0^{\infty}(x_1^2(t) + \cdots + x_n^2(t))dt = -(\boldsymbol{x}_0, F\boldsymbol{x}_0)$$

$$F = -\frac{1}{2\pi i}\int_{-i\infty}^{+i\infty}K^{\tau}(s)K(-s)ds \tag{5.4-25}$$

设误差运动方程式是式(5.4-2),而

$$J = \int_0^{\infty} x^2(t)dt$$

根据前述可推知

$$J = \frac{1}{2\pi i}\int_{-i\infty}^{+i\infty} \frac{N_0(s)N_0(-s)}{D(s)D(-s)}ds = \frac{1}{2\pi i}\int_{-i\infty}^{+i\infty} \left|\frac{N_0(s)}{D(s)}\right|^2 ds \qquad (5.4\text{-}26)$$

其中

$$D(s) = a_n s^n + a_{n-1}s^{n-1} + \cdots + a_1 s + a_0$$

$$N_0(s) = a_n x_0 s^{n-1} + (a_n x_0^{(1)} + a_{n-1}x_0)s^{n-2} + \cdots + (a_n x_0^{(n-1)} + a_{n-1}x_0^{(n-2)} + \cdots + a_1 x_0)$$

这里

$$x_0^{(i)} = \left.\frac{d^i x}{dt^i}\right|_{t=0}, \quad 若\ x_0^{(i)} = 0, \quad i = 1,2,\cdots,n-1$$

则

$$N_0(s) = (a_n s^{n-1} + a_{n-1}s^{n-2} + \cdots + a_1)x_0$$

前面分析的单摆阻尼问题例中,只含有一个待选参数 c。事实上本节所讨论的方法同样可以应用到多参数选择的情况。如果考虑 n 阶系统,初始偏差限定为只有一个误差坐标不为零,其他 $n-1$ 个坐标初值均为 0,那么由式(5.4-7)确定的 J 的系数,将是反馈矩阵 C[见式(5.4-3)]的每一元素的解析函数:

$$J = f(c_{ij})x_{10}^2$$

容易用计算机去求最好的矩阵元素 c_{ij},使系数函数 f 即 J 取极小值。如果系统的初始条件是任意的,J 就是系统初始状态的二次型,一般来讲,J 的极小(即最好的反馈矩阵)还依赖初始条件,所以不能求出一个固定的常量矩阵,使 J 对任何初始条件均为极小,这时就只能满足于对某些具有代表性的初始条件的参数选择。

5.5 极点配置问题

在第四章讨论系统稳定性时,我们已经看到线性常系数系统的稳定性,完全取决于系统传递函数的极点在复平面上的分布。实际上,不仅系统稳定性取决于极点分布,系统的其他特性和品质指标,在很大程度上都由极点在左半平面上的位置所决定。以二阶振荡系统为例,如果它有一对互为共轭的复根,即两个极点相对实轴对称,那么系统阻尼的大小,取决于极点负实部的大小,而振荡频率的高低则决定于虚部的大小。因此,为了增大系统阻尼,我们可以使这对极点离虚轴远一些;要想减小振荡频率,可以使极点离实轴近一些。这样,我们就可以根据系统设计指标要求，有目的地配置系统的极点分布。回想一下我们讲过的根轨迹法，也是一种极点配置，不过它只把极点配置在左半平面使系统渐近稳定就行了。当系统的指标要求不仅是渐近稳定，而且还对系统的过渡过程有进一步要求（如超调量，振荡次数，过渡时间，通频带等），这时极点配置只在左半平面还不够，还必须更精确的配置。于是，就出现了这样的问题，就是闭路系统的极点是否可以通过反馈规律的选择而任意配置？在什么条件下可以这样配置？关于这个问题的答案是，只要系统是完全能控的，那么它的极点就可以用状态线性反馈而任意配置。这一节我们将简单地讨论这个问题[8,19]。

设单输入单输出线性系统为

$$\frac{d\boldsymbol{x}}{dt} = A\boldsymbol{x} + \boldsymbol{b}u$$

$$y = \boldsymbol{c}^\tau \boldsymbol{x} \tag{5.5-1}$$

其中 A 是 $n\times n$ 阶常矩阵，$\boldsymbol{b}$，$\boldsymbol{c}$ 是 $n\times 1$ 阶矩阵。$\boldsymbol{x}$ 是系统状态变量，y 是输出量，u 是控制。

所谓极点配置，就是指经过状态（或输出）的线性反馈，$u=\boldsymbol{k}^\tau\boldsymbol{x}$，$\boldsymbol{k}$ 是 $n\times 1$ 阶矩阵，使闭环系统

$$\frac{d\boldsymbol{x}}{dt} = A\boldsymbol{x} + \boldsymbol{b}\boldsymbol{k}^\tau\boldsymbol{x} = (A + \boldsymbol{b}\boldsymbol{R}^\tau)\boldsymbol{x}$$

的极点（$A+\boldsymbol{b}\boldsymbol{k}^\tau$ 的本征值）可以取任意指定的值。

应该指出，现实的物理系统都是实系数的，因此，某个极点若是复数，那么它的共轭复数也一定是极点。所以复数极点一定成对出现。当任意配置极点时，其中若有复数，则一定包含一对互为共轭的复数。

下面我们来证明，如果系统式(5.5-1)是完全能控的，即矩阵$(\boldsymbol{b}, A\boldsymbol{b}, A^2\boldsymbol{b}, \cdots, A^{n-1}\boldsymbol{b})$的秩为 n（见第 4.11 节），那么任意一组数 $s_1, s_2, \cdots, s_n$，必存在一个矩阵 $\boldsymbol{k}$，使 $A+\boldsymbol{b}\boldsymbol{k}^\tau$ 的本征值为 $s_1, s_2, \cdots, s_n$。这就是说，通过状态反馈可以使闭环系统的极点任意配置。

为了证明简单，首先对系统式(5.5-1)进行坐标变换。

设有一非奇异 $n\times n$ 阶矩阵 T，使 $\tilde{\boldsymbol{x}}=T\boldsymbol{x}$，经过变换后，式(5.5-1)可以变成

$$\dot{\tilde{\boldsymbol{x}}} = TAT^{-1}\tilde{\boldsymbol{x}} + T\boldsymbol{b}u$$

$$y = \boldsymbol{c}^\tau T^{-1}\tilde{\boldsymbol{x}} \tag{5.5-2}$$

系统式(5.5-1)和(5.5-2)是等价的（确切说是代数等价），它们有相同的传递函数阵，有相同的脉冲响应阵，如令 $A_0 = TAT^{-1}$，则有 $e^{A_0 t} = Te^{At}T^{-1}$。系统的一些动态特性不因坐标变换而改变。这样，就有可能使我们找到一个适当的非奇异矩阵 T，把系统式(5.5-1)化成式(5.5-2)，从而使式(5.5-2)变得更方便于我们的讨论。

下面我们先选出非奇异矩阵 T。

令

$$Q = (\boldsymbol{b}, A\boldsymbol{b}, A^2\boldsymbol{b}, \cdots, A^{n-1}\boldsymbol{b})$$

$$A_c = \begin{pmatrix} 0 & 1 & 0 & \cdots & 0 \\ & & 1 & & \\ & & & \ddots & \\ & & & & 1 \\ -\alpha_0 & -\alpha_1 & & \cdots & -\alpha_{n-1} \end{pmatrix}$$

$$L = \begin{pmatrix} \alpha_1 & \alpha_2 & \cdots & \alpha_{n-1} & 1 \\ \alpha_2 & & & & \\ \vdots & & ⋰ & & \\ \alpha_{n-1} & & & 0 & \\ 1 & & & & \end{pmatrix} \tag{5.5-3}$$

则 Q,L 都是非奇异矩阵，它们的逆矩阵都存在。

设

$$T = (QL)^{-1} \tag{5.5-4}$$

我们看一下，它能将式(5.5-1)变成什么形式。

$$T^{-1} = QL = (\boldsymbol{D}_1, \boldsymbol{D}_2, \cdots, \boldsymbol{D}_n)$$

容易验证

$$\boldsymbol{D}_i = \sum_{j=0}^{n-i-1} \alpha_{i+j} A^j \boldsymbol{b} + A^{n-i}\boldsymbol{b}, \quad i = 1, 2, \cdots, n-1$$

$$\boldsymbol{D}_n = \boldsymbol{b}$$

所以有

$$A\boldsymbol{D}_i = \boldsymbol{D}_{i-1} - \alpha_{i-1}\boldsymbol{D}_n, \quad i = 2, 3, \cdots, n$$

而

$$\begin{aligned} A\boldsymbol{D}_1 &= A(\alpha_1\boldsymbol{b} + \alpha_2 A\boldsymbol{b} + \cdots + \alpha_{n-1}A^{n-2}\boldsymbol{b} + A^{n-1}\boldsymbol{b}) \\ &= (\alpha_1 A\boldsymbol{b} + \alpha_2 A^2\boldsymbol{b} + \cdots + \alpha_{n-1}A^{n-1}\boldsymbol{b} + A^n\boldsymbol{b}) \\ &= -\alpha_0 E\boldsymbol{b} \\ &= -\alpha_0 \boldsymbol{D}_n \end{aligned}$$

其中 E 是单位矩阵。这里利用了线性代数中的凯莱-哈密顿(Cayley-Hamilton)定理。于是，我们又可以推出

$$\begin{aligned} AT^{-1} &= A(\boldsymbol{D}_1, \boldsymbol{D}_2, \cdots, \boldsymbol{D}_n) \\ &= (A\boldsymbol{D}_1, A\boldsymbol{D}_2, \cdots, A\boldsymbol{D}_n) \\ &= (-\alpha_0\boldsymbol{D}_n, \boldsymbol{D}_1 - \alpha_1\boldsymbol{D}_n, \cdots, \boldsymbol{D}_{n-1} - \alpha_{n-1}\boldsymbol{D}_n) \end{aligned}$$

$$=(\boldsymbol{D}_1,\boldsymbol{D}_2,\cdots,\boldsymbol{D}_n)\begin{pmatrix} 0 & 1 & 0 & \cdots & 0 \\ & 0 & & \ddots & 0 \\ & & & & 1 \\ -\alpha_0 & -\alpha_1 & & \cdots & -\alpha_{n-1} \end{pmatrix}$$

$$=T^{-1}A_c$$

最后得到

$$TAT^{-1}=A_c \tag{5.5-5}$$

通过简单运算,容易验证

$$T\boldsymbol{b}=L^{-1}Q^{-1}\boldsymbol{b}=\begin{pmatrix} 0 \\ 0 \\ \vdots \\ 0 \\ 1 \end{pmatrix} \tag{5.5-6}$$

如记

$$\tilde{\boldsymbol{c}}^{\tau}=\boldsymbol{c}^{\tau}T^{-1}=\boldsymbol{c}^{\tau}QL=(\tilde{c}_0,\tilde{c}_1,\cdots,\tilde{c}_{n-1}) \tag{5.5-7}$$

那么,系统式(5.5-1)经过非奇异变换 T 变成了如下的形式

$$\frac{d\tilde{\boldsymbol{x}}}{dt}=A_c\tilde{\boldsymbol{x}}+\begin{pmatrix} 0 \\ 0 \\ \vdots \\ 0 \\ 1 \end{pmatrix}u$$

$$\boldsymbol{y}=\tilde{\boldsymbol{c}}^{\tau}\tilde{\boldsymbol{x}} \tag{5.5-8}$$

其中 A_c 如式(5.5-3)。(这种形式,有的书上叫做可控标准形)。

由上所述,我们可以看出,对任意单输入单输出系统,只要完全能控,由矩阵 Q 出发,总可以把系统变成式(5.5-8)的形式,因此,我们不妨假定系统式(5.5-1)已经是式(5.5-8)的形式,否则我们可以用上述办法化成这种形式。现在我们对具有式(5.5-8)形式的系统

$$\frac{d\boldsymbol{x}}{dt}=A\boldsymbol{x}+\boldsymbol{b}u$$

$$y=\boldsymbol{c}^{\tau}\boldsymbol{x} \tag{5.5-9}$$

其中

$$A=\begin{pmatrix} 0 & 1 & 0 & \cdots & 0 \\ & & & \ddots & \\ & & & & 1 \\ -\alpha_0 & -\alpha_1 & \cdots & & -\alpha_{n-1} \end{pmatrix},\quad \boldsymbol{b}=\begin{pmatrix} 0 \\ 0 \\ \vdots \\ 0 \\ 1 \end{pmatrix},\quad \boldsymbol{c}\begin{pmatrix} c_0 \\ c_1 \\ \vdots \\ c_{n-1} \end{pmatrix}$$

来证明当它完全能控时，可以任意配置极点。

事实上，经过状态反馈 $\boldsymbol{k}^{\tau}=(k_0,k_1,\cdots,k_{n-1})$ 后的闭环系统矩阵为

$$A+\boldsymbol{bk}^{\tau}=\begin{pmatrix} 0 & 1 & 0 & \cdots & 0 \\ & & & & 0 \\ & 0 & & \ddots & \\ & & & & 1 \\ -(\alpha_0-k_0) & -(\alpha_1-k_1) & \cdots & & -(\alpha_{n-1}-k_{n-1}) \end{pmatrix} \tag{5.5-10}$$

而传递函数为

$$G(s)=\frac{c_{n-1}s^{n-1}+c_{n-2}s^{n-2}+\cdots+c_0}{s^n+(\alpha_{n-1}-k_{n-1})s^{n-1}+\cdots+(\alpha_0-k_0)} \tag{5.5-11}$$

由此可以明显看出，因为一个代数方程的根是诸系数的解析函数，当任意指定 n 个极点 $s_1,s_2,\cdots,s_n$ 时，总可以找到一组数 $k_0,k_1,\cdots,k_{n-1}$ 用 $\boldsymbol{k}^{\tau}=(k_0,k_1,\cdots,k_{n-1})$ 作反馈，而使 $s_1,s_2,\cdots,s_n$ 为传递函数 $G(s)$ 的极点。这样我们就证明了前面的结论。

这个事实反过来也是正确的，即是说如果系统式(5.5-1)通过状态反馈可以任意配置极点时，那么系统一定是完全能控的。

通过上述证明，我们还可以看到，在任意配置极点时，并不改变传递函数的零点分布。这是因为零点的位置只取决于 $\boldsymbol{c}^{\tau}=(c_0,c_1,\cdots,c_{n-1})$。在配置极点时，传递函数的分子并不变化。

还可以证明，系统经过状态反馈仍保持能控性，就是说如果系统式(5.5-1)是完全能控的，经过状态反馈后，系统仍是完全能控的。但状态反馈不一定能保持可观测性。若用观测量(输出)反馈，即 $u=Hy$ 时，则既保持能控性也保持能观测性。一个完全能控完全能观测的系统，它的传递函数不可能产生零点和极点完全相消的问题。由此我们可以推出，用观测量 y 作反馈不能任意配置极点。否则配置的极点和零点相同，产生零极相消的问题就破坏了系统的能控性和能观测性，这和输出反馈保持能控性和能观测性是矛盾的。所以通过观测量反馈一般是不能任意配置极点的。

在实际情况中，有些状态变量是量测不到的，因此状态反馈也常不易实现，为了克服这个困难，近些年来提出用观测器来达到这个目的，有关这方面的内容，可参考有关文献[19]。

以上事实不仅对单输入单输出的系统是对的，对多输入多输出系统也是正确的。下面我们不加证明，只把结论列出来。

设多输入多输出线性常系数系统

$$\frac{d\boldsymbol{x}}{dt}=A\boldsymbol{x}+B\boldsymbol{u}$$

$$\boldsymbol{y} = C\boldsymbol{x} \tag{5.5-12}$$

其中 A,B,C 分别是 $n\times n, n\times r, m\times n$ 阶矩阵。$\boldsymbol{x},\boldsymbol{y},\boldsymbol{u}$ 分别是 n,m,r 维向量，代表系统的状态，输出和控制。

如果系统式(5.5-12)是完全能控的，那么一定可以找到状态反馈矩阵 $K(r\times n$ 阶)，使 $\boldsymbol{u}=K\boldsymbol{x}$，可以任意配置 $A+BK$ 的本征值。也就是说，对任意 $\boldsymbol{n}$ 个数 s_1，$s_2,\cdots,s_n$，可以找到 K，使

$$\det(sI - A - BK) = \prod_{i=1}^{n}(s - s_i) \tag{5.5-13}$$

反之，如果系统式(5.5-12)通过状态反馈可以任意配置极点时，那么系统一定是完全能控的。由此看出，一个系统的完全能控性和它可以任意配置极点这一事实是等价的。

参考文献

[1] 蔡金涛，契贝舍夫式工作参数滤波器的原理和计算，科学出版社，1962.

[2] 陈辉堂，随动系统，人民教育出版社，1961.

[3] 王新民，在连续控制系统中应用时滞元件滤波器作为校正装置的几个必要条件，自动化学报，2(1964)，1，1—6.

[4] 张芷香，扰动控制原理在镇定高频淬火装置直流电源电压中的应用，自动化学报，2(1964)，3.

[5] 吕应祥，绝对不变性与不变性到 ε 自适应控制系统，自动化学报，2(1964)，4.

[6] 叶正明，线性复合自动控制系统的图解综合法，自动化学报，2(1964)，2.

[7] 何国伟、王文贤，从所需校正网络相频或幅频曲线计算传递函数的方法，自动化学报，2(1964)，1.

[8] 黄琳、郑应平、张迪，李雅普诺夫第二方法与最优控制器分析设计问题，自动化学报，2(1964)，4.

[9] Bellman，R.，Notes，on matrix theory-X：A problem in Control，Quarterly of Applied Math.，14(1957)，4.

[10] Bliss. G. A.，Lectures on the Calculus of Variations，University of Chicago Press. Chicago. Illinois，1946.

[11] Chaug，S. S. L.，Synthesis of Optimal Control Systems，McGraw-Hill. New York，1961.

[12] Chestnut，H.，Mayer. R. W.，Servomechanism and Regulating System Design，Wiley，1959.

[13] Kalman，R. E.，Control system analysis and design via the second method of Lyapunov. ASME Paper 59-NAC-2，59-NAC-3. 1959.

[14] Newton. G. C.，Gould，L. A.，& Kaiser，J. F.，Analytical Design of Linear Feedback Controls，John Wiley & Sons，Inc.，New York，1957.

[15] Reswick. J. B.，Disturbance-response feedback a new control concept，Trans. ASME，78 (1956)，153.

[16] Truxal, J. G., Automatic Feedback Control System Synthesis, McGraw-Hill, New York, 1955.

[17] Tou. J. T., Modern Control Theory, McGraw-Hill. 1964.

[18] Westcott, J. H., Synthesis of optimum feedback systems satisfying a power limitation. Frequency Response Symposium. Dec., 1953. ASME Paper 53-A-17.

[19] Wonham. W. M., On pole assignment in multi-input controllable linear systems, IEEE Trans. on Automatic Control, AC-12. 1967.

[20] Айзерман, М. А., Увеличение значения коэффидиентов усиления одноконтурной системы. *Автоматика и Телемеханика*, 1951, 2.

[21] Ивахненко А. Г., О способах устронения установившейся ошибки системы автоматического регулирования, Доклаəы АН СССР, 87(1953), 6.

[22] Кулебакин. В. С., О поведении непрерывно возмущаемых автоматизированных линейных систем, Доклаəы АН СССР, 60(1948), 2.

[23] Летов, А. М., Аналитическое конструирование регуляторов, *Автоматика и Телемеханика*, 21(1960), 4, 5, 6.

[24] Неймарк, Ю. Н., Об определении значений параметров, при которых система устойчива, *Автоматика и Телемеханика*, 9(1948), 3.

[25] Петров, Б. Н., О реализуемости условии инвариантности, Теория инвариантности и её применение в автоматических устройствах, Труды Совещания, АН УССР, ОТН, 1959.

[26] Розоноэр, Л. И., Вариадионный подход в проблеме инвариантности систем автоматического управления, *Автоматика и Телемеханика*, 24(1963). 6, 7.

[27] Солодовнчов, В. В., Основы автоматического регулирования, Машгиз, Москва, 1954.（自动调正原理，王众托译，水利电力出版社，1958年.）

第六章　协调控制

如果在一个复杂系统中有若干个受控量，而且在这些受控量之间还存在着相互的作用，那么，一般说来，对于这种系统就必须再增加一个新的设计准则，这就是互不影响的准则。举例来说，一个有加力燃烧的涡轮喷气发动机的变量是：压缩机的转速，燃烧室的喷油速率，加力燃烧室的喷油速率以及尾喷管开口面积，然而，发动机的运转状态可以设法只由压缩机的转速，燃烧室的喷油速率和加力燃烧室的喷油速率这三个量所完全控制。但是，在一般的情况下，这三个量是互相有影响的。不难想到，在这个情况中，系统的伺服控制就有一个新的设计准则，也就是要求对这三个不同的量的控制是不互相影响的：加力燃烧室的喷油速率的改变不应该使压缩机的转速受到影响，而且改变压缩机转速的时候也不需要改变燃烧室的喷油速率。这也就是说解决这个特殊的设计问题的关键就是：设法使尾喷管的开口随着其余的变量发生适当的变化而且适当地设计自动控制机构。这一章的目的就是要给出一个设计这一类互不影响的控制系统的普遍方法，这个方法对于不论多么复杂的系统都是适用的。这类方法最早在文献[3，9，15]中先后被提出，后来在文献[6]中又用矩阵表示法把这个问题作了一般性处理。近些年来，采用状态变量描述方法以后，多输入多输出系统理论又有了进一步的发展[7]。

6.1　单变量系统的控制

我们先来考虑一个简单的系统，这个系统只有一个受控的输出 $y(t)$ 和一个作为控制信号的输入 $x(t)$。$y(t)$ 和 $x(t)$ 的拉氏变换就是 $Y(s)$ 和 $X(s)$。我们来考虑按照图 6.1-1 所设计的控制系统。$E(s)$ 是“发动机”的传递函数，$L(s)$ 是测量仪器的传递函数（也就是反馈线路的传递函数），$S(s)$ 是伺服马达的传递函数，$C(s)$

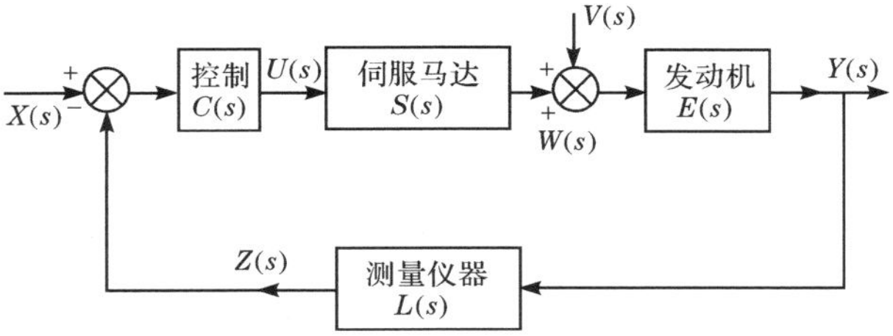

图 6.1-1

是“控制”的传递函数。可以由设计者容易地加以改变的只有 $C(s)$ 这一个传递函数。这个系统与图(3.7-2)的反馈系统之间的一点很小的区别就是:在伺服马达与发动机之间加上了一个任意的扰动 $V(s)$,用这个扰动来表示某些意外的外界影响。

发动机的输入 $W(s)$ 与输出 $Y(s)$ 之间的关系是

$$Y(s) = E(s)W(s) = E(s)[S(s)U(s) + V(s)] \tag{6.1-1}$$

$U(s)$ 是控制传递函数的输出,并且有下列关系

$$U(s) = C(s)[X(s) - Z(s)] = C(s)[X(s) - L(s)Y(s)] \tag{6.1-2}$$

从方程(6.1-1)和(6.1-2)里把 $U(s)$ 消去,就有

$$Y(s) = \frac{E(s)S(s)C(s)}{E(s)S(s)C(s)L(s)+1}X(s) + \frac{E(s)}{E(s)S(s)C(s)L(s)+1}V(s) \tag{6.1-3}$$

这就是在 $x(t)$ 与 $y(t)$ 的适当的初始条件之下的输出的拉氏变换。如果不考虑包含扰动 $V(s)$ 的第二项,方程(6.1-3)就与以前关于一般的反馈系统的方程(3.7-3)相同。系统的性能的分析也还可以按照与以前类似的办法来进行。然而,对于更复杂的系统来说,就必须把这个简单的情况加以推广。现在我们就来作这件事情。

6.2 多变量系统的控制

假定发动机的输出 $Y_1(s), Y_2(s), \cdots, Y_\nu(s), \cdots, Y_i(s)$ 的个数是 i,输入 $W_1(s)$, $W_2(s), \cdots, W_k(s), \cdots, W_n(s)$ 的个数是 n。那么,方程(6.1-1)的推广就是

$$\begin{aligned} Y_1(s) &= E_{11}(s)W_1(s) + E_{12}(s)W_2(s) + \cdots + E_{1n}(s)W_n(s) \\ Y_2(s) &= E_{21}(s)W_1(s) + E_{22}(s)W_2(s) + \cdots + E_{2n}(s)W_n(s) \\ &\cdots \\ Y_i(s) &= E_{i1}(s)W_1(s) + E_{i2}(s)W_2(s) + \cdots + E_{in}(s)W_n(s) \end{aligned} \tag{6.2-1}$$

其中每一个 E_{jk} 都是一个传递函数,当这个传递函数“作用”在输入 $W_k(s)$ 上的时候,就得出输出 $Y_j(s)$ 的相应的组成部分。在普通情况下 $E_{jk}(s)$ 是两个 s 的多项式的比值,因此 $E_{jk}(s)$ 可以由发动机的特性的理论分析得到,也可以用实验的方法由频率特性确定。方程(6.2-1)可以简写为

$$Y_\nu(s) = \sum_{k=1}^{n} E_{\nu k}(s)W_k(s), \quad \nu = 1,2,\cdots,i \tag{6.2-2}$$

所有的 $E_{jk}(s)$ 按照方程(6.2-1)中的位置所排成的矩形表格可以称为发动机的传递函数矩阵 E。我们可以这样想象:所有的输入 $W_k(s)$ 在纵向“进入”矩阵,所有的输出 $Y_\nu(s)$ 在横向“离开”矩阵。图 6.2-1 所表示的就是这种情况。下面我们来考虑输入的个数大于(或等于)输出的个数的情形,也就是 $n \geqslant i$。因此,矩阵 E 就是

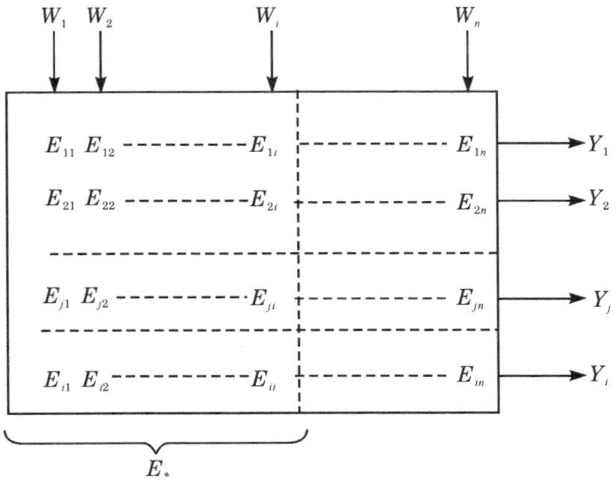

图 6.2-1

一个纵行比横行多的矩形矩阵。为了以后的需要，我们把只由前 i 个纵行所组成的正方矩阵用 E_* 来表示。

既然发动机的输入的个数大于输出的个数，所以，如果希望完全确定系统的运转状态，除了要设法使所有输出 $Y_\nu(s)$ 随预定的数值 $X_j(s)(j=1,2,\cdots,i)$ 相应地变化之外，还要设法使变数 $W_\mu(s)(\mu=i+1,i+2,\cdots,n)$ 也取预定的数值 $\Xi_\mu(s)$。因此，受控量就是 i 个输出 $Y_\nu(s)(\nu=1,2,\cdots,i)$ 和 $n-i$ 个发动机输入 $W_\mu(s)(\mu=i+1,i+2,\cdots,n)$。如果由测量仪器对 $W_\mu(s)$ 所测出来的值是 $\gamma_\mu(s)$，那么，误差就是 $\Xi_\mu(s)-\gamma_\mu(s)$。发动机的输出的偏差的定义是 $X_\nu(s)-Z_\nu(s)$，$Z_\nu(s)(\nu=1,2,\cdots,i)$ 就是 $Y_\nu(s)$ 经过测量仪器所测量出的数值，就像图 6.1-1 的那种情形。控制的作用就在于把这些偏差当做输入来产生伺服马达的控制信号 $U_k(s)$。这就是系统的反馈作用。在我们所讨论的一般的系统式(6.2-1)里，控制信号 $U_k(s)$ 与所有偏差的关系是线性的。既然有 n 个偏差信号，也就有 n 个控制信号，所以 $k=1,2,\cdots,n$。因此就有

$$
\begin{aligned}
U_1(s) &= C_{11}(X_1-Z_1)+C_{12}(X_2-Z_2)+\cdots+C_{1i}(X_i-Z_i)\\
&\quad +C'_{1,i+1}(\Xi_{i+1}-\gamma_{i+1})+\cdots+C'_{1n}(\Xi_n-\gamma_n)\\
U_2(s) &= C_{21}(X_1-Z_1)+C_{22}(X_2-Z_2)+\cdots+C_{2i}(X_i-Z_i)\\
&\quad +C'_{2,i+1}(\Xi_{i+1}-\gamma_{i+1})+\cdots+C'_{2n}(\Xi_n-\gamma_n)\\
&\cdots\\
U_n(s) &= C_{n1}(X_1-Z_1)+C_{n2}(X_2-Z_2)+\cdots+C_{ni}(X_i-Z_i)\\
&\quad +C'_{n,i+1}(\Xi_{i+1}-\gamma_{i+1})+\cdots+C'_{nn}(\Xi_n-\gamma_n)
\end{aligned}
\tag{6.2-3}
$$

在这个关系式中，我们已经把控制矩阵用不同的符号分成 C 和 C' 两部分，以便区别两种不同的误差信号。方程(6.2-3)可以简写成

$$U_k(s) = \sum_{\nu=1}^{j} C_{k\nu}(X_\nu - Z_\nu) + \sum_{\mu=i+1}^{n} C'_{k\mu}(\Xi_\mu - \gamma_\mu), \quad \begin{aligned} \nu &= 1,2,\cdots,i \\ k &= 1,2,\cdots,n \end{aligned} \tag{6.2-4}$$

当然，每一个 $C_{k\nu}$ 和 $C'_{k\mu}$ 都是两个 s 的多项式的比值。方程(6.2-3)或方程(6.2-4)也可以用图 6.2-2 来表示。

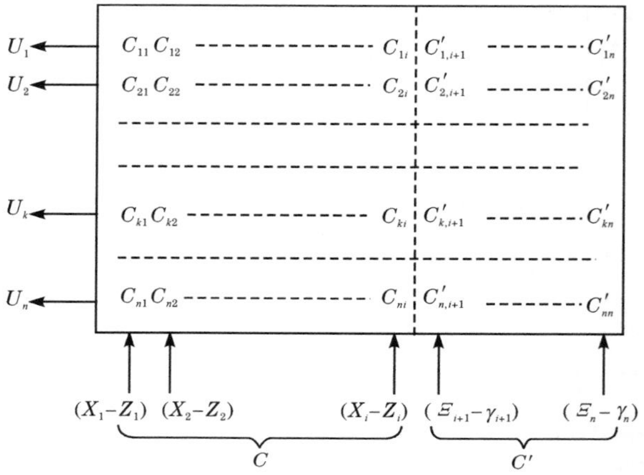

图 6.2-2

测量出的数值 $Z_\nu(s)$ 和 $\gamma_\mu(s)$ 与被测量的 $Y_\nu(s)$ 和 $W_\mu(s)$ 之间关系，由测量仪器的传递函数 $L_{\nu\nu}(s)$ 和 $L_{\mu\mu}(s)$ 所确定

$$Z_\nu(s) = L_{\nu\nu}(s)Y_\nu(s) \tag{6.2-5}$$

$$\gamma_\mu(s) = L_{\mu\mu}(s)W_\mu(s) \tag{6.2-6}$$

每一个控制信号都个别地作用在伺服马达上。伺服马达的输出与意外的外界扰动 $V_k(s)$ 合并在一起组成发动机的输入 $W_k(s)$。如果 $S_{kk}(s)$ 是伺服马达的传递函数，那么

$$W_k(s) = S_{kk}(s)U_k(s) + V_k(s), k = 1,2,\cdots,n \tag{6.2-7}$$

从式(6.2-1)到(6.2-7)的所有方程就是描述多变量控制系统的完备的方程组。图 6.2-3 是一个多变量控制系统的方块图，这个系统有三个发动机输出 $Y_1(s)$，$Y_2(s)$ 和 $Y_3(s)$，还有两个被控制的发动机输入 $W_4(s)$ 和 $W_5(s)$。除了规定的控制信号 $X_\nu(s)$，$\Xi_\mu(s)$ 与可以对系统起作用的外界扰动信号 $V_k(s)$ 以外，整个控制系统是闭合的。

在以上的控制系统方程组中把 $U_k(s)$，$Z_\nu(s)$ 和 $\gamma_\mu(s)$ 消去，就得到①

① 近年来有人提出，用代数方法消去中间变量的运算过程中，可能出现消去系统的不稳定因子的情况，此时造成系统局部不稳定的因素可能被这种代数运算所掩盖。其实这种情况在用状态变量的方法处理问题时也可能出现。在实际系统设计时，不稳定的环节总是设计者注意的焦点，消去某种因子后是否会给系统带来意外现象应以主受控量的行为来判断。这些都可以通过模拟试验来检查。

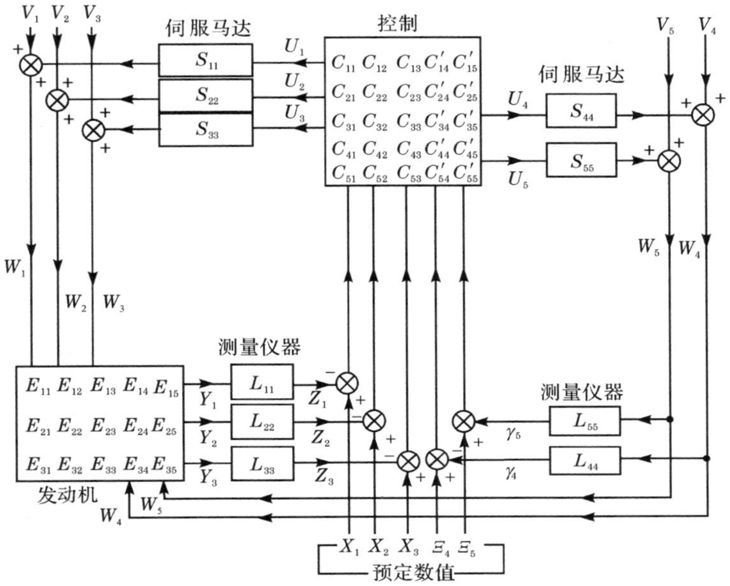

图 6.2-3

$$Y_j(s)=\sum_{k=1}^{n}\Big\{\sum_{\nu=1}^{i}E_{jk}(s)S_{kk}(s)C_{k\nu}(s)[X_\nu(s)-L_{\nu\nu}(s)Y_\nu(s)]$$

$$+\sum_{\mu=i+1}^{n}E_{jk}(s)S_{kk}(s)C'_{k\mu}(s)[\Xi_\mu(s)-L_{\mu\mu}(s)W_\mu(s)]+E_{jk}(s)V_k(s)\Big\}\quad(6.2\text{-}8)$$

和

$$W_k(s)=\sum_{\nu=1}^{i}S_{kk}(s)C_{k\nu}(s)[X_\nu(s)-L_{\nu\nu}(s)Y_\nu(s)]$$

$$+\sum_{\mu=i+1}^{n}S_{kk}(s)C'_{k\mu}(s)[\Xi_\mu(s)-L_{\mu\mu}(s)W_\mu(s)]+V_k(s)\quad(6.2\text{-}9)$$

根据方程(6.2-8)和(6.2-9)就可以把系统画成一个比图 6.2-3 更简单一些的方块图(图 6.2-4)。在这个图里只有一个系统矩阵,这个矩阵的输入是那些受控量的偏差,输出就是那些受控量。在图 6.2-4 中的 ESC 矩阵中,位于第 j 横行与第 ν 纵行的交点的元素是 $\sum_{k=1}^{n}E_{jk}S_{kk}C_{k\nu}$。同样,在 ESC' 矩阵中,第 j 横行与第 μ 纵行的交点处的元素是 $\sum_{k=1}^{n}E_{jk}S_{kk}C'_{k\mu}$。也还是一样,$SC$ 矩阵中的元素是 $S_{kk}C_{k\mu}$。SC' 矩阵中的元素是 $S_{kk}C'_{k\mu}$。外界扰动是通过另外一个矩阵加进来的,那个矩阵主要是由发动机矩阵 E 所组成的。

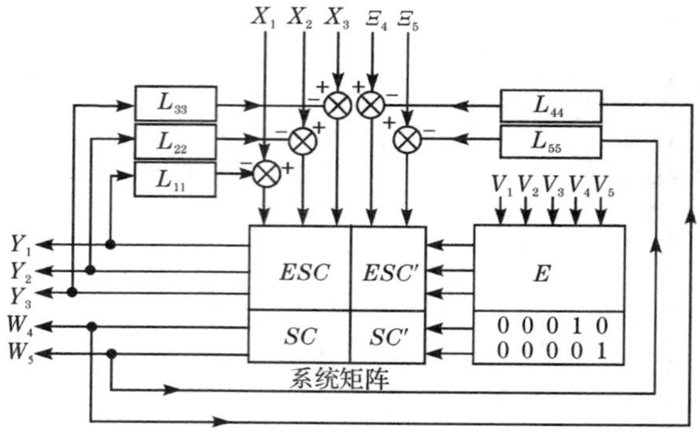

图 6.2-4

6.3 互不影响的条件

以上我们所讨论的是多变量系统的控制作用的机理,在这个基础上我们就可以把控制系统的互不影响准则具体地表达出来。现在的问题就是:设法确定控制矩阵的元素 $C_{k\nu}(s)$与 $C'_{k\mu}(s)$须要满足什么条件才能使规定的控制信号 $X_j(s)$与 $\Xi_\mu(s)$只影响和它们相应的受控量 $Y_j(s)$和 $W_\mu(s)$(这里,$j=1,2,\cdots,i$ 而 $\mu=i+1,i+2,\cdots,n$),而不影响其余的受控量。譬如说,控制信号 $X_2(s)$只能影响 $Y_2(s)$,$\Xi_{i+1}(s)$只能影响 $W_{i+1}(s)$。这里的数学问题也就是如何把图 6.2-4 中的系统矩阵加以对角线化的问题。我们所以要把设计条件放在控制矩阵 C 和 C' 上,是因为在整个系统中只有这一部分是最容易由设计者加以变动的。发动机的特性,伺服马达以及测量仪器都认为是已经固定的,它们也不能由控制工程师随意改变。

让我们来考虑一个特定的输出 $Y_g(s)$,g 是 $1,2,\cdots,i$ 这些数中的任意一个数。方程(6.2-8)和(6.2-9)可以写成

$$
\begin{aligned}
Y_j(s) = \sum_{k=1}^{n}\Big[&\sum_{\nu=1,\nu\neq g}^{i} E_{jk}S_{kk}C_{k\nu}(X_\nu - L_{\nu\nu}Y_\nu) \\
&+ \sum_{\mu=i+1}^{n} E_{jk}S_{kk}C'_{k\mu}(\Xi_\mu - L_{\mu\mu}W_\mu) + E_{jk}V_k\Big] \\
&+ \sum_{k=1}^{n} E_{jk}S_{kk}C_{kg}(X_g - L_{gg}Y_g)
\end{aligned}
$$

和

$$
\begin{aligned}
W_k(s) = &\sum_{\nu=1,\nu\neq g}^{i} S_{kk}C_{k\nu}(X_\nu - L_{\nu\nu}Y_\nu) \\
&+ \sum_{\mu=i+1}^{n} S_{kk}C'_{k\mu}(\Xi_\mu - L_{\mu\mu}W_\mu) + V_k + S_{kk}C_{kg}(X_g - L_{gg}Y_g)
\end{aligned}
$$

现在为了使得控制信号 X_g 除了 Y_g 之外一不影响任何一个 Y_j 或 W_μ，所以，在 $j\neq g$ 与 $k>i$ 的情形下，以上两个方程的最后一项都必须等于零。因此，对于 1，2，…，i 中的任意一个数 g 都有

$$\text{如果 } j\neq g,\quad \sum_{k=1}^{n}E_{jk}S_{kk}C_{kg}=0 \tag{6.3-1}$$

以及

$$\text{如果 } k>i,\quad C_{kg}=0 \tag{6.3-2}$$

方程(6.3-2)使我们的控制矩阵立刻就得到简化。以图 6.2-3 表示的系统为例，这时 $i=3,n=5$。在这个情形下，方程(6.3-2)就表示

$$C_{41}=C_{42}=C_{43}=C_{51}=C_{52}=C_{53}=0$$

方程(6.3-2)也可以用来简化方程(6.3-1)，方程(6.3-1)也就是

$$\sum_{k=1}^{i}E_{jk}S_{kk}C_{kg}=\sum_{k=1}^{i}\delta_{jg}E_{gk}S_{kk}C_{kg} \tag{6.3-3}$$

这里的 g 是 1，2，…，i 中的任意一个数，δ_{jg} 是克隆内克符号(Kronecker delta)，它的定义是

$$\begin{aligned}&\text{如果 } j\neq g,\quad \delta_{jg}=0\\&\text{如果 } j=g,\quad \delta_{jg}=1\end{aligned} \tag{6.3-4}$$

对于任意一个特定的 g 来说，方程(6.3-3)就是一个线性代数方程组，这个方程组包含 $i-1$ 个方程和 i 个未知数 $S_{kk}C_{kg}$(这里 $k=1,2,\cdots,i$)。因此，我们只能确定这些未知数的比值，而不能确定这些未知数本身。然而，这正是我们所希望的，因为我们并不希望控制传递函数已经被完全确定，在现在这种情况下，我们的设计工作反而可以更加自由一些。

为了求出控制传递函数的这些比值，我们要利用行列式的一个性质：假设行列式$|E_*|$($|E_*|$是正方矩阵 E_* 的行列式)中的元素 E_{jl} 的余因式是$|E_{*jl}|$，那么，下面的关系式成立

$$\begin{aligned}&\text{如果 } k\neq l,\quad \sum_{j=1}^{i}E_{jk}\,|E_{*jl}|=0\\&\text{如果 } k=l,\quad \sum_{j=1}^{i}E_{jk}\,|E_{*jl}|=|E_*|\end{aligned} \tag{6.3-5}$$

把方程(6.3-3)先用$|E_{*jl}|$乘一下，然后再对 j 求和，我们就得到

$$\sum_{k=1}^{i}\sum_{j=1}^{i}|E_{*ji}|\,\delta_{jg}E_{gk}S_{kk}C_{kg}=\sum_{k=1}^{i}\sum_{j=1}^{i}|E_{*jl}|\,E_{jk}S_{kk}C_{kg}$$

因此，根据方程(6.3-5)，就有

$$S_{ll}C_{lg}=|E_{*gl}|\sum_{k=1}^{i}E_{gk}S_{kk}C_{kg}/|E_*|,\quad l=1,2,\cdots,i \tag{6.3-6}$$

特别当 $l=g$ 时，有

$$S_{gg}C_{gg}=|E_{*gg}|\sum_{k=1}^{i}E_{gk}S_{kk}C_{kg}/|E_{*}|$$

取方程(6.3-6)和上面这个方程的比值，我们就可以写

$$\frac{S_{jj}C_{j\nu}}{S_{\nu\nu}C_{\nu\nu}}=\frac{|E_{*\nu j}|}{|E_{*\nu\nu}|},\quad j,\nu=1,2,\cdots,i \tag{6.3-7}$$

利用这个方程就可以把 SC 矩阵中不在对角线上的元素用对角线上的元素表示出来。

方程(6.3-2)和方程(6.3-7)所表示的条件就是被控制量 Y_g 互不影响的必要条件。这些条件最先是由勃克森包姆和胡德提出来的。他们两个人还进一步证明：这些条件也是互不影响的充分条件。因此，设计一个合适的控制矩阵 C 的问题就完全解决了。

为了解决控制矩阵的另外一部分 C' 的设计问题，我们就必须考虑受控量 W_μ $(\mu=i+1,i+2,\cdots,n)$ 的互不影响的条件，为了这个目的，我们把方程(6.2-8)和方程(6.2-9)改写为

$$\begin{aligned}Y_j(s)=\sum_{k=1}^{n}\Big[&\sum_{\nu=1}^{i}E_{jk}S_{kk}C_{k\nu}(X_\nu-L_{\nu\nu}Y_\nu)\\&+\sum_{\substack{\mu=i+1\\ \mu\neq r}}^{n}E_{jk}S_{kk}C'_{k\mu}(\Xi_\mu-L_{\mu\mu}W_\mu)+E_{jk}V_k\Big]\\&+\sum_{k=1}^{n}E_{jk}S_{kk}C'_{kr}(\Xi_r-L_{rr}W_r)\end{aligned} \tag{6.3-8}$$

和

$$\begin{aligned}W_k(s)=&\sum_{\nu=1}^{i}S_{kk}C_{k\nu}(X_\nu-L_{\nu\nu}Y_\nu)\\&+\sum_{\substack{\mu=i+1\\ \mu\neq r}}^{n}S_{kk}C'_{k\mu}(\Xi_\mu-L_{\mu\mu}W_\mu)+V_k+S_{kk}C'_{kr}(\Xi_r-L_{rr}W_r)\end{aligned} \tag{6.3-9}$$

这里 r 是 $i+1,i+2,\cdots,n$ 中的任意一个数，而 $j=1,2,\cdots,i$。为了现在的目的，方程(6.3-9)中的 k 只是 $i+1,i+2,\cdots,n$ 中的任意一个数，因为只有这些 W_k 才是受控量。根据方程(6.3-8)和(6.3-9)显然可以看出，如果控制信号 Ξ_r 仅只影响受控量 W_r，那么，这两个方程的最后一项就必须等于零。也就是

$$\sum_{k=1}^{n}E_{jk}S_{kk}C'_{kr}=0,\quad j=1,2,\cdots,i \tag{6.3-10}$$

和

$$C'_{kr}=0,\quad k,r=i+1,i+2,\cdots,n;k\neq r \tag{6.3-11}$$

和以前一样，方程(6.3-11)也使控制矩阵得到简化，以图 6.2-3 所表示的系

统为例，$i=3,n=5$。就有

$$C'_{45}=C'_{54}=0$$

方程(6.3-11)也可以用来简化方程(6.3-10)。方程(6.3-10)化为

$$\sum_{k=1}^{i}E_{jk}S_{kk}C'_{kr}=-E_{jr}S_{rr}C'_{rr}$$

把这个方程的两端先用$|E_{*jl}|$乘，然后再对 j 求和，就得

$$\sum_{k=1}^{i}\sum_{j=1}^{i}|E_{*jl}|E_{jk}S_{kk}C'_{kr}=-S_{rr}C'_{rr}\sum_{j=1}^{i}|E_{*jl}|E_{jr}$$

根据方程(6.3-5)所表示的行列式的性质，就有

$$|E_{*}|S_{ll}C'_{lr}=-S_{rr}C'_{rr}\sum_{j=1}^{i}|E_{*ji}|E_{jr}$$

如果把这个方程里的 l 换成 j，j 换成 l，这个方程就可以写成下列形式

$$\frac{S_{jj}C'_{jr}}{S_{rr}C'_{rr}}=-\frac{1}{|E_{*}|}\sum_{l=1}^{i}|E_{*lj}|E_{lr},\quad \begin{aligned}j&=1,2,\cdots,i\\ r&=i+1,i+2,\cdots,n\end{aligned}\tag{6.3-12}$$

利用这个方程就可以把 SC' 矩阵中不在对角线上的元素用对角线上的元素表示出来。方程(6.3-11)和(6.3-12)是受控量 $W_{\mu}(s)(\mu=i+1,i+2,\cdots,n)$ 的互不影响的必要而且充分的条件。

如果希望全部受控量都互相不影响，那么，就必须满足方程(6.3-2)，(6.3-7)，(6.3-11)和(6.3-12)所表示的条件。在整个的控制矩阵中，不在对角线上的元素或者等于零，或者可以由对角线上的元素表示。如果表示发动机的特性的发动机矩阵是已知的，那么，控制矩阵的对角线元素就完全确定了整个的控制矩阵①。

6.4 响 应 方 程

如果互不影响的条件已经全部被满足，那么，方程(6.2-8)和(6.2-9)就变得简单得多。例如，把方程(6.2-8)的求和的次序倒换一下，就有

$$\begin{aligned}Y_j(s)=&\sum_{\nu=1}^{i}[X_{\nu}(s)-L_{\nu\nu}(s)Y_{\nu}(s)]\sum_{k=1}^{n}E_{jk}S_{kk}C_{k\nu}\\&+\sum_{\mu=i+1}^{n}[\Xi_{\mu}(s)-L_{\mu\mu}(s)W_{\mu}(s)]\sum_{k=1}^{n}E_{jk}S_{kk}C'_{k\mu}+\sum_{k=1}^{n}E_{jk}V_k\end{aligned}$$

按照方程(6.3-1)和(6.3-2)，除了 $\nu=j$ 以外，第一项中对 k 所作的和数都等于零。按照方程(6.3-10)第二项也等于零。因此

---

① 由于传递函数只能描述系统的能控和能观部分，因此，这里得到的解耦条件只能适合于完全能控和能观测的系统。对于一般情况请看文献[7]。

$$Y_j(s) = [X_j(s) - L_{jj}(s)Y_j(s)]\sum_{k=1}^{i} E_{jk}S_{kk}C_{kj} + \sum_{k=1}^{n} E_{jk}V_k$$

按照方程(6.3-7)，$S_{kk}C_{kj}$ 既然可以用对角线元素 $S_{jj}C_{jj}$ 来表示，于是，利用方程(6.3-5)就有

$$\sum_{k=1}^{i} E_{jk}S_{kk}C_{kj} = \frac{S_{jj}C_{jj}}{|E_{*jj}|}\sum_{k=1}^{i} E_{jk}\ |E_{*jk}| = S_{jj}C_{jj}\ \frac{|E_*|}{|E_{*jj}|}$$

所以，最后就得到

$$Y_j(s) = \frac{|E_*|}{|E_{*jj}|}S_{jj}C_{jj}[X_j(s) - L_{jj}(s)Y_j(s)] + \sum_{k=1}^{n} E_{jk}V_k \qquad (6.4\text{-}1)$$

根据互不影响的条件，经过类似的计算，也可以把方程(6.2-9)简化为

$$W_\mu(s) = S_{\mu\mu}C'_{\mu\mu}[\Xi_\mu(s) - L_{\mu\mu}(s)W_\mu(s)] + V_\mu(s)$$

$$\mu = i+1, i+2, \cdots, n \qquad (6.4\text{-}2)$$

我们规定两个符号

$$R_{jj} = \frac{|E_*|\ S_{jj}C_{jj}}{|E_*|\ S_{jj}C_{jj}L_{jj} + |E_{*jj}|} \qquad (6.4\text{-}3)$$

和

$$R'_{\mu\mu} = \frac{S_{\mu\mu}C'_{\mu\mu}}{S_{\mu\mu}C'_{\mu\mu}L_{\mu\mu} + 1} \qquad (6.4\text{-}4)$$

方程(6.4-1)和(6.4-2)的解就可以写作

$$Y_j(s) = R_{jj}(s)X_j(s) - [R_{jj}(s)L_{jj}(s) - 1]\sum_{k=1}^{n} E_{jk}(s)V_k(s) \qquad (6.4\text{-}5)$$

和

$$W_\mu(s) = R'_{\mu\mu}(s)\Xi_\mu(s) - [R'_{\mu\mu}(s)L_{\mu\mu}(s) - 1]V_\mu(s) \qquad (6.4\text{-}6)$$

方程(6.4-5)和(6.4-6)给出了由控制信号和外界扰动来计算受控量的关系，这两个方程就称为响应方程。这些关系式与只有一个受控量的简单系统的关系式(6.1-3)是十分相像的。函数 $R_{jj}(s)$ 是从输入 $X_j(s)$ 到输出 $Y_j(s)$ 的总的传递函数。函数 $R'_{\mu\mu}(s)$ 是从输入 $\Xi_\mu(s)$ 到输出 $W_\mu(s)$ 的总的传递函数。按照方程(6.4-3)和(6.4-4)，根据发动机，伺服马达，测量仪器和控制部分这四方面的特性就可以把这两个总的传递函数计算出来。实际的设计步骤就是先按照第五章所讲的办法对于每一个 j 和 μ 确定合适的控制传递函数 $C_{jj}(s)$ 和 $C'_{\mu\mu}(s)$，使它们具有满意的性能，然后，再按照方程(6.3-2)，(6.3-7)，(6.3-11)和(6.3-12)把不在对角线上的元素也确定下来。这样做了以后，对于复杂的多变量系统我们就得到一个性能良好的互不影响的控制系统。

6.5　涡轮螺旋桨发动机的控制

作为互不影响的控制的普遍理论的一个简单的例子，我们来考虑一个涡轮螺

旋桨发动机的控制问题(图 6.5-1)。这样一个发动机的运转状态的变数是:转速,涡轮的进气温度,螺旋桨的桨叶角以及喷油速率。控制系统的设计要求是使发动机能够产生各种可能的正规的稳态运转状态。对于每一种稳态运转状态,我们都必须研究在那个运转点附近的过渡状态之下的控制性能。假设 $W_1(s)$是螺旋桨桨叶角与正规值之间的偏差的拉氏变换,$W_2(s)$是喷油速率与正规值之间的偏差的拉氏变换。既然我们只对离正规运转点很近的过渡状态发生兴趣,所以涡轮转矩被压缩机与螺旋桨用掉一部分以后的剩余转矩,螺旋桨桨叶角,喷油速率这三者之间的关系可以线性化。因此,剩余转矩就可以表示为 $W_1(s)$与 $W_2(s)$的线性组合。假设转速与它的正规值之间的偏差的拉氏变换是 $Y_1(s)$,剩余转矩就可以用$(1+\tau s)Y_1(s)$来表示,这里的 τ 是由于发动机的转动部分的惯性所产生的时间常数[可以参看方程(3.7-1)]。τ 的值与所考虑的正规运转点有关,因为方程(3.7-1)中的阻尼系数 c 与转速有关。因此,

$$(1+\tau s)Y_1(s)=-aW_1(s)+bW_2(s) \tag{6.5-1}$$

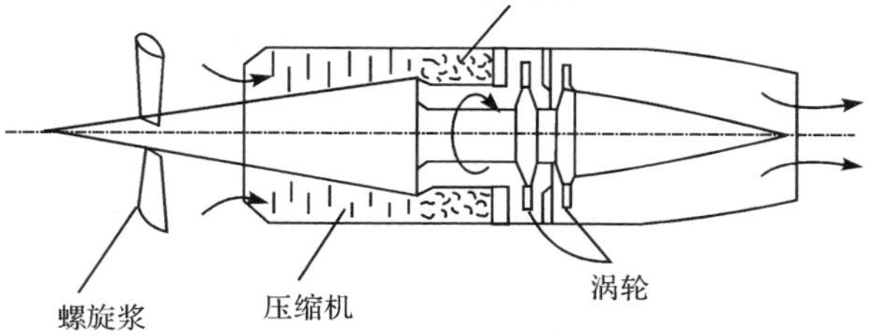

图 6.5-1

其中的 a 和 b 都是正实常数,这两个常数都可以由正规运转点附近的发动机特性推算出来。a 和 b 的物理意义是这样的:如果喷油速率一直保持正规值,$W_2(s)\equiv 0$。由方程(6.5-1)就得出 $a=-Y_1(0)/W_1(0)$。但是 $s=0$ 相当于稳态状态,所以,a 就是当喷油速率保持常数时,发动机的稳态转速的减少与螺旋桨桨叶角的增加的比值。如果,对于有各种不同的常数喷油速率的稳态运转状态,把转速对于螺旋桨桨叶角画出图线来,那么,在图线上被选定的正规运转点处的斜率就是 a。同样的,如果螺旋桨桨叶角是常数,我们也可以把稳态状态的转速对于喷油速率画出图线来,在这种图线上被选定的正规运转点处的斜率就是 b。所以,a 和 b 这两个常数可以由表示发动机的稳态状态的图线表达出来。

对于轴式压缩机来说,在给定的压缩机转速和一定的进口条件之下,经过压缩机的空气的质量几乎是不变的。所以,在一个给定的进口条件之下,加到气体中去的热量与气体的质量的比值就是发动机转速与喷油速率的函数。因而,发动机转速和喷油速率就确定了进口温度。假设涡轮的进口温度及它的正规值之间

的偏差的拉氏变换是 $Y_2(s)$，那么，在 $Y_2(s)$，$Y_1(s)$ 与 $W_2(s)$ 之间也可以建立一个类似于方程(6.5-1)的方程。然而气体达到热平衡状态的时间常数实际上等于零，所以，方程也比较简单些

$$Y_2(s) = cW_2(s) - eY_1(s) \tag{6.5-2}$$

这里的 c 和 e 也还是正实常数。事实上，如果对于不变的发动机转速画出涡轮进口温度与喷油速率之间的关系图线，那么，在选定的正规的稳态运转点处的斜率就是 c。同样的，如果，对于不变的喷油速率，画出涡轮进口温度与发动机转速之间的关系图线，那么，在选定的正规的稳态运转点处的斜率就是 e。

从方程(6.5-1)和(6.5-2)中把 $Y_1(s)$ 和 $Y_2(s)$ 解出来，我们就得到

$$\begin{aligned} Y_1(s) &= \frac{-a}{1+\tau s}W_1(s) + \frac{b}{1+\tau s}W_2(s) \\ Y_2(s) &= \frac{ae}{1+\tau s}W_1(s) + \frac{(c-be)+c\tau s}{1+\tau s}W_2(s) \end{aligned} \tag{6.5-3}$$

这个方程组就给出了我们在理论分析中所用的发动机矩阵 E。我们注意到这样一个有趣的事实：在发动机矩阵里只包含一个时间常数 τ。只有这一个时间常数是发动机本身所固有的。当然，整个的控制系统中还有其他的时间常数，但是，那些时间常数是由控制部分，伺服马达以及测量仪器所引进来的，所以它们不包含在发动机矩阵里面。

让我们先来考虑控制发动机转速和喷油速率的情形。这时，受控量就是 $Y_1(s)$ 和 $W_2(s)$。在这个情况下，我们只需要方程组(6.5-3)的第一个方程，并且 $i=1, n=2$。因而，发动机矩阵 E 只有两个元素

$$E_{11} = \frac{-a}{1+\tau s}, \quad E_{12} = \frac{b}{1+\tau s} \tag{6.5-4}$$

而

$$|E_*| = |E_{*_{11}}| E_{11} = E_{11}, \quad |E_{*_{11}}| = 1 \tag{6.5-5}$$

控制系统是由下列方程组所表示的

$$\begin{aligned} U_1(s) &= C_{11}(s)[X_1(s) - L_{11}(s)Y_1(s)] + C'_{12}(s)[\Xi_2(s) - L_{22}(s)W_2(s)] \\ U_2(s) &= C_{21}(s)[X_1(s) - L_{11}(s)Y_1(s)] + C'_{22}(s)[\Xi_2(s) - L_{22}(s)W_2(s)] \end{aligned} \tag{6.5-6}$$

不互相影响的条件要求有下列关系

$$C_{21}(s) = 0 \tag{6.5-7}$$

并且利用方程(6.5-5)

$$\frac{S_{11}(s)C'_{12}(s)}{S_{22}(s)C'_{22}(s)} = \frac{-|E_{*_{11}}| E_{12}}{|E_*|} = -\frac{E_{12}}{E_{11}} = \frac{b}{a} \tag{6.5-8}$$

既然 $-a$ 是发动机转速对于螺旋桨桨叶角的偏导数，而 b 是发动机转速对于喷油速率的偏导数，所以，比值 b/a 就是当发动机转速不变时，螺旋桨桨叶角对于喷油速率的变化率。很明显，这个比值是涡轮螺旋桨发动机的飞行状况的函数。譬如

说，比值 b/a 是随着高度的增加而增大的。因此，一个设计得很好的控制系统就必须能够随时补偿由于飞行状态的变化和发动机运转状况的变化而引起的差异。

对于发动机转速的响应函数 $R_{11}(s)$ 就是

$$R_{11}(s)=\frac{aS_{11}(s)C_{11}(s)}{aS_{11}(s)C_{11}(s)L_{11}(s)-(1+\tau s)}$$

对于喷油速率的响应函数 $R'_{22}(s)$ 就是

$$R'_{22}(s)=\frac{S_{22}(s)C'_{22}(s)}{S_{22}(s)C'_{22}(s)L_{22}(s)+1} \tag{6.5-9}$$

这两个方程就确定了发动机转速与喷油速率在不互相影响的控制状态中的响应特性。现在的问题就归结为如何设计控制传递函数 $C_{11}(s)$ 和 $C'_{22}(s)$ 使得系统在我们所需要的所有运转状态下都具有使人满意的性能。

现在，我们再来考虑控制涡轮螺旋桨发动机的第二种可能的办法。我们要来控制发动机转速和涡轮的进口温度，现在的受控量就是 $Y_1(s)$ 和 $Y_2(s)$，所以在这个情形里，我们需要用到方程组(6.5-3)的两个方程，而 $i=n=2$。由不互相影响的条件就有

$$\frac{S_{22}(s)C_{21}(s)}{S_{11}(s)C_{11}(s)}=-\frac{ae}{(c-be)+c\tau s}$$

和

$$\frac{S_{11}(s)C_{12}(s)}{S_{22}(s)C_{22}(s)}=\frac{b}{a} \tag{6.5-10}$$

对于发动机转速的响应函数就是

$$R_{11}(s)=\frac{S_{11}(s)C_{11}(s)}{S_{11}(s)C_{11}(s)L_{11}(s)-\dfrac{(c-be)+c\tau s}{ac}}$$

对于涡轮的进口温度的响应函数就是

$$R_{22}(s)=\frac{S_{22}(s)C_{22}(s)}{S_{22}(s)C_{22}(s)L_{22}(s)+(1/c)} \tag{6.5-11}$$

6.6 有加力燃烧的涡轮喷气发动机的控制

在这一章开始我们曾经谈到有加力燃烧的涡轮喷气发动机，现在我们来研究这种发动机的控制问题。图 6.6-1 就是这种发动机的简略构造图。我们还是只来研究在一个选定的正规稳态运转点附近的过渡状态的控制问题，所以，把各个变数之间的关系加以线性化还是合理的。

假设 $Y_1(s)$ 仍然是发动机转速与它的正规值之间的偏差的拉氏变换，$W_1(s)$ 是尾喷管开口面积与正规值之间的偏差的拉氏变换；$W_2(s)$ 是燃烧室的喷油速率与

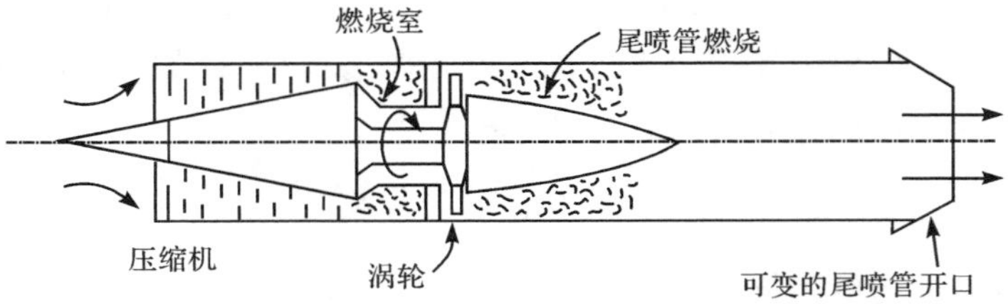

图 6.6-1

正规值之间的偏差的拉氏变换；最后，$W_3(s)$是尾喷管的喷油速率与正规值之间的偏差的拉氏变换。与涡轮螺旋桨发动机的方程(6.5-1)类似，我们可以写出下列关系

$$(1+\tau s)Y_1(s)=a_1W_1(s)+a_2W_2(s)+a_3W_3(s) \tag{6.6-1}$$

这里的 a_1，a_2 和 a_3 都是实常数。和涡轮螺旋桨发动机的情形相像，这些常数都是发动机的稳态状态曲线的斜率。所以，当燃烧室的喷油速率和尾喷管的喷油速率都是常数的时候，发动机转速对于尾喷管开口面积的变化率就是 a_1。同样的，a_2 就是发动机转速对于燃烧室喷油速率的变化率；a_3 就是发动机转速对于尾喷管喷油速率的变化率。方程(6.6-1)里的 τ 也还是发动机的唯一的时间常数，它表示转动部件的惯性的影响。这一个关于发动机转速与其他的发动机输入之间的线性关系是费德尔(Feder)和胡德推导出来的[4]。

如果发动机的压缩机是轴式压缩机的话，前一节的方程(6.5-2)在这里仍然是适用的。$Y_2(s)$所表示的是涡轮的进口温度，所以

$$Y_2(s)=-eY_1(s)+cW_2(s)$$

从这个方程和方程(6.6-1)里把 $Y_1(s)$和 $Y_2(s)$解出来，就得到

$$Y_1(s)=\frac{a_1}{1+\tau s}W_1(s)+\frac{a_2}{1+\tau s}W_2(s)+\frac{a_3}{1+\tau s}W_3(s)$$

$$Y_2(s)=-\frac{a_1e}{1+\tau s}W_1(s)+\frac{(c-a_2e)+c\tau s}{1+\tau s}W_2(s)-\frac{a_3e}{1+\tau s}W_3(s) \tag{6.6-2}$$

所以，发动机矩阵的元素就是

$$E_{11}=\frac{a_1}{1+\tau s},\quad E_{12}=\frac{a_2}{1+\tau s},\quad E_{13}=\frac{a_3}{1+\tau s}$$

$$E_{21}=-\frac{a_1e}{1+\tau s},\quad E_{22}=\frac{(c-a_2e)+c\tau s}{1+\tau s},\quad E_{23}=-\frac{a_3e}{1+\tau s} \tag{6.6-3}$$

我们来考虑控制发动机转速，涡轮的进口温度与尾喷管喷油速率的问题。这时的受控量是 $Y_1(s)$，$Y_2(s)$和 $W_3(s)$。而控制方程就是

$$\begin{aligned}U_1(s)=&C_{11}(s)[X_1(s)-L_{11}(s)Y_1(s)]+C_{12}(s)[X_2(s)-L_{22}(s)Y_2(s)]\\&+C'_{13}(s)[\Xi_3(s)-L_{33}(s)W_3(s)]\end{aligned}$$

$$U_2(s)=C_{21}(s)[X_1(s)-L_{11}(s)Y_1(s)]+C_{22}(s)[X_2(s)-L_{22}(s)Y_2(s)]+C'_{23}(s)[\Xi_3(s)-L_{33}(s)W_3(s)]$$

$$U_3(s)=C_{31}(s)[X_1(s)-L_{11}(s)Y_1(s)]+C_{32}(s)[X_2(s)-L_{22}(s)Y_2(s)]+C'_{33}(s)[\Xi_3(s)-L_{33}(s)W_3(s)] \tag{6.6-4}$$

这里的 $X_1(s)$,$X_2(s)$和 $\Xi_3(s)$分别是发动机转速,涡轮进口温度和尾喷管喷油速率的控制信号。

方程(6.3-2)的互不影响条件要求

$$C_{31}(s)=C_{32}(s)=0 \tag{6.6-5}$$

方程(6.3-7)的条件给出

$$\frac{S_{11}(s)C_{12}(s)}{S_{22}(s)C_{22}(s)}=-\frac{a_2}{a_1}$$

$$\frac{S_{22}(s)C_{21}(s)}{S_{11}(s)C_{11}(s)}=\frac{a_1e}{(c-a_2e)+c\tau s} \tag{6.6-6}$$

方程(6.3-12)的互不影响条件给出

$$\frac{S_{11}(s)C'_{13}(s)}{S_{33}(s)C'_{33}(s)}=-\frac{a_3}{a_1}$$

和

$$C'_{23}(s)=0 \tag{6.6-7}$$

以上这些方程里的比值$-a_2/a_1$ 和$-a_3/a_1$ 都有很简单的物理意义:当发动机转速和尾喷管喷油速率都是常数的时候,尾喷管的开口面积对于燃烧室喷油速率的变化率就是$-a_2/a_1$。当发动机转速和燃烧室喷油速率都是常数的时候,尾喷管的开口面积对于尾喷管喷油速率的变化率就是$-a_3/a_1$。

如果方程(6.6-5),(6.6-6)和(6.6-7)都被满足了,我们就得到互不影响的控制。这时,对于发动机转速的响应函数就是

$$R_{11}(s)=\frac{S_{11}(s)C_{11}(s)}{S_{11}(s)C_{11}(s)L_{11}(s)+\dfrac{(c-a_2e)+c\tau s}{a_1c}} \tag{6.6-8}$$

对于涡轮进口温度的响应函数就是

$$R_{22}(s)=\frac{S_{22}(s)C_{22}(s)}{S_{22}(s)C_{22}(s)L_{22}(s)+(1/c)} \tag{6.6-9}$$

对于尾喷管喷油速率的响应函数就是

$$R'_{33}(s)=\frac{S_{33}(s)C'_{33}(s)}{S_{33}(s)C'_{33}(s)L_{33}(s)+1} \tag{6.6-10}$$

根据以上这些方程就可以适当地设计控制传递函数 $C_{11}(s)$,$C_{22}(s)$,$C'_{33}(s)$,因而也就可以确定 $C_{12}(s)$,$C_{21}(s)$和 $C'_{13}(s)$。

6.7 多变量系统的协调控制

如何正确地处理各受控量之间的相互关联(耦合),是多变量控制系统设计的关键问题之一。从不同的观点,有不同的设计原则。

“互不影响”的控制原则,从物理概念上来说,是利用控制器之间的相互关联完全或部分抵消受控对象中的相互关联,也就是“去耦”,使各个受控量的控制过程不相互影响,从而将多变量关联的大系统分解为单变量“自主”的小系统。所以,互不影响的控制原则也称为“自主”调节原则,或“去耦”设计原则。从数学方法上来说,是要设计控制矩阵,使系统矩阵“对角线”化,也就是使系统矩阵中非对角线上的元素都等于零。如果满足了互不影响条件,那么,各受控量的控制器就可以按单变量系统进行设计,因而使系统结构大为简化。如前面几章所讲过的,互不影响的控制原则已经在发动机控制、锅炉调节等多变量控制系统的设计中得到了应用。但是,互不影响的控制并不是多变量系统唯一的设计原则。因为在多变量控制的实践中,有很多场合不必要求各受控量互不影响,而是需要各受控量的控制过程相互配合和“协调”,使各变量之间保持某种协调关系,使整个系统处在技术上合理、经济上合算的协调工作状态中。

例如,连续轧钢机各机架轧辊速度的协调关系;分部传动造纸机各分部电动机速度的协调关系;化工、热工生产过程中,各种反应物质或原料成分的比例关系;电力系统中各电站或机组的负荷分配关系;垂直升船机、大型龙门吊车的多电机拖动系统的同步关系其他等。

一般说来,协调关系是各受控量应满足的某种线性或非线性函数关系

$$f(y_1, y_2, \cdots, y_n) = c \tag{6.7-1}$$

常见的是比例关系

$$\mu_1 y_1 = \mu_2 y_2 = \cdots = \mu_n y_n \tag{6.7-2}$$

当比例系数 $\mu_i=1$,即为最简单的同步关系时。

文献[1,2]研究了这类多变量的协调控制系统,并提出了“协调控制”原则进行设计的方法。

第一种方法是按“协调偏差”控制,自整定“内部”给定量。它不同于通常的控制系统——按外部给定量与受控量的偏差,进行反馈闭环控制;在多变量协调控制系统中,给定的是各受控量之间的协调关系,而不是个别受控量的给定值。因此,为了保持各受控量之间的协调关系,减少系统实际运行状态对指定协调状态的偏离,需要按“协调偏差”进行反馈闭环控制。协调偏差定义为

$$\varepsilon_i = \overset{*}{y}_i - y_i, \quad i = 1, 2, \cdots, n \tag{6.7-3}$$

式中

$$\overset{*}{y}_i = f_i(y_1, y_2, \cdots, y_n) \qquad (6.7\text{-}4)$$

这里,"内部"给定量($\overset{*}{y}_i$)是根据给定的协调关系与系统的实际运行状态,考虑稳态与动态品质要求,由系统内部自行整定的,而不是由系统外部给定的。

当系统受到扰动或其他因素影响而偏离协调工作状态时,在按协调偏差的闭环控制作用下,将迫使各受控量向内部给定量靠近,以减少协调偏差,使系统进入协调工作状态。

由于内部给定量($\overset{*}{y}_i$)是各受控量($y_1, y_2, \cdots, y_n$)的函数,所以,任何一个受控量的变化,都将使系统重新整定相应的内部给定量,从而,引起协调偏差的重新分配,使其他受控量都向有利于协调的方向变化。因此,各受控量的控制过程不是独立自主的;而是相互影响、相互配合的,这将有助于加快协调过程,提高协调准确度。

第二种方法是建立控制作用之间的协调联系。各受控量之间通过受控对象或过程形成的相互关联——耦合,并不总是有害的,有时没有必要都用控制器中的相互关联去抵消它们。而且,有些耦合作用是有益的,比如,升船机、龙门吊车的机械耦合有强迫同步作用。在实际系统设计中,适当地利用受控对象中固有的耦合,有可能减少所需测量元件或执行机构的数量,简化控制系统。如果不具体分析受控对象中固有耦合的利弊,片面要求完全去耦,不仅将使控制系统复杂化,去耦器也难以实现。同时,由于实际对象特性的变化与不确定性,互不影响条件不易准确地得到满足,残留的耦合有可能恶化系统品质。

因此,应当建立控制作用之间的协调联系,利用控制器中的耦合,抵消或削弱受控对象中有害的耦合,保留或加强有益于协调的耦合。这种协调联系装置构成控制系统的内反馈,可以根据稳定性、协调准确度、最快协调过程的要求进行设计。

第三种方法是按外扰补偿的原则进行协调。作用于系统的外界扰动,如负荷变化,常常是破坏协调关系的主要因素。如果外扰是可以测量的,那么,采用扰动补偿装置,实现协调关系对外扰的不变性,可以在不影响系统稳定性的情况下,大大提高协调准确度与动态性能。按扰动的开环控制与按协调偏差的闭环控制相结合,构成复合控制的协调控制系统。

扰动补偿装置可以应用不变性原理进行设计,但是,这里不是个别受控量对扰动的不变性,而是协调关系对扰动的不变性,或协调偏差对外扰的不变性。这样有可能使补偿装置适当地简化,便于实现。

根据上述协调控制原则,一种可能的多变量协调控制系统的方块图如图6.7-1所示。图中 D 为受控对象,C 为控制器,B,G 分别为协调计算装置和联系装置,F 为外扰补偿装置,$\{y_1, y_2, \cdots, y_n\}$ 为受控量,$\{u_1, u_2, \cdots, u_n\}$ 为控制量,$\{v_1, \cdots, v_n\}$ 为外扰作用,$\{x_1, \cdots, x_n\}$ 为协调偏差量,$\{s_1, s_2, \cdots, s_n\}$ 为协调联系信号，$\{r_1, r_2, \cdots, r_n\}$是外扰补偿信号。

设给定的协调关系是各受控量的线性函数关系。对于线性常系数系统，按照方块图 6.7-1，可得协调控制系统的矩阵方程如下

$$
\begin{aligned}
\boldsymbol{y} &= D\boldsymbol{w} \\
\boldsymbol{w} &= \boldsymbol{u} + \boldsymbol{v} \\
\boldsymbol{u} &= C(\boldsymbol{x} + \boldsymbol{r} + \boldsymbol{s}) \\
\boldsymbol{x} &= B\boldsymbol{y} \\
\boldsymbol{r} &= F\boldsymbol{v} \\
\boldsymbol{s} &= G\boldsymbol{u}
\end{aligned} \tag{6.7-5}
$$

式中 D, C, B, G, F 都是 n 阶方阵，而 $\boldsymbol{y}, \boldsymbol{u}, \boldsymbol{v}, \boldsymbol{w}, \boldsymbol{x}, \boldsymbol{r}, \boldsymbol{s}$ 为相应维数的列向量。由(6.7-5)可得到系统矩阵为

$$\Phi_{x/v} = (E - BDC_e)^{-1} BD(E + C_e F) \tag{6.7-6}$$

式中 E 为 n 阶单位矩阵

$$C_e = (E - CG)^{-1} C \tag{6.7-7}$$

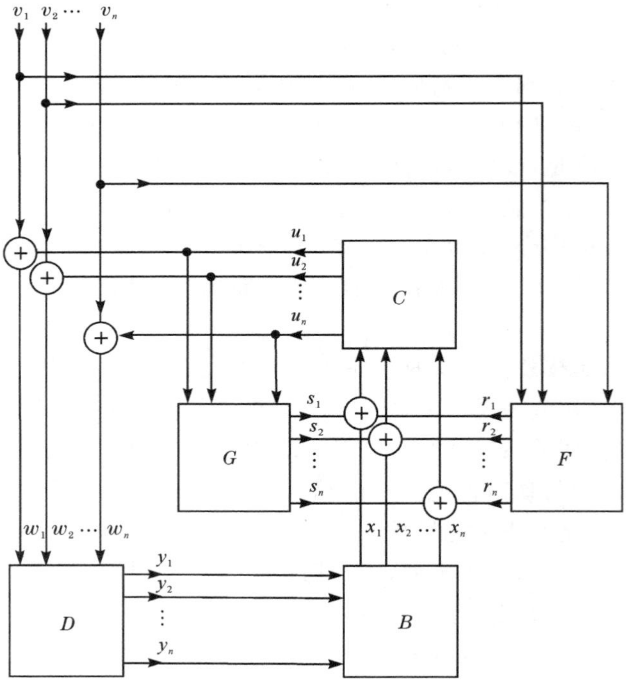

图 6.7-1

相应的闭环系统特征方程为

$$\Delta = | E - BDC_e | = 0 \tag{6.7-8}$$

利用式(6.7-5),(6.7-6),(6.7-7),(6.7-8),文献[1]中分析了协调控制系统的稳定性、准确度及其他动态性能,并研究了“大—小系统稳定性关系”,“协调离散度极小化”、“最快协调控制过程”等问题。给出了协调偏差计算装置(B)、协调联系装置(G)、扰动补偿装置(F)的综合方法。

协调控制原则在垂直升船机、分部造纸机、连续轧钢机等多变量控制系统的设计与调整中得到了应用[1,16]。

参考文献

[1] 涂序彦,多变量协调控制问题,第一届国际自动化会议论文集,上海科学技术出版社,1963.

[2] 龚炳铮,不变性理论及其发展综述,自动化技术进展,科学出版社,1963.

[3] Boksenbom,A. S. ,& Hood,R. ,NACA TR 980,1950.

[4] Feder. M. S. ,& Hood,R. ,Analysis for Control Application of Dynamic Characteristics of Turbojet Engine with Tail-pipe Burning,NACA TN 2183,1950.

[5] Finkelstein,L. ,The Theory of Invariance,Control,3(1960),29.

[6] Kavanagh,R. J. ,J. Franklin Inst. ,262(1956),5,349.

[7] Gilbert,E. G. ,The decoupling of multivariable systems by state variable feedback,J. SIAM, on Control,7(1969),1.

[8] Айзерман,М. А. ,Теория авт. регулирования двигателей,1952.

[9] Вознесенский,И. И. ,О регулировании мащин с большим числом регулируемых параметров,*Автоматика и Телемеханика*,1938,4—5.

[10] Лузин,Н. Н. ,Кузнецов,П. Н. ,К абсолютной инвариантности до ε в теории дифференциальных уравнений ДАН СССР. ,68(1949),5.

[11] Мееров,М. В. ,Управление много-связьными системами,Москва,1975.

[12] Стрейц,В. и Ружичка,И. ,Теория автономности и инвариантности многопараметрических систем с цифровыми регуляторами,Нзв. АН СССР,энер. и авт. ,ОТН,1961,5.

[13] Чинаев П. И. ,О принципах синтеза автематических систем со многими регулируемымн величинами,*Автоматика и Телемеханика*,21(1960),6.

[14] Шевалев, А. Г. , Цринцип инвариантности для многомериых систем автоматического регулирования,электромеханика,Изв. ВУЗ,1962,6—7.

[15] Щипанов, Г. В. , Теория и методы проектирования авт. регуляторов, *Автоматика и Телемеханика*,1939,1.

[16] Заицева, Е. В. ,Моделирование систем гармонического регулирования,в кн. Математическое моделирование и теория электрическихцепей,Киев,1965.

第七章　非线性系统

在前几章内我们讨论了各类线性系统的分析和设计方法。由于线性系统的结构相对比较简单，线性系统的通解，线性依赖于初始状态和控制函数，所以讨论起来比较方便。对非线性系统，由于没有这种线性依赖关系，分析和综合问题都更复杂些。正是由于处理上的困难，对非线性系统的研究至今不如对线性系统研究的那样全面和细致。几十年来，对非线性系统的研究多数限于分析方面，而对非线性系统的设计则只有在一些简单的情况下才得到了实际可用的结果。

非线性系统的一个重要特点是常常出现周期性振荡。由于非线性的作用，在很多实际问题中都有出现这种振荡的可能性，然而，一般来说，振荡是控制系统特别是伺服系统所不希望出现的现象。只有少数系统例外，那里微小幅度的振荡对系统工作的精度无大的影响，可以把振荡作为系统的基本工作状态，使系统结构简单，还能收到特有的技术效益，例如减少静摩擦引起的系统误差等。这样，对非线性系统振荡状态的研究通常集中在下列几个方面：若系统的运动方程式已经给定，并确知它的典型工作状态是周期振荡，需要求出振荡周期和振幅，分析周期运动的稳定性；计算这种系统对给定的输入信号的反应或跟踪精度；最后，找到改变振荡周期和振幅的方法，在需要时又如何防止这种振荡的发生。因此，研究周期运动是非线性系统分析问题中的一个重要方面。

为了精确地分析非线性系统的一些特定运动的性质，尤其是对复杂的系统，必须用计算机求出精确解。在计算技术飞速发展的现在，非线性系统的分析和设计完全可以用数字计算机去进行，在精度、速度和容量等方面实际上没有什么限制；应用计算机已经解决了大量的用一般理论分析方法所不能解决的问题；对解决非线性系统的设计提供了有效的工具。然而，这并不排除理论分析工作的重要性。相反，理论分析工作可以为计算技术提供指导，能够更深刻地认识非线性系统的主要特征即主要矛盾，从而提出解决主要矛盾的方法。因此，计算技术的发展又对理论分析工作提出了新的更高的要求，它不可能完全代替理论分析。

非线性受控系统的运动方程式一般可写成

$$f\left(\frac{d^n x}{dt},\cdots,\frac{dx}{dt},x,u\right)=0 \tag{7.0-1}$$

式中 x 是系统的输出，u 是控制量，f 是某一非线性函数。和线性系统一样，上式

可以化为一个一阶非线性方程组

$$\frac{dx_1}{dt} = f_1(x_1, x_2, \cdots, x_n; u_1, u_2, \cdots, u_r; t)$$

$$\frac{dx_2}{dt} = f_2(x_1, x_2, \cdots, x_n; u_1, u_2, \cdots, u_r; t)$$

$$\cdots$$

$$\frac{dx_n}{dt} = f_n(x_1, x_2, \cdots, x_n; u_1, u_2, \cdots, u_r; t) \tag{7.0-2}$$

式中 $x_i, i=1,2,\cdots,n$,是状态变量;$u_i, i=1,2,\cdots,r$,是控制量。如果采用向量书写方式,上式可简写为

$$\frac{d\boldsymbol{x}}{dt} = \boldsymbol{f}(\boldsymbol{x}, \boldsymbol{u}, t) \tag{7.0-3}$$

式中 $\boldsymbol{x}=(x_1, x_2, \cdots, x_n)$是系统的状态向量,$\boldsymbol{u}=(u_1, \cdots, u_r)$是控制向量,$\boldsymbol{f}=(f_1, f_2, \cdots, f_n)$是速度向量。和线性系统一样,式(7.0-2)或(7.0-3)的形式包含了式(7.0-1),但是前者所能描述的非线性系统的种类更为广泛些。

以后我们将假定,由式(7.0-1)—(7.0-3)所描述的非线性系统的运动将由初始状态 $\boldsymbol{x}_0=(x_{10}, x_{20}, \cdots, x_{n0})$和选定的控制函数 $\boldsymbol{u}(t)$所唯一确定,也就是说,系统满足常微分方程解的存在和唯一性定理。本章内我们将讨论几种典型的非线性系统,以便使我们对非线性系统的几个重要特征有充分的了解。

7.1 振荡伺服控制系统

现在我们来考虑振荡伺服控制系统,与有交流电动机的交流伺服系统相似,振荡控制伺服系统的信号也是用来调制一个周期振荡的,不过,在振荡控制伺服系统中,信号调制的方法不再是普通的调幅方法。为了能够简单明了地介绍振荡控制伺服系统的概念,我们必须先提出一些预备知识。

我们来介绍一种很原始的但是也很普通的伺服系统。假如我们在系统里加一个包含一个继电器的电路,而且这个继电器的特性是这样的:如果输入电压 $x(t)$的绝对值不超过一个一定的阈限(也就是一个一定的常数)的话,输出端就没有电压,如果输入电压 $x(t)$的绝对值$|x(t)|$超过那个阈限的话,输出就是一个常数电动势 E。这个电动势是由一个电源所供给的,这个电动势的极性决定于偏差信号的符号,它倾向于使偏差信号的绝对值逐渐减少。这就是所谓开关伺服系统(也就是包含有继电器的伺服系统)的一个例子。

这种系统的运动方程式一般可写为下列形式

$$a_n \frac{d^n z}{dt^n} + a_{n-1} \frac{d^{n-1} z}{dt^{n-1}} + \cdots + a_0 z = y$$

$$x = \sum_{i=0}^{n} c_i \frac{d^i z}{dt^i}$$

$$y = f(x) \tag{7.1-1}$$

这里 z 是伺服系统的输出；y 是反馈信号，它是 x 的非线性函数，如图 7.1-1 所示。

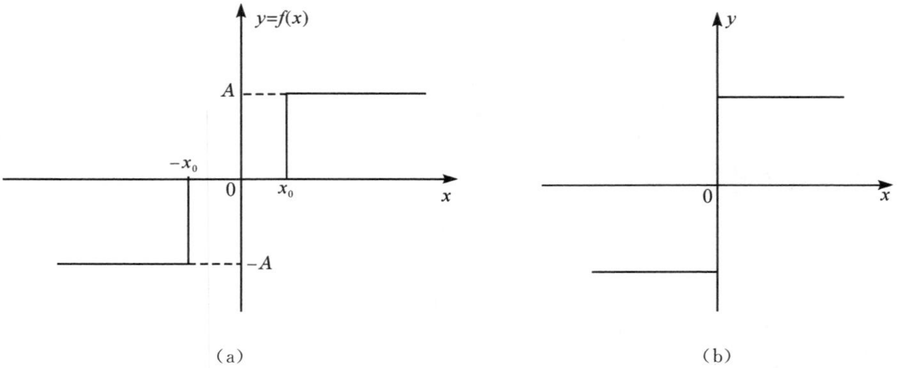

图 7.1-1

这种开关伺服系统有一个很大的优点：我们可以用相当简单的开关系统来操纵相当大的功率。这个优点对于其他类型的伺服系统来说往往是很难做到的。但是，从另外一方面来说，开关伺服系统当然是一个非线性系统，并且以后我们还要看到，它们的运转性能也不如以前讨论过的各种系统好。简言之，振荡控制伺服系统是开关伺服系统的一种变形，它保持了线性性质的优点还能够操纵相当大的功率。

在进行讨论振荡控制伺服系统之前，我们先提出一个理论的结果，所有这一类系统的理论都是以这个结果为基础的。让我们考虑一个具有下列性质的装置：如果输入 $x(t)$ 是正数，输出就是 $+A$，如果输入 $x(t)$ 是负数，输出就是 $-A$。A 是一个固定的常数。我们可以把这样一个装置想象为一个理想的继电器（一个阈限是零的开关伺服系统见图（7.1-1b））。假定继电器的输入信号是

$$x(t) = E_0 \sin\omega_0 t + kE_0 \sin\omega t \tag{7.1-2}$$

这里 E_0，k，ω_0 和 ω 都是常数。在振荡控制伺服系统的情形中，$E_0\sin\omega_0 t$ 是系统中的持续振荡，$kE_0\sin\omega t$ 是所用的信号，也就是调制信号。现在我们来计算相应的输出 $y(t)$。

如果输入是由方程（7.1-2）所表示的，那么，继电器的输出必为周期函数，也就可以写成下列形状

$$\sum_{m=0}^{\infty} \sum_{n=-\infty}^{\infty} a_{nm} \sin[(m\omega_0 + n\omega)t] \tag{7.1-3}$$

这里的各个系数 a 都是与 t 无关的常数。当 $m=0$ 时,内部的求和只对于正的 n 值进行。为了我们预定的目的,最有兴趣的系数就是 a_{10} 和 a_{01},因为振荡控制伺服系统在正规的运转状态之下,其他的系数或者是非常小,或者由于适当的滤波手续而被过滤掉。

当 $k=0$ 时,也就是当继电器的输入是一个频率为 ω_0 的单纯的正弦函数时,继电器的输出就是正负交替的矩形波,这个矩形波的高度是 A 而每一个矩形的长度都是 π/ω_0。我们已经知道这样一个矩形波的傅里叶展开式的第一项的系数等于

$$a_{01}=\frac{4A}{\pi} \tag{7.1-4}$$

当 $k\neq0$ 时,继电器的输出就是图 7.1-2 所表示的样子。$k\neq0$ 时的输出与 $k=0$时的输出的差别就是一系列高度是 $2A$ 的矩形,在图 7.1-2 里我们用阴影的区域表示这些矩形. 当 $|k|\ll1$ 时,开关点(也就是输出变换符号的时刻)与均匀分布的各点 $t_n=n\pi/\omega_0$ 之间的差别是十分微小的。因此,正如图中所表示的样子,表示输出信号的修正量的那些矩形也是很狭窄的。这些矩形的宽度可以这样近似地计算:在 t_n 处的矩形的宽度等于调制信号在 t_n 处的值被持续振荡在 t_n 处的斜率除得的商数。因此,这个宽度就是

$$\left|\frac{kE_0\sin\omega t_n}{E_0\omega_0\cos\omega_0 t_n}\right|=\frac{k}{\omega_0}\ |\sin\omega t_n|$$

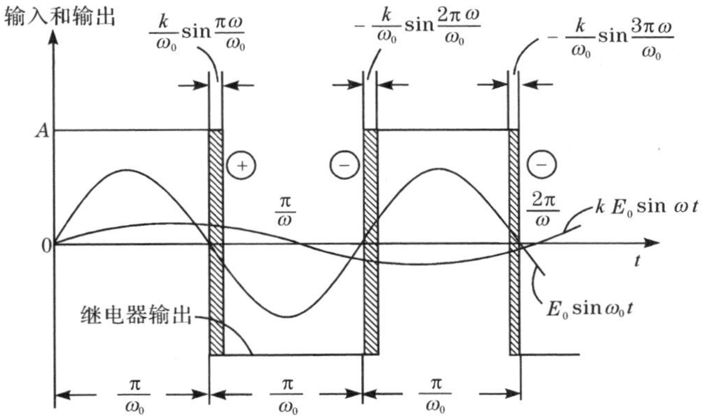

图 7.1-2

如果 $\sin\omega t_n$ 是正数就要把矩形加到(+)未调制的输出上去,如果 $\sin\omega t_n$ 是负数就要把矩形从未调制的输出上减去(−)。所以矩形的面积可以看做是

$$\frac{2Ak}{\omega_0}\sin\omega t_n$$

方程(7.1-3)里的系数 a_{10} 就是这一系列狭窄矩形波的傅里叶展开式中的第一项

$\sin\omega t$ 的系数。因为 $\sin\omega t$ 在矩形区域中的值是 $\sin\omega t_n$，所以，如果取 N 个这类的"改正矩形"就有

$$a_{10}\int_0^{N\pi/\omega_0}\sin^2\omega t dt = 2A\frac{k}{\omega_0}\sum_{n=0}^{N}\sin^2\omega t_n$$

但是

$$\int_0^{N\pi/\omega_0}\sin^2\omega t dt = \frac{1}{2}\int_0^{N\pi/\omega_0}(1-\cos 2\omega t)dt$$
$$= \frac{1}{2}\frac{N\pi}{\omega_0} - \frac{1}{4\omega}\sin\left(2N\pi\frac{\omega}{\omega_0}\right)$$

而

$$\sum_{n=0}^{N}\sin^2\omega t_n = \sum_{n=1}^{N}\sin^2\left(n\pi\frac{\omega}{\omega_0}\right)$$
$$= \frac{1}{2}\sum_{n-1}^{N}\left[1-\cos\left(2n\pi\frac{\omega}{\omega_0}\right)\right]$$
$$= \frac{N}{2} - \frac{1}{2}\sum_{n=1}^{N}\cos\left(2n\pi\frac{\omega}{\omega_0}\right)$$

当我们把 N 无限增大时，这个公式中的和数仍然保持有限，所以，让 N 很大，我们就有

$$a_{10} = 2\frac{Ak}{\pi} \tag{7.1-5}$$

方程(7.1-4)和(7.1-5)对于 k 很小的情况给出了两个重要的系数 a_{01} 与 a_{10}。对于一般的 k 值，卡尔普(Kalb)和本尼特(Bennett)[16] 曾经计算了这两个系数。当 $0<k<1$ 时

$$a_{01} = \frac{8A}{\pi^2}E(k)$$
$$a_{10} = \frac{8A}{\pi^2 k}[E(k)-(1-k^2)K(k)] \tag{7.1-6}$$

这里 $K(k)$ 和 $E(k)$ 分别表示第一类与第二类的完全椭圆积分。如果 k 相当小，椭圆积分是可以展开的，这时就有

$$a_{01} = \frac{4A}{\pi}\left(1-\frac{k^2}{4}-\cdots\right)$$
$$a_{10} = \frac{2Ak}{\pi}\left(1+\frac{k^2}{8}+\cdots\right) \tag{7.1-7}$$

方程(7.1-7)表明，我们原来的简单计算方法在分析的准确度上是相当正确的。然而它也表明方程(7.1-4)与(7.1-5)所给的简单结果对于不是很小的 k 值也还能适用，因为方程(7.1-7)与(7.1-4)，(7.1-5)的差别的数量级是 k^2。因此，输出中频率是 ω 的成分与输入中同样频率的成分的比，也就是频率特性 $F_l(i\omega)$ 近

似地等于

$$F_l(i\omega)=\frac{2A}{\pi E_0} \tag{7.1-8}$$

正如方程(7.1-4)与(7.1-7)所表明的那样，当 k 相当小的时候，输出中频率是 ω_0 的成分的振幅差不多是一个常数，而这个常数是由继电器本身的特性所完全确定的。而且，输出中频率是 ω_0 的成分与输入中同频率的成分的比是 $4A/\pi E_0$。所以，继电器对于频率是 ω_0 的成分的放大率比对于频率是 ω 的成分的放大率多 6 分贝(db)。

不难看出，以上的讨论可以推广到输出不是 $kE_0\sin\omega t$ 而是 $x(t)$ 的情况，$x(t)$ 是任意形状的函数而且 $x(t)$ 的大小比持续振荡的振幅 E_0 小得多。在这种情形下，主要的结果可以这样表述：如果调制信号中的高次项小到可以忽略不计的程度或者可以用适当的滤波的方法把它们最后过滤掉；如果继电器的输入是

$$E_0\sin\omega_0 t+x(t)$$

而 $x(t)$ 比 E_0 小得多，那么，对于信号 $x(t)$ 的传递来说，继电器的性质就近似与一个线性系统一样，这时的频率特性就是方程(7.1-8)所表示的常数。

7.2　利用固有振荡的振荡控制伺服系统

现在我们来进一步讨论振荡控制伺服系统。我们已经看到，如果只从信号的传递作用的角度来考虑问题，持续振荡的作用只是使继电器变成一个具有正实数频率特性的相当近似的线性元件。因此，从一开始我们就可以不必提到持续振荡 $E_0\sin\omega_0 t$ 而把继电器看作是一个线性元件[25−35]，因而也就可以利用以前各章的各种概念和方法来处理这种系统。下面介绍的方法是罗吉埃(Lozier)所提出的。

为了简单起见，我们一直假定伺服系统本身就具有滤波的性质，能够把继电器产生的所有的不需要的调制项过滤掉。但是，在实际情形中为了达到滤波的目的，有时候也还需要附加一些滤波器。自然，不论系统中的滤波器是怎样的，它们都必须能够使有用的信号通过。把这一点和其他方面的考虑联系起来就得到这样的结论：频率 ω_0 必须大于信号的傅里叶谱的主要部分的频率。

不论在系统中采用哪一种滤波的方法，输出中总包含有一个频率是 ω_0 的振荡成分。特别应该注意：如果用滤波的方法把这个振荡成分的振幅减低到一定的数值以下，后果有时反而不好。因为在事实上这个振荡能够起“动力滑润”的作用，它能够减少静力摩擦，松弛以及其他各种与系统有关的非线性作用的影响，而这些作用都是使伺服系统的运转性能变坏的。

我们一直还没有特别讨论用什么方法把持续振荡 $E_0\sin\omega_0 t$ 加到继电器上去的问题，我们仅只附带地提到过，可以用一个附加的振荡器来供给这个振荡。用

振荡器供给持续振荡的系统在可变化性方面是有优点的。因为持续振荡的振幅 E_0 与频率 ω_0 都不难加以改变；可是这种系统总是需要一定数量的额外设备，这是它们的一个重大缺点。以下我们将要简单地介绍一类振荡控制伺服系统，这类伺服系统本身就能够供给持续振荡而不需要额外的设备。

我们来看图 7.2-1 所表示的系统。假定这个系统被设计得具有这样的性能：当没有输入信号时系统也能以某一个固定的频率 ω_0 振荡，这个 ω_0 的值是由反馈迴路中的线性元件的频率特性的相角偏移所确定的。正如我们已经看到的，对于持续振荡而言，继电器所起的作用就像一个线性元件一样，而且频率特性$4A/(\pi E_0)$是一个与振幅成反比的正实数。正因为如此，振荡的振幅也能自行调整，使得由于迴路中的继电器和线性元件而产生的放大率最后变为一。

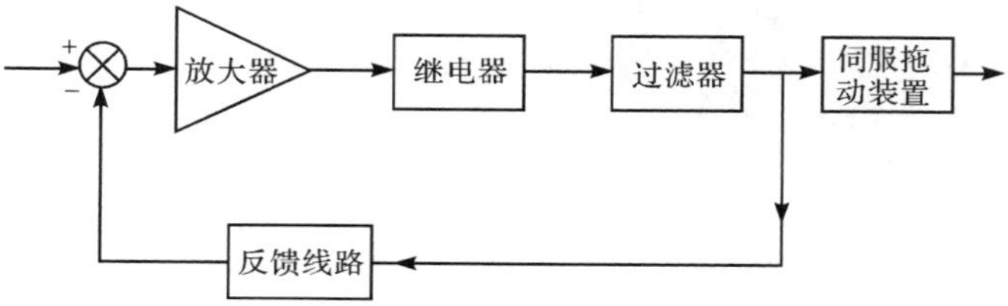

图 7.2-1

现在假定有一个信号加在系统上。如果在继电器的输入部分上相应的偏差信号相当小，那么，继电器对于持续振荡的放大率基本上就不受到影响，因而还可以以原有的频率和振幅继续振荡。我们已经证明，继电器对于信号所起的作用也是线性的，继电器对于信号的放大比对于持续振荡的放大小 6 个分贝。很明显，在这种情况下，我们就得到一种振荡控制伺服系统。这种系统基本上与以前所讨论过的那种系统是相同的，唯一的区别在于：这种系统的持续振荡 $E_0\sin\omega_0 t$ 的频率和振幅都是由系统本身所确定的(这种振荡称为固有振荡)，然而在以前的那种情形中我们实际上假设持续振荡是与系统无关的。

如果把系统当做一个伺服系统来考虑，那么，在所有的讨论里我们只需要考虑继电器对于信号的频率特性，也可以按照以前各章所提出的方法进行处理。并不需要顾虑持续振荡。但是，因为要维持系统的持续振荡，所以，从伺服系统的角度来说，性能的改善还是受到一定的限制的。在以下的讨论里就可以看到这一点。

假设 $F(s)$是控制线路对于信号的传递函数，这个函数是按照方程(7.1-8)计算的。对于持续振荡而言的传递函数当然就是 $2F(s)$。既然系统有持续振荡。所以系统的传递函数 $1+[1/2\ F(s)]$有一个纯虚数零点 $s=i\omega_0$。所以

$$2F(i\omega_0) = -1$$

因此，当 s 沿着虚轴变化时，乃氏图的 $1/F(s)$ 图线必须经过 -2 点。另一方面，当我们把系统看作伺服系统时，为了保证它具有满意的性能，$1/F(s)$ 图线就必须离开 -1 点相当远。很明显，由于多了一个限制条件，就使得系统比没有这个限制条件的系统更难满足这些条件。在这个意义上，从可变化性的角度来看，这一类利用本身的固有振荡的系统是不如那些利用外加的振荡器供给持续振荡的振荡控制伺服系统的。所以，当系统能进行持续振荡时，$1/F(i\omega)$ 图线必须经过 -2 点。为了避免图线经过 -1 点的附近，可以采取这样一个办法；设法使图线在 -2 点与实轴垂直地相交。这也就表示，在系统的固有频率 ω_0 处，向量 $1/F(i\omega)$ 的长度变化得非常缓慢，而相角却变化得比较快。

继电器是非线性装置。但是如果沿用上述线性化的方法，把一个高频率大振幅的正弦振荡加到信号上去，那么，对于信号而言，就可以使得输出与输入之间的关系变成线性的。所以，振荡控制伺服系统的基本概念就是把非线性系统线性化。罗埃布(Loeb)[19]已经证明：这个概念可以应用到任何非线性系统上去，并且他把这个方法称为非线性控制系统的一般线性化方法。因此，我们也就把利用这种方法的伺服系统称为一般的振荡控制伺服系统。

我们来考虑一个一般的函数 $y(x)$，这里的 y 是输出，x 是输入。如果把变数 x 换成 $x+\varepsilon$。而 ε 是一个比 x 小得多的数。如果 $y(x)$ 是一个正则函数，我们就可以把 $y(x+\varepsilon)$ 展开为泰勒级数

$$y(x+\varepsilon) = y(x) + \varepsilon\left(\frac{dy}{dx}\right)_x + \varepsilon^2\frac{1}{2}\left(\frac{d^2y}{dx^2}\right)_x + \cdots \tag{7.2-1}$$

现在我们假定输入 x 是一个时间 t 的周期函数，周期是 T，并且 ε 是一个常数。显然，$y(x)$ 也是时间 t 的周期函数，周期也还是 T。不难想到，dy/dx 与 d^2y/dx^2 也是时间 t 的周期函数，而且周期也是 T。周期函数可以展开为傅里叶级数，所以，如果把 ε 的高于一次的方幂忽略不计，我们就得到

$$\begin{aligned} y(x+\varepsilon) \cong\ & a_{00} + \sum_{n=1}^{\infty}(a_{0n}\cos n\omega t + b_{0n}\sin n\omega t) \\ & + \varepsilon\left[a_{10} + \sum_{n=1}^{\infty}(a_{1n}\cos n\omega t + b_{1n}\sin n\omega t)\right] \end{aligned} \tag{7.2-2}$$

其中 $\omega=2\pi/T$ 是输入 x 的频率。

如果 ε 不是一个真正的常数，而是一个变化得相当缓慢的时间函数，它的基本频率比 ω 小得很多。这时，方程(7.2-2)仍然近似地正确。现在把 $y(x)$ 看做是非线性装置的输入与输出之间的关系，把 $\varepsilon(t)$ 看做是信号，把 $x(t)$ 看做是附加上去的高频率大振幅的持续振荡，这个持续振荡不需要是正弦振荡。在非线性元件的输出中表示信号的是方程(7.2-2)的第二项。既然频率 ω 比

$\varepsilon(t)$的频率高很多。所以,我们就可以把下列傅里叶级数所表示的周期函数看做是载波

$$a_{10} + \sum_{n=1}^{\infty}(a_{1n}\cos n\omega t + b_{1n}\sin n\omega t)$$

把 $\varepsilon(t)$看做是调幅信号。在以上的讨论中,我们都是假定非线性元件的输入 x 与输出 y 之间有直接的函数关系 $y(x)$。罗埃布曾经证明:即使 y 与 x 之间的关系是一般的泛函数关系(也就是说,y 在时刻 t 的值不仅仅与 x 在时刻 t 的瞬时值有关,而且也与在所有过去的时刻的 x 值有关),方程(7.2-2)也还是成立的。这种更广泛的输入输出关系的概念就可以把例如齿轮松弛等的滞后现象包括在内,而且这种概念几乎对于所有的实际的非线性装置都能适用。因此,对于一般的振荡控制伺服系统来说,输出中的信号的形式是被调制的载波,而且对于信号而言,输入输出之间的关系是线性的。

现在,我们假定附加的持续振荡的波形是对称的,例如正弦波或图 7.2-2 所表示的锯齿波等。如果 $y(x)$是偶函数,或者说

$$y(x) = y(-x)$$
$$\left(\frac{dy}{dx}\right)_x = -\left(\frac{dy}{dx}\right)_{-x} \tag{7.2-3}$$

那么,对于周期函数 $y(x)$与 dy/dx 就有下列关系

$$y(x)_t = y(x)_{t+\frac{T}{2}}$$
$$\left(\frac{dy}{dx}\right)_t = -\left(\frac{dy}{dx}\right)_{t+\frac{T}{2}} \tag{7.2-4}$$

从这两个条件就推导出

$$a_{01} = b_{01} = 0, a_{10} = 0 \quad (y(x)\text{ 是偶函数时}) \tag{7.2-5}$$

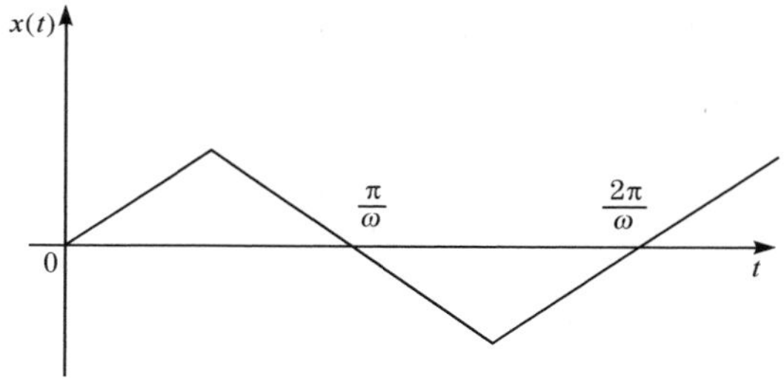

图 7.2-2

因此,如果把高次谐波忽略不计,载波就是一个频率是 ω 的正弦振荡。这也就是前一节所讨论过的交流伺服系统的情形。在那里所提出的设计方法仍然可以用到这类一般的振荡控制伺服系统上来。如果 $y(x)$是奇函数,或者说 $y(x)=$

$-y(-x)$，我们也可以写出一组类似于方程(7.2-3)和(7.2-4)的条件，而且可以导出下列条件

$$a_{00}=0,\ a_{11}=b_{11}=0\quad (y(x)\text{ 是奇函数时}) \tag{7.2-6}$$

如果忽略掉高次谐波，这个情形与前面所讨论过的振荡控制伺服系统是完全相同的。

以上的讨论表明：如果伺服系统中包含有非线性元件，我们就可以用在输入信号上附加持续振荡的方法使非线性元件的特性线性化，同时把原来的系统变为性能较好的振荡控制伺服系统。而且，完全可以用这里所讲的各种方法来设计这一类伺服系统。

7.3　继电系统的周期运动及其稳定性

在第一节中我们曾介绍了对非线性元件的线性化方法，并用该方法研究了系统对输入信号的反应。那里我们引进了等效频率特性(或等效传递函数)的概念，用类似于线性系统的分析方法去近似求出伺服系统的跟踪能力。这种方法可以推广到对非线性系统的周期运动的研究。本节内我们将以一个具体的例子来说明这一方法的基本思想——幅相平衡原理。下面我们将看到，应用线性化的方法不仅可以求出周期运动的近似参数，而且还能够得到关于所研究的周期运动的稳定性判据。

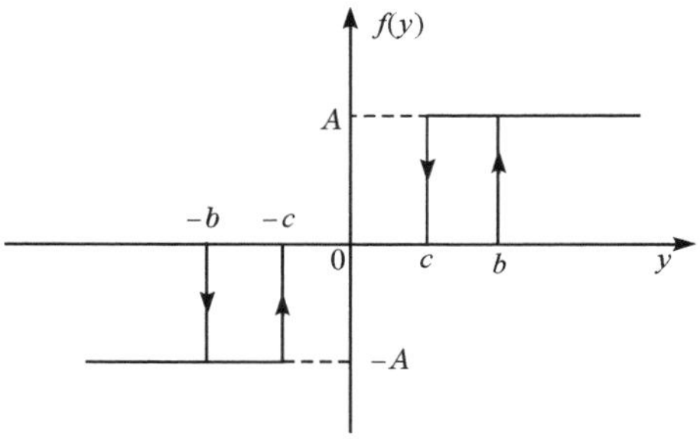

图 7.3-1

假定非线性系统是由线性部分和一个继电器串联而成，具有比例反馈的闭路结构，如图 7.2-1 所示。主要非线性元件的特性示于图 7.3-1 中。为了讨论的方便，我们把继电器的性能加以理想化：假设继电器没有时间延迟的现象，而且它的开关动作都可以在一瞬间完成，而不需要花费时间，总之，没有时滞现象。但是，继电器特性本身的滞后现象还是被考虑的：在输入是正数而且逐渐增大的过程中，如果输入在 0 与 b(b 是一个比较小的正常数)之间，继电器的输出是零。当输入增加到 b 的时候，输出就立刻从零变到满值 A(A 是一个正常数)。在输入是正数可是逐渐减小的过程中，只要输入大于 c(c 也是一个正常数)输出就总是 A，一旦输入减小到 c 的时候。输出就由满值 A 立刻变为零。一般来说，b 总是比 c 大。如果把电流看做是继电器的输入，那么，b 就称为接通电流，c 就称为开断电流。当输入是负数的时候，$-b$ 和 $-c$ 分别是接通电流和开断电流，输出的满值是 $-A$。图

7.3-1所画的就是上述的输入-输出关系,而图 7.3-2 是继电器输出函数的变化曲线。

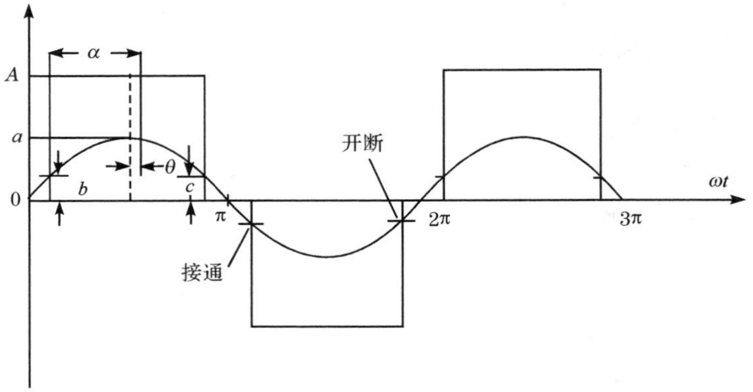

图 7.3-2

由于 $b \neq c$,所以输入与输出之间就有一个相角差。输入的相角落后的值 θ

$$\theta = \frac{1}{2}\left[\sin^{-1}\frac{b}{a} - \sin^{-1}\frac{c}{a}\right] \tag{7.3-1}$$

输出的每一个矩形波的长度都是 $2\alpha/\omega$,这里的 α 是由下列公式给定的

$$\alpha = \frac{\pi}{2} + \theta - \sin^{-1}\frac{b}{a} = \frac{1}{2}\left[\pi - \sin^{-1}\frac{b}{a} - \sin^{-1}\frac{c}{a}\right] \tag{7.3-2}$$

输出的周期与输入的周期是相等的,它们都是 $2\pi/\omega$。

现在,输出就可以展成一个傅里叶级数

$$y(t) = \sum_{n=1}^{\infty} a_n \sin[n(\omega t - \theta)] \tag{7.3-3}$$

基本谐波(第一次谐波)的系数 a_1 就是

$$a_1 = \frac{4A}{\pi}\sin\alpha$$

这里的 α 是由方程(7.3-2)所给出的。在图 7.3-3 所画的继电器伺服系统中,继电器的输出就是控制伺服机构的控制信号。伺服机构通常都具有滤波器的性质,它能够使高次谐波的影响大大地减小。因此,作为一个近似的考虑,我们把所有高次谐波都忽略掉,把输出就看做是 $a_1\sin(\omega t - \theta)$。如果 $\omega \geqslant 0$,采用复数形式,输出与输入的比值就是

$$F_r(i\omega) = \frac{4A\sin\alpha}{\pi a}e^{-i\theta}\ (\omega \geqslant 0)$$

如果 $\omega < 0$,输入 $a\sin\omega t = -a\sin|\omega|t$,这时输出的基本谐波就是

$$-\frac{4A}{\pi}\sin\alpha\sin[|\omega|t - \theta] = \frac{4A}{\pi}\sin\alpha\sin(\omega t + \theta)$$

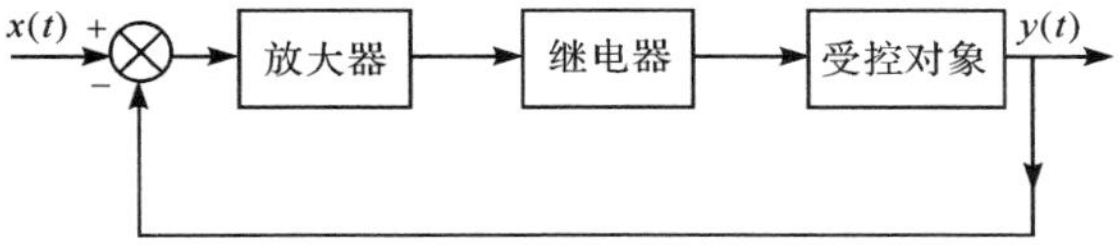

图 7.3-3

所以，用复数形式表示，输出与输入的比值就是

$$F_r(i\omega)=\frac{4A\sin\alpha}{\pi a}e^{+i\theta}$$

总结起来，输出与输入的比值就是

$$F_r(i\omega)=\begin{cases}\dfrac{4A\sin\alpha}{\pi a}e^{-i\theta}, & \omega\geqslant 0\\ \dfrac{4A\sin\alpha}{\pi a}e^{+i\theta}, & \omega\leqslant 0\end{cases}\tag{7.3-4}$$

我们把 $F_r(i\omega)$看做是继电器的“频率特性”，但是，这只是一种说法而已，$F_r(i\omega)$并不是真正的频率特性。正像以前各章所定义的那样，真正的频率特性只是频率 ω 的函数，与输入的振幅是没有关系的。可是，恰好相反，这里的 $F_r(i\omega)$是振幅 a 的函数，除了与 ω 的符号有关系之外，$F_r(i\omega)$与 ω 的大小并没有关系。由此可见，我们所用的函数符号 $F_r(i\omega)$以及“频率特性”的名称并不合理，但是，为了与普通的符号和名称统一，我们还是采用了这种符号和名称。应该注意到，和普通的情形一样，$F_r(i\omega)$也有下列的重要性质：

$$\overline{F_r(i\omega)}=F_r(-i\omega)$$

如果输入的振幅 a 非常大，根据方程(7.3-1)，(7.3-2)和(7.3-4)就有

$$F_r(i\omega)\cong\frac{4A}{\pi}\frac{1}{a},\quad a\gg 1\tag{7.3-5}$$

如果振幅 a 相当小($a<b$)，继电器根本就没有反应。

如果振幅 a 刚好等于接通电流 b，$a=b$。那么

$$\theta=\alpha=\frac{1}{2}\left(\frac{\pi}{2}-\sin^{-1}\frac{c}{b}\right),\quad a=b\tag{7.3-6}$$

这个临界情形称为继电器的开断点。

可见，这些极端情况下的 $F_r(i\omega)$的值是由继电器的特性所确定的。下面我们将介绍一个方法，用以求出振荡的参数和判别其稳定性及系统零位稳定性。

我们暂且假定输入的各个调和分量(也就是各次谐波)的振幅都是 a。这时，继电器的频率特性就是一个由方程(7.3-4)所给定的复常数。图(7.3-3)的控制线路中除了继电器之外，还有其他的部件，假设这些部分的频率特性是 $F_1(i\omega)$。那么，前向控制线路的总的频率特性就是 $F_r(i\omega)F_1(i\omega)$。我们让 ω 从 0 变到∞，把相当的乃氏图线 $1/[F_r(i\omega)\cdot F_1(i\omega)]$画在复平面上，可以根据乃氏准则，去判

别系统的稳定性，此时乃氏图线必定要“包围”－1 点，换句话说，乃氏图线一定要在－1 点的左方穿过实轴。但是，在振幅都是常数 a 的情况中，$F_r(i\omega)$是一个常数，所以上述的稳定性条件也就相当于要求频率特性曲线 $1/F_1(i\omega)$（ω 从 0 变到∞）包围$-F_r(i\omega)$点。以上的讨论结果就是确定继电器伺服系统的柯氏方法的基础[17]。果德发尔布[29]（Гольдфарб）在比较早的时候已经采用过这种方法，都梯尔（Dutilh）也独立地发明了一个类似的方法[12]。

柯氏（Kochonburger）指出：当输入的各个调和分量的振幅不都相等的时候，只要把上一段中所讲的稳定条件应用到相当于 a 从 0 变到∞的所有的 $F_r(i\omega)$值上去就可以了。当 a 从 0 变到∞的时候，$-F_r(i\omega)$的轨迹也是一条曲线，这条曲线的起点就是方程(7.3-6)所表示的开断点，终点就是复平面的原点。图 7.3-4 所画的就是这种情形。这种图线就称为柯氏图。因此，柯氏方法中的零点稳定的充分条件就是：$1/F_1(i\omega)$图线必须像图 7.3-4 那样把整个$-F_r(i\omega)$图线包围起来。图 7.3-5 所画的是绝对不稳定的情形。$-F_r(i\omega)$图线上的箭头所表示的是继电器的输入振幅 a 增大的方向。$F_1(i\omega)$图线上的箭头所表示的是频率 ω 增大的方向，而且这条图线当 $\omega=0$ 时从原点出发。

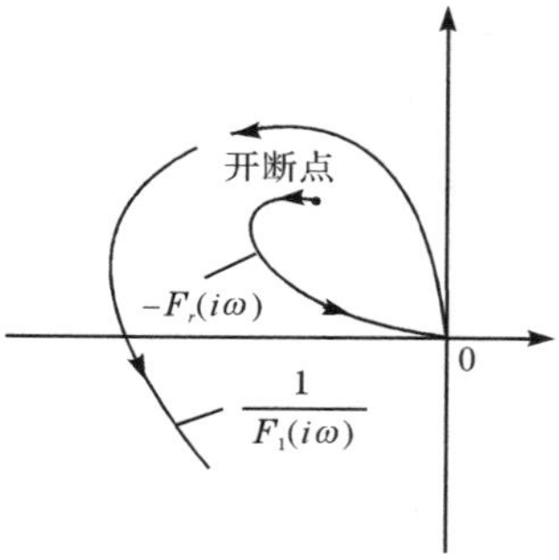

图 7.3-4

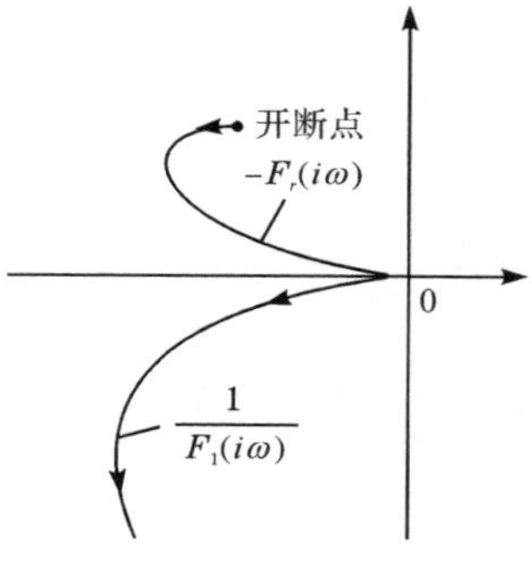

图 7.3-5

除了这两种绝对稳定与绝对不稳定的情形外，也还有部分稳定（或部分不稳定）的情形，在这种部分稳定的情形中可能在一个固定的频率上发生一个振幅也是常数的自激振荡。例如，图 7.3-6 表示一种有收敛点的情形。如果振幅 a 足够小，$-F_r(i\omega)$点就在图线 $1/F_1(i\omega)$的“外面”，因而系统是不稳定的，于是振荡的振幅就逐渐增大，当振幅增大的时候，$-F_r(i\omega)$点就朝向 $1/F_1(i\omega)$图线移动。最后就到达 P_1 点。这时候，系统就以相当于 P_1 点的频率和振幅进行稳定的自激振荡. 可见，只要有一个振幅不太大的初始扰动，（这个扰动并不需要持续地作用）系统最后就会自动地达到这个自激振荡，这种运动状态称为软性的自激发。不难看出，系统不可能有离开自持振荡点 P_1 的倾向，原因是这样的：只要振幅有一些增大，$-F_r(i\omega)$点就进入图形上的稳定区域，因而也就受到阻尼的作用迫使振幅减

小而使系统回到 P_1 点的自激振荡状态。所以，P_1 点才称为“收敛点”，而系统也就会持续地振荡。图 7.3-7 表示的是另外一种情形。$-F_r(i\omega)$ 图线与 $1/F_1(i\omega)$ 图线的交点 P_2 是一个发散点。和以上的讨论相类似，我们可以看出：系统在 P_2 点也可能发生自激振荡，不过这个振荡是不稳定的，系统的运动状态有离开 P_2 点的倾向，只要有一点扰动，系统就会离开 P_2 点的振荡状态。但是，如果系统最初是静止的，而且所受到的扰动不太大。$-F_r(i\omega)$ 点就不会跑出稳定区域，因而系统的静止状态就是稳定的。

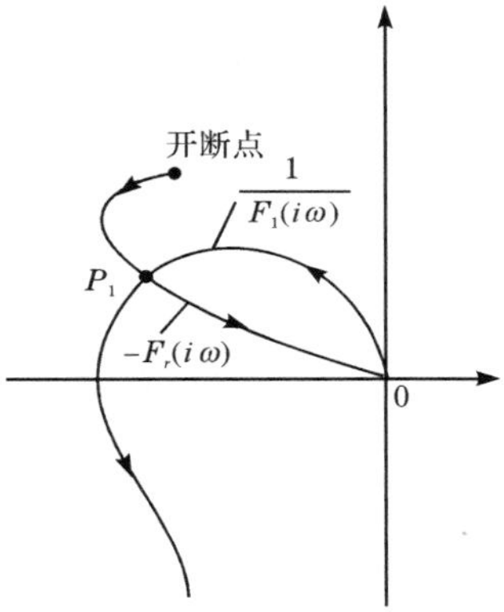

图 7.3-6

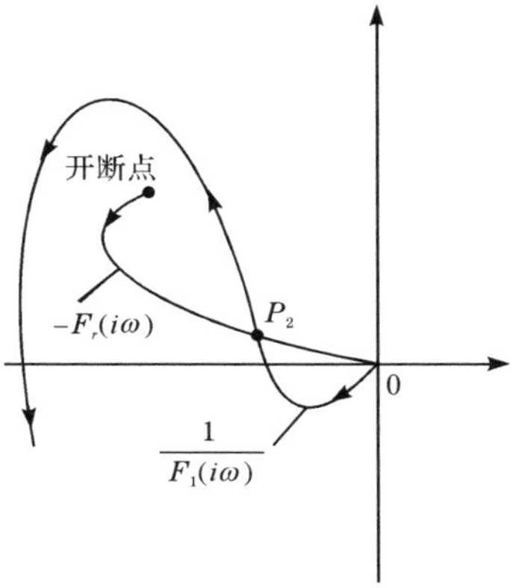

图 7.3-7

图 7.3-8 和图 7.3-9 所表示的是更复杂一些的情形，在这两种情形中，既有收敛点 P_1 也有发散点 P_2。对于图 7.3-8 的系统来说，初始扰动的振幅必须充分大(具体地说，要大于 P_2 点所相当的振幅)才能使系统发生自激振荡，所以这种运动状态称为硬性的自激发。图 7.3-9 所表示的系统，总是可以由不大的初始扰动引起稳定的自持振荡。但是，如果初始扰动的振幅太大(具体地说，大于与 P_2 点相当的振幅)，系统就不再能发生自激振荡，这时系统的振幅将要无限地增大。

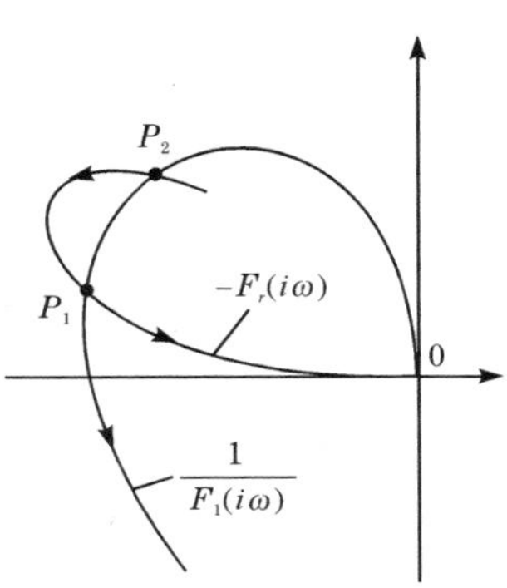

图 7.3-8

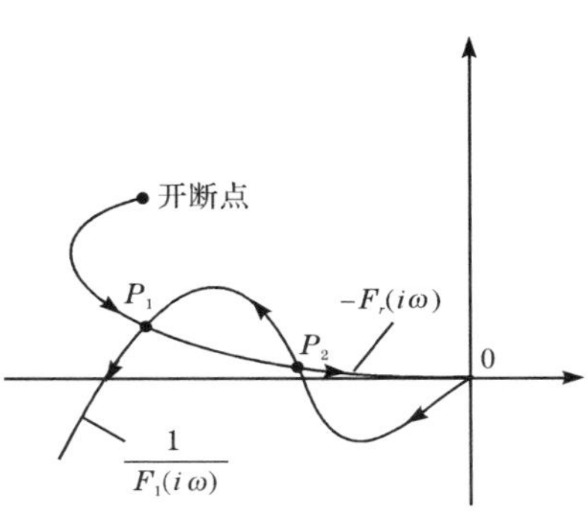

图 7.3-9

从图 7.3-6 到图 7.3-9 所表示的各种情形，可以明显地看到系统的运动状态与扰动振幅之间有着密切的关系。并且也看到发生频率与振幅都是固定常数的自激振荡的可能性。所有这些性质都是非线性系统的特性，也是以前各章讨论过的线性系统所没有的。其实，只要根据第一章的讨论，我们就可以猜想到非线性系统可能有这样一些“不寻常”的性质。

对于继电器伺服系统的稳定性问题来说，柯氏方法是一个很有效的解决方法。这个方法对于相当复杂的系统都能够应用，而且，只要用实验方法测出关于频率特性的数据就可以用这个方法，并不需要求出频率特性的解析表示式。在绝大多数的实际情形中，继电器后面所连接的伺服机构都有相当的滤波作用，所以，在以前的讨论中把输出中的高次谐波忽略掉的做法也是很合理的。用以上的理论分析所得的结果与实验结果是十分符合的。因此，如果稳定性是唯一的设计准则，那么，柯氏方法就解决了继电器伺服系统的全部问题。

其实，柯氏方法不仅能应用到继电器伺服系统上，而且对于许多其他的非线性机构来说，用柯氏方法也能得到同样好的效果。这个分析方法的重要关键就是：继电器的运动特性与频率无关，只与振幅有关。然而，线性系统的运动特性却只与频率有关而与振幅无关。实际上，有很多非线性机构与继电器有相同的特性。譬如说，一个有间隙的传动齿轮组就是一种这样的机构。从以下的讨论就可以看出这件事实：设 θ_1 是发动机的主动轴的转角，这个轴与齿轮组的第一个齿轮的连接是刚固的；θ_2 是刚固地连接在齿轮组的最后一个齿轮上的从动轴的转角。θ_1 与 θ_2 之间的关系可以用图7.3-10来表示，其中的 2δ 是齿轮组的总间隙。如果齿轮组的输入 θ_1 是一个正弦式的振动，那么，输出 θ_2 就是一种“被压扁”的正弦波，而且有一个相角落后（图 7.3-11）。不难看出：既然 θ_1 和 θ_2 之间与时间的关系不明显，所以，θ_1 的频率的改变也不会使 θ_2 的波形受到影响。因此，齿轮组的反应只随振幅改变，而与频率无关，所以和继电器一样，齿轮组也是一个频率迟钝的机构。

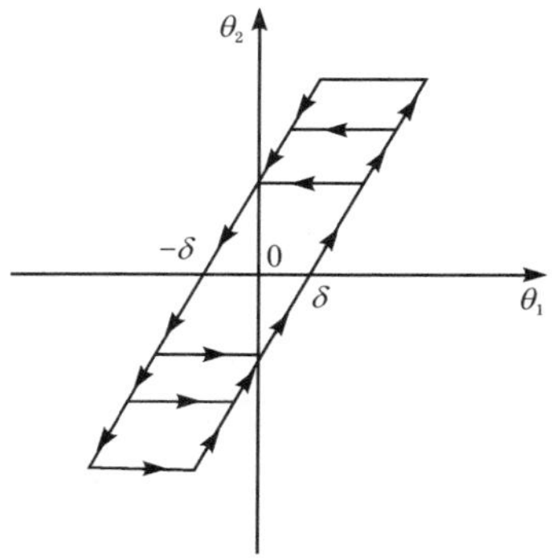

图 7.3-10

如果我们用频率特性 $F_g(i\omega)$ 表示输出 θ_2 的基本谐波与输入 θ_1 的基本谐波的振幅比值与相角落后。那么，$F_g(i\omega)$ 只是 θ_1 的振幅 a 的函数，而不是频率 ω 的函数。利用频率特性 $F_g(i\omega)$，我们就可以研究包含这种有间隙的齿轮组的伺服系统，其作法与上一节中用频率特性 $F_r(i\omega)$ 研究继电器伺服系统的办法完全

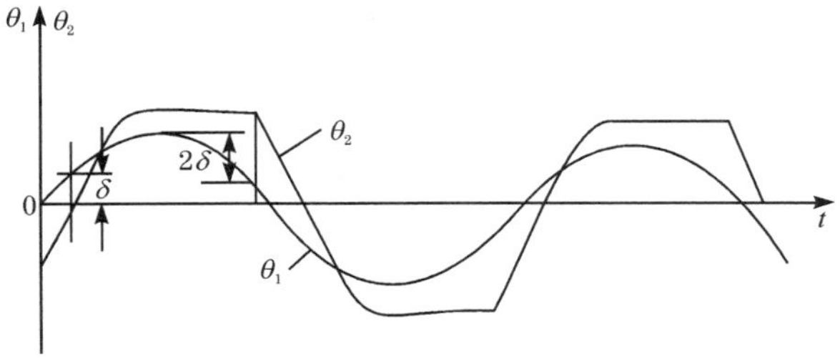

图 7.3-11

相同。

7.4　非线性系统周期运动的对数分析法

前面三节，我们讨论了振动线性化方法。根据这个方法可以应用线性系统中的某些数学方法来处理复杂的非线性周期运动。我们知道，在处理线性系统稳定性的问题上，对数频率法是很方便的。把这个方法推广来研究非线性系统的周期运动，也会收到同样的效果[3,28]。

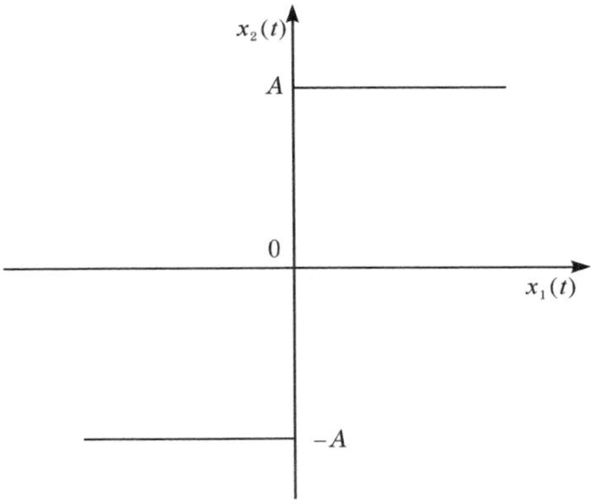

图 7.4-1

以图 7.3-3 中的继电器伺服系统为例，我们假定它是一个理想的继电器(见图 7.4-1)，它在正弦波 $x_1 = a\sin\omega t$ 的输入作用下，输出为一系列的矩形波，由方程(7.1-4)可知，其输出基波振幅为

$$a_1 = \frac{4A}{\pi} \tag{7.4-1}$$

我们假定线性部分的频率特性具有理想的高频滤波性质，因此在非线性元件的输出中，虽然包含有各种频谱的谐波，但是经过系统线性部分滤波后，回到非线性元

件的输入端，起主要作用的将是一次谐波。这时，非线性元件可以近似地用它的等效传递函数来描述

$$F_r(i\omega) = \frac{4A}{\pi a} \tag{7.4-2}$$

如果系统线性部分的传递函数是

$$F_1(s) = \frac{k}{s(1+T_1 s)(1+T_2 s)} \tag{7.4-3}$$

频率特性为

$$F_1(i\omega) = \frac{k}{i\omega(1+iT_1\omega)(1+iT_2\omega)} \tag{7.4-4}$$

那么，当系统的输入为零时，图 7.3-3 的系统就变为图 7.4-2 的结构。如前所述，为了保持持续振荡，$y(t)$ 和 $x_1(t)$ 必须幅值相等相位相反，这个条件常称为谐波平衡原理，于是系统中自持振荡的振幅 a_0 和频率 ω_0 就取决于如下方程式的解

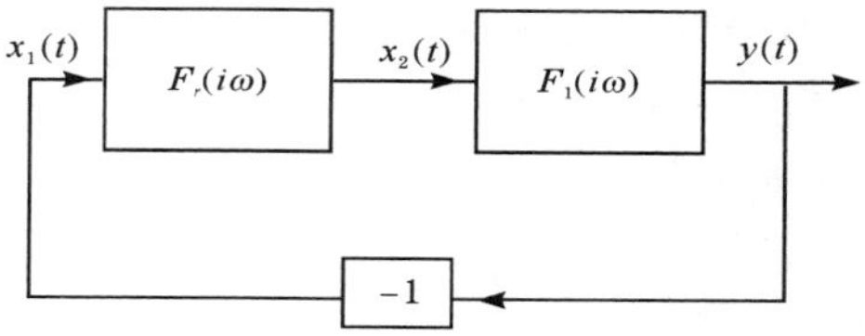

图 7.4-2

$$1 + F_r(i\omega)F_1(i\omega) = 0 \tag{7.4-5}$$

或

$$F_1(i\omega) = -\frac{1}{F_r(i\omega)} \tag{7.4-6}$$

显然，此等式与下列两式是等价的

$$20\log H_1(\omega) = -20\log H_r(a) \tag{7.4-7}$$

$$\theta_1(\omega) = -\pi \tag{7.4-7'}$$

其中

$$H_1(\omega) = \left|\frac{4A}{\pi}\frac{k}{i\omega(1+iT_1\omega)(1+iT_2\omega)}\right|, \quad \theta_1(\omega) = \arg F_1(i\omega)$$

$$H_r(a) = \frac{1}{a}$$

当系统的参数给出以后，就可以用作图的办法确定方程(7.4-7)的两个根 a_0 和 ω_0。例如，当 $\frac{4A}{\pi}k = 100$，$T_1 = 2$，$T_2 = 0.05$ 时，方程组(7.4-7)所描绘的继电器伺服系统的对数曲线就像图 7.4-3 所示那样。可以看出，按图中箭头所示的方

向,立即可以确定自振荡参数。从图 7.4-3 看到,系统中存在 $a_0\sin\omega_0 t$ 的自持振荡。文献[3]中曾证明,当线性频率特性满足条件

$$\left.\frac{dH_1(\omega)}{d\omega}\right|_{\omega=\omega_0}\Bigg/\left.\frac{d\theta_1(\omega)}{d\omega}\right|_{\omega=\omega_0}>0$$

时,只要非线性特性满足不等式

$$\left.\frac{dH_r(a)}{da}\right|_{a=a_0}<0$$

以 a_0 和 ω_0 为参数的周期运动就是稳定的运动。显然,图 7.4-3 中的曲线满足这个条件。

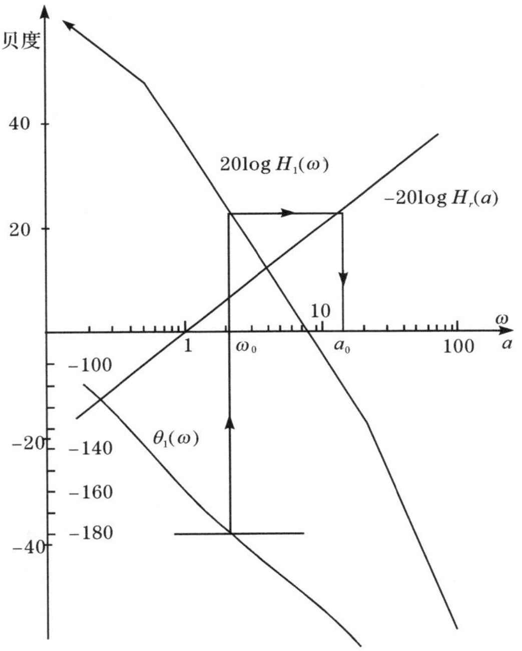

图 7.4-3

如果由于某些原因需要改变振荡参数,或需要消除振荡,只要对频率特性加以相应修改,引入必要的校正网络就能达到预期的目的。

这个方法可以推广到包括图 7.3-10 那样更为复杂一些的非线性特性。令 δ 为齿轮啮合间隙的半个宽度,a 为振动的振幅,不难求出这种非线性的等效传递函数为

$$F_g(i\omega)=F_g\left(\frac{a}{\delta}\right)e^{i\theta}\,g\left(\frac{a}{\delta}\right) \tag{7.4-8}$$

式中

$$F_g\left(\frac{a}{\delta}\right)=\sqrt{q^2\left(\frac{\delta}{a}\right)+q'^2\left(\frac{\delta}{a}\right)},\quad \theta_g\left(\frac{a}{\delta}\right)=\tan^{-1}\frac{q'\left(\frac{\delta}{a}\right)}{q\left(\frac{\delta}{a}\right)}$$

而

$$q\left(\frac{\delta}{a}\right)=\frac{1}{\pi}\left[\frac{\pi}{2}+\sin^{-1}\left(1-\frac{2\delta}{a}\right)+2\left(1-\frac{2\delta}{a}\right)\sqrt{\frac{\delta}{a}\left(1-\frac{\delta}{a}\right)}\right]$$

$$q'\left(\frac{\delta}{a}\right)=-\frac{4\delta}{\pi a}\left(1-\frac{\delta}{a}\right)$$

设线性部分的传递函数为

$$F_1(s)=\frac{k}{s(1+Ts)} \tag{7.4-9}$$

频率特性是

$$F_1(i\omega)=\frac{k}{i\omega(1+iT\omega)} \tag{7.4-10}$$

根据谐波平衡原理，自振荡的参数 a_0 和 ω_0 将由下列方程组的根确定：

$$20\log H_1(\omega)=-20\log H_g\left(\frac{a}{\delta}\right) \tag{7.4-11a}$$

$$\theta_1(\omega)=-\left[\theta_g\left(\frac{a}{\delta}\right)+\pi\right] \tag{7.4-11b}$$

式中

$$H_1(\omega)=|F_1(i\omega)|,\quad \theta_1(\omega)=\arg F_1(i\omega),\quad H_g\left(\frac{a}{\delta}\right)=F_g\left(\frac{a}{\delta}\right)$$

方程组(7.4-11)的左端是 ω 的函数，而右端是 a 的函数，所以它是一组变量分离的代数方程。当 $20\log k=38$ 分贝，$T=0.1$ 时，它们的对数特性就像图 7.4-4 所示那样。利用图中给出的四条曲线，可以用作图法求出方程(7.4-11)的根 a_0 和 ω_0。任取一水平线 c，它与相频特性 $\theta_1(\omega)$ 和 $\theta_2(a)$ 分别交于 c_1 和 c_2 点(相平衡)。过 c_2 点的垂线与 L_2 交于 h 点；e 点是矩形 $c_1\ c_2\ h\ e$ 的一个顶点，当直线 c 上下平移时，e 点就描绘出一条曲线 $L(\omega)$，后者和 L_1 的两个交点①和②都满足谐波平衡条件，它们唯一地确定了代数方程(7.4-11)的两个根，因此可能出现两个周期运动。但可以证明，①所决定的周期运动是不稳定的，而②是稳定的[3]。图 7.4-4 中的曲线还告诉我们，当系统的增益减少时，例如由 L_1 变为 L_1' 时，$L(\omega)$和 L_1 将没有交点，自持振荡也就消失了。

用对数法不仅能够方便地分析非线性系统的自持振荡，而且还能应用到非线性系统的强迫振荡、跳跃共振和利用正弦信号来改善伺服系统的性能等方面，关于这些问题的讨论，读者可参看本章参考文献[3]。

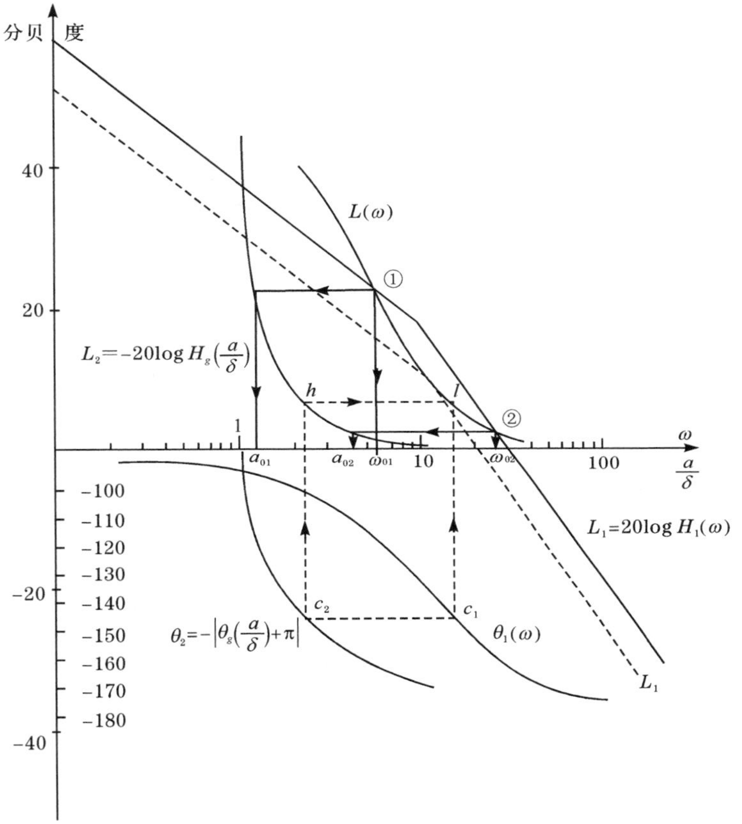

图 7.4-4

7.5 弱非线性系统

现在我们将要考虑的方程不是式(2.2-1)型的线性系统，而是一个 n 阶的非线性系统。假定描绘系统运动的微分方程是

$$a_n \frac{d^n y}{dt^n}+a_{n-1}\frac{d^{n-1}y}{dt^{n-1}}+\cdots+a_1\frac{dy}{dt}+a_0 y+\mu f\left(y,\frac{dy}{dt},\cdots,\frac{d^{n-1}y}{dt^{n-1}}\right)=x(t) \tag{7.5-1}$$

其中的各个系数 a 和 μ 都是常数，$x(t)$是输入，$y(t)$是输出，f 是它的自变数的一个非线性函数。方程(7.5-1)的左端的前一部分是一个与方程(2.2-1)的左端相同的线性微分算子，系统的全部非线性性质都是由方程左端的后一部分 μf 所表示的。我们当然可以假定方程(7.5-1)的变数 t 已经是一个无量纲的时间变数了，

所以,各个系数 a 和 μ 的量纲都是相同的。所谓弱非线性,也就是说,μ 比各个系数 a 都小得多。

对于这种"弱非线性"的情形,我们就可以设法把方程的解形式地写成 μ 的幂级数的样子

$$y(t)=y^{(0)}(t)+\mu y^{(1)}(t)+\mu^2 y^{(2)}(t)+\cdots \tag{7.5-2}$$

把方程(7.5-2)代入方程(7.5-1),然后,再让方程两端的 μ 的同次方幂相等,就得出

$$a_n\frac{d^n y^{(0)}}{dt^n}+a_{n-1}\frac{d^{n-1}y^{(0)}}{dt^{n-1}}+\cdots+a_1\frac{dy^{(0)}}{dt}+a_0 y^{(0)}=x(t) \tag{7.5-3}$$

$$a_n\frac{d^n y^{(1)}}{dt^n}+a_{n-1}\frac{d^{n-1}y^{(1)}}{dt^{n-1}}+\cdots+a_1\frac{dy^{(1)}}{dt}+a_0 y^{(1)}=-f\left(y^{(0)},\cdots,\frac{d^{n-1}y^{(0)}}{dt^{n-1}}\right) \tag{7.5-4}$$

以及相当于 μ 的更高次方幂的一系列方程。所以,系统的运动方程的第零次近似式(7.5-3)就是像方程(2.2-1)那样的线性方程。但是,更重要的事情是:由于非线性性质而引起的第一次改正项是由方程(7.5-4)所确定的,从形式上就可以看出,这个方程与第零次近似[方程(7.5-3)]在特性上是完全一样的。换言之,如果系统的第零次线性近似式(7.5-3)表明近似的系统 $y^{(0)}(t)$ 是有阻尼的,而且还具有伺服系统所必需的其他特性,那么第一次改正项 $y^{(1)}(t)$ 也同样具有这些特性。此外,因为在展开式(7.5-2)中 $y^{(1)}(t)$ 之前有一个相当小的因数 μ,所以,由于非线性效应所必须作的改正是很小的。这也就是说,在一个性能良好的系统中,微弱的非线性性质不会使系统的运转状态与它的线性近似发生重大的差别。因此,从工程近似的观点来看,我们就可以把这些系统当做线性系统来处理。就是在工程实际中的"线性"系统里,也还是有一些微弱的非线性性质的,但是,根据上面所讲的道理,只用线性伺服系统理论来研究这些系统也就可以得到很好的结果。

另一方面,如果近似的线性系统的阻尼非常小,这时就有发生共振现象的可能性。也就是说,即使输入 $x(t)$ 的数量级和 1 相同,$x\simeq 1$,近似的线性系统式(7.5-3)的输出 $y^{(0)}(t)$ 就可能比 1 大很多,$y^{(0)}\gg 1$。在这种情形里,虽然 μ 很小,可是 $\mu f\left(y^{(0)},\cdots,\frac{d^{n-1}y^{(0)}}{dt^{n-1}}\right)$ 这个数,或者说非线性效应,仍然可以和线性项的数量级相同。换句话说,我们在上一段里所作的形式上的级数展开式就不能成立了。所以,在系统的阻尼作用很微弱的情形里,即使非线性性质很弱,我们也必须考虑到可能发生的强大影响。在以下各节里,我们将要简短地描述一下非线性系统的多种多样的运动状态。非线性力学中这样一些现象的详细处理方法可以在米诺尔斯基(Minorsky)[20]与斯托克尔(Stoker)[21]的著作中找到。

7.6 非线性系统内的几种振荡状态

正像第 7.3 节所讲过的那样，如果系统的自激振荡能够由于离开平衡状态的微小偏差而自动地形成，那么，它就称为软的自激振荡；如果离开平衡状态足够大的偏差才能引起自激振荡，这个自激振荡就称为硬的自激振荡。在某些情形里，系统的微分方程的系数与系统的一个参数 λ 有关。如果当 λ 取某一个特别的临界值 λ_0 时，系统的平衡状态的特性就从稳定状态变为不稳定状态。那么，在 $\lambda \geqslant \lambda_0$ 的时候就会出现极限环，也就是自激振荡。如果这种自激振荡是软的，发生的现象就像图 7.6-1(a)所画的那样；如果自激振荡是硬的，那就像图 7.6-1(b)所画的那样。对于第一种情形来说，如果 λ 是逐渐增大的，那么，当 λ 还没有增大到临界值 λ_0 的时候，系统的平衡状态并没有任何变化。当 λ 增加到 λ_0 时，系统的平衡状态就由稳定的变为不稳定的，同时也就出现了一个稳定的极限环。而且这个极限环的振幅随着 λ 的增加而逐渐加大。如果，再让 λ 逐渐减小，那么，系统的平衡状态的情况就沿着原来的变化路线变化回来(图 7.6-1a)，当 λ 减小到 λ_0 时，极限环就消失了。对于第二种情形来说，自激振荡是硬的，这时的情况就不同了(图 7.6-1b)。在 λ 逐渐增大的过程中，在 $\lambda=\lambda_0$ 时，突然就出现一个振幅是有限的极限环；λ 继续增大的时候，相应的极限环的振幅也随之增大。如果 λ 逐渐减小，那么，当 λ 减小到 λ_0 时，极限环(自激振荡)并不立刻消失，直到 λ 再继续减小到一定的数值时，极限环的振幅才由一个有限数值突然变为零。所以，这种现象称为跳跃现象，它是和系统的运动状态的滞后现象相联系着的。

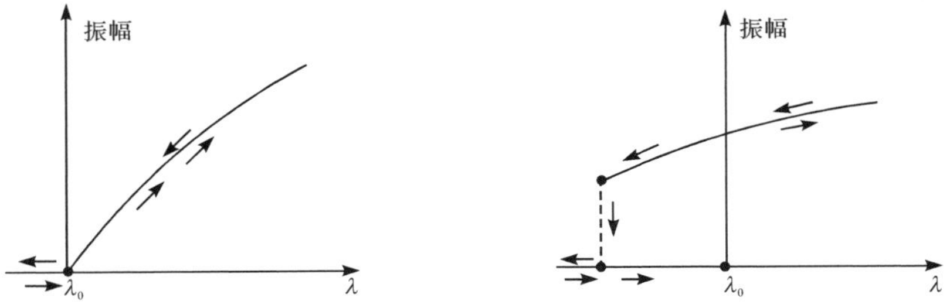

(a) 软的自激发 (b) 硬的自激发

图 7.6-1

非线性系统中的频率缩减现象也是在实际技术问题中常得到应用的一种。如果作用在一个非线性系统上周期性的输入中包含两个频率 ω_1 和 ω_2，那么，系统的输出中不但包含有这两个频率以及相应于这两个频率的高次谐波，而且还有一个额外的频率谱，借用声学的术语，这个谱称为合成音，它是由频率 $m\omega_1 \pm n\omega_2$（m，n 是整数）组成的。譬如说，把一个电压 $x = x_0(\cos\omega_1 t + \cos\omega_2 t)$加到一个非线性导体上去，假设这个导体的电流 y 与电压 x 之间的关系是 $y = a_1 x + a_2 x^2 + a_3 x^3$。那么，输出 $y(t)$的频谱中就包含有下列各种频率：ω_1，ω_2，$2\omega_1$，$2\omega_2$，$3\omega_1$，$3\omega_2$，$\omega_1 + \omega_2$，$\omega_1 - \omega_2$，$2\omega_1 + \omega_2$，$2\omega_1 - \omega_2$，$\omega_1 + 2\omega_2$ 以及 $\omega_1 - 2\omega_2$。前六个频率是普通的谐波，但是后六个频率就是由于导体的非线性性质所引起的合成音。这些合成音中，有一些比原来的 ω_1 和 ω_2 高，而另外一些就比 ω_1 和 ω_2 低。这些频率比较低的谐波就称为次谐波。产生次谐波的过程就称为频率缩减。

不难了解，如果 ω_1 和 ω_2 相当接近，那么 $\omega_1 - \omega_2$ 就比原来的两个频率都小得很多。此外，如果对于这样低的频率，系统还能是稳定的，我们就可以得到频率的数量级只是输入频率的 1/100，甚至于更低的次谐波。如果把若干个这样的系统串联起来，使一个系统的输出是其次一个系统的输入，我们还可以得到更低的频率。

非线性系统中的另一个有意思的现象是所谓频率侵占现象。

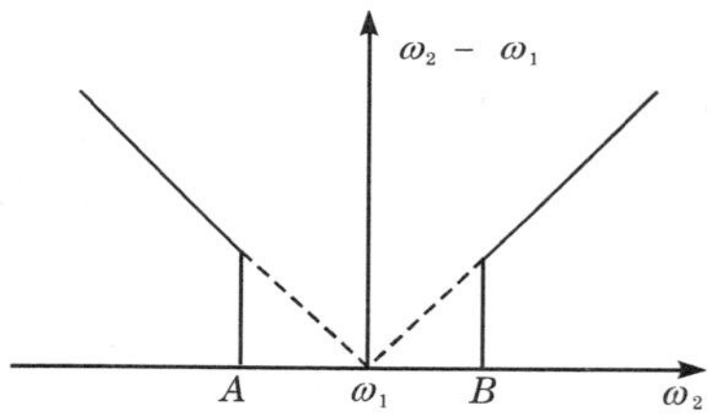

图 7.6-2

如果一个非线性系统有一个自激振荡的频率 ω_1，那么，当系统的输入的频率 ω_2 与 ω_1 相差很小时，我们自然会想到输出中不但同时有 ω_1 和 ω_2 两种频率，而且，由于非线性的交互作用，输出中还有拍频率 $\omega_2 - \omega_1$。但是，在实际中，现象是按照图 7.6-2 的那种情形发生的：只要 ω_2 进入一定的同步区域 AB 时，拍频率就立刻消失。在这个区域内只有 ω_2 这一个频率，所有发生的现象都好像是可变频率 ω_2 把原有频率 ω_1“侵占”掉了一样。

万·德尔·波尔（van der Pol）是最先解释了这种频率侵占现象的人，后来，又有些其他的人发展了这方面的理论。

假定系统是二阶的，它的微分方程是

$$\frac{d^2 y}{dt^2} - \alpha\frac{dy}{dt} + \gamma\left(\frac{dy}{dt}\right)^3 + \omega_1^2 y = B\omega_1^2 \sin\omega_2 t \tag{7.6-1}$$

这里的 α，γ 和 B 都是正常数。如果 $B = 0$，那么，当振荡的振幅足够小的时候，系统的阻尼就是负的，当振幅足够大的时候，系统的阻尼就是正的，因此，就存在一个特别的振幅值，系统可以用这个振幅进行持续的自激振荡。不仅如此，如果 α 和 γ 都相当小；那么，这个自激振荡的频率就与 ω_1 相当接近。万·德尔·波尔证明：当 ω_2 与 ω_1 相当接近时，方程(7.6-1)的解就可以写成下列形式

$$y(t) = b_1(t)\sin\omega_2 t + b_2(t)\cos\omega_2 t \tag{7.6-2}$$

而且，$b_1(t)$和$b_2(t)$都是变化得相当缓慢的时间函数，它们变化速度满足下列条件

$$\left|\frac{db_1}{dt}\right| \ll |\omega_2 b_1(t)|, \quad \left|\frac{db_2}{dt}\right| \ll |\omega_2 b_2(t)|$$

把方程(7.6-2)代入方程(7.6-1)，并且只保留一阶以下的项，我们就可以把 b_1 和 b_2 的微分方程组写成下列形式

$$\frac{db_1}{dt} = f_1(b_1, b_2; \omega_2)$$

$$\frac{db_2}{dt} = f_2(b_1, b_2; \omega_2) \tag{7.6-3}$$

这是一个自治的一阶微分方程组。所以，我们可以用等倾法来解，就像第 7.8 节在相平面上解二阶线性系统的作法一样。分析的结果表明：如果 ω_2 在 ω_1 附近的一个一定范围内，方程组(7.6-3)在 b_1b_2 平面上有一个稳定的结点，那么，不论 b_1 和 b_2 的初始值是多少，$b_1(t)$和$b_2(t)$最后总要分别趋近于相当这一固定点的 b_1 值和 b_2 值。因此，根据方程(7.6-2)，就只有频率是 ω_2 的振荡，根本不再有频率是 $\omega_2-\omega_1$ 的振荡。如果 ω_2 在那个范围之外，那么，在 b_1b_2 平面上就有一个稳定的极限环，因而也就可以说明图 7.6-2 所表示的现象。

在某些非线性系统里，一个频率是 ω 的振荡可以被另一个频率是 ω_1 的振荡激发起来或者抑制下去，而 ω_1 却根本不等于 ω。在第一种情形中，那种现象就称为异步激发，而第二种情形中的现象就称为异步抑制。我们从以下的事实就可以理解这些现象：即使在相空间中存在一个极限环，系统也不一定有持续的自激振荡。如果要发生持续的振荡，极限环就必须是稳定的，所谓“稳定”的意思，也就是说，当系统受到扰动或者从极限环移到相空间的其他一点以后，系统具有一个再回到极限环上去的倾向。不稳定的极限环在一个实际的物理系统中是不可能实现的。既然如此，我们就不难看出，在一定的情况下，一个新的振荡的发生，就可能给另一个振荡创造出稳定的条件，也可能破坏另一个振荡的稳定条件，第一种情形就是“异步激发”现象，第二种情形就是“异步抑制”现象。这里，“异步”这样一个形容词只是用来强调 ω 与 ω_1 之间的关系是完全任意的而已。

7.7　参数激发和参数阻尼

很久以来人们就知道，如果一个振荡系统中有一个以频率 ω 作周期变化的参数，系统就以频率 $\omega/2$ 开始振荡。瑞雷(Rayleigh)曾经用以下的实验来说明这种现象：把一根拉紧了的金属线的一端系在音叉的一股上，如果音叉以频率 ω 进行振荡，那么，金属线就以频率 $\omega/2$ 进行横向振荡。我们再举一个类似的例子：一个

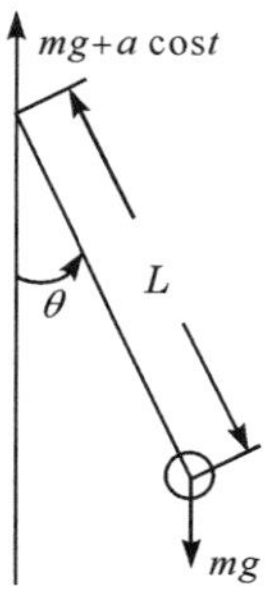

图 7.7-1

单摆(也就是悬挂在一根没有重量的杆子的一个质量)在杆的上端受到一个正弦变化的外力(图 7.7-1)。假设 θ 是单摆离开铅直位置的微小角度位移,不损害普遍性,我们还可以假定正弦变化的外力的频率是 1。这个外力也就可以写作 $mg+a\cos t$,于是 θ 的微分方程就是

$$ml\frac{d^2\theta}{dt^2}(mg+a\cos t)\theta=0$$

其中 m 是质量,g 是重力加速度,l 是摆的长度,a 是周期外力的振幅。这个方程可以写成

$$\frac{d^2\theta}{dt^2}+(\alpha+\beta\cos t)\theta=0 \qquad (7.7\text{-}1)$$

所以,α 就等于 g/l,β 等于 a/ml。对于倒立摆(也就是质量在支承点上方的摆)的情形,θ 的方程也还是(7.7-1),只不过把其中的 g 换成 $-g$ 就是了。所以,对于普通的摆,α 是正数;对于倒立摆,α 是负数。方程(7.7-1)是一个线性方程,只是加在摆上的外力做周期性的变化而已。因此,我们就可以把这个系统看做是参数作周期性变化的系统。

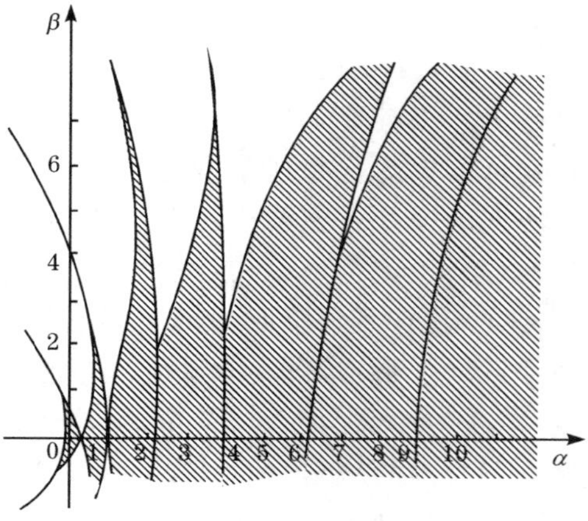

图 7.7-2

方程(7.7-1)就是有名的马丢(Mathieu)方程。解的稳定性是由 α 和 β 这两个常数来确定的。具体地说,可以把 $\alpha\beta$ 平面分成一个稳定的区域和一个不稳定区域,就像图 7.7-2 所画的那样(这个图中有阴影的就是稳定区域)。可以从图 7.7-2 看出,对于正的 α,也就是普通的摆的情形来说,当周期外力不存在的时候,或者说 $\beta=0$ 的时候,系统就是稳定的。这当然是显而易见的事实。然而,有兴趣的事实是:如果 β 取某些适当的值,系统就成为不稳定的了。这时,摆的摆动的振幅就会越来越大,直到非线性效应最后把振幅固定在一个相当大的常数上为止。这种现象就称为参数激发。对于负的 α,也就是倒立摆的情形来说,当支点上没有周期外力的时候,系数自然是不稳定的;但是,当 β 在一个一定的狭小范围之内的时候,系统还可以是稳定的,只要 α 也取某些适当的数值就可以了。这个现象就称为参数阻尼。

任何一个系统,只要它有一个作周期变化的参数,在这个系统中就可能发生

参数激发和参数阻尼的现象。

这种现象和以前介绍过的几种非线性现象，都可以在控制系统中加以利用，使控制系统得到所需要的性能。事实上，的确也有不少非线性现象已经被应用到伺服控制系统的许多元件上去了。但是，这些非线性元件在目前还只是一些“新奇”的重要性不大的东西，而且，与其说它们是根据理论分析设计出来的，倒不如更恰当地说它们是依靠经验和试验“设计”出来的。我们在以上几节中的讨论只不过是说明这种应用的广泛的可能性而已。

7.8　相平面全局分析法

对低阶非线性系统的分析可以应用相空间内的几何方法（或者称为拓扑方法）。这种方法的实质是在相空间内将系统的运动轨线分为各种类别，并将各类运动在相空间内绘出图来。根据全局运动的各种几何特点，便可一目了然地判定这个非线性系统内特有的周期解的参数及其稳定性，零点的稳定性，过渡过程的主要特征等。这种方法对二阶系统的分析特别有效，因为此时系统的一切运动轨迹均可完整地在平面上绘制出来。因此，这一方法得到了广泛的应用[20,23,26]。本节将主要介绍如何利用相平面法分析典型非线性系统的性能。为此，我们先以二阶线性系统为例，说明这个方法的实质。

如果 y 是输出量（受控量），x 是输入量（控制量），那么一般的二阶系统的微分方程可以写为

$$f(y,\dot{y},\ddot{y};t) = x(t) \tag{7.8-1}$$

这里的 $\dot{y}$ 和 $\ddot{y}$ 表示对时间 t 的一次和二次导数。根据第二章内的讨论可以把式(7.8-1)改写成完全等价的方程组

$$f\left(y,\dot{y},\frac{d\dot{y}}{dt};t\right) = x(t)$$

$$\frac{dy}{dt} = \dot{y} \tag{7.8-2}$$

如果我们把 y 与 $\dot{y}$ 看做是因变数，那么，方程组(7.8-2)就是未知函数 y 与 $\dot{y}$ 的两个一阶联立微分方程。如果像常常遇到的情形一样，系统是自治的，也就是说，不但方程(7.8-1)中的函数 f 与时间 t 无关，而且输入 $x\equiv 0$，那么，就可以把 $d\dot{y}/dt$ 从方程组(7.8-2)的第一个方程中解出来，而把 $d\dot{y}/dt$ 表示为 y 与 $\dot{y}$ 的函数，假定系统的方程组又可以写成

$$\frac{d\dot{y}}{dt} = \dot{y}k(y,\dot{y})$$

$$\frac{dy}{dt} = \dot{y} \tag{7.8-3}$$

这个方程组不明显地包含 t(除了运算符号 d/dt 之外)。把方程组(7.8-3)的第一个方程用第二个方程除一下,我们就得出

$$\frac{d\dot{y}}{dy}=k(y,\dot{y}) \tag{7.8-4}$$

这是一个以 y 为自变数而以 $\dot{y}$ 为因变数的一阶微分方程。把这个方程解出来以后,就可以利用方程组(7.8-3)把 y 和 t 的关系计算出来。

从物理的观点来看,上一段所提到的做法是以下列的概念为依据的:只用 y 和 $\dot{y}$ 就可以描述系统的状态,而不像比较普通的方法那样,用 y 和 t 来描述。如果说 y 是描写一个质点的位置的变数,那么 $\dot{y}$ 就是速度。因此,也就可以用 $\dot{y}$ 来代表质点的动量。所以,y 和 $\dot{y}$ 就分别代表质点的位置和动量。物理学家把这样一种不用时间变数 t 的状态表示法称为相空间中的表示法。在我们所讨论的特殊情形中,相空间只是二维的(y 和 $\dot{y}$),所以,它就是相平面。这样一来,二阶系统式(7.8-3)的运动状态就可以用相平面上的一条曲线来描述。这条曲线上的每一点都表示系统在某一个时刻 t 的状态。根据一般的习惯,在这条曲线上,我们用箭头表示时间增加的方向,就像图 7.8-1 所画的那样。如果系统的阶数 n 大于 2,相空间就是 n 维的,系统的运动状态就要用这个 n 维空间中一条曲线来表示。

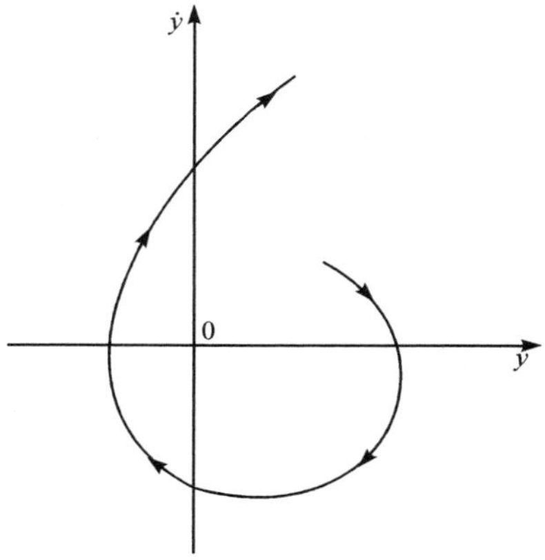

图 7.8-1

相平面表示法的具体优点就是:非常多的二阶非线性系统都是自治的,而且都能表示成方程(7.8-4)的形式。这个方程至少总可以用等倾法把解用图线表示出来。事实上,只要把方程(7.8-4)所规定的曲线的方向场在相平面上表示出来以后,系统的特性就很清楚了。相平面的这样一些性质的应用是非线性振动理论的基本方法之一。这种方法称为非线性力学的拓扑方法。

为了把以前的一些概念改用相平面的方法来表示,我们举一个例子:考虑一个没有驱动函数的二阶线性系统

$$\frac{d^2y}{dt^2}+2\zeta\frac{dy}{dt}+y=0 \tag{7.8-5}$$

只要把时间的量度单位适当地加以选择就可以使方程(3.4-3)中的自然频率 ω_0 等于 1,因而就得出方程(7.8-5)。ζ 当然就是系统的阻尼与临界阻尼的比值。对于振荡的情形来说,$|\zeta|<1$。可以把方程(7.8-5)改写成

$$\frac{d\dot{y}}{dt}=-2\zeta\dot{y}-y$$

$$\frac{dy}{dt}=\dot{y} \tag{7.8-6}$$

因此,我们就得到相当于方程(7.8-4)的方程

$$\frac{d\dot{y}}{dy}=-\frac{2\zeta\dot{y}+y}{\dot{y}}=-2\zeta-\frac{y}{\dot{y}} \tag{7.8-7}$$

根据方程(7.8-7),不难看出,曲线斜率 $d\dot{y}/dy$ 只在从相平面的原点出发的每一条射线上是相同的常数。图 7.8-2～图 7.8-6 所画的是五种不同的运动类型,它们分别相当于 $\zeta<-1$,$-1<\zeta<0$,$\zeta=0$,$0<\zeta<1$ 以及 $1<\zeta$。图 7.8-2 和图 7.8-6是非振荡的情形。图 7.8-3～图 7.8-5 都是振荡的情形。图 7.8-4 是真正的简谐振荡。

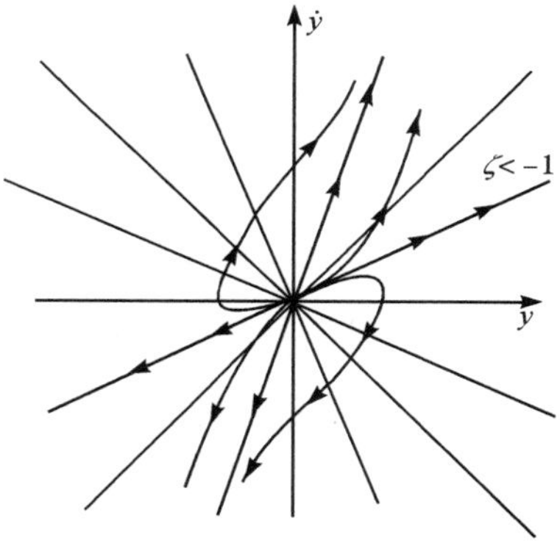

图 7.8-2

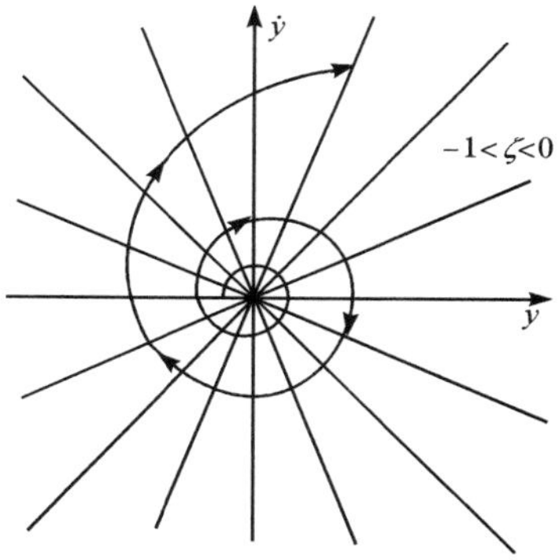

图 7.8-3

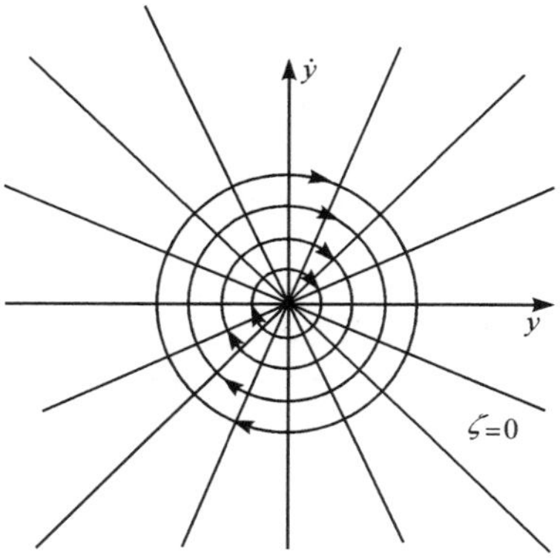

图 7.8-4

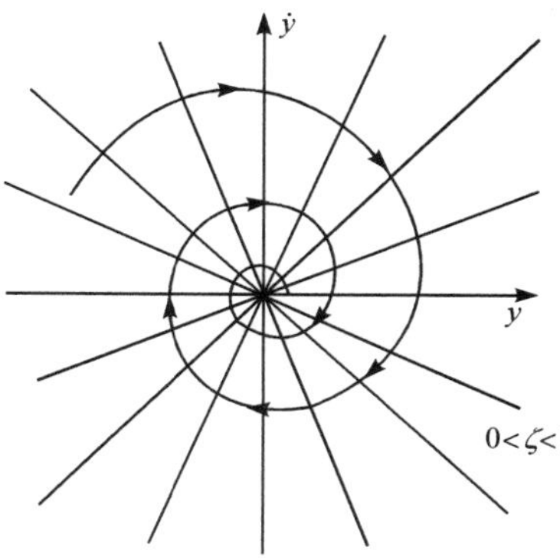

图 7.8-5

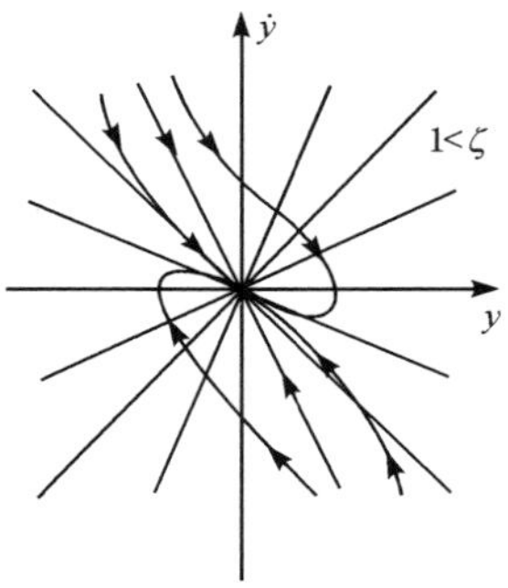

图 7.8-6

在以上所画的这些图里，相平面的原点相当于平衡状态，因为在这一点 dy/dt 和 $d\dot{y}/dt$ 都等于零。用数学的术语来说，原点是方程(7.8-6)的奇点。然而，在 $\zeta<0$，$\zeta=0$ 和 $\zeta>0$ 这三种不同的情形下，平衡状态的特性是十分不同的。图 7.8-2 和图 7.8-3 表明，当 $\zeta<0$ 时，系统的运动曲线总是从平衡状态发散出去的。所以，原点是一个不稳定的平衡点。图 7.8-5 和图 7.8-6 表明，当 $\zeta>0$ 时，系统的运动曲线总是收敛到平衡状态上来的，所以原点就是一个稳定的平衡点。用数学的术语来说，在图 7.8-2 和图 7.8-6 中，因为原点是所有运动曲线都要经过的点，所以称为结点。图 7.8-3 和图 7.8-5 的原点是螺线的中心，这时，它被称为焦点。在图 7.8-4 的特殊情形中，$\zeta=0$，运动曲线总是把原点包围在内部，这时，原点就称为中心点。

如果二阶系统的基本方程有一个常数驱动项，也就是说

$$\frac{d^2y}{dt^2}+2\zeta\frac{dy}{dt}+y=c \tag{7.8-8}$$

这里的 c 是一个常数。这时也就有

$$\frac{d^2(y-c)}{dt^2}+2\zeta\frac{d(y-c)}{dt}+(y-c)=0$$

因此，相平面上的运动曲线和图 7.8-2～图 7.8-6 所画的完全相似，只不过把平衡点改为 y 轴上的 $y=c$ 点就是了。

掌握了对二阶线性系统的分析方法后，我们试讨论二阶继电系统的运动特征。在以下的讨论中，为了简化继电器的开关问题的讨论，我们先假设继电器只能有两种状态：单位大小的正输出和单位大小的负输出，没有输出等于零的情形。不难了解，输出总是单位大小的假设并不会限制问题的普遍性。

我们先来考虑比较简单的线性开关的情形，所谓“线性开关”，就是继电器所产生的输出驱动函数 c 的大小总是 1：$|c|=1$，而且这个输出的符号与 $ay+b\dot{y}$ 的符号相同。在这里讨论线性开关的目的就是想借此说明开关问题的一些特点。

在弗吕格-罗茨(Flügge-Lotz)的论文[13]以及弗吕格-罗茨与克罗特尔(Klotter)合著的论文[14]中都分析过有线性开关的继电器的伺服系统的运动状态。以下的讨论就是他们在定性方面的研究结果的简单总结。

这两位作者所研究过的系统的微分方程是

$$\frac{d^2y}{dt^2}+2\zeta\frac{dy}{dt}+y=\operatorname{sgn}(ay+b\dot{y}),\quad 0<\zeta<1 \tag{7.8-9}$$

当驱动函数是 $+1$ 时，那么，相平面上的一条相当的运动曲线弧就称为一个正弧

(简写为 P)。反之,当驱动函数是 -1 时,相当的一条运动曲线弧就称为一个负弧(简写为 N)。所有的正弧的总体称为正系统。所有负弧的总体称为负系统。根据我们对方程(7.8-9)的讨论,已经知道,方程(7.8-9)的正系统是由收敛的螺线所组成的,这些螺线的焦点都是 $y=+1,\dot{y}=0$;方程(7.8-9)的负系统也是由收敛的螺线所组成的,这些螺线的焦点都是 $y=-1,\dot{y}=0$。我们当然希望系统的最终状态就是原点 $y=\dot{y}=0$。

按照方程(7.8-9)右端的开关函数中 a 与 b 的符号。可以规定四种情形:

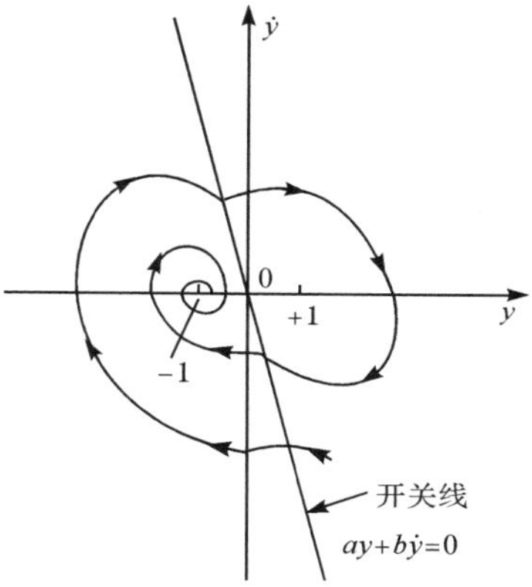

图 7.8-7

我们把 $a>b,b>0$ 的情形称为第一种情形。这时,开关曲线 $ay+b\dot{y}=0$ 是一条经过相平面的原点而且位置是在第二象限和第四象限内的直线。在这条直线的右方 $ay+b\dot{y}$ 是正数。所以,那里是一个正系统的区域。在这条直线的左方,$ay+b\dot{y}$ 是负数,所以,是一个负系统的区域。在这条开关线上,正系统和负系统连接起来,而且,运动曲线的隅角(即正弧与负弧的连接点)也发生在这条线上(图 7.8-7)。存在周期解的条件就是:存在一个正弧,这个正弧与开关线的两个交点与原点距离相等。理由是这样的:如果确实存在这样一个正弧,那么,根据对称性,在开关曲线的另一方也必然有一个连接这两个交点的负弧。因此,这两个弧就组成一条相平面上的闭合曲线。用非线性力学的术语来说,这种周期解就称为极限环。在以下的讨论中我们就会看到,在所考虑的情形中确实可以发生周期解。

不难看出,总会有一个正弧和一个负弧与开关曲线相切,设这两个切点分别是 S_P 和 S_N(图 7.8-8)。而且,设这两个弧与开关曲线的另外的交点分别是 R_P 和 R_N。S_P 与 S_N 对于原点是对称的。R_P 与 R_N 也是这样的。先假设 ζa 和 b 之间的关系,使得 R_N 点在 S_PS_N 线段之外(就像图 7.8-8 的情形)。这时,如果某一个解在开关曲线上的起点与 S_PS_N 线段足够接近,那么,经过这个点的运动曲线必然在开关曲线的左方或右方离开开关曲线,不再与开关曲线相交。至于在哪一方离开开关线就要由起点的位置来确定。譬如说,起点在 S_N 与 R_P 之间,那么,经过这个点的运动曲线就在开关曲线的右方离开开关线。我们也可以证明,如果开关线右方的正弧与开关曲线相交于两点,那么,这个弧的终点(第二个交点)到原点的距离小于起点(第一个交点)到原点的距离。因此,永远不可能满足有周期解的条件。所以,系统的运动曲线永远是围绕某一个焦点的螺线,因此,最终状态不可能是相平面的原点。

但是，如果 R_N 和 R_P 都在 S_PS_N 线段上(图 7.8-9)，就存在一个周期解。理由是这样的：根据我们的假设，正弧 R_PS_P 的起点 R_P 到原点的距离小于终点 S_P 到原点的距离。但是，把图 7.8-5 的收敛螺线的焦点从原点移到 +1 点(相当于正弧)和 −1 点(相当于负弧)的手续对于离原点很远的部分影响非常小。所以，如果一个正弧在开关线上的起点离原点非常远，那么，这个弧在开关线上的终点与原点的距离就比较近一些(这是螺线的性质)。因此，这种弧与 R_PS_P 弧的性质刚好相反。因为曲线之间的变化是连续的，所以，一定有一个中间状态的正弧，这个正弧的起点和终点与原点的距离相等。这就是存在周期解的条件。图 7.8-9 中所画的闭合曲线就是这个周期解。事实上，已经作过的数学分析不但证明了上述的事实，而且还进一步证明：这个周期解不只是唯一的，而更重要的是，这个解还是稳定的，具体地说：所有初始点在这个闭合曲线外面的解，最后都趋近于这个周期解；所有初始点在这个闭合曲线内部而在闭曲线 $R_PS_PR_NS_NR_P$ 所包围的区域(也就是图 7.8-9 的阴影区域)之外的解，最后也趋近于这个周期解。初始点在闭曲线 $R_PS_PR_NS_NR_P$ 内部的运动曲线最后总是趋近于某一个焦点，也还是没有趋近于原点的可能性。

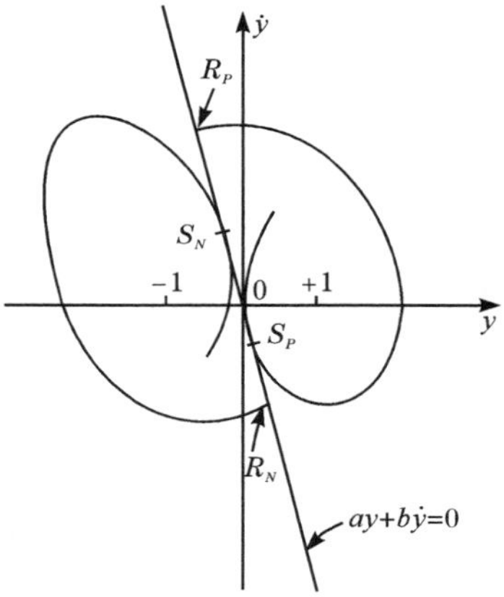

图 7.8-8

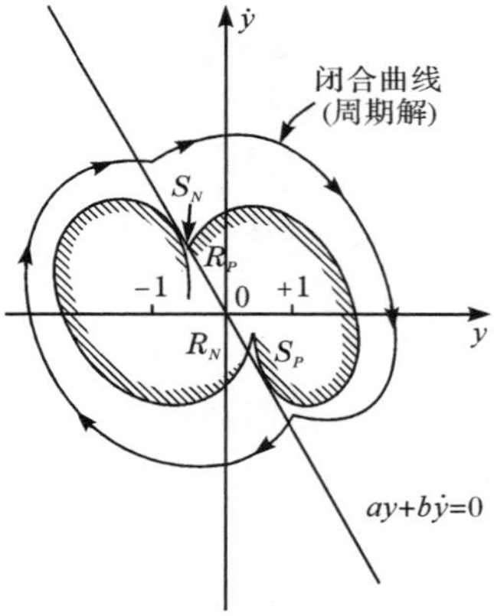

图 7.8-9

第二种情形就是 $a>0$ 而 $b<0$ 的情形。这时，开关曲线 $ay+b\dot{y}=0$ 经过第一象限和第三象限。正系统和负系统与前一种情形是一样的。在这种情形中不可能有周期解。R_P，R_N，S_P 和 S_N 的定义也与以前相同。这些点和原点在开关线上的位置的顺序是 R_P，S_P，0，S_N，R_N；图 7.8-10 所画的就是这种情形。在 S_PS_N 线段上有一种新的现象：我们来考虑一个在 E 点与这个线段相交的解(E 点是 S_PS_N 上某一点)。假设这个解与开关线的相互位置就像图 7.8-10 所画的那样，那么，这个解在 E 点将会怎样呢？既然 E 点在开关线上，照道理讲，到达 E 点以后，表

示系统运动状态的动点就应该沿一个负弧前进。但是，从 E 点开始的负弧又会使动点再回到原来的半平面(也就是到达 E 点以前所在的半平面)上来，可是，在这个半平面上 $ay+b\dot{y}>0$，解只能由正弧组成，所以，到达 E 点以后，动点不可能再沿负弧前进；另一方面，动点到达 E 点以后也一定不能再继续沿正弧前进，因为只有刚刚走过的路线是经过 E 点的唯一的正弧，因此，我们可以说，E 点以后的解是不存在的，或者说，解在 E 点终止。任何一个从 R_PR_N 线段的外部开始的解，在没有与 R_PR_N 线段相交之前总是旋转地逐渐接近原点。最后，如果这个解与 S_PR_P 相交，它就趋近于＋1；如果与 S_NR_N 相交，它就趋近于－1 点；如果这个解最后与 S_PS_N 相交，那就会发生古怪的“终止”现象。在“终止”的情况下，系统的“位置”和“速度”都固定不变，这当然是不合情理的事情。

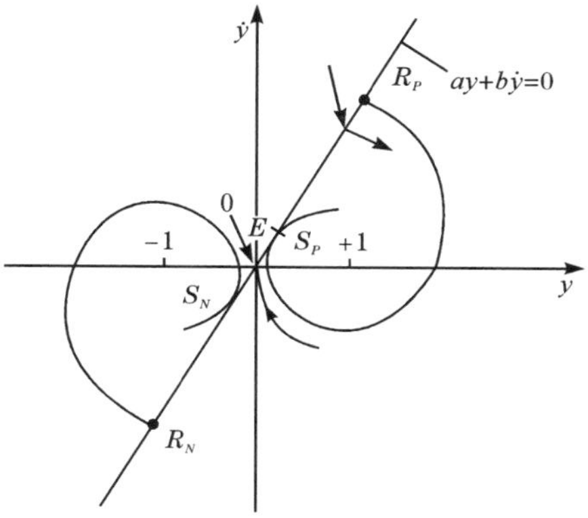

图 7.8-10

其实，在真实情况中，系统的运动状态是不可能“终止”的，它总是要在时间过程中进行的。得出上述的荒谬结果的理由也是可以解释的：因为实际的开关动作总是有时滞的，所以，一个解与开关线相交时驱动函数并不立刻改变符号，所以解还要继续前进一段时间，在这一段继续前进的时间中驱动函数还保持原来的符号。在第一种情形中，因为这样一个时滞不很大，所以对系统的基本运动状态没有什么影响，但是，在现在的情形中，时滞就可以使系统的解避免发生“终止”现象。现在我们来观察一个到达“终止点”的解。由于时滞的缘故，解不再在这一点终止，而要继续前进某一段距离，然后才发生开关动作，开关动作就使解在相平面上画出一个隅角，但是，在隅角上解还是存在的。从这个隅角出发，解又在相反的方向上越过开关线，解越过开关线一个短的距离以后，又在相平面上画出另一个隅角，以后的过程也是类似的，就像图 7.8-11 所画的那样。从这个图可以看到，这种“锯齿状”的运动，最后就使得系统“爬出”S_PS_N 区域，最后，解就趋近于某一个焦点。所以，时滞可以消除解的终止现象，但是，系统的运动状态还是不能令人满意，因为，解还是不能最后到达原点。

在第三种情形中，$a<0$，而 $b>0$。这种情形的开关线也是通过相平面的第一象限和第三象限的，但是，现在的正系统在开关线的左方，负系统在开关线的右方(这与第二种情形恰好相反)。在这种情形中，总是存在一个稳定的周期解(或者说是一个稳定的极限环)(图 7.8-12)。而且，这个周期解就决定了所有的情况，因为，所有其他的解最后都趋近于这个周期解。所以，在这种情形里，还是不能使系统达到相平面的原点。

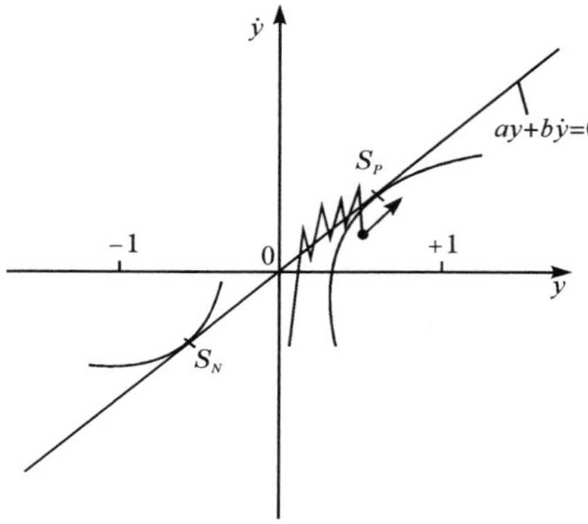

图 7.8-11

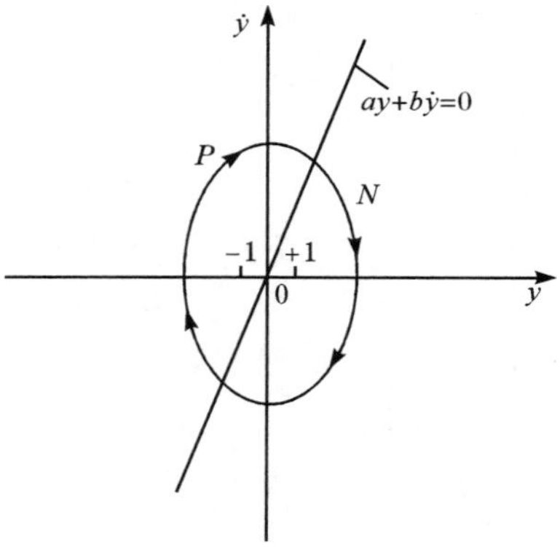

图 7.8-12

第四种情形就是 $a<0$ 同时 $b<0$ 的情形。这种情形的开关线与第一种情形相同，而正弧和负弧的分布状态与第三种情形相同。可以证明，在这种情形中不可能有周期解。如果，开关动作没有时滞，那么，S_PS_N 线段(图 7.8-13)就是由终止点组成的。如果，从 S_PS_N 线段上每一点出发向后(也就是在时间减小的方向上)描画解的图线，就可以看到这些曲线盖满了全平面，这也就是说，所有的解都“终止”在开关线的 S_PS_N 线段上。

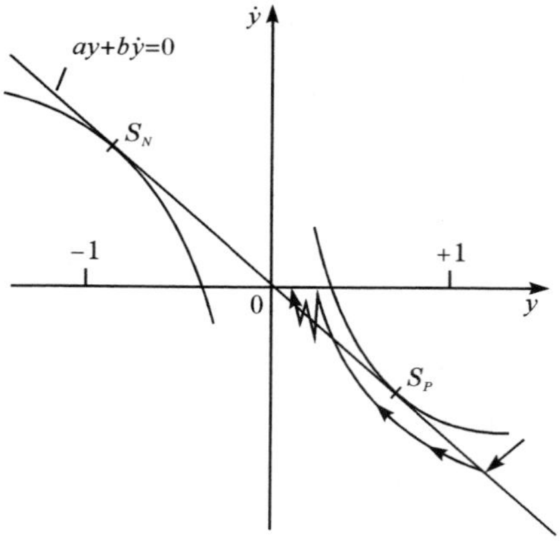

图 7.8-13

但是，这里也和第二种情形一样，时滞的存在就使情况大不相同了。当解还没有到达 S_PS_N 线段的时候。时滞并没有什么重要作用；但是，当解到达 S_PS_N 线段时，时滞就使解不再终止，而能使解越过开关线一段不大的距离。然而，画出一个隅角，接着又越过开关线。又作出另一个隅角，以后还是这样继续下去。从图 7.8-13 可以看出，这种锯齿状的运动就使系统的运动状态趋近于原点，最后，系统就在原点附近作频率高振幅小的振动。时滞越小，振动的频率就越高。这种状态就称为继电器伺服系统的颤震。

这样一来，我们就看出，讨论过的四种情形中，只有第四种情形能使系统趋于所希望的平衡状态，但是，即使如此，系统还是在平衡状态附近颤震。

以上就是弗吕格-罗茨和克罗特尔的理论分析的介绍，从这里就可以看出线性开关的缺点，同时也就会知道，使伺服系统具有最优运转状态的最优开关函数一定不会是线性开关函数。究竟什么样的开关函数是最好的呢？这一问题最早由布绍(Bushaw)给出了确切的答案，目前任一线性受控对象的理想开关函数的形式均可迅速求出。关于二阶系统的最优开关理论的主要结论和更一般的线性系统最优开关函数的综合理论将在下章内详细介绍。

7.9 非线性元件的有益应用

如本章前面几节所指出的，通常非线性元件对系统产生不利影响。最常见的是使系统的稳定性变坏，对信号的相位产生迟后效应等。但是，巧妙地应用某些非线性环节，可以使它们的不利因素变成有利的因素。前节内讲到的具有最优开关的继电系统便是一个重要例证。在一般随动系统中继电元件常引起不衰减的持续振荡。但是正确地选择开关时刻以后，系统就会获得快速性。以后还要严格证明，当控制信号的强度受到限制时，一切最速控制系统都有继电系统的特性。

文献[8]中指出了另外一种情况，通常认为有害的间隙性的元件(参看图7.3-10)，也可以反其害而得利，用它构成一个简单的相位超前环节。为了介绍这个思想，我们将图7.3-10所示的元件运动方程式写出

$$\theta_2 = \begin{cases} \theta_1 - \delta, & \dot{\theta}_1 > 0 \\ \theta_1 + \delta, & \dot{\theta}_1 < 0 \end{cases}$$

$$|\theta_2 - \theta_1| < \delta, \quad \dot{\theta}_2 = 0 \tag{7.9-1}$$

若将这种环节按图7.9-1所示办法连接，就得到一个新的非线性系统。当$K_1 > K_2$时，这个新系统的运动特性示于图7.9-2中，它的运动方程式为

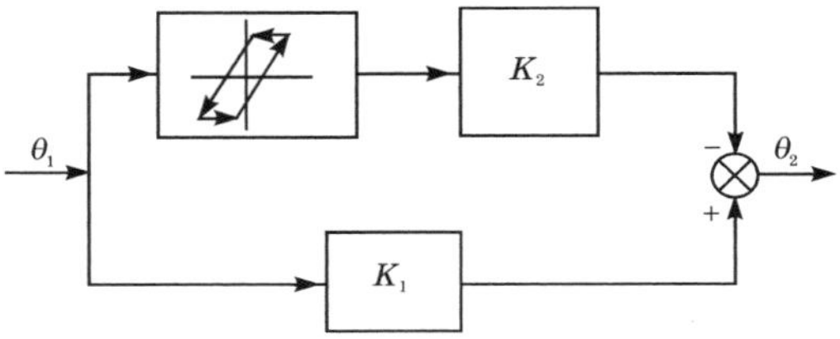

图 7.9-1

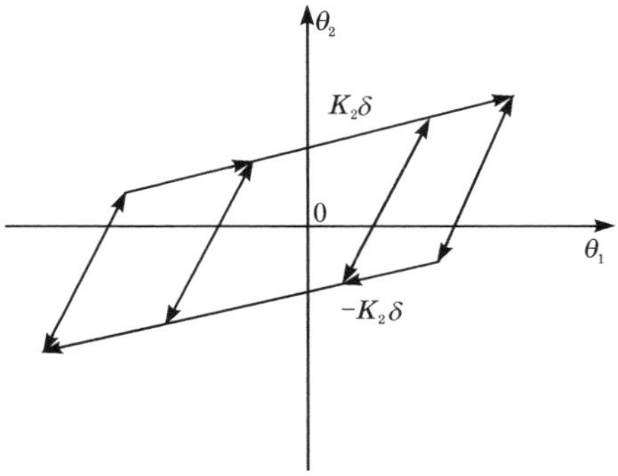

图 7.9-2

$$\theta_2 = \begin{cases} (K_1 - K_2)\theta_1 + K_2\delta, & \dot{\theta}_1 > 0 \\ (K_1 - K_2)\theta_1 - K_2\delta, & \dot{\theta}_1 < 0 \\ K_1\theta_1 - K_2(\theta_{1\max} - \delta), & \theta_{1\max} - \theta_1 \leqslant 2\delta \\ K_1\theta_1 - K_2(\theta_{1\min} + \delta), & \theta_1 - \theta_{1\min} \leqslant 2\delta \end{cases} \tag{7.9-2}$$

式中 $\theta_{1\max}$ 和 $\theta_{1\min}$ 为 $\dot{\theta}_1$ 变号时刻 θ_1 的取值，前者为 $\dot{\theta}_1$ 自正值变为负值时 θ_1 的取值，后者为 $\dot{\theta}_1$ 自负值变为正值时 θ_1 的取值。

设 θ_1 按余弦函数变化，即

$$\theta_1 = A\cos\omega t$$

代入式(7.9-2)以后，θ_2 的变化规律为

$$\theta_2 = \begin{cases} K_1 A\cos\omega t - K_2 A + K_2\delta, & 2m\pi \leqslant \omega t \leqslant 2m\pi + \varphi_{2\delta} \\ (K_1 - K_2)A\cos\omega t - K_2\delta, & 2m\pi + \varphi_{2\delta} \leqslant \omega t \leqslant (2m+1)\pi \\ K_1 A\cos\omega t + K_2 A - K_2\delta, & (2m+1)\pi \leqslant \omega t \leqslant (2m+1)\pi + \varphi_{2\delta} \\ (K_1 - K_2)A\cos\omega t + K_2\delta, & (2m+1)\pi + \varphi_{2\delta} \leqslant \omega t \leqslant 2(m+1)\pi \end{cases}$$

式中 $m = 0, 1, 2, \cdots, \varphi_{2\delta} = \cos^{-1}\left(1 - \dfrac{2\delta}{A}\right)$。当输入 $\theta_1 = A\cos\omega t$ 时，新的非线性系统的输出形式示于图 7.9-3 中。

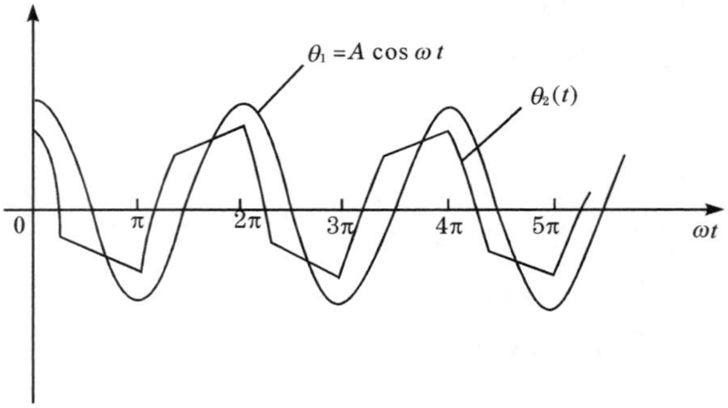

图 7.9-3

把 $\theta_2(t)$ 展成傅氏级数，并写出第一次谐波的表达式

$$\theta_2(t) = a\cos\omega t + b\sin\omega t + R(t) \tag{7.9-3}$$

式中 $R(t)$ 为各高次谐波的和。容易检查，上式内一次谐波的两个系数可由下式算出

$$a = K_2\delta\left[c_1 c_2 + c_1 \frac{\cos^{-1}\left(1 - \dfrac{2}{c_1}\right)}{\pi} - c_1 - \frac{2\sqrt{c_1 - 1}}{\pi}\left(1 - \frac{2}{c_1}\right)\right]$$

$$b = \frac{4K_2\delta}{\pi}\left(\frac{1}{c_1} - 1\right)$$

$$c_1 = \frac{A}{\delta}$$

$$c_2 = \frac{K_1}{K_2} \tag{7.9-4}$$

当 c_2 足够大的时候，即 K_1 比 K_2 大得多的时候，$a>0, b<0$。记

$$\sin\varphi = \frac{-b}{\sqrt{a^2+b^2}}$$

$$\cos\varphi = \frac{a}{\sqrt{a^2+b^2}}$$

这样定义的角度 φ 为正值。于是，式(7.9-3)可以写成

$$\theta_2(t) = \sqrt{a^2+b^2}\cos(\omega t+\varphi)+R(t) \tag{7.9-5}$$

由此可知，图 7.9-1 所示的结构图的确具有相位超前的作用，只要 K_1 取得合理，使 $a>0$ 就可以了。同时，第一次谐波的相位超前量可以用变化 K_1 和 K_2 的比任意加以调整。

在文献[8]中，作者还指出，如果在图 7.9-1 所示的网络后面串联一个极化继电器类的元件，则输出与输入之间依然可以有相位超前的作用。这种网络在原理上可以用来补偿系统中的时延或惯性。

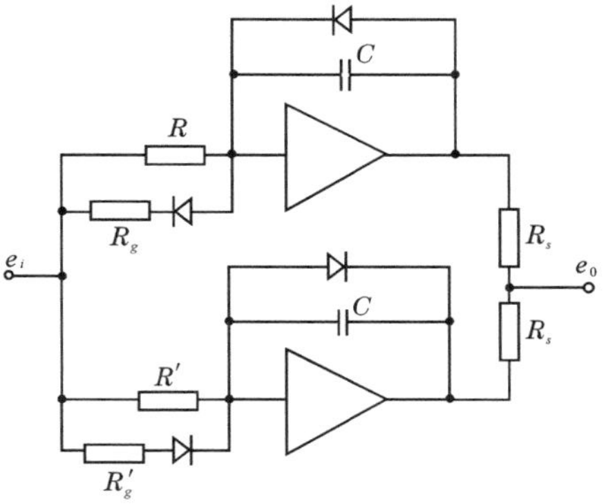

图 7.9-4

为了用具有非线性特性的器件改善线性系统的性能，有人专门设计了一种非线性积分器，用以代替普通的积分器，它的线路见图 7.9-4。从图中可以看出，它实际上是由两个积分器联合组成的，上面一半专为积分正信号而设置的，下面一半积分负信号。当输入端 e_i 加上某一正弦信号后，这个线路输出信号基波振幅是输入信号的振幅的积分，然而相位滞后却不像通常的积分器那样为 90°，而只有 −38.1°。这样一来，它与普通积分器进行比较，图中所示的线路好像具有“相位超前”的作用。下面我们概略分析一下它的工作特点。

假定图 7.9-4 所示的非线性积分器的输入 e_i 为

$$e_i = E_i \sin\omega t$$

在正半周期中，上半积分器起积分作用，输出为

$$e_{01} = \frac{1}{\omega RC}\int_0^t E_i \sin\omega t d\omega t$$

$$= \frac{E_i}{\omega RC}(1-\cos\omega t),\quad 0 \leqslant t \leqslant \pi/\omega$$

在负半周期中,下半积分器起积分作用,输出为

$$e_{02} = \frac{1}{\omega RC}\int_{\pi}^{\pi+t} E_i \sin\omega t d\omega t$$

$$= -\frac{E_i}{\omega RC}(1-\cos\omega t),\quad \pi/\omega \leqslant t \leqslant 2\pi/\omega \tag{7.9-6}$$

因比,一个周期中非线性积分器的输出 e_0 应为

$$e_0 = \begin{cases} \dfrac{E_i}{\omega RC}(1-\cos\omega t), & 0 \leqslant t \leqslant \pi/\omega \\ -\dfrac{E_i}{\omega RC}(1-\cos\omega t), & \pi/\omega \leqslant t \leqslant 2\pi/\omega \end{cases} \tag{7.9-7}$$

这个函数的波形画在图 7.9-5 中。将式(7.9-7)定义的非线性函数 $e_0(t)$展开为傅里叶级数:

$$e_0 = -\frac{E_i}{\omega RC}\cos\omega t + \frac{4}{\pi}\frac{E_i}{\omega RC}\left(\sin\omega t - \frac{\sin 3\omega t}{3} + \frac{\sin 5\omega t}{5} - \cdots\right)$$

略去展式中的高次谐波,近似地取

$$e_0 = \frac{4}{\pi}\frac{E_i}{\omega RC}\sin\omega t - \frac{E_i}{\omega RC}\cos\omega t$$

$$= \frac{E_i}{\omega RC}\sqrt{\left(\frac{4}{\pi}\right)^2 + 1}\sin(\omega t - \theta_0) \tag{7.9-8}$$

式中 $\theta_0 = \tan^{-1}\frac{\pi}{4} = 38.1°$,所以它的等效传递函数为

$$F_r(i\omega) + \frac{e_0(i\omega)}{e_i(i\omega)} = \frac{1.62}{\omega RC}e^{-i\theta_0} \tag{7.9-9}$$

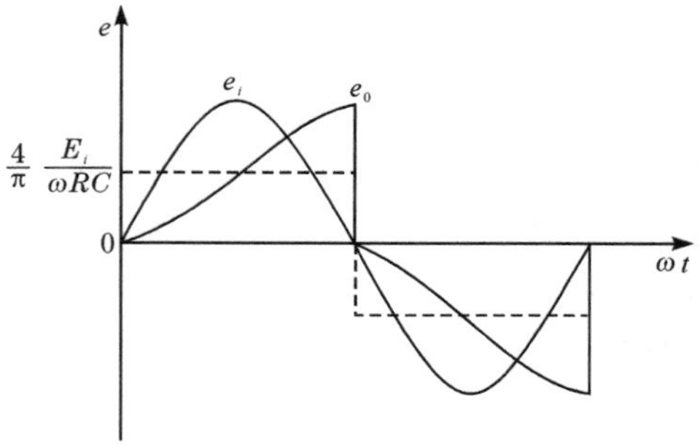

图 7.9-5

应用这种积分器能起线性积分器所不能起到的作用。譬如说,在以干摩擦为主要负载的伺服系统中,用通常的线性积分器就无法消除干摩擦造成的静态误

差。但是应用非线性积分器代替它，不仅可以在相当大的程度上消除静态误差，而且系统的动态性能也将得到改善[22]。

非线性特性有益利用的例子当然不只这两例，举这两例只是说明这样一点，一些非线性元件在特定的条件下巧妙地应用，可以收到很好的效果。

参考文献

[1] 秦元勋，微分方程所定义的积分曲线，科学出版社，1959.

[2] 高为炳，用谐波平衡法研究具有几个非线性元件的单回路调节系统，自动化学报，2(1964)，3.

[3] 项国波，a)非线性自动控制系统若干问题的对数分析法，自动化学报，3(1965)，3.
b)非线性自动调整系统自振荡之对数分析法，福州大学学报，1962，总第3期.

[4] 许淞庆、胡金昌，一类非线性微分方程组在临界情况中的稳定性，中山大学学报，1960，3.

[5] 李岳生，非线性微分方程的解的界，稳定性和误差估计，数学学报，12(1962)，1.

[6] 黄琳，控制系统动力学及运动稳定性理论的若干问题，力学学报，1963，2.

[7] 张学铭等，微分方程稳定性理论，山东省人民出版社，1959.

[8] 杨荫第，机械间隙和干摩擦在自动控制系统中的应用，第二届自动化学会代表大会论文，北京，1965.

[9] Atherton. D. P.，Nonlinear Control Engineering，Van Nostrand Reinhold Company，London，1975.

[10] Brockett，R. W.，Feedback invariants for nonlinear systems，Proc. of 7th IFAC Congress，Helsinki，1978.

[11] Buland，R. A.，Analysis of non-linear servos by phase-plane delta method，J. of Franklin Institute，257(1954).

[12] Dutilh，J. R.，L'onde électrique，30，435—438，1950.

[13] Flügge-Lotz，I.，a)ZAMM，25－27，97－113(1947). b) Discontinuous Automatic Control，Princeton，1953.

[14] Flügge-Lotz，I，. Klotter，K.，ZAMM，28，317－337，1948.

[15] Huang Ling(黄琳)，On estimation of the decaying time，Proc. of 2^{d} IFAC Congress，Basel，1963.

[16] Kalb，R. M.，& Bennett，W. R.，Bell System Techn. J. 14 (1935)，322－359.

[17] Kochenburger，R. J.，Trans. AIEE，69(1950)，270－284.

[18] Ku，Y. H.，The phase space method for analysis of nonlinear control systems，ASMR. 56-A-103，1956.

[19] Loeb，J. M.，Ann. de Telecommunications，5 (1950)，65－71.

[20] Minorsky，N.，Introduction to Nonlinear Mechanics. Edwards Bros.，Inc.，Ann Arbor，Mich.，1947.

[21] Stoker，J. J.，Nonlinear Vibrations，Interscience Publishers，New York，1950.

[22] Thaler，G. J.，Pastel，M. P.，Analysis and Design of nonlinear feedback control systems，

McGraw-Hill Book Company, Inc. New York, 1962.

[23] Tustin, A., A method of analysing the effect of certain kinds of non-linearities in closed-cycle control systems, J. Inst. Electr. Engs., 94(1947), Part IIa, 152.

[24] West. J. C., Analytical Techniques for Non-linear Control Systems, London, 1960.

[25] Айзерман, М. А., Сопоставление приближенных методов исследования периодических режимов и областъ их применения, Основы автоматического регулирования, Глава 34, Машгиз, 1954.

[26] Андронов, А. А., Колебания, Москва, 1954.

[27] Боголюбов, Н. Н., Митропольский Ю. А., Асимптотические методы в теории пелинейных колебаний, ФНЗМАТГИЗ, 1958.

[28] Вавилов, А. А., Метод исследования автоколебаний в релейных системах автоматического регулирования по логарифмическии характеристикам, *Автоматика и Телемеханика*, 23 (1962), 8.

[29] Гольдфарб, Л. С., Методы исследования веланейных систем регулирования, в книге Основы Авт. Регулирования, Гл. зз, Машгиз, 1954.

[30] Летов, А. М., устойчивостъ нелинейных систем автоматического регулирования, ГОСТЕХИЗДАТ, Москва, 1955.

[31] Лурье, А. И., Некоторые нелинейные задачи автоматического регулирования, ГОСТЕХИЗДАТ, Москва, 1951.

[32] Малкин, И. Г., Методы Ляпунова и Пуанкаре в теории нелинейных колебаний, ГОСТЕХИЗДАТ, 1949.

[33] Попов, Е. П., О выделении областей устойчивости нелинейных автоматических систем на основе гармонической линеаризадии. *Известия* АН СССР, Энергетика и Автоматика, 1959, 1.

[34] Поспелов, Г. С., Некоторые вопросы теории релейных систем авт. регулирования, в книге Основы Автом. Регулирования, гл. 35, Машгиз, 1954.

[35] Фёдоров, С. М., (Ред.), Методы синтеза нелинейных систем авт. управления, Москва, 1970.

第八章 最速控制系统设计

第五章内我们曾研究过线性系统的设计，那里设计出来的控制装置产生的控制规律是系统误差坐标的线性函数。这种线性规律的结构形式常常是预先给定的，或者是设计指标所要求的。这样设计出来的线性系统的一个重要特点是控制量的取值与误差的大小成比例，当系统误差很大时控制量的值一般来讲也是很大的。因此可以说在线性系统中控制量是被假定为不受任何限制的。这种假定在系统误差较小的情况下是与实际情况相符合的，例如在稳态工作的随动系统，它的基本工作方式是消除小误差，误差坐标和控制量之间的这种线性关系总能准确地保持。

但是，当误差坐标很大时，控制量按比例送出大的控制作用往往是不现实的。实际问题表明，任何控制作用的取值总要受到客观条件的限制。例如液压伺服阀的位移受到结构尺寸的限制；如果它是电信号，将受到电源电压或电源电流的限制；如果控制量是飞行器的舵偏角，则它将受极限位置的限制等。这种限制最具有代表性的例子是前章内曾讨论过的继电伺服系统。如果用继电器作为控制装置的输出元件，则控制量的取值只可能有两个或三个，即最大值，最小值和零值。在控制量受限制情况下如何设计控制装置，这就是我们将要讨论的问题。这一章主要讨论最速控制问题。我们假定：

(1) 设计指标是过渡时间最小。

(2) 受控对象的运动方程式是线性的(除第 8.7 节外)，其诸系数可能是常值或为时间的已知函数。

(3) 控制量的取值范围受限制，其限制形式为

$$|u_i| \leqslant M_i, \quad i = 1, 2, \cdots, r \tag{8.0-1}$$

或

$$\|\boldsymbol{u}\| = \sqrt{\sum_{i=1}^{r} (u_i)^2} \leqslant M \tag{8.0-2}$$

以后我们将称第一种限制为 A 型限制，第二种限制为 B 型限制。每一分量 u_i 的变化速率假定不受任何限制，它们可以瞬时变化取值，如果需要的话，可以像继电器一样的工作。

对最速系统的研究，近二十年来有很大进展，对线性受控对象来讲，设计方法问题已基本解决。本章内我们将主要叙述这些方法的基本原理。至于对数学严格理论感兴趣的读者，可参看本章的参考文献。

8.1 最优开关函数

上一章曾用相平面的方法讨论了二阶继电系统的各种开关规律对系统性能的影响。从那里可以看到线性开关的缺点。从前章的讨论中我们也得到了启发，最好的开关函数一定不是线性函数。本节内我们先介绍一些早期的研究结果，即在相平面上如何找出最好的开关函数。这里我们先不谈一般理论，以使读者能看到一般理论是如何在这些具体研究工作的基础上发展起来的。

如果一个二阶系统的控制量的取值只能是±1，这个系统的方程可以写成

$$\frac{dy}{dt} = \dot{y}$$

$$\frac{d\dot{y}}{dt} + g(y,\dot{y}) = \varphi(y,\dot{y}) \tag{8.1-1}$$

其中 $\varphi(y,\dot{y})$ 是一个不连续的函数，它只能取 $+1$ 和 -1 这两个值。我们可以提出这样一个最优开关问题：要求找出一个函数 $\varphi(y,\dot{y})$，使得方程(8.1-1)的经过相平面上任何一点 P 的解都能到达原点 0；而且，沿着这条经过 P 的解的路线，从 P 变动到 0 所需要的时间对于 φ 来说是极小的，也就是说，任何一个其他的函数 φ 都不能使这个时间更短。这样求出的函数 $\varphi(y,\dot{y})$ 就是这个特殊问题的“最优开关函数”。这个特别的开关问题曾经被布绍研究过[8]。对于 $g(y,\dot{y})$ 为线性的特殊情形 $g(y,\dot{y})=2\zeta\dot{y}+y$（$\zeta$ 是任何实数），他给出了完全的解答。然而，布绍所用的数学方法非常复杂，而且很难推广到其他情形中去，所以，在以下的讨论中，我们只限于说明他所得到的结果。

只要 $g(y,\dot{y})$ 是连续函数，那么，布绍所提出的正则路线的概念就是一个很有用的普遍概念。所谓路线就是相平面上的运动轨线。既然 $\varphi(y,\dot{y})$ 只能取 $+1$ 和 -1 两个值，所以一个路线便只由正弧(P)和负弧(N)组成的。在时间增加的过程中，当控制函数从 $+1$ 变为 -1 时，路线就由一个正弧转到一个负弧上去，这两个弧的交点称为一个正负隅角。类似地，相当于开关函数从 -1 变到 $+1$ 的交点就称为负正隅角。如果一条路线在 y 轴的上方不包含负正隅角而且在 y 轴的下方不包含正负隅角，那么，这条路线就称为正则路线。正则路线的重要性在于：极小路线（所用的时间是极小值的路线）一定是正则路线。这也就是说，如果从 P 点出发给定一条不是正则的路线 Δ，那么，总可以找到一条从 P 出发的正则路线，经过这条路线所用的时间比经过 Δ 所用的时间短。这是很容易证明的。譬如说，一条路线在 y 轴上方有一个负正隅角 P。就像图 8.1-1 所画的那样。用 P' 表示路线在 P 点以前的最后一个隅角或者路线与 y 轴的交点，这两个点中哪一个点离 P 比较近，就规定 P' 是那一点。在 P 点以后的相当点用 P'' 表示。从 P' 点出发向前画

一条正路线，再从 P'' 出发向后画一条负路线，这两条路线相交于 P''' 点。根据基本方程(8.1-1)我们就有

$$\frac{d\dot{y}}{dy}=\frac{-g(y,\dot{y})+\varphi(y,\dot{y})}{\dot{y}} \qquad (8.1\text{-}2)$$

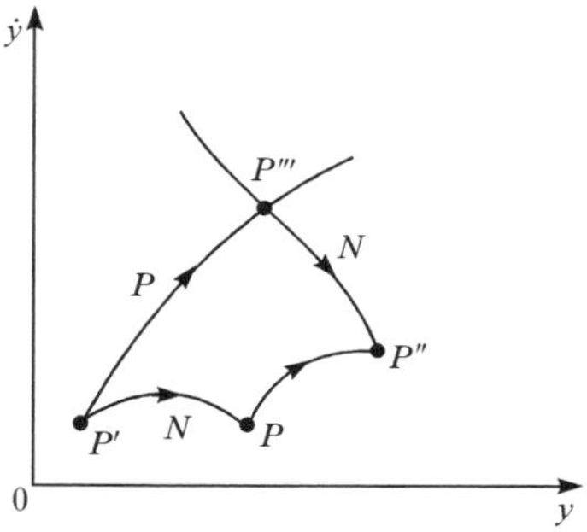

图 8.1-1

因此，在相平面上的任何一点正路线的斜率的代数值总是大于负路线的斜率的代数值。所以，路线之间的几何形式就是图 8.1-1 所画的那种情形。如果我们把给定的路线 $P'PP''$ 改为 $P'P'''P''$，那么，路线在 y 轴上方的负正隅角 P 就被消除掉了，因而也就变成了正则路线。如果我们用 $t(P'PP'')$ 表示从 P' 经过 P 到 P'' 所用的时间，用 $t(P'P'''P'')$ 表示经过正则路线 $P'P'''P''$ 所用的时间，那么

$$t(P'PP'')=\int_{P'PP''}\frac{dy}{\dot{y}}$$

$$t(P'P'''P'')=\int_{P'P'''P''}\frac{dy}{\dot{y}}$$

但是，对于任何一个固定的 y 值来说，正则路线上的 $\dot{y}$ 值总是大于原来路线($P'PP''$)上的 $\dot{y}$ 值，因而，$t(P'P'''P'')<t(P'PP'')$。所以，正则路线比非正则路线“短”。

作为应用最优开关函数理论的一个简单例子，我们取 $g(y,\dot{y})=\zeta\dot{y}$。于是，方程组(8.1-1)变为

$$\frac{dy}{dt}=\dot{y}$$

$$\frac{d\dot{y}}{dt}=-\zeta\dot{y}+\varphi(y,\dot{y}) \qquad (8.1\text{-}3)$$

路线弧的正系统和负系统当然与 ζ 值有关；但是，由于方程组(8.1-3)中不明显地包含 y，所以，弧的系统所包含的弧都是沿 y 轴方向移动而得出的平行曲线。在图 8.1-2 中，对于 ζ 值的三种可能的情形，画出了通过原点的一个典型的正弧和一个典型的负弧。$\zeta<0$ 的情形与其余两种情形不同，如果要求最后到达原点，那么 $\dot{y}$ 的初始值就必须在 $-1/\zeta$ 与 $+1/\zeta$ 之间。所以，对于这种情形来说，只有当 $\dot{y}$ 的初始值在所说的范围内的时候，最优开关问题才有意义。

我们用 Γ^+ 表示经过原点的正路线在 y 轴下方的那一部分，用 Γ^- 表示 Γ^+ 对原点的“反射”(斜对称曲线)。所以，Γ^- 就是经过原点的负路线在 y 轴上方的部分。Γ^+ 和 Γ^- 组成一个曲线 Γ。如果在某一条曲线的上方，开关函数 $\varphi(y,\dot{y})$ 取 -1 值，在这条曲线的下方，开关函数 $\varphi(y,\dot{y})$ 取 $+1$ 值，这条曲线就称为开关曲线；

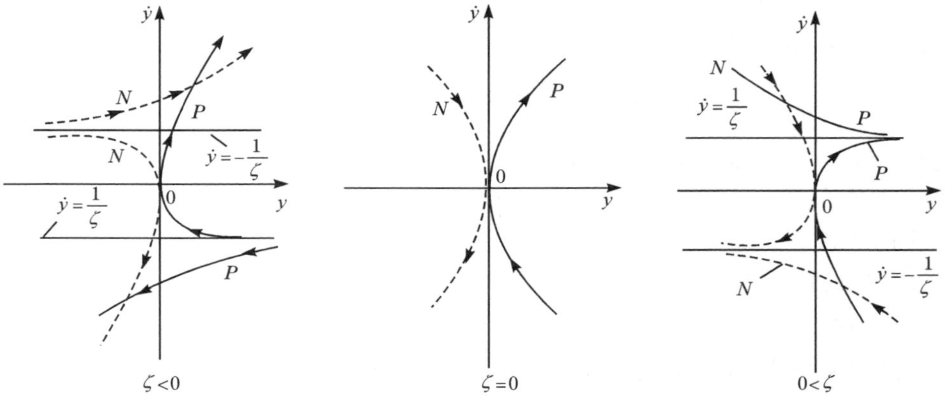

图 8.1-2

布绍证明，上述的曲线 Γ 就是最优开关曲线。图 8.1-3 就是这种情形。开关动作的物理过程是这样的：从 Γ 上方的任何一点 P 开始，控制函数的值是 −1，系统的运动沿着一个负弧到达开关曲线 Γ。此后控制函数的值就变为 +1，然后，系统就沿着 Γ 最后达到原点。如果初始点 P 在 Γ 的下方，控制函数的值是 +1。于是系统沿着一个正弧到达开关曲线 Γ。在开关线上，控制函数的值变为 −1，然后系统就沿着 Γ 达到原点。

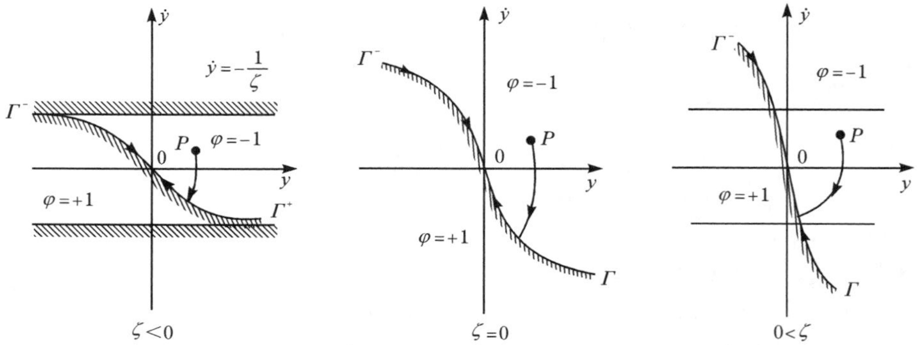

图 8.1-3

从以下的说明中，就可以看到布绍所解出的最优开关曲线是正确的。首先，我们都知道，为了达到原点，路线的最后一部分必须是 Γ，因为只有 Γ 是通过原点的路线。假定初始点在 Γ 的上方，按照布绍的结果，最优路线的第一部分是一个从 P 到 Γ 的负弧，第二部分就是沿着 Γ 到达原点的路线。这也就是图 8.1-4(a) 中包含虚线部分的路线。如果开关动作开始得太早，在到达 Γ 之前就有一个负正隅角。为了到达原点，我们还必须使开关动作再进行一次，因而也就要再作出一个正负隅角。如果这个开关动作在 P' 点发生，这时 $\dot{y}$ 还是负数，于是路线就不能满足正则路线的条件。因此，在这条变化了的路线上所用的时间一定比最优路线长。如果正负隅角在 P''点，这时 $\dot{y}$ 是正数，然而，沿这条路线到达原点所用的时间还要更长一些，因为在这条路线中还包含了一条花费时间的多余的闭路线。因此我们可以看出：过早的开关动作是不利的。图 8.1-4(b)表示的是开关动作过迟发生的情形。既然 $P'0$ 和 $P''P'''$ 这两条路线是平行的，经过这两条路线所用的时间也应该是一样长的，所以从图 8.1-4(b)来看，过迟发生开关动作也是有害的。图 8.1-4(c)所表示的又是另一种情形，这时，路线的第一部分是一个正弧而不是负弧。可是，从图形上能明显地看出，这个情形也比最优路线的情形坏。以上的各种考虑表明，选取正则路线为最优路线的做法是正确的。

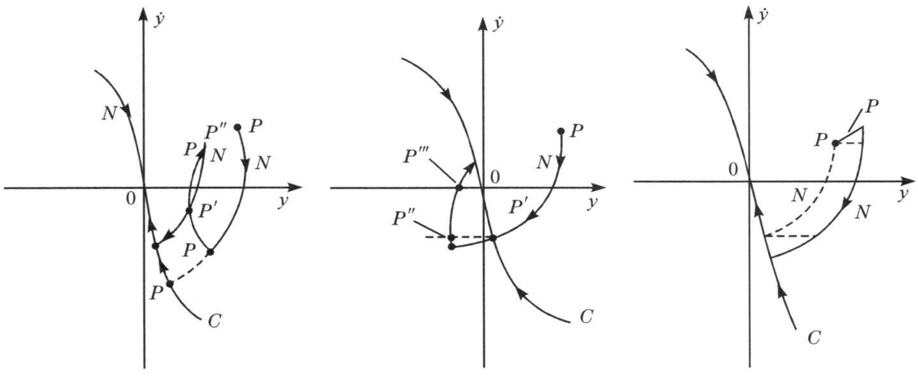

图 8.1-4

布绍把 $g(y,\dot{y})=2\zeta\dot{y}+y$（$\zeta$ 可以是任意实数）的二阶线性系统的最优开关曲线具体地确定了出来。下面，我们将只叙述他的结果而不加以证明；从上述比较简单情形的讨论来看，所要介绍的结果的一般性质也是不难理解的。对于这个 $g(y,\dot{y})$来说，正系统和负系统就是把图 7.7-2 到图 7.7-6 中的原点分别移到(+1,0)点和(−1,0)点所得到的两族曲线。

和上面的简单情形最相似的就是 $\zeta>1$ 的情形。开关曲线 C 是由一条从相平面上的无限远处到原点的正弧和一条从无限远处到原点的负弧组成的。和前述情况一样。在 C 的上方，开关函数 φ 的值是 −1；在 C 的下方，φ 的值是 +1。如果初始点在 C 的上方，最优路线就是图 8.1-5 所画的那样。

当 $\zeta<-1$ 时，也和前面的简单情形一样，只有当初始点在相平面的一个有限的区域之内时，系统才能最后到达原点；这是因为当控制函数 φ 为零的时候，系统是不稳定的缘故。布绍证明：这个区域的边界是由两个弧组成的：一个弧是从

(+1,0)点到(−1,0)点的正弧,另一个弧是从(−1,0)到(+1,0)点的负弧。图 8.1-6所画的就是这种情形。只有当初始点在这个区域内的时候,开关问题才有意义。最优开关曲线 C 是由一条走向原点的正弧和一条走向原点的负弧组成的。在 C 的上方,开关函数 φ 等于−1,在 C 的下方,φ 等于+1。图 8.1-6 画出了一条初始点 P 在 C 上方的最优路线。

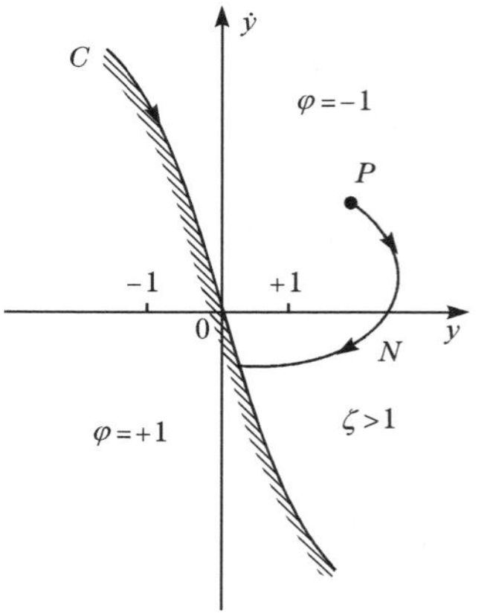

图 8.1-5

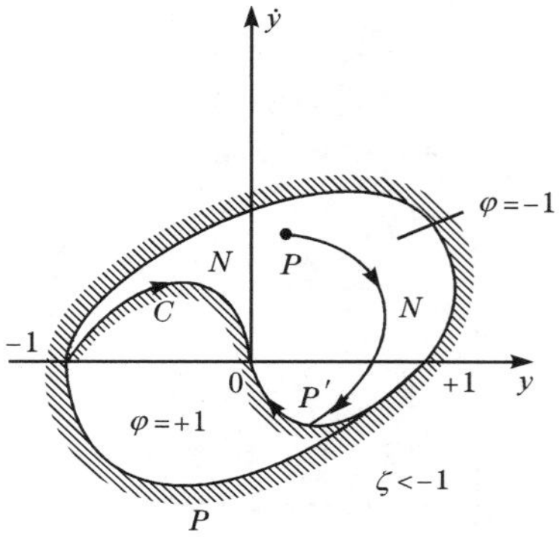

图 8.1-6

当 $\zeta=0$ 时,正系统和负系统分别是以(+1,0)点和(−1,0)点为中心的无限多个圆。最优开关曲线 C 是一系列半径是 1 的半圆弧(图 8.1-7),这一系列半圆从原点出发沿着 y 轴向左右两个方向无限地延伸出去。在 y 是正数的部分,这些半圆都在 y 轴的下方;在 y 是负数的部分,这些半圆都在 y 轴的上方。在 C 的上方,开关函数 φ 等于−1,在 C 的下方,φ 等于+1。从图 8.1-7 中所画的那样一个 P 点出发,路线的第一部分是一个负弧,负弧当然就是一个以(−1,0)点为圆心的圆弧。当路线与 C 在 a 点相交的时候,路线就变成一个正弧,正弧就是一个以(+1,0)点为圆心的圆弧。然后,路线又在 b 点与 C 相交,于是路线又在 b 点变为负弧,接着,又在下一个交点处变为正弧,以后的过程也是类似的。路线与 C 的最后一个交点是 d,从 d 点开始,系统就沿着 C 到达原点。这样一个开关动作的过程就比 $\zeta>1$ 的情形复杂得多了。

$0<\zeta<1$ 的情形,也就是收敛螺线的情形。它比上面的情形还要困难一些。对于这种情形,布绍证明最优开关曲线的画法是这样的:我们先从原点开始沿着时间的反方向画一条正螺线。从原点到这条螺线与 y 轴的第一个交点之间的螺线弧就是 C 的第一个弧(见图 8.1-8)。既然,每一个 y 轴上方的螺线弧都与 y 轴相交于两点,我们就可以把每一个弧对于它的右边的交点的反射图形画出来,这样就得出一系列“反射”的螺线弧。最后,我们再把这些弧平行于 y 轴移动,使它

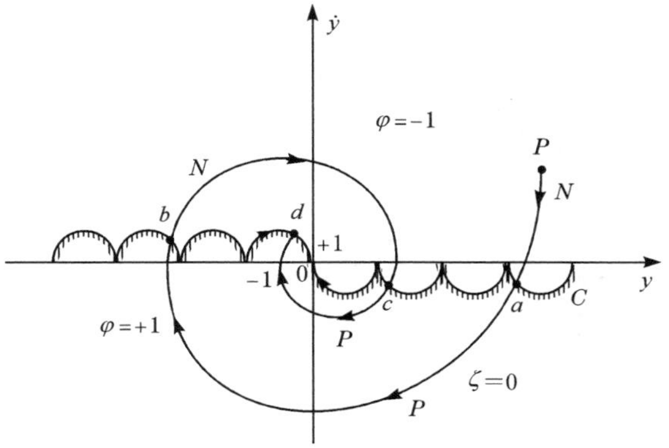

图 8.1-7

们按着顺序首尾相接地排列成 y 轴下面的一条连续曲线，这条曲线从原点开始向 y 轴右方无限的延展下去。这就是最优开关曲线的正半部分；这条曲线对于原点的反射图形就是最优开关曲线的负半部分。同样，在这条开关曲线 C 的上方开关函数 φ 等于 -1；在 C 的下方，φ 等于 $+1$(图 8.1-8)。这个情形和图 8.1-7 所画的 $\zeta=0$ 的情形是十分类似的。唯一的区别就是把半圆弧换成了螺线弧。

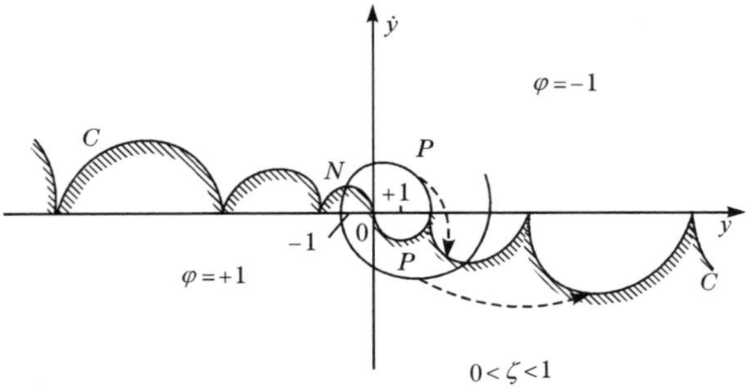

图 8.1-8

最后一种情形就是发散螺线的情形，这时 $-1<\zeta<0$。最优开关曲线的做法基本上和前一种情形完全相同，不过这里的一系列螺线弧是越向外越小的，和前一种情形中越向外越大的情况恰好相反。虽然螺线弧的个数是无限多的，但是开关曲线所占据的范围却是有限的，正如图8.1-9所画的那样，它的宽度是在 y 轴上的 $(-a,0)$ 点到 $(+a,0)$ 之间。事实当然也应该是这样的；因为这里的阻尼是负的，正像图 8.1-6 的情形一样，只有当初始点在原点附近的某一个有限的范围之内时，路线才能够最后到达原点。这里的边界是由一条从 $(+a,0)$ 到 $(-a,0)$ 的正弧和一条从 $(-a,0)$ 到 $(+a,0)$ 的负弧组成的。在开关曲线 C 的上方的相平面部分最优开关函数 φ 取 -1 值，在 C 的下方，φ 取 $+1$ 值。

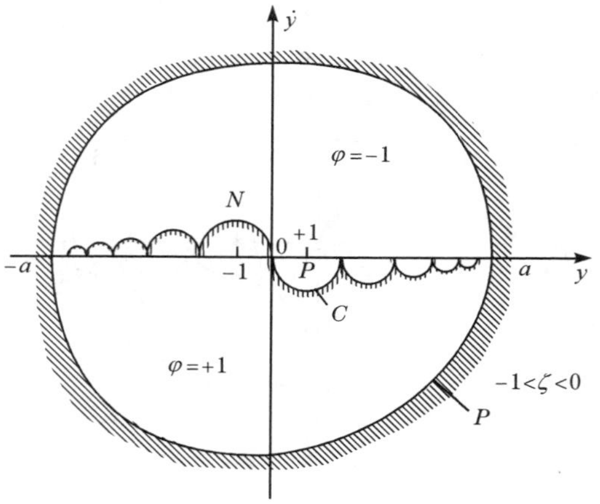

图 8.1-9

在图 8.1-9 和图 8.1-6 的情形中，最优开关状态的初始值的范围可能都是有限的，而且这个范围是由闭合的边界曲线所限定的，很显然，这两个闭曲线都是在 $\dot{y}=0$ 发生开关动作的极限环。每一个都表示相应的继电伺服系统的一个周期解。但是，也可以明显地看出：这样的周期解是不稳定的，即是微小的一点扰动都会使得系统的运动曲线离开这个周期解，或者趋近于原点，或者无限地发散出去。因此，实际上是不可能有周期解的。

在上述最优开关问题的各种解中，我们可以看出一个共同的性质：在所有情形中，最优开关函数 φ 在相平面的第一象限里总是取 -1 值，在第三象限里总是取 -1 值。把方程(8.1-3)写成下列形状：

$$\frac{d^2y}{dt^2}=-2\zeta\frac{dy}{dt}=-y+\varphi\left(y,\frac{dy}{dt}\right)$$

从这个方程可以很容易地看出上述性质的原因。我们的设计目的就是要求在尽可能短的时间内使系统回到 $y=0$ 的状态(或 t 轴)上去。当 y 和 dy/dt 都是正数的时候，为了达到设计目的，我们就使 d^2y/dt^2 或 $y(t)$的曲率为一个数值尽可能大的负数，所以 φ 应该是 -1。当 y 和 dy/dt 都是负数的时候，d^2y/dt^2 就应该是一个尽可能大的正数，所以 φ 应该是 $+1$。这样一个直观的推理与关于最优开关函数的严密结果是一致的。当 y 与 dy/dt 的符号不相同时，最优开关函数 φ 的值就不能这样简单地确定出来了，因为这时系统回到 t 轴的速度与 y 和 $\dot{y}$ 之间的复杂的交互作用有关；布绍的贡献就在于把开关函数 φ 在这一部分(相平面的第二象限和第四象限)也确定出来了。但是，从以上讨论中，我们可以肯定，最优开关曲线 C 一定在第二象限和第四象限里。

对于阶数更高的系统以及被控制量的个数大于一的系统来说，就不能再用相平面来表示运动状态了，对于这些情形，我们就必须用多维的相空间来表示运动状态。因而布绍的方法也就难以应用了。为了解决更复杂的问题要发展新的方法。近二十年来所提供的方法，从理论上讲，对任意高阶系统和多个控制量的系统都能找出最优开关函数。布绍的方法虽然只限于二阶系统的讨论，但它的普遍意义在于这样一个事实：当控制量受限制时，线性系统内的最速控制必定是开关式函数，这一点在以后几节内我们将进行详细的讨论和证明，并且给出一个普遍的综合方法。

8.2　最速控制函数的特性

设受控对象的运动方程为

$$\frac{d\boldsymbol{x}}{dt} = A\boldsymbol{x} + B\boldsymbol{u} \tag{8.2-1}$$

式中 A 为常量方阵；$\boldsymbol{x}=(x_1,\cdots,x_n)$ 为 n 维相空间内系统的状态向量；B 为 $n\times r$ 阶长方矩阵；$\boldsymbol{u}=(u_1,\cdots,u_r)$，即系统具有 r 个控制量。当然，式(8.2-1)的形式也包括了一个高阶方程所描述的受控对象

$$a_n\frac{d^n x}{dt^n} + a_{n-1}\frac{d^{n-1}x}{dt^{n-1}} + \cdots + a_0 x = u \tag{8.2-2}$$

为了讨论方便，我们假定每一个控制量 u_i 所受到的限制均为

$$|u_i| \leqslant 1,\quad i = 1,2,3,\cdots,r \tag{8.2-3a}$$

或

$$\|\boldsymbol{u}\| \leqslant 1 \tag{8.2-3b}$$

(8.2-3a)型的限制条件的物理意义已为大家所熟悉，而(8.2-3b)型的限制也是在实际问题中时常出现的。例如，设火箭的飞行路线靠其主发动机的摇摆去控制，或者在火箭尾部装有专为控制用的小型摇摆发动机。此时欲使火箭改变飞行路线，必须使发动机的推力方向偏转，从而使其产生相应的弹道弯曲。若火箭在大气层外飞行，它不受各种气动力的作用，速度向量的方向与火箭纵轴重合，这时火箭重心的运动方程是

$$m\frac{dv}{dt} = P\sin\alpha\sin\beta - mg\sin\theta$$

$$mv\dot{\theta} = P\cos\alpha - mg\cos\theta$$

$$mv\dot{\psi} = P\sin\alpha\cos\beta$$

式中 m 为火箭质量，θ 为弹道轨迹角，ψ 为弹道偏航角，α 和 β 分别为推力及其投影与 y，z 轴的夹角。如果火箭按预定轨道飞行，而控制的目的是微量修正的话，那么，可认为上式内的 $v\dot{\theta}=\ddot{y}$，$v\dot{\psi}=\ddot{z}$；于是在垂直于弹道的平面上，上列第二、三

两式可改写为

$$\frac{d^2 y}{dt^2} = u_1 - mg\cos\theta$$

$$\frac{d^2 z}{dt^2} = u_2\cos\beta$$

上式可在引入两个新变数后改写为由四个一阶方程式组成的方程组。对我们重要的是上式内的 u_1, u_2 集体受限制。因为 $u_1 = P\cos\alpha/m$，$u_2 = P\sin\alpha/m$，限制条件是发动机推力 $|P| \leqslant P_{\max}$。这样一来，对控制量的限制就成为条件

$$\| \boldsymbol{u} \| = \sqrt{u_1^2 + u_2^2} \leqslant P_{\max}/m$$

这无论在数学意义上或在实际意义上均与限制条件式(8.2-3a)不同。这里受限制的是控制向量的长度，而限制条件式(8.2-3a)是分别独立地加在每个控制分量上的。本节内我们将同时讨论具有式(8.2-3a)和(8.2-3b)型的限制条件时最速控制的一些特点。由于它们之间的许多共性，因而我们在本节内统一地讨论它们。在以后讨论系统综合问题时，再分别考虑 A 型和 B 型的具体特点。

式(8.2-3)内 u_i 和 $\| \boldsymbol{u} \|$ 的最大值假设为 1 并不影响问题讨论的一般性，因为限制形式式(8.0-1)和(8.0-2)中的 M_i 可以合并到每项的系数因子中去。例如，令 $\vartheta = \frac{u_i}{m_i}$，将 $u_t = M_i\vartheta_i$ 代入方程式(8.2-1)后，其新系数为 $b'_{ji} = b_{ji}M_i$，此时，当 $\vartheta_i = 1$ 时 u_i 依然为 M_i。总之，式(8.2-3)的限制形式仍然具有一般性。

一切 $\boldsymbol{u}(t)$，如果每一个分量在整个控制过程中都满足限制条件式(8.2-3)，则说它是可准控制。不等式(8.2-3a)和(8.2-3b)可以看成是在 r 维欧氏空间内的一个正方体和单位球，前者的每一根边长为2(以原点为中心)，后者的半径为1(以原点为球心)。这一个正方体和单位球用符号 U 表示。若 $\boldsymbol{u}(t)$ 为可准控制，我们将简写为 $\boldsymbol{u}(t) \in U$。

设系统的初始条件是 $\boldsymbol{x}_0 = (x_{10}, x_{20}, \cdots, x_{n0})$，如果有一个可准控制 $\boldsymbol{u}(t) = (u_1(t), \cdots, u_r(t)) \in U$，能使系统式(8.2-1)自 $\boldsymbol{x}_0$ 状态以最短时间归零，那么，这一组控制函数将称之为最速控制。这个最短的时间 t_1 称为最速过渡时间。

方程式(8.2-1)的通解可写成

$$\boldsymbol{x}(t) = e^{At}\boldsymbol{x}_0 + e^{At}\int_0^t e^{-A\tau}B\boldsymbol{u}(\tau)d\tau \tag{8.2-4}$$

式中 $e^{At} = (\varphi_{ij}(t))$ 为式(8.2-1)的齐次方程式的基本解矩阵。当 $t=0$ 时显然有 $\boldsymbol{x}(0) = \boldsymbol{x}_0$，初始条件得到满足。设选定某一可准控制 $\boldsymbol{u}(t)$ 后，在 $t=T$ 时系统状态的各分量均归零，即 $\boldsymbol{x}(T) = 0$，此时有

$$\boldsymbol{x}_0 = -\int_0^T e^{-A\tau}B\boldsymbol{u}(\tau)d\tau \tag{8.2-5}$$

比较式(8.2-4)和(8.2-5)可知，在 T 时间内系统式(8.2-4)归零这一事实可以写

成另外形式。因为受控对象方程式诸系数与时间无关，故研究式(8.2-1)的同时，可讨论它的逆运动方程式

$$\frac{d\boldsymbol{y}}{dt}=-A\boldsymbol{y}-B\boldsymbol{u}'$$

$$\boldsymbol{y}(0)=\boldsymbol{0} \tag{8.2-6}$$

后者的解是

$$\boldsymbol{y}(t)=-e^{-At}\int_0^t e^{As}B\boldsymbol{u}'(s)ds \tag{8.2-7}$$

式中 $\boldsymbol{u}'(t)$ 与式(8.2-1)内的 $\boldsymbol{u}(t)$ 的关系是 $\boldsymbol{u}(t')=\boldsymbol{u}'(T-t)$，即 $t=T-t'$。当不可能发生误会时，以后 t' 和 $\boldsymbol{u}'$ 的上标略而不写。设 $\boldsymbol{u}(t)$ 使初始状态 $\boldsymbol{x}_0$ 在时间 T 内引至原点(按式(8.2-4))，则 $\boldsymbol{u}(T-t)$ 必使 $\boldsymbol{y}(t)$ 在同一时间内按式(8.2-7)自原点到达 $\boldsymbol{x}_0$ 点，且一切式(8.2-7)所能到达的点 $\boldsymbol{y}(T)$，式(8.2-1)都能用同一个控制在同一时间内将其引至原点。因此，式(8.2-1)与其逆运动方程式(8.2-6)完全等价。以后这两种方程式都将被应用。

现设自 $\boldsymbol{x}_0$ 至原点的最速控制已经找到，它是 $\mathring{\boldsymbol{u}}(t)$，我们看看它有些什么特点。为此假定自 $\boldsymbol{x}_0$ 至原点的最速过渡时间是 t_1。现在先研究一下在 t_1 时间内式(8.2-6)内的 $\boldsymbol{y}(t_1)$ 都可能是些什么点。任意取一个可准控制 $\boldsymbol{u}(t)$ 代入式(8.2-6)后就可以得到一个 $\boldsymbol{y}(t_1)$，变化 $\boldsymbol{u}(t)$ 时，$\boldsymbol{y}(t_1)$ 也随之而变。一切可准控制$\{\boldsymbol{u}(t),0\leqslant t\leqslant t_1\}$，(它们有无穷多个!)所对应的$\{\boldsymbol{y}(t_1)\}$用 $G(t_1)$ 表示。它是在 t_1 时间内式(8.2-1)所能引至原点的一切初始点的集合。显然，它是个凸性区域，并且对原点对称。事实上，从式(8.2-7)的线性形式可知，若 $\boldsymbol{u}(t)$ 使 $\boldsymbol{y}(t)$ 在 t_1 时间内到达 $\boldsymbol{y}_1=\boldsymbol{x}_1$ 点，那么，$-\boldsymbol{u}(t)$ 必使 $\boldsymbol{y}(t)$ 到达 $-\boldsymbol{y}_1=-\boldsymbol{x}_1$。也就是说若 $\boldsymbol{x}_1\in G(t_1)$，则必有 $-\boldsymbol{x}_1\in G(t_1)$，因此，$G(t_1)$ 对原点对称。其次，若 $\boldsymbol{x}_1$ 和 $\boldsymbol{x}_2$ 都属于 $G(t_1)$，那么，这两个点的连线上的一切点 $\boldsymbol{z}=\lambda\boldsymbol{x}_1+(1-\lambda)\boldsymbol{x}_2,0\leqslant\lambda\leqslant1$，也都属于 $G(t_1)$。这是因为：若 $\boldsymbol{u}_1(t)$ 和 $\boldsymbol{u}_2(t)$ 分别使 $\boldsymbol{y}(t)$ 达到 $\boldsymbol{x}_1$ 和 $\boldsymbol{x}_2$，那么，控制 $\boldsymbol{u}(t)=\lambda\boldsymbol{u}_1(t)+(1-\lambda)\boldsymbol{u}_2(t)$ 必使 $\boldsymbol{y}(t)$ 到达 $\boldsymbol{z}$ 点。事实上

$$\begin{aligned}\boldsymbol{z}&=-e^{-At_1}\int_0^{t_1}e^{A\tau}B[\lambda\boldsymbol{u}_1(\tau)+(1-\lambda)\boldsymbol{u}_2(\tau)]d\tau\\&=-\lambda e^{-At_1}\int_0^{t_1}e^{A\tau}B\boldsymbol{u}_1(\tau)d\tau-(1-\lambda)e^{-At_1}\int_0^{t_0}e^{A\tau}B\boldsymbol{u}_2(\tau)d\tau\\&=\lambda\boldsymbol{x}_1+(1-\lambda)\boldsymbol{x}_2\end{aligned}$$

同时 $\lambda\boldsymbol{u}_1(t)+(1-\lambda)\boldsymbol{u}_2(t)$ 也是可准控制，因为对 A 型限制，任何分量 $\boldsymbol{u}_i(t)$ 均有

$$u_i(t)=\lambda u_{1i}(t)+(1-\lambda)u_{2i}(t)$$

$$|u_i(t)|\leqslant\lambda|u_{1i}(t)|+(1-\lambda)|u_{2i}(t)|\leqslant\lambda+1-\lambda=1$$

对 B 型限制则有

$$\|\lambda\boldsymbol{u}_1(t)+(1-\lambda)\boldsymbol{u}_2(t)\|\leqslant\lambda\|\boldsymbol{u}_1(t)\|+(1-\lambda)\|\boldsymbol{u}_2(t)\|\leqslant1$$

于是，在 t_1 时间内式(8.2-6)所能到达的一切点的集合 $G(t_1)$ 是一个凸性区域，它称之为等时区[5,6,14]。

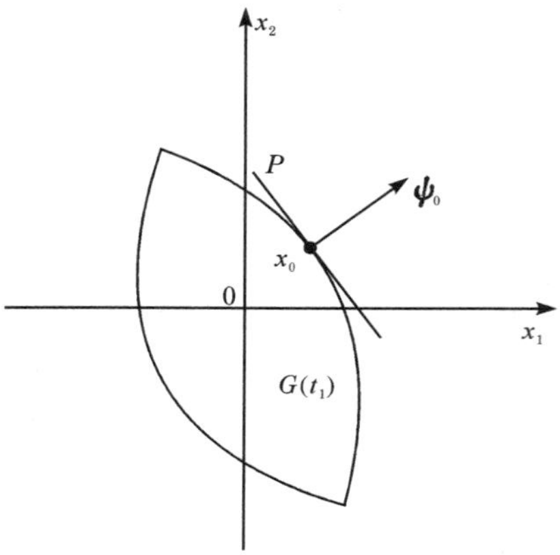

图 8.2-1

如果 $\mathring{u}(t)$ 是将 x_0 引至原点的最速控制，那么，x_0 点必在等时区 $G(t_1)$ 的边界上，否则 $\mathring{u}(t)$ 就不会是最速控制了，关于这一点的证明以后将给出。由于 $G(t_1)$ 是凸性区域，那么，通过其边界上任一点均可做一个超平面 P，使 $G(t_1)$ 完全位于此平面的一侧，它称为等时区的支面。这个平面的与 $G(t_1)$ 不在同侧的法向量称为 P 的外法向量，或简称为 $G(t_1)$ 的外法向量，后者用 $\boldsymbol{\psi}_0$ 表示。依定义，对 $G(t_1)$ 内的一切点 $\boldsymbol{x}$ 均有下列不等式成立(图 8.2-1)

$$(\boldsymbol{\psi}_0, \boldsymbol{x} - \boldsymbol{x}_0) = \sum_{\alpha=1}^{n} \boldsymbol{\psi}_{\alpha 0}(x_\alpha - x_{\alpha 0}) \leqslant 0$$

或者改写为

$$(\boldsymbol{\psi}_0, \boldsymbol{x}_0) \geqslant (\boldsymbol{\psi}_0, \boldsymbol{x}) \tag{8.2-8}$$

设 $\mathring{\boldsymbol{u}}(t)$ 和 $\boldsymbol{u}(t)$ 是分别对应于 $\boldsymbol{x}_0$ 和 $\boldsymbol{x}$ 的控制，$\boldsymbol{y} = \boldsymbol{x}$，$\boldsymbol{y}_0 = \boldsymbol{x}_0$，将式(8.2-7)代入式(8.2-8)化简后得到不等式

$$\int_0^{t_1} (e^{A^\tau t} \boldsymbol{\psi}_1, B\mathring{\boldsymbol{u}}(t))dt \geqslant \int_0^{t_1} (e^{A^\tau t} \boldsymbol{\psi}_1, B\boldsymbol{u}(t))dt \tag{8.2-9}$$

式中 $\boldsymbol{\psi}_1 = -e^{-A^\tau t_1} \boldsymbol{\psi}_0$，$A^\tau$ 是 A 的转置矩阵。从第二章可知，向量函数 $e^{A^\tau t}\boldsymbol{\psi}_1$ 是式(8.2-6)的共轭方程组的解

$$\frac{d\boldsymbol{\psi}}{dt} = A^\tau \boldsymbol{\psi}, \quad \boldsymbol{\psi}(0) = \boldsymbol{\psi}_1 = -e^{-A^\tau t_1} \boldsymbol{\psi}_0 \tag{8.2-10}$$

由于式(8.2-8)内的 $\boldsymbol{x}$ 和其相应的 $\boldsymbol{u}(t)$ 是任意的，所以不等式(8.2-9)只有在下列条件下才能成立

$$(\boldsymbol{\psi}(t), B\mathring{\boldsymbol{u}}(t)) = \max_{\boldsymbol{u}\in U}(\boldsymbol{\psi}(t), B\boldsymbol{u}(t)) \tag{8.2-11}$$

这意味着，最速控制 $\mathring{\boldsymbol{u}}(t)$ 在任何时刻都使式(8.2-11)右端获得极大值。令 $\mathring{\boldsymbol{x}}(t)$ 是自 $\boldsymbol{x}_0$ 引至原点的最速轨线，在式(8.2-11)的两端分别加以 $(\boldsymbol{\psi}(t), A\mathring{\boldsymbol{x}}(t))$ 后，便有

$$H = (\boldsymbol{\psi}(t), A\mathring{\boldsymbol{x}}(t) + B\mathring{\boldsymbol{u}}(t)) = \max_{\boldsymbol{u}\in U}(\boldsymbol{\psi}(t), A\mathring{\boldsymbol{x}}(t) + B\boldsymbol{u}) \tag{8.2-12}$$

H 常称为哈密顿函数。最速控制使 H 沿最速轨线取极大值这一事实就称之为极大值原理[20]。

欲使 $\mathring{\boldsymbol{u}}(t)$ 满足极大值条件式(8.2-11)或(8.2-12)，对 A 型限制便有

$$\mathring{\boldsymbol{u}}(t) = \text{sign}(B^\tau \boldsymbol{\psi}(t))$$

式中 B^{τ} 是 B 的转置矩阵。

或者将上式展开

$$\mathring{u}_i(t) = \operatorname{sign}(\boldsymbol{\psi}(t), \boldsymbol{b}_i)$$
$$i = 1,2,\cdots,r \tag{8.2-13a}$$

式中 $\boldsymbol{b}_i$ 为矩阵 B 的第 i 列向量，$\boldsymbol{\psi}(t)$ 是式(8.2-10)以 $\boldsymbol{\psi}(0) = -e^{-A^{\tau}t_1}\boldsymbol{\psi}_0$ 为初始条件的解。对 B 型限制则有

$$\mathring{\boldsymbol{u}}(t) = \frac{B^{\tau}\boldsymbol{\psi}(t)}{\| B^{\tau}\boldsymbol{\psi}(t) \|} \tag{8.2-13b}$$

因为只有 $\boldsymbol{u}$ 的方向与 $B^{\tau}\boldsymbol{\psi}$ 相同时，H 才能获得极大值。这样就得到了最速控制的一个重要特性：如果数量积$(\boldsymbol{\psi}(t), \boldsymbol{b}_i)$在任何小的正区间内不恒为零，则受 A 型限制的 $\mathring{\boldsymbol{u}}(t)$ 的每一个分量 $\mathring{u}_i(t)$ 都是开关函数，而受 B 型限制的 $\mathring{\boldsymbol{u}}(t)$ 必取值于单位球的表面。此时最速控制函数为共轭方程式(8.2-10)的解所唯一确定。

如何判别$(\boldsymbol{\psi}(t), \boldsymbol{b}_i)$不恒为零呢？这只需将它微分 $n-1$ 次后找出各阶导数不为零的条件

$$\frac{d}{dt}(\boldsymbol{\psi}(t), \boldsymbol{b}_i) = (A^{\tau}e^{A^{\tau}t}\boldsymbol{\psi}_1, \boldsymbol{b}_i)$$
$$\cdots$$
$$\frac{d^{n-1}}{dt^{n-1}}(\boldsymbol{\psi}(t), \boldsymbol{b}_i) = ((A^{\tau})^{n-1}e^{A^{\tau}t}\boldsymbol{\psi}_1, \boldsymbol{b}_i)$$

这组函数不同时为零的条件是向量组

$$\boldsymbol{b}_i, A\boldsymbol{b}_i, A^2\boldsymbol{b}_i, \cdots, A^{n-1}\boldsymbol{b}_i \tag{8.2-14}$$

线性无关。如果对任何 $i=1,2,\cdots,r$，上列向量组均线性无关，则称系统式(8.2-1)为非蜕化系统，或者说该系统是能控的。一切非蜕化系统的受 A 型限制的最速控制均为开关函数，而且为式(8.2-13)所单一确定。容易检查，形如式(8.2-2)的 n 阶系统都是能控的，因而它的最速控制一定是开关函数或取值于单位球表面上的点。

还有一个有意思的事实是沿最速轨迹式(8.2-12)内的函数 $H=\text{const}$，而且不小于零。函数 H 是常数可以用直接微分的方法检查，$\frac{dH}{dt}\equiv 0$。至于 $H>0$ 这一事实下面我们将会看出。

对于等时区 $G(t_1)$ 的特性还可以补充两点。首先 $G(t_1)$ 是严格凸的。也就是说 $G(t_1)$ 的任何支面 P，只可能与 $G(t_1)$ 的边界交于一点。假设这一事实不成立，那么，$G(t_1)$ 的边界必包含一个直线线段。设 $\boldsymbol{x}_1$ 和 $\boldsymbol{x}_2$ 不为同一点，而且两者的连线均位于 $G(t_1)$ 的边界上。设开关函数 $\mathring{\boldsymbol{u}}_1(t)$ 和 $\mathring{\boldsymbol{u}}_2(t)$ 分别为自两点引至原点的最速控制。到达边界点 $\boldsymbol{z}=\lambda\boldsymbol{x}_1+(1-\lambda)\boldsymbol{x}_2$ 的控制将是 $\boldsymbol{u}(t)=\lambda\mathring{\boldsymbol{u}}_1(t)+(1-\lambda)\mathring{\boldsymbol{u}}_2(t)$。因为 $\boldsymbol{x}_1\neq\boldsymbol{x}_2$，故 $\mathring{\boldsymbol{u}}_1(t)\neq\mathring{\boldsymbol{u}}_2(t)$。既然最速控制 $\mathring{\boldsymbol{u}}_1(t)$ 和 $\mathring{\boldsymbol{u}}_2(t)$ 总取值于正方体的顶

点或单位球的边界，那么，必有一个时间间隔存在，在该时间间隔里 $\boldsymbol{u}(t)$ 的取值，不在顶点或不在球面上，因此 $\boldsymbol{u}(t)$ 不是到达边界点的控制。这与 $\boldsymbol{z}$ 是 $G(t_1)$ 的边界点相矛盾。由此可知 $G(t_1)$ 的边界上的任何两个点的连线除端点外均位于 $G(t_1)$ 的内部。这恰恰是 $G(t_1)$ 严格凸的定义。

当原点是系统的终点时，等时区 $G(t_1)$ 的另一个特性是它对 t_1 单调扩张，或者说 $G(t_1)$ 随 t_1 的增大而连续增大。若 $t_2>t_1$，则 $G(t_1)$ 完全位于 $G(t_2)$ 的内部，二者没有共同的边界点。这个特性几乎是“常微分方程的解连续依赖于初始条件”这个众所周知定理的推论。这一情况可以用简单的几何事实来加以解释。设 x_1 是 $G(t_1)$ 的边界点，以原点为中心做一个小球 S_1（图 8.2-2），如果用 $\boldsymbol{x}_1$ 对应的控制 $\mathring{\boldsymbol{u}}_1(t)$ 代入式(8.2-7)，但初始条件取小球 S_1 内的任意点 $\boldsymbol{x}$。那么，当 $t=t_1$ 时小球 S_1 内的所有点均到达 $\boldsymbol{x}_1$ 附近的小区域 S_2 内，且 $\boldsymbol{x}_1$ 点是它的内点。另一方面可用可准控制使原点到达 S_1 内的任何点。S_1 越小，到达其内各点所需的时间 Δt_1 越小。由此可知对任何 $\Delta t_1>0$，均有一相应的小球 $S_2(\Delta t_1)$，其内的任何点均可用 $t_1+\Delta t_1$ 的时间自原点到达，因此 S_2 内的一切点均属于 $G(t_1+\Delta t_1)$。也就是说 $G(t_1)$ 必完全位于 $G(t_1+\Delta t_1)$ 的内部，因此 $G(t)$ 是严格扩张的。这一事实的详细证明请参看文献[5]。由于这个特性便可推知自等时区的任一边界点到达原点的控制式(8.2-13)是最速控制。根据 $G(t_1)$ 是单调扩张这一事实又可以推知：方程(8.2-1)自 $\boldsymbol{x}_0$ 到达原点的最速控制是唯一的。其次，如果可以用某一种控制 $\boldsymbol{u}(t)$ 将 $\boldsymbol{x}_0$ 点引至原点，那么，必存在一个(唯一的)最速控制 $\mathring{\boldsymbol{u}}(t)$，后者以最短时间将 $\boldsymbol{x}_0$ 引至原点。这样，我们就得到了关于最速控制的存在和唯一性定理。

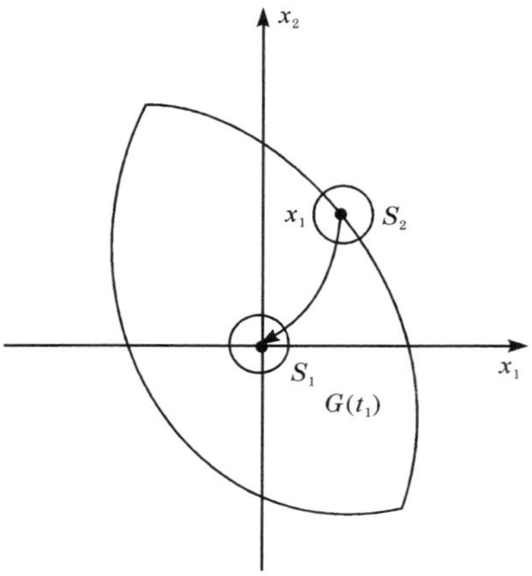

图 8.2-2

根据 $G(t_1)$ 的单调扩张特性也可以推知式(8.2-12)中的哈密顿函数 H 沿最速轨线永远大于零。这从几何意义来看是十分明显的。

归纳上述讨论，最速控制的特性可简述如下。若系统式(8.2-1)为能控的，最速控制如果存在，则必是唯一的，对 A 型限制它是开关函数，对 B 型限制它取值于单位球的表面，并由最速过渡时间 t_1 的等时区的外法向量 $\boldsymbol{\psi}_0$ 所单一确定；位于等时区 $G(t_1)$ 边界上的任何点只能用最速控制才能在 t_1 时间内到达原点。

A 型最优控制函数每个分量的开关次数和 B 型每一分量的变号次数，一般说来，与初始条件和函数 $\boldsymbol{\psi}(t)$ 的变化规律有关。但是，如果受控对象运动方程式内

的矩阵 A 的所有特征根均是实数，这时它们的变号次数（对 A 型是开关次数）可以确定下来。确切的答案是变号次数不大于 $n-1$，而且，对几乎所有的初始条件变号次数都等于 $n-1$。变号次数小于 $n-1$ 的一切初始点的总和在 n 维空间中所占的体积等于零。这一事实首先在文献[5]中给出了说明。这里我们根据前面的讨论来证明。将式(8.2-13a)展开后有

$$\mathring{\boldsymbol{u}}_i(t) = \operatorname{sign}\Big(\sum_{\alpha=1}^{n}\psi_\alpha(t)b_{\alpha i}\Big) \tag{8.2-15}$$

假定矩阵 A 的所有特征根均为实数单根：$\lambda_1,\lambda_2,\cdots,\lambda_n$，那么，$\psi_\alpha(t)$ 必为下列形式

$$\psi_\alpha(t) = a_{1\alpha}e^{-\lambda_1 t} + a_{2\alpha}e^{-\lambda_2 t} + \cdots + a_{n\alpha}e^{-\lambda_n t} \tag{8.2-16}$$

式中 $a_{\beta\alpha}$ 均为常数。当 A 的特征根为 λ 时，则 $-\lambda$ 是 $-A^\tau$ 的特征根，因为行列式

$$|-A^\tau+\lambda E| = |-A+\lambda E| = (-1)^n\,|A-\lambda E| = 0$$

将式(8.2-16)代入式(8.2-15)后有

$$h_i(t) = \sum_{\alpha=1}^{n}\psi_\alpha(t)b_{\alpha i} = c_{1i}e^{-\lambda_1 t} + c_{2i}e^{-\lambda_2 t} + \cdots + c_{ni}e^{-\lambda_n t} \tag{8.2-17}$$

其中 c_{ji} 为常量。上式右端每一项都是 t 的单调函数，例如当 $c_{1i}>0$，$-\lambda_1>0$，则 $c_{1i}e^{-\lambda_1\tau}$ 单调上升；若 $c_{1i}>0$，而 $-\lambda_1<0$，则 $c_{1i}e^{-\lambda_1 t}$ 单调下降，如此等。因此，当式(8.2-17)之右端只有一项时，$h(t)$ 不会变号，故 $\mathring{u}_i(t)$ 也不会变号。当式(8.2-17)之右端只有两项时，$h_i(t)$ 只能通过零点一次；若只有三项，则 $\mathring{u}_i(t)$ 最多变号两次；以此类推，当所有系数均不为零时，$h_i(t)$ 最多变号 $n-1$ 次，即 $\mathring{u}_i(t)$ 最多变号 $n-1$ 次。

在上面的讨论中曾假定 $\lambda_1,\cdots,\lambda_n$ 都是单根，若其中有重根，上述讨论依然有效。因为此时式(8.2-16)变为

$$\psi_\alpha(t) = a_{1\alpha}P_1(t) + a_{2\alpha}P_2(t) + \cdots + a_{n\alpha}P_n(t) \tag{8.2-18}$$

式中 $a_{\beta\alpha}$ 均为常数，$P_\beta(t) = \left(\sum\limits_{k=1}^{m}\dfrac{t^k}{k!}\right)e^{-\lambda_\beta t}$ 仍然为 t 的单调函数（参看第 2.7 节），所以前面的讨论继续有效。总之，在这种情况下，一般来讲，最速控制函数的变号次数比系统的阶数少 1。或者说，最速控制一般由 n 段组成（图 8.2-3），这一事实后来被称为 n 段定理[20]。上述讨论对 B 型控制也有效。

在本节的最后，值得指出下列事实：当控制量 u_i 的取值范围不受限制时，最速控制就完全没有意义。此时任何离原点为有限距离的初始点 x_0 均可以在无穷小的时间内被引至原点。这从下列事实中可以看出。对 $t_1>0$，等时区 $G(t_1)$ 是 n 维凸性区域。引用关系式(8.2-7)，设只有一个控制量 u_1。而 $u_2\equiv u_3\equiv\cdots\equiv u_r\equiv 0$。此时

$$\boldsymbol{y}(t_1) = -e^{-At_1}\int_0^{t_1}e^{A\tau}\boldsymbol{b}_1u_1(\tau)d\tau \tag{8.2-7}$$

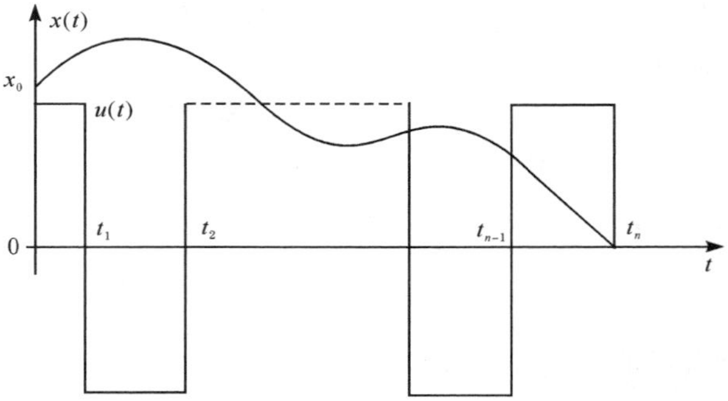

图 8.2-3

现找出 n 个不同的控制函数 $u_1^{(1)}(t),\cdots,u_1^{(n)}(t)$

$$u_1^{(i)}(t)=\frac{1}{m}(\boldsymbol{\varphi}_i(t),\boldsymbol{b}_1),\quad i=1,2,\cdots,n \tag{8.2-19}$$

式中 $\boldsymbol{\varphi}_i(t)$为矩阵 $e^{-A(t_1-t)}=(\boldsymbol{\varphi}_j^i(t))$的第 i 行向量,m 为足够大的正数,使$|u_1^{(i)}(t)|\leqslant 1$。将式(8.2-19)代入(8.2-7)后有

$$\boldsymbol{y}_i(t_1)=-\int_0^{t_1}\begin{pmatrix}(\boldsymbol{\varphi}_1(t),\boldsymbol{b}_1)\\(\boldsymbol{\varphi}_2(t),\boldsymbol{b}_1)\\\vdots\\(\boldsymbol{\varphi}_n(t),\boldsymbol{b}_1)\end{pmatrix}\frac{(\boldsymbol{\varphi}_i(t),\boldsymbol{b}_1)}{m}dt$$

$$i=1,2,\cdots,n \tag{8.2-20}$$

因为假设系统为能控的,故 n 个函数$(\boldsymbol{\varphi}_i(t),\boldsymbol{b}_1)$,$i=1,2,\cdots,n$,线性无关。否则将存在一个非零向量 $\boldsymbol{c}$ 使

$$(e^{At}\boldsymbol{b}_1,\boldsymbol{c})=0$$

$$(Ae^{At}\boldsymbol{b}_1,\boldsymbol{c})=0$$

$$(A^{n-1}e^{At}\boldsymbol{b}_1,\boldsymbol{c})=0$$

令 $t=0$ 则 $\boldsymbol{b}_1,A\boldsymbol{b}_1,\cdots,A^{n-1}\boldsymbol{b}_1$ 线性相关,这与假定不符。

令 $h_i(t)=(\boldsymbol{\varphi}_i(t),\boldsymbol{b}_1)$,$\langle h_i(t),h_i(t)\rangle=\int_0^{t_1}h_i(t)h_i(t)dt$

将 $\boldsymbol{y}_1(t_1),\boldsymbol{y}_2(t_1),\cdots,\boldsymbol{y}_n(t_1)$排成矩阵,便得到一个格拉姆(Gram)行列式,从代数学中我们知道它必大于零,即

$$\begin{vmatrix}y_{11}&y_{21}&\cdots&y_{n1}\\y_{12}&y_{22}&\cdots&y_{n2}\\\vdots&\vdots&&\vdots\\y_{1n}&y_{2n}&\cdots&y_{nn}\end{vmatrix}=\frac{1}{m}\begin{vmatrix}\langle h_1,h_1\rangle&\cdots&\langle h_1,h_n\rangle\\\langle h_2,h_1\rangle&\cdots&\langle h_2,h_n\rangle\\\vdots&&\vdots\\\langle h_n,h_1\rangle&\cdots&\langle h_n,h_n\rangle\end{vmatrix}>0$$

由此可知,用 n 个式(8.2-19)的控制得到 n 个线性不相关的点,故等时区 $G(t_1)$是

n 维凸性区域，并包含着原点。若 u_1 的取值不加限制，$G(t_1)$将无限制地扩展，当 $|u_1|\to\infty$时，$G(t_1)$将包含整个相空间内可控区域的有限部分。由于 t_1 是任意的，令 $t_1\to 0$，但 $t_1\neq 0$，$|u|\to\infty$，这样相空间可控区内任何点 $\boldsymbol{y}(t)$均可以用任意小的时间到达。换言之，系统式(8.2-1)自任意可控点出发，总能以任意小的时间到达原点。这在实际问题中是没有意义的。这样的讨论告诉我们，若控制量的取值范围不受限制，则所谓最速控制既没有实际意义，也没有数学上的意义。

8.3　特定的最速控制综合

实际工程中常出现这样一类问题：系统的初始条件是已知的，即系统的初始误差只能取若干个有限的值，后者在系统工作开始之前可以较为准确地测量出来。这种例子很多，例如飞行器进入轨道的问题，轨道和发射场地都是预先选定的，这时飞行器对轨道的初始偏差为已知。在这类问题中，当初始条件 $\boldsymbol{x}_0$ 为已知时，要求综合(设计)出一个特定的最速控制函数 $\mathring{\boldsymbol{u}}(t)$，使系统的误差以最快速度归零。这一节的目的就是要解决这类特定的最速控制函数的设计。

在解决这个问题之前，让我们先讨论另一个与此有密切联系的问题，即自面至点的最速控制的综合。设在相空间内有一个通过 $\boldsymbol{x}_0$ 点的 $n-1$ 维超平面 P，$\boldsymbol{\psi}_0$ 是它的外法向量(图 8.3-1)。平面的方程式是

$$(\boldsymbol{\psi}_0,\boldsymbol{x}_0-\boldsymbol{x})=\sum_{\alpha=1}^{n}\psi_{0\alpha}(x_{0\alpha}-x_\alpha)=0 \tag{8.3-1}$$

已知系统的初始误差在平面 P 上。设从平面上的每一个点到达原点都对应自己的最速控制函数。要求找出平面上的一个离原点“最近”的点 $\boldsymbol{x}_1$，自此点到达原点所需最小时间比此平面上所有其他点到达原点所需的最小时间还要短。形象地说，就是要找出自平面 P 到达原点的“捷径”。利用前节得到的结果解决这一问题是极其简单的。

这个问题表面看来似乎很复杂，因为这里是“双重”即速问题，既要从所有最速控制中找出一个时间最短者。但是，不难看出，如果利用方程式(8.2-6)那么就会得到一个简单的等价命题：求出式(8.2-6)自原点至平面 P 的最速控制。为了解决后一个问题我们已经有了足够的知识。从前节中我们知道，方程式(8.2-6)的等时区 $G(t)$是单调扩张的。当 t 不断增大时，$G(t)$也不断增大，必存在这样一个时刻 t_1，使 $G(t_1)$恰好碰上平面 P。由于 $G(t_1)$是严格凸的，所以此时它与 P 只相遇在一个孤立点 $\boldsymbol{x}_1$ 上(图 8.3-1)。此时平面 P 自然成为 $G(t_1)$的支面，而支面的外法向量为已知，它就是$\boldsymbol{\psi}_0$。上节中我们曾指出，最速控制是由公式(8.2-13)所单一确定的，而式(8.2-13)内的 $\boldsymbol{b}_i$ 为已知，$\boldsymbol{\psi}(t)$是共轭方程式

$$\frac{d\boldsymbol{\psi}}{dt} = A^{\tau}\boldsymbol{\psi}, \quad \boldsymbol{\psi}(0) = -e^{-A^{\tau}t_1}\boldsymbol{\psi}_0 \tag{8.2-10}$$

的解。这一个解又由初始条件$\boldsymbol{\psi}(0)$所完全决定。而这个初始条件已经给定，这就是平面 P 的外法向量$\boldsymbol{\psi}_0$，于是式(8.2-6)的自原点至平面 P 的最速控制必定是

$$\mathring{u}_i(\boldsymbol{\psi}_1, t) = \text{sign}(e^{A^{\tau}t}\boldsymbol{\psi}_1, \boldsymbol{b}_i)，对 A 型限制 \tag{8.3-2a}$$

$$\mathring{u}_i(\boldsymbol{\psi}_1, t) = \frac{(e^{A^{\tau}t}\boldsymbol{\psi}_1, \boldsymbol{b}_i)}{\|\boldsymbol{b}_i^{\tau}e^{A^{\tau}t}\boldsymbol{\psi}_1\|}，对 B 型限制 \tag{8.3-2b}$$

式中，$i=1,2,\cdots,r$，$\boldsymbol{\psi}_1 = -e^{-A^{\tau}t_1}\boldsymbol{\psi}_0$。

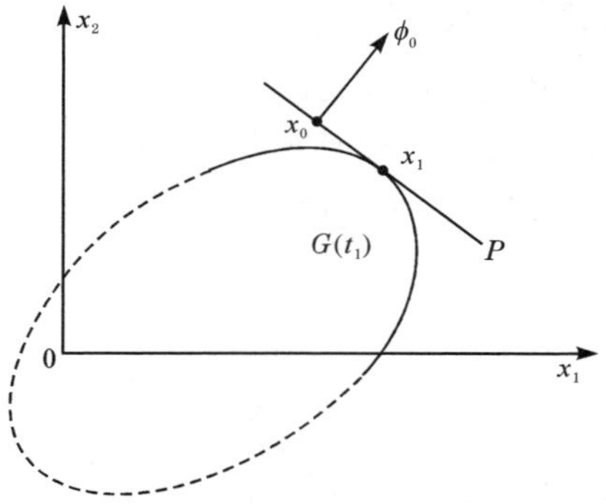

图 8.3-1

如果仔细察看上式便会发现，这里还有一个未知数——最速过渡时间 t_1，在后者尚未找到之前问题还不能算完全解决。为此不得不求助于原方程式(8.2-1)和(8.2-4)。设 $\boldsymbol{x}_1$ 为 P 上到原点的“最近”点，自 $\boldsymbol{x}_1$ 至原点的最速控制必为

$$\mathring{\boldsymbol{u}}(\boldsymbol{\psi}_0, t) = -\text{sign}B^{\tau}\boldsymbol{\psi}(t), \quad 对 A 型限制 \tag{8.3-3a}$$

$$\mathring{\boldsymbol{u}}(\boldsymbol{\psi}_0, t) = -\frac{B^{\tau}\boldsymbol{\psi}(t)}{\|B^{\tau}\boldsymbol{\psi}(t)\|}, \quad 对 B 型限制 \tag{8.3-3b}$$

式中$\boldsymbol{\psi}(t)$是式(8.2-1)的共轭方程组

$$\frac{d\boldsymbol{\psi}}{dt} = -A^{\tau}\boldsymbol{\psi}, \quad \boldsymbol{\psi}(0) = \boldsymbol{\psi}_0 \tag{8.3-4}$$

的解。这里的初始条件$\boldsymbol{\psi}_0$与 t_1 和 $\boldsymbol{x}_1$ 无关，这是与式(8.3-2)的一大差异。当 $t=t_1$ 时按式(8.2-4)有

$$\boldsymbol{x}_1(t_1) = e^{At_1}\boldsymbol{x}_1 + e^{At_1}\int_0^{t_1} e^{-A\tau}B\mathring{\boldsymbol{u}}(\boldsymbol{\psi}_0, \tau)d\tau = 0$$

或

$$\boldsymbol{x}_1 = -\int_0^{t_1} e^{-A\tau}B\mathring{\boldsymbol{u}}(\boldsymbol{\varphi}_0, \tau)d\tau \tag{8.3-5}$$

由于

$$(\boldsymbol{x}_0 - \boldsymbol{x}_1, \boldsymbol{\psi}_0) = 0$$

故 t_1 满足方程式

$$\left(\int_0^{t_1} e^{-A\tau}B\mathring{\boldsymbol{u}}(\boldsymbol{\psi}_0, \tau)d\tau, \boldsymbol{\psi}_0\right) + (\boldsymbol{x}_0; \boldsymbol{\psi}_0) = 0 \tag{8.3-6}$$

因此，t_1 可以由上式解出，解出 t_1 后，$\boldsymbol{x}_1$ 便可以由式(8.3-5)求出。这样，自平面 P 至原点的最速控制函数就已经找到了，同时也已经找到了自平面 P 至原点的

"捷径"。

现在我们开始讨论本节初提出的找自给定点 $\boldsymbol{x}_0$ 至原点的最速控制函数。这里介绍的是一种逐步逼近法[4]。这个方法的机理很简单，设系统的初始误差 $\boldsymbol{x}_0$ 已经给定，方程式(8.2-6)自原点至此点的最速控制是 $\mathring{\boldsymbol{u}}(\boldsymbol{\psi}'_0,t)$。根据前节的讨论可知，必存在一个非零向量 $\boldsymbol{\psi}'_0=-e^{-A^{\tau}t_1}\boldsymbol{\psi}_0$ 使这个最速控制为式(8.3-2)所唯一确定。逐步逼近法的目的就是找到这个向量 $\boldsymbol{\psi}'_0$。

设 t_0 是自原点至 $\boldsymbol{x}_0$ 点的最速过渡时间。那么 $\boldsymbol{x}_0$ 点必位于等时区 $G(t_0)$ 的边界上，$\boldsymbol{\psi}_0$ 是 $G(t_0)$ 的过 $\boldsymbol{x}_0$ 点支面 P_0 的外法向量。假定 $\boldsymbol{x}_0$ 点是 $G(t_0)$ 的光滑点，即 P_0 是 $G(t_0)$ 过 $\boldsymbol{x}_0$ 点的切面。此时，由于等时区的严格凸性，过 $\boldsymbol{x}_0$ 点的一切平面，除 P_0 外均通过等时区的内部。令 $\boldsymbol{\psi}_1$ 为过 $\boldsymbol{x}_0$ 点的任意平面 P_1 的外法向量。因为等时区 $G(t)$ 对 t 是严格扩张的，故自平面 P_1 到达原点的最速过渡时间 t_1，也就是

$$\boldsymbol{y}(t)=-e^{-At}\int_0^t e^{A\tau}B\mathring{\boldsymbol{u}}(\boldsymbol{\psi}'_1,\tau)d\tau,\quad \boldsymbol{\psi}'_1=-e^{-A^{\tau}t_1}\boldsymbol{\psi}_1 \tag{8.3-7}$$

自原点到达平面 P_1 的最速过渡时间 t_1 必小于 t_0。或者说由于 P 是任意的，式(8.3-7)内之 $\boldsymbol{y}(t)$ 自原点到达 $\boldsymbol{x}_0$ 的最速过渡时间 t_0 比到达任何其他过 $\boldsymbol{x}_0$ 的平面 P_1 的最速过渡时间 t_1 为大。于是有基本关系式

$$t_0(\boldsymbol{x}_0)=\max_{\boldsymbol{\psi}} t(\boldsymbol{x}_0,\boldsymbol{\psi}) \tag{8.3-8}$$

上式之右端 $t(\boldsymbol{x}_0,\boldsymbol{\psi})$ 表示由向量 $\boldsymbol{\psi}$ 决定的过 $\boldsymbol{x}_0$ 点的平面 P_1 到达原点的最速过渡时间。关系式(8.3-8)指出了求 $\boldsymbol{\psi}'_0$ 的逐步逼近方法。

对给定的初始状态 $\boldsymbol{x}_0$，构造一个函数 F[沿用式(8.3-7)中的符号]：

$$F(\boldsymbol{x}_0,\boldsymbol{\psi})=(-\boldsymbol{x}_0+\boldsymbol{y}(t),\boldsymbol{\psi})=(\boldsymbol{x}_0-\boldsymbol{y}(t),e^{A^{\tau}t_1}\boldsymbol{\psi}') \tag{8.3-9}$$

由于等时区 $G(t)$ 包含原点，由公式(8.2-8)可以知道 $(\boldsymbol{y}(t),\boldsymbol{\psi})$ 是一个非负的量，且随着 t 的增大而增大，只要 $\boldsymbol{\psi}$ 满足条件 $(-\boldsymbol{x}_0,\boldsymbol{\psi})<0$。那么，把 t 看成 $\boldsymbol{\psi}$ 的函数 $t(\boldsymbol{\psi})$ 或 $t(\boldsymbol{\psi}')$，就一定存在着某个 $t(\boldsymbol{\psi}')$ 使得

$$F(\boldsymbol{x}_0,\boldsymbol{\psi})=0 \tag{8.3-10}$$

逐步逼近法的程序是这样的：对于给定的 $\boldsymbol{x}_0$ 任给一 $\boldsymbol{\psi}_1$，只要符合条件 $(-\boldsymbol{x}_0,\boldsymbol{\psi}_1)<0$ 即可。根据 $\boldsymbol{\psi}_1$ 确定一个相应的时间 $t(\boldsymbol{\psi}_1)$ 使式(8.3-10)成立，同时也得到了 $\boldsymbol{y}(t_1)=\boldsymbol{y}_1$。如果这样找到的 $\boldsymbol{y}_1$ 恰巧等于 $\boldsymbol{x}_0$，那么问题已经解决。但由于 $\boldsymbol{\psi}_1$ 猜测的成分很大，一般说来这种情况是不可能发生的。这时候把 t_1 固定，考虑 F 为 $\boldsymbol{\psi}$ 的函数 $F(\boldsymbol{x}_0,\boldsymbol{\psi})$，这个函数当 $\boldsymbol{\psi}=\boldsymbol{\psi}_1$ 时其值为 0。然后利用第二章所述的最速下降法求 F 的极小。根据凸集合的性质可知[12]

$$\frac{\partial F}{\partial \psi_i}=y_i(t_1,\boldsymbol{\psi})-x_{i0} \tag{8.3-11}$$

于是就可以得到 F 对于 $\boldsymbol{\psi}$ 的梯度向量。

令

$$\boldsymbol{\psi}_2 = \boldsymbol{\psi}_1 - K\text{grad}F = \boldsymbol{\psi}_1 - K(\boldsymbol{y}_1 - \boldsymbol{x}_0)$$

或

$$\boldsymbol{\psi}'_2 = \boldsymbol{\psi}'_1 - Ke^{-A^{\tau}t_1}(\boldsymbol{y}_1 - \boldsymbol{x}_0) \tag{8.3-12}$$

式中 K 是正值常数或者是$\boldsymbol{\psi}$ 的正值函数。对于固定的 t_1，只要适当地选取 K，就可以得到

$$F(\boldsymbol{\psi}_2) < F(\boldsymbol{\psi}_1) = 0$$

因此对于$\boldsymbol{\psi}_2$就可以确定一个相应的时间 $t_2(\boldsymbol{\psi}_2)$使 $F=0$ 成立，而且

$$t_1(\boldsymbol{\psi}_1) < t_2(\boldsymbol{\psi}_2)$$

换句话说，式(8.3-9)所决定的新的法线方向，就是使得 $t(\boldsymbol{x}_0, \boldsymbol{\psi})$的值上升的方向。在式(8.3-12)中，将 t_1 看为$\boldsymbol{\psi}_1$的隐函数，利用求隐函数微商的法则得

$$\frac{\partial F}{\partial \psi_i} = \left(\frac{d\boldsymbol{y}(t_1)}{dt_1}\frac{\partial t_1}{\partial \psi_i}, \boldsymbol{\psi}_1\right) - \boldsymbol{x}_{i0} + \boldsymbol{y}_i(t_1) = 0$$

$$i = 1, 2, \cdots, n$$

当$\left(\dfrac{d\boldsymbol{y}(t_1)}{dt_1}, \boldsymbol{\psi}_1\right) \neq 0$ 时，解出

$$\frac{\partial t_1}{\partial \psi_i} = \frac{x_{i0} - y_i(t_1)}{\left(\dfrac{d\boldsymbol{y}(t_1)}{dt_1}, \boldsymbol{\psi}_1\right)}$$

这里 K 值的选取与逐步逼近的速度关系很大。从公式(8.3-12)中可以看出，如 K 取得很大，则由$\boldsymbol{\psi}_2$所决定的平面 P_2 可能转至待求平面 P_0 的另一侧，故 K 值的选取应该适当。$\boldsymbol{\psi}_2$决定后，同时求得$\boldsymbol{\psi}'_2$，再将其代入式(8.3-7)中得到 $\boldsymbol{y}(t)$的表达式，然后根据式(8.3-10)求出由$\boldsymbol{\psi}_2$决定的 $t_2(\boldsymbol{\psi}_2)$，再由式(8.3-7)求得 $\boldsymbol{y}_2 = \boldsymbol{y}(t_2)$。如果 $\boldsymbol{x}_0 \neq \boldsymbol{y}_2$，那么用相类似的步骤取

$$\boldsymbol{\psi}_3 = \boldsymbol{\psi}_2 - K(\boldsymbol{y}_2 - \boldsymbol{x}_0)$$

或者

$$\boldsymbol{\psi}'_3 = \boldsymbol{\psi}'_2 - Ke^{-A^{\tau}t_2}(\boldsymbol{y}_2 - \boldsymbol{x}_0) \tag{8.3-12'}$$

以此类推，便可逐步求出$\boldsymbol{\psi}'_0$，它就是作为等时区边界点 $\boldsymbol{x}_0$ 的外法向量。于是式(8.2-6)自原点至给定点 $\boldsymbol{x}_0$ 的最速控制便是

$$\mathring{\boldsymbol{u}}(t) = \begin{cases} -\text{sign}(B^{\tau}e^{-A^{\tau}t}\boldsymbol{\psi}'_0), & \text{对 A 型限制} \\ -\dfrac{B^{\tau}e^{-A^{\tau}t}\boldsymbol{\psi}'_0}{\|B^{\tau}e^{-A^{\tau}t}\boldsymbol{\psi}'_0\|}, & \text{对 B 型限制} \end{cases} \tag{8.3-3}$$

上面所述求$\boldsymbol{\psi}'_0$ 的方法中，采用了逆运动方程(8.2-6)。这样做在实际中可能不太方便。此时可直接采用原方程式(8.2-1)和(8.2-4)。首先任意给定$\boldsymbol{\psi}_1$而不是$\boldsymbol{\psi}'_1$，代入式(8.3-2)，解式(8.2-1)得

$$\boldsymbol{x}(t) = e^{At}\boldsymbol{x}_0 + e^{At}\int_0^t e^{-A\tau}B\boldsymbol{u}(\boldsymbol{\psi}_1, \tau)d\tau \tag{8.3-13}$$

再由下式求 t 的根 t_1：

$$(\boldsymbol{x}(t), e^{-A^{\tau}t}\boldsymbol{\psi}_1) = 0 \tag{8.3-14}$$

将 t_1 代入式(8.3-13)求出 $\boldsymbol{x}(t_1)=\boldsymbol{x}_1$。这里利用了下列事实：设 $G^-(t_0)$代表一切以 t_0 时间到达原点的始点的集合，$\mathring{\boldsymbol{x}}(t)$是自 $\boldsymbol{x}_0$ 点到达原点的最速轨线，$\boldsymbol{\psi}_0$是过 $\boldsymbol{x}_0$ 点对 $G^-(t_0)$的支面的外法向量；由前面我们知道，自 $\boldsymbol{x}_0$ 出发的最速控制由向量$\boldsymbol{\psi}_0$单一决定。由定义可推知，当 $0<t<t_0$ 时，$\mathring{\boldsymbol{x}}(t)$点必也位于 $G^-(t)$的边界。过$\mathring{\boldsymbol{x}}(t)$点也可做一个支面，其外法向量为$\boldsymbol{\psi}(t)$。根据前节的讨论，不难推知，$\boldsymbol{\psi}(t)$与$\boldsymbol{\psi}_0$的关系正是$\boldsymbol{\psi}(t)=e^{-A^{\tau}t}\boldsymbol{\psi}_0$，而后者是式(8.2-1)的共轭方程式

$$\frac{d\boldsymbol{\psi}}{dt} = -A^{\tau}\boldsymbol{\psi}, \boldsymbol{\psi}(0) = \boldsymbol{\psi}_0$$

的解。故常称上式为伴随方程，即它伴随最速轨迹，处处是 $G^-(t)$上过点 $\mathring{\boldsymbol{x}}(t)$的支面的外法向量。现任取一向量$\boldsymbol{\psi}_1$，并按式(8.3-3)构成控制函数 $\boldsymbol{u}(\boldsymbol{\psi}_1,t)$。由$\boldsymbol{\psi}_1$决定的平面是 $G^-(t_1)$的过点 $\boldsymbol{x}_1$ 的支面。因此 $\boldsymbol{u}(\boldsymbol{\psi}_1,t)$是自 $\boldsymbol{x}_1$ 点至原点的最速控制。将 $\boldsymbol{x}_0$ 写成 $\boldsymbol{x}_0=\boldsymbol{x}_1+(\boldsymbol{x}_0-\boldsymbol{x}_1)$，代入式(8.3-13)后有

$$\boldsymbol{x}(t) = e^{At}\boldsymbol{x}_1 + e^{At}\int_0^t e^{-A\tau}B\boldsymbol{u}(\boldsymbol{\psi}_1,\tau)d\tau + e^{At}(\boldsymbol{x}_0 - \boldsymbol{x}_1)$$

当 $t=t_1$ 时，有 $\boldsymbol{x}(t_1)=e^{At_1}(\boldsymbol{x}_0-\boldsymbol{x}_1)$。按共轭方程式的特性(参看第 2.5 节)，有$(e^{-A^{\tau}t_1}\boldsymbol{\psi}_1,\boldsymbol{x}(t_1))=0$，这就是上面式(8.3-14)的由来。显然，当$\boldsymbol{\psi}_1=\boldsymbol{\psi}_0$时，式(8.3-14)的根 t_1 为极大值。令 $e^{-A^{\tau}t_1}\boldsymbol{\psi}_1=\boldsymbol{\psi}'_1$，$\boldsymbol{x}(t_1)=\boldsymbol{x}(\boldsymbol{\psi}'_1,t)$。此时式(8.3-14)可改写成

$$F = (\boldsymbol{x}(\boldsymbol{\psi}'_1,t),\boldsymbol{\psi}'_1) = 0 \tag{8.3-14$'$}$$

求 F 对$\boldsymbol{\psi}'_i$的偏导数

$$\frac{\partial F}{\partial \psi'_i} = \frac{\partial F}{\partial t_1}\frac{\partial t_1}{\partial \psi'_i} + \frac{\partial F}{\partial \psi'_i} = \frac{\partial t_1}{\partial \psi_i}\left(\frac{d\boldsymbol{x}(\boldsymbol{\psi}'_1,t_1)}{dt_1},\boldsymbol{\psi}'_1\right) + x_i(\boldsymbol{\psi}'_1,t_1) = 0$$

由此得

$$\frac{\partial t_1}{\partial \psi_i} = \frac{-x_i(\boldsymbol{\psi}'_1,t_1)}{\left(\dfrac{\mathrm{d}\boldsymbol{x}(\psi'_1,t_1)}{dt_1},\boldsymbol{\psi}'_1\right)}$$

或

$$\begin{aligned}\mathrm{grad}t_1 &= -\left(\frac{d\boldsymbol{x}(\boldsymbol{\psi}'_1,t_1)}{dt_1},\boldsymbol{\psi}'_1\right)^{-1}\boldsymbol{x}(\boldsymbol{\psi}'_1,t_1)\\ &= -\left(\frac{d\boldsymbol{x}(t_1)}{dt_1},\boldsymbol{\psi}'_1\right)^{-1}\boldsymbol{x}(t_1)\end{aligned}$$

上面利用了关系式 $\dfrac{\partial}{\partial \psi_i}(\boldsymbol{x}(t,\boldsymbol{\psi}),\boldsymbol{\psi}) = x_i(t)$。由于$\boldsymbol{\psi}_1$是外法向量，故

$\left(\frac{d\boldsymbol{x}(t_1)}{dt_1},\boldsymbol{\psi}'_1\right)<0$,所以第二步逼近时应取

$$\boldsymbol{\psi}'_2=\boldsymbol{\psi}'_1+K\boldsymbol{x}(t_1)$$

或

$$\boldsymbol{\psi}_2=\boldsymbol{\psi}_1+K(\boldsymbol{x}_0-\boldsymbol{x}_1)=\boldsymbol{\psi}_1+Ke^{A^{\tau}t_1}\boldsymbol{x}(t_1) \tag{8.3-15}$$

式中 K 为某一正常数,需要用试探法确定。

无论以逆运动方程式或者用原始运动方程式为基础去逐步逼近求解最速控制,都可以用数字机或模拟机来进行。只要在程序中排出系统运动方程式和共轭方程式,最优控制的形成规律,以式(8.3-10)作为逐步逼近的根据去求出 t_1,然后改变初始条件$\boldsymbol{\psi}_1$,使 $t_1<t_2<\cdots$。当然,除上述最速下降法外,还可以用第二章中介绍过的共轭梯度法或其他逼近方法。

8.4 自点至域的最速控制

在控制技术中常遇到另外一类问题,即系统的终点状态往往不是原点,而是相空间的某一个区域。可以举下面几个例子来说明这类问题的实际意义。如果一个伺服系统允许有终点误差,但这个误差不能大于某个值 ε。这时允许的终点误差范围可以看作是在相空间内以原点为中心而半径为 ε 的球体,如图 8.4-1 所示。此时对控制的要求是以最短的时间自初始状态 $\boldsymbol{x}_0$ 到达 ε 球上的某一点。

再例如,在某一设备中需要用四个电机并联作为大型起重机的动力,控制装置要求保证四个电机的转速完全相等,使工件不至于因电机的转速不同而翻转,并且保证四个电机的功率平均分配,如果 $\omega_1,\omega_2,\omega_3$ 和 ω_4 是四个电机的旋转速度,上述要求就是 $\omega_1=\omega_2=\omega_3=\omega_4$。此外还可能要求它们严格同步,即三个转角恒等。如果每个电机的运动方程是三阶,那么,等速等角条件便在 9 维相空间内决定一个三维的超平面,控制装置的任务就是将任何初始速度和角度偏差引导至这个三维超平面上去[1]。

又例如探空火箭的控制问题。假如要求火箭达到某一指定高度时获得预定的速度。控制量是发动机的推力。如果火箭的运动方程式是 n 阶,那么,上述条件便在相空间内确定一个 $n-2$ 维超平面。类似的工程技术上的例子还可以举出很多。这一节我们将讨论自点至区域的最速控制问题。

如果系统预定的终端状态是一个 $n-1$ 维超平面,自给定点到达这一超平面的最速控制的求解方法在前节内已经讨论过,这里不再重复,这里我们讨论另外一种较为普遍的情况。设可允许的系统的终点状态在相空间内构成一个凸性区域 Ω,它的边界是逐段光滑的,而且,一般讲来,它不一定包含原点。区域 Ω 由下列一组不等式所确定

$$g_i(x_1, x_2, \cdots, x_n) = g_i(\boldsymbol{x}) \leqslant 0, \quad i = 1, 2, \cdots, l \qquad (8.4\text{-}1)$$

为了书写方便，我们以后用 $g(\boldsymbol{x}) \leqslant 0$ 这个不等式来代表式(8.4-1)的全体(图 8.4-2)。在相空间内给定一个点 $\boldsymbol{x}_0$，它是系统的初始误差或初始状态。要求找出一个控制函数 $\boldsymbol{u}(t)$，使受控系统自 $\boldsymbol{x}_0$ 出发，以最短时间到达区域 Ω。系统的运动方程式依然是式(8.2-1)，即常系数线性系统。对控制量的限制条件可以是前面讨论过的两种情况中的任一种。这两种情况我们将同时研究，因为从分析理论来看它们没有本质上的差别。

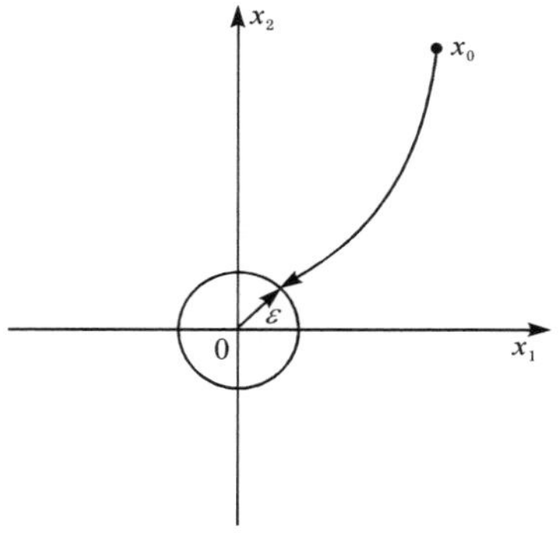

图 8.4-1

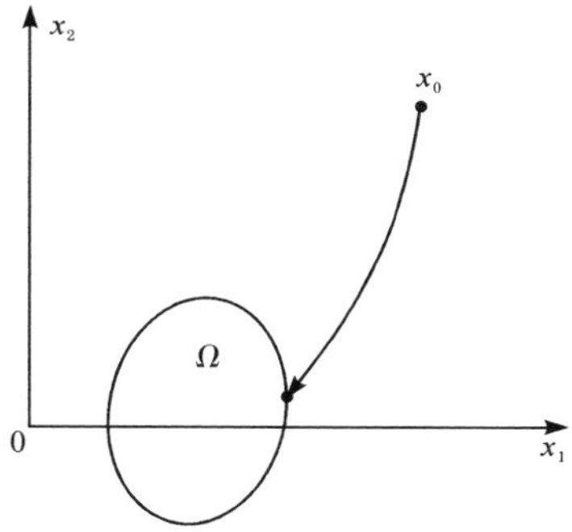

图 8.4-2

作为最速控制设计的理论基础，我们将利用等时区的概念[5,6]，用它做一个桥梁，导出需要的设计方法。一切用可准控制在 T 时间内能够到达终点区域 Ω 的初始点的全体记为 $G(\Omega, T)$，称为 Ω 的等时区。如果受控对象运动的方程式是完全能控的，重复第 8.2 节中的讨论可知，$G(\Omega, T)$ 是一个凸的 n 维区域。由于式(8.2-1)的通解的线性特点，若两个点 $\boldsymbol{x}_1$ 和 $\boldsymbol{x}_2$ 都属于 $G(\Omega, T)$，那么此两点的连线上的任一点均可以在 T 的时间内到达 Ω。更进一步，当 Ω 为凸性区域时，$G(\Omega, T)$ 必为严格凸。即 $G(\Omega, T)$ 的表面不可能包含任何长度大于零的直线。后面这一事实可用下列方法去证明：设 $\boldsymbol{x}_0$ 为等时区 $G(\Omega, T)$ 的边界点，那么，必有一个点 $\boldsymbol{z}_0$，$\boldsymbol{z}_0$ 属于 Ω 的边界 S，写为 $\boldsymbol{z}_0 \in S$，和存在一个控制函数 $\boldsymbol{u}_0(t)$，使

$$\boldsymbol{z}_0 = e^{AT}\boldsymbol{x}_0 + e^{AT}\int_0^T e^{-A\tau}B\boldsymbol{u}_0(\tau)d\tau \qquad (8.4\text{-}2)$$

因为 $G(\Omega, T)$ 是一个 n 维凸性区域，故过 $\boldsymbol{x}_0$ 点可以做一支面 P_0，后者的外法向量是 $\boldsymbol{\psi}_0$。它使下列不等式成立

$$(\boldsymbol{\psi}_0, x_0) \geqslant (\boldsymbol{\psi}_0, x) \qquad (8.4\text{-}3)$$

式中 $\boldsymbol{x}$ 为 $G(\Omega, T)$ 内的任意点，将上式展开后有

$$\left(\boldsymbol{\psi}_0, e^{-AT}\boldsymbol{z}_0 - \int_0^T e^{-A\tau}B\boldsymbol{u}_0(\tau)d\tau\right) \geqslant \left(\boldsymbol{\psi}_0, e^{-AT}\boldsymbol{z} - \int_0^T e^{-A\tau}B\boldsymbol{u}(\tau)d\tau\right)$$

式中 $\boldsymbol{z}$ 为点 $\boldsymbol{x}$ 所对应的终点状态，$\boldsymbol{z} \in S$。由于 $\boldsymbol{x}$ 是任意的，故 $\boldsymbol{z}$ 也是任意的。因

此，上述不等式可改写为

$$\left(-\boldsymbol{\psi}_0,\int_0^T e^{-At}B\boldsymbol{u}_0(t)dt\right)=\int_0^T(-e^{-A^\tau t}\boldsymbol{\psi}_0,B\boldsymbol{u}_0(t))dt$$

$$\geqslant\left(\boldsymbol{\psi}_0,e^{AT}(\boldsymbol{z}-\boldsymbol{z}_0)-\int_0^T e^{-At}B\boldsymbol{u}(t)dt\right)$$

不难看出，欲使上式始终成立，自 $\boldsymbol{x}_0$ 至 $\boldsymbol{z}_0$ 的控制 $\boldsymbol{u}_0(t)$ 应满足条件[限制条件式(8.0-1)]

$$\boldsymbol{u}_0(t)=-\operatorname{sign}(B^\tau e^{-A^\tau t}\boldsymbol{\psi}_0) \tag{8.4-4a}$$

或者[限制条件式(8.0-2)]

$$\boldsymbol{u}_0(t)=-\frac{B^\tau e^{-A^\tau t}\boldsymbol{\psi}_0}{\|B^\tau e^{-A^\tau t}\boldsymbol{\psi}_0\|} \tag{8.4-4b}$$

换言之，上面式(8.4-4a)对应 A 型限制，而(8.4-4b)对应 B 型限制条件。这里我们得到了与前节自点至点最速控制的类似形式。

另外，$G(\Omega,T)$的单调扩张性这一概念对我们很重要。因为条件式(8.4-3)仅仅是最速控制的必要条件，因此，一切最速控制只能具有式(8.4-4a)和(8.4-4b)的形式。但是一般说来，一切具有此种形式的控制却不一定都是最速控制。当然，如果通过分析后确信只有一个具有式(8.4-4)形式的将 $\boldsymbol{x}_0$ 引至 Ω 的控制，那么，它当然是最速控制了。有时这种控制有很多个，那么，就需要从一切满足条件式(8.4-4)的控制中选出过渡时间最短者。这样问题就变得比较复杂。只有在等时区 $G(\Omega,T)$ 是单调严格扩张时（对 T），一切式(8.4-4)形的控制函数都是将 $G(\Omega,T)$的边界点 $\boldsymbol{x}_0$ 引至 Ω 的控制，因此它必是最速控制。这时式(8.4-4a)和(8.4-4b)既是最速控制的必要条件也是最速控制的充分条件。由于等时区的连续性和凸性，可以推知，最速控制如果存在的话，则必是唯一的。于是，当等时区 $G(\Omega,T)$单调扩张时，设计问题就简单得多了。只要能找到一个满足条件式(8.4-4)的控制，它必是唯一的，且一定是最速控制。

既然等时区的单调扩张性这样重要，这里需要指出等时区单调扩张的两个充分条件。设 $\boldsymbol{z}$ 是 Ω 的边界 S 上的任一点，$\operatorname{grad}g(\boldsymbol{z})$是过 $\boldsymbol{z}$ 点 S 的支面的外法向量。若对 S 上的每一点 $\boldsymbol{z}$ 均能找到一个控制向量 $\boldsymbol{u}\in U$（它不取值于 U 的边界），使下列两式之一成立

$$(-\operatorname{grad}g(\boldsymbol{z}),A\boldsymbol{z}+B\boldsymbol{u})>0 \tag{8.4-5}$$

$$A\boldsymbol{z}+B\boldsymbol{u}=0 \tag{8.4-6}$$

那么，等时区 $G(\Omega,T)$对 T 单调扩张。

条件式(8.4-5)和(8.4-6)的几何意义是极其明显的。如果终点状态 Ω，控制量值域 U 满足条件式(8.4-6)，那么，Ω 的边界 S 上的任何点，都可以成为系统的平衡点。根据第 8.2 节的讨论可知，此时 $\boldsymbol{z}$ 的等时区 $G(\boldsymbol{z},T)$是单调扩张的，故

$G(\Omega,T)$对 T 单调扩张。另一方面，若 Ω 和 U 满足条件式(8.4-5)，则 Ω 内必有系统的平衡点，即存在 $\boldsymbol{u}(t)$，使 $\boldsymbol{x}(t)$ 自边界 S 上的任一点出发，将永远停留在 Ω 内，而不会逸出界外。于是，当 $T_2>T_1$ 时必有 $G(\Omega,T_1)\subset G(\Omega,T_2)$。设 $\boldsymbol{x}_0$ 是 $G(\Omega,T)$的边界点，$\boldsymbol{u}_0(t)$是自 $\boldsymbol{x}_0$ 至 $\boldsymbol{z}_0\in\Omega$ 的某一控制，且 $\boldsymbol{u}(T)=\boldsymbol{u}$ 满足条件式(8.4-5)。根据常微分方程的解对初始条件的连续依赖性，$\boldsymbol{x}_0$ 附近必存在一个以 $\boldsymbol{x}_0$ 为中心的小球，其中的每一点都可以用 $\boldsymbol{u}_0(t)$引至 $\boldsymbol{z}_0$ 附近的球体 $S(\boldsymbol{z}_0,\delta)$之中，$\delta$ 为小球的半径。再根据条件式(8.4-5)可知，离 Ω 的边界 S 足够近的点均能用某一控制引至 Ω，这是因为式(8.4-5)不等式的左端函数对 $\boldsymbol{z}$ 和 $\boldsymbol{u}$ 是连续的。于是，靠 $\boldsymbol{x}_0$ 足够近的一切点都能用某一控制在 $T+\Delta T$ 的时间内引至 Ω，这就说明了 $G(\Omega,T)$对 T 是单调扩张的。这两个充分条件的严格证明可参看文献[5]。

介绍了单调性条件后，我们继续研究最速控制规律式(8.4-4)。下面的讨论总是假定等时区是单调扩张的。当然这不是一个完全必要的条件，在这个条件不满足时，下面所介绍的计算方法仍然可以使用，但在使用时必须要做其他辅助性的检验计算。可以看出，式(8.4-4)的右端 $e^{-A^{\tau}t}\boldsymbol{\psi}_0$是式(8.2-1)的共轭方程式

$$\frac{d\boldsymbol{\psi}}{dt}=-A^{\tau}\boldsymbol{\psi},\quad \boldsymbol{\psi}(0)=\boldsymbol{\psi}_0 \tag{8.4-7}$$

的解。由此可知，自 $G(\Omega,T)$边界上的任何点 $\boldsymbol{x}_0$ 在 T 时间内到达 Ω 的控制 $\boldsymbol{u}_0(t)$ 必为最速控制 $\mathring{\boldsymbol{u}}(t)$。

再研究 $\boldsymbol{z}_0$ 与$\boldsymbol{\psi}_0$的关系。我们知道，若$\boldsymbol{\psi}_0$是 $G(\Omega,T)$过 $\boldsymbol{x}_0$ 点的支面的外法向量，那么，式(8.4-7)的解$\boldsymbol{\psi}(t)$在 $t_1<T$ 时刻的向量$\boldsymbol{\psi}(t_1)$是等时区 $G(\Omega,t_1)$过 $\mathring{\boldsymbol{x}}(t_1)$，$\mathring{\boldsymbol{x}}(0)=\boldsymbol{x}_0$，点支面的外法向量。当 $t_1=0$ 时，$G(\Omega,0)=\Omega$。而 $e^{-A^{\tau}T}\boldsymbol{\psi}_0=\boldsymbol{\psi}(T)$是 $G(\Omega,0)$即 Ω 过 $\boldsymbol{z}_0=\mathring{\boldsymbol{x}}(T)$点支面的外法向量。从这里可以看出一个重要事实：若在 $\boldsymbol{z}_0$ 点上，式(8.4-1)中的函数 $g(\boldsymbol{z}_0)$为光滑，而梯度向量 $\operatorname{grad}g(\boldsymbol{z})\Big|_{\boldsymbol{z}=\boldsymbol{z}_0}=\left(\dfrac{\partial g}{\partial \boldsymbol{z}_1},\cdots,\dfrac{\partial g}{\partial \boldsymbol{z}_n}\right)\Big|_{\boldsymbol{z}=\boldsymbol{z}_0}$不为零向量，则必有

$$e^{-A^{\tau}T}\boldsymbol{\psi}_0=a\operatorname{grad}g(\boldsymbol{z}_0) \tag{8.4-8}$$

式中 a 为某一正常数。换言之，向量 $e^{-A^{\tau}T}\boldsymbol{\psi}_0$与向量 $\operatorname{grad}g(\boldsymbol{z}_0)$方向相同，自式(8.4-8)解出$\boldsymbol{\psi}_0$得

$$\boldsymbol{\psi}_0=ae^{A^{\tau}T}\operatorname{grad}g(\boldsymbol{z}_0) \tag{8.4-9}$$

由此可知，向量$\boldsymbol{\psi}_0$由最速轨迹 $\mathring{\boldsymbol{x}}(t)$的终点 $\boldsymbol{z}_0$ 所唯一确定。从而，最速控制 $\mathring{\boldsymbol{u}}(t)$也为 $\boldsymbol{z}_0$ 点所唯一决定。

既然自 $\boldsymbol{x}_0$ 至 $\boldsymbol{z}_0$ 的最速控制为式(8.4-4a)或(8.4-4b)，那么，$G(\Omega,T)$必为严格凸。读者不难证明，若 $\boldsymbol{x}_1$ 和 $\boldsymbol{x}_2$ 位于 $G(\Omega,T)$的边界，那么，二者连线上的任何点 $\boldsymbol{x}_3$ 均位于 $G(\Omega,T)$的内部，证明过程几乎完全重复第 8.2 节中有关的讨论。

现在着手解决本节初提出的自给定点 $\boldsymbol{x}_0$ 至 Ω 的最速控制问题。为此我们研究式(8.2-1)的逆运动方程

$$\frac{d\boldsymbol{y}}{dt}=-A\boldsymbol{y}-B\boldsymbol{u} \tag{8.4-10}$$

引进符号

$$\boldsymbol{u}(t,\boldsymbol{z})=-\operatorname{sign}(B^{\tau}e^{A^{\tau}t}\operatorname{grad}g(\boldsymbol{z})),\quad 对\text{ A }型限制 \tag{8.4-11a}$$

$$\boldsymbol{u}(t,\boldsymbol{z})=-\frac{B^{\tau}e^{A^{\tau}t}\operatorname{grad}g(\boldsymbol{z})}{\|B^{\tau}e^{A^{\tau}t}\operatorname{grad}g(\boldsymbol{z})\|},\quad 对\text{ B }型限制 \tag{8.4-11b}$$

则逆运动方程(8.4-10)的解是

$$\boldsymbol{y}(t,\boldsymbol{z})=e^{-At}\boldsymbol{z}-e^{-At}\int_0^t e^{A\tau}B\boldsymbol{u}(\tau,\boldsymbol{z})d\tau \tag{8.4-12}$$

如果对给定的 $\boldsymbol{x}_0$ 能找到一个点 $\boldsymbol{z}_0$,使 $\boldsymbol{y}(t,\boldsymbol{z}_0)$通过 $\boldsymbol{x}_0$ 点,那么,相应的 $\boldsymbol{u}(t,\boldsymbol{z}_0)$便是 $\boldsymbol{y}(t)$自 Ω 到达 $\boldsymbol{x}_0$ 的最速控制。

为了求出自 Ω 至 $\boldsymbol{x}_0$ 的最速控制函数,我们还采用逐步逼近法.先任意给定一个 $\boldsymbol{z}_1$,求出 $\operatorname{grad}g(\boldsymbol{z}_1)$,作为式(8.4-10)和(8.4-11)的初始条件,做函数

$$F(t,\boldsymbol{z})=(\boldsymbol{x}_0-\boldsymbol{y}(t-\boldsymbol{z}),e^{A^{\tau}t}\operatorname{grad}g(\boldsymbol{z})) \tag{8.4-13}$$

令 $\boldsymbol{z}=\boldsymbol{z}_1$,并设所选择的 $\boldsymbol{z}_1$ 使$(\boldsymbol{x}_0-\boldsymbol{z}_1,\operatorname{grad}g(\boldsymbol{z}))>0$。利用条件式(8.4-3)不难证明,$\boldsymbol{F}(\boldsymbol{t})$是单调递减函数,在某一 $t=t_1$ 时 $F=0$。利用式(8.4-13)$F=0$ 的条件确定 t 的最小根 t_1。由于 $\boldsymbol{y}(t,\boldsymbol{z}_1)$的特有性质,满足 $\boldsymbol{F}(t_1,\boldsymbol{z}_1)=0$ 的 $\boldsymbol{y}(t_1)$必位于等时区 $\boldsymbol{G}(\Omega,t_1)$的边界上,而向量 $e^{A^{\tau}t_1}\operatorname{grad}g(\boldsymbol{z}_1)$是过 $\boldsymbol{y}(t_1)$点等时区支面的外法向量。条件

$$\boldsymbol{F}(t_1,\boldsymbol{z}_1)=(\boldsymbol{x}_0-\boldsymbol{y}(t_1,\boldsymbol{z}_1),e^{A^{\tau}t_1}\operatorname{grad}g(\boldsymbol{z}_1))=0 \tag{8.4-14}$$

的几何意义是向量 $\boldsymbol{x}_0-\boldsymbol{y}(t_1,\boldsymbol{z}_1)$和 $e^{A^{\tau}t_1}\operatorname{grad}g(\boldsymbol{z}_1)$直交。由于等时区 $G(\Omega,T)$是凸的且严格扩张的,只有当$\boldsymbol{\psi}_1=e^{A^{\tau}T}\operatorname{grad}g(z_0)=\boldsymbol{\psi}_0$,即$\boldsymbol{\psi}_1$为等时区 $G(\Omega,T)$过 x_0 点的外法向量$\boldsymbol{\psi}_0$时,式(8.4-14)的根 $t=T$ 为最大。或者说,对一切基于 ψ_0 的向量$\boldsymbol{\psi}_1$所确定的

$$\boldsymbol{F}=(\boldsymbol{x}_0-\boldsymbol{y}(t_1,\boldsymbol{z}_1),\boldsymbol{\psi}_1)=0$$

的根 t_1 均小于 $\boldsymbol{T}$。因此,决定最速控制的初始点 $\boldsymbol{z}\in S$ 应该满足条件

$$\boldsymbol{T}_{\Omega}(\boldsymbol{x}_0)=\max_{\boldsymbol{z}\in S}t(\boldsymbol{x}_0,\boldsymbol{z}) \tag{8.4-15}$$

式中,$t(\boldsymbol{x}_0,\boldsymbol{z})$为方程式(8.4-14)的根,当然它也是 $\boldsymbol{x}_0$ 和初始点 $\boldsymbol{z}$ 的连续函数。

现在我们用逐步逼近法求式(8.4-15)$\boldsymbol{z}=\boldsymbol{z}_0$ 的解。为此,先任意给出 $\boldsymbol{z}\in S$,根据函数 $g(\boldsymbol{z})$求出 $\operatorname{grad}g(\boldsymbol{z}_1)$,代入式(8.4-4),得到最速控制 $\boldsymbol{u}(t,\boldsymbol{z}_1)$。再将 $\boldsymbol{u}(t,\boldsymbol{z}_1)$代入式(8.4-12)解出 $\boldsymbol{y}(t,\boldsymbol{z}_1)$;然后构成函数 $F(t,\boldsymbol{z}_1)$,求解 $F=0$ 的根 $t=t_1$。如果$\boldsymbol{y}(t_1,\boldsymbol{z}_1)=\boldsymbol{x}_0$,那么,最速控制 $\mathring{\boldsymbol{u}}(t)$便已经找到了。如果 $\boldsymbol{y}(t_1,\boldsymbol{z}_1)\neq\boldsymbol{x}_0$,则需找其他的点 $\boldsymbol{z}_2$,使 $\boldsymbol{y}(t_2,\boldsymbol{z}_2)$更逼近于 $\boldsymbol{x}_0$ 点。$\boldsymbol{z}_2$ 的选择可按下列方法进行:记 $e^{A^{\tau}t_1}$

$\mathrm{grad}\, g(z_1)=\boldsymbol{\psi}_1$，则有

$$F(t_1,\boldsymbol{\psi}_1)=(\boldsymbol{x}_0-\boldsymbol{y}(t_1,\boldsymbol{\psi}_1),\boldsymbol{\psi}_1)\geqslant 0 \tag{8.4-16}$$

式中$\boldsymbol{\psi}_1$为等时区 $G(\Omega,t_1)$过 $y(t_1,\boldsymbol{\psi}_1)$点的外法向量。求 F 对各分量 ψ_i 的偏导数，并利用关系式

$$\frac{\partial}{\partial\psi_i}(\boldsymbol{y}(t_1,\boldsymbol{\psi}_1),\boldsymbol{\psi}_1)=y_i(t_1,\boldsymbol{\psi}_1)$$

则得到

$$\mathrm{grad}t_1=\left(\frac{d\boldsymbol{y}(t_1,\boldsymbol{\psi}_1)}{dt_1},\boldsymbol{\psi}_1\right)^{-1}(\boldsymbol{x}_0-\boldsymbol{y}(t_1,\boldsymbol{\psi}_1)) \tag{8.4-17}$$

由于$\left(\dfrac{d\boldsymbol{y}(t_1,\boldsymbol{\psi}_1)}{dt_1},\boldsymbol{\psi}_1\right)>0$，故上式内向量 $\mathrm{grad}t_1$ 只有在 $\boldsymbol{x}_0=\boldsymbol{y}(t_1,\boldsymbol{\psi}_1)$时为零。因此，作为第二步逼近，可取

$$\boldsymbol{\psi}_2=\boldsymbol{\psi}_1+K_1\mathrm{grad}t_1=\boldsymbol{\psi}_1+K_1(\boldsymbol{x}_0-\boldsymbol{y}(t_1,\boldsymbol{\psi}_1))$$

其中，$\boldsymbol{\psi}_1=e^{A^\tau t_1}\mathrm{grad}g(\boldsymbol{z}_1)$。上式两端乘以 $e^{-A^\tau t_1}$ 后有

$$e^{-A^\tau t_1}\boldsymbol{\psi}_2=\mathrm{grad}g(\boldsymbol{z}_2)=\mathrm{grad}g(\boldsymbol{z}_1)+K_1e^{-A^\tau t_1}(\boldsymbol{x}_0-\boldsymbol{y}(t_1,\boldsymbol{\psi}_1)) \tag{8.4-18}$$

上式右端第二项为已知向量，而第一项中的 $\boldsymbol{z}_1$ 也为已知，故 $\boldsymbol{z}_2$ 可从下式内求出

$$g(\boldsymbol{z})=0,\frac{\partial g(\boldsymbol{z})}{\partial z_i}=\left.\frac{\partial g(\boldsymbol{z})}{\partial(z_i)}\right|_{z=z_1}+K_1h_i(t_1) \tag{8.4-19}$$

这里 $h_i(t_1)$为向量 $e^{-A^\tau t_1}(\boldsymbol{x}_0-\boldsymbol{y}(t_1,\boldsymbol{\psi}_1))$的第 i 个分量。用 $\boldsymbol{z}_2$ 和 $\mathrm{grad}g(\boldsymbol{z}_2)$代入式(8.4-10)和(8.4-11)，求出 $\boldsymbol{y}(t,\boldsymbol{z}_2)$，再从式(8.4-14)内求出 t_2。如果 $\boldsymbol{y}(t_2,\boldsymbol{z}_2)\neq\boldsymbol{x}_0$，或者 $\|\boldsymbol{x}_0-\boldsymbol{y}(t_2,\boldsymbol{z}_2)\|$ 仍为足够大时，上述程序可继续进行。这样，经过数步后，计算过程将较为迅速地向 $\boldsymbol{z}_0$ 收敛。

8.5　控制装置的综合

前面几节内讨论的是自给定点至原点或至给定区域的最速控制函数的求解方法。正如前面曾指出的那样，这种设计方法只适用于初始状态为已知的一次使用的控制系统。如果系统的初始状态是任意的，而控制装置的任务是要对系统任意的初始状态 $\boldsymbol{x}$ 自动算出最速控制函数 $\boldsymbol{u}(\boldsymbol{x})$，若将这一函数代入式(8.2-1)，使其变为自治系统

$$\frac{dx}{dt}=Ax+B\boldsymbol{u}(\boldsymbol{x}) \tag{8.5-1}$$

无论初始状态为何，式(8.5-1)的解总是自初始条件 $\boldsymbol{x}$ 至原点或给定终点区域Ω 的最速轨迹。换句话说，设计最速控制装置的任务是找出一个 r 维向量函数 $\boldsymbol{u}(\boldsymbol{x})=(u_1(\boldsymbol{x}),\cdots,u_r(\boldsymbol{x}))$，并在技术上实现它，用这种规律构成的控制装置，将保证

系统的任何运动均是最速运动。当然,函数 $\boldsymbol{u}(\boldsymbol{x})$ 的取值必须满足限制条件 $\boldsymbol{u}\in U$。

事实上,本章第一节内介绍过的布绍的方法正是解决控制装置综合的方法。那里借助相平面的图解工具找出了这个最速控制函数 $\boldsymbol{u}(\boldsymbol{x})$。在本节内,我们希望建立一个普遍的方法,使其不仅适用于二阶系统,而且适用于高阶系统,不用纯粹图解法,而采用解析方法。初看起来,前面几节内的讨论似乎可以应用到控制装置综合中来,只要对可能出现的各种初始误差 $\boldsymbol{x}$,求出相应的最速控制函数就可以了。其实,问题完全不是这样。首先,对绝大多数系统(特别是伺服系统)来说,可能的初始条件不是几个或几十个,而是整个 n 维区域,要想对每一个点都进行计算是不可能的。退一步讲,即便每一个初始状态所对应的最速控制函数都已经找到,也难以在一个简单的电的或机械的装置里实现。因此,前几节内的方法,不太适合于解决控制装置的综合问题。设计最速控制装置,必须另找出路。

为了讨论上的方便,我们假定受控系统的可允许的终点状态不是一个点,而是一个区域 Ω。若 Ω 只包含一个孤立点,例如原点,那么,就变为至原点的最速控制了。我们还假定区域 Ω 和控制量的取值区域 U 满足下列条件:(1)Ω 的等时区是单调扩张的,当 $T\to\infty$,时,等时区与可控区 M 重合。以后的综合问题都将只在可控区 M 内讨论;(2)系统是非蜕化的;(3)控制量的取值限制属于 A 型(见前节),即 $|u_i|\leqslant 1, i=1,2,\cdots,r$。

根据式(8.4-4a)可知,在上述假定下最速控制函数的每一个分量 u_i 在每一个时刻 t 只取 $+1$ 或 -1,且任何最速轨迹不可能有自交点。因此,最速控制的综合问题可以归结为对每一 u_i 把可控区分成两个部分 M_i^+ 和 M_i^-,使 u_i 在 M_i^+ 中取 $+1$,在 M_i^- 中取 -1。用 M_i^0 表示 M_i^+ 和 M_i^- 的公共边界。下面将看到,M_i^0 是相空间内 $n-1$ 维超曲面,称为系统的关于分量 u_i 的开关曲面。如果这种区域划分已经完成,则最速控制的综合函数可以写成

$$u_i(\boldsymbol{x})=\begin{cases}+1, & 若\ \boldsymbol{x}\in M_i^+\\ -1, & 若\ \boldsymbol{x}\in M_i^-\end{cases}\tag{8.5-2}$$

在最速轨道上控制分量 $u_i(t)$ 的变号时刻所对应的系统状态 $\boldsymbol{x}$ 称为 u_i 的开关点。这样,如果对每一个控制分量的上述取值区域都划分完后,最速控制函数的综合问题也就得到了解决。

设 $\boldsymbol{x}$ 为可控区 M 内的任意点,且 $\boldsymbol{x}$ 不属于 Ω,自 $\boldsymbol{x}$ 至 Ω 的最速过渡时间为 T,则自 $\boldsymbol{x}$ 至 Ω 的最速控制是(参看式(8.4-11a))

$$\boldsymbol{u}(t)=\operatorname{sign}(-B^{\tau}e^{-A^{\tau}(t-T)}\operatorname{grad}g(\boldsymbol{z}))$$

其中 $\boldsymbol{z}$ 为 Ω 的边界 S 上的某一个点。当 $t=0$ 时有

$$\boldsymbol{u}(\boldsymbol{x})=-\operatorname{sign}(B^{\tau}e^{A^{\tau}T}\operatorname{grad}g(\boldsymbol{z}))\tag{8.5-3}$$

根据前节的讨论可知,$\boldsymbol{x}$ 点是等时区 $G(\Omega,T)$ 的边界点,而且 $\boldsymbol{\psi}=e^{A^{\tau}T}\operatorname{grad}g(\boldsymbol{z})$ 是过 $\boldsymbol{x}$ 点的 $G(\Omega,T)$ 的外法向量。令 b_i 是矩阵 B 的第 i 列向量,当外法向量与 $\boldsymbol{b}_i$ 的

数量积为负时，$x \in M_i^+$；当 ψ 与 b_i 的数量积为正时 $x \in M_i^-$；数量积为零时 $x \in M_i^0$。当 x 为可控区内任意点而属于开关曲面 M_i^0 时，则 x 必满足下列方程组

$$x = e^{-AT}\left(z + \int_0^T e^{At} B \operatorname{sign}(B^\tau e^{A^\tau t} \operatorname{grad} g(z) dt\right)$$
$$(\operatorname{grad} g(z), e^{AT} b_i) = 0, \quad g(z) = 0 \tag{8.5-4}$$

现让 T 在$[0,\infty]$内变化，则可以找到 u_i 的开关曲面的参数表达式为

$$x = e^{-At}\left(z + \int_0^t e^{As} B \ \operatorname{sign}(B^\tau e^{A^\tau s} \ \operatorname{grad}\ g(z)) ds\right)$$
$$(\operatorname{grad} g(z), e^{At} b_i) = 0, \quad g(z) = 0 \tag{8.5-5}$$

上面共有 $n+2$ 个方程式，独立变数只有 $n-1$ 个。自第一式内消掉两个自由变量后，它就变成了含有 $n-1$ 个自由变量的开关曲面参数表达式。当 $n=2$ 时，即受控对象的方程式是二阶时，应用表达式(8.5-5)可以很方便地求出开关曲线。这样，在第8.1节内布绍曾研究过的一些特例中均可用这个参数表达式导出开关曲线。

若终点区域 Ω 只包含一个点 x_0 时(x_0 可以不是原点，但满足等时区单调扩张的条件)，上列参数表达式可写为

$$x = e^{-At}\left(x_0 + \int_0^t e^{As} B \ \operatorname{sign}(B^\tau e^{A^\tau s} \psi_0) ds\right)$$
$$(\psi_0, e^{At} b_i) = 0, \quad \| \psi_0 \| = 1, \quad 0 \leqslant t < \infty \tag{8.5-6}$$

于是，我们就得到了求开关曲面的一种普遍方法。

现在再介绍另一种综合方法。这个方法是以等时区的一些几何特性为依据的。设可控区 M 内任一点 x 到达 Ω 的最速过渡时间是 $T(x)$，由于最速控制的唯一性可知 n 元函数 $T(x)$是非负的单值函数，它只在 Ω 上等于零。可以证明，函数 $T(x)$在可控区内除在诸开关曲面 $M_i^0, i=1,2,\cdots,r$，上的点外，在其他点上都是可微函数[5]。当 T_0 为大于零的常数时，方程式 $T(x)=T_0$ 决定一个 $n-1$ 维的封闭曲面，它正是等时区 $G(\Omega,T_0)$的边界曲面。因此$\operatorname{grad} T(x)\big|_{T=T_0}$是等时区 $G(\Omega,T_0)$的过边界点 x 的外法向量。根据式(8.4-4a)知，此时最速控制必为

$$u(x) = -\operatorname{sign}(B^\tau \operatorname{grad} T(x)) \tag{8.5-7}$$

或

$$u_i(x) = -\operatorname{sign}(\operatorname{grad} T(x), b_i) \tag{8.5-7$'$}$$

由此可知，若能求出最速过渡时间函数 $T(x)$，那么，最速控制函数的综合问题就按式(8.5-7)完全解决。如何求出函数 $T(x)$呢？从物理概念可以推知，如果$T(x)$是可微函数，那么，T 对时间 t 的全导数应恒等于-1。于是可以写出方程式

$$\frac{dT}{dt} = \sum_{i=1}^{n} \frac{\partial T}{\partial x_i}\frac{dx_i}{dt} = (\operatorname{grad} T(x), Ax + B\mathring{u}) = -1 \tag{8.5-8}$$

式中 $\mathring{u}$ 是最速控制函数，因此，它的每个分量只取± 1。方程式(8.5-8)是关于 T 的一阶偏微分方程，它的边界条件是在 Ω 的边界 S 上为零，即

$$T(\boldsymbol{x})\mid_s = 0 \tag{8.5-9}$$

方程式(8.5-8)和(8.5-9)联合起来便得到偏微分方程中的柯西问题。它的求解方法可按下列方法进行:

欲从式(8.5-8)求解 $T(\boldsymbol{x})$ 必须先确定 $\mathring{\boldsymbol{u}}$ 的值。根据最速控制的特点,在 Ω 的边界 S 上的 $\mathring{\boldsymbol{u}}$ 的值可以完全确定,即

$$\mathring{\boldsymbol{u}} = -\operatorname{sign}(B^{\tau}\operatorname{grad}(\boldsymbol{z})) \tag{8.5-10}$$

式中 $\boldsymbol{z}$ 为 S 上的点。用关系式(grad $g(\boldsymbol{z})$,$\boldsymbol{b}_i$)=0,$i=1,2,\cdots,r$,将曲面 S 分为 2^r 个不相重合的部分 $S_1,S_2,\cdots,S_{2^r}$。在每一个 S_k 上 $\mathring{\boldsymbol{u}}(\boldsymbol{x})$ 的值由式(8.5-10)完全确定。于是柯西问题

$$(\operatorname{grad}T(\boldsymbol{x}),A\boldsymbol{x} + B\operatorname{sign}(-\operatorname{grad}g(\boldsymbol{z}))) = -1 \tag{8.5-11}$$

$$T(\boldsymbol{x})\mid_{S_k} = 0$$

有唯一解。再将此解 $T(\boldsymbol{x})$ 自 S_k 沿方程组

$$\frac{d\boldsymbol{x}}{dt} = -A\boldsymbol{x} - B\mathring{\boldsymbol{u}}$$

的积分曲线向 t 增加的方向延拓,直到对某一个 j,使

$$(\operatorname{grad}T(\boldsymbol{x}),\boldsymbol{b}_j) = 0 \tag{8.5-12}$$

为止,然后以(grad$T(\boldsymbol{x})$,$\boldsymbol{b}_j$)=0 所确定的曲面为定解曲面,再解方程式

$$(\operatorname{grad}T(\boldsymbol{x}),A\boldsymbol{x} + B\mathring{\boldsymbol{u}}_m) = -1$$

其中 $\mathring{\boldsymbol{u}}_m$ 与式(8.5-11)中的控制只差第 j 个分量的符号。式(8.5-12)所确定的曲面就是开关曲面 M_j^0 的一部分。这样继续进行便可以求出全部 $T(\boldsymbol{x})$。

总结上述讨论,用相空间坐标表示的最速控制为式(8.5-7),而关于 u_i 的开关曲面 M_i^0 由方程式

$$(\operatorname{grad}T(\boldsymbol{x}),\boldsymbol{b}_i) = 0 \tag{8.5-13}$$

所确定。显然,它是 $n-1$ 维分片光滑的 $n-1$ 维超曲面。这样,常系数线性受控系统的最速控制装置的设计问题就得到了解决。

现举例说明如何利用后一个方法去综合一个最速控制函数。设受控对象的传递函数为(见图 8.5-1)

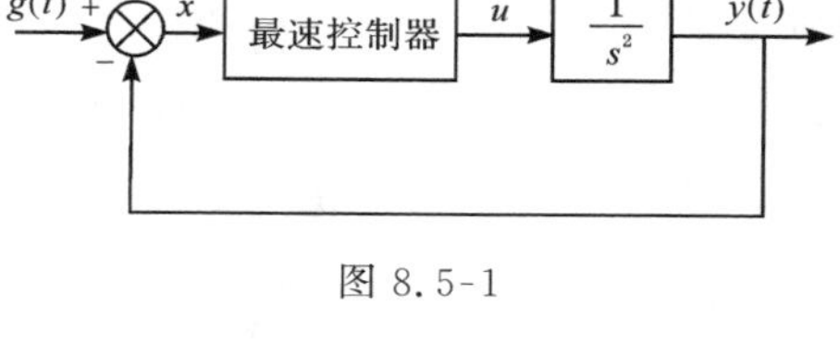

图 8.5-1

$$F(s) = \frac{1}{s^2} \tag{8.5-14}$$

输入作用为 $g(t)=g_0+g_1t$。引入坐标 $y_1=y,\dfrac{dy}{dt}=y_2,g(t)-y_1=x_1,\dfrac{dx_1}{dt}=x_2$；那么，受控对象的误差方程组可写为

$$\frac{dx_1}{dt}=x_2,\quad \frac{dx_2}{dt}=u,\quad |u|\leqslant 1 \tag{8.5-15}$$

设终点状态 Ω 为以原点为中心，以 ρ 为半径的圆，它由不等式

$$g(x_1,x_2)=x_1^2+x_2^2-\rho^2\leqslant 0 \tag{8.5-16}$$

所确定。不难检验，系统式(8.5-15)的可控区是整个相平面，即相平面的任何一点 $\boldsymbol{x}$ 均可以用可准控制引至 Ω，其次，若 $\rho<1$ 时，Ω 的等时区 $G(\Omega,T)$ 为单调扩张。因为此时单调性条件式(8.4-5)得到满足。因此不等式

$$(\mathrm{grad}g(\boldsymbol{x}),A\boldsymbol{x}+\boldsymbol{b}u)=2x_1x_2+2x_2u>0$$

总可以成立，注意到 $|x_1|<1$，只要取 $2x_2u>2x_1x_2$ 即可。由于 $\mathrm{grad}\ g(\boldsymbol{x})=(2\boldsymbol{x}_1,2\boldsymbol{x}_2)$，故在上半圆周上最速控制 $u=-1$，在下半圆周上 $u=+1$。将此值代入式(8.5-11)后，对上半平面有偏微分方程

$$\frac{\partial T}{\partial x_1}x_2-\frac{\partial T}{\partial x_2}+1=0,\quad T(x_1,x_2)\,|_{x_1^2+x_2^2-\rho^2=0}=0 \tag{8.5-17}$$

解上述柯西问题得

$$T(x_1,x_2)=x_2-\sqrt{2\sqrt{\rho^2+1-2\left(x_1+\frac{1}{2}x_2^2\right)}-2\left(1-x_1-\frac{1}{2}x_2^2\right)} \tag{8.5-18}$$

下半平面内的 T 函数与此斜对称. 故 u 的开关曲面为方程式 $\dfrac{\partial T}{\partial x_2}=0$ 所确定，如图 8.5-2 所示。于是，整个相平面被两个斜对称曲线 M^0 和圆周分为两个部分 M^+ 和 M^-，最速控制函数可写为下列形式

$$u(x_1,x_2)=\begin{cases}+1, & 若\ \boldsymbol{x}\in M^+\\ -1, & 若\ \boldsymbol{x}\in M^-\end{cases} \tag{8.5-19}$$

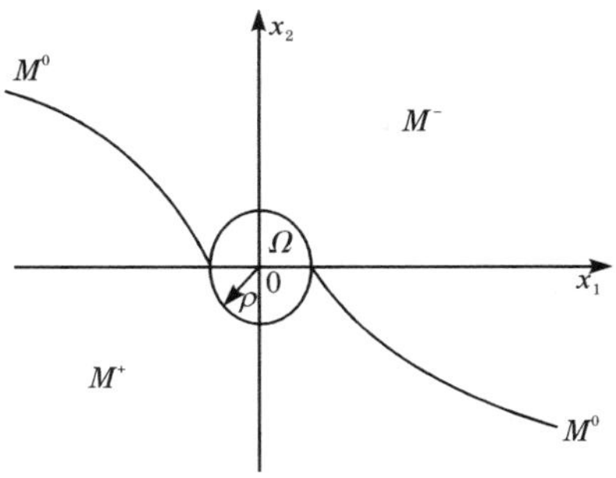

图 8.5-2

按此式所构成的最速控制系统的方块图示于图 8.5-1 中。图中的最速控制器的作用是实现函数式(8.5-19)。这个系统对任何 $g(t)=g_0+g_1t$ 类型的输入作用，g_0 和 g_1 为任意常数，从任何初始状态出发，均以最短时间使误差 x_1,x_2 趋向圆 Ω。容易看出，当 $\rho\to 0$ 时，表达式(8.5-18)就变为自任何点至原点的最速过渡时间函数。由此求出的最速控制式(8.5-19)就变为自任意点至原点的最速控制了。

8.6　变系数系统的综合

前面几节内的讨论中，我们总假定受控对象的运动方程式是线性常系数的。这一个假定只是为了讨论时方便，而不是问题的本质所需要的。相反，前面几节内的一切讨论均适用于变系数系统，只要在各公式中做适当的变化就行了[6,14]。变系数系统在实际工程中十分常见。例如，飞机的控制，火箭弹道的控制都要处理变系数方程组。因此，我们在本节内将扼要地讨论当方程式是变系数时，如何改变前面几节内的讨论，使之适用于这种情况。

研究方程式

$$a_n(t)=\frac{d^n x}{dt^n}+a_{n-1}(t)\frac{d^{n-1}x}{dt^{n-1}}+\cdots+a_0(t)x=u \tag{8.6-1}$$

或者方程组

$$\frac{d\boldsymbol{x}}{dt}=A(t)\boldsymbol{x}+B(t)\boldsymbol{u} \tag{8.6-2}$$

式中 $A(t)$ 为 $n\times n$ 阶矩阵，其元素 $a_{ij}(t)$ 为时间 t 的连续函数；$B(t)$ 为 $n\times r$ 阶长方矩阵，其诸元素 $b_{ij}(t)$ 也是时间 t 的连续函数。像过去曾指出过的那样，方程式(8.6-1)总可以化成一阶方程组(8.6-2)。所以我们以后只研究后者。设矩阵 $\Phi(t_0,t)$ 是方程组(8.6-2)的齐次方程的解

$$\frac{d\Phi}{dt}=A(t)\Phi,\quad \Phi(t_0,t_0)=E \tag{8.6-3}$$

式中 E 为单位矩阵。我们称 $\Phi(t_0,t)$ 为式(8.6-3)的基本解矩阵。利用 Φ，式(8.6-2)的通解可以写成

$$\boldsymbol{x}(t)=\Phi(t_0,t)\left(\boldsymbol{x}_0+\int_{t_0}^{t}\Phi^{-1}(t_0,\tau)B(\tau)\boldsymbol{u}(\tau)d\tau\right) \tag{8.6-4}$$

这里 $\boldsymbol{x}_0$ 为系统的初始状态。与式(8.2-4)比较即可看出，如果用 $\Phi(t_0,t)$ 代替 e^{At} 后，式(8.6-4)与(8.2-4)类似。唯一的区别是积分下界不同，这是变系数系统的重要特点，即初始运动的时间 t_0 必须给定，否则初始条件无意义。

至于对控制量 $\boldsymbol{u}$ 的限制条件依然假定为第 8.5 节内的 A 型和 B 型两种。设终点状态为原点。在时刻 t_0 开始运动，在 t_0+T 时刻能到达原点的初始点的全体称为关于原点的 T 等时区，用符号 $G_{t_0}(T)$ 表示。如果系统式(8.6-2)为完全能控的系统，那么，重复第 8.2 节内的讨论，可以证明，当 $T>0$ 时，$G_{t_0}(T)$ 为 n 维凸性区域。系统的完全能控条件这里变为每组向量：$\boldsymbol{b}_i(t)=\boldsymbol{b}_i^{(1)}(t)$，$\boldsymbol{b}_i^{(k)}(t)$，$k=2,3,\cdots,n$，在任何时刻为线性不相关，$\boldsymbol{b}_i^{(k)}(t)=A(t)\boldsymbol{b}_i^{(k-1)}(t)+\dfrac{d}{dt}\boldsymbol{b}_i^{(k-1)}(t)$。这个条件一般是难以检查的，但是在实践中受控对象通常都是完全能控的，例如方程式

(8.6-1)无论系数 $a_i(t)$是什么函数,系统都是完全能控的。因此,对一般工程系统这个条件总是能满足的。

对于满足完全能控条件的系统,如果控制量受 A 型限制,则任何最速控制也必是开关控制。利用第 8.2 节内的证明方法可以算出自 $\boldsymbol{x}_0$ 点到达原点的最速控制为

$$\mathring{\boldsymbol{u}}(t,\boldsymbol{\psi}) = \begin{cases} \operatorname{sign}(B^{\tau}(t)\boldsymbol{\psi}(t)), & \text{若 } \boldsymbol{u} \text{ 是 A 型限制} \\ \dfrac{B^{\tau}(t)\boldsymbol{\psi}(t)}{\|B^{\tau}(t)\boldsymbol{\psi}(t)\|}, & \text{若 } \boldsymbol{u} \text{ 是 B 型限制} \end{cases} \tag{8.6-5}$$

这里$\boldsymbol{\psi}(t)$是下列方程的解:

$$\frac{d\boldsymbol{\psi}}{dt} = -A^{\tau}(t)\boldsymbol{\psi}, \quad \boldsymbol{\psi}(t_0) = -\boldsymbol{\psi}_0 \tag{8.6-6}$$

$\boldsymbol{\psi}_0$是等时区 $G_{t_0}(T)$过其边界点 $\boldsymbol{x}_0$ 的支面的外法向量。

由于最速控制是式(8.6-5)型函数,故可推知等时区 $G_{t_0}(T)$是严格凸的并且对 T 单调扩张。自它的任何边界点 $\boldsymbol{x}_0$ 到达原点的最速过渡时间是 T;最速控制按式(8.6-5)由 $\boldsymbol{x}_0$ 点的外法向量$\boldsymbol{\psi}_0$单一确定,因此最速控制是唯一的,这些性质可以用类似于第 8.2 节的方法证明。

设系统的初始条件是 $\boldsymbol{x}_0$,初始运动时刻是 t_0,现写出求自 $\boldsymbol{x}_0$ 至原点的最速控制的逐步逼近公式:过 $\boldsymbol{x}_0$ 作一任意平面 P_1,其外法向量是$\boldsymbol{\psi}_1$,自该平面到达原点的最速控制必为式(8.6-5),其中 $\boldsymbol{\psi}(t_0)=-\boldsymbol{\psi}_1$(图 8.6-1)。设 $\boldsymbol{x}_1$ 为平面 P_1 上离原点的"最近点",且自此点至原点的最速过渡时间为 t_1,那么,在 $t=t_0+t_1$ 时,必有关系式

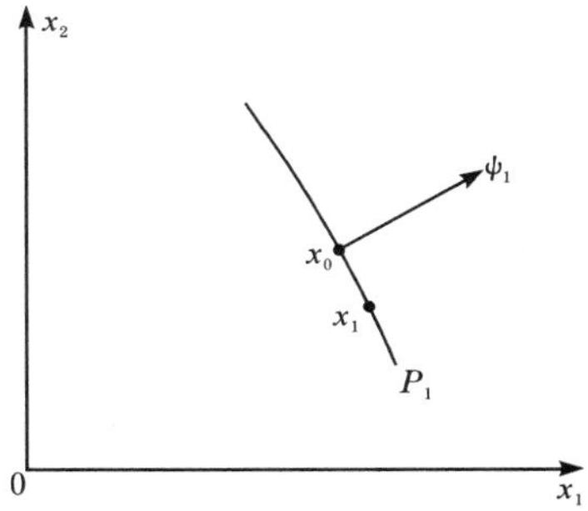

图 8.6-1

$$(\boldsymbol{x}(t_1),(\Phi^{\tau}(t_0,t_0+t_1))^{-1}\boldsymbol{\psi}_1) = (\boldsymbol{x}(t_1),\boldsymbol{\psi}(t_1)) = 0 \tag{8.6-7}$$

这里利用了这样一个事实:$(\Phi^{\tau}(t_0,t))^{-1}$是共轭方程式(8.6-6)的基本解矩阵。因为当$\boldsymbol{\psi}_1=\boldsymbol{\psi}_0$时,式(8.6-7)的根为极大,故第二步逼近应取

$$\boldsymbol{\psi}_2 = \boldsymbol{\psi}_1 + K\,\mathrm{grad}t_1 = \boldsymbol{\psi}_1 + K\Phi^{\tau}(t_0,t_0+t_1)\boldsymbol{x}(t_1) \tag{8.6-8}$$

式中 K 为某一正常数。将$-\boldsymbol{\psi}_2$作为式(8.6-6)的新的初始条件,再按式(8.6-5)构成新的控制函数 $\boldsymbol{u}(t,\boldsymbol{\psi}_2)$,并代入式(8.6-4)解出运动轨迹为

$$\boldsymbol{x}(t,\boldsymbol{\psi}_2) = \Phi(t_0,t_0+t)\left[\boldsymbol{x}_0 + \int_{t_0}^{t}\Phi^{-1}(t_0,\tau)B\,\boldsymbol{u}(\tau,\boldsymbol{\psi}_2)d\tau\right]$$

再代入式(8.6-7)求新根 t_2,依此类推,数步后即可求出自 $\boldsymbol{x}_0$ 到达原点的最速控制 $\mathring{\boldsymbol{u}}(t,\boldsymbol{\psi}_0)$。

自给定点至平面或自给定点至区域 Ω 的逐步求解方法与第 8.5 节内的讨论

基本相同，只需将各式中的基本解矩阵按下列关系置换后即可继续使用

$$e^{At} \rightarrow \Phi(t_0, t)$$

$$e^{-At} \rightarrow \Phi^{-1}(t_0, t) = \Phi(t, t_0)$$

$$e^{A^\tau t} \rightarrow \Phi^\tau(t_0, t)$$

$$e^{-A^\tau t} \rightarrow [\Phi^\tau(t_0, t)]^{-1} = \Phi^\tau(t, t_0)$$

对变系数系统最速控制装置的综合（设计）要比前节所述方法更为复杂，但原理都是一样的。变系数系统的最速控制装置综合的任务是找出一个 $n+1$ 元函数 $\mathring{\boldsymbol{u}}(t,\boldsymbol{x})$，将其代入式(8.6-2)后，方程式以任何初始条件和初始时刻开始运动都能以最短时间到达终点状态。最速控制系统的运动方程式将为

$$\frac{d\boldsymbol{x}}{dt} = A(t)\boldsymbol{x} + B(t)\mathring{\boldsymbol{u}}(t, \boldsymbol{x}) \tag{8.6-9}$$

式中 $\mathring{\boldsymbol{u}}(t,\boldsymbol{x}) = (\mathring{u}_1(t,\boldsymbol{x}), \cdots, \mathring{u}_r(t,\boldsymbol{x}))$，它的每一个分量均满足给定的限制条件 A 或 B。

设控制量受 A 型限制，试讨论最速控制函数 $\mathring{\boldsymbol{u}}(t,\boldsymbol{x})$ 的求解方法。系统的终点状态设为凸性区域 Ω，它由下列不等式组所确定

$$g_i(\boldsymbol{x}) \leqslant 0, \quad i = 1, 2, \cdots, m \tag{8.6-10}$$

$g_i(\boldsymbol{x})=0, i=1,2,\cdots,m$，决定 Ω 的边界 S。假定这些函数在 S 上足够光滑，梯度向量 $\mathrm{grad}g_i(\boldsymbol{x})$ 处处不为零向量。和前节一样，用符号 $g(\boldsymbol{x})$ 代表 $g_i(\boldsymbol{x})$ 的全体。用 $G_{t_0}(\Omega, T)$ 表示 t_0 时刻开始运动而在 t_0+T 时能到达 Ω 的一切初始点的集合，称为 T 等时区。与常系数系统类似，等时区单调扩张的充分条件是：对任何 $\boldsymbol{z} \in S$ 和 $t \geqslant t_0$，存在 $\boldsymbol{u}(t)$，后者不在 U 的顶点取值，且使

$$(\mathrm{grad}g(\boldsymbol{z}), A(t)\boldsymbol{z} + B(t)\boldsymbol{u}(t)) < 0 \tag{8.6-11a}$$

或

$$A(t)\boldsymbol{z} + B(t)\boldsymbol{u}(t) \equiv 0 \tag{8.6-11b}$$

将 t 和 $\boldsymbol{x}$ 看成是 $n+1$ 维空间 R_{n+1} 内的点，令 $M(t_0)$ 是以 t_0 时刻出发并能到达 Ω 的一切点的全体，我们称它为关于 t_0 的可控区。当 $G_{t_0}(\Omega, T)$ 为单调扩张时，$G_{t_0}(\Omega, \infty)$ 与 $M(t_0)$ 相重合。称一切 $M(t)$，$0 \leqslant t < \infty$ 的总和为变系数系统在 R_{n+1} 内的可控区，用 M 表示。按定义，自 M 中的一切点 $(t,\boldsymbol{x})$ 均能用某一可准控制在有限时间内到达 Ω。以后最速控制函数 $\mathring{\boldsymbol{u}}(t,\boldsymbol{x})$ 的综合（设计）将在 M 内进行。重复前面的讨论，可以证明，一切自 $G_t(\Omega, T)$ 的边界点 $(t,\boldsymbol{x})$ 以 T 时间到达 Ω 的控制只能是最速控制，后者的每一个分量必是开关函数（对 A 型限制）。因此，对最速控制函数的综合问题可归结为对每一控制分量 u_i，在 R_{n+1} 内的可控区 M 中分为两个部分 M_i^+ 和 M_i^-，使

$$\mathring{u}_i(t, \boldsymbol{x}) = \begin{cases} +1, & \text{若}(\boldsymbol{x}, t) \in M_i^+ \\ -1, & \text{若}(\boldsymbol{x}, t) \in M_i^- \end{cases} \tag{8.6-12}$$

或者在 n 维空间中的 $M(t)$ 内

$$\mathring{u}_i(t,\boldsymbol{x})=\begin{cases}+1, & 若\ \boldsymbol{x}\in M_i^+(t)\\ -1, & 若\ \boldsymbol{x}\in M_i^-(t)\end{cases} \tag{8.6-13}$$

在 R_{n+1} 内 M_i^+ 和 M_i^- 的共同边界是一个 n 维超曲面 M_i^0，称为 $\mathring{u}_i$ 的开关曲面。而在 R_n 内 $M_i^+(t)$ 和 $M_i^-(t)$ 的共同边界 $M_i^0(t)$ 是 $n-1$ 维超曲面，后者在相空间内将随时间的变化而连续变动。这是与常系数系统的开关曲面所不同之处，在那里开关曲面是与时间无关的固定超曲面。

由于等时区的凸性和单调扩张性，因此自 M 内的任一点 $(t,\boldsymbol{x})$ 到达 Ω 的最速控制是唯一的，它由下式所确定：

$$\mathring{\boldsymbol{u}}(t)=-\operatorname{sign}(B^\tau(t)\Phi^\tau(t+T,t)\operatorname{grad}g(\boldsymbol{z})) \tag{8.6-14}$$

式中 T 为自 $(t_1,\boldsymbol{x})$ 到达 Ω 的最速过渡时间，$\boldsymbol{z}$ 为 Ω 边界 S 上的某一点。最速过渡时间 T 是初始状态和初始时间 t 的连续函数，写为 $T(t,\boldsymbol{x})$。方程式 $T(t,\boldsymbol{x})=T_0$ 在 R_n 内所确定的超曲面正是等时区 $G_{t_1}(\Omega,T_0)$ 的边界 $S_{t_1}(\Omega,T)$。显然，当 $S_{t_1}(\Omega,T)$ 上的过点 $\boldsymbol{x}$ 的外法向量与 $\boldsymbol{b}_i(t_1)$ 的内积为正时，$\boldsymbol{x}\in M_i^-(t)$；反之，当外法向量与 $\boldsymbol{b}_i(t_1)$ 的内积为负时，$\boldsymbol{x}\in M_i^+(t)$。因此，在 $S_t(\Omega,T)$ 的一切边界点上，最速控制可以确定出来：

$$\mathring{u}_i(t,\boldsymbol{x})=\begin{cases}+1, & 若(\boldsymbol{\psi}(x,t),\boldsymbol{b}_i(t))<0\\ -1, & 若(\boldsymbol{\psi}(x,t),\boldsymbol{b}_i(t))>0\end{cases} \tag{8.6-15}$$

式中 $\boldsymbol{\psi}(t,\boldsymbol{x})$ 为 $S_t(\Omega,T)$ 过 $\boldsymbol{x}$ 点的外法向量。如果函数 $T(t,\boldsymbol{x})$ 是可微的，那么，由等时区的单调性可知，向量 $\left(\dfrac{\partial T}{\partial x_1},\dfrac{\partial T}{\partial x_2},\cdots,\dfrac{\partial T}{\partial x_n}\right)$ 的方向与 $S_t(\Omega,T)$ 的外法向量 $\boldsymbol{\psi}(t,\boldsymbol{x})$ 方向相同，即

$$\operatorname{grad}_{\boldsymbol{x}}T(t,\boldsymbol{x})=a\boldsymbol{\psi}(t,\boldsymbol{x}) \tag{8.6-16}$$

式中 $a>0$，为一常数。再根据最速控制的特性式(8.6-14)知，每一个向量 $\boldsymbol{\psi}(t,\boldsymbol{x})$ 必对应 Ω 的边界 S 上的一个点 $\boldsymbol{z}$，使

$$\boldsymbol{\psi}(t,\boldsymbol{x})=\Phi^\tau(t,t+T(t,\boldsymbol{x}))\operatorname{grad}g(\boldsymbol{z}) \tag{8.6-17}$$

于是，$G_t(\Omega,T)$ 的边界 $S_t(\Omega,T)$ 可用下列参数方程组表达出来：

$$\boldsymbol{x}=\Phi(t+T,t)\left[\boldsymbol{z}+\int_t^{t+T}\Phi^{-1}(t+T,s)B(s)\operatorname{sign}(B^\tau(s)\Phi^\tau(s,t+T)\cdot\operatorname{grad}g(\boldsymbol{z}))ds\right]g(\boldsymbol{z})=0 \tag{8.6-18}$$

而 $\mathring{u}_i$ 的 $n-1$ 维开关曲面的参数表达式为

$$\boldsymbol{x}=\Phi(t+T,t)\boldsymbol{z}+\int_t^{t+T}\Phi(s,t)B(s)\operatorname{sign}(B^\tau(s)\Phi^\tau(s,t+T)\operatorname{grad}g(\boldsymbol{z}))ds$$

$$(\Phi^\tau(t,t+T)\operatorname{grad}g(\boldsymbol{z}),\boldsymbol{b}_i(t))=0,\quad g(\boldsymbol{z})=0,\quad 0\leqslant T<\infty \tag{8.6-19}$$

当 Ω 只含一个孤立点 $\boldsymbol{x}_0$ 时，式(8.6-19)变为

$$\boldsymbol{x} = \Phi(t+T,t)\boldsymbol{x}_0 + \int_t^{t+T} \Phi(s,t)B(s)\operatorname{sign}(B^\tau(s)\Phi^\tau(s,t+T)\boldsymbol{\psi})ds$$

$$(\Phi^\tau(t,t+T)\boldsymbol{\psi}, b_i(t)) = 0, \quad \|\boldsymbol{\psi}\| = 1, \quad 0 \leqslant T < \infty \tag{8.6-20}$$

前述式(8.6-19)仅确定了 $\mathring{u}(t,\boldsymbol{x})$在 M_i^+ 和 M_i^- 内的值，而在开关曲面 M_i^0 上的值尚未确定。但是，当最速运动轨线遇到 M_i^0 使 $\mathring{u}_i$ 变号并穿过开关曲面时，$\mathring{u}_i$ 在 M_i^0 上的取值无需单独确定。不能排除最速轨线的一段或全部位于 M_i^0 上的情况，这时 $\mathring{u}_i$ 在 M_i^0 上的取值就必须预先求出。容易证明这时 $\mathring{u}_i$ 的取值可按下式确定

$$\mathring{u}_i(t,\boldsymbol{x}) = \begin{cases} +1, & 若\dfrac{d}{dt}(\Phi^\tau(t,s+T)\operatorname{gradg}(\boldsymbol{z}), \quad \boldsymbol{b}_i(t))\,|_{s=t} < 0 \\ -1, & 若\dfrac{d}{dt}(\Phi^\tau(t,s+T)\operatorname{gradg}(\boldsymbol{z}), \quad \boldsymbol{b}_i(t))\,|_{s=t} > 0 \end{cases} \tag{8.6-21}$$

如果$\dfrac{d}{dt}(\Phi^\tau(t,s+T)\operatorname{grad}(\boldsymbol{z}), \boldsymbol{b}_i(t))\,|_{s=t} = 0$ 时，可继续取对 t 的二次导数，而 $\mathring{u}_i(t,\boldsymbol{x})$的取值规律依然可以按式(8.6-21)决定。因此，利用参数式(8.6-19)可以求出变系数线性系统的开关曲面 $M_i^0(t)$。

例　设受控对象的运动方程式是

$$\frac{dx_1}{dt} = x_2 + (1+e^{-t})u_2$$

$$\frac{dx_2}{dt} = -x_1 + (1+e^{-t})u_1, \quad |u_1| \leqslant 1, \quad |u_2| \leqslant 1 \tag{8.6-22}$$

系统的终点状态设为原点。显然，系统是完全可控的。根据式(8.6-20)，在相平面上开关曲线的参数表达式为

$$\boldsymbol{x} = \int_t^{t+T} \Phi(s,t)B(s)\operatorname{sign}(B^\tau(s)\Phi^\tau(s,t+T)\boldsymbol{\psi})ds$$

$$(\Phi^\tau(t,t+T)\boldsymbol{\psi}, b_i(t)) = 0, \quad \|\boldsymbol{\psi}\| = 1, \quad 0 \leqslant T < \infty \tag{8.6-23}$$

式中

$$\Phi(t,\tau) = \begin{pmatrix} \cos(\tau-t) & \sin(\tau-t) \\ -\sin(\tau-t) & \cos(\tau-t) \end{pmatrix}$$

解式(8.6-23)之第二式有

$$\boldsymbol{\psi}_1 = \pm(\cos T, -\sin T)$$

$$\boldsymbol{\psi}_2 = \pm(\sin T, \cos T)$$

于是，开关曲线上的点由下列参数式表示

$$\boldsymbol{x} = \int_0^T \begin{pmatrix} \cos T & -\sin T \\ \sin T & \cos T \end{pmatrix} \begin{pmatrix} \operatorname{sign}\cos\tau \\ -\operatorname{sign}\sin\tau \end{pmatrix} (1+e^{-t-\tau})d\tau$$

在区间$\dfrac{n\pi}{2} \leqslant T \leqslant \dfrac{n+1}{2}\pi$ 内积分上式

$$x = \begin{pmatrix} (2n+1) + e^{-t}\sum_{i=0}^{n} e^{-i\frac{\pi}{2}} + \sin\alpha - \cos\alpha - e^{-\left(t+\frac{n\pi}{2}+\alpha\right)}\cos\alpha \\ -e^{-t}\sum_{i=1}^{n} e^{-i\frac{\pi}{2}} + 1 - \cos\alpha - \sin\alpha - e^{-\left(t+\frac{n}{2}\pi+\alpha\right)}\sin\alpha \end{pmatrix} \tag{8.6-24}$$

式中右端之 $\alpha = T - \frac{n}{2}\pi$。将式(8.6-24)画在相平面上，便得到图 8.6-2 所示之开关曲线。开关曲线 $M_i^0(t)$ 随 t 的增加而连续变化，自 $M_i^0(0)$ 的位置连续变至 $M_i^0(\infty)$ 处，如虚线所示。设系统自 $\boldsymbol{x}_2(0)$ 点出发在 t 时刻与 $M_1^0(t)$ 上之 A 点相遇，于是 $u_1(t)$ 变号。然后，行至 B 点又与开关曲线 $M_2^0(t)$ 相遇，$u_2(t)$ 又变号。此后 $\boldsymbol{x}(t)$ 沿最速轨线进至原点。显然，$u_i(t)$ 的变号次数与初始条件有关，这与第8.1节内的常系数情况相同。

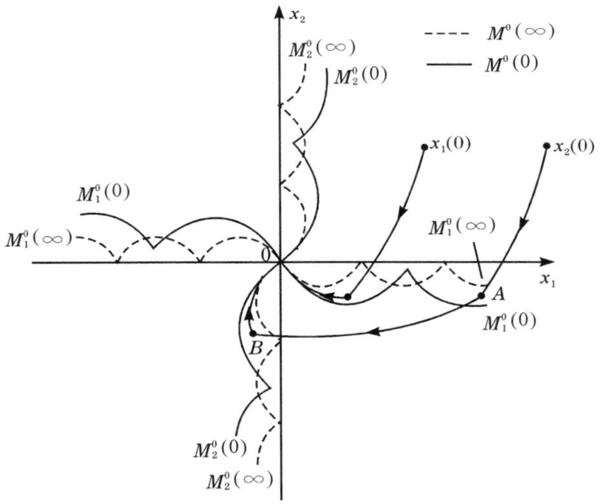

图 8.6-2

再讨论另一个综合方法——利用最速过渡时间函数 $T(t,\boldsymbol{x})$ 的方法，按式(8.6-15)和(8.6-16)所示之关系可知

$$\mathring{u}_i(t) = \begin{cases} +1, & 若(\mathrm{grad}_x T(t,\boldsymbol{x}), \boldsymbol{b}_i(t)) < 0 \\ -1, & 若(\mathrm{grad}_x T(t,\boldsymbol{x}), \boldsymbol{b}_i(t)) > 0 \end{cases} \tag{8.6-25}$$

现在的问题是如何求出函数，$T(t,\boldsymbol{x})$。

设 $\boldsymbol{x}(t)$ 是式(8.6-2)的某一解，由恒等式

$$T((t_0+t), \boldsymbol{x}(t_0+t)) = T(t, \boldsymbol{x}(t_0)) - t$$

可知最速过渡时间函数满足下列一阶线性偏微分方程

$$\frac{\partial T}{\partial t} + (\mathrm{grad}_x T(t,\boldsymbol{x}), A(t)x + B(t)\mathring{u}(t,\boldsymbol{x})) = -1 \tag{8.6-26}$$

上式的边界条件是，在 Ω 的边界 S 上有

$$T(t,\boldsymbol{x})\mid_S = 0 \tag{8.6-27}$$

这里又得到一个柯西问题，求解的方法完全与前节常系数的情况相同，只是变元增加了一个 t。求解的次序依然是将曲面 S 分成区域 $S_i(t)$，$i=1,2,\cdots,2^r$，每一区域上的最速控制由式(8.6-25)所唯一确定，而 S 上的梯度向量 $\mathrm{grad}_x T\mid_s=\mathrm{grad}\ g(\boldsymbol{x})$。此后再用逐步延拓法，即可在全空间内求出 $T(\boldsymbol{x},t)$。于是最速控制函数$\mathring{u}(\boldsymbol{x},t)$就可以按式(8.6-25)完全确定。

8.7　非线性系统综合举例

至今我们讨论过的综合问题中受控对象的运动方程式均假定是线性的。前面已经看到，利用等时区的概念可以顺利地解决最速控制的综合问题。但是，在实际问题中常常会遇到一些典型的非线性系统，即受控对象的运动方程式不是式(8.2-1)或(8.6-2)型的，而控制量和受控量往往以非线性形式出现在运动方程式右端。一般可写成下列形式

$$\frac{dx_1}{dt} = f_1(x_1,x_2,\cdots,x_n;u_1,\cdots,u_r)$$

$$\cdots$$

$$\frac{dx_n}{dt} = f_n(x_1,x_2,\cdots,x_n;u_1,\cdots,u_r) \tag{8.7-1}$$

或写成向量方程式

$$\frac{d\boldsymbol{x}}{dt} = \boldsymbol{f}(\boldsymbol{x},\boldsymbol{u})$$

这里依然假定控制量 $\boldsymbol{u}$ 受 A 型和 B 型限制。

对非线性系统的分析和综合要比线性系统困难得多。但是对某些接近线性的非线性系统，即所谓拟线性系统则可以利用线性系统所使用的办法去综合。本节内将详细讨论一个在工程问题中比较典型的非线性系统的实例。通过对这一系统的综合来看看应如何处理这类问题。

首先让我们研究一下式(8.7-1)的最速控制 $\mathring{\boldsymbol{u}}(t)$应该满足什么条件①。设函数 f_i 对每一分量 x_i 具有连续一阶偏导数，$\mathring{\boldsymbol{x}}(t)$和 $\mathring{\boldsymbol{u}}(t)$分别为自初始状态 $\boldsymbol{x}_0$ 至原点的最速轨迹和控制函数。令控制量 $\mathring{\boldsymbol{u}}(t)$不变，而将初始条件 $\boldsymbol{x}_0$ 作微小变化 $\varepsilon\boldsymbol{y}_0$，$\varepsilon$ 为一小的正常数，$\varepsilon>0$，$\boldsymbol{y}_0$ 为某一预定的任意常向量。利用轨道摄动法可以

① 以下的讨论是极大值原理——最速控制必要条件的简要说明。详细的讨论和证明请参看第九章及所引文献。

求出以 $\boldsymbol{x}_0+\varepsilon\boldsymbol{y}_0$ 为起点，以 $\mathring{\boldsymbol{u}}(t)$ 为控制的方程式(8.7-1)的解的主要部分是 $\mathring{\boldsymbol{x}}(t)+\varepsilon\boldsymbol{y}(t)$，其中 $\boldsymbol{y}(t)$ 是下列摄动方程式的解

$$\frac{d\boldsymbol{y}}{dt}=A(t)\boldsymbol{y},\quad \boldsymbol{y}(0)=\boldsymbol{y}_0$$

$$A(t)=\left(\frac{\partial f_i(\mathring{\boldsymbol{x}}(t),\mathring{\boldsymbol{u}}(t))}{\partial\mathring{\boldsymbol{x}}_j}\right)\tag{8.7-2}$$

式中 $A(t)$ 是 $n\times n$ 阶方阵。现将最速控制 $\mathring{\boldsymbol{u}}(t)$ 在 $t=\tau$ 处做微小的改动，用以观察最速轨线 $\mathring{\boldsymbol{x}}(t)$ 所发生的变化。令

$$\boldsymbol{u}(t)=\begin{cases}\mathring{\boldsymbol{u}}(t), & 若\ t<s-\varepsilon l,t\geqslant s\\ \boldsymbol{v}, & 若\ s-\varepsilon l\leqslant t<s\end{cases}\tag{8.7-3}$$

即在 $s-\varepsilon l\leqslant t<s$ 的区间内将最速控制函数换成另一个向量 $\boldsymbol{v}\in U$，而在此区间以外的一切时间上最速控制函数不做任何变化；定义式(8.7-3)中的 l 是任一正常数，ε 为某一足够小的正数。显然，在 $0\leqslant t\leqslant s-\varepsilon l$ 区间内最速轨线 $\mathring{\boldsymbol{x}}(t)$ 没有变化，而在 $s-\varepsilon l\leqslant t<s$ 区间内轨线发生了变化，这个变化量的主要部分是 $\varepsilon l\boldsymbol{y}_0$。

$$\int_{\tau-\varepsilon l}^{\tau}[\boldsymbol{f}(\mathring{\boldsymbol{x}}(t),\boldsymbol{v})-\boldsymbol{f}(\mathring{\boldsymbol{x}}(t),\mathring{\boldsymbol{u}}(t))]dt=\varepsilon l\boldsymbol{y}_0+0(\varepsilon)$$

式中 $\boldsymbol{y}_0=\boldsymbol{f}(\mathring{\boldsymbol{x}}(s),\boldsymbol{v})-\boldsymbol{f}(\mathring{\boldsymbol{x}}(\tau),\mathring{\boldsymbol{u}}(s))$，并假定 $\mathring{\boldsymbol{u}}(t)$ 的每一个分量在这个小区间内是连续的。令 $\Phi(s,t)$ 是式(8.7-2)的基本解矩阵，$\Phi(t,t)=E$。于是，$\boldsymbol{u}(t)$ 对应的变化了的轨线是

$$\boldsymbol{x}(t)=\begin{cases}\mathring{\boldsymbol{x}}(t), & t\leqslant s-\varepsilon l\\ \mathring{\boldsymbol{x}}(t)+\varepsilon l\boldsymbol{y}(t)+0(\varepsilon), & t>s\end{cases}$$

式中

$$\boldsymbol{y}(t)=\Phi(s,t)\boldsymbol{y}_0$$

由于 $\boldsymbol{y}(t)$ 是 $\boldsymbol{y}_0$ 的线性函数，而 $\boldsymbol{x}(t)$ 又是 ε 和 $\boldsymbol{y}(t)$ 的线性函数，不难理解，当 l 固定且 ε 足够小时，一切式(8.7-3)型的控制函数所对应的轨线终点构成一个凸性锥体，而且过 $\mathring{\boldsymbol{x}}(t_1)$ 点可以做一个支面 P，使一切变动了的轨线端点 $\boldsymbol{x}(t_1)$ 位于此支面 P 的一侧。设 $\boldsymbol{\psi}_1$ 为此支面的外法向量，于是有

$$(\boldsymbol{\psi}_1,y(t_1))\leqslant 0$$

将 $\boldsymbol{y}(t_1)$ 之表达式代入上式后有

$$(\boldsymbol{\psi}_1,\Phi(s,t_1)[\boldsymbol{f}(\mathring{\boldsymbol{x}}(s),\boldsymbol{v})-\boldsymbol{f}(\mathring{\boldsymbol{x}}(s),\mathring{\boldsymbol{u}}(s))])\leqslant 0$$

或

$$(\Phi^{\tau}(s,t_1)\boldsymbol{\psi}_1,\boldsymbol{f}(\mathring{\boldsymbol{x}}(s),\mathring{\boldsymbol{u}}(s)))\geqslant(\Phi^{\tau}(s,t_1)\boldsymbol{\psi}_1,\boldsymbol{f}(\mathring{\boldsymbol{x}}(s),\boldsymbol{v}))$$

由于 $[\Phi^{\tau}(t_1,s)]^{-1}\boldsymbol{\psi}_1$ 是式(8.7-2)的共轭方程式

$$\frac{d\boldsymbol{\psi}}{dt}=-A^{\tau}(t)\boldsymbol{\psi},\quad \boldsymbol{\psi}(t_1)=\boldsymbol{\psi}_1\tag{8.7-4}$$

的解，$\boldsymbol{v}$ 是任意且属于 $\boldsymbol{U}$ 的向量，s 也是任意的，$0\leqslant s\leqslant t_1$。因此上述不等式的含义为

$$H=(\boldsymbol{\psi}(t),\boldsymbol{f}(\mathring{\boldsymbol{x}}(t),\mathring{\boldsymbol{u}}(t)))=\max_{\boldsymbol{v}\in\boldsymbol{U}}(\boldsymbol{\psi}(t),\boldsymbol{f}(\mathring{\boldsymbol{x}}(t),\boldsymbol{v})) \tag{8.7-5}$$

式中 $H=(\boldsymbol{\psi}(t),\boldsymbol{f}(\boldsymbol{x},\boldsymbol{u}))$，称为哈密顿函数，它与原方程式(8.7-1)及其摄动共轭方程式(8.7-4)的关系显然是

$$\frac{\partial H}{\partial \psi_i}=\frac{dx_i}{dt}=f_i(\boldsymbol{x},\boldsymbol{u})$$

$$\frac{\partial H}{\partial x_i}=-\frac{d\psi_i}{dt}$$

归纳上述，得到式(8.7-1)最速控制的必要条件是存在一个非零连续向量函数 $\boldsymbol{\psi}(t)$，沿最速轨线上的每一时刻 t，最速控制 $\mathring{\boldsymbol{u}}(t)$ 使哈密顿函数 H 获极大值。此外，可以证明，沿最速轨线 $H\geqslant 0$，而且等于常数。下面我们就利用这个定理去解决一个非线性最速控制系统的综合问题。

现讨论带有电机放大器的电力拖动系统[21]，如图 8.7-1 所示。图内左边加到电机放大器控制绕组上的电压 u_1 是对拖动系统的主要控制量，加到右边直流电机激磁绕组上的电压 u_2 可以看成是第二个控制量。通常在这类系统中取 u_2 为常值电压。实际上，若将激磁电压 u_2 看成为控制量，而在控制过程中按需要去变化它的电平，那么，拖动系统的性能可以提高。这一点通过下面的分析可以看出。令 x 表示电机输出的转角，ω 为电机旋转速度，e 为电机放大器的输出电压，i_1 和 i_2 分别为控制绕组和激磁绕组的电流。于是受控对象的运动方程式是

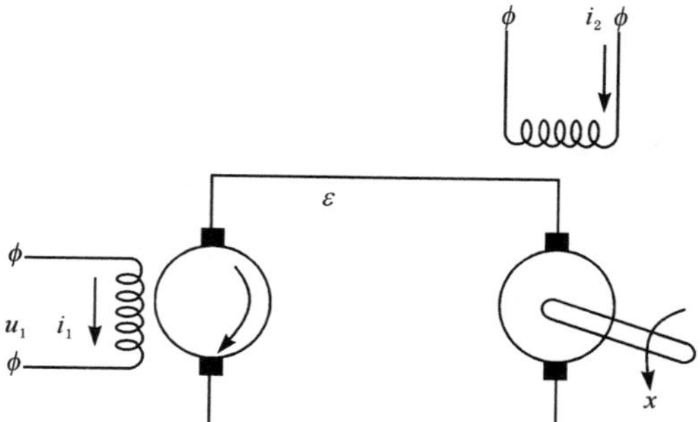

图 8.7-1

$$\frac{dx}{dt}=\omega$$

$$\frac{d\omega}{dt}=\alpha i_2 e+\omega i_2^2$$

$$\frac{de}{dt}=-\beta e+\beta i_1$$
$$\frac{di_1}{dt}=-\gamma i_1+\gamma u_1$$
$$\frac{di_2}{dt}=-\varepsilon i_2+\varepsilon u_2 \tag{8.7-6}$$

式中 $\alpha,\beta,\gamma,\varepsilon$ 均为正常数，为系统结构参数所确定。为了容易掌握综合方法的实质，我们假定两个绕组的时间常数 $T_1=\dfrac{1}{\gamma}$，$T_2=\dfrac{1}{\varepsilon}$ 和电机放大器的时间常数 $T_3=\dfrac{1}{\beta}$ 均很小，从而把式(8.7-6)的五个方程式化简为一个二阶系统。于是综合问题即可以在相平面上进行。

设控制系统的任务是位置随动，即跟随输入作用 $g(t)=A=\text{const}$。引进误差坐标 $x_1=A-x$，$x_2=\dfrac{dx_1}{dt}=-\omega$，$u_1=e$，$u_2=i_2$ 后，方程组(8.7-6)可化简为

$$\frac{dx_1}{dt}=x_2$$
$$\frac{dx_2}{dt}=-u_2^2x_2-\alpha u_1u_2 \tag{8.7-7}$$

可以看到这是一个非线性系统。因此线性综合方法这里不能应用，但是必要条件式(8.7-5)却是适用的。控制量 u_1 受到控制电源的电压限制，而 u_2 除受到电源电压限制外，还需保证直流电机不因激磁电流太小而发生“飞散”现象，即转速太大而失去控制。因而 u_2 的下端要受到限制，这些限制条件可写成(适当选择受控量的单位)

$$|u_1|\leqslant 1,\quad 0<\lambda\leqslant u_2\leqslant 1 \tag{8.7-8}$$

为了求出最速控制，首先应写出式(8.7-7)的共轭方程组

$$\frac{d\psi_1}{dt}=0$$
$$\frac{d\psi_2}{dt}=-\psi_1+u_2^2\psi_2 \tag{8.7-9}$$

然后再构成哈密顿函数

$$H(\boldsymbol{x},\boldsymbol{\psi},\boldsymbol{u})=\psi_1x_2+\psi_2(-u_2^2x_2-\alpha u_1u_2) \tag{8.7-10}$$

解方程组(8.7-9)有

$$\psi_1(t)=\psi_{10}=\text{const}$$
$$\psi_2(t)=e^{\int_0^t u_2^2(\tau)d\tau}\left[\psi_{20}-\int_0^t\psi_{10}e^{-\int_0^\tau u_2^2(s)ds}d\tau\right] \tag{8.7-11}$$

由上式的结构可以看出，$\psi_2(t)$ 右端的两项都是 t 的单调函数，故 $\psi_2(t)$ 最多变号一

次，再根据极值条件式(8.7-5)和(8.7-10)之右端可知，由于 $u_2>0$，所以最速控制之一是

$$\mathring{\boldsymbol{u}}_1(t)=-\operatorname{sign}\psi_2(t) \tag{8.7-12}$$

为了找到另一个最速控制函数 $\mathring{\boldsymbol{u}}_2(t)$ 的形式，将哈密顿函数改写成下列形式

$$H(\boldsymbol{x},\boldsymbol{\psi},\boldsymbol{u})=\psi_1 x_2+\psi_2\left[-x_2\left(u_2+\frac{\alpha u_1}{2x_2}\right)^2+\frac{\alpha^2 u_1^2}{4x_2}\right]$$

最速控制 $\mathring{\boldsymbol{u}}_2(t)$ 应使上式获极大值。现分别研究两种情况：

(1) 设 $\psi_2(t)<0$，此时 $\mathring{\boldsymbol{u}}_1=1$。在上半平面内 $x_2>0$，$\mathring{\boldsymbol{u}}_2$ 应取最大值 $+1$。在下半平面内 $x_2<0$ 处，最速控制 $\mathring{\boldsymbol{u}}_2$ 的表达式为

$$\mathring{\boldsymbol{u}}_2=\begin{cases}1, & 若\left|\dfrac{\alpha}{2x_2}\right|\geqslant 1\\[2mm] \left|\dfrac{\alpha}{2x_2}\right|, & 若\lambda\leqslant\left|\dfrac{\alpha}{2x_2}\right|\leqslant 1\\[2mm] \lambda, & 若\left|\dfrac{\alpha}{2x_2}\right|\leqslant\lambda\end{cases} \tag{8.7-13}$$

(2) 设 $\psi_2(t)>0$，$\mathring{\boldsymbol{u}}_1=-1$。于是在上半平面内 $x_2>0$ 处有

$$\mathring{\boldsymbol{u}}_2=\begin{cases}1, & 若\dfrac{\alpha}{2x_2}\geqslant 1\\[2mm] \dfrac{\alpha}{2x_2}, & 若\lambda\leqslant\dfrac{\alpha}{2x_2}\leqslant 1\\[2mm] \lambda, & 若\dfrac{\alpha}{2x_2}\leqslant\lambda\end{cases} \tag{8.7-14}$$

在下半平面内 $x_2<0$，$\mathring{u}_2=1$。

显然，一般来讲，每一个 $\mathring{u}_1(t)$ 均由两段组成，因为当 ψ_{10} 和 ψ_{20} 不均为零时 $\psi_2(t)$ 不可能恒为零，故 $\mathring{u}_1(t)$ 必为开关函数。另一个控制 $\mathring{u}_2(t)$ 一般是由四段组成，在其中的一段内，它连续地取从 λ 到 1 的所有值。在最后一段 $\mathring{u}_2(t)$ 必为 $+1$，否则在最速轨线的终点，(这里 $x_1=0$，$x_2=0$)哈密顿函数 H[参看式(8.7-10)]不可能达最大值。其次，在原点附近只有两条可能的最速控制通向原点，一条来自下半平面，另一条来自上半平面。在图 8.7-3 中用 L^+ 和 L^- 表示这两条线。显然，在 L^- 上 $\mathring{u}_1=-1$，在 L^+ 上 $\mathring{u}_1=+1$；在这些线上 $\mathring{u}_2$ 均取极大值；而这些线上的每一点必同时为 $\mathring{u}_1(t)$ 的开关点。

总结前面的讨论，我们得到相平面上的最速控制函数的取值区域。整个相平面被开关曲线 L^+ 和 L^- 划分为两半，每半平面内又被两条直线 S_1，S_2 和 S_1'，S_2' 分为三部分。以左半平面为例，在直线 S_1 下面 $\mathring{u}_1=-1$，$\mathring{u}_2=+1$；在 S_1 和 S_2 的中

间 $\mathring{u}_1=-1, u_2=\dfrac{\alpha}{2x_2}$；在 L^+ 和 S_2 的中间 $\mathring{u}_1=-1, \mathring{u}_2=\lambda$；在 L^+ 上 $\mathring{u}_1=+1, \mathring{u}_2=+1$。在右半面上的最速控制的值域划分完全类似。

设系统的初始误差 $\boldsymbol{x}_0$ 点位于第一象限，则最速过程和最速控制函数随时间的变化规律如图 8.7-2 所示。这样，最速控制函数的综合问题就完全解决了。我们看到。虽然极值条件式(8.7-5)只是最速控制的必要条件，但对某些具体非线性系统则可以提供解决综合问题的足够知识。当然，一般来讲，这个条件是不够的。

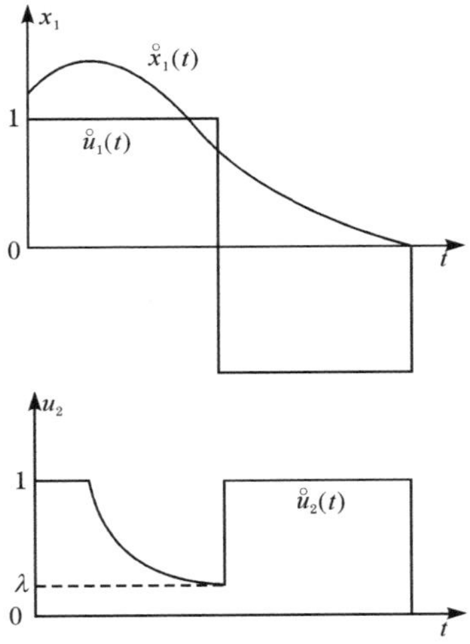

图 8.7-2

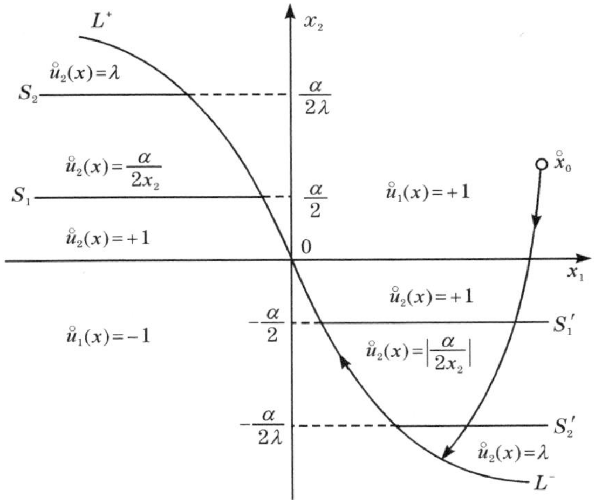

图 8.7-3

8.8 最速控制函数的技术实现

前面我们详细地讨论了特定最速控制函数的求法和最速控制系统的综合方法。但是系统的设计工作尚未最后完成。因为设计工作要求技术设计者按求得的函数形式做成控制装置，用机械的，电的方法在实际系统中实现这些控制规律。当然，在原理上它们是可以实现的，因为现代计算技术已给我们提供了充分条件去实现任何复杂的，已知的函数形式。如果控制系统是一次作用的，而最速控制函数只有一个向量函数 $\mathring{\boldsymbol{u}}(t)$ 时，它的技术实现在技术上是毫无困难的。如果它的每一个分量都是开关函数，那么，可用时间程序装置去实现每次开关动作，或者用 r 个时间函数产生器就足够了。

当控制系统的初始误差坐标不能预先测出时，就需要设计出一个自动控制装置，该装置根据每一瞬间测得的误差坐标，按给定的函数规律去算出最速控制函数的取值。这就不是一个简单的程序装置或者简单的函数产生器所能实现了的事。特别是当受控对象的运动方程式的阶次较高时，欲实现 r 个 n 元函数，只靠计算机的存储器是很不经济的，甚至现有的大型计算机的数据存储能力都将无能为力。因此必须找出其他途径来完成最速控制函数的技术实现。

一个普遍可行的办法是用简单的函数去逼近最速控制规律。实际工程问题的物理特点给这种逼近方法提供了有利的条件。每一个受控系统的初始误差值总不可能是无限的。系统中每一个物理量都有自己的最大工作范围。因此，实际系统的工作状态不可能是相空间的任何点，而是终点状态附近的某一有界区域。区域的边界只能根据每一实际问题的物理特点去确定。我们称这个区域为系统的基本工作区，并且用符号 D 表示。如果能利用简单的函数在区域 D 内较精确地逼近最速控制函数，而前者在技术上又是容易实现的函数，那么，设计问题所遇到的困难就不再成为阻碍，幸运的是这种方法是存在的[13,22]。

设 $u(x_1,\cdots,x_n)$ 是最速控制函数 $\mathring{\boldsymbol{u}}(\boldsymbol{x})$ 的某一分量。现试用 n 个单变量函数的积去逼近它。设 $h_1(x_1),h_2(x_2),\cdots,h_n(x_n)$ 为一串单变元函数，它们按下列意义在区域 D 上最优逼近函数 $u(x_1,x_2,\cdots,x_n)$

$$R_1=\int_D[u(x_1,x_2,\cdots,x_n)-\lambda_1h_1(x_1)h_2(x_2)\cdots h_n(x_n)]^2d\omega=\min \quad (8.8\text{-}1)$$

式中 λ_1 为某一常数，ω 为 n 维相空间内的体积元素，这一串函数如果能找到，而 R_1 又足够小，那么，我们就有理由用函数

$$S_1(x_1,\cdots,x_n)=\lambda_1h_1(x_1)h_2(x_2)\cdots h_n(x_n) \quad (8.8\text{-}2)$$

去代替最速控制 $u(x_1,\cdots,x_n)$。假如函数 S_1 尚不能“足够好”的代表 u，可对差函数 $u(\boldsymbol{x})-S_1(\boldsymbol{x})=R_1(\boldsymbol{x})$ 再继续用第二次逼近，即找出另一串函数 $g_1(x_1)$，$g_2(x_2),\cdots,g_n(x_n)$ 使

$$R_2=\int_D[R_1(x_1,\cdots,x_n)-\lambda_2g_1(x_1)\cdots,g_n(x_n)]^2d\omega=\min \quad (8.8\text{-}3)$$

当 R_2 足够小时就可以用

$$S=S_1(\boldsymbol{x})+S_2(\boldsymbol{x})=\lambda_1h_1(x_1)\cdots h_n(x_n)+\lambda_2g_1(x_1)\cdots g_n(x_n)$$

去代替控制函数 $u(\boldsymbol{x})$。如果第二次逼近仍嫌不足，可连续取第三次逼近，等。我们可以相信条件式(8.8-1)，取少数几次逼近后，即可得到技术上足够的精度①。

设这一串最优逼近的单元函数已经找到，那么，最速控制装置的技术实现就没有任何困难了。只需做出 n 个或 $2n$ 个单元函数产生器；再把它们连续乘起来即可。而单元函数产生器和乘法器的线路结构即便用模拟电路也是比较容易实

① 关于这种逼近的收敛性，当 $n=2$ 时已有证明，当 $n>2$ 时尚无严格证明，见文献[22]。

现的。下面我们就来讨论用什么方法求出满足极值条件式(8.8-1)的那一串单元函数。

引进希尔伯特空间 $L_2(D)$，其中任一平方可积的函数 $u(\boldsymbol{x})$ 有

$$\| u \|^2 = \int_D [u(x_1, \cdots, x_n)]^2 d\omega = \langle u, u \rangle$$

我们称函数 $\| u \|$ 为函数 $u(\boldsymbol{x})$ 的范数。于是

$$R_1 = \| u(\boldsymbol{x}) - \lambda h_1 \cdots h_n \|^2 = \langle u - \lambda h_1 \cdots h_n, u - \lambda h_1 \cdots h_n \rangle$$

设 $\eta_i(x_i)$，$i=1,2,\cdots,n$，为一串任意平方可积的单元函数①，ε_i 为一串足够小的常数。为了讨论方便，我们假定

$$\int_{D_i} (h_i(x_i) + \varepsilon_i \eta_i(x_i))^2 dx_i = \| h_i + \varepsilon_i \eta_i \|^2 = 1$$

式中 D_i 是函数 $h_i(x_i)$ 的定义区间。将 $h_i+\varepsilon_i\eta_i$ 代入式(8.8-1)，根据 h_i 的极值条件可知，在 $\varepsilon_i=0$，$i=1,2,\cdots,n$，处有极小值。令

$$R_1(h_i + \varepsilon_i \eta_i) = \| u - \lambda \prod_{i=1}^{n} (h_i + \varepsilon_i \eta_i) \|^2$$

求 R_1 对 ε_i 的导数，于是有

$$\left. \frac{\partial R_1}{\partial \varepsilon_i} \right|_{\varepsilon_1 = \cdots = \varepsilon_n = 0} = -2\left(u - \lambda \prod_{\alpha=1}^{n} h_\alpha, \eta_i \prod_{\substack{\alpha=1 \\ \alpha \neq i}}^{n} h_\alpha \right) = 0$$

或

$$\int_D \left[\left(u(\boldsymbol{x}) - \lambda \prod_{\alpha=1}^{n} h_\alpha(x_\alpha) \right) \prod_{\alpha \neq i} h_\alpha(x_\alpha) \right] \eta_i(x_i) d\omega = 0$$

因为 $\eta_i(x_i)$ 是任意函数，所以上式只有在方括号内的函数积分等于零时才能成立，于是便得到对 h_i 的下列积分方程组

$$\lambda h_i(x_i) = \int_{D_i'} u(x_1, \cdots, x_n,) h_1(x_1) \cdots h_{i-1}(x_{i-1}) h_{i+1}(x_{i+1}) \cdots h_n(x_n) d\omega_i$$

$$i = 1, 2, \cdots, n \qquad (8.8\text{-}4)$$

式中 D_i' 和 $d\omega_i$ 分别表示区域 D 在不含第 i 分量的 $n-1$ 维空间的投影及此空间内的体积元素。可以看到，方程组(8.8-4)是一组循环积分方程，其中的核函数 $u(\boldsymbol{x})$ 为已知。可以证明，此组方程式一定有解，或者说至少有一个解。如果加上限制条件 $\int_{D_i} [h_i(x_i)]^2 dx_i = 1$，则 λ 称为方程组的本征值。如果有许多解，最大的 λ 所对应的一串 $h_i(x_i)$ 将是方程式(8.8-1)的解。

求解方程组(8.8-4)的方法很多，例如逐步逼近法，最速下降法等均可以使

① 实际上我们假定 $u(\boldsymbol{x})$ 是平方可积的 n 元函数。于是 $u(\boldsymbol{x})$ 和 $h_i(x_i)$，$\eta_i(x_i)$ 均为希尔伯特函数空间 $L_2(D)$ 中的元素。

用。也可以采用数学分析中的特征函数求解方法。这里不再赘述。这一串函数求出后，即可算出式(8.8-1)内的 R_1。若 R_1 的值还相当大，就在求出函数 $u(\boldsymbol{x})-S_1(\boldsymbol{x})$以后，把它当做新的核函数，再一次求解方程组(8.8-4)，这样就找到了 $S_2(\boldsymbol{x})$，依此类推。

实际经验表明，这个方法的收敛速度很快。当 $n=2$ 时，方程组的求解极其简单。欲达到 1%的逼近精度，只需取二组或三组单元函数就够了。在采用这个方法时，对线性系统还可用开关曲面函数代替最速控制函数 $u(\boldsymbol{x})$，这时函数的变元可以减少一个。例如，对三阶系统可以只处理二元函数，对四阶系统只处理三元函数等。当然，在实际中可以根据实际问题的特点，利用其他类型的近似方法去处理计算问题。上面介绍的方法虽有普遍意义，却不是唯一可行的，因为对每一个系统不一定都经济省事。

上面的讨论基于一个没有明确提到的假设条件，即系统的每一个误差坐标都必须在每一瞬间完全测出，否则上述 n 元的最速控制函数的瞬时取值就无法确定了。为了测出误差坐标，必须同时测出受控对象的一切坐标取值和输入作用的一切坐标。如果受控对象的运动方程式是一个 n 阶线性方程式，为了确定每一个瞬间最速控制函数的取值，必须连续不断地测出受控对象的输出量及其各次导数和输入作用的各阶导数。如果受控对象的运动为一个方程组所描绘，则可不必测出输出和输入的各阶导数，只需测出各坐标就够了。尽管如此，欲实现最速控制装置，仍然需要大量的测量装置，这在实际上有时可以做到，有时也很困难。当某些坐标原则上不能测量时，最速控制系统就难以实现了。很多实际问题中的情况正是如此。在这种情况下，设计师们便只得采用其他方法，利用不完全的坐标信息去设计系统。但是，即便在这种情况下，最速控制理论依然有其指导意义。利用这个理论可求出理想的过渡过程，原理上能够达到的最短过渡时间。算出这些极限值后就可以用此来评价设计出来的系统，看它离理想指标差多少。这样，最速控制理论至少具有认识论方面的意义。同时，这里可以提出一个重要的理论问题，即当某些坐标在实际上不能测量时(或者说系统没有完全能观测性)，如何综合系统，使系统的过渡过程的时间在某一种意义上最短。这个问题也可称为非全信息的最速控制综合问题。这方面的研究无疑在理论上和实践上都有重大的意义。

在应用最速控制理论设计系统时，还要考虑到另一个困难。由于线性受控对象的最速控制是开关函数并且求出的运动方程式不可能完全精确地反映实际情况，可能在零点附近发生自振现象。为了避免这种现象发生，可以将设计工作分为两段进行，在误差较大时用最速控制函数，在误差足够小时用第五章内所介绍的方法去设计。这样既保证了运动的快速性，又保证了零点的稳定性。当运动方程足够准确时，可以不为零点的稳定性担心，此时最速控制装置将使系统具有最好的零点稳定性。因为前节内求出的函数 $T(\boldsymbol{x})$ 就是李雅普诺夫函数，它满足稳定性定理规定的一切条件，即

$$T(\boldsymbol{x}) > 0, \text{若 } \boldsymbol{x} \neq \boldsymbol{0}$$

$$\frac{dT(\boldsymbol{x})}{dt} = -1 < 0$$

这就是说，最速控制系统的一切运动都将是稳定的。

当控制系统受到随机干扰时，最速控制系统显然没有良好的滤波性能。由于它对输入作用的反应太快，输入噪声也将最大限度地在输出端复现。从这一意义来看，最速控制的要求与系统对“噪声”有良好的过滤能力的要求是有矛盾的。只有当确信系统不受有害噪声扰动时或信杂比很高时，才能采用本章内讨论的方法去进行设计。关于如何设计具有良好过滤“噪声”能力的系统，将在以后详细讨论。这里我们只指出，在有随机干扰作用时，设计者应巧妙地对各种指标进行综合平衡，在各种矛盾中寻求技术上合理的设计方案。

参 考 文 献

[1] 涂序彦，多变量协调控制问题，第一届国际自动化学会论文选集，上海科学技术出版社，1963.

[2] 张嗣瀛，常系数线性系统的快速控制问题，自动化学报，2(1964)，2.

[3] 周恒，关于利用继电式元件改进控制系统的一个问题，力学学报，1(1957)，3.

[4] 戴汝为、李宝绥、王玉莹，关于线性快速控制的一个计算方法，自动化学报，2(1964)，3.

[5] 宋健、韩京清，线性最速控制系统的分析与综合理论，数学进展，5(1962)，4.

[6] 宋健、韩京清，变系数最速控制系统的分析与综合，中国科学，13(1964)，6.

[7] Bellman, R. & Glicksberg, I. & Gross. O., On the Bang-Bang Control Problem, Quat. Appl. Math., 14(1956), 1.

[8] Bushaw, D. W., Experimental Towing Tank, Stevens Institute of Technology Report, 469, Haboken, 1953, 7.

[9] Hopkin, A. M. & Ivama M. A., A study of a Predictor-type Air-frame Controller Designed by Phase-Space Analysis, Trans. of AIEE Ⅱ(1956).

[10] Kalman, R. E., Optimal Nonlinear Control of Suturating Systems; Systems by Intermittent Action, IRE Wescon. Convention Record. Part 4, 1957, 1.

[11] LaSalle, J. P., Time Optimal Control Systems, Proc. of National Academic Science, 1959, 4.

[12] Neustadt, L. W., Paiewonski, B., On Synthesizing Optimal Control, Proceedings of the Second IFAC Congress, Basel, 1963.

[13] Pike. E. W., Silverberg. T. R., Designing Mechanical Computer, Machine Design, 24 (1952). 7, 8.

[14] Sun Jian & Hang King-Ching, Analysis and Synthesis of Time Optimal Control Systems, Proc. of the Second IFAC Congress, Basel, 1963.

[15] Антоманов, Ю. Г. , Автоматитеское управление с применением вычислительных машин (синтез систем, оптимальных по быстрадействию), Ленинград, 1962.

[16] Гамкрелидзе, Р. В. К теории оптималъных процессов в линейных системах, ДАН СССР, 116(1957), 1.

[17] Кириллова, Ф. М. , О предельном переходе в решении одной задачи оптимального управления, ПММ, 24(1960), 2.

[18] Красовский, Н. Н. , К теории оптимального регулирования, *Автоматика и Телемеханика*, 18(1957)11.

[19] Лернер, А. Я. , О предельном быстрөдействии систем автоматического рогулирования, *Автоматика и Телемеханика*, 15(1964), 6.

[20] Понтрягин Л. С. , Балтяский В. Г. , Гамкрелизе Р. В. , Мищенко Е. Ф. , Математическая теория оптимальных процессов, физматгиз, москва, 1961.(庞特里亚金等,最优过程的数学理论,陈祖浩等译,上海科学技术出版社,1965.)

[21] Сун Цзянь(宋健), Оптимальное управление в одной нелинейной системе, *Автоматика и Телемеханика*, 21(1960), 1.

[22] Сун Цзянь(宋健), Бутковский А. Г. , К построении функциональных преобразователей со многими входами, Изв. АН СССР, ОТН, 1961, 2.

[23] Фелъдбаум, А. А. , Оптималъные процессы в системах автоматического регулирования, *Автоматика и Телемеханика*, 14(1953), 6.

[24] Фельдбаум, А. А. , Основы теории оптимальных автоматических систем, Москва, 1963.

[25] Сун Цзянь(宋健), Синтез оптимального устройства следящей системы, *Автоматика и Телемеханика*, 20(1959), 1.

第九章 满足指定积分指标的控制系统设计

在前面几章里，我们主要从分析的观点去讨论控制系统的设计问题。那就是首先假定了系统的结构，然后找出系统具有什么样的性能。

在上面一章里，我们第一次引入了一种不同的、更为直接的观点：我们首先指定某些性能，然后寻求能够给出所要求的性能的控制系统。本章内，我们将把这一原理用到任意的系统上去。在这种控制系统中，被满足的性能准则是用被控制量的积分表示的，因此可以得到一个非常普遍的用微分方程来表示的系统的性能。一般说来，这是一个非线性的微分方程。按这种原理设计成功的控制系统通常就是一个非线性系统。

9.1 基本概念

实际上，第八章内曾研究过的最速控制系统，就是属于具有最短过渡时间的系统，而最短过渡时间可以用积分公式表达出来。下面我们将讨论一个更为一般的问题：系统质量指标是具有更为普遍的积分形式。设受控对象的运动规律为下列一阶常微分方程组所描述

$$\frac{dx_1}{dt}=f_1(x_1,x_2,\cdots,x_n,u_1,u_2,\cdots,u_r)$$

$$\frac{dx_2}{dt}=f_2(x_1,x_2,\cdots,x_n,u_1,u_2,\cdots,u_r)$$

$$\cdots$$

$$\frac{dx_n}{dt}=f_n(x_1,x_2,\cdots,x_n,u_1,u_2,\cdots,u_r) \tag{9.1-1}$$

式中 $x_i,i=1,2,\cdots,n$，为受控对象的状态坐标分量，$u_1,u_2,\cdots,u_r$ 为控制量。上式也可以写成向量方程式，令 $\boldsymbol{x}=(x_1,x_2,\cdots,x_n)$，$\boldsymbol{u}=(u_1,u_2,\cdots,u_r)$，则有

$$\frac{d\boldsymbol{x}}{dt}=\boldsymbol{f}(\boldsymbol{x},\boldsymbol{u}) \tag{9.1-1a}$$

式中 $\boldsymbol{f}=(f_1,f_2,\cdots,f_n)$。

受控运动的性能指标，我们用积分

$$J=\int_0^{t_1} f_0(\boldsymbol{x},\boldsymbol{u})dt \tag{9.1-2}$$

来表示，右边积分上限 t_1 是评价运动优劣的时间区间，即仅在$[0,t_1]$时间间隔内

评价系统的运动。显然，当 $f_0 \equiv 1$ 时，我们便得到 $J = t_1$，此时运动到达终端所需的时间就是评价受控运动优劣的指标。这一问题我们已在前一章内详细地讨论过了。设 $\boldsymbol{x}_0 = (x_{10}, x_{20}, \cdots, x_{n0})$ 是受控对象(9.1-1)的初始状态。控制的目的是使受控对象由此点出发到达某一特定状态 $\boldsymbol{x}_1$ 或某一状态集合 D(状态空间内某一特定区域)。

如果式(9.1-2)表示控制过程中某种物理量的耗损，如能量或燃料消耗等，则希望选择控制 $\boldsymbol{u}(t)$ 使

$$J = \int_0^{t_1} f_0(\boldsymbol{x}(t), \boldsymbol{u}(t))dt = \min, \quad \boldsymbol{x}(0) = \boldsymbol{x}_0 \tag{9.1-3}$$

有时又希望使 $J = \max$，这时只需将函数 f_0 变号后，便可归结为条件式(9.1-3)。

设 $\boldsymbol{x}_0$ 是受控对象的初始状态，控制的目的是使受控对象到达某一状态集合 D(区域)。自 $\boldsymbol{x}_0$ 到达 D 且满足条件式(9.1-3)的控制函数称为最优控制。不难想象，这里可能有四种情况：

(1) 自 $\boldsymbol{x}_0$ 点用任何控制 $\boldsymbol{u}(t)$ 都不可能到达区域 D，此时不存在任何能到达目的地的控制函数，当然也无最优控制可言。

(2) 自 $\boldsymbol{x}_0$ 点只有一个控制 $\boldsymbol{u}(t)$ 使受控对象的状态到达 D。此时，到达终端状态的控制只有一个，它所对应的式(9.1-3)的 J 也唯一地被确定，对于这种情况最优控制也是没有意义的。

(3) 自 $\boldsymbol{x}_0$ 引至 D 的控制函数有多个(有穷多个或无穷多个)。如果这种控制为有穷多个，那么其中使 J 取最小值的控制便是要求的最优控制，若这些控制所对应的 J 相等，则可认为其中任何一个控制都是最优的。如果自 $\boldsymbol{x}_0$ 引到 D 的控制函数有无穷多个，其中有一个或数个控制使 J 取最小值，此时我们说最优控制函数存在，控制设计的任务就是找出这个最优控制来。

(4) 自 $\boldsymbol{x}_0$ 点引到 D 的控制有无穷多个，但其中没有一个能使 J 取极小。此时最优控制依然是不存在的。

上述四种情况中的第四种；初看起来很奇怪。其实这种情况是常见的。试看下面的例子。设在水平面上有一质量为 m 的物体，在 $t=0$ 时处于静止状态。现用一个力 F，将物体推至 $\boldsymbol{x}_1$ 点(图 9.1-1)。忽略空气阻力和摩擦力，物体运动方程式为

$$\frac{d^2x}{dt^2} = \frac{F(t)}{m}, \quad F(t) \geqslant 0$$

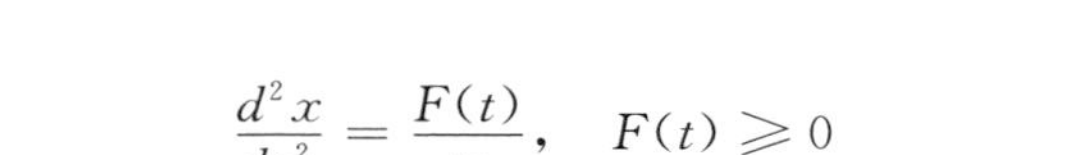

图 9.1-1

要求找到一种控制力 $F(t)$，使物体到过 x_1 点，且消耗能量为最小。显然，这种控制力(函数)有无穷多个。但是，消耗能量最小的控制力却不存在。实际上，能量耗损由下式表示

$$J=\int_0^{x_1}F(t)dx=\int_0^{t_1}F(t)v(t)dt=\frac{1}{2}m[v(t_1)]^2$$

式中$\frac{dx(t)}{dt}=v(t)$，t_1 是物体到达 x_1 点的时刻，$F(t)\geqslant 0$。为使耗能减少，需减小 $v(t_1)$，当 $v(t_1)\to 0$ 时，耗能 $J\to 0$。当 $J=0$ 时，$v(t_1)=0$，此时 $F(t)\equiv 0$，而这种控制又不能使物体到达 x_1 点。由此看到，使物体到达 x_i 点的控制力有无穷多个，其中却没有最优控制。对任何使 $v(t_1)$ 足够小的 $F_1(t)$，还可找到“更小的”$F_2(t)$，使 $v(t_1)$ 更小，在极限的情况下，$J=0$，而 $F(t)\equiv 0$ 不属于可准控制范围，所以，在这种情况下，最优控制并不存在。

由这样一个简单例子就可以看到，并不是所有的情况下，最优控制都存在。因此，在进行控制设计时，首先重要的是搞清楚最优控制是否存在。否则，寻求最优控制的努力可能是徒劳的。

另一个值得提及的概念是关于对控制量取值的限制。有时，若控制量 $\boldsymbol{u}(t)$ 的取值不受限制，即它的取值范围可以是整个 r 维空间，这时最优控制也常常没有意义。还以上述例子来说明这点。设图 9.1-1 内所示之力 $F(t)$ 不受限制，要求找出一个最优控制使物体自零点到达 x_1 点费时最短。显然，$F(t)$ 在起始时刻的取值越大，物体的运动速度也越大，如果对 $F(t)$ 取值没限制，当 $F(t)$ 的取值趋于无穷大时，物体到达 x_1 点的时间将趋于无穷小，这在实际上是没有意义的。

由此可见，做最优控制器的设计时，首先要关心的问题是最优控制的存在性。即首先弄清欲达到的终点状态实际上是否能够到达，对控制量有哪些限制条件，以及在这种限制条件下最好的控制函数是否存在等。这些问题往往只能从技术问题的物理概念中寻求解答。在一般情况下，最优控制的存在性难以用数学方法加以证明。对存在性问题有了肯定的答案以后，就可以开始最优控制的设计。

当最优控制找到以后，在某些闭路系统中，设计控制装置时还要考虑到控制系统在终点状态是否稳定。若闭路系统不能保证终点状态稳定，那么有时它就不能作为实际装置加以实现。稳定性的要求是一种特殊的准则，在过渡过程里，主要控制系统的设计，常不考虑这一特殊准则。这种情况像上一章一样，因为系统满足了那些指定条件后，整个系统已经具有了合适的性能。设计完毕后，如果系统在终点状态上是稳定的，自然就无须采取特殊措施。也有另外一种可能，即满足最优条件的控制装置，不能保证闭路系统的稳定性，此时必须在系统里另加一

个稳定装置,后者只在过渡过程完毕后才发生作用,因此它不会影响控制系统已经设计好了的运转性能。例如,对一个二阶系统,用 y 表示输出,y_s 表示必须保持的终点状态,稳定装置应保证使系统在 $y=y_s$,$\dot{y}=0$ 的状态上稳定。对于三阶系统,稳定装置应保证下列状态稳定

$$y = y_s,\quad \dot{y} = 0,\quad \ddot{y} = 0$$

当这样的一个装置加到控制系统以后,控制系统有两种运行方式,这也就是一个多方式控制系统。在过渡过程期间,主要控制系统按照指定的性能运行。过渡过程终止时,再换到第二个系统进行控制,这时候将保证系统最后处于稳定状态,避免系统离开希望到达的运转点。

除了对控制量常常存在一些客观限制条件以外,还可能存在某些对受控量的限制。这种限制条件也可以写成积分形式.如要求最优控制满足附加条件

$$J_i = \int_0^{t_1} g_i(\boldsymbol{x},\boldsymbol{u})dt \leqslant \lambda_i,\quad i = 1,2,\cdots,m$$

式中 g_i 是 $\boldsymbol{x}=(x_1,x_2,\cdots,x_n)$ 和 $\boldsymbol{u}=(u_1,u_2,\cdots,u_r)$ 的 $n+r$ 元连续或连续可微函数。下节内将用实例加以说明。

9.2 几个实例

先让我们回忆一下古典变分法中的一个例子,即所谓贝努利(Bernoulli)捷线问题。设欲使一物体依重力沿某曲线自 0 点下滑至 P 点。需求出一条曲线,物体沿此曲线下滑时将以最短时间到达 P 点。设任取一光滑的曲线 $y(x)$,重力加速度为 g。若忽略摩擦力后,初始为静止的物体滑至 $y(x)$ 点时的速度为 $\sqrt{2gy}$。物体滑过弧元 $ds=\sqrt{1+(\dot{y}(x))^2}dx$ 所需的时间为

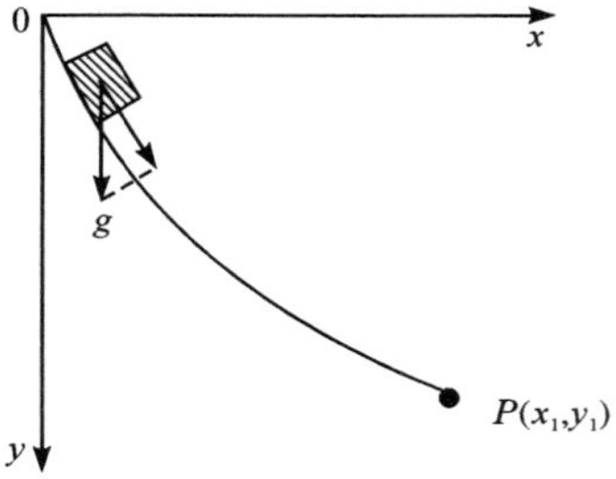

图 9.2-1

$$dt = \frac{\sqrt{1+(\dot{y}(x))^2}dx}{\sqrt{2gy}}$$

于是,当曲线 $y(x)$ 已给定时,物体自 0 点滑至 P 点所需的时间为

$$J = \int_0^{x_1} \frac{\sqrt{1+(\dot{y})^2}}{\sqrt{2gy}}dx \tag{9.2-1}$$

现需找出一条"最好的"曲线 $\dot{y}(x)$,使时间 J 为最小。从控制理论的观点,上述捷线问题可以改为下列等价问题:设有一"受控对象",其运动方程式为

$$\frac{dy}{dx} = u, \quad y(0) = 0, \quad y(x_1) = y_1 \tag{9.2-2}$$

性能指标为

$$J = \int_0^{x_1} \frac{\sqrt{1+u^2}}{\sqrt{2gy}} dx \tag{9.2-3}$$

我们看到，选择一条捷线等价于求出一个最优"控制函数"$\mathring{u}(x)=\dfrac{d\,\mathring{y}(x)}{dx}$和相应的满足条件式(9.2-2)的"系统运动"。这一问题的解早在1696年为瑞士数学家贝努利和牛顿等人得到，因而开创了一门称为"变分法"的数学分支。以后我们将会看到，古典变分法对最优控制系统的设计是极为有用的。但是，对一些比较复杂的问题，古典变分法中的一些定理和计算方法不能完全满足控制系统设计的要求。为此必须对古典变分法的理论加以扩充。

为了说明最优控制系统的命题方法，让我们再看一个实例：关于喷气发动机工作过程的控制问题[8]。喷气发动机的主要运转状态是它的运转速率$N(t)$，它是受控对象的受控量。当$N(t)$的变化规律被确定后，其他的工作特征，例如发动机的推力也就被决定了。在发动机运转时对它的限制条件是关于超速，超温，压缩机的浪涌，燃烧室的熄灭等。令N_s表示指定的速度。T表示加到轮机里的温度，P表示压缩机出口处的压力，于是可以用下述积分表示发动机的性能准则：

$$\int_0^{t_1} f_1(N-N_s)dt, \quad \text{控制速度}$$

$$\int_0^{t_1} f_2(N)dt, \quad \text{超速}$$

$$\int_0^{t_1} f_3(T)dt, \quad \text{温度容许的上限和下限}$$

$$\int_0^{t_1} f_4[P-g(N)]dt, \quad \text{压缩机浪涌}$$

$$\int_0^{t_1} f_5[P-h(N)]dt, \quad \text{熄灭}$$

以及

$$\int_0^{t_1} dt, \quad \text{升起的时间} \tag{9.2-4}$$

这些被积函数的性质如图9.2-2所示，量$P-g(N)$是压缩机出口处的压力超出安全压力而发生浪涌的总量，$g(N)$表示对于浪涌以下的安全值，是每一个发动机速度所对应的压缩机出口处压力。燃烧室熄灭的情况可以用同样方式处理。升起的时间是系统从一个主要运行状态过渡到另一状态总共需要的时间。

这里和第6.6节谈到过的喷气发动机的情形相似，线性化以后发动机的特性

可以表示如下

$$T = aN + a\tau\dot{N}$$
$$P = bN + c\dot{T} \tag{9.2-5}$$

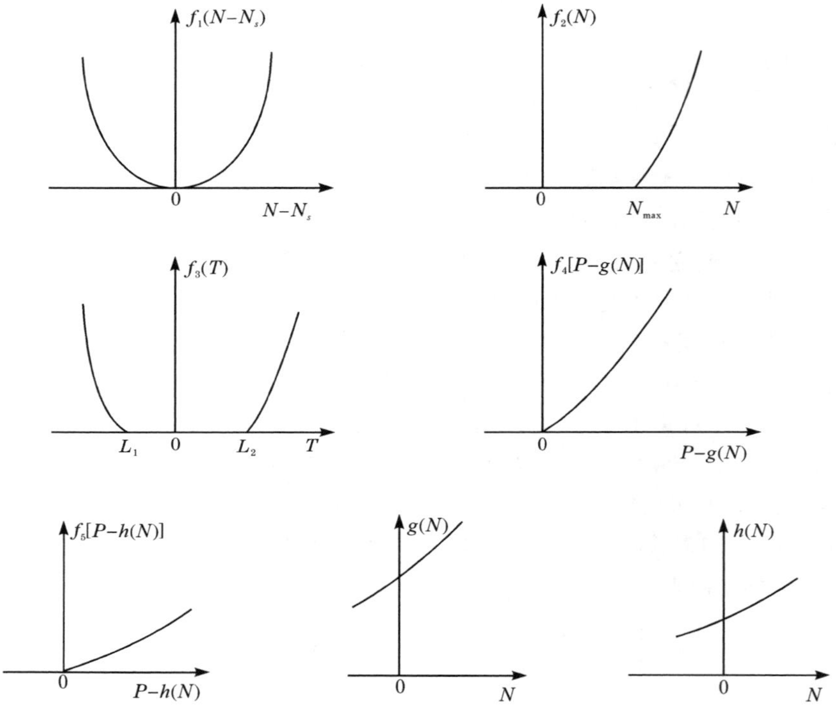

图 9.2-2

其中 τ 是发动机的时间常数。将这些关系式代到方程(9.2-4)的积分里,我们看到它们全都有下面的形式

$$\int_0^{t_1} f(N,\dot{N})dt$$

其中 f 是 N 和 $\dot{N}$ 的连续函数,N 是时间 t 的连续函数。关于这个问题,在第 9.5 节内还要讨论。

9.3 古典变分法的应用

古典变分法给控制系统设计提供的理论和方法大体分为两类。一类是不考虑受控对象的运动方程式,即在整个运动过程中受控对象本身的特性并不重要,重要的是运动规律的全局。例如,求探空火箭的最优弹道问题[17],要求找出一条理想弹道，在相同的燃料消耗条件下，使火箭达到的高度最大。由于这种弹道很长，而弹体上控制系统的动作速度相对于这条最优弹道来说是足够大的，因而在考虑最优弹道的选择时，可把弹体看成是其重心（质点）的运动，而忽略刚体运动及弹上控制设备的运动规律。另一类问题是当积分指标的计算时间间隔与控制系统的动作速度为同一数量级时，受控对象本身的运动规律必须考虑在内，甚至成为决定性的因素。

第一类问题可叙述如下：设 $\boldsymbol{x}=(x_1,x_2,\cdots,x_n)$ 为控制系统的 n 个状态坐标。对控制系统的要求是找出连接两个给定点 $\boldsymbol{x}_0$ 和 $\boldsymbol{x}_1$，的连续光滑的曲线，使受控对象沿此曲线运动时积分

$$J=\int_0^{t_1} f_0(t,x_1,x_2,\cdots,x_n;\dot{x}_1,\dot{x}_2,\cdots,\dot{x}_n)dt \tag{9.3-1}$$

取极小值。上式内 $\dot{x}_i=\dfrac{dx_i}{dt}$，$i=1,2,\cdots,n$。如果引进向量符号，式(9.3-1)可改写成

$$J=\int_0^{t_1} f_0(t,\boldsymbol{x},\boldsymbol{u})dt \tag{9.3-2}$$

$$\frac{d\boldsymbol{x}}{dt}=\boldsymbol{u},\quad \boldsymbol{u}=(u_1,u_2,\cdots,u_n) \tag{9.3-3}$$

式中 $\boldsymbol{u}$ 为曲线 $\boldsymbol{x}(t)$ 的切线向量，要求找出函数 $\boldsymbol{u}(t)$，使 $\boldsymbol{x}(t)$ 由固定点 $\boldsymbol{x}_0$ 引到 $\boldsymbol{x}_1$，且使式(9.3-2)取极小值。这类问题的提法也可以改为端点不固定的情况，即端点 $\boldsymbol{x}_0$ 和 $\boldsymbol{x}_1$ 满足一些附加条件

$$g_i(\boldsymbol{x}_0,\boldsymbol{x}_1)=0,\quad i=1,2,\cdots,l \tag{9.3-4}$$

在满足这些条件的点中，找出最好的初始点和终点。

第二类问题与上述问题的不同点在于受控对象的运动方程式比式(9.3-3)更复杂，即除式(9.3-2)和式(9.3-4)外，运动 $\boldsymbol{x}(t)$ 必须满足条件式(9.1-1)

$$\frac{d\boldsymbol{x}(t)}{dt}=\boldsymbol{f}(t,\boldsymbol{x},\boldsymbol{u})$$

为了掌握古典变分法处理这类问题的主要思想，下面先对第一类问题当 $n=1$ 时，略加讨论。设控制指标为

$$J=\int_0^{t_1} F(y,\dot{y})dt=\min \tag{9.3-5}$$

其中 $y(t)$ 为受控对象的一个唯一输出坐标；$\dot{y}=\dfrac{dy}{dt}$，F 是 y 和 $\dot{y}$ 的连续可微函数，设受控对象的初始状态为 $y_0=y(t_0)$，而受控对象的终点状态是不固定的，且积分上界 t_1 也是不固定的。若将 $y(t)$ 看成是一个一阶系统的输出

$$\frac{dy}{dt}=\dot{y}=u \tag{9.3-6}$$

则指标式(9.3-5)也可改写为

$$J = \int_0^{t_1} F(y, u)dt = \min \qquad (9.3\text{-}5')$$

如果我们认为 $y(t)$是一个最优解,那就是说 $y(t)$是所有可能得到的输出里的某个输出,它满足方程(9.3-5)表示的条件。我们考虑 $y(t)$附近的一些解 $y(t)+\varepsilon\delta y(t)$。其中 $\delta y(t)$是一个任意的函数,ε 是一个数值很小的参数。如果 $y(t)$满足方程(9.3-5)表示的条件,那么 J 应在 $\varepsilon=0$ 处达极小值,即

$$\left[\frac{d}{d\varepsilon}\int_0^{t_1+\varepsilon\delta t_1} F(y+\varepsilon\,\delta y, \dot{y}+\varepsilon\,\delta\dot{y})dt\right]_{\varepsilon=0} = 0$$

或

$$\int_0^{t_1} \frac{\partial F}{\partial y}\delta y dt + \int_0^{t_1} \frac{\partial F}{\partial \dot{y}}\delta\dot{y} dt + F(t_1)\delta t_1 = 0 \qquad (9.3\text{-}7)$$

变分 δt_1 出现的原因在于:方程(9.3-5)里那个积分的上限并非固定,而是在图9.3-1表示的曲线 $y=f(t)$上变动。这就是前面讨论过的从一个主要变量运行状态过渡到另外一个状态的边界条件。用部分积分法,方程(9.3-7)变成

$$\int_0^{t_1}\left[\frac{\partial F}{\partial y} - \frac{d}{dt}\left(\frac{\partial F}{\partial \dot{y}}\right)\right]\delta y dt + \left(\frac{\partial F}{\partial \dot{y}}\right)_{t_1}\delta y(t_1) - \left(\frac{\partial F}{\partial \dot{y}}\right)_0\delta y(0) + F(t_1)\delta t_1 = 0$$

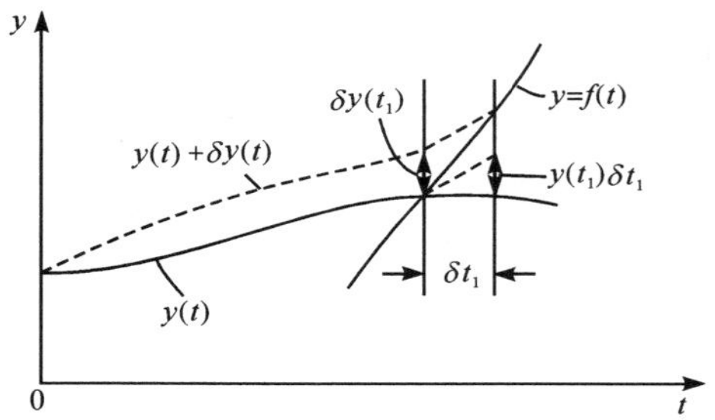

图 9.3-1

由于终端满足的条件,很容易计算出 $\delta y(t_1)$和 δt_1 之间的关系,即

$$\dot{y}(t_1) + \delta y(t_1) = \dot{f}(t_1)\delta t_1$$

然后把 $\delta y(t_1)$消掉,因为 δt 是任意的,我们得到

$$\int_0^{t_1}\left[\frac{\partial F}{\partial y} - \frac{d}{dt}\left(\frac{\partial F}{\partial \dot{y}}\right)\right]\delta y dt = 0 \qquad (9.3\text{-}8)$$

以及

$$\delta t_1\left\{F(t_1) + \left(\frac{\partial F}{\partial \dot{y}}\right)_{t_1}[\dot{f}(t_1) - \dot{y}(t_1)]\right\} - \left(\frac{\partial F}{\partial \dot{y}}\right)_0\delta y(0) = 0 \qquad (9.3\text{-}9)$$

如果在方程(9.3-5)中,时间间隔 t_1 被考虑为系统从一个主要运行状态过渡到另一个状态的时间;在这种情况下,系统变数 y 从一个固定值变化到另一个固定值。那么曲线 $y=f(t)$必须是一条直线,这条直线的方程是 $f(t)=\text{const}$,因此可认为

$$\delta y(0) = 0$$
$$\dot{f}(t_1) = 0 \qquad (9.3\text{-}10)$$

于是方程(9.3-8)和方程(9.3-9)变成

$$\frac{\partial F}{\partial y}-\frac{d}{dt}\left(\frac{\partial F}{\partial \dot{y}}\right) \tag{9.3-11}$$

以及

$$\text{如果}\left(\frac{\partial F}{\partial \dot{y}}\right)\text{是有限数}, F(t_1)=\dot{y}(t_1)\left(\frac{\partial F}{\partial \dot{y}}\right)_{t_1} \tag{9.3-12}$$

因为 $\delta y(0)=0$，当 $t=0$ 时，并不一定要求方程(9.3-11)成立，唯一的条件是：$t=0$ 时 $(\partial F/\partial\dot{y})_0$ 是有限数，而且 y 连续变化。一个新的过渡过程开始时，$\dot{y}$，F，$(\partial F/\partial y)$和$(\partial F/\partial\dot{y})$可以不连续。因为方程(9.3-11)的缘故，在其他点$(0<t\leqslant t_1)$，$\partial F/\partial\dot{y}$ 将是连续的。

方程(9.3-11)表示满足方程(9.3-5)那个条件的变量 $y(t)$的微分方程. 通常把方程(9.3-11)叫做变分问题的尤拉-拉格朗日(Euler-Lagrange)方程。这里所考虑的问题中，函数 F 不明显地包含时间变数 t。于是我们可以立刻得到方程(9.3-11)的一个第一积分。方程(9.3-11)的第一积分中，满足边界条件方程(9.3-12)的第一积分具有下述形式

$$F(y,\dot{y})=\dot{y}\frac{\partial F}{\partial \dot{y}} \tag{9.3-13}$$

把这个方程对时间 t 微分，我们得到

$$\frac{\partial F}{\partial y}\dot{y}+\ddot{y}\frac{\partial F}{\partial \dot{y}}=\ddot{y}\frac{\partial F}{\partial \dot{y}}+\dot{y}\frac{d}{dt}\left(\frac{\partial F}{\partial \dot{y}}\right)$$

既然在那些 y，$\partial F/\partial\dot{y}$，等连续的地方，下面公式成立

$$\ddot{y}\left[\frac{\partial F}{\partial y}-\frac{d}{dt}\left(\frac{\partial F}{\partial \dot{y}}\right)\right]=0$$

那么，或者 $\dot{y}=0$，或者满足方程(9.3-11)。但是通常在过渡过程中 $\dot{y}$ 不会等于零(也即无论在任何时间间隔内不恒等于零)，于是由方程(9.3-11)和方程(9.3-12)所描述的 $y(t)$的两个必须满足的条件，可以用单独一个方程(9.3-13)代替。

这样，我们称方程式(9.3-11)为最优控制所应满足的必要条件。引进式(9.3-6)内的符号，这个必要条件又可以写为

$$\frac{\partial F}{\partial y}-\frac{d}{dt}\frac{\partial F}{\partial u}=0$$

$$\frac{dy}{dt}=u$$

$$F(y(t_1),u(t_1))-u(t_1)\left(\frac{\partial F}{\partial u}\right)_{t_1}=0 \tag{9.3-14}$$

由上列三个方程式可求出两个未知函数 $u(t)$，$y(t)$和一个未知量 t_1。这三个条件中的前两个实际上与终端条件固定与否无关，只有第三个条件才是由 t_1 变分而得到的。因而前两个条件具有普遍性。

再来研究一个普遍的情况。设受控对象的输出坐标不是一个，而是 n 个。此时指标泛函式(9.3-5)将变为

$$J = \int_0^{t_1} F(y_1, y_2, y_3, \cdots, y_n; \dot{y}_1, \cdots, \dot{y}_n) dt \tag{9.3-15}$$

或者写成

$$J = \int_0^{t_1} F(y_1, y_2, \cdots, y_n; u_1, u_2, \cdots, u_n) dt$$

$$\frac{dy_i}{dt} = u_i, \quad i = 1, 2, \cdots, n \tag{9.3-16}$$

重复前述讨论，无论初始条件和终端条件是否已经给定，都可以得到相应于式(9.3-14)中的前两个必要条件

$$\frac{\partial F}{\partial y_i} - \frac{d}{dt}\frac{\partial F}{\partial u_i} = 0, \quad i = 1, 2, \cdots, n$$

$$\frac{dy_i}{dt} = u_i, \quad i = 1, 2, \cdots, n \tag{9.3-17}$$

如果初始条件和终端条件已经给定，那么这两组方程式中含有 $2n$ 个未知函数 $y_1(t), \cdots, y_n(t); u_1(t), \cdots, u_n(t)$。如果初始条件和终点条件是不固定的，则与式(9.3-17)同时还会出现两个附加条件，有如条件式(9.3-9)或(9.3-12)那样。

下面再来研究一类更为复杂一些的泛函指标

$$J = \int_0^{t_1} F(y, \dot{y}, \ddot{y}; z, \dot{z}, \ddot{z}) dt = \min \tag{9.3-18}$$

式中 y 和 z 是受控对象的两个主要输出坐标。如果引进新的符号 $y = y_1, \dot{y} = y_1$, $\ddot{y} = u_1; z = y_3, \dot{z} = y_4, \ddot{z} = u_2$，则式(9.3-18)可写成

$$J = \int_0^{t_1} F(y_1, y_2, y_3, y_4; u_1, u_2) dt \tag{9.3-19}$$

$$\frac{dy_1}{dt} = y_2$$

$$\frac{dy_2}{dt} = u_1$$

$$\frac{dy_3}{dt} = y_4$$

$$\frac{dy_4}{dt} = u_2 \tag{9.3-20}$$

由此看到，这相当于由两个二阶方程描述的受控对象，u_1 和 u_2 是两个独立的控制量。

设受控对象在 $t=0$ 时刻的状态为固定，而终点时刻 t_1 是待求的，但终点状态

是给定的。再设 $y(t)$ 和 $z(t)$ 是两个最优的受控运动，它们都具有二次连续导数。令 $y(t)$ 和 $z(t)$ 分别获得微小增量(变分) $\varepsilon\delta y(t)$ 和 $\varepsilon\delta z(t)$，其中 $\delta y(t)$ 和 $\delta z(t)$ 为二阶连续可微的固定函数，ε 为任意小的常数。于是 $y(t)$ 和 $z(t)$ 使式(9.3-18)或式(9.3-19)取极值，即当 $\varepsilon=0$ 时有

$$\frac{d}{d\varepsilon}\int_0^{t_1+\varepsilon\delta t_1} F(y+\varepsilon\,\delta y,\dot{y}+\varepsilon\,\delta\dot{y},\ddot{y}+\varepsilon\,\delta\ddot{y},z+\varepsilon\,\delta z,\dot{z}+\varepsilon\,\delta\dot{z},\ddot{z}+\varepsilon\,\delta\ddot{z})dt=0 \tag{9.3-21}$$

方程(9.3-18)中积分的时间间隔由一个固定时刻($t=0$)开始，可是不是在某个固定时刻终止，而是终止在曲线 $y=f_1(t)$，$\dot{y}=f_2(t)$，$z=g_1(t)$，以及 $\dot{z}=g_2(t)$ 上。δy 和 δz 是任意的函数，自然是时间的互相无关的函数。

我们把方程(9.3-21)的微分运算写出来

$$\int_0^{t_1}\left[\frac{\partial F}{\partial y}\delta y+\frac{\partial F}{\partial\dot{y}}\delta\dot{y}+\frac{\partial F}{\partial\ddot{y}}\delta\ddot{y}+\frac{\partial F}{\partial z}\delta z+\frac{\partial F}{\partial\dot{z}}\delta\dot{z}+\frac{\partial F}{\partial\ddot{z}}\delta\ddot{z}\right]dt+F(t_1)\delta t_1=0$$

经过部分积分以后，我们得到

$$\begin{aligned}&\int_0^{t_1}\left[\frac{\partial F}{\partial y}-\frac{d}{dt}\left(\frac{\partial F}{\partial\dot{y}}\right)+\frac{d^2}{dt^2}\left(\frac{\partial F}{\partial\ddot{y}}\right)\right]\delta y dt+\int_0^{t_1}\left[\frac{\partial F}{\partial z}-\frac{d}{dt}\left(\frac{\partial F}{\partial\dot{z}}\right)+\frac{d^2}{dt^2}\left(\frac{\partial F}{\partial\ddot{z}}\right)\right]\delta z dt\\&\quad+\left[\frac{\partial F}{\partial\dot{y}}\delta y+\frac{\partial F}{\partial\ddot{y}}\delta\dot{y}-\frac{d}{dt}\left(\frac{\partial F}{\partial\ddot{y}}\right)\delta y\right]_0^{t_1}+F(t_1)\delta t_1\\&\quad+\left[\frac{\partial F}{\partial\dot{z}}\delta z+\frac{\partial F}{\partial\ddot{z}}\delta\dot{z}-\frac{d}{dt}\left(\frac{\partial F}{\partial\ddot{z}}\right)\delta z\right]_0^{t_1}=0\end{aligned} \tag{9.3-22}$$

和前面的讨论相类似，积分中被积函数以及边界条件必须分别等于零。从给出的终端条件，我们得到

$$\begin{aligned}\delta y(t_1)&=[\dot{f}_1(t_1)-\dot{y}(t_1)]\delta t_1\\\delta\dot{y}(t_1)&=[\dot{f}_2(t_1)-\ddot{y}(t_1)]\delta t_1\\\delta z(t_1)&=[\dot{g}_1(t_1)-\dot{z}(t_1)]\delta t_1\\\delta\dot{z}(t_1)&=[\dot{g}_2(t_1)-\ddot{z}(t_1)]\delta t_1\end{aligned} \tag{9.3-23}$$

从方程(9.3-22)得到的三个条件可以写成两个联立的尤拉-拉格朗日方程

$$\begin{aligned}&\frac{\partial F}{\partial y}-\frac{d}{dt}\left(\frac{\partial F}{\partial\dot{y}}\right)+\frac{d^2}{dt^2}\left(\frac{\partial F}{\partial\ddot{y}}\right)=0\\&\frac{\partial F}{\partial z}-\frac{d}{dt}\left(\frac{\partial F}{\partial\dot{z}}\right)+\frac{d^2}{dt^2}\left(\frac{\partial F}{\partial\ddot{z}}\right)=0\end{aligned} \tag{9.3-24}$$

以及

$$\left\{\left[F-\dot{y}\frac{\partial F}{\partial\dot{y}}+\dot{y}\frac{d}{dt}\left(\frac{\partial F}{\partial\ddot{y}}\right)-\ddot{y}\frac{\partial F}{\partial\ddot{y}}-\dot{z}\frac{\partial F}{\partial\dot{z}}+\dot{z}\frac{d}{dt}\left(\frac{\partial F}{\partial\ddot{z}}\right)-\ddot{z}\frac{\partial F}{\partial\ddot{z}}\right]_{t=t_1}\right.$$

$$+\dot f_1(t_1)\left[\frac{\partial F}{\partial \dot y}-\frac{d}{dt}\left(\frac{\partial F}{\partial \ddot y}\right)\right]_{t=t_1}+\dot f_2(t_1)\left(\frac{\partial F}{\partial \ddot y}\right)_{t=t_1}+\dot g_1(t_1)\left[\frac{\partial F}{\partial \dot z}-\frac{d}{dt}\left(\frac{\partial F}{\partial \ddot z}\right)\right]_{t=t_1}$$

$$+\dot g_2(t_1)\left(\frac{\partial F}{\partial \ddot z}\right)_{t=t_1}\Bigg\}\delta t_1+\delta y(0)\left[\frac{\partial F}{\partial \dot y}-\frac{d}{dt}\left(\frac{\partial F}{\partial \ddot y}\right)\right]_{t=0}+\delta\dot y(0)\left(\frac{\partial F}{\partial \ddot y}\right)_{t=0}$$

$$+\delta z(0)\left[\frac{\partial F}{\partial \dot z}-\frac{d}{dt}\left(\frac{\partial F}{\partial \ddot z}\right)\right]_{t=0}+\delta\dot z(0)\left(\frac{\partial F}{\partial \ddot z}\right)_{t=0}=0 \tag{9.3-25}$$

方程(9.3-24)表示两个微分方程的系统，这个系统满足方程(9.3-18)原来给出的准则。这种问题的物理解答必须满足方程(9.3-18)，除此以外还要满足方程(9.3-25)的那些边界条件。但是，因为 F 不明显地包含变数 t，这一系列的条件可以加以修改：如果把方程(9.3-24)中第一个方程乘以 $\dot y$，第二个方程乘以 $\dot z$，然后加起来，就得到一个全微分，它的积分就是

$$F-\dot y\frac{\partial F}{\partial \dot y}+\dot y\frac{d}{dt}\left(\frac{\partial F}{\partial \ddot y}\right)-\ddot y\frac{\partial F}{\partial \ddot y}-\dot z\frac{\partial F}{\partial \dot z}+\dot z\frac{d}{dt}\left(\frac{\partial F}{\partial \ddot z}\right)-\ddot z\frac{\partial F}{\partial \ddot z}=C \tag{9.3-26}$$

因为 F 是 $\dot y$ 和 $\ddot y$ 的一个函数，$\partial F/\partial\dot y$ 和 $\partial F/\partial\ddot y$ 未必会等于零，$\partial F/\partial\ddot y$ 也不一定是时间的常数函数，于是 $\dfrac{\partial F}{\partial y}-\dfrac{d}{dt}\left(\dfrac{\partial F}{\partial \ddot y}\right)$ 不一定等于零。由于初始条件和终点状态是给定的，所以在式(9.3-25)中可取

$$\delta y(0)=\delta\dot y(0)=\dot f_1(t_1)=\dot f_2(t_1)=0$$

变量 z 也有类似的情形。于是得到一系列边界条件如下

$$\begin{aligned}&\delta y(0)=0,\quad \dot f_1(t_1)=0\\&\delta\dot y(0)=0,\quad \dot f_2(t_1)=0\\&\delta z(0)=0,\quad \dot g_1(t_1)=0\\&\delta\dot z(0)=0,\quad \dot g_2(t_1)=0\end{aligned} \tag{9.3-27}$$

这些边界条件也是与变量 $y,\dot y,z$ 和 $\dot z$ 的起始值和终止值对应的条件，但是过渡过程的时间间隔 t_1 可以变化。由方程(9.3-27)的边界条件，方程(9.3-25)指出方程(9.3-26)右端的那个常数 C 必须等于零。方程(9.3-18)的最后解答如下

$$F-\dot y\frac{\partial F}{\partial \dot y}+\dot y\frac{d}{dt}\left(\frac{\partial F}{\partial \ddot y}\right)-\ddot y\frac{\partial F}{\partial \ddot y}-\dot z\frac{\partial F}{\partial \dot z}+\dot z\frac{d}{dt}\left(\frac{\partial F}{\partial \ddot z}\right)-\ddot z\frac{\partial F}{\partial \ddot z}=0 \tag{9.3-28}$$

并且满足下面两个方程中的一个

$$\begin{aligned}&\frac{\partial F}{\partial y}-\frac{d}{dt}\left(\frac{\partial F}{\partial \dot y}\right)+\frac{d^2}{dt^2}\left(\frac{\partial F}{\partial \ddot y}\right)=0\\&\frac{\partial F}{\partial z}-\frac{d}{dt}\left(\frac{\partial F}{\partial \dot z}\right)+\frac{d^2}{dt^2}\left(\frac{\partial F}{\partial \ddot z}\right)=0\end{aligned} \tag{9.3-29}$$

方程(9.3-28)和(9.3-29)表示一个系统的两个变量 y 和 z 的微分方程，它们是控制方程，也是设计计算机所用的方程。

边界条件式(9.3-27)确定系统由一个主要运行状态过渡到另一状态的过渡过程的初始和终点条件。这样，如果方程式(9.3-27)所表示的条件都成立，系统便由一组固定的 $y,\dot{y},z,\dot{z}$ 过渡到另一组固定的 $y,\dot{y},z,\dot{z}$。方程(9.3-28)是一个三阶微分方程。方程(9.3-29)是一个四阶微分方程。于是除了 $y,\dot{y},z$ 和 $\dot{z}$ 的四个初始值而外，还可以假设一组与最后的 y 相应的三个值 $\dot{y},z$ 和 $\dot{z}$，那就是，当 $y=y_s$ 时；$\dot{y}=0,z=z_s$，以及 $\dot{z}=0$。还必须在系统里加入一个稳定装置，使得在终止点，满足

$$\ddot{y}=0 \text{ 以及 } \ddot{z}=0$$

我们看到，虽然上述情况比前面讨论过的一阶系统更为复杂，但是完全可以用同样的办法处理。

从此例中我们又看到，决定最优控制的两个条件中，式(9.3-29)是一个普遍的必要条件，它与初始状态和终点状态无关，条件式(9.3-28)是由终点时刻 t_1 的不固定得到的。若引进式(9.3-19)和式(9.3-20)内曾用过的符号，则可将上述三个条件改写为

$$\begin{aligned}&\frac{\partial F}{\partial y_1}-\frac{d}{dt}\frac{\partial F}{\partial y_2}+\frac{d^2}{dt^2}\frac{\partial F}{\partial u_1}=0\\&\frac{\partial F}{\partial y_3}-\frac{d}{dt}\frac{\partial F}{\partial y_4}+\frac{d^2}{dt^2}\frac{\partial F}{\partial u_2}=0\end{aligned}\tag{9.3-30}$$

$$F-y_2\frac{\partial F}{\partial y_2}+y_2\frac{d}{dt}\frac{\partial F}{\partial u_1}-u_1\frac{\partial F}{\partial u_1}-y_4\frac{\partial F}{\partial y_4}+y_4\frac{d}{dt}\frac{\partial F}{\partial u_2}-u_2\frac{\partial F}{\partial u_2}=0\tag{9.3-31}$$

$$\begin{aligned}\frac{dy_1}{dt}&=y_2\\\frac{dy_2}{dt}&=u_1\\\frac{dy_3}{dt}&=y_4\\\frac{dy_4}{dt}&=u_2\end{aligned}\tag{9.3-32}$$

这里共有七个方程式，含有六个未知函数和一个未知数：$y_1(t),y_2(t),y_3(t),y_4(t),u_1(t),u_2(t)$和 t_1。对方程组(9.3-30)和(9.3-32)积分后将出现八个积分常数，后者将由四个初始状态和四个终点状态决定，它们是 $y_1(0),y_2(0),y_3(0),y_4(0);y_1(t_1),y_2(t_1),y_3(t_1),y_4(t_1)$。方程式(9.3-31)就变为一个代数等式，由它可解出 t_1。

在讨论了几种类型的系统之后,我们再来回顾一下这些问题的解中包括的一些重要假设。在推导尤拉-拉格朗日必要条件时,我们只是做了形式上的推导,却故意没有提到两点重要的假设。首先,在推导时,我们先假定最优控制函数 $u(t)$是存在的。得到的结果是,如果它们存在的话,必满足尤拉-拉格朗日方程及相应的决定 t_1 的条件。在实际问题中,任意给定泛函指标式(9.3-5),(9.3-15)或(9.3-19)后是否一定存在最优控制函数呢?从上述讨论中是得不到答案的,而且像第一节那种不存在最优控制的情况是完全可能发生的。遗憾的是,关于存在性至今没有普遍的行之有效的判别准则,对这一问题的研究在数学上是一个困难的问题。

其次,在推导过程中,我们对 $y(t)$的增量 $\delta y(t)$未做任何限制,只说它是任意固定的足够光滑的函数。这意味对控制量 $u(t)$的取值不做任何限制,如果最优控制存在的话,那么欲满足条件式(9.3-14)或(9.3-30),$u(t)$可以在实轴上的任何处取值。这种情况有时在技术问题中是可以允许的,有时却是不能允许的。当 $u(t)$受限制时,例如,在实际问题中如果要求$|u(t)|\leqslant M$,则尤拉-拉格朗日方程就未必有解。当然,如果求出的最优控制函数满足限制条件的话,事情就简单了。否则,前述古典变分法所提供的方法就将无能为力了。此时必须建立新的理论,以适应这种实际要求.这将在以后详细讨论。

9.4 决定最优控制的标准方程组

前节内我们讨论了古典变分法中的几种特殊情况。那里受控对象的运动方程式实际上是多个一阶或二阶环节的联合。前面曾提到过另外一种普遍性问题,即系统的受控运动方程式已给定,须求出满足给定积分指标的最优控制函数。为了清楚起见,我们再将问题的数学内容叙述如下。设受控对象的运动由下列方程组所描述

$$\frac{dx_i}{dt} = f_i(x_1,\cdots,x_n;u_1,\cdots,u_r),\quad i=1,2,\cdots,n,\quad r\leqslant n \tag{9.4-1}$$

受控运动的质量指标是

$$J=\int_0^{t_1} f_0(x_1,\cdots,x_n;u_1,\cdots,u_r)dt \tag{9.4-2}$$

式中,f_0,f_i 均为诸自变量的连续可微函数,而且不明显依赖于 t;积分上限 t_1 为受控对象由某一初始状态到达指定的终点状态所需时间。

设 $\boldsymbol{x}_0=(x_{10},x_{20},\cdots,x_{n0})$为受控对象的初始状态,$\boldsymbol{x}_1=(x_{11},x_{21},\cdots,x_{n1})$为终点状态。须求出一个向量控制函数 $\mathring{\boldsymbol{u}}(t)=(\mathring{u}_1(t),\cdots,\mathring{u}_r(t))$,使受控对象自 $\boldsymbol{x}_0$ 点到达 $\boldsymbol{x}_1$ 点,且使沿 $\mathring{\boldsymbol{x}}(t)$和 $\mathring{\boldsymbol{u}}(t)$的积分 J 取极小值,即

$$J(\mathring{\boldsymbol{u}}(t))=\int_0^{t_1} f_0(\mathring{\boldsymbol{x}}(t),\mathring{\boldsymbol{u}}(t))dt=\min \tag{9.4-3}$$

必须指出该问题的几个特点：

(1) 受控对象的两个端点都假设为固定的。所谓最优控制 $\mathring{\boldsymbol{u}}(t)$是指一切将 $\boldsymbol{x}_0$ 引至 $\boldsymbol{x}_1$ 的控制函数中，使其在式(9.4-3)意义上是最好的。

(2) 在 $t=0$ 时刻，受控对象自 $\boldsymbol{x}_0$ 出发，到达 $\boldsymbol{x}_1$ 的时刻 t_1 并不固定。

(3) 假设 $\boldsymbol{u}(t)$的每个分量 $u_i(t)$均为 t 的分段连续函数。每一个 $u_i(t)$在每一时刻 t 的取值不受限制，只要有界即可，在任意有限时间内，只有有限个第一类间断点。

在上述的假设条件下，我们来讨论最优控制所应满足的条件。下面的证明方法不同于古典变分法中常采用的变分方法，而采用文献[22]中的思想，用更为直观的几何证明。这种几何方法还将在下节内应用，那里将讨论 $\boldsymbol{u}(t)$受限制的情况下最优控制应满足的必要条件。

研究方程组(9.4-1)的同时，引进新坐标 $x_0=J$，并按式(9.4-2)写出关于 $x_0(t)$的微分方程式

$$\frac{dx_0}{dt}=f_0(x_1,\cdots,x_n;u_1,\cdots,u_r) \tag{9.4-4}$$

将式(9.4-1)和(9.4-4)合并后就得到一个由 $n+1$ 个方程式组成的方程组。用 $\bar{\boldsymbol{x}}$ 表示 $n+1$ 维向量$(x_0,x_1\cdots,x_n)$，式(9.4-1)和(9.4-4)可联合写成一个向量方程式

$$\frac{d\bar{\boldsymbol{x}}}{dt}=\bar{\boldsymbol{f}}(\bar{\boldsymbol{x}},\boldsymbol{u}),\quad \bar{\boldsymbol{x}}(0)=\bar{\boldsymbol{x}}_0=(0,x_{10},\cdots,x_{n0}) \tag{9.4-5}$$

式中 $\bar{\boldsymbol{x}}=(x_0,x_1,\cdots,x_n)$；$\bar{\boldsymbol{f}}=(f_0,f_1,\cdots,f_n)$。最优控制 $\mathring{\boldsymbol{u}}(t)$所对应的最优运动$\mathring{\boldsymbol{x}}(t)$和 $J(t)=x_0(t)$可以合并为$\mathring{\bar{\boldsymbol{x}}}$，并看成是 $n+1$ 维空间的一条曲线。这条曲线自 $\bar{\boldsymbol{x}}_0$ 点出发，在 $t=t_1$ 时到达 $\bar{\boldsymbol{x}}_1$ 点，并使 $x_0(t_1)$取最小值(图 9.4-1)。

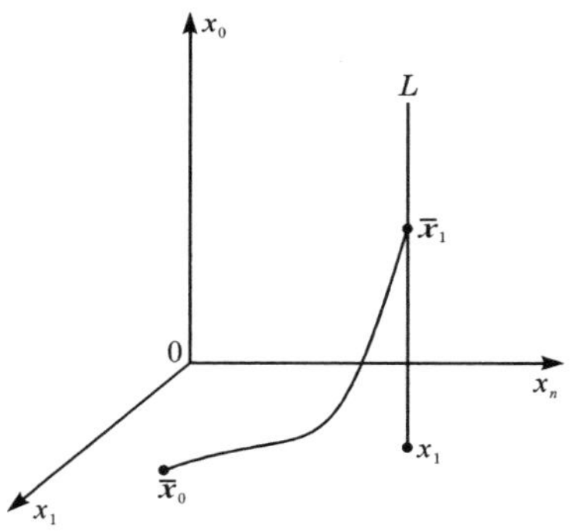

图 9.4-1

应用几何概念，求最优控制的问题可以转述成如下问题。对方程式(9.4-5)须求出一个控制函数 $\mathring{\boldsymbol{u}}(t)$，使系统自 $\bar{\boldsymbol{x}}_0$ 点出发，在某一时刻 $t=t_1$，到达平行于 x_0 轴且通过$(0,\boldsymbol{x}_1)$点的直线 L 上。使交点 $\bar{\boldsymbol{x}}_1$ 的第一个分量 x_0 达极小值。

为了寻求最优控制函数的特点，现将 $\mathring{\boldsymbol{u}}(t)$做某些微小的变化。取一个异于$\mathring{\boldsymbol{u}}(t)$的控制函数

$$\boldsymbol{u}(t)=\begin{cases}\mathring{\boldsymbol{u}}(t)+\delta\boldsymbol{u}, & s-\varepsilon\delta t\leqslant t\leqslant s<t_1\\ \mathring{\boldsymbol{u}}(t), & 0\leqslant t<s-\varepsilon\delta t,\quad s<t\leqslant t_1\end{cases} \tag{9.4-6}$$

上式内 ε 为一足够小的正数，δt 为任意正常数，s 为小于 t_1 的任意固定时刻，$\delta\boldsymbol{u}$ 为

任意 $\boldsymbol{r}$ 维常向量。我们看到，新的 $\boldsymbol{u}(t)$ 除在小区间 $[s-\varepsilon\delta t, s]$ 上有了变化外，在其余时刻均与 $\mathring{\boldsymbol{u}}(t)$ 的取值相同。因此，受控系统式(9.4-5)在 $s-\varepsilon\delta t$ 时刻以前的运动依然是最优的，只在 $s-\varepsilon\delta t$ 时刻开始偏离最优运动轨线。当 ε 足够小时，在这一小区间内系统运动的偏离量可用下列公式算出

$$\int_{s-\varepsilon\delta t}^{s}[\bar{\boldsymbol{f}}(\bar{\boldsymbol{x}}(t),\mathring{\boldsymbol{u}}(t)+\delta\boldsymbol{u})-\bar{\boldsymbol{f}}(\mathring{\bar{\boldsymbol{x}}}(t),\mathring{\boldsymbol{u}}(t))]dt$$

$$=\int_{s-\varepsilon\delta t}^{s}\left(\sum_{\alpha=1}^{r}\frac{\partial\bar{\boldsymbol{f}}}{\partial u_\alpha}\delta u_\alpha\right)dt+\bar{O}_1(\varepsilon,\delta\boldsymbol{u})$$

$$=\varepsilon\delta t\left(\sum_{\alpha=1}^{r}\frac{\partial\bar{\boldsymbol{f}}(\mathring{\bar{\boldsymbol{x}}}(s),\mathring{\boldsymbol{u}}(s))}{\partial u_\alpha}\delta u_\alpha\right)+\bar{O}(\varepsilon,\delta\boldsymbol{u}) \tag{9.4-7}$$

上式右端之第一项由于用 $\mathring{\bar{\boldsymbol{x}}}$ 代换了 $\bar{\boldsymbol{x}}(s)$ 所产生的误差对 ε 来说将是高阶无穷小，并于 $\bar{O}(\varepsilon,\delta\boldsymbol{u})$ 内。不难证明，当 $\varepsilon\to0$ 时，$\lim\dfrac{\bar{O}(\varepsilon,\delta\boldsymbol{u})}{\varepsilon}$ 为零向量；当 $\|\delta\boldsymbol{u}\|\to0$ 时 $\dfrac{\bar{O}(\varepsilon,\delta\boldsymbol{u})}{\|\delta\boldsymbol{u}\|}\to\boldsymbol{0}$。

最优运动轨线在 s 时刻已经发生了偏差。在 s 以后，控制函数没有改变。令

$$\delta t(\boldsymbol{f}(\mathring{\bar{\boldsymbol{x}}}(s),\mathring{\boldsymbol{u}}+\delta\boldsymbol{u})-\bar{\boldsymbol{f}}(\mathring{\bar{\boldsymbol{x}}}(s),\mathring{\boldsymbol{u}}(s)))=\bar{\boldsymbol{y}}(s) \tag{9.4-8}$$

在 s 时刻的轨线偏离是 $\varepsilon\bar{\boldsymbol{y}}(s)$。从微分方程的理论中我们知道，由于小的初始偏差引起的轨道偏差主要部分可用线性化的办法算出，即在 $s\leqslant t\leqslant t_1$ 区间内 $\delta\bar{\boldsymbol{x}}(t)=\varepsilon\bar{\boldsymbol{y}}(t)$ 可由下列线性化方程组求出

$$\frac{d\boldsymbol{y}_i(t)}{dt}=\sum_{\alpha=1}^{n}\frac{\partial f_i}{\partial x_\alpha}y_\alpha,\quad i=0,1,\cdots,n,\quad s\leqslant t\leqslant t_1 \tag{9.4-9}$$

或写成向量方程式

$$\frac{d\bar{\boldsymbol{y}}}{dt}=A(t)\bar{\boldsymbol{y}} \tag{9.4-10}$$

此处

$$A(t)=\begin{pmatrix}\dfrac{\partial f_0}{\partial x_0} & \dfrac{\partial f_0}{\partial x_1} & \cdots & \dfrac{\partial f_0}{\partial x_n}\\ \vdots & \vdots & & \vdots\\ \dfrac{\partial f_n}{\partial x_0} & \dfrac{\partial f_n}{\partial x_1} & \cdots & \dfrac{\partial f_n}{\partial x_n}\end{pmatrix}$$

其中各系数是沿最优轨线求出的，即

$$\frac{\partial f_i}{\partial x_\alpha}=\frac{\partial f_i(\mathring{\bar{\boldsymbol{x}}}(t),\mathring{\boldsymbol{u}}(t))}{\partial x_\alpha}$$

故它们均为已知的时间 t 的函数。

式(9.4-9)或(9.4-10)是一个线性方程组。设 $\Phi(t,s)$ 是它的基本解矩阵。那么,它的解将是

$$\bar{\boldsymbol{y}}(t)=\Phi(t,s)\bar{\boldsymbol{y}}(s),\quad s\leqslant t\leqslant t_1 \tag{9.4-11}$$

现在研究在 $t=t_1$ 时刻轨道偏离的情况。显然当 $t=t_1$ 时有

$$\delta\bar{\boldsymbol{x}}(t_1)=\varepsilon\bar{\boldsymbol{y}}(t_1)=\varepsilon\Phi(t_1,s)\bar{\boldsymbol{y}}(s) \tag{9.4-12}$$

再根据式(9.4-7)和 $\bar{\boldsymbol{y}}(s)$ 的定义,我们有

$$\bar{\boldsymbol{y}}(s)=\delta tB(s)\delta\boldsymbol{u} \tag{9.4-13}$$

上式中 $B(s)$ 为 $n\times r$ 阶长方阵,

$$B(s)=\begin{pmatrix}\dfrac{\partial f_0}{\partial u_1} & \dfrac{\partial f_0}{\partial u_2} & \cdots & \dfrac{\partial f_0}{\partial u_r}\\ \vdots & \vdots & & \vdots\\ \dfrac{\partial f_n}{\partial u_1} & \dfrac{\partial f_n}{\partial u_2} & \cdots & \dfrac{\partial f_n}{\partial u_r}\end{pmatrix} \tag{9.4-14}$$

其中每个元素都是在最优轨线的 s 时刻算出的,即

$$\frac{\partial f_i}{\partial u_j}=\frac{\partial f_i(\mathring{\boldsymbol{x}}(t),\mathring{\boldsymbol{u}}(t))}{\partial u_j}$$

按式(9.4-13)和(9.4-12),若 ε 为足够小的正数,s 为固定时刻,于是每一个特定的 $\delta\boldsymbol{u}$ 便对应一个 $\bar{\boldsymbol{y}}(s)$,进而有一个 $\delta\bar{\boldsymbol{x}}(t_1)$。当常向量 $\delta\boldsymbol{u}$ 在 r 维空间零点周围变化时,$\bar{\boldsymbol{y}}(s)$ 和 $\delta\bar{\boldsymbol{x}}(t_1)$ 也将在 $\bar{\boldsymbol{x}}_1$ 点周围改变其方向及大小。一切可能的 $\{\delta\boldsymbol{u}\}$ 按式(9.4-12)和(9.4-13)构成的所有 $\{\delta\bar{\boldsymbol{x}}(t_1)\}$ 将是一个线性子空间 K(把 $\bar{\boldsymbol{x}}_1$ 看成它们的坐标原点)。子空间 K 的维数将不大于 r。由于 $\mathring{\boldsymbol{x}}$ 是最优运动,通过点 $\bar{\boldsymbol{x}}_1$ 而平行于 x_0 轴的直线 L 不可能包含于子空间 K 内。否则按式(9.4-6)的方法将 $\mathring{\boldsymbol{u}}(t)$ 加以改变,受控系统式(9.4-5)有可能在 t_1 时刻到达直线 L 上比 $x_0(J)$ 取值更小的点,而这与 $\mathring{\boldsymbol{u}}(t)$ 为最优控制的假定相矛盾,故是不可能的。由此可知,当 $r=n$ 时,K 的维数不可能大于 $n-1$,否则直线 L 将包含于其内。

既然 K 的维数不大于 r(当 $r=n$ 时不大于 $n-1$),则存在一个通过 $\bar{\boldsymbol{x}}_1$ 点的 $n-1$ 维超平面 P,它能将 K 和以 $\bar{\boldsymbol{x}}_1$ 为始点的向量 $\boldsymbol{z}=(-1,0,\cdots,0)$ 完全隔开。取 $\bar{\boldsymbol{\psi}}_1$ 为 P 的与向量 $\boldsymbol{z}$ 位于同侧的法向量,称之为 P 的外法向量,此时不等式

$$(\delta\bar{\boldsymbol{x}}(t_1),\bar{\boldsymbol{\psi}}_1)\leqslant 0 \tag{9.4-15}$$

对任何 $\bar{\boldsymbol{y}}(s)$ 均成立。考虑到 $\varepsilon>0,\delta t>0$,根据式(9.4-8),上式可写为

$$(\Phi(t_1,s)\bar{\boldsymbol{y}}(s),\bar{\boldsymbol{\psi}}_1)\leqslant 0$$

其中 $\bar{\boldsymbol{\psi}}_1=(\psi_{01},\psi_{11},\psi_{21},\cdots,\psi_{n1})$ 为非零向量,且 $\psi_{01}\leqslant 0$。由于内积的特性有

$$(\Phi(t_1,s)\bar{\boldsymbol{y}}(s),\bar{\boldsymbol{\psi}}_1)=(\bar{\boldsymbol{y}}(s),\Phi^{\tau}(t_1,s)\bar{\boldsymbol{\psi}}_1) \tag{9.4-16}$$

再研究线性化方程组(9.4-9)的共轭方程组

$$\frac{d\psi_0}{dt}=-\sum_{\alpha=0}^{n}\frac{\partial f_\alpha}{\partial x_0}\psi_\alpha$$

$$\cdots$$

$$\frac{d\psi_n}{dt}=-\sum_{\alpha=0}^{n}\frac{\partial f_\alpha}{\partial x_n}\psi_\alpha \tag{9.4-17}$$

或者写成向量的方程式

$$\frac{d\bar{\boldsymbol{\psi}}}{dt}=-A^{\tau}(t)\bar{\boldsymbol{\psi}} \tag{9.4-18}$$

令 $F(t,s)$是式(9.4-18)的基本解矩阵,$F(\tau,\tau)=E$。不难证明,$F(t,s)=(\Phi^{\tau}(t,s))^{-1}$这个关系式总成立。这是因为

$$\frac{d\Phi^{-1}\Phi}{dt}=\frac{d\Phi^{-1}}{dt}\Phi+\Phi^{-1}\frac{d\Phi}{dt}=0$$

故

$$\frac{d\Phi^{-1}}{dt}=-\Phi^{-1}A(t)\Phi\Phi^{-1}=-\Phi^{-1}A(t)$$

将上式两端转置后有

$$\frac{d(\Phi^{\tau})^{-1}}{dt}=-A^{\tau}(t)(\Phi^{\tau})^{-1} \tag{9.4-19}$$

这就证明了$(\Phi^{\tau}(t,s))^{-1}$是式(9.4-18)的基本解矩阵。令$\bar{\boldsymbol{\psi}}(t)$是式(9.4-18)的一个特解,且

$$\bar{\boldsymbol{\psi}}(t_1)=\bar{\boldsymbol{\psi}}_1 \tag{9.4-20}$$

此处$\bar{\boldsymbol{\psi}}_1$是前述之外法向量。于是

$$\bar{\boldsymbol{\psi}}_1=(\Phi^{\tau}(t_1,s))^{-1}\bar{\boldsymbol{\psi}}(s)$$

将上式代入式(9.4-16)后便有

$$(\bar{\mathbf{y}}(s),\Phi^{\tau}(t_1,s)(\Phi^{\tau}(t_1,s))^{-1}\bar{\boldsymbol{\psi}}_1(s))=(\bar{\mathbf{y}}(s),\bar{\boldsymbol{\psi}}(s))\leqslant 0$$

再由式(9.4-8)将 $\bar{\mathbf{y}}(s)$之值代入上式,便得到最后不等式

$$\bar{\boldsymbol{f}}(\mathring{\bar{\boldsymbol{x}}}(s),\mathring{\boldsymbol{u}}(s)+\delta\boldsymbol{u})-(\bar{\boldsymbol{f}}(\mathring{\bar{\boldsymbol{x}}}(s),\mathring{\boldsymbol{u}}(s)),\bar{\boldsymbol{\psi}}(s))\leqslant 0$$

或者

$$\bar{\boldsymbol{f}}(\mathring{\bar{\boldsymbol{x}}}(s),\mathring{\boldsymbol{u}}(s),\bar{\boldsymbol{\psi}}(s))\geqslant(\bar{\boldsymbol{f}}(\mathring{\bar{\boldsymbol{x}}}(s),\mathring{\boldsymbol{u}}+\delta\boldsymbol{u}),\bar{\boldsymbol{\psi}}(s)) \tag{9.4-21}$$

记函数

$$H(\bar{\boldsymbol{x}},\bar{\boldsymbol{\psi}},\boldsymbol{u})=\sum_{\alpha=0}^{n}f_\alpha\psi_\alpha \tag{9.4-22}$$

不难直接检查此函数 H 与方程组(9.4-5)及(9.4-18)的关系是

$$\frac{\partial H}{\partial\psi_i}=\frac{dx_i}{dt},\quad i=0,1,\cdots,n$$

$$\frac{\partial H}{\partial x_i} = -\frac{d\psi_i}{dt}, \quad i = 0,1,\cdots,n \tag{9.4-23}$$

函数 H 与分析力学中的哈密顿函数的结构形式很类似，故常称为哈密顿函数。通过函数 H 可知条件式(9.4-21)等价于下列等式：

$$H(\mathring{\bar{\boldsymbol{x}}}(s),\bar{\boldsymbol{\psi}}(s),\mathring{\boldsymbol{u}}(s)) = \operatorname{ext} H(\mathring{\bar{\boldsymbol{x}}},\bar{\boldsymbol{\varphi}}(s),\mathring{\boldsymbol{u}}(s)+\delta\boldsymbol{u}) \tag{9.4-24}$$

这就是说，在受控系统的最优运动轨线上，在 s 时刻对任意足够小的 $\delta\boldsymbol{u}$，最优控制 $\mathring{\boldsymbol{u}}(s)$ 使 H 取极值。但是，由于 s 是任意的，$0<s<t_1$，故条件式(9.4-24)对最优轨线上除两个端点外的一切点均成立。若函数 $f_i(\boldsymbol{x},\boldsymbol{u})$ 对 $\boldsymbol{u}$ 的每个分量 u_i 是连续可微函数，则式(9.4-24)还可以写成

$$\frac{\partial}{\partial u_i} H(\mathring{\bar{\boldsymbol{x}}}(t),\bar{\boldsymbol{\psi}}(t),\boldsymbol{u}) = 0$$

$$i = 1,2,\cdots,r, \quad 0 < t \leqslant t_1 \tag{9.4-25}$$

上述讨论中，我们均假定系统到达终点的时间 t_1 已经给定，因此在推导上述条件时，对 t_1 未做变化。实际上由于到达端点的时间也可以变化，由变化 t_1 还可以求出另外一个最优控制必须满足的必要条件。现设到达终点的时间不是 t_1 而是 $t_1+\Delta t_1$，Δt_1 是任意足够小的正数或负数。在区间 $[0,t_1+\Delta t_1]$ 定义控制函数为

$$\boldsymbol{u}(t) = \begin{cases} \mathring{\boldsymbol{u}}(t), & 0 \leqslant t \leqslant t_1 \\ \mathring{\boldsymbol{u}}(t_1), & t_1 \leqslant t \leqslant t_1+\Delta t_1 \end{cases} \tag{9.4-26}$$

由于终端时刻的变化而产生的增量 $\delta\bar{\boldsymbol{x}}(t_1)$ 同样应满足条件式(9.4-15)，即

$$(\boldsymbol{f}(\mathring{\bar{\boldsymbol{x}}}(t_1),\mathring{\boldsymbol{u}}(t_1))\Delta t_1,\bar{\boldsymbol{\psi}}_1) \leqslant 0$$

由于 Δt_1 是任意的，其符号可正可负，故上式只有在左端为零时才能成立。因此，可以断言在 t_1 时刻有

$$H(\mathring{\bar{\boldsymbol{x}}}(t_1),\bar{\boldsymbol{\psi}}(t_1),\mathring{\boldsymbol{u}}(t_1)) = (\bar{\boldsymbol{f}}(\mathring{\bar{\boldsymbol{x}}}(t_1),\mathring{\boldsymbol{u}}(t_1)),\bar{\boldsymbol{\psi}}(t_1)) = 0 \tag{9.4-27}$$

但是，根据关系式(9.4-22)可以算出当 $\mathring{\boldsymbol{u}}(t)$ 为固定时

$$\begin{aligned} \frac{dH}{dt} &= \left(\frac{d\bar{\boldsymbol{f}}}{dt},\bar{\boldsymbol{\psi}}\right)+\left(\bar{\boldsymbol{f}},\frac{d\bar{\boldsymbol{\psi}}}{dt}\right) \\ &= \left(A(t)\frac{d\mathring{\bar{\boldsymbol{x}}}}{dt},\bar{\boldsymbol{\psi}}\right)+(\bar{\boldsymbol{f}},-A^{\tau}(t)\bar{\boldsymbol{\psi}}) \\ &= (\bar{\boldsymbol{f}},A^{\tau}(t)\bar{\boldsymbol{\psi}})-(\bar{\boldsymbol{f}},A^{\tau}(t)\bar{\boldsymbol{\psi}}) \\ &\equiv 0 \end{aligned}$$

此处 $A(t)$ 为式(9.4-10)中的方阵。故沿最优运动轨线，哈密顿函数恒为常数

$$H(\mathring{\bar{\boldsymbol{x}}}(t_1),\bar{\boldsymbol{\psi}}(t_1),\mathring{\boldsymbol{u}}(t_1)) = \text{const}, \quad 0 \leqslant t \leqslant t_1$$

由式(9.4-27)知 $H(t_1)=0$，所以又有

$$H(\mathring{\bar{x}}(t_1),\mathring{\bar{\psi}}(t_1),\mathring{u})\equiv 0,\quad 0\leqslant t\leqslant t_1 \tag{9.4-27'}$$

这样我们就得到了一套完整的最优控制应该满足的必要条件。现将这些条件集中写出

$$\begin{aligned}
&\frac{dx_i}{dt}=f_i(\mathring{x}(t),\mathring{u}(t)),\quad i=0,1,\cdots,n\\
&\bar{x}(0)=(0,x_{10},x_{20},\cdots,x_{n0})\\
&x(t_1)=(x_{11},x_{21},\cdots,x_{n1})\\
&\frac{d\psi_i}{dt}=-\sum_{\alpha=0}^{n}\frac{\partial f_\alpha}{\partial x_i}\psi_\alpha,\quad i=0,1,\cdots,n\\
&\frac{\partial H}{\partial u_i}=0,\quad i=1,2,\cdots,r\\
&H\equiv 0
\end{aligned}\tag{9.4-28}$$

总之，如果控制量 $u(t)$ 的取值不受限制，自 x_0 点至 x_1 点的最优控制 $\mathring{u}(t)$ 存在，那么必存在一组非零函数 $\psi_0(t),\cdots,\psi_n(t)$，后者是式(9.4-28)中第二组方程式的解，使哈密顿函数 H 在每一时刻对变量 u 取极值，而且沿最优运动轨线 H 恒等于零。

现分析一下必要条件式(9.4-28)的结构。首先，由于各 f_i 中不含 x_0，故

$$\frac{d\psi_0}{dt}=0,\quad \psi_0=\text{const},\quad \psi_0\leqslant 0$$

这里的第三个条件是由于一切 $\delta\bar{x}(t_1)$ 所构成的子空间 K 不包含向量 $z=(-1,0,\cdots,0)$。其次，式(9.4-28)内共含有 $2n+r+2$ 个未知函数和一个未知数 t_1，即共有 $2n+r+3$ 个未知因素，而恰恰有 $2n+r+3$ 个方程式，若最优控制存在的话，可以由式(9.4-28)求出。式(9.4-28)内包括了 $2n+2$ 个微分方程式，其他 $r+1$ 个方程式是代数方程。为了解两组微分方程式必须有 $2n+2$ 个边界条件。实际上我们只有 $2n+1$ 个边界条件，因为 $x_0(t)$ 的终点值(最优值)是未知的。看起来，似乎还缺少一个条件。事实上，由于对 $\bar{\psi}$ 的方程组是线性齐次的，初始条件只能准确到某一常数公因子，故对它的求解只需要有 n 个初始条件就够了。此外，还有一个初始条件应由式(9.4-27′)在 $t=0$ 时确定，所以实际上只需有 $2n$ 个初始条件就能求出两组微分方程的解。剩下的一个边界条件恰好留给 t_1。因此，式(9.4-28)中不仅方程式的个数是足够的，而且边界条件也恰恰满足需要。正由于这个理由，我们说式(9.4-28)给出了求最优控制所必需的完整条件。因此，我们称式(9.4-28)为决定最优控制的标准方程组。

但是，还应该注意到，如果式(9.4-28)只有一个孤立的解，它连接 x_0 和 x_1，那么它就是唯一的最优运动和最优控制。如果满足式(9.4-28)的控制和运动不止一个，而有很多个，则在这些运动中仍有必要加以选择。这就是说，条件式

(9.4-28)仅仅是最优控制和最优运动的必要条件。满足式(9.4-28)的控制函数不能保证都是最优的。还有一种情况可能是不存在式(9.4-28)能够使受控系统自 $\boldsymbol{x}_0$ 点出发到达 $\boldsymbol{x}_1$ 点的解,此时最优控制将不存在。如果满足式(9.4-28)的解有很多个,每一个都使 $x_0=J=\min$,这时最优控制将不唯一,在设计实际系统时可任选其中的一个加以实现。

9.5　附加限制时的最优控制和喷气发动机控制设计

在实际问题中,除预先给定控制过程的积分指标外,还可能提出某些关于受控对象输出坐标的限制条件。例如第 9.2 节中喷气发动机的工作过程中,常要求对发动机温度进行限制。这种限制也往往是以积分形式给定的,例如要求控制过程满足条件

$$J_1=\int_0^{t_1} g(\boldsymbol{x},\boldsymbol{u})dt\leqslant l \tag{9.5-1}$$

其中 l 为某一给定常数。这样必须在使受控对象式(9.4-1)自状态 $\boldsymbol{x}_0$ 引至 $\boldsymbol{x}_1$,且满足条件(9.5-1)的一切控制中寻求使式(9.4-2)达极小值的控制函数——条件最优控制函数 $\boldsymbol{u}(t)$。

如果设计控制系统时先不考虑式(9.5-1)的限制条件,而直接解方程组(9.4-28),这样求出的 $\boldsymbol{u}(t)$ 和 $\boldsymbol{x}(t)$,必须再代入(9.5-1),检查该条件是否被满足。自然,这时有两种可能:由式(9.4-28)求出的最优控制满足条件式(9.5-1),此时限制条件式(9.5-1)不改变前述的设计结果;另一种可能是由式(9.4-28)求出的最优控制不满足条件式(9.5-1),此时就不能按原来的计算进行设计了,而要寻求满足式(9.5-1)的新的条件最优控制。上述两种情况中,对设计者有意义的是第二种,因此,当由式(9.4-28)求出的最优控制不满足式(9.5-1)时,我们有理由在式(9.5-1)内取等号,即将式(9.5-1)改写成条件

$$J_1=\int_0^{t_1} g(\boldsymbol{x},\boldsymbol{u})dt = l \tag{9.5-2}$$

用类似前节的方法可以证明[22]如果 $\mathring{\boldsymbol{u}}(t)$ 和 $\mathring{\boldsymbol{x}}(t)$ 是满足条件式(9.5-2)的自 $\boldsymbol{x}_0$ 点引至 $\boldsymbol{x}_1$ 点的最优控制,如果它们不是 J_1 的极值函数,则必存在一个常数 λ,使 $\mathring{\boldsymbol{u}}(t)$ 和 $\mathring{\boldsymbol{x}}(t)$ 成为满足下列积分泛函指标的最优控制

$$J_0=\int_0^{t_1}[f_0(\boldsymbol{x},\boldsymbol{u})+\lambda g(\boldsymbol{x},\boldsymbol{u})]dt = \min \tag{9.5-3}$$

以新的积分指标式(9.5-3)代替原积分式(9.4-2)后,依然可以利用标准方程组(9.4-28)求出条件最优控制。此时又多了一个未知常数 λ。但是,为了求 λ 我们却又多了一个条件式(9.5-2)。于是,如果条件最优控制函数存在的话,由式

(9.4-28),(9.5-2),(9.5-3)有希望将它求出。

作为例子,我们继续研究第 9.2 节中曾经介绍过的喷气发动机的过程控制问题,并对发动机输入至轮机的工作物体的温度加以限制。根据式(9.2-4)和(9.2-5),当控制速度时,若只把旋转速度误差看做是最重要的因素,控制准则就变成

$$\int_0^{t_1} f(N-N_s)dt = \min \tag{9.5-4}$$

于是,由方程(9.3-13)的控制条件可以简单地给出等式

$$f_1(N-N_s)=0$$

由于 f_1 的性质,我们有 $N=N_s$。这个结果表示:在发动机的性能没有受到其他限制条件的情况下,这种速度控制将保持速度误差恒等于零,然而只有允许温度无限升高,才可能实际达到上述要求。这个结果和前面的方程(9.3-13)前后不一致,在那个方程里,N 并不是一个时间的不连续的函数。这个例子是一般问题的一种显然情形。但是这个结果指出必须附带有另外的准则才能给出实际上有意义的系统。

设 T 表示发动机工作温度的瞬时值,根据式(9.2-4)内的温度限制表达式,对温度的限制条件可写成

$$J_1=\int_0^{t_1} f_3(T(t))dt \tag{9.5-5}$$

现在假设在速度控制问题中把条件式(9.5-4)和(9.5-5)合并考虑。根据本节内前面的讨论,可以写成一个类似式(9.5-3)的积分指标

$$J_0=\int_0^{t_1}[f_1(N-N_s)+\lambda f_3(T)]dt=\min \tag{9.5-6}$$

所以 $F=f_1(N-N_s)+\lambda f_3(T)$。由于利用了方程(9.2-5),方程(9.3-13)变成

$$f_1(N-N_s)+\lambda f_3(T)=\lambda a\tau\dot{N}\dot{f}_3(T) \tag{9.5-7}$$

这是过渡过程的控制方程。当过渡过程终止时,理想的稳定装置发生作用,所以就有

$$N=N_s$$

$$\dot{N}=0 \tag{9.5-8}$$

方程(9.5-7)和(9.5-8)描写出整个控制系统的性质。我们可以设想,有一架计算机安装在系统里,它由测量机构获得有关 N 和 T 的资料,贮藏有 λ,a 和 τ 的资料,以及燃料速度和 N,T 之间的联系,然后根据方程(9.5-7),产生适当的燃料喷射率的信号。当 N 即将到达 N_s 时,稳定机构参与作用,所以过渡过程终止时方程(9.5-8)自然满足,一般说来,控制方程(9.5-7)是非线性方程,计算机不可能是线性元件,不像简单的电阻电容线路那样。

作为一个例子,考虑下述情况,当 $T>L_2$ 时,$f_3(T)=(T-L_2)^n$,当 $T<L_1$ 时,

$f_3(T)=(L_1-T)^n$。通常，次数 n 必须大于 1，因为如果 $n<1$，T 可以是无限大，这样即使积分

$$\int_0^{t_1} f_3(T)dt$$

是有限的，将使 N 不连续，这不符合实际情况。在讨论中，令 $n=2$，并且令 $f_1(N-N_s)=(N-N_s)^2$。所以我们又以对于给定值所发生的平均平方误差作为误差的量度，于是方程(9.5-7)变成

$$\frac{(N-N_s)^2}{\lambda}+(L-aN)^2=a^2\tau^2\dot{N}^2 \tag{9.5-9}$$

在这个式子里：对加速度的情形，即当 $N<N_s$ 时

$$\dot{N}>0, L=L_2$$

对减速度的情形，即当 $N>N_s$ 时有

$$\dot{N}<0, L=L_1$$

此时，控制系统的方块图可用图 9.5-1 表示如下。

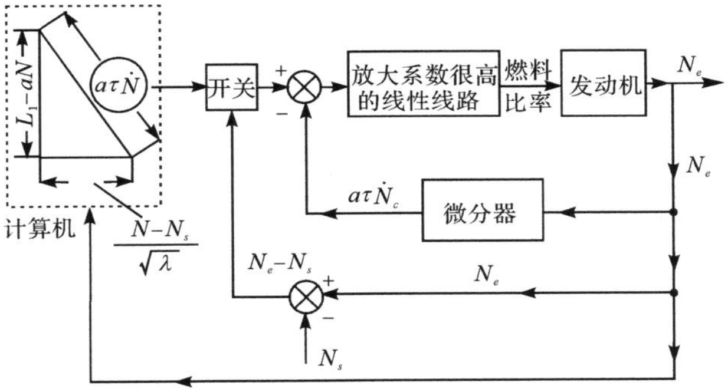

图 9.5-1

N_e 是真正的发动机速度，假定我们考虑减速度的情况，$N>N_s$。在过渡过程中，N_e-N_s 是正的，所以计算机和发动机伺服系统之间的开关闭合，计算机发出信号。计算机根据方程(9.5-9)产生信号 $a\tau\dot{N}$。在图 9.5-1 中用一个直角三角形边长的关系描写信号之间的联系。发动机伺服控制系统要设计得使发动机尽可能服从计算机所发出的信号 $a\tau\dot{N}$。这只要利用图中所表示的放大系数很高的线路就可以达到目的。当速度误差的值变得非常小的时候，计算机就停止发出信号，于是系统的稳定装置将保证系统保持指定速度 N_s，而处于稳定状态，于是系统满足方程(9.5-8)的条件。

控制系统里有一个可调整的参数 λ。对于任意一个给定的 λ 和得到的超温积分来说，这个系统将会使速率误差平方的积分取极小值。λ 的值确定超温积分的

值式(9.5-6),我们考虑 $aN_s=L$ 这一特殊情况,那就是,与温度的限制相适应的加速度或减速度是服从方程(9.2-5)的.有兴趣地注意到,在这个特殊例子里,根据方程(9.5-9)的控制条件,当 $N=N_s$ 时,$\dot{N}=0$,所以并不需要一个额外的稳定装置,图(9.5-1)中控制系统里的开关也就可去掉。在这一特殊情况下,方程(9.5-9)变成线性的,可以写成

$$E(L-aN)=a\tau\dot{N} \tag{9.5-10}$$

其中

$$E=\left(1+\frac{1}{a^2\lambda}\right)^{\frac{1}{2}} \tag{9.5-11}$$

现在那些积分可以很容易的计算出来,例如,温度积分是

$$\begin{aligned}\int_0^{t_1}(T-L)^2dt &= \int_0^{t_1}(aN-L+a\tau\dot{N})^2dt\\ &=(E-1)^2\int_0^{t_1}(L-aN)^2dt\\ &=a^2(E-1)^2\int_0^{t_1}(N_s-N)^2dt\\ &=a^2(E-1)^2\int_{N_0}^{N_s}(N_s-N)^2\frac{dN}{\dot{N}}\\ &=a^3\tau(E-1)^2\int_{N_0}^{N_s}\frac{(N_s-N)^2dN}{Ea(N_s-N)}\\ &=a^2\tau\frac{(E-1)^2}{E}\frac{1}{2}(N_s-N_0)^2\\ &=\frac{\tau}{2}\frac{(E-1)^2}{E}(L-aN_0)^2\end{aligned}$$

于是得到

$$\frac{1}{\tau}\int_0^{t_1}\frac{(T-L)^2}{(L-aN_0)^2}dt=\frac{(E-1)^2}{2E} \tag{9.5-12}$$

其中 N_0 是过渡过程开始时的发动机速度。同样,速度积分是

$$\frac{a^2}{\tau}\int_0^{t_1}\left(\frac{N-N_s}{L-aN_0}\right)^2dt=\frac{1}{2E} \tag{9.5-13}$$

假设 $T_{\max}$ 是最高温度,于是

$$\frac{T_{\max}-L}{L-aN_0}=E-1 \tag{9.5-14}$$

从方程(9.5-10)我们有

$$Ea(N_s-N)=a\tau\frac{dN}{dt}$$

在过渡过程中,控制系统的特性时间用 τ^* 表示

$$\tau^* = \frac{\tau}{E} \tag{9.5-15}$$

这些方程的左端已经化成无量纲的形式了。最高温度 $T_{\max}$是过渡过程开始时的温度。

当 $E=1(\lambda=\infty)$时，这时候温度不超出，这与我们前面的叙述相符：当$\lambda \to \infty$时，表示超温的积分等于零。速率积分等于 0.5，并且 $\tau^*=\tau$。如果 E 增大(或者 λ 减小)，温度积分和最高温度增大，而速度积分和时间常数减小。可以取$\sqrt{2}$为 E 的一个折中值，或者 $a^2\lambda=1$。只要把 E 或者 λ 的值给定，控制计算机的程序也就确定了，于是可以进行控制系统的设计工作。

对于方程(9.5-9)的普遍情形，积分值计算起来非常麻烦，但是可以采用同样的步骤设计控制系统。勃克森包姆和胡德给出方程(9.5-10)真正的解答，那就是求出 t 的函数 N[8]，但是我们在这里对于控制系统的设计并不着重在求得这种解。控制系统的全部资料由方程(9.5-10)本身给出，因为这个方程已经告诉我们应该如何构造控制计算机。如果根据那些条件做出计算机，于是就能保证得到希望的性能。N 对于时间的具体变化情况倒并不重要。因此我们的设计方法与其说是根据假设的方程的解去进行设计。倒不如说是“设计”非线性方程本身。

9.6　控制量受限制时的最优控制设计

前面数节内所讨论的最优控制问题都基于一个重要假定：控制函数$\boldsymbol{u}(t)$的取值范围事先不受任何限制。按方程组(9.4-28)求出的最优控制函数$\mathring{\boldsymbol{u}}(t)=(\mathring{\boldsymbol{u}}_1(t),\cdots,\mathring{\boldsymbol{u}}_r(t))$可以在 r 维空间的任何地方取值。我们曾经指出过，控制量 $\boldsymbol{u}$ 的取值在绝大多数情况下总是受限制的。控制量的变化只能在预先确定的范围内取值。而古典变分法的理论中其主要方法的证明和主要结论实质上都没有充分地，或完全没有考虑这种限制条件。为了确切地反映这一基本事实，古典变分法的理论和方法就难于直接采用。这里需要有另外一种研究方法，以使古典变分法的应用范围得以改进，使之更适合于实际控制问题的基本特点。

值得指出的是，这种附加的控制系统特有的限制条件，无论在实际技术问题中或在理论上都使得最优问题与古典变分法内所研究的问题具有本质上的不同。例如在古典变分法的意义上并不存在最优解的时候，考虑了限制条件后，最优解就不仅存在，而且还具有重要的实际意义。举例来说，在 x,y 平面上有一条光滑曲线 $y=f(x)$，如果此曲线在全平面内确实有极小值存在，那么用求极值的古典方法可以求出极值及其对应的横坐标 x_0。但是，当 x 的取值范围受限制时，如 $a\leqslant x\leqslant b$，该函数 $f(x)$在此区间内可能没有极值，而最小值却总是存在的。此时古典方法就完全无能为力了。本章初我们曾讨论过的物体运动一例中，按古典变分法的提法(即图 9.1-1 中 $F(t)$不受限制的情况)最速控制是不存在的,但当作用力 $F(t)$的取值受限制时,如 $0<a\leqslant F(t)\leqslant b$,最优控制就存在了。这一点读者不难从简单的物理概念中推知。

总之,本节内我们将介绍控制量受限制时的最优控制的设计问题。设受控对象的运动方程依然为式(9.4-1),性能指标为式(9.4-2)型的积分泛函。控制量 $\boldsymbol{u}$ 的取值范围假定为 r 维空间的某一点集 U,后者可能是一个区域,例如由下列不等式组所确定

$$g_i(u_1,u_2,\cdots,u_n)\leqslant 0,\quad i=1,2,\cdots,m \tag{9.6-1}$$

也可能是一个正方体,由下列条件决定

$$|u_i|\leqslant M,\quad i=1,2,\cdots,r \tag{9.6-2}$$

或者只包含几个孤立点和线。例如,若控制器是由数个双极继电器组成的,那么控制量的每个分量 u_i 只可能取值$\pm M$,此时点集 U 只含有 2^r 个孤立点。当 $r=1$ 时,控制量只能取两个值:$+M$ 或$-M$,M 为某一给定的正数。

在这种特定条件下讨论的最优控制问题是由庞特里亚金(Понтрягин)及其学生们完成的[22]。这里仅限于叙述他们的基本方法和此方法的几何意义。最后我们将指出这种方法与前述古典变分法之间的联系。

如果控制函数 $\boldsymbol{u}(t)$在任何时刻均取值于 U,而且它的每一分量 $u_i(t)$,$i=1,2,\cdots,r$,都是逐段连续的函数,在任何有限时间内只可能有有限个第一类断续点,则称这类 $\boldsymbol{u}(t)$为可准控制①。控制量的取值域 U 是 r 维空间的任意点集,它也可以是全空间,此时问题将与古典变分法的命题一致。以后我们将假定控制量的值域 U 已被给定。

与前节类似,对受控对象式(9.4-1)引进一个新的坐标 x_0,$x_0(t)=J(t)$,则

$$\frac{dx_0}{dt}=f_0(x_1,\cdots,x_n;u_1,\cdots,u_r)$$

于是式(9.4-1)和(9.4-2)可联合成为一个包含 $n+1$ 个一阶方程式的方程组,将它写成向量形式

$$\frac{d\bar{\boldsymbol{x}}}{dt}=\bar{\boldsymbol{f}}(\bar{\boldsymbol{x}},\boldsymbol{u}),\bar{\boldsymbol{x}}(0)=(0,\boldsymbol{x}_0) \tag{9.6-3}$$

式中 $\bar{\boldsymbol{f}}=(f_0,f_1,\cdots,f_n)$,$\bar{\boldsymbol{x}}=(x_0,x_1,\cdots,x_n)$。设受控对象的终点条件 $\boldsymbol{x}_1=(x_{11},x_{21},\cdots,x_{n1})$已经给定。所谓最优控制是指在一切可准控制中寻求使受控对象自 $\boldsymbol{x}_0$ 到达 $\boldsymbol{x}_1$ 并使 x_0 达极小值的控制函数。这一问题的几何意义如图 9.4-1 所示。这与前节内的古典问题的提法不同点在于,这里的控制函数必须在可准函数的范

---

① 在文献[22]中作者研究了更为广泛的可准控制类,即 $u_i(t)$为有界可测函数。为了叙述简单易懂,这里只限于分段连续的控制函数。

围内选取，故 $\boldsymbol{u}(t)$ 的取值不能是任意的。

为了叙述最优控制所应满足的（必要）条件，与前节的讨论类似，引进一组 $n+1$ 维向量函数 $\bar{\boldsymbol{\psi}}(t)=(\psi_0(t),\psi_1(t),\cdots,\psi_n(t))$，假定它们是下列方程组的解

$$\frac{d\psi_i}{dt}=-\sum_{\alpha=0}^{n}\frac{\partial f_\alpha}{\partial x_i}\psi_\alpha,\quad i=0,1,2,\cdots,n \tag{9.6-4}$$

类似地构造哈密顿函数 H

$$H(\bar{\boldsymbol{x}},\bar{\boldsymbol{\psi}},\boldsymbol{u})=(\bar{\boldsymbol{\psi}},\bar{\boldsymbol{f}}(\bar{\boldsymbol{x}},\boldsymbol{u}))=\sum_{\alpha=0}^{n}\psi_\alpha f_\alpha(\bar{\boldsymbol{x}},\boldsymbol{u}) \tag{9.6-5}$$

上式内用 $(\bar{\boldsymbol{x}},\bar{\boldsymbol{y}})$ 表示两个 $n+1$ 维向量的数量积。于是，式(9.6-3)和(9.6-4)可以通过函数 H 写成哈密顿方程组

$$\frac{dx_i}{dt}=\frac{\partial H}{\partial \psi_i},\quad i=0,1,2,\cdots,n \tag{9.6-6}$$

$$\frac{d\psi_i}{dt}=-\frac{\partial H}{\partial x_i},\quad i=0,1,2,\cdots,n \tag{9.6-7}$$

如果 $\boldsymbol{u}(t)$ 已经给定，则 $\bar{\boldsymbol{x}}(t)$ 可从式(9.6-3)中求出，于是式(9.6-4)的诸系数就成为已知的时间函数了，$\bar{\boldsymbol{\psi}}(t)$ 将是这个线性方程组的解。

文献[22]证明了下列事实：设 $\mathring{\boldsymbol{u}}(t)$ 和 $\mathring{\bar{\boldsymbol{x}}}$ 分别是式(9.6-3)的最优控制和最优运动，t_1 是最优运动自 $\bar{\boldsymbol{x}}_0$ 点到达 $\bar{\boldsymbol{x}}_1$ 点的时间，则 $\mathring{\boldsymbol{u}}(t)$ 必满足下列条件：即存在式(9.6-4)的非零解 $\mathring{\bar{\boldsymbol{\psi}}}(t)$，使下列两个条件成立：

(1) 哈密顿函数 H 沿最优运动轨迹 $\mathring{\bar{\boldsymbol{x}}}(t)$ 在任何时刻对 $\boldsymbol{u}$ 取极大值，即

$$H(\mathring{\bar{\boldsymbol{x}}}(t),\mathring{\bar{\boldsymbol{\psi}}}(t),\mathring{\boldsymbol{u}}(t))=\max_{\boldsymbol{u}\in U}(\mathring{\bar{\boldsymbol{\psi}}}(t),\bar{\boldsymbol{f}}(\mathring{\bar{\boldsymbol{x}}},\boldsymbol{u})),\quad 0\leqslant t\leqslant t_1 \tag{9.6-8}$$

(2) 沿最优运动的轨线上 $\psi_0(t)=\text{const}\leqslant 0$，且

$$H(\mathring{\bar{\boldsymbol{x}}}(t),\mathring{\bar{\boldsymbol{\psi}}}(t),\mathring{\boldsymbol{u}}(t))\equiv 0,\quad 0\leqslant t\leqslant t_1 \tag{9.6-9}$$

这就是著名的关于最优控制的极大值原理。

表面上看来，上述两个条件与前节的古典问题的必要条件式(9.4-28)颇为类似，差别仅在于式(9.4-24)是“极值条件”，式(9.6-8)则是“条件最大值”。换言之，式(9.4-24)中 H 在一切 $\delta\boldsymbol{u}$ 中取极值。而式(9.6-8)中 H 在 $\boldsymbol{u}\in U$ 中取最大值。这一点绝不仅是字面上的差别，而反映了一种深刻的质的变化。

关于极大值原理的详细证明读者可参阅专著[22]。这里我们仅指出它与前节的讨论中有本质性差别的地方。前节内我们证明极值条件式(9.4-24)时，利用了一个基本事实，即由于 $\delta\boldsymbol{u}$ 的各种变化所引起的最优轨线构成一个线性子空间 K。后者的线性是由于最优控制的变化 $\delta\boldsymbol{u}$ 所引起的最优轨线的末端变化 $\delta\bar{\boldsymbol{x}}(t_1)$ 对 $\delta\boldsymbol{u}$ 是线性关系。由于对 $\delta\boldsymbol{u}$ 无任何限制，故 $\delta\bar{\boldsymbol{x}}(t_1)$ 构成一个线性集合。而在 $\delta\boldsymbol{u}$ 受限制的情况

下，如果最优控制函数 $\mathring{\boldsymbol{u}}(t)$ 的取值完全位于 U 的内部，则前节内所述之证明方法在这里依然可以采用，此时条件式(9.6-8)和(9.4-24)将完全重合。但是，当最优控制 $\mathring{\boldsymbol{u}}(t)$ 的取值位于 U 的边界时，前述的证明方法就完全无效了，因为此时 $\delta\boldsymbol{u}$ 不能任意取值，否则 $\mathring{\boldsymbol{u}}(t)+\delta\boldsymbol{u}$ 可能超出 U 的限制范围，变成为不可准许的控制函数了。文献[22]的作者们利用一种独特型的变分方法构造了一种关于 $\mathring{\boldsymbol{u}}(t)$ 的变分集合，并证明了由于这种特殊的变分所造成的最优轨线的末端偏离 $\delta\bar{\boldsymbol{x}}(t_1)$ 的全体构成的集合是一个凸锥体 K，而不是一个线性子空间。以 $\bar{\boldsymbol{x}}_1$ 为始点的向量 $\boldsymbol{z}=(-1,0,\cdots,0)$ 必然处于此凸锥体的外部。这样，就可以建立一个超平面，使向量 $\boldsymbol{z}$ 与凸锥体 K 位于此超平面的两侧，$\bar{\boldsymbol{\psi}}_1$ 是此超平面的外法向量，即它与 K 不在超平面的同侧。除此而外的其他证明过程与前节所述的基本思想是相同的。

以后我们还将利用极大值原理去解决一类具体问题。

9.7　末端不固定时的最优控制

前面几节讨论的问题都是关于受控对象自某一给定初始状态到达另外一个固定的端点状态的最优控制所应满足的必要条件。我们曾经指出，无论控制量 $\boldsymbol{u}(t)$ 的取值是否受到限制，在最优控制确实存在的情况下，只要方程(9.4-28)和(9.6-8)给出足够的方程式个数，就可以求出最优运动的一切未知变量和未知常量。

在实际技术问题中常有另外一种情况，就是运动的端点并不完全固定，而仅需满足某些较为“不严”的限制条件。例如，对受控对象的终点状态只有局部限制：某几个坐标分量的状态为给定，而另一种分坐标则是任意的。用多维空间的几何术语来讲，终点状态不是相空间内的某一个固定点，而是一个维数小于 n 的超曲面，终点状态，即受控运动的轨线端点，应该位于此超曲面上。此时前面得到的最优控制所应满足的条件就不能充分决定最优控制函数了，因为这超曲面上的点有无穷多个，究竟这些点中那一个点从损耗最小的意义上来看是系统理想的终端状态呢？甚之，系统的初始点状态也可能是不固定的，而仅要求位于某一超曲面上。总之，这类问题可以叙述如下。在 n 维相空间内给定两个维数不大于 $n-1$ 维的超曲面 S_1 和 S_2，它们互不相交。要求找出 S_1 和 S_2 上的某些点 $\boldsymbol{x}_0\in S_1$ 和 $\boldsymbol{x}_1\in S_2$，使自 x_0 至 x_1 点的最优控制就是自超曲面 S_1 至超曲面 S_2 的最优控制。这里实际上包含了三个问题：求出 S_1 上的点 $\boldsymbol{x}_0$，使自该点到达 S_2 的最优控制比自 S_1 上任何其他点到达 S_2 的最优控制还要好。也就是在很多最优控制中求更优者；其次要求出自此“理想点”到达 S_2 的最优控制函数；最后还须求出 S_2 上的理想端点的位置。

设受控对象的运动方程依然是式(9.4-1)

$$\frac{dx_i}{dt}=f_i(x_1,\cdots,x_n;u_1,\cdots,u_r),\quad i=1,2,\cdots,n$$

受控运动的质量指标是式(9.4-2)

$$x_0 = J = \int_0^{t_1} f_0(x_1, x_2, \cdots, x_n; u_1, \cdots, u_r) dt$$

系统的初始状态位于初始超曲面 S_1 上,后者由方程式

$$h(x_1, \cdots, x_n) = 0 \tag{9.7-1}$$

所确定。系统的终点状态应在超曲面 S_2 上,它由方程式

$$q(x_1, \cdots, x_n) = 0 \tag{9.7-2}$$

决定。欲求自 S_1 至 S_2 的最优控制最直观的方法是先任意选择 $\boldsymbol{x}_0 \in S_1$ 和 $\boldsymbol{x}_1 \in S_2$,求出自 $\boldsymbol{x}_0$ 至 $\boldsymbol{x}_1$ 的最优控制,然后再找出最好的始点和终点。这样便得到一个三重最优问题,可写成

$$x_0 = J = \min_{\boldsymbol{x}_1 \in S_2} \min_{\boldsymbol{x}_0 \in S_1} \min_{\boldsymbol{u} \in U} \int_0^{t_1} f(\boldsymbol{x}(t), \boldsymbol{u}(t)) dt$$

显然,这种方法在实际上几乎是毫无用处的。为了求出最好的 $\mathring{\boldsymbol{x}}_0$ 和 $\mathring{x}_1$,需要找出一些附加条件,用来寻找最理想的始点和端点。

在未开始讨论这些附加条件以前,先指出下列明显事实:如果理想的端点 $\mathring{\boldsymbol{x}}_0$ 和 $\mathring{\boldsymbol{x}}_1$ 已经找到,那么最优控制问题就变为前面已经详细讨论过的自固定点至固定点的最优控制问题。在受控量不受限制时最优控制函数必须满足条件式(9.4-28),而在控制量受限制时则应满足条件式(9.6-8)。因此,前节内得到的结果依然适用于本节初提出的问题。

为了讨论简单,我们假定决定超曲面 S_1 和 S_2 的方程式(9.7-1)和(9.7-2)中的函数 $h(\boldsymbol{x})$,$q(\boldsymbol{x})$为连续可微函数,即它们所确定的超曲面是光滑的。在其上的每一点都有一次偏导数存在,且梯度向量

$$\mathrm{grad}h(\boldsymbol{x}) = \left(\frac{\partial h}{\partial x_1}, \frac{\partial h}{\partial x_2}, \cdots, \frac{\partial h}{\partial x_n}\right) \neq \boldsymbol{0}$$

$$\mathrm{grad}q(\boldsymbol{x}) = \left(\frac{\partial q}{\partial x_1}, \frac{\partial q}{\partial x_2}, \cdots, \frac{\partial q}{\partial x_n}\right) \neq \boldsymbol{0}$$

换言之,梯度向量处处不为零向量,即曲面上没有奇点。此外还假定超曲面 S_1 和 S_2 都是 $n-1$ 维的。关于维数的假定并不是完全必要的,只是为了讨论方便而已。

先讨论控制量不受限制的情况。现假定 S_1 上的 $\mathring{\boldsymbol{x}}_0$ 已经找到,来研究 S_2 上的理想端点 $\mathring{\boldsymbol{x}}_1$ 应该满足什么条件。从第 9.5 节中我们已经知道,如果 $\mathring{\boldsymbol{u}}(t)$是自 $\mathring{\boldsymbol{x}}_0$ 点到达 $\mathring{\boldsymbol{x}}_1$ 点的最优控制,在最优运动的中间任一时刻 τ,$0 \leqslant \tau < t_1$,对最优控制函数 $\mathring{\boldsymbol{u}}(t)$做一系列的微小变化$\{\delta \boldsymbol{u}\}$,在最优轨线终点 $\mathring{\boldsymbol{x}}_1(t_1)$所产生的偏离$\{\delta \boldsymbol{x}(t_1)\}$的全体构成一个线性子空间 K,它的维数不超过 r。在 $n+1$ 维空间内通过 $\mathring{\boldsymbol{x}}_1$ 点所做的平行于 x_0 轴的直线 $\mathscr{L}$(图 9.4-1)绝不会包含在子空间 K 的内部。n 维相空间内超曲面 S_2 在 $n+1$ 维相空间内变成一个柱面 S'_2 直线 $\mathscr{L}$ 是此

柱面的一条基线，从几何结构上可以推知，若过$\mathring{\boldsymbol{x}}_1$点做此柱面的切平面 P，它的方程式应该是

$$\sum_{i=0}^{n}\frac{\partial q}{\partial x_i}(\mathring{x}_{i1}-x_i)=(\mathrm{grad}q(\mathring{\boldsymbol{x}}),\mathring{\boldsymbol{x}}-\bar{\boldsymbol{x}})=0 \qquad (9.7\text{-}3)$$

式中

$$\mathrm{grad}q(\mathring{\boldsymbol{x}})=\left(0,\frac{\partial q}{\partial x_1},\cdots,\frac{\partial q}{\partial x_n}\right)\Bigg|_{x=\mathring{x}_1}$$

是切平面 P 的法向量。由于$\mathring{\boldsymbol{x}}_1$是自 S'_1 到达 S'_2 的最优端点，故切平面以$\mathring{\boldsymbol{x}}_1$为中心的邻域不可能包含于子空间 K 的内部，否则将存在一种式(9.4-6)形的控制，使轨线端点的第一个坐标小于$\mathring{x}_{01}$，这与最优的假定相矛盾。于是，过 P 上垂直于 x_0 轴的直线可做一个超平面 P'，使 $\mathscr{L}$ 的下半部与 K 完全隔开。因而 P' 的法向量必然是$\{\psi_0,\mathrm{grad}q(\bar{\boldsymbol{x}})\}$。重复前面的讨论，可以得到如下结论：决定最优控制的向量函数$\mathring{\boldsymbol{\psi}}(t)$在轨线末端应与 P' 垂直。换言之，$\mathring{\boldsymbol{\psi}}(t)$在末端的方向应有下列形式

$$\mathring{\boldsymbol{\psi}}(t_1)=\left(\psi_0,\frac{\partial q}{\partial x_1},\cdots,\frac{\partial q}{\partial x_n}\right)\Bigg|_{x=\mathring{x}_1} \qquad (9.7\text{-}4)$$

此式就是古典变分法中的横截条件。

由于受控对象的运动方程式(9.4-1)之右端不明显包含时间变量 t，用逆运动的方法，对最优轨线的始点也可以得到同样的结果，即在 $t=0$ 时，$\mathring{\boldsymbol{\psi}}(0)$应具有下面形式

$$\mathring{\boldsymbol{\psi}}(0)=\left(\psi_0,\frac{\partial h}{\partial x_1},\cdots,\frac{\partial h}{\partial x_n}\right)\Bigg|_{x=\mathring{x}_0} \qquad (9.7\text{-}5)$$

这样一来，决定最优控制的标准方程组(9.4-28)将变成下列新的形式

$$\begin{aligned}
&\frac{dx_i}{dt}=f_i(\mathring{\boldsymbol{x}}(t),\mathring{\boldsymbol{u}}(t)),\quad i=0,1,2,\cdots,n\\
&\mathring{\boldsymbol{x}}(0)\in S_1,\quad \mathring{\boldsymbol{x}}_1\in S_2\\
&\frac{d\psi_i}{dt}=-\sum_{\alpha=0}^{n}\frac{\partial f_\alpha}{\partial x_i}\psi_\alpha,\quad i=0,1,2,\cdots,n\\
&\mathring{\boldsymbol{\psi}}(0)=\left(\psi_0,\frac{\partial h}{\partial x_1},\cdots,\frac{\partial h}{\partial x_n}\right)\Bigg|_{x=\mathring{x}_0}\\
&\mathring{\boldsymbol{\psi}}(t_1)=\left(\psi_0,\frac{\partial q}{\partial x_1},\cdots,\frac{\partial q}{\partial x_n}\right)\Bigg|_{x=\mathring{x}_1}\\
&H(\mathring{\boldsymbol{x}}(t),\mathring{\boldsymbol{\psi}}(t),\mathring{\boldsymbol{u}}(t))=\mathrm{ext}(\mathring{\boldsymbol{\psi}}(t),\bar{\boldsymbol{f}}(\mathring{\boldsymbol{x}},\boldsymbol{u}))\equiv 0\\
&\frac{\partial H}{\partial u_i}=0,\quad i=1,2,\cdots,r
\end{aligned} \qquad (9.7\text{-}6)$$

读者不难看出，标准方程组(9.7-6)提供了足够的条件解 $2n+2$ 个一阶常微分方程式。于是最优控制函数及最优轨线的两个端点，如果它们存在的话，就可以从方程组(9.7-6)中求出。

上面讨论的依然是受控量不受限制的情况. 如果 $\boldsymbol{u}$ 的取值受某种限制，则式(9.7-6)中的最后一个条件将改为

$$H(\mathring{\boldsymbol{x}},\mathring{\boldsymbol{\psi}}(t),\mathring{\boldsymbol{u}}(t)) = \max_{\boldsymbol{u}\in U}(\mathring{\boldsymbol{\psi}}(t),\boldsymbol{f}(\mathring{\boldsymbol{x}}(t),\boldsymbol{u})) \equiv 0 \tag{9.7-7}$$

这与端点完全固定的情况是一样的。对后一种情况更严格的数学证明这里不再详述，读者可参看文献[22]。此外，前面假定的 S_1 和 S_2 均为 $n-1$ 维超曲面也不是必要的。当它们的维数小于 $n-1$ 时，限制条件式(9.7-1)和(9.7-2)中，将包含数个方程式。例如，假定 S_2 由 m 个等式所确定

$$q_i(\boldsymbol{x}) = 0, \quad i = 1,2,\cdots,m \tag{9.7-8}$$

同时满足这 m 个方程式的一切点构成一个 $n-m$ 维超曲面 S_2，此时下列向量

$$\mathrm{grad}q_1(\boldsymbol{x}),\mathrm{grad}q_2(\boldsymbol{x}),\cdots,\mathrm{grad}q_m(\boldsymbol{x}) \tag{9.7-9}$$

对于 S_2 上的一切点，都是线性无关的，也就是说下列 $n\times m$ 阶方阵

$$\begin{pmatrix} \dfrac{\partial q_1(\boldsymbol{x})}{\partial x_1} & \dfrac{\partial q_2(\boldsymbol{x})}{\partial x_1} & \cdots & \dfrac{\partial q_m(\boldsymbol{x})}{\partial x_1} \\ \dfrac{\partial q_1(\boldsymbol{x})}{\partial x_2} & \dfrac{\partial q_2(\boldsymbol{x})}{\partial x_2} & \cdots & \dfrac{\partial q_m(\boldsymbol{x})}{\partial x_2} \\ \vdots & \vdots & & \vdots \\ \dfrac{\partial q_1(\boldsymbol{x})}{\partial x_n} & \dfrac{\partial q_2(\boldsymbol{x})}{\partial x_n} & \cdots & \dfrac{\partial q_m(\boldsymbol{x})}{\partial x_n} \end{pmatrix} \tag{9.7-10}$$

对一切 $\boldsymbol{x}\in S_2$ 均有最大秩 m。

式(9.7-8)中的每一个等式决定一个 $n-1$ 维超曲面，它的每一点上的切平面 P_i 的法向量是 $\mathrm{grad}q_i(\boldsymbol{x})$。在任意点 $\boldsymbol{x}\in S_2$ 上所作的 m 个切平面

$$(\mathrm{grad}q_i(\boldsymbol{x}),\boldsymbol{x}-\boldsymbol{y}) = \sum_{\alpha=1}^{n}\frac{\partial q_i}{\partial x_\alpha}(x_\alpha - y_\alpha) = 0, \quad i = 1,2,\cdots,m \tag{9.7-11}$$

的交，称为 S_2 在 $\boldsymbol{x}$ 点的切平面 P，它的维数也是 $n-m$。不难理解，P 的法向量可由式(9.7-9)诸向量的线性组合表示，即

$$\boldsymbol{n}(\boldsymbol{x}) = \sum_{\alpha=1}^{m}\mu_\alpha \mathrm{grad}q_\alpha(\boldsymbol{x}) \tag{9.7-12}$$

在这种情况下，式(9.7-6)中确定 $\overline{\boldsymbol{\psi}}$ 的边界条件的关系式将改为

$$\mathring{\boldsymbol{\psi}}(0) = (\psi_0,n_1(\boldsymbol{x}),\cdots,n_n(\boldsymbol{x}))\big|_{\boldsymbol{x}=\mathring{\boldsymbol{x}}_0}$$

$$\mathring{\boldsymbol{\psi}}(t_1) = (\psi_0,n_1(\boldsymbol{x}),\cdots,n_n(\boldsymbol{x}))\big|_{\boldsymbol{x}=\mathring{\boldsymbol{x}}_1} \tag{9.7-13}$$

我们看到，在式(9.7-12)中又引进了 m 个常数 $\mu_1,\mu_2,\cdots,\mu_m$，它们是未知的。但是

比前面的讨论中又多了 $m-1$ 个约束方程式 $q_i(\boldsymbol{x})=0, i=2,\cdots,m$。这样总的未知数和已知条件依然相互平衡，故决定最优控制函数与最优端点的标准方程组式(9.7-6)在新的条件下依然是完备的。如果这种问题有解的话，那么式(9.7-6)就提供了求解的必要条件。

9.8 最优控制函数综合举例

作为前节所述理论的应用，现研究线性系统内的最优控制函数的综合问题，设受控对象的运动方程是线性方程组

$$\frac{d\boldsymbol{x}}{dt}=A\boldsymbol{x}+B\boldsymbol{u} \tag{9.8-1}$$

和过去的符号一样，A 是 $n\times n$ 阶常量矩阵，B 是 $n\times r$ 阶常量矩阵，$\boldsymbol{u}=(u_1,u_2,\cdots,u_r)$是 r 个控制量。假定控制量的取值是受限制的，例如

$$|u_i|\leqslant 1,\quad i=1,2,\cdots,r \tag{9.8-2}$$

令 Ω 表示系统要求的终点状态区域。即无论受控系统的初始条件如何，经一段时间后，受控对象式(9.8-1)应该以 Ω 内的任意点作为终点状态。我们假定 Ω 是一个凸面体，或者是一个凸性区域，它由 m 个不等式

$$g_i(\boldsymbol{x})\leqslant 0,\quad i=1,2,\cdots,m \tag{9.8-3}$$

所确定，例如，它可能是以原点为中心以 ρ 为半径的小球体，此时

$$g(\boldsymbol{x})=\sum_{i=1}^{n}x_i^2\leqslant\rho^2$$

ρ 为某一给定的常数。

过渡过程的质量指标是一个二次型的积分式

$$J(\boldsymbol{u})=\int_0^{t_1}[(Q\boldsymbol{x},\boldsymbol{x})+(P\boldsymbol{u},\boldsymbol{u})]dt \tag{9.8-4}$$

上式内 Ω 为非负定方阵，即对任何 $\boldsymbol{x}$ 总有

$$(Q\boldsymbol{x},\boldsymbol{x})\geqslant 0$$

为了讨论简单，假设 P 是一个非负的对角矩阵，即

$$p_{ij}=\begin{cases}p_{ii}\geqslant 0, & 若\ i=j\\ 0, & 若\ i\neq j\end{cases}$$

这样，式(9.8-4)可以写成

$$J(\boldsymbol{u})=\int_0^{t_1}\left(\sum_{i,j=1}^{n}q_{ij}x_ix_j+\sum_{i=1}^{r}p_{ii}(u_i)^2\right)dt \tag{9.8-5}$$

所谓综合问题就是控制装置的设计问题，要求求出一组 n 元函数 $u_i(x_1,x_2,\cdots,x_n)$，$i=1,2,\cdots,r$，若将其代入式(9.8-1)后所得到的自治系统

$$\frac{d\boldsymbol{x}}{dt}=A\boldsymbol{x}+B\boldsymbol{u}(\boldsymbol{x}) \tag{9.8-6}$$

对任何初始条件 $\boldsymbol{x}_0$，均能自动地将受控对象引至 Ω 上的某一点，且使沿此轨线所算出的 J 值取极值。这样求出的函数 $u_i(x_1,\cdots,x_n)$，$i=1,2,\cdots,r$，正是待求的控制装置必须实现的控制规律。

现用第 9.6 节内所述的原理进行控制装置的设计。首先引进新坐标 $x_0=J$，它应满足方程式

$$\frac{dx_0}{dt}=(\Omega\boldsymbol{x},\boldsymbol{x})+(P\boldsymbol{u},\boldsymbol{u})=\sum_{i,j=1}^{n}q_{ij}x_ix_j+\sum_{i=1}^{r}p_{ii}u_i^2 \tag{9.8-7}$$

此式与式(9.8-1)联合后得到一个由 $n+1$ 个方程式构成的方程组，不难直接检查，它们的共轭方程组

$$\frac{d\psi_0}{dt}=0$$

$$\frac{d\boldsymbol{\psi}}{dt}=-A^{\tau}\boldsymbol{\psi}-2\psi_0Q\boldsymbol{x} \tag{9.8-8}$$

构成哈密顿函数

$$H(\boldsymbol{x},\boldsymbol{\psi},u)=\psi_0[(Q\boldsymbol{x},\boldsymbol{x})+(P\boldsymbol{u},\boldsymbol{u})]+(\boldsymbol{\psi},A\boldsymbol{x}+B\boldsymbol{u}) \tag{9.8-9}$$

根据第 9.6 节内的叙述可知，如果 $\mathring{\boldsymbol{u}}(t)$是最优控制，它应使 H 取极大值

$$H(\mathring{\boldsymbol{x}}(t),\mathring{\boldsymbol{\psi}}(t),\mathring{\boldsymbol{u}}(t))=\max_{\boldsymbol{u}\in U}[\psi_0(P\boldsymbol{u},\boldsymbol{u})+(\mathring{\boldsymbol{\psi}},B\boldsymbol{u})+v(t)] \tag{9.8-10}$$

上式内 $\mathring{\boldsymbol{x}}(t)$，$\mathring{\boldsymbol{\psi}}(t)$分别为最优运动轨线和其所对应的式(9.8-8)的某一特解。U 为由式(9.8-2)所确定的一个 r 维正方体；$v(t)=\psi_0(Q\mathring{\boldsymbol{x}}(t),\mathring{\boldsymbol{x}}(t))+(\mathring{\boldsymbol{\psi}}(t),A\mathring{\boldsymbol{x}}(t))$ 是一个不依赖于 $\boldsymbol{u}$ 的 t 的函数。条件式(9.8-10)等价于下列条件

$$\varphi(t)=\psi_0(P\mathring{\boldsymbol{u}}(t),\mathring{\boldsymbol{u}}(t))+(\mathring{\boldsymbol{\psi}}(t),B\mathring{\boldsymbol{u}}(t))=\max_{\boldsymbol{u}\in U}[\psi_0(P\boldsymbol{u},\boldsymbol{u})+(\mathring{\boldsymbol{\psi}},B\boldsymbol{u})]$$

假定 $p_{ii}\neq 0$，若 $i=1,2,\cdots,l$；当 $i>l$ 时 $p_{ii}=0$。此时将上式右端配方，经过整理后，可以得到

$$\varphi(t)=\max_{\boldsymbol{u}\in U}\left[\sum_{i=1}^{l}\left(u_i+\frac{(\boldsymbol{b}_i\mathring{\boldsymbol{\psi}}(t))}{2\psi_0p_{ii}}\right)^2+\sum_{\boldsymbol{\alpha}=l+1}^{r}(\mathring{\boldsymbol{\psi}}(t),\boldsymbol{b}_\alpha)u_\alpha+w(t)\right]$$

这里 $w(t)$为不含 $\boldsymbol{u}$ 的时间 t 的函数。由上式不难推知，当 $p_{ii}\neq 0$ 时，考虑到 $\psi_0<0$，唯一的最优控制函数 $\mathring{u}_i(t)$应具有下列形式

$$\mathring{\boldsymbol{u}}_i(t)=\begin{cases}1, & \text{若}\dfrac{(\boldsymbol{b}_i,\mathring{\boldsymbol{\psi}}(t))}{2\psi_0p_{ii}}\leqslant -1\\ -1, & \text{若}\dfrac{(\boldsymbol{b}_i,\mathring{\boldsymbol{\psi}}(t))}{2\psi_0p_{ii}}\geqslant 1\\ -\dfrac{(\boldsymbol{b}_i,\mathring{\boldsymbol{\psi}}(t))}{2\psi_0p_{ii}}, & \text{若}-1\leqslant\dfrac{(\boldsymbol{b}_i,\mathring{\boldsymbol{\psi}}(t))}{2\psi_0p_{ii}}\leqslant 1\end{cases}$$

$$i = 1,2,\cdots,l \tag{9.8-11}$$

对应于 $p_{\alpha\alpha}=0$ 的那些控制量应为

$$\mathring{u}_\alpha(t) = \text{sign}(\boldsymbol{b}_i, \mathring{\boldsymbol{\psi}}(t)), \quad \alpha = l+1,\cdots,r \tag{9.8-12}$$

如果上式右端符号 sign 后的函数只在一些孤立点上才为零，那么 $\mathring{u}_\alpha$ 将唯一地为式(9.8-12)所确定，否则 $\boldsymbol{u}_\alpha$ 的最优控制 $\mathring{u}_\alpha(t)$将不能用这个办法求出。

我们看到，如果$\mathring{\boldsymbol{\psi}}(t)$和 ψ_0 都为已知函数和已知数时，最优控制函数 $\mathring{\boldsymbol{u}}(t)$将有希望按式(9.8-11)和(9.8-12)所唯一地被求出。这样，求最优控制函数的问题就转化为求相应的 ψ_0 和$\mathring{\boldsymbol{\psi}}(t)$。再回来观察式(9.8-8)。为了求出这些函数，必须求出式(9.8-8)的初始条件$\mathring{\boldsymbol{\psi}}(0)$，而这是一件十分困难的事。为此，我们必须利用前节内关于不定端点的横截条件。利用这个条件可以写出最优轨线在到达 Ω 时的终端条件。设 t_1 是受控对象自 $\boldsymbol{x}_0$ 点到达 Ω 所需的时间；显然，我们有理由断定最优轨线在 $t=t_1$ 时刻所到达的点 $\boldsymbol{z}=\mathring{\boldsymbol{x}}(t_1)$必位于 Ω 的边界，而且在 $\boldsymbol{z}$ 点上有

$$\mathring{\boldsymbol{\psi}}(t_1) = -\,\text{grad}g(\boldsymbol{x})|_{x=z} \tag{9.8-13}$$

而未知数 ψ_0 则应满足条件

$$\max_{u\in U}[\psi_0(Q\boldsymbol{z},\boldsymbol{z}) + \psi_0(P\boldsymbol{u},\boldsymbol{u}) + (-\,\text{grad}g(\boldsymbol{x})|_{x=z}, A\boldsymbol{z}+B\boldsymbol{u})] = 0 \tag{9.8-14}$$

这样，当终点 $\boldsymbol{z}$ 为已知时$\mathring{\boldsymbol{\psi}}(t)$和 ψ_0 便可以从式(9.8-13)和(9.8-14)求出。这是问题的第二次转化，把求最优控制函数 $\mathring{\boldsymbol{u}}(t)$又转化为求终点 $\boldsymbol{z}$。因为终点 $\boldsymbol{z}$ 也是未知量，表面看来这种转化依然是徒劳的。其实不然，经两次转化后，我们已经接近于最后解决本节初提出的综合问题了。

为此，我们研究原始方程(9.8-1)的逆转运动方程，因为它的右端不含 t，这种方法极易实现，用$-t$ 代替 t 后，方程组(9.8-1)和(9.8-8)可写成

$$\frac{d\boldsymbol{x}}{dt} = -A\boldsymbol{x} - B\boldsymbol{u}, \boldsymbol{x}(0) = \boldsymbol{z}$$

$$\frac{d\boldsymbol{\psi}}{dt} = A^{\tau}\boldsymbol{\psi} + 2\psi_0 Q\boldsymbol{x}, \quad \boldsymbol{\psi}(0) = \text{grad}g(\boldsymbol{x})|_{x=z}, \quad \psi_0 < 0 \tag{9.8-15}$$

因为我们要解决的是综合问题，即求出一切到达 Ω 的最优控制函数，所以 Ω 的边界上的任一个点 $\boldsymbol{z}$ 都可能成为某一最优轨线的终点，或者说任一个 $\boldsymbol{z}$ 都可能是式(9.8-15)的始点，于是 Ω 边界上的每一个始点 $\boldsymbol{z}$ 都决定一条最优轨线。这样，当 $\boldsymbol{z}$ 遍历Ω 的表面以后，就可求出一切最优轨线了。任取 Ω 边界上的一点 $\boldsymbol{z}$，即可按式(9.8-15)求出$\boldsymbol{\psi}(0)$，再按式(9.8-14)求出 ψ_0 来。由于 ψ_0 沿最优轨线是常量，故 ψ_0 只依赖于 $\boldsymbol{z}$ 点的位置，再由于式(9.8-15)是关于 $\boldsymbol{x}$ 和$\boldsymbol{\psi}$ 的线性方程组，有可能在它的通解中消掉 $\boldsymbol{u}(t)$或者$\boldsymbol{\psi}(t)$，使$\boldsymbol{\psi}(t)$表达为 $\boldsymbol{x}(t)$的函数。

完成上述计算后，$\boldsymbol{x}$ 的相空间对每一个 u_i 将分为三类控制区域。第一类区域 $\mathring{u}_i(\boldsymbol{x})\equiv 1$；第二类区域 $\mathring{u}_i=-1$；第三类区域

$$\mathring{u}_i(t)=-\frac{(\boldsymbol{b}_i,\mathring{\boldsymbol{\psi}}(t))}{2\psi_0 p_{ii}}=-\frac{(\boldsymbol{b}_i,\mathring{\boldsymbol{\psi}}(\boldsymbol{x}))}{2\psi_0 p_{ii}}$$

这些区域找到后，就得到函数 $\mathring{\boldsymbol{u}}(\boldsymbol{x})$。这就是待求的最优控制函数。应指出的是，用纯分析方法去设计控制装置，一般看来，是十分复杂的事，但是，如果借助于高速度数字计算机或模拟计算装置这种设计程序就变得轻而易举了。

还有一种情况的最优设计问题有希望直接求出控制器即反馈信号的具体形式。设给定的受控对象的初始状态为 $\boldsymbol{x}_0$；控制作用从 $t=0$ 开始，于给定的时间 t_1 结束；对控制作用 $\boldsymbol{u}$ 没有约束。受控对象的运动方程是式(9.8-1)，而指标泛函改写成更方便的形式

$$J(\boldsymbol{u})=\frac{1}{2}\int_0^{t_1}[(Q\boldsymbol{x},\boldsymbol{x})+(P\boldsymbol{u},\boldsymbol{u})]dt \tag{9.8-16}$$

式中 Q 和 P 均假定为正定方阵。今要求设计最优线性反馈控制，使系统在 $t=0$ 时刻开始，在$[0,t_1]$的时间间隔内，从任意点 $\boldsymbol{x}_0$ 出发向任何方向运动(即端点不固定)指标泛函式(9.8-16)取极小值。

重复本节前面的讨论可知，最优控制应从下列方程组中求出[见式(9.8-8)]

$$\frac{d\boldsymbol{x}}{dt}=A\boldsymbol{x}+B\boldsymbol{u},\quad \boldsymbol{x}(0)=\boldsymbol{x}_0$$

$$\frac{d\boldsymbol{\psi}}{dt}=-A^{\tau}\boldsymbol{\psi}-\psi_0 Q\boldsymbol{x}$$

$$H(\mathring{\boldsymbol{x}}(t),\mathring{\boldsymbol{\psi}}(t),\mathring{\boldsymbol{u}}(t))=\max_{\boldsymbol{u}}\left[\frac{\psi_0(Q\mathring{\boldsymbol{x}},\mathring{\boldsymbol{x}})+\psi_0(P\boldsymbol{u},\boldsymbol{u})+(\mathring{\boldsymbol{\psi}},A\mathring{\boldsymbol{x}}+B\boldsymbol{u})}{2}\right] \tag{9.8-17}$$

由于终端状态可以是任意的，根据前节内极大值原理的证明，可推知 ψ_0 和 $\boldsymbol{\psi}$ 的终端条件一定是

$$\psi_0\equiv-1,\boldsymbol{\psi}(t_1)=0 \tag{9.8-18}$$

前面已经讨论过，如果 Q 和 P 是正定矩阵，哈密顿函数 H 是 $\boldsymbol{u}$ 的非蜕化二次型，因而 H 的极大值一定是极值，即对 $\boldsymbol{u}$ 的每一分量 u_α 均应有 $\frac{\partial H}{\partial u_\alpha}=0$ 在整个最优轨迹上成立。不难算出，由这个极值条件可得到向量等式

$$\frac{\partial H}{\partial \boldsymbol{u}}=-P\boldsymbol{u}+B^{\tau}\boldsymbol{\psi}=0$$

或者

$$\mathring{\boldsymbol{u}}(t)=P^{-1}B^{\tau}\boldsymbol{\psi}(t) \tag{9.8-19}$$

我们希望把最优反馈控制表示成下列线性形式

$$\mathring{\boldsymbol{u}}(t) = -K(t)\boldsymbol{x}(t) \tag{9.8-20}$$

式中 $K(t)$是某一随时间 t 变化的 $r\times n$ 长方矩阵。为此只需把$\boldsymbol{\psi}(t)$表示成 $\mathring{\boldsymbol{x}}(t)$的线性函数,然后依式(9.8-19)即可得到线性反馈式(9.8-20)。

令

$$\boldsymbol{\psi}(t) = -R(t)\boldsymbol{x}(t) \tag{9.8-21}$$

并和式(9.8-19)一起代入式(9.8-17),注意到 $\psi_0=-1$,可立即得到下列恒等式

$$\begin{aligned}\dot{\boldsymbol{\psi}}(t) &= -\dot{R}(t)\boldsymbol{x}(t) - R(t)\dot{\boldsymbol{x}} \\ &= -\dot{R}(t)\boldsymbol{x}(t) - R(t)(A\boldsymbol{x} + B\boldsymbol{u}) \\ &= A^{\tau}R(t)\boldsymbol{x}(t) + Q\boldsymbol{x}(t)\end{aligned}$$

注意到式(9.8-19),则上式等价于一个矩阵微分方程

$$-\dot{R}(t) = Q + A^{\tau}R - RBP^{-1}B^{\tau}R + RA \tag{9.8-22}$$

上两式内矩阵上方的点表示对 t 的导数。式(9.8-22)是一个矩阵微分方程,常称为黎卡提(Riccati)方程,可以证明它的解对任意初始条件是唯一存在的。剩下的只是确定 $R(t)$的边界条件。由式(9.8-18)知,在 $t=t_1$ 时$\boldsymbol{\psi}(t_1)=0$,因而 $R(t_1)=0$(零矩阵)。由于式(9.8-22)与系统的初始条件无关,当求出式(9.8-22)的一个特解后,即可按式(9.8-20)构造线性反馈控制器,式中

$$K(t) = P^{-1}B^{\tau}R(t)$$

是待求的线性反馈矩阵,在一般情况下它是变系数矩阵。如果式(9.8-22)有稳态解,即存在一个常量矩阵 R 使下列恒等式成立

$$Q + A^{\tau}R - RBP^{-1}B^{\tau}R + RA = 0 \tag{9.8-23}$$

则最优反馈控制器是线性常系数的,反馈矩阵 K 不仅与系统的初始状态无关,而且也不依赖于时间 t_1,即对任何时间间隔$[0,t_1]$,由式(9.8-20)确定的反馈控制总能使指标泛函 J 取极小值。

9.9 短程火箭的最佳推力程序

作为不固定端点的最优控制设计的一个例子,我们试讨论短程飞航式火箭的最佳推力程序设计方法。设 $m(t)$是火箭的瞬时质量;V_r 是火箭喷射物质的分离相对速度,假定其为常数;$P(t)$代表推力,$P_{\max}$为发动机的最大可能推力;地心引力 g 认为是常数;x,y 为火箭在以发射点为坐标原点的直角坐标系内的坐标(图 9.9-1)。因为是短射程火箭,我们将假定地心的引力始终平行于 y 轴向下;$\dot{m}=\dfrac{dm}{dt}$为燃料的秒耗量;再假定空气阻力为 $Q=Q(y,V)=Q(y,\dot{x},\dot{y})$。在上述假定的条件下,我们可以通过改变发动机的秒消耗量 $\dot{m}$ 和轨迹角 θ 来控制火箭的飞行速度

和飞行方向。火箭的运动方程式可写成

$$\frac{d^2x}{dt^2}=\frac{1}{m(t)}(P(t)-Q(y,\dot{x},\dot{y}))\cos\theta$$

$$\frac{d^2y}{dt^2}=\frac{1}{m(t)}(P(t)-Q(y,\dot{x},\dot{y}))\sin\theta-g$$

$$\frac{dm}{dt}=-\frac{1}{V_r}P(t) \tag{9.9-1}$$

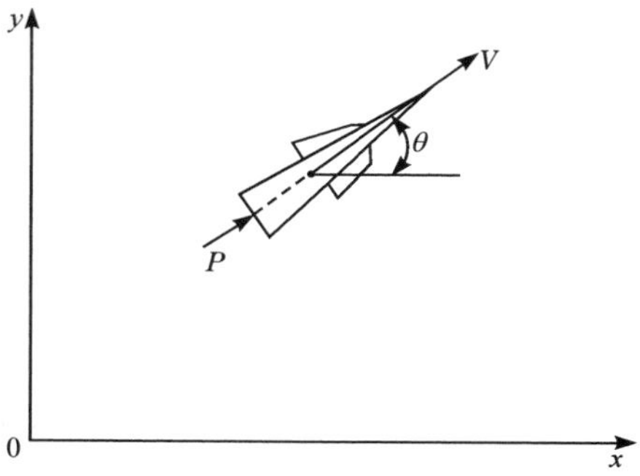

图 9.9-1

引进新的变量 $x_1=x, x_2=\dot{x}, x_3=y, x_4=\dot{y}, x_5=\frac{m(t)}{m_0}$；$u_1=\frac{P}{P_{\max}}, u_2=\theta$。方程组(9.9-1)可改写成一阶方程组

$$\frac{dx_1}{dt}=x_2$$

$$\frac{dx_2}{dt}=\frac{au_1-bQ(x_2,x_3,x_4)}{x_5}\cos u_2$$

$$\frac{dx_3}{dt}=x_4$$

$$\frac{dx_4}{dt}=\frac{au_1-bQ(x_2,x_3,x_4)}{x_5}\sin u_2-g$$

$$\frac{dx_5}{dt}=-cu_1 \tag{9.9-2}$$

式中 $a=P_{\max}/m_0, b=\frac{1}{m_0}, c=\frac{P_{\max}}{V_r m_0}$。

这个方程组内含有两个控制量 u_1 和 u_2，它们的取值是受限制的，限制条件是

$$0\leqslant u_1\leqslant 1,\quad 0\leqslant u_2\leqslant 2\pi \tag{9.9-3}$$

对这种飞航式短射程火箭可以提出下列问题：在给定的时间 T 内按预定的方向 $\boldsymbol{n}$ 飞行最远，应如何选择最好的巡航推力程序 $u_1(t)(P(t))$ 和 $u_2(t)(\theta(t))$？规定飞行最远的方向 $\boldsymbol{n}$ 可以用向量(n_1,n_2)表示，$n_1^2+n_2^2=1$。当 $n_1=0, n_2>0$ 时，预定的方向将是垂直飞行。当 $n_1>0, n_2=0$ 时，将是水平飞行。这里还假定在规定的时间 T 内，火箭上所储燃料足以使发动机的秒消耗量达最大值。

从这一问题的物理意义来看，最优解是存在的。对于给定的飞行方向显然存在一个程序 $\theta(t)$，使每一瞬间速度方向为最优。推力程序 $P(t)$ 受阻力 Q 的约束，如果速度很大，则气动阻力急剧增大，消耗燃料也将随之增加。如果推力很小，则不能在给定的时间内达到很大的射程。上述运动的指标可以用下式表示

$$J=n_1x+n_2y=n_1x_1+n_2x_3=\max \tag{9.9-4}$$

或者

$$J = -n_1x_1 - n_2x_3 = \min \tag{9.9-5}$$

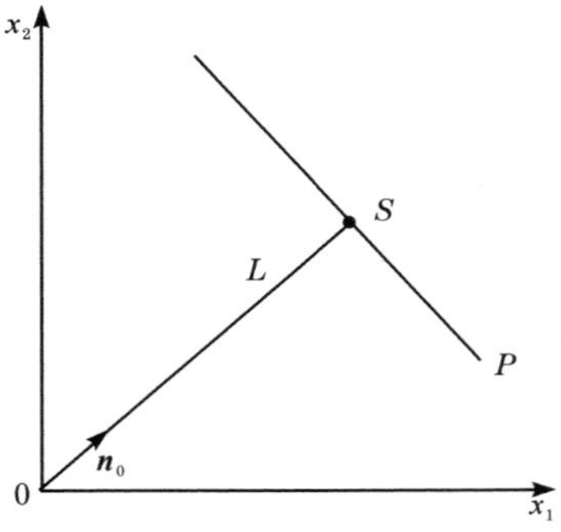

图 9.9-2

这一问题可以转换成轨线末端受限制的情况。事实上，过与单位向量 $\boldsymbol{n}_0=(n_1,n_2,0,0,0)$ 平行的直线 L（图 9.9-2）上的任一点做一垂直的 $n-1$ 维超平面 P，$\boldsymbol{n}_0$ 将是它的法向量。上述命题可等价地转述为：将火箭引导到平面 P 上，使交点 S 在直线 L 上离原点最远。交点 S 是未知的，但这并不影响我们对前节所述理论的应用。

取火箭的助推段终点为求解上述问题的初始条件 $\boldsymbol{x}_0=(x_{10},x_{20},x_{30},x_{40},x_{50})$。于是，可以根据标准方程组（9.7-6）写出求解最优控制的方程组

$$\begin{aligned}
&\frac{dx_0}{dt} = -n_1x_2 - n_2\frac{au_1 - bQ(x_2,x_3,x_4)}{x_5}\cos u_2, \quad x_0(0)=0\\
&\frac{dx_1}{dt} = x_2, \quad x_1(0)=x_{10}\\
&\frac{dx_2}{dt} = \frac{au_1 - bQ(x_2,x_3,x_4)}{x_5}\cos u_2, \quad x_2(0)=x_{20}\\
&\frac{dx_3}{dt} = x_4, \quad x_3(0)=x_{30}\\
&\frac{dx_4}{dt} = \frac{au_1 - bQ(x_2,x_3,x_4)}{x_5}\sin u_2 - g, \quad x_4(0)=x_{40}\\
&\frac{dx_5}{dt} = -cu_1, \quad x_5(0)=x_{50}
\end{aligned} \tag{9.9-6}$$

它的共轭方程组是

$$\begin{aligned}
&\frac{d\psi_0}{dt} = 0, \quad \psi_0 \leqslant 0\\
&\frac{d\psi_1}{dt} = 0, \quad \psi_1(T) = \psi_1(t) \equiv -n_1\\
&\frac{d\psi_2}{dt} = n_1\psi_0 - \psi_1 + \frac{\boldsymbol{b}}{x_5}\frac{\partial Q}{\partial x_2}((\psi_2 - n_2\psi_0)\cos u_2 + \psi_4\sin u_2), \quad \psi_2(T) = -n_2\\
&\frac{d\psi_3}{dt} = \frac{\boldsymbol{b}}{x_5}\frac{\partial Q}{\partial x_3}((\psi_2 - n_2\psi_0)\cos u_2 + \psi_4\sin u_2), \quad \psi_3(T) = 0\\
&\frac{d\psi_4}{dt} = -\psi_3 + \frac{\boldsymbol{b}}{x_5}\frac{\partial Q}{\partial x_4}((\psi_2 - n_2\psi_0)\cos u_2 + \psi_4\sin u_2), \quad \psi_4(T) = 0
\end{aligned}$$

$$\frac{d\psi_5}{dt}=-\frac{au_1-bQ(x_2,x_3,x_4)}{x_5^2}((\psi_2-n_2\psi_0)\cos u_2+\psi_4\sin u_2),\quad \psi_5(T)=0 \tag{9.9-7}$$

哈密顿函数为

$$H=\varphi(x_2,x_4;\psi_0,\psi_3,\psi_4)-n_2\psi_0\frac{au_1-bQ}{x_5}\cos u_2+\psi_2\frac{au_1-bQ}{x_5}\cos u_2+\psi_4\frac{au_1-bQ}{x_5}\sin u_2-c\psi_5u_1 \tag{9.9-8}$$

式中

$$\varphi(x_2,x_4;\psi_0,\psi_3,\psi_4)=-n_1x_2\psi_0+\psi_1x_2+\psi_3x_4-\psi_4g$$

从前节的讨论可知,函数 H 沿最优运动取最大值:

$$H(\mathring{\boldsymbol{x}}(t),\mathring{\boldsymbol{\Phi}}(t),\mathring{\boldsymbol{u}}(0))=\max_{\boldsymbol{u}\in U}H(\mathring{\boldsymbol{x}}(t),\mathring{\boldsymbol{\Phi}}(t),\boldsymbol{u})\equiv 0,\quad 0\leqslant t\leqslant T \tag{9.9-9}$$

条件式(9.9-9)意味着

$$\begin{aligned}&\frac{a\mathring{u}_1(t)-bQ(\mathring{x}_2,\mathring{x}_3,\mathring{x}_4)}{\mathring{x}_5(t)}((\mathring{\psi}_2(t)-n_2\psi_0)\cos\mathring{u}_2(t)+\mathring{\psi}_4(t)\sin\mathring{u}_2(t))-c\mathring{\psi}_5(t)\mathring{u}_1(t)\\&=\max_{\boldsymbol{u}\in U}\left[\frac{au_1-bQ(\mathring{x}_2,\mathring{x}_3,\mathring{x}_4)}{\mathring{x}_5(t)}((\mathring{\psi}_2(t)-n_2\psi_0)\cos u_2+\mathring{\psi}_4(t)\sin u_2)-c\mathring{\psi}_5(t)u_1\right]\end{aligned} \tag{9.9-10}$$

上面共得到 12 个一阶微分方程式,14 个未知函数,11 个边界条件。未知数 ψ_0 可以从式(9.9-7)求出,$\mathring{u}_1(t)$和 $\mathring{u}_2(t)$可以从式(9.9-9)或(9.9-10)求出。令

$$\eta(t,\mathring{\boldsymbol{x}}(t),\mathring{\boldsymbol{\psi}}(t),\mathring{u}_2(t))=\frac{a}{\mathring{x}_5(t)}(\mathring{\psi}_2(t)-n_2\psi_0)\cos\mathring{u}_2(t)+\mathring{\psi}_4(t)\sin\mathring{u}_2(t)-c\mathring{\psi}_5(t)$$

则

$$\mathring{u}_1(t)=\begin{cases}1, & 若\ \eta>0\\0, & 若\ \eta<0\end{cases} \tag{9.9-11}$$

由此可知最优的推力程序是开关式函数,要么以最大推力工作,要么以最小推力工作。最优方向程序 $\mathring{u}_2(t)$的变化规律要复杂些。但是按限制条件式(9.9-3),它实际上是不受限制的。因此 H 对 u_2 应取极值。所以,我们可以对式(9.9-10)右端求对 u_2 的偏导数并令其等于零,解出后得

$$\tan\mathring{u}_2(t)=\frac{\mathring{\psi}_4(t)}{\mathring{\psi}_2(t)-n_2\psi_0}$$

或者

$$\cos\mathring{u}_2(t)=\pm\frac{\mathring{\psi}_2(t)-n_2\psi_0}{\sqrt{\mathring{\psi}_4^2+(\mathring{\psi}_2(t)-n_2\psi_0)^2}}$$

$$\sin\mathring{u}_2(t)=\pm\frac{\mathring{\psi}_4(t)}{\sqrt{\psi_4^2+(\mathring{\psi}_2-n_2\psi_0)^2}} \tag{9.9-12}$$

上式右端之符号应该这样选取，使 $\cos\mathring{u}_2(t)$ 和 $\sin\mathring{u}_2(t)$ 均为正。将式(9.9-12)代入式(9.9-11)后，$\mathring{u}_1(t)$ 也就不依赖于 $\mathring{u}_2(t)$ 了。

如果在某种特定的条件下，空气阻力可以忽略不计，则式(9.9-6)和(9.9-7)还可以大为化简。但是，不管是否忽略阻力，用一般的理论分析方法求解方程组(9.9-4)—(9.9-10)几乎是不可能的。通常是利用计算机对特定的问题进行研究并求解。

9.10 动态规划与最优控制原理

归纳前面几节的讨论，为了求得受控系统满足某一给定的积分型指标的最优控制，必须同时研究问题的全局特征，写出完整的标准方程组，然后才可能求出最优控制规律。这是变分方法的基本特点，特别适宜于对控制问题的分析处理. 然而用分析方法只能处理比较简单的情况。在实际问题中，大多数受控运动方程是比较复杂的，只能用数字计算机去作最优控制设计。本节内我们再介绍另一种最优控制的设计方法，叫动态规划法。这种方法的基本思想和变分方法不同，对某些问题更适宜于在计算机上作最优设计。

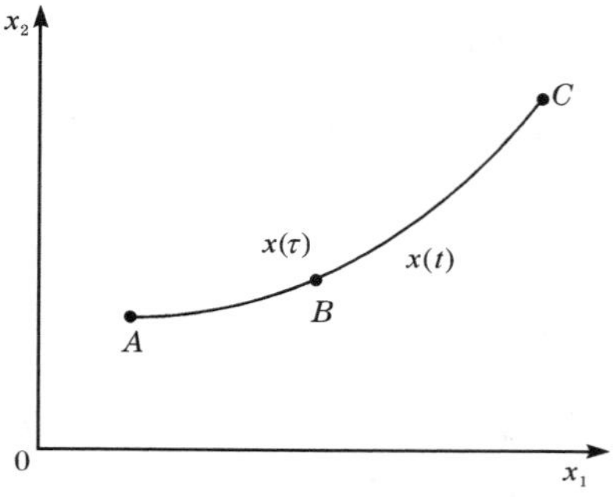

图 9.10-1

动态规划的基本思想是把整个控制过程分为若干段，在每一段内选择最优控制，使满足给定的指标要求。它可以概括成一个原理：无论系统的初始状态如何，也无论第一段运动过程中的最优控制是何种形式，全局为最优的控制函数，对应于第一阶段的终点状态，第二段运动过程中控制函数的选择，按给定的指标也一定是最优的。这就是最优控制原理。用图 9.10-1 对这一原理略作说明，设自 A 点至 C 点的按某种意义最优的运动是 $\boldsymbol{x}(t)$，$0\leqslant t\leqslant T$，其相应的最优控制是 $\boldsymbol{u}(t)$，$0\leqslant t\leqslant T$。系统运动经过 B 点的时刻记作 τ，$0<\tau<T$。最优控制原理的几何含意是，以 A 点为始点，以 C 点为终点的最优控制 $\boldsymbol{u}(t)$，$0\leqslant t\leqslant T$，也一定是以 B 点为始点，以 C 点为终点，定义于时间 $\tau\leqslant t\leqslant T$ 上的最优控制。

为简单起见，先假定受控对象是一个一阶非线性系统

$$\frac{dx}{dt}=f(x,u),\quad x(0)=x_0 \tag{9.10-1}$$

终点状态假定是完全“自由”的，无任何约束，但是对控制量 $\boldsymbol{u}$ 的约束形式不是像前面讨论的那样，而是具有下列形式

$$g_1(\boldsymbol{x})\leqslant u\leqslant g_2(\boldsymbol{x}) \tag{9.10-2}$$

我们看到，$\boldsymbol{u}$ 的取值范围不是一成不变的，而与系统的状态有关，上式内左右端的函数 $g_1(x)$ 和 $g_2(x)$ 是预先给定的。选择控制量 $u(t)$ 的目的是在给定的时间间隔 T 内，使下列泛函取极小值

$$J(u)=\int_0^T f_0(x,u)dt=\min \tag{9.10-3}$$

由于终点状态无任何约束，如果这种最优控制存在且唯一的话，极小值 $J(\mathring{u}(t))$ 将是初始条件 x_0 和时间间隔 T 的单值函数。这个泛函的最小值记为 $F(x_0,T)$，于是

$$F(x_0,T)=\min J(u(t)) \tag{9.10-4}$$

如果将时间间隔 T 稍微增大，使终端时刻变为 $T+\tau$，则上述等式将变成

$$F(x_0,\tau+T)=\min_{\substack{u(t),\\ 0\leqslant t\leqslant\tau}}\left[\int_0^\tau f_0(x,u)dt+F(x(\tau),T)\right] \tag{9.10-5}$$

而且 $u(t)$ 的取值范围应该满足条件式(9.10-2)的限制。

如果设 $f(x,u)$ 和 $F(x_0,T)$ 均为连续可微的二元函数，则

$$F(x_0,T+\tau)=F(x_0,T)+\frac{\partial F}{\partial T}\tau+O(\tau)$$

$$F(x(\tau),T)=F(x_0,T)+\frac{\partial F}{\partial x_0}f(x_0,u)\tau+O(\tau)$$

当 $\tau\to 0$ 时，应用上面两式的关系，式(9.10-5)可以写成

$$\frac{\partial F}{\partial T}=\min_u\left[f_0(\boldsymbol{x}_0,\boldsymbol{u})+\frac{\partial F}{\partial x_0}f(\boldsymbol{x}_0,\boldsymbol{u})\right] \tag{9.10-6}$$

如果函数 $F(x_0,T)$ 为已知，则式(9.10-6)将给予可能求出最优控制函数 $\mathring{\boldsymbol{u}}(t)$ 的初始值 $\mathring{u}(t)$。我们看到，式(9.10-6)是一个一阶偏微分方程。其中 f_0 和 f 为已知二元函数。为了求解此方程式，需要给定某些边界条件。如果在全平面内求出函数 $F(x_0,T)$，那么在每一瞬间的最优控制 $\mathring{u}$ 即可按式(9.10-6)求出。

对于更为一般的受控对象

$$\frac{d\boldsymbol{x}}{dt}=\boldsymbol{f}(\boldsymbol{x},\boldsymbol{u}),\quad \boldsymbol{u}\in U(\boldsymbol{x}) \tag{9.10-7}$$

和泛函指标

$$J(\boldsymbol{u}(t))=\int_0^T f_0(\boldsymbol{x},\boldsymbol{u})dt=\min \tag{9.10-8}$$

记

$$F(\boldsymbol{x};T)=\min_{\boldsymbol{u}\in U(\boldsymbol{x})} J(\boldsymbol{u}(t)) \tag{9.10-9}$$

符号 $U(\boldsymbol{x})$ 表示 $\boldsymbol{u}$ 的取值范围随受控对象的状态 $\boldsymbol{x}$ 的变化而变化。重复前面的讨论，并注意到多元自变量的特点，基本函数方程可按下列次序推出

$$F(\boldsymbol{x},T+\tau)=\min_{\substack{\boldsymbol{u}(t)\in U(\boldsymbol{x})\\0\leqslant t\leqslant\tau}}\left[\int_0^\tau f_0(\boldsymbol{x},\boldsymbol{u})dt+F(\boldsymbol{x}(\tau),T)\right] \tag{9.10-10}$$

当 τ 很小时

$$\boldsymbol{x}(\tau)=\boldsymbol{x}(0)+\boldsymbol{f}(\boldsymbol{x}(0),\boldsymbol{u}(0))\tau+O(\tau)$$

$$F(\boldsymbol{x}(0),T+\tau)=F(\boldsymbol{x}(0),T)+\frac{\partial F}{\partial T}\tau+O(\tau)$$

$$\begin{aligned}F(\boldsymbol{x}(\tau),T)&=F(\boldsymbol{x}(0),T)+\sum_{\alpha=1}^{n}\frac{\partial F}{\partial x_\alpha}f_\alpha(\boldsymbol{x}(0),\boldsymbol{u}(0))\tau+O(\tau)\\&=F(\boldsymbol{x}(0),T)+\tau(\mathrm{grad}_x F(\boldsymbol{x}(0),T),\boldsymbol{f}(\boldsymbol{x}(0),\boldsymbol{u}(0)))+O(\tau)\end{aligned}$$

令 $\tau\to 0$，按上面讨论次序，可最后得到关于函数 F 的特种偏微分方程

$$\frac{\partial F}{\partial T}=\min_{\boldsymbol{u}(0)\in U(\boldsymbol{x}(0))}(\mathrm{grad}_x F(\boldsymbol{x}(0),T),\boldsymbol{f}(\boldsymbol{x}(0),\boldsymbol{u}(0))) \tag{9.10-11}$$

根据最优控制原理，上面的讨论不仅对始点 $\boldsymbol{x}(0)$ 是正确的，对最优轨线上的任何点也都成立。故上式也可对任意点 $\boldsymbol{x}(\tau)$ 改写为

$$\frac{\partial F}{\partial \theta}=\min_{\boldsymbol{u}(\tau)\in U(\boldsymbol{x}(\tau))}(\mathrm{grad}_x F(\boldsymbol{x}(\tau),\theta),\boldsymbol{f}(\boldsymbol{x}(\tau),\boldsymbol{u}(\tau))) \tag{9.10-12}$$

式中 $\theta=T-\tau$，符号 $\mathrm{grad}_x F$ 表示只对 $\boldsymbol{x}$ 取偏导数的梯度向量

$$\mathrm{grad}_x F(\boldsymbol{x},\theta)=\left(\frac{\partial F}{\partial x_1},\cdots,\frac{\partial F}{\partial x_n}\right)$$

基本方程(9.10-11)或(9.10-12)有两种用途。当函数 $F(\boldsymbol{x},T)$ 为已知时，可由此求出最优控制 $\mathring{\boldsymbol{u}}(t)$。反之，当 $\mathring{\boldsymbol{u}}(t)$ 为已知时，可以由此求出函数 $F(\boldsymbol{x},\theta)$。有时函数 F 可由其他途径求出，此时按式(9.10-12)即可完全确定最优控制函数了。在第八章讨论最速控制系统时，我们曾得到过类似的方程(参看第 8.6 节)。那里我们曾指出求解此方程式的方法。实际上这个方程式与那里得到的结果有深刻的联系。此外，对控制量不受限制的情况至今研究得比较详细。读者在文献[2]中可以找到对这一类特殊问题的计算方法。

9.11 拦截问题中的导引律

作为最优控制理论的一个很好的应用，我们介绍一下关于拦截问题中的导引规律的最优选择[4]。设有一目标 M 以速度向量 $\boldsymbol{v}_M$ 飞来(见图 9.11-1)。今用一个横向可机动的拦截飞行器 D 对目标进行拦截，速度向量为 $\boldsymbol{v}_D$。用 $\boldsymbol{x}_M$ 和 $\boldsymbol{x}_D$ 分别表示目标和拦截器的空间坐标，它们之间的相对距离是 $\boldsymbol{x}=\boldsymbol{x}_M-\boldsymbol{x}_D$，相对速度

是 $\boldsymbol{v}=\boldsymbol{v}_M-\boldsymbol{v}_D$。拦截器 D 的飞行方向可以用改变横向加速度 $\boldsymbol{\alpha}_D$ 的办法加以控制。拦截任务的目的是找出一种控制规律，使拦截器 D 在某一时刻与目标 M 相碰撞，或者使相对距离 $\boldsymbol{x}$ 在某一时刻达到极小值。相对距离 $\boldsymbol{x}(t)=\boldsymbol{x}_M(t)-\boldsymbol{x}_D(t)$ 在 $t>0$ 以后的极小值称为拦截脱靶量。为了达到拦截目的而选择的控制规律称为导引律。

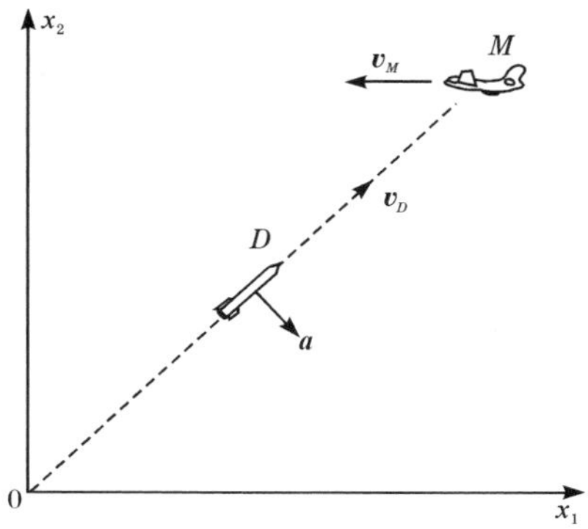

图 9.11-1

导引律是由系统的实时状态决定的控制律。这种控制律使系统在某一时刻达到零脱靶，或达到某一种终止状态。从控制理论的观点看，导引律就是依赖于实时状态的综合控制（或反馈控制）。下面将看到，用最优控制的综合理论讨论各种导引律可以得到一些新的、很有意思的结论。在这一节中，我们先用最优控制理论推导空间比例导引律，然后引进“零控拦截状态”及“零控拦截曲面 L”的概念，并用这些概念讨论各种导引律。

在相对体制下，导引问题的运动方程可描述为

$$\dot{\boldsymbol{x}}=\boldsymbol{v}$$

$$\dot{\boldsymbol{v}}=\boldsymbol{\alpha}+\boldsymbol{u} \tag{9.11-1}$$

这里，$\boldsymbol{x},\boldsymbol{v},\boldsymbol{\alpha}$ 分别为目标和拦截器之间的相对位置、相对速度和相对加速度向量，而 $\boldsymbol{u}$ 为控制加速度向量。相对加速度 $\boldsymbol{\alpha}$ 可以叫做固有加速度，它是不能随意改变的，它的大小和方向依赖于状态变量。为简单起见，通常假定 $\boldsymbol{\alpha}$ 是关于 t 的已知函数。

在导引问题中，通常假定系统的初始状态 $\boldsymbol{x}_0,\boldsymbol{v}_0$ 为已知，而对终点状态可以提出各种不同要求。例如，要求终点状态为零脱靶，即 $\boldsymbol{x}(T)=0$（T 为导引终止时刻）。一般地，终点状态可描述为

$$\boldsymbol{g}(\boldsymbol{x}(T),\boldsymbol{v}(T))=\boldsymbol{0} \tag{9.11-2}$$

$\boldsymbol{g}$ 是向量，由终点状态约束条件决定。除终点状态约束外，还可能有表明导引过程好坏的性能指标。在系统式(9.11-1)中，加速度 $\boldsymbol{u}$ 是由过载或推力产生的控制。这时，通常以所消耗的总能量的大小，即

$$J=\frac{1}{2}\int_0^T \boldsymbol{u}^{\tau}\boldsymbol{u}dt \tag{9.11-3}$$

作为性能指标。这里 T 是事先给定的时刻。式(9.11-1)，(9.11-2)，(9.11-3)是典型的最优控制问题。

所谓最优导引律，就是这个最优控制问题的综合控制 $\mathring{\boldsymbol{u}}(\boldsymbol{x},\boldsymbol{v})$。如果把这个综

合控制求出来，并代入方程(9.11-1)中，则方程组的任意轨线都应该是上述最优控制问题的最优轨线。综合控制 $\mathring{\boldsymbol{u}}(\boldsymbol{x},\boldsymbol{v})$ 可按如下方式确定：对任意给定的初值 $\boldsymbol{x}_0,\boldsymbol{v}_0$，先按极大值原理求出最优程序控制 $\mathring{\boldsymbol{u}}(t,\boldsymbol{x}_0,\boldsymbol{v}_0)$，然后令 $t=0$ 得 $\mathring{\boldsymbol{u}}(0,\boldsymbol{x}_0,\boldsymbol{v}_0)$。控制 $\mathring{\boldsymbol{u}}(0,\boldsymbol{x}_0,\boldsymbol{v}_0)$ 是系统处于 $\boldsymbol{x}_0,\boldsymbol{v}_0$ 状态时所应取的控制量，因此有 $\mathring{\boldsymbol{u}}(\boldsymbol{x}_0,\boldsymbol{v}_0)=\mathring{\boldsymbol{u}}(0,\boldsymbol{x}_0,\boldsymbol{v}_0)$。

下面求解最优控制问题式(9.11-1)—(9.11-3)。为此，先用 $\boldsymbol{x}^0(t),\boldsymbol{v}^0(t)$ 表示 $\boldsymbol{u}\equiv 0$ 时系统运动的轨线(叫做零控弹道)。积分方程组(9.11-1)得

$$\boldsymbol{x}^0(t)=\boldsymbol{x}_0+\boldsymbol{v}_0 t+\int_0^t (t-\tau)\boldsymbol{\alpha}(\tau)d\tau$$

$$\boldsymbol{v}^0(t)=\boldsymbol{v}_0+\int_0^t \boldsymbol{\alpha}(\tau)d\tau \tag{9.11-4}$$

引入零控平均速度 $\bar{\boldsymbol{v}}^0(t)=\boldsymbol{v}_0+\dfrac{1}{t}\displaystyle\int_0^t (t-\tau)\,\boldsymbol{\alpha}(\tau)d\tau$，则 $\boldsymbol{x}^0(t)$ 又可表示为

$$\boldsymbol{x}^0(t)=\boldsymbol{x}_0+\bar{\boldsymbol{v}}^0(t)t$$

当 $\boldsymbol{u}(t)\neq 0$ 时，方程组(9.11-1)的轨线为

$$\boldsymbol{x}(t)=\boldsymbol{x}^0(t)+\int_0^t (t-\tau)\boldsymbol{u}(\tau)d\tau$$

$$\boldsymbol{v}(t)=\boldsymbol{v}^0(t)+\int_0^t \boldsymbol{u}(\tau)d\tau \tag{9.11-5}$$

最优控制问题式(9.11-1)—(9.11-3)的哈密顿函数为①

$$H=\boldsymbol{\psi}_1^{\tau}\boldsymbol{v}+\boldsymbol{\psi}_2^{\tau}\boldsymbol{\alpha}+\boldsymbol{\psi}_2^{\tau}\boldsymbol{u}-\frac{1}{2}\boldsymbol{u}^{\tau}\boldsymbol{u} \tag{9.11-6}$$

而共轭方程和边界条件为

$$\begin{cases}\dot{\boldsymbol{\psi}}_1=0,\boldsymbol{\psi}_1(T)=\boldsymbol{\lambda}_1\\ \dot{\boldsymbol{\psi}}_2=-\boldsymbol{\psi}_1,\boldsymbol{\psi}_2(T)=\boldsymbol{\lambda}_2\end{cases} \tag{9.11-7}$$

其中 $\boldsymbol{\lambda}_1,\boldsymbol{\lambda}_2$ 分别等于 $\dfrac{\partial}{\partial \boldsymbol{x}(T)}(\boldsymbol{\lambda}^{\tau}\boldsymbol{g}(\boldsymbol{x}(T),\boldsymbol{v}(T)))$，$\dfrac{\partial}{\partial \boldsymbol{v}(T)}(\boldsymbol{\lambda}^{\tau}\boldsymbol{g}(\boldsymbol{x}(T),\boldsymbol{v}(T)))$，$\boldsymbol{\lambda}$ 为待定向量。如果 $\boldsymbol{g}(\boldsymbol{x}(T),\boldsymbol{v}(T))=\boldsymbol{x}(T)$，则 $\boldsymbol{\lambda}_2=\boldsymbol{0}$。积分方程组(9.11-7)得

$$\boldsymbol{\psi}_1(t)=\boldsymbol{\lambda}_1,\boldsymbol{\psi}_2(t)=\boldsymbol{\lambda}_1(T-t)+\boldsymbol{\lambda}_2 \tag{9.11-8}$$

根据极大值原理，最优控制 $\mathring{\boldsymbol{u}}(t)$ 为

$$\mathring{\boldsymbol{u}}(t)=\boldsymbol{\psi}_2(t)=\boldsymbol{\lambda}_1(T-t)+\boldsymbol{\lambda}_2 \tag{9.11-9}$$

取 $t=0$，得

$$\mathring{\boldsymbol{u}}(0)=\boldsymbol{\lambda}_1 T+\boldsymbol{\lambda}_2 \tag{9.11-10}$$

为了求出综合控制 $\mathring{\boldsymbol{u}}(\boldsymbol{x}_0,\boldsymbol{v}_0)$，必须把 $\boldsymbol{\lambda}_1,\boldsymbol{\lambda}_2$ 表示成初始状态 $\boldsymbol{x}_0,\boldsymbol{v}_0$ 的函数。为此，

---

① 这里和以后用 $\boldsymbol{x}^{\tau}\boldsymbol{y}$ 表示两个向量的内积，即 $\boldsymbol{x}^{\tau}\boldsymbol{y}=(\boldsymbol{x},\boldsymbol{y})$。

把式(9.11-9)代到式(9.11-5)中，然后积分，取 $t=T$，得

$$\boldsymbol{x}(T)=\boldsymbol{x}^0(T)+\frac{T^3}{3}\boldsymbol{\lambda}_1+\frac{T^2}{2}\boldsymbol{\lambda}_2$$

$$\boldsymbol{v}(T)=\boldsymbol{v}^0(T)=\frac{T^2}{2}\boldsymbol{\lambda}_1+T\boldsymbol{\lambda}_2 \tag{9.11-11}$$

其次，用条件 $\boldsymbol{g}(\boldsymbol{x}(T),\boldsymbol{v}(T))=\boldsymbol{0}$ 和 $\boldsymbol{\lambda}_1,\boldsymbol{\lambda}_2$ 的表达式决定待定向量 $\boldsymbol{\lambda}$ 作为 $\boldsymbol{x}^0(T)$，$\boldsymbol{v}^0(T)$的函数，从而把控制 $\mathring{\boldsymbol{u}}(0)$表示成零控弹道终止状态 $\boldsymbol{x}^0(T),\boldsymbol{v}^0(T)$的函数。如果再把 $\boldsymbol{x}^0(T),\boldsymbol{v}^0(T)$表示成 $\boldsymbol{x}_0,\boldsymbol{v}_0$ 的函数，就得综合控制 $\mathring{\boldsymbol{u}}(\boldsymbol{x}_0,\boldsymbol{v}_0)$。用零控弹道终止状态 $\boldsymbol{x}^0(T),\boldsymbol{v}^0(T)$表示出来的控制律 $\mathring{\boldsymbol{u}}(\boldsymbol{x}^0(T),\boldsymbol{v}^0(T))$叫做“预测导引律”。

当 $\boldsymbol{g}(\boldsymbol{x}(T),\boldsymbol{v}(T))=\boldsymbol{x}(T)$(即终止状态为零脱靶状态)时，$\boldsymbol{\lambda}_2=\boldsymbol{0},\boldsymbol{\lambda}_1=\boldsymbol{\lambda}$，从而 $\mathring{\boldsymbol{u}}(0)=\boldsymbol{\lambda}_1T,\boldsymbol{x}(T)=\boldsymbol{x}^0(T)+\frac{T^3}{3}\boldsymbol{\lambda}_1$。由 $\boldsymbol{x}(T)=\boldsymbol{0}$ 得

$$\mathring{\boldsymbol{u}}(0)=-\frac{3\boldsymbol{x}^0(T)}{T^2} \tag{9.11-12}$$

这是终止状态为零脱靶时的“预测导引律”。$\boldsymbol{x}^0(T)$叫做“预测脱靶量”。

再讨论空间比例导引律。把式(9.11-12)中的预测脱靶量具体表示出来，得

$$\mathring{\boldsymbol{u}}(0)=-\frac{3(\boldsymbol{x}_0+\bar{\boldsymbol{v}}^0(T)T)}{T^2} \tag{9.11-13}$$

这里 T 是事先给定的，可按适当方式选取。如果取

$$T=-\frac{(\boldsymbol{x}_0,\bar{\boldsymbol{v}}^0(T))}{|\bar{\boldsymbol{v}}^0(T)|^2}$$

则式(9.11-13)变为

$$\begin{aligned}\mathring{\boldsymbol{u}}(0)&=-3\frac{\boldsymbol{x}_0(\bar{\boldsymbol{v}}^0(T),\bar{\boldsymbol{v}}^0(T))-\bar{\boldsymbol{v}}^0(T)(\boldsymbol{x}_0,\bar{\boldsymbol{v}}^0(T))}{(\boldsymbol{x}_0,\bar{\boldsymbol{v}}^0(T))^2}|\bar{\boldsymbol{v}}^0(T)|^2\\&=3\frac{|\boldsymbol{x}_0|^2|\bar{\boldsymbol{v}}^0(T)|^2}{(\boldsymbol{x}_0,\bar{\boldsymbol{v}}^0(T))^2}\frac{(\boldsymbol{x}_0\times\bar{\boldsymbol{v}}^0(T))}{|\boldsymbol{x}_0|^2}\times\bar{\boldsymbol{v}}^0(T)\end{aligned}$$

其中用 $\boldsymbol{x}\times\boldsymbol{y}$ 表示两个向量的向量积，而$(\boldsymbol{x}_0\times\bar{\boldsymbol{v}}^0(T))/|\boldsymbol{x}_0|^2$ 是由平均速度$\bar{\boldsymbol{v}}^0(T)$引起的视线 $\boldsymbol{x}_0$ 的旋转角速度——视线转率。如果把这个视线转率记成 $\boldsymbol{\omega}$，则有

$$\mathring{\boldsymbol{u}}(0)=3\frac{|\boldsymbol{x}_0|^2|\bar{\boldsymbol{v}}^0(T)|^2}{(\boldsymbol{x}_0,\bar{\boldsymbol{v}}^0(T))^2}\boldsymbol{\omega}\times\bar{\boldsymbol{v}}^0(T) \tag{9.11-14}$$

如果在系统式(9.11-1)中假定 $\boldsymbol{\alpha}\equiv0$，则 $\bar{\boldsymbol{v}}^0(T)=\boldsymbol{v}_0$ 从而式(9.11-14)变为

$$\mathring{\boldsymbol{u}}(0)=3\frac{|\boldsymbol{x}_0|^2|\boldsymbol{v}_0|^2}{(\boldsymbol{x}_0,\boldsymbol{v}_0)^2}\boldsymbol{\omega}\times\boldsymbol{v}_0 \tag{9.11-15}$$

这就是我们所说的空间比例导引律：控制式(9.11-15)的大小与视线转率成正比，而控制方向垂直于相对速度 $\boldsymbol{v}_0$。

如果取

$$T=-\frac{|\boldsymbol{x}_0|^2}{(\boldsymbol{x}_0,\bar{\boldsymbol{v}}^0(T))}$$

则得到另一种比例导引律

$$\dot{\boldsymbol{u}}(0)=3\frac{(\boldsymbol{x}_0,\bar{\boldsymbol{v}}^0(T))}{|\boldsymbol{x}_0|^2}\boldsymbol{\omega}\times\boldsymbol{x}_0 \tag{9.11-16}$$

这个控制方向是垂直于视线 $\boldsymbol{x}_0$ 的。

在导引问题中，一般“初始偏差”都比较大。通常希望在导引的初始阶段，用较大的控制力把初始偏差的大部分消除掉。比较理想的导引律应该是在导引的初始阶段能提供较大的控制力以便消除较大的初始偏差，而在导引过程的后期，则用较小的控制力进行“微调”。但是，导引律式(9.11-12)—(9.11-16)都不能做到这一点。因为，它们都是从“整个导引过程都在消除初始偏差”这样观点出发推导的公式，因而横向过载的分布在整个导引过程中是比较平均的。横向过载的这种平均分布在实际上是很不理想的。因为在拦截器接近目标时，为了保持导引规律不被破坏，需要付出很大的横向控制过载，而这在实际上是做不到的。事实上，当 $T\to 0$ 或 $|\boldsymbol{x}_0|\to 0$ 时，只要 $\boldsymbol{x}^0(T)$ 或 $\boldsymbol{\omega}$ 不趋于零，控制过载式(9.11-12)—(9.11-16)都将趋于无穷大，这就是通常的比例导引法在导引过程后期出现“过载饱和”的原因。有没有一种办法能克服这种缺点呢？把上面的“整个过程的平均”换成“短时间内的平均”是克服上述缺点的一种办法。

为了进一步研究导引问题，“零控拦截状态”及曲面 L 的概念很有用处。从控制律式(9.11-12)，(9.11-14)和(9.11-16)中可看出，如果零控预测脱靶 $\boldsymbol{x}^0(T)$ 或 $\boldsymbol{\omega}$ 等于零，控制力 $\dot{\boldsymbol{u}}(0)$ 也等于零，并且在整个过程中不加控制力也能实现拦截。如果系统在某一时刻已处于这样的状态，从这个状态预测的零控脱靶量为零，那么不加控制力，经有限时间也能实现准确命中。我们把这种特殊的状态称之为“零控拦截状态”，即无控也能实现拦截的状态，在导引问题中“零控拦截状态”的存在是一个普遍现象。古典导引法中的所有直线弹道和所谓基准弹道，实质上都是由零控拦截状态所组成的。

由方程(9.11-1)所描述的导引问题中，凡是满足条件

$$\boldsymbol{x}^0(\mu)=\boldsymbol{x}_0+\mu\bar{\boldsymbol{v}}(\mu)=0 \tag{9.11-17}$$

的初始状态 $\boldsymbol{x}_0,\boldsymbol{v}_0$，都是零控拦截状态。这里 μ 是非负数。如果 $\boldsymbol{\alpha}\equiv 0$，则 $\bar{\boldsymbol{v}}^0(\mu)=\boldsymbol{v}_0$。这时零控拦截状态为满足

$$\boldsymbol{x}_0+\mu\boldsymbol{v}_0=0,\quad \mu\geqslant 0 \tag{9.11-18}$$

的初始状态。所有这种状态在整个状态空间(6 维空间)中组成 4 维曲面[式(9.11-18)是含 7 个变量 $\boldsymbol{x}_0,\boldsymbol{v}_0,\mu$ 的三个方程]。所有零控拦截状态所组成的曲面叫做“零控拦截曲面”，用 L 记之，简称 L 曲面，或曲面 L。

如果导引问题的系统方程写成

$$\begin{cases}\dot{\boldsymbol{x}} = \boldsymbol{v}, \boldsymbol{x}(0) = \boldsymbol{x}_0 \\ \dot{\boldsymbol{v}} = -\omega^2 \boldsymbol{x} + \boldsymbol{u}, \quad \boldsymbol{v}(0) = \boldsymbol{v}_0\end{cases}$$

则零控预测脱靶量为

$$\boldsymbol{x}^0(T) = \cos\omega T \boldsymbol{x}_0 + \frac{1}{\omega}\sin\omega T \boldsymbol{v}_0$$

于是 $\boldsymbol{x}_0, \boldsymbol{v}_0$ 为零控拦截状态的充分必要条件是

$$\boldsymbol{x}_0 + \mu \boldsymbol{v}_0 = 0, \quad \mu = \frac{1}{\omega}\tan\omega T$$

这里 μ 的取值可正可负。

对一般情形，分别用目标和拦截器的运动方程式能更好地说明零控拦截状态的意义。设目标和拦截器的运动方程分别为

$$\begin{cases}\dot{\boldsymbol{x}}_M = \boldsymbol{v}_M \\ \dot{\boldsymbol{v}}_M = \boldsymbol{\alpha}_M(\boldsymbol{x}_M, \boldsymbol{v}_M)\end{cases}$$

$$\begin{cases}\dot{\boldsymbol{x}}_D = \boldsymbol{v}_D \\ \dot{\boldsymbol{v}}_D = \boldsymbol{\alpha}_D(\boldsymbol{x}_D, \boldsymbol{v}_D) + \boldsymbol{u}\end{cases}$$

给定了目标的初始状态 $\boldsymbol{x}_{M0}, \boldsymbol{v}_{M0}$ 以及拦截器的初始位置 $\boldsymbol{x}_{D0}$ 和导弹的初始速度 $|\boldsymbol{v}_{D0}|$ 以后，这时只要 $|\boldsymbol{v}_{D0}|$ 足够大，我们总可以选择拦截器的速度方向，使得它沿这个方向飞行，没有控制力作用也能实现拦截。这种方向叫做“零控拦截方向”。这个零控拦截方向和给定的目标、拦截器的初始条件一起组成一个零控拦截状态。所有这种零控拦截状态，在整个状态空间（12 维空间）中组成 10 维曲面 L（由于只有 10 个独立变量 $\boldsymbol{x}_{M0}, \boldsymbol{v}_{M0}, \boldsymbol{x}_{D0}, |\boldsymbol{v}_{D0}|$）。在一般的导引问题中，要精确描述出曲面 L 是个复杂的问题。但是，导引问题中存在着曲面 L，是肯定的。

再看一看古典导引法和曲面 L 的关系。追踪法、平行接近法、前置量法及三点法等古典导引法，指的是受控制力作用之后的系统状态所应满足的条件。这些导引法并不直接回答“怎样加控制力”的问题。它们只说明，如果系统的状态始终保持在那种状态，就能够实现准确拦截。从前面的讨论中可以看出，系统受控制力作用之后所应保持的理想的状态是零控拦截状态。古典导引法实质上是对各种特殊情况下的 L 曲面的近似描述。

先讨论追踪法。用各自的速度描述零控拦截状态所满足的条件式(9.11-17)是

$$\boldsymbol{x}_0 + \mu \bar{\boldsymbol{v}}_M^0(\mu) = \mu \bar{\boldsymbol{v}}_D^0(\mu), \quad \mu \geqslant 0 \tag{9.11-19}$$

如果假定 $|\bar{\boldsymbol{v}}_M^0(\mu)| \ll |\bar{\boldsymbol{v}}_D^0(\mu)|$，即 $|\bar{\boldsymbol{v}}_M^0(\mu)|$ 比 $|\bar{\boldsymbol{v}}_D^0(\mu)|$ 小得多，则近似地有

$$\boldsymbol{x}_0 = \mu \bar{\boldsymbol{v}}_D^0(\mu), \quad \mu \geqslant 0$$

即视线 $\boldsymbol{x}_0$ 与速度 $\bar{\boldsymbol{v}}_D^0(\mu)$ 方向一致。再假定 $\boldsymbol{\alpha}\equiv 0$，则 $\bar{\boldsymbol{v}}_D^0(\mu)=\boldsymbol{v}_{D0}$，因而有

$$\boldsymbol{x}_0 = \mu \boldsymbol{v}_{D0}, \quad \mu \geqslant 0$$

现在把 $\boldsymbol{x}_0$，$\boldsymbol{v}_{D0}$ 看做受控制作用后的状态，那么受控制作用后的拦截器的速度方向应指向目标，这就是追踪法。追踪法是目标速度(相对于拦截器速度)很小时的曲面 L 的近似描述。

再看平行接近法。对式(9.11-18)的两边向量乘上 $\boldsymbol{x}_0$，得

$$\boldsymbol{x}_0 \times \bar{\boldsymbol{v}}_M^0(\mu) = \boldsymbol{x}_0 \times \bar{\boldsymbol{v}}_D^0(\mu) \tag{9.11-20}$$

如果假定 $\boldsymbol{\alpha}_M\equiv 0$，$\boldsymbol{\alpha}_D\equiv 0$，则 $\bar{\boldsymbol{v}}_M^0(\mu)=\boldsymbol{v}_{M0}$，$\bar{\boldsymbol{v}}_D^0(\mu)=\boldsymbol{v}_{D0}$，这时上式变成

$$\boldsymbol{x}_0 \times \boldsymbol{v}_{M0} = \boldsymbol{x}_0 \times \boldsymbol{v}_{D0}$$

受控制力作用后的拦截器速度 $\boldsymbol{v}_{D0}$ 应使上式成立。这就是平行接近法。用 φ 记 $\boldsymbol{x}_0$ 与 $\boldsymbol{v}_{D0}$ 的夹角，δ 记 $\boldsymbol{x}_0$ 与 $\boldsymbol{v}_{M0}$ 的夹角，则由上式得

$$\sin\varphi = \frac{|\boldsymbol{v}_{M0}|}{|\boldsymbol{v}_{D0}|}\sin\delta$$

平行接近法是自由运动(无控弹道)为等速运动时的曲面 L 的描述。

在前置量导引法中，先把 $\bar{\boldsymbol{v}}_D^0(\mu)$，$\bar{\boldsymbol{v}}_M^0(\mu)$ 具体表示出来

$$\bar{\boldsymbol{v}}_D^0(\mu) = \boldsymbol{v}_{D0} + \frac{1}{\mu}\int_0^\mu (\mu-\tau)\boldsymbol{\alpha}_D(\tau)d\tau$$

$$\bar{\boldsymbol{v}}_M^0(\mu) = \boldsymbol{v}_{M0} + \frac{1}{\mu}\int_0^\mu (\mu-\tau)\boldsymbol{\alpha}_M(\tau)d\tau$$

记

$$\Delta\bar{\boldsymbol{v}} = \frac{1}{\mu}\int_0^\mu (\mu-\tau)(\boldsymbol{\alpha}_M(\tau)-\boldsymbol{\alpha}_D(\tau))d\tau$$

这时从式(9.11-20)可得到

$$\boldsymbol{x}_0 \times (\boldsymbol{v}_{M0}+\Delta\bar{\boldsymbol{v}}) = \boldsymbol{x}_0 \times \boldsymbol{v}_{D0}$$

记 φ 为 $\boldsymbol{x}_0$ 与 $\boldsymbol{v}_{D0}$ 的夹角，δ 为 $\boldsymbol{x}_0$ 与 $\boldsymbol{v}_{M0}$ 的夹角，而 $\delta+\Delta\delta$ 为 $\boldsymbol{x}_0$ 与 $\boldsymbol{v}_{M0}+\Delta\bar{\boldsymbol{v}}$ 的夹角，则有

$$\sin\varphi = \frac{|\boldsymbol{v}_{M0}+\Delta\boldsymbol{v}|}{|\boldsymbol{v}_{D0}|}\sin(\delta+\Delta\delta) \tag{9.11-21}$$

受控制力作用后的拦截器前置角(视线 $\boldsymbol{x}_0$ 与拦截器速度之间夹角 φ)可由式(9.11-21)的右端来估计。当然，一般来说，这种估计只能是近似的。从这里看出，前置量法是 $\boldsymbol{\alpha}\neq 0$ 时的曲面 L 的近似描述。

最后再讨论三点法。由于 $\boldsymbol{x}_0=\boldsymbol{x}_{M0}-\boldsymbol{x}_{D0}$，故式(9.11-19)可改写为

$$\boldsymbol{x}_{M0} + \mu\bar{\boldsymbol{v}}_M^0(\mu) = \boldsymbol{x}_{D0} + \mu\bar{\boldsymbol{v}}_D^0(\mu), \quad \mu \geqslant 0$$

如果 $\mu\bar{\boldsymbol{v}}_M^0(\mu)$ 比较小，则近似地有

$$\boldsymbol{x}_{M0} = \boldsymbol{x}_{D0} + \mu\bar{\boldsymbol{v}}_D^0(\mu), \quad \mu \geqslant 0$$

这个近似等式说明，当 $\boldsymbol{x}_{D0}$ 平行于 $\boldsymbol{x}_{M0}$ 时，$\boldsymbol{v}_{D0}$ 也应平行于 $\boldsymbol{x}_{M0}$，而当 $\boldsymbol{x}_{D0}$ 不平行于 $\boldsymbol{x}_{M0}$ 时，拦截器的速度 $\boldsymbol{v}_{D0}$ 应使 $\boldsymbol{x}_{D0}$ 接近 $\boldsymbol{x}_{M0}$ 方向（因为 $\mu\geqslant 0$），这就是三点法的几何意义。因此，三点法是目标速度（相对于拦截器速度）比较小时，曲面 L 在绝对坐标系中的近似表示。

从以上讨论可看出，古典导引法给出的是受控制后的系统状态所应满足的条件，并没有给出加控制力的办法。用什么样的控制去实现古典导引法呢？这个问题，实质上是用什么样的控制律把系统引到曲面 L 上的问题。

现在我们讨论曲面 L 上的一般导引律。导引的最终目的是实现拦截，即达到零脱靶、有了曲面 L，我们可以把导引的着眼点从"终点零脱靶"移到"曲面 L"上，即把系统导引到曲面 L 上并消除控制力的办法达到拦截的目的。这种导引律可以统称"曲面 L 上的导引律"，也就是说，实质上是把拦截器的速度方向对准到零控拦截方向上。因此，也可以叫做"对准法"或"瞄准法"。

下面就 $\boldsymbol{\alpha}\equiv 0$ 的情形讨论在零控曲面 L 上的导引律。作为最优控制问题，这里的终止状态为曲面 L，它在相空间中的方程式是

$$\boldsymbol{x}(T)=\mu\boldsymbol{v}(T)=0,\quad \mu\geqslant 0 \tag{9.11-22}$$

即

$$\boldsymbol{g}(\boldsymbol{x}(T),\boldsymbol{v}(T))=\boldsymbol{x}(T)+\mu\boldsymbol{v}(T)$$

其中 μ 为某个独立参数。用待定常向量 $\boldsymbol{\lambda}$ 乘式(9.11-22)，便得内积恒等式

$$(\boldsymbol{\lambda},\boldsymbol{x}(T)+\mu\boldsymbol{v}(T))=0 \tag{9.11-23}$$

由于 μ 是独立参数，上式左端对它微分后得

$$(\boldsymbol{\lambda},\boldsymbol{v}(T))=0 \tag{9.11-24}$$

就是说，待定常向量 $\boldsymbol{\lambda}$ 应满足上式。在式(9.11-23)中对 $\boldsymbol{x}(T)$ 和 $\boldsymbol{v}(T)$ 的分量微分，得最优问题的共轭方程的边界条件[见式(9.11-7)]

$$\boldsymbol{\lambda}_1=\boldsymbol{\lambda},\boldsymbol{\lambda}_2=\mu\boldsymbol{\lambda}$$

把这个 $\boldsymbol{\lambda}_1,\boldsymbol{\lambda}_2$ 代到式(9.11-10)和(9.11-11)，又得到

$$\mathring{\boldsymbol{u}}(0)=\boldsymbol{\lambda}(T+\mu) \tag{9.11-25}$$

$$\boldsymbol{x}(T)=\boldsymbol{x}^0(T)+\boldsymbol{\lambda}\left(\frac{T^3}{3}+\frac{T^2}{2}\mu\right)$$

$$\boldsymbol{v}(T)=\boldsymbol{v}^0(T)+\boldsymbol{\lambda}\left(\frac{T^2}{2}+T\mu\right) \tag{9.11-26}$$

从式(9.11-25)中解出 $\boldsymbol{\lambda}$

$$\boldsymbol{\lambda}=\frac{\mathring{\boldsymbol{u}}(0)}{T+\mu}$$

再把它代到式(9.11-26)中，得

$$\boldsymbol{x}(T)=\boldsymbol{x}^0(T)+\mathring{\boldsymbol{u}}(0)\left(\frac{T^3}{3}+\frac{T^2}{2}\mu\right)\Big/(T+\mu)$$

$$\boldsymbol{v}(T)=\boldsymbol{v}^{0}(T)+\mathring{\boldsymbol{u}}(0)\left(\frac{T^{2}}{3}+T\mu\right)\Big/(T+\mu) \tag{9.11-27}$$

将第二式乘上 μ 后加到第一式，可解出

$$\mathring{\boldsymbol{u}}(0)=-\frac{(\boldsymbol{x}^{0}(T)+\mu\,\boldsymbol{v}^{0}(T))(T+\mu)}{\left(\frac{T^{2}}{3}+T\mu+\mu^{2}\right)T} \tag{9.11-28}$$

这里，参数 μ 还没有被确定. 根据式(9.11-24)，(9.11-25)知，$\mathring{\boldsymbol{u}}(0)$垂直于 $\boldsymbol{v}(T)$。因此，由式(9.11-26)又得到

$$(\mathring{\boldsymbol{u}}(0),\boldsymbol{v}(T))=(\mathring{\boldsymbol{u}}(0),\boldsymbol{v}^{0}(T))+|\,\mathring{\boldsymbol{u}}(0)\,|^{2}\left(\frac{T^{2}}{2}+T\mu\right)\Big/(T+\mu)=0 \tag{9.11-29}$$

这正是决定参数 μ 的方程式。

显然，当 $\boldsymbol{\alpha}\equiv 0$ 时，$\boldsymbol{v}^{0}(T)=\boldsymbol{v}_{0}$，$\boldsymbol{x}^{0}(T)=\boldsymbol{x}_{0}+\boldsymbol{v}_{0}T$，故式(9.11-28)，(9.11-29)分别成为

$$\mathring{\boldsymbol{u}}(0)=-(\boldsymbol{x}_{0}+\boldsymbol{v}_{0}(T+\mu))(T+\mu)\Big/\left(\frac{T^{2}}{3}+T\mu+\mu^{2}\right)T \tag{9.11-30}$$

$$(\mathring{\boldsymbol{u}}(0),\boldsymbol{v}(T))=(\mathring{\boldsymbol{u}}(0),\boldsymbol{v}_{0})+|\,\mathring{u}(0)\,|^{2}\left(\frac{T}{2}+\mu\right)T\Big/(T+\mu) \tag{9.11-31}$$

为了便于讨论，引入新的参数 S

$$S=\frac{T}{T+\mu}$$

这是从初始状态到曲面 L 的过渡时间 T(这个时间可称为“引入”时间)和从初始状态到实现拦截的整个过渡时间 $T+\mu$ 的比值，是拦截过程中“引入”时间所占的比例。显然，$0\leqslant S\leqslant 1$。利用这个参数可把式(9.11-30)和(9.11-31)整理成如下形式

$$\mathring{\boldsymbol{u}}(0)=-\frac{1}{S\left(1-S+\frac{1}{3}S^{2}\right)}\frac{\boldsymbol{x}_{0}+\boldsymbol{v}_{0}(T+\mu)}{(T+\mu)^{2}} \tag{9.11-32}$$

$$\left(\frac{T}{3}(\boldsymbol{x}_{0},\boldsymbol{v}_{0})+\frac{|\boldsymbol{x}_{0}|^{2}}{2}\right)S^{2}-\left(|\boldsymbol{x}_{0}|^{2}-\frac{T^{2}}{3}\,|\boldsymbol{v}_{0}|^{2}\right)S-\left((\boldsymbol{x}_{0},\boldsymbol{v}_{0})T+\frac{T^{2}}{2}\,|\boldsymbol{v}_{0}|^{2}\right)=0 \tag{9.11-33}$$

这两式结合在一起就构成把系统引入到曲面 L 的最优控制律。按这种规律实现最优控制的程序是先给定引入时间 T，然后从式(9.11-33)中解出满足 $0\leqslant S\leqslant 1$ 的根 S。有了 S，就可按定义求 μ。从而由式(9.11-32)决定出所需的控制 $\mathring{\boldsymbol{u}}(0)$。这样决定的控制就是 T 时间内把系统引到曲面 L 上的“需用加速度”。如果这个加速度超出允许加速度的限制范围，那么另选一个较大的引入时间 T，

并重新计算。这样，我们总可以选取比较合适的引入时间 T。按这种方式决定控制，可以在导引的初始阶段用较大的加速度尽快消除初始偏差，从而克服了前面讨论过的比例导引的缺点。在方程(9.11-33)中，也可以先给定比值 S 或 μ，然后反过来决定 T。当 $S=1(\mu=0)$时，导引律式(9.11-32)就变成导引律式(9.11-12)。这说明，导引律式(9.11-12)是把整个拦截过程都当做引入时间的导引律。

上面讨论的是终止状态为整个曲面 L 的情况，而 L 由方程 $\boldsymbol{x}(T)+\mu\boldsymbol{v}(T)=0,\mu\geqslant 0$，所决定。如果给定参数 μ 的特定值 μ_0，则方程

$$L_0: \boldsymbol{x}(T)+\mu_0\boldsymbol{v}(T)=0$$

决定出 L 的子曲面。我们也可以讨论以 L_0 为终止状态的最优控制律。这时的控制律仍然是式(9.11-32)。但是，在这里 $S_0=T/(T+\mu_0)$ 是确定的，因此方程(9.11-33)就不需要了。从以上讨论可以看出，导引律式(9.11-32)，(9.11-33)中的参数 T,μ,S，都可以按需要"灵活地"改变。

如果取 $T+\mu_0$ 等于

$$\frac{-|\boldsymbol{x}_0|^2}{(\boldsymbol{x}_0,\boldsymbol{v}_0)}$$

或

$$\frac{-(\boldsymbol{x}_0,\boldsymbol{v}_0)}{|\boldsymbol{v}_0|^2}$$

和空间比例导引的推导一样，可分别得到导引到曲面 L_0 上的比例导引律

$$\mathring{\boldsymbol{u}}(0)=S_0'\frac{(\boldsymbol{x}_0,\boldsymbol{v}_0)}{|\boldsymbol{x}_0|^2}\boldsymbol{\omega}\times\boldsymbol{x}_0$$

或

$$\mathring{\boldsymbol{u}}(0)=S_0'\frac{|\boldsymbol{x}_0|^2|\boldsymbol{v}_0|^2}{(\boldsymbol{x}_0,\boldsymbol{v}_0)^2}\boldsymbol{\omega}\times\boldsymbol{v}_0$$

其中

$$S_0'=\frac{1}{S_0\left(1-S_0+\frac{1}{3}S_0^2\right)}$$

当 S_0 从 1 变到 0 时，S_0' 从 3 变到∞。这说明，比例导引律中的放大系数 S_0'，只要它大于 3，都是对应于某一子曲面 L_0 的最优控制律。

对 $\boldsymbol{\alpha}\neq 0$ 的情形，利用平均速度也可以讨论曲面 L 上的导引律。也可以讨论，除总能量最小指标外的其他性能指标的最优控制律(见文献[4])。

参考文献

[1] 张嗣瀛，轨线末端受限制时的最优控制问题，自动化学报，1(1963)，2.

[2] 黄琳,郑应平,张迪:李雅普诺夫第二方法与最优控制器分析设计问题,自动化学报,2(1964),4.

[3] 宋健,具有一般质量指标的控制系统综合,自动化学报,1(1963),1.

[4] 韩京清,拦截问题中的导引律,国防工业出版社,北京,1977.

[5] Balakrishnan,A. V. ,Optimal Control Problems in Banach Spaces,J. SIAM Control-3,1965,152－180.

[6] Bellman,R. E. ,Applied Dynamic Programming,Princeton Univ. Press,1962.

[7] Bliss,G. A. ,Lectures on the Calculus of Variations. 1959.

[8] Boksenbom,A. S. & Hood,R. ,NASA TR 1068,1952.

[9] Bryson,A. E,. & Ho Yu-Chi,Applied Optimal Control,Wiley,1975.

[10] Garber,V. ,Optimum intercept laws for accelerating targets,AIAA Jourmal,6(1968),11,2196－2198.

[11] Ho,Y. C. ,Bryson A. E. & Baron,S. ,Differential games and optimal pursuit-evasion strategies,IEEE Trans. ,AC-10(1965),385－389.

[12] Lanczos,C. ,The Variational Principle of Mechanics,Univ. of Toronto Press,1946.

[13] Neustadt,L. ,An Abstract variational theory with applications to a borad class of optimization problems,J. SIAM,Control-4,5,1966－1967.

[14] Sage,A. P. ,Optimum Systems Control. Printice-Hall,1968.

[15] Salmon,D. M. ,Multi-points guidance-an efficient implementation of predictive guidance,AIAA J. ,11(1973),1749－1755.

[16] Tou,J. T. ,Modern Control Theory,McGraw-Hill,1964.

[17] Tsien,H. S. ,(钱学森)& Evans,R. C. ,Optimum thrust programming for a sonding rocket,J. ARS,21(1951),5.

[18] Воронов А. А. ,Теория автоматического управления,2,Москва,1977.

[19] Келъзон,А. С. ,Динамические задачи кнбер нетики,Судпромгиз,1959.

[20] Кочетов,В. Т. ,Половко А. М. ,Пономарев В. М. ,Теория систем телеуправления ракет,Наука,Москва,1969.

[21] Гельфанд,И. М. ,Фомин С. В. ,Вариационное исчисление,ФИЗМАТГИЗ,Москва,1961.

[22] Понтрягин Л. С. ,Ъолтянский В. Г. Гамкрелизе Р. В. ,Мищенко Е. Ф. ,Математическая теория оптималъных процесгов,ФИЗМАТГНЗ,Москва,1961.

[23] Розонозр Л. И. ,Принцип максимума понтрягина в теории оптималъных систем,*Автоматика и Телемеханика*. 20(1959),10,11,12.

[24] Фелъдбаум, А. Я. , Основы Теории Оптимальных Автоматических Систем, ФИЗМАТГИЗ,1963.

[25] Чжан Жен-вей (章仁为),Синтез релейных систем по минимуму интегралъных квадратичных отклонений,*Автоматика и Телемеханика*,22(1961),12.

第十章　离散控制系统

到现在为止，我们所讨论的各系统中，输入和输出量或者说受控量和控制量都是时间 t 的连续函数，即时间是连续变化的。但是，随着计算机和数字式通信线路的大量使用，很多情况下信号不是连续传输的，而是用离散的数据序列去传递信息，这种数据序列又常以各种不同的编码形式通过信道进入控制器或计算装置。举例来说，某一信号 $x(t)$，只有在间隔相等的各时刻 $t=0, T, 2T\cdots$ 的值 $x(nT), n=0,1,2,\cdots$，才有可能被采集、传输和接收，而在这些采样时刻之间的信号值或者被遗弃，或者无法确定，这就是离散形信号。

如果一个控制系统的输入信号是离散型的，输出量则可能是连续型的；为了计算方便，常对这种连续输出量进行同步采样或异步采样，把一个连续信号转变成数据序列。如果一个控制系统的输入和输出都是以离散数据列的形式被采集和接收，就称它为离散控制系统，或叫采样控制系统。还有一类系统，虽然输入和输出都是连续的，但它的工作方式是离散的。例如，用脉冲调制方式工作的电机，含有脉冲调制的放大器等，都具有采样器件的特征。含有采样器件的系统常当做离散系统去研究。在本书内采样系统和离散系统将被认为是同义语。

离散系统在现代控制技术中得到越来越广泛的应用，这是因为很多系统中的执行机构或放大器件应用了采样器件；另一方面，也是主要的，因为数字技术的发展，而数字技术中的器件大多数只能以离散的方式工作。中小型过程控制计算机的大量采用，特别是微型计算机的普及，使绝大部分的精密控制系统和复杂的过程控制走向数字化。数字机和数字器件所能达到的精度远高于连续器件，它的容量和功能也是连续工作的器件所不能比拟的。

由常微分方程描述的运动过程本身也常常可以用离散的方法进行计算。由数值计算方法可知，当计算步长足够小时，用离散方法所得到的结果与原连续工作方式的结果相比差别很小。所以在分析和设计连续系统时也可以用离散系统的处理方法去简化计算过程，而不致产生很大误差。

任一离散控制系统，可以用一种标准的方框图表示，如图 10.0-1 所示。可以认为系统的输入信号 $x(t)$，反馈信号 $f(t)$，误差信号 $\varepsilon(t)$ 和输出量 $y(t)$ 都是时间 t 的连续函数，而采样器件把连续量 $\varepsilon(t)$ 按某一采样频率转换成数字序列 $\varepsilon(nT)$，送到数字控制器中进行数字运算，然后经过数模转换把数字序列变成连续控制作用 $u(t)$ 去驱动受控对象。采样器件通常可以认为是一个模数转换装置，它的工作方

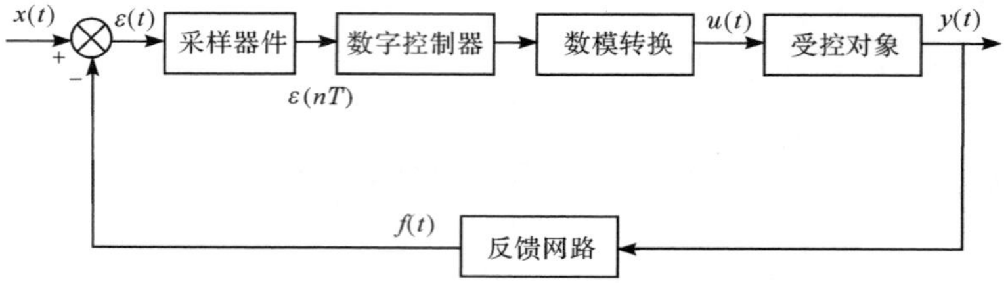

图 10.0-1

式如图 10.0-2 所示，它把连续信号 $\varepsilon(t)$ 变换成一个数字序列 $\varepsilon(nT)=\{\varepsilon(0),\varepsilon(T),\varepsilon(2T),\cdots,\varepsilon(nT),\cdots\}$，$T$ 是采样周期。

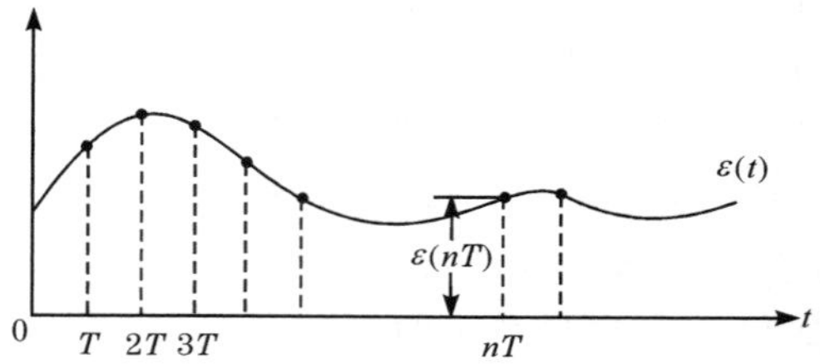

图 10.0-2

然而从动力学观点来看，采样器件的工作方式与图 10.0-2 所示的有所不同，可以把离散控制器的输出表示成图 10.0-3(a)的形式：把系统中的连续工作部分集中起来，把离散的特点集中于采样器件本身，而后者对连续信号进行脉冲调制、调幅、调宽或调频，这种调制方法示意于图 10.0-3(b)(c)和(d)中。从动力学的观点来看，脉冲宽度为常数的脉冲调幅，脉宽很窄的脉冲调频都属于线性调制方式，而脉冲调宽（频率固定）则是非线性的。本章内我们将主要讨论线性调制的情况，即线性采样系统或线性离散系统。

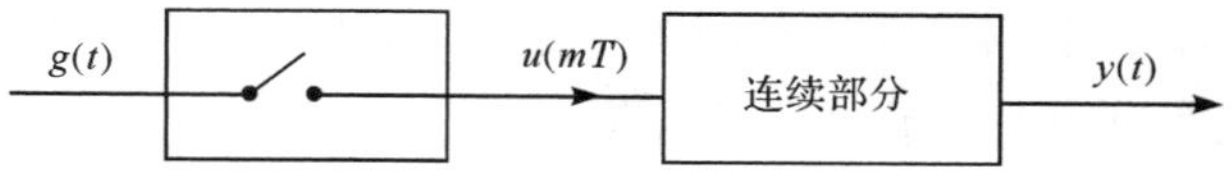

(a)

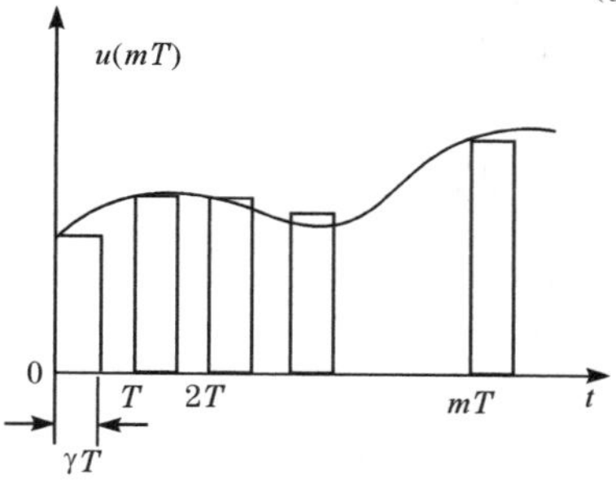

(b)

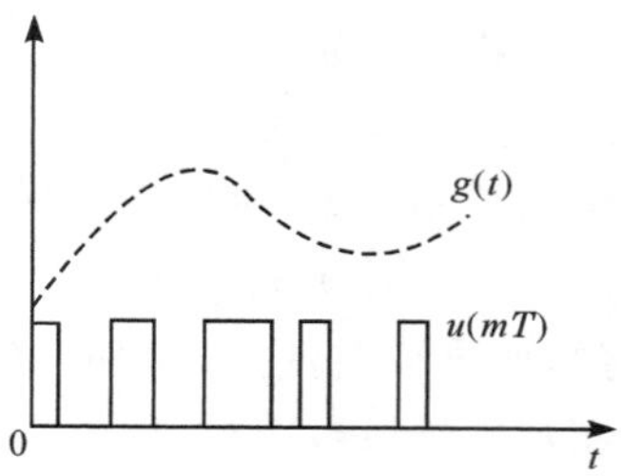

(c)

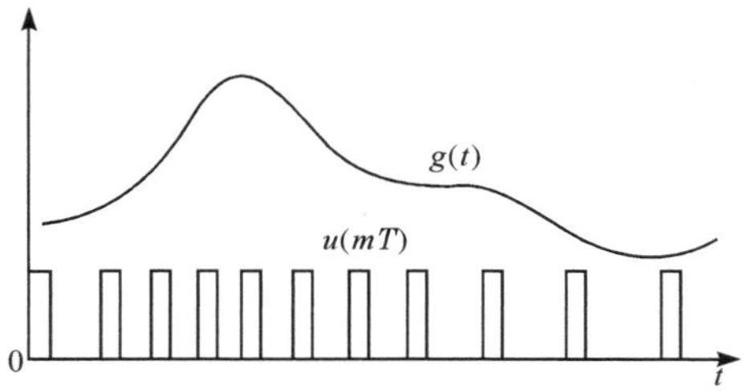

(d)

图 10.0-3

10.1　离散系统的运动规律——差分方程式

差分方程最适合于描述采样系统的运动，借助于差分方程可以顺利地研究采样系统的一切特性，诸如稳定性和动态品质的分析，线性系统和最优系统的综合等。因此，研究采样系统的第一步就是正确地建立描绘它的运动规律的差分方程式或差分方程组。本节内我们将详细地讨论这个问题。

以图 10.0-3(a)为例，设受控对象的连续部分的运动方程是常微分方程式

$$a_n \frac{d^n y}{dt^n} + a_{n-1} \frac{d^{n-1} y}{dt} + \cdots + a_1 \frac{dy}{dt} + a_0 y = k_0 u \tag{10.1-1}$$

或方程组

$$\frac{d\boldsymbol{y}}{dt} = A\boldsymbol{y} + B\boldsymbol{u} \tag{10.1-2}$$

方程式(10.1-1)内假定控制量仅有一个，而(10.1-2)内则假定有多个相互独立的控制量 $\boldsymbol{u}=(u_1, u_2, \cdots, u_r)$。根据第二章内的讨论知道，方程式(10.1-1)总可以化为一阶方程组

$$\frac{d\boldsymbol{y}}{dt} = A\boldsymbol{y} + \boldsymbol{b}u, \quad \boldsymbol{b} = (b_1, b_2, \cdots, b_n) \tag{10.1-3}$$

上式内矩阵 A 和向量 $\boldsymbol{b}$ 的每一个元素由方程式(10.1-1)的诸系数所单一确定，它们可以用比较系数法得到。

设控制量 $u(t)$是被第一类采样器件所调制出来的脉冲序列，如图 10.0-3(b)所示。设脉冲宽度为 γT，T 为脉冲重复周期，即采样周期，$0<\gamma\leqslant 1$。我们先讨论高阶方程式(10.1-1)，即方程组(10.1-3)，并在 $0\leqslant t\leqslant T$ 的时间内求解方程(10.1-3)。令 $\Phi(t)=e^{At}$ 为方程(10.1-3)的齐次方程组的基本解矩阵，$\Phi(0)=E$ 为单位矩阵。于是在 $t=T$ 这一时刻有

$$\boldsymbol{y}(T) = e^{AT}\boldsymbol{y}(0) + \int_0^T e^{A(T-\tau)} \boldsymbol{b}u(\tau) d\tau$$

$$= e^{AT}\boldsymbol{y}(0) + \int_0^{\gamma T} e^{A(T-\tau)}\boldsymbol{b}u(0)d\tau$$

$$= e^{AT}\boldsymbol{y}(0) + \left(\int_0^{\gamma T} e^{A(T-\tau)}\boldsymbol{b}d\tau\right)\cdot u(0)$$

同样,如果以 $\boldsymbol{y}(T)$ 作为新的初始条件,又可以求出在 $t=2T$ 时刻的输出 $\boldsymbol{y}(2T)$ 的值

$$\boldsymbol{y}(2T) = e^{AT}\boldsymbol{y}(T) + \left(\int_0^{\gamma T} e^{A(T-\tau)}\boldsymbol{b}d\tau\right)u(T)$$

依此类推,若记

$$\boldsymbol{c} = \int_0^{\gamma T} e^{A(T-\tau)}\boldsymbol{b}d\tau,\quad D = e^{AT}$$

则对任何 $t=NT$ 有

$$\boldsymbol{y}[(N+1)T] = D\boldsymbol{y}(NT) + \boldsymbol{c}u(NT) \tag{10.1-4}$$

这样,我们就得到了采样控制对象的第一种差分方程式。

如果矩阵 A 是可逆的,向量 $\boldsymbol{c}$ 可以由下式算出

$$\boldsymbol{c} = e^{AT}\int_0^{\gamma T} e^{-A\tau}\boldsymbol{b}d\tau$$

$$= e^{AT}\left(\int_0^{\gamma T} e^{-A\tau}d\tau\right)\boldsymbol{b}$$

$$= A^{-1}(e^{AT} - e^{(1-\gamma)AT})\boldsymbol{b} \tag{10.1-5}$$

当矩阵 A 为不可逆时,上式依然有效,此时应理解为

$$\boldsymbol{c} = \left(\gamma TE - \frac{1}{2!}(\gamma T)^2 A + \frac{1}{3!}(\gamma T)^3 A^2 - \cdots\right)e^{AT}\boldsymbol{b} \tag{10.1-6}$$

显然,上式右端的级数对任何矩阵 A 总是收敛的,因而(10.1-5)内的向量 $\boldsymbol{c}$ 总有定义。

差分方程组(10.1-4)内的向量 $\boldsymbol{y}=(y_1,y_2,\cdots,y_n)$ 中的各分量是方程式(10.1-1)内受控量 y 的各阶导数和控制量 $u(t)$ 在 $t=NT$ 时刻的值的线性组合。因此,它们代表受控对象的主要输出 $y_1=y$ 和它的各阶导数在各采样点的取值。如果我们只对系统的主要输出 $y(NT)$ 感兴趣的话,差分方程组(10.1-4)可以化为仅含有一个主要输出变数 y_1 的高阶差分方程式。为此,我们想法消掉式(10.1-4)内除 y_1 以外的其他变数。例如写出下列 n^2 个方程式

$$\begin{aligned}
&\boldsymbol{y}[(N+1)T] = D\boldsymbol{y}(NT) + \boldsymbol{c}u(NT)\\
&\boldsymbol{y}[(N+2)T] = D\boldsymbol{y}[(N+1)T] + \boldsymbol{c}u[(N+1)T]\\
&\cdots\\
&\boldsymbol{y}[(N+n)T] = D\boldsymbol{y}[(N+n-1)T] + \boldsymbol{c}u[(N+n-1)T]
\end{aligned}$$

在 n^2 个方程式中包括了 $y_i(NT),y_i[(N+1)T],\cdots,y_i[(N+n)T],i=1,2,\cdots,n$ 等 $(n+1)\cdot n=n^2+n$ 个未知量,从中消掉下列 $(n+1)(n-1)=n^2-1$

个量：

$$y_2(NT),\cdots,y_2[(N+n)T]$$
$$y_3(NT),\cdots,y_3[(N+n)T]$$
$$\cdots$$
$$y_n(NT),\cdots,y_n[(N+n)T]$$

最后剩下一个方程式，其中仅含有 $y_1[(N+n)T],\cdots,y_1(NT)$ 等 $n+1$ 个量。由于矩阵 D 的特性，这种消除是可能的。这样消掉的结果便得到一个 n 阶差分方程，其内只包括系统的主要受控量 $y_1=y$，它的形式是

$$\begin{aligned} &y[(N+n)T]+e_1y[(N+n-1)T]+\cdots+e_ny(NT) \\ &=f_1u[(N+n-1)T]+f_2u[(N+n-2)T]+\cdots+f_nu(NT) \end{aligned} \tag{10.1-7}$$

式中诸系数 $e_1,\cdots,e_n;f_1,\cdots,f_n$ 为常量，它们是由矩阵 D 和向量 $\boldsymbol{c}$ 的元素所单一确定的。于是，我们又得到另一种只含主要输出变量的差分方程式。这种方程式常称为 n 阶线性差分方程式。我们可以看到，高阶差分方程式(10.1-7)与差分方程组(10.1-4)是等价的。

在实际工作中常可采用差分方程式的第三种形式。引进符号

$$\Delta y(NT)=y[(N+1)T]-y(NT)$$
$$\begin{aligned} \Delta^2y(NT)&=\Delta y[(N+1)T]-\Delta y(NT) \\ &=y[(N+2)T]-2y[(N+1)T]+y(NT) \\ &\cdots \end{aligned}$$
$$\Delta^ny(NT)=\sum_{i=0}^{n}(-1)^{n-i}C_n^iy[(N+i)T] \tag{10.1-8}$$

式中 C_n^i 为 n 对 i 的组合数

$$C_n^i=\frac{n(n-1)\cdots(n-i+1)}{i!}=\frac{n!}{i!(n-i)!}$$

从式(10.1-8)内解出 $y(iT)$ 代入式(10.1-7)后就得到差分方程式的另一种形式

$$\begin{aligned} &g_0\Delta^ny(NT)+g_1\Delta^{n-1}y(NT)+\cdots+g_ny(NT) \\ &=h_1\Delta^{n-1}u(NT)+h_2\Delta^{n-2}u(NT)+\cdots+h_nu(NT) \end{aligned} \tag{10.1-9}$$

式中 $g_0,g_1,\cdots,g_n;h_1,h_2,\cdots,h_n$ 均为常量，它们为(10.1-7)内的诸系数 e_i 和 f_j 所单值确定。不难看出差分方程式(10.1-9)与(10.1-7)是相互等价的，两者可以按关系式(10.1-8)互化，因此式(10.1-9)与(10.1-4)也等价。

最后，式(10.1-7)还可以写成另一种形式。引进新变量，$y_1(NT)=y(NT)$，并设符号 H 表示移位算子，即 $Hy_i(NT)=y_i[(N+1)T]$，那么，方程式(10.1-7)可以化为新的方程组

$$
\begin{aligned}
& Hy_1(NT) = y_2(NT) + b_1 u(NT) \\
& Hy_2(NT) = y_3(NT) + b_2 u(NT) \\
& \cdots \\
& Hy_n(NT) = -a_n y_1(NT) - a_{n-1} y_2(NT) - \cdots - a_1 y_n(NT) + b_n u(NT)
\end{aligned}
\tag{10.1-10}
$$

式中各系数为方程式(10.1-7)的各系数所单一确定。

若令

$$
\boldsymbol{y} = (y_1, \cdots, y_n)
$$

$$
\boldsymbol{c} = (b_1, \cdots, b_n)
$$

$$
A = \begin{pmatrix} 0 & 1 & 0 & 0 & \cdots & 0 \\ 0 & 0 & 1 & 0 & \cdots & 0 \\ \vdots & \vdots & \vdots & \vdots & & \vdots \\ -a_n & -a_{n-1} & -a_{n-2} & -a_{n-3} & \cdots & -a_1 \end{pmatrix}
$$

则上式又可以写成向量形式

$$
H\boldsymbol{y}(NT) = A\boldsymbol{y}(NT) + \boldsymbol{c}u(NT) \tag{10.1-11}
$$

这就得到了描绘采样系统的第四种差分方程式。方程式(10.1-11)虽然形式上与式(10.1-4)相同,但是实际上完全是两回事。因为式(10.1-11)$\boldsymbol{y}$ 的各分量是主输出量 y 和控制量 u 在各个不同采样时刻的值,而方程式,(10.1-4)的各分量是由主输出量 y 和控制量 u 的各阶导数所构成。所以方程式(10.1-4)和(10.1-11)是截然不同的两类方程式。但是,从描述采样系统的运动规律这一意义来看,他们是等价的,是可以互化的。

这样,我们讨论了描述采样系统的四种差分方程,它们是式(10.1-4),(10.1-7),(10.1-9)和(10.1-11)。在实际工作中究竟采用何种形式,要由具体情况而定。从原理上来看,它们都可以作为对采样系统分析或综合的基础。

现举例以说明这四种方程式的求法。设连续受控对象的方程式是

$$
\frac{d^3 y}{dt^3} + a_1 \frac{d^2 y}{dt^2} + a_2 \frac{dy}{dt} + a_3 y = k_1 \frac{d^2 u}{dt^2} + k_2 \frac{du}{dt} + k_3 u \tag{10.1-12}
$$

令 $y=y_1$,于是式(10.1-12)可写为方程组

$$
\frac{dy_1}{dt} = y_2 + b_1 u
$$

$$
\frac{dy_2}{dt} = y_3 + b_2 u
$$

$$
\frac{dy_3}{dt} = -a_3 y_1 - a_2 y_2 - a_1 y_3 + b_3 u
$$

式中 $b_1=k_1, b_2=k_2-a_1k_1, b_3=k_3+a_1^2k_1-a_2k_1-a_1k_2$

令

$$\boldsymbol{b} = (b_1, b_2, b_3)$$

$$\boldsymbol{y} = (y_1, y_2, y_3)$$

$$A = \begin{pmatrix} 0 & 1 & 0 \\ 0 & 0 & 1 \\ -a_3 & -a_2 & -a_1 \end{pmatrix}$$

则上式可以写成向量等式

$$\frac{d\boldsymbol{y}}{dt} = A\boldsymbol{y} + \boldsymbol{b}u$$

设 $u(t)$ 为第一类采样元件(图 10.0-3b)所调制，则第一种差分方程是

$$\boldsymbol{y}[(N+1)T] = D\boldsymbol{y}(NT) + \boldsymbol{c}u(NT) \tag{10.1-13}$$

式中

$$D = e^{AT}, \quad \boldsymbol{c} = A^{-1}(e^{AT} - e^{AT(1-vt)})\boldsymbol{b}$$

第二种差分方程是

$$\begin{aligned} &y[(N+3)T] + e_1 y[(N+2)T] + e_2 y[(N+1)T] + e_3 y(NT) \\ &= f_1 u[(N+2)T] + f_2 u[(N+1)T] + f_3 u(NT) \end{aligned} \tag{10.1-14}$$

第三种差分方程是

$$\begin{aligned} &g_0 \Delta^3 y(NT) + g_1 \Delta^2 y(NT) + g_2 \Delta y(NT) + g_3 y(NT) \\ &= h_1 \Delta^2 u(NT) + h_2 \Delta u(NT) + h_3 u(NT) \end{aligned} \tag{10.1-15}$$

式中

$$g_0 = 1, \quad g_1 = 3 + e_1, \quad g_2 = 3 + 2e_1 + e_2, \quad g_3 = 1 + e_1 + e_2 + e_3$$

$$h_1 = f_1, \quad h_2 = 2f_1 + f_2, \quad h_3 = f_1 + f_2 + f_3$$

再令 $y_1(NT) = y(NT)$，式(10.1-14)又可写成

$$\begin{aligned} Hy_1(NT) &= y_2(NT) + c_1 u(NT) \\ Hy_2(NT) &= y_3(NT) + c_2 u(NT) \\ Hy_3(NT) &= -d_3 y_1(NT) - d_2 y_2(NT) - d_1 y_3(NT) + c_3 u(NT) \end{aligned} \tag{10.1-16}$$

式中

$$c_1 = f_1, \quad c_2 = f_2 - e_1 f_1, \quad c_3 = f_3 + e_1^2 f_1 - e_2 f_1 - e_1 f_2$$

$$d_1 = e_1, \quad d_2 = e_2, \quad d_3 = e_3$$

这就得到了第四种差分方程组

$$H\boldsymbol{y}(NT) = A\boldsymbol{y}(NT) + \boldsymbol{c}u(NT) \tag{10.1-16$'$}$$

式中

$$A = \begin{pmatrix} 0 & 1 & 0 \\ 0 & 0 & 1 \\ -d_3 & -d_2 & -d_1 \end{pmatrix}, \quad \boldsymbol{c} = (c_1, c_2, c_3)$$

对于有多个控制量的系统，差分方程式(10.1-2)的建立方法是完全类似的。相应的向量方程式的形式是

$$\boldsymbol{y}[(N+1)T]=D\boldsymbol{y}(NT)+\boldsymbol{Cu}(NT) \tag{10.1-17}$$

式中

$$D=e^{AT},\quad C=(e^{AT}-e^{AT(1-\gamma)})A^{-1}B$$

这里与式(10.1-4)所不同的是 C 是 $n\times r$ 阶矩阵，$\boldsymbol{u}$ 是 r 维向量，而式(10.1-4)内的 $\boldsymbol{c}$ 是一个 n 维向量，u 是一维控制量。用前面叙述过的方法可以类似地得到具有多个控制量的第二种至第四种差分方程式，只不过后者的具体形式略有变化罢了。上述的第一、第二和第四种差分方程式以后都将在不同的场合分别采用。

用差分方程式描绘采样系统时，我们只能得到输出变量在各采样时刻的取值变化规律。至于在两个采样时刻的中间输出量的变化情况从上列任何一种差分方程式的解中都得不到任何解答。但是采样系统的输出量恰恰是连续变化的，这与输入量或控制量的脉冲序列完全不同，后者本身是不连续的信号，而前者本来是连续变化的，只是为了信息处理的方便，我们才人为地取其在采样点的值加以研究。为了更全面地了解输出量的变化情况，可以将前述各差分方程改写，使其所描绘的输出量(受控量)的值不在采样点上，而在采样点的中间，或者说，使差分方程的解，表示受控量 $\boldsymbol{y}$ 在 $t=\varepsilon T,T+\varepsilon T,2T+\varepsilon T,\cdots,NT+\varepsilon T,\cdots$等时刻的值。

设 $0\leqslant\varepsilon\leqslant\gamma$，那么根据式(10.1-2)有

$$\boldsymbol{y}(\varepsilon T)=e^{A\varepsilon T}\boldsymbol{y}(0)+e^{A\varepsilon T}\int_0^{\varepsilon T}e^{-A\tau}B\boldsymbol{u}(0)d\tau$$

$$\boldsymbol{y}(T+\varepsilon T)=e^{AT}\boldsymbol{y}(\varepsilon T)+e^{AT}\int_0^{(\gamma-\varepsilon)T}e^{-A\tau}B\boldsymbol{u}(0)d\tau+e^{A\varepsilon T}\int_0^{\varepsilon T}e^{-A\tau}B\boldsymbol{u}(T)d\tau$$

依此类推，可以得到

$$\boldsymbol{y}[(N+1+\varepsilon)T]=D\boldsymbol{y}[(N+\varepsilon)T]+B_1(\varepsilon)\boldsymbol{u}(NT)+B_2(\varepsilon)\boldsymbol{u}[(N+1)T] \tag{10.1-18}$$

式中

$$D=e^{AT},\quad B_1(\varepsilon)=e^{AT}\int_0^{(\gamma-\varepsilon)T}e^{-A\tau}Bd\tau,\quad B_2(\varepsilon)=e^{A\varepsilon T}\int_0^{\varepsilon T}e^{-A\tau}Bd\tau$$

当 $\gamma<\varepsilon\leqslant 1$ 时，则有

$$\boldsymbol{y}[(N+1+\varepsilon)T]=D\boldsymbol{y}[(N+\varepsilon)T]+B_3(\varepsilon)\boldsymbol{u}[(N+1)T] \tag{10.1-19}$$

式中

$$B_3(\varepsilon)=e^{A\varepsilon T}\int_0^{\varepsilon T}e^{-A\tau}Bd\tau$$

从式(10.1-18)和(10.1-19)内可以看出；当输出量的采样时刻与输入量的采样时刻不同时，差分方程式的形式也不相同。与(10.1-17)比较这种差别就一目了然了。根据式(10.1-18)和(10.1-19)又可以推出第二种至第四种差分方程式，

如式(10.1-7),(10.1-9)和(10.1-11)那样。

讨论上面的采样系统时,我们假定脉冲调制后的每一个脉冲是方形的,其高度仅与输入量 $g(t)$ 在采样时刻的值有关(图 10.0-3b)。有时为了更好地逼近输入信号,脉冲元件的调制规律可采用一次线性外插,输出端的脉冲序列中的每一脉冲均为“斜顶”,它的形状如图 10.1-1 所示。脉冲顶部的斜率与相邻两个采样时刻的输入信号 $g(NT)$ 和 $g[(N-1)T]$ 的连线斜率相同,此时第一种差分方程式将具有下列形式

$$\boldsymbol{y}[(N+1)T] = D\boldsymbol{y}(NT) + B_1\boldsymbol{u}(NT) + B_2\boldsymbol{u}[(N-1)T] \tag{10.1-20}$$

式中

$$D = e^{AT},\quad B_1 = e^{AT}\int_0^{\gamma T} e^{-A\tau}B\left(1+\frac{\tau}{T}\right)d\tau$$

$$B_2 = -e^{AT}\int_0^{\gamma_T} e^{-A\tau}B\cdot\frac{\tau}{T}d\tau$$

以式(10.1-20)做基础可以推出其他几种差分方程式。由此我们看到,图 10.1-1 所示的调制方式是线性的。

本节内讨论过的方法同样适用于变系数系统。如果受控对象是由变系数常微分方程所描绘,那么相应的差分方程式也是具有变系数的线性方程。例如式(10.1-17)此时变为

$$\boldsymbol{y}[(N+1)T] = D(NT)\boldsymbol{y}(NT) + C(NT)\boldsymbol{u}(NT) \tag{10.1-21}$$

式中矩阵 $D(NT)$ 和 $C(NT)$ 的每一元素是时间的函数。这两个矩阵的求算公式与式(10.1-17)内的矩阵求法相同,只需将 e^{AT} 换为变系数系统的基本解矩阵 $\Phi(t, t+T)$ 即可,此处 $t=0,T,2T,\cdots,NT,\cdots$。

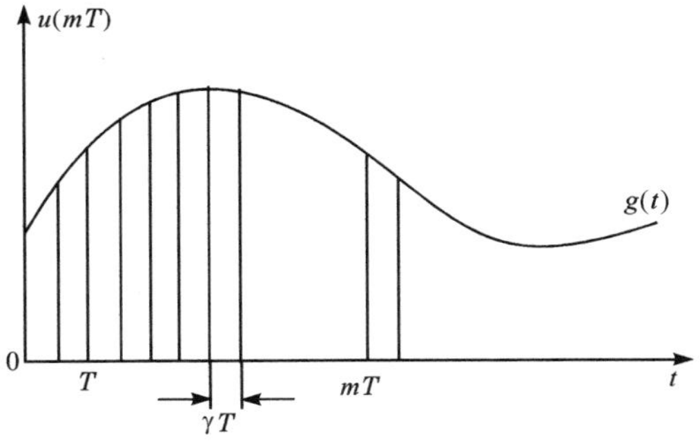

图 10.1-1

前面讨论中的输出向量 $\boldsymbol{y}$ 是离散系统的状态向量。为了设计控制规律 $\boldsymbol{u}(t)$ 当然要不间断地对系统的状态进行测量。然而并不是状态向量的每一个坐标在

实际上都可以直接用传感器或测量装置测出。这和连续系统中的情况完全类似，能够测到的关于系统状态的信息往往必须通过某种函数关系表达出来。最典型的例子是用雷达测量运动物体的坐标，雷达测得的数据要经换算后才能求出运动体的坐标，这在本书的前几章已经提到过。一般来讲，假定测量装置可以直接测到 m 个参数：$z_1,z_2,\cdots,z_m$，用向量 $\boldsymbol{z}$ 表示，称为离散系统的观测向量。观测向量 $\boldsymbol{z}$ 和状态向量 $\boldsymbol{y}$ 之间的函数关系可表示成

$$\boldsymbol{z}(NT)=\boldsymbol{f}(\boldsymbol{y}(NT),NT) \tag{10.1-22}$$

式中 $\boldsymbol{f}$ 为 m 维的非线性向量函数。由于通常能够观测到的参数 $z_1,\cdots,z_m$ 的个数小于状态向量的维数，也就是说，在每一瞬间不能由关系式(10.1-22)反解出 $\boldsymbol{y}(NT)$ 来。即使向量函数 $\boldsymbol{f}$ 的 m 个分量都是相互独立的，这在实际问题中是最常见的情况。在简单的情况下，观测方程(10.1-22)右端是状态变量的线性函数，此时用 $F(NT)=(f_{ij}(NT))$ 表示 $m\times n$ 阶长方矩阵，它的每一元素 $f_{ij}(nT)$ 是时间 t 的函数。于是观测方程变为

$$\boldsymbol{z}(NT)=F(NT)\boldsymbol{y}(NT) \tag{10.1-23}$$

另一方面，当函数关系式(10.1-22)中的 $\boldsymbol{f}$ 是各自变量的足够光滑的函数，而且 $F(0,NT)=0$，那么在小范围内可以将函数 $\boldsymbol{f}$ 按泰勒级数展开，只保留展式中的线性项，忽略高次项，线性表达式(10.1-23)将在一定程度上逼近式(10.1-22)。因此，线性观测方程对研究非线性观测问题也是有意义的。由这种方程描述的测量装置也有人称之为观测器。

归纳上述，一个离散线性系统的完整的方程式将由受控对象的运动方程式和观测方程式两者所组成

$$\begin{aligned}\boldsymbol{y}((N+1)T)&=D(NT)\boldsymbol{y}(NT)+C(NT)\boldsymbol{u}(NT)\\ \boldsymbol{z}(NT)&=F(NT)\boldsymbol{y}(NT)\end{aligned} \tag{10.1-24}$$

我们称方程(10.1-24)为离散系统的完全描述模型。

10.2 差分方程式解的特性

前节内我们讨论了各种差分方程式的建立方法和运算步骤。本节内我们将讨论各种差分方程的特解和通解的特性。对这些特性的讨论将有助于对离散系统运动规律的细致了解，同时对离散系统的分析和综合将提供足够的理论基础。四种差分方程式中，我们将重点讨论第一种式(10.1-4)、第二种式(10.1-7)和第四种式(10.1-11)，因为这几种在实际工作中使用最广泛，应用也较方便。其中第一种和第四种，即式(10.1-4)和式(10.1-11)，虽然物理意义不同，但数学结构却完全相同，它们的通解和特解的性质也完全一致。所以我们先讨论第一种，然后再讨论第二种。

第一种差分方程是

$$Hy(NT)=Dy(NT)+Cu(NT) \tag{10.2-1}$$

式中符号 H 表示移位算子，其作用规律是 $H\boldsymbol{y}(NT)=\boldsymbol{y}[(N+1)T]$，$D$ 和 C 为常量矩阵。如果 D 和 C 是时间 NT 的函数则系统变成变系数系统，但下面得到的很多结论略作修改后将完全适用于这种变系数离散系统。式(10.2-1)内 $\boldsymbol{u}(NT)$ 为控制向量，它的每一个分量 $u_i(NT)$ 是相互独立的控制量，如果控制量只有一个，则 $\boldsymbol{u}(NT)$ 只包含一个分量，而矩阵 C 则变为一个向量 $\boldsymbol{c}$。

当式(10.2-1)之右端 $\boldsymbol{u}(NT)\equiv\boldsymbol{0}$ 时，方程式

$$H\boldsymbol{y}(NT)=D\boldsymbol{y}(NT) \tag{10.2-2}$$

称为式(10.2-1)的齐次方程式。

齐次线性差分方程式的解与齐次线性常微分方程式的解有很多共同的特点。如果式(10.2-2)是由 n 个方程式组成，则必有 n 个线性不相关的特解，而且只有 n 个这种解，任何其他解均可用这 n 个“基本解”的线性组合表示出来。设这 n 个线性不相关的解已经找到，它们是

$$\boldsymbol{y}_1(NT)=(y_{11}(NT),y_{21}(NT),\cdots,y_{n1}(NT))$$

$$\boldsymbol{y}_2(NT)=(y_{12}(NT),y_{22}(NT),\cdots,y_{n2}(NT))$$

$$\cdots$$

$$\boldsymbol{y}_n(NT)=(y_{1n}(NT),y_{2n}(NT),\cdots,y_{nn}(NT))$$

由于对任何 $t=NT,N=0,1,2,\cdots$，上述 n 个解线性不相关，那么，由它们所构成的行列式对任何 NT 总不为零。于是，对式(10.2-2)的任何特解 $\boldsymbol{y}(NT)$ 存在一组常数 $c_1,c_2,\cdots,c_n$，使

$$\boldsymbol{y}(NT)=c_1\boldsymbol{y}_1(NT)+c_2\boldsymbol{y}_2(NT)+\cdots+c_n\boldsymbol{y}_n(NT)$$

而这 n 个基本解是什么呢？从原则上看任何 n 个线性不相关的解均可成为基本解。现在我们只选择一种，作为以后讨论的基础。

由于式(10.2-2)内的 $D=e^{AT}$，A 是描述连续受控对象的常微分方程中的矩阵，故矩阵 D 的行列式永不为零。现在证明，式(10.2-2)的 n 个基本解是矩阵 $D^N=e^{NAT}$ 的几个列向量。显然，矩阵 D^N 满足方程式(10.2-2)，因为

$$HD^N=DD^N=D^{N+1}$$

于是

$$\boldsymbol{y}_1(NT)=(D^N)_1=(e^{NAT})_1$$

$$\cdots$$

$$\boldsymbol{y}_n(NT)=(D^N)_n=(e^{NAT})_n \tag{10.2-3}$$

上式右端的右下角注 $i,i=1,2,\cdots,n$ 表示矩阵的第 i 列向量。或者用 $Y(NT)$ 表示式(10.2-2)的基本解矩阵，有

$$Y(NT)=D^N=e^{NAT}=(\boldsymbol{y}_1(NT),\cdots,\boldsymbol{y}_n(NT))$$

$$= \begin{pmatrix} y_{11}(NT) & \cdots & y_{1n}(NT) \\ y_{21}(NT) & \cdots & y_{2n}(NT) \\ \vdots & & \vdots \\ y_{n1}(NT) & \cdots & y_{nn}(NT) \end{pmatrix}$$

上式左边的矩阵的第一列是 $\boldsymbol{y}_1(NT)$的各分量，第二列是 $\boldsymbol{y}_2(NT)$的分量，如此等。由于 A 是已知矩阵，故 $D=e^{AT}$ 也为已知，则式(10.2-2)的基本解矩阵 $D^N=e^{NAT}$ 马上可以算出。再由于矩阵 D 是非蜕化的，即$|D|\neq 0$，那么，它的任何次整数幂都不为零。因此，基本解矩阵 $D^N=Y(NT)$对任何 N 均为非蜕化，而式(10.2-3)内的 n 个解对任何 NT 是线性不相关的。

设受控对象的 n 个初始条件是 $\boldsymbol{c}=(c_1,\cdots,c_n)$，即 $y_1(0)=c_1, y_2(0)=c_2,\cdots, y_n(0)=c_n$，或者 $\boldsymbol{y}(0)=\boldsymbol{c}$。那么，满足这一组初始条件的式(10.2-2)的特解将是

$$\boldsymbol{y}(NT) = e^{NAT}\boldsymbol{c} = D^N\boldsymbol{c} = D^N\boldsymbol{y}(0) \tag{10.2-4}$$

事实上

$$H\boldsymbol{y}(NT) = DD^N\boldsymbol{c} = D^{N+1}\boldsymbol{c} = \boldsymbol{y}[(N+1)T]$$

而且，$\boldsymbol{y}(0)=D^0\boldsymbol{c}=\boldsymbol{c}$。因为按矩阵函数的定义，任何矩阵的零次幂为单位矩阵。由于上述初始条件 $\boldsymbol{c}$ 是任意的，故式(10.2-4)称为齐次差分方程式(10.2-2)的通解。

现在求非齐次方程式(10.2-1)的通解，我们用待定系数法求解。设式(10.2-1)的通解为下列形式

$$\boldsymbol{y}(NT) = Y(NT)\boldsymbol{c}(NT) = D^N\boldsymbol{c}(NT) \tag{10.2-5}$$

式中 $\boldsymbol{c}(NT)=(c_1(NT),c_2(NT),\cdots,c_n(NT))$。令式(10.2-1)的初始条件为常向量 $\boldsymbol{y}_0$，现求出满足这个初始条件的解式(10.2-5)。将式(10.2-5)代入式(10.2-1)后有

$$\begin{aligned} H\boldsymbol{y}(NT) &= \boldsymbol{y}[(N+1)T] \\ &= Y[(N+1)T]\boldsymbol{c}[(N+1)T] \\ &= DY(NT)\boldsymbol{c}(NT) + C\boldsymbol{u}(NT) \\ &= Y[(N+1)T]\boldsymbol{c}(NT) + C\boldsymbol{u}(NT) \end{aligned}$$

移项后有

$$\boldsymbol{c}[(N+1)T] - \boldsymbol{c}(NT) = Y^{-1}[(N+1)T]C\boldsymbol{u}(NT)$$

对上式两端求和得

$$\boldsymbol{c}(mT) - \boldsymbol{c}(0) = \sum_{N=0}^{m-1} Y^{-1}[(N+1)T]C\boldsymbol{u}(NT)$$

将 $\boldsymbol{c}(mT)$代入式(10.2-5)，并考虑 $\boldsymbol{y}(0)=\boldsymbol{y}_0$，最后得到

$$\boldsymbol{y}(mT) = D^m\boldsymbol{y}_0 + D^m\sum_{N=0}^{m-1} Y^{-1}[(N+1)T]C\boldsymbol{u}(NT)$$

或者改写成

$$\boldsymbol{y}(NT)=D^N\boldsymbol{y}_0+\sum_{m=0}^{N-1}D^{N-(m+1)}C\boldsymbol{u}(mT) \tag{10.2-6}$$

不难检查,式(10.2-6)满足方程式(10.2-1),并且同时满足初始条件 $\boldsymbol{y}(0)=\boldsymbol{y}_0$。推导时我们曾假定 $\boldsymbol{u}(mT)$当 $m<0$ 恒为零向量,因为控制作用是在 $t=0$ 时开始作用的。这样,由于 $\boldsymbol{y}_0$ 是任意的,式(10.2-1)的解式(10.2-6)我们将称为非齐次方程的通解。

其次,令向量函数$\boldsymbol{\psi}(NT)$是下列方程式

$$H^*\ \boldsymbol{\psi}(NT)=\boldsymbol{\psi}[(N-1)T]=D^{\tau}\boldsymbol{\psi}(NT) \tag{10.2-7}$$

的基本解,H^* 是逆移位算子,则

$$\boldsymbol{\psi}(NT)=e^{-A^{\tau}NT}\boldsymbol{\psi}_0=(D^{\tau})^{-N}\boldsymbol{\psi}_0 \tag{10.2-8}$$

是式(10.2-7)的解,其中$\boldsymbol{\psi}_0$ 为任意非零常向量,是式(10.2-7)的初始条件,因为

$$H^*\ \boldsymbol{\psi}(NT)=H^*(D^{\tau})^{-N}\boldsymbol{\psi}_0=D^{\tau}(D^{\tau})^{-N}\boldsymbol{\psi}_0=(D^{\tau})^{-(N-1)}\boldsymbol{\psi}_0=\boldsymbol{\psi}[(N-1)T]$$

不难看出,式(10.2-7)的任何非零解$\boldsymbol{\psi}(NT)$与齐次方程式(10.2-2)的任何非零解 $\boldsymbol{y}(NT)$的内积为常数,而与 N 无关,因为

$$\begin{aligned}&(\boldsymbol{y}[(N+1)T],\boldsymbol{\psi}[(N+1)T])-(\boldsymbol{y}(NT),\boldsymbol{\psi}(NT))\\=&(D^{N+1}\boldsymbol{c},(D^{\tau})^{-(N+1)}\boldsymbol{\psi}_0)-(D^N\boldsymbol{c},(D^{\tau})^{-N}\boldsymbol{\psi}_0)\\=&(\boldsymbol{c},\boldsymbol{\psi}_0)-(\boldsymbol{c},\boldsymbol{\psi}_0)=0\end{aligned}$$

故与齐次常微分方程相似,满足关系式

$$(\boldsymbol{\psi}(NT),\boldsymbol{y}(NT))=\text{const}$$

的$\boldsymbol{\psi}(NT)$的方程组(10.2-7)称为式(10.2-2)的共轭方程组,有时也称其为伴随方程组。而$\boldsymbol{\psi}(NT)$则称为式(10.2-2)的共轭解。

设离散受控系统式(10.2-1)的初始条件为 $\boldsymbol{y}_0$,在其输入端作用的 $\boldsymbol{u}(NT)$不是控制量,而是扰动作用。那么,容易证明,由于扰动所引起的输出 $\boldsymbol{y}(NT)$可以通过共轭方程式的解表示出来。首先写出下列恒等式

$$\begin{aligned}&(\boldsymbol{y}[(m+1)T],\boldsymbol{\psi}[(m+1)T])-(\boldsymbol{y}(mT),\boldsymbol{\psi}(mT))\\=&(D\boldsymbol{y}(mT)+C\boldsymbol{u}(mT),(D^{\tau})^{-1}\boldsymbol{\psi}(mT))-(\boldsymbol{y}(mT),\boldsymbol{\psi}(mT))\\=&(C\boldsymbol{u}(mT),(D^{\tau})^{-1}\boldsymbol{\psi}(mT))\end{aligned}$$

令 N_1 为一固定正整数,将上式两端对 m 求和后有

$$\begin{aligned}&(\boldsymbol{y}(N_1T),\ \boldsymbol{\psi}(N_1,T))-(\boldsymbol{y}(0),\boldsymbol{\psi}(0))\\=&\sum_{m=0}^{N_1-1}(C\boldsymbol{u}(mT),(D^{\tau})^{-1}\boldsymbol{\psi}(mT))\end{aligned} \tag{10.2-9}$$

设受控对象的初始条件为零,即 $\boldsymbol{y}_0=\boldsymbol{0}$,再令$\boldsymbol{\psi}(N_1,T)=(1,0,0,\cdots,0)$,向量 $y(N_1T)$的第一个坐标 y_1 在 N_1T 时刻由扰动所积累的值将为

$$y_1(N_1 T) = \sum_{m=0}^{N_1-1} (C\boldsymbol{u}(mT), (D^{\tau})^{-1} \boldsymbol{\psi}(mT)) \tag{10.2-10}$$

等式(10.2-9)称为格林公式,而式(10.2-10)是它的一个特殊形式。利用式(10.2-10)常可简单地求出系统受干扰后在指定时间间隔内所积累的输出误差。

至于第二种差分方程(10.1-7),因为它可以化成第四种方程,所以上面讨论中所得到的一些结论对它也完全有效。这里只简单地列举有关方程式(10.1-7)的一些特性,而不再重复前面的证明。方程(10.1-7)内若 $u(NT)\equiv 0$,则

$$y[(N+n)T] + e_1 y[(N+n-1)T] + \cdots + e_n y(NT) = 0 \tag{10.2-11}$$

称为它的齐次差分方程式。n 阶方程式(10.2-11)必有 n 个线性不相关的解 $y_1(NT), y_2(NT), \cdots, y_n(NT)$,其中每一个均满足方程式(10.2-11)。根据方程(10.1-10)和(10.1-11)的特点可知,这 n 个线性不相关的解可以是矩阵

$$D^N = \begin{pmatrix} 0 & 1 & 0 & \cdots & 0 \\ 0 & 0 & 1 & \cdots & 0 \\ \vdots & \vdots & \vdots & & \vdots \\ e_n & e_{n-1} & e_{n-2} & \cdots & e_1 \end{pmatrix}^N$$

内第一列的 n 个元素。齐次方程式(10.2-11)的通解可写成下列形式

$$y(NT) = c_1 y_1(NT) + c_2 y_2(NT) + \cdots + c_n y_n(NT)$$

式中诸系数 c_i 由 n 个初始条件 $y(0), y(T), \cdots, y[(n-1)T]$ 所单一决定。为了求出 n 个线性不相关的解,还可用另外的办法求出,令式(10.2-11)的解具有下列形式:$y(NT)=\lambda^N$,代入原式并化简后得到一个 n 阶代数方程

$$\lambda^n + e_1 \lambda^{n-1} + e_2 \lambda^{n-2} + \cdots + e_{n-1}\lambda + e_n = 0 \tag{10.2-12}$$

它是式(10.2-11)的特征方程。由于上式是 n 阶的,故有 n 个根 $\lambda_1, \lambda_2, \cdots, \lambda_n$。如果它们之间没有重根,则 n 个线性不相关的解便是

$$y_1(NT) = \lambda_1^N, y_2(NT) = \lambda_2^N, \cdots, y_n(NT) = \lambda_n^N$$

容易看出,它们是线性不相关的。

如果特征方程式的根中有复根,则一定成双共轭出现,例如 $\lambda_1 = \rho(\cos\omega + i\sin\omega)$,$\lambda_2 = \rho(\cos\omega - i\sin\omega)$。那么,适当的选取 c_1 和 c_2,可以使前两个基本解变为

$$y_1(NT) = \rho^N \cos\omega N, \quad y_2(NT) = \rho^N \sin\omega N, \quad N = 0,1,2,\cdots$$

与常微分方程类似,当 λ 是重根时,例如 s 次重根,它所对应的 s 个线性不相关的解是

$$y_1(NT) = \lambda^N, y_2(NT) = N\lambda^N, \cdots, y_s(NT) = N^{s-1}\lambda^N$$

至于非齐次方程式的通解,仍可以利用式(10.2-6)的第一个分量等式写出。

前面的讨论中经常利用矩阵 D^N 作为齐次方程组的基本解矩阵,如何求出 D^N 呢?最简单的方法是把它写为连乘式 $D^N = DD\cdots D$ 逐步相乘 N 次算出。但是,这样求不出 D^N 的解析表达式。为了求出各基本解的解析表达式,可以用矩阵函数

的方法进行。从代数学中我们知道，对任一矩阵 D，总可以找到一个非蜕化矩阵 Q，使

$$J = Q^{-1}DQ$$

变为约当标准形。于是

$$J^{\frac{t}{T}} = \begin{pmatrix} J_1^{\frac{t}{T}} & & & \\ & J_2^{\frac{t}{T}} & & \\ & & \ddots & \\ & & & J_k^{\frac{t}{T}} \end{pmatrix}, \quad t = 0, T, 2T, \cdots, NT$$

其中 J_i 是标准形内的标准块（约当块）。将每一个约当块展开后具有下列形式：

$$J_i^{\frac{t}{T}} = \begin{pmatrix} \lambda_i^{\frac{t}{T}} & \frac{t}{T}\lambda_i^{\frac{t}{T}-1} & \frac{1}{2!}\frac{t}{T}\left(\frac{t}{T}-1\right)\lambda_i^{\frac{t}{T}-2} & \cdots \\ 0 & \lambda_i^{\frac{t}{T}} & \frac{t}{T}\lambda_i^{\frac{t}{T}-1} & \cdots \\ \vdots & \vdots & & \vdots \\ 0 & 0 & \cdots & \lambda_i^{\frac{t}{T}} \end{pmatrix}$$

矩阵 J_i 的阶数决定于约当块的阶数，λ_i 是矩阵 D 的特征根，若 D 的 n 个特征根内无重根，则

$$J^{\frac{t}{T}} = \begin{pmatrix} \lambda_1^{\frac{t}{T}} & 0 & 0 & \cdots & 0 \\ 0 & \lambda_2^{\frac{t}{T}} & 0 & \cdots & 0 \\ \vdots & \vdots & \vdots & & \vdots \\ 0 & 0 & 0 & \cdots & \lambda_n^{\frac{t}{T}} \end{pmatrix}$$

由此便得到 $D^{\frac{t}{T}}$ 的解析表达式为

$$D^N = QJ^NQ^{-1}$$

至于如何将矩阵 D 化为标准型，即如何求出变换矩阵 Q，在代数学中有详细讨论，这里不再赘述。

下面我们把线性离散系统的通解式(10.2-6)推广到变系数线性系统，并且把通解的形式写得更简单些。首先记 $\boldsymbol{y}(kT)=\boldsymbol{y}(k)$，即省掉采样周期 T，仅用 k 表示 kT，用 l 表示 lT 等。设差分方程组(10.2-1)中的矩阵 D 和 C 不是常量矩阵，而是 t 的某一函数，那么方程式(10.2-1)就变为

$$\boldsymbol{y}(k+1) = D(k)\boldsymbol{y}(k) + C(k)\boldsymbol{u}(k) \tag{10.2-13}$$

定义双变量函数 $\Phi(k,l)$

$$\Phi(k,l)=\prod_{i=l}^{k-1}D(i),\quad \Phi(k,k)=E \tag{10.2-14}$$

式中 E 为单位方阵。直接把上式代入式(10.2-13)的齐次方程中,极易检验,下列恒等式

$$\Phi(k+1,l)=D(k)\Phi(k,l) \tag{10.2-15}$$

对一切正整数 k 和 l,$k\geqslant l$,都成立。而且 $\Phi(k,l)$ 还有下列特性

$$\Phi^{-1}(k,l)=\Phi(l,k)$$

$$\Phi(k,m)\Phi(m,l)=\Phi(k,l) \tag{10.2-16}$$

上式对一切正整数 k,l,m 都成立。利用函数矩阵 $\Phi(k,l)$,应用前面用过的待定系数法,线性变系数离散系统式(10.2-13)的通解可写成更为方便简捷的形式

$$\boldsymbol{y}(k)=\Phi(k,l)\boldsymbol{y}(l)+\sum_{i=l}^{k-1}\Phi(k,i+1)C(i)\boldsymbol{u}(i) \tag{10.2-17}$$

不难检查,当 $l=0$ 和 D,C 是常矩阵时,此式与式(10.2-6)完全重合。但是,式(10.2-1 7)确定线性离散系统任何两个时刻 $t=kT$ 和 $t'=lT$ 的状态之间的关系,所以这种写法往往更为方便。

本节讨论的内容是进一步研究系统分析和综合的基础。这里需要进行较复杂的计算工作是求出矩阵 D 和 C,因为要从常微分方程转变为差分方程的形式,需要找出常微分方程的基本解矩阵和通解表达式。为了做到这一点,我们还可以应用离散拉氏变换的方法。这种方法对常系数系统是很有效的,下一节内我们将进行详细的讨论。

得到线性离散系统通解的一般表达式以后,我们又可以讨论它的能控性和能观测性。和常微分方程描述的连续系统类似,设系统式(10.2-13)在 $t_0=l_0T$ 时刻的状态是 $\boldsymbol{y}(l_0T)=\boldsymbol{y}(l_0)$,如果对任何初始状态都能找到一个控制 $\boldsymbol{u}(iT)=\boldsymbol{u}(i)$,$i=l_0,\cdots,k$,使 $\boldsymbol{y}(k)=\boldsymbol{0}$,则系统称为在 l_0 时刻能控。如果该系统在任何时刻都是能控的,则系统式(10.2-13)是完全能控的。

由式(10.2-17)可知,为了在 $t=kT$ 时刻能使 $\boldsymbol{y}(k)=\boldsymbol{0}$,必须有

$$\Phi(k,l_0)\boldsymbol{y}(l_0)=-\sum_{i=l_0}^{k-1}\Phi(k,i+1)C(i)\boldsymbol{u}(i) \tag{10.2-18}$$

因为矩阵 $\Phi(k,l_0)$ 是 $n\times n$ 阶满秩方阵,$\boldsymbol{y}(l_0)$ 是任意向量,故上式右端的一切可能的 n 维向量必须能充满整个空间;换言之,因为 $\Phi(k,l_0)$ 是非蜕化方阵,上式等价于 n 个代数方程式构成的方程组,共有 $r(k-l_0)$ 个未知量 $\{\boldsymbol{u}(l_0),\boldsymbol{u}(l_0+1),\cdots,\boldsymbol{u}(k-1)\}$。如果对任何给定的初始状态 $\boldsymbol{y}(l_0)$,都至少存在一组解 $\{\boldsymbol{u}(i)\}$,使等式(10.2-1 8)成立,则系统必是完全能控的。如果记

$$T_{k,l_0}\tilde{\boldsymbol{u}}=\sum_{i=l_0}^{k-1}\Phi(k,i+1)C(i)\boldsymbol{u}(i)$$

式中 $\widetilde{\boldsymbol{u}}=\{\boldsymbol{u}(l_0),\boldsymbol{u}(l_0+1),\cdots,\boldsymbol{u}(k-1)\}$，上述讨论要求算子 T_{k,l_0} 是满秩的，或者说要求 $T_{k,l_0}T_{k,l_0}^{\tau}$ 是正定算子，T_{k,l_0}^{τ} 是 T_{k,l_0} 的转置矩阵，即对任何非零 n 维向量 $\boldsymbol{z}$

$$(T_{k,l_0}T_{k,l_0}^{\tau}\boldsymbol{z},\boldsymbol{z})=(T_{k,l_0}^{\tau}\boldsymbol{z},T_{k,l_0}^{\tau}\boldsymbol{z})>0$$

把 $T_{k,l_0}T_{k,l_0}^{\tau}$ 展开得

$$T_{k,l_0}T_{k,l_0}^{\tau}=\sum_{i=l_0}^{k-1}\Phi(k,i+1)C(i)C^{\tau}(i)\Phi^{\tau}(k,i+1)\qquad(10.2\text{-}19)$$

和连续系统一样，离散系统式(10.2-13)完全能控的充要条件是式(10.2-19)定义的算子对任何 l_0 是正定的。

如果离散系统是常系数的，如式(10.2-1)所描述的系统为完全能控的充要条件是矩阵

$$(C,DC,D^2C,\cdots,D^{n-1}C)$$

的秩为 n。

设离散系统式(10.2-13)的观测方程是

$$\boldsymbol{z}(k)=F(k)\boldsymbol{y}(k)\qquad(10.2\text{-}20)$$

系统式(10.2-13)和(10.2-20)在 $t_0=l_0T$ 时刻叫做能观测的，是指如果存在一个时刻 $t_1=kT$，由观测数据 $\boldsymbol{z}(l_0),\boldsymbol{z}(l_0+1),\cdots,\boldsymbol{z}(k)$ 和控制信息 $\boldsymbol{u}(l_0),\cdots,\boldsymbol{u}(k)$ 可唯一地确定系统式(10.2-13)的初始状态 $\boldsymbol{y}(l_0)$。如果该系统在任何时刻都是能观测的，则称为完全能观测的。将式(10.2-17)代入式(10.2-20)后有

$$\boldsymbol{z}(k)=F(k)\left[\Phi(k,l_0)\boldsymbol{y}(l_0)+\sum_{i=l_0}^{k-1}\Phi(k,i+1)C(i)\boldsymbol{u}(i)\right]$$

或者

$$\boldsymbol{z}(k)-F(k)\sum_{i=l_0}^{k-1}\Phi(k,i+1)C(i)\boldsymbol{u}(i)=F(k)\Phi(k,l_0)\boldsymbol{y}(l_0)$$

依设，上式左端两项都是已知的 m 维向量，$m\leqslant n$，n 是状态向量 $\boldsymbol{y}$ 的维数。将上式改写为

$$\boldsymbol{x}(k)=F(k)\Phi(k,l_0)\boldsymbol{y}(l_0)$$

并展开

$$\begin{aligned}&\boldsymbol{x}(l_0)=F(l_0)\boldsymbol{y}(l_0)\\&\boldsymbol{x}(l_0+1)=F(l_0+1)\Phi(l_0+1,l_0)\boldsymbol{y}(l_0)\\&\cdots\\&\boldsymbol{x}(k)=F(k)\Phi(k,l_0)\boldsymbol{y}(l_0)\end{aligned}$$

这里共有 $m(k+1)$ 个方程式，并且有 n 个未知量 $\boldsymbol{y}(l_0)=\{y_1(l_0),y_2(l_0),\cdots,y_n(l_0)\}$。从代数学中我们知道，为了从上述方程组中解出这 n 个未知数，必须且只需存在一个 k 使下列矩阵的秩等于 n

$$D_{k,l_0}=\begin{pmatrix}F(l_0)\\ F(l_0+1)\Phi(l_0+1,l_0)\\ \vdots\\ F(k)\Phi(k,l_0)\end{pmatrix}\tag{10.2-21}$$

或者,完全等价地讲,必须且只需 $D_{k,l_0}^{\tau}D_{k,l_0}$ 是满秩的。

显然,为了使系统式(10.2-13)和(10.2-20)是完全能观测的,则要求对任何时刻 $i,l_0\leqslant i\leqslant k$,矩阵 $F(i)\Phi(i,l_0)$ 的各列向量是线性独立的。对常系数系统,上述条件等价于下列矩阵

$$\begin{pmatrix}F\\ FD\\ \vdots\\ FD^{n-1}\end{pmatrix}$$

的秩等于 n。

10.3　离散拉氏变换与传递函数

第四章讨论过的拉氏变换方法对常系数微分方程的研究曾发挥了很大的作用。但是由于离散系统内自变量的断续性,那种方法不能直接应用到这里来。为了适应离散系统的特点,必须对拉氏变换的定义作必要的改变。在离散系统内,我们所研究的过程是一个函数序列 $u(NT)$ 或 $y(NT)$。一般来讲,我们只对这些变量在特定时刻的值感兴趣。为此,我们引进新定义。设 $y(NT)$ 是一个采样函数,或者说它是一个函数序列。复变函数

$$Y^*(s)=\sum_{N=0}^{\infty}y(NT)e^{-NTs}\tag{10.3-1}$$

称为采样函数的象函数,而 $y(NT)$ 称为 $Y^*(s)$ 的原函数。由原函数 $y(NT)$ 求象函数 $Y^*(s)$ 的运算称为离散拉氏变换,用符号 L^* 表示。

并不是一切采样函数都可以进行拉氏变换的,只有使式(10.3-1)的右端级数收敛的那些采样函数才可能有自己的象函数。与第四章的讨论类似,对 $y(NT)$ 的要求是它的增长速度不大于某一指数函数,即它对任何 N 均应满足不等式

$$|y(NT)|<Me^{\sigma_0 NT}$$

式中 σ_0 为某一有限的正数,称为 $y(NT)$ 的收敛横标。

离散拉氏变换具有连续拉氏变换的一切特性:

(1) 它是线性变换,即

$$\begin{aligned}L^*[ay_1(NT)+by_2(NT)]&=aL^*y_1(NT)+bL^*y_2(NT)\\&=aY_1^*(s)+bY_2^*(s)\end{aligned}$$

(2) 对自变数的推移公式为

$$L^* y[(N+k)T] = e^{kTs} Y^*(s) - \sum_{m=0}^{k-1} e^{(k-m)Ts} y(mT) \tag{10.3-2}$$

(3) 对复变数的推移公式。设 λ 为实数,则有

$$L^*[e^{\pm \lambda NT} y(NT)] = Y^*(s \mp \lambda) \tag{10.3-3}$$

(4) 对差分的变换公式

$$\begin{aligned} L^*[\Delta y(NT)] &= \sum_{N=0}^{\infty} [y[(N+1)T] - y(NT)] e^{-NsT} \\ &= (e^{Ts} - 1) Y^*(s) - e^{sT} y(0) \end{aligned} \tag{10.3-4}$$

此外,下列几个公式在实际计算中很有用:

(5) $$\frac{d^k Y^*(s)}{ds^k} = (-1)^k L^*[(NT)^k y(NT)] \tag{10.3-5}$$

(6) $$L^*\left[\sum_{m=0}^{N} y_1(mT) y_2((N-m)T)\right] = Y_1^*(s) \cdot Y_2^*(s) \tag{10.3-6}$$

(7) $$Y^*(0) = \sum_{N=0}^{\infty} y(NT) \tag{10.3-7}$$

(8) $$\lim_{N \to \infty} y(NT) = \lim_{s \to 0} (e^{sT} - 1) Y^*(s) \tag{10.3-8}$$

(9) $$y(0) = \lim_{s \to \infty} Y^*(s) \tag{10.3-9}$$

当然式(10.3-7)只有当右端级数收敛时才有意义,而式(10.3-8)只有当 $y(NT)$ 确有极限时才能使用。(1)—(9)的正确性是容易检验的,此处不再赘述。下面列出一个小字典,以供查对,表内设 $T=1$。

$y(N)$	$Y^*(s)$
1	$\dfrac{e^s}{e^s-1}$
N	$\dfrac{e^s}{(e^s-1)^2}$
N^2	$\dfrac{e^s(e^s+1)}{(e^s-1)^3}$
e^{aN}	$\dfrac{e^s}{e^s-e^a}$
Ne^{aN}	$\dfrac{e^s e^a}{(e^s-e^a)^2}$
$\cos aN$	$\dfrac{e^{2s}-e^s\cos a}{e^{2s}-2e^s\cos a+1}$
$\sin aN$	$\dfrac{e^s\sin a}{e^{2s}-2e^s\cos a+1}$

$\mathrm{ch}aN$	$\dfrac{e^{2s}-e^{s}\mathrm{ch}a}{e^{2s}-2e^{s}\mathrm{ch}a+1}$
$\mathrm{sh}aN$	$\dfrac{e^{s}\mathrm{sh}a}{e^{2s}-2e^{s}\mathrm{ch}a+1}$

上面我们已经熟悉了如何从原函数求象函数的方法。下面再看看如何根据象函数求原函数。这种运算称为离散拉氏反变换,并用符号 L^{*-1} 表示

$$y(NT)=L^{*-1}Y^{*}(s)$$

不难证明,如果复变函数 $Y^{*}(s)$ 确实有自己的原函数,那么有(图 10.3-1)

$$y(NT)=\frac{T}{2\pi i}\int_{c-i\frac{\pi}{T}}^{c+i\frac{\pi}{T}}Y^{*}(s)e^{NTs}ds \tag{10.3-10}$$

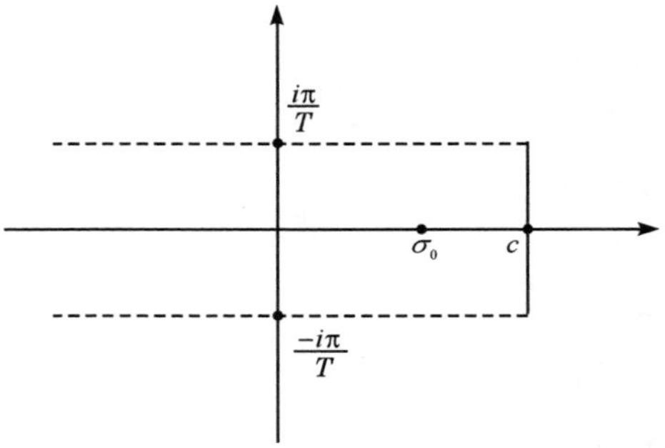

图 10.3-1

这个公式就是拉氏反变换公式,式中 c 为某一实数,它应大于 $Y^{*}(s)$ 的一切奇点的实部。反变换公式可用下法推得,将式(10.3-1)的两端乘以 e^{mTs} 后,沿线段 $\left[c-\frac{i\pi}{T},c+\frac{i\pi}{T}\right]$ 积分

$$\begin{aligned}\int_{c-\frac{i\pi}{T}}^{c+\frac{i\pi}{T}}Y^{*}(s)e^{mTs}ds&=\int_{c-\frac{i\pi}{T}}^{c+\frac{i\pi}{T}}\Big(\sum_{N=0}^{\infty}y[NT]e^{-NsT}\Big)e^{mTs}ds\\&=\sum_{N=0}^{\infty}y[NT]\int_{c-\frac{i\pi}{T}}^{c+\frac{i\pi}{T}}e^{-(NT-mT)s}ds\end{aligned}$$

积分与求和之所以能互换,是由于级数绝对收敛,因为沿积分路线上的 $\mathrm{Re}s>\sigma_0$,当 $N\neq m$ 时

$$\int_{c-\frac{i\pi}{T}}^{c+\frac{i\pi}{T}}e^{-(N-m)Ts}ds=\left[\frac{-e^{-(N-m)Ts}}{(N-m)T}\right]_{c-\frac{i\pi}{T}}^{c+\frac{i\pi}{T}}=0$$

当 $N=m$ 时,则有

$$\int_{c-\frac{i\pi}{T}}^{c+\frac{i\pi}{T}}e^{-(N-m)Ts}ds=\frac{2i\pi}{T}$$

由此,式(10.3-10)便得到证明。

一般来讲，当 $Y^*(s)$ 为已知时；总可以按式(10.3-10)求出 $y(NT)$。当 $Y^*(s)$ 为 e^{sT} 的有理分式时，一般可不直接计算积分式(10.3-10)，而是将 $Y^*(s)$ 化为有理最简分式，然后利用拉氏变换的线性特点，逐项去查表，按“字典”求出原函数，后面这一方法最为简便。

上面拉氏变换是指一个采样函数而言的。拉氏变换也可以对向量采样函数作用。对向量函数序列变换的定义与式(10.3-1)相同。令 $\boldsymbol{y}(NT)=(y_1(NT), y_2(NT),\cdots,y_n(NT))$，则

$$\boldsymbol{Y}^*(s)=\sum_{N=0}^{\infty}\boldsymbol{y}[NT]e^{-NTs}=(Y_1^*(s),Y_2^*(s),\cdots,Y_n^*(s)) \quad (10.3\text{-}11)$$

反变换公式为

$$\boldsymbol{y}(NT)=\frac{T}{2\pi i}\int_{c-\frac{i\pi}{T}}^{c+\frac{i\pi}{T}}\boldsymbol{Y}^*(s)e^{NsT}ds \quad (10.3\text{-}12)$$

不难看出，对向量函数序列的变换与对普通函数序列的变换本质上没有差别。前面列举过的性质式(10.3-2)至式(10.3-9)也依然有效。

讨论了拉氏变换的定义及公式后，现在可以建立传递函数的概念了。首先研究如何用拉氏变换的方法去求解第二种差分方程式。设差分方程式(10.1-7)的初始条件是 $y(0),y(T),y(2T),\cdots,y[(n-1)T]$，对式(10.1-7)的两端进行拉氏变换。利用特性式(10.3-2)有

$$(e^{nsT}+e_1e^{(n-1)sT}+\cdots+e_n)Y^*(s)=(f_1e^{(n-1)sT}+\cdots+f_n)U^*(s)+R^*(s)$$

上式内 $R^*(s)$ 为 e^{sT} 的多项式，其诸系数由上述初始条件所确定。将上式移项后得

$$Y^*(s)=\frac{Q^*(s)}{P^*(s)}U^*(s)+\frac{R^*(s)}{P^*(s)} \quad (10.3\text{-}13)$$

上式右端包含两项，它们都是 e^{sT} 的有理分式。第一项所确定的运动是由控制量 $u(NT)$ 所引起的，称为离散系统的强迫运动，第二项称为系统的特解，或称为系统的自由运动，它完全由系统的初始条件所决定，若初始条件均为零，则 $R^*=0$。令

$$F^*(s)=\frac{Q^*(s)}{P^*(s)} \quad (10.3\text{-}14)$$

$F^*(s)$ 称为输出 $y(NT)$ 对控制量 $u(NT)$ 的采样传递函数。换句话说，采样传递函数就是受控对象的初始条件(状态)为零时输出和输入拉氏变换之比。如果控制量 $u(NT)$ 的规律给定，则可用拉氏反变换法求出系统的受控运动 $y_i(NT)$。同样，当初始条件给定时，$R^*(s)$ 也即被确定，自由运动 $y_c(NT)$ 也就可以用拉氏反变换的方法求出。这样输出量

$$y(NT)=y_i(NT)+y_c(NT)$$

其中

$$y_i(NT)=L^{*-1}[F^*(s)U^*(s)]$$

$$y_c(NT)=L^{*-1}\left[\frac{R^*(s)}{P^*(s)}\right]$$

这种反变换可以先将复变函数 $F^*(s)U^*(s)$ 及 $\frac{R^*(s)}{P^*(s)}$ 分解为部分分式，再按字典去查出每一项的原函数，相加后便得到 $y(NT)$。如果方便的话也可以直接采用反变换公式(10.3-10)。

设在式(10.1-7)所代表的受控对象内引进负反馈(也称硬反馈)，使它变成闭路控制系统，如图 10.3-2 所示。系统的输入作用为 $g(t)$，它是连续函数。因为系统的输出 $y(t)$ 本来是连续函数，所以误差 $\varepsilon(t)=g(t)-y(t)$ 也是连续函数。只有经过采样装置的调制后 $u(NT)$ 才变为一个采样函数现试写出闭路系统的传递函数。根据图 10.3-2 当诸初始条件为零时离散系统的运动方程式为

$$Y^*(s)=F^*(s)U^*(s)$$
$$U^*(s)=E^*(s)$$
$$E^*(s)=G^*(s)-Y^*(s)$$

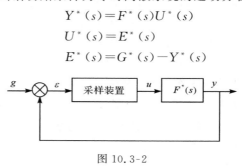

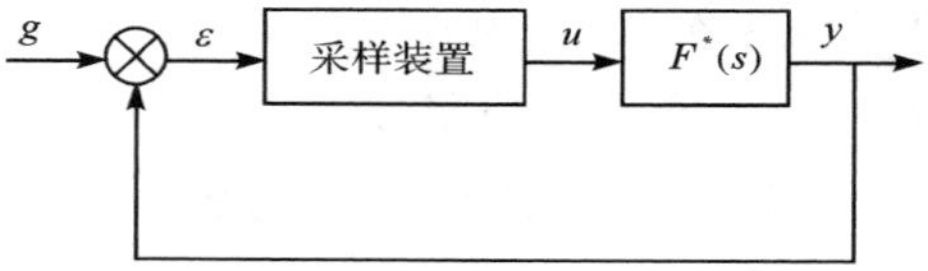

图 10.3-2

从上列三式中消掉 $U^*(s)$，$E^*(s)$ 后，便得到

$$Y^*(s)=\frac{F^*(s)}{1+F^*(s)}G^*(s) \tag{10.3-15}$$

这里的

$$\Phi^*(s)=\frac{F^*(s)}{1+F^*(s)}$$

称为闭路系统的传递函数。如果从前述三式中消掉 $Y^*(s)$，$U^*(s)$ 后，便得到

$$E^*(s)=\frac{1}{1+F^*(s)}G^*(s) \tag{10.3-16}$$

其中

$$\Phi_\varepsilon^*(s)=\frac{1}{1+F^*(s)}$$

称为闭路系统对误差的传递函数。我们看到，离散系统的传递函数与第三章内的闭路传递函数的形式是完全类似的。

如果反馈回路中还包含另一个传递函数 $F_1^*(s)$，如图 10.3-3 所示，那么，对输出和误差的闭路传递函数将是

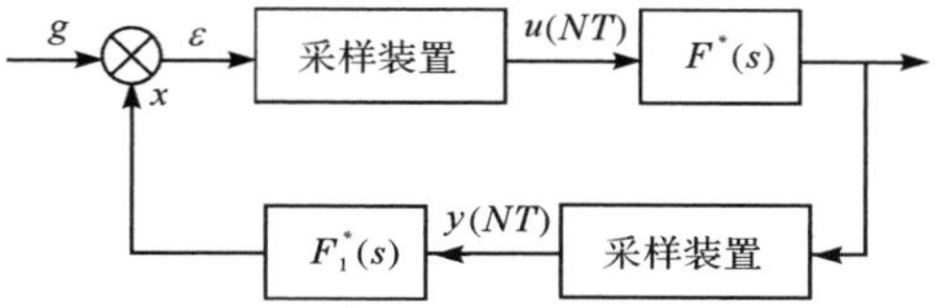

图 10.3-3

$$\Phi^*(s)=\frac{F^*(s)}{1+F^*(s)F_1^*(s)}$$

$$\Phi_\varepsilon^*(s)=\frac{1}{1+F_1^*(s)F^*(s)}$$

由第一种和第四种差分方程组(10.1-4)和(10.1-11)可以确定与传递函数相类似的传递矩阵。我们将以式(10.1-17)为依据求传递矩阵。对式(10.1-17)的两端进行拉氏变换，移项整理后得到

$$\boldsymbol{Y}^*(s)=(Ee^{sT}-D)^{-1}C\boldsymbol{U}^*(s)+(Ee^{sT}-D)^{-1}\boldsymbol{y}(0) \qquad (10.3\text{-}17)$$

上式 E 为单位矩阵，并假定 $\boldsymbol{u}(0)=\boldsymbol{0}$。矩阵函数

$$F^*(s)=(Ee^{sT}-D)^{-1}C$$

称为受控对象的传递矩阵。而式(10.3-17)的第二项决定系统的自由运动。如果用硬反馈(图 10.3-4)

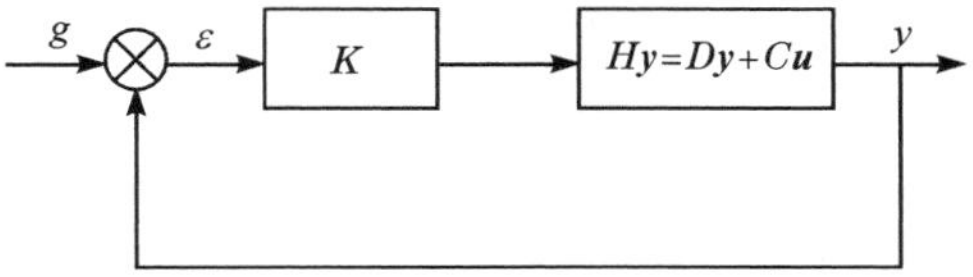

图 10.3-4

$$\boldsymbol{u}(NT)=K[\boldsymbol{g}(NT)-\boldsymbol{y}(NT)]$$

式中 K 为 $n\times r$ 阶矩阵，则闭路运动方程式是

$$\boldsymbol{Y}^*(s)=F^*(s)\boldsymbol{U}^*(s)$$

$$\boldsymbol{U}^*(s)=K(\boldsymbol{G}^*(s)-\boldsymbol{Y}^*(s))$$

消掉 $\boldsymbol{U}^*(s)$后，则有

$$\boldsymbol{Y}^*(s)=(E+F^*(s)K)^{-1}F^*(s)K\boldsymbol{G}^*(s) \qquad (10.3\text{-}18)$$

式中

$$\Phi^*(s)=(E+F^*(s)K)^{-1}F^*(s)K$$

称为闭路系统的传递矩阵。令 $\boldsymbol{E}^*(s)=\boldsymbol{G}^*(s)-\boldsymbol{Y}^*(s)$为误差向量 $\boldsymbol{\varepsilon}(NT)$的拉氏变换，不难推出

$$\boldsymbol{E}^*(s)=(E+F^*(s)K)^{-1}\boldsymbol{G}^*(s)=\Phi_\varepsilon^*(s)\boldsymbol{G}^*(s) \qquad (10.3\text{-}19)$$

此处

$$\Phi_{\varepsilon}^{*}(s) = (E + F^{*}(s)K)^{-1}$$

称为对误差向量的传递矩阵。由式(10.3-18)和式(10.3-19)可以看到，方程组的传递矩阵与方程式的传递函数形式类似，只是由于两个矩阵一般没有互换性，故不能将它写成分式。

现令式(10.1-7)右端之控制量按余弦规律变化，即 $u(NT)=\cos\omega NT$，要求求出输出受控量 $y(NT)$ 的变化规律。为此，我们利用线性系统的叠加原理。假定 $u(NT)$ 由两部分组成，一部分是前面给定的 $u_1(NT)=\cos\omega NT$，另一部分是 $u_2(NT)=i\sin\omega NT$。两者的和是 $u(NT)=u_1(NT)+u_2(NT)=\cos\omega NT+i\sin\omega NT=e^{i\omega NT}$，$N=0,1,2,\cdots$。因为式(10.1-7)的诸系数均为实数，故对控制量 $u(NT)=e^{i\omega NT}$ 有两个独立(互不影响)的解，解的实函数部分对应 $u_1(NT)$，虚部则对应 $u_2(NT)$。于是求出系统对 $u(NT)$ 的响应后，便同时求出了两个特解，其实数部分恰恰是待求的特解。

设受控量的运动规律是 $A(i\omega)e^{i\omega NT}$，需要求出系数 $A(i\omega)$。将 $u=e^{i\omega NT}$ 和 $A(\omega)e^{i\omega NT}$ 代入式(10.1-7)之两端，消去不为零的因子 $e^{i\omega NT}$ 后，可以求得待求系数

$$A(i\omega) = \frac{f_1 e^{i\omega(n-1)T} + f_2 e^{i\omega(n-2)T} + \cdots + f_n}{e^{i\omega nT} + e_1 e^{i\omega(n-1)T} + \cdots + e_n} \tag{10.3-20}$$

我们立刻看到，$A(i\omega)$ 不是别的，正是离散系统的传递函数式(10.3-14)，只不过将变数 s 换为 $i\omega$ 罢了。由此可知，式(10.1-7)对 $u=e^{i\omega NT}$ 的响应是

$$y(NT) = F^{*}(i\omega)e^{i\omega NT} \tag{10.3-21}$$

$F^{*}(i\omega)$ 称为采样频率特性。如果系统式(10.1-17)中的控制量是正弦函数

$$\begin{aligned} \boldsymbol{u}(NT) &= (b_1 e^{i\omega NT}, b_2 e^{i\omega NT}, \cdots, b_n e^{i\omega NT}) \\ &= \boldsymbol{b} e^{i\omega NT} \end{aligned} \tag{10.3-22}$$

那么，输出向量 $\boldsymbol{y}(NT)=F^{*}(i\omega)\boldsymbol{b}e^{i\omega NT}$，式中

$$F^{*}(i\omega) = (Ee^{i\omega T} - D)^{-1}C$$

称为频率特性矩阵。

若图 10.3-2 所示之闭路系统的输入作用为 $g(t)=e^{i\omega t}$，那么，输出 $y(t)$ 在 $t=0,T,2T,\cdots$，等采样点上的稳态值将是

$$y(NT) = \Phi^{*}(i\omega)e^{i\omega NT} = \frac{F^{*}(i\omega)}{1+F^{*}(i\omega)}e^{i\omega NT} \tag{10.3-23}$$

而误差

$$\varepsilon(NT) = \Phi_{\varepsilon}^{*}(i\omega)e^{i\omega NT} = \frac{1}{1+F^{*}(i\omega)}e^{i\omega NT} \tag{10.3-24}$$

$\Phi^{*}(i\omega)$ 称为闭路系统输出对输入的采样频率特性，$\Phi_{\varepsilon}^{*}(i\omega)$ 称为闭路系统误差采样频率特性。如果在式(10.1-17)所构成的闭路系统的输入端加上 $\boldsymbol{g}(NT)=$

$\boldsymbol{g}_0 e^{i\omega t}$，则闭路系统的输出将是

$$\boldsymbol{y}(NT) = \Phi^*(i\omega)\boldsymbol{g}_0 e^{i\omega NT} = (E + F^*(i\omega)K)^{-1}F^*(i\omega)K\boldsymbol{g}_0 e^{i\omega NT} \tag{10.3-25}$$

误差向量的运动将是

$$\begin{aligned}\boldsymbol{\varepsilon}(NT) &= \Phi_\varepsilon^*(i\omega)\boldsymbol{g}_0 e^{i\omega NT} \\ &= (E + F^*(i\omega)K)^{-1}\boldsymbol{g}_0 e^{i\omega NT}\end{aligned} \tag{10.3-26}$$

式中

$$F^*(i\omega) = (Ee^{i\omega T} - D)^{-1}C$$

复函数 $F^*(i\omega)$ 称为开路系统式(10.1-7)的采样频率特性。将 $F^*(i\omega)$ 写成 $K^*(\omega)e^{-i\theta^*(\omega)}$ 后，得到两个 ω 的实函数 $K^*(\omega)$ 和 $\theta^*(\omega)$，式(10.3-21)可以改写为

$$y(NT) = K^*(\omega)e^{i(NT\omega - \theta^*(\omega))} \tag{10.3-27}$$

显然，$K^*(\omega)$ 表示输出运动的幅度，$\theta^*(\omega)$ 表示相位移动。因此，$K^*(\omega)$ 称为离散系统的幅频特性，而 $\theta^*(\omega)$ 称为它的相频特性。将式(10.3-27)分为实虚两部分后，便得到式(10.1-7)对 $\cos\omega NT$ 的响应

$$y_1(NT) = K^*(\omega)\cos(\omega NT - \theta^*(\omega)) \tag{10.3-28}$$

对式(10.3-22)进行同样的处理，便可得到系统式(10.1-17)的开路和闭路的幅频和相频特性矩阵。利用矩阵函数的运算规律即可求出，我们把它们的推导留给读者。

例. 设连续受控对象的运动方程式是

$$\frac{d^2y}{dt^2} = u \tag{10.3-29}$$

脉冲元件是方波幅度调制，重复周期为 $T=1$，脉冲宽度为 γT，$\gamma=1$，于是式(10.3-29)的开路传递函数是

$$F^*(s) = \frac{\frac{1}{2}(e^s + 1)}{(e^s - 1)^2}$$

其中各参数的值用 $i\omega$ 置换复变数 s 后，便得到开路采样频率特性

$$F^*(i\omega) = K^*(\omega)e^{+i\theta^*(\omega)}$$

其中

$$K^*(\omega) = \frac{1}{2\sqrt{2}}\,\frac{\sqrt{\cos\omega + 1}}{\cos\omega - 1}$$

$$\theta^*(\omega) = \tan^{-1}\frac{-\sin\omega}{1 + \cos\omega}$$

这样，我们就不难画出频率特性了。用 -1 作为系统的反馈，式(10.3-29)变为闭路系统，通过简单的计算，可以得出闭路传递函数。

$$\Phi^*(s) = \frac{\frac{1}{2}(e^s + 1)}{(e^s - 1)^2 + \frac{1}{2}(e^s + 1)}$$

$$\Phi_\varepsilon^*(s) = \frac{(e^s - 1)^2}{(e^s - 1)^2 + \frac{1}{2}(e^s + 1)}$$

其相应的频率特性为

$$\Phi^*(i\omega) = K^*(\omega)e^{+i\theta^*(\omega)}$$

其中

$$K^*(\omega)=\frac{\sqrt{12\cos^3\omega-\cos^2\omega-10\cos\omega+5}}{12\cos^2\omega-15\cos\omega+5}$$

$$\theta^*(\omega)=\tan^{-1}\frac{2\sin\omega(1-\cos\omega)}{2\cos^2\omega+\cos\omega-1}$$

当然,也可以画出闭路系统的频率特性。

上面我们讨论的传递函数都是以输出和输入量在采样点上,$t=0,T,2T,\cdots$,的值为依据的。如果我们关心的不是采样点的值,而是在两个采样点中间某一时刻的输出量的变化情况,例如输出量在 $t=NT+\varepsilon T, N=0,1,2,\cdots$,各点上的变化规律,在 $0\leqslant\varepsilon<r$ 时,可应用公式(10.1-18),或在 $1>\varepsilon>r$ 时,应用式(10.1-19)求开路系统和闭路系统的传递函数及频率特性。此时传递函数中将含有参数 ε。对式(10.1-18)的两端进行拉氏变换,再加以整理后,可以写出开路传递函数矩阵

$$F^*(s,\varepsilon) = (Ee^{sT} - D)^{-1}(B_1(\varepsilon) + e^{sT}B_2(\varepsilon)) \tag{10.3-30}$$

而闭路系统传递矩阵为

$$\Phi^*(s,\varepsilon) = (E + F^*(s,\varepsilon))^{-1}F^*(s,\varepsilon) \tag{10.3-31}$$

上式内代入 $s=i\omega$ 后,又得到频率特性矩阵。

10.4　一种特殊情况下 $F^*(s)$的计算

前节内传递函数的推导是基于方程组的基本解矩阵得到的。在某些特殊情形下,采样传递函数可以从受控对象的连续传递函数 $F(s)$出发经过变换后,直接求出来,而不必首先求出离散系统的差分方程式。$F(s)$与 $F^*(s)$这两个函数都是用来表示控制系统的特性的,当控制系统是连续作用的组成部分时,$F(s)$就是很重要的特性。但是,当控制系统用在离散控制系统上的时候,$F^*(s)$就成为重要的特性了。从数学上看 $F(s)$比 $F^*(s)$简单得多,而且我们也常常把 $F(s)$直接用到设计系统的方法上去,因此,当可能时,找出 $F^*(s)$与 $F(s)$的关系,就是很重要的事情了。当然,直接从 $F(s)$求 $F^*(s)$并不是对所有离散系统都那么简单可行。但

是，当脉冲元件所调制的脉冲宽度 $\gamma T \ll T$，即 $\gamma \ll 1$ 时，这种直接换算是可能的。

重新研究方程组(10.1-3)，它是受控对象的连续运动方程组。设系统的初始条件为零，那么式(10.1-3)的特解是

$$\boldsymbol{y}(t) = \int_0^t e^{A(t-\tau)} \boldsymbol{b} u(\tau) d\tau \tag{10.4-1}$$

令 $e^{A(t-\tau)}\boldsymbol{b} = \boldsymbol{h}(t-\tau)$，显然，$\boldsymbol{h}(t)$是系统的脉冲过渡函数(见第二章)。根据连续拉氏变换的特点可知

$$\boldsymbol{Y}(s) = \boldsymbol{F}(s)U(s), \boldsymbol{F}(s) = (F_1(s), F_2(s), \cdots, F_n(s))$$

而

$$\boldsymbol{F}(s) = \int_0^\infty \boldsymbol{h}(t) e^{-st} dt \tag{10.4-2}$$

当 $u(t)$是一个方形脉冲序列时，式(10.4-1)可以写成

$$\begin{aligned}\boldsymbol{y}(NT) &= \sum_{m=0}^{N} \int_{mT}^{(m+1)T} \boldsymbol{h}(NT-\tau) u(\tau) d\tau \\ &= \sum_{m=0}^{N} \int_{mT}^{(m+\gamma)T} \boldsymbol{h}(NT-\tau) u(\tau) d\tau \end{aligned} \tag{10.4-3}$$

当 $\gamma \ll 1$ 时，上式右端的积分间隔远远小于 T。当 $\boldsymbol{h}(t)$的变化较慢时，可以以足够的精度认为

$$\int_{mT}^{(m+\gamma)T} \boldsymbol{h}(NT-\tau) u(\tau) d\tau = \gamma T \boldsymbol{h}(NT-mT) u(mT) \tag{10.4-4}$$

将式(10.4-4)代入式(10.4-3)后有

$$\boldsymbol{y}(NT) = \gamma T \sum_{m=0}^{N} \boldsymbol{h}(NT-mT) u(mT)$$

对上式两端进行拉氏变换

$$\boldsymbol{Y}^*(s) = \sum_{N=0}^{\infty} \boldsymbol{y}(NT) e^{-NTs} = \gamma T \sum_{N=0}^{\infty} \Big(\sum_{m=0}^{N} \boldsymbol{h}(NT-mT) u(mT) \Big) e^{-NTs}$$

根据前节拉氏变换特性式(10.3-6)，上式可以写成

$$\boldsymbol{Y}^*(s) = \boldsymbol{F}^*(s) U^*(s) \tag{10.4-5}$$

式中

$$\boldsymbol{F}^*(s) = \gamma T \sum_{N=0}^{\infty} \boldsymbol{h}(NT) e^{-NTs} \tag{10.4-6}$$

$$U^*(s) = \sum_{N=0}^{\infty} u(NT) e^{-NTs} \tag{10.4-7}$$

式(10.4-6)和(10.4-3)是两个向量等式。取它们的第一个分量，即系统的主受控量 y_1，后者对应的两个传递函数是 $F(s)$和 $F^*(s)$，前者对应的脉冲过渡函数写为 $h(t)$。于是有

$$F(s) = \int_0^{\infty} h(t) e^{-st} dt$$

$$F^*(s) = \gamma T \sum_{N=0}^{\infty} h(NT) e^{-sNT} \tag{10.4-8}$$

将

$$h(t) = \frac{1}{2\pi i} \int_{c-i\infty}^{c+i\infty} F(s) e^{st} ds$$

代入式(10.4-8)的第二式后有

$$\begin{aligned} F^*(s) &= \frac{\gamma T}{2\pi i} \sum_{N=0}^{\infty} e^{-sNT} \int_{c-i\infty}^{c+i\infty} F(q) e^{NTq} dq \\ &= \frac{\gamma T}{2\pi i} \int_{c-i\infty}^{c+i\infty} F(q) \Big(\sum_{N=0}^{\infty} e^{-NT(s-q)} \Big) dq \\ &= \frac{\gamma T}{2\pi i} \int_{c-i\infty}^{c+i\infty} \frac{F(q)}{1 - e^{-T(s-q)}} dq \end{aligned} \tag{10.4-9}$$

上式内当 s 的实部 $\mathrm{Re}s > \sigma_0$ 时，级数绝对收敛，故上面的运算是正确的。这样，在一种特殊情况下我们获得了自 $F(s)$ 至 $F^*(s)$ 的直接变换公式。以下我们就用留数方法来计算式(10.4-9)右端的积分。

被积函数有无穷多个极点：$F(s)$ 的极点都在积分路线的左方；但是那些由方程 $1-e^{-T(s-q)}=0$ 的零点所构成的极点都在积分路线的右方。不难看出：沿着从 $c-i\infty$ 到 $c+i\infty$ 的直线的积分值等于在顺时针方向上，沿着这样一条闭合积分路线上的积分值：这条闭合路线是由原来的直线和右半平面上以那条直线为直径的一个无限大的半圆周所组成的。因此，方程(10.4-9)右端的积分值等于 $-\gamma T$ 与被积函数在方程 $1-e^{-T(s-q)}=0$ 的各个零点的留数的和的乘积。

方程 $1-e^{-T(s-q)}=0$ 的零点的一般形式是 $q=s+(2\pi im/T)$，m 是任何整数。被积函数在这样一个极点处的留数是 $-\left(\frac{1}{T}\right)F[s+(2\pi im/T)]$。所以，就得出

$$F^*(s) = \gamma \sum_{m=-\infty}^{\infty} F\left(s + \frac{2\pi im}{T}\right) \tag{10.4-10}$$

这个公式使我们能够相当深刻的看出 $F^*(s)$ 的性质，有时候也可以利用这个公式进行近似的计算。但是，我们还可以用相当简单的有限形式把 $F^*(s)$ 精确地表示出来。

函数 $F(s)$ 可以写成有限多个部分分式的和

$$F(s) = \sum_{k=1}^{n} \frac{a_k}{s - s_k} \tag{10.4-11}$$

这里的各个 a_k 和 s_k 都是常数，n 是 $F(s)$ 的分母多项式的次数。于是，利用方程式

(10.4-10)并令 $\gamma=1$ 就有

$$F^*(s)=\sum_{k=1}^{n}a_k\left\{\frac{1}{s-s_k}+\sum_{m=1}^{\infty}\left[\frac{1}{(2\pi im/T)+(s-s_k)}-\frac{1}{(2\pi im/T)-(s-s_k)}\right]\right\}$$

$$=\sum_{k=1}^{n}a_k\left[\frac{1}{s-s_k}+\sum_{m=1}^{\infty}\frac{2(s-s_k)}{(4\pi^2m^2/T^2)+(s-s_k)^2}\right] \tag{10.4-12}$$

但是,我们知道 $\coth z$ 有如下的展开式

$$\coth z=\frac{1}{z}+2z\sum_{m=1}^{\infty}\frac{1}{m^2\pi^2+z^2}$$

所以,方程(10.4-12)中对 m 所求的和数可以计算出来,因此就得出

$$F^*(s)=\frac{T}{2}\sum_{k=1}^{n}a_k\coth\left[\frac{(s-s_k)T}{2}\right] \tag{10.4-13}$$

利用这个公式,对于任意的 s 值都可以把 $F^*(s)$ 准确地计算出来。

如果 T 很小,$F(i\omega)$ 的值在 $-\pi/T<\omega<\pi/T$ 间隔之外小到略去不计的程度,那么,根据方程(10.4-10)就可以很清楚地看出 $F^*(s)$ 的定性的性质。事实上,在间隔 $-\pi/T<\omega<\pi/T$ 里 $F^*(i\omega)$ 差不多就等于 $F(i\omega)$。我们将要看到,如果 T 相当大,我们也还可以得到一个相当简单的 $F^*(i\omega)$ 的近似表示式。把各个零点 s_k 写作

$$s_k=-\lambda_k+i\omega k \tag{10.4-14}$$

这些 λ_k 和 ω_k 都是实数。我们假设,所有的 λ_k 都是正数。按照方程(10.4-13)现在就得出

$$F^*(i\omega)=\frac{T}{2}\sum_{k=1}^{n}a_k\coth\left\{\frac{T}{2}[\lambda_k+i(\omega-\omega_k)]\right\}$$

$$=\frac{T}{2}\sum_{k=1}^{n}a_k\,\frac{1+e^{-T[\lambda_k+i(\omega-\omega_k)]}}{1-e^{-T[\lambda_k+i(\omega-\omega_k)]}}$$

因此,对于大的 T 值就有

$$F^*(i\omega)\cong\frac{T}{2}\sum_{k=1}^{n}a_k\{1+2e^{-T[\lambda_k+i(\omega-\omega_k)]}\} \tag{10.4-15}$$

当 s 很大的时候,方程式(10.4-11)可以写作

$$F(s)=\frac{1}{s}\sum_{k=1}^{n}a_k+\frac{1}{s^2}\sum_{k=1}^{n}a_ks_k+\cdots$$

但是我们曾经假定:反馈线路对于 δ 函数的反应是连续的。所以,当 s 很大时;$F(s)\simeq1/s^2$,因此

$$\sum_{k=1}^{n}a_k=0 \tag{10.4-16}$$

这样一来,方程(10.4-15)就变成

$$F^*(i\omega) \cong Te^{-iT\omega}\sum_{k=1}^{n}a_k e^{Ts_k} \tag{10.4-17}$$

对于实际的物理系统来说，s_k 或者是实数，或者成复共轭对出现，所以方程(10.4-17)中的和数一定是实数。因此，当 ω 从 $-\pi/T$ 变到 π/T 的时候，$F^*(i\omega)$的图线是一个圆，这个圆的半径是

$$\left|T\sum_{k=1}^{n}a_k e^{Ts_k}\right| \tag{10.4-18}$$

在实际情况中，$F(s)$很可能在 $s=0$ 处有一个极点。为了避免某些不必要的麻烦；以前我们并没有考虑这种情形。现在，我们把这种情形简短的讨论一下。

首先，我们可以看到，如 $s=0$ 是 $F(s)$的一个极点，那么常数 c 就必须是正数，而且 $F^*(s)$的无穷级数表示式(10.4-10)只在 s 的实数部分是正数时成立。这种情形中，$F^*(s)$的有限表示式，(10.4-13)仍然成立。如果，设 $s_1=0$，那么，方程(10.4-13)就变为

$$F^*(i\omega) = \frac{T}{2}\left\{-ia_1\cot\frac{\omega T}{2} + \sum_{k=2}^{n}a_k\coth\frac{T[\lambda_k + i(\omega-\omega_k)]}{2}\right\}$$

如果 T 的值很大，我们就得到一个类似于方程(10.4-15)的公式

$$F^*(i\omega) = \frac{T}{2}\left[-ia_1\cot\frac{\omega T}{2} + \sum_{k=2}^{n}a_k\{1+2e^{-T[\lambda_k+i(\omega-\omega_k)]}\}\right]$$

但是按照式(10.4-16)

$$a_2 + a_3 + \cdots + a_n = -a_1$$

所以

$$F^*(i\omega) = \frac{-a_1T}{2}\left[1 + i\cot\frac{\omega T}{2}\right] + Te^{-iT\omega}\sum_{k=2}^{n}a_k e^{Ts_k} \tag{10.4-19}$$

常数 a_1 当然是一个正实数。当 ω 从 $-\pi/T$ 变化到 π/T 时，式(10.4-19)的第一项就给出一条平行于虚轴的直线，其余部分是一个正弦函数。

10.5 闭路离散系统分析

在讨论了描述离散系统的差分方程的建立方法及各种求解方法以后，可以开始研究闭路离散系统的动态和静态品质。如前几章内曾叙述过的那样，我们将研究闭路离散系统的稳定性、静差和过渡过程。本节内我们主要研究系统的稳定性判别准则，最后将讨论系统的静态误差。这也是线性系统的两个最重要的品质特性。关于如何设计系统使之具有良好的过渡特性，将在下一节内讨论。

首先讨论系统的稳定性问题。设受控对象的运动方程式是式(10.1-17)，即第一种和第四种差分方程

$$\boldsymbol{H}\boldsymbol{y}(NT) = \boldsymbol{D}\boldsymbol{y}(NT) + \boldsymbol{C}\boldsymbol{u}(NT) \tag{10.1-17}$$

令系统的输入作用是 $\boldsymbol{g}(t)$，它是一个连续向量函数（或采样输入）。用简单的硬反馈所构成的闭路系统如图 10.3-4 所示。用 $C\boldsymbol{u}(NT)=K\boldsymbol{\varepsilon}(NT)=K(\boldsymbol{g}(NT)-\boldsymbol{y}(NT))$ 代入式(10.1-17)后，得到闭路运动方程式

$$H\boldsymbol{y}(NT)=(D-K)\boldsymbol{y}(NT)+K\boldsymbol{g}(NT) \tag{10.5-1}$$

式中 K 为一 $n\times n$ 阶常量方阵，它表示了采样装置的增益矩阵。这样，系统的输出量 $\boldsymbol{y}$ 便受到输入作用的驱动。设 $\boldsymbol{g}(t)$ 为任意已知的时间函数。显然，当系统的初始状态给定后，$\boldsymbol{y}(t)$ 的运动规律便已经完全确定了。再令这个初始状态为 $\boldsymbol{y}_0$，它所对应的运动是 $\boldsymbol{y}(t)$。读者应该注意 $\boldsymbol{y}(t)$ 实际上可以是连续函数，虽然差分方程(10.1-17)只能描绘它在采样时刻 $t=0,T,2T,\cdots$，上的变化情况但对任何 t 它都有确定的值。按李雅普诺夫定义，如果对给定的 $\boldsymbol{y}_0$ 和 $\boldsymbol{g}(t)$，系统的运动是稳定的，则对任何 $\varepsilon>0$，总有 $\delta>0$，一旦 $\|\boldsymbol{x}_0\|<\delta$，$\boldsymbol{x}_0$ 为任意 n 维向量，则对应于初始条件 $\boldsymbol{x}_0+\boldsymbol{y}_0$ 和 $\boldsymbol{g}(t)$ 的系统运动 $\boldsymbol{z}(t)$ 将永远满足不等式

$$\|\boldsymbol{z}(t)-\boldsymbol{y}(t)\|<\varepsilon$$

这里 $\boldsymbol{x}_0$ 称为对 $\boldsymbol{y}(t)$ 的初始扰动，$\boldsymbol{z}(t)$ 称为系统的受扰运动，$\boldsymbol{y}(t)$ 则称为未受扰运动。显然，受扰运动也满足式(10.5-1)

$$H\boldsymbol{z}(NT)=(D-K)\boldsymbol{z}(NT)+K\boldsymbol{g}(NT),\quad \boldsymbol{z}(0)=\boldsymbol{x}_0+\boldsymbol{y}_0 \tag{10.5-2}$$

受扰运动与未受扰运动的差是 $\boldsymbol{x}(t)=\boldsymbol{z}(t)-\boldsymbol{y}(t)$。自式(10.5-2)分别减掉式(10.5-1)的两端，得到 $\boldsymbol{x}(t)$ 在采样点上的运动规律

$$H\boldsymbol{x}(NT)=(D-K)\boldsymbol{x}(NT),\quad \boldsymbol{x}(0)=\boldsymbol{x}_0 \tag{10.5-3}$$

由于系统是线性的，我们也可以称 $\boldsymbol{x}(t)\equiv 0$ 为系统的未受扰运动，因为此时 $\boldsymbol{z}(t)\equiv\boldsymbol{y}(t)$。由此可知，为了研究式(10.5-1)内 $\boldsymbol{y}(NT)$ 的运动稳定性，只要研究式(10.5-3)的零解稳定性就够了。我们看到这里的情形与第四章内的情况相同。如果线性系统的齐次方程式的零解稳定，则系统的一切可能的运动都是稳定的。反之，如果任何一个运动是稳定的，则它的零解（平衡状态）也是稳定的，于是系统的一切运动都是稳定的。因此，我们可以一般地讲系统的稳定性。这里再一次指出，对非线性系统这一事实一般是不存在的，如果系统的平衡状态（零解）稳定，不能保证系统的任何运动稳定，所以对非线性系统，一般的去讲系统稳定有时是没有意义的。

式(10.5-3)的零解何时稳定？用什么方法判别？这正是我们想要解决的问题。根据式(10.2-4)，如果式(10.5-3)的初始条件是 $\boldsymbol{x}_0$，那么，它的特解是

$$\boldsymbol{x}(NT)=(D-K)^N\boldsymbol{x}_0=A^N\boldsymbol{x}_0,\quad A=(D-K) \tag{10.5-4}$$

因为 A^N 可以写成

$$A^N=Q^{-1}J^NQ$$

Q 是某一非蜕化（即其行列式不为零）矩阵。如果对任何 $\boldsymbol{x}_0$，$\boldsymbol{x}(NT)$ 都随着 N 的增长而趋近于零向量，显然式(10.5-4)的零解将是稳定的。根据第 10.2 节内的

讨论可知,只要矩阵 A 所构成的特征方程式

$$|A - E\lambda| = 0 \tag{10.5-5}$$

的一切根的模小于 1 即可。其实,J^N 内的每一元素都是由 λ_i^N 所构成的,当 $|\lambda_i|<1, N\to\infty$ 时,总有 $|\lambda_i^N|\to 0$。因此,当 $|\lambda_i|<1$ 时,J^N 趋于零矩阵,由此可知 A^N 也趋于零。故有

$$\lim_{N\to\infty} A^N \boldsymbol{x}_0 = \mathbf{0}$$

这时,式(10.5-1)稳定的充分条件是矩阵 $A=D-K$ 的一切特征根在复平面上均位于单位圆的内部(图 10.5-1)。反之,哪怕特征根中有一个位于单位圆之外,则系统将是不稳定的。因为此时至少有一个约当块 J_i^N,它的某一些元素随 N 的无限增大而无限增长,对某一初始条件 $\boldsymbol{x}_0$,使 $\lim\limits_{N\to\infty}\boldsymbol{x}(NT)=\infty$。由此可以断言,系统式(10.5-1)不稳定的充分条件是矩阵 $A=D-K$ 至少有一个特征根的模大于 1,即位于复平面的单位圆外。如果一部分在单位圆内,另一部分在单位圆上,圆外无根,这是一种临界状态,即系统处于稳定边缘。对这类系统的研究只具有数学上的意义,实际上是不允许出现的。

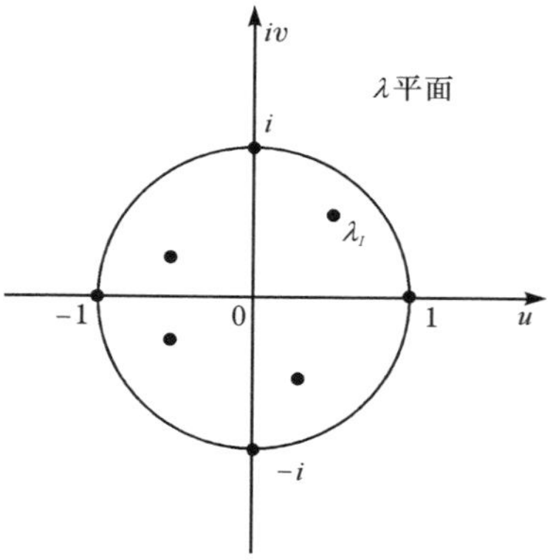

图 10.5-1

让我们再看看稳定系统的传递函数应具有何种性质。回顾式(10.3-17)可以看到,如果输入作用 $\boldsymbol{g}(t)\equiv\mathbf{0}$ 且 C 为单位矩阵时有

$$\boldsymbol{Y}^*(s) = (Ee^{sT} - D)^{-1}\boldsymbol{y}_0 = \Phi^*(s)\boldsymbol{y}_0$$

式中 $\Phi^*(s)$ 的每一元素为 e^{sT} 的有理分式,上式可以写成一个线性方程组

$$Y_i^*(s) = \sum_{j=1}^{n}\varphi_{ij}^*(s)y_{0j}, \quad i = 1,2,\cdots,n$$

根据拉氏变换的特性可知,当一切 $\varphi_{ij}^*(s)$ 的极点 s_i 均为负实部时,$\lim\limits_{N\to\infty}y_i(NT)=0$。由此可以断言,闭路系统稳定的另一充分条件是传递矩阵的每一元素的极点都位于复平面的左半平面上。这个充分条件对第二种差分方程式的传递函数式(10.3-14)也是完全适用的。读者从式(10.3-13)可以直接看出,这里不再赘述。由于逆矩阵的特点,$\varphi_{ij}^*(s)$ 的极点又恰恰是行列式

$$\Delta(s) = |Ee^{sT} - D| = \det(Ee^{sT} - D) = 0 \tag{10.5-6}$$

的零点。上式称为离散系统的特征方程式,而且式(10.5-6)的零点也正是 $\Phi^*(s)=(\boldsymbol{\Phi}_1^*(s),\cdots,\boldsymbol{\Phi}_n^*(s))$ 每一个分量的极点。因此,欲检查闭路系统的稳定性,可以检查 $\Delta(s)$ 的零点,或者检查任一 $\boldsymbol{\Phi}_i^*(s)$ 的极点是否位于复数平面的左半平面即可。

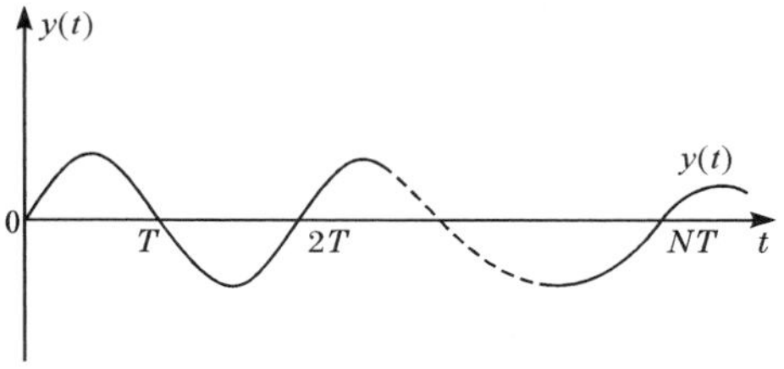

图 10.5-2

当 $\boldsymbol{\Phi}_i^*(s)$ 的极点或 $\Delta(s)$ 的零点 $s_j, j=1,2,\cdots,n$，有负实部时，可保证序列 $\{\boldsymbol{y}(NT)\}$ 中的每一个分量序列当 $N\to\infty$ 时趋于零。但系统的输出量 $\boldsymbol{y}(t)$ 实际上是 t 的连续函数。仅仅在采样点 $0,T,2T,\cdots,NT,\cdots$ 上趋近于零，严格说来还不能保证 $\lim\limits_{t\to\infty}\boldsymbol{y}(t)=\boldsymbol{0}$。为了检查后者的存在，还要检查在节点的 εT 位移，即在 $NT+\varepsilon T$ 上的运动规律，$N=0,1,2,\cdots$。例如，原理上可能出现图 10.5-2 所示的情况，虽然，$y_i(NT)\to 0$，但在采样点的位移点上，$y_i(NT+\varepsilon T)$ 不趋向于零，故为了确信系统的输出 $\boldsymbol{y}(t)\to\boldsymbol{0}$，必须对某一 $\varepsilon>0$，检查式(1 0.3-31)的任一分量的极点分布情况，稳定系统的传递函数 $\boldsymbol{\Phi}_i^*(s,\varepsilon)$ 的一切极点 s_j 也必须满足前述条件，即所有 s_j 均在复平面的左半平面上。虽然如此，图 10.5-2 的情况是非常罕见的，因此，一般来讲只检查在节点 $\boldsymbol{\Phi}_i^*(s)$ 的极点即够了。为了不发生意外情况，当然可以选取某一 $\varepsilon>0$，再检查一次 $\boldsymbol{\Phi}_i^*(s,\varepsilon)$ 的极点。

实际上，求特征方程式的根，只有在一次和二次方程式时，求解才比较容易。三次以上的方程式根的一般表达式或者过于繁冗，或者不可能写出。更高次的方程式，一般地说没有根的普遍表达式。因此，不必解出根来而能决定系统稳定性的法则就具有很大的实际意义了。利用这类所谓稳定判据的法则，我们不仅能够确定系统是否稳定，同时也能说明系统中各种参量和结构变化时对稳定性的影响。

连续系统中现有的几种稳定判据稍加改变后同样能用到离散系统上来。各种形式的稳定判据，它们所表示的是同一个事实：特征方程式所有的根都位于复平面上单位圆内。但是，在解决具体问题时，如果方法选择得当，就可以收到计算简单的效益。下面将要讨论的几种稳定判据，是以复变函数理论中所熟知的幅角定理为基础的。首先我们用米哈依洛夫(Михайлов)判别法来研究差分方程式的稳定性。设差分方程的特征方程式为

$$|D-\lambda E| = f(\lambda) = (\lambda-\lambda_1)(\lambda-\lambda_2)\cdots(\lambda-\lambda_n) \tag{10.5-7}$$

令 $\lambda=e^{i\theta}, \lambda_1=\rho_1 e^{i\theta_1}, \lambda_2=\rho_2 e^{i\theta_2},\cdots,\lambda_n=\rho_n e^{i\theta_n}$，代入式(10.5-7)中后

$$\begin{aligned} f(e^{i\theta}) &= (e^{i\theta}-\rho_1 e^{i\theta_1})(e^{i\theta}-\rho_2 e^{i\theta_2})\cdots(e^{i\theta}-\rho_n e^{i\theta_n}) \\ &= R_1(\theta)e^{i\varphi_1(\theta)}R_2(\theta)e^{i\varphi_2(\theta)}\cdots R_n(\theta)e^{i\varphi_n(\theta)} \\ &= R(\theta)e^{i\sum\limits_{j=1}^{n}\varphi_j(\theta)} \end{aligned} \tag{10.5-8}$$

式(10.5-8)中我们取出 $R_1(\theta)e^{i\varphi_1(\theta)}$ 来研究。若 λ_1 点在单位圆内，也就是说 $\rho_1<1$，由图 10.5-3(a)中可以看出，当 θ 角由 0 变到 2π 时，$R_1(\theta)e^{i\varphi_1(\theta)}$ 向量绕 λ_1 点转 2π

角度。当 λ_1 在单位圆外，也就是 $\rho_1>1$，由图 10.5-3(b)中可以看出，当 θ 角由 0 变到 2π 时，$R_1(\theta)e^{i\varphi_1(\theta)}$ 绕 λ_1 点转之角度为零。但是 n 阶方程一定有 n 个根，如果 n 个根均在单位圆内，则式(10.5-8)的总转角为 $2n\pi$，若都在单位圆外则转角为零。若一部分根在单位圆内另一部分在单位圆外时，转角一定小于 $2n\pi$。于是我们把米哈依洛夫稳定判别法则转述如下：当 θ 角由 0 变到 2π 时，曲线 $f(\lambda)$ 绕原点转 $2n\pi$ 角度，则系统稳定。否则是不稳定的。

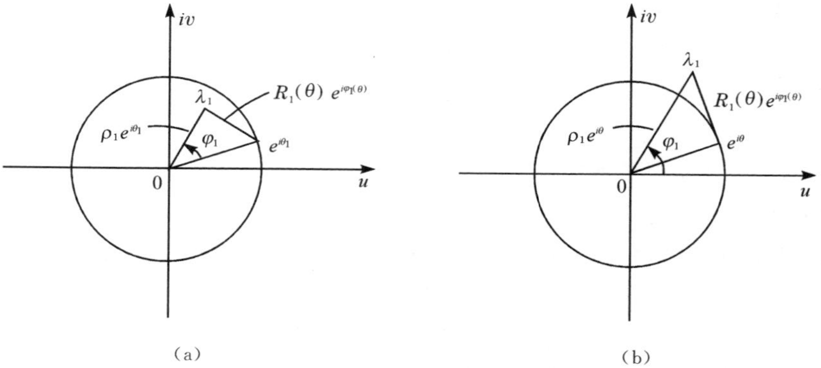

图 10.5-3

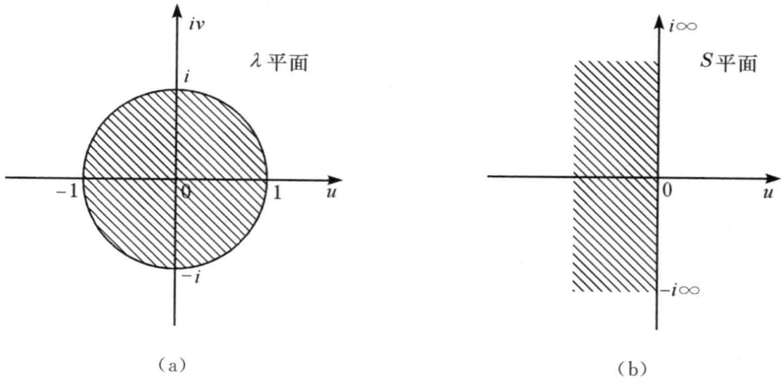

图 10.5-4

稳定性的另一判据方法是把闭环系统的稳定条件化为代数中著名的劳斯-霍尔维茨不等式。为此，在多项式(10.5-7)中进行分式线性变换

$$s=\frac{\lambda-1}{\lambda+1}\text{ 或 }\lambda=\frac{s+1}{s-1}$$

这种变换把 λ 平面上之单位圆的内部变换成 S 复平面上的左半平面。如图 10.5-4 所示。也就是把

$$f(\lambda)=a_n\lambda^n+a_{n-1}\lambda^{n-1}+a_{n-2}\lambda^{n-2}+\cdots+a_0$$

变成

$$F(s) = b_n s^n + b_{n-1} s^{n-1} + \cdots + b_0$$

经过变换后多项式的系数由下式确定

$$b_k = \sum_{m=0}^{n} a_{n-m}(-1)^m [C_{n-m}^k - C'_m C_{n-m}^{k-1} + C_m^2 C_{n-m}^{k-2} + \cdots + (-1)^{k-1} C_m^{k-1} C'_{n-m} + (-1)^k C_m^k]$$

式中

$$C_m^k = \frac{m!}{k!(m-k)!}$$

如果 $f(\lambda)$的一切零点均位于单位圆内，则 $F(s)$的一切零点将位于 S 平面上之左半平面内。这样，我们便可以用霍尔维茨行列式判别离散系统的稳定性。这些行列式是

$$\begin{array}{cc|c|c|ccccc}
b_1 & b_0 & 0 & 0 & 0 & \cdots & & & \\
b_3 & b_2 & b_1 & b_0 & 0 & \cdots & & & \\
\hline
b_5 & b_4 & b_3 & b_2 & b_1 & b_0 & 0 & \cdots & \\
\hline
b_7 & b_6 & b_5 & b_4 & b_3 & b_2 & b_1 & b_0 & 0 \quad \cdots \\
\hline
\cdots & & & & & & & &
\end{array}$$

记

$$\Delta_1 = b_1, \quad \Delta_2 = \begin{vmatrix} b_1 & b_0 \\ b_3 & b_2 \end{vmatrix}, \quad \Delta_3 = \begin{vmatrix} b_1 & b_0 & 0 \\ b_3 & b_2 & b_1 \\ b_5 & b_4 & b_3 \end{vmatrix}, \cdots$$

于是，霍尔维茨判据可以叙述如下：系统稳定的充分条件为不等式 $b_0 > 0$，并且各个霍尔维茨行列式 $\Delta_1, \Delta_2, \Delta_3, \cdots, \Delta_n$ 均大于零。此时 $F(s)$的一切根均有负实部。

上面介绍的两种方法简化了稳定判别的过程，从而使我们比较直观地看出离散系统的稳定情况。

我们在开始时还提到过一个重要的系统品质指标，即系统的静态误差。这一概念是在跟踪问题中产生的。欲使受控对象式(10.1-4)的输出状态向量 $\boldsymbol{y}(t)$跟随着某一输入作用变化，控制量 $u(t)$应使在 $t \to \infty$时跟踪误差最小或为零。遗憾的是并不是任何系统对任何输入作用都可以使跟踪误差为零，而只有某些所谓无静差系统，对某些特定类型的输入作用，才有这种性能。下面我们将研究一个系统无静差的充分条件。设 n 维向量函数 $\boldsymbol{g}(t) = (g_1(t), g_2(t), g_3(t), \cdots, g_n(t))$，$t = 0, T, 2T, \cdots, mT, \cdots$，为系统的输入作用，受控系统输出 $\boldsymbol{y}(t)$应跟踪它。或者，需选择控制参数，使经过足够大时间后，误差向量

$$\boldsymbol{\varepsilon}(t) = \boldsymbol{g}(t) - \boldsymbol{y}(t) \tag{10.5-9}$$

将一致趋于零。我们将 $\boldsymbol{y}(t)=\boldsymbol{g}(t)-\boldsymbol{\varepsilon}(t)$ 代入式(10.1-4)就得到

$$H\boldsymbol{g}(t) - H\boldsymbol{\varepsilon}(t) = D\boldsymbol{g}(t) - D\boldsymbol{\varepsilon}(t) + \boldsymbol{c}u(t)$$

或

$$H\boldsymbol{\varepsilon}(t) = D\boldsymbol{\varepsilon}(t) - \boldsymbol{c}u(t) + H\boldsymbol{g}(t) - D\boldsymbol{g}(t) \tag{10.5-10}$$

现将 $\boldsymbol{\varepsilon}(t)=(\varepsilon_1(t),\varepsilon_2(t),\varepsilon_3(t),\cdots,\varepsilon_n(t))$ 看成系统的状态向量。控制量 u 的作用是使 $\boldsymbol{\varepsilon}(t)$ 的每一个坐标趋于零。方程式(10.5-10)与(10.1-4)的差别,就在于前者有干扰作用。此外两种方程式本身无大的差别,其中 D 矩阵和 $\boldsymbol{c}$ 向量都保持了原来的形式。显然,若输入作用满足差分方程式

$$H\boldsymbol{g}(t) = D\boldsymbol{g}(t) \tag{10.5-11}$$

而且按误差反馈的闭路系统是渐近稳定的,则无论系统初始状态如何,误差 $\boldsymbol{\varepsilon}(NT)$ 将趋于零。我们常称系统式(10.1-4)对满足条件式(10.5-11)的输入作用为无静差系统,而等式(10.5-11)为系统无静差的充分条件。我们把满足方程式(10.5-11)的输入函数称之为系统的固有输入作用类。

例.讨论具有两个积分环节的系统,如图 10.5-5 所示。令 $\gamma=1,T=1$,则其差分方程式为

$$H\boldsymbol{y}(mT) = D\boldsymbol{y}(mT) + \boldsymbol{c}u$$

式中

$$D = \begin{pmatrix} 1 & T \\ 0 & 1 \end{pmatrix},\quad \boldsymbol{c} = \begin{pmatrix} \dfrac{T^2}{2} \\ 1 \end{pmatrix}$$

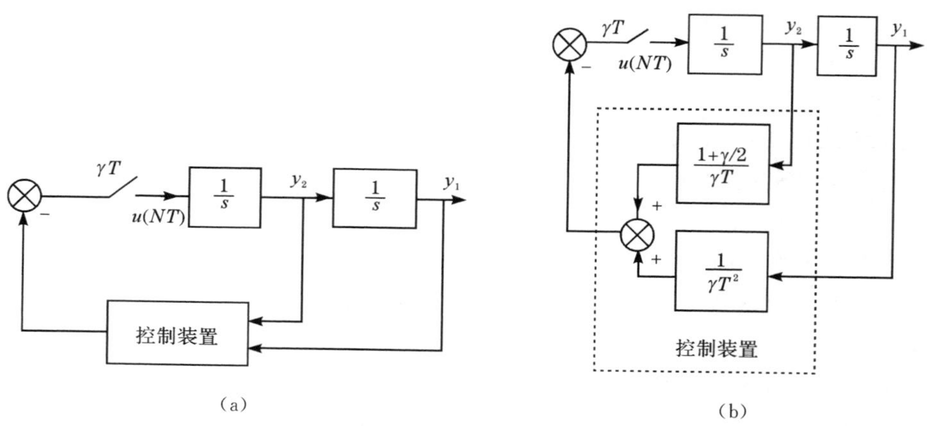

图 10.5-5

设输入作用 $g_1(t)=a_0+a_1t$,式中 a_0,a_1 均为常系数,该输入作用所确定的相对应的输入作用向量为

$$\boldsymbol{g}(t)=\begin{pmatrix}a_0+a_1t\\a_1\end{pmatrix}$$

不难检查，$\boldsymbol{g}(t)$满足方程式(10.5-11)

$$H\boldsymbol{g}(mT)-D\boldsymbol{g}(mT)=\begin{pmatrix}a_0+a_1(m+1)T\\a_1\end{pmatrix}-\begin{pmatrix}1&T\\0&1\end{pmatrix}\begin{pmatrix}a_0+a_1mT\\a_1\end{pmatrix}=\boldsymbol{0}$$

因此，上述系统对这样的输入作用 $\boldsymbol{g}(t)$是无静差系统。但是当输入作用不为 t 的线性函数，而含有 t 的二次项时，系统将变为有静差的了。

如 $g_1(t)=a_0+a_1t+a_2t^2$，式中 a_0，a_1 和 a_2，均为常量。对于这样的输入作用所确定的相对应的输入作用向量为

$$\boldsymbol{g}(t)=\begin{pmatrix}a_0+a_1t+a_2t^2\\a_1+2a_2t\end{pmatrix}$$

我们计算出

$$H\boldsymbol{g}(mT)-D\boldsymbol{g}(mT)=\begin{pmatrix}a_2T^2\\2a_2T\end{pmatrix}=\boldsymbol{f}$$

不为零向量，所以系统是有静差系统。把上式代入式(10.5-10)中，便得到

$$H\boldsymbol{\varepsilon}(mT)=D\boldsymbol{\varepsilon}(mT)-\boldsymbol{c}u(mT)+\boldsymbol{f}$$

当我们把上式变成以误差反馈的闭路系统时，例如，令 $u(mT)=k_1\varepsilon_1(mT)+k_2\varepsilon_2(mT)$，当 t 足够大而系统达到稳态时，$\lim\limits_{m\to\infty}H\boldsymbol{\varepsilon}(mT)=\boldsymbol{\varepsilon}(mT)$。不难检查，当 $k_1\neq0$，$c_2\neq0$ 时，$(E+K-D)$是可逆矩阵，此处

$$K=\begin{pmatrix}c_1k_1&c_1k_2\\c_2k_1&c_2k_2\end{pmatrix}$$

$$\det(E+K-D)=c_2k_1T\neq0$$

于是，系统的静态误差为

$$\begin{aligned}\boldsymbol{\varepsilon}(mT)&=(E+K-D)^{-1}\boldsymbol{f}\\&=\begin{pmatrix}\dfrac{k_2}{k_1T}&\dfrac{1}{c_2k_1}-\dfrac{c_1k_2}{c_2k_1T}\\-\dfrac{1}{T}&\dfrac{c_1}{c_2T}\end{pmatrix}\begin{pmatrix}a_2T^2\\2a_2T\end{pmatrix}=\begin{matrix}a_2\left(\dfrac{k_2}{k_1}+2\,\dfrac{T-c_1k_2}{c_2k_1}\right)\\a_2\left(\dfrac{2c_1}{c_2}-T\right)\end{matrix}\end{aligned}$$

从上式我们可以看出，系统的静差与输入作用的加速度 a_2 成正比，并和采样周期 T 有关。而矩阵

$$(E+K-D)^{-1}=\begin{pmatrix}\dfrac{k_2}{k_1T}&\dfrac{1}{c_2k_1}-\dfrac{c_1k_2}{c_2k_1T}\\-\dfrac{1}{T}&\dfrac{c_1}{c_2T}\end{pmatrix}$$

称为系统的静差系数矩阵。

当然,上列关于静态误差的讨论仅对按误差反馈的闭路系统才是正确的。如果采用复合控制方法,即 u 不仅是 $\boldsymbol{\varepsilon}$ 的线性函数,而且也是 $\boldsymbol{g}(t)$ 的线性函数时,原来是有静差的系统,现在就可能变为无静差了。关于复合控制系统的理论在线性连续系统的理论中已做过详细讨论。那些计算方法可以完全类似地适用于对离散系统的分析,故此处不再重复。

10.6 线性离散系统的综合

前面几节我们对线性离散系统进行了分析,这一节将研究线性离散系统的综合问题。由于高阶差分方程式和一阶方程组等价,故只研究方程组的情形,所得到的结论可直接应用到高阶差分方程式所描述的离散系统。

设受控对象的运动规律是由下述线性常系数差分方程组描述的,

$$H\boldsymbol{y}(NT) = D\boldsymbol{y}(NT) + \boldsymbol{c}u(NT)$$

其中控制量 $u(t)$ 假定不受限制。当然,在实际问题中,一般说来这是不可能的。但当 $u(t)$ 为误差坐标的线性组合,而误差又比较小时,此时 $u(t)$ 的取值也不会很大,往往处于其可准取值范围之内。这样就可以认为 $u(t)$ 取值不受限制。在这种假定下设计出来的系统,一般能满足对系统的基本要求,如稳定性,较短的过渡过程时间等。

若系统初始误差为 $\boldsymbol{y}_0=(y_{10},y_{20},\cdots,y_{n0})$,按差分方程的通解公式有

$$\boldsymbol{y}(NT) = D^N\boldsymbol{y}_0 + D^N\sum_{m=0}^{N-1}D^{-(m+1)}\boldsymbol{c}u(mT)$$

现选择控制规律,使系统误差为零。我们先来证明一个简单的事实,就是在断续系统中,利用线性控制规律,可以使任何初始条件在有限时间内使其误差为零。设系统的差分方程是 n 阶的,或者说差分方程组含有 n 个方程式,现证明对完全能控的系统可以选择一种线性控制规律,在 nT 时间内无论初始偏差为何,总有 $\boldsymbol{y}(nT)=\boldsymbol{0}$。为此将式(10.2-6)整理后令 $\boldsymbol{y}(nT)=\boldsymbol{0}$,有

$$\boldsymbol{y}_0 = -D^{-n}\boldsymbol{c}u[(n-1)T] - D^{-n+1}\boldsymbol{c}u[(n-2)T] - \cdots - D^{-1}\boldsymbol{c}u(0) \tag{10.6-1}$$

或者写成

$$D^n\boldsymbol{y}_0 = -\boldsymbol{c}u[(n-1)T] - D\boldsymbol{c}u[(n-2)T] - \cdots - D^{n-1}\boldsymbol{c}u(0)$$

当系统为完全能控时向量

$$\boldsymbol{c},D\boldsymbol{c},D^2\boldsymbol{c},\cdots,D^{n-1}\boldsymbol{c} \tag{10.6-2}$$

线性不相关,他们构成 n 维相空间的基底向量,任何误差向量所确定的 $D^n\boldsymbol{y}_0$ 均可由式(10.6-2)各向量的线性组合表示出来。不难检查,若 $\boldsymbol{c},D\boldsymbol{c},D^2\boldsymbol{c}\cdots D^{n-1}\boldsymbol{c}$ 线性不相关,那么向量

$$\boldsymbol{r}_1 = -D^{-1}\boldsymbol{c}, \boldsymbol{r}_2 = -D^{-2}\boldsymbol{c}, \cdots, \boldsymbol{r}_n = -D^{-n}\boldsymbol{c}$$

也必然线性无关。将 $\boldsymbol{r}_i=(r_{i1},r_{i2},\cdots,r_{in})$代入式(10.6-1)中后，得到线性代数方程组

$$\begin{aligned}
y_{10} &= r_{n1}u_{n-1} + r_{n-1,1}u_{n-2} + \cdots + r_{11}u_0 \\
y_{20} &= r_{n2}u_{n-1} + r_{n-1,2}u_{n-2} + \cdots + r_{12}u_0 \\
&\cdots \\
y_{n0} &= r_{nn}u_{n-1} + r_{n-1,n}u_{n-2} + \cdots + r_{1n}u_0
\end{aligned} \tag{10.6-3}$$

其中 $y_{10},y_{20},\cdots,y_{n0}$为给定的系统初始误差坐标。$u_i=u(iT), i=0,1,2,\cdots,n-1$，为待求的控制量。由于诸向量 $\boldsymbol{r}_i$ 所组成的矩阵行列式不为零，即 $\det(\boldsymbol{r}_1,\boldsymbol{r}_2,\boldsymbol{r}_3,\cdots,\boldsymbol{r}_n)\neq 0$，所以代数方程式中的 u_i 有唯一解

$$u_i = \frac{\det(\boldsymbol{r}_1,\cdots,\boldsymbol{r}_{i-1},\boldsymbol{y}_0,\boldsymbol{r}_{i+1}\cdots\boldsymbol{r}_n)}{\det(\boldsymbol{r}_1,\boldsymbol{r}_2,\cdots,\boldsymbol{r}_n)}, \quad i=1,2,\cdots,n \tag{10.6-4}$$

将 u_i 之值代入式(10.2-6)中后，无论系统初始误差状态如何，式(10.6-4)所决定的控制参数将最多在 n 步内使系统的误差归零。或者说任何过渡过程都在 n 个采样周期内结束。当然过渡时间也可以小于 nT。初看式(10.6-4)似乎是为了确定控制参数之值，必须算出它的 n 步内之诸值：$u(0),u(T),u(2T),\cdots,u[(n-1)T]$。其实为了使离散系统获得上述性能，只需算出 $u(0)$之值就足够了。因为差分方程(10.1-4)为常系数方程式，在任何时刻 $t=\alpha T$ 均能将 $\boldsymbol{y}(\alpha T)$看作下一步的初始条件，只要系统诸坐标的值能不断地测量即可。根据式(10.6-4)可求出

$$\begin{aligned}
u_0 &= u(0) \\
&= \frac{\det(\boldsymbol{y}_0,\boldsymbol{r}_2,\boldsymbol{r}_3,\cdots,\boldsymbol{r}_n)}{\det(\boldsymbol{r}_1,\boldsymbol{r}_2,\cdots,\boldsymbol{r}_n)} \\
&= \frac{R_{11}}{\Delta}y_{10} + \frac{R_{12}}{\Delta}y_{20} + \cdots + \frac{R_{1n}}{\Delta}y_{n0}
\end{aligned} \tag{10.6-5}$$

其中 $\Delta=\det(\boldsymbol{r}_1,\boldsymbol{r}_2,\cdots,\boldsymbol{r}_n)$，$R_{ni}$ 为此行列式元素 r_{ni} 之代数余子式。将 $u(0)$之值代入式(10.1-4)，去掉 $y_{10},y_{20},\cdots,y_{n0}$的零注角则得到闭路方程式。

$$\begin{aligned}
H\boldsymbol{y}(t) &= D\boldsymbol{y}(t) + \boldsymbol{c}u(t) \\
&= D\boldsymbol{y}(t) + \boldsymbol{c}\left(\frac{R_{11}}{\Delta}y_1 + \frac{R_{12}}{\Delta}y_2 + \cdots + \frac{R_{1n}}{\Delta}y_n\right) \\
&= (D+C)\boldsymbol{y}(t) = B\boldsymbol{y}(t), t = 0,T,2T,\cdots
\end{aligned} \tag{10.6-6}$$

式中

$$B = (D+C)$$

$$C = \frac{1}{\Delta}\begin{pmatrix} c_1R_{11} & c_1R_{12} & \cdots & c_1R_{1n} \\ c_2R_{11} & c_2R_{12} & \cdots & c_2R_{1n} \\ \vdots & \vdots & & \vdots \\ c_nR_{11} & c_nR_{12} & \cdots & c_nR_{1n} \end{pmatrix}$$

由此可知,用上述办法综合的闭路系统依然是一个为线性差分方程所描绘的系统。由于它能在 n 步内使任何初始误差归零,故式(10.6-6)所描述的闭路系统常称之为最优线性离散系统。

作为例子,试综合受控对象为串联的两个积分环节的系统。我们可以写出开环系统的运动微分方程式

$$\frac{dy_1}{dt}=y_2,\quad \frac{dy_2}{dt}=u$$

或者

$$\frac{d\boldsymbol{y}}{dt}=A\boldsymbol{y}+\boldsymbol{b}u$$

其中

$$A=\begin{pmatrix}0 & 1\\ 0 & 0\end{pmatrix},\quad \boldsymbol{b}=\begin{pmatrix}0\\ 1\end{pmatrix}$$

又可以求出相应的差分方程式

$$H\boldsymbol{y}(NT)=D\boldsymbol{y}(NT)+\boldsymbol{c}u(NT)$$

式中

$$D=\begin{pmatrix}1 & T\\ 0 & 1\end{pmatrix},\quad \boldsymbol{c}=\begin{pmatrix}\gamma T^2\left(1-\frac{1}{2}\gamma\right)\\ \gamma T\end{pmatrix}$$

经过检查可知 $\boldsymbol{c}$ 和 $D\boldsymbol{c}$ 是线性不相关的。根据上述讨论可以求出

$$\boldsymbol{r}_1=-D^{-1}\boldsymbol{c}=-\begin{pmatrix}1 & -T\\ 0 & 1\end{pmatrix}\begin{pmatrix}\gamma T^2\left(1-\frac{1}{2}\gamma\right)\\ \gamma T\end{pmatrix}=\begin{pmatrix}\frac{1}{2}(\gamma T)^2\\ -\gamma T\end{pmatrix}$$

$$\boldsymbol{r}_2=-D^{-2}\boldsymbol{c}=\begin{pmatrix}1 & -T\\ 0 & 1\end{pmatrix}\begin{pmatrix}\frac{1}{2}(\gamma T)^2\\ -\gamma T\end{pmatrix}=\begin{pmatrix}\gamma T^2\left(1+\frac{1}{2}\gamma\right)\\ -\gamma T\end{pmatrix}$$

$$\Delta=\begin{vmatrix}\frac{1}{2}(\gamma T)^2 & \gamma T^2\left(1+\frac{1}{2}\gamma\right)\\ -\gamma T & -\gamma T\end{vmatrix}=\gamma^2T^3$$

再根据式(10.6-5)求出

$$R_{11}=-\gamma T,\quad R_{12}=-\gamma T^2\left(1+\frac{1}{2}\gamma\right)$$

代入式(10.6-5)即求出控制函数

$$u(0)=\frac{-1}{\gamma T^2}y_{01}-\frac{\left(1+\frac{1}{2}\gamma\right)}{\gamma T}y_{02}\qquad(10.6\text{-}7)$$

所以

$$C=\begin{pmatrix}-\left(1-\frac{1}{2}\gamma\right) & -T\left(1-\frac{1}{4}\gamma^2\right)\\ -\frac{1}{T} & -\left(1+\frac{1}{2}\gamma\right)\end{pmatrix}$$

$$B=\begin{pmatrix}\frac{1}{2}\gamma & \frac{1}{4}\gamma^2 T\\ -\frac{1}{T} & -\frac{1}{2}\gamma\end{pmatrix}$$

于是闭路系统差分方程式

$$H\mathbf{y}=B\mathbf{y},\quad \mathbf{c}u(\alpha T)=C\mathbf{y}(\alpha T),\quad \alpha=0,1,2,\cdots,(n-1)$$

或者，写成展开形式：

$$y_1(mT)=\frac{1}{2}\gamma y_1[(m-1)T]+\frac{1}{4}\gamma^2 T y_2[(m-1)T]$$

$$y_2(mT)=-\frac{1}{T}y_1[(m-1)T]-\frac{1}{2}\gamma y_2[(m-1)T] \tag{10.6-8}$$

不难检查式(10.6-8)是最优系统，因为无论 $\mathbf{y}_0=(y_{10},y_{20})$ 为何，只需 $m=2$ 便有 $y_1(2T)=0$，$y_2(2T)=0$。且此后 $y_1(mT)\equiv y_2(mT)\equiv 0$，$m>2$。事实上，根据通解公式有

$$\mathbf{y}(mT)=B^m\mathbf{y}_0$$

但是

$$B^2=\begin{pmatrix}\frac{1}{2}\gamma & \frac{1}{4}\gamma^2 T\\ -\frac{1}{T} & -\frac{1}{2}\gamma\end{pmatrix}\begin{pmatrix}\frac{1}{2}\gamma & \frac{1}{4}\gamma^2 T\\ -\frac{1}{T} & -\frac{1}{2}\gamma\end{pmatrix}=\begin{pmatrix}0 & 0\\ 0 & 0\end{pmatrix}$$

所以，$m\geqslant 2$ 时，$\mathbf{y}(mT)\equiv\mathbf{0}$。这样我们就可以按式(10.6-7)中的关系式得到待求之控制装置。

10.7　最优控制函数的综合

前节内我们讨论的线性系统，曾假定控制量 u 取值范围没有限制，这只是在某些情况下，例如在小扰动的情况下才有意义。几乎所有的线性理论的应用范围都大致如此。但是，在实际技术问题中控制量 u 不受限制的情况是比较少见的。当控制量有了限制之后，系统的运动状态就要发生重要的变化，其综合方法也与以前讨论的不同。一般来讲，系统的限制条件有两类，一类为对控制量的限制，一类为对某些系统状态坐标的限制。这两种限制不是一回事，在设计系统时应考虑这两种限制。实际技术问题中，对坐标限制往往能利用一些特殊装置自动地实

现。如随动系统常用的角度限制器，速度限制器与加速度限制器等。对控制量的限制是由控制器本身的特性决定的。例如放大器输出的最大电压和最大功率，已经由它的结构参数所确定，飞行器舵的最大转角常由机械结构情况和飞行器的气动特性所确定。从控制系统综合来看，以上两种限制都应该考虑。

在本节内我们只讨论控制量有限制的控制装置的综合问题，因为在这方面的研究工作近些年来有不少进展[25—27]。对最速控制系统已经提出了一些工程技术上可以采用的理论结果和计算方法。现讨论前面提出的线性差分方程

$$H\boldsymbol{y} = D\boldsymbol{y} + \boldsymbol{c}u \tag{10.7-1}$$

其中 $\boldsymbol{u}$ 的取值范围受到下列条件的限制：

$$|u| \leqslant M \tag{10.7-2}$$

满足式(10.7-2)的控制 u 叫做可准控制。

设已知系统式(10.7-1)的初始状态为 $\boldsymbol{y}_0=(y_{10}, y_{20}, \cdots, y_{n0})$，需要求出一个可准控制 $u(t)$，$t=0, T, 2T, \cdots, NT$；代入式(10.7-1)后，系统将以最短时间，即最少采样周期，到达预定的状态。当然，预定状态不同，最优控制也将不同。下面我们将认为预定的终点状态是原点。

我们再讨论一下系统的能控性问题。在10.2节中我们曾讨论了线性系统能控性的充要条件。那个条件是在控制量不受限制的情况下得到的，在控制量受限制的条件下，情况将发生变化。我们需要重新定义系统的能控性。设 $\boldsymbol{y}_0$ 是系统的初始状态，如果可以用某一可准控制 $u(t)$，$|u(t)| \leqslant M$，可把 $\boldsymbol{y}_0$ 引到原点，我们称 $\boldsymbol{y}_0$ 为可控点；如果状态空间中有一个区域完全由可控点组成，则称为可控区；如果全部状态空间中的点都是可控的，则该系统称为全局可控。在控制量受限制的情况下，弄清可控性当然是很重要的。因为如果受控量和控制量不受限制的线性系统是完全能控的，当控制量受限制时就不一定是能控的，此时所谓最优控制问题就不一定有解。下面我们介绍全局可控性的充要条件。设式(10.7-1)为常系数线性系统，限制条件为式(10.7-2)，D 为非蜕化矩阵。系统为全局可控的充要条件是

(1) n 个向量 $\boldsymbol{c}, D\boldsymbol{c}, D^2\boldsymbol{c}, \cdots, D^{n-1}\boldsymbol{c}$ 线性无关。　　(10.7-3)

(2) 矩阵 D 的一切本征值满足不等式。

$$|\lambda_i| \leqslant 1, \quad i = 1, 2, \cdots, n \tag{10.7-4}$$

为了说明这两个条件的意义，我们再把式(10.7-1)的通解写出

$$\boldsymbol{y}(NT) = D^N\boldsymbol{y}_0 + D^{N-1}\boldsymbol{c}u(0) + \cdots + \boldsymbol{c}u((n-1)T)$$

设存在自然数 N，用控制 $u(t)=\{u(0), u(T), \cdots, u((N-1)T)\}$ 可把 $\boldsymbol{y}_0$ 引到原点，$\boldsymbol{y}(NT)=\boldsymbol{0}$。因为 D 为非蜕化矩阵，上式可改写为式(10.6-1)的形式。令

$$\boldsymbol{r}_1 = -D^{-1}\boldsymbol{c}, \boldsymbol{r}_2 = -D^{-2}\boldsymbol{c}, \cdots, \boldsymbol{r}_N = -D^{-N}\boldsymbol{c} \tag{10.7-5}$$

于是有

$$\boldsymbol{y}_0 = u_0\boldsymbol{r}_1 + u_1\boldsymbol{r}_2 + \cdots + u_{N-1}\boldsymbol{r}_N \tag{10.7-6}$$

式中 u_i 满足限制条件 $|u_i| \leqslant M$。从上式可以看出，凡是能用式(10.7-6)表达出来的 $\boldsymbol{y}_0$ 点均为可控点，并且可以用可准控制在不大于 NT 的时间内到达原点。依据这种几何概念，我们来检查条件式(10.7-3)和(10.7-4)的充分性和必要性。

若 $\boldsymbol{c}, D\boldsymbol{c}, D^2\boldsymbol{c}, \cdots, D^{n-1}\boldsymbol{c}$ 向量线性相关，那么，式(10.7-5)向量序列中任意 N 个线性相关，$N \geqslant n$。由定义式(10.7-5)知此时 $\boldsymbol{r}_1, \boldsymbol{r}_2, \cdots, \boldsymbol{r}_n$ 线性相关，即存在 n 个不全为零的常数 $C_1, C_2, \cdots, C_n$，使

$$C_1\boldsymbol{r}_1 + C_2\boldsymbol{r}_2 + \cdots + C_n\boldsymbol{r}_n = \boldsymbol{0} \tag{10.7-7}$$

由此可知，$\boldsymbol{r}_n$ 向量可由前面 $n-1$ 个向量的线性组合表示出来，它属于前 m 个向量所构成的子空间 R_m，其中 $m<n$。不难检查，无论 N 为多么大，式(10.7-7)所能达到的点均属于 R_m。由于子空间 R_m 的维数小于 n，那么必存在大于 1 维的子空间 R_l，$l=n-m$，$l \geqslant 1$，其中任何点均不能用式(10.7-6)表示出来。换言之，若式(10.1-4)的初始状态为 R_l 中之某一点，那么无论用什么可准控制都不能使系统归零。这就说明条件式(10.7-3)是全局可控的必要条件。

设式(10.7-4)不等式不成立，也就是说某个根 $|\lambda_1| > 1$。现对式(10.1-4)进行坐标变换，令 P 为某一非蜕化方阵，令

$$\boldsymbol{x} = P\boldsymbol{y}, \quad \det P \neq 0$$

代入式(10.1-4)后有

$$H\boldsymbol{x} = PDP^{-1}\boldsymbol{x} + P\boldsymbol{c}u \tag{10.7-8}$$

选择矩阵 P 使 $J = PDP^{-1}$ 成为约当标准型。用 J_1 表示对应于 λ_1 的约旦块，它的行数为 l，用 $\boldsymbol{d}$ 表示 $P\boldsymbol{c}$，则方程式(10.7-8)到达零点的通解可以写成

$$\boldsymbol{x}_0 = u_0\boldsymbol{r}_1 + u_1\boldsymbol{r}_2 + \cdots + u_{N-1}\boldsymbol{r}_{N-1} \tag{10.7-6$'$}$$

其中

$$\boldsymbol{r}_1 = -J^{-1}\boldsymbol{d}, \boldsymbol{r}_2 = -J^{-2}\boldsymbol{d}, \cdots, \boldsymbol{r}_N = -J^{-N}\boldsymbol{d}$$

而

$$J^{-m} = (J_1^{-m}, \cdots, J_k^{-m})$$

$$J_1^{-m} = \begin{pmatrix} \dfrac{1}{\lambda_1^m} & -\dfrac{m}{\lambda_1^{m+1}} & \cdots & -\dfrac{d^{l-1}\left(\dfrac{1}{\lambda_1^m}\right)/d\lambda_1^{l-1}}{(l-1)!} \\ 0 & \dfrac{1}{\lambda_1^m} & \cdots & \cdots \\ \vdots & \vdots & \vdots & \vdots \\ 0 & 0 & \cdots & \dfrac{1}{\lambda_1^m} \end{pmatrix}$$

令 $\boldsymbol{d} = (d_1, d_2, \cdots, d_n)$，其中至少有一个 $d_l \neq 0$，设 λ_1 为实数。某一个向量 $\boldsymbol{x}_0$ 能用

式(10.7-6′)之右端有限项之和表示的必要条件之一是 $\boldsymbol{x}_0$ 的第 l 个分量 $\boldsymbol{x}_{0l}$ 需能写成

$$x_{0l} = d_l\left(\frac{u_0}{\lambda_1} + \frac{u_1}{\lambda_1^2} + \cdots + \frac{u_{m-1}}{\lambda_1^m} + \cdots + \frac{u_{N-1}}{\lambda_1^N}\right)$$

由于 $|\lambda_1|>1$,则右端之和满足下列不等式

$$|x_{0l}| \leqslant |d_l M| \sum_{\alpha=1}^{\infty} \frac{1}{|\lambda^\alpha|} = \frac{|d_l M|}{|\lambda_1|-1} = M_1$$

若取向量 $\boldsymbol{x}_0$,它的分量 $x_{0l}>M_1$,则用任何可准控制均不能使受控对象由点 $\boldsymbol{x}_0=(x_{10},x_{20},\cdots,x_{l-1,0},\cdots,x_{n0})$ 在有限时间内到达原点。当 λ_1 为复数时,上述讨论变化不大,而结论相同。这说明,为了使式(10.1-4)为全局可控,条件式(10.7-4)和(10.7-3)必须成立。

其次我们再证明当这些条件满足时,对任何非零的初始误差 $\boldsymbol{y}_0$ 和对任何自然数 p 均能找到一组不为零的控制参数 $u_{p+1},u_{p+2},\cdots,u_{p+n}$,使

$$\boldsymbol{y}_0 = q(u_p\boldsymbol{r}_{p+1} + u_{p+1}\boldsymbol{r}_{p+2} + \cdots + u_{p+n-1}\boldsymbol{r}_{p+n}) = q\boldsymbol{\eta}_p$$

$p=0,1,2,\cdots,|u_{p+i}|\leqslant M,q>0$。这是因为对任何 p 诸向量 $\boldsymbol{r}_{p+1},\boldsymbol{r}_{p+2},\cdots,\boldsymbol{r}_{p+n}$ 为线性不相关,可以构成 n 维空间的基底,任何一个向量均可以用它们的线性组合表示。依假定我们知道,矩阵 D 的特征根 $|\lambda_i|\leqslant 1$,重复前面的讨论可知,向量 $\boldsymbol{r}_{p+i}$,$i=1,2,\cdots,n$ 的长度不随 p 的增加而减小,于是上式内向量 $\boldsymbol{\eta}_p$ 的长度总大于某一正数。对于任何 $\boldsymbol{y}_0$ 均可取有限个向量,使

$$\boldsymbol{y}_0 = \sum_{\alpha=1}^{N} \boldsymbol{\eta}_\alpha$$

由上述讨论可知,若系统式(10.1-4)满足式(10.7-3)和(10.7-4)两个条件,对任何初始点 $\boldsymbol{y}_0$ 都可以找到一个可准控制 $u(\alpha T)$,$\alpha=1,2,\cdots,N$ 使系统在有限时间内归零。

参照对连续系统的讨论,在解决综合问题时我们主要应用等时区的概念。下面我们就来研究等时区的性质。从线性离散系统的运动规律式(10.7-6)可知,当 N 为有限数时所能得到的 $\boldsymbol{y}_0$ 的范围总是有限的。这是因为诸向量的系数 u_i 受到条件式(10.7-2)的限制。我们称由式(10.7-6)所决定的一切 $\boldsymbol{y}_0$ 点的集合为等时区,记为 $G(NT)$。同样我们从式(10.7-6)的几何意义可知,$G(NT)$ 在 $N\geqslant n$ 时构成 n 维多面体,坐标原点为它的内点。当 $N=1$ 时,$G(T)$ 只含有一个通过原点的向量,$\boldsymbol{y}=\boldsymbol{r}_1 u_0=-D^{-1}\boldsymbol{c}u_0$,$-M\leqslant u_0\leqslant M$;$G(2T)$ 为包含原点的一个平行四边形,其各边为 $\pm M\boldsymbol{r}_1$ 和 $\pm M\boldsymbol{r}_2$;$G(3T)$ 为包含原点的一个平行六面体,其各棱边为 $\pm M\boldsymbol{r}_1$,$\pm M\boldsymbol{r}_2$ 和 $\pm M\boldsymbol{r}_3$;依此类推,$G(nT)$ 为包含原点在内的一个 n 维多面体,其棱边分别为 $\pm M\boldsymbol{r}_1,\pm M\boldsymbol{r}_2,\cdots,\pm M\boldsymbol{r}_n$。

容易检查,$G(NT)$ 是闭凸多面体,若 $\boldsymbol{y}_1$ 属于 $G(NT)$,$\boldsymbol{y}_2$ 也属于 $G(NT)$,那么它们连线上的任一点 $\boldsymbol{y}$ 也属于 $G(NT)$。

因为对 $\lambda, 0 \leqslant \lambda \leqslant 1$，有

$$\begin{aligned} \boldsymbol{y} &= (1-\lambda)\boldsymbol{y}_1 + \lambda \boldsymbol{y}_2 \\ &= (1-\lambda)\sum_{\alpha=1}^{N} u_{\alpha-1}^{(1)} \boldsymbol{r}_\alpha + \lambda \sum_{\alpha=1}^{N} u_{\alpha-1}^{(2)} \boldsymbol{r}_\alpha \\ &= \left[(1-\lambda)\sum_{\alpha=1}^{N} u_{\alpha-1}^{(1)} + \lambda \sum_{\alpha=1}^{N} u_{\alpha-1}^{(2)}\right]\boldsymbol{r}_\alpha \\ &= \sum_{\alpha=1}^{N}\left[(1-\lambda)u_{\alpha-1}^{(1)} + \lambda u_{\alpha-1}^{(2)}\right]\boldsymbol{r}_\alpha \end{aligned}$$

而 $|u_{\alpha-1}^{(1)}| \leqslant M, |u_{\alpha-1}^{(2)}| \leqslant M$。所以 $|(1-\lambda)u_{\alpha-1}^{(1)} + \lambda u_{\alpha-1}^{(2)}| \leqslant M$。这就证明了 $\boldsymbol{y}$ 点用可准控制在 N 步内可以到达。当 $N \geqslant n$ 时，$G(NT)$ 为一个 n 维凸多面体，它的表面是有限个平面和棱线组合成的。按等时区的定义可知，若有一点 $\boldsymbol{y}$ 不属于 $G(NT)$，那么，自该点到达原点，如果可能的话，所费时间一定大于 NT。若 $\boldsymbol{y}$ 点属于 $G(NT)$ 而不属于 $G[(N-1)T]$，则自该点到达原点至少需要 N 步。

例. 一个系统运动的方程式为

$$\frac{dy_1}{dt} = y_2$$

$$\frac{dy_2}{dt} = u, \quad |u| \leqslant 1$$

相应的离散运动方程式为

$$Hy_1(mT) = y_1(mT) + Ty_2(mT) + \gamma T^2\left(1 - \frac{1}{2}\gamma\right)u(mT)$$

$$Hy_2(mT) = y_2(mT) + \gamma T u(mT)$$

当 $\gamma=1, T=1$ 时有

$$Hy_1(mT) = y_1(mT) + y_2(mT) + \frac{1}{2}u(mT)$$

$$Hy_2(mT) = y_2(mT) + u(mT)$$

由此可知

$$D = \begin{pmatrix} 1 & 1 \\ 0 & 1 \end{pmatrix}$$

$$\boldsymbol{c} = \begin{pmatrix} \frac{1}{2} \\ 1 \end{pmatrix}$$

$$\boldsymbol{r}_1 = -D^{-1}\boldsymbol{c} = -\begin{pmatrix} 1 & -1 \\ 0 & 1 \end{pmatrix}\begin{pmatrix} \frac{1}{2} \\ 1 \end{pmatrix} = \begin{pmatrix} \frac{1}{2} \\ -1 \end{pmatrix}$$

$$\boldsymbol{r}_2 = -D^{-2}\boldsymbol{c} = \begin{pmatrix} 1 & -1 \\ 0 & 1 \end{pmatrix}\begin{pmatrix} \frac{1}{2} \\ -1 \end{pmatrix} = \begin{pmatrix} \frac{3}{2} \\ -1 \end{pmatrix}$$

$$\boldsymbol{r}_3 = -D^{-2}\boldsymbol{c} = \begin{pmatrix}1 & -1\\0 & 1\end{pmatrix}\begin{pmatrix}\frac{3}{2}\\-1\end{pmatrix} = \begin{pmatrix}\frac{5}{2}\\-1\end{pmatrix}$$

$$\cdots$$

$$\boldsymbol{r}_N = -D^{-N}\boldsymbol{c} = \begin{pmatrix}\frac{2N-1}{2}\\-1\end{pmatrix}$$

按定义知，$G(NT)$是由下列一切向量组成的凸多面体

$$\boldsymbol{y} = \sum_{\alpha=1}^{N}\boldsymbol{r}_\alpha u_{\alpha-1}, \quad |u_\alpha| \leqslant 1, \quad \alpha = 1,2,\cdots,N$$

图 10.7-1 内画出了 $N=1,2,3,4$ 时的等时区的几何形状。当 $N=1$ 时，$G(T)$为由$+\boldsymbol{r}_1$ 和$-\boldsymbol{r}_1$ 组成的通过原点的一段直线；$G(2T)$为 $\boldsymbol{r}_1$ 和 $\boldsymbol{r}_2$ 所决定的平行四边形；$G(3T)$为 $\boldsymbol{r}_1,\boldsymbol{r}_2$ 和 $\boldsymbol{r}_3$ 所组成的平面六边形；$G(4T)$为 $\boldsymbol{r}_1,\boldsymbol{r}_2,\boldsymbol{r}_3$ 和 $\boldsymbol{r}_4$ 所组成的平面八边形。依此类推，可以画出任意 $G(NT)$来。可以看出，由于 $G(NT)$是凸的，所以只要求出所有的顶点用直线连接即可以。从上例中，我们得到启发，欲从 $G[(N-1)T]$中得到 $G(NT)$，只需在 $G[(N-1)T]$中的一切边界点上加上一个向量$\pm M\boldsymbol{r}_N$ 经过一切 $G[(N-1)T]$的边界点之后，便画出 $G(NT)$的一切边界点。不难看出这种作图法，对任何具有式(10.1-4)形式的系统都适合，这一事实可以写成

$$G(NT) \supset G[(N-1)T]$$

这种包含关系，不仅是终点为原点时才成立，而对于一切满足代数式$(D-E)\boldsymbol{y}_0+\boldsymbol{c}u_0=\boldsymbol{0}$，$|u|<M$ 的系统终点状态 $\boldsymbol{y}_0$ 均有这种包含关系。此时我们称等时区为非降的。显然，当系统的终点为原点时，等时区总是非降的。

下面我们开始研究最优控制系统的综合方法。所谓最优控制函数的综合是指找出一个多元函数 $u(y_1,y_2,\cdots,y_n)$将其代入式(10.1-4)后，系统从任何初始状态出发，均能以最短的步数自动回到原点。一般来讲，这一 n 元最优控制函数难以用解析式表达出来，而是分段取常值的离散函数。下面我们将通过对等时区的详细研究，求出最优控制函数之值在状态空间的分布规律。

设系统式(10.1-4)的初始条件为 $\boldsymbol{y}_0$，若存在一个可准控制函数$|u(t)|\leqslant M$，$t=0,T,2T,\cdots,NT$，它能使系统以最短的时间(最少步数)到达原点，就称 $u(t)$是最速控制函数。我们将要看到，在绝大多数情况下与连续系统相反，最速控制函数不是唯一的，自 $\boldsymbol{y}_0$ 点有无穷多个不同的可准控制函数均能使系统以最短的时间到达原点，此时我们可以任选其中的一个作为设计的依据。设 $\boldsymbol{y}_0$ 位于等时区 $G(NT)$内，但不属于 $G[(N-1)T]$，那么按等时区的定义，自 $\boldsymbol{y}_0$ 到达原点的最短时间为 NT。任何可准控制函数 $u(t)$若能在 N 步内使描绘点到达原点，它就是最

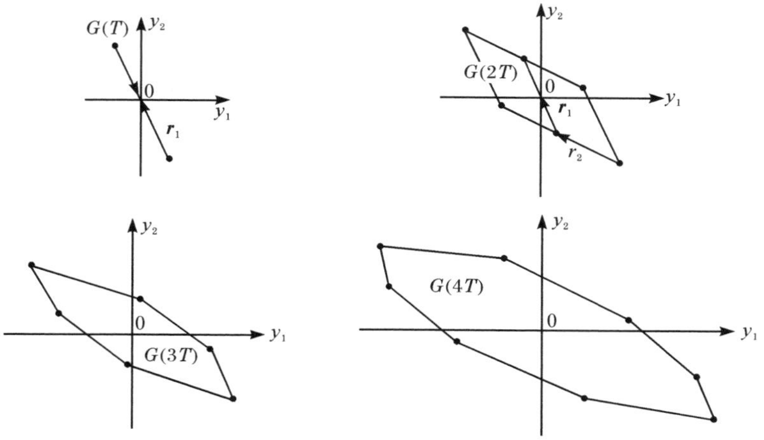

图 10.7-1

速的。其次，若 $\boldsymbol{y}_0 \in G(NT)$，$N>2$，但 $\boldsymbol{y}_0$ 不属于 $G[(N-1)T]$，此时不存在任何可准控制 $u(0)$ 使 $\boldsymbol{y}_0$ 在一步内进入 $G[(N-2)T]$，否则此点必属于 $G[(N-1)T]$。于是，任何可准控制 $u(t)$，$t=0,T,\cdots,(N-1)T$，如果它能使系统按下列规律变化

$$\boldsymbol{y}_0 \in G(NT),\boldsymbol{y}(T) \in G[(N-1)T],\cdots,\boldsymbol{y}[(N-1)T] \in G(T),\boldsymbol{y}(NT) = \boldsymbol{0} \tag{10.7-9}$$

它一定是最速控制。因此在任何瞬间 $t=t_0$，若 $u(t_0)$ 能保证使 $\boldsymbol{y}_0$ 进入相邻更小的等时区，则控制函数的该值为最优。

由于等时区形状为凸性多面体，所以它的一切顶点足以决定等时区的全体，又因为任何一条棱线都是两个顶点的连线，而任一平面都是两条棱线组成的平面，因此为了得到等时区，必须首先研究如何得到它的顶点。设 $\boldsymbol{y}_0$ 是等时区 $G(NT)$ 的一个顶点，由于它是凸的，从此点出发通过 $G(NT)$ 的任何两条射线的夹角均小于 180°，否则 $\boldsymbol{y}_0$ 不会是等时区的顶点。通过 $\boldsymbol{y}_0$ 作一支面 P，使 $G(NT)$ 完全位于支面 P 的一侧，而且 $G(NT)$ 与 P 只有一个交点 $\boldsymbol{y}_0$ 如图 10.7-2 所示。过 $\boldsymbol{y}_0$ 点作 P 平面之外法向量 $\boldsymbol{\psi}_0$，$\boldsymbol{\psi}_0$ 与 $G(NT)$ 不在同一侧，而 $\boldsymbol{y}_0$ 为顶点，所以对 $G(NT)$ 内任何异于 $\boldsymbol{y}_0$ 之点 $\boldsymbol{y}$ 均有不等式

$$(\boldsymbol{\psi}_0, \boldsymbol{y} - \boldsymbol{y}_0) \leqslant 0 \tag{10.7-10}$$

设自 $\boldsymbol{y}_0$ 点到达原点的最速控制为 $\mathring{u}(t)$，而自 $\boldsymbol{y}$ 点到达原点的控制为 $u(t)$，那么根据式(10.7-6)和(10.7-10)可得

$$\left(\boldsymbol{\psi}_0, \sum_{\alpha=1}^{N}\{[\mathring{u}(\alpha-1)T]-[u(\alpha-1)T]\}\boldsymbol{r}_\alpha\right) \geqslant 0$$

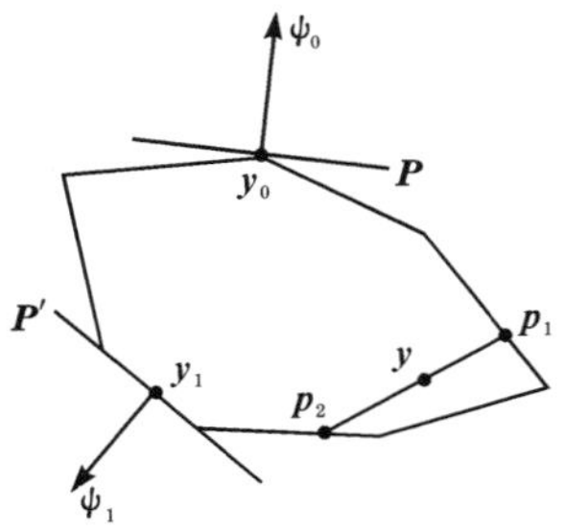

图 10.7-2

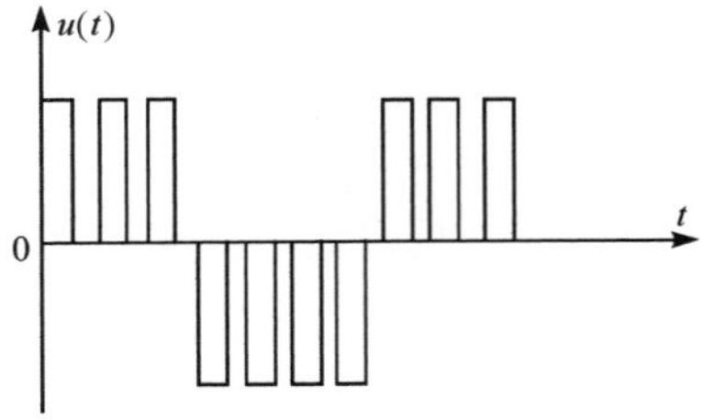

图 10.7-3

因为 $\boldsymbol{y}$ 是任意选的，若令

$$u[(\alpha-1)T]=\begin{cases}\mathring{u}[(\alpha-1)T], & \alpha\neq N\\ u',u'\neq\mathring{u}[(\alpha-1)T], & \alpha=N,\ |u'|\leqslant 1\end{cases}$$

此时有

$$(\boldsymbol{\psi}_0,\boldsymbol{r}_N)(\mathring{u}[(N-1)T]-u')\geqslant 0$$

根据前面的讨论可知，若将 $\boldsymbol{r}_N=-D^{-N}\boldsymbol{c}$ 代入上式后有

$$(-(D^{-N})^{\tau}\boldsymbol{\psi}_0,\boldsymbol{c})(\mathring{u}[(N-1)T]-u')\geqslant 0$$

则

$$\mathring{u}[(N-1)T]=-M\mathrm{sign}((D^{-N})^{\tau}\boldsymbol{\psi}_0,\boldsymbol{c})$$

重复上面的讨论，使 $\boldsymbol{y}_0$ 点到达原点的最速控制 $\mathring{u}(t)$，在任意时刻 $t=0,T,2T,\cdots,mT$ 满足不等式

$$-((D^{-m})^{\tau}\boldsymbol{\psi}_0,\boldsymbol{c})(\mathring{u}[(m-1)T]-u[(m-1)T]\geqslant 0 \qquad (10.7\text{-}11)$$

式中 $\mathring{u}[(m-1)T]-u[(m-1)T]\neq 0$；欲使不等式(10.7-11)成立，则要求向量 $\boldsymbol{\psi}_0$ 满足下列条件

$$((D^{-m})^{\tau}\boldsymbol{\psi}_0,\boldsymbol{c})\neq 0,\quad m=1,2,\cdots,N$$

因为 $(D^{-m})^{\tau}\boldsymbol{\psi}_0$ 是式(10.2-7)的解，我们可以把上面讨论的问题归纳成下列必要条件：设 $\mathring{u}(t)$ 为自等时区 $G(NT)$ 的顶点 $\boldsymbol{y}_0$ 到达原点的最速控制，那么必存在一个非零向量 $\boldsymbol{\psi}_0$，以它作为下列方程式的初始条件

$$H^*\boldsymbol{\psi}(mT)=\boldsymbol{\psi}[(m-1)T]=D^{\tau}\boldsymbol{\psi}(mT),\quad \boldsymbol{\psi}(0)=\boldsymbol{\psi}_0 \qquad (10.7\text{-}12)$$

$$(\boldsymbol{\psi}(mT),\boldsymbol{c})\neq 0,\quad m=1,2,\cdots,N$$

那么最速控制可表示为

$$\mathring{u}(mT)=-M\mathrm{sign}(\boldsymbol{\psi}((m+1)T),\boldsymbol{c}) \qquad (10.7\text{-}13)$$

式(10.7-12)和(10.7-13)说明由等时区 $G(NT)$ 任意顶点到达原点的最速控制一定是极性控制，即 $\mathring{u}(t)$ 的值只能是 $\pm M$，任何其他控制作用均不是最优的。为了以后讨论方便，和方程(10.1-4)一起讨论它的逆运动方程式

$$Hy(mT) = D^{-1}y(mT) - r_1u(mT) \tag{10.7-14}$$

式中 $r_1=D^{-1}c$。式(10.7-14)的共轭方程为

$$H^*\psi(mT) = (D^{-1})^\tau\psi(mT) \tag{10.7-15}$$

前面所述的自 $G(NT)$ 的顶点至原点的最速控制，同时也将是方程式(10.7-14)自原点到 $G(NT)$ 的顶点的最优控制。等时区 $G(NT)$ 同样可以认为是在 NT 的时间内系统式(10.7-14)自原点所能到达的一切点的集合，而等式(10.7-6)恰恰是式(10.7-14)的通解。这样，必要条件式(10.7-12)和(10.7-13)可转变为系统式(10.7-14)自原点到达等时区 $G(NT)$ 顶点的最速控制的必要条件。因此，如果存在一个 ψ_0，使共轭方程式

$$H^*\psi(mT) = (D^{-1})^\tau\psi(mT), \quad \psi_0 = \psi(NT)$$

的解满足条件

$$(\psi(mT), r_1) \neq 0, \quad m = 1,2,\cdots,N$$

则最速控制必为

$$\mathring{u}(mT) = M\text{sign}(\psi[(m+1)T], r_1), \quad m = 0,1,\cdots,N-1$$

我们再研究等时区 $G(NT)$ 内部一点 y，这里 $N\geqslant n$，并设它不属于更小的 $G[(N-1)T]$。自此点到达原点至少要 N 步。这时最优控制 $\mathring{u}(t)$ 不是唯一的，而是有无穷多个不相同的控制能在 NT 时间内将 y 点引至原点。为了说明这一事实，我们在图 10.7-2 中通过 y 点作一任意直线与 $G(NT)$ 边界相交于 p_1 和 p_2，自 p_1 和 p_2 两点到达原点的控制分别为 $u_1(t)$ 和 $u_2(t)$，它们是不相等的。令 $u_1(t)$ 和 $u_2(t)$ 分别表示自 p_1 和 p_2 点到达原点的最速控制，则

$$u(t) = \lambda u_1(t) + (1-\lambda)u_2(t), \quad 0 \leqslant \lambda \leqslant 1$$

必将 y 点于 N 步内引至原点，式中 λ 由下式确定：

$$\frac{\lambda}{1-\lambda} = \frac{\| y - p_2 \|}{\| y - p_1 \|}$$

因为过 y 点可以作无穷多直线与等时区边界相交，因而这种控制也有无穷多个，即是说自 y 点到达原点的控制不是唯一的。如果 y_0 是等时区的顶点，则自 y_0 到达原点的最速控制是唯一的。显然，设两个不相等的最速控制 $u_1(t)$ 和 $u_2(t)$ 都能将 y_0 点在 N 步内控制到原点则用控制

$$\mathring{u}(t) = \frac{u_1(t) + u_2(t)}{2}$$

也能使 y_0 点在 N 步内到达原点。但是根据必要条件 $u_1(t)$ 和 $u_2(t)$ 必为极性控制，这与上述假定矛盾，因为若两个控制不相等时则至少有一个时刻二者符号相反，此时 $\mathring{u}(t)=0$，这不是极性控制，由此知 $u_1(t)\equiv u_2(t)$ 所以自顶点至原点的最速控制是唯一的。

在一定条件下，可以证明由等时区的边界点到达原点的最速控制也是唯一

的。下面我们指出一个充分条件。

设受控对象的差分方程式的基本解矩阵 D 能使 N 个向量($N>n$)

$$\boldsymbol{r}_1=-D^{-1}\boldsymbol{c},\boldsymbol{r}_2=-D^{-2}\boldsymbol{c},\boldsymbol{r}_3=-D^{-3}\boldsymbol{c},\cdots,\boldsymbol{r}_N=-D^{-N}\boldsymbol{c} \tag{10.7-5}$$

中的任意 n 个 $\boldsymbol{r}_{m_1},\boldsymbol{r}_{m_2},\boldsymbol{r}_{m_3},\cdots,\boldsymbol{r}_{m_n}$ 线性无关,那么自等时区边界上的任一点到达原点的最速控制是唯一的。设 $\boldsymbol{y}_1$ 为等时区 $G(NT)$ 边界上的任一点,如图 10.7-2 所示。因为 $G(NT)$ 的边界是由若干个 $n-1$ 维超平面组成的,故可以假定 $\boldsymbol{y}_1$ 点是位于 $n-1$ 维超平面 P' 上,其外法向量为 $\boldsymbol{\psi}_1$,对 $G(NT)$ 内的任何点 $\boldsymbol{y}$,包括超平面 P' 上的点在内,有不等式

$$(\boldsymbol{\psi}_1,\boldsymbol{y}_1-\boldsymbol{y})\geqslant 0$$

设 $u(t)$ 与 $v(t)$,$t=0,T,2T,\cdots,NT$,分别为自 $\boldsymbol{y}_1$ 点和 $\boldsymbol{y}$ 点到达原点的控制,与前面的讨论类似,我们有

$$\left(\boldsymbol{\psi}_1,\sum_{\alpha=1}^{N}(u[(\alpha-1)T]-v[(\alpha-1)]T)\boldsymbol{r}_\alpha\right)\geqslant 0$$

或改写为

$$\sum_{\alpha=1}^{N}(\boldsymbol{\psi}_1,\boldsymbol{r}_\alpha)(u[(\alpha-1)T]-v(\alpha-1)T)\geqslant 0 \tag{10.7-16}$$

由于向量序列式(10.7-5)中,任意 n 个线性无关,故关系式(10.7-16)的左端诸内积为零的项数不多于 $n-1$ 个。否则 $\boldsymbol{\psi}_1$ 与 n 个线性无关的向量正交,则自己一定为零向量,这与 $\boldsymbol{\psi}_1$ 为超平面 P' 的外法向量的假定相矛盾,故为不可能。从式(10.7-16)可看出,如果内积 $(\boldsymbol{\psi}_1,\boldsymbol{r}_\alpha)\neq 0$,那么自边界点 $\boldsymbol{y}_1$ 到达原点的控制必为

$$u[(\alpha-1)T]=M\operatorname{sign}(\boldsymbol{\psi}_1,\boldsymbol{r}_\alpha) \tag{10.7-17}$$

只有当上述内积为零时,$\boldsymbol{u}$ 之值才不可能由上式确定。此时为了定出控制函数 $u(t)$ 之值,需研究其他附加条件。假设有两个控制 $u^1(t)$ 和 $u^2(t)$,$t=0,T,2T,\cdots,NT$。它们均能于 N 步内把 $\boldsymbol{y}_1$ 点引到原点,我们把两值代入到式(10.7-6)中,两者相减则得出

$$\sum_{\alpha=1}^{N}(u^1[(\alpha-1)T]-u^2[(\alpha-1)T])\boldsymbol{r}_\alpha=\boldsymbol{0} \tag{10.7-18}$$

$u^1(t)$ 和 $u^2(t)$ 是最优控制,它们必须满足条件式(10.7-17),对一切 α 若 $(\boldsymbol{\psi}_1,\boldsymbol{r}_\alpha)\neq 0$。则有

$$u^1[(\alpha-1)T]=u^2[(\alpha-1)T]=M\operatorname{sign}(\boldsymbol{\psi}_1,\boldsymbol{r}_\alpha)$$

故式(10.7-18)中最多有 $n-1$ 项系数不为零,但我们已知任意 n 个向量 $\boldsymbol{r}_{m_1},\boldsymbol{r}_{m_2},\cdots,\boldsymbol{r}_{m_n}$ 线性不相关,当然 $n-1$ 个向量也线性不相关,这样若

$$\sum_{\alpha=1}^{N}C_{m_\alpha}\boldsymbol{r}_{m_\alpha}=\boldsymbol{0}$$

必有 $C_{m_1}=C_{m_2}=\cdots=C_{m_n}=0$,这意味着对任何 t 均有等式 $u^1(t)\equiv u^2(t)$。由此可

以看出，自边界点到达原点是唯一的。

顺便指出，我们在上面唯一性的证明中，还得到这样一个结论：自边界点到达原点的最速控制 $u(t)$ 最多有 $n-1$ 个时刻不为极值 $\pm M$。同理可推知，对应于两个顶点连线上某点的最速控制最多有一个时刻不为极值。$G(2T)$ 的二维边界线上的任意点所对应的最速控制，最多有一个时刻的值不为 $\pm M$，如此等。由此，不难理解，任何自边界点到达原点的最速控制，均可由包含此点在内的边界超平面 $G(NT)$ 的顶点所对应的最速控制线性组合而成。即

$$u(t)=\sum_{i=1}^{l}\lambda_i u^i(t),\quad 1\geqslant\lambda_i\geqslant 0$$

这里 $u^i(t)$ 为第 i 个顶点所对应的最速控制。

为了确定自 $G(NT)$ 的边界点至原点的最速控制的唯一性，需指出一些判别条件。这些条件满足后，唯一性就有了保证。我们在这里指出两个不完全等价的判别条件。

(1) 若受控对象的运动方程式为

$$\frac{d\boldsymbol{y}}{dt}=A\boldsymbol{y}+\boldsymbol{b}u \tag{10.7-19}$$

其中矩阵 A 的一切特征根均为实数，而向量

$$\boldsymbol{c}=e^{AT}\int_0^{\gamma T}e^{-A\tau}\boldsymbol{b}d\tau \tag{10.1-5}$$

的一切分量均不为零，则序列式(10.7-5)中任意 n 个向量线性无关。

(2) 设运动方程式的矩阵 A 为正规矩阵，即 $AA^{\tau}=A^{\tau}A$。若斜对称矩阵 $(A-A^{\tau})$ 的一切特征根中至少有一个，如 b_k，使 ib_kT 不为 2π 的有理数倍，那么，向量序列式(10.7-5)内任取 n 个向量都为线性无关。

以上两个条件的证明因为与综合无关，在此不再叙述。

这里我们再指出一个连续系统内曾有过的类似事实。设受控对象的运动方程为

$$\frac{d\boldsymbol{y}}{dt}=A\boldsymbol{y}+\boldsymbol{b}u,\quad |u|\leqslant M \tag{10.7-19′}$$

式中矩阵 A 的特征根均为实数(包括零根在内)，那么有如下 n 段定理：自等时区的任何顶点到达原点的最速控制最多由 n 段组成，在每一段内最速控制 u 取值 $+M$ 和 $-M$，在相邻两段内符号相反，如图 10.7-3 所示。前面已经证明，自等时区的顶点到达原点的最速控制在任一节点上，均不为零，并且满足必要条件式(10.7-13)。当式(10.7-19′)内矩阵 A 的一切特征根 $\lambda_\alpha,\alpha=1,2,\cdots,n$ 均为实数时，上列微分方程所对应的共轭差分方程式

$$H^*\boldsymbol{\psi}(mT)=D^{\tau}\boldsymbol{\psi}(mT) \tag{10.7-20}$$

的任何解 $\boldsymbol{\psi}(mT)=(D^{\tau})^{-m}\boldsymbol{\psi}_0$ 与向量 $\boldsymbol{c}$ 所构成的内积为

$$(\boldsymbol{\psi}(mT),\boldsymbol{c}) = \sum_{\alpha=1}^{n} C_\alpha a_\alpha(mT)e^{-mT\lambda_\alpha} \tag{10.7-21}$$

上式内 $C_\alpha,\alpha=1,2,\cdots,n$ 为与向量$\boldsymbol{\psi}$ 有关的常数，$a_\alpha(mT),\alpha=1,2,\cdots,n$ 为 m 的单调函数。因此，这一内积是由 n 个单调函数组合而成，那么对自变数 m 的方程式，

$$\boldsymbol{\varphi}(mT) = (\boldsymbol{\psi}(mT),\boldsymbol{c}) = 0$$

最多有 $n-1$ 个实根，两个根之间的 $\boldsymbol{\varphi}(mT)$的符号相同。故由式(10.7-13)所决定的控制函数，最多只变号 $n-1$ 次，换言之，$u(mT)$最多由 n 段常值组成，至于每段内的脉冲数，则由初始条件 $\boldsymbol{\varphi}_0$ 所单值决定。根据前面讨论可知，欲求控制函数 $u(t)$，只要找出 $u(t)$的诸变号点的位置即可。

具备了上面的几个概念后，我们可以开始研究最速控制函数的综合问题。综合的任务是找出一个以系统状态 $\boldsymbol{y}=(y_1,y_2,\cdots,y_n)$为自变量的 n 元函数 $u(y_1,y_2,\cdots,y_n)$，将其代入式(10.1-4)中，就得到一个差分方程式：

$$H\boldsymbol{y} = D\boldsymbol{y} + \boldsymbol{c}u(\boldsymbol{y}) \tag{10.7-22}$$

若系统式(10.1-4)为全局可控，则式(10.7-22)对任何初始条件能以最少的步数到达原点。求出这个多元函数的过程就叫做最速控制函数的综合。与常微分方程描述的系统不同的是，对任取的初始条件 $\boldsymbol{y}_0$，最速控制一般没有唯一性，这给综合问题带来了一些困难。但是，如果能够在很多种最速控制中选定一种来加以实现，综合问题也就得到了解决。

最速控制综合方法的基本思想和连续系统一样，是寻找开关曲面，在状态空间中，求出等时区 $G(NT)$，当 N 足够大时，它将包含以原点为中心的足够大的区域。在 $G(NT)$中按控制 u 的不同取值，划分为两个半区域 $G^+(NT)$和 $G^-(NT)$，在 $G^+(NT)$中 $u=+M$，而在 $G^-(NT)$中 $u=-M$。当 $N>n$ 时，两个半区域的分界面将是 $n-1$ 维超平面。显然，如果系统是全局可控的，当 $N\to\infty$时，$G(NT)$的这种分界曲面也将随之扩大，最后能将整个状态空间分为两半。用一个函数 f 表示这个分界曲面，开关曲面上的点应满足等式 $f(\boldsymbol{y})=0$；在半空间 G^- 中 $f(\boldsymbol{y})<0$，在半空间 G^+ 中 $f(\boldsymbol{y})>0$。由 $f(\boldsymbol{y})=0$ 所决定的这个曲面就是开关曲面。于是最速控制就可以表示成

$$\mathring{u}(\boldsymbol{y}) = M\operatorname{sign} f(\boldsymbol{y}) \tag{10.7-23}$$

对于给定的离散系统，用计算机来求出开关曲面的办法很多。如果矩阵 D 的特征根是 n 个不同的实数，则可以根据本节中前面讨论过的性质(任一最速控制由 n 段组成)，应用逆轨线方法求出整个开关曲面。计算过程如下：

(1) 将原方程式中的过程逆转，

$$\boldsymbol{y}(NT) = D^{-1}\boldsymbol{y}((N+1)T) - D^{-1}\boldsymbol{c}u(NT)$$

或者

$$\boldsymbol{y}((N-1)T) = D^{-1}\boldsymbol{y}(NT) - D^{-1}\boldsymbol{c}u((N-1)T) \tag{10.7-24}$$

(2) 令 $u\equiv+M$，$\boldsymbol{y}(0)=0$，求解式(10.7-24)得到一组解 $\boldsymbol{y}(0)$，$\boldsymbol{y}(-T)$，$\boldsymbol{y}(-2T)$，…，$\boldsymbol{y}(-NT)$，…。用直线将这些点分段连接起来，得到一条由原点出发的折线，记为 Γ_1^+。

(3) 令 $\boldsymbol{y}(0)=0$，$u\equiv-M$ 递推求解式(10.7-24)，可得到另一条发自原点的折线 Γ_1^-。

(4) 将 Γ_1^+ 和 Γ_1^- 上任何点作为初始条件求解式(10.7-24)，分别取 u 为 $-M$ 和 $+M$，使其符号与第一次取号相反。当初始条件历遍 Γ_1^+ 和 Γ_1^- 后就得到一个二维曲面，记为 Γ_2。当然 Γ_2 是由 Γ_2^+ 和 Γ_2^- 组成的，第一半是由 Γ_1^- 和 $u\equiv+M$ 生成的，第二半是以 Γ_1^+ 为初始条件，$u\equiv-M$ 生成的；

(5) 以此类推到第 $n-1$ 次就得到一个 $n-1$ 维超曲面 Γ_{n-1}。用某一满足前述要求的 n 元函数 $f(\boldsymbol{y})=0$ 去逼近 Γ_{n-1}，最速控制函数 $\mathring{u}(\boldsymbol{y})$ 即可按式(10.7-23)确定。

由于这种方法的近似性，在原点附近可能发生振荡。为了克服这一缺点，系统设计可以分为两种工作状态进行。当大偏差时采用式(10.7-23)所确定的控制规律，在小偏差时采用第 10.6 节内所介绍的线性控制规律，这样就可以避免系统在原点附近的振荡现象。上面讨论的方法只对矩阵 D 有纯实根的情况有效。对任意矩阵 D 的最速控制综合是比较复杂的，没有简便的方法可以采用。本章后的参考文献[10]中介绍了一种较为精密的方法，应用的范围可以更广泛些。

对于二阶系统，由于可以在平面上作图，因此用等时区的方法可以有效地求出任何系统的开关曲线。我们再回过来讨论本节前面举的例。我们把图 10.7-1 中的四个等时区画在一块，就可以很明显地找出开关曲线了。从图 10.7-4 中可以看出，一切属于 $G(4T)$而不属于 $G(3T)$的点 $\boldsymbol{y}$ 都可以用 $u=1$ 或 $u=-1$ 一步到达 $G(3T)$而不能到达 $G(2T)$。$G(4T)$的一切边界点一步以后只能到达 $G(3T)$的边界，而不属于 $G(3T)$的 $G(4T)$的内点则可以于一步后进入 $G(3T)$的内部，但不可能进入 $G(2T)$。由 $\boldsymbol{r}_1$，$\boldsymbol{r}_2$，$\boldsymbol{r}_3$ 和 $\boldsymbol{r}_4$ 连成的折线 Γ_1^+，由 $-\boldsymbol{r}_1$，$-\boldsymbol{r}_2$，$-\boldsymbol{r}_3$ 和 $-\boldsymbol{r}_4$ 连成的折线记为 Γ_1^-，它们和成 Γ_1。在折线 Γ_1 的上面 u 都必须取 $+1$，在折线 Γ_1 的下面 u 应取 -1。因此，折线 Γ_1 正是待求的开关曲线。这里有两个问题。一个问题是靠近 Γ_1 的点有可能在一步之后超过开关线而进入另一半平面，甚至进入步数比原来更多的等时区。另一个问题是 $G(2T)$中的情况，这里几乎所有的点按照规律式(10.7-23)都不能在两步之内达到原点。因此对平面上多数点来说，控制值总取极值的控制并不一定是最速控制。为了实现最速控制必须对控制规律作适当修改，这方面的详细研究读者可参看文献[10]。

这里需要指出，线性断续系统的最速控制与线性连续系统不同，并不是所有时刻最速控制都取极值。这是因为线性断续系统的控制只能在采样时刻变化，并且这样的取值要延续一个采样周期，而线性连续系统的控制在任何时刻都可变化。当采样周期愈来愈小时，线性断续系统的最速控制就愈来愈趋于线性连续系统的最速控制。

10.8 对固定的初始状态求最速控制

在上一节，我们主要讨论了最速离散控制系统的综合方法，可以看出主要在于分析开关曲面，然后根据开关曲面来设计采样系统的控制装置。对于系统可控区内任意点作为初始状态的情形，很明显，控制装置的任务是对于任意初始状态都能决定相应的控制，能使系统以最短的时间归零。这种方法对于低阶系统是有效的，而且也必须这样才能解决问题。对于阶数高的采样系统，按上述方法就比较复杂。在第八章我们曾经讨论过有一类系统，初始状态已给定，而且这种系统只使用一次，在这种情况下，只要决定与初始状态相对应的控制，即具体求出控制量 u 在 $t=0,T,2T,\cdots$ 的值就能满足要求，这一节就来讨论关于对给定的初始条件最速控制的一种综合方法。

假设受控系统的误差用 $\boldsymbol{y}$ 表示，初始误差等于 $\boldsymbol{y}_0$，系统特性由方程(10.1-4)描绘，控制量 u 的取值范围受到式(10.7-2)的限制。要求选择满足限制条件的控制，使系统初始误差 $\boldsymbol{y}_0$ 在最短时间之内归零。

这里仍然从等时区入手。前面已经谈到，在满足某些条件情况下，当 $N\geqslant n$(n 是系统阶数)时，等时区 $G(NT)$ 是一个 n 维凸多面体，它的边界由有限个小于或等于 $n-1$ 维的超平面组合而成。当 N 增大时，$G(NT)$ 随着 N 的增大而向外扩张，用 $z(N,\boldsymbol{\psi})$ 表示等时区 $G(NT)$ 边界上的点，$G(NT)$ 过该点支面的外法向量等于 $\boldsymbol{\psi}$，由 $\boldsymbol{z}(N,\boldsymbol{\psi})$ 到达原点的控制形如式(10.7-17)所示

$$u[(\alpha-1)T]=M\mathrm{sign}(\boldsymbol{\psi},\boldsymbol{r}_\alpha)$$

其中 $\alpha=1,2,\cdots,N$，

$$\boldsymbol{z}(N,\boldsymbol{\psi})=u_0(\boldsymbol{\psi})\boldsymbol{r}_1+u_1(\boldsymbol{\psi})\boldsymbol{r}_2+\cdots+u_{N-1}(\boldsymbol{\psi})\boldsymbol{r}_N \tag{10.8-1}$$

当 $\boldsymbol{z}(N,\psi)$ 是 $G(NT)$ 的顶点时，$(\boldsymbol{\psi},\boldsymbol{r}_\alpha)\neq 0$，$\alpha=1,2,\cdots,N$，当 $\boldsymbol{z}(N,\boldsymbol{\psi})$ 不是顶点时，则在 N 个 $(\boldsymbol{\psi},\boldsymbol{r}_\alpha)$ 中至多有 $n-1$ 个等于零，这时候与其相应的控制是绝对值小于 M 的任意实数。有了等时区的概念，那么要求系统的初始误差 $\boldsymbol{y}_0$ 以最短时间归零的问题可以理解为：在 n 维空间中给定一点 $\boldsymbol{y}_0$，另外有一个随着 N 的增加而向外扩张的凸多面体 $G(NT)$，使 $\boldsymbol{y}_0\in G(N_0T)$，而 $\boldsymbol{y}_0\overline{\in} G[(N_0-1)T]$ 的正整数 N_0，就是使系统由 $\boldsymbol{y}_0$ 归零的最少步数，N_0T 就是归零的最短时间。如果 $\boldsymbol{y}_0$ 恰好位于 $G(N_0T)$ 的边界面上，那么最优控制由式(10.7-17)确定，这时候，根据式(10.7-6)

$$\boldsymbol{y}_0=u_0(\boldsymbol{\psi}_0)\boldsymbol{r}_1+u_1(\boldsymbol{\psi}_0)\boldsymbol{r}_2+\cdots+u_{N-1}(\boldsymbol{\psi}_0)\boldsymbol{r}_N \tag{10.8-2}$$

其中 $\boldsymbol{\psi}_0$ 表示 $G(N_0T)$ 过 $\boldsymbol{y}_0$ 点的支面外法向量。另一种可能性是 $\boldsymbol{y}_0$ 位于 $G(N_0T)$ 的内部，这时候最优控制不是唯一的。进一步分析就会发现，问题的焦点在于，不

容易根据 $\boldsymbol{y}_0$ 来确定使系统由 $\boldsymbol{y}_0$ 归零的最短时间 N_0T，以及 $\boldsymbol{y}_0$ 究竟是 $G(N_0T)$ 的边界点呢？还是 $G(N_0T)$ 的内点。为此从直观方面来加以考虑。对于任意给定小于 N_0 的正整数 N，如果控制量的限制条件 $|u|\leqslant M$ 的界限放得宽一些，并且当控制量能取较大值时，系统可以在 NT 时间内，由 $\boldsymbol{y}_0$ 归零。反之，对于任意大于 N_0 的正整数，即使控制量的取值范围缩小一些，也能使系统由 $\boldsymbol{y}_0$ 在 NT 时间内归零。这一事实是很简单而明显的，说得确切一些，把式(10.7-2)的限制条件改变成

$$|u|\leqslant \alpha M \tag{10.8-3}$$

其中 α 满足下述条件

$$0<\alpha<+\infty \tag{10.8-4}$$

在 u 满足式(10.8-3)的限制条件情况下，相应的等时区用符号 $G_\alpha(NT)$ 表示，通过 α 的变化就可以把等时区 $G(NT)$ 加以放大或缩小。很明显 $G_\alpha(NT)$ 也具有 $G(NT)$ 所具有的一切性质，且随着 α 的变化而连续变化。引进 $G_\alpha(NT)$ 以后，对于给定的 $\boldsymbol{y}_0$，一定可以确定一个相应的 α_0，使 $\boldsymbol{y}_0$ 位于 $G_{\alpha_0}(NT)$ 的边界面上，这样就排除了 $\boldsymbol{y}_0$ 可能是 $G_\alpha(NT)$ 的内点的情形，由于进行系统设计时，限制条件是预先给定而不能改变的，即式(10.7-2)中的 M 是给定数，所以最后确定的控制仍然不能超过 M。这就需要确定适当的最短归零时间 N_0T。很明显，α_0，N_0 和 N 之间有如下关系：

$$\text{如果 } N<N_0,\quad \text{则 } \alpha_0>1;\quad N\geqslant N_0,\quad \text{则 } \alpha_0\leqslant 1 \tag{10.8-5}$$

由 α_0 是否大于1，就可以用来决定 N_0。为了确定 α_0 引进函数

$$F(\boldsymbol{\psi},\alpha)=(\boldsymbol{\psi},[-\boldsymbol{y}_0+\alpha\boldsymbol{z}(N,\boldsymbol{\psi})]) \tag{10.8-6}$$

上述函数中的 $\boldsymbol{z}(N,\boldsymbol{\psi})$ 表示 $G(NT)$ 边界上的点，它的表达式由式(10.8-1)给出。由于 $G(NT)$ 具有凸性，因此当 $\boldsymbol{y}\in G(NT)$ 则有

$$(\boldsymbol{\psi},-\boldsymbol{z}(N,\boldsymbol{\psi})+\boldsymbol{y})\leqslant 0$$

或

$$(\boldsymbol{\psi},\boldsymbol{z}(N,\boldsymbol{\psi}))=\max_{\boldsymbol{y}\in G(NT)}(\boldsymbol{\psi},\boldsymbol{y}) \tag{10.8-7}$$

又由于 $G(NT)$ 包含原点，所以上式左端是一个非负的量。如果只考虑满足下列条件的 $\boldsymbol{\psi}$：

$$(\boldsymbol{\psi},-\boldsymbol{y}_0)<0 \tag{10.8-8}$$

那么，$F(\boldsymbol{\psi},\alpha=0)<0$，而 $F(\boldsymbol{\psi},\alpha)$ 是 α 的连续单调递增函数，任给一个满足式(10.8-8)的 $\boldsymbol{\psi}$，就可以由 $\boldsymbol{\psi}$ 确定一个相应的 $\alpha(\boldsymbol{\psi})$，使

$$F(\boldsymbol{\psi},\alpha(\boldsymbol{\psi}))=0 \tag{10.8-9}$$

由于函数 F 表示两个向量的内积，所以有两种情形使式(10.8-9)成立：

(1) 向量 $\boldsymbol{\psi}$ 和向量 $-\boldsymbol{y}_0+\alpha\boldsymbol{z}(N,\boldsymbol{\psi})$ 正交。

(2) $-\boldsymbol{y}_0+\alpha\boldsymbol{z}(N,\boldsymbol{\psi})=\boldsymbol{0}$。

我们感兴趣的是第(2)种情形。下面就来分析使第二种情形成立的$\boldsymbol{\psi}_0$ 和 $\alpha_0(\boldsymbol{\psi}_0)$。这时候

$$\boldsymbol{y}_0=\alpha_0(\boldsymbol{\psi}_0)\boldsymbol{z}(N,\boldsymbol{\psi}_0) \tag{10.8-10}$$

即 $\boldsymbol{y}_0$ 是 $G_{\alpha_0}(NT)$边界上的点,α_0 所具有的性质可以这样分析,对任意符合式(10.8-8)的$\boldsymbol{\psi}$,$\boldsymbol{\psi}\neq\boldsymbol{\psi}_0$,那么由式(10.8-1),这个$\boldsymbol{\psi}$将确定$G_{\alpha_0}(NT)$上的某一点$\alpha_0\boldsymbol{z}(\boldsymbol{\psi})$,根据$G_{\alpha_0}(NT)$的凸性,向量$-\boldsymbol{y}_0+\alpha_0\boldsymbol{z}(NT)$与$\boldsymbol{\psi}$的夹角小于$\pi/2$。于是得到

$$F(\boldsymbol{\psi},\alpha_0)=(\boldsymbol{\psi},-\boldsymbol{y}_0+\alpha_0\boldsymbol{z}(N,\boldsymbol{\psi}))>0$$

前面已经提到函数$F(\boldsymbol{\psi},\alpha)$是$\alpha$的单调增函数,故可以找到一个$\alpha(\boldsymbol{\psi})$,$0<\alpha(\boldsymbol{\psi})<\alpha_0$,使$F(\boldsymbol{\psi},\alpha(\boldsymbol{\psi}))=0$成立。这个结论对于任意满足式(10.8-8)的$\boldsymbol{\psi}$都成立,只要$\boldsymbol{\psi}\neq\boldsymbol{\psi}_0$,那么$\alpha(\boldsymbol{\psi})$就小于$\alpha_0$,因此得出$\boldsymbol{\psi}_0$使$\alpha(\boldsymbol{\psi})$取极大值的结论。从$F(\boldsymbol{\psi},\alpha(\boldsymbol{\psi}))=0$解出$\alpha(\boldsymbol{\psi})$

$$\alpha(\boldsymbol{\psi})=\frac{(\boldsymbol{\psi},\boldsymbol{y}_0)}{(\boldsymbol{\psi},\boldsymbol{z}(N,\boldsymbol{\psi}))} \tag{10.8-11}$$

然后求$\alpha(\boldsymbol{\psi})$的极大值就可以得到$\alpha_0$,即

$$\alpha_0(\boldsymbol{\psi}_0)=\max_{\boldsymbol{\psi}}\alpha(\boldsymbol{\psi})=\max_{\boldsymbol{\psi}}\frac{(\boldsymbol{\psi},\boldsymbol{y}_0)}{(\boldsymbol{\psi},\boldsymbol{z}(N,\boldsymbol{\psi}))} \tag{10.8-12}$$

这里$\boldsymbol{\psi}$只受到$(\boldsymbol{\psi},-\boldsymbol{y}_0)<0$的限制。求$\alpha(\boldsymbol{\psi})$的极大值就仅仅是多元函数的极值问题。

以下我们不直接求$\alpha(\boldsymbol{\psi})$的极大值,而间接地用最速下降法求$F(\boldsymbol{\psi},\alpha)$的极小值。逐步逼近的步骤大致是,先取一个$\boldsymbol{\psi}_1$,由$\boldsymbol{\psi}_1$决定$\alpha_1(\boldsymbol{\psi}_1)$,使$F(\boldsymbol{\psi}_1,\alpha_1(\boldsymbol{\psi}_1))=0$。然后求$F(\boldsymbol{\psi},\alpha_1)$的极小,这时候$\alpha_1$是固定的数。可以知道

$$\mathrm{grad}F(\boldsymbol{\psi},\alpha_1)=-\boldsymbol{y}_0+\alpha_1\boldsymbol{z}(N,\boldsymbol{\psi}) \tag{10.8-13}$$

令

$$\boldsymbol{\psi}_2=\boldsymbol{\psi}_1-K[-\boldsymbol{y}_0+\alpha_1\boldsymbol{z}(N,\boldsymbol{\psi}_1)] \tag{10.8-14}$$

其中K是正数,只要适当选择K,那么就求得一个新的$\boldsymbol{\psi}_2$,并且可以证明此$\boldsymbol{\psi}_2$仍满足条件式(10.8-8),且

$$F(\boldsymbol{\psi}_2,\alpha_1)<F(\boldsymbol{\psi}_1,\alpha_1)=0 \tag{10.8-15}$$

因为F是α的单增函数,由$\boldsymbol{\psi}_2$就可以确定一个$\alpha_2(\boldsymbol{\psi}_2)$,使得

$$F(\boldsymbol{\psi}_2,\alpha_2(\boldsymbol{\psi}_2))=0 \tag{10.8-16}$$

并且

$$\alpha_2(\boldsymbol{\psi}_2)>\alpha_1(\boldsymbol{\psi}_1) \tag{10.8-17}$$

可以看出,使$F(\boldsymbol{\psi},\alpha)$最速下降的方向实际上也就是使$\alpha(\boldsymbol{\psi})$最速上升的方向。求得$\boldsymbol{\psi}_2$后,再以它代替原先的$\boldsymbol{\psi}_1$继续进行,最后逼近到$\boldsymbol{\psi}_0$。

按上述步骤进行时,可能发生这种情况,到第i次逼近时,$(\boldsymbol{\psi}_i,\boldsymbol{r}_\alpha)$中有$\sigma$个等

于 0($1\leqslant\sigma\leqslant n-1$)。其原因在于 $G_\alpha(NT)$的边界面由有限个小于等于 $n-1$ 维的平面组成,因此由$\boldsymbol{\psi}_i$ 决定的控制量在σ 个采样点的值只能确定到绝对值小于M 的程度,遇到这种情形时,把未能完全确定的量表示成 $u_{N_1},u_{N_2},\cdots,u_{N_\sigma}$,然后求解退化线性代数方程

$$-\boldsymbol{y}_0+\alpha\boldsymbol{z}(N,\boldsymbol{\psi}_i)=0 \tag{10.8-18}$$

把 $\boldsymbol{y}_0$ 和 $\boldsymbol{z}(N,\boldsymbol{\psi}_i)$中确定的项移到等式的另一端,并且用$\boldsymbol{\beta}$表示,于是上式可写成

$$u_{N_1}\boldsymbol{r}_{N_1}+u_{N_2}\boldsymbol{r}_{N_2}+\cdots+u_{N_\sigma}\boldsymbol{r}_{N_\sigma}=\boldsymbol{\beta} \tag{10.8-19}$$

如果解上述方程所得σ个量的绝对值小于等于M,这就意味着控制是可准控制,在σ个量中只要有一个的绝对值大于M,则控制不是可准控制,当出现这种情况时只消把σ个量都取为 0(或者每个量的绝对值都小于 M 的一组数),然后求出 $\mathrm{grad}F(\boldsymbol{\psi}_i,\alpha(\boldsymbol{\psi}_i))$,继续进行。有一点重要的事实是值得注意的,对于给定的 $\boldsymbol{y}_0$,我们是从较小的正整数 N 开始计算的,在计算过程中,没有必要求出 α_0,当第 i 次逼近,只要 $\alpha(\boldsymbol{\psi}_i)>1$,就不必继续下去,因为再往下其值会更大。由关系式(10.8-5)知,一旦 $\alpha>1$,说明 $N<N_0$,此时自然把 N 换成 $N+1$ 再进行。这样交替的修改$\boldsymbol{\psi}$和 N,当 $N=N_0-1$ 时,$\alpha_0>1$ 而 $N=N_0$ 时,$\alpha_0\leqslant1$,那么 N_0T 就是使系统由 $\boldsymbol{y}_0$ 归零的最短时间,这个使 α 取极大值α_0 的$\boldsymbol{\psi}_0$,就完全决定了最速控制。

以上只叙述了从初始状态,到达原点的最速控制综合方法,至于到达给定区域的问题,完全可以用类似方法进行,这里不再加以讨论。具体计算方法及例题读者可参看文献[8]。

10.9　具有其他指标的最优控制

前面几节中,我们主要讨论了最速控制的一些特性和控制装置的设计,即所谓综合问题。在某些系统中速度问题并不是特别重要的,例如卫星的姿态控制或某一慢变过程的控制,那里有关于能量消耗或均方误差方面的要求,于是主要要求将是按别的指标达到尽量好的性能。正像在连续系统中那样,这种质量指标常可以用下列形式表示出来

$$J=\sum_{i=0}^{k-1}f_0(\boldsymbol{x}(iT),\boldsymbol{u}(iT))=\min \tag{10.9-1}$$

式中 $\boldsymbol{x}(iT)$和 $\boldsymbol{u}(iT)$是某一离散受控系统的相应维数的状态向量和控制向量,它们满足方程组

$$H\boldsymbol{x}(kT)=\boldsymbol{x}((k+1)T)=\boldsymbol{f}(\boldsymbol{x}(kT),\boldsymbol{u}(kT)) \tag{10.9-2}$$

式中 $\boldsymbol{f}=(f_1,f_2,\cdots,f_n)$;我们先假定 f_i 是各自变量的连续可微函数,而不必是线性函数。

类似于在连续系统中的处理方法,我们引进新的状态变量 $x_0(kT)=J$,由式

(10.9-1)显然有

$$Hx_0(kT) = x_0((k+1)T) = f_0(\boldsymbol{x}(kT),\boldsymbol{u}(kT)) + x_0(kT) \tag{10.9-3}$$

现在把式(10.9-3)和式(10.9-2)联立起来,就得到一个扩大了的方程组

$$\begin{aligned}
&Hx_0(kT) = x_0(kT) + f_0(\boldsymbol{x}(kT),\boldsymbol{u}(kT))\\
&Hx_1(kT) = f_1(\boldsymbol{x}(kT),\boldsymbol{u}(kT))\\
&\cdots\\
&Hx_n(kT) = f_n(\boldsymbol{x}(kT),\boldsymbol{u}(kT))
\end{aligned} \tag{10.9-4}$$

上式内符号 H 是右移算子。

为了下面讨论的需要,再引进一个 $n+1$ 维的向量函数 $\overline{\boldsymbol{\psi}} = (\psi_0, \psi_1, \psi_2, \cdots, \psi_n)$,用它和状态向量构成函数

$$\begin{aligned}
\Pi(kT) &= (\overline{\boldsymbol{\psi}}(kT), \overline{\boldsymbol{x}}(kT))\\
&= \psi_0(kT)(x_0(kT) + f_0(kT)) + \sum_{\alpha=1}^{n}\psi_\alpha(kT) f(\boldsymbol{x}(kT),\boldsymbol{u}(kT))
\end{aligned} \tag{10.9-5}$$

并要求向量 $\overline{\boldsymbol{\psi}}(kT)$ 满足方程组

$$H^*\psi_i(kT) = \frac{\partial \Pi}{\partial x_i}, \quad i = 0,1,2,\cdots,n \tag{10.9-6}$$

H^* 是左移算子,将上式展开后有

$$\begin{aligned}
&H^*\psi_0(kT) = \psi_0((k-1)T) = \frac{\partial \Pi}{\partial x_0} = \psi_0(kT)\\
&H^*\psi_1(kT) = \psi_1((k-1)T) = \frac{\partial \Pi}{\partial x_1} = \sum_{\alpha=0}^{n}\psi_\alpha(kT)\frac{\partial f_\alpha}{\partial x_1}(\boldsymbol{x}(kT),\boldsymbol{u}(kT))\\
&\cdots\\
&H^*\psi_n(kT) = \psi_n((k-1)T) = \frac{\partial \Pi}{\partial x_n} = \sum_{\alpha=0}^{n}\psi_\alpha(kT)\frac{\partial f_\alpha}{\partial x_n}(\boldsymbol{x}(kT),\boldsymbol{u}(kT))
\end{aligned} \tag{10.9-6'}$$

所谓最优控制问题,是指对给定的初始条件 $\overline{\boldsymbol{x}}(0) = \overline{\boldsymbol{x}}_0 = (0, x_{01}, x_{02}, \cdots, x_{0n})$,求控制函数 $\mathring{\boldsymbol{u}}(kT) = (\mathring{u}_1(kT), \mathring{u}_2(kT), \cdots, \mathring{u}_r(kT))$,$k=0,1,\cdots$,使系统式(10.9-2)在有限时间内归零。假定 N_0T 表示到达原点的时间,那么最优控制应使 $x_0(N_0T)$ 达最小值。

用第九章内曾用过的方法,可以把极大值原理移植到离散系统的情况中来。类似在第 9.6 节中的讨论,可以得到最优控制所必须满足的极值条件。用 $\mathring{\boldsymbol{x}}(kT)$ 和 $\mathring{\boldsymbol{u}}(kT)$ 分别表示最优轨迹和与其对应的最优控制。那么,必存在一个非零向量函数 $\mathring{\overline{\boldsymbol{\psi}}}(kT)$,$k=0,1,\cdots,N_0$ 满足式(10.9-6),使在每一时刻均有

$$\Pi(\mathring{\bar{\boldsymbol{x}}}(kT),\mathring{\bar{\boldsymbol{\psi}}}(kT),\mathring{\boldsymbol{u}}(kT)) = \max_{\boldsymbol{u}\in U}\Pi(\mathring{\bar{\boldsymbol{x}}}(kT),\mathring{\bar{\boldsymbol{\psi}}}(kT),\boldsymbol{u})$$

$$k = 0,1,\cdots,N_0 \tag{10.9-7}$$

上式内 U 是控制 $\boldsymbol{u}$ 的被允许的取值集合;而且,沿最优轨迹恒有

$$\Pi(\mathring{\bar{\boldsymbol{x}}}(kT),\mathring{\bar{\boldsymbol{\psi}}}(kT),\mathring{\boldsymbol{u}}(kT)) = \text{const} \geqslant 0$$

$$k = 0,1,\cdots,N_0 \tag{10.9-8}$$

这就是极大值原理对离散系统的应用。它的证明留给读者。实际上这个证明与第九章中的证明完全类似,只需要注意到三点:第一,这里对最优轨迹可以用点变分,而不是像在连续系统中那样在小区间内变分;第二,系统式(10.9-4)的变分 $\delta\bar{\boldsymbol{x}}$ 满足方程式

$$H\delta x_i(kT) = \sum_{\alpha=0}^{n}\frac{\partial f_\alpha(\mathring{\boldsymbol{x}}_0(kT),\mathring{\boldsymbol{u}}_0(kT))}{\partial x_i}\delta x_i(kT),\quad i = 0,1,\cdots,n$$

它与$\bar{\boldsymbol{\psi}}(kT)$之间有关系式

$$(\mathring{\bar{\boldsymbol{\psi}}}(kT),\bar{\boldsymbol{x}}(kT)) = \text{const} \tag{10.9-9}$$

第三,$\mathring{\bar{\boldsymbol{\psi}}}(N_0T)$是一切变分后的轨线终点构成的锥体的外法向量。

注意到上述事实和式(10.9-6′)的第一式知 ψ_0 为常数。又因式(10.9-7)是一个线性齐次方程组,故可取 $\psi_0=-1$。于是,决定最优控制的全部问题变为两点边值问题

$$H\boldsymbol{x}(kT) = \boldsymbol{f}(\boldsymbol{x}(kT),\boldsymbol{u}(kT)),\boldsymbol{x}(0) = \boldsymbol{x}_0$$

$$H^*\ \boldsymbol{\psi}(kT) = F(\boldsymbol{x}(kT),\boldsymbol{u}(kT))\boldsymbol{\psi}(kT),\boldsymbol{\psi}(N_0T) = \boldsymbol{\psi}_0$$

$F(\boldsymbol{x}(kT),\boldsymbol{u}(kT))$是由$\dfrac{\partial f_i}{\partial x_i}$构成的$(n+1)\times(n+1)$阶方阵

$$F = \begin{pmatrix} 1, & 0 & \cdots & 0 \\ \dfrac{\partial f_0}{\partial x_1} & \dfrac{\partial f_1}{\partial x_1} & \cdots & \dfrac{\partial f_n}{\partial x_1} \\ \vdots & \vdots & & \vdots \\ \dfrac{\partial f_0}{\partial x_n} & \dfrac{\partial f_1}{\partial x_n} & \cdots & \dfrac{\partial f_n}{\partial x_n} \end{pmatrix}$$

最后 $\boldsymbol{u}(kT)$应满足极值条件式(10.9-7)。如果从某些其他考虑能决定边值条件 $\boldsymbol{\psi}_0$,那么问题就完全解决了。实质上在第 10.7 节中我们对最速控制问题就是用等时区的概念来确定$\boldsymbol{\psi}_0$ 的。

最后,我们应用上面得到的条件,具体讨论一下具有二次型指标的线性离散系统的最优控制问题。设到达终点的时间 N_0T 是给定的,而且终点是不固定的,指标泛函是

$$J = \sum_{i=0}^{N_0-1} (\boldsymbol{x}(iT), Q\boldsymbol{x}(iT)) + \sum_{i=0}^{N_0-1} (\boldsymbol{u}(iT), R\boldsymbol{u}(iT)) + (\boldsymbol{x}(N_0 T), S\boldsymbol{x}(N_0 T)) \tag{10.9-10}$$

式中 Q,R,S 都是正定矩阵。记 $x_0(N_0T)=J$，于是有

$$Hx_0(kT) = x_0(kT) + (\boldsymbol{x}(kT), Q\boldsymbol{x}(kT)) + (\boldsymbol{u}(kT), R\boldsymbol{u}(kT))$$
$$x_0(0) = (\boldsymbol{x}(N_0T), S\boldsymbol{x}(N_0T)) \tag{10.9-11}$$

受控对象的方程式是

$$H\boldsymbol{x}(kT) = D\boldsymbol{x}(kT) + C\boldsymbol{u}(kT), \quad \boldsymbol{x}(0) = \boldsymbol{x}_0 \tag{10.9.12}$$

构造函数

$$\Pi(kT) = \psi_0[x_0(kT) + (\boldsymbol{x}, Q\boldsymbol{x}) + (\boldsymbol{u}, R\boldsymbol{u})] + (\boldsymbol{\psi}(kT), D\boldsymbol{x}(kT)) + (\boldsymbol{\psi}(kT), C\boldsymbol{u}(kT)) \tag{10.9-13}$$

我们看到，函数 $\Pi(kT)$ 在每一时刻都是 $\boldsymbol{u}$ 的二次型。注意到 $\psi_0=-1$，有

$$\Pi(kT) = g(\boldsymbol{x}, \boldsymbol{\psi}) + (\boldsymbol{\psi}(kT), C\boldsymbol{u}(kT)) - (\boldsymbol{u}(kT), R\boldsymbol{u}(kT))$$

由最大值条件知，Π 的最大值正是 $\boldsymbol{u}$ 对应的极值。于是由极值条件

$$\frac{\partial \Pi}{\partial u_i} = 0, \quad i = 1, 2, \cdots, r \tag{10.9-14}$$

立即可以求出最优控制与 $\boldsymbol{\psi}(kT)$ 之间的线性关系

$$\boldsymbol{u}(kT) = \frac{1}{2} R^{-1} C^{\tau} \boldsymbol{\psi}(kT) \tag{10.9-15}$$

式中 C^{τ} 是 C 的转置矩阵。把 $\boldsymbol{u}(kT)$ 的值代入式(10.9-12)，并同时按式(10.9-6)写出 $\boldsymbol{\psi}(kT)$ 所应满足的方程式，最后便得到最优控制系统的结构

$$H\boldsymbol{x}(kT) = D\boldsymbol{x}(kT) + \frac{1}{2} C R^{-1} C^{\tau} \boldsymbol{\psi}(kT), \quad \boldsymbol{x}(0) = \boldsymbol{x}_0$$
$$H^* \boldsymbol{\psi}(kT) = D^{\tau} \boldsymbol{\psi}(kT) - 2Q\boldsymbol{x}(kT), \quad \boldsymbol{\psi}(N_0T) = \psi_0 \tag{10.9-16}$$

我们看到，为了具体地求出最优控制，在这两个联立的方程组中，必须也只需求出 $\boldsymbol{\psi}(kT)$ 在另一端点的边界条件 $\boldsymbol{\psi}(N_0T)=\boldsymbol{\psi}_0$，这就是两点边值问题。在这个具体问题中，应该存在 $\boldsymbol{x}_0$ 和 $\boldsymbol{\psi}_0$ 之间的一一对应关系，如何去求出这种关系的表达式，就是最优控制的综合问题。这需要其他的补充知识，例如，像第九章中所作过的那样，把综合问题转化成一个黎卡提矩阵方程的求解问题；或者应用等损耗区的概念去求出 $\boldsymbol{x}_0$ 和 $\boldsymbol{\psi}_0$ 之间的关系等。最后，还可以用数字计算方法去迭代逼近，求出使 J 达极小值的 $\boldsymbol{\psi}_0$。

参考文献

[1] 钟士模、郑维敏、童诗白，电子调节器，清华大学学报，1956，2，164－169.
[2] 王新民，采用多拍脉冲的快速脉冲系统，自动化学报，1(1963)，1.
[3] 范崇惠、施颂平、余雅声，内燃机车驾驶自动化，自动化学报，1(1963)，1.

[4] 薛景瑄,脉冲控制系统综述,自动化技术进展,科学出版社,1963.

[5] 王传善等,远动技术,上册,科学出版社,1965.

[6] 赵访熊,Power Series Transform,清华大学科学报告,5,A 类,1948,2,122—138.

[7] 福田武熊,差分方程,穆鸿基译,上海科学技术出版社,1962.

[8] 戴汝为、李宝绶,关于离散线性快速控制的一个计算方法,中国自动化学会代表大会报告,北京,1965.

[9] 宋健、韩京清,最速控制系统的分析与综合,自动化学报,3(1965),3.

[10] 宋健、韩京清、唐志强,线性常系数断续系统最速控制的综合,常微分方程会议报告,北京,1962.

[11] Bertram,J. E. ,Factors in the Design of Digital Controllers for Sampled-Data Feedback control Systems,Trans. AIEE,75(1956),151—159.

[12] Cheng,G-S. J. ,Tarn,T. J. ,& Elliot,D. L. ,Controllability of Bilinear Systems,In"Lecture Note in Economics and Mathematical Systems,Variable Structure Systems with Application to Economics and Biology",ed. by A. Ruberti & R. R. Mohler,Springer-Verlag. New York,1975.

[13] Chestnut,H. ,Dabul,A. ,& Leiby. D. ,Analog computer study of sampled-data systems,Trans. AIEE 78(1959). pt. Ⅱ. 634—640.

[14] Desoer. C. A. ,Polak. E. ,& Wing J. ,Theory of Minimum Time Discrete Regulators Proc. of the Second IFAC Congress,Basel,1963.

[15] Jury,E. I. ,Sampled-Data Control Systems. New York,1958.

[16] Kalman,R. E. ,Optimal nonlinear control of saturating systems by intermittent action,IRE,Wescon. Conv. Record,1(1957),part 4,130—135.

[17] Kranc,G. M. ,Compensation of an error-sampled systems by multirate controller,Trans. ,AIEE,76(1957),pt. Ⅱ,149—158.

[18] Milne-Tomson,L. M. ,On the operational solution of linear finite difference equations,Proc. of Cambridge Philosophical Society,27(1931). 1.

[19] Polak,E. ,Stability and graphical analysis of First-Order pulse-width-modulated sampled-Data regulator systems,Trans. IRE,PGAC-6,(1961),3,376—382.

[20] Ragazzini,J. R. ,& Zadeh,L. A. ,Analysis of sampled-data systems,AIEE Trans. ,71(1952). pt. Ⅱ,225—234.

[21] Stone,W. M. ,The Generalized Laplace transformation with applications to problems involving finite difference,J. of Science,Jowa College,21(1947),81—83.

[22] Tarn,T. J. ,Elliott,D. L. ,& Goka,Controllability of discrete bilinear systems with bounded control,IEEE Trans. on AC,AC-18(1973),3,289—301.

[23] Temam,R. ,Numerical Analysis,D. Reidel Publishing Company,1973.

[24] Tou,J. T. ,Digital and Sampled-Data Control Systems,McGraw-Hill Book Company,Inc. ,1959.

[25] Антомонов,Ю. Г. ,Автоматическое Управление с Применением Вычислительных Машин,

Ленинград, 1962.

[26] Ван Сиин-Минь (王新民), Получение конечного времени переходного процесса в непрерывных системах автом. регулирования, Автоматическое управление, Изд. АН СССР, 1960.

[27] Гельфанд, А. О., Исчисление Конечных Разностей, Москва, 1952. (有限差计算，刘绍祖译，高等教育出版社，1960.)

[28] Кузин, Л. Т., Расчет и Проектирование Дискретных Систем Управления, Москва, 1961.

[29] Пышкин, И. В., Процессы конечной длительности в широтно-импульсных системах, *Автоматика и Телемеханика*, 21(1960), 2.

[30] Рутман, Р. С., Быстродействующие импульсные системы с переключениями внутри такта, *Автоматика и Телемеханика*, 23(1962), 9.

[31] Тартаковский, Г. П., Устойчивость линейных импульсных систем с переменными параметрамп, *Радиотехника и Электроника*, 2(1957), 1.

[32] Фань Чун-вуй (范崇惠), Об импульсных следящих системах, содержащих два импульсных элемента с неравными периодами повторения, *Автоматика и Телемеханика*, 19(1958).

[33] Фань Чун-вуй (范崇惠), Об одном методе анализа импульсных следящих систем, *Автоматика и Телемеханика*, 20(1959), 4.

[34] Цыпкин, Я. З., Теория Импульсных Систем, Физматгиз, 1958. (脉冲系统理论，王众托译，科学出版社，1962.)

第十一章　有时滞的线性系统

在这一章里，我们将要在常系数线性系统里再引进一种新的因素，这就是时滞。所谓时滞 τ 的意义是：系统的各个变数之间的关系不能够用这些变数在同一时刻 t 的值的关系来表示，相反地，这个关系牵涉到某些变数在时刻 t 的值，同时也牵涉到某些变数在时刻 $t-\tau$ 的值。那些在时刻 $t-\tau$ 取数值的变数与那些在时刻 t 取数值的变数比较，在时间上的滞后（时滞）就是 τ。如输气管道中压力波的传播过程是时滞环节的一个例子，因为压力波在管道中是以有限速度传播的，管道始端的压力波要经过时间 τ 才传到管道末端。此外，还存在某些高阶系统，它们很难用一般的简单的微分方程来描述，有时就在系统方程中引进时滞量 τ，把它作为时滞系统来近似研究，以达到化简的目的。例如，对单位阶跃函数的反应如图 11.0-1 所示的系统，有时可以认为它是一个时滞环节与惯性环节的串联。时滞 τ 与第 3.1 节所讲的一阶线性系统的时间常数是完全不同的。时滞系统（有时滞作用的系统）的运动状态是用常系数的微分差分方程描述的，这当然比以前所讨论过的只用微分方程描述的系统要复杂得多。曾有很多人研究过有时滞的系统，譬如说：卡兰德尔（Callander），哈尔垂（Hartree），波特尔（Porter）[7] 以及米诺尔斯基（Minorsky）[11]，崔泊金（Цыпкин）[25] 等，秦元勋等曾对此类系统作过综合性研究[1]。但是，我们要讨论的问题的范围是更狭小的。我们只希望知道：如果反馈控制系统有一个固有的时滞 τ，那么，应该怎样分析这个系统的运动状态？我们特别希望把第 4.3 节的乃氏方法加以修改，使这个方法也能应用到时滞系统上来。

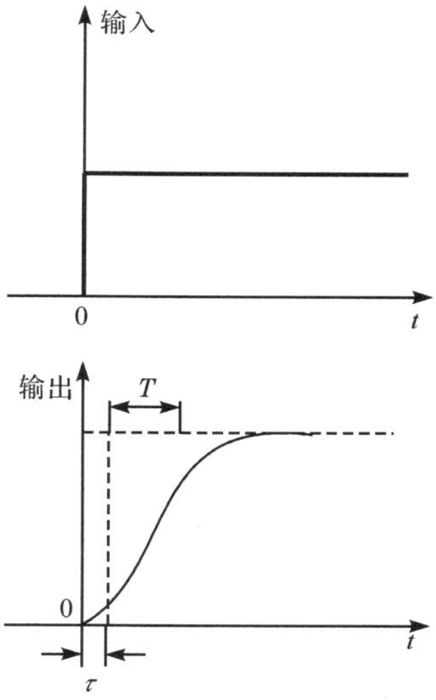

图 11.0-1

以下我们在研究一般理论的同时，还要通过时滞系统的一个特例的处理来说明这种理论。这个特例就是利用反馈控制的方法使火箭发动机中的燃烧过程稳定。很多学者研究过火箭发动机中燃烧过程的不稳定现象，但是下面关于燃烧时滞现象的分析是根据的克洛科（Crocco）的研究结果[8]。这个观点虽然已经证明不能用在所谓“高频振荡”，但对火箭发动机的所谓“低频率振荡”却是适用的，我们为了使计算简单起见,假设只用一种液体燃料[15]。

11.1　燃烧中的时滞

液体燃料从射入燃烧室加热到即将燃烧的临界状态,需要一段时间(这就是燃烧的时滞),然后就迅速地燃烧而变为热燃气。假设 $\dot{m}_b(t)$ 是时刻 t 时由于燃烧而产生的热燃气的质量速率(所谓"质量速率"就是按照质量来计算的时间变化率)。$\dot{m}_i(t)$ 是在时刻 t 时喷入燃料的质量速率。$\tau(t)$ 是在时刻 t 开始燃烧的那些燃料的时滞。所以,在从 t 到 $t+dt$ 这一段时间间隔内燃烧的燃料是在从 $t-\tau$ 到 $t-\tau+d(t-\tau)$ 这一段时间间隔内喷射进来的。因此

$$\dot{m}_b(t)dt = \dot{m}_i(t-\tau)d(t-\tau) \tag{11.1-1}$$

产生出来的热燃气,有一部分被用来充加在燃烧室中,从而提高燃烧室中的压力 $p(t)$,另外一部分通过喷口被喷射出去。如果燃烧室中可能发生的振荡的频率相当低,因此,就可以把燃烧室内的压力看做是均匀的,而且,作为第一次的近似[15],我们也可以把流过喷口的气流看做是似稳的(所谓"似稳"的意思就是:在任何一段不太长的时间间隔内都可以看做是平稳的)。所以,经过喷口的喷气的质量速率与火箭发动机中的热燃气的密度成正比。但是,对于"单一燃料"(也就是只用一种燃料)的火箭发动机来说,热燃气的温度几乎与燃烧压力无关,而热燃气的密度只与压力成正比,所以,如果 $\overline{\dot{m}}$ 是流过整个系统的稳态质量速率;$\overline{M}_g$ 是发动机中的热燃气的平均质量;$\overline{p}$ 是燃烧室中的压力的稳态平均值。如果把尚未燃烧的液体燃料在燃烧室中所占据的容积忽略不计,我们就有

$$\dot{m}_b dt = \overline{\dot{m}}\,\frac{p}{\overline{p}}dt + d\left(\overline{M}_g\,\frac{p}{\overline{p}}\right) \tag{11.1-2}$$

现在,对于燃烧室压力与燃料喷入速率,我们分别引进两个无量纲变数 ψ 和 η,它们的定义是

$$\psi = \frac{p-\overline{p}}{\overline{p}},\quad \eta = \frac{\dot{m}_i - \overline{\dot{m}}}{\overline{\dot{m}}} \tag{11.1-3}$$

所以 ψ 和 η 就是压力和喷入速率对于稳态平均值的相对偏差。利用式(11.1-3),并且把 $\dot{m}_b$ 从方程(11.1-1)和方程(11.1-2)消去,就得到

$$\frac{\overline{M}_g}{\overline{\dot{m}}}\,\frac{d\psi}{dt} + \psi + 1 = \left(1 - \frac{d\tau}{dt}\right)[\eta(t-\tau)+1] \tag{11.1-4}$$

为了计算 $\frac{d\tau}{dt}$,就必须引进克洛科的压力与时滞相关的概念。假定液体燃料达到燃烧临界状态的质量速率是 $f(p)$,那么,时滞 τ 就由下列公式确定

$$\int_{t-\tau}^{t} f(p)dt = \text{const} \tag{11.1-5}$$

可以把常数看做是为了把单位质量的喷入的冷燃料变到即将燃烧的状态所必须加进去的热量。$f(p)$的物理意义就是：从热燃气到喷入的液体燃料的传热速率。把方程(11.1-5)对 t 微分就得

$$[f(p)]_t - [f(p)]_{t-\tau}\left(1-\frac{d\tau}{dt}\right) = 0 \qquad (*)$$

现在我们就可以明确地引进离开均匀稳定状态的微小扰动的概念。假设压力 p 与稳态值 $\bar{p}$ 之间的偏差相当小。那么 $f(p)$在时刻 t 的值以及 $f(p)$在时刻 $t-\tau$ 的值都可以用 $\bar{p}$ 附近的泰勒级数表示。如果不考虑级数中二次和二次以上的方幂，则有

$$[f(p)]_t = f(\bar{p}) + \bar{p}\left(\frac{df}{dp}\right)_{p=\bar{p}}\psi(t)$$

和

$$[f(p)]_{t-\tau} = f(\bar{p}) + \bar{p}\left(\frac{df}{dp}\right)_{p=\bar{p}}\psi(t-\tau) \qquad (*\ *)$$

以上方程中的 τ 是相当于平均压力 $\bar{p}$ 的时滞，所以是一个常数。把(* *)的两个关系式相除，再利用(*)的关系就得出下列近似公式

$$1-\frac{d\tau}{dt} = 1 + \left(\frac{d\log f}{d\log p}\right)_{p=\bar{p}}[\psi(t)-\psi(t-\tau)] \qquad (11.1\text{-}6)$$

把方程(11.1-4)和(11.1-6)合并起来，并且略去二次项，就得出下列方程

$$\frac{d\varphi}{dz} + \varphi = u(z-\delta) + n[\varphi(z)-\varphi(z-\delta)] \qquad (11.1\text{-}7)$$

在这个方程里

$$n = \left(\frac{d\log f}{d\log p}\right)_{p=\bar{p}} \qquad (11.1\text{-}8)$$

$$\theta_g = \frac{\overline{M}_g}{\dot{m}},\quad z = \frac{t}{\theta_g},\quad \delta = \frac{\tau}{\theta_g} \qquad (11.1\text{-}9)$$

而

$$\varphi(z) = \varphi\left(\frac{t}{\theta_g}\right) = \psi(t)$$

$$\mu(z-\delta) = \mu\left[\frac{1}{\theta_g}(t-\tau)\right] = \eta(t-\tau)$$

θ_g 是发动机内的燃气的质量的平均值与流过发动机的燃气的平均质量速率的比值，因此它也就是热燃气从被燃烧产生到经过喷口喷射出去的平均时间，所以 θ_g 就称为“燃气通过时间”。在以下的计算中，我们就用这个基本的时间常数作为测量时间的单位。z 是无量纲的时间变数。δ 是燃烧的无量纲的时滞常数。

如果 n 是一个与 $\bar{p}$ 无关的常数，那么 $f(p)$就与 p^n 成正比。这就是克洛科所假设的 $f(p)$的形状。现在，我们把问题提得稍微普遍一些：$f(p)$是任意的；n 是由

方程(11.1-8)计算的;因而也就是 $\overline{p}$ 的函数。如果把 $f(p)$ 看作是从热燃气到雾状的液体燃料的传热速率,那么,关于传热的物理定律指出,n 的值在 1/2 与 1 之间。

这样,我们就建立了描述燃烧室中压力变化规律的方程(11.1-7)。

11.2 时滞系统的运动规律

在上一节,我们推导了火箭发动机燃烧室中压力变化的运动方程(11.1-7),这是一个一阶常系数微分差分方程。现在采用常用的符号 t 代替时间变量 z,用 τ 代替时滞量 δ,于是方程(11.1-7)可改写为

$$\frac{d\varphi}{dt}=(n-1)\varphi(t)-n\varphi(t-\tau)+\mu(t-\tau)$$

由此可见,压力变化的趋势(方程左端)不仅依赖于当时的压力 $\varphi(t)$,而且明显地依赖于过去的历史状况 $\varphi(t-\tau)$ 和 $\mu(t-\tau)$,$\tau>0$。这样,与微分方程就有一个根本的差别,为了求解方程式(11.1-7)初值不能只给在初始瞬时 $t=t_0$,而必须给在一个区间上,例如给定

$$\varphi(t)=\psi(t),\quad t_0-\tau\leqslant t\leqslant t_0$$

一般来讲,时滞系统的运动都可以用一阶微分差分方程组来描述,如果将时间坐标原点向右移动 $t_0-\tau$,那么初始条件就给在区间 $0\leqslant t\leqslant\tau$ 上。本节内我们先一般地讨论具有一个常时滞量 τ 的线性常系数系统,看看它们具有何种特性。假定有任一个具有时滞因素的线性系统,其运动方程为

$$\frac{dy_i}{dt}=\sum_{j=1}^{n}a_{ij}y_j(t)+\sum_{j=1}^{n}b_{ij}y_j(t-\tau)+u_i(t),\quad t>\tau$$
$$y_i(t)=\varphi_i(t),\quad 0\leqslant t\leqslant\tau$$
$$i=1,2,\cdots,n$$

写成向量和矩阵的形式即为

$$\frac{d\boldsymbol{y}}{dt}=A\boldsymbol{y}(t)+B\boldsymbol{y}(t-\tau)+\boldsymbol{u}(t),\quad t>\tau \tag{11.2-1}$$

$$\boldsymbol{y}(t)=\boldsymbol{\varphi}(t),\quad 0\leqslant t\leqslant\tau \tag{11.2-2}$$

其中 $\boldsymbol{y}(t)$,$\boldsymbol{\varphi}(t)$和 $\boldsymbol{u}(t)$为 n 维向量函数,A 和 B 为 $n\times n$ 矩阵,$\boldsymbol{u}(t)$称为驱动函数,$\boldsymbol{\varphi}(t)$称为初始函数,它定义在初始区间$[0,\tau]$上。当然,对于变时滞的情形,即 τ 是 t 的函数 $\tau(t)$时,方程

$$\frac{d\boldsymbol{y}}{dt}=A\boldsymbol{y}(t)+B\boldsymbol{y}(t-\tau(t))+\boldsymbol{u}(t)$$

的初始区间由初始时刻 t_0 及 t_0 处的延迟时间 $\tau(t_0)$而定。初始函数给定在初始区间 E_{t_0} 上,例如

$$\boldsymbol{y}(t)=\boldsymbol{\varphi}(t),\quad t\in E_{t_0}$$

E_{t_0}是由 $t=t_0$ 及 $t_0+\tau(t_0)$的点组成。

这一节里我们将讨论满足方程(11.2-1)和初始条件式(11.2-2)的解的存在性及解的形式问题。为了便于叙述，我们先定义几个基本概念。首先必须指出，初始条件式(11.2-2)，即函数 $\boldsymbol{\varphi}(t)$实际上不可能是任意的。既然它代表系统的初始状态，$\boldsymbol{\varphi}(t)(0\leqslant t\leqslant\tau)$必然为“足够好”的一条曲线。由于 $\boldsymbol{\varphi}(t)$的性质对系统在 τ 以后的运动有很大影响，下面我们将指出 $\boldsymbol{\varphi}(t)$与 $\boldsymbol{y}(t)$之间的某些简单关系。

如果函数 $f(t)$在开区间 $t_1<t<t_2$ 上有 K 阶连续导数，则称函数 $f(t)$是 $C^k(t_1,t_2)$类的，记为 $f(t)\in C^k(t_1,t_2)$。在方程(11.2-1)和(11.2-2)中如果 $\boldsymbol{u}(t)$是 $C^0(0,\infty)$类函数，$\boldsymbol{\varphi}(t)$是 $C^0[0,\tau]$类函数，那么在 $t\geqslant 0$ 上存在唯一的连续函数 $\boldsymbol{y}(t)$，它满足初始条件式(11.2-2)且在 $t>\tau$ 时满足方程(11.2-1)。如果 $\boldsymbol{u}(t)$属于 $C^1(0,\infty)$类和 $C^2(2\tau,\infty)$类，那么解 $\boldsymbol{y}(t)$就是 $C^1(\tau,\infty)$类的函数。如果初始函数 $\boldsymbol{\varphi}(t)$是 $C^1[0,\tau]$类函数，而且在 $t=\tau$ 时有

$$\frac{d\boldsymbol{\varphi}(\tau)}{d\tau}=A\boldsymbol{\varphi}(\tau)+B\boldsymbol{\varphi}(0)+\boldsymbol{u}(\tau)\tag{11.2-3}$$

那么解的一阶导数 $\dot{\boldsymbol{y}}(t)$在 τ 处连续，即 $\boldsymbol{y}(t)$是 $C^1[0,\infty)$类的函数[1]。

这样，无论对哪一类初始条件，和对增长速度不快于某一指数幂的 $\boldsymbol{u}(t)$，我们就可以利用拉氏变换的方法对方程(11.2-1)求解。

利用分部积分可以得到

$$\int_{\tau}^{\infty}\boldsymbol{y}(t-\tau)e^{-st}dt=e^{-\tau s}\int_{0}^{\infty}\boldsymbol{y}(t)e^{-st}dt\tag{11.2-4}$$

和

$$\int_{\tau}^{\infty}\dot{\boldsymbol{y}}(t)e^{-st}dt=-\boldsymbol{\varphi}(\tau)e^{-\tau s}+s\int_{0}^{\infty}\boldsymbol{y}(t)e^{-st}dt-s\int_{0}^{\tau}\boldsymbol{\varphi}(t)e^{-st}dt\tag{11.2-5}$$

将方程(11.2-1)乘以 e^{-st}，并从 τ 到∞对 t 积分，将式(11.2-4)和(11.2-5)代入就得到

$$D(s)\int_{0}^{\infty}\boldsymbol{y}(t)e^{-st}dt=\boldsymbol{p}(s)+\boldsymbol{q}(s)\tag{11.2-6}$$

其中

$$D(s)=sE-A-Be^{-\tau s}\tag{11.2-7}$$

$$\boldsymbol{p}(s)=e^{-\tau s}\boldsymbol{\varphi}(\tau)+(sE-A)\int_{0}^{\tau}\boldsymbol{\varphi}(t)e^{-st}dt\tag{11.2-8}$$

$$\boldsymbol{q}(s)=\int_{\tau}^{\infty}\boldsymbol{u}(t)e^{-st}dt\tag{11.2-9}$$

若 $D(s)$的逆矩阵存在，则

$$\int_{0}^{\infty}\boldsymbol{y}(t)e^{-st}dt=D^{-1}(s)[\boldsymbol{p}(s)+\boldsymbol{q}(s)]\tag{11.2-10}$$

行列式 $\det D(s)$ 称为方程(11.2-1)的特征函数，方程 $\det D(s)=0$ 称为特征方程，特征方程的根称为特征根。

特征方程是一个超越代数方程，在复 S 平面上一般有无穷多个根，记为 $s_k(k=1,2,\cdots)$，而特征方程在任意半平面 $\mathrm{Re}s>\sigma$（σ 是任意实数），内只有有限个根。这只要在该半平面内以原点为中心的充分大的圆内部分利用特征函数的解析性质，在圆外部分利用儒歇(Rouchi)定理[19]就可看出。因此总可以找到这样的常数 c，使

$$\mathrm{Re}s_k < c, \quad k = 1,2,\cdots \tag{11.2-11}$$

因而就可以通过对式(11.2-10)的拉氏反变换得到解 $\boldsymbol{y}(t)$

$$\boldsymbol{y}(t) = \frac{1}{2\pi i}\int_{(C)} e^{st} D^{-1}(s)[\boldsymbol{p}(s) + \boldsymbol{q}(s)]ds, \quad t > 0 \tag{11.2-12}$$

这里，积分路径(C)满足式(11.2-11)。这就是满足初始条件式(11.2-2)，方程(11.2-1)的解的一般形式。

式(11.2-12)可以展开为级数形式。以原点为中心作一系列圆围道 C_1，$C_2,\cdots,C_l,C_{l+1},\cdots$，使

(1) $C_l \subset C_{l+1}$，$(l=1,2,\cdots)$。

(2) C_l 上没有特征根。

(3) 在 C_l 与 C_{l+1} 之间只有有限个特征根。

圆 C_l 上位于 $\mathrm{Re}s>c$ 的部分记为 C_l^+，圆 C_l 上位于 $\mathrm{Re}s<c$ 的部分记为 C_l^-，那么

$$\begin{aligned}\int_{C_l} D^{-1}(s)[\boldsymbol{p}(s) + \boldsymbol{q}(s)]e^{st}ds =& \int_{C_l^+} D^{-1}(s)[\boldsymbol{p}(s) + \boldsymbol{q}(s)]e^{st}ds \\ &+ \int_{C_l^-} D^{-1}(s)[\boldsymbol{p}(s) + \boldsymbol{q}(s)]e^{st}ds\end{aligned} \tag{11.2-13}$$

可以证明，当 t 足够大时

$$\lim_{l\to\infty}\int_{C_l^-} D^{-1}(s)[\boldsymbol{p}(s) + \boldsymbol{q}(s)]e^{st}ds = 0^{[1]}, \quad t > n\tau \tag{11.2-14}$$

又根据留数定理有

$$\frac{1}{2\pi i}\int_{C_l} D^{-1}(s)[\boldsymbol{p}(s) + \boldsymbol{q}(s)]e^{st}ds = \sum_{s_k\in C_l} \mathop{\mathrm{Res}}_{s_k} D^{-1}(s)[\boldsymbol{p}(s) + \boldsymbol{q}(s)]e^{st} \tag{11.2-15}$$

和

$$\lim_{l\to\infty}\int_{C_l^+} D^{-1}(s)[\boldsymbol{p}(s) + \boldsymbol{q}(s)]e^{st}ds = \int_{(C)} D^{-1}(s)[\boldsymbol{p}(s) + \boldsymbol{q}(s)]e^{st}ds \tag{11.2-16}$$

因而

$$\frac{1}{2\pi i}\int_{(C)} D^{-1}(s)[\boldsymbol{p}(s)+\boldsymbol{q}(s)]e^{st}ds = \lim_{l\to\infty}\sum_{s_k\in C_l} \operatorname{Res}_{s_k} D^{-1}(s)[\boldsymbol{p}_0(s)+\boldsymbol{q}(s)]e^{st}$$

利用式(11.2-12)即得

$$\boldsymbol{y}(t) = \lim_{l\to\infty}\sum_{s_k\in C_l} \mathrm{Res}D^{-1}(s)[\boldsymbol{p}(s)+\boldsymbol{q}(s)]e^{st},\quad t > n\tau \tag{11.2-17}$$

而 $D^{-1}(s)[\boldsymbol{p}(s)+\boldsymbol{q}(s)]e^{st}$ 在 s_k 的留数具有

$$e^{s_k t}\boldsymbol{p}_k(t)$$

的形式，其中 s_k 为特征根，$\boldsymbol{p}_k(t)$为多项式向量，其幂次小于 s_k 的重数。因此 $\boldsymbol{y}(t)$ 可表示为

$$\boldsymbol{y}(t) = \lim_{l\to\infty}\sum_{s_k\in C_l} e^{s}k^{t}\boldsymbol{p}_k(t),\quad t > n\tau \tag{11.2-18}$$

它在任何有限闭区间

$$t_0 \leqslant t \leqslant t_0',\quad t_0 > n\tau \tag{11.2-19}$$

上一致收敛。如果所有特征根都具有负实部，即

$$\mathrm{Re}s_k < C < 0 \tag{11.2-20}$$

那么，极限式(11.2-18)在区间

$$t_0 \leqslant t < \infty,\quad t_0 > n\tau \tag{11.2-21}$$

上一致收敛。式(11.2-18)可进一步表示为

$$\boldsymbol{y}(t) = \sum_{k=1}^{\infty} e^{s}k^{t}\boldsymbol{p}_k(t) \tag{11.2-22}$$

此级数的收敛性总可得到保证。

11.3　时滞系统的运动稳定性

这一节我们将一般地讨论常系数常时滞系统的稳定性问题，这对我们讨论具体问题时在方法和概念上会有所帮助。现研究齐次方程组

$$\frac{dx(t)}{dt} = A\boldsymbol{x}(t) + B\boldsymbol{x}(t-\tau),\quad t > t_0+\tau$$

$$\boldsymbol{x}(t) = \boldsymbol{\varphi}(t),\quad t_0 \leqslant t \leqslant t_0+\tau \tag{11.3-1}$$

这里仍然沿用李雅普诺夫稳定性定义作为研究系统稳定性的依据。由初始函数 $\boldsymbol{\varphi}(t)$所决定的一个特定运动（未受扰运动）$\boldsymbol{x}_0(t)$的稳定性定义可以这样叙述：若对任何正数 $\varepsilon > o$，总存在一个正数 δ，当初始函数变为$\boldsymbol{\psi}(t)$并在区间 $t_0 \leqslant t \leqslant t_0+\tau$ 内满足（按欧氏空间的向量范数）

$$\|\boldsymbol{\psi}(t)-\boldsymbol{\varphi}(t)\| < \delta \tag{11.3-2}$$

时，方程(11.3-1)相应的解 $\boldsymbol{x}_1(t)$（受扰运动）在 $t \geqslant t_0$ 上都有

$$\|\boldsymbol{x}_1(t)-\boldsymbol{x}_0(t)\| < \varepsilon \tag{11.3-3}$$

则称方程(11.3-1)的这一特定未受扰运动 $\boldsymbol{x}_0(t)$是稳定的。反之,若对某个 $\varepsilon>0$,找不到这样的 $\delta>0$,则称未受扰运动 $\boldsymbol{x}_0(t)$为不稳定。特别是,当运动 $\boldsymbol{x}_0(t)$稳定,且

$$\lim_{t\to\infty}\boldsymbol{x}_1(t)=\boldsymbol{x}_0(t) \tag{11.3-4}$$

时,则称 $\boldsymbol{x}_0(t)$为渐近稳定。

稳定的几何意义可由图 11.3-1 说明。图中粗实线表示由初始函数 $\boldsymbol{\varphi}(t)$所决定的特定未受扰运动 $\boldsymbol{x}_0(t)$。对于任意给定半径为 ε,球心随 $\boldsymbol{x}_0(t)$迁移的 ε 球体,可以在 $\boldsymbol{\varphi}(t)$附近指定一个以 δ 为半径,$\boldsymbol{\varphi}(t)$为球心的 δ 球体,使得在 t_0 到 $t_0+\tau$ 时间内以 $\boldsymbol{\varphi}(t)$为球心的 δ 球体内的任何一条曲线作为初始轨迹的运动,在任何 $t\geqslant t_0$ 时刻都走不出 $\boldsymbol{x}_0(t)$的 ε 球体的范围时,则称运动 $\boldsymbol{x}_0(t)$是稳定的。如果对 $\boldsymbol{x}_0(t)$的某一个 ε 球体,在 $\boldsymbol{\varphi}(t)$附近找不到这样的 δ 球体,则称运动 $\boldsymbol{x}_0(t)$不稳定。在$\boldsymbol{x}_0(t)$稳定的情况下,如果随着时间 t 的增长,$\boldsymbol{x}_1(t)$无限趋近于 $\boldsymbol{x}_0(t)$,则称运动$\boldsymbol{x}_0(t)$为渐近稳定。

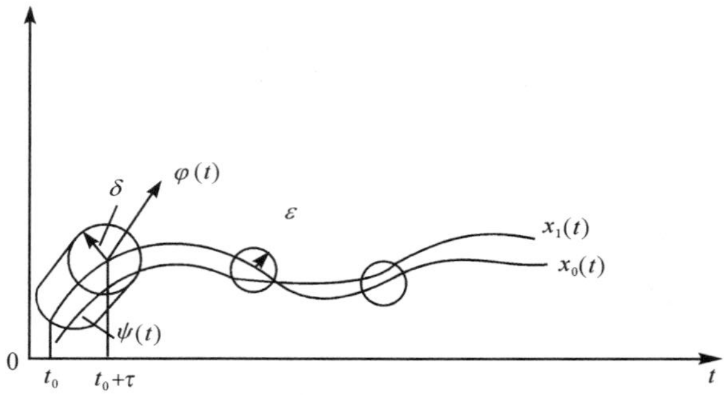

图 11.3-1

与线性微分方程类似,线性微分差分方程也有这样的特点:要么全体解都稳定,要么全体解都不稳定。因为方程(11.3-1)由任何初始函数 $\boldsymbol{\varphi}(t)$,$t_0\leqslant t\leqslant t_0+\tau$,所决定的一个特定解 $\boldsymbol{x}_0(t)$,通过下列变换

$$\boldsymbol{y}(t)=\boldsymbol{x}_1(t)-\boldsymbol{x}_0(t) \tag{11.3-5}$$

$\boldsymbol{y}(t)$仍然满足方程组(11.3-1),因而任一特定解 $\boldsymbol{x}_0(t)$的稳定性问题就化为同一方程组的零解——$\boldsymbol{y}(t)=0$ 的稳定性问题。这样,若零解稳定,则全体解都稳定。反之,若零解不稳定,则全体解都不稳定。因而也就有系统稳定性的问题。下面我们只研究零解的稳定性。

这里还要特别指出运动稳定性与初始区间$[t_0,t_0+\tau]$的关系。对于线性常系数常时滞微分差分方程(11.3-1)来说,与线性常系数微分方程类似,稳定性与初始区间$[t_0,t_0+\tau]$无关。因为发生在任何区间$[t_0,t_0+\tau]$$(t\geqslant 0)$上的扰动$\boldsymbol{\psi}(t)$经过

变换

$$\lambda = t - t_0$$

后就可变为在区间[0,τ]上的扰动

$$\boldsymbol{\psi}(\lambda + t_0) = \boldsymbol{f}(\lambda)$$

所以,若对初始区间[0,τ]上的扰动,运动 $\boldsymbol{x}_0(t)$是稳定的,那么,对任何初始区间$[t_0, t_0+\tau]$,$t\geqslant 0$ 上的扰动,运动也都稳定。然而,对于变时滞系统则不然,若运动对初始区间 E_{t_0} 上的扰动稳定,而对初始区间 $E_{t_1}(t_1>t_0)$的扰动未必稳定。这样,稳定性定义就需要加强,只有对任何初始区间 $E_{t_1}(t_1>t_0)$都能找到相应的 $\delta(\varepsilon)$,满足条件式(11.3-3),才称它是稳定的。反之,只要对某个初始区间 $E_{t_1}(t_1>t_0)$,找不到 $\delta(\varepsilon)$,满足条件式(11.3-3),就称运动不稳定。

现在我们再来讨论线性常系数常时滞系统

$$\frac{d\boldsymbol{y}}{dt} = A\boldsymbol{y}(t) + B\boldsymbol{y}(t-\tau) + \boldsymbol{u}(t), \quad t > \tau \tag{11.3-6}$$

满足初始条件

$$\boldsymbol{y}(t) = \boldsymbol{\varphi}(t), \quad 0 \leqslant t \leqslant \tau \tag{11.3-7}$$

的运动稳定的条件。这里,我们所关心的仍然是渐近稳定问题。与通常无时滞的线性系统类似,系统渐近稳定的充分必要条件是特征方程 $\det D(s)=0$ 的全部根都具有负实部。这一条件的必要性是显然的,因为只要有一个根具有正实部,例如 $\mathrm{Re}s_k=\sigma_k>0$,那么,由展开式(11.2-22)可以看到,$\boldsymbol{y}(t)$中包含有 $\boldsymbol{p}_k(t)e^{\sigma_k t}$ 项。显然,不论初始偏差如何小,随着 t 之增长,$\|\boldsymbol{y}(t)\|$ 总将无限增大,即

$$\lim_{t\to\infty}\|\boldsymbol{y}(t)\| = \infty$$

所以解是不稳定的,当然也就不渐近稳定。这个准则的充分性,我们可以这样来说明,如果初始函数 $\boldsymbol{\varphi}(t)$是定义在区间 $0\leqslant t\leqslant\tau$ 上的 C^1 类函数,设

$$m = \max_{0\leqslant t\leqslant\tau}\|\boldsymbol{\varphi}(t)\|$$

那么可以证明

$$\|\boldsymbol{y}(t) - \lim_{l\to\infty}\sum e^{s_k t}\boldsymbol{p}_k(t)\| < c_0 m e^{ct}\text{[1]}, \quad t > \tau \tag{11.3-8}$$

这里 c_0 为某正常数,$e^{s_k t}\boldsymbol{p}_k(t)$是 $D^{-1}(s)\boldsymbol{p}(s)$在特征根 s_k 处的留数,$\boldsymbol{p}_k(t)$是 t 的多项式、其幂次小于 s_k 的重数,c 为任意实数,求和是对 C_l 圆与半平面 $\mathrm{Re}s>c$ 交集内的所有特征根进行的。如果所有特征根均具有负实部,那么可以选 $c<0$,使所有特征根都位于半平面 $\mathrm{Re}s<c<0$ 内,这样式(11.3-8)就成为

$$\|\boldsymbol{y}(t)\| < c_0 m e^{ct}, \quad t > \tau \tag{11.3-9}$$

因为 $c<0$,所以

$$\|\boldsymbol{y}(t)\| < c_0 m, \quad t > \tau$$

对于任意给定的 ε,只要选择 m 满足

$$m=\frac{\varepsilon}{c_0}$$

那么 $\boldsymbol{y}(t)$就满足

$$\|\boldsymbol{y}(t)\|<c_0\frac{\varepsilon}{c_0}=\varepsilon,\quad t>\tau$$

在有限时间 $0\leqslant t\leqslant\tau$ 内，$\|\boldsymbol{y}(t)\|$ 是有界的，而且选择适当的 m 可使

$$\|\boldsymbol{y}(t)\|<\varepsilon,\quad 0\leqslant t\leqslant\tau$$

因而总能找到这样的 m，在 $t\geqslant 0$ 内都满足

$$\|\boldsymbol{y}(t)\|<\varepsilon$$

所以系统是稳定的。再利用式(11.3-9)便得到

$$\lim_{t\to\infty}\|\boldsymbol{y}(t)\|=\lim_{t\to\infty}c_0me^{ct}=0\qquad(11.3\text{-}10)$$

因而系统是渐近稳定的。

关于第 11.2 和第 11.3 节的详细论述，读者可参阅文献[4]，那里还讨论了更为一般的时滞系统。

11.4 萨奇(Satche)图

现在我们就以第 11.1 节的燃烧过程为例，分析它的稳定性。克洛科把燃料喷入速率是常数时的燃烧不稳定性称为固有不稳定性。如果喷入速率是一个与燃烧室压力 p 无关的常数，那么，$\mu\equiv 0$。因此，根据方程(11.1-7)，稳定性问题就由下列齐次方程限定：

$$\frac{d\varphi}{dz}+(1-n)\varphi(z)+n\varphi(z-\delta)=0\qquad(11.4\text{-}1)$$

也可以用前节内讨论过的拉氏变换的方法来处理方程(11.4-1)，作法和以前各章中处理没有时滞的方程的方法相同。事实上，安索夫(Ansoff)也用过这个方法[3]。然而，在目前的燃烧的稳定性问题里，基本方程没有驱动项，所以，可以用一个比较直接的解法，这个解法就是解线性微分差分方程的古典方法，作法是这样的：设

$$\varphi(z)\backsimeq e^{sz}$$

于是得到特征方程

$$s+(1-n)+ne^{-\delta s}=0\qquad(11.4\text{-}2)$$

这是一个 s 的超越方程。燃烧的稳定性的条件就是：方程(11.4-1)的根 s 的实数部分是负数。

也可以应用拉氏变换方法从方程(11.4-1)得出方程(11.4-2)来。假定 $\varphi(z)$ 的拉氏变换是 $\Phi(s)$，对方程(11.4-1)进行拉氏变换，就得到

$$s\Phi(s)-\varphi(0)+(1-n)\Phi(s)+ne^{-s\delta}\left[\Phi(s)+\int_{-\delta}^{0}\varphi(z')e^{-sz'}dz'\right]=0$$

如果 $\varphi(z)$的初始条件是所谓的零初始条件，也就是说：$z\leqslant 0$ 时 $\varphi(z)=0$，那么就有

$$[s+(1-n)+ne^{-\delta s}]\Phi(s)=0$$

于是，我们就得到方程(11.4-2)。这里的 s 和以前各章中的变数 s 具有相同的“意义”。这两者之间的唯一区别，就是这里的 s 已经通过式(11.1-9)的 θ_g 的变换成为无量纲的量了。也可以看到这样一个有趣的事实：如果方程(11.4-1)是一个在方程右端有驱动项的非齐次方程，那么，对这个方程施行拉氏变换法以后，所得到的方程仍然是非齐次的。如果把 $\varphi(z)$看做是系统在单位阶跃函数作用下的输出，系统的传递函数就会是

$$F(s)=\frac{1}{s+(1-n)+ne^{-s\delta}}$$

这个 $F(s)$又是一个超越的传递函数的例子。

克洛科把方程(11.4-2)的实数部分和虚数部分分离开来得到两个方程，根据这两个方程他解出了方程的复数根 s。然而，如果只对系统是否稳定的问题感兴趣，那么，根据第 11.3 节关于稳定条件的结论我们仍然可以成功地利用第 4.3 节的柯西定理。设

$$G(s)=e^{-\delta s}-\left(-\frac{1-n}{n}-\frac{s}{n}\right) \tag{11.4-3}$$

于是，系统的稳定性问题就归结为 $G(s)$在复 S 平面的右半部有没有零点的问题。当 s 在一条包围右半平面的闭合曲线上转动一周时，我们只要把变数 $G(s)$的相应的变化情况加以考察，就能够回答系统是否稳定的问题。如果向量 $G(s)$旋转的总圈数是某一个数，按照柯西定理这个数就是 $G(s)$在右半 S 平面上的零点个数与极点个数的差。既然，在全 S 平面上 $G(s)$显然没有极点，所以，$G(s)$旋转的总圈数就是零点的个数。因此，如果系统是稳定的，那么，当 s 在上述的闭合曲线上转动一周时，$G(s)$旋转的总圈数一定是零。所以，可以用描画乃氏图的办法来回答稳定性的问题。

但是，对方程(11.4-3)所表示的 $G(s)$直接应用上述的方法是很不方便的，因为时滞项 $e^{-\delta s}$ 的存在，这个表示式是比较复杂的。对于这样一些有时滞的系统，萨奇(Satche)提出了一个富有创造性的巧妙的处理方法[14]：不直接处理 $G(s)$本身，而把它分成两部分

$$G(s)=g_1(s)-g_2(s) \tag{11.4-4}$$

其中

$$g_1(s)=e^{-\delta s}$$

$$g_2(s)=-\frac{1-n}{n}-\frac{s}{n} \tag{11.4-5}$$

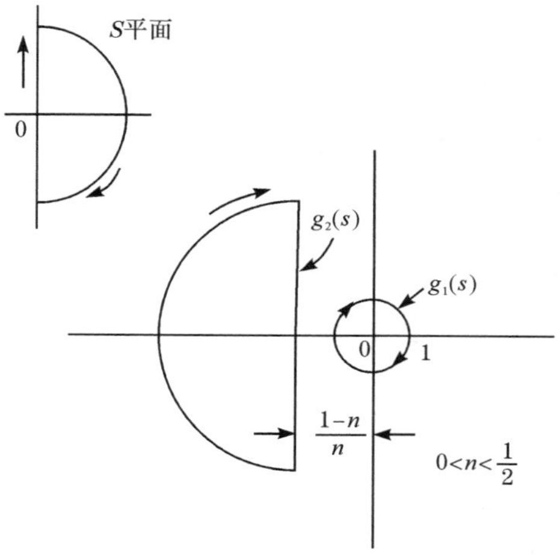

图 11.4-1

这样一来，向量 $G(s)$ 就是一个顶点在 $g_1(s)$ 而起点在 $g_2(s)$ 的向量了。如果 s 在虚轴上变动，$g_1(s)$ 的图线就是一个单位圆。如果 s 在大的半圆周上，$g_1(s)$ 就在单位圆的内部。当 s 在虚轴上变动的时候，$g_2(s)$ 就是一条与虚轴平行的直线(图 11.4-1)。当 s 在大的半圆周上变动时，$g_2(s)$ 就在左方描画成一个大的半圆周，这个半圆周与 s 所在的那个半圆周恰好组成一个圆周。只要稍微考虑一下，就可以想到：如果希望对于任何时滞 δ 的值，$G(s)$ 旋转的总圈数都是零，那么，$g_2(s)$ 图线就必须完全在 $g_1(s)$ 图线的外面。这也就是说，对于本质上稳定的系统，即绝对稳定系统①来说，必须有

$$\frac{1-n}{n} > 1 \quad 或者 \quad \frac{1}{2} > n > 0 \tag{11.4-6}$$

现在，很容易看出把 $G(s)$ 分解为 $g_1(s)$ 和 $g_2(s)$ 两部分的做法可以使得相当的两条图线都比原来的 $G(s)$ 图线简单得多。$g_1(s)$ 的图线与 $g_2(s)$ 的图线组成的图线就称为萨奇图。

如果 $n>\frac{1}{2}$，$g_1(s)$ 的图线就与 $g_2(s)$ 的图线相交，因而就有一部分 $g_2(s)$ 点在图 11.4-2 的单位圆的内部，但是，只要相当于这些 $g_2(s)$ 的 $g_1(s)$ 点都在 $g_2(s)$ 点的右方，$G(s)$ 图线就不绕原点转，系统仍然是稳定的。如果对于同一个 $s=i\omega^*$，$g_2(s)$ 与 $g_1(s)$ 重合，则 $G(s)$ 图线就通过原点，系统处于临界稳定状态。这时，必须满足条件

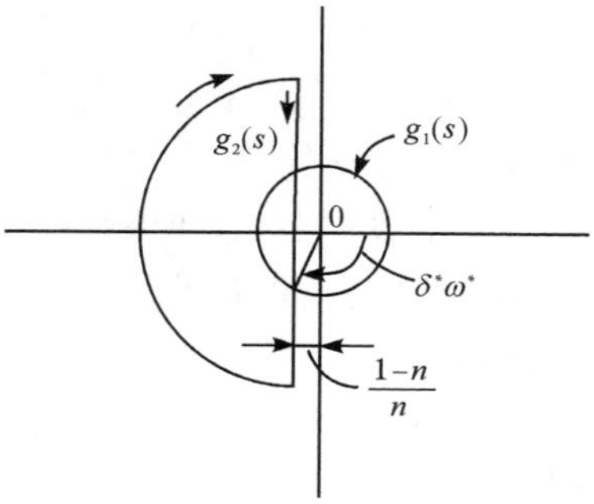

图 11.4-2

$$|g_2(i\omega^*)| = 1$$

$$\arg g_1(i\omega^*) = \arg g_2(i\omega^*)$$

再从式(11.4-5)就可求出临界稳定状态下的 ω^* 和 δ^*

$$\omega^* = \sqrt{2n-1} \tag{11.4-7}$$

---

① 若对于任何 δ 值，系统都是稳定的，则称系统绝对稳定。

$$\delta^{*}=\frac{\cos^{-1}\left(-\frac{1-n}{n}\right)}{\sqrt{2n-1}}=\frac{1}{\sqrt{2n-1}}\left[\pi-\cos^{-1}\left(\frac{1-n}{n}\right)\right] \qquad (11.4\text{-}8)$$

所以当 $\delta=\delta^{*}$ 时,$\varphi(z)$有一个频率是 ω^{*} 的振荡解。因而 δ^{*} 是无量纲的临界时滞,而 ω^{*} 是无量纲的临界频率。当 $\delta<\delta^{*}$,也就是说当

$$\cos(\delta\sqrt{2n-1})>-\frac{1-n}{n}$$

时,系统就是稳定的。

11.5 有反馈伺服机构的火箭发动机的系统动力学性质

现在我们来考虑图 11.5-1 所画的火箭发动机系统,这个系统包含三部分:火箭发动机,供应燃料的馈送机构(燃料泵和附属的传导装置)及反馈伺服机构。为了近似地表示出实在的导管的弹性效应,我们可以假想在刚硬的导管的中点(燃料泵与燃料喷嘴之间)有一个附有弹簧活塞的容器,在喷嘴附近还有另外一个由伺服机构控制的容器。传感器(测量仪器)测量了燃烧室的压力,测量的结果经过一个放大器而成为伺服机构的输入信号。如果设计者已经把燃料的馈送机构和火箭发动机本身的设计完全确定,不允许再加以更改,现在的问题就是:是否可以设计一个使整个系统稳定的合适的放大器?因为关于燃烧的时滞还没有确切的知识,所以,在进行实际设计的时候,我们就必须设法使系统无条件地稳定,也就是说,对于任何的时滞 δ 的值系统都是稳定的。

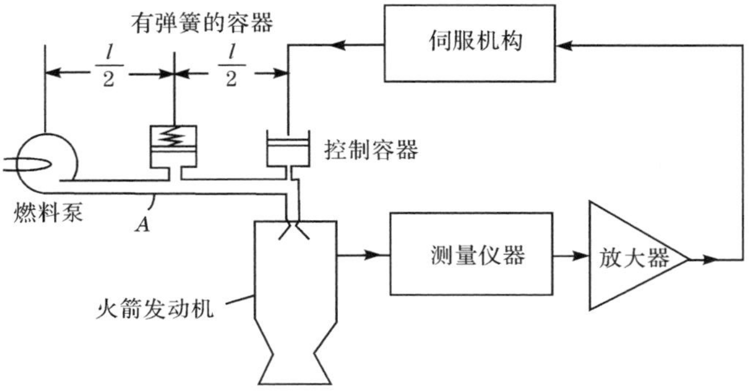

图 11.5-1

假定 $\dot{m}_0$ 是流出燃料泵的燃料的瞬时质量速率;p_0 是燃料泵的出口处的瞬时压力,燃料流动的平均速率一定是$\overline{\dot{m}}$。平均压力是 $\overline{p}_0$。燃料泵的特性可以用下列方程表示

$$\frac{p_0-\overline{p}_0}{\overline{p}_0}=-\alpha\frac{\dot{m}_0-\overline{\dot{m}}}{\overline{\dot{m}}} \tag{11.5-1}$$

如果质量的流动的变化的时间速率比弹性波在液体中的传播速度小，但是比燃料泵的转速的缓慢的时间变化率大，那么，相当于常数转速的情况，燃料泵的压力-体积曲线在稳态工作点的斜率就是α（这里所说的“体积”就是流出燃料泵的燃料按照体积计算的速率）。对于普通的离心泵来说，α差不多等于1。对于传输泵（输出的流量几乎是不变的泵）来说，α非常大。对于等压泵或者简单的增压装置来说，α等于零。

假设$\dot{m}_1$是喷嘴与弹簧容器口之间的燃料流动的瞬时质量速率；χ是容器的弹簧常数，p_1是作用在容器上的瞬时压力。于是就有

$$\dot{m}_0-\dot{m}_1=\rho\chi\frac{dp_1}{dt} \tag{11.5-2}$$

这里的ρ是燃料的密度，它是一个常数。

在以下的计算里，由于摩擦力而在导管上引起的压力降落是忽略不计的。因此，压力差p_0-p_1只是由流动的加速度引起的，也就是说

$$p_0-p_1=\frac{l}{2A}\frac{d\dot{m}_0}{dt} \tag{11.5-3}$$

这里的常数A是导管的横截面的面积；常数l是导管的总长度。与此类似，如果p_2是控制容器上的瞬时压力，也就有

$$p_1-p_2=\frac{l}{2A}\frac{d\dot{m}_1}{dt} \tag{11.5-4}$$

如果控制容器中所容纳的质量是C，那么

$$\dot{m}_1-\dot{m}_i=\frac{dC}{dt} \tag{11.5-5}$$

因为控制容器与燃料喷嘴非常接近，所以，在燃料从控制容器流到燃料喷嘴的过程中，由于质量而引起的惯性效应是可以忽略的。因此

$$p_2-p=\frac{1}{2}\frac{\dot{m}_i^2}{\rho A_i^2} \tag{11.5-6}$$

其中的A_i是燃料喷嘴的有效开口面积。因为在稳定状态下压力$\overline{p}_0$与$\overline{p}$的差$\Delta\overline{p}$是

$$\overline{p}_0-\overline{p}=\Delta\overline{p}=\frac{1}{2}\frac{\overline{\dot{m}}^2}{\rho A_i^2} \tag{11.5-7}$$

所以在计算中可以把A_i消去。方程(11.5-1)和(11.5-7)就描述了燃料馈送系统的动力学性质。直接利用消去某些变数的计算方法，就得出m_i，p，与C之间的关系式。为了把这个关系写成无量纲的形式，我们引进下列几个参数

$$P=\frac{\bar{p}}{2\Delta\bar{p}},\quad E=\frac{2\Delta\bar{p}}{\bar{\dot{m}}\theta_g}\rho\chi,\quad J=\frac{l\bar{\dot{m}}}{2\Delta\bar{p}A\theta_g}\tag{11.5-8}$$

以及

$$\kappa=\frac{C}{\bar{\dot{m}}\theta_g}\tag{11.5-9}$$

这里的 θ_g 就是方程(11.1-9)所给的燃气通过时间。这样一来,联系 φ,μ 与 κ 的无量纲方程就是

$$\begin{aligned}&P\left\{1+\alpha E\left(P+\frac{1}{2}\right)\frac{d}{dz}+\frac{1}{2}JE\,\frac{d^2}{dz^2}\right\}\varphi+\left\{\left[1+\alpha\left(P+\frac{1}{2}\right)\right]\right.\\&\quad+\left[\alpha E\left(P+\frac{1}{2}\right)+J\right]\frac{d}{dz}+\left[\frac{1}{2}\alpha JE\left(P+\frac{1}{2}\right)+\frac{1}{2}JE\right]\frac{d^2}{dz^2}+\left.\frac{1}{4}J^2E\,\frac{d^3}{dz^3}\right\}\mu\\&\quad+\left\{\alpha\left(P+\frac{1}{2}\right)\frac{d}{dz}+J\,\frac{d^2}{dz^2}+\frac{1}{2}\alpha JE\left(P+\frac{1}{2}\right)\frac{d^3}{dz^3}+\frac{1}{4}J^2E\,\frac{d^4}{dz^4}\right\}\kappa=0\end{aligned}\tag{11.5-10}$$

这里的 z 就是方程(11.1-9)所定义的无量纲时间变数。

伺服控制的动力学性质是由下列各种因素的综合所确定的:测量压力的仪器的特性,放大器的反应性能以及伺服机构的特性。伺服控制的总的动力学性质是由下列算子方程表示的

$$F\left(\frac{d}{dz}\right)\varphi=\kappa\tag{11.5-11}$$

这里的 F 是两个多项式的比值,而且分母的次数高于分子的次数。

方程(11.1-7),(11.5-10)和(11.5-11)是三个变数 φ,μ,κ 的三个方程。既然,它们都是常系数的方程,这些变数的适当的形式就是

$$\varphi=ae^{sz},\quad \mu=be^{sz},\quad \kappa=ce^{sz}\tag{11.5-12}$$

把方程(11.5-12)代入方程(11.1-7),(11.5-10)和(11.5-11),就得到 a,b,c 的三个齐次方程。所以我们有

$$a[s+(1-n)+ne^{-\delta s}]-be^{-\delta s}=0$$

$$\begin{aligned}&P\left\{1+\alpha E\left(P+\frac{1}{2}\right)s+\frac{1}{2}JEs^2\right\}a+\left\{\left[1+\alpha\left(P+\frac{1}{2}\right)\right]\right.\\&\quad+\left[\alpha E\left(P+\frac{1}{2}\right)+J\right]s+\left[\frac{1}{2}\alpha JE\left(P+\frac{1}{2}\right)+\frac{1}{2}JE\right]s^2+\left.\frac{1}{4}J^2Es^3\right\}b\\&\quad+s\left\{\alpha\left(P+\frac{1}{2}\right)+Js+\frac{1}{2}\alpha JF\left(P+\frac{1}{2}\right)s^2+\frac{1}{4}J^2Es^3\right\}c=0\end{aligned}$$

$$F(s)a-c=0$$

为了使 a,b,c 三个数不全是零,它们的系数所组成的行列式就必须等于零。系数行列式除以 n 后,就有

$$
\begin{aligned}
E(s) =& \left(\frac{s}{n} + \frac{1-n}{n}\right)\left\{\frac{1}{4}J^2Es^3 + \frac{1}{2}JE\left[1+\alpha\left(P+\frac{1}{2}\right)\right]s^2\right.\\
&\left.+\left[\alpha E\left(P+\frac{1}{2}\right)+J\right]s+\left[1+\alpha\left(P+\frac{1}{2}\right)\right]\right\}\\
&+e^{-\delta s}\left\{\frac{1}{4}J^2Es^2+\left[\frac{1}{2}JE\left(1+\alpha\left(P+\frac{1}{2}\right)\right)+\frac{1}{2n}JEP\right]s^2\right.\\
&+\left[\alpha E\left(P+\frac{1}{2}\right)+J+\frac{\alpha EP}{n}\left(P+\frac{1}{2}\right)\right]s+\left[1+\alpha\left(P+\frac{1}{2}\right)+\frac{P}{n}\right]\\
&+\frac{sF(s)}{n}\left[\frac{1}{4}J^2Es^3+\frac{1}{2}\alpha JE\left(P+\frac{1}{2}\right)s^2\right.\\
&\left.\left.+Js+\alpha\left(P+\frac{1}{2}\right)\right]\right\}\\
=&0 \qquad (11.5\text{-}13)
\end{aligned}
$$

为简单起见，我们写成下列形式

$$E(s) = L_0(s) + H(s)e^{-\delta s} \qquad (11.5\text{-}13')$$

其中

$$
\begin{aligned}
L_0(s) =& \left(\frac{s}{n} + \frac{1-n}{n}\right)\left\{\frac{1}{4}J^2Es^3 + \frac{1}{2}JE\left[1+\alpha\left(P+\frac{1}{2}\right)\right]s^2\right.\\
&\left.+\left[\alpha E\left(P+\frac{1}{2}\right)+J\right]s+\left[1+\alpha\left(P+\frac{1}{2}\right)\right]\right\}\\
H(s) =& \frac{1}{4}J^2Es^3+\left\{\frac{1}{2}JE\left[1+\alpha\left(P+\frac{1}{2}\right)\right]+\frac{1}{2n}JEP\right\}s^2+\left[\alpha E\left(P+\frac{1}{2}\right)\right.\\
&\left.+J+\frac{\alpha EP}{n}\left(P+\frac{1}{2}\right)\right]s+\left[1+\alpha\left(P+\frac{1}{2}\right)+\frac{P}{n}\right]+\frac{sF(s)}{n}\left[\frac{1}{4}J^2Es^3\right.\\
&\left.+\frac{1}{2}\alpha JE\left(P+\frac{1}{2}\right)s^2+Js+\alpha\left(P+\frac{1}{2}\right)\right] \qquad (11.5\text{-}14)
\end{aligned}
$$

式(11.5-13)就是用来确定指数 s 的特征方程。于是 $F(s)$ 就被认为是反馈部分的总传递函数。整个系统的稳定性问题就决定于方程(11.5-13)是否有实部为正的根。

11.6　没有反馈伺服机构时的不稳定性

如果没有反馈伺服机构，那么，只要在方程(11.5-13)中使 $F(s)=0$，就得出系统的特征方程。和通常的情况一样，我们假设方程(11.5-13)中与 $e^{-\delta s}$ 相乘的部分 $H(s)$ 在右半 S 平面没有零点。因此，就可以用 $H(s)$ 除方程(11.5-13)而不会使除得的商数在右半 S 平面上有极点。这样一来，就又得到了描绘萨奇图所需要的表示式

$$G(s) = \frac{E(s)}{H(s)} = g_1(s) - g_2(s)$$

$$g_1(s) = e^{-\delta s}$$

所以 $g_1(s)$ 的图线仍是一个“单位圆”，然而 $g_2(s)$ 就复杂得多了

$$\begin{aligned} g_2(s) =& -\left(\frac{s}{n}+\frac{1-n}{n}\right) \\ & \times \left\{\frac{1}{4}J^2Es^3+\frac{1}{2}JE\left[1+\alpha\left(P+\frac{1}{2}\right)\right]s^2+\left[\alpha E\left(P+\frac{1}{2}\right)+J\right]s \right. \\ & \left. +\left[1+\alpha\left(P+\frac{1}{2}\right)\right]\right\} \div \left\{\frac{1}{4}J^2Es^3-\frac{1}{2}JE\left[1+\alpha\left(P+\frac{1}{2}\right)+\frac{P}{n}\right]s^2 \right. \\ & \left. +\left[\alpha E\left(P+\frac{1}{2}\right)\left(1+\frac{P}{n}\right)+J\right]s+\left[1+\alpha\left(P+\frac{1}{2}\right)+\frac{P}{n}\right]\right\} \end{aligned} \tag{11.6-1}$$

如果 s 是纯虚数，$s=i\omega$，那么，$g_2(s)$ 的图线在 x 轴上的“截距”的坐标就是方程(11.6-1)在 $s=0$ 时的值。也就是

$$g_2(0) = -\frac{1-n}{n}\,\frac{1+\alpha\left(P+\frac{1}{2}\right)}{1+\alpha\left(P+\frac{1}{2}\right)+(P/n)} \tag{11.6-2}$$

因为 n，α 和 P 这三个参数都是正数，所以现在的 $g_2(0)$ 的绝对值小于方程(11.4-5)所给的 $g_2(0)$ 的绝对值，我们已经知道那个 $g_2(0)$ 的值是与系统的无条件稳定性有关系的。现在我们就看到，由于有了燃料馈送系统，结果就使得萨奇图的 $g_2(s)$ 图线更接近于 $g_1(s)$ 的单位圆图线。譬如说，如果不考虑馈送系统，那么，当 $n=\frac{1}{2}$ 时，$g_2(s)$ 图线就刚好与相当于发动机本身的单位圆图线相切。但是，如果把馈送系统也考虑进去，$g_2(s)$ 图线就与单位圆相交了，而且，当时滞 δ 超过某一个有限的数值时，系统就失去稳定性. 因此，馈送系统的影响是不利于系统的稳定的。从方程(11.6-1)可得出对于 s 的大的虚数值的渐近表示式(11.6-3)，考虑了这个表示式就会使我们更加确信上述的事实

$$g_2(i\omega) \cong -\left[\frac{i\omega}{n}+\left(\frac{1-n}{n}-\frac{2P}{Jn^2}\right)+\cdots\right],\quad |\omega| \gg 1 \tag{11.6-3}$$

因此，对于 s 的大虚数值来说，$g_2(s)$ 渐近地趋近于一条平行于虚轴的直线，这条直线在虚轴的左方，与虚轴的距离是

$$\frac{1-n}{n}-\frac{2P}{Jn^2}$$

所以，还是可以看到，馈送系统的作用是使 $g_2(s)$ 图线更接近单位圆。

这样就很明显，如果参数 n 差不多等于 1/2，或者大于 1/2，就不可能把系统设计成无条件稳定的，因为在没有反馈伺服机构的情况下，$g_1(s)$ 图线与 $g_2(s)$ 图线总是相交的。

11.7　有反馈伺服机构时系统的稳定性

如果方程(11.5-13)中 $H(s)$在右半 S 平面没有零点或极点,那么从 $g_1(s)$和 $g_2(s)$的萨奇图就可以判断方程(11.5-13)在右半 S 平面有没有零点。

这时

$$g_1(s) = e^{-\delta s}$$

$$g_2(s) = -\left(\frac{s}{n} + \frac{1-n}{n}\right)\left\{\frac{1}{4}J^2 Es^3 + \frac{1}{2}JE\left[1+\alpha\left(P+\frac{1}{2}\right)\right]s^2 + \left[\alpha E\left(P+\frac{1}{2}\right)+J\right]s + \left[1+\alpha\left(P+\frac{1}{2}\right)\right]\right\}\Big/ H(s) \quad (11.7\text{-}1)$$

这里的 $H(s)$就如式(11.5-14)所示。

当 s 在图 11.4-1 所画的路线上转动时,$g_1(s)$的图线仍然是一个单位圆。因此,如果相应的 $g_2(s)$图线完全在单位圆的外面,方程(11.5-13)就不会在右半 S 平面上有根。换句话说,如果在设计伺服控制部分的传递函数 $F(s)$的时候,使 $g_2(s)$图线完全在单位圆的外面(图 11.7-1),那么,对于任何的时滞值,系统都是稳定的。

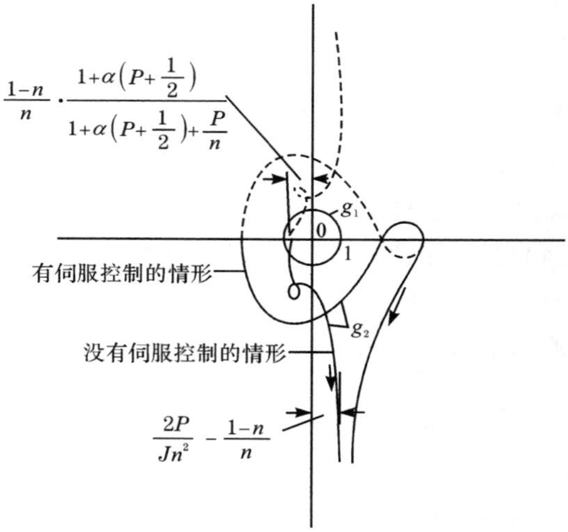

图 11.7-1

作为一个例子,我们取

$$n = \frac{1}{2},\quad P = \frac{3}{2}$$

$$J = 4$$

$$E = \frac{1}{4}$$

$$\alpha = 1$$

α 的数值相当于燃料泵是一个离心泵的情形。如果没有伺服控制，$g_2(s)$就是

$$g_2(s) = -\frac{1}{2}\frac{(2s+1)(2s^3+3s^2+9s+6)}{s^3+3s^2+6s+6}$$

主要的兴趣在于 s 取纯虚数 $i\omega$（ω 是实数）时的 $g_2(s)$的变化情况。因而

$$g_2(i\omega) = -\frac{1}{2}\frac{(6-21\omega^2+4\omega^4)(6-3\omega^2)+\omega^2(21-8\omega^2)(6-\omega^2)}{(6-3\omega^2)^2+\omega^2(6-\omega^2)^2}$$
$$-\frac{1}{2}i\omega\frac{(21-8\omega^2)(6-3\omega^2)-(6-21\omega^2+4\omega^4)(6-\omega^2)}{(6-3\omega^2)^2+\omega^2(6-\omega^2)^2}$$

图 11.7-2 中画出了这条图线的 $\omega>0$ 的部分。可以明显地看到，如果时滞的值足够大，系统就会不稳定。从另一方面来看，如果考虑了伺服控制，而且假设 $g_2(s)$能够相应地变为

$$g_2(s) = -2\frac{(s+2)(s+3)}{(s+6)}$$

那么，正如图 11.7-2 所画的那样，新的 $g_2(s)$图线就完全在 $g_1(s)$的单位圆图线的外面，因而，现在的系统就是无条件稳定的。根据方程(11.6-1)和(11.7-1)直接加以计算，就知道反馈部分的传递函数 $F(s)$应当是

$$F(s) = -4.875\frac{(s+1.0528)(s^2+0.7164s+2.6304)}{s(s+2)(s+3)(s+0.5332)(s^2+0.4668s+3.7511)}$$

所以，反馈部分具有第 3.3 节讨论过的积分线路的那种特性。如果测量燃烧室压力的传感器的反应性能和带动控制容器的伺服机构的特性都已经给定了，那么，我们就可能设计出一个放大器，使得总的传递函数接近于上面提到的传递函数 $F(s)$，用这个伺服控制系统就可以使燃烧过程得到稳定。

作为第二个例子，我们取

$$n = \frac{1}{2},\quad P = \frac{3}{2},\quad J = 4,\quad E = \frac{1}{4},\quad \alpha = 0$$

因为 $\alpha=0$，所以燃料泵的出口压力 p_0 是一个常数，即使燃料流出的速率发生变化的时候 p_0 也不会变动。这就相当于简单的增压装置的情形。如果没有反馈伺服机构，则

$$g_2(s) = -\frac{1}{2}\frac{(2s+1)(2s^3+s^2+8s+2)}{s^3+2s^2+4s+4}$$

当 s 是纯虚数时

$$g_2(i\omega) = -\frac{1}{2}\frac{(4-2\omega^2)(2-17\omega^2+4\omega^4)+\omega^2(4-\omega)^2(12-4\omega^2)}{(4-2\omega^2)^2+\omega^2(4-\omega^2)^2}$$
$$-\frac{1}{2}i\omega\frac{(4-2\omega^2)(12-4\omega^2)-(4-\omega^2)(2-17\omega^2+4\omega^4)}{(4-2\omega^2)^2+\omega^2(4-\omega^2)^2}$$

这条 g_2 的图线被画在图 11.7-3 上。很明显，如果没有伺服控制，而且时滞 δ 的值也足够大，燃烧就会是不稳定的。事实上，这个系统的稳定性能还不如前一个例子的系统好：也就是说，对于比较小的时滞值这个系统就会变为不稳定的。g_2 图线在 $\omega=2$ 点附近的部分是特别有趣的。在 $\omega=2$ 附近 g_2 图线与 g_1 的单位圆图线非常接近，如果时滞 δ 的值又能使得在 $\omega\simeq2$ 时，$g_1(i\omega)$ 与 $g_2(i\omega)$ 也相当接近 $g_1(i\omega)\simeq g_2(i\omega)$，那么，在 $\omega\simeq2$ 处就会发生一个几乎不衰减的振荡。这个临界的 δ 值显然小于那个由 g_2 与单位圆在 $\omega\simeq0.65$ 的实在的交点所确定的时滞 δ 的临界值。

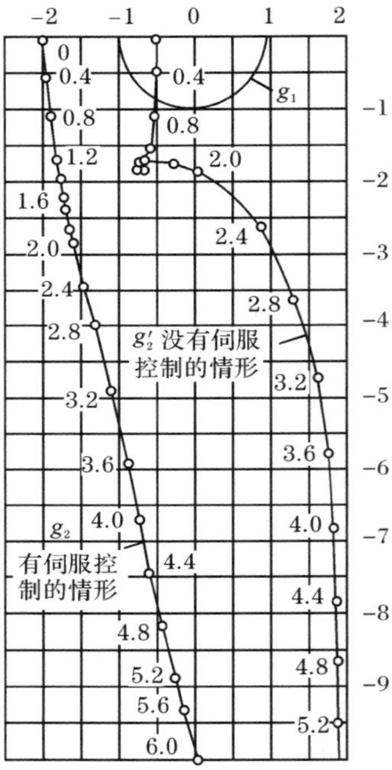

$P=\frac{3}{2}$，　$J=4$，　$E=\frac{1}{4}$，　$\alpha=1$

图 11.7-2

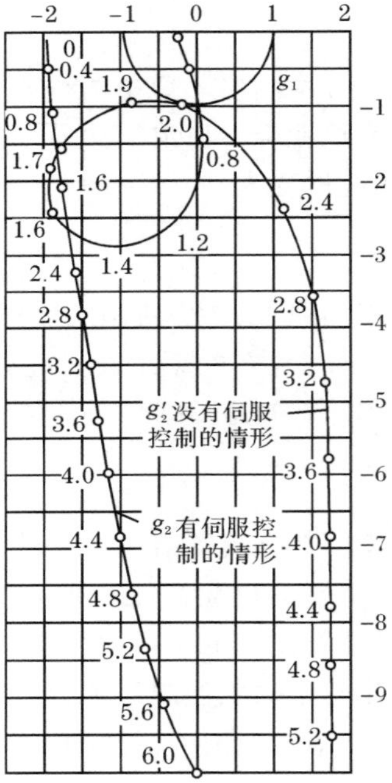

$P=\frac{3}{2}$，　$J=4$，　$E=\frac{1}{4}$，　$\alpha=0$

图 11.7-3

为了实现无条件的稳定性，必须把 g_2 图线移出单位圆，譬如说，如果希望把 g_2 也变为与第一个例子中的那个图线完全相同的“稳定”的图线

$$g_2(s)=-2\frac{(s+2)(s+3)}{s+6}$$

计算的结果表明：传递函数 $F(s)$ 就必须是

$$F(s)=-4.875\frac{(s+0.8126)(s^2-0.04337s+2.6506)}{s^2(s+2)(s+3)(s^2+4)}$$

所以，反馈部分必须具有二重积分线路那样的特性。而且，传递函数在 $\mp2i$ 有两

个纯虚数的极点。因为我们在原有的系统中忽略了导管的摩擦阻尼的作用,所以在这里才对放大器发生了这个不现实的要求。在任何一个实际的系统中,导管的摩擦阻尼作用必然会把所需要的传递函数 $F(s)$ 中的这两个纯虚数极点消除掉,并且把它们变为两个复共轭的极点。

必须强调指出,利用反馈伺服机构来稳定燃烧过程的做法的优点就是:由于反馈伺服机构的可变化性很大,对于任何的时滞 δ 或 τ 的值,我们都可以使系统无条件地稳定。既然我们没有关于时滞的准确的数据,所以,这个实现无条件稳定性的可能性对于工程实际来说确实是十分重要的。不但如此,如果要求在参数 n 发生任何的变化的情况下系统都是稳定的,我们也可以用以上这种伺服稳定的方法进行设计。由于物理学的理由,n 可以取 1/2 与 1 之间的一个值。我们来处理最坏的可能性 $n\cong1$,并且在这种情形下进行设计,使系统是无条件稳定的。这样设计出来的系统对于所有可能的 n 的值,当然都是稳定的。因此,即使不知道系统的确切的参数值,我们也还能保证反馈伺服机构的稳定作用。

11.8　利用萨奇图判断时滞系统稳定性的一般准则

在以前的伺服稳定作用的讨论中,我们都假定方程(11.7-1)的多项式 $H(s)$ 在右半 S 平面上没有零点和极点。然而,事实并不一定是这样的。所以,首先我们应该研究 $H(s)$ 在右半 S 平面的零点和极点的个数。

我们把方程(11.5-14)简写为

$$H(s) = H_0(s) + F(s)I(s) = 1 + L(s)$$

其中

$$\begin{aligned}H_0(s) =& \frac{1}{4}J^2Es^3 + \left\{\frac{1}{2}JE\left[1+\alpha\left(P+\frac{1}{2}\right)\right]+\frac{1}{2n}JEP\right\}s^2\\&+\left[\alpha E\left(P+\frac{1}{2}\right)+J+\frac{\alpha EP}{n}\left(P+\frac{1}{2}\right)\right]s+\left[1+\alpha\left(P+\frac{1}{2}\right)+\frac{P}{n}\right]\end{aligned}$$

$$I(s) = \frac{s}{n}\left[\frac{1}{4}J^2Es^3+\frac{1}{2}\alpha JE\left(P+\frac{1}{2}\right)s^2+JE+\alpha\left(P+\frac{1}{2}\right)\right]$$

假定 $H(s)$ 在右半 S 平面有 r 个零点和 q 个极点,由 $H(s)$ 的表达式可以看到,它的 q 个极点一定都是 $F(s)$ 的极点,于是 $E(s)$ 在右半 S 平面上也就有 q 个极点。另一方面,为了得到 $g_1(s)$ 和 $g_2(s)$,就要用 $H(s)$ 去除方程(11.5-13)中的 $E(s)$。这样做的结果就在右半 S 平面引进了 q 个零点和 r 个极点。因此,如果要求 $E(s)$ 在右半 S 平面上没有零点,$G(s)$ 就要围绕原点顺时针方向转 $-q+(q-r)=-r$ 圈,也就要求 $g_2(s)$ 围绕单位圆 $g_1(s)$ 以顺时针方向旋转 $-r$ 圈。于是,就需要确定 $H(s)$ 在右半 S 平面上的零点数 r。因此只要画 $H(s)$ 的分子多项式 $H_1(s)$ 的乃氏图就够了。当 s 沿着图 11.4-1 的曲线转动一周时，$H_1(s)$围绕原点顺时针方向转的圈数就是 $H(s)$在右半 S 平面的零点数。所以，为了解决一般情况下的稳定性问题，萨奇图和乃氏图都是要用到的(图 11.8-1)。

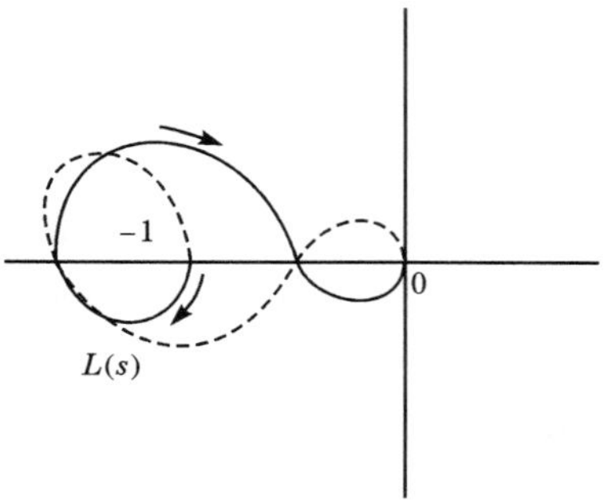

(a) $1+L(s)$在右半平面有两个零点的 $L(s)$的乃氏图

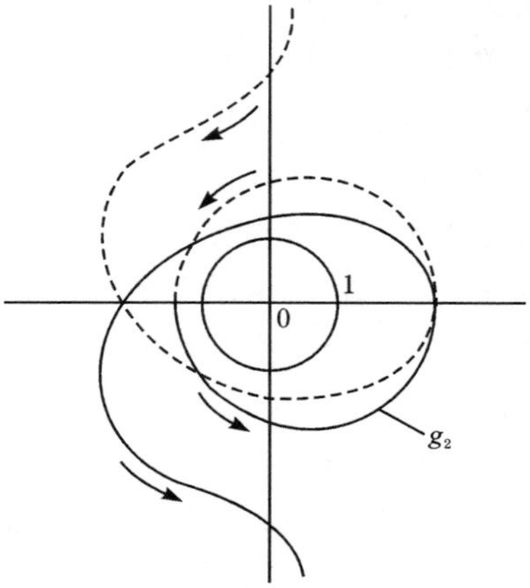

(b) 稳定的萨奇图

图 11.8-1 (实线表示正的 ω，虚线表示负的 ω)

显然，这里所讲的把萨奇图和乃氏图结合起来的稳定性准则，对于任意一个同类的时滞系统都是适用的。这一类系统的稳定性判据可以化为这样一个问题，即确定特征方程

$$E(s) = 0$$

是否有大于零的实数部分的根。这里的 $E(s)$包含有 $e^{-\tau s}$ 因数的项。正像前面讨论过的那样，用 $E(s)$里的 $e^{-\tau s}$ 的系数 $H(s)$去除 $E(s)$便得到

$$\frac{E(s)}{H(s)} = G(s) = g_1(s) - g_2(s)$$

其中

$$g_1(s) = e^{-\tau s}$$

当 s 在图 11.4-1 所画的右半圆的路线上转动时，$g_1(s)$和 $g_2(s)$的图线就构成了萨奇图，$g_1(s)$的图线是单位圆。用 $H(s)$除 $E(s)$可能在萨奇图中引进若干个正实数部分的零点。为了判明这个情况，我们必须画出 $H(s)$分子的乃氏图。然后，根据 $G(s)$围绕原点沿顺时针方向转的圈数就可以确定 $E(s)=0$ 在右半 S 平面上的根的个数。

函数 $g_2(s)$里包含有反馈部分的传递函数，反馈部分中的放大器是可以由设计者自由处理的。由于系统的其他部分的原因，$g_2(s)$里也可能包含有 s 的超越函

数。因为，反馈部分的放大器的传递函数通常都是两个多项式的比值，所以很难把来源于超越函数的损害稳定性的不良影响完全补偿掉。可是，在萨奇图中$g_2(s)$图线上最危险的部分就是最接近$g_1(s)$的单位圆图线的那一部分。然而，接近单位圆的$g_2(s)$点通常都是相应于小的s值，所以在$g_2(s)$的危险的部分上超越函数可以展开为s的泰勒级数。我们可以只取级数的少数几项作为超越函数的近似值[25]，并且根据这个近似的结果来设计反馈部分的放大器。这样一来系统在危险部分的损害稳定性的不良影响就可以被放大器补偿掉。不言而喻，最后还必须根据放大器的设计特性用已有的稳定性准则校验系统的性能。以上所讲的方法是马伯尔(Marble)和柯克司(Cox)所提出的。如果想知道详细的论述，读者可以去参阅原著[12]。

11.9　频率法的稳定性准则

这一节我们力图把乃氏法更直接地应用到时滞系统中来，希望利用无时滞的开环频率特性来判断有时滞的闭环系统的稳定性问题。这种方法是建立在图 11.9-1(c)结构图的基础上的。由第三章关于传递函数的知识可以知道，任何一个时滞系统，不论时滞环节位于系统的主回路(图 11.9-1a)还是位于反馈线上(图 11.9-1b)，它们的闭环传递函数的分母(特征方程)是相同的。例如图 11.9-1(a)的闭环传递函数为

$$\phi^*(s)=\frac{F_0(s)e^{-\tau s}}{1+F_0(s)e^{-\tau s}}=\frac{N_0(s)e^{-\tau s}}{D_0(s)+N_0(s)e^{-\tau s}}$$

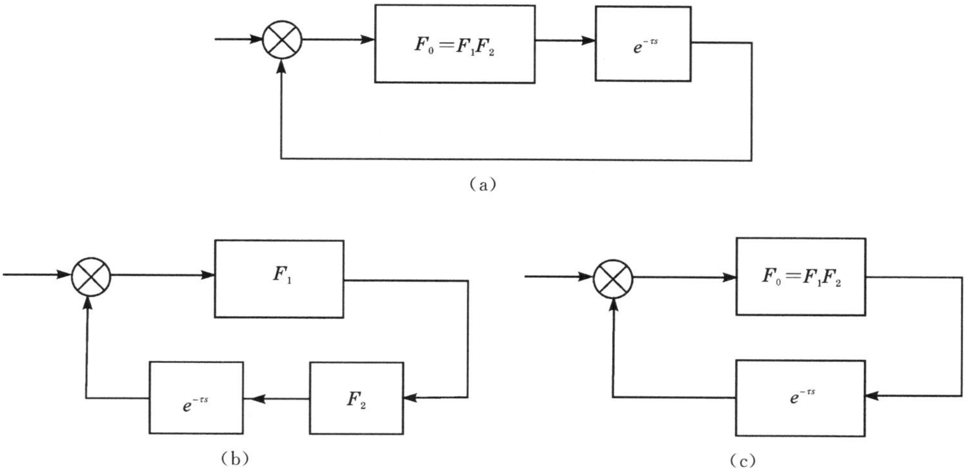

图 11.9-1

其中 $F_0(s)=F_1(s)F_2(s)$ 是无时滞开环传递函数，$N_0(s)$，$D_0(s)$ 分别为 $F_0(s)$ 的分子多项式和分母多项式。而图 11.12(b)的闭环传递函数是

$$\phi^*(s)F_s^* = \frac{F_1(s)}{1+F_0(s)e^{-\tau s}} = \frac{N_1(s)D_2(s)}{D_0(s)+N_0(s)e^{-\tau s}}$$

$$F_0(s) = F_1(s)F_2(s)$$

可见图 11.9-1(a)和图 11.9-1(b)的闭环特征方程相同，因而两者的稳定性是等价的。这样，我们就可以从结构图 11.9-1(c)出发来考虑有时滞的闭环系统的稳定性。

第 4.3 节所介绍的无时滞系统的稳定判据准则是利用开环传递函数的倒数 $\dfrac{1}{F_0(s)}$ 来判别的。当然，也可以利用传递函数 $F(s)$ 本身的图线来判断。由于大部分实际系统传递函数分母的阶数大于分子的阶数，仅在个别情况下两者相等。因此，当 s 绕图 4.3-1 的曲线旋转时，$F_0(s)$ 图线的主要部分由频率特性 $F_0(i\omega)$ 所决定。由于 $F_0(-i\omega)=\overline{F_0}(i\omega)$①，故可以直接利用开环频率特性 $F_0(i\omega)$，$0\leqslant\omega<\infty$，来判断闭环的稳定性。如果开环的传递函数在右半平面无极点，那么闭环稳定的充要条件是开环频率特性在复平面上不包围$(-1,i0)$点。

从时滞系统的典型结构图(图 11.9-1c)可以看出，有时滞的开环频率特性 $F_0^*(i\omega)$ 可以由无时滞的开环频率特性 $F_0(i\omega)$ 求得。因为

$$F_0^*(i\omega) = F_0(i\omega)e^{-i\tau\omega}$$

即对任何固定的自变数 ω，向量 $F_0^*(i\omega)$ 可由 $F_0(i\omega)$ 顺时针方向转以 $\tau\omega$ 角而得到。因此，可以直接利用无时滞的开环频率特性来判断有时滞的闭环系统的稳定性。

首先我们讨论无时滞的开环系统稳定或中性稳定时，时滞系统的稳定情况。此时与无时滞的系统类似，闭环时滞系统稳定的充要条件是开环时滞系统频率特性在 $0\leqslant\omega<\infty$ 段内不包围$(-1,i0)$点。

我们来考察特性 $1+F_0^*(i\omega)$，$F_0^*(i\omega)$ 是开环时滞系统的频率特性，而 $N_0(i\omega)$ 和 $D_0(i\omega)$ 分别是开环无时滞系统频率特性的分子与分母，于是

$$1+F_0^*(i\omega) = 1+\frac{N_0(i\omega)}{D_0(i\omega)}e^{-i\tau\omega} = \frac{D_0(i\omega)+N_0(i\omega)e^{-i\tau\omega}}{D_0(i\omega)}$$

其中分母是无时滞开环系统的特征方程，分子是有时滞闭环系统的特征方程。若要求有时滞的闭环系统稳定，那么当 ω 由 0 变至 $+\infty$ 时，开环时滞系统频率特性 $F_0^*(i\omega)$ 应该不包围$(-1,i0)$点。如果 $F_0^*(i\omega)$ 不包围$(-1,i0)$点而通过该点，那么系统就处于临界稳定状态。临界时滞时间 τ_k 和临界频率 ω_k 应该由下列两式决定

① “—”表示共轭复数。

$$|F_0(i\omega_k)| = 1$$
$$\arg[F_0(i\omega_k)] - \tau_k\omega_k = -\pi \pm 2\pi q, \quad q = 0,1,\cdots \tag{11.9-1}$$

从上述讨论似乎可以得出结论:一切具有时滞的元件都会使系统的稳定性变坏。实际上并非完全如此。有时,利用具有时滞的元件还可以改善闭路系统的稳定性。例如,设有一个闭路系统当没有时滞元件时不稳定,如具有图 11.9-2 那种频率特性的系统,显然它的闭路系统是不稳定的,因为频率特性包围了(−1,$i0$)点。此时如果在系统中的主回路或反馈回路内增加一个时滞元件,使频率特性曲线顺时针旋转一个角度,当时滞 τ 选择恰当时,可以使原来包围(−1,$i0$)点的频率特性曲线转到此点的外部,于是增加了时滞元件的闭路系统就一变而为稳定系统了。在工程实际问题中,就有人利用时滞元件的这种性能去改善系统的稳定性,试验的结果也是很成功的。

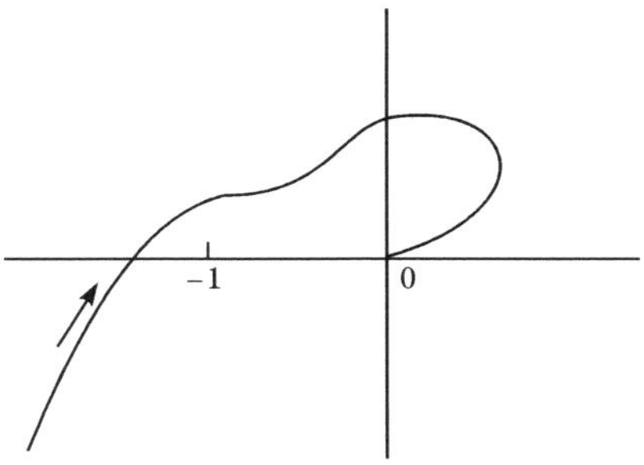

图 11.9-2

关于时滞系统的线性综合方法,即控制装置的设计,也可以用频率特性去进行。比较成功的方法可参看文献[22]。

参 考 文 献

[1] 秦元勋、刘泳清、王联,带有时滞的动力系统的运动稳定性,科学出版社,1963.

[2] 赵民义,复变函数论,高等教育出版社,1960.

[3] Ansoff. H. I., Stability of linear oscillating systems with constant time lag, J. Appl. Mechanics(ASME),16(1949),158−164.

[4] Bellman, R., Cooke, K. L., Differential-Difference Equations, Academic Press, New York,1963.

[5] Balestrino, A., Celetano, G., Stabilization by Digital Controllers of Multivariable Linear Systems with time-lays, Proc. of 7th IFAC Congress. Helsinki,1978.

[6] Bhat, K. P. M., Koivo, H. N., Modal characterization of controllability and observability for time delay systems, IEEE Trans. on AC, AC-21(1976),2. 232−233.

[7] CaHander, A., Hartree, D., Porter, A., Trans. Roy. Soc., London(A),(1935),415−444.

[8] Crocco,L. ,Jour. Amer. Rocket Soc. ,21(1951),163—178.
[9] Goldenberg, A. , Davison. E. J. , The Robust Control of a Servomechanism Problem with Time Delay. Proc. of 7th IFAC Congress,Helsinki,1978.
[10] Jakubczyk, B. , Olbrot, A. W. , Dynamic Feedback Stabilization of Linear Time-lag Systems. Proc. of 7th IFAC Congress,Helsinki,1978.
[11] Minorsky,J. N. ,Self-Excited oscillations in dynamical systems Possessiny retarded actions J. Appl. Mechanics (ASME),9(1942),67—71.
[12] Marble,F. E. ,Cox,D. W. ,Jour. Amer. Rocket Soci. 23(1953),75—81.
[13] Pandolfi, L. , Stabilization of neutral functional differential equations. J. of optimization Theory and Appl. ,20(1976),2,191—204.
[14] Satche,M. ,J. Appl. Mechanics,(ASME),16(1949),419—420.
[15] Tsien H. S. (钱学森),J. Amer. Rocket Soci. 22(1952),139—143.
[16] Wonham,W. M. ,Linear Multivariable Control,Springer-Verlay,New York,1974.
[17] Вулгаков В. В. ,Колебание,Москва,1954.
[18] Лаврентъев М. А. , Шабат В. В. , Методы Теории Функций Комплексного Переменного, Москва,1958.
[19] Попов Е. П. ,Динамика Систем Автоматического Регулирования, Гл. 7, Государетвенное издателъство технико-теоретической литеражуры,Москва,1954.
[20] Понтрятин Л. С. ,О нулях некторых элементарных трансдендентных функций,изв. АН. СССР,Серия матем. ,6(1942),115—134.
[21] Уланов Г. К. ,Анализ устойчивости систем автоматического регулирования с запаздыванием, в книге основы теории автаматического регулирования, под ред. Солодовникова, В. В. Гл. 13,Машигиз,1954.
[22] Фанъ Чун-вуй(范崇惠), Анапиз качества и синтез автаматического регулирования с запаздыванием,Автамаmuка u Телемеханика,19(1958),3.
[23] Фелъдбаум А. А. ,Электрические системы автаматического регулирования,Государственное нздателbство оборонный промышленности,москва,1957.(电的自动调节系统,章燕申,金兰,石定机等译,国防工业出版社,1961.)
[24] Харатишвили Г. А. ,Принцип Максимума в теории оптималъных процессов с запаздыванием, Доклаlы АН СССР,136(1961),39—42.
[25] Цыпкин Я. З. ,Устойчивостъ систем с запаздывающей обратной связью, Автамаmuка u Телемеханика,7(1946),2—3.

第十二章 分布参数控制系统

在第一章里，我们曾经讲过，有很多受控对象的运动规律，不能用常微分方程来描述。例如，弹性梁型的运动体、大型加热炉、水轮机和汽轮机，物理学中的电磁场、流场、等离子体约束、温度场以及化学中的扩散过程等。这些物理量的变化规律，必须用偏微分方程才能准确地加以描述。而且在工程技术上，常常要求对这些物理量加以控制，使其变化规律满足技术上的要求。受控对象如此，控制装置或执行机构也有类似的情况。如液压和气动执行机构是目前应用比较广泛的元件。当油路和气路结构比较复杂且路线过长时，在其运动规律中也要考虑流体（工作体）本身的状态变化，而这种状态同样是由偏微分方程描述的。前一章讨论过的具有时滞的系统，如果时滞是由于运动在某种场内传递而造成的话，那么时滞系统就是分布参数系统的一个特例。

由此看来，工程实践向我们提出了不同于集中参数系统的一种控制系统。在这种系统中，一部分环节的运动用偏微分方程描述，而另一部分环节则用常微分方程描述，或者全部环节都用偏微分方程来描述。我们把这种动力学系统称之为分布参数控制系统。如弹性体的振动控制、装有流体的刚性容器的晃动控制、温度场的控制，以及热核受控反应中的等离子体约束的控制等，都是典型的分布参数控制系统。

从工程技术角度来说，对于这类系统，我们自然会提出，什么是系统的稳定性，什么是它的过渡特性，如何进行系统分析，怎样设计一个满足实际限制而又能达到既定指标的控制装置，使系统满足规定的技术要求等。对于集中参数控制系统，这些方面的理论和实践都较成熟，但对分布参数系统来说，尚处在发展阶段。五十年代，当分布参数系统的理论还没有建立起来时，人们曾用集中参数的理论去逼近，如用带有时滞环节的常微分方程去讨论特殊类型的分布参数控制系统[41]。即使这种比较简单的分布参数系统，就已经表现出了它的复杂性。以线性常系数分布参数系统来说，我们将会看到，第三章用过的传递函数方法对它还是可以应用的。但是，其传递函数已不再是有理分式，而是亚纯函数。系统的特征方程也不是多项式而是整函数，它的特征根也不是有限个而是无穷多个。显然，分析这种系统比集中参数系统复杂得多。至于线性变系数系统和非线性系统就更为复杂。

近十几年来，由于理论和实践的发展，特别是在分布参数控制系统的研究中，由于广泛应用现代偏微分方程和泛函分析的理论成果，不仅为分布参数系统建立了比较严格的理论基础，同时也提供了比较有力的工具，从而使分布参数系统的研究有了很大进展，成为现代控制理论中一个重要分支，并越来越引起人们的广泛重视。

目前，在分布参数系统理论的研究中，某些方面是和集中参数系统平行进行的。在某种意义上，它是集中参数系统理论的推广。如分布参数系统的镇定问题、最优控制问题、能控性和能观测性问题，以及分布参数系统的辨识和滤波问题等，都取得了类似于集中参数系统的结果。但是，由于分布参数系统描述的物理现象的复杂性，它具有无穷多个自由度，这一事实本身就决定了分布参数系统有其固有特点，而这些特点是集中参数系统所没有的。

在这一章里，我们仅就分布参数系统的基本特点和典型分布参数系统的构成，以及系统分析和综合的基本方法和概念，作一些初步介绍。对于这些问题的各种专门研究，读者可参阅本章所附的文献。

应该说明，十几年来，关于分布参数系统的研究工作很多，这当然是很好的事情，但用来解决工程实际问题的研究还不够多。而且偏微分方程理论本身也还有很多空白，尤其是从控制理论的角度提出的新问题还需要进一步深入地研究。

12.1 分布参数环节的数学描述

具有分布参数特性的物质运动，其运动状态不仅依赖于时间，而且还依赖于空间变量。例如横向振动的弦，它的横向位移 $u(t,x)$，既是时间 t 又是弦上不同点位置 x 的函数。不同的时间，弦的位移是不同的，即使同一时间，在弦的不同点 x 处的位移也不同。在工程上，所有具有分布参数特性的对象和元件，都有着同样的性质。描述这类对象的运动方程是偏微分方程或积分方程。

例如，一个受控的均匀圆柱体的扭转运动。设其长为 l，材料的剪切模量为 G，质量密度为 ρ。若 t 时刻 x 点处的扭角为 $r(t,x)$，则圆柱体的扭转振动，可以用下述偏微分方程描述

$$\frac{\partial^2 r(t,x)}{\partial t^2}=\frac{G}{\rho}\frac{\partial^2 r(t,x)}{\partial x^2}+f(t,x),\quad 0<x<l,\quad 0<t<\infty \tag{12.1-1}$$

其中 $f(t,x)$ 是控制作用。

再如，一个均匀各向同性的物体，它在三维空间占有的区域为 Ω，其边界为 $\partial\Omega$。设它的热传导系数为 k，比热为 c，密度为 ρ。用 $u=u(t,x,y,z)$ 表示物体在 (x,y,z) 点处 t 时刻的温度，那么，这个物体的温度变化应满足方程

$$\frac{\partial u}{\partial t}=a^2\left(\frac{\partial^2 u}{\partial x^2}+\frac{\partial^2 u}{\partial y^2}+\frac{\partial^2 u}{\partial z^2}\right)+f(t,x,y,z),\quad (x,y,z)\in\Omega,\quad 0<t<\infty \tag{12.1-2}$$

其中 $a^2=\frac{k}{c\rho}$，$f(t,x,y,z)$为可调的热源。

如果不加热源，即 $f(t,x,y,z)\equiv 0$，而且物体的外部环境不随时间变化，这时，不管初始温度如何，经过一段时间之后，物体内部温度趋于平衡，此时热量仍在流动，只是流出和流入物体热量的代数和等于零，物体内部的温度 $u(t,x,y,z)$已与 t 无关，在这种情况下，它满足所谓拉普拉斯方程

$$\frac{\partial^2 u}{\partial x^2}+\frac{\partial^2 u}{\partial y^2}+\frac{\partial^2 u}{\partial z^2}=0,\quad (x,y,z)\in\Omega \tag{12.1-3}$$

上述这些方程都是典型的偏微分方程，而且都是线性的，即在方程中对未知函数及其导数都是线性的。当方程中所有系数都是常数时，叫做常系数方程。如果右端函数[如式(12.1-1)中的 $f(t,x)$]不为零时，叫做非齐次方程。否则叫做齐次方程，如式(12.1-3)。对线性二阶方程，按其特点又分为双曲型、抛物型和椭圆型三种。许多分布参数环节是由这些方程描述的，所以我们稍微介绍得详细一点。

方程(12.1-1)是双曲型方程中的一种。这类方程含有对时间 t 的二阶偏导数项，即加速度项。自然界中波的传播，物体振动等的运动方程大都属于这一类。它们表现出对时间具有可逆的性质。同是双曲型方程，可以描述完全不同的物理现象。比如一维双曲型方程

$$\frac{\partial^2 u}{\partial t^2}=a^2\ \frac{\partial^2 u}{\partial x}$$

当 $a^2=\frac{T}{\rho}$，T 是张力，ρ 是质量密度时，它描述了弦的横向振动。但是一个充满气体的细长管子受到小扰动时，管中气体压力 p 也满足相同形式的方程，

$$\frac{\partial^2 p}{\partial t^2}=a^2\ \frac{\partial^2 p}{\partial x^2}$$

只是系数 a^2 的物理意义不同了。此时 $a^2=\frac{kp_0}{\rho_0}$，p_0，ρ_0 分别是初始时刻气体压力和密度，$k=\frac{c_p}{c_v}$是比热比，c_p 是定压比热，c_v 是定容比热。

方程(12.1-2)是抛物型方程中的一种。这类方程中，含有对 t 的一阶偏导数项，即速度项。它描述着自然界中的热传导过程、气体扩散以及电磁场传播等物理过程。同样，在量子力学、统计物理、概率论等理论研究中也会遇到这类方程。这类运动过程在时间上，通常没有可逆性。和双曲型方程类似，同一方程描述完全不同的物理现象。比如，导电线圈所围圆柱体内的磁场 H，就用方程(12.1-2)来描述

$$\frac{\partial H}{\partial t}=a^2\left(\frac{\partial^2 H}{\partial x^2}+\frac{\partial^2 H}{\partial y^2}+\frac{\partial^2 H}{\partial z^2}\right)$$

其中 $a^2=\frac{c^2}{4\pi\sigma\mu}$，$c$ 是光速，μ 是磁导率，σ 是电导率。

双曲型和抛物型方程，描述了运动的动态过程，而式(12.1-3)这类椭圆型方程，则描述了运动的稳态过程。诸如稳态下的热传导问题，在固定外力作用下，膜的平衡问题以及不可压缩理想流体无旋流动的速度势，静电场的电位等，都属于椭圆型方程。

从工程技术上说，所谓分布参数受控对象和元件，即分布参数环节，就是指其运动方程是由上述各类偏微分方程描述的。这些描述运动过程的方程式也叫发展方程。如果方程和边界条件都是线性的，则这个环节就叫做线性环节。

例如，在飞行控制中，一个细长体飞行器，有时不能完全看成刚体而必须考虑弹性振动。此时作为弹性体，它的运动可以近似用弹性梁的运动来描述，其运动方程就是[9]

$$m(x)\frac{\partial^2 u}{\partial t^2}+C(x)\frac{\partial u}{\partial t}+B(x)\frac{\partial u}{\partial x}+\frac{\partial^2}{\partial x^2}EJ(x)\frac{\partial^2 u}{\partial x^2}=f(t,x),\quad 0<x<l,\quad 0<t<\infty \tag{12.1-4}$$

其中 $m(x)$ 是梁的质量密度，E 是杨氏模量，$EJ(x)$ 是 x 处的弯曲刚度，$C(x)$ 是介质对梁横向振动的阻尼系数，$B(x)$ 是局部升力系数，$f(t,x)$ 是控制作用。$u=u(t,x)$ 是梁在 x 点处 t 时刻的横向位移。显然，这样的受控对象就是分布参数对象。

和集中参数系统一样，为了进行系统分析，首先要分析分布参数环节的动态特性和静态特性，因此就必须对描述环节的方程求解。但是这个问题要比集中参数环节复杂得多。

一个用常微分方程描述的对象，只要初始状态给定，它的运动就唯一确定了。对偏微分方程描述的对象，为了确定它的解，也必须给出初始状态，即初始条件。对双曲型方程要给出初始位移和初始速度，比如方程(12.1-1)，它的初始条件可以是

$$r(t,x)\big|_{t=0}=\varphi(x),\quad \left.\frac{\partial r(t,x)}{\partial t}\right|_{t=0}=\psi(x) \tag{12.1-5}$$

对抛物型方程要给出初始位置，比如，方程(12.1-2)的初始条件可为

$$u(t,x,y,z)\big|_{t=0}=\varphi(x,y,z) \tag{12.1-6}$$

但是，只有初始条件，对偏微分方程来说，往往还不能唯一确定它的解。比如，同样作扭转振动的圆柱体，它可以是两端固定不动的，也可以是一端固定不动而另一端是自由的。这两种不同的边界情况，圆柱体的振动规律显然不一样。同样，一个传热介质的边界，如方程(12.1-2)中的 $\partial\Omega$，它可以是绝热的，也可以和外界有热交换，在这两种边界条件下，介质的热传导规律也不一样。因此，为了使方程的解确定，除了初始条件外，还必须有所谓的边界条件，这是不同于集中参数系统的。例如，上述圆柱体的扭转振动，当两端固定时，边界条件为

$$r(t,x)|_{x=0}=0, r(t,x)|_{x=l}=0 \tag{12.1-7}$$

如果 $x=0$ 一端固定，$x=l$ 一端是自由的，则边界条件为

$$r(t,x)|_{x=0}=0, \left.\frac{\partial r(t,x)}{\partial x}\right|_{x=l}=0 \tag{12.1-8}$$

边界条件反映了在物体运动过程中，加在其边界上的约束。不同的约束条件，其运动规律也不一样。当初始条件和边界条件都给定以后，方程的解才能唯一确定，这在数学中叫做偏微分方程的定解问题，而初始条件和边界条件叫做定解条件。给定了运动方程，它描述了物体的一般运动，在方程和定解条件都给定的情况下，方程的解就描述了物体的一类特殊运动。

对上述三种不同类型的方程，在形式上有着完全相似的三种边界条件[2,3]。以方程(12.1-2)为例，第一类边界条件是

$$u(t,x,y,z)|_{\partial\Omega}=\varphi_1(t,x,y,z), \quad (x,y,z)\in\partial\Omega \tag{12.1-9}$$

它表示在物体边界上，$u(t,x,y,z)$的变化规律是已知的。

第二类边界条件是

$$\left.\frac{\partial u(t,x,y,z)}{\partial n}\right|_{\partial\Omega}=\varphi_2(t,x,y,z), \quad (x,y,z)\in\partial\Omega \tag{12.1-10}$$

其中 n 表示边界曲面 $\partial\Omega$ 的外法线方向。这个条件表明，在物体边界 $\partial\Omega$ 的法线方向上，$u(t,x,y,z)$的变化规律是给定的。

第三类边界条件是

$$\left.\left[\frac{\partial u(t,x,y,z)}{\partial n}+ku(t,x,y,z)\right]\right|_{\partial\Omega}=\varphi_3(t,x,y,z), \quad (x,y,z)\in\partial\Omega \tag{12.1-11}$$

其中 k 是已知常数。这个条件是式(12.1-9)和(12.1-10)的线性组合，它表明在物体边界 $\partial\Omega$ 及 $\partial\Omega$ 的法线方向上，两者合在一起 $u(t,x,y,z)$的变化规律是已知的。

如果 $\varphi_1=\varphi_2=\varphi_3=0$，则叫做齐次边界条件，否则叫做非齐次边界条件。

在受控对象的分析中，我们能够遇到的有三种问题，即初值问题，边值问题，混合问题。

所谓初值问题(柯西问题)是指只有初始条件就可定解。这类问题描述的是相当于空间变量的变化区域为无限大时的动态过程。它往往出现在双曲型和抛物型方程中。如无限长圆柱体的扭转振动，无限大介质中的热传导，无限长电力线的传输等。所谓无限大的区域，是指当物体的体积很大，而所要研究的问题是在较短时间里，较小范围内的变化规律。比如大气中某个局部范围短期内温度变化的情况，那时边界条件产生的影响很小，以致可以忽略，这时不妨把整个物体看成无限大，而把边界条件去掉。于是就变成了只有初始条件的初值问题。

边值问题是在定解条件中只有边界条件，没有初始条件。这类问题描述的是

运动的稳态过程。边值问题往往出现在椭圆型方程中。

混合问题是在定解条件中既有初始条件也有边界条件。这类问题描述了空间区域为有限时的动态过程。它大多出现在双曲型和抛物型方程中。如有限长弦的横向振动,有限体积内物体热传导,有限长电力线的传输等。从控制观点看,我们首先感兴趣的是动态过程,然后才是稳态过程,因此,我们讨论的重点是混合问题。

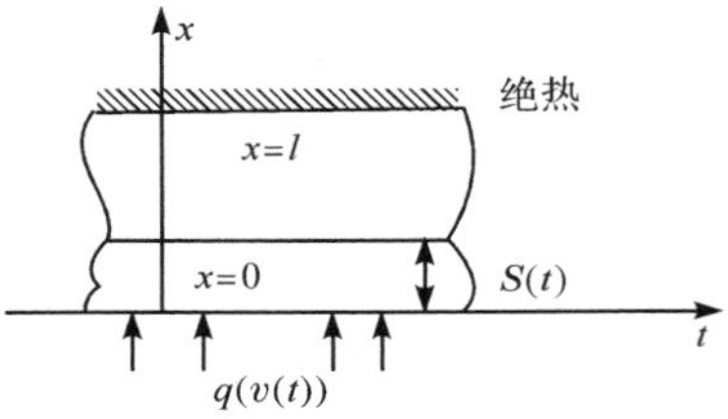

图 12.1-1

以上所讲的分布参数对象,其空间区域和边界,在运动过程中始终保持不变,这叫做固定域分布参数对象。与此相反,当空间区域和边界在运动过程中随着时间而变化时,叫做可变域分布参数对象。比如,带有烧蚀表面的再入飞行器的烧蚀问题[33]。我们研究再入飞行器烧蚀部分最简单的一维模型。设厚为 l 的烧蚀板,在 $x=0$ 处有热输入为 $Q(t)$,$Q(t)$可表示为宇宙飞行器再入大气层速度 $v(t)$的函数,即 $Q(t)=q(v(t))$。在 $x=l$ 处烧蚀板被绝热。如图 12.1-1。

在 t_0 时飞行器开始再入飞行,由于气动加热,在 $x=0$ 处到 t_1 时达到了烧蚀板的熔点 u_m。在 $t_0\leqslant t\leqslant t_1$ 这段时间内,烧蚀板内的温度分布可用一维热传导方程描述

$$\frac{\partial u(t,x)}{\partial t}=\mu\frac{\partial^2 u(t,x)}{\partial x^2},\quad 0<x<l \tag{12.1-12}$$

初始条件是

$$u(t,x)\big|_{t=t_0}=u_0(x) \tag{12.1-13}$$

边界条件为

$$\left.\frac{\partial u(t,x)}{\partial x}\right|_{x=0}=\frac{1}{k}q(v(t)),\quad \left.\frac{\partial u(t,x)}{\partial x}\right|_{x=l}=0 \tag{12.1-14}$$

其中 k 是热传导系数。

由于板的一端是绝热的,随着时间 t 的增大,热量不断积累,当 $t>t_1$ 时板开始熔解。这时板的边界和内部温度都将发生变化。用 $S(t)$表示板的固体部分的边界,用$\tilde{u}(t,x)$表示板内温度分布。当 $t>t_1$ 时,$\tilde{u}(t,x)$满足下述方程

$$\frac{\partial \tilde{u}(t,x)}{\partial t}=\mu\frac{\partial^2 \tilde{u}(t,x)}{\partial x^2},\quad S(t)<x<l,\quad t_1<t \tag{12.1-15}$$

初始条件为

$$S(t_1)=0,\quad \tilde{u}(t_1,x)=u(t_1,x) \tag{12.1-16}$$

边界条件是

$$\tilde{u}(t,x)\big|_{x=S(t)}=u_m$$
$$\rho\alpha\frac{dS(t)}{dt}-k\left.\frac{\partial\tilde{u}(t,x)}{\partial x}\right|_{x=S(t)}=q(v(t))$$
$$\left.\frac{\partial\tilde{u}(t,x)}{\partial x}\right|_{x=l}=0 \tag{12.1-17}$$

其中 ρ 是板的密度，α 是熔解热。

在这个例子中，分布参数对象的区域和边界都是随着时间而变化的。因此，它是可变域的分布参数对象。但是，经过适当的变换可以把可变域的分布参数系统变成一个固定域分布参数系统耦合一个集中参数系统，对于后者研究起来就比较方便。今后，我们主要讨论固定域的分布参数对象。

下面，我们再说明一下偏微分方程解的含义。在定解问题中，解函数的类别与具体问题的性质有关，需要每次具体确定。例如它可以是指这样的函数，它以及出现在定解条件中它的偏导数，都在所考虑的区域上连续，而在方程中所出现的它的导数在区域内部连续，他们都同时满足方程，当区域内部的点以任意方式趋于边界时，他们满足定解条件。以方程(1 2.1-2)为例。运动方程和定解条件如下：

$$\frac{\partial u}{\partial t}=a^2\left(\frac{\partial^2 u}{\partial x^2}+\frac{\partial^2 u}{\partial y^2}+\frac{\partial^2 u}{\partial z^2}\right),\quad (x,y,z)\in\Omega,\quad 0<t<\infty$$
$$u(t,x,y,z)\big|_{t=0}=\varphi(x,y,z),\quad (x,y,z)\in\Omega,\quad t=0$$
$$\left.\left(\frac{\partial u}{\partial n}+ku\right)\right|_{\partial\Omega}=\psi(t,x,y,z),\quad (x,y,z)\in\partial\Omega,\quad t\geqslant 0$$

它的解 $u(t,x,y,z)$ 是指它在 Ω 和 $\partial\Omega$ 上以及 $t\geqslant 0$ 时连续，$\frac{\partial u}{\partial n}$ 在 $\partial\Omega$ 和 $t\geqslant 0$ 时连续。其次，$\frac{\partial u}{\partial t}$，$\frac{\partial^2 u}{\partial x^2}$，$\frac{\partial^2 u}{\partial y^2}$，$\frac{\partial^2 u}{\partial z^2}$ 在 Ω 和 $t>0$ 处连续，把这个 $u(t,x,y,z)$ 代到方程(12.1-2)中使其成为恒等式。当 $t\to 0$ 时，$u(t,x,y,z)\to\varphi(x,y,z)$ 对任意的点 $(x,y,z)\in\Omega$ 处处成立。当 $(x,y,z)\in\Omega$ 并以任意方式趋于边界 $\partial\Omega$ 上任意点 (x_0,y_0,z_0) 时，对 $t\geqslant 0$ 都有 $\left[\frac{\partial u}{\partial n}+ku\right]\to\psi(t,x_0,y_0,z_0)$ 成立。这样的解通常叫做方程的古典解。古典解的存在往往对初始条件要求比较严格，而实际中给定的初始条件常常不能满足这些要求。因此，古典解有很大的局限性。为了满足实际问题的需要，要用广义解代替古典解，它在较广的范围内给出了定解问题的解。这样就比较接近工程实际问题的特点。关于广义解的定义和求解方法，将在本章第 12.6 节中讨论。

12.2　分布参数环节的传递函数

分布参数环节是由偏微分方程描述的，为了分析这种环节的特性，需要求解偏微分方程。在给定了定解条件后，解偏微分方程的方法很多，但在控制理论中常用的是拉普拉斯变换法和分离系数法。特别是拉普拉斯变换法，还可以使我们去定义分布参数环节的传递函数。

我们首先定义分布参数系统中遇到的拉普拉斯变换①。

设二元函数 $y(t,x)$，在 $t>0$ 时是逐段连续的函数。在 $t<0$ 时为零。对任意固定的 x，作为 t 的函数 $y(t,x)$ 的增长速度小于 $e^{\sigma_0 t}$，$0<\sigma_0<\infty$。我们定义

$$Y(s,x)=\int_0^\infty y(t,x)e^{-st}dt,\quad \mathrm{Re}s>\sigma_0 \tag{12.2-1}$$

式中 s 为复数。$\mathrm{Re}s$ 是 s 的实部。$Y(s,x)$ 称为函数 $y(t,x)$ 的拉氏变换。$Y(s,x)$ 在 $\mathrm{Re}s\leqslant\sigma_0$ 上的值可用解析延拓方法确定。今后把 $Y(s,x)$ 叫做 $y(t,x)$ 的象函数，而 $y(t,x)$ 为 $Y(s,x)$ 的原函数。容易验证，第二章所讲的拉氏变换性质，在这里也是正确的。例如，当 $y(0,x)=\varphi(x)$ 时，则有

$$\int_0^\infty \frac{dy(t,x)}{dt}e^{-st}dt=y(t,x)e^{-st}\Big|_0^\infty+s\int_0^\infty y(t,x)e^{-st}dt=-\varphi(x)+sY(s,x)$$

即 $\dfrac{dy(t,x)}{dt}$ 的象函数为 $-\varphi(x)+sY(s,x)$。

除此而外，还有以下性质：

(1) $Y(s,0)=\int_0^\infty y(t,0)e^{-st}dt$

$$Y(s,l)=\int_0^\infty y(t,l)e^{-st}dt$$

(2) 若 $\dfrac{\partial y(t,x)}{\partial x}$ 对任意固定的 x，作为 t 的函数其增长速度不大于 $e^{\beta t}$，$\beta\geqslant\sigma_0$，则

$$\int_0^\infty \frac{\partial y(t,x)}{\partial x}e^{-st}dt=\frac{\partial}{\partial x}\int_0^\infty y(t,x)e^{-st}dt=\frac{\partial Y(s,x)}{\partial x},\quad \mathrm{Re}s>\beta$$

$\mathrm{Re}s\leqslant\beta$ 的值可用解析延拓方法得到。这就是说，在上述条件下，$\dfrac{\partial y(t,x)}{\partial x}$ 的象函数为 $\dfrac{\partial Y(s,x)}{\partial x}$。

(3) 当 $\mathrm{Re}s>\sigma_0$ 时，

$$\lim_{x\to\infty}Y(s,x)=\int_0^\infty \lim_{x\to\infty}y(t,x)e^{-st}dt$$

---

① 在一般函数空间中的拉普拉斯变换的严格定义请参看 Hille, E & Phillps, R. S., Functional Analysis and Semi-groups, Amer. Math. Soc., 1957。

$\mathrm{Re}s \leqslant \sigma_0$ 的值可用解析延拓方法确定。

设 $Y(s,x)$ 是 $y(t,x)$ 的象函数，则 $y(t,x)$ 可用拉氏反变换求得

$$y(t,x) = \frac{1}{2\pi i}\int_{\gamma-i\infty}^{\gamma+i\infty} Y(s,x)e^{st}ds, \quad \gamma > \sigma_0 \tag{12.2-2}$$

在常微分方程中，应用拉氏变换将原函数的微分方程变成了象函数的代数方程。在偏微分方程中，应用拉氏变换后，仍是象函数的偏微分方程，但自变量的数目将减少一个（有时变成了象函数的常微分方程）。然后我们应用边界条件将象函数的微分方程解出，再进行拉氏反变换就得到了方程的解。这个解由两部分组成，一部分是由初始条件引起的运动，叫做自由运动。另一部分由外加作用引起的运动，叫做强迫运动。当把外加作用看成输入，而把它引起的运动看作输出，这时输出输入象函数的比，仍是一个以 s 为自变量的函数，我们把这个函数叫做分布参数环节的传递函数。和集中参数环节不同的是，这个传递函数不再是有理分式，一般地说，它是 s 的超越函数，而且还是空间变量的函数。

我们举几个例子，说明拉氏变换法的应用。

例 1. 求初始位移为 $\varphi(x)$，初始速度为 $\psi(x)$，在 $x=0$ 点处受集中力矩 $u(t)$ 控制，两端自由的圆柱体扭转振动的传递函数（见图 12.2-1）。

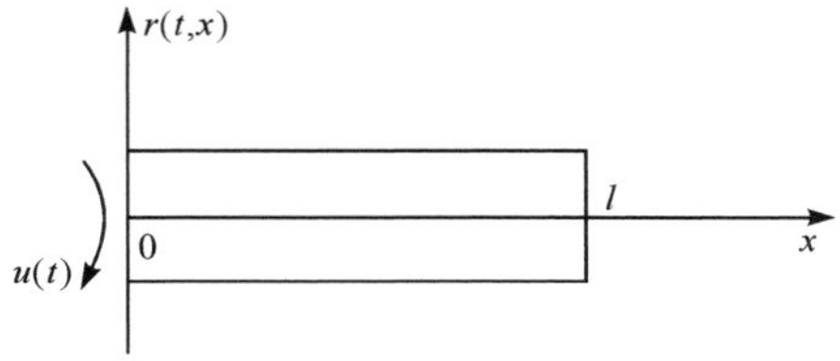

图 12.2-1

圆柱体扭转振动方程及定解条件为

$$\frac{\partial^2 r(t,x)}{\partial t^2} = a^2\frac{\partial^2 r(t,x)}{\partial x^2}, \quad 0<x<l, \quad 0<t<\infty$$

$$\left.\frac{\partial r(t,x)}{\partial x}\right|_{x=0} = u(t), \quad \left.\frac{\partial r(t,x)}{\partial x}\right|_{x=l} = 0$$

$$r(0,x) = \varphi(x), \quad \left.\frac{\partial r(t,x)}{\partial t}\right|_{t=0} = \psi(x) \tag{12.2-3}$$

对上述方程进行拉氏变换，则得到

$$a^2\frac{d^2R(s,x)}{dx^2} = s^2R(s,x) - s\varphi(x) - \psi(x), \quad \left.\frac{dR(s,x)}{dx}\right|_{x=0} = U(s)$$

$$\left.\frac{dR(s,x)}{dx}\right|_{x=l} = 0 \tag{12.2-4}$$

把 x 看成参数，这就是常微分方程的两点边值问题，它的通解是

$$R(s,x) = c_1 e^{\frac{s}{a}x} + c_2 e^{-\frac{s}{a}x} - as\int_0^x \mathrm{sh}\,\frac{s}{a}(x-\zeta)[s\varphi(\zeta)+\psi(\zeta)]d\zeta \tag{12.2-5}$$

c_1,c_2 是任意常数,利用边界条件,得到 c_1,c_2 应满足的方程式

$$U(s) = \frac{s}{a}c_1 - \frac{s}{a}c_2$$

$$0 = \frac{s}{a}c_1 e^{\frac{s}{a}l} - c_2\,\frac{s}{a}e^{-\frac{s}{a}l} - \frac{1}{a^2}\int_0^l \mathrm{ch}\,\frac{s}{a}(l-\zeta)[s\varphi(\zeta)+\psi(\zeta)]d\zeta \tag{12.2-6}$$

解出 c_1,c_2 代到式(12.2-5)中,便得到

$$\begin{aligned}R(s,x) =& -\frac{a\cdot\mathrm{ch}\,\frac{l-x}{a}s}{s\cdot\mathrm{sh}\,\frac{l}{a}s}U(s) + 2sa\cdot\mathrm{sh}\,\frac{l}{a}s\Big\{\int_0^l \mathrm{ch}\,\frac{s}{a}(l-x-\zeta)\\ &\cdot[s\varphi(\zeta)+\psi(\zeta)]d\zeta + \int_0^x \mathrm{ch}\,\frac{s}{a}(l-x+\zeta)[s\varphi(\zeta)+\psi(\zeta)]d\zeta\\ &+\int_x^l \mathrm{ch}(l+x-\zeta)[s\varphi(\zeta)+\varphi(\zeta)]d\zeta\Big\}\end{aligned} \tag{12.2-7}$$

我们可以看到,第一项是由控制作用 $u(t)$ 引起的输出,其余是由初始条件引起的输出。当初始条件为零时,输出为

$$R(s,x) = -\frac{a\cdot\mathrm{ch}\,\frac{l-x}{a}s}{s\cdot\mathrm{sh}\,\frac{l}{a}s}U(s) \tag{12.2-8}$$

由此,环节的传递函数为

$$W(s,x) = \frac{R(s,x)}{U(s)} = -\frac{a}{s}\frac{\mathrm{ch}\,\frac{l-x}{a}s}{\mathrm{sh}\,\frac{l}{a}s} \tag{12.2-9}$$

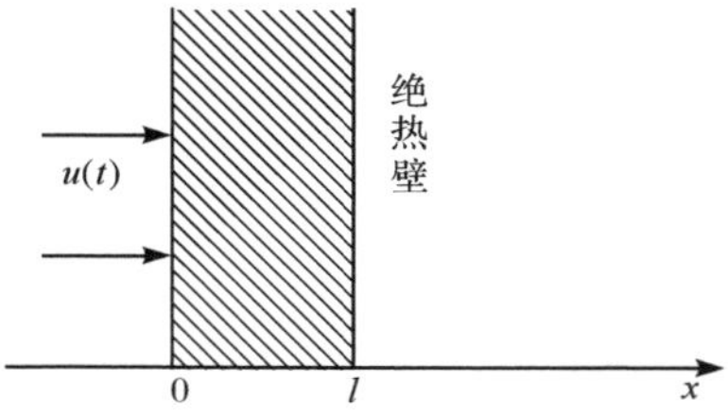

图 12.2-2

例 2. 研究一维热传导问题。一座墙壁(见图 12.2-2),它的厚度为 l,高度和宽度认为是无限大。墙的热传导系数为 k,热容量(即密度和比热之积)是 c,墙的左面($x=0$ 处)的温度是一个已知的时间函数 $u(t)$,它是控制量。墙的右面($x\geqslant l$ 处)是绝热的。墙的初始温度为零。我们感兴趣的是墙在 $x=l$ 处的温度随 $u(t)$ 的变化规律。

设墙内各点的温度为 $y(t,x)$,$y(t,x)$ 应满足抛物型方程

$$c\frac{\partial y(t,x)}{\partial t}=k\frac{\partial^2 y(t,x)}{\partial x^2},\quad 0<x<l,\quad 0<t<\infty$$

$$y(t,x)|_{x=0}=u(t),\quad \left.\frac{\partial y(t,x)}{\partial x}\right|_{x=l}=0$$

$$y(t,x)|_{t=0}=0 \tag{12.2-10}$$

应用拉氏变换方法，可以得到

$$csY(s,x)=k\frac{d^2Y(s,x)}{dx^2}$$

$$Y(s,0)=U(s),\quad \left.\frac{dY(s,x)}{dx}\right|_{x=l}=0 \tag{12.2-11}$$

令 $\beta^2=\frac{cs}{k}$，则方程的解为

$$Y(s,x)=\frac{\mathrm{ch}\beta(l-x)}{\mathrm{ch}\beta l}U(s) \tag{12.2-12}$$

当 $x=l$ 时，便有

$$Y(s,l)=\frac{U(s)}{\mathrm{ch}\beta l}$$

而传递函数为

$$W(s)=\frac{Y(s,l)}{U(s)}=\frac{1}{\mathrm{ch}\sqrt{\frac{cs}{k}}l} \tag{12.2-13}$$

例 3. 考虑一个电力线传输问题。有一半无限长的电力传输线，每单位长度的电阻为 R，电容为 C，假定导线上的电感和电漏为零，传输线端点接入一电压源，其电压 $e=e(t)$ 可以人为改变，把它作为控制量。电力传输线上各点处的电流 $i(t,x)$ 及电压 $u(t,x)$ 应满足方程

$$-\frac{\partial i(t,x)}{\partial x}=C\frac{\partial u(t,x)}{\partial t}$$

$$-\frac{\partial u(t,x)}{\partial x}=Ri(t,x) \tag{12.2-14}$$

初始条件和边界条件为

$$i(0,x)=0,\quad u(0,x)=0$$

$$u(t,0)=e(t),\quad \lim_{x\to\infty}u(t,x)<\infty \tag{12.2-15}$$

应用拉氏变换法，由式(12.2-14)和(12.2-15)可得到

$$-\frac{dI(s,x)}{dx}=CsU(s,x)$$

$$-\frac{dU(s,x)}{dx}=RI(s,x)$$

$$U(s,0)=E(s),\quad \lim_{x\to\infty}U(s,x)<\infty \tag{12.2-16}$$

解方程组便得到

$$U(s,x)=E(s)e^{-\sqrt{CRs}x}$$

$$I(s,x)=\sqrt{\frac{Cs}{R}}E(s)e^{-\sqrt{CRs}x} \qquad (12.2\text{-}17)$$

若感兴趣的是传输线上某点 $x=x_1$ 处的电压 $U(s,x_1)$，则传递函数为

$$W(s,x_1)=\frac{U(s,x_1)}{E(s)}=e^{-\sqrt{CRs}x_1} \qquad (12.2\text{-}18)$$

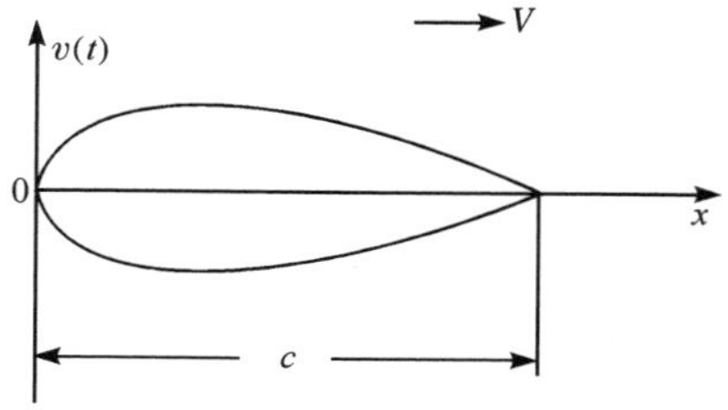

图 12.2-3

例 4. 我们再来考虑一个二维机翼的理论问题[31]，第十四章里将要用到它。假定在均匀的以水平速度 V 流动的气流里，有一个弦长为 c 的机翼(见图 12.2-3)。

若气流在 $x=0$ 点的垂直方向上发生了一个扰动速度 $v(t)$，那么，沿着翼弦方向 x 便有扰动的分布升力产生，记扰动升力密度为 $f(t,x)$，它满足气体动力学中的偏微分方程。流过机翼的气体是分布参数的。把升力密度 $f(t,x)$ 对 x 从 0 到 c 积分，所得到的合力就是升力

$$Y(t)=\int_0^c f(t,x)dx$$

机翼每单位面积所受到的升力和速压头 $\frac{1}{2}\rho V^2$ 之比称为升力系数 $c_0(t)$，这里 ρ 是气体密度。西尔思(Sears)证明了[31]，当扰动速度为正弦函数时

$$v(t)=\alpha_m Ve^{i\omega t} \qquad (12.2\text{-}19)$$

升力系数的稳态解 $c_{\text{est}}(t)$ 为

$$c_{\text{est}}(t)=2\pi\alpha_m e^{i\omega t}\varphi(k)=\frac{2\pi}{V}\varphi(k)v(t) \qquad (12.2\text{-}20)$$

式中 $k=\frac{\omega c}{2V}$，而

$$\varphi(k)=\frac{J_0(k)K_1(ik)+iJ_1(k)K_0(ik)}{K_1(ik)+K_0(ik)} \qquad (12.2\text{-}21)$$

这里 J_0 和 J_1 分别是零阶和一阶第一类贝塞尔函数，K_0 和 K_1 表示第二类变态的贝塞尔函数。

如果把 $v(t)$ 当做输入，$c_e(t)$ 作为输出，那么环节传递函数为

$$W(s)=\frac{C_e(s)}{V(s)}$$

取 $s=i\omega$，代到上式，便得到了环节的频率特性

$$W(i\omega)=\frac{2\pi}{V}\varphi(k) \tag{12.2-22}$$

用拉氏变换法解偏微分方程时，一般来说，应该检查它的原函数是否是方程的解，是否满足初始条件和边界条件。更详细的步骤，读者可参看书后的文献[17,2,3]。

由上边的例子可以看出，对线性常系数的分布参数环节，传递函数方法是可以应用的，但这时传递函数是超越函数，而且还依赖于空间变量。在对象的不同点上，传递特性是不一样的，这也说明了分布参数环节的特点。

在结束本节之前，再讨论一下解线性偏微分方程的分离变量法。这个方法的物理依据就是叠加原理。大家知道电子学中的振荡回路和力学中的简谐振动，它们的特点是运动可以表达成一个时间 t 的函数和一个空间变量 x 的函数之积，而较为复杂的振动就是这些不同频率谐波的叠加。基于这样的想法，在解线性偏微分方程时，认为它的解 $u(t,x)$ 是两个单变量的函数之积即 $u(t,x)=T(t)X(x)$，然后利用初始条件和边界条件求出 $T(t)$ 和 $X(x)$，从而也就得到了 $u(t,x)$。

我们考察例 1 中圆柱体的扭转振动。作用在 $x=0$ 处的力矩 $u(t)$，可以用集中力矩的形式反映在运动方程中，这时有

$$\frac{\partial^2 r(t,x)}{\partial t^2}=a^2\frac{\partial^2 r(t,x)}{\partial x^2}-a^2u(t)\delta(x)$$

$$\left.\frac{\partial r(t,x)}{\partial x}\right|_{x=0}=0,\left.\frac{\partial r(t,x)}{\partial x}\right|_{x=l}=0$$

$$r(0,x)=\varphi(x),\quad \left.\frac{\partial r(t,x)}{\partial t}\right|_{t=0}=\psi(x) \tag{12.2-23}$$

其中 $\delta(x)$ 是狄拉克函数①。此时边界条件是齐次的。

首先解齐次方程

$$\frac{\partial^2 r(t,x)}{\partial t^2}=a^2\frac{\partial^2 r(t,x)}{\partial x^2} \tag{12.2-24}$$

寻求形式为 $r(t,x)=T(t)X(x)$ 的解，代到式(12.2-24)中，有

$$\ddot{T}(t)X(x)=a^2T(t)\ddot{X}(x) \tag{12.2-25}$$

或写成

$$a^2\frac{\ddot{X}(x)}{X(x)}=\frac{\ddot{T}(t)}{T(t)}$$

两个不同自变量的函数值相等，只有当它们共同为某一常数时才能成立。即

① 引进 $\delta(x)$ 函数以后，就意味着 $r(t,x)$ 对 x 不是连续可微的，也就是说 $r(t,x)$ 是广义解。关于使用广义函数的合法性的定义和证明请看第 12.6 节。

$$a^2\frac{\ddot{X}(x)}{X(x)}=\frac{\ddot{T}(t)}{T(t)}=-\lambda^2 \tag{12.2-26}$$

其中 λ 是常数。于是 $X(x)$ 应满足方程式

$$a^2\ddot{X}(x)+\lambda^2X(x)=0 \tag{12.2-27}$$

把解 $r(t,x)=T(t)X(x)$ 代到边界条件中，又得到

$$\dot{X}(0)=0,\quad \dot{X}(l)=0 \tag{12.2-28}$$

于是方程(12.2-27)的通解为

$$X(x)=c_1\sin\frac{\lambda}{a}x+c_2\cos\frac{\lambda}{a}x$$

为了使 $X(x)$ 能满足边界条件式(12.2-28)，只有当 $\lambda=0,\lambda_n=\frac{n\pi a}{l},n=1,2,\cdots$，才有可能，而相应的解 $X_n(x)$ 为

$$X_0(x)=1,\quad X_n(x)=\cos\frac{n\pi}{l}x,\quad n=1,2,\cdots$$

我们把 $\lambda_n=\frac{n\pi a}{l}$ 叫做圆柱扭转振动的固有频率，而 $X_n(x)$ 叫做固有振型。$X_0(x)$，$X_n(x)$，$n=1,2,\cdots$ 构成了 L_2 空间一组直交基。

对非齐次方程(12.2-23)的解 $r(t,x)$，应用叠加原理，先把 $r(t,x)$ 依上组直交基展成级数

$$r(t,x)=P_0(t)+\sum_{n=1}^{\infty}P_n(t)X_n(x) \tag{12.2-29}$$

式中 $P_0(t),P_1(t),\cdots$ 叫做广义坐标。把式(12.2-29)代到式(12.2-23)中，便得到

$$\ddot{P}_0(t)+\sum_{n=1}^{\infty}\ddot{P}_n(t)X_n(x)=-\sum_{n=1}^{\infty}P_n(t)\left(\frac{n\pi a}{l}\right)^2X_n(x)-a^2u(t)\delta(x) \tag{12.2-30}$$

利用固有振型的正交性

$$\int_0^l X_n(x)X_m(x)dx=\begin{cases}0, & n\neq m\\ \dfrac{l}{2}, & n=m\end{cases}$$

把方程(12.2-30)两端乘以 $X_m(x)$ 并从 0 到 l 积分，则得到广义坐标满足的无限维方程组

$$\ddot{P}_0(t)=-\frac{a^2}{l}u(t)$$

$$\ddot{P}_n(t)=-\left(\frac{n\pi a}{l}\right)^2P_n(t)-\frac{2a^2}{l}u(t),\quad n=1,2,\cdots \tag{12.2-31}$$

在解式(12.2-29)时，将方程(12.2-23)中的初始条件代入，并利用振型正交性，两

端乘以 $X_m(x)$，从 0 到 l 积分后，便得到

$$P_0(0) = \frac{1}{l}\int_0^l \varphi(x)dx$$

$$P_n(0) = \frac{2}{l}\int_0^l \varphi(x)X_n(x)dx, \quad n = 1,2,\cdots$$

$$\dot{P}(0) = \frac{1}{l}\int_0^l \psi(x)dx$$

$$\dot{P}_n(0) = \frac{2}{l}\int_0^l \psi(x)X_n(x)dx, \quad n = 1,2,\cdots \tag{12.2-32}$$

在式(12.2-32)的初始条件下，解无穷维方程组(12.2-31)，求出 $P_0(t)$，$P_n(t)$，$n=1,2,\cdots$ 再代到式(12.2-29)中，就得到解 $r(t,x)$。

若初始条件为零，则 $P_0(0)=0$，$\dot{P}_0(0)=0$，$P_n(0)=0$，$\dot{P}_n(0)=0$，$n=1,2,\cdots$，这时可解出广义坐标为

$$P_0(t) = -\frac{a^2}{l}\int_0^t (t-\tau)u(\tau)d\tau$$

$$P_n(t) = -\frac{2a}{n\pi}\int_0^t \sin\frac{n\pi a}{l}(t-\tau)u(\tau)d\tau, \quad n = 1,2,\cdots \tag{12.2-33}$$

代到式(12.2-29)中，有

$$\begin{aligned} r(t,x) &= -\frac{a^2}{l}\int_0^t (t-\tau)u(\tau)d\tau + \sum_{n=1}^{\infty}\cos\frac{n\pi}{l}x\left(-\frac{2a}{n\pi}\right)\int_0^t \sin\frac{n\pi a}{l}(t-\tau)u(\tau)d\tau \\ &= -\frac{a^2}{l}\int_0^t (t-\tau)u(\tau)d\tau - \frac{2a}{\pi}\sum_{n=1}^{\infty}\frac{1}{n}\cos\frac{n\pi}{l}x\int_0^t \sin\frac{n\pi a}{l}(t-\tau)u(\tau)d\tau \end{aligned} \tag{12.2-34}$$

将上式两端进行拉氏变换

$$R(s,x) = -\frac{a^2}{l}\left[\frac{1}{s^2} + 2\sum_{n=1}^{\infty}\frac{1}{s^2+\left(\frac{n\pi a}{l}\right)^2}\cos\frac{n\pi}{l}x\right]U(s)$$

由此推得传递函数为

$$W(s,x) = \frac{R(s,x)}{U(s)} = -\frac{a^2}{l}\left[\frac{1}{s^2} + 2\sum_{n=1}^{\infty}\frac{1}{s^2+\left(\frac{n\pi a}{l}\right)^2}\cos\frac{n\pi}{l}x\right] \tag{12.2-35}$$

这就是传递函数的级数表达式。利用复变函数论中亚纯函数最简分式展开定理，可以证明，这个级数形式的传递函数，就是我们已经得到过的传递函数式(12.2-9)

$$W(s,x) = -\frac{a}{s}\frac{\mathrm{ch}\,\frac{l-x}{a}s}{\mathrm{sh}\,\frac{l}{a}s}$$

12.3 分布参数控制系统的构成和特点

上两节我们讨论了分布参数环节的一些特点，在这一节里，我们要讨论由分布参数环节组成分布参数控制系统的一些特点。

如同集中参数控制系统一样，分布参数控制系统的主要组成部分是受控对象，观测器和控制器。观测器测得受控对象的运动状态，并将测得的信息送到控制器。控制器根据控制要求，把观测信息经过变换、处理和加工，然后形成控制信号，再将它加在受控对象上，使其按控制作用而运动。

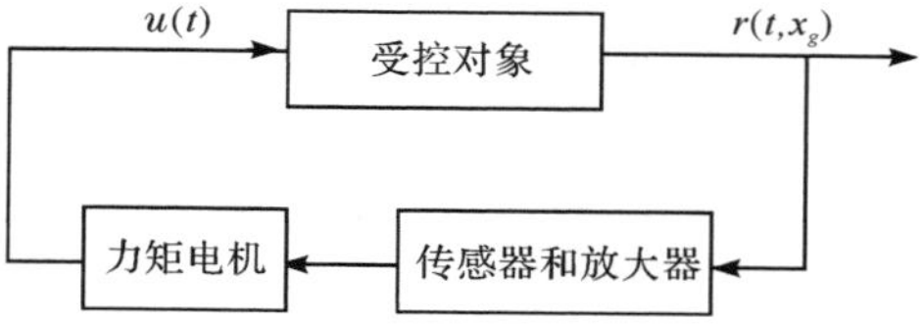

图 12.3-1

以图 12.2-1 所示的系统为例，假定要求控制弹性圆柱体的扭转运动，使 $x=x_g$ 处的扭角保持为零。为此，只要在 $x=x_g$ 处放一个传感器，当 x_g 处出现扭角，传感器敏感出来后便立即产生信号，并把该信号送到电动机，使其产生扭矩，即控制作用。这个控制信号经放大后，加在圆柱体 $x=0$ 处，控制圆柱体以消除在 x_g 处产生的扭角（见图 12.3-1）。

在这个例子中，受控对象就是圆柱体，受控量是 $r(t,x_g)$。观测器就是传感器，而电动机和放大器构成了控制器。

受控对象的动力学方程为

$$\frac{\partial^2 r(t,x)}{\partial t^2}=a^2\frac{\partial^2 r(t,x)}{\partial x^2}-a^2u(t)\delta(x)$$

$$\left.\frac{\partial r(t,x)}{\partial x}\right|_{x=0}=0,\quad \left.\frac{\partial r(t,x)}{\partial x}\right|_{x=l}=0$$

$r(t,x)$是圆柱体的扭角，$u(t)$是控制作用，它由传感器感受扭角而产生信号，经放大后驱动电机产生的扭转力矩其动力学方程为

$$T\frac{du(t)}{dt}+u(t)=-kr(t,x_g)$$

观测器（传感器）输出方程为

$$r(t,x_g)=\int_0^l r(t,x)\delta(x-x_g)dx=Sr(t,x)$$

其中 S 是测量算子，$\delta(x)$是狄拉克函数。

这样，整个闭路控制系统的方程就为

$$\frac{\partial^2 r(t,x)}{\partial t^2}=a^2\frac{\partial^2 r(t,x)}{\partial x^2}-a^2u(t)\delta(x)$$

$$\left.\frac{\partial r(t,x)}{\partial x}\right|_{x=0}=0,\left.\frac{\partial r(t,x)}{\partial x}\right|_{x=l}=0$$

$$T\frac{du(t)}{dt}+u(t)=-kSr(t,x) \tag{12.3-1}$$

这就是一个具有反馈控制的分布参数控制系统。

所谓分布参数控制系统，就是指系统中至少含有一个分布参数环节的系统。如果系统全部由分布参数环节组成，就叫纯分布参数控制系统。对这类系统，理论研究工作比较多，但由于技术实现上的困难，实际应用中还很少见到。

目前，在工程实际中，经常遇到的分布参数系统，往往是分布参数环节和集中参数环节互相耦合而成的控制系统，而且多数是受控对象为分布参数环节，而控制器是集中参数环节，如上例所述的系统。

我们再来考察一个典型的分布参数控制系统。受控对象是式(12.1-4)描述的弹性梁，其运动方程为

$$m(x)\frac{\partial^2 u}{\partial t^2}+C(x)\frac{\partial u}{\partial t}+B(x)\frac{\partial u}{\partial x}+\frac{\partial^2}{\partial x^2}EJ(x)\frac{\partial^2 u}{\partial x^2}=f(t,x),\quad 0<x<l,\quad 0<t<\infty \tag{12.3-2}$$

边界条件是两端自由的，即

$$\left.\frac{\partial^2 u}{\partial x^2}\right|_{x=0}=0,\quad \left.\frac{\partial^2 u}{\partial x^2}\right|_{x=l}=0$$

$$\left.\frac{\partial}{\partial x}EJ(x)\frac{\partial^2 u}{\partial x^2}\right|_{x=0}=0,\quad \left.\frac{\partial}{\partial x}EJ(x)\frac{\partial^2 u}{\partial x^2}\right|_{x=l}=0 \tag{12.3-3}$$

初始条件为

$$u\Big|_{t=0}=\varphi(x),\quad \left.\frac{\partial u}{\partial t}\right|_{t=0}=\psi(x) \tag{12.3-4}$$

为了实现反馈控制，必须测量受控对象的运动状态，如运动的位移、速度、加速度；角度，角速度等，并用它们来形成反馈信号。为了测量这些状态，可以在梁上安装各种传感器，如加速度表，速率陀螺等惯性元件。在实际工程问题中，不可能测出对象所有点上的状态，只能测出有限个孤立点上的状态或者某个区域上的平均状态。我们研究两种反馈信号，即“姿态”反馈和速度反馈。姿态是指位移和偏角，而速度则指它们对时间 t 的一次微商，如位移速度，角速度等。传感器的输出可以表达如下，设 $a_i(x),i=1,2$ 是定义在$[0,l]$上两个确定的函数，它由传感器的安装位置确定。$\widetilde{S}_i,i=1,2$ 表示状态测量的线性算子(有界或无界)，它决定于被测量状态的性质。这样，姿态传感器的输出就可以表示成

$$q_1(a_1,t)=\int_0^l \widetilde{S}_1 u(t,x)a_1(x)dx \tag{12.3-5}$$

速度传感器的输出为

$$q_2(a_2,t)=\int_0^l \widetilde{S}_2 \frac{\partial u(t,x)}{\partial t}a_2(x)dx=\frac{\partial}{\partial t}\int_0^l \widetilde{S}_2 u(t,x)a_2(x)dx \quad (12.3\text{-}6)$$

例如，当 $\widetilde{S}_1=\widetilde{S}_2=I$（恒等算子），且

$$a_i(x)=\begin{cases}\dfrac{1}{\Delta}, & x\in\left[x_0-\dfrac{\Delta}{2},x_0+\dfrac{\Delta}{2}\right]\\ 0, & x\overline{\in}\left[x_0-\dfrac{\Delta}{2},x_0+\dfrac{\Delta}{2}\right],\quad x_0\in(0,l),\quad i=1,2\end{cases}$$

其中 Δ 是一个小的常数，这时 q_1,q_2 分别是 x_0 点附近小区域 Δ 上的平均位移和平均速度。而当 $\widetilde{S}_1=\widetilde{S}_2=\dfrac{\partial}{\partial x}$（无界算子）时，$q_1,q_2$ 就是 x_0 点附近小区域 Δ 上的平均偏角和平均角速度。特别是当 $a_i(x)=\delta(x-x_0)$ 时，q_1,q_2 就是对象在 x_0 点的姿态和速度，这就是点测量，而前者叫做分布测量[10]。

传感器的输出 q_1,q_2，要经过放大，网络变换和计算机处理。完成这些任务的装置就是控制器，它是由常微分方程描述的。设 $x(t)=(x_1(t),x_2(t),\cdots,x_n(t))$ 是控制器的 n 个输出信息，$\boldsymbol{k}_1,\boldsymbol{k}_2$ 是诸通道对量测量 q_1,q_2 的放大系数，$\boldsymbol{k}_i=(k_{1i},k_{2i},\cdots,k_{ni})$，$i=1,2$。则控制器的动力学方程为

$$\frac{d\boldsymbol{x}(t)}{dt}=J\boldsymbol{x}(t)+\boldsymbol{k}_1q_1(a_1,t)+\boldsymbol{k}_2q_2(a_2,t) \quad (12.3\text{-}7)$$

J 是 $n\times n$ 阶方阵。

控制器的输出 $\boldsymbol{x}(t)$ 经过执行机构功率放大后，变成为受控对象上某一点或某一区域上的控制力（或力矩）$f(t,x)$

$$f(t,x)=\left(\sum_{i=1}^n x_i(t)g_i\right)b(x)$$

$\boldsymbol{g}=(g_1,g_2,\cdots,g_n)$ 是诸通道中的功率放大系数。$b(x)$ 是定义在 $[0,l]$ 上的确定函数，它由控制力（或力矩）的作用点或区域决定。例如，取

$$b(x)=\begin{cases}1, & x\in\left[x_c-\dfrac{\Delta}{2},x_c+\dfrac{\Delta}{2}\right]\\ 0, & x\overline{\in}\left[x_c-\dfrac{\Delta}{2},x_c+\dfrac{\Delta}{2}\right],\quad x_c\in(0,l)\end{cases}$$

则 $b(x)$ 表示控制力加在 x_c 点附近的小区域 Δ 上。特别当 $b(x)=\delta(x-x_c)$ 时，则它表示是在 x_c 处的点控制，而前者叫做分布控制。

于是，整个反馈闭合系统的方程组为

$$m(x)\frac{\partial^2 u}{\partial t^2}+C(x)\frac{\partial u}{\partial t}+B(x)\frac{\partial u}{\partial x}+\frac{\partial^2}{\partial x^2}EJ(x)\frac{\partial^2 u}{\partial x^2}=-\left(\sum_{i=1}^n x_i(t)g_i\right)b(x)$$

$$\left.\frac{\partial^2 u}{\partial x^2}\right|_{x=0}=0,\quad \left.\frac{\partial^2 u}{\partial x^2}\right|_{x=l}=0$$

$$\frac{\partial}{\partial x}EJ(x)\frac{\partial^2 u}{\partial x^2}\bigg|_{x=0}=0,\quad \frac{\partial}{\partial x}EJ(x)\frac{\partial^2 u}{\partial x^2}\bigg|_{x=l}=0$$

$$u\big|_{t=0}=\varphi(x),\quad \frac{\partial u}{\partial t}\bigg|_{t=0}=\psi(x)$$

$$\frac{d\boldsymbol{x}(t)}{dt}=J\boldsymbol{x}(t)+\boldsymbol{k}_1q_1(a_1,t)+\boldsymbol{k}_2q_2(a_2,t)$$

$$q_1(a_1,t)=\int_0^l\widetilde{S}_1u(t,x)a_1(x)dx$$

$$q_2(a_2,t)=\int_0^l\widetilde{S}_2\frac{\partial u(t,x)}{\partial t}a_2(x)dx \tag{12.3-8}$$

系统的方块图示于图 12.3-2 中。

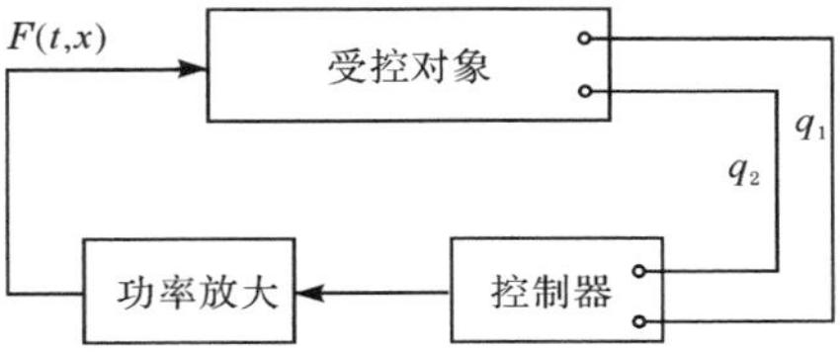

图 12.3-2

这是一个用常微分方程描述的控制器作线性反馈的分布参数控制系统。对这个系统,后面我们还要详细讨论。

一个分布参数控制系统,如果组成系统的所有环节都是线性的,则叫做线性系统。这里再强调一下,对线性分布参数环节,不仅指描述它的方程是线性的,同时它的边界条件也必须是线性的。对线性系统来说,叠加原理总是成立的。反之,当系统中含有非线性环节时,就叫做非线性分布参数控制系统。

在线性系统中,如果所有环节对时间变量 t 都是常系数的,则叫做线性常系数系统。而当环节的系数随着时间 t 而变化时,就叫做线性变系数系统。如前面所述的圆柱体扭角控制系统(12.2-1)就是线性常系数系统。

一般来说,开环分布参数控制系统,可用偏微分方程组表示如下

$$\frac{\partial u_i(t,\boldsymbol{x})}{\partial t}=L_i(u_1(t,\boldsymbol{x}),u_2(t,\boldsymbol{x}),\cdots u_n(t,\boldsymbol{x}),f^1(t,\boldsymbol{x}),\cdots f^r(t,\boldsymbol{x})),i=1,2,\cdots,n$$

其中 $\boldsymbol{x}=(x_1,x_2,\cdots,x_m)\in\Omega$,$\Omega$ 是空间变量的变化区域,其边界为 $\partial\Omega$,Ω 是 m 维欧氏空间中的某一连通区域。$f^j(t,\boldsymbol{x}),j=1,2,\cdots,r$ 是系统的控制量。$L_i,i=1,2,\cdots,n$,是偏微分算子。令 $\boldsymbol{U}(t,\boldsymbol{x})=(u_1(t,\boldsymbol{x}),u_2(t,\boldsymbol{x}),\cdots,u_n(t,\boldsymbol{x}))$,$\boldsymbol{f}(t,\boldsymbol{x})=(f^1(t,\boldsymbol{x}),f^2(t,\boldsymbol{x}),\cdots,f^r(t,\boldsymbol{x}))$,$\boldsymbol{L}=(L_1,L_2,\cdots,L_n)$,那么上述方程可以写成向量形式

$$\frac{\partial\boldsymbol{U}(t,\boldsymbol{x})}{\partial t}=\boldsymbol{L}(\boldsymbol{U}(t,\boldsymbol{x}),\boldsymbol{f}(t,\boldsymbol{x})),\quad \boldsymbol{x}\in\Omega \tag{12.3-9}$$

系统的初始条件为

$$\boldsymbol{U}(t,\boldsymbol{x})\big|_{t=0}=\boldsymbol{U}_0(\boldsymbol{x}), \tag{12.3-10}$$

边界条件为

$$M_j(u_1(t,\boldsymbol{x}'),\cdots,u_n(t,\boldsymbol{x}'))=0,\quad j=1,2,\cdots,N,\quad \boldsymbol{x}'\in\partial\Omega$$

如令 $\boldsymbol{M}=(M_1,M_2,\cdots,M_N)$，则边界条件可写成向量方程

$$\boldsymbol{M}(\boldsymbol{U}(t,\boldsymbol{x}'))=0,\quad \boldsymbol{x}'\in\partial\Omega \tag{12.3-11}$$

其中 $M_j,j=1,2,\cdots,N$ 是偏微分算子。

如果系统是线性的，$\boldsymbol{L}$ 将是线性算子，这时式(12.3-9)将变成

$$\frac{\partial\boldsymbol{U}(t,\boldsymbol{x})}{\partial t}=L(t,\boldsymbol{x})\boldsymbol{U}(t,\boldsymbol{x})+D(t,\boldsymbol{x})\boldsymbol{f}(t,\boldsymbol{x}),\quad \boldsymbol{x}\in\Omega \tag{12.3-12}$$

边界条件为

$$M\boldsymbol{U}(t,\boldsymbol{x}')=0,\quad \boldsymbol{x}'\in\partial\Omega \tag{12.3-13}$$

其中 L 和 M 分别是 $n\times n,N\times n$ 阶矩阵线性微分算子。$D(t,\boldsymbol{x})$是 $n\times r$ 阶矩阵。

在这些方程中，$\boldsymbol{U}(t,\boldsymbol{x})$叫做系统的状态，$\boldsymbol{f}(t,\boldsymbol{x})$也叫做系统的输入。在一般情况下，系统状态不能直接测量到，测量元件所能给出的量往往是系统状态的一个函数，这时观测器方程可以表示为

$$\boldsymbol{V}(t,\boldsymbol{x})=s\boldsymbol{U}(t,\boldsymbol{x}) \tag{12.3-14}$$

其中 $\boldsymbol{V}(t,\boldsymbol{x})$叫做系统的输出。$S$ 是测量算子。

一个分布参数系统，就其控制和测量方式来说，较集中参数系统有更大的灵活性和多样性，这是分布参数控制系统的一个重要特点。比如，为了控制一个物体内部温度的分布，我们可以在物体内部有限个点(或区域)上进行控制，也可以在物体边界的有限个点(或区域)上进行控制，甚至在整个区域内部或整个边界上进行控制等。目前，分布参数控制系统，按其控制方式，常见到的有以下几种。

一种是点控制。这种控制的特点是控制作用集中加在分布参数对象的有限个孤立点上，如前面所说的弹性梁的点控制，就是控制力 $f(t,x)$集中加在梁上一点 x_c 处。再如温度场的控制。在式(12.1-2)中，如果 $f(t,x,y,z)=\sum_{i=1}^{n}\theta_i(t)\delta(x-x_i,y-y_i,z-z_i)$，$(x_i,y_i,z_i)\in\Omega,i=1,2,\cdots,n,\theta_i(t)$是集中可调热源。这就是在 Ω 内有限个孤立点上集中加热来控制 Ω 内的温度分布[10]。

在点控制的情况下，系统方程中出现 δ 函数，这种函数不同于一般的函数，叫做广义函数，在第 12.6 节中我们将讨论这种系统的分析方法。

另一种控制方式是分布控制。即控制作用分别加在受控对象的有限个区域上，甚至在整个受控对象上。如弹性梁的分布控制，控制作用是加在 x_c 点附近的小区域 Δ 上。同样，在温度控制中，如果控制作用取成 $f(t,x,y,z)=\sum_{i=1}^{n}\theta_i(t)\boldsymbol{W}_i(x,$

$y,z)$，$W_i(x,y,z)$ 是定义在 Ω_i 上的函数，$\Omega_i \subset \Omega$，这就是温度分布控制。

第三种方式是边界控制，控制作用只加在受控对象的边界上。反映在系统方程中，控制作用将出现在边界条件里，对式(12.3-9)的边界条件式(12.3-11)将变成以下形式

$$\boldsymbol{M}(\boldsymbol{U}(t,\boldsymbol{x}'),\boldsymbol{f}_{\partial\Omega}(t,\boldsymbol{x}'))=0,\quad \boldsymbol{x}'\in\partial\Omega \tag{12.3-15}$$

其中 $\boldsymbol{f}_{\partial\Omega}(t,\boldsymbol{x}')$ 是边界控制输入。而对式(12.3-12)的线性系统其边界条件式(12.3-13)将变成

$$M\boldsymbol{U}(t,\boldsymbol{x}')=\boldsymbol{f}_{\partial\Omega}(t,\boldsymbol{x}'),\quad \boldsymbol{x}'\in\partial\Omega \tag{12.3-16}$$

所以对线性系统来说，变成了非齐次边界条件问题。

控制作用加在边界上的方法，可以是点控制，也可以是分布控制。比如，在圆柱体扭角控制系统中，就是在边界 $x=0$ 处加的控制作用，因而是点控制。再如前面说过的温度场控制，如把边界 $\partial\Omega$ 分成两部分 $\partial\Omega_1$，$\partial\Omega_2$，在 $\partial\Omega_1$ 上 $\dfrac{\partial u}{\partial n}=0$，在 $\partial\Omega_2$ 上，$\left.\dfrac{\partial u}{\partial n}\right|_{\partial\Omega_2}=W(t,x,y,z)$，$(x,y,z)\in\partial\Omega_2$，$W(t,x,y,z)$ 是控制作用，这就是边界分布控制。

相应于上面的几种控制方式，也有相应的测量方式。这就是点测量，分布测量和边界测量。

在点测量的情况下，测得的是分布参数对象的一个或有限个孤立点上的运动状态。例如弹性梁的点测量，温度场的点测量等。

如果观测器能够测量到受控对象的一个或有限个区域甚至是整个区域上各点的运动状态，那就是分布测量。在实际工程问题中这种测量是很难实现的。

当测量元件放在对象的边界上，测得的量是对象边界上的运动状态，这就是边界测量。这种测量可以是点测量也可以是分布测量。

分布参数控制系统在控制和测量方式上的这些特点，相应地带来了系统分析和设计上的复杂性。如点测量点控制的分布参数系统分析问题，就是一个比较复杂而困难的问题。

下面，我们再简单地讨论一下分布参数系统分析的传递函数方法。

研究一维空间变量的分布参数控制系统，其运动方程为

$$a_{n0}(x)\frac{\partial^n y(t,x)}{\partial t^n}=\sum_{i+j=r}a_{ij}(x)\frac{\partial^r y(t,x)}{\partial x^j\partial t^i}+u(t)\delta(x),\quad 0<x<l,\quad 0<t<\infty \tag{12.3-17}$$

初始条件为

$$y(0,x)=\varphi_0(x),\left.\frac{\partial y(t,x)}{\partial t}\right|_{t=0}=\varphi_1(x),\cdots,\left.\frac{\partial^{n-1}y(t,x)}{\partial t^{n-1}}\right|_{t=0}=\varphi_{n-1}(x) \tag{12.3-18}$$

边界条件为

$$\sum_{i=0}^{k-1} c_{ij} \frac{\partial^i y}{\partial x^i}\bigg|_{x=0} + \sum_{i=0}^{k-1} d_{ij} \frac{\partial^i y}{\partial x^i}\bigg|_{x=l} = 0, \quad j = 1,2,\cdots,k \tag{12.3-19}$$

其中 c_{ij},d_{ij} 都是常数,k 是方程中 $y(t,x)$ 对 x 偏导数的最高次项。$y(t,x)$ 对 x 的零阶导数就是 $y(t,x)$ 本身。这是齐次边界条件。$u(t)\delta(x)$ 一项是控制器的输出并且以集中力的形式作用在 $x=0$ 处。控制器的动力学方程为

$$b_0 \frac{d^m u(t)}{dt^m} + b_i \frac{d^{m-1} u(t)}{dt^{m-1}} + \cdots + b_m u(t) = f(t) - y(t,x_g) \tag{12.3-20}$$

其中 b_i,$i=0,1,2,\cdots,m$ 是常数,$f(t)$ 是系统的输入,$y(t,x_g)$ 是受控对象在 $x=x_g$ 处的状态。m 个初始条件为

$$u(0)=u_{00}, \frac{du}{dt}\bigg|_{t=0} = u_{10}, \cdots, \frac{d^{m-1}u}{dt^{m-1}}\bigg|_{t=0} = u_{m-1,0}$$

整个系统是一个点测量,边界点控制的分布参数反馈系统。

用高阶方程化成方程组的方法,可以把它化成式(12.3-12),(12.3-13)的形式。但我们直接对式(12.3-17)和(12.3-19)作拉氏变换。

在式(12.3-17)两边作拉氏变换后,得到象函数的 k 阶微分方程

$$\begin{aligned} & a_{n0}(x)[s^n Y(s,x) - s^{n-1}\varphi_0(x) - \cdots - \varphi_{n-1}(x)] \\ = & \sum_{i+j=r} a_{ij}(x) \frac{d^j}{dx^j}[s^i Y(s,x) - s^{i-1}\varphi_0(x) - \cdots - \varphi_{i-1}(x)] + U(s)\delta(x) \end{aligned} \tag{12.3-21}$$

同样,对边界条件式(12.3-19)两边作拉氏变换,得到

$$\sum_{i=0}^{k-1} c_{ij} \frac{d^i Y(s,x)}{dx^i}\bigg|_{x=0} + \sum_{i=0}^{k-1} d_{ij} \frac{d^i Y(s,x)}{dx^i}\bigg|_{x=l} = 0, \quad j = 1,2,\cdots,k \tag{12.3-22}$$

将方程(12.3-21)整理后,可以变成

$$\begin{aligned} & P_k(s,x)\frac{d^k Y}{dx^k} + P_{k-1}(s,x)\frac{d^{k-1}Y}{dx^{k-1}} + \cdots + P_0(s,x)Y \\ = & \sum_{c=0}^{n-1} Q_i(x,s,\varphi_i(x)) + U(s)\delta(x) \end{aligned}$$

式中

$$P_j(s,x) = \sum_{p,q,j} s^p a_{qj}(x)$$

$$Q_i(x,s,\varphi_i(x)) = \sum_{\substack{\alpha=0 \\ p,q,l}} s^p a_{ql}(x) \frac{d^x \varphi_i(x)}{dx^\alpha}$$

当 $\alpha=0$ 时,$\frac{d^\alpha \varphi_i}{dx^\alpha}$ 就是 φ_i 本身。

在边界条件式(12.3-22)下,求解方程

$$P_k(s,x)\frac{d^kY(s,x)}{dx^k}+P_{k-1}(s,x)\frac{d^{k-1}Y(s,x)}{dx^{k-1}}+\cdots+P_0(s,x)Y(s,x)=\delta(x-\xi) \tag{12.3-23}$$

设式(12.3-23)对应的齐次方程的基本解组为 $Y_1(s,x),\cdots,Y_k(s,x)$，而系统的脉冲过渡函数为 $G(x,\eta,s)$，则式(12.3-23)的通解为

$$\begin{aligned}Y(s,x) &= \sum_{i=1}^{k}A_iY_i(s,x)+\int_0^x G(x,\eta,s)\delta(\eta-\xi)d\eta \\ &= \begin{cases}\sum_{i=1}^{k}A_iY_i(s,x)+G(x,\xi,s), & x>\xi \\ \sum_{i=1}^{k}A_iY_i(s,x), & x<\xi\end{cases}\end{aligned} \tag{12.3-24}$$

式中 A_i 为任意常数。根据 k 个边界条件式(12.3-22)，可以得到 A_i 应满足的代数方程，从方程中解出 A_i 再代到式(12.3-24)中，这时得到的 $Y(s,x)$ 便是方程(12.3-23)在边界条件式(12.3-22)下的解。这个解有明确的物理意义，它是在 $x=\xi$ 处加一集中力作为控制量对环节的响应 $y(t,x)$ 之间的传递函数。我们用 $\mathscr{K}(x,\xi,s)$ 来记它，即

$$\mathscr{K}(x,\xi,s)=\begin{cases}\sum_{i=0}^{k}A_iY_i(s,x)+G(x,\xi,s), & x>\xi \\ \sum_{i=0}^{k}A_iY_i(s,x), & x<\xi\end{cases} \tag{12.3-25}$$

$\mathscr{K}(x,\xi,s)$ 就是方程(12.3-23)的格林函数。一旦知道了格林函数，方程(12.3-21)的解就可以很容易地给出。它是

$$\begin{aligned}Y(s,x) &= \int_0^l \mathscr{K}(x,\xi,s)\left[\sum_{i=1}^{n-1}Q_i(\xi,s,\varphi_i(\xi))+U(s)\delta(\xi)\right]d\xi \\ &= W(x,s)U(s)+\sum_{i=1}^{n-1}\int_0^l \mathscr{K}(x,\xi,s)Q_i(\xi,s,\varphi_i(\xi))d\xi\end{aligned} \tag{12.3-26}$$

式中 $W(x,s)=\mathscr{K}(x,0,s)$，它的物理意义是在 $x=0$ 处加集中力作为控制量对环节响应 $y(t,x)$ 之间的传递函数。由式(12.3-26)看出，$y(t,x)$ 由两部分组成，第一部分 $W(x,s)U(s)$ 是控制作用引起的强迫运动，而第二部分则是由初始条件引起的自由运动。

按第二章已经讲过的常微分方程拉氏变换解法，求解控制器方程，其解为

$$U(s)=\frac{1}{D(s)}[F(s)-Y(s,x_g)]+\frac{N_0(s)}{D(s)} \tag{12.3-27}$$

式中 $D(s)=b_0s^m+b_1s^{m-1}+\cdots+b_{m-1}s+b_m$，$N_0(s)=b_0u_{00}s^{m-1}+(b_0u_{10}+b_1u_{00})s^{m-2}+\cdots+(b_0u_{m-1,0}+b_1u_{m-2,0}+\cdots+b_mu_{00})$。

$\frac{1}{D(s)}$ 为控制器对输入的传递函数。将式(12.3-27)代到式(12.3-26)中，便

得到

$$Y(s,x)=W(x,s)\left\{\frac{1}{D(s)}[F(s)-Y(s,x_g)]+\frac{N_0(s)}{D(s)}\right\}+\sum_{i=0}^{n-1}\int_0^l \mathscr{K}(x,\xi,s)Q_i(\xi,s,\varphi_i(\xi))d\xi \tag{12.3-28}$$

在该式中，令 $x=x_g$，便有

$$Y(s,x_g)=W(x_g,s)\left\{\frac{1}{D(s)}[F(s)-Y(s,x_g)]+\frac{N_0(s)}{D(s)}\right\}+\sum_{i=0}^{n-1}\int_0^l \mathscr{K}(x_g,\xi,s)Q_i(\xi,s,\varphi_i(\xi))d\xi \tag{12.3-29}$$

解出 $Y(s,x_g)$，得到

$$Y(s,x_g)=\frac{W(x_g,s)\dfrac{1}{D(s)}}{1+W(x_g,s)\dfrac{1}{D(s)}}F(s)+\frac{\dfrac{W(x_g,s)N_0(s)}{D(s)}+\displaystyle\sum_{i=0}^{n-1}\int_0^l \mathscr{K}(x_g,\xi,s)Q_i(\xi,s,\varphi_i(\xi))d\xi}{1+W(x_g,s)\dfrac{1}{D(s)}} \tag{12.3-30}$$

当系统的初始条件为零时，式(12.3-30)第二项为零，这时有

$$Y(s,x_g)=\frac{W(x_g,s)\dfrac{1}{D(s)}}{1+W(x_g,s)\dfrac{1}{D(s)}}F(s) \tag{12.3-31}$$

由此

$$\frac{Y(s,x_g)}{F(s)}=\frac{W(x_g,s)\dfrac{1}{D(s)}}{1+W(x_g,s)\dfrac{1}{D(s)}} \tag{12.3-32}$$

这就是闭路系统输出对输入的传递函数。

把式(12.3-31)代到式(12.3-27)(此时 $N_0(s)\equiv 0$)，得到

$$U(s)=\frac{\dfrac{1}{D(s)}}{1+W(x_g,s)\dfrac{1}{D(s)}}F(s) \tag{12.3-33}$$

将式(12.3-33)代回到式(12.3-26)中(此时 $Q_i(\xi,s,\varphi_i(\xi))\equiv 0$)，便有

$$Y(s,x)=\frac{W(x,s)\dfrac{1}{D(s)}}{1+W(x_g,s)\dfrac{1}{D(s)}}F(s)$$

由此

$$\frac{Y(s,x)}{F(s)}=\frac{W(x,s)\dfrac{1}{D(s)}}{1+W(x_g,s)\dfrac{1}{D(s)}} \tag{12.3-34}$$

这就是系统状态对输入的闭路传递函数。

我们注意到系统输出对输入的传递函数

$$\Phi(s,x_g)=\frac{Y(s,x_g)}{F(s)}$$

是闭环传递函数，而

$$K(s,x_g)=\frac{W(x_g,s)}{D(s)}$$

是开环传递函数，它们之间的关系是

$$\Phi(s,x_g)=\frac{K(s,x_g)}{1+K(s,x_g)}$$

这和第三章中式(3.7-7)完全一致。

对本节式(12.3-1)的系统，分布参数对象的传递函数由式(12.2-9)知道为

$$W(x,s)=-\frac{a\operatorname{ch}\dfrac{l-x}{a}s}{s\cdot\operatorname{sh}\dfrac{l}{a}s}$$

控制器的传递函数为

$$\frac{1}{D(s)}=\frac{k}{Ts+1}$$

所以系统的闭环传递函数为

$$\Phi(s,x)=\frac{-ak\operatorname{ch}\dfrac{l-x}{a}s}{s(Ts+1)\operatorname{sh}\dfrac{l}{a}s-ak\operatorname{ch}\dfrac{l-x}{a}s}$$

最后，我们特别指出一类经常遇到的分布参数系统。在这类系统中，分布参数环节的传递函数是亚纯函数。所谓亚纯函数就是除去极点外再没有其他奇点并在所有其余点上解析的复变函数。亚纯函数一定能表示成两个整函数之比。整函数是在复平面上处处解析的复函数。分母整函数的零点就是亚纯函数的极点。因为整函数至多有可数多个零点，所以亚纯函数也至多有可数多个极点，而且没有有穷聚点。亚纯函数可以看成有理分式的推广，整函数可以看成多项式的推广。亚纯函数和有理分式有许多类似的性质。

当分布参数系统传递函数为亚纯函数时，我们把这种分布参数系统叫做正则系统。

对于前面讨论的这类系统，如果是正则系统，根据式(12.3-25)，格林函数可以写成

$$\mathscr{K}(x,\xi,s)=\frac{B(x,\xi,s)}{A(s)}$$

式中 $B(x,\xi,s)$ 和 $A(s)$ 都是 s 的整函数，而

$$W(x,s)=\mathscr{K}(x,0,s)=\frac{B(x,0,s)}{A(s)}$$

由式(12.3-31)知道

$$Y(s,x_g)=\frac{\dfrac{B(x_g,0,s)}{A(s)D(s)}}{1+\dfrac{B(x_g,0,s)}{A(s)D(s)}}F(s)=\frac{B(x_g,0,s)}{A(s)D(s)+B(x_g,0,s)}F(s)$$

我们把方程

$$\mathscr{D}(s)=A(s)D(s)+B(x_g,0,s)=0 \qquad (12.3\text{-}35)$$

叫做系统的特征方程。显然 $\mathscr{D}(s)$ 是个整函数。以后会看到，这个整函数的零点(即特征根)分布，决定了这个系统的稳定性。

12.4　分布参数控制系统的稳定性

对于分布参数控制系统的动态性能，首要和基本的要求是系统的稳定性。也就是要求系统在各种不利因素的影响下，仍能稳定地工作而不发散。这一点和对集中参数系统稳定性的要求是一样的。但是，由于分布参数系统有无穷多个自由度，其稳定性问题要比集中参数系统复杂。例如，对线性集中参数系统，只要系统所有的本征值都有负实部，那么系统一定是渐近稳定的。但对分布参数系统来说，即使系统的本征值都有负实部，系统也不一定渐近稳定。目前，关于分布参数系统稳定性的研究，仍然是个十分重要的问题。

分布参数系统的稳定性包括两个方面的问题，一个是系统稳定性的准则是什么，另一个就是按给定的准则如果系统不稳定时，如何能使系统稳定，即所谓系统的镇定问题。我们先来说明分布参数系统稳定性的概念。

我们知道，稳定性概念的一个中心思想就是未受扰运动 $U(t)$ 和一切相对于 $U(t)$ 的受扰运动作比较，也就是说，把系统的预定工作状态和一切受到扰动后的工作状态作比较，由此来研究系统在受到扰动后，是否仍能保持在预定的工作状态上。为了要做这种比较，就必须有一个用来权衡系统所处的两个不同状态是“接近”还是“远离”的尺度。这个尺度就是两种状态的“距离”。对于集中参数系统来说，这种尺度就是第二章中式(2.4-3)所规定的欧氏空间中两点的距离。由于分布参数系统有无穷多个自由度，我们自然会想到，应该在无穷维空间来研究

这个问题。第二章中所讲的距离空间，希尔伯特空间等就是我们所需要的这种空间。

我们先从一个具体系统的稳定性问题研究起，然后就一般系统的稳定性给出严格定义。

给定系统的状态方程为

$$\frac{\partial^n y(t,x)}{\partial t^n}=F\left(t,x,y,\frac{\partial y}{\partial t},\cdots,u\right)$$

$$\frac{d^m u(t)}{dt^m}=f\left(t,u,\frac{du}{dt},\cdots,y\right) \tag{12.4-1}$$

当系统的边界条件和初始条件给定后，系统的解就唯一确定了。

这个系统的状态是由 n 个双变量函数 $y(t,x),\frac{\partial y(t,x)}{\partial t},\cdots,\frac{\partial^{n-1}y(t,x)}{\partial t^{n-1}}$及 m 个单变量函数 $u(t),\frac{du(t)}{dt},\cdots,\frac{d^{m-1}u(t)}{dt^{m-1}}$描述的。固定任一时刻 t_1，系统状态是 n 个 x 的函数和 m 个数，即 $y(t,x)_{t=t_1}$，$\left.\frac{\partial y(t,x)}{\partial t}\right|_{t=t_1}$，$\cdots$，$\left.\frac{\partial^{n-1}y(t,x)}{\partial t^{n-1}}\right|_{t=t_1}$，$u(t)|_{t=t_1},\left.\frac{du(t)}{dt}\right|_{t=t_1},\cdots,\left.\frac{d^{m-1}u(t)}{dt^{m-1}}\right|_{t=t_1}$。要想在欧氏空间来描述这种状态显然是不行的。但我们可以仿照欧氏空间的情况，把 n 个单变量 x 的函数 $\alpha_1(x),\cdots,\alpha_n(x)$和 m 个数 $\beta_1,\beta_2,\cdots,\beta_m$ 看成一个向量(或点)$\boldsymbol{z}$，并记作 $\boldsymbol{z}=(\alpha_1(x),\cdots,\alpha_n(x),\beta_1,\beta_2,\cdots,\beta_m)$，其中 $\alpha_i(x),i=1,2,\cdots,n;\beta_j,j=1,2,\cdots,m$ 仍叫做向量的分量。我们规定，当且仅当 $\boldsymbol{z}$ 中所有分量都恒为零时，叫 $\boldsymbol{z}$ 为零向量。两个向量 $\boldsymbol{z}_1$ 和 $\boldsymbol{z}_2$，当且仅当它们对应的分量都相等时，则称 $\boldsymbol{z}_1$ 和 $\boldsymbol{z}_2$ 是相等的。把所有这种向量的全体记作 $\mathfrak{H}$，对 $\mathfrak{H}$ 中任意两个向量 $\boldsymbol{z}_1=(\alpha_{11}(\boldsymbol{x}),\alpha_{21}(\boldsymbol{x}),\cdots,\alpha_{n1}(\boldsymbol{x}),\beta_{11},\beta_{21},\cdots,\beta_{m1})$和 $\boldsymbol{z}_2=(\alpha_{12}(\boldsymbol{x}),\alpha_{22}(\boldsymbol{x}),\cdots,\alpha_{n2}(\boldsymbol{x}),\beta_{21},\beta_{22},\cdots,\beta_{m2})$定义一个正的实数和它们对应

$$\begin{aligned}\rho(\boldsymbol{z}_1,\boldsymbol{z}_2)=&\left\{\sum_{i=1}^{n}(\max_x|\alpha_{i1}(x)-\alpha_{i2}(x)|)^2+\sum_{i=1}^{n}\left(\max_x\left|\frac{d\alpha_{i1}(x)}{dx}-\frac{d\alpha_{i2}(x)}{dx}\right|\right)^2\right.\\&+\cdots+\sum_{i=1}^{n}\left(\max_x\left|\frac{d^{n-1}\alpha_{i1}(x)}{dx^{n-1}}-\frac{d^{n-1}\alpha_{i2}(x)}{dx^{n-1}}\right|\right)^2\\&\left.+(\beta_{11}-\beta_{21})^2+\cdots+(\beta_{m1}-\beta_{m2})^2\right\}^{\frac{1}{2}}\end{aligned} \tag{12.4-2}$$

我们把 $\rho(\cdot,\cdot)$叫做 $\mathfrak{H}$ 中的距离。它有以下三个性质：

(1) $\rho(\boldsymbol{z}_1,\boldsymbol{z}_2)\geqslant 0$，当且仅当 $\boldsymbol{z}_1=\boldsymbol{z}_2$ 时 $\rho(\boldsymbol{z}_1,\boldsymbol{z}_1)=0$，(非负性)。

(2) $\rho(\boldsymbol{z}_1,\boldsymbol{z}_2)=\rho(\boldsymbol{z}_2,\boldsymbol{z}_1)$，(对称性)。

(3) $\rho(\boldsymbol{z}_1,\boldsymbol{z}_2)\leqslant\rho(\boldsymbol{z}_1,\boldsymbol{z}_3)+\rho(\boldsymbol{z}_3,\boldsymbol{z}_2)$，(三角不等式)。在 $\mathfrak{H}$ 上赋予距离 ρ 以后，$\mathfrak{H}$ 叫做距离空间。当然，式(12.4-2)并不是 $\mathfrak{H}$ 上赋距的唯一方法。可以根据具体

问题的需要而赋予不同的距离。

如同欧氏空间中两个点间距离一样，式(12.4-2)定义的距离 ρ 就表示了 $\mathfrak{H}$ 中两点 $\boldsymbol{z}_1$，$\boldsymbol{z}_2$ 的“接近”或“远离”的程度。如果 $\boldsymbol{z}_1$ 和 $\boldsymbol{z}_2$ 很接近，即 $\alpha_{i1}(x)-\alpha_{i2}(x)$，$i=1,2,\cdots,n$；$\beta_{j1}-\beta_{j2}$，$j=1,2,\cdots,m$ 都很小时，那么 ρ 就很小。反之，如果距离 ρ 很小，那么这些差值也就很小，从而 $\boldsymbol{z}_1$ 和 $\boldsymbol{z}_2$ 就很接近。当 $\rho=0$ 时，$\boldsymbol{z}_1$ 和 $\boldsymbol{z}_2$ 就完全相等了。距离 ρ 好比一把尺子，用它可以度量空间中任意两点之间的相对距离。

在 $\mathfrak{H}$ 中给定一个点 $\boldsymbol{z}_1$ 和一个小的正数 ε，一切和 $\boldsymbol{z}_1$ 的距离小于 ε 的点 $\boldsymbol{z}$ 的全体，叫做点 $\boldsymbol{z}_1$ 的 ε 邻域。它是一个以 $\boldsymbol{z}_1$ 为球心 ε 为半径的小球。凡在这个小球内的点和 $\boldsymbol{z}_1$ 的距离都小于 ε。

如果距离空间 $\mathfrak{H}$ 中的点 $\boldsymbol{z}$ 是 t 的函数，即 $\boldsymbol{z}$ 的每个分量都是 t 的函数，记作 $\boldsymbol{z}(t)=(\alpha_1(t,x),\alpha_2(i,x),\cdots,\alpha_n(t,x),\beta_1(t),\cdots,\beta_m(t))$。那么当 t 变化时，点 $\boldsymbol{z}(t)$ 便从空间 $\mathfrak{H}$ 中一个点变到另一个点。我们把由于 t 的变化而使 $\boldsymbol{z}(t)$ 变化所历经的点集合，叫做 $\mathfrak{H}$ 中的“曲线”。若 $\boldsymbol{z}(t)$ 的每个分量对 t 都是连续函数，就说曲线 $\boldsymbol{z}(t)$ 对 t 也是连续的。

假如我们任意固定一个时刻 t，并令 $y(t,x)=\alpha_1(x)$，$\dfrac{\partial y(t,x)}{\partial t}=\alpha_2(x)$，$\cdots$，$\dfrac{\partial^{n-1}y(t,x)}{\partial t^{n-1}}=\alpha_n(x)$，$u(t)=\beta_1$，$\cdots$，$\dfrac{d^{m-1}u(t)}{dt^{m-1}}=\beta_m$，那么系统式(12.4-1)在 t 时刻的状态便对应于距离空间 $\mathfrak{H}$ 中一个点 $\boldsymbol{z}=(\alpha_1(x),\cdots,\alpha_n(x),\beta_1,\cdots,\beta_m)$，称 $\boldsymbol{z}$ 为系统的描绘点。当 t 连续变化时，系统状态也随之变化，从而描绘点 $\boldsymbol{z}$ 在 $\mathfrak{H}$ 中对应地描绘出一条“曲线”，把它叫做系统的运动轨迹，记作 $\boldsymbol{z}(t)$。因此，系统式(12.4-1)是在 $t=t_0$ 初始条件为 $\boldsymbol{z}_0=(\varphi_0(x),\cdots,\varphi_{n-1}(x),u_{00},u_{10},\cdots,u_{m-1,0})$ 时的运动，并在空间 $\mathfrak{H}$ 中对应一条从 $\boldsymbol{z}_0$ 出发的运动轨迹 $\boldsymbol{z}(t)$。

现在，我们来建立系统式(12.4-1)的稳定性概念。

设系统在 $t=t_0$ 时从 $\boldsymbol{z}_0$ 出发的运动轨迹为 $\boldsymbol{z}(t)$，它是系统的预定工作状态，称它为未受扰运动，如果系统在 $t=t_0$ 时受到了某种干扰，使初始条件不再是 $\boldsymbol{z}_0$，而是 $\tilde{\boldsymbol{z}}_0=(\tilde{\varphi}_0(x),\tilde{\varphi}_1(x),\cdots,\tilde{\varphi}_{n-1}(x),\tilde{\boldsymbol{u}}_{00},\cdots,\tilde{\boldsymbol{u}}_{m-1,0})$，$\boldsymbol{z}_0\neq\tilde{\boldsymbol{z}}_0$。那么，受到干扰后的系统工作状态，便是一条在 $\boldsymbol{t}=\boldsymbol{t}_0$ 时，从 $\tilde{z}_0$ 出发的运动轨迹 $\tilde{z}(t)$，它称之为相对于 $\boldsymbol{z}(t)$ 的受扰运动。

如果任意给定一个正数 ε，总存在一个正数 δ，它只和 t_0，ε 有关，对任意 $\rho(\boldsymbol{z}_0,\tilde{\boldsymbol{z}}_0)<\delta$ 的 $\tilde{\boldsymbol{z}}_0$，使所有 $t>t_0$ 都有 $\rho(\boldsymbol{z}(t),\tilde{\boldsymbol{z}}(t))<\varepsilon$，我们就说未受扰运动 $\boldsymbol{z}(t)$ 是稳定的。此外，如果当 $t\to\infty$ 时，若有 $\rho(\boldsymbol{z}(t),\tilde{\boldsymbol{z}}(t))\to 0$，则称未受扰运动 $\boldsymbol{z}(t)$ 是渐近稳定的。当 δ 只和 ε 有关而与 t_0 无关时，则叫做一致渐近稳定。

反之，对任意的正数 ε，找不到这样的 δ，那么未受扰运动 $\boldsymbol{z}(t)$ 就是不稳定的。

未受扰运动 $\boldsymbol{z}(t)$ 是空间 $\mathfrak{H}$ 中一条从 $\boldsymbol{z}_0$ 开始的连续曲线。我们沿这曲线的每

个点 $\boldsymbol{z}(t)$，作出它的 ε 邻域，同时对 $\boldsymbol{z}_0$ 点作出它的 δ 邻域。如果系统在 t_0 时从 $\boldsymbol{z}_0$ 的 δ 邻域内任意点出发，其运动轨迹在任意时刻 $t>t_0$ 时的状态，总位于未受扰运动同一时刻 t 的状态 $\boldsymbol{z}(t)$ 的 ε 邻域内，那么未受扰运动 $\boldsymbol{z}(t)$ 是稳定的，这就是运动稳定性的定义在距离空间 $\mathfrak{H}$ 中的几何解释。

可以看出，分布参数系统稳定性的这种定义，实质上是集中参数系统李雅普诺夫稳定性定义的推广。

我们来讨论一个例子。式(12.3-1)给出的分布参数系统，其状态是 $r(t,x)$，$\dfrac{\partial r(t,x)}{\partial t}$，$u(t)$。令 $\boldsymbol{z}=(\alpha_1(x),\alpha_2(x),u)$，$0\leqslant x\leqslant l$。定义距离

$$\rho(\boldsymbol{z}_1,\boldsymbol{z}_2)=\{(\max_x|\alpha_{11}(x)-\alpha_{12}(x)|)^2+(\max_x|\alpha_{21}(x)-\alpha_{22}(x)|)^2+(u_1-u_2)^2\}^{\frac{1}{2}},$$

则所有的 $\boldsymbol{z}$ 构成距离空间 $\mathfrak{H}$，系统的运动描述了 $\mathfrak{H}$ 中一条曲线 $\boldsymbol{z}(t)=\left(r(t,x),\dfrac{\partial r(t,x)}{\partial t},u(t)\right)$。

现在看一下系统零解的稳定性，即 $r(t,x)\equiv 0$，$\dfrac{\partial r(t,x)}{\partial t}\equiv 0$，$u(t)\equiv 0$ 的稳定性，它相当于零初始条件下系统的解（平凡解）。现给任一非零初始条件 $r(0,x)=\varphi_0(x)$，$\left.\dfrac{\partial r(t,x)}{\partial t}\right|_{t=0}=\varphi_1(x)$，$u(0)=u_0$，即 $\boldsymbol{z}_0=(\varphi_0(x),\varphi_1(x),u_0)$，由 $\boldsymbol{z}_0$ 出发的系统运动记为 $\boldsymbol{z}(t)=\left(r(t,x),\dfrac{\partial r(t,x)}{\partial t},u(t)\right)$，这时零解的稳定性就是，对任意给定的正数 ε，总存在正数 δ，它只和 ε 有关，对任意的 $\boldsymbol{z}_0$ 只要 $\{(\max_x|\varphi_0(x)|)^2+(\max_x|\varphi_1(x)|)^2+u_0^2\}^{\frac{1}{2}}<\delta$，就有 $\left\{(\max_x|r(t,x)|)^2+\left(\max_x\left|\dfrac{\partial r(t,x)}{\partial t}\right|\right)^2+u^2(t)\right\}^{\frac{1}{2}}<\varepsilon$，则零解是稳定的。此外，当 $t\to\infty$ 时，还有 $\left\{(\max_x|r(t,x)|)^2+\left(\max_x\left|\dfrac{\partial r(t,x)}{\partial t}\right|\right)^2+u^2(t)\right\}^{\frac{1}{2}}\to 0$，则系统是渐近稳定的。

如果系统的任务是保持圆柱体在 $x=x_g$ 处的扭角为零，这时受扰运动和未受扰运动就不必作全局性比较，只要对 $\boldsymbol{z}(t)$ 中的一个分量 $r(t,x_g)$ 和零状态作比较就能反映出系统工作性能了。这时稳定性可以定义如下：对任意给定的正数 ε，总存在正数 δ，它只和 ε 有关，对任意 $\boldsymbol{z}_0$，只要 $\{(\max_x|\varphi_0(x)|)^2+(\max_x|\varphi_1(x)|)^2+u_0^2\}^{\frac{1}{2}}<\delta$，就有 $|r(t,x_g)|<\varepsilon$，我们就说系统的零解是稳定的。此外，当 $t\to\infty$ 时，还有 $|r(t,x_g)|\to 0$，那么系统就是渐近稳定的。

下面，我们讨论一般分布参数系统的稳定性定义。

在第 12.3 节中，我们曾指出，一般分布参数系统可以用偏微分方程组表示成

式(12.3-9)的形式。稳定性问题只考虑系统的自由运动就够了,即可令 $\boldsymbol{f}(t,\boldsymbol{x})\equiv 0$。这时给定系统的状态方程为

$$\frac{\partial \boldsymbol{U}(t,\boldsymbol{x})}{\partial t}=\boldsymbol{L}(t,\boldsymbol{x},\boldsymbol{U}(t,\boldsymbol{x})) \tag{12.4-3}$$

边界条件和初始条件分别由式(12.3-11)和(12.3-10)确定。我们假定系统的解存在而且是唯一的。

设系统的状态空间为 $\mathfrak{H}$,在其上定义的距离为 ρ,它具有前面说过的距离的三个性质,因此 $\mathfrak{H}$ 就是距离空间。在讨论稳定性的问题时,只要有了距离就够了。但在讨论分布参数系统其他问题时,仅仅有了距离还不够,还必须要求状态空间有更多的性质,这时一般的距离空间不便于作为系统的状态空间,通常是巴拿赫(Banach)空间或希尔伯特空间等作为系统的状态空间。选取什么样的函数空间作为系统的状态空间,这与研究分布参数系统的具体问题有关。

对系统式(12.4-3),在给定边界条件式(12.3-11)和初始条件 $\boldsymbol{U}(t,\boldsymbol{x})|_{t=t_0}=\boldsymbol{U}_0(\boldsymbol{x})$后,方程的解便决定了系统的一个特殊运动,用 $\Phi(t,\boldsymbol{x},\boldsymbol{U}_0(\boldsymbol{x}),t_0)$表示这个解,它是 $\mathfrak{H}$ 中的一条曲线,用 Γ_{U_0} 表示 $\Gamma_{U_0}\subset\mathfrak{H}$。$\mathfrak{H}$ 中任意点 $\boldsymbol{U}$ 到 $\boldsymbol{\Gamma}_{U_0}$ 的距离定义为

$$\rho(\boldsymbol{U},\Gamma_{U_0})=\inf_{\boldsymbol{U}'\in\boldsymbol{\Gamma}_{U_0}}\rho(\boldsymbol{U},\boldsymbol{U}') \tag{12.4-4}$$

现给定另一初始条件 $\widetilde{\boldsymbol{U}}_0(\boldsymbol{x})$,系统式(12.4-3)在这个初始条件和边界条件式(12.3-11)下的解 $\Phi(t,\boldsymbol{x},\widetilde{\boldsymbol{U}}_0(\boldsymbol{x}),t_0)$也是 $\mathfrak{H}$ 中的一条曲线,记作 $\Gamma_{\widetilde{U}_0}$,定义 Γ_{U_0} 和 $\Gamma_{\widetilde{U}_0}$ 的距离为

$$\rho(\Gamma_{U0},\Gamma_{\widetilde{U}_0})=\sup_{\boldsymbol{U}\in\boldsymbol{\Gamma}_{\widetilde{U}_0}}\rho(\boldsymbol{U},\Gamma_{U_0}) \tag{12.4-5}$$

现在来定义系统式(12.4-3)的运动 $\Phi(t,\boldsymbol{x},\boldsymbol{U}_0(\boldsymbol{x}),t_0)$的稳定性。如果对任意给定的正数 ε,总存在一个正实数 δ,它依赖于 ε 和 t_0,当任意给定的 $\widetilde{\boldsymbol{U}}_0(\boldsymbol{x})$使 $\rho(\widetilde{\boldsymbol{U}}_0,\Gamma_{U_0})<\delta(\varepsilon,t_0)$时,总有 $\rho(\Gamma_{\widetilde{U}_0},\Gamma_{U_0})<\varepsilon$ 成立,我们就说未受扰运动 $\Phi(t,\boldsymbol{x},\boldsymbol{U}_0(\boldsymbol{x}),t_0)$是稳定的。此外,如果当 $t\to\infty$ 时,还有 $\rho(\Gamma_{\widetilde{U}_0},\Gamma_{U_0})\to 0$,我们就说未受扰运动 $\Phi(t,\boldsymbol{x},\boldsymbol{U}_0(\boldsymbol{x}),t_0)$是渐近稳定的。如果 δ 只和 ε 有关而和 t_0 无关时,则叫做一致渐近稳定。

当给定了正数 ε,找不到上述的 $\delta(\varepsilon,t_0)$时,则未受扰运动 $\Phi(t,\boldsymbol{x},\boldsymbol{U}_0(\boldsymbol{x}),t_0)$叫做不稳定的。

运动稳定性的这个定义和我们对系统式(12.4-1)所作的定义实质上都是一致的。

需要强调指出的是,未受扰运动的稳定性显然与距离 ρ 的具体选择形式有关。同一个系统,未受扰运动在这样规定的距离下是稳定的,而在另外规定的距离下却可能是不稳定的。因此,对具体系统所选择的距离 ρ 必须能反映系统的工作性能和工程实际的需要。

如果系统是线性的，则式(12.4-3)变成了如下形式：

$$\frac{\partial \boldsymbol{U}(t,\boldsymbol{x})}{\partial t}=L(t,\boldsymbol{x})\boldsymbol{U}(t,\boldsymbol{x}) \tag{12.4-6}$$

其中 $L(t,x)$是矩阵微分算子。

和集中参数系统一样，对于线性系统，任何一个未受扰运动的稳定性等价于系统零解的稳定性(所谓零解就是系统在零初始条件下的解，它在任何时刻的状态都为零)。从而系统要么全体运动都稳定，要么全体运动都不稳定。因此，对线性系统来说，提系统是否稳定是有意义的。

但对非线性系统来说，一般存在稳定和不稳定两类运动。系统可能在这种预定状态下是稳定的，而在另外预定的工作状态下却是不稳定的。因此，对非线性系统，应严格区别某个运动的稳定性和整个系统的稳定性。

在给出了系统稳定性准则以后，如何判断一个系统的运动是否稳定呢？对集中参数系统有李雅普诺夫函数直接方法。这个方法不要求解系统的运动方程，而是构造一个李雅普诺夫函数，根据这个函数的性质去判别系统运动是否稳定。无论线性或非线性系统，常系数和变系数系统，这个方法都可以应用。但是在应用中，一个很大的困难就是不容易找到李雅普诺夫函数。

对于分布参数系统，把集中参数系统的李雅普诺夫方法推广到分布参数系统上来，也有许多工作，下面我们介绍一下这方面的内容[33]。

对系统式(12.4-3)，当初始条件 $\boldsymbol{U}_0(\boldsymbol{x})$给定后，令在边界条件式(12.3-11)下的解 $\Phi(t,\boldsymbol{x},\boldsymbol{U}_0(\boldsymbol{x}),t_0)$是未受扰运动。它是 $\mathfrak{H}$ 中一条曲线，用 $\Gamma_{\boldsymbol{U}_0}$ 表示它。$\Gamma_{\boldsymbol{U}_0}$ 的 r 邻域是指凡是 $\rho(\boldsymbol{U},\Gamma_{U_0})<r$ 的 $\mathfrak{H}$ 中点 $\boldsymbol{U}$ 的集合，记作 $N(\Gamma_{U_0},r)$。任给一初始条件 $\widetilde{\boldsymbol{U}}_0(\boldsymbol{x})$，在这个初始条件下，系统式(12.4-3)的运动 $\Phi(t,\boldsymbol{x},\widetilde{\boldsymbol{U}}_0(\boldsymbol{x}),t_0)$对 $\Phi(t,\boldsymbol{x},\boldsymbol{U}_0(x),t_0)$是受扰运动，记 $\Phi(t,\boldsymbol{x},\widetilde{\boldsymbol{U}}_0(\boldsymbol{x}),t_0)$对应 $\mathfrak{H}$ 中的曲线为 $\Gamma_{\widetilde{U}_0}$。

未受扰运动 $\Phi(t,\boldsymbol{x},\boldsymbol{U}_0(\boldsymbol{x}),t_0)$稳定的必要和充分条件是，存在一个实泛函 $V(t,\boldsymbol{U}(\boldsymbol{x}))$，它对所有 $t\geqslant 0$ 和 $N(\Gamma_{U_0},r)$中的点 $\boldsymbol{U}(\boldsymbol{x})$都有定义。并且

(1) 对任意充分小的正数 ε_1，当 $\rho(\boldsymbol{U},\Gamma_{U_0})>\varepsilon_1$ 时，总存在一个正数 ε_2，使得对所有的 $t\geqslant 0$，都有 $V(t,\boldsymbol{U}(\boldsymbol{x}))>\varepsilon_2$。

(2) 当 $\rho(\boldsymbol{U},\Gamma_{U_0})\to 0$ 时，对 $t\geqslant t_0$ 一致地有

$$\lim V(t,\boldsymbol{U}(\boldsymbol{x}))=0$$

(3) 泛函 $V(t,\boldsymbol{U}(\boldsymbol{x}))$在 $\Gamma_{\widetilde{U}_0}$ 上的最大值，即

$$V'(t,\widetilde{\boldsymbol{U}}_0(\boldsymbol{x}),t_0)=\sup_{\boldsymbol{U}'\in\Gamma_{\widetilde{U}_0}} V(t,\boldsymbol{U}'(\boldsymbol{x}))$$

对所有 $t\geqslant t_0$ 是不增加的。

以上是系统运动稳定的必要充分条件。在这些条件下，如果还有

(4) 函数 $V'(t,\widetilde{\boldsymbol{U}}_0(\boldsymbol{x}),t_0)$对于 Γ_{U_0} 的 δ 邻域 $N(\Gamma_{U_0},\delta)$内的所有 $\widetilde{\boldsymbol{U}}_0(\boldsymbol{x})$，当

$t\to\infty$时，$V'(t,\widetilde{\boldsymbol{U}}_0,t_0)\to 0$，那么(1)—(4)是运动$\Phi(t,\boldsymbol{x},\boldsymbol{U}_0(\boldsymbol{x}),t_0)$渐近稳定的必要充分条件。

(5) 如果对Γ_{U_0}的δ邻域$N(\Gamma_{U_0},\delta)$内的所有$\widetilde{\boldsymbol{U}}_0(\boldsymbol{x})$，对$t_0$一致地有$\lim\limits_{t-t_0\to\infty}V'(t,\widetilde{\boldsymbol{U}}_0(\boldsymbol{x}),t_0)=0$，则(1)—(5)是运动$\Phi(t,\boldsymbol{x},\boldsymbol{U}_0(\boldsymbol{x}),t_0)$一致渐近稳定的必要充分条件。

这一事实的详细证明，可参阅文献[33]。从上述我们可以看出，问题的关键在于找到实泛函$V(t,\boldsymbol{U}(\boldsymbol{x}))$。对于一般的分布参数系统，找到这个实泛函$V(t,\boldsymbol{U}(\boldsymbol{x}))$是比较困难的，但对某些特殊系统，$V(t,\boldsymbol{U}(\boldsymbol{x}))$是可以作出来的。作为上述结果的应用，我们讨论下述的线性系统

$$\frac{\partial \boldsymbol{U}(t,\boldsymbol{x})}{\partial t}=L\boldsymbol{U}(t,\boldsymbol{x}) \tag{12.4-7}$$

系统的状态空间$\mathfrak{H}=L_2(\Omega)\times L_2(\Omega)\times\cdots\times L_2(\Omega)$，$L_2(\Omega)$是希尔伯特空间，$\mathfrak{H}$是$n$个$L_2(\Omega)$空间的积空间，它仍是一个希尔伯特空间。$L$是$\mathfrak{H}$中矩阵线性算子。$\mathfrak{H}$中的函数(也叫$\mathfrak{H}$中的元)$\boldsymbol{U}(t,\boldsymbol{x})$的范数定义为

$$\|\boldsymbol{U}(t,\boldsymbol{x})\|=\langle\boldsymbol{U}(t,\boldsymbol{x}),\boldsymbol{U}(t,\boldsymbol{x})\rangle_{\mathfrak{H}}^{1/2}=\left\{\int_\Omega \boldsymbol{U}^\tau(t,\boldsymbol{x})\boldsymbol{U}(t,\boldsymbol{x})d\Omega\right\}^{1/2} \tag{12.4-8}$$

式中τ表示向量的转置，$\langle\cdot,\cdot\rangle_{\mathfrak{H}}$表示$\mathfrak{H}$中的内积。由范数式(12.4-8)，可以给出$\mathfrak{H}$中任意两个元的距离

$$\rho(\boldsymbol{U}_1,\boldsymbol{U}_2)=\|\boldsymbol{U}_1-\boldsymbol{U}_2\|,\boldsymbol{U}_1,\boldsymbol{U}_2\in\mathfrak{H} \tag{12.4-9}$$

由于式(12.4-7)是线性系统，我们可以只考虑零解的稳定性。为此，考虑如下的正定实泛函

$$V(t,\boldsymbol{U}(\boldsymbol{x}))=\int_\Omega \boldsymbol{U}^\tau(t,\boldsymbol{x})\boldsymbol{U}(t,\boldsymbol{x})d\Omega=\langle\boldsymbol{U}(t,\boldsymbol{x}),\boldsymbol{U}(t,\boldsymbol{x})\rangle_{\mathfrak{H}} \tag{12.4-10}$$

容易验证，上述的(1)—(2)条件，$V(t,\boldsymbol{U}(\boldsymbol{x}))$都自动满足。如果$V(t,\boldsymbol{U}(\boldsymbol{x}))$对$t$的导数小于或等于零，即

$$\begin{aligned}\frac{d}{dt}V(t,\boldsymbol{U}(\boldsymbol{x}))&=\frac{d}{dt}\langle\boldsymbol{U}(t,\boldsymbol{x}),\boldsymbol{U}(t,\boldsymbol{x})\rangle_{\mathfrak{H}}\\&=\langle L\boldsymbol{U}(t,\boldsymbol{x}),\boldsymbol{U}(t,\boldsymbol{x})\rangle_{\mathfrak{H}}+\langle\boldsymbol{U}(t,\boldsymbol{x}),L\boldsymbol{U}(t,\boldsymbol{x})\rangle_{\mathfrak{H}}\leqslant 0\end{aligned} \tag{12.4-11}$$

其中$\boldsymbol{U}(t,\boldsymbol{x})$是非零初始条件$\widetilde{\boldsymbol{U}}_0(\boldsymbol{x})$下，方程(12.4-7)的解。条件式(12.4-11)说明$V(t,\boldsymbol{U}(\boldsymbol{x}))$对$t$是不增的，因此(3)中的，$V'(t,\widetilde{\boldsymbol{U}}_0(\boldsymbol{x}),t_0)$也是对$t\geqslant t_0$不增加的，这样，条件(3)满足，所以系统式(12.4-7)是稳定的。式(12.4-11)有明确的物理意义。在很多实际系统中，$V(t,\boldsymbol{U}(\boldsymbol{x}))$代表系统的能量，当条件式(12.4-11)满足时，表明这种系统只有能量的转换和耗损，而没有能量的增加。所以它是稳定的系统。线性算子L，在满足条件式(12.4-11)时，叫做逸散算子。

以上关于系统运动稳定性的准则，并没有和系统的具体结构建立直接联系。

因此，它适用的范围比较大。在考虑到具体系统的特点时，我们还可以有其他稳定性判定准则。下面我们就线性常系数系统的稳定性作进一步的讨论。

我们知道，一个线性常系数集中参数系统

$$\frac{d\boldsymbol{x}(t)}{dt}=A\boldsymbol{x}(t),\boldsymbol{x}(0)=\boldsymbol{x}_0$$

的解为 $\boldsymbol{x}(t)=e^{At}\boldsymbol{x}_0$，$e^{At}$ 是系统的基本解矩阵，它是 R_n 中的算子函数（矩阵函数），具有以下性质，$e^{At}|_{t=0}=E$（R_n 中恒等矩阵），$e^{At_1}\cdot e^{At_2}=e^{A(t_1+t_2)}$，$e^{At_1}\cdot(e^{At_1})^{-1}=e^{At_1}\cdot e^{-At_1}=E$[$(e^{At_1})^{-1}$ 表示 e^{At_1} 的逆矩阵]。这就是说 e^{At} 具有群的性质。这个系统的稳定性完全取决于算子（矩阵）A 的本征值在复平面上的分布。例如，A 的本征值均有负实部时，这个系统一定是渐近稳定的。

对于线性常系数分布参数系统，在一定条件下，也有类似的性质。考虑下述线性分布参数系统

$$\frac{\partial\boldsymbol{U}(t,\boldsymbol{x})}{\partial t}=L\boldsymbol{U}(t,\boldsymbol{x}),\boldsymbol{U}(t,\boldsymbol{x})|_{t=t_0}=\boldsymbol{U}_0(\boldsymbol{x}) \tag{12.4-12}$$

L 的定义域记作 $D(L)$。$\boldsymbol{U}_0(\boldsymbol{x})\in D(L)$。

系统式(12.4-12)的解 $\boldsymbol{U}(t,\boldsymbol{x})$，一般来说，不是群而是半群。在第二章里已经讲过，当 L 是 $\mathfrak{H}$ 中有界算子半群 $T(t)$ 的生成算子时，式(12.4-12)的解可以表示成

$$\boldsymbol{U}(t,\boldsymbol{x})=T(t)\boldsymbol{U}_0(\boldsymbol{x})=e^{Lt}\boldsymbol{U}_0(\boldsymbol{x}),\boldsymbol{U}_0(\boldsymbol{x})\in D(L) \tag{12.4-13}$$

这时系统式(12.4-12)的稳定性完全取决于 L 的本征值在复平面上的分布①。类似于集中参数系统，对于系统式(12.4-12)有以下事实成立。

对于系统式(12.4-12)，假如 L 是有界算子半群的生成算子，L 的本征值都有负实部，并且所有本征值负实部的上确界 γ 小于零，即 $\gamma<0$，那么系统式(12.4-12)是渐近稳定的。如果 L 的本征值都是单重的，并且都有负实部，那么系统式(12.4-12)是稳定的。假如至少有一个本征值具有正实部，那么系统式(12.4-12)一定是不稳定的。

作为例子，我们讨论第 12.3 节中带有常微分控制器的分布参数反馈系统式(12.3-8)[9]。

受控对象的运动方程为

$$m(x)\frac{\partial^2 u}{\partial t^2}+C(x)\frac{\partial u}{\partial t}+B(x)\frac{\partial u}{\partial x}+\frac{\partial^2}{\partial x^2}EJ(x)\frac{\partial^2 u}{\partial x^2}=-\Big(\sum_{i=1}^{n}x_i(t)g_i\Big)b(x)$$

取 L_2 空间作为受控对象的状态空间，即一切在 $(0,l)$ 上平方可积复值函数的全体，按通常的函数相加和乘以复数的运算，构成线性空间。若在其中引入内积

① 关于一般算子的本征值概念，我们将在第 12.5 节中详细介绍。

$$\langle \varphi,\psi \rangle = \int_0^l \varphi(x)\, \overline{\psi(x)}\, dx \tag{12.4-14}$$

和范数

$$\| \varphi \| = \langle \varphi,\varphi \rangle^{\frac{1}{2}} = \left\{ \int_0^l |\varphi(x)|^2 dx \right\}^{\frac{1}{2}} \tag{12.4-15}$$

则 L_2 是一个完备可分的复希尔伯特空间。记这个空间为 $L_2(0,l)$，该空间的函数叫做空间中的元。

受控对象的状态 $u(t,x)$，当 t 给定后是 x 的函数，它是 $L_2(0,l)$ 中的一个元。因此，$u(t,x)$ 可以看成是自变量为 t 取值于 $L_2(0,l)$ 中的函数，今后记作 $u(t)$。于是，上述方程可以写成

$$m(x)\frac{d^2u}{dt^2}+C\frac{du}{dt}+Bu+Au=-(\boldsymbol{x},\boldsymbol{g})b \tag{12.4-16}$$

其中 A,B,C 是 $L_2(0,l)$ 中的线性算子

$$A=\frac{\partial^2}{\partial x^2}EJ(x)\frac{\partial^2}{\partial x^2}$$

A 的定义域 $D(A)$ 是由 $L_2(0,l)$ 中具有下述性质的函数 $u(x)$ 所组成：$\frac{du(x)}{dx}$，$EJ(x)\times\frac{d^2u(x)}{dx^2}$，$\frac{d}{dx}EJ(x)\frac{d^2u(x)}{dx^2}$ 都是绝对连续函数且属于 $L_2(0,l)$，$\frac{d^2}{dx^2}EJ(x)\frac{d^2u(x)}{dx^2}$ 也属于 $L_2(0,l)$，并且 $EJ(x)\frac{d^2u(x)}{dx^2}\bigg|_{\substack{x=0\\x=l}}=0$，$\frac{d}{dx}EJ(x)\frac{d^2u(x)}{dx^2}\bigg|_{\substack{x=0\\x=l}}=0$。此外设

$$B=B(x)\frac{\partial}{\partial x}$$

B 的定义域 $D(B)$ 是由 $L_2(0,l)$ 中那些绝对连续函数且其导数仍属于 $L_2(0,l)$ 的函数 $u(x)$ 所组成。设 $C(x)$ 是有界函数，则算子 C 是定义在全空间 $L_2(0,l)$ 上的有界算子，而 A,B 是无界算子。

在式(12.4-16)中 b 是 $L_2(0,l)$ 中的元。$(\cdot,\cdot)$ 表示 R_n 中的内积。如记 $G\boldsymbol{x}=(\boldsymbol{x},\boldsymbol{g})b$，那么 G 就是一个从 R_n 到 $L_2(0,l)$ 中的线性算子，叫做反馈算子。

控制方程为

$$\frac{d\boldsymbol{x}}{dt}=J\boldsymbol{x}+\boldsymbol{k}_1 q_1+\boldsymbol{k}_2 q_2$$

$\boldsymbol{k}_1,\boldsymbol{k}_2$ 是 R_n 中固定的常向量，J 是 $n\times n$ 阶方阵，它是 R_n 到 R_n 中的线性算子。利用 $L_2(0,l)$ 中的内积符号，可以把测量方程 q_1,q_2 写成

$$\boldsymbol{k}_1 q_1(a_1,t) = \boldsymbol{k}_1\int_0^l \tilde{S}_1 u(t,x)a_1(x)dx = \langle \tilde{S}_1 u,a_1\rangle \boldsymbol{k}_1 = S_1 u$$

$$\boldsymbol{k}_2 q_2(a_2,t) = \boldsymbol{k}_2\int_0^l \tilde{S}_2 \frac{\partial u(t,x)}{\partial t}a_2(x)dx = \langle \tilde{S}_2 \frac{du}{dt},a_2\rangle \boldsymbol{k}_2 = S_2 \frac{du}{dt} \tag{12.4-17}$$

式中 a_1, a_2 是 $L_2(0,l)$ 中固定的元。显然，S_1, S_2 是从 $L_2(0,l)$ 到 R_n 中的线性算子，叫做测量算子。因此，控制器方程可以写成

$$\frac{d\boldsymbol{x}}{dt}=J\boldsymbol{x}+S_1u+S_2\frac{du}{dt}$$

整个系统的方程为

$$m\frac{d^2u}{dt^2}+C\frac{du}{dt}+Bu+Au=-G\boldsymbol{x}$$

$$\frac{d\boldsymbol{x}}{dt}=J\boldsymbol{x}+S_1u+S_2\frac{du}{dt} \tag{12.4-18}$$

式中 $m=m(x)$ 是梁的质量密度。在式(12.4-14)中，如果带有权 $m(x)>0$，即

$$\langle\varphi,\psi\rangle_m=\int_\Omega m(x)\varphi(x)\overline{\psi(x)}dx$$

则两者定义的范数等价。此时将式(12.4-18)第一式中的首项系数变为 1，从而得到

$$\begin{aligned}&\frac{d^2u}{dt^2}+C\frac{du}{dt}+Bu+Au=-G\boldsymbol{x}\\&\frac{d\boldsymbol{x}}{dt}=J\boldsymbol{x}+S_1U+S_2\frac{du}{dt}\end{aligned} \tag{12.4-19}$$

现把式(12.4-19)化成方程组，令 $u_1=u, u_2=\dfrac{du}{dt}, \boldsymbol{y}=\boldsymbol{x}-S_2u_1$，则上述方程变为

$$\frac{du_1}{dt}=u_2$$

$$\frac{du_2}{dt}=-(A+B)u_1-Cu_2-G\boldsymbol{y}-GS_2u_1$$

$$\frac{d\boldsymbol{y}}{dt}=J\boldsymbol{y}+(S_1+JS_2)u_1 \tag{12.4-20}$$

式中 $u_1, u_2\in L_2(0,l), \boldsymbol{y}\in R_n$。积空间 $\mathfrak{H}=L_2(0,l)\times L_2(0,l)\times R_n$ 是一个希尔伯特空间，取 $\mathfrak{H}$ 作为系统式(12.4-20)的状态空间，上述方程组可以写成

$$\frac{dY}{dt}=\mathscr{B}Y \tag{12.4-21}$$

式中 $Y=(u_1, u_2, \boldsymbol{y})\in\mathfrak{H}$。

$$\mathscr{B}=\begin{pmatrix}0 & I & 0\\ -(A+B)-GS_2 & -C & -G\\ S_1+JS_2 & 0 & J\end{pmatrix} \tag{12.4-22}$$

$\mathscr{B}$ 是 $\mathfrak{H}$ 中的线性算子。式(12.4-21)就是系统的状态方程。状态空间 $\mathfrak{H}$ 中的元 $Y=(u_1, u_2, \boldsymbol{y})$ 的范数为

$$\|Y\|=\{\|u_1\|_{L_2}^2+\|u_2\|_{L_2}^2+\|\boldsymbol{y}\|_{R_n}^2\}^{\frac{1}{2}} \tag{12.4-23}$$

在这个空间中任意两点 $Y=(u_1,u_2,\mathbf{y})$ 和 $Z=(v_1,v_2,\mathbf{z})$ 的距离就是

$$\rho(Y,Z)=\|Y-Z\|=\{\|u_1-v_1\|_{L_2}^2+\|u_2-v_2\|_{L_2}^2+\|\mathbf{y}-\mathbf{z}\|_{R_n}^2\}^{\frac{1}{2}}$$

根据前面的讨论，系统式(12.4-21)的稳定性问题，完全取决于算子 $\mathscr{B}$ 及其本征值的分布。关于这个系统的稳定性问题在第 12.5 节中还要详细研究。

在应用传递函数方法研究线性集中参数系统稳定性时，传递函数的极点分布完全决定了系统的稳定性。根据极点是否在左半平面，提出了各种稳定性判据。这种方法也可以相应地推广到线性常系数分布参数系统，我们以第 12.3 节讲到的正则系统为例来说明这个问题。

式(12.3-30)系统的输出为

$$Y(s,x_g)=\frac{W(x_g,s)\dfrac{1}{D(s)}}{1+W(x_g,s)\dfrac{1}{D(s)}}F(s)+\frac{W(x_g,s)\dfrac{N_0(s)}{D(s)}+\sum\limits_{i=0}^{n-1}\int_0^l\mathscr{K}(x_g,\xi,s)Q_i(\xi,s,\varphi_i(\xi))d\xi}{1+W(x_g,s)\dfrac{1}{D(s)}}$$

在讨论稳定性时，令 $F(s)=0$。将 $W(x_g,s)=\dfrac{B(x_g,0,s)}{A(s)}$ 代到上式便得到

$$Y(s,x_g)=\frac{N_0(s)B(x_g,0,s)+D(s)\sum\limits_{i=0}^{n-1}\int_0^l B(x_g,\xi,s)Q_i(\xi,s,\varphi_i(\xi))d\xi}{A(s)D(s)+B(x_g,0,s)}\tag{12.4-24}$$

它是由初值引起的自由运动 $y(t,x_g)$ 的象函数。设它满足第 12.2 节中有关拉氏变换的一切性质，这时 $y(t,x_g)$ 可由反演公式求出

$$y(t,x_g)=\frac{1}{2\pi i}\int_{\gamma-i\infty}^{\gamma+i\infty}Y(s,x_g)e^{st}ds\tag{12.4-25}$$

根据式(12.3-35)知

$$\mathscr{D}(s)=A(s)D(s)+B(x_g,0,s)=0\tag{12.4-26}$$

是系统的特征方程。

可以证明，解(12.4-25)的稳定性取决于特征方程式(12.4-26)特征根的分布。

如果正则系统特征方程(12.4-26)的特征根都有负实部，且负实部都小于某一负数 $\gamma<0$，那么系统一定是渐近稳定的。

同样，利用位移定理还可以证明，如果正则系统的特征根至少有一个具有正实部，那么系统一定是不稳定的。

这种根据特征方程的根在复平面上的分布来判别运动的稳定性，和前面所讲

的根据算子本征值在复平面上的分布来判别运动的稳定性，这两者完全是一回事，特征根就是算子本征值。事实上，当用拉氏变换法解方程时，设方程的解 $y(t,x)$ 的象函数 $Y(s,x)=\dfrac{M(s,x)}{\mathscr{D}(s)}$，$\mathscr{D}(s)=0$ 是系统的特征方程，$M(s,x)$ 是包括系统初值在内的关于 s 的整函数。如果这个系统在希尔伯特空间 $\mathfrak{H}$ 内化成如下微分方程：

$$\frac{\partial y(t,x)}{\partial t}=Ay(t,x),\ y(t,x)|_{t=0}=\varphi(x) \tag{12.4-27}$$

其中 A 是根据方程边界条件决定的微分算子。假定它是 $\mathfrak{H}$ 中有界算子半群 $T(t)$ 的生成算子，根据半群的性质，这时方程(12.4-27)的解为

$$y(t,x)=T(t)\varphi(x) \tag{12.4-28}$$

将式(12.4-28)两边进行拉氏变换，便得到

$$\begin{aligned}\int_0^\infty y(t,x)e^{-st}dt &= \int_0^\infty e^{-st}T(t)\varphi(x)dt = \int_0^\infty e^{-st}T(t)dt\varphi(x)\\ &= (s-A)^{-1}\varphi(x)\end{aligned} \tag{12.4-29}$$

这里利用了半群性质：$(s-A)^{-1}=\int_0^\infty e^{-st}T(t)dt$[12,24]。由此得到

$$Y(s,x)=(s-A)^{-1}\varphi(x)$$

或者

$$\frac{M(s,x)}{\mathscr{D}(s)}=(s-A)^{-1}\varphi(x) \tag{12.4-30}$$

下一节我们会看到，$(s-A)^{-1}$ 是算子 A 的预解式，它的极点就是 A 的本征值（我们这里仅指具有紧预解式的算子）。而式(12.4-30)左边的极点就是 $\mathscr{D}(s)$ 的零点，也就是特征根。

和集中参数系统一样，如令传递函数中 $s=i\omega$，得到的便是系统的频率特性。上述按特征方程根的分布判别系统稳定性的方法，也可以使我们建立频率判据，如乃奎斯特准则。同样，也可以建立类似于路斯-霍尔维茨的准则。所有这些，这里就不详细介绍了。

12.5　带有常微分控制器的分布参数系统

在第 12.4 节中，曾把带有常微分方程控制器的弹性梁控制系统式(12.3-8)化成积空间 $\mathfrak{H}=L_2(0,l)\times L_2(0,l)\times R_n$ 中的微分方程（也叫发展方程）

$$\frac{dY}{dt}=\mathscr{B}Y \tag{12.5-1}$$

其中

$$\mathscr{B}=\begin{pmatrix} 0 & 1 & 0 \\ -(A+B+GS_2) & -C & -G \\ (S_1+JS_2) & 0 & J \end{pmatrix}$$

$\mathscr{B}$ 是 $\mathfrak{H}$ 中的线性算子。

用双曲型方程描述的弹性膜、板等一类受控对象的运动，最后也都能化成类似的方程。不同的只是空间变量不是一维而是多维的。因此，没有必要把问题限制在一个空间变量的情况，我们可以讨论更广泛一些的问题。为此，在 m 维欧氏空间 R_m 中，取一有界开连通域 Ω，其边界为 $\partial\Omega$。和第 12.4 节中所讨论的情况一样，作 $L_2(\Omega)$空间，即一切在 Ω 上平方可积复值函数的全体，在其中定义内积

$$\langle\varphi,\psi\rangle=\int_{\Omega}\varphi(p)\overline{\psi(p)}dp,\quad p\in\Omega \tag{12.5-2}$$

和范数

$$\|\varphi\|=\langle\varphi,\varphi\rangle^{\frac{1}{2}}=\left\{\int_{\Omega}|\varphi(p)|^2dp\right\}^{\frac{1}{2}},\quad p\in\Omega \tag{12.5-3}$$

则 $L_2(\Omega)$就是一个可分的希尔伯特空间。显然，当 Ω 是 R_1（直线）上的$(0,l)$时，$L_2(\Omega)$就是前面用到过的 $L_2(0,l)$。

作积空间 $\mathfrak{H}=L_2(\Omega)\times L_2(\Omega)\times R_n$，它仍是希尔伯特空间。$\mathfrak{H}$ 中任一元 $Y=(u_1,u_2,\boldsymbol{y})$的范数定义为

$$\|Y\|_{\mathfrak{H}}=\{\|u_1\|_{L_2}^2+\|u_2\|_{L_2}^2+\|\boldsymbol{y}\|_{R_n}^2\}^{\frac{1}{2}} \tag{12.5-4}$$

研究控制系统

$$\begin{aligned}&\frac{d^2u}{dt^2}+C\frac{du}{dt}+Bu+Au=-G\boldsymbol{x},\\&\frac{d\boldsymbol{x}}{dt}=J\boldsymbol{x}+S_1u+S_2\frac{du}{dt}\end{aligned} \tag{12.5-5}$$

其中

$$\begin{aligned}G\boldsymbol{x}&=(\boldsymbol{x},\boldsymbol{g})b\\S_1u&=\langle\tilde{S}_1u,a_1\rangle\boldsymbol{k}_1\\S_2\frac{du}{dt}&=\langle\tilde{S}_2\frac{du}{dt},a_2\rangle\boldsymbol{k}_2\end{aligned} \tag{12.5-6}$$

$u=u(t,p)$是受控对象（梁、板、膜等）的状态。A,B,C 都是 $L_2(\Omega)$中的线性算子。$a_i(p),i=1,2,b(p)$都是 $L_2(\Omega)$中固定的元。

控制系统式(12.5-5)同样可以化成 $\mathfrak{H}$ 中的微分方程

$$\frac{dY}{dt}=\mathscr{B}Y \tag{12.5-7}$$

其中 $Y\in\mathfrak{H}$，$\mathscr{B}$ 是 $\mathfrak{H}$ 中的线性算子。

在受控对象的方程中，算子 A 的一些属性是比较重要的。一方面，受控对象

的边界条件能单独决定 A 的定义域 $D(A)$；另一方面，算子 $B,C,S_i,i=1,2$ 的定义域一般都大于 $D(A)$，即 $D(B)\supset D(A)$，$D(C)\supset D(A)$，$D(S_i)\supset D(A)$，$i=1,2$。今后把 A 叫做主算子。

算子 A 通常是闭稠定的无界算子。不失一般性，还假定它是自伴、正定算子。它的逆（如果存在的话）是紧算子，所以也把这种算子叫做具有紧预解式的算子。比如，两端自由的弹性梁，其主算子 A 就是描述弹性恢复力 $\frac{\partial^2}{\partial x^2}EJ(x)\frac{\partial^2 u}{\partial x^2}$ 一项加上边界条件所确定的算子。A 的定义域 $D(A)$ 就是 $D(A)=\Big\{u\,\Big|\,u\in L_2(0,l)$，$u,\dot{u}_x,EJ(x)\ddot{u}_{xx},\frac{\partial}{\partial x}EJ(x)\ddot{u}_{xx}$ 都是绝对连续函数，且 $\frac{\partial^2}{\partial x^2}EJ(x)\ddot{u}_{xx}\in L_2(0,l)$，$EJ(x)\ddot{u}_{xx}\big|_{\substack{x=0\\x=l}}=0,\frac{\partial}{\partial x}EJ(x)\ddot{u}_{xx}\Big|_{\substack{x=0\\x=l}}=0\Big\}$。容易验证 A 是自伴算子，即 $\langle Au,v\rangle=\langle u,Av\rangle$，$\forall\, u,v\in D(A)$。但不是正定的，因为当 $u=k$（常数）和 $u=x$ 时，$Au=0$，$\langle Au,u\rangle=0$。这就是说，$u=k$ 和 $u=x$ 构成了 A 的零子空间。以后我们会看到，它们恰好是弹性振动的零阶振型，对应的是刚体运动。

利用泛函分析中商空间的办法[4]，可以去掉 A 的零子空间，从而使其变为正定算子。泛函分析中还证明了，在这种情况下，$A^{\frac{1}{2}}$ 也是自伴正定、具有紧预解式的算子。

今后还假定 $D(B)\supset D(A^{\frac{1}{2}})$，$D(C)\supset D(A^{\frac{1}{2}})$，$D(S_i)\supset D(A^{\frac{1}{2}})$，$i=1,2$。并且 $C,BA^{-\frac{1}{2}},S_iA^{-\frac{1}{2}},i=1,2$ 都是定义在全空间 $L_2(\Omega)$ 上的有界算子。在实际问题中，这些条件通常是能满足的。下面的所有讨论都在这些假定下进行，以后不再重复。

现在把方程组(12.5-5)化成更对称的形式。为此，设 $u=u_1=A^{-\frac{1}{2}}\varphi$，$u_2=\dot{u}_1=\psi$，$\boldsymbol{y}=\boldsymbol{x}-S_2u_1$，则

$$
\begin{aligned}
\frac{d\varphi}{dt}&=A^{\frac{1}{2}}\psi\\
\frac{d\psi}{dt}&=-A^{\frac{1}{2}}\varphi-BA^{-\frac{1}{2}}\varphi-C\psi-GS_2A^{-\frac{1}{2}}\varphi-G\boldsymbol{y}\\
\frac{d\boldsymbol{y}}{dt}&=J\boldsymbol{y}+(S_1+JS_2)A^{-\frac{1}{2}}\varphi
\end{aligned}
\tag{12.5-8}
$$

令 $W=(\varphi,\psi,\boldsymbol{y})$

$$
\mathscr{A}=\begin{pmatrix}0 & A^{\frac{1}{2}} & 0\\ -A^{\frac{1}{2}}-BA^{-\frac{1}{2}}-GS_2A^{-\frac{1}{2}} & -C & -G\\ (S_1+JS_2)A^{-\frac{1}{2}} & 0 & J\end{pmatrix}
$$

则式(12.5-8)可以写成向量形式

$$\frac{dW}{dt}=\mathscr{A}W \tag{12.5-9}$$

再令

$$\mathscr{A}_0=\begin{pmatrix} 0 & A^{\frac{1}{2}} & 0 \\ -A^{\frac{1}{2}} & 0 & 0 \\ 0 & 0 & iE_1 \end{pmatrix}$$

$$\mathscr{P}=\begin{pmatrix} 0 & 0 & 0 \\ -BA^{-\frac{1}{2}} & -C & 0 \\ 0 & 0 & J-iE_1 \end{pmatrix}$$

$$\mathscr{T}=\begin{pmatrix} 0 & 0 & 0 \\ -GS_2A^{-\frac{1}{2}} & 0 & -G \\ (S_1+JS_2)A^{-\frac{1}{2}} & 0 & 0 \end{pmatrix}$$

则 $\mathscr{A}=\mathscr{A}_0+\mathscr{P}+\mathscr{T}$。$E_1$ 是 $n\times n$ 阶对角矩阵

$$E_1=\begin{pmatrix} \alpha_1 & & & \\ & \alpha_2 & & 0 \\ & & \ddots & \\ 0 & & & \alpha_n \end{pmatrix},\quad 0<\alpha_1<\alpha_2<\cdots<\alpha_n<\mu_1^2$$

μ_1^2 是 A 的最小本征值。

不失一般性可设 A 是自伴正定算子①,$\mathscr{A}_0$ 是反自伴算子,即 $\mathscr{A}_0^*=-\mathscr{A}_0$,$\mathscr{A}_0^*$ 是 $\mathscr{A}_0$ 的伴随算子。$\mathscr{P}$ 和 $\mathscr{T}$ 是 $\mathfrak{H}$ 上的有界算子,因此有 $D(\mathscr{A})=D(\mathscr{A}_0)$。显然,算子 $\mathscr{A}_0+\mathscr{P}$ 是由受控对象和控制器的结构决定的,而 $\mathscr{T}$ 是把受控对象和控制器耦合起来的反馈算子。

现用分离变量法求解方程(12.5-7),令 $U(t)=(u_1e^{\lambda t},u_2e^{\lambda t},\boldsymbol{y}e^{\lambda t})$ 是它的某一非零解,代到方程中消去非零因子 $e^{\lambda t}$,便得到

$$\begin{aligned} &\lambda u_1=u_2 \\ &\lambda u_2=-Au_1-Bu_1-Cu_2-G\boldsymbol{y}-GS_2u_1 \\ &\lambda\boldsymbol{y}=J\boldsymbol{y}+(S_1+JS_2)u_1 \end{aligned} \tag{12.5-10}$$

即有

$$\lambda Y=\mathscr{B}Y \tag{12.5-11}$$

---

① 如果 A 不是正定算子,可以在式(12.5-5)中用 $A+\alpha I$ 代替 A,$\alpha>0$,再令 $B-\alpha I$ 代替 B,I 是恒等算子。

式中 $Y=(u_1,u_2,\boldsymbol{y})$。

同理，如设 $\Phi(t)=(\varphi_1 e^{\lambda t},\varphi_2 e^{\lambda t},\boldsymbol{z}e^{\lambda t})$ 是方程(12.5-9)的非零解，代到方程中消去 $e^{\lambda t}$，便得到

$$\begin{aligned}&\lambda\varphi_1=A^{\frac{1}{2}}\varphi_2\\&\lambda\varphi_2=-A^{\frac{1}{2}}\varphi_1-BA^{-\frac{1}{2}}\varphi_1-C\varphi_2-G\boldsymbol{z}-GS_2A^{-\frac{1}{2}}\varphi_1\\&\lambda\boldsymbol{z}=J\boldsymbol{z}+(S_1+JS_2)A^{-\frac{1}{2}}\varphi_1\end{aligned}\tag{12.5-12}$$

即有

$$\lambda W=\mathscr{A}W\tag{12.5-13}$$

其中 $W=(\varphi_1,\varphi_2,\boldsymbol{z})$。

可以看出，用分离变量法求解方程时，如果 $U(t)=(u_1,u_2,\boldsymbol{y})e^{\lambda t}$ ($\Phi(t)=(\varphi_1,\varphi_2,\boldsymbol{z})e^{\lambda t}$) 是方程(12.5-7)((12.5-9))的解，那么 λ 和对应的 $(u_1,u_2,\boldsymbol{y})$ ($(\varphi_1,\varphi_2,\boldsymbol{z})$) 必是方程(12.5-11)((12.5-13))的解。反之，如果 λ，$(u_1,u_2,\boldsymbol{y})$ ($(\varphi_1,\varphi_2,\boldsymbol{z})$) 是方程(12.5-11)((12.5-13))的解，那么 $U(t)=(u_1,u_2,\boldsymbol{y})e^{\lambda t}$ ($(\varphi_1,\varphi_2,\boldsymbol{z})e^{\lambda t}$) 必是方程(12.5-7)((12.5-9))的解。λ 和 $(u_1,u_2,\boldsymbol{y})$ ($(\varphi_1,\varphi_2,\boldsymbol{z})$) 不是别的，就是算子 $\mathscr{B}$($\mathscr{A}$)的本征值和本征元。

设 H 为希尔伯特空间，T 是 H 中的线性算子(有界或无界)。对于复数 λ，如果 H 中有非零元 u 存在，使 $\lambda u=Tu$ 成立，或 $(\lambda-T)u=0$，那么 λ 叫做算子 T 的本征值，而 u 叫做对应于 λ 的 T 的本征元。如果对于 λ，$(\lambda-T)$ 有有界逆算子 $(\lambda-T)^{-1}$ 存在，则 λ 叫做 T 的正则点。这时非齐次方程 $(\lambda-T)u=f$ 有唯一解 $u=(\lambda-T)^{-1}f$。$(\lambda-T)^{-1}$ 也叫做 T 的预解式，它使 $(\lambda-T)(\lambda-T)^{-1}=(\lambda-T)^{-1}(\lambda-T)=I$ 成立，I 是 H 中的恒等算子。

当 λ 是 T 的本征值时，对应于 λ 的本征元可能是一个，也可能是有限多个，甚至是无穷多个。这些本征元之间是线性无关的，它们张成 H 中一个子空间，叫做本征子空间。这个子空间的维数叫做 λ 的几何重数。显然，本征元构成本征子空间一组基底。

设 λ 是 T 的本征值，u_0 是对应于 λ 的 T 的本征元，此外，如果 H 中还有 $n-1$ 个元 $u_1,u_2,\cdots,u_{n-1}$ 使得

$$\begin{aligned}&(T-\lambda)u_0=0\\&(T-\lambda)u_1=u_0\\&\cdots\\&(T-\lambda)u_{n-1}=u_{n-2}\end{aligned}\tag{12.5-14}$$

成立，则 $u_1,u_2,\cdots,u_{n-1}$ 叫做对应于 λ 的 T 的广义本征元(也叫根元)。它们也是线性无关的，由它们张成的子空间叫做广义本征子空间(也叫根子空间)。

假如 λ 的几何重数为 m，而所有根子空间的维数为 n，那么 $m+n$ 就叫做 λ 的

代数重数[24]。

在线性算子谱理论中，一个算子有三种谱，即点谱，连续谱，剩余谱。所谓点谱就是算子的本征值。一个算子可能三种类型的谱都有，也可能只有其中一种，甚至有的算子根本没有谱点。

我们前面说过的具有紧预解式的线性算子就只有一种谱，即点谱。在数学物理方程中遇到的大多数微分算子，如梁，板，膜等的主算子都是这种类型的。它只有纯点谱并以无穷远点为唯一聚点，每个点谱（本征值）对应的本征子空间都是有穷维的，而且在一定条件下，这些本征元构成空间的基[16,24]，即空间中任何元都可按这个基展成傅氏级数。

本征值和本征元有明确的物理意义。以梁的主算子 A 为例，零是它的本征值，对应有两个本征元 $u_1=k, u_2=x$。其他本征值就是梁的固有振动频率，对应的本征元就是固有振型。零本征值对应的是刚体运动，$u_1=k$ 对应质心的平移，$u_2=x$ 则对应于刚体的旋转。

现在回来讨论方程(12.5-11)和(12.5-13)，可以证明 $\mathscr{A}$ 和 $\mathscr{B}$ 的本征值问题是等价的，就是说 $\mathscr{A}$ 和 $\mathscr{B}$ 有相同的本征值，而且对应于同一本征值的代数重数也是相同的，在本征元和广义本征元之间有一一对应关系[9]。设 λ_l 是 $\mathscr{A}$ 和 $\mathscr{B}$ 的本征值，m_l 是 λ_l 的代数重数，$\mathscr{A}$ 的广义本征元为 $\{\Phi_{lj}\}_{j=0}^{m_l-1}$，$\mathscr{B}$ 的广义本征元为 $\{Y_{lj}\}_{j=0}^{m_l-1}$，则它们之间有以下对应关系

$$Y_{lj}=\mathscr{H}\Phi_{lj}, \quad j=0,1,\cdots,m_l-1$$

$$\mathscr{H}=\begin{pmatrix} A^{-\frac{1}{2}} & 0 & 0 \\ 0 & I & 0 \\ 0 & 0 & E \end{pmatrix} \tag{12.5-15}$$

I, E 分别是 $L_2(\Omega)$ 和 R_n 中的恒等算子。

既然 $\mathscr{A}$ 和 $\mathscr{B}$ 的本征值问题是等价的，那么我们只要研究一个算子的本征值问题所得到的结论对另外一个也适用。下面我们以 $\mathscr{A}$ 为主来讨论本征值问题。

算子 $\mathscr{A}=\mathscr{A}_0+\mathscr{P}+\mathscr{T}=\mathscr{A}_1+\mathscr{T}$，其中 $\mathscr{A}_1=\mathscr{A}_0+\mathscr{P}$。$\mathscr{A}_1$ 是由受控对象和控制器结构决定的。在没加反馈算子 $\mathscr{T}$ 前，它们是分开的。设 $\mathscr{A}_1$ 是具有紧预解式的算子，它只有点谱。复平面上的点，或者是它的本征值，或者是它的正则点，而它的本征值和本征元，一般说来，可以事先求出。

当系统闭合后，由于 $\mathscr{T}$ 的作用，有可能使 $\mathscr{A}_1$ 的正则点变成 $\mathscr{A}$ 的本征值，也有可能使 $\mathscr{A}_1$ 的本征值变成 $\mathscr{A}$ 的正则点。设计控制器的目的之一就是为了使 $\mathscr{A}_1$ 的本征值经过反馈算子 $\mathscr{T}$ 闭合后，使本征值朝着我们需要的方向变化。比如 $\mathscr{A}_1$ 的本征值具有正实部，系统不稳定，但适当设计控制器，使 $\mathscr{A}_1$ 经扰动后，新的本征值具有负实部，从而使系统稳定，这就是系统的镇定问题。

为了书写方便，把 $\mathscr{A}$ 改变一下形式。令

$$\Gamma_0=\begin{pmatrix} 0 & A^{\frac{1}{2}} \\ -A^{\frac{1}{2}}-BA^{-\frac{1}{2}} & -C \end{pmatrix}$$

则

$$\mathscr{A}_1=\begin{pmatrix} \Gamma_0 & 0 \\ 0 & J \end{pmatrix}$$

再设 $\boldsymbol{a}_1=(0,a_1)$，$\boldsymbol{a}_2=(0,a_2)$，$\boldsymbol{b}=(0,b)$，

$$\mathfrak{S}_i=\begin{pmatrix} 0 & 0 \\ \tilde{S}_iA^{-\frac{1}{2}} & 0 \end{pmatrix},\quad i=1,2$$

则 $\mathscr{T}$ 变成

$$\mathscr{T}=\begin{pmatrix} -\langle\mathfrak{S}_2\ \cdot\ ,\boldsymbol{a}_2\rangle\langle\boldsymbol{k}_2,\boldsymbol{g}\rangle\boldsymbol{b} & -(\ \cdot\ ,\boldsymbol{g})\boldsymbol{b} \\ \langle\mathfrak{S}_1\ \cdot\ ,\boldsymbol{a}_1\rangle\boldsymbol{k}_1+\langle\mathfrak{S}_2\ \cdot\ ,\boldsymbol{a}_2\rangle\boldsymbol{J}\boldsymbol{k}_2 & 0 \end{pmatrix}$$

Γ_0，$\mathfrak{S}_i$，$i=1,2$ 是 $L_2(\Omega)\times L_2(\Omega)$ 中的线性算子，而 $\boldsymbol{a}_i$，$i=1,2$，$\boldsymbol{b}$ 是 $L_2(\Omega)\times L_2(\Omega)$ 中固定的元。算子 Γ_0 完全由受控对象决定，$\mathfrak{S}_i$，$i=1,2$ 是由测量算子决定的，而 J 是由控制器决定的。

这样，把三维矩阵算子变成了二维矩阵算子。显然，$\mathscr{A}_1$ 的预解式是

$$\mathscr{R}(\lambda,\mathscr{A}_1)=(\lambda-\mathscr{A}_1)^{-1}=\begin{pmatrix} R(\lambda,\Gamma_0) & 0 \\ 0 & R_J(\lambda) \end{pmatrix}$$

其中 $R(\lambda,\Gamma_0)=(\lambda-\Gamma_0)^{-1}$，$R_J(\lambda)=(\lambda-J)^{-1}$。

定义以下复值函数，它对下面讨论谱扰动是很重要的。

$$W_1(\lambda)=(R_J(\lambda)\boldsymbol{k}_1,\boldsymbol{g}),W_2(\lambda)=(R_J(\lambda)\boldsymbol{k}_2,\boldsymbol{g})$$
$$H_1(\lambda)=\langle\mathfrak{S}_1R(\lambda_1,\Gamma_0)\boldsymbol{b},\boldsymbol{a}_1\rangle,H_2(\lambda)=\langle\mathfrak{S}_2R(\lambda,\Gamma_0)\boldsymbol{b},\boldsymbol{a}_2\rangle$$
$$K(\lambda)=1+W_1(\lambda)H_1(\lambda)+\lambda W_2(\lambda)H_2(\lambda)\tag{12.5-16}$$

先看一下 $\mathscr{A}_1$ 的正则点经 $\mathscr{T}$ 扰动后的变化情况。

设 λ 是 $\mathscr{A}_1$ 的正则点，如果 $K(\lambda)\neq 0$，则 λ 仍是 $\mathscr{A}=\mathscr{A}_1+\mathscr{T}$ 的正则点；但若 $K(\lambda)=0$，那么 λ 必是 $\mathscr{A}$ 的本征值，相应的本征元为

$$\Phi=\{R(\lambda,\Gamma_0)\boldsymbol{b},R_J(\lambda)(H_1\boldsymbol{k}_1+H_2J\boldsymbol{k}_2)\}\tag{12.5-17}$$

此时，λ 的几何重数为 1，而代数重数是 $K(\lambda)=0$ 的零点重数。设 λ 是 $K(\lambda)$ 的 m 重零点，$\left.\dfrac{d^lK(\xi)}{d\xi^l}\right|_{\xi=\lambda}=0$，$l=0,1,2,\cdots,m-1$，则对应的广义本征元为

$$\Phi_j=\left\{(-1)^jR^{j+1}(\lambda,\Gamma_0)\boldsymbol{b},\sum_{i=0}^{j}\frac{(-1)^{i+j}}{i\,!}R_J^{j+1-i}(\lambda)(H_1^{(i)}(\lambda)\boldsymbol{k}_1+H_2^{(i)}(\lambda)J\boldsymbol{k}_2)\right\}\tag{12.5-18}$$

式中 $H_s^{(i)}(\lambda)=\left.\dfrac{d^iH_s(\xi)}{d\xi^i}\right|_{\xi=\lambda}$，$s=1,2$。

再看一下 $\mathscr{A}_1$ 的本征值经 $\mathscr{T}$ 扰动后的变化情况。设 λ_l 是 Γ_0 的本征值 J 的正则点。对应 λ_l 的 Γ_0 本征元为 $\boldsymbol{\varphi}_l$。$\bar{\lambda}_l$ 是 Γ_0^* 的本征值，对应的本征元为 $\boldsymbol{\psi}_l$，Γ_0^* 是 Γ_0 的伴随算子。再设 λ_l 的几何重数、代数重数都是 1。这时 λ_l 是 $\mathscr{A}_1$ 的本征值，而对应的本征元为 $(\boldsymbol{\varphi}_l,0)$，其几何、代数重数也都是 1。由于 λ_l 是 J 的正则点，所以式(12.5-16)中定义的函数 $W_1(\lambda_l)$，$W_2(\lambda_l)$ 都有意义。再定义函数

$$W(\lambda_l)=W_1(\lambda_l)\langle \mathfrak{S}_1\boldsymbol{\varphi}_l,\boldsymbol{a}_1\rangle+\lambda_l W_2(\lambda_l)\langle \mathfrak{S}_2\boldsymbol{\varphi}_l,\boldsymbol{a}_2\rangle \qquad (12.5\text{-}19)$$

这时，经反馈算子 $\mathscr{T}$ 闭合后，可能有以下几种情况。

(1) 如果 $\langle \boldsymbol{b},\boldsymbol{\psi}_l\rangle\neq 0$，$W(\lambda_l)\neq 0$，则 λ_l 是 $\mathscr{A}=\mathscr{A}_1+\mathscr{T}$ 的正则点。

(2) 如果 $\langle \boldsymbol{b},\boldsymbol{\psi}_l\rangle\neq 0$，$W(\lambda_l)=0$，则 λ_l 是 $\mathscr{A}$ 的本征值，且几何重数不变。

(3) 如果 $\langle \boldsymbol{b},\boldsymbol{\psi}_l\rangle=0$，则 λ_l 是 $\mathscr{A}$ 的本征值，并且当 $W(\lambda_l)\neq 0$ 时，λ_l 的几何重数不变，而 $W(\lambda_l)=0$ 时，λ_l 的几何重数可能为 2，且至多为 2。

这个事实对控制器同样也是适用的。设 α_l 是 J 的本征值，Γ_0 的正则点。对应于 α_l 的 J 的本征元为 $\boldsymbol{z}_l$，$\bar{\alpha}_l$ 是 J^* 的本征值，对应的本征元为 $\boldsymbol{y}_l$，J^* 是 J 的伴随矩阵。α_l 的几何、代数重数都为 1。显然，α_l 是 $\mathscr{A}_1$ 的本征值，对应的本征元为 $(0,\boldsymbol{z}_l)$。同样定义函数

$$H(\alpha_l)=H_1(\alpha_l)(\boldsymbol{k}_1,\boldsymbol{y}_l)+\alpha_l H_2(\alpha_l)(\boldsymbol{k}_2,\boldsymbol{y}_l) \qquad (12.5\text{-}20)$$

这时，$\mathscr{A}_1$ 的本征值 α_l 经 $\mathscr{T}$ 反馈闭合后，可能有以下几种情况：

(1) 如果 $(\boldsymbol{z}_l,\boldsymbol{g})\neq 0$，$H(\alpha_l)\neq 0$，那么 α_l 是 $\mathscr{A}=\mathscr{A}_1+\mathscr{T}$ 的正则点。

(2) 如果 $(\boldsymbol{z}_l,\boldsymbol{g})\neq 0$，$H(\alpha_l)=0$，则 α_l 是 $\mathscr{A}$ 的本征值，且几何重数不变。

(3) 如果 $(\boldsymbol{z}_l,\boldsymbol{g})=0$，$\alpha_l$ 一定是 $\mathscr{A}$ 的本征值，若 $H(\alpha_l)\neq 0$ 时，α_l 的几何重数不变，而 $H(\alpha_l)=0$ 时，α_l 的几何重数可能变为 2，且至多为 2。

以上是受控对象 $\mathscr{A}_1$ 的某个本征值在反馈闭合后的变化情况。根据上面所述不难得到 $\mathscr{A}_1$ 全部本征值经 $\mathscr{T}$ 反馈后的变化情况。

设 Γ_0 的全部本征值为 $\{\lambda_l\}_{l=-\infty}^{\infty}$，对应的本征元为 $\{\boldsymbol{\varphi}_l\}_{l=-\infty}^{\infty}$，$\{\bar{\lambda}_l\}_{l=-\infty}^{\infty}$ 是 Γ_0^* 的本征值列，对应的本征元列为 $\{\boldsymbol{\psi}_l\}_{l=-\infty}^{\infty}$。$\{\lambda_l\}_{l=-\infty}^{\infty}$ 是 $\boldsymbol{J}$ 的正则点。这时 $\{\lambda_l\}_{l=-\infty}^{\infty}$ 是 $\mathscr{A}_1$ 的本征值，而对应的本征元为 $\{(\boldsymbol{\varphi}_l,0)\}_{l=-\infty}^{\infty}$。

其次设 $\boldsymbol{J}$ 的本征值为 $\{\alpha_l\}_{l=1}^{n}$，对应的本征元为 $\{\boldsymbol{z}_l\}_{l=1}^{n}$，$\{\bar{\alpha}_l\}_{l=1}^{n}$ 是 $\boldsymbol{J}^*$ 的本征值，对应的本征元为 $\{\boldsymbol{y}_l\}_{l=1}^{n}$，$\{\alpha_l\}_{l=1}^{n}$ 是 Γ_0 的正则点。此时 $\{\alpha_l\}_{l=1}^{n}$ 是 $\mathscr{A}_1$ 的本征值，对应的本征元为 $\{(0,\boldsymbol{z}_l)\}_{l=1}^{n}$。所以 $\mathscr{A}_1$ 的本征值为 $\{\lambda_l\}_{l=-\infty}^{\infty}$ 和 $\{\alpha_l\}_{l=1}^{n}$。由以上的事实可以看到，当下述条件同时成立时

$$\begin{aligned}
&\langle \boldsymbol{b},\boldsymbol{\psi}_l\rangle\neq 0, \quad l=\pm 1,\pm 2,\cdots\\
&W(\lambda_l)\neq 0, \quad l=\pm 1,\pm 2,\cdots\\
&(\boldsymbol{z}_l,\boldsymbol{g})\neq 0, \quad l=1,2,\cdots,n\\
&H(\alpha_l)\neq 0, \quad l=1,2,\cdots,n
\end{aligned} \qquad (12.5\text{-}21)$$

算子 $\mathscr{A}$ 和 $\mathscr{A}_1$ 没有共同的本征值。反之，只要有一个条件对某个 l 不成立，那时 $\mathscr{A}$ 和 $\mathscr{A}_1$ 必有共同的本征值，这个本征值就是 l 所对应的那个 λ_l 或 α_l。因此，当式(12.5-21)成立时，$\mathscr{A}$ 的本征值只能由 $\mathscr{A}_1$ 的正则点经 $\mathscr{T}$ 反馈而来，它就是前面说过的 $K(\lambda)$ 的零点。由此可以推出，当式(12.5-21)成立时，复数 λ 是 $\mathscr{A}$ 的 m 重本征值的必要充分条件是

$$K(\lambda)=0$$
$$\left.\frac{d^lK(\xi)}{d\xi^l}\right|_{\xi=\lambda}=0,\quad l=1,2,\cdots,m-1 \tag{12.5-22}$$

下面，我们来讨论方程(12.5-7)和(12.5-9)的定解和稳定性问题。为此，我们先说明一下 $\mathscr{A}$ 的本征子空间的几何结构，它对研究系统运动的特点是非常有用的。

设 λ_l 是 $\mathscr{A}$ 的本征值，几何重数为 1，代数重数为 m_l，对应的本征元和广义本征元为 $\{\Phi_{lj}\}_{j=0}^{m_l-1}$，本征子空间记为 M_l。$\bar{\lambda}_l$ 是 $\mathscr{A}^*$ 的本征值，具有和 λ_l 一样的几何、代数重数，对应于 $\bar{\lambda}_e\mathscr{A}^*$ 的本征元和广义本征元为 $\{\Psi_{lj}\}_{j=0}^{m_l-1}$，本征子空间记作 M_l^*。按定义有

$$\mathscr{A}\Phi_{lj}=\lambda_l\Phi_{l,j-1},\mathscr{A}^*\Psi_{lj}=\bar{\lambda}_l\Psi_{l,j+1},\quad j=0,1,\cdots,m_l-1 \tag{12.5-23}$$

不难证明 $\{\Phi_{lj}\}_{j=0}^{m_l-1}$ 和 $\{\Psi_{lj}\}_{j=0}^{m_l-1}$ 是双直交的，即

$$\langle\Phi_{lj},\Psi_{l,i}\rangle=\begin{cases}0, & j\neq i\\ \neq 0, & j=i\end{cases}$$

如果 $\Phi_{lj}=(\varphi_{lj}^1,\varphi_{lj}^2,\boldsymbol{y}_{lj})$，$\Psi_{lj}=(\psi_{lj}^1,\psi_{lj}^2,\boldsymbol{z}_{lj})$，按下述方法规范化

$$\|\Phi_{lj}\|=\{\|\varphi_{lj}^1\|^2+\|\varphi_{lj}^2\|^2+\|\boldsymbol{y}_{lj}\|^2\}^{\frac{1}{2}}=1$$
$$\langle\Phi_{lj},\Psi_{lj}\rangle=\langle\varphi_{lj}^1,\psi_{lj}^1\rangle+\langle\varphi_{lj}^2,\psi_{lj}^2\rangle+(\boldsymbol{y}_{lj},\boldsymbol{z}_{lj})=1$$

则 $\{\Phi_{lj}\}_{j=0}^{m_l-1}$，$\{\Psi_{lj}\}_{j=0}^{m_l-1}$ 是归范双直交基。

这时，在本征子空间 M_l 上的投影算子 Q_l，即 $Q_l\mathfrak{H}=M_l$ 为

$$Q_l=\sum_{j=0}^{m_l-1}\langle\cdot,\Psi_{lj}\rangle\Phi_{lj} \tag{12.5-24}$$

在 M_l^* 上的投影算子 Q_l^*，即 $Q_l^*\mathfrak{H}=M_l^*$ 可以表述成

$$Q_l^*=\sum_{j=0}^{m_l-1}\langle\cdot,\Phi_{lj}\rangle\Psi_{lj} \tag{12.5-25}$$

由于 $M_l\subset D(\mathscr{A})$，当把 $\mathscr{A}$ 限制在 M_l 上时，即对任意的 $u\in M_l$，$\mathscr{A}u=\mathscr{A}_lu$，则 $\mathscr{A}_l$ 叫做 $\mathscr{A}$ 在 M_l 上的缩，它可以表示为

$$\mathscr{A}_l=\mathscr{A}Q_l=\lambda_lQ_l+D_l \tag{12.5-26}$$

其中 D_l 是幂零算子

$$D_l=\sum_{j=0}^{m_l-2}\langle\cdot,\Psi_{l,j+1}\rangle\Phi_{lj}$$

同样 $\mathscr{A}^*$ 在 M_l^* 上的缩 $\mathscr{A}_l^*$ 为

$$\mathscr{A}_l^* = \mathscr{A}^* Q_l^* = \bar{\lambda}_l Q_l^* + D_l^* \tag{12.5-27}$$

其中 D_l^* 为

$$D_l^* = \sum_{j=0}^{m_l-2} \langle \cdot, \Phi_{l,j+1} \rangle \Psi_{lj}$$

特别当 λ_l 是单重本征值时，则有

$$Q_l = \langle \cdot, \Psi_l \rangle \Phi_l, \quad D_l = 0$$
$$Q_l^* = \langle \cdot, \Phi_l \rangle \Psi_l, \quad D_l^* = 0 \tag{12.5-28}$$

而

$$\mathscr{A}_l = \lambda_l \langle \cdot, \Psi_l \rangle \Phi_l$$
$$\mathscr{A}_l^* = \bar{\lambda}_l \langle \cdot, \Phi_l \rangle \Psi_l \tag{12.5-29}$$

容易算出，$\mathscr{A}$ 的预解式 $\mathscr{R}(\lambda, \mathscr{A})$ 在 M_l 上的缩为

$$\mathscr{R}(\lambda, \mathscr{A}) Q_l = \frac{Q_l}{\lambda - \lambda_l} + \frac{D_l}{(\lambda - \lambda_l)^2} + \cdots + \frac{D_l^{m_l-1}}{(\lambda - \lambda_l)^{m_l}} \tag{12.5-30}$$

前面我们曾经说过，一个算子的本征元在一定条件下构成空间的基。现在我们讨论一下，算子 $\mathscr{A}$ 的本征元在什么条件下构成 $\mathfrak{H}$ 中的基。首先来说明 $\mathscr{A}$ 的投影算子列 $\{Q_l\}_{l=-\infty}^{\infty}$ 构成 $\mathfrak{H}$ 中基的概念。如果投影算子列 $\{Q_l\}_{l=-\infty}^{\infty}$ 使得 $\mathfrak{H}$ 中任意元 F 都有

$$\sum_{l=-\infty}^{\infty} Q_l F = F \tag{12.5-31}$$

这里，级数是按 $\mathfrak{H}$ 中范数收敛(也叫强收敛)。也就是说

$$\sum_{l=-\infty}^{\infty} Q_l = I(\text{强})$$

式中 I 是 $\mathfrak{H}$ 中的恒等算子，我们就称 $\{Q_l\}_{l=-\infty}^{\infty}$ 构成 $\mathfrak{H}$ 中基。由式(12.5-24)和(12.5-31)，对 $\mathfrak{H}$ 中任意元 F 都可依 $\mathscr{A}$ 的本征元和广义本征元展成傅氏级数

$$F = \sum_{l=-\infty}^{\infty} \left[\sum_{j=0}^{m_l-1} \langle F, \Psi_{lj} \rangle \Phi_{lj} \right] \tag{12.5-32}$$

特别是当 $m_l = 1$ 时(对所有的 l)，式(12.5-32)就变成

$$F = \sum_{l=-\infty}^{\infty} \langle F, \Psi_l \rangle \Phi_l$$

这里 Φ_l 相当于欧氏空间的坐标轴，而 $\langle F, \Psi_l \rangle$ 就是 F 向这个轴上的投影。这种展开是唯一的。

由上所述，如果 $\mathscr{A}$ 的投影算子列构成 $\mathfrak{H}$ 中基，那么 $\mathscr{A}$ 的本征元和广义本征元也构成 $\mathfrak{H}$ 中的基。在什么条件下，$\mathscr{A}$ 的投影算子列构成 $\mathfrak{H}$ 中的基呢？在文献[24]中曾证明过一个重要的命题，我们下面叙述的事实是这个命题的具体应用。

如果式(12.5-5)的算子 A 是自伴、正定、有紧预解式的线性算子，$\{\mu_i^2\}_{i=1}^{\infty}$ 是它的本征值并按大小顺序排成的自然列，每个本征值都是单重的，且满足条件 $\lim\limits_{n\to\infty}(\mu_n-\mu_{n-1})=\infty$，这时 $\mathscr{A}=\mathscr{A}_0+\mathscr{P}+\mathscr{T}$($\mathscr{P}$ 和 $\mathscr{T}$ 是 $\mathfrak{H}$ 上的有界算子)也是具有紧预解式的闭算子。$\mathscr{A}(\mathscr{A}^*)$的本征值 $\{\lambda_l\}_{l=-\infty}^{\infty}(\{\bar{\lambda}_l\}_{l=-\infty}^{\infty})$ 对应的 $\mathscr{A}(\mathscr{A}^*)$的本征子空间为 $\{M_l\}_{l=-\infty}^{\infty}(\{M_l^*\}_{l=-\infty}^{\infty})$，这时在本征子空间 $\{M_l\}_{l=-\infty}^{\infty}(\{M_l^*\}_{l=-\infty}^{\infty})$ 上的投影算子 $\{Q_l\}_{l=-\infty}^{\infty}(\{Q_l^*\}_{l=-\infty}^{\infty})$ 在 $\mathfrak{H}$ 中构成基，而且除有穷个外，所有的 $Q_l(Q_l^*)$ 都是一维的。对 $\mathfrak{H}$ 中任意元 F 都可展成级数

$$F=\sum_{l=-\infty}^{\infty}Q_lF=\sum_{|l|\leqslant N_0}\Big(\sum_{j=0}^{m_l-1}\langle F,\Psi_{lj}\rangle\Phi_{lj}\Big)+\sum_{|l|>N_0}\langle F,\Psi_l\rangle\Phi_l$$

$$F=\sum_{l=-\infty}^{\infty}Q_l^*F=\sum_{|l|\leqslant N}\Big(\sum_{j=0}^{m_l-1}\langle F,\Phi_{lj}\rangle\Psi_{lj}\Big)+\sum_{|l|>N_0}\langle F,\Phi_l\rangle\Psi_l \quad (12.5\text{-}33)$$

其中 N_0 是 Q_l 的维数不为 1 的投影算子的个数。$\{\Phi_{lj}\}_{j=0}^{m_l-1}$，$\{\Psi_{lj}\}_{j=0}^{m_l-1}$，$l=\pm1,\pm2,\cdots$ 分别为 $\mathscr{A}$ 和 $\mathscr{A}^*$ 对应于 λ_l 及 $\bar{\lambda}_l$ 的广义本征元。

如果在式(12.5-33)中，$F\in D(\mathscr{A})$，$\mathscr{A}F\in\mathfrak{H}$，则有

$$\begin{aligned}\mathscr{A}F&=\sum_{|l|\leqslant N_0}\Big(\sum_{j=0}^{m_l-1}\langle\mathscr{A}F,\Psi_{lj}\rangle\Phi_{lj}\Big)+\sum_{|l|>N_0}\langle\mathscr{A}F,\Psi_l\rangle\Phi_l\\&=\sum_{|l|\leqslant N_0}\Big(\sum_{j=0}^{m_l-1}\langle F,\mathscr{A}^*\Psi_{lj}\rangle\Phi_{lj}\Big)+\sum_{|l|>N_0}\langle F,\mathscr{A}^*\Psi_l\rangle\Phi_l\\&=\sum_{|l|\leqslant N_0}\Big(\lambda_l\sum_{j=0}^{m_l-1}\langle F,\Psi_{lj}\rangle\Phi_{lj}+\sum_{j=0}^{m_l-2}\langle F,\Psi_{l,j+1}\rangle\Phi_{lj}\Big)+\sum_{|l|>N_0}\lambda_l\langle F,\Psi_l\rangle\Phi_l\end{aligned}$$

这里利用了关系式 $\mathscr{A}^*\Psi_l=\bar{\lambda}_l\Psi_l$，以及 $\mathscr{A}^*\Psi_{lj}=\bar{\lambda}_l\Psi_{lj}+\Psi_{l,j+1}$。因此，$\mathscr{A}$ 在其定义域$D(\mathscr{A})$上，可表示为

$$\mathscr{A}=\sum_{|l|\leqslant N_0}\Big(\lambda_l\sum_{j=0}^{m_l-1}\langle\cdot,\Psi_{lj}\rangle\Phi_{lj}+\sum_{j=0}^{m_l-2}\langle\cdot,\Psi_{l,j+1}\rangle\Phi_{lj}\Big)+\sum_{|l|>N_0}\lambda_l\langle\cdot,\Psi_l\rangle\Phi_l$$

(12.5-34)

根据式(12.5-30)，$\mathscr{A}$ 的预解式可以表达如下

$$\mathscr{R}(\lambda,\mathscr{A})=\sum_{|l|\leqslant N_0}\Big(\frac{Q_l}{\lambda-\lambda_l}+\frac{D_l}{(\lambda-\lambda_l)^2}+\cdots+\frac{D_l^{m_l-1}}{(\lambda-\lambda_l)^{m_l}}\Big)+\sum_{|l|>N_0}\frac{Q_l}{\lambda-\lambda_l}$$

(12.5-35)

有了以上这些准备之后，现在我们来讨论方程(12.5-9)的定解和稳定性问题。先从本征运动研究起。假定系统式(12.5-9)的初值 $W_0=(\varphi_0,\psi_0,\boldsymbol{y}_0)\in M_l$，这时，可以证明[9]

$$W(t)=U_l(t)W_0=e^{\lambda_l t}\left\{Q_l+tD_l+\frac{(tD_l)^2}{2!}+\cdots+\frac{(tD_l)^{m_l-1}}{(m_l-1)!}\right\}W_0 \tag{12.5-36}$$

是方程(12.5-9)的唯一解。

从解 $W(t)$ 的结构可以看出，$W(t)\in M_l$，这就是说，当 $W_0\in M_l$ 时，由 W_0 出发的系统运动将永远保持在本征子空间 M_l 中，我们把它叫做本征运动。其次，$U_l(0)=Q_l$。可以验证 $U_l(t)$ 构成有界单参数群，即 $U_l(t+s)=U_l(t)\cdot U_s(t)$，$-\infty<t,s<+\infty$，

由本征运动 $U_l(t)W_0$ 的表达式可以看出，如果本征值 λ_l 具有负实部时，本征运动是渐近稳定的。因为对 $t>0$，有

$$\|U_l(t)W_0\|\leqslant e^{\lambda_l t}\left\|Q_l+tD_l+\cdots+\frac{(tD_l)^{m_l-1}}{(m_l-1)!}\right\|\|W_0\|$$

$$\leqslant e^{\lambda_l t}\left[\|Q_l\|+\sum_{n=1}^{m_l-1}\frac{(t\|D_l\|)^n}{n!}\right]\|W_0\|$$

λ_l 具有负实部时，不等式右边当 $t\to\infty$ 时趋于零，所以

$$\lim_{t\to\infty}\|U_l(t)W_0\|=0$$

如果 λ_l 是纯虚数且 $m_l=1$，这时本征运动为

$$U_l(t)W_0=e^{\lambda_l t}Q_lW_0,\quad W_0\in M_l$$

不难看出，本征运动 $U_l(t)W_0$ 是稳定的(但不渐近稳定)。这是由于

$$\|U_l(t)W_0\|=\|e^{\lambda_l t}Q_lW_0\|\leqslant\|Q_lW_0\|$$

但如果 $m_l>1$，本征运动就是不稳定的。

如果 λ_l 具有正实部，从式(12.3-36)中可以看出，本征运动一定是不稳定的。

综上所述，本征运动稳定与否完全取决于本征值是否具有负实部，当实部为零时，则取决于 λ_l 的代数重数大小。

现在讨论方程(12.5-9)对任意初始条件 $W_0\in D(\mathscr{A})$ 的解。首先，我们指出，对 $\mathscr{A}$ 中的主算子 A，除了满足式(12.5-33)展开所要求的条件外，还满足条件 $\sum_{-\infty}^{\infty}(\mu_n-\mu_{n-1})^{-1}<\infty$ 时，$\mathscr{A}$ 一定是强连续单参数有界算子群 $U(t)$ 的生成算子，而 $U(t)$ 就是 $\mathscr{A}$ 的一切本征运动群之和，即

$$U(t)=\sum_{l=-\infty}^{\infty}U_l(t)=\sum_{|l|\leqslant N_0}e^{\lambda_l t}\left(Q_l+tD_l+\cdots+\frac{(tD_l)^{m_l-1}}{(m_l-1)!}\right)+\sum_{|l|>N_0}e^{\lambda_l t}Q_l \tag{12.5-37}$$

这里，级数是按 $\mathfrak{H}$ 中算子范数收敛的。$U(t)$ 有以下性质：

(1) $U(0)=\sum_{l=-\infty}^{\infty}U_l(0)=\sum_{l=-\infty}^{\infty}Q_l=1$(强)

(2) $U(t)$是算子群,即$U(t+s)=U(t)U(s)$。

(3) 对任意$W_0\in D(\mathscr{A})$

$$U(t)W_0=\sum_{|l|\leqslant N_0}e^{\lambda_l t}\left(Q_l+tD_l+\cdots+\frac{(tD_l)^{m_l-1}}{(m_l-1)!}\right)W_0+\sum_{|l|>N_0}e^{\lambda_l t}Q_l W_0 \tag{12.5-38}$$

是方程(12.5-9)的唯一解,即

$$\frac{dU(t)W_0}{dt}=\mathscr{A}U(t)W_0,\quad U(0)W_0=W_0$$

由式(12.5-38)可以看到,只要知道了$\mathscr{A}$的本征值列$\{\lambda_l\}_{l=-\infty}^{\infty}$,本征元和广义本征元列$\{\Phi_{lj}\}$,$\{\Psi_{lj}\}$,那么方程(12.5-9)的解就可解析表达成式(12.5-38)的形式。这为我们研究系统的稳定性带来了很大方便。

最后,我们讨论系统式(12.5-9)的全局稳定性:

(1) 如果$\mathscr{A}$的一切本征值都有负实部,而且对所有本征值λ_l,都有$\mathrm{Re}\lambda_l\leqslant\alpha<0$,那么系统是渐近稳定的(充分条件)。这个结论和第12.4节已讨论过的结论完全一致。

(2) 如果$\mathscr{A}$的本征值都位于左半平面(包括虚轴),而所有纯虚数本征值都是单重的,那么系统式(12.5-9)是稳定的。但不一定渐近稳定。假如至少有一个纯虚数本征值,它的代数重数大于1,那么系统一定是不稳定的。

(3) 如果至少有一个本征值具有正实部,则系统一定是不稳定的。

这些结论的详细证明,可看文献[9]。

由上所述可以看出,系统的稳定性完全取决于算子$\mathscr{A}$的本征值在复平面上的分布。

值得指出的是,在实际问题中,系统全局稳定性并没有像在理论分析中所赋予的那种重要意义。一个实际系统高于某一频率(本征值)的振型,事先就能预料不会出现。这种与线性模型不一致的地方,不是实际观测数据的不对,而是模型的缺点。比如,弹性梁的振动控制中,材料的内阻尼在方程(12.3-2)中就没有考虑,但实际上是存在的,尽管它很小,但对高阶振型却有较大影响。在工程实际中,重要的往往不是考察反馈系统的全局稳定性,而是某几个低频本征运动的稳定性。这时,我们前面所述的结论可直接应用于工程计算。计算步骤大致如下:

(1) 首先计算未加反馈时,受控对象和控制器的本征值,即$\mathscr{A}_1$的本征值和本征元,特别是对系统功能影响最大的前几个固有频率和振型。

(2) 加反馈算子$\mathscr{T}$使系统闭合后,研究这些本征值是否发生变化,判别的方法可按前面讲过的谱扰动方法。如果本征值没有变化,那就必须改变反馈方法和参数。比如,为了使闭合后系统是稳定的,这时反馈算子的选择必须使闭合后系统本征值具有负实部。要想做到这一点,可以改变放大系数$\boldsymbol{k}_1$,$\boldsymbol{k}_2$,$\boldsymbol{g}$,控制器矩阵

$\boldsymbol{J}$ 的参数，也可以改变观测器的位置（相当于改变 $\boldsymbol{a}_1,\boldsymbol{a}_2$）和控制作用位置 $\boldsymbol{b}$。

(3) 如果反馈作用的结果，使 $\mathscr{A}_1$ 的正则点变成了 $\mathscr{A}$ 的本征值，这时可按式(12.5-22)求出这个本征值和本征元。

在文献[8]中讨论弹性振动的镇定问题时，曾经找到了闭合后系统本征值具有负实部和反馈算子的直接关系，通过这个关系设计控制器，可以达到使系统稳定的目的。

12.6　点测量、点控制的分布参数系统

对于点测量点控制的分布参数系统，由于在系统方程中出现了广义函数，致使对系统的研究遇到了一定的数学困难。以上节讨论的带有常微分方程控制器的分布参数系统为例，在点测量和点控制的情况下，$a_i(p)$，$i=1,2$；$b(p)$都是 δ 函数或它们的导数。正如我们知道的那样，这类函数并不包括在 $L_2(\Omega)$空间内，因此，在系统方程中出现的一些项，如$(\boldsymbol{x},\boldsymbol{g})b$ 就不在 $L_2(\Omega)$空间内。同样，当 $a_i(p)=\delta(p-p_i)$时，测量算子$\langle\widetilde{S}_iu,a_i\rangle$在 $L_2(\Omega)$中也没有意义。这样，整个系统在 $L_2(\Omega)$空间内进行讨论就失去了严格的理论基础。

下面，我们介绍一种处理这个问题比较可行的方法，其结果是，前面得到的一些结论，都可稍加改变后推广到点测量和点控制的情况[10]。

这种方法的基本思想是选择含有 δ 函数的空间，即有限阶广义函数空间（阴范空间）作为系统的状态空间。这个空间比 $L_2(\Omega)$空间要大，包含着 $L_2(\Omega)$。然后把原来定义在 $L_2(\Omega)$空间中的线性算子 A,B,C,S_i 延拓到阴范空间，从而把整个系统放在阴范空间中去研究。这样，在系统方程中出现 δ 函数及其导数就是很平常的事了。同时，阴范空间又是一个希尔伯特空间，它和 $L_2(\Omega)$空间一样，有着明晰的几何结构。

一般的广义函数空间，由于对基本空间函数要求太严，而且这个空间的内部结构也比较复杂，所以在应用中造成一定的困难。一个有效的方法是根据受控对象的特点，把 $L_2(\Omega)$空间适当扩大，使它包含系统方程中出现的给定阶广义函数，同时又能保持希尔伯特空间的优点。吉田耕作(Yosida)、利翁斯(Lions)、别列赞斯基(Березанский)等提出的阴范空间[34,25,39]，恰恰具有这些特点，比较适合于我们的目的。

我们从主算子 A 出发，构造所需要的阴范空间。

设 A 是 $L_2(\Omega)$中闭稠定算子，对其定义域 $D(A)$中的元 u，赋予图像范数

$$\| u \|_{+1}=\langle u,u\rangle_{+1}^{\frac{1}{2}}=(\langle u,u\rangle_0+\langle Au,Au\rangle_0)^{\frac{1}{2}} \tag{12.6-1}$$

容易验证，$D(A)$在这个范数下构成希尔伯特空间。记成 $H_{+1}(A)$，$\|\cdot\|_{+1}$是

$H_{+1}(A)$中的范数。为了区别，今后把$L_2(\Omega)$记成H_0，其上的范数记作$\|\cdot\|_0$。

范数式(12.6-1)还可等价定义为

$$\|u\|_{+1}=\langle(1+A^*A)^{\frac{1}{2}}u,(1+A^*A)^{\frac{1}{2}}u\rangle_0^{1/2}=\langle Tu,Tu\rangle_0^{1/2},\quad \forall u\in D(A) \tag{12.6-2}$$

其中$T=(1+A^*A)^{\frac{1}{2}}$。$(1+A^*A)$是H_0中自伴正定算子，这时$(1+A^*A)^{\frac{1}{2}}$也存在，而且它的逆算子同样存在，记$R=T^{-1}=(1+A^*A)^{-\frac{1}{2}}$。$T$把$H_{+1}(A)$等距映到$H_0$中，而且也容易验证，$T$的值域是整个空间$H_0=L_2(\Omega)$。因此，$T$是$H_{+1}(A)$到$H_0$上的等距算子，而$R$是$H_0$到$H_{+1}(A)$上的等距算子。

由于$D(A)$在H_0中稠，所以$H_{+1}(A)$也在H_0中稠，$H_{+1}(A)\subset H_0$。对$H_{+1}(A)$中的元u有两种范数，一种是$\|u\|_{+1}$，另一种是把u看成H_0中的元时，它还有范数$\|u\|_0$，从式(12.6-1)可以看出

$$\|u\|_0\leqslant\|u\|_{+1},\quad \forall u\in H_{+1}(A) \tag{12.6-3}$$

对H_0中的元f,g，可以推出

$$\langle f,g\rangle_0=\langle Rf,Rg\rangle_{+1} \tag{12.6-4}$$

现在我们看一下，$H_{+1}(A)$的对偶空间是什么。$H_{+1}(A)$的对偶空间就是一切定义在$H_{+1}(A)$上有界线性泛函的全体。按这个定义，对任意$f\in H_0$，线性泛函$f(u)=\langle f,u\rangle_0$，因为$|f(u)|=|\langle f,u\rangle_0|\leqslant\|f\|_0\|u\|_0\leqslant\|f\|_0\|u\|_{+1}$，所以$f(u)$是$H_{+1}(A)$上的有界线性泛函。这就是说，$f$属于$H_{+1}(A)$的对偶空间，即$H_0$是$H_{+1}(A)$对偶空间的子集。$f(u)=\langle f,u\rangle_0$作为$H_{+1}(A)$上的有界线性泛函，其范数为

$$\|f\|_{-1}=\sup_{u\in H_{+1}(A)}\frac{|\langle f,u\rangle_0|}{\|u\|_{+1}},\quad f\in H_0 \tag{12.6-5}$$

以后我们会看到，按这个范数完备化H_0后，得到的就是$H_{+1}(A)$的对偶空间。

在H_0中我们引入另外一种内积和由它产生的范数，即对任意$f,g\in H_0$，定义

$$\langle f,g\rangle_{-1}=\langle Rf,Rg\rangle_0 \tag{12.6-6}$$

由于R是H_0中自伴正定算子，式(12.6-6)满足内积的一切要求。由它引出的范数仍记作$\|\cdot\|_{-1}$

$$\|f\|_{-1}=\|Rf\|_0,\quad \forall f\in H_0 \tag{12.6-7}$$

对H_0中的元，我们引出的两种范数式(12.6-5)和(12.6-7)，其实是相等的，即

$$\|f\|_{-1}=\sup_{u\in H_{+1}(A)}\frac{|\langle f,u\rangle_0|}{\|u\|_{+1}}=\|Rf\|_0 \tag{12.6-8}$$

因为对任意$f\in H_0$

$$\|f\|_{-1}=\sup_{u\in H_{+1}(A)}\frac{|\langle f,u\rangle_0|}{\|u\|_{+1}}=\sup_{\|u\|_{+1}=1}|\langle f,u\rangle_0|=\sup_{\|Tu\|_0=1}|\langle Rf,Tu\rangle|_0\leqslant\|Rf\|_0$$

另一方面，由于$R^2f\in H_{+1}(A)$，令$u=R^2f$，则有

$$\frac{|\langle f,u\rangle_0|}{\|u\|_{+1}}=\frac{\|Rf\|_0^2}{\|R^2f\|_{+1}}=\frac{\|Rf\|_0^2}{\|Rf\|_0}=\|Rf\|_0$$

由此推得

$$\sup_{u\in H_{+1}(A)}\frac{|\langle f,u\rangle_0|}{\|u\|_{+1}}\geqslant\|Rf\|_0$$

综合两个不等式，便得到

$$\|f\|_{-1}=\sup_{u\in H_{+1}(A)}\frac{|\langle f,u\rangle_0|}{\|u\|_{+1}}=\|Rf\|_0$$

按这个范数完备化 H_0，得到的空间记作 $H_{-1}(A)$，它是一个完备的希尔伯特空间，$H_{-1}(A)$就是 $H_{+1}(A)$的对偶空间。

对于 $H_{-1}(A)$中任意元 α，$\langle\alpha,u\rangle_0$ 是定义在 $H_{+1}(A)$上的有界线性泛函，反之，$H_{+1}(A)$上的有界线性泛函 $\alpha(u)$也必可唯一地表示成

$$\alpha(u)=\langle\alpha,u\rangle_0,\quad\forall u\in H_{+1}(A)\tag{12.6-9}$$

而 $\alpha\in H_{-1}(A)$。

由于 $H_{-1}(A)$是 H_0 经完备化后得到的，所以 $H_0\subseteq H_{-1}(A)$，而 $H_{+1}(A)\subseteq H_0$，因此三个空间有如下关系

$$H_{+1}(A)\subseteq H_0\subseteq H_{-1}(A)\tag{12.6-10}$$

其中 H_0 叫做基本空间，$H_{+1}(A)$叫做阳范空间，$H_{-1}(A)$叫做阴范空间。

为了进一步说明这三个空间的关系，我们把算子 T，R 加以延拓。首先看 T 的延拓。

对 H_0 中任意元 f，$\langle f,Tu\rangle_0$ 是 $H_{+1}(A)$上有界线性泛函，这是因为$|\langle f,Tu\rangle_0|\leqslant\|f\|_0\|Tu\|_0=\|f\|_0\|u\|_{+1}$。根据上面所说的事实，它一定能表示成$\langle f,Tu\rangle_0=\langle\alpha_f,u\rangle_0$ 的形式，而 $\alpha_f\in H_{-1}(A)$。如令 $\alpha_f=T^+f$，则有$\langle f,Tu\rangle_0=\langle T^+f,u\rangle_0$，这里 T^+ 是 T 的伴随算子，它把 H_0 映到 $H_{-1}(A)$上。不仅如此，它还是等距算子，即对任意 $f\in H_0$，有 $\|f\|_0=\|T^+f\|_{-1}$。事实上，由于 $H_{+1}(A)$在 H_0 中稠，对 $f\in H_0$，必有 $H_{+1}(A)$中的元列$\{u_n\}$存在，使$\lim\limits_{n\to\infty}\|u_n-f\|_0=0$，且$\lim\limits_{n}\|u_n\|_0=\|f\|_0$。对 u_n，$Tu_n\in H_0$，下述极限等式成立

$$\begin{aligned}\lim_n\|Tu_n-T^+f\|_{-1}&=\lim_{n,m}\|Tu_n-T^+u_m\|_{-1}=\lim_{n,m}\|T(u_n-u_m)\|_{-1}\\&=\lim_{n,m}\|u_n-u_m\|_0=0\end{aligned}$$

所以有$\lim\limits_n Tu_n=T^+f$，$\lim\limits_n\|Tu_n\|_{-1}=\|T^+f\|_{-1}$。但是$\|Tu_n\|_{-1}=\|u_n\|_0$ 最后得到$\|f\|_0=\|T^+f\|_{-1}$，这就说明 T^+ 是等距映 H_0 到 $H_{-1}(A)$中。另外，T^+ 的值域必充满整个空间，$H_{-1}(A)$。如果不是这样，存在 $H_{-1}(A)$中一元 α，它不在 T^+ 的值域内，这时，由于$\langle\alpha,u\rangle_0$ 是 $H_{+1}(A)$上的有界线性泛函，根据黎斯(Riesz)有界线性泛函表现定理[34]知道

$$\langle\alpha,u\rangle_0=\langle v_\alpha,u\rangle_{+1}=\langle Tv_\alpha,Tu\rangle_0=\langle T^+Tv_\alpha,u\rangle_0$$

所以有 $\alpha = T^{+}Tv_{\alpha}$，这时 α 又在 T^{+} 的值域内，因此出现了矛盾，T^{+} 的值域是全空间 $H_{-1}(A)$。这就表明 T^{+} 是 H_0 到 $H_{-1}(A)$ 上的等距算子。今后记 $T^{+}=\boldsymbol{T}$，$\boldsymbol{T}$ 就是 T 的延拓。$\boldsymbol{T}$ 的逆算子 $\boldsymbol{R}=\boldsymbol{T}^{-1}$ 也是等距算子，它是 R 的延拓，是 $H_{-1}(A)$ 到 H_0 上的等距算子。

综上所述，三个空间的范数关系如下

$$\begin{aligned} \|\alpha\|_{-1} &= \|\boldsymbol{R}\alpha\|_0 = \|R\boldsymbol{R}\alpha\|_{+1}, \quad \forall\alpha\in H_{-1}(A) \\ \|u\|_{+1} &= \|Tu\|_0 = \|\boldsymbol{T}Tu\|_{-1}, \quad \forall u\in H_{+1}(A) \end{aligned} \tag{12.6-11}$$

这三个空间的关系，可表示为

$$H_{-1}(A) \underset{\boldsymbol{T}}{\overset{\boldsymbol{R}}{\rightleftarrows}} H_0 \underset{T}{\overset{R}{\rightleftarrows}} H_{+1}(A), \qquad H_{-1}(A)\supseteq H_0\supseteq H_{+1}(A)$$

这样，我们由算子 A 出发，构造了阴范空间，它确实是包含 $L_2(\Omega)=H_0$ 的一个希尔伯特空间。但这个空间是否包括 δ 函数及其导数呢？下面来回答这个问题。

假如 $H_{+1}(A)$ 中（也就是 $D(A)$ 中）的函数 $u(p)$，在 Ω 和 $\partial\Omega$ 上有直到 q 阶连续导数。δ 函数及其导数的定义是

$$\begin{aligned} \langle u,\delta(p-p_0)\rangle_0 &= \int_\Omega u(p)\delta(p-p_0)dp = u(p_0) \\ \langle u,\delta^{(q)}(p-p_0)\rangle_0 &= \int_\Omega u(p)\delta^{(q)}(p-p_0)dp = (-1)^q u^{(q)}(p_0) \end{aligned} \tag{12.6-12}$$

其中

$$u^{(q)}(p)=\frac{\partial^q u}{\partial x_1^{q_1}\cdots\partial x_n^{q_n}}, \quad q=q_1+q_2+\cdots+q_n$$

可以证明，如果 $H_{+1}(A)$ 包含在 l 阶索波列夫（Соболев）空间①内，只要 $q<l-\frac{n}{2}$，n 是空间变量的维数，那么式(12.6-12)定义的 δ 函数及其导数一定属于 $H_{-1}(A)$。这就是说 $H_{-1}(A)$ 是含有广义函数的空间。对于梁、板、膜等一类受控对象，从主算子 A 出发构造的阴范空间 $H_{-1}(A)$ 确实包含有 δ 函数及其导数。

如果 $R\boldsymbol{R}$ 是正定的紧算子；并且有格林函数 $K(p,s)$ 时，δ 函数及其导数作为 $H_{-1}(A)$ 中的元，它们的阴范数还可以用格林函数表示如下

$$\begin{aligned} \|\delta(p-p_0)\|_{-1} &= \sqrt{K(p_0,p_0)} \\ \|\delta^{(q)}(p-p_0)\|_{-1} &= \sqrt{K_{ps}^{(2q)}(p_0,p_0)}, \quad q=0,1,2,\cdots, \quad k<l-\frac{n}{2} \end{aligned} \tag{12.6-13}$$

① 关于索波列夫空间可参看文献[25,26]。

其中

$$K_{ps}^{(2q)}(p_0,p_0)=\left.\frac{\partial^{2q}K(p,s)}{\partial p^q\partial s^q}\right|_{p=s=p_0}$$

在把 $L_2(\Omega)$空间扩大到 $H_{-1}(A)$后，它包含了所需要的广义函数，因此，用 $H_{-1}(A)$作为状态空间就解决了由于点测量，点控制时出现 δ 函数及其导数所带来的困难。但是，在空间这样扩大以后，还必须解决系统方程中诸算子 A,B,C 等的延拓问题，因为这些算子都是在 $L_2(\Omega)$空间中的某些子集上定义的。

首先讨论有界算子的延拓。设 L 是 $H_0=L_2(\Omega)$上的有界算子，在 H_0 上 L 和 R 可交换，即 $RL=LR$。我们的目的是把 L 延拓到 $H_{-1}(A)$上，使其成为 $H_{-1}(A)$中的有界算子。容易验证，$\boldsymbol{TLR}$ 就是 L 的这种延拓。实际上，$\boldsymbol{R}$ 是 R 的延拓，对凡 H_0 中的元 $\boldsymbol{R}f=Rf$，而 $\boldsymbol{T}$ 是 T 的延拓，对凡是 $H_{+1}(A)$中的元 u，$\boldsymbol{T}u=Tu$。因此，$\boldsymbol{TLR}f=\boldsymbol{T}LRf=\boldsymbol{T}RLf=TRLf=Lf$，这就是说对凡是 H_0 中的元 f，恒有 $\boldsymbol{TLR}f=Lf$。对 $H_{-1}(A)$中的元，L 没有定义，但 $\boldsymbol{TLR}$ 却有意义，当 $\alpha\in H_{-1}(A)$时，$\boldsymbol{TLR}\alpha\in H_{-1}(A)$，所以 $\boldsymbol{TLR}$ 确实是 L 的延拓。不仅如此，$\boldsymbol{TLR}$ 还是 $H_{-1}(A)$中的有界算子，而且依 $H_{-1}(A)$中的算子范数和 L 依 H_0 中的算子范数是相等的。也就是说 $\boldsymbol{TLR}$ 是 L 的有界保范延拓。事实上，根据式(12.6-11)有

$$|\boldsymbol{TLR}|_{-1}=\sup_{\|\alpha\|_{-1}\leqslant 1}\|\boldsymbol{TLR}\alpha\|_{-1}=\sup_{\|\boldsymbol{R}\alpha\|_0\leqslant 1}\|L\boldsymbol{R}\alpha\|_0=\sup_{\|f\|_0\leqslant 1}\|Lf\|_0=|L|_0$$

其中 $f=\boldsymbol{R}\alpha$。

这一事实说明，在 H_0 上定义的与 R 可交换的有界算子，可保范延拓到 $H_{-1}(A)$中。但在 H_0 上的一般有界算子，这一事实并不成立。对于一般情况有以下事实成立：

设 L 是定义在 H_0 上的任意有界算子，L^* 是它的伴随算子。如果 $L^*D(T)\subseteq D(T)$（$D(T)$是算子 T 的定义域），那么 L 一定可以延拓到 $H_{-1}(A)$中，并成为 $H_{-1}(A)$中的有界算子[10]。

再看 H_0 中投影算子的延拓问题。设 P 是 H_0 中的直交投影算子，$\{\varphi_i\}_{i=1}^{\nu}$是投影子空间 PH_0 中的直交基，如果$\{\varphi_i\}_{i=1}^{\nu}\subset D(T)$，那么 P 在 $H_{-1}(A)$中有有界延拓 $\boldsymbol{P}$

$$\boldsymbol{P}=\sum_{i=1}^{\nu}\langle\boldsymbol{R}\,\boldsymbol{\cdot},T\varphi_i\rangle_0\varphi_i \tag{12.6-14}$$

事实上，对任意 $f\in H_0$

$$\boldsymbol{P}f=\sum_{i=1}^{\nu}\langle\boldsymbol{R}f,T\varphi_i\rangle_0\varphi_i=\sum_{i=1}^{\nu}\langle Rf,T\varphi_i\rangle_0\varphi_i=\sum_{i=1}^{\nu}\langle f,\varphi_i\rangle_0\varphi_i=Pf$$

而对任意 $\alpha\in H_{-1}(A)$，$\boldsymbol{P}\alpha$ 有意义，所以 $\boldsymbol{P}$ 确实是 P 的延拓。$\boldsymbol{P}$ 不仅是 $H_{-1}(A)$中的有界延拓，而且还是 $H_{-1}(A)$中的投影算子，因为

$$\boldsymbol{P}^2\alpha = \boldsymbol{P}\sum_{i=1}^{\nu}\langle \boldsymbol{R}\alpha, T\varphi_i\rangle_0\varphi_i = \sum_{i=1}^{\nu}\langle \boldsymbol{R}\alpha, T\varphi_i\rangle_0\sum_{j=1}^{\nu}\langle \boldsymbol{R}\varphi_i, T\varphi_j\rangle_0\varphi_j$$

$$= \sum_{i=1}^{\nu}\langle \boldsymbol{R}\alpha, T\varphi_i\rangle_0\varphi_i = \boldsymbol{P}\alpha$$

即 $\boldsymbol{P}^2\alpha=\boldsymbol{P}\alpha$。但一般说来,$\boldsymbol{P}$ 已不是直交投影算子了。如果 P 和 R 可交换,那么 P 的延拓 $\boldsymbol{P}$ 仍是 $H_{-1}(A)$ 中的直交投影算子。

类似上边的讨论,还可以推出,在 H_0 上的任意有穷维线性算子 $K=\sum_{i=1}^{n}\langle \cdot, \psi_i\rangle\varphi_i$,只要 $\{\psi_i\}_{i=1}^{n}\subset D(T)$,那么 K 在 $H_{-1}(A)$ 中有有界延拓 $\boldsymbol{K}$

$$\boldsymbol{K}\alpha = \sum_{i=1}^{n}\langle \boldsymbol{R}\alpha, T\psi_i\rangle_0\varphi_i \tag{12.6-15}$$

其中 $\alpha\in H_{-1}(A)$。$\boldsymbol{K}$ 仍是有穷维算子。

如果 $\{\varphi_i\}$,$\{\psi_i\}$ 是 H_0 中规范双直交基,即

$$\langle\varphi_i, \psi_j\rangle_0=\delta_{ij}, \quad \delta_{ij}=\begin{cases}0, & i\neq j\\ 1, & i=j\end{cases}$$

这时,$\{\boldsymbol{T}\varphi_i\}$,$\{\boldsymbol{T}\psi_i\}$ 是 $H_{-1}(A)$ 中规范双直交基。这是因为

$$\langle \boldsymbol{T}\varphi_i, \boldsymbol{T}\psi_j\rangle_{-1}=\langle \boldsymbol{RT}\varphi_i, \boldsymbol{RT}\psi_j\rangle_0=\langle\varphi_i, \psi_j\rangle_0=\delta_{ij}$$

于是 $H_{-1}(A)$ 中任意元 α,均可按双直交基 $\{\boldsymbol{T}\varphi_i\}$,$\{\boldsymbol{T}\psi_i\}$ 展开

$$\alpha = \sum_{i=1}^{\infty}\langle\alpha, \boldsymbol{T}\psi_i\rangle_{-1}\boldsymbol{T}\varphi_i = \sum_{i=1}^{\infty}\langle\alpha, R\psi_i\rangle_0\boldsymbol{T}\varphi_i \tag{12.6-16}$$

右端级数按 $H_{-1}(A)$ 中范数强收敛。显然,这个级数在 H_0 中是没有意义的。

以上是有界算子的延拓问题。下面再讨论一下 H_0 中无界算子向 $H_{-1}(A)$ 中扩张的问题。

设 M 是 H_0 中的稠定算子,$D(M)\supset D(A)$,M 的值域 $\mathscr{R}(M)\subset H_0$,如何把 M 扩张到 $H_{-1}(A)$ 中成为 $H_{-1}(A)$ 中的稠定算子,这就是无界算子的扩张问题。

如果 RM 在 $D(M)$ 上是有界算子,由于 $D(M)$ 在 H_0 中稠,故 RM 可有界延拓到 H_0 上,记这个延拓为 $\widetilde{RM}$,即凡是 $u\in D(M)$,都有 $\widetilde{RMu}=RMu$,而对于属于 H_0 不在 $D(M)$ 中的元,$\widetilde{RM}$ 都有定义。对凡是 $D(M)$ 中的元 u,$Mu=TRMu$ 是恒等式,但 RM 有延拓 $\widetilde{RM}$,T 有延拓 $\boldsymbol{T}$,这时可把 M 扩张到 $H_{-1}(A)$ 中 $\boldsymbol{M}=\boldsymbol{T}\widetilde{RM}$,$\boldsymbol{M}$ 就是 M 的一种扩张。因为对凡是 $u\in D(M)$,都有 $\widetilde{RMu}=RMu$,$RMu\in H_{+1}(A)$,所以 $\boldsymbol{T}RMu=TRMu=Mu$。而对 H_0 中不在 $D(M)$ 里的元,$\boldsymbol{M}$ 都有意义,因此 $\boldsymbol{M}$ 是定义在 H_0 上而值域 $\mathscr{R}(\boldsymbol{M})\subset H_{-1}(A)$ 中的算子,又因 H_0 在 $H_{-1}(A)$ 中稠,所以 $\boldsymbol{M}$ 是 $H_{-1}(A)$ 中的稠定算子,$\boldsymbol{M}$ 确实是 M 的一种扩张。

特别是当 $M=A$ 时,A 在 $H_{-1}(A)$ 中的扩张为 $\boldsymbol{A}=\boldsymbol{T}A\boldsymbol{R}$。$A$ 在 $H_{+1}(A)$ 上和 R,T 可交换,在 H_0 中是自伴算子,A 的扩张 $\boldsymbol{A}$ 在 $H_{-1}(A)$ 中也是自伴算子,也就

是说，$\boldsymbol{A}$ 是 A 在 $H_{-1}(A)$ 中的自伴扩张。实际上，对 $D(A)$ 中的元 u，$\boldsymbol{A}u=\boldsymbol{TARu}=\boldsymbol{T}ARu=\boldsymbol{T}RAu=Au$。$\boldsymbol{TAR}$ 是定义在 H_0 上其值域 $\mathscr{R}(\boldsymbol{A})\subset H_{-1}(A)$，所以 $\boldsymbol{A}$ 确实是 A 的扩张。另外，对任意 $f,g\in H_0$，有

$$\langle f,\boldsymbol{TAR}g\rangle_{-1}=\langle \boldsymbol{R}f,A\boldsymbol{R}g\rangle_0=\langle A\boldsymbol{R}f,\boldsymbol{R}g\rangle_0=\langle \boldsymbol{TAR}f,g\rangle_{-1}$$

因此，$\boldsymbol{A}=\boldsymbol{TAR}$ 是 $H_{-1}(A)$ 中的自伴算子，$\boldsymbol{A}$ 是 A 的自伴扩张。不难证明 A 的这种扩张 $\boldsymbol{A}$，有一个非常重要的性质，就是 A 和 $\boldsymbol{A}$ 有完全相同的本征值，A 的本征值并不由于扩张而有变化[10]。

下面，我们用阴范空间作为系统的状态空间来讨论系统式(12.5-9)的定解和稳定性问题。在方程(12.5-9)中

$$\frac{dW}{dt}=\mathscr{A}W=(\mathscr{A}_0+\mathscr{P}+\mathscr{T})W$$

$\mathscr{A}_0$ 是基本空间 $\mathfrak{H}_0=L_2(\Omega)\times L_2(\Omega)\times R_n=H_0\times H_0\times R_n$ 中的反自伴算子，它的定义域 $D(\mathscr{A}_0)=D(A^{\frac{1}{2}})\times D(A^{\frac{1}{2}})\times R_n\subset\mathfrak{H}_0$，而其值域 $\mathscr{R}(\mathscr{A}_0)\subseteq\mathfrak{H}_0$。在 $D(\mathscr{A}_0)$ 上引进图像范数后，构成阳范空间，记作 $\mathfrak{H}_{+1}$，$\mathfrak{H}_{+1}=H_{+1}(A^{\frac{1}{2}})\times H_{+1}(A^{\frac{1}{2}})\times R_n$。$\mathfrak{H}_{+1}$ 的对偶空间记作 $\mathfrak{H}_{-1}$，$\mathfrak{H}_{-1}=H_{-1}(A^{\frac{1}{2}})\times H_{-1}(A^{\frac{1}{2}})\times R_n$，这三个空间的关系是

$$\mathfrak{H}_{+1}(\mathscr{A}_0)\subset\mathfrak{H}_0\subset\mathfrak{H}_{-1}(\mathscr{A}_0)\tag{12.6-17}$$

由 $\mathfrak{H}_{+1}$ 到 $\mathfrak{H}_0$ 的等距算子 T 为

$$T=\begin{pmatrix}(1+A)^{\frac{1}{2}} & 0 & 0\\ 0 & (1+A)^{\frac{1}{2}} & 0\\ 0 & 0 & (E+E_1)^{\frac{1}{2}}\end{pmatrix}\tag{12.6-18}$$

而由 $\mathfrak{H}_0$ 到 $\mathfrak{H}_{+1}$ 上的等距算子 $R=T^{-1}$ 为

$$R=\begin{pmatrix}(1+A)^{-\frac{1}{2}} & 0 & 0\\ 0 & (1+A)^{-\frac{1}{2}} & 0\\ 0 & 0 & (E+E_1)^{-\frac{1}{2}}\end{pmatrix}\tag{12.6-19}$$

按前面讲过的方法，把 T,R 分别延拓，记作 $\boldsymbol{T},\boldsymbol{R}$，则 $\boldsymbol{R}$ 是 $\mathfrak{H}_{-1}$ 到 $\mathfrak{H}_0$ 上的等距算子，而 $\boldsymbol{T}$ 是 $\mathfrak{H}_0$ 到 $\mathfrak{H}_{-1}$ 上的等距算子。

反自伴算子 $\mathscr{A}_0$ 在 $\mathfrak{H}_{-1}$ 中有反自伴扩张，记作 $\widetilde{\mathscr{A}}_0$，它和 $\mathscr{A}_0$ 有相同的本征值。

算子 $\mathscr{P}$ 是 $\mathfrak{H}_0$ 中的有界算子，根据前面讲过的对有界算子的延拓，$\mathscr{P}$ 中的算子 $BA^{-\frac{1}{2}}$，$(BA^{-\frac{1}{2}})^*=A^{-\frac{1}{2}}B^*$，$A^{-\frac{1}{2}}B^*D(A^{\frac{1}{2}})\subseteq D(A^{\frac{1}{2}})$，所以 $BA^{-\frac{1}{2}}$ 可有界延拓到 $H_{-1}(A^{\frac{1}{2}})$ 中，同理对算子 C，只要 $C^*D(A^{\frac{1}{2}})\subseteq D(A^{\frac{1}{2}})$，那么 C 也可有界延拓到 $H_{-1}(A^{\frac{1}{2}})$，从而 $\mathscr{P}$ 可有界延拓到 $\mathfrak{H}_{-1}$ 中成为 $\mathfrak{H}_{-1}$ 中的有界算子，记作 $\widetilde{\mathscr{P}}$。

反馈算子 $\mathscr{T}$，其中控制算子 $G=(\cdot,\boldsymbol{g})b$，在点控制时，$b=\delta(p-p_0)$，只要

$\delta(p-p_0)\in H_{-1}(A^{\frac{1}{2}})$，那么 G 是从 R_n 到 $H_{-1}(A^{\frac{1}{2}})$ 中的有界算子。

至于测量算子 $S_iA^{-\frac{1}{2}}\varphi=\langle\widetilde{S}_iA^{-\frac{1}{2}}\varphi,a_i\rangle\boldsymbol{k}_i$，$i=1,2$，$\varphi\in H_0$，在点测量时，$a_i(p)=\delta(p-p_0)$，如果 $\widetilde{S}_iA^{-\frac{1}{2}}\varphi\in H_{+1}(A^{\frac{1}{2}})$，那么 $S_iA^{-\frac{1}{2}}$ 可有界延拓到 $H_{-1}(A^{\frac{1}{2}})$ 上。

这样，反馈算子 $\mathscr{T}$ 可有界延拓到 $\mathfrak{H}_{-1}$ 上，记作 $\widetilde{\mathscr{T}}$。

综上所述，我们把原来的系统状态空间由 $\mathfrak{H}_0$ 扩大到 $\mathfrak{H}_{-1}$，它仍然是希尔伯特空间，且含有所要求的广义函数。把 $\mathfrak{H}_{-1}$ 作为系统式(12.5-9)的状态空间，$\mathscr{A}_0$ 在 $\mathfrak{H}_{-1}$ 有自伴扩张 $\widetilde{\mathscr{A}}_0$，它和 $\mathscr{A}_0$ 有相同的本征值，而算子 $\mathscr{P}$，$\mathscr{T}$ 都可有界延拓到 $\mathfrak{H}_{-1}$ 中。这样，式(12.5-9)在 $\mathfrak{H}_{-1}$ 中就成为

$$\frac{dW}{dt}=\widetilde{\mathscr{A}}W=(\widetilde{\mathscr{A}}_0+\widetilde{\mathscr{P}}+\widetilde{\mathscr{T}})W \tag{12.6-20}$$

$\widetilde{\mathscr{A}}_0$ 的定义域是 $D(\widetilde{\mathscr{A}}_0)=H_0\times H_0\times R_n$。

方程(12.6-20)的本征值问题和定解问题，与分布测量、分布控制时方程(12.5-9)是完全类似的，重复上节的讨论，可以证明以下事实：如果 A 是自伴正定有紧预解式的算子，它的本征值列 $\{\mu_n^2\}$ 都是单重的，且满足 $\lim\limits_n\mu_n-\mu_{n-1}=\infty$，而 $BA^{-\frac{1}{2}}$，C 是 H_0 中的有界算子，$C^*D(A^{\frac{1}{2}})\subseteq D(A^{\frac{1}{2}})$，$S_iA^{-\frac{1}{2}}$ 是 H_0 到 R_n 中的有界算子，且对 H_0 中的元 $S_iA^{-\frac{1}{2}}\varphi\in H_{+1}(A^{\frac{1}{2}})$，$i=1,2$，$a_i(p)\in H_{-1}(A^{\frac{1}{2}})$，$G$ 中 $b\in H_{-1}(A^{\frac{1}{2}})$。那么，$\widetilde{\mathscr{A}}$ 在 $\mathfrak{H}_{-1}$ 中的本征值除有穷个外都是单重的，且它的本征元列 $\{(\Phi_{lj})_{j=0}^{m_l-1}\}_{l=-\infty}^{\infty}$ 与伴随算子 $\widetilde{\mathscr{A}}^*$ 的本征元列 $\{(\Psi_{lj})_{j=0}^{m_l-1}\}_{l=-\infty}^{\infty}$ 构成 $\mathfrak{H}_{-1}$ 中的双直交基，对任意 $W\in\mathfrak{H}_{-1}$，可展成下列强收敛级数

$$W=\sum_{|l|\leqslant N_0}\Big(\sum_{j=0}^{m_l-1}\langle W,\Psi_{lj}\rangle_{-1}\Phi_{lj}\Big)+\sum_{|l|>N_0}\langle W,\Psi_l\rangle_{-1}\Phi_l$$

$$W=\sum_{|l|\leqslant N_0}\Big(\sum_{j=0}^{m_l-1}\langle W,\Phi_{lj}\rangle_{-1}\Psi_{lj}\Big)+\sum_{|l|>N_0}\langle W,\Phi_l\rangle_{-1}\Psi_l \tag{12.6-21}$$

这里右端级数按 $\mathfrak{H}_{-1}$ 中的阴范数收敛。如果 A 的本征值还满足 $\sum(\mu_n-\mu_{n-1})^{-2}<\infty$，同样可以证明 $\widetilde{\mathscr{A}}$ 是 $\mathfrak{H}_{-1}$ 中强连续单参数有界算子群 $\widetilde{U}(t)$ 的生成算子，它是一切本征运动群之和

$$\widetilde{U}(t)=\sum_{l=-\infty}^{\infty}\widetilde{U}_l(t)=\sum_{|l|\leqslant N_0}e^{\lambda_lt}\left(\widetilde{Q}_l+t\widetilde{D}_l+\cdots+\frac{(t\widetilde{D}_l)^{m_l-1}}{(m_l-1)!}\right)+\sum_{|l|>N_0}e^{\lambda_lt}\widetilde{Q}_l \tag{12.6-22}$$

上式右端按算子阴范数收敛。而

$$\widetilde{Q}_l=\sum_{j=0}^{m_l-1}\langle\cdot,\Psi_{lj}\rangle_{-1}\Phi_{lj},\quad \widetilde{D}_l=\sum_{j=0}^{m_l-1}\langle\cdot,\Psi_{l,j+1}\rangle_{-1}\Phi_{lj}$$

Φ_{lj}，Ψ_{lj} 分别是 $\widetilde{\mathscr{A}}$ 和 $\widetilde{\mathscr{A}}^*$ 对应于 λ_l 和 $\bar{\lambda}_l$ 的规范广义本征元。

方程(12.6-20)对任意初值 $\widetilde{W}_0 \in H_0 \times H_0 \times R_n$ 有唯一解 $W(t)=\widetilde{U}(t)\widetilde{W}_0$。

解 $\widetilde{U}(t)\widetilde{W}_0$ 和分布测量、分布控制时(12.5-9)的解 $U(t)W_0$ 有两点不同：一个是 $\widetilde{W}_0 \in H_0 \times H_0 \times R_n$ 而 $W_0 \in D(A^{\frac{1}{2}}) \times D(A^{\frac{1}{2}}) \times R_n$，$D(A^{\frac{1}{2}}) \times D(A^{\frac{1}{2}}) \times R_n \subset H_0 \times H_0 \times R_n$。这就是说，点控制、点测量时，系统方程有解的初值范围要比分布控制、分布测量时大。另一个是 $U(t)W_0 \in H_0 \times H_0 \times R_n$ 而 $\widetilde{U}(t)\widetilde{W}_0 \in H_{-1}(A^{\frac{1}{2}}) \times H_{-1}(A^{\frac{1}{2}}) \times R_n = \mathfrak{H}_{-1}$，也就是说分布测量、分布控制时系统方程的解在 L_2 空间 $\mathfrak{H}_0$ 中，而点测量、点控制时，这个解在阴范空间 $\mathfrak{H}_{-1}$ 中。$U(t)W_0$ 叫做方程的古典解，而 $\widetilde{U}(t)\widetilde{W}_0$ 则叫做广义解。当初始条件 $W_0 \in D(A^{\frac{1}{2}}) \times D(A^{\frac{1}{2}}) \times R_n$，而且方程式内不含 δ 函数时，古典解和广义解是一致的。否则，古典解不存在，但广义解是存在的。

在点测量、点控制情况下，线性系统稳定性问题和分布测量、分布控制时的情况一样，完全取决于系统本征值在复平面上的分布，这里就不再重复了。

目前，在工程技术中应用的振型分析方法，是分析分布参数系统一种比较有效的方法。我们上边所讨论的结果恰好为这种方法建立了严格的理论基础。这种方法不仅对分布测量、分布控制的系统是有效的，对点测量、点控制的分布参数系统也是有效的。同时还可以看出，在对分布参数系统作有穷维逼近时是有严格理论根据的。依据实际问题的精度要求，对无穷维系统作有穷维逼近时，除去逼近误差外，再没有别的误差。

12.7　分布参数系统的能控性和能观测性

在第 4.10 节和 4.11 节中，我们介绍了线性集中参数系统能控性和能观测性的概念。文献[33]是最早把集中参数系统能控性和能观测性概念推广到线性分布参数系统，并且得到了类似于集中参数系统的完全能控性和完全能观测性的条件。

系统能控性概念是系统控制能力的表现，它反映了系统状态和输入(控制)之间的关系。由于分布参数系统的状态空间是希尔伯特空间，所以我们将在这种空间中来讨论这个问题[12]。设给定的分布参数系统为

$$\frac{dU(t)}{dt}=AU(t)+BF(t) \tag{12.7-1}$$

其中 $U(t)$ 是系统状态。设系统状态空间 $\mathfrak{H}$ 是一可分的希尔伯特空间，对任意固定的 t，$U(t)\in\mathfrak{H}$。A 是 $\mathfrak{H}$ 中的线性算子，其定义域为 $D(A)$。$F(t)$ 是系统的控制，也就是系统的输入，它的取值也是一可分希尔伯特空间，记作 $\mathfrak{H}_F$。B 是从 $\mathfrak{H}_F$ 到 $\mathfrak{H}$ 中的有界线性算子。

在第 12.3 节中我们曾经说过，分布参数系统的控制 $F(t,\boldsymbol{x})$ 不仅是 t 而且也

是空间变量 $\boldsymbol{x}$ 的函数。当 t 固定后，它是 $\boldsymbol{x}$ 的函数，即空间 $\mathfrak{H}_F$ 中的元。所以控制 $F(t)$ 是自变量为 $t, 0\leqslant t\leqslant T, T<\infty$，取值于 $\mathfrak{H}_F$ 的函数。在讨论能控性问题时，先限定控制 $F(t)$ 的类别：要求对 $\mathfrak{H}_F$ 中每一个元 v，$\langle F(t), v\rangle$ 是 t 的可测函数（勒贝格意义下），并且 $\int_0^T \| F(t) \| dt$ 对每个有限的 T 都是有穷值。也就是说，对每个控制 $F(t)$，$\| F(t) \|$ 是一可积函数。这种控制的全体构成了在 $\mathfrak{H}_F$ 上的 L_1 空间，今后记作 $L_1((0,T),\mathfrak{H}_F)$。

在系统式(12.7-1)中，假定 A 是 $\mathfrak{H}$ 中强连续有界算子半群 $S(t)$ 的生成算子，当给定 $U(0)\in D(A)$，在 $(0,T)$ 上 $F(t)$ 是强连续函数时，方程(12.7-1)有唯一解，并可表达为

$$U(t) = S(t)U(0) + \int_0^t S(t-\tau)BF(\tau)d\tau \tag{12.7-2}$$

其中第一项 $S(t)U(0)$ 只与初值有关，而第二项是由控制 $F(t)$ 决定的。在讨论能控性问题时，主要和这一项有关。整个解式(12.7-2)表示了在给定初值 $U(0)$ 和控制 $F(t)$ 的情况下，系统状态的演化过程。但这里对初值 $U(0)$ 和控制 $F(t)$ 的要求比较强，事实上当 $U(0)$ 不在 $D(A)$ 内或者控制 $F(t)\in L_1((0,T),\mathfrak{H}_F)$ 时，解式(12.7-2)仍然是存在的，这时它在下述意义下满足方程(12.7-1)：对 $D(A^*)$（A^* 是 A 的伴随算子）中每个元 v，都有

$$\frac{d}{dt}\langle U(t), v\rangle = \langle U(t), A^* v\rangle + \langle F(t), B^* v\rangle \tag{12.7-3}$$

以及

$$\lim_{t\to 0}\langle U(t), v\rangle = \langle U(0), v\rangle \tag{12.7-4}$$

而且满足式(12.7-3)和(12.7-4)的解式(12.7-2)是唯一的。

这就是说解式(12.7-2)在两种意义下满足式(12.7-1)，一种是当 $U(0)\in D(A)$，$F(t)$ 强连续时，这时解 $U(t)$ 叫做强解，而在式(12.7-3)和(12.7-4)意义下的解叫弱解。在讨论能控性问题时，式(12.7-1)的解是指它的弱解。

现假定初值为零，$F(t)\in L_1((0,T),\mathfrak{H}_F)$，定义算子

$$KF = \int_0^T S(T-\tau)BF(\tau)d\tau \tag{12.7-5}$$

它是从 $L_1((0,T),\mathfrak{H}_F)$ 到 $\mathfrak{H}$ 中的有界算子。用 $\omega(T)$ 表示算子 K 的值域，它是系统式(12.7-1)在所有 $F(t)\in L_1((0,T),\mathfrak{H}_F)$ 控制作用下，从初始零状态出发，在 T 时刻系统能够到达的所有状态，这和集中参数系统的等时区很相似。显然，$\omega(T)$ 是 $\mathfrak{H}$ 中的子空间，当 $T_1>T_2$ 时，$\omega(T_1)\supseteq\omega(T_2)$，这就是说，当 T 增大时，$\omega(T)$ 也变大。把所有 $\omega(T)$ 合起来，它仍是 $\mathfrak{H}$ 中的子空间，用 $\omega=\bigcup_{T>0}\omega(T)$ 记这个子空间（这里 $\bigcup$ 表示集合的并），则 ω 叫做系统的能达状态集。

系统式(12.7-1)叫做完全能控的，是指它的能达状态集 ω 在状态空间 $\mathfrak{H}$ 中

稠，即 $\overline{\omega}=\mathfrak{H}$，$\overline{\omega}$ 表示 ω 的闭包。这就是说，对 $\mathfrak{H}$ 中任意状态 V，总可以找到能达状态集 ω 中的状态 U，使 U 和 V 非常接近，$\| V-U \| <\varepsilon$，ε 是任意小的正数。确切地说，对 $\mathfrak{H}$ 中任意状态 V 和任意小的正数 ε，总存在有限的时间 T（T 依赖于 V 和 ε），以及控制 $F(t)\in L_1((0,T),\mathfrak{H}_F)$ 使

$$U(T)=\int_0^T S(T-\tau)BF(\tau)d\tau \in \omega(T)\subset \omega$$

并且有 $\| V-U(T) \| <\varepsilon$ 成立。

值得注意的是，分布参数系统完全能控性只要求能达状态集 ω 在 $\mathfrak{H}$ 中稠，而不是 $\omega=\mathfrak{H}$，这和集中参数系统是不一样的。

下面，我们进一步讨论系统完全能控的判定准则。

首先我们注意到，$S(t)B$ 是 $\mathfrak{H}_F$ 到 $\mathfrak{H}$ 中的有界算子，记这个算子的值域为 $\mathscr{R}(S(t)B)$，t 不同时，$\mathscr{R}(S(t)B)$ 也不相同。把所有 $\mathscr{R}(S(t)B)$ 合起来，记作 $\mathscr{R}=\bigcup\limits_{t\geqslant 0}\mathscr{R}(S(t)B)$，它仍是 $\mathfrak{H}$ 中子空间。现在我们来说明，如果 $\mathscr{R}$ 在 $\mathfrak{H}$ 中稠必有 ω 在 $\mathfrak{H}$ 中稠，从而系统是完全能控的。

我们反证，设 $\mathscr{R}$ 在 $\mathfrak{H}$ 中稠，而 ω 在 $\mathfrak{H}$ 中不稠，看看会出现什么矛盾。如果 ω 在 $\mathfrak{H}$ 中不稠，必存在 $\mathfrak{H}$ 中的元 y，它和 ω 直交，也就是对每个有限的 T，y 直交于 $\omega(T)$，即

$$\left\langle \int_0^T S(T-\tau)BF(\tau)d\tau, y\right\rangle = \int_0^T \langle S(T-\tau)BF(\tau), y\rangle d\tau = 0$$

但 $\langle S(T-\tau)BF(\tau),y\rangle=\langle F(\tau),B^* S^* (T-\tau)y\rangle$，所以有

$$\int_0^T \langle S(T-\tau)BF(\tau),y\rangle d\tau = \int_0^T \langle F(\tau),B^* S^* (T-\tau)y\rangle d\tau = 0$$

现选择一个特殊的控制 $F(\tau)$

$$F(\tau)=B^* S^* (T-\tau)y$$

它显然属于 $L_1((0,T),\mathfrak{H}_F)$，代到上式则有

$$\int_0^T \| B^* S^* (T-\tau)y \|^2 d\tau = 0$$

因而有 $B^* S^* (T-\tau)y=0$，$0\leqslant\tau\leqslant T$。对固定的 τ，$B^* S^* (T-\tau)y\in \mathfrak{H}_F$，由于它是零元，故必和 $\mathfrak{H}_F$ 中所有元 $\boldsymbol{x}$ 直交，即

$$\langle B^* S^* (T-\tau)y,x\rangle=0$$

或者

$$\langle y,S(T-\tau)Bx\rangle=0$$

这个等式对于所有有限 T 和 $\mathfrak{H}_F$ 中所有元 x 都成立，也就是对所有 $t\geqslant 0$ 有

$$\langle y,S(t)Bx\rangle=0 \tag{12.7-6}$$

这说明，算子 $S(t)B$，$t\geqslant 0$ 的值域 $\mathscr{R}$ 在 $\mathfrak{H}$ 中不稠，因而和原来假定 $\mathscr{R}$ 在 $\mathfrak{H}$ 中稠相矛盾。所以必须有 ω 在 $\mathfrak{H}$ 中稠。

这个事实反过来也是对的，就是说，如果 ω 在 $\mathfrak{H}$ 中稠，那么 $\mathscr{R}$ 也一定在 $\mathfrak{H}$ 中稠。因此，ω 在 $\mathfrak{H}$ 中稠和 $\mathscr{R}$ 在 $\mathfrak{H}$ 中稠是等价的，这样，我们就可以用 $\mathscr{R}$ 是否在 $\mathfrak{H}$ 中稠来判别系统是否完全能控。

应用类似的方法还可以证明，系统式(12.7-1)完全能控的必要充分条件是，对每个 $t>0$，如果 $\mathfrak{H}$ 中有某个元 x，使

$$\int_0^t S(\tau)BB^* S^*(\tau)x d\tau = 0 \tag{12.7-7}$$

则必定有 $x=0$。

分布参数系统完全能控性的这两个准则，可以看成是集中参数系统完全能控性的相应推广。当 $\mathfrak{H}$ 是有穷维空间时，这时算子 K 是有穷维算子，系统完全能控性就是要求 K 的值域 $\omega=\mathfrak{H}$，即 K 是不降秩的。这时上述两个能控性准则就简化为线性集中参数系统的能控性准则。

下面，我们再介绍一下系统能观测性的概念。在线性系统式(12.7-1)中，由于测量手段的限制，往往不能直接测量到全部状态 $U(t)$，直接测量到的系统输出，通常是状态 $U(t)$ 的函数。它可以表达成

$$y(t)=CU(t) \tag{12.7-8}$$

$y(t)$ 叫做系统输出或叫状态的观测值，它属于希尔伯特空间 $\mathfrak{H}_C$。C 是由 $\mathfrak{H}$ 到 $\mathfrak{H}_C$ 上的有界算子(C 可以是无界算子，这里为了说明方便，假定 C 是有界的)。

系统能观测性概念，反映了输出和状态之间的关系。就是说能否根据系统的输出 $y(t)$ 来唯一确定系统的状态。比如，当控制 $F(t)=0$ 时，系统的运动是初值引起的，这时方程(12.7-1)的解是 $U(t)=S(t)U(0)$，能观测到的系统输出是 $y(t)=CS(t)U(0)$。如果测得到在 $[0,T]$ 时间内系统的输出 $y(t)$，我们能否根据 $y(t)$ 唯一确定初值 $U(0)$，因为一旦 $U(0)$ 确定，系统的状态 $U(t)$ 也就确定了。显然，这一点和算子 $CS(t)$ 的性质有直接关系。

首先需要定义算子 $CS(t)$ 的零子空间 $\mathfrak{H}_0$，$\mathfrak{H}_0=\{u\,|\,u\in\mathfrak{H},CS(t)u=0,t\geqslant 0\}$ 容易检查它确是 $\mathfrak{H}$ 的子空间。显然，凡 $\mathfrak{H}$ 中的元无法根据输出来唯一确定，因为 $\mathfrak{H}_0$ 中不同的元输出都是零，在输出和状态之间没有一一对应关系。

给定线性系统式(12.7-1)和(12.7-8)，系统叫做完全能观测的是指子空间 $\mathfrak{H}_0$ 是空集，即

$$\mathfrak{H}_0=\{u\,|\,u\in\mathfrak{H},CS(t)u=0,t\geqslant 0\}=\varnothing \tag{12.7-9}$$

其中 $\varnothing$ 表示空集。

现在我们看一下，如何判断一个线性系统是完全能观测的：对 $t\geqslant 0$，若 $CS(t)u=0$，则它必和 $\mathfrak{H}_C$ 中所有元 y 直交

$$\langle y,CS(t)u\rangle=0 \tag{12.7-10}$$

但 $\langle y,CS(t)u\rangle=\langle S^*(t)C^*y,u\rangle$，所以对 $t\geqslant 0$，有 $\langle S^*(t)C^*y,u\rangle=0$。根据定义，完全能观测性要求 $u=0$，由此推得，对 $t\geqslant 0$，如果算子 $S^*(t)C^*$ 的值域 $\mathscr{R}(S^*(t)C^*)$

在 $\mathfrak{H}$ 中稠的话，必有 $u=0$，因此，我们得到完全能观测性的第一个准则是

$$\bigcup_{t\geq 0}\mathscr{R}(S^*(t)C^*) \tag{12.7-11}$$

在 $\mathfrak{H}$ 中稠。

和讨论能控性问题时一样，式(12.7-11)又等价于下面这样的事实，对 $t>0$，如果 $\mathfrak{H}$ 中存在某个元 u，使

$$\int_0^t S^*(\tau)C^*CS(\tau)ud\tau = 0 \tag{12.7-12}$$

则一定有 $u=0$。

这就是完全能观测性的第二个准则。

下面举个例子来说明完全能观测性和完全能控性的物理意义。

在第 12.5 节中，讨论带有常微分控制器的分布参数反馈系统时，曾经得到过，算子 $\mathscr{A}$ 和 $\mathscr{A}_1$ 没有共同本征值的充要条件是式(12.5-21)成立，即

$$\begin{aligned}&\langle \boldsymbol{b},\boldsymbol{\psi}_l\rangle\neq 0,\quad l=\pm1,\pm2,\cdots\\ &W(\lambda_l)\neq 0,\quad l=\pm1,\pm2,\cdots\\ &(\boldsymbol{z}_l,\boldsymbol{g})\neq 0,\quad l=1,2,\cdots,n\\ &H(\alpha_l)\neq 0,\quad l=1,2,\cdots,n\end{aligned}$$

这组条件和系统能控性、能观测性有密切关系。

现把第 12.4 节中式(12.4-19)化成(12.7-1)的形式。令 $u_1=u$，$u_2=\dot{\boldsymbol{u}}_1$，$\boldsymbol{x}=\boldsymbol{z}$，$U=(u_1,u_2,\boldsymbol{z})$，则有

$$\frac{dU(t)}{dt}=\mathscr{A}U(t)+\mathscr{B}F(t) \tag{12.7-13}$$

其中

$$\mathscr{A}=\begin{pmatrix}0 & I & 0\\ -A-B & -C & 0\\ 0 & 0 & J\end{pmatrix},\quad \mathscr{B}=\begin{pmatrix}0 & 0 & 0\\ 0 & 0 & b\\ \boldsymbol{k}_1 & \boldsymbol{k}_2 & 0\end{pmatrix}$$

$F(t)=(f_1(t),f_2(t),f_3(t))$是系统的输入，$f_1,f_2,f_3$ 是连续的实值函数。

假定测量方程是

$$V(t)=CU(t) \tag{12.7-14}$$

其中

$$C=\begin{pmatrix}\langle \widetilde{S}_1\ \cdot\ ,a_1\rangle & 0 & 0\\ 0 & \langle \widetilde{S}_2\ \cdot\ ,a_2\rangle & 0\\ 0 & 0 & (\ \cdot\ ,\boldsymbol{g})\end{pmatrix}$$

$V(t)$是系统输出。

我们指出，在式(12.5-21)条件中

$$\langle \boldsymbol{b},\boldsymbol{\psi}_l\rangle\neq 0,\quad l=\pm1,\pm2,\cdots$$

$$H(\alpha_l)\neq 0,\quad l=1,2,\cdots,n \tag{12.7-15}$$

是系统式(12.7-13)完全能控的必要充分条件,而

$$(\boldsymbol{z}_l,\boldsymbol{g})\neq 0,\quad l=1,2,\cdots,n$$

$$W(\lambda_l)\neq 0,\quad l=\pm 1,\pm 2,\cdots \tag{12.7-16}$$

是系统式(12.7-13),(12.7-14)完全能观测的必要充分条件。为了更明显地看出它的物理意义,我们讨论式(12.7-13)和(12.7-14)的一个特殊情况

$$\frac{d^2u}{dt^2}+Au=bf(t) \tag{12.7-17}$$

测量方程是

$$V(t)=\left\langle S\frac{du}{dt},a\right\rangle \tag{12.7-18}$$

其中 S 是微分算子$\dfrac{\partial}{\partial x}$,$a\in\mathfrak{H}$。$V(t)$表示测量的是弹性梁的角速度。现把它化成式(12.7-13)的形式,令 $u=u_1,u_2=\dot{u}_1=\dot{u},U=(u_1,u_2),F(t)=(0,f(t))$,则有

$$\frac{dU(t)}{dt}=\mathscr{A}U(t)+\mathscr{B}F(t) \tag{12.7-19}$$

其中

$$\mathscr{A}=\begin{pmatrix}0 & I\\ -A & 0\end{pmatrix},\quad \mathscr{B}=\begin{pmatrix}0 & 0\\ 0 & b\end{pmatrix}$$

测量方程是

$$V(t)=\begin{pmatrix}0 & 0\\ 0 & \langle S\cdot,a\rangle\end{pmatrix}U(t)=CU(t) \tag{12.7-20}$$

在文献[8]中曾证明,系统式(12.7-19)完全能控的必要充分条件是

$$\langle\varphi_n,b\rangle\neq 0,\quad n=1,2,\cdots \tag{12.7-21}$$

其中 $\varphi_n,n=1,2,\cdots$是算子 A 的本征元,也就是梁的固有振型。系统完全能观测的必要充分条件是

$$\langle S\varphi_n,a\rangle\neq 0,\quad n=1,2,\cdots \tag{12.7-22}$$

这两组条件有明确的物理意义。$\langle\varphi_n,b\rangle\neq 0,n=1,2,\cdots$说明控制作用分布函数 b 在 A 的所有本征子空间上都有投影分量,因而在 b 上施加控制作用 $f(t)$时,对所有振型 φ_n 都能产生影响。如果某个振型 φ_m,使$\langle\varphi_m,b\rangle=0$,那么控制作用对这个振型以及由它张成的本征子空间不产生任何效果,而系统状态也到达不了由 φ_m 产生的子空间内。为了说明这一点,看一下系统式(12.7-19)的算子 K 的具体形式。按式(12.7-5),有

$$KF(t)=\int_0^t S(t-\tau)\mathscr{B}F(\tau)d\tau \tag{12.7-23}$$

$S(t)$是 $\mathfrak{H}$ 中有界算子半群,$\mathscr{A}$是它的生成算子。$S(t)$可表示成

$$S(t) = \sum_{-\infty}^{\infty} e^{\omega_n t} \langle \cdot, \boldsymbol{\varphi}_n \rangle \boldsymbol{\varphi}_n \tag{12.7-24}$$

其中 $\omega_n, \boldsymbol{\varphi}_n$ 是 $\mathscr{A}$ 的本征值和相应的本征元。若 $\{\mu_n^2\}_1^\infty$ 是 A 的本征值，$\{\varphi_n\}_1^\infty$ 是对应的本征元，容易验证，$\omega_n = \pm\mu_n i$，而 $\boldsymbol{\varphi}_n = (\varphi_n, \omega_n\varphi_n)$，令 $\mu_n = \mu_{-n}, \varphi_n = \varphi_{-n}, \omega_{-n} = -i\mu_n, n = \pm 1, \pm 2, \cdots$，这时，半群 $S(t)$ 可具体表示为

$$S(t) = \sum_{-\infty}^{\infty} e^{\omega_n t} \left\langle \cdot, \begin{pmatrix} \varphi_n \\ \omega_n\varphi_n \end{pmatrix} \right\rangle \begin{pmatrix} \varphi_n \\ \omega_n\varphi_n \end{pmatrix} \tag{12.7-25}$$

式中要求 $\boldsymbol{\varphi}_n$ 是规范本征元，$\| \boldsymbol{\varphi}_n \|_{\mathfrak{H}} = 1$ 必须要求 $\| \varphi_n \|_{L_2} = \dfrac{1}{\sqrt{1+\omega_n^2}}$将它代到式(12.7-23)中，则有

$$\begin{aligned} KF(t) &= \int_0^t \sum_{-\infty}^{\infty} e^{\omega_n(t-\tau)} \left\langle \mathscr{B}F(\tau), \begin{pmatrix} \varphi_n \\ \omega_n\varphi_n \end{pmatrix} \right\rangle \begin{pmatrix} \varphi_n \\ \omega_n\varphi_n \end{pmatrix} d\tau \\ &= \sum_{-\infty}^{\infty} \int_0^t e^{\omega_n(t-\tau)} \langle bf(\tau), \omega_n\varphi_n \rangle \begin{pmatrix} \varphi_n \\ \omega_n\varphi_n \end{pmatrix} d\tau \\ &= \sum_{-\infty}^{\infty} \omega_n \langle b, \varphi_n \rangle \begin{pmatrix} \varphi_n \\ \omega_n\varphi_n \end{pmatrix} \int_0^t e^{\omega_n(t-\tau)} f(\tau) d\tau \end{aligned}$$

令 $\omega_n \int_0^t e^{\omega_n(t-\tau)} f(\tau) d\tau = \alpha_n(t)$，则上式变成

$$KF(t) = \sum_{-\infty}^{\infty} \alpha_n(t) \langle b, \varphi_n \rangle \begin{pmatrix} \varphi_n \\ \omega_n\varphi_n \end{pmatrix} \tag{12.7-26}$$

由此可以明显看出，如果 $\langle b, \varphi_m \rangle = 0$，无论控制 $F(t)$ 如何选择，这时算子 K 的值域中不含有 $\begin{pmatrix} \varphi_m \\ \omega_m\varphi_m \end{pmatrix}$ 生成的子空间。因此，K 的值域在 $\mathfrak{H} \times \mathfrak{H}$ 中不稠，从而系统不是完全能控的。

完全类似，条件式(12.7-22)说明，当且仅当所有振型 $\varphi_n, n = 1, 2, \cdots$，都能测量并有输出的时候，系统是完全能观测的。比如，对某一振型 φ_m，$\langle S\varphi_m, a \rangle = 0$，这时系统不是完全能观测的。因为在这种情况下，根据系统输出确定不了初值(只考虑非强迫运动)。设系统初值为 $U(0) = (u_1(0), u_2(0))$，系统的输出为

$$V(t) = CS(t)U(0)$$

根据式(12.7-20)和(12.7-25)，可以得到

$$\begin{aligned} V(t) &= C \sum_{-\infty}^{\infty} e^{\omega_n t} \langle U(0), \boldsymbol{\varphi}_n \rangle \boldsymbol{\varphi}_n \\ &= \sum_{-\infty}^{\infty} e^{\omega_n t} \langle U(0), \boldsymbol{\varphi}_n \rangle C\boldsymbol{\varphi}_n \end{aligned}$$

$$= \sum_{-\infty}^{\infty} e^{\omega_n t} \langle U(0), \boldsymbol{\varphi}_n \rangle \begin{pmatrix} 0 & 0 \\ 0 & \langle S\ \bullet, a \rangle \end{pmatrix} \begin{pmatrix} \varphi_n \\ \omega_n \varphi_n \end{pmatrix}$$

$$= \sum_{-\infty}^{\infty} e^{\omega_n t} \langle U(0), \boldsymbol{\varphi}_n \rangle \begin{pmatrix} 0 \\ \omega_n \langle S\varphi_n, a \rangle \end{pmatrix}$$

$$= \begin{pmatrix} 0 \\ \sum_{-\infty}^{\infty} e^{\omega_n t} \omega_n \langle S\varphi_n, a \rangle \langle U(0), \boldsymbol{\varphi}_n \rangle \end{pmatrix} \tag{12.7-27}$$

如果$\langle S\varphi_m, a \rangle = 0$，不论初值$U(0)$如何，在输出$V(t)$中，不含有初值$U(0)$在$\boldsymbol{\varphi}_m$张成子空间内的分量，因此根据输出$V(t)$不能唯一确定初值$U(0)$。

12.8　满足给定积分指标的控制设计

在前面几节中，讨论了分布参数系统的稳定性、能控性以及能观测性等问题，它们属于系统分析的范畴。从这节起，将讨论给定了系统指标要求后，如何设计控制器，使系统性能满足某些预定的要求，这就是系统的设计问题。系统性能指标通常可用受控量和控制量函数的一个积分来表达，如能量指标，时间指标等都可用积分形式来表示。和集中参数系统一样，在给定了系统性能指标后，如何寻找使性能指标达到极小(或极大)的控制问题，即所谓的最优控制问题。实际的工程系统，受控量和控制量由于受到结构和技术实现上的限制，它们只能在一定范围内变化，这种控制受到约束的最优控制问题，将在下一节里讨论。

在这一节里，假定控制量的取值不受限制。这种控制没有约束的最优设计问题仍有实际意义。比如，当受控对象偏离预定状态很小时，用来修正这个偏差的控制量往往也很小，在这种情况下，可以认为控制量不受任何约束。

在控制不受约束的情况下，可用变分法求出最优控制。

设给定系统的运动方程为

$$\frac{\partial u(t,x)}{\partial t} = f\left(t, x, u\,\frac{\partial^2 u}{\partial x^2}, F(t,x)\right), \quad 0 < x < l \tag{12.8-1}$$

边界条件是

$$u(t,0) = 0, \quad u(t,l) = 0 \tag{12.8-2}$$

初始条件为

$$u(0,x) = \varphi(x) \tag{12.8-3}$$

其中$F(t,x)$是系统的控制。

系统的积分指标是

$$J[F(t,x)] = \int_0^T \int_0^l Q\left(t, x, u, \frac{\partial u}{\partial x}, F\right) dx dt \tag{12.8-4}$$

式中 T 是给定的正常数。

我们的目的是找出控制规律 $F(t,x)$，它使受控对象在 $t=T$ 时刻到达状态 $u(T,x)=u^*(x)$，$u^*(x)$ 是事先给定的状态，同时使性能指标 J 达到极小。这里对控制 $F(t,x)$ 不加约束，只要求它是 x 和 t 的连续函数。假定 f，Q 分别对各自的自变量有一至二阶连续偏导数。设使指标 J 达到极小的最优控制存在，记为 $\mathring{F}(t,x)$，而相应的最优轨迹记为 $\mathring{u}(t,x)$。现对控制 $\mathring{F}(t,x)$ 作一个微小变动(控制变分)，

$$\widetilde{F}(t,x)=\mathring{F}(t,x)+\delta F(t,x) \tag{12.8-5}$$

这时，在 $\widetilde{F}(t,x)$ 的作用下，受控对象的运动也发生相应变化，

$$\tilde{u}(t,x)=\mathring{u}(t,x)+\delta u(t,x) \tag{12.8-6}$$

控制的变分 $\delta F(t,x)=\widetilde{F}(t,x)-\mathring{F}(t,x)$ 引起了受控对象运动的变分，$\delta u(t,x)=\tilde{u}(t,x)-\mathring{u}(t,x)$，它们是通过方程(12.8-1)联系起来的。使 J 达到极小的控制 $\mathring{F}(t,x)$ 是 J 在方程(12.8-1)约束下的条件极值问题。根据变分学中拉格朗日乘子法，可以把这个条件极值变成无条件极值问题。令

$$R=Q\left(t,x,u,\frac{\partial u}{\partial x},F\right)+\psi(x,t)\left[f\left(t,x,u,\frac{\partial^2 u}{\partial x^2},F\right)-\frac{\partial u}{\partial t}\right] \tag{12.8-7}$$

其中 $\psi(x,t)$ 是拉格朗日乘子，是待定的未知函数。这样，寻求最优控制 $\mathring{F}(t,x)$ 的问题，就变成了使

$$I[F(t,x)]=\int_0^T\int_0^l R\,dt\,dx \tag{12.8-8}$$

取极小的无条件极值问题。

记 $\frac{\partial u}{\partial x}=\dot{u}_x$，$\frac{\partial^2 u}{\partial x^2}=\ddot{u}_{xx}$，$\frac{\partial u}{\partial t}=\dot{u}_t$，而 $\delta\dot{u}_x$，$\delta\ddot{u}_{xx}$，$\delta\dot{u}_t$，分别表示 $\dot{u}_x$，$\ddot{u}_{xx}$，$\dot{u}_t$ 的变分。略去高阶小量，指标 $I[F(t,x)]$ 的变分为

$$\begin{aligned}
\delta I[F(t,x)] &= I[\widetilde{F}(t,x)]-I[\mathring{F}(t,x)]=\int_0^T\int_0^l(\widetilde{R}-\mathring{R})\,dt\,dx\\
&=\int_0^T\int_0^l\Big\{Q\left(t,x,\tilde{u},\frac{\partial\tilde{u}}{\partial x},\widetilde{F}\right)+\psi(x,t)\left[f\left(t,x,\tilde{u},\frac{\partial^2\tilde{u}}{\partial x^2},\widetilde{F}\right)-\frac{\partial\tilde{u}}{\partial t}\right]\\
&\quad -Q\left(t,x,\mathring{u},\frac{\partial\mathring{u}}{\partial x},\mathring{F}\right)-\psi(x,t)\left[f\left(t,x,\mathring{u},\frac{\partial^2\mathring{u}}{\partial x^2},\mathring{F}\right)-\frac{\partial\mathring{u}}{\partial t}\right]\Big\}\,dt\,dx\\
&=\int_0^T\int_0^l\Big[\frac{\partial Q}{\partial u}\delta u+\frac{\partial Q}{\partial\dot{u}_x}\delta\dot{u}_x+\frac{\partial Q}{\partial F}\delta F+\psi(x,t)\frac{\partial f}{\partial u}\delta u\\
&\quad +\psi(x,t)\frac{\partial f}{\partial\ddot{u}_{xx}}\delta\ddot{u}_{xx}+\psi(x,t)\frac{\partial f}{\partial F}\delta F-\psi(x,t)\delta\dot{u}_t\Big]\,dt\,dx\\
&=\int_0^T\int_0^l\Big[\frac{\partial Q}{\partial u}\delta u+\psi(x,t)\frac{\partial f}{\partial u}\delta u+\frac{\partial Q}{\partial\dot{u}_x}\delta\dot{u}_x+\psi(x,t)\frac{\partial f}{\partial\ddot{u}_{xx}}\delta\ddot{u}_{xx}
\end{aligned}$$

$$-\psi(x,t)\delta\dot{u}_t\Big]dtdx+\int_0^T\int_0^l\left[\frac{\partial Q}{\partial F}\delta F+\psi(x,t)\frac{\partial f}{\partial F}\delta F\right]dtdx \tag{12.8-9}$$

式中 Q 和 f 的各阶偏导数都在点 $\left(t,x,\mathring{u}(t,x),\dfrac{\partial\,\mathring{u}(t,x)}{\partial x},\mathring{F}(t,x)\right)$ 上取值。因为

$$\psi(x,t)\frac{\partial f}{\partial\ddot{u}_{xx}}\delta\ddot{u}_{xx}=\frac{\partial}{\partial x}\left[\psi(x,t)\frac{\partial f}{\partial\ddot{u}_{xx}}\delta\dot{u}_x\right]-\frac{\partial}{\partial x}\left[\psi(x,t)\frac{\partial f}{\partial\ddot{u}_{xx}}\right]\delta\dot{u}_x$$

所以有

$$\begin{aligned}\int_0^T\int_0^l\psi(x,t)\frac{\partial f}{\partial\ddot{u}_{xx}}\delta\ddot{u}_{xx}dtdx&=-\int_0^T\int_0^l\frac{\partial}{\partial x}\left[\psi(x,t)\frac{\partial f}{\partial\ddot{u}_{xx}}\right]\delta\dot{u}_xdtdx\\&\quad+\int_0^T\int_0^l\frac{\partial}{\partial x}\left[\psi(x,t)\frac{\partial f}{\partial\ddot{u}_{xx}}\delta\dot{u}_x\right]dtdx\\&=-\int_0^T\int_0^l\frac{\partial}{\partial x}\left[\psi(x,t)\frac{\partial f}{\partial\ddot{u}_{xx}}\right]\delta\dot{u}_xdtdx\\&\quad+\int_0^T\psi(x,t)\frac{\partial f}{\partial\ddot{u}_{xx}}\delta\dot{u}_x\Big|_0^l dt\end{aligned}$$

若令

$$\psi(0,t)=0,\quad\psi(l,t)=0 \tag{12.8-10}$$

则有

$$\int_0^T\int_0^l\psi(x,t)\frac{\partial f}{\partial\ddot{u}_{xx}}\delta\ddot{u}_{xx}dtdx=-\int_0^T\int_0^l\frac{\partial}{\partial x}\left[\psi(x,t)\frac{\partial f}{\partial\ddot{u}_{xx}}\right]\delta\dot{u}_xdtdx \tag{12.8-11}$$

把式(12.8-11)代到式(12.8-9),便得到

$$\begin{aligned}\delta I[F(t,x)]=&\int_0^T\int_0^l\left\{\frac{\partial Q}{\partial u}\delta u+\psi(x,t)\frac{\partial f}{\partial u}\delta u+\left[\frac{\partial Q}{\partial\dot{u}_x}-\frac{\partial}{\partial x}\left(\psi(x,t)\frac{\partial f}{\partial\ddot{u}_{xx}}\right)\right]\delta\dot{u}_x\right.\\&\left.-\psi(x,t)\delta\dot{u}_t\right\}dtdx+\int_0^T\int_0^l\left[\frac{\partial Q}{\partial F}+\psi(x,t)\frac{\partial f}{\partial F}\right]\delta Fdtdx\end{aligned} \tag{12.8-12}$$

另一方面,由于

$$\begin{aligned}\left[\frac{\partial Q}{\partial\dot{u}_x}-\frac{\partial}{\partial x}\left(\psi(x,t)\frac{\partial f}{\partial\ddot{u}_{xx}}\right)\right]\delta\dot{u}_x=&\frac{\partial}{\partial x}\left\{\left[\frac{\partial Q}{\partial\dot{u}_x}-\frac{\partial}{\partial x}\left(\psi(x,t)\frac{\partial f}{\partial\ddot{u}_{xx}}\right)\right]\delta u\right\}\\&-\frac{\partial}{\partial x}\left[\frac{\partial Q}{\partial\dot{u}_x}-\frac{\partial}{\partial x}\left(\psi(x,t)\frac{\partial f}{\partial\ddot{u}_{xx}}\right)\right]\delta u\end{aligned}$$

从而有

$$\begin{aligned}&\int_0^T\int_0^l\left[\frac{\partial Q}{\partial\dot{u}_x}-\frac{\partial}{\partial x}\left(\psi(x,t)\frac{\partial f}{\partial\ddot{u}_{xx}}\right)\right]\delta\dot{u}_xdtdx\\=&-\int_0^T\int_0^l\frac{\partial}{\partial x}\left[\frac{\partial Q}{\partial\dot{u}_x}-\frac{\partial}{\partial x}\left(\psi(x,t)\frac{\partial f}{\partial\ddot{u}_{xx}}\right)\right]\delta udtdx\end{aligned}$$

$$+\int_0^T\int_0^l \frac{\partial}{\partial x}\left\{\left[\frac{\partial Q}{\partial \dot{u}_x}-\frac{\partial}{\partial x}\left(\psi(x,t)\ \frac{\partial f}{\partial \ddot{u}_{xx}}\right)\right]\delta u\right\}dtdx$$

$$=-\int_0^T\int_0^l \frac{\partial}{\partial x}\left[\frac{\partial Q}{\partial \dot{u}_x}-\frac{\partial}{\partial x}\left(\psi(x,t)\ \frac{\partial f}{\partial \ddot{u}_{xx}}\right)\right]\delta udtdx$$

$$+\int_0^T\left[\frac{\partial Q}{\partial \dot{u}_x}-\frac{\partial}{\partial x}\left(\psi(x,t)\ \frac{\partial f}{\partial \ddot{u}_{xx}}\right)\delta u\right]\Bigg|_0^l dt$$

$$=-\int_0^T\int_0^l \frac{\partial}{\partial x}\left[\frac{\partial Q}{\partial \dot{u}_x}-\frac{\partial}{\partial x}\left(\psi(x,t)\ \frac{\partial f}{\partial \ddot{u}_{xx}}\right)\right]\delta udtdx$$

其中第二项积分为零，是因为边界条件是固定的，所以 $\delta u(t,x)|_{x=0}=0,\delta u(t,x)|_{x=l}=0$。把上式代到式(12.8-12)中，则有

$$\begin{aligned}\delta I[F(t,x)]=&\int_0^T\int_0^l\Big[\frac{\partial Q}{\partial u}\delta u+\psi(x,t)\ \frac{\partial f}{\partial u}\delta u\\&-\frac{\partial}{\partial x}\left(\frac{\partial Q}{\partial \dot{u}_x}-\frac{\partial}{\partial x}\left[\psi(x,t)\ \frac{\partial f}{\partial \ddot{u}_{xx}}\right]\right)\delta u\\&-\psi(x,t)\delta\dot{u}_t\Big]dtdx+\int_0^T\int_0^l\left[\frac{\partial Q}{\partial F}+\psi(x,t)\ \frac{\partial f}{\partial F}\right]\delta Fdtdx\end{aligned}\tag{12.8-13}$$

此外

$$\begin{aligned}\int_0^T\int_0^l\psi(x,t)\delta\dot{u}_tdtdx&=\int_0^l[\psi(x,t)\delta u]\Big|_0^T dx-\int_0^T\int_0^l\frac{\partial\psi(x,t)}{\partial t}\delta udtdx\\&=-\int_0^T\int_0^l\frac{\partial\psi(x,t)}{\partial t}\delta udtdx\end{aligned}\tag{12.8-14}$$

其中第一项积分为零，是因为 $\delta u(t,x)|_{t=0}=0,\delta u(t,x)|_{t=T}=0$（初始条件和终端条件是固定不动的）。

将式(12.8-14)代到式(12.8-13)中，便得到

$$\begin{aligned}\delta I[F(t,x)]=&\int_0^T\int_0^l\Big[\frac{\partial Q}{\partial u}+\psi(x,t)\ \frac{\partial f}{\partial u}-\frac{\partial}{\partial x}\Big(\frac{\partial Q}{\partial \dot{u}_x}\\&-\frac{\partial}{\partial x}\left[\psi(x,t)\ \frac{\partial f}{\partial \ddot{u}_{xx}}\right]\Big)+\frac{\partial\psi(x,t)}{\partial t}\Big]\delta udtdx\\&+\int_0^T\int_0^l\left[\frac{\partial Q}{\partial F}+\psi(x,t)\ \frac{\partial f}{\partial F}\right]\delta Fdtdx\end{aligned}\tag{12.8-15}$$

我们这样选择 $\psi(x,t)$，使它满足方程

$$\frac{\delta\psi(x,t)}{\partial t}=\frac{\partial}{\partial x}\left(\frac{\partial Q}{\partial \dot{u}_x}-\frac{\partial}{\partial x}\left[\psi(x,t)\ \frac{\partial f}{\partial \ddot{u}_{xx}}\right]\right)-\psi(x,t)\ \frac{\partial f}{\partial u}-\frac{\partial Q}{\partial u}\tag{12.8-16}$$

及边界条件式(12.8-10)。于是式(12.8-15)的第一项为零，而

$$\delta I[F(t,x)]=\int_0^T\int_0^l\left[\frac{\partial Q}{\partial F}+\psi(x,t)\ \frac{\partial f}{\partial F}\right]\delta Fdtdx\tag{12.8-17}$$

当 $\mathring{F}(t,x)$ 是最优控制，$\mathring{u}(t,x)$ 是对应的系统的最优轨迹时，应有 $\delta I[F(t,x)]=0$，于是得到

$$\int_0^T\int_0^l\left[\frac{\partial Q}{\partial F}+\psi(x,t)\frac{\partial f}{\partial F}\right]\delta F dt dx = 0 \tag{12.8-18}$$

由于控制 F 不受拘束，δF 可以任意选择，式(12.8-18)只有当

$$\frac{\partial Q}{\partial F}+\psi(x,t)\frac{\partial f}{\partial F} = 0 \tag{12.8-19}$$

才能得到满足。这个方程就是使 J 达到极小的最优控制所应满足的必要条件。

我们把方程(12.8-1)，(12.8-16)，(12.8-19)以及边界条件和初始条件(12.8-2)，(12.8-3)，(12.8-10)写在一起，构成一组联立方程式

$$\begin{aligned}
&\frac{\partial u}{\partial t} = f\left(t,x,u,\frac{\partial^2 u}{\partial x^2},F\right)\\
&u(t,0) = 0,\quad u(t,l) = 0\\
&u(0,x) = \varphi(x),\quad u(T,x) = u^*(x)\\
&\frac{\partial\psi(x,t)}{\partial t} = \frac{\partial}{\partial x}\left(\frac{\partial Q}{\partial \dot{u}_x}-\frac{\partial}{\partial x}\left[\psi(x,t)\frac{\partial f}{\partial \ddot{u}_{xx}}\right]\right)-\psi(x,t)\frac{\partial f}{\partial u}-\frac{\partial Q}{\partial u}\\
&\psi(0,t) = 0,\quad \psi(l,t) = 0\\
&\frac{\partial Q}{\partial F}+\psi(x,t)\frac{\partial f}{\partial F} = 0
\end{aligned} \tag{12.8-20}$$

注意到，$\frac{\partial Q}{\partial F}+\psi(x,t)\frac{\partial f}{\partial F}=\frac{\partial}{\partial F}[Q+\psi(x,t)f]$，如果令 $H=Q+\psi(x,t)f$，则有

$$\frac{\partial H}{\partial F} = 0 \tag{12.8-21}$$

这就是说，最优控制 $\mathring{F}$ 应使 H 达到极值。由式(12.8-21)解出 $\mathring{F}$，它是 $t,x,u,\dot{u}_x,\ddot{u}_{xx},\psi$ 的函数，把 $\mathring{F}$ 代到方程(12.8-20)中，解出 u 和 ψ，再代回到 $\mathring{F}$ 的表达式中，$\mathring{F}$ 就是待求的最优控制。

现在讨论一个例子。设受控对象方程为

$$\begin{gathered}
\frac{\partial u(t,x)}{\partial t}=a^2\frac{\partial^2 u(t,x)}{\partial x^2}+F(t,x),\quad 0<x<l\\
u(t,0)=0,\quad u(t,l)=0\\
u(0,x) = \varphi(x)
\end{gathered} \tag{12.8-22}$$

式中 $u(t,x)$ 是受控量，$F(t,x)$ 是控制量。这是一维热传导问题。$F(t,x)$ 的物理意义就是单位时间内在单位长度上加入或传出的热量。它是连续取值不受约束的控制量。今要求在给定时间 T 内，使对象由 $t=0$ 时的温度分布 $u(0,x)=\varphi(x)$ 下降到零度，$u(T,x)=0$，并使性能指标

$$J[F(t,x)] = \int_0^T \int_0^l F^2(t,x) dt dx \tag{12.8-23}$$

达到极小值。J 代表了在受控过程中,加入或流出热量的总和。

从问题的物理意义上看,这个最优控制是存在的。另外,J 是一个正定泛函,极小值总是存在的。现按前面说过的方法,找出这个最优控制。

方程组(12.8-20),这时可改写成

$$\begin{aligned}
&\frac{\partial u}{\partial t} = a^2 \frac{\partial^2 u}{\partial x^2} + F(t,x) \\
&u(t,0) = 0, \quad u(t,l) = 0 \\
&u(0,x) = \varphi(x), \quad u(T,x) = 0 \\
&\frac{\partial \psi}{\partial t} = - a^2 \frac{\partial^2 \psi}{\partial x^2} \\
&\psi(0,t) = 0, \quad \psi(l,t) = 0 \\
&2F(t,x) + \psi(x,t) = 0
\end{aligned} \tag{12.8-24}$$

由式(12.8-24)可得

$$F(t,x) = -\frac{1}{2}\psi(x,t)$$

代到第一个方程后得

$$\frac{\partial u}{\partial t} = a^2 \frac{\partial^2 u}{\partial x^2} - \frac{1}{2}\psi(x,t) \tag{12.8-25}$$

应用分离变量法可以求得 $\psi(x,t)$

$$\psi(x,t) = \sum_{n=1}^{\infty} c_n e^{\left(\frac{n\pi}{l}\right)^2 a^2 t} \sin \frac{n\pi}{l} x \tag{12.8-26}$$

式中 $c_n, n=1,2,\cdots$ 是待定常数。将式(12.8-26)代到式(12.8-25)中

$$\frac{\partial u}{\partial t} = a^2 \frac{\partial^2 u}{\partial x^2} - \frac{1}{2}\sum_{n=1}^{\infty} c_n e^{\left(\frac{n\pi}{l}\right)^2 a^2 t} \sin \frac{n\pi}{l} x \tag{12.8-27}$$

同样用分离变量法求解式(12.8-27),得到

$$u(t,x) = \sum_{n=1}^{\infty} b_n e^{-a^2\left(\frac{n\pi}{l}\right)^2 t} \sin \frac{n\pi}{l} x - \sum_{n=1}^{\infty} \frac{c_n l^2}{2a^2 n^2 \pi^2} \mathrm{sh} a^2 \left(\frac{n\pi}{l}\right)^2 t \cdot \sin \frac{n\pi}{l} x \tag{12.8-28}$$

利用边界条件和初始条件可以确定出 $b_n, c_n, n = 1,2,\cdots$。由 $u(0,x) = \varphi(x) = \sum_{n=1}^{\infty} b_n \sin \frac{n\pi}{l} x, n = 1,2,\cdots$ 得到

$$b_n = \frac{2}{l}\int_0^l \varphi(x) \sin \frac{n\pi}{l} x dx, \quad n = 1,2,\cdots \tag{12.8-29}$$

再由 $u(T,x)=0$ 得到

$$u(T,x)=0=\sum_{n=1}^{\infty}b_n e^{-a^2\left(\frac{n\pi}{l}\right)^2 T}\sin\frac{n\pi}{l}x-\sum_{n=1}^{\infty}\frac{c_n l^2}{2a^2n^2\pi^2}\operatorname{sh}a^2\left(\frac{n\pi}{l}\right)^2 T\cdot\sin\frac{n\pi}{l}x$$

由此推得

$$c_n=\frac{e^{-a^2\left(\frac{n\pi}{l}\right)^2 T}}{\operatorname{sh}a^2\left(\frac{n\pi}{l}\right)^2 T}\frac{2a^2n^2\pi^2 b_n}{l^2},\quad n=1,2,\cdots \tag{12.8-30}$$

得到 $\psi(x,t)$ 以后，便可以最后求出最优控制 $\mathring{F}(t,x)$

$$\mathring{F}(t,x)=-\frac{1}{2}\psi(x,t)=-\sum_{n=1}^{\infty}\frac{e^{-a^2\left(\frac{n\pi}{l}\right)^2 T}}{\operatorname{sh}a^2\left(\frac{n\pi}{l}\right)^2 T}\frac{a^2n^2\pi^2 b_n}{l^2}e^{\left(\frac{n\pi}{l}\right)^2 a^2 t}\sin\frac{n\pi}{l}x \tag{12.8-31}$$

这是开环分布最优控制。

12.9　分布参数系统最优控制

在上一节中，我们讨论了控制为时间的连续函数，并且是在没有约束情况下的最优控制问题。但在工程技术中，经常遇到的分布参数系统，其控制并不总是连续的(比如系统中含有继电元件时)。特别是由于技术实现上的限制，控制通常是有约束的。例如第 12.2 节例 1 中受控的弹性圆柱体，控制是加在 $x=0$ 处的外力矩，这个力矩由于电动机功率上的限制其大小也要受到限制。同样，在例 2 中，受控对象是金属板，控制作用是在一端人为改变的温度。这个温度也只能在有限范围内变化。对这类控制有约束的问题，上一节的结论不能应用。而且由于控制有约束，古典变分法不能用来解决这类问题。比如上节的式(12.8-18)中，由于控制受到约束，δF 就不能任意选取，因而也就推不出式(12.8-19)。

对于控制有约束的分布参数系统的最优控制问题，近年来有大量的研究工作[26,33,39]。在这一节里，主要介绍这方面的基本思想和方法。

首先讨论用式(12.3-9)描述的分布参数系统最优控制问题。设系统状态方程为

$$\frac{\partial \boldsymbol{U}(t,x)}{\partial t}=\boldsymbol{L}(\boldsymbol{U}(t,\boldsymbol{x}),\boldsymbol{f}_{\Omega}(t,\boldsymbol{x})),\quad \boldsymbol{x}\in\Omega \tag{12.9-1}$$

式中 $\boldsymbol{U}(t,\boldsymbol{x})=(u_1(t,\boldsymbol{x}),u_2(t,\boldsymbol{x}),\cdots,u_n(t,\boldsymbol{x}))$ 是系统的状态向量。对固定的 t，$u_i(t,\boldsymbol{x})\in\mathfrak{H}_i$，$i=1,2,\cdots,n$，$\mathfrak{H}_i$ 是希尔伯特空间，于是系统的状态空间 $\mathfrak{H}=\mathfrak{H}_1\times\mathfrak{H}_2\times\cdots\times\mathfrak{H}_n$ 仍是希尔伯特空间；$\boldsymbol{f}_{\Omega}(t,\boldsymbol{x})=(f_{\Omega}^1(t,\boldsymbol{x}),f_{\Omega}^2(t,\boldsymbol{x}),\cdots,f_{\Omega}^r(t,\boldsymbol{x}))$ 是系统的控制向量，它满足给定的约束条件。满足约束条件的控制向量的全体，叫做可准控制类，记成 $\mathscr{I}([0,\infty)\times\Omega)$。如果指定 t 的变化区间为 $[t_0,t_1]$，则可准控制类记成 $\mathscr{I}([t_0,t_1]\times\Omega)$。$\boldsymbol{L}(\boldsymbol{U}(t,\boldsymbol{x}),\boldsymbol{f}_{\Omega}(t,\boldsymbol{x}))=(L_1(\boldsymbol{U}(t,x),\boldsymbol{f}_{\Omega}(t,\boldsymbol{x})),\cdots,L_n(\boldsymbol{U}(t,\boldsymbol{x}),\boldsymbol{f}_{\Omega}(t,\boldsymbol{x})))$，$L_i(\boldsymbol{U}(t,\boldsymbol{x}),\boldsymbol{f}_{\Omega}(t,\boldsymbol{x}))$，$i=1,2,\cdots,\boldsymbol{n}$ 是把 $\mathfrak{H}\times\mathscr{I}([0,\infty)\times\Omega)$ 映

到 $\mathfrak{H}_i$ 的微分算子。整个系统式(12.9-1)是一偏微分方程组,它能描述相当广泛的分布参数系统。

系统式(12.9-1)的边界条件是用下述向量方程给定的

$$\boldsymbol{M}(\boldsymbol{U}(t,\boldsymbol{x}'),\boldsymbol{f}_{\partial\Omega}(t,\boldsymbol{x}'))=0,\quad \boldsymbol{x}'\in\partial\Omega \tag{12.9-2}$$

式中 $\boldsymbol{M}=(M_1,M_2,\cdots,M_N)$,$M_i(\boldsymbol{U}(t,\boldsymbol{x}'),\boldsymbol{f}_{\partial\Omega}(t,\boldsymbol{x}'))$,$i=1,2,\cdots,N$ 是边界条件微分算子,它依实际问题的物理意义而确定;$\boldsymbol{f}_{\partial\Omega}(t,\boldsymbol{x}')=(f^1_{\partial\Omega}(t,\boldsymbol{x}'),f^2_{\partial\Omega}(t,\boldsymbol{x}'),\cdots,f^s_{\partial\Omega}(t,\boldsymbol{x}'))$ 是边界控制向量,它同样满足一定约束条件,满足约束条件的边界控制的全体,叫做可准边界控制类,记成 $\mathscr{I}_c([0,\infty)\times\partial\Omega)$。当指定 t 的变化区间$[t_0,t_1]$后,可准边界控制类记成 $\mathscr{I}_c([t_0,t_1]\times\partial\Omega)$。

系统的初始条件是

$$\boldsymbol{U}(t,\boldsymbol{x})\mid_{t=t_0}=\boldsymbol{U}_0(\boldsymbol{x}),\quad \boldsymbol{x}\in\Omega \tag{12.9-3}$$

$\boldsymbol{U}_0(\boldsymbol{x})$是 $\mathfrak{H}$ 中的元。

为了今后讨论上的方便,把 Ω 上的可准控制 $\boldsymbol{f}_\Omega(t,\boldsymbol{x})$和边界 $\partial\Omega$ 上的可准控制 $\boldsymbol{f}_{\partial\Omega}(t,\boldsymbol{x}')$的全体记成 $\mathscr{I}_0([0,\infty)\times\overline{\Omega})$,$\overline{\Omega}=\Omega\cup\partial\Omega$。给定 $\boldsymbol{f}_{\overline{\Omega}}(t,\boldsymbol{x})\in\mathscr{I}_0([0,\infty)\times\overline{\Omega})$,意味着在 Ω 和 $\partial\Omega$ 上的控制都已给定。当指定 $\boldsymbol{t}$ 的变化区间$[t_0,t_1]$后,这个可准控制类记成 $\mathscr{I}([t_0,t_1]\times\overline{\Omega})$。

加在控制 $\boldsymbol{f}_{\overline{\Omega}}(t,\boldsymbol{x})$上的约束条件,是由系统的实际结构和技术实现上的限制而确定的。例如,控制量的幅值约束,可以写成

$$|f^i_{\overline{\Omega}}(t,\boldsymbol{x})|\leqslant g_i,\quad i=1,2,\cdots,r \tag{12.9-4}$$

$g_i>0$,它可以是常值,也可以是 $\boldsymbol{t}$ 或者 $\boldsymbol{x}$ 的已知函数。

在有的问题中,对控制量的变化速度要加以限制,例如

$$\left|\frac{\partial f^i_{\overline{\Omega}}(t,\boldsymbol{x})}{\partial t}\right|\leqslant A_i,\quad i=1,2,\cdots,r \tag{12.9-5}$$

式中 $A_i\geqslant 0$。

在一般情况下,控制约束条件可以写成

$$d_i=Q_i(t,\boldsymbol{x},\boldsymbol{U}(t,\boldsymbol{x}),\boldsymbol{f}_{\overline{\Omega}}(t,\boldsymbol{x}))\leqslant g_i,\quad i=1,2,\cdots,l \tag{12.9-6}$$

Q_i 是 $\boldsymbol{U}(t,\boldsymbol{x})$,$\boldsymbol{f}_{\overline{\Omega}}(t,\boldsymbol{x})$的泛函,$g_i$,$d_i$ 是常数,也可以是 t 或者 $\boldsymbol{x}$ 的已知函数。例如,积分不等式约束

$$\int_{t_0}^{t_1}\int_{\overline{\Omega}}q_i(t,\boldsymbol{x},\boldsymbol{U}(t,\boldsymbol{x}),\boldsymbol{f}_{\overline{\Omega}}(t,\boldsymbol{x}))dtd\Omega\leqslant g_i,\quad i=1,2,\cdots,l \tag{12.9-7}$$

g_i 是已知常数。在这种约束形式中,不仅对控制 $\boldsymbol{f}_{\overline{\Omega}}(t,\boldsymbol{x})$有约束,而且对系统状态 $\boldsymbol{U}(t,\boldsymbol{x})$也有约束。

对可准控制类 $\mathscr{I}_0([0,\infty)\times\overline{\Omega})$中任意控制 $\boldsymbol{f}_{\overline{\Omega}}(t,\boldsymbol{x})$,给定初始条件和边界条件以后,我们总假定系统存在唯一的解,而且这个解连续依赖于初值,也就是说,初值的微小变化,对应解的变化也很小。

系统状态演化用算子 $\Phi(t,\boldsymbol{x},\boldsymbol{U}_0(\boldsymbol{x}),T_0,\boldsymbol{f}_{\overline{\Omega}}(t,\boldsymbol{x}))$ 表示，即系统式(12.9-1)和边界条件式(12.9-2)，在给定初值 $\boldsymbol{U}_0(\boldsymbol{x})$ 和可准控制 $\boldsymbol{f}_{\overline{\Omega}}(t,\boldsymbol{x})$ 后，系统在 t 时刻所到达的状态 $\boldsymbol{U}(t,\boldsymbol{x})=\Phi(t,\boldsymbol{x},\boldsymbol{U}_0(\boldsymbol{x}),t_0,\boldsymbol{f}_{\overline{\Omega}}(t,\boldsymbol{x}))$，今后把 $\boldsymbol{U}(t,\boldsymbol{x})$ 写成 $\boldsymbol{U}_{f_{\overline{\Omega}}}(t,\boldsymbol{x},\boldsymbol{U}_0(\boldsymbol{x}),t_0)$，$\boldsymbol{U}_{f_{\overline{\Omega}}}(t,\boldsymbol{x},\boldsymbol{U}_0(\boldsymbol{x}),t_0)=\Phi(t,\boldsymbol{x},\boldsymbol{U}_0(\boldsymbol{x}),t_0,\boldsymbol{f}_{\overline{\Omega}}(t,\boldsymbol{x}))$。如果系统式(12.9-1)是线性系统，且 L 是 $\mathfrak{H}$ 中强连续有界算子半群的生成算子，这时 Φ 可用半群表示出来，如式(12.7-2)的形式。

在有控制作用 $\boldsymbol{f}_{\overline{\Omega}}(t,\boldsymbol{x})$ 的情况下，系统运动是强迫运动，如果 $\boldsymbol{f}_{\overline{\Omega}}(t,\boldsymbol{x})\equiv 0$，则是自由运动。特别当 $\dfrac{\partial \boldsymbol{U}}{\partial t}\equiv 0$，$\boldsymbol{f}_{\overline{\Omega}}\equiv 0$，即 $\boldsymbol{L}(\boldsymbol{U}(t,\boldsymbol{x}),t,\boldsymbol{x})=0$，$\boldsymbol{M}(\boldsymbol{U}(t,\boldsymbol{x}'))=0$ 时的解叫做系统的平衡态或稳态。

系统的性能指标，可用一个泛函来表示

$$
\begin{aligned}
J = &\int_{\overline{\Omega}} g_0(t_1,\boldsymbol{x},\boldsymbol{U}_{f_{\overline{\Omega}}}(t_1,\boldsymbol{x},\boldsymbol{U}_0(\boldsymbol{x}),t_0))d\overline{\Omega} \\
&+\int_{t_0}^{t_1}\int_{\overline{\Omega}} g_1(t,\boldsymbol{x},\boldsymbol{U}_{f_{\overline{\Omega}}}(t,\boldsymbol{x},\boldsymbol{U}_0(\boldsymbol{x}),t_0),\boldsymbol{f}_{\overline{\Omega}}(t,\boldsymbol{x}))dtd\overline{\Omega}
\end{aligned}
\tag{12.9-8}
$$

右端第一项代表终端 t_1 时的指标要求，第二项代表在整个 $[t_0,t_1]$ 过程上的指标要求。各种不同的最优控制问题的性能指标常能表示成式(12.9-8)的形式。

系统的终端状态，可以是自由的，也可以是固定的。在后一种情况下，它是 $\mathfrak{H}$ 中的一个子集。用 $\mathfrak{H}_d$ 表示，$\mathfrak{H}_d\subset\mathfrak{H}$，$\mathfrak{H}_d$ 也叫目标集。

现在，可以把控制有约束的最优控制问题叙述如下：

对系统式(12.9-1)，给定边界条件式(12.7-2)和初值 $\boldsymbol{U}_0(\boldsymbol{x})$ 以后，要求找到一个可准控制 $\mathring{\boldsymbol{f}}_{\overline{\Omega}}(t,\boldsymbol{x})\in\mathscr{I}_0([t_0,t_1]\times\overline{\Omega})$，使系统从 $\boldsymbol{U}_0(\boldsymbol{x})$ 出发的运动 $\mathring{\boldsymbol{U}}_{f_{\overline{\Omega}}}(t,\boldsymbol{x},\boldsymbol{U}_0(\boldsymbol{x}),t_0)$ 在 t_1 时刻到达目标集 $\mathfrak{H}_d$，并使得 J 对所有其他可准控制来说达到极小值(或极大值)。这时 $\mathring{\boldsymbol{f}}_{\overline{\Omega}}(t,\boldsymbol{x})$ 叫做最优控制，而 $\mathring{\boldsymbol{U}}_{f_{\Omega}}(t,\boldsymbol{x},\boldsymbol{U}_0(\boldsymbol{x}),t_0)$ 叫做最优轨道。如果最优控制 $\mathring{\boldsymbol{f}}_{\overline{\Omega}}(t,\boldsymbol{x})$ 存在，那么这是一种开环控制。假如我们还能找到最优控制 $\mathring{\boldsymbol{f}}_{\overline{\Omega}}(t,\boldsymbol{x})$ 和系统状态 $\boldsymbol{U}(t,\boldsymbol{x})$ 的关系，即 $\mathring{\boldsymbol{f}}_{\overline{\Omega}}(t,\boldsymbol{x})=\boldsymbol{F}(\boldsymbol{U}(t,\boldsymbol{x}))$，这时最优控制是系统状态的反馈，因此是闭环最优控制。

以上是分布参数系统最优控制的一般提法，当给定性能指标的具体形式后，就可描述各种特殊形式的最优控制问题。

(1) 最速控制。给定系统式(12.9-1)在 $t=t_0$ 时的初值 $\boldsymbol{U}_0(\boldsymbol{x})$ 和系统的终端值 $\boldsymbol{U}_d(\boldsymbol{x})$(即目标集 $\mathfrak{H}_d=\{\boldsymbol{U}_d(\boldsymbol{x})\}$)以后，要求找到一个可准控制 $\mathring{\boldsymbol{f}}_{\overline{\Omega}}(t,\boldsymbol{x})$，使系统从 $\boldsymbol{U}_0(\boldsymbol{x})$ 出发到达 $\boldsymbol{U}_d(\boldsymbol{x})$ 的时间最小，这就是最速控制。此时

$$
g_0=0,\quad \int_{\overline{\Omega}} g_1(t,\boldsymbol{x},\boldsymbol{U}_{f_{\overline{\Omega}}}(t,\boldsymbol{x},\boldsymbol{U}_0(\boldsymbol{x}),t_0),\boldsymbol{f}_{\overline{\Omega}}(t,\boldsymbol{x}))d\overline{\Omega}=1
$$

$$
J=t-t_0 \tag{12.9-9}
$$

(2) 最优终端控制。给定系统式(12.9-1)在 t_0 时的初值 $\boldsymbol{U}_0(\boldsymbol{x})$ 和目标集 $\mathfrak{H}_d$，t_1 固定。要求找到一个可准控制 $\boldsymbol{f}_{\overline{\Omega}}(t,\boldsymbol{x})$，使系统从 $\boldsymbol{U}_0(\boldsymbol{x})$ 出发在 t_1 时刻的状态 $\boldsymbol{U}_{f_{\overline{\Omega}}}(t_1,\boldsymbol{x},\boldsymbol{U}_0(\boldsymbol{x}),t_0)$ 和 $\mathfrak{H}_d$ 的距离最小，这就是最优终端控制。此时，$g_1=0$，而 $\int_{\overline{\Omega}} g_0(t_1,\boldsymbol{x},\boldsymbol{U}_{f_{\overline{\Omega}}}(t_1,\boldsymbol{x},\boldsymbol{U}_0(\boldsymbol{x}),t_0))d\overline{\Omega}$ 被距离

$$\begin{aligned} J &= \min_{f_{\overline{\Omega}}\in \mathscr{I}_0([t_0,t_1]\times\overline{\Omega})} \rho(\boldsymbol{U}_{f_{\overline{\Omega}}}(t_1,\boldsymbol{x},\boldsymbol{U}_0(\boldsymbol{x}),t_0),\mathfrak{H}_d) \\ &= \min_{f_{\overline{\Omega}}\in \mathscr{I}_0([t_0,t_1]\times\overline{\Omega})} \min_{\boldsymbol{U}_d(\boldsymbol{x})\in\mathfrak{H}_d} \int_{\Omega} \| \boldsymbol{U}_{f_{\overline{\Omega}}}(t_1,\boldsymbol{x},\boldsymbol{U}_0(\boldsymbol{x}),t_0)-\boldsymbol{U}_d(\boldsymbol{x})\|^2 d\overline{\Omega} \end{aligned} \tag{12.9-10}$$

所代替。

(3) 最小能量问题。给定系统的初值 $\boldsymbol{U}_0(\boldsymbol{x})$，$t_1$ 固定，终端状态给定 $\boldsymbol{U}_d(\boldsymbol{x})$，要求找到一个可准控制 $\boldsymbol{f}_{\overline{\Omega}}(t,\boldsymbol{x})$，使系统从 $\boldsymbol{U}_0(\boldsymbol{x})$出发，在 t_1 时刻到达 $\boldsymbol{U}_d(\boldsymbol{x})$并使消耗的控制能量最小。这时 $g_0=0$，g_1 是控制 $\boldsymbol{f}_{\overline{\Omega}}(t,\boldsymbol{x})$的非负函数，且不依赖于 $\boldsymbol{U}_{f_{\overline{\Omega}}}(t,\boldsymbol{x},\boldsymbol{U}_0(\boldsymbol{x}),t_0)$，这就是最小能量问题。

以上这些问题，在文献[33]中最先进行了研究，那里应用动态规划方法，得到了最优控制所满足的偏微分-积分方程。这个方程类似于集中参数系统的哈密顿-雅各比(Hamilton-Jacobi)方程。由它可以求出最优控制。下面来讨论这个问题。

给定系统式(12.9-1)，初始条件和边界条件由式(12.9-3)和(12.9-2)确定，但假定边界条件中 $\boldsymbol{f}_{\partial\Omega}(t,\boldsymbol{x})=0$，即不加边界控制，只考虑在 Ω 上的控制，因此，可准控制类是 $\mathscr{I}([t_0,t_1]\times\Omega)$。系统性能指标为

$$\begin{aligned} J =& \int_{\Omega} g_0(t_1,\boldsymbol{x},\boldsymbol{U}_{f_\Omega}(t_1,\boldsymbol{x},\boldsymbol{U}_0(\boldsymbol{x}),t_0))d\Omega \\ &+\int_{t_0}^{t_1}\int_{\Omega} g_1(t,\boldsymbol{x},\boldsymbol{U}_{f_\Omega}(t,\boldsymbol{x},\boldsymbol{U}_0(\boldsymbol{x}),t_0),\boldsymbol{f}_\Omega(t,\boldsymbol{x}))dtd\Omega \end{aligned} \tag{12.9-11}$$

我们的目的是找到一个可准控制，$\mathring{\boldsymbol{f}}_\Omega(t,\boldsymbol{x})\in\mathscr{I}([t_0,t_1]\times\Omega)$，使系统式(12.9-1)在 t_0 时刻从状态 $\boldsymbol{U}_0(\boldsymbol{x})$出发的运动为 $\mathring{\boldsymbol{U}}_{f_\Omega}(t,\boldsymbol{x},\boldsymbol{U}_0(\boldsymbol{x}),t_0)$，把它们代到式(12.9-12)中，使 J 达到极小(或极大)值 $\mathring{\boldsymbol{J}}$。求最优控制 $\mathring{\boldsymbol{f}}_\Omega(t,\boldsymbol{x})$的实质，就是在有约束条件下，求泛函式(12.9-11)的极值问题。动态规划方法是解决这类问题的有力工具，现应用它去解决上述最优控制问题。

引入记号

$$\begin{aligned} \Pi(\boldsymbol{U}_0(\boldsymbol{x}),T) &= \min_{f_\Omega\in\mathscr{I}([t_0,t_1]\times\Omega)} J \\ &= \min_{f_\Omega\in\mathscr{I}([t_0,t_1]\times\Omega)} \Big\{\int_{\Omega} g_0(t_1,\boldsymbol{x},\boldsymbol{U}_{f_\Omega}(t_1,\boldsymbol{x},\boldsymbol{U}_0(\boldsymbol{x}),t_0))d\Omega \\ &\quad +\int_{t_0}^{t_1}\int_{\Omega} g_1(t,\boldsymbol{x},\boldsymbol{U}_{f_\Omega}(t,\boldsymbol{x},\boldsymbol{U}_0(\boldsymbol{x}),t_0),\boldsymbol{f}_\Omega(t,\boldsymbol{x}))dtd\Omega\Big\} \end{aligned} \tag{12.9-12}$$

其中 $T=t_1-t$。

应用动态规划最优原理,可以得到[33]

$$\frac{\partial \Pi(\boldsymbol{U}_0(t,\boldsymbol{x}),T)}{\partial T}=\min_{f_\Omega\in\mathscr{K}[t_0,t_1]\times\Omega}\int_\Omega\left\{\left[\frac{\delta\Pi(\boldsymbol{U}(t,\boldsymbol{x}),T)}{\delta\boldsymbol{U}(t,x)}\right]^\tau\boldsymbol{L}(\boldsymbol{U}(T,\boldsymbol{x}),\boldsymbol{f}_\Omega(\boldsymbol{t},\boldsymbol{x}))\right.$$

$$\left.+g_1(t,\boldsymbol{x},\boldsymbol{U}(t,\boldsymbol{x}),\boldsymbol{f}_\Omega(t,\boldsymbol{x}))\right\}d\Omega \tag{12.9-13}$$

这是一个偏微分-积分方程,类似于哈密顿-雅各比方程,它的初始条件为

$$\Pi(\boldsymbol{U}(t_1,\boldsymbol{x}),0)=\int_\Omega g_0(t_1,\boldsymbol{x},\boldsymbol{U}(t_1,\boldsymbol{x}))d\Omega \tag{12.9-14}$$

令

$$\boldsymbol{p}=(p_1,p_2,\cdots,p_n,p_{n+1})=\left(\frac{\delta\Pi(\boldsymbol{U}(t,\boldsymbol{x}),T)}{\delta u_1(t,\boldsymbol{x})},\cdots,\frac{\delta\Pi(\boldsymbol{U}(t,x),\boldsymbol{T})}{\delta u_n(t,\boldsymbol{x})},1\right)$$

$$\boldsymbol{q}=(q_1,q_2,\cdots,q_n,q_{n+1})=(L_1,L_2,\cdots,L_n,g_1(t,\boldsymbol{x},\boldsymbol{U}(t,\boldsymbol{x}),\boldsymbol{f}_\Omega(t,\boldsymbol{x})))$$

于是式(12.9-1 3)的右端可以写成

$$\int_\Omega\left\{\left[\frac{\delta\Pi(\boldsymbol{U}(t,\boldsymbol{x}),T)}{\delta\boldsymbol{U}(t,\boldsymbol{x})}\right]^\tau L(\boldsymbol{U}(t,\boldsymbol{x}),\boldsymbol{f}_\Omega(t,\boldsymbol{x}))+g_1(t,\boldsymbol{x},\boldsymbol{U}(t,\boldsymbol{x}),\boldsymbol{f}_\Omega(t,\boldsymbol{x}))\right\}d\Omega$$

$$=\int_\Omega\left[\sum_{i=1}^{n+1}p_iq_i\right]d\Omega$$

设

$$H(\boldsymbol{U},\boldsymbol{p},\boldsymbol{f}_\Omega,t)=\int_\Omega\left[\sum_{i=1}^{n+1}p_iq_i\right]d\Omega \tag{12.9-15}$$

$H(\boldsymbol{U},\boldsymbol{p},\boldsymbol{f}_\Omega,t)$ 叫做哈密顿量,而 $H_0=\sum_{i=1}^{n+1}p_iq_i$ 叫做哈密顿密度。$\boldsymbol{p}$ 叫做协态变量。因此,最优控制 $\mathring{\boldsymbol{f}}_\Omega(t,\boldsymbol{x})$ 是使哈密顿量 H 达到极小的可准控制。记

$$\mathring{H}(\boldsymbol{U},\boldsymbol{p},t)=\min_{f_{\boldsymbol{\Omega}}\in\mathscr{K}[t_0,t_1]\times\Omega}H(\boldsymbol{U},\boldsymbol{p},\boldsymbol{f}_{\boldsymbol{\Omega}},t)$$

于是方程(12.9-13)变成

$$\frac{\partial\Pi(\boldsymbol{U}(t,\boldsymbol{x}),T)}{\partial T}=\mathring{H}(\boldsymbol{U},\boldsymbol{p},t)$$

初始条件是式(12.9-14)。

系统最优轨道是下述哈密顿典型方程的解

$$\frac{\partial\boldsymbol{U}(t,\boldsymbol{x})}{\partial t}=\frac{\delta\mathring{H}(\boldsymbol{U},\boldsymbol{p},t)}{\delta p(t,x)}$$

$$\frac{\partial\boldsymbol{p}(t,\boldsymbol{x})}{\partial t}=-\frac{\delta\mathring{H}(\boldsymbol{U},\boldsymbol{p},t)}{\delta\boldsymbol{U}(t,\boldsymbol{x})} \tag{12.9-16}$$

方程组的初始条件为

$$\boldsymbol{U}(t_0,\boldsymbol{x})=\boldsymbol{U}_0(\boldsymbol{x})$$

至于终端条件，如果$\boldsymbol{U}(t_1,\boldsymbol{x})$给定，则$\boldsymbol{p}(t_1,\boldsymbol{x})$是自由的，如果$\boldsymbol{U}(t_1,\boldsymbol{x})$是自由的，那么$\boldsymbol{p}(t_1,\boldsymbol{x})$为

$$\boldsymbol{p}(t_1,\boldsymbol{x})=\left(\frac{\partial g_0(t_1,\boldsymbol{x},\boldsymbol{U}(t_1,\boldsymbol{x}))}{\partial u_1(t_1,\boldsymbol{x})},\cdots,\frac{\partial g_0(t_1,\boldsymbol{x},\boldsymbol{U}(t_1,\boldsymbol{x}))}{\partial u_n(t_1,\boldsymbol{x})},1\right)$$

于是解方程组(12.9-16)的问题，就变成了两点边值问题。

综合上述，要求出系统式(12.9-1)，(12.9-12)的最优控制$\mathring{\boldsymbol{f}}_\Omega(t,\boldsymbol{x})$，首先要作哈密顿量$H(\boldsymbol{U},\boldsymbol{p},\boldsymbol{f}_\Omega,t)$，然后，求出使$H$达到极小的控制$\mathring{\boldsymbol{f}}_\Omega$，它是$\boldsymbol{U},\boldsymbol{p},t$的函数，$\mathring{\boldsymbol{f}}_\Omega=\mathring{\boldsymbol{f}}_\Omega(\boldsymbol{U},\boldsymbol{p},t)$将$\mathring{\boldsymbol{f}}_\Omega$代到$H$中得到$\mathring{H}(\boldsymbol{U},\boldsymbol{p},t)$，最后解式(12.9-16)的两点边值问题，得到系统最优轨道$\boldsymbol{U}(t,\boldsymbol{x})$和协态变量$\boldsymbol{p}(t,\boldsymbol{x})$，再将$\boldsymbol{U},\boldsymbol{p}$代到$\mathring{\boldsymbol{f}}_\Omega$中，就得到了所要求的最优控制。

作为一个例子，下面求线性常系数系统最小能量问题的最优控制。系统状态方程为

$$\frac{\partial \boldsymbol{U}(t,\boldsymbol{x})}{\partial t}=L\boldsymbol{U}(t,\boldsymbol{x})+D\boldsymbol{f}_\Omega(t,\boldsymbol{x}) \tag{12.9-17}$$

$\boldsymbol{U}=(u_1,u_2,\cdots,u_n)$，$\boldsymbol{f}_\Omega=(f_1,\cdots,f_r)$，$L$是$n\times n$阶矩阵线性微分算子，$D$是$n\times r$阶常值矩阵。

系统的初始条件为

$$\boldsymbol{U}(t,\boldsymbol{x})\,|_{t=t_0}=\boldsymbol{U}_0(\boldsymbol{x}) \tag{12.9-18}$$

终端条件是

$$\boldsymbol{U}(t,\boldsymbol{x})\,|_{t=t_1}=0 \tag{12.9-19}$$

性能指标为

$$\boldsymbol{J}=\int_{t_0}^{t_1}\int_\Omega \boldsymbol{f}_\Omega^\tau \boldsymbol{f}_\Omega dt d\Omega \tag{12.9-20}$$

要求找到一个可准控制$\mathring{\boldsymbol{f}}_\Omega(t,\boldsymbol{x})$，使系统式(12.9-17)从$\boldsymbol{U}_0(\boldsymbol{x})$出发在$t_1$时刻到达原点而消耗的控制能量最小。

应用前述的结果，注意到这里$g_0=0$，$g_1=\boldsymbol{f}_\Omega^\tau\boldsymbol{f}_\Omega$，因此相应于方程(12.9-13)，有

$$\frac{\partial \Pi(\boldsymbol{U}(t,\boldsymbol{x}),T)}{\partial T}=\min_{\boldsymbol{f}_\Omega\in\mathscr{K}[t_0,t_1]\times\Omega)}\int_\Omega\left\{\left(\frac{\delta\Pi}{\delta\boldsymbol{U}}\right)^\tau[L\boldsymbol{U}+D\boldsymbol{f}_\Omega]+\boldsymbol{f}_\Omega^\tau\boldsymbol{f}_\Omega\right\}d\Omega \tag{12.9-21}$$

由于$\boldsymbol{f}_\Omega$没有任何约束，故使式(12.9-21)取极小的$\boldsymbol{f}_\Omega$为

$$\mathring{\boldsymbol{f}}_\Omega=-\frac{1}{2}D^\tau\frac{\delta\Pi}{\delta\boldsymbol{U}}$$

由此

$$\mathring{H}=\int_{\Omega}\left\{\left(\frac{\delta\Pi}{\delta\boldsymbol{U}}\right)^{\tau}\left[L\boldsymbol{U}-\frac{1}{2}DD^{\tau}\frac{\delta\Pi}{\delta\boldsymbol{U}}\right]+\frac{1}{4}\left(\frac{\delta\Pi}{\delta\boldsymbol{U}}\right)^{\tau}DD^{\tau}\left(\frac{\delta\Pi}{\delta\boldsymbol{U}}\right)\right\}d\Omega$$

$$=\int_{\Omega}\left(\frac{\delta\Pi}{\delta\boldsymbol{U}}\right)^{\tau}\left[L\boldsymbol{U}-\frac{1}{4}DD^{\tau}\left(\frac{\delta\Pi}{\delta\boldsymbol{U}}\right)\right]d\Omega \tag{12.9-22}$$

令

$$\boldsymbol{p}=\frac{\delta\Pi}{\delta\boldsymbol{U}}=(p_1,p_2,\cdots,p_n)$$

$$\boldsymbol{q}=L\boldsymbol{U}=(q_1,q_2,\cdots,q_n)$$

哈密顿典型方程为

$$\frac{\partial\boldsymbol{U}(t,\boldsymbol{x})}{\partial t}=L\boldsymbol{U}(t,\boldsymbol{x})-\frac{1}{2}DD^{\tau}\boldsymbol{p}(t,\boldsymbol{x})$$

$$\frac{\partial\boldsymbol{p}(t,\boldsymbol{x})}{\partial t}=-L^{*}\boldsymbol{p}(t,\boldsymbol{x}) \tag{12.9-23}$$

式中 L^{*} 是 L 的伴随算子。

假定 L 是 $\mathfrak{H}$ 中有界算子半群 $T(t)$ 的生成算子，则式(12.9-23)第一个方程的解是

$$\boldsymbol{U}(t,\boldsymbol{x})=T(t)\boldsymbol{U}_0(\boldsymbol{x})-\frac{1}{2}\int_{t_0}^{t}T(t-s)DD^{\tau}\boldsymbol{p}(s,\boldsymbol{x})ds$$

第二个方程的解为

$$\boldsymbol{p}(t,\boldsymbol{x})=T^{*}(t)\boldsymbol{p}_0(\boldsymbol{x})$$

这里 $\boldsymbol{p}_0(\boldsymbol{x})$ 是 $\boldsymbol{p}(t,\boldsymbol{x})$ 的待求初值。

把它代到 $\boldsymbol{U}(t,\boldsymbol{x})$ 的表达式中，就有

$$\boldsymbol{U}(t,\boldsymbol{x})=T(t)\boldsymbol{U}_0(\boldsymbol{x})-\frac{1}{2}\int_{t_0}^{t}T(t-s)DD^{\tau}T^{*}(s)\boldsymbol{p}_0(\boldsymbol{x})ds$$

$$=T(t)\boldsymbol{U}_0(\boldsymbol{x})-\frac{1}{2}\int_{t_0}^{t}T(t-s)DD^{\tau}T^{*}(s)ds\,\boldsymbol{p}_0(\boldsymbol{x})$$

再利用终端条件 $\boldsymbol{U}(t_1,\boldsymbol{x})=0$，又有

$$2T(t_1)\boldsymbol{U}_0=\int_{t_0}^{t_1}T(t_1-s)DD^{\tau}T^{*}(s)ds\,\boldsymbol{p}_0(\boldsymbol{x})$$

令 $S=\int_{t_0}^{t_1}T(t_1-s)DD^{\tau}T^{*}(s)ds$，并假定 S 有逆，则有

$$\boldsymbol{p}_0(\boldsymbol{x})=2S^{-1}T(t_1)\boldsymbol{U}_0(\boldsymbol{x})$$

这样，协态变量就为

$$\boldsymbol{p}(t,\boldsymbol{x})=2T^{*}(t)S^{-1}T(t_1)\boldsymbol{U}_0(\boldsymbol{x})$$

将它代到最优控制表达式中，便得到

$$\mathring{\boldsymbol{f}}_{\Omega}=-D^{\tau}T^{*}(t)S^{-1}T(t_1)\boldsymbol{U}_0(\boldsymbol{x}) \tag{12.9-24}$$

这是闭环最优控制。

以上我们讨论了用偏微分方程描述的分布参数系统的最优控制问题。在有些情况下，分布参数系统可以用积分方程或积分方程组来描述，它对讨论系统的最优控制问题有时比较方便。而且这种描述方式还有一个好处，就是系统的边界条件已包含在积分方程的表达式中。

一般来说，一个高阶方程或偏微分方程组描述的分布参数系统，如果能求出它的格林函数，就都可化成积分方程或方程组的形式。

在一般情况下，用积分方程组描述的分布参数系统，可以表达为

$$\boldsymbol{U}(t,\boldsymbol{x})=\int_{\Omega}\boldsymbol{K}_0(t,t_0,\boldsymbol{x},\boldsymbol{x}',\boldsymbol{U}_0(\boldsymbol{x}'))d\Omega' + \int_{t_0}^{t_1}\int_{\Omega}\boldsymbol{K}(t,t',\boldsymbol{x},\boldsymbol{x}',\boldsymbol{U}(t',\boldsymbol{x}'),\boldsymbol{f}_{\overline{\Omega}}(t',\boldsymbol{x}'))dt'd\Omega' \qquad (12.9\text{-}25)$$

式中 $\boldsymbol{K}_0,\boldsymbol{K}$ 是 n 维向量函数，$\boldsymbol{U}=(u_1,u_2,\cdots,u_n)$，$\boldsymbol{f}_{\overline{\Omega}}=(f_{\overline{\Omega}}^1,\cdots,f_{\overline{\Omega}}^r)$分别是系统的状态向量和控制向量。$\boldsymbol{K}_0$ 应具有如下性质

$$\int_{\Omega}\boldsymbol{K}_0(t_0,t_0,\boldsymbol{x},\boldsymbol{x}',\boldsymbol{U}_0(\boldsymbol{x}'))d\Omega'=\boldsymbol{U}_0(\boldsymbol{x})$$

$\boldsymbol{U}_0(\boldsymbol{x})$是系统的初值。下面将假定，$\boldsymbol{K}_0,\boldsymbol{K}_1$ 是定义在$[t_0,t_1]\times\Omega$ 上的平方可积函数，且相对于 $\boldsymbol{U}(t,\boldsymbol{x})$的分量 $u_i,i=1,2,\cdots,n$ 有连续一阶偏导数。不失一般性，还假定 $\boldsymbol{U}_0(\boldsymbol{x})=0$。

系统式(12.9-25)的约束条件是

$$\mathscr{L}_i[\boldsymbol{\zeta}(\boldsymbol{U}(t,\boldsymbol{x}),\boldsymbol{f}_{\overline{\Omega}}(t,\boldsymbol{x}))]=0,\quad i=1,2,\cdots,N \qquad (12.9\text{-}26)$$

这里 $\mathscr{L}_i$ 是泛函，而 ζ 为向量

$$\boldsymbol{\zeta}=\int_{t_0}^{t_1}\int_{\Omega}\boldsymbol{z}(t',\boldsymbol{x}',\boldsymbol{U}(t',\boldsymbol{x}')\boldsymbol{f}_{\overline{\Omega}}(t',\boldsymbol{x}'))dt'd\Omega' \qquad (12.9\text{-}27)$$

$\boldsymbol{z}$ 是向量，$\boldsymbol{z}=(z_1,z_2,\cdots,z_l)$，这里假定 $\mathscr{L}_i$ 对 ζ 和 z_i 对 $\boldsymbol{U}$ 都有一阶连续偏导数。这种类型的约束条件，不仅对控制 $\boldsymbol{f}_{\overline{\Omega}}$有约束，而且对系统状态 $\boldsymbol{U}$ 也有约束。满足约束条件式(12.9-26)和(12.9-27)的可准控制类记成 $\mathscr{I}([t_0,t_1]\times\overline{\Omega})$。

设系统性能指标有下列形式

$$\boldsymbol{J}=\int_{t_0}^{t_1}\int_{\Omega}g_1(t,\boldsymbol{x},\boldsymbol{U}(t,\boldsymbol{x}),\boldsymbol{f}_{\overline{\Omega}}(t,\boldsymbol{x}))dtd\Omega \qquad (12.9\text{-}28)$$

系统式(12.9-25)的最优控制问题，就是要求找到一可准控制 $\mathring{\boldsymbol{f}}_{\overline{\Omega}}(t,\boldsymbol{x})\in\mathscr{I}_0([t_0,t_1]\times\overline{\Omega})$，它以及由它决定的系统状态 $\mathring{\boldsymbol{U}}(t,\boldsymbol{x})$满足条件式(12.9-26)，并使性能指标式(12.9-28)达到极小值。$\mathring{\boldsymbol{f}}_{\overline{\Omega}}(t,\boldsymbol{x})$就是系统的最优控制。

下述事实给出了这个问题最优控制存在的必要条件。如果 $\mathring{\boldsymbol{f}}_{\overline{\Omega}}$是最优控制，那么一定存在一非零向量 $\boldsymbol{c}=(c_0,c_1,c_2,\cdots,c_N)$，$c_0=-1$，使得对一切$(t,\boldsymbol{x})\in[t_0,t_1]\times\overline{\Omega}$，$\mathring{\boldsymbol{f}}_{\overline{\Omega}}$使下列函数 $H(t,\boldsymbol{x},\mathring{\boldsymbol{f}}_{\overline{\Omega}})$相对一切 $\mathring{\boldsymbol{f}}_{\overline{\Omega}}(t,\boldsymbol{x})\in\mathscr{I}([t_0,t_1]\times\overline{\Omega})$达到极大值

$$
\begin{aligned}
H(t,\boldsymbol{x},\boldsymbol{f}_{\bar{\Omega}}) = & c_0 g_1(t,\boldsymbol{x},\boldsymbol{U}(t,\boldsymbol{x}),\boldsymbol{f}_{\bar{\Omega}}(t,\boldsymbol{x})) \\
& + c_0 \int_{t_0}^{t_1}\int_{\Omega} \frac{\partial g_1(t'',\boldsymbol{x}'',\boldsymbol{U}(t'',\boldsymbol{x}''),\boldsymbol{f}_{\bar{\Omega}}(t'',\boldsymbol{x}''))}{\partial \boldsymbol{U}} \{\boldsymbol{K}(t'',\boldsymbol{x}'',t,\boldsymbol{x},\boldsymbol{U}(t,\boldsymbol{x}),\boldsymbol{f}_{\bar{\Omega}}(t,\boldsymbol{x})) \\
& - \int_{t_0}^{t_1}\int_{\Omega} M(t'',\boldsymbol{x}'',t',\boldsymbol{x}')\boldsymbol{K}(t',\boldsymbol{x}',t,\boldsymbol{x},\boldsymbol{U}(t,\boldsymbol{x}),\boldsymbol{f}_{\bar{\Omega}}(t,\boldsymbol{x}))dt'd\Omega'\Big\} dt''d\Omega'' \\
& + \sum_{i=1}^{N} c_i \frac{\partial \mathscr{L}_i(\zeta)}{\partial \zeta}\Big\{ \boldsymbol{z}(t,\boldsymbol{x},\boldsymbol{U}(t,\boldsymbol{x}),\boldsymbol{f}_{\bar{\Omega}}(t,\boldsymbol{x})) \\
& + \int_{t_0}^{t_1}\int_{\Omega} \frac{\partial \boldsymbol{z}(t'',\boldsymbol{x}'',\boldsymbol{U}(t'',\boldsymbol{x}''),\boldsymbol{f}_{\bar{\Omega}}(t'',\boldsymbol{x}''))}{\partial \boldsymbol{U}} \Big[\boldsymbol{K}(t'',\boldsymbol{x}'',t,\boldsymbol{x},\boldsymbol{U}(t,\boldsymbol{x}),\boldsymbol{f}_{\bar{\Omega}}(t,\boldsymbol{x})) \\
& - \int_{t_0}^{t_1}\int_{\Omega} M(t'',\boldsymbol{x}'',t',\boldsymbol{x}')\boldsymbol{K}(t',\boldsymbol{x}',\boldsymbol{U}(t,\boldsymbol{x}),\boldsymbol{f}_{\bar{\Omega}}(t,\boldsymbol{x}))dt'd\Omega'\Big] dt''d\Omega''\Big\}
\end{aligned}
\tag{12.9-29}
$$

也就是说

$$
H(t,\boldsymbol{x},\mathring{\boldsymbol{f}}_{\bar{\Omega}}) = \sup_{\boldsymbol{f}_{\bar{\Omega}} \in \mathscr{K}[t_0,t_1]\times\bar{\Omega})} H(t,\boldsymbol{x},\boldsymbol{f}_{\bar{\Omega}}) \tag{12.9-30}
$$

式中函数矩阵 $M(t'',\boldsymbol{x}'',t',\boldsymbol{x}')$满足如下积分方程

$$
\begin{aligned}
M(t'',\boldsymbol{x}'',t',\boldsymbol{x}') = & \int_{t_0}^{t_1}\int_{\Omega} M(t'',\boldsymbol{x}''',t,\boldsymbol{x}) \frac{\partial \boldsymbol{K}(t,\boldsymbol{x},t',\boldsymbol{x}',\boldsymbol{U}(t',\boldsymbol{x}'),\boldsymbol{f}_{\bar{\Omega}}(t',\boldsymbol{x}'))}{\partial \boldsymbol{U}} dt d\Omega \\
& - \frac{\partial \boldsymbol{K}(t'',\boldsymbol{x}'',t',\boldsymbol{x}',\boldsymbol{U}(t',\boldsymbol{x}'),\boldsymbol{f}_{\bar{\Omega}}(t',\boldsymbol{x}'))}{\partial \boldsymbol{U}}
\end{aligned}
\tag{12.9-31}
$$

这个事实类似于集中参数系统的极大值原理，所以也叫分布参数系统的极大值原理，$H(t,\boldsymbol{x},\boldsymbol{f}_{\bar{\Omega}})$叫做哈密顿函数[37,38]。

我们现在应用上面建立的关系式来讨论圆柱扭转运动的最优控制。利用格林函数，解出

$$
r(t,x) = \int_0^T\int_0^l \widetilde{K}(t,x,\tau,\xi)u(\tau)d\tau d\xi \tag{12.9-32}
$$

设圆柱体两端是自由的，初始条件为零，在 $x=0$ 一端加控制 $u(t)$。

假定控制量是分段连续函数，且受到$|u(t)|\leqslant 1$ 的约束。又设性能指标为

$$
J[u(t)] = \int_0^l [r(t,x)-r_0]^2 dx \tag{12.9-33}
$$

式中 r_0 是常数。

要求找到可准控制 $u(t)$，使圆柱体在零初始条件下和给定时间 T 内，到达某一状态和 r_0 的均方差最小。为了应用上面的极大值原理，把性能指标改写为

$$
J[u(t)] = \int_0^T\int_0^l [r(t,x)-r_0]^2 \delta(t-T) dt dx \tag{12.9-34}
$$

式中 $\delta(t)$是狄拉克函数。

因为式(12.9-32)中 $\widetilde{K}(t,x,\tau,\xi)$不含未知函数 $r(t,x)$，根据式(12.9-31)，

$M(t,x,\tau,\xi)\equiv 0$。由式(12.9-29)得到哈密顿函数为

$$H(t,x,u)=-\left\{\int_0^T\int_0^l 2(r(t',x')-r_0)\delta(t'-T)[\widetilde{K}(t',x',t,x)u(t)]dt'dx' + [r(t,x)-r_0]^2\delta(t-T)\right\}$$

$$=-\left\{2u(t)\int_0^l [r(T,x')-r_0]\widetilde{K}(T,x',t,x)dx' + [r(t,x)-r_0]^2\delta(t-T)\right\}$$

$$=-\left\{2u(t)l\int_0^l [r(T,x')-r_0]K(T-t,x')dx' + [r(t,x)-r_0]^2\delta(t-T)\right\}$$

按式(12.9-31),最优控制应使上式达到极大值,于是

$$u(t)=\operatorname{sgn}\left\{-\int_0^l [r(T,x')-r_0]K(T-t,x')dx'\right\} \tag{12.9-35}$$

但 $r(T,x)$ 又可表示成

$$r(T,x')=\int_0^T K(T-\tau,x')u(\tau)d\tau$$

代到式(12.9-35)中

$$u(t)=\operatorname{sgn}\left\{-\int_0^l\left[\int_0^T K(T-\tau,x')u(\tau)d\tau-r_0\right]K(T-t,x')dx'\right\}$$

最后,令

$$R(t)=\int_0^l K(T-t,x')dx'$$

$$S(\tau,t)=\int_0^l K(T-\tau,x')K(T-t,x')dx'$$

得到

$$u(t)=\operatorname{sgn}\left\{r_0R(t)-\int_0^T S(\tau,t)u(\tau)d\tau\right\} \tag{12.9-36}$$

这就是最优控制应满足的积分方程,解出 $\mathring{u}(t)$ 便是系统最优控制。它是一个边界最优控制问题。一般来说,分布参数极大值原理,可以用来解决边界最优控制问题。这是与前面叙述的动态规划方法所不同的。

12.10 分布参数系统的最速控制

在这一节里,我们讨论一类用积分方程描述的分布参数系统的最速控制问题,应用矩量法给出最速控制应满足的必要条件,这种方法有可能用近似方法求出最速控制,这样得到的最速控制,虽然不是最优的,但接近最优,所以把它叫做次最优控制,而次最优控制在工程上往往容易实现。

给定一维分布参数系统

$$y(t_1,x)=\int_0^{t_1}K(t_1-\tau,x)u(\tau)d\tau \tag{12.10-1}$$

$y(t_1,x)$是系统在 t_1 时刻的状态，$u(t)$是系统控制量，$K(t,x)$是积分方程的核，它是平方可积函数。

我们假定控制 $u(t)$是分段连续函数，具有幅值约束

$$|u(t)|\leqslant\alpha \tag{12.10-2}$$

满足这个要求的控制就是可准控制类 C。再假定系统初值为零，终端状态是预先给定的 $y^*(x)$。所谓最速控制问题，就是找到可准控制 $\mathring{u}(t)\in C$，使系统式(12.10-1)从零状态出发到达状态 $y^*(x)$的时间 t_1 最小。

这个问题可以转化成矩量问题。事实上，由第二章所讲过的 L_2 空间性质，我们在实希尔伯特空间 L_2 中，可以选择一组归范直交基 $\varphi_i(x)\in L_2, i=1,2,\cdots$，把平方可积函数 $y^*(x)$和 $K(t,x)$依这组基展开

$$K(t,x)=\sum_{i=1}^{\infty}g_i(t)\varphi_i(x)$$

$$y^*(x)=\sum_{i=1}^{\infty}c_i\varphi_i(x)$$

这两个级数依 L_2 空间范数收敛。把这两个级数代到方程(12.10-1)中，便得到

$$\sum_{i=1}^{\infty}=c_i\varphi_i(x)=\sum_{i=1}^{\infty}\varphi_i(x)\int_0^{t_1}g_i(t_1-\tau)u(\tau)d\tau$$

由于$\{\varphi_i\}$是基，因此有

$$c_i=\int_0^{t_1}g_i(t_1-\tau)u(\tau)d\tau,\quad i=1,2,\cdots \tag{12.10-3}$$

由于 $y^*(x)$，$K(t,x)$都是已知函数，故 $c_i, g_i, i=1,2,\cdots$都是已知的。这样，寻求最速控制 $\mathring{u}(t)$的问题，就变成了寻求函数 $u(t)$，$|u(t)|\leqslant\alpha$，使式(12.10-3)无穷多个等式成立，且 t_1 是最小的。

为了应用矩量法解决最速控制问题；我们先简单介绍一下矩量问题的基本概念和性质。各种矩量问题的详细讨论，可参考有关文献[36]。

设$[0,T]$是实轴上的有限区间，E 是定义在$[0,T]$上可测并可积的函数全体所组成的集合。对 E 中任一函数 $x(t)$，定义范数

$$\|x\|=\int_0^T|x(t)|dt \tag{12.10-4}$$

容易验证，E 是一线性赋范空间。E 上的每一线性泛函 $F(x)$都有如下表述式

$$F(x)=\int_0^T x(t)f(t)dt,\quad x(t)\in E \tag{12.10-5}$$

$f(t)$是$[0,T]$上的可测函数，并且在$[0,T]$上是有界函数。定义 $F(x)$的范数为

$$\|F(x)\|=\operatorname{Vrai}\max_{t\in[0,T]}|f(t)| \tag{12.10-6}$$

符号 Vrai max 称为真性最大值，它是指在$[0,T]$上除去零测集外使 $f(t)$为有界函数所达到的最大值。

对 E 中任意 n 个函数 $x_i(t)$，$i=1,2,\cdots,n$，叫做完全独立的，是指如果对任意一组不完全为零的数 ξ_i，$i=1,2,\cdots,n$，使线性组合 $\sum_{i=1}^{n}\xi_i x_i(t)$ 在$[0,T]$中的任何测度大于零的子集上都不为零。

如果给定 E 中 n 个完全独立的函数 $x_i(t)$，$i=1,2,\cdots,n$，同时给定常数 c_1，$c_2,\cdots,c_n,\alpha\left(\alpha>0,\sum_{i=1}^{n}c_i^2>0\right)$，要求找到形如式(12.10-5)的泛函 F(也就是函数 $f(t)$)满足 $\|F\|=\alpha$，并使如下 n 个等式成立

$$F(x_i)=\int_0^T x_i(t)f(t)dt=c_i,\quad i=1,2,\cdots,n \tag{12.10-7}$$

这就是赋范空间 E 中的矩量问题。

在讨论矩量问题的同时，还考虑如下的极值问题，即在 $\sum_{i=1}^{n}\xi_i c_i=1$ 的条件下，求使积分

$$\int_0^T\left|\sum_{i=1}^{n}\xi_i x_i(t)\right|dt$$

达到极小的点 ξ_i，$i=1,2,\cdots,n$。记这时的极小值为 λ_n

$$\lambda_n=\min_{\sum_{i=1}^{n}\xi_i c_i=1}\int_0^T\left|\sum_{i=1}^{n}\xi_i x_i(t)\right|dt \tag{12.10-8}$$

上述矩量问题和式(12.10-8)的极值问题有密切关系，在文献[36]中指出，矩量问题有解的必要充分条件是 $\lambda_n\geqslant\frac{1}{\alpha}$，当且仅当 $\lambda_n=\frac{1}{\alpha}$时，($\alpha$ 是泛函 F 的范数)矩量问题有唯一解，这个解 $f(t)$由下式给出

$$f(t)=\alpha\cdot\operatorname{sign}\left[\sum_{i=1}^{n}\xi_i x_i(t)\right] \tag{12.10-9}$$

式中 ξ_i，$i=1,2,\cdots,n$ 是使式(12,10-8)取极小的 ξ_i，$i=1,2,\cdots,n$ 值。关于式(12.10-8)的极值问题，还有以下性质：

(1) $\dfrac{\mu}{\left(\sum_{i=1}^{n}c_i^2\right)^{\frac{1}{2}}}\leqslant\lambda_n\leqslant\dfrac{M}{\left(\sum_{i=1}^{n}c_i^2\right)^{\frac{1}{2}}}$

μ,M 是两个正数。

(2) 当 $m>n$ 时，$\lambda_m\leqslant\lambda_n$。

(3) 当 T 给定时，把 λ_n 看成 c_i，$i=1,2,\cdots,n$ 的函数，$\lambda_n=\lambda_n(c_1,c_2,\cdots,c_n)$是 c_i 的凸函数。

下面我们应用矩量问题的这些基本事实，来讨论上边提到的最速控制问题。

设函数组 $g_i(t)$，$i=1,2,\cdots$ 中每个函数 $g_i(t)$ 在区间$[0,\infty)$是可测函数，并是可积的。假定其中任意 n 个函数是完全独立的，也就是说对任意二组不完全为零的数 ξ_i，$i=1,2,\cdots,n$，使线性组合 $\sum_{i=1}^{n}\xi_i g_i(t)$ 在区间$[0,\infty)$任意测度不为零的子集上都不为零，我们把这个条件叫做非蜕化条件。

现在要寻找 $u(t)$，$|u(t)|\leqslant\alpha$，使

$$\int_0^T g_i(t)u(t)dt=c_i,\quad i=1,2,\cdots,n$$

并使 T 为最小。

根据上面说过的矩量问题的性质，为了解决这个问题，在给定终端时刻 T 后，可先求出极值

$$\min_{\sum_{i=1}^{n}\xi_i c_i=1}\int_0^T\left|\sum_{i=1}^{n}\xi_i g_i(T-\tau)\right|d\tau=\lambda_n(T)\tag{12.10-10}$$

然后按式(12.10-9)求出 $u(t)$。

我们总假定存在一个 T^* 使得 $\lambda_n(T^*)\geqslant\dfrac{1}{\alpha}$，否则最速控制 $u(t)$ 就不存在了。由式(12.10-10)和系统非蜕化条件，不难验证函数 $\lambda_n(T)$ 是 T 的单调递增函数，同时，由于 $\lambda_n(0)=0$，$\lambda_n(T^*)\geqslant\dfrac{1}{\alpha}$，$0\leqslant T^*<\infty$，则必存在一个 $\mathring{T}_n$，使 $\lambda_n(\mathring{T}_n)=\dfrac{1}{\alpha}$。显然，在一切使等式$\int_0^T g_i(t)u(t)dt=c_i$，$i=1,2,\cdots,n$ 成立的 T 中，$\mathring{T}_n$ 是最小的。按上面矩量问题的性质，这时必存在唯一解

$$u_n(t)=\alpha\cdot\operatorname{sing}\left[\sum_{i=1}^{n}\xi_i^n g_i(\mathring{T}_n-t)\right]\tag{12.10-11}$$

式中 ξ_i^n 是极值问题

$$\min_{\sum_{i=1}^{n}\xi_i c_i=1}\int_0^{\mathring{T}_n}\left|\sum_{i=1}^{n}\xi_i g_i(\mathring{T}_n-t)\right|dt=\lambda_n(\mathring{T}_n)=\frac{1}{\alpha}\tag{12.10-12}$$

的极值点。

可以证明，由式(12.10-11)给出的 $u_n(t)$，当 $n\to\infty$ 时，$u_n(t)$的极限 $\mathring{u}(t)$存在，且$|\mathring{u}(t)|\leqslant\alpha$，$\mathring{u}(t)$便是系统式(12.10-1)的最速控制[37,38]。由于 $u_n(t)$是 $\mathring{u}(t)$的 n 阶近似，用它代替 $\mathring{u}(t)$可以得到足够的准确性，这一点对工程来说是有重要意义的。但是，用矩量法求出的 n 阶逼近毕竟不是真正的最优控制 $\mathring{u}(t)$，所以把 $u_n(t)$ 叫做系统的次最优控制。

根据 λ_n 的性质和条件 $\sum_{i=1}^{\infty} c_i^2 < \infty$，可以看出，序列 $\{\lambda_n(T)\}$ 是一单调下降有界序列，因此必有极限存在，$\lambda(T) = \lim_{n\to\infty}\lambda_n(T)$。$\lambda(T)$ 也是 T 的单调函数，于是方程

$$\lambda(T) = \frac{1}{\alpha}$$

必有唯一解 $T=\mathring{T}$，它就是系统在最速控制 $\mathring{u}(t)$ 作用下，由零点到 $y^*(x)$ 的最短时间。

以下是在带有自动寻优器的计算装置中，实现最速控制的方案。这个方案的程序如下：令

$$\rho_\xi(T) = \int_0^T \left| \sum_{i=1}^{n} \xi_i g_i(T-t) \right| dt \tag{12.10-13}$$

首先任取一满足条件

$$(\boldsymbol{\xi}, \boldsymbol{c}) = \sum_{i=1}^{n} \xi_i c_i = 1 \tag{12.10-14}$$

$\boldsymbol{\xi}=(\xi_1, \xi_2, \cdots, \xi_n)$，$\boldsymbol{c}=(c_1, c_2, \cdots, c_n)$ 的 $\boldsymbol{\xi}_0$，按式(12.10-13)计算出函数 $\rho_{\xi_0}(T)$。根据上面的讨论，当 T 增大时，函数 $\rho_{\xi_0}(T)$是从零开始的单调递增函数，并存在 T^*，使 $\rho_{\xi_0}(T^*) \geqslant \frac{1}{\alpha}$。我们计算 $\rho_{\xi_0}(T)$，直到 $P_{\xi_0}(T_0)=\frac{1}{\alpha}$为止，这时记下 T_0 值，并由寻优器求出函数 $\rho_\xi(T_0)$在条件$(\boldsymbol{\xi}, \boldsymbol{c})=1$ 下的极值点 $\boldsymbol{\xi}_1$。由于

$$\rho_{\xi_1}(T_0) = \min_{(\boldsymbol{\xi}, \boldsymbol{c})=1} \rho_\xi(T_0) < \rho_{\xi_0}(T_0) = \frac{1}{\alpha}$$

因此，用 $\boldsymbol{\xi}_1$ 代 $\boldsymbol{\xi}_0$，重新计算函数 $\rho_{\xi_1}(T)$，并重复上述程序。这种过程一直进行到第 s 个循环，使得

$$\left| \rho_{\xi_s}(T_s) - \frac{1}{\alpha} \right| < \varepsilon$$

或

$$| T_s - T_{s-1} | < \varepsilon \tag{12.10-15}$$

为止。ε 是事先给定的正数。这时 $\boldsymbol{\xi}_s$ 便是式(12.10-12)的极值点，T_s 便是最短的过渡时间。

每个循环中，寻求极值。

$$\min_{(\boldsymbol{\xi}, \boldsymbol{c})=1} \rho_\xi(T)$$

的方法是很多的，比如梯度法，最速下降法，或者两种方法的结合等。详细的讨论可参看第二章。

作为例子，将矩量法应用到弹性圆柱体的最速控制。设系统状态方程是由积分方程描述的

$$r(t,x)=\int_0^t\left[-\frac{a^2}{l}(t-\tau)-\sum_{n=1}^{\infty}\frac{2a}{n\pi}\cos\frac{n\pi}{l}x\cdot\sin\frac{n\pi a}{l}(t-\tau)\right]u(\tau)d\tau \tag{12.10-16}$$

系统初值为零,终端状态为给定的 $r^*(x)$。求由零状态到 $r^*(x)$的最速控制 $\mathring{u}(t)$。控制应满足$|u(t)|\leqslant\alpha$ 的约束。

由第 12.2 节知道,圆柱体扭转振动的固有振型为

$$\varphi_0(x)=1,\quad \varphi_n(x)=\cos\frac{n\pi}{l}x,\quad n=1,2,\cdots$$

它构成 L_2 空间的一组基,积分方程的核函数可以按这组基展开

$$K(t,x)=-\frac{a^2}{l}t-\frac{2a}{\pi}\sum_{n=1}^{\infty}\frac{1}{n}\cos\frac{n\pi}{l}x\sin\frac{n\pi a}{l}t$$

这里,$g_0=-\frac{a^2}{l}t$,$g_n(t)=-\frac{2a}{n\pi}\sin\frac{n\pi a}{l}t$,$n=1,2,3,\cdots$。终端状态 $r^*(x)$在这组基上的级数展开为

$$r^*(x)=c_0+\sum_{n=1}^{\infty}c_n\varphi_n(x)$$

式中

$$c_0=\int_0^l r^*(x)dx$$

$$\cdots$$

$$c_n=\int_0^l r^*(x)\cos\frac{n\pi}{l}xdx,\quad n=1,2,\cdots$$

因此,最速控制问题就转化为求控制 $u(t)$,$|u(t)|\leqslant\alpha$,并使无穷多个等式成立

$$c_0=\int_0^T g_0(T-\tau)u(\tau)d\tau=-\frac{a^2}{l}\int_0^T(T-\tau)u(\tau)d\tau$$

$$\cdots$$

$$c_n=\int_0^T g_n(T-\tau)u(\tau)d\tau=-\frac{2a}{n\pi}\int_0^T\sin\frac{n\pi a}{l}(T-\tau)u(\tau)d\tau$$

$$n=1,2,\cdots$$

且 T 取极小值的问题。

应用矩量法,寻找次最优控制,就是找到 $u(t)$,$|u(t)|\leqslant\alpha$,使下述有限个等式成立

$$c_0=-\frac{a^2}{l}\int_0^T(T-\tau)u(\tau)d\tau$$

$$c_n=-\frac{2a}{n\pi}\int_0^T\sin\frac{n\pi a}{l}(T-\tau)u(\tau)d\tau,\quad n=1,2,\cdots,p$$

并使 T 达到极小。上式内 p 是一正整数。假设式(12.10-16)是非蜕化的,应用前

面的讨论，必须求下述极值问题的解

$$\min_{c_0\varepsilon_0+\sum_{i=1}^{p}\xi_i c_i=1}\int_0^T\left|\xi_0\left(-\frac{a^2}{l}\right)(T-\tau)+\sum_{k=1}^{p}\xi_k\left(-\frac{2a}{k\pi}\sin\frac{k\pi a}{l}(T-\tau)\right)\right|d\tau=\lambda_p(T)=\frac{1}{\alpha}$$

得到极值点 $\bar{\boldsymbol{\xi}}=(\bar{\xi}_0,\bar{\xi}_1,\cdots,\bar{\xi}_p)$ 以后，最速控制的 $p+1$ 阶就近似为

$$u_{p+1}(t)=\alpha\mathrm{sing}\left\{\bar{\xi}_0\left(\frac{-a^2}{l}\right)(\mathring{T}_p-t)+\sum_{k=1}^{p}\bar{\xi}_k\left(\frac{-2a}{k\pi}\sin\frac{k\pi a}{l}(\mathring{T}_p-t)\right)\right\}$$

式中 $\mathring{T}_p$ 为 T 的最小值。当 $p\to\infty$ 时，$u_{p+1}(t)$ 的极限就是系统的最速控制。在 $p+1$ 阶近似下，求解 $\bar{\boldsymbol{\xi}}=(\bar{\xi}_0,\bar{\xi}_1,\cdots,\bar{\xi}_p)$ 和 $\mathring{T}_p$ 可容易地由计算机来实现。

在第 12.5 节中，我们曾谈到过对分布参数对象的有穷维逼近问题。在实际问题中实现分布参数系统的最优控制，这种逼近方法对处理具体技术问题具有实际意义。上面讨论的矩量法也是一种有穷维逼近的方法。例如，一个受控的弹性体，有无穷多个固有振动频率和振型。当控制器是由常微分方程描述时，整个系统的通频带是有限的，只能有有限个固有频率（固有振型）位于通频带内，其他高阶振型将被滤掉。在这种情况下，用有穷维运动去逼近无穷维运动是有足够准确度的。经有穷维逼近后，整个系统成为集中参数系统，再应用集中参数系统的最优控制理论解决最优控制问题。从这个意义上讲，用有穷维逼近得到的最优控制叫做次最优控制。在文献[32,35]中研究的数值方法，为分布参数系统的有穷维逼近提供了有力的理论根据。

12.11　等离子体约束的控制问题

在热核受控聚变反应中，等离子体的约束是一个核心问题。目前普遍采用的是磁约束。托卡马克就是这样一种装置。下面仅就托卡马克装置中与等离子体约束有关的最优控制问题[14]，作一简单介绍。

托卡马克装置的简单原理如图 12.11-1 所示。当变压器初级线圈通以电流时，在真空室内的等离子体感应产生一环电流（相当变压器的次级线圈）。它产生的“欧姆热”把等离子体加热到高温。同时，产生的磁场约束等离子体。通过真空室外部的环形线圈产生环向磁场，用以把等离子体约束在一个轮环形的磁瓶中。这两个磁场合成的结果，形成一个螺旋磁场 $\boldsymbol{B}$ 使等离子体处于平衡状态。

假定等离子体和导电壳是轮环形的瓶，围绕 z 轴对称。它的截面如图 12.11-2 所示。处在平衡状态的等离子体，其截面为 Ω_p；边界为 Γ_p，真空部分是 Ω_v，导电壳的截面为 $\Omega=\Omega_p\cup\Gamma_p\cup\Omega_v$，$\Omega$ 的边界为 Γ。

如果等离子体特性和各种参数都已给定，这时磁场 $\boldsymbol{B}$ 在边界 Γ_p 上的值是确定的，用 $\boldsymbol{B}_m$ 表示，它是已知的。在平衡状态下，$\boldsymbol{B}_m$ 正切于 Γ_p。迈赛尔(Mercier)

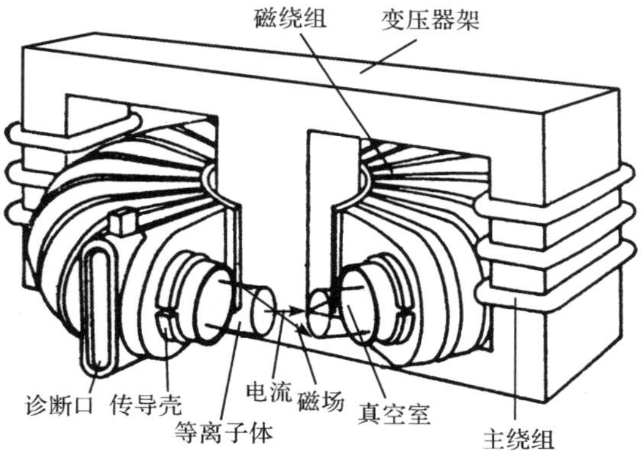

图 12.11-1

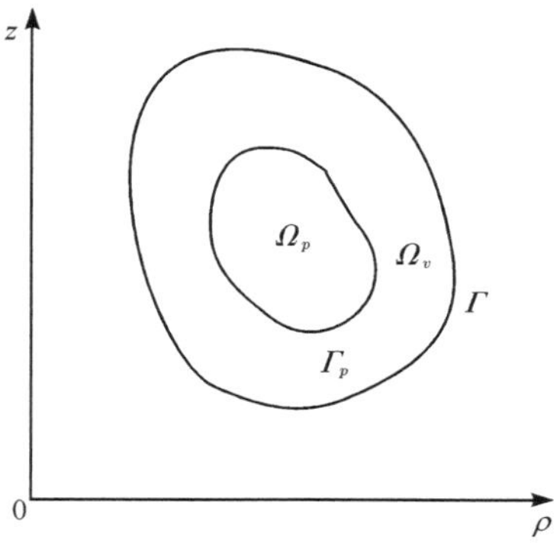

图 12.11-2

曾建议,在 Ω_v 内装有导体并通以密度为 $\boldsymbol{J}$ 的电流,它在真空室内产生一磁场,并使整个磁场 $\boldsymbol{B}$ 满足使等离子体处于平衡状态的边界条件 $\boldsymbol{B}|_{\Gamma_p}=\boldsymbol{B}_m$。问题是如何选择所加的电流 $\boldsymbol{J}$,使等离子体的平衡状态具有预定的外形,同时又能使所消耗的能量最小。比如使整个电流

$$\int_{\Omega_v} |\boldsymbol{J}|\, dx$$

或者使整个能量

$$\int_{\Omega_v} |\boldsymbol{J}|^2 dx$$

达到最小。在文献[14]中,把这个问题化成了分布参数系统的最优控制问题。

电流密度 $\boldsymbol{J}$ 和磁场强度 $\boldsymbol{B}$ 满足麦克斯韦方程

$$\mathrm{rot}\boldsymbol{B} = \mu_0 \boldsymbol{J} \tag{12.11-1}$$

$$\mathrm{div}\boldsymbol{B} = 0 \tag{12.11-2}$$

其中 rot，div 分别是向量的旋度和散度，μ_0 是常数。

在柱面坐标系内，$\boldsymbol{B}$ 可表示成（见图 12.11-3）

$$\boldsymbol{B} = B_\rho \boldsymbol{e}_\rho + B_\varphi \boldsymbol{e}_\varphi + B_z \boldsymbol{e}_z$$

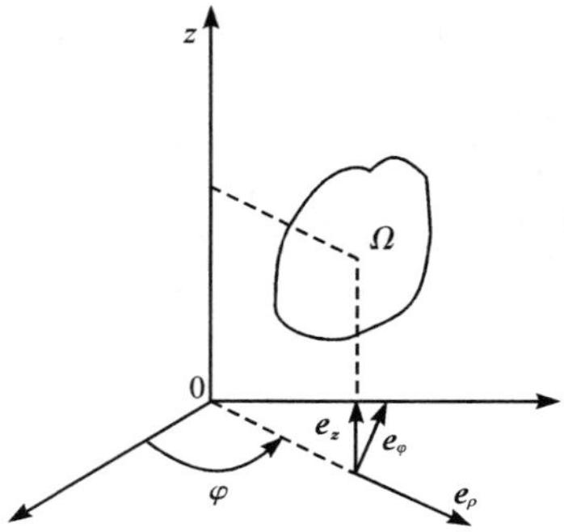

图 12.11-3

由于轮环相对 z 轴是对称的，B_ρ，B_φ，B_z 不依赖于 φ，且 $B_\varphi = \text{const}$。因此式（12.11-2）变为

$$\frac{1}{\rho}\frac{\partial}{\partial \rho}(\rho B_\rho) + \frac{\partial}{\partial z}B_z = 0 \tag{12.11-3}$$

这说明，存在一个定义在 Ω_v 上的势函数 $u(\rho, z)$，使得

$$B_z = -\frac{1}{\rho}\frac{\partial u}{\partial \rho}$$

$$B_\rho = \frac{1}{\rho}\frac{\partial u}{\partial z} \tag{12.11-4}$$

对我们有意义的是电流的径向分量，故假定

$$\boldsymbol{J} = J(\rho, z)\boldsymbol{e}_\varphi \tag{12.11-5}$$

将式（12.11-1）投影到 $\boldsymbol{e}_\varphi$ 轴后，便得到主要方程

$$\frac{\partial B_\rho}{\partial z} - \frac{\partial B_z}{\partial \rho} = \mu_0 J \tag{12.11-6}$$

考虑到式（12.11-4），便有

$$\frac{\partial}{\partial \rho}\left(\rho^{-1}\frac{\partial u}{\partial \rho}\right) + \frac{1}{\rho}\frac{\partial^2 u}{\partial z^2} = \mu_0 J \tag{12.11-7}$$

当等离子体处在平衡状态时，不难推得[14]其边界条件为

$$u\big|_{\Gamma_p} = 0 \tag{12.11-8}$$

$$u\big|_{\Gamma} = \gamma \tag{12.11-9}$$

$$\left.\frac{1}{\rho}\frac{\partial u}{\partial \nu}\right|_{\Gamma_p} = |\boldsymbol{B}_m| \tag{12.11-10}$$

其中 ν 是 Γ_p 或 Γ 的单位外法线，$|\boldsymbol{B}_m|$ 是 $\boldsymbol{B}_m$ 的模长，γ 是未知常数。令 $D=\int_{\Gamma_p}|\boldsymbol{B}_m|dl$，则有

$$\int_{\Gamma_p}\frac{1}{\rho}\frac{\partial u}{\partial \nu}dl = D \tag{12.11-11}$$

D 是事先给定的常值。

现在定义希尔伯特空间（一阶索波列夫空间）

$$H^1(\Omega_v)=\left\{u\in L_2(\Omega_v),\frac{\partial u}{\partial \rho},\frac{\partial u}{\partial z}\in L_2(\Omega_v)\right\}$$

其内积定义为

$$\langle u,v\rangle_{H^1(\Omega_v)}=\langle u,v\rangle_{L_2(\Omega_v)}+\left\langle\frac{\partial u}{\partial p},\frac{\partial v}{\partial \rho}\right\rangle_{L_2(\Omega_v)}+\left\langle\frac{\partial u}{\partial z},\frac{\partial v}{\partial z}\right\rangle_{L_2(\Omega_v)}$$

在 $H^1(\Omega_v)$ 中取那些凡在 Γ_p 上为零而在 Γ 上为常数的元所构成的集合 V，在其中定义新的内积

$$\langle u,v\rangle_V=\int_{\Omega_v}\left[\frac{\partial u}{\partial \rho}\frac{\partial v}{\partial \rho}+\frac{\partial u}{\partial z}\frac{\partial v}{\partial z}\right]\frac{d\rho dz}{\rho}$$

容易验证，V 也是希尔伯特空间。取 V 中的元 G，$G(\Gamma)$ 表示 G 在 Γ 上的值，文献[14]中指出，方程(12.11-7)—(12.11-11)有解的必要充分条件是 u 满足如下方程

$$\langle u,G\rangle_V=-\mu_0\int_{\Omega_v}J(G-G(\Gamma))d\rho dz+DG(\Gamma),\quad \forall G\in V \tag{12.11-12}$$

而且，对每一个 $J\in L_2(\Omega_v)$ 都存在唯一的一个 $u\in V$ 满足方程(12.11-12)。

方程(12.11-12)是一分布参数系统，J 是控制，u 是系统状态。V 是状态空间，$L_2(\Omega_v)$ 是控制空间。

系统的性能指标为

$$I(J)=\int_{\Omega_v}J^2 d\rho dz \tag{12.11-13}$$

对系统状态的约束是式(12.11-10)。

于是，最优控制问题为寻找一个分布电流 $J\in L_2(\Omega_v)$，它使系统状态满足约束条件式(12.11-10)并使消耗的能量式(12.11-13)达到极小。

文献[14]中证明，这个最优控制 $\mathring{J}$ 和最优状态 $\mathring{u}=u(\mathring{J})$ 存在而且是唯一的。

对于控制 J 也可以加各种约束，比如，整个电流

$$\int_{\Omega_v}Jd\rho dz=0$$

或者在某个面积上（例如放置测量装置的地方）电流为零。如果在真空部分的某些点上加电流（点源）

$$J = \sum_{\alpha=1}^{N} J_\alpha \delta(\rho - \rho_\alpha)\delta(z - z_\alpha)$$

这里(ρ_α, z_α)是α线圈的坐标，N是线圈的个数。这就是点控制的情况。

在文献[14]中对上述最优控制问题，还给出了数值解，得到了许多有趣的结论。当然真要实施这种控制还有许多待研究的复杂性，如由于小等微秒级的时间特征数的限制，必须把控制信号的传递时间也计算在内。

12.12　液浮陀螺温控问题

在惯性导航系统中，要求陀螺有很高的指向精度，对其漂移率有严格的限制，精度的进一步提高，不仅要靠机械加工方面的努力，还要在误差补偿方面采取措施。对单自由度液浮陀螺来说，其误差力矩W_d按起因和作用的部位可分离成如下形式

$$\begin{aligned} W_d = & D_F + D_I(SF)_I + D_0(SF)_0 + D_S(SF)_S + D_{II}(SF)_I^2 \\ & + D_{00}(SF)_0^2 + D_{SS}(SF)_S^2 + D_{IS}(SF)_I(SF)_S + D_{0S}(SF)_0(SF)_S \\ & + D_{I0}(SF)_I(SF)_0 + \cdots \end{aligned} \tag{12.12-1}$$

其中SF是比力向量，$(SF)_I$，$(SF)_0$，$(SF)_S$分别是比力向量在输入轴、输出轴、转子自旋轴方向上的分量，D_I，D_0，D_S，D_{00}等是比例系数。这些系数都与温度有关，在温度变化比较小的范围内，式(12.12-1)中零次项和一次项各系数与温度变化有以下关系

$$\begin{aligned} D_F &= D_{F0} + D_{TF}\overline{T} \\ D_I(SF)_I &= [U_S - D_{TSI}\Delta T_S](SF)_I \\ D_0(SF)_0 &= [U_0 + D_{T00}\Delta T_0](SF)_0 \\ D_S(SF)_S &= [-U_I + D_{TIS}\Delta T_I](SF)_S \end{aligned} \tag{12.12-2}$$

其中，$\overline{T}$是浮液平均温度；ΔT_I，ΔT_0，ΔT_S分别是沿输入、输出、自旋轴的平均温度梯度；U_S，U_I是沿自旋轴和输入轴的质量失配；U_0是沿输出轴的比力引起的漂移分量的比例系数；D_{TF}，D_{TSI}，D_{T00}，D_{TIS}是温度系数。

当环境温度有了变化时，必然引起陀螺内部温度场的变化，同时将出现浮液的对流，从而产生黏滞型误差力矩。本来，液浮陀螺由于减小了摩擦力矩而提高了精度，但当温度变化引起黏滞型误差力矩时，却又影响了精度的进一步提高。如果能采取温度控制的方法，控制陀螺内部温度场的形态，减小温度因素对各主要系数的影响，这将为陀螺在系统中运用时，进行误差分离和补偿创造便利条件，同时还能减小漂移量。这就是陀螺温度控制问题的物理背景。

热扰动分为外部扰动和内部扰动两种。内部热扰动主要是力矩器和转子马达的功率损耗产生的热量。由于力矩器通常采用等幅电流的正负相位调制方法，

其电流平方为常值，故产生的热功率可以认为是常数。转子的功率耗损在长期工作中也是基本稳定的。所以在下面讨论中，我们假定内部热源总处于稳态。

外部热扰动是由于环境温度变化引起陀螺同外部环境的热交换而产生的热扰动。固体和气体的热交换有三个因素。第一，边界面热传导服从傅里叶定律

$$q_1(x) = f(x)[T(x) - T_e(x)] \tag{12.12-3}$$

其中 $T(x)$是固体在边界面上的温度，$T_e(x)$是环境温度。$f(x)$是比例因子，在常温下近似与 T,T_e 无关。第二，边界面热辐射服从于波耳兹曼(Baltzman)定律

$$q_2(x) = kA(x)[T^4(x) - T_e^4(x)] \tag{12.12-4}$$

k 是波耳兹曼常数，$A(x)$取决于材料表面物理性质的参数。第三，对流热交换这一项比较复杂，同许多因素有关，还有待于气体热动力学的研究。但可以肯定的是这一项 $q_3(x)$是连续依赖于 $T(x)$，$T_e(x)$，并且是 $T(x)$的单调递增函数，同时又是 $T_e(x)$的单调递减函数。总之，在边界上同环境的热交换率可表达成：

$$Q(x) = q_1(x) + q_2(x) + q_3(x) = \Phi(x, T(x), T_e(x)) \tag{12.12-5}$$

$\Phi(x,T,T_e)$对 T 是严格单调递增函数，对 T_e 是严格单调递减函数，并且对 T,T_e 的依赖具有相当的光滑性。

值得注意的是，关于流体力学中的诺维尔-斯托克斯(Navier-Stokes)方程的稳态解有一个重要性质：在每一特定场合，存在总体稳定性雷诺(Reynold)数 R_G，当雷诺数 $R<R_G$ 时，流体有唯一确定的稳定运动。当 $R\geqslant R_G$ 时，流体存在至少两种稳定的运动，甚至是湍流解[23]。经各种扰动后，其渐近状态至少也有两种解，因而对浮液来说，存在至少两种可能的误差黏滞力矩。由于 R 正比于 ν^{-1}，ν 是液体的黏度，而黏度又正比于温度。因此，今后我们假定陀螺充液部分的几何特性和浮液工作点的设计，将使运转时的雷诺数 R 永远小于 R_G。于是稳态的温度场连续唯一地决定了一种运动，从而连续唯一地决定了一种黏滞力矩。

进行温度控制的设备有：分布热敏系数的温度传感器，分布电阻的电热片，有限个固体放大器，用它们来构成闭环控制器。

温度控制的目的是，针对外面环境的变化，用若干个分布型温度传感器，分布型电热片构成有限个控制回路，使对流型误差力矩较为稳定，并且使它随环境温度变化而变化最小。

外部环境温度变化是缓慢的，测量和控制以及内部热传导过程较快，控制回路经常处于稳态条件下，所以，我们讨论稳态下的最优控制问题。

温度热传导过程可用第 12.1 节所讲到的抛物型方程来描述。设 Ω 是三维欧氏空间 R_3 中开连通有界集，其边界为 $\partial\Omega$。$R_+ = \{t, t\geqslant 0\}$。受控对象热传导方程是

$$c(\boldsymbol{x})\rho(\boldsymbol{x})\frac{\partial T(t,\boldsymbol{x})}{\partial t} = \sum_{i,j=1}^{3}\frac{\partial}{\partial x_i}\left(K_{ij}(\boldsymbol{x})\frac{\partial T(t,\boldsymbol{x})}{\partial x_j}\right) + f(t,\boldsymbol{x}),(t,\boldsymbol{x}) \in R_+\times\Omega \tag{12.12-6}$$

$$-\sum_{i,j=1}^{3} K_{ij}(\boldsymbol{x})x_j\frac{\partial T(t,\boldsymbol{x})}{\partial x_i}=\Phi(\boldsymbol{x},T(t,\boldsymbol{x}),T_e(t,\boldsymbol{x}))-\Phi_{Tc}(t,\boldsymbol{x}),(t,\boldsymbol{x})\in R_+\times\partial\Omega \tag{12.12-7}$$

其中 $c(\boldsymbol{x})$是比热，$\rho(\boldsymbol{x})$是密度，$K_{ij}(\boldsymbol{x})=K_{ji}(\boldsymbol{x})$是热传导系数，$T(t,\boldsymbol{x})$是温度场分布，$T_e(t,\boldsymbol{x})$是边界上环境温度分布，$f(t,\boldsymbol{x})$是内部热源分布，$\Phi_{Tc}(t,\boldsymbol{x})$是供选择的控制作用，$x_j$ 是边界 $\partial\Omega$ 的外法线向量的分量。$\Phi(\boldsymbol{x},T,T_e)$是同外界总的热交换率，如同前述。

由于限定考虑稳态过程，所以我们考虑下述椭圆型方程的边界控制问题（即令$\frac{\partial T}{\partial t}=0$）

$$\sum_{i,j=1}^{3}\frac{\partial}{\partial x_i}\left(K_{ij}(\boldsymbol{x})\frac{\partial T}{\partial x_j}\right)+f(t,\boldsymbol{x})=0,\quad x\in\Omega \tag{12.12-8}$$

$$-\sum_{i,j=1}^{3}K_{ij}(\boldsymbol{x})n_j\frac{\partial T}{\partial x_i}=\Phi(\boldsymbol{x},T(\boldsymbol{x}),T_e(\boldsymbol{x}))-\Phi_{Tc}(\boldsymbol{x}),\quad x\in\partial\Omega \tag{12.12-9}$$

考虑到浮液工作温度的要求，一般可将 $\Phi_{Tc}(\boldsymbol{x})$分为两项

$$\Phi_{Tc}(\boldsymbol{x})=\Phi_0(\boldsymbol{x})-\Phi_c(\boldsymbol{x}) \tag{12.12-10}$$

其中 $\Phi_0(\boldsymbol{x})$为标称的加热工作点，$\Phi_c(\boldsymbol{x})$用于闭环反馈作用。因此式(12.12-6)，(12.12-7)可分解为下述问题

$$\sum_{i,j=1}^{3}\frac{\partial}{\partial x_i}\left(K_{ij}(\boldsymbol{x})\frac{\partial T_1}{\partial x_j}\right)+f(\boldsymbol{x})=0,\quad \boldsymbol{x}\in\Omega \tag{12.12-11}$$

$$-\sum_{i,j=1}^{3}K_{ij}(\boldsymbol{x})n_j\frac{\partial T_1}{\partial x_i}=-\Phi_0(\boldsymbol{x})+\Phi(\boldsymbol{x},T_1,\overline{T}_e),\quad \boldsymbol{x}\in\partial\Omega \tag{12.12-12}$$

以及

$$\sum_{i,j=1}^{3}\frac{\partial}{\partial x_i}\left(K_{ij}(\boldsymbol{x})\frac{\partial T_2}{\partial x_j}\right)=0,\quad \boldsymbol{x}\in\Omega \tag{12.12-13}$$

$$-\sum_{i,j=1}^{3}K_{ij}(\boldsymbol{x})n_j\frac{\partial T_2}{\partial x_i}=-\Phi_c(\boldsymbol{x})+\Phi(\boldsymbol{x},T_1+T_2,T_e)-\Phi(\boldsymbol{x},T_1,\overline{T}_e),\quad \boldsymbol{x}\in\partial\Omega \tag{12.12-14}$$

式(12.12-14)可以线性化为

$$-\sum_{i,j=1}^{3}K_{ij}(\boldsymbol{x})n_j=\frac{\partial T_2}{\partial x_i}=-\Phi_c(\boldsymbol{x})+\dot{\Phi}_1(\boldsymbol{x})T_2-\dot{\Phi}_2(\boldsymbol{x})(T_e-\overline{T}_e),\quad x\in\partial\Omega \tag{12.12-15}$$

式(12.12-11)，(12.12-12)的解是在标称环境温度分布 $\overline{T}_e(\boldsymbol{x})$下的内部温度分布 $T_1(\boldsymbol{x})$。式(12.12-13)，(12.12-14)或(12.12-15)的解 $T_2(\boldsymbol{x})$是当环境温度分布对标称值 $\overline{T}_e(\boldsymbol{x})$的偏离温度分布。而 $T(\boldsymbol{x})=T_1(\boldsymbol{x})+T_2(\boldsymbol{x})$是原来问题

式(12.12-8),(12.12-9)的解。由于 $\Phi(\boldsymbol{x},T,T_e)$ 对 T,T_e 的依赖性相当光滑,可令 $\dot{\Phi}_1(\boldsymbol{x})=\frac{\partial}{\partial T}\Phi(\boldsymbol{x},T_1,\overline{T}_e)$,$\dot{\Phi}_2(\boldsymbol{x})=-\frac{\partial}{\partial T_e}\Phi(\boldsymbol{x},T_1,\overline{T}_e)$。依 Φ 对 T,T_e 的严格递增和递减性质,所以有 $\dot{\Phi}_1(\boldsymbol{x})>0$,$\dot{\Phi}_2(\boldsymbol{x})<0$。

经这样分解后,现在研究式(12.12-13),(12.12-15)的边界控制问题。取 $\Phi_T(\boldsymbol{x})=\Phi_c(\boldsymbol{x})+\dot{\Phi}_2(\boldsymbol{x})(T_e(\boldsymbol{x})-\overline{T}_e(\boldsymbol{x}))$,考虑

$$\sum_{i,j=1}^{3}\frac{\partial}{\partial x_i}\left(K_{ij}(\boldsymbol{x})\frac{\partial T}{\partial x_j}\right)=0,\quad \boldsymbol{x}\in\Omega \tag{12.12-16}$$

$$\sum_{i,j=1}^{3}K_{ij}(\boldsymbol{x})n_j\frac{\partial T}{\partial x_i}+\dot{\Phi}_1(\boldsymbol{x})T(\boldsymbol{x})=\Phi_T(\boldsymbol{x}),\quad \boldsymbol{x}\in\partial\Omega \tag{12.12-17}$$

的边界控制问题。其中 $\dot{\Phi}_1(\boldsymbol{x})>0$。对 $K_{ij}(\boldsymbol{x})$,$\dot{\Phi}_1(\boldsymbol{x})$和 $\Phi_T(\boldsymbol{x})$的光滑性作了一些假定之后,在文献[29]中证明了,式(12.12-16),(12.12-17)存在唯一正则解,且同下列积分方程的解等价

$$T(\boldsymbol{x})=2\int_{\partial\Omega}G(\boldsymbol{x},\boldsymbol{\eta})\zeta(\boldsymbol{\eta})d_{\eta}\sigma,\quad \boldsymbol{x}\in\overline{\Omega} \tag{12.12-18}$$

$$\zeta(\boldsymbol{\xi})=-2\int_{\partial\Omega}P_{\xi}G(\boldsymbol{\xi},\boldsymbol{\eta})\zeta(\boldsymbol{\eta})d_{\eta}\sigma+\Phi_T(\boldsymbol{\xi}),\quad \boldsymbol{\xi}\in\partial\Omega \tag{12.12-19}$$

其中 $P_{\xi}=\sum_{i,j=1}^{3}K_{ij}(\boldsymbol{\xi})n_i\frac{\partial}{\partial\xi_i}+\dot{\Phi}_1(\boldsymbol{\xi})$。按迭代核的性质[29],存在问题的格林函数 $W(\boldsymbol{x},\boldsymbol{\eta})$,它在 $\boldsymbol{x}\neq\boldsymbol{\eta}$ 处是连续可微的,$W(\boldsymbol{x},\boldsymbol{\eta})=W(\boldsymbol{\eta},\boldsymbol{x})$,同时

$$T(\boldsymbol{x})=\int_{\partial\Omega}W(\boldsymbol{x},\eta)\Phi_T(\boldsymbol{\eta})d_{\eta}\sigma \tag{12.12-20}$$

注意到当 $\Phi_T(\boldsymbol{\eta})\in L^2(\partial\Omega)$ 时,$T(\boldsymbol{x})\in C^{[0,\lambda]}(\overline{\Omega})$①。因此,可按式(12.12-20)来定义原问题的广义解。又因核函数 $W(\boldsymbol{\eta},\boldsymbol{x})$ 在 $\boldsymbol{x}\neq\boldsymbol{\eta}$ 上连续,故当 $\Phi_T=\delta(\boldsymbol{x}-\boldsymbol{x}_0)$,$\boldsymbol{x}_0\in\partial\Omega$ 时,$T(\boldsymbol{x})=W(\boldsymbol{x},\boldsymbol{x}_0)=\int_{\partial\Omega}W(\boldsymbol{x},\boldsymbol{\eta})\delta(\boldsymbol{\eta}-\boldsymbol{x}_0)d_{\eta}\sigma,\boldsymbol{x}\neq\boldsymbol{x}_0$。把式(12.12-20)看成是 $L_2(\partial\Omega)$ 到 $L_2(\partial\Omega)$ 的算子时,它是自伴紧算子,所有本征值是实数并有界,本征子空间是有穷维的,零是本征值的唯一聚点。

单自由度液浮陀螺有四个主要温度因素,即 $D_{TF}\overline{T}$,$D_{TSI}\Delta T_S$,$D_{T00}\Delta T_0$,$D_{TIS}\Delta T_I$。在标称环境温度 $\overline{T}_e$ 下,陀螺内部是标称温度场,陀螺转子呈现中性悬浮状态。此时按比例状态分离的各主要线性误差系数分别记成 $\overline{D}_F=D_{F0}+D_{TF}\overline{T}_1$,$\overline{U}_S=U_S-D_{TSI}\Delta_S T_1$,$\overline{U}_0=U_0+D_{T00}\Delta_0 T_1$,$\overline{U}_I=U_I-D_{TIS}\Delta_I T_1$。当环境温度变化成 T_e 时,内部温度场同标称温度场发生偏离,这个偏离的温度分布是式

① $C^{[0,\lambda]}(\overline{\Omega})$ 是连续函数类,但对其中函数加了某些限制,请看文献[29]。

(12.12-16),(12.12-17)的解,上述各系数分别发生 $D_{TF}\overline{T}$, $-D_{TSI}\Delta_S T$, $D_{T00}\Delta_0 T$, $-D_{TIS}\Delta_I T$ 的偏差。

若取 x_1, x_2, x_3 坐标轴同单自由度陀螺 I, O, S 轴重合,则 $\overline{T}, \Delta_S T, \Delta_0 T, \Delta_I T$ 分别是 $T(\boldsymbol{x})$, $\dfrac{\partial T(\boldsymbol{x})}{\partial x_3}$, $\dfrac{\partial T(\boldsymbol{x})}{\partial x_2}$, $\dfrac{\partial T(\boldsymbol{x})}{\partial x_1}$ 诸梯度分量在 Ω 上的积分平均值 $\int_\Omega a_1(\boldsymbol{x})T(\boldsymbol{x})d\boldsymbol{x}$, $\int_\Omega a_2(\boldsymbol{x})\dfrac{\partial T(\boldsymbol{x})}{\partial x_3}d\boldsymbol{x}$, $\int_\Omega a_3(\boldsymbol{x})\dfrac{\partial T(\boldsymbol{x})}{\partial x_2}d\boldsymbol{x}$, $\int_\Omega a_4(\boldsymbol{x})\dfrac{\partial T(\boldsymbol{x})}{\partial x_1}d\boldsymbol{x}$,其中 $0 \leqslant a_i(\boldsymbol{x}) \leqslant a < \infty$, $a_i(\boldsymbol{x})C(\overline{\Omega})$, $i = 1,2,3,4$。

当考虑椭圆方程的狄里克雷(Dirichlet)问题时

$$\sum_{i,j=1}^{3}\frac{\partial}{\partial x_i}\left(K_{ij}(\boldsymbol{x})\frac{\partial T}{\partial x_j}\right) = 0, \quad \boldsymbol{x} \in \Omega \tag{12.12-21}$$

$$T(\boldsymbol{x}) = T_0(\boldsymbol{x}), \quad \boldsymbol{x} \in \partial\Omega \tag{12.12-22}$$

则由 T_0 决定的解 T 的关系是由 $L_2(\partial\Omega)$ 到一阶索波列夫空间 $H^1(\Omega)$ 的线性连续映象。因而 $D_{TF}\overline{T}$, $-D_{TSI}\Delta_S T$, $D_{T00}\Delta_0 T$, $-D_{TIS}\Delta_I T$ 是 $L_2(\partial\Omega)$ 中的线性泛函,即存在 $\psi_i(\boldsymbol{x}) \in L_2(\partial\Omega)$, $i=1,2,3,4$,使

$$\begin{aligned}
M_1 &= D_{TF}\overline{T} = \int_{\partial\Omega} T(\boldsymbol{x})\psi_1(\boldsymbol{x})d_x\sigma \\
M_2 &= -D_{TSI}\Delta_S T = \int_{\partial\Omega} T(\boldsymbol{x})\psi_2(\boldsymbol{x})d_x\sigma \\
M_3 &= D_{T00}\Delta_0 T = \int_{\partial\Omega} T(\boldsymbol{x})\psi_3(\boldsymbol{x})d_x\sigma \\
M_4 &= -D_{TIS}\Delta_I T = \int_{\partial\Omega} T(\boldsymbol{x})\psi_4(\boldsymbol{x})d_x\sigma
\end{aligned} \tag{12.12-23}$$

式内 $d_x\sigma$ 是边界上的面积元素。

控制的目的是使温度因素引起的误差变化为最小,故定义指标泛函为

$$J = \sum_{i=1}^{4}\frac{M_i^2}{\sigma_i^2} \tag{12.12-24}$$

其中 σ_i^2 是设计者根据实际问题需要确定的加权因子。假定控制作用的功率是有限制的,即

$$\int_{\partial\Omega}\Phi_c^2(\boldsymbol{x})d_x\sigma \leqslant C \tag{12.12-25}$$

在条件式(12.12-25)的限制下,使 J 取极小值。这个限制也可取成下述的最优指标

$$\overline{J} = J + \frac{1}{\lambda}\int_{\partial\Omega}\Phi_c^2(\boldsymbol{x})d_x\sigma, \quad \lambda > 0 \tag{12.12-26}$$

因此功率限制条件可以通过调节 λ 的大小来达到。由上述定义知道

$$M_i^2 = \int_{\partial\Omega}\int_{\partial\Omega}\psi_i(\boldsymbol{x})\psi_i(\boldsymbol{\xi})T(\boldsymbol{x})T(\boldsymbol{\xi})d_x\sigma d_\xi\sigma \tag{12.12-27}$$

$$\overline{J}=\int_{\partial\Omega}\lambda^{-1}\Phi_c^2(\boldsymbol{x})d_x\sigma+\int_{\partial\Omega}\int_{\partial\Omega}T(\boldsymbol{x})A(\boldsymbol{x},\boldsymbol{\xi})T(\boldsymbol{\xi})d_x\sigma d_\xi\sigma \tag{12.12-28}$$

$$A(\boldsymbol{x},\boldsymbol{\xi})=\sum_{i=1}^{4}\sigma_i^{-2}\psi_i(\boldsymbol{x})\psi_i(\boldsymbol{\xi}) \tag{12.12-29}$$

控制的结果使 $\overline{J}$ 取极小，就意味着在控制功率限制条件下，温度因素的变化取极小，从而使陀螺漂移按式(12.12-1)分解的主要系数因温度变化而引起的变化最小。

有了指标后，可以提出如下最优边界控制问题：求 $\Phi_c(\boldsymbol{x})$ 同 $T(\boldsymbol{x})|_{\partial\Omega}$ 的关系，使

$$T(\boldsymbol{x})=\int_{\partial\Omega}W(\boldsymbol{x},\boldsymbol{\xi})[\Phi_c(\boldsymbol{\xi})+\dot{\Phi}_2(\boldsymbol{\xi})(T_e(\boldsymbol{\xi})-\overline{T}_e(\boldsymbol{\xi}))]d_\xi\sigma \tag{12.12-30}$$

并使 $\overline{J}$ 取极小值。下面，我们应用泛函变分(弱变分)来解决这个问题。

对任意给定的 $T_e(\boldsymbol{x})$，$\boldsymbol{x}\in\partial\Omega$，对 Φ_c 作弱变分，则

$$\delta T(\boldsymbol{x})=\int_{\partial\Omega}W(\boldsymbol{x},\boldsymbol{\xi})\delta\Phi_c(\boldsymbol{\xi})d_\xi\sigma \tag{12.12-31}$$

又因 $A(\boldsymbol{x},\boldsymbol{\xi})=A(\boldsymbol{\xi},\boldsymbol{x})$，所以 $\overline{J}$ 的变分为

$$\begin{aligned}\delta\overline{J}&=\int_{\partial\Omega}\frac{2}{\lambda}\Phi_c(\boldsymbol{x})\delta\Phi_c(\boldsymbol{x})d_x\sigma+\int_{\partial\Omega}\int_{\partial\Omega}2T(\boldsymbol{\xi})A(\boldsymbol{x},\boldsymbol{\xi})\delta\Phi_c(\boldsymbol{x})d_x\sigma d_\xi\sigma\\&=\int_{\partial\Omega}\frac{2}{\lambda}\Phi_c(\boldsymbol{x})\delta\Phi_c(\boldsymbol{x})d_x\sigma\\&\quad+\int_{\partial\Omega}\int_{\partial\Omega}2T(\boldsymbol{\xi})A(\boldsymbol{x},\boldsymbol{\xi})\int_{\partial\Omega}W(\boldsymbol{x},\boldsymbol{\eta})\delta\Phi_c(\boldsymbol{\eta})d_\eta\sigma d_x\sigma d_\xi\sigma\\&=2\int_{\partial\Omega}\left[\frac{\Phi_c(\boldsymbol{x})}{\lambda}+\int_{\partial\Omega}\int_{\partial\Omega}T(\boldsymbol{\xi})A(\boldsymbol{\eta},\boldsymbol{\xi})W(\boldsymbol{\eta},\boldsymbol{x})d_\xi\sigma d_\eta\sigma\right]\delta\Phi_c(\boldsymbol{x})d_x\sigma\\&=2\int_{\partial\Omega}\left[\frac{\Phi_c(\boldsymbol{x})}{\lambda}+\int_{\partial\Omega}H(\boldsymbol{x},\boldsymbol{\xi})T(\boldsymbol{\xi})d_\xi\sigma\right]\delta\Phi_c(\boldsymbol{x})d_x\sigma\end{aligned} \tag{12.12-32}$$

其中

$$H(\boldsymbol{x},\boldsymbol{\xi})=\int_{\partial\Omega}A(\boldsymbol{\eta},\boldsymbol{\xi})W(\boldsymbol{\eta},\boldsymbol{x})d_\eta\sigma \tag{12.12-33}$$

如果 $\Phi_c(\boldsymbol{x})$ 是最优控制，应有

$$\delta\overline{J}=0 \tag{12.12-34}$$

那么最优控制应为

$$\begin{aligned}\Phi_c(\boldsymbol{x})&=-\lambda\int_{\partial\Omega}H(\boldsymbol{x},\boldsymbol{\xi})T(\boldsymbol{\xi})d_\xi\sigma\\&=-\lambda\int_{\partial\Omega}\int_{\partial\Omega}\sum_{i=1}^{4}\frac{\psi_i(\boldsymbol{\eta})\psi_i(\boldsymbol{\xi})}{\sigma_i^2}W(\boldsymbol{\eta},\boldsymbol{x})d_\eta\sigma T(\boldsymbol{\xi})d_\xi\sigma\end{aligned}$$

$$= -\lambda \sum_{i=1}^{4} \frac{1}{\sigma_i^2} \left(\int_{\partial\Omega} \psi_i(\boldsymbol{\eta}) W(\boldsymbol{\eta}, \boldsymbol{x}) d_\eta \sigma \right) \left(\int_{\partial\Omega} \psi_i(\boldsymbol{\xi}) T(\boldsymbol{\xi}) d_\xi \sigma \right) \tag{12.12-35}$$

因而

$$\begin{aligned}
\overline{J} &= \int_{\partial\Omega} \frac{1}{\lambda} \Phi_c^2(\boldsymbol{x}) d_x \sigma + \int_{\partial\Omega}\int_{\partial\Omega}\int_{\partial\Omega} W(\boldsymbol{x}, \boldsymbol{\eta})[\Phi_c(\boldsymbol{\eta}) + \dot{\Phi}_2(\boldsymbol{\eta})(T_e(\boldsymbol{\eta}) - \boldsymbol{T}_e(n))] d_\eta \sigma \\
&\quad \cdot \sum_{i=1}^{4} \frac{\psi_i(\boldsymbol{x})\psi_i(\boldsymbol{\xi})}{\sigma_i^2} \int_{\partial\Omega} W(\boldsymbol{\xi}, \boldsymbol{\eta})[\Phi_c(\zeta) + \dot{\Phi}_2(\zeta)(T_e(\zeta) - \overline{T}_e(\zeta))] d_\zeta \sigma d_x \sigma d_\xi \sigma \\
&= \int_{\partial\Omega} \frac{1}{\lambda} \Phi_c^2(\boldsymbol{x}) d_x \sigma + \sum_{i=1}^{4} \frac{1}{\sigma_i^2} \Big[\int_{\partial\Omega}\int_{\partial\Omega} W(\boldsymbol{x}, \boldsymbol{\eta})[\Phi_c(\boldsymbol{\eta}) + \dot{\Phi}_2(\boldsymbol{\eta})(T_e(\boldsymbol{\eta}) - \overline{T}_e(\boldsymbol{\eta}))] d_\eta \sigma \\
&\quad \cdot \psi_i(\boldsymbol{x}) d_x \sigma \Big]^2 \\
&= \frac{1}{\lambda} \int_{\partial\Omega} \Phi_c^2(\boldsymbol{x}) d_x \sigma \\
&\quad + \sum_{i=1}^{4} \frac{1}{\sigma_i^2} \left\{ \int_{\partial\Omega} \left[\int_{\partial\Omega} \psi_i(\boldsymbol{\eta}) W(\boldsymbol{\eta}, \boldsymbol{x}) d_\eta \sigma \right] [\Phi_c(\boldsymbol{x}) + \dot{\Phi}_2(\boldsymbol{x})(T_e(\boldsymbol{x}) - \overline{T}_e(\boldsymbol{x}))] \right\}^2
\end{aligned} \tag{12.12-36}$$

由此可以看出，$\overline{J}$ 在 $L^2(\partial\Omega)$ 上对 Φ_c 是二次凸泛函。因为

$$\lim_{\|\Phi_c\|^2_{L_2(\partial\Omega)} \to \infty} \overline{J}(\Phi_c) = +\infty \tag{12.12-37}$$

故极小值存在，因此最优控制存在，并具有式(12.12-35)的形式。

再令

$$M_i(\boldsymbol{x}) = \int_{\partial\Omega} \psi_i(\boldsymbol{\eta}) W(\boldsymbol{\eta}, \boldsymbol{x}) d_\eta \sigma, \quad i = 1,2,3,4 \tag{12.12-38}$$

则观测值为

$$T_i = \int_{\partial\Omega} \psi_i(\boldsymbol{\eta}) T(\boldsymbol{\eta}) d_\eta \sigma, \quad i = 1,2,3,4 \tag{12.12-39}$$

最优控制变成

$$\Phi_c(\boldsymbol{x}) = -\lambda \sum_{i=1}^{4} \frac{1}{\sigma_i^2} M_i(\boldsymbol{x}) T_i \tag{12.12-40}$$

也就是在 Ω 的边界 $\partial\Omega$ 上，分别安装分布热敏系数为 $\psi_i(\boldsymbol{x})$ 的最优温度传感器，使四个加热电流(其平方值为 T_i)分别以 $-\frac{\lambda}{\sigma_i^2}$ 的增益，并通过阻抗密度为 $M_i(\boldsymbol{x})$ 的加热片，就可以实现最优控制。

实现最优控制所需要的参量 $\psi_i(\boldsymbol{x})$，$W(\boldsymbol{x}, \boldsymbol{\eta})$ 和 $M_i(\boldsymbol{x})$ 都可用陀螺温度测试来得到。前已指出

$$T(\boldsymbol{x}) = W(\boldsymbol{x}, \boldsymbol{y}) = \int_{\partial\Omega} W(\boldsymbol{x}, \boldsymbol{\eta}) \delta(\boldsymbol{\eta} - \boldsymbol{y}) d_\eta \sigma \tag{12.12-41}$$

即 $W(\boldsymbol{x},\boldsymbol{y})$，是在标称的环境温度下，在 $\partial\Omega$ 上 $\boldsymbol{y}$ 处作用以单位点热源后，量得的稳态表面温度分布。而

$$M_i(\boldsymbol{x}) = \int_{\partial\Omega} \psi_i(\boldsymbol{\eta}) W(\boldsymbol{\eta},\boldsymbol{x}) d_\eta \sigma \tag{12.12-42}$$

是在标称环境温度 $\overline{T}_e$ 下，在 $\boldsymbol{x}$ 点处作用以单位点热源后，分离出的诸主要误差系数 D_F, D_I, D_S, D_0 同在标称温度下，无其他扰动时的诸系数 $\overline{D}_F, \overline{D}_I, \overline{D}_0, \overline{D}_S$ 的增量，即

$$\begin{aligned} M_1(\boldsymbol{x}) &= D_F - \overline{D}_F \\ M_2(\boldsymbol{x}) &= D_I - \overline{D}_I \\ M_3(\boldsymbol{x}) &= D_0 - \overline{D}_0 \\ M_4(\boldsymbol{x}) &= D_S - \overline{D}_S \end{aligned} \tag{12.12-43}$$

而 $\psi_i(\boldsymbol{\eta})$ 可通过已知量 $M_i(\boldsymbol{x}), W(\boldsymbol{x},\boldsymbol{y})$ 按式(12.12-38)求逆来逼近。

在工程实现时，温度量测可由 N 个温度传感器测到的 $\partial\Omega$ 上一些点的温度插值求出。

$$\hat{T}(\boldsymbol{x}) = \sum_{j=1}^{N} g_j(\boldsymbol{x}) \widetilde{T}_j$$

其中

$$\widetilde{T}_j = \int_{\partial\Omega} T(\boldsymbol{x}) \delta(\boldsymbol{x} - \boldsymbol{x}_j) d_x \sigma$$

或

$$\widetilde{T}_j = \int_{\partial\Omega} T(\boldsymbol{x}) a_j(\boldsymbol{x}) d_x \sigma$$

而

$$\begin{aligned} T_i &= \int_{\partial\Omega} \psi_i(\boldsymbol{x}) \sum_{j=1}^{N} g_j(\boldsymbol{x}) \widetilde{T}_j d_x \sigma \\ &= \sum_{j=1}^{N} \int_{\partial\Omega} \psi_i(\boldsymbol{x}) g_j(\boldsymbol{x}) d_x \sigma \widetilde{T}_j, \quad i = 1,2,3,4 \end{aligned} \tag{12.12-44}$$

分层加热片可选用 M 个彼此不重叠的加热片 $b_k(\boldsymbol{x}) > 0, k=1,2,\cdots,M$。通过与放大器组闭合来实现最优逼近。选 $\{G_{ik}\}, i=1,2,3,4; k=1,2,\cdots,M$，使

$$\sum_{k=1}^{M} G_{ik} b_k(\boldsymbol{x}) \cong M_i(\boldsymbol{x}) = \int_{\partial\Omega} \psi_i(\boldsymbol{\eta}) W(\boldsymbol{\eta},\boldsymbol{x}) d_\eta \sigma$$

上式在下述意义下成立

$$\int_{\partial\Omega} \left(M_i(\boldsymbol{x}) - \sum_{k=1}^{M} G_{ik} b_k(\boldsymbol{x})\right)^2 d_x \sigma = \min_{G_{ik}}, \quad i = 1,2,3,4$$

故

$$G_{ik} = \frac{\int_{\partial\Omega} M_i(\boldsymbol{x}) b_k(\boldsymbol{x}) d_x\sigma}{\int_{\partial\Omega} b_k^2(\boldsymbol{x}) d_x\sigma}, \quad i = 1,2,3,4, \quad k = 1,2,\cdots,M$$

此时近似最优控制为

$$\begin{aligned}\hat{\Phi}_c(\boldsymbol{x}) &= -\lambda \sum_{i=1}^{4} \frac{1}{\sigma_i^2} \sum_{k=1}^{M} G_{ik} b_k(\boldsymbol{x}) \sum_{j=1}^{N} \left(\int_{\partial\Omega} \psi_i(\boldsymbol{x}) g_i(\boldsymbol{x}) d_x\sigma \right) \widetilde{T}_j \\ &= -\lambda \sum_{k=1}^{M} \sum_{j=1}^{N} \left(\sum_{i=1}^{4} \frac{G_{ik}}{\sigma_i^2} \int_{\partial\Omega} \psi_i(\boldsymbol{x}) g_i(\boldsymbol{x}) d_x\sigma \right) b_k(\boldsymbol{x}) \widetilde{T}_j\end{aligned}$$

又令

$$A_{kj} = \sum_{i=1}^{4} \frac{G_{ik}}{\sigma_i^2} \int_{\partial\Omega} \psi_i(\boldsymbol{\eta}) g_j(\boldsymbol{\eta}) d_\eta \sigma$$

则

$$\hat{\Phi}_c(\boldsymbol{x}) = -\lambda(b_1(\boldsymbol{x}), \cdots, b_M(\boldsymbol{x})) \begin{pmatrix} \Phi_{c1} \\ \vdots \\ \Phi_{cM} \end{pmatrix}$$

而

$$\begin{pmatrix} \Phi_{c1} \\ \vdots \\ \Phi_{cM} \end{pmatrix} = (A_{kj}) \begin{pmatrix} T_1 \\ \vdots \\ T_N \end{pmatrix}$$

式中(A_{kj})是$M \times N$阶矩阵。可以看出,这样的控制规律是很容易实现的。

参 考 文 献

[1] 钱学森,物理力学讲义,科学出版社,1962.
[2] 谷超豪等,数学物理方程,上海科学技术出版社,1960.
[3] 梁昆淼,数学物理方法,人民教育出版社,1958.
[4] 关肇直,泛函分析讲义,高等教育出版社,1958.
[5] 冯康,广义函数的对偶关系,数学进展,3(1957),2.
[6] 毕大川,热传导方程的最优边界控制,应用数学与计算数学,3(1966),2.
[7] 毕大川,王康宁,具有分布参数控制系统的最优控制问题,科学通报,1966,6.
[8] 王康宁,关肇直,弹性振动的镇定问题(Ⅲ),中国科学,1976,2.
[9] 宋健,于景元,带有常微分控制器的分布参数反馈系统,中国科学,1975,2.
[10] 宋健,于景元,点测量、点控制的分布参数系统,中国科学,1979,2.
[11] 侯天相,关于常系数线性偏微分方程组柯西问题的弱渐近稳定性,数学学报,12,(1962),1.
[12] Balakrishnan. A. V. ,Applied Functional Analysis,New York,1976.
[13] Brogan,W. L. Optimal control theory applied to systems described by partial differential

equations. Advan control systems. 6,1968.

[14] Boujot,J. P. ,Morera,J. P. ,Teman. R. ,An optimal control problem related to the equilibrium of a plasma in a cavity. Applied Math. and Optimization,2(1975),2.

[15] Courant,R. ,Hilbert,D. ,Methods of Mathematical Physics Wiley New York,1953.

[16] Dunford,N. ,Schwartz,T. ,Linear Operators, Ⅰ,Ⅱ,Ⅲ,New York. 1958—1972.

[17] Doetch,G. ,Handbuck der Laplace-Transformations. Basel,1950—1956.

[18] Fottorini, H. O. ,On complete controllability of linear systems, Jour. Differential Equations,3(1967),3.

[19] Foguel,S. R. ,Finite dimensional perturbations in Banach space,Amer. Jour. Math. (1960), 2.

[20] Goldberg,S. ,Unbounded Linear Operators,Theory and Application. New York. 1966.

[21] Goodson. R. E. ,Klein,R. E. ,A definition and some results for distributed observability, IEEE Trans. Automatic control,AC-15(1970),2.

[22] Herget,C. J. ,On the controllability of distributed parameter systems,Intern. Jour. Control 11(1970),3.

[23] Joseph. D. D. ,Stability of connection in containers of arbitrary shape,Jour. Fluid. Mech. 47 (1971),2.

[24] Kato. T. ,Perturbation Theory for Linear Operators,Springer-Verlag,1976.

[25] Lions,J. L. ,Magenes,E. ,Problems aux limites Non-homogenes et Applications. Paris 1, Dunod,1968.

[26] Lions, J. L. , Optimal Control of Systems Governed by Partial Differential Equations. Berlin,Springer,1971.

[27] Lax,P. D. ,On Cauchy's problme for hyperbolic equations and the differentiability of solutions of elliptic equations. Comm. Pure and Appl. Math. 8(1955). 1—4. 615—633.

[28] Leray. J. ,Hyperbolic Differential Equations,Princeton,1952.

[29] Miranda,C. ,Partial Differential Equations of Elliptic Type,1970.

[30] Russell, D. L. , Problems of Control and Stabilization for Partial differential equations. Proceeding of IFAC. Par 1 A. 1975.

[31] Sears,W. R. ,J. Aeronaut. Sci. 8(1941),104.

[32] Temam, R. , Variational principles related to the equilibrium shape of a plasma in on oxisymetric torus. Plasma Physics,17,1975.

[33] Wang,P. K. ,Control of distributed parameter systems,Advan. Control Systems. 1,1964.

[34] Yosida,K. ,Functional Analysis,Springer-Verlag,1974.

[35] Yvon,J. P. ,Some optimal control problems for distributed systems and their numerical solutions,Proceeding of IFAC,Part 1 A,1975.

[36] Ахиезер,Н. ,Крейн М. ,О некторых вопросах теории моментов,ГОНОИ,Харьков,1938.

[37] Ъутковскнй, А. Г. , Теория Оптимального Управления Системами С распределенными параметрами,Наука,1965.

[38] Ъутковский, Г. , Лернер А. Я. , Об оптималъном управлении системами С распределгенными лараметраии, Автоматика u Телемеханика, 21(1960), 6.

[39] Ъерезанский, Ю. М. , Разложение по Собственным функциям Самосопряженных операторов, Киев, 1965.

[40] Ъоднер, В. А. , Теория Автоматического Управления Полетом, М. ,《Наука》, 1964.

[41] Воробоев, Ю. В. , Дроздавиг, В. И. , О методах исследования устойчнвости систем регулирования с распреденными параметрами, Автоматика u Телемеханика, 10(1949), 2.

[42] Гохберг, И. Ц. , Крейи М. Г. , Основые положения о дефектных числах и индексах линейных операторов, УМН, 12(1957), 2.

[43] Гохберг, И. Ц. , Крейн М. Г. , Введение в теорию ленейных несамосопряженных операторов в гилъбертовам пространстве, Масква, 1965.

[44] Гельфанд, И. М. , Шлов Г. Е. , Некоторые вопросы теории дифференцальных уравнений, Москва, 1958.

[45] Егоров, А. Л. , Об оптимальнам управленим процессом в некторых системах с распределенными параметрами, Автоматика u Телемеханика, 25(1964), 5.

[46] Лернер, А. Я. , Оптнмальное управленне непрерывными процессами, доклад на втором конгрессе IFAC, 1963.

[47] Мовган, А. А. , Приклаэная Математика u механика, 23(1959), 3.

[48] Михлин, С. Г. , Проблема минимума квадратичного функционала, гостроиздат, 1952.（二次泛函的极小问题，王维新译，1964.）